Reinhard Buthmann

Die Technische Hochschule Ilmenau

Eine sozialpolitische Studie

Die Technische Hochschule Ilmenau

Eine sozialpolitische Studie

Reinhard Buthmann

Universitätsverlag Ilmenau
2022

Impressum

Bibliografische Information der Deutschen Nationalbibliothek
Die Deutsche Nationalbibliothek verzeichnet diese Publikation in der Deutschen Nationalbibliografie; detaillierte bibliografische Angaben sind im Internet über http://dnb.d-nb.de abrufbar.

Herausgeber
Der Präsident der Technischen Universität Ilmenau,
Univ.-Prof. Dr.-Ing. habil. Kai-Uwe Sattler.

Technische Universität Ilmenau/Universitätsbibliothek
Universitätsverlag Ilmenau
Postfach 10 05 65
98684 Ilmenau
https://www.tu-ilmenau.de/universitaetsverlag

ISBN 978-3-86360-257-4 (Druckausgabe)
DOI 10.22032/dbt.52075
URN urn:nbn:de:gbv:ilm1-2022100017

Inhaltsverzeichnis

Geleitwort von Manfred Heinemann

Die politische Entwicklungsgeschichte der Technischen Hochschule Ilmenau mit ihren auf einer Gedenktafel seit 2006 verewigten Dimensionen: Erinnern, Vergeben, Recht, Unrecht, Widerstand, Anpassung, Macht, Ohnmacht, Toleranz und Mensch, widmet sich insgesamt dem Gedenken an die Ausgegrenzten und die Opfer totalitärer Herrschaft. Sie interpretiert aus der Sicht der Verteidigung der Menschenrechte. Ein hochaktuelles Thema. War und wie war die TH Ilmenau gegebenenfalls sogar ein Experiment auf dem Weg zu einer Hochschule im Sozialismus? Wie stellt sich ein solcher Weg in einer notgedrungen immer rückwärts gerichteten sogar auf plausibler Rekonstruktion gerichteter Geschichtsbetrachtung dar? Was verblieb von der bürgerlichen Gründungs- und Begleitperspektive? War der im 19. Jahrhundert in der „Zweiteilung" des Hochschulwesens entwickelte neue, realistisch-naturwissenschaftlich-technisch fundierte Typ einer Hochschule in Verbindung mit den konkreter thematisch disziplinorientierten Identifikationen von Wissenschaften in einer technischen Hochschule grundlegend staatsnäher? Wie war dieser eingebettet in Hauptereignisse der Hochschullandschaft der DDR? Solche Aufarbeitung ist Gegenstand und Ziel dieses mit umfangreichsten Belegen aus den überhaupt überlieferten Quellen argumentierenden und aufklärenden Buches. Die unterscheidbaren Perioden der inneren Geschichte der ursprünglich aus einer Hochschule für Elektrotechnik stammenden TH werden bis 1989 von dem Autor nicht nur in ihrer eigenen Orientierung dargestellt, sondern in ihrem Potenzial für den Lehr- und Forschungsbetrieb nicht nur der TH ausgewertet und gewichtet.

Wo sind in solch übergreifenden Prozessen jeweils die vielfältigen und nie zueinander zu harmonisierenden Eigenwelten wissenschaftlicher Begegnungen und die sie bedingenden Freiräume für die Professoren und Studenten geblieben? Was bedeuten Reste der akademischen Freiheit, wenn die Handlungsebenen in der Institution und ihren Subeinheiten sich in einer parteilichen, sogar staatlich gesicherten Zwangsumklammerung verlieren? Was bedeuten hierbei die Hochschulreformen? Sind sie Auflösung von Hochschulkrisen, wie sie als Reflex von außen in den Staatsapparaten, Führungsebenen und dem Zentralkomitee der Staatspartei auf dem Weg zum Kommunismus gesehen und gehandhabt wurden? Oder findet sich selbst in diesen in der Mikropolitik auch ein Beharren von residualen Strukturen, wie sie nach meinen Einblicken in die Überlieferungen zu machen waren? Zum Beispiel bei Rückkehrern aus der Sowjetunion aufgrund der dortigen Erfahrungen im Wissenschaftsbetrieb, z.B. in Nowosibirsk? Dort, wo die den Instituten der Sibirischen Akademie der Wissenschaften benachbarten Universitäten ihre Bezüge zur deutschen Tradition der Verbindung von Lehre und Forschung am längsten aufrechterhalten konnten. Gastprofessoren aus der DDR erfuhren dort die russische Forschungsfreiheit, beispielsweise im Budker-Institut für Nuklearphysik.[1] Sie konferierten an einem hierarchielos

---

[1] In der Zeit meiner Forschungen in Russland, Mitte der so offenen Zeit der neunziger Jahre des letzten Jahrhunderts, konnte ich sowohl das Institut wie die benachbarte Universität besuchen und mit Abteilungsleitern und dem Archivar der Sibirischen Abteilung über die Bedingungen einer historischen Aufarbeitung der Anfänge des Instituts sprechen. „At present, Budker Institute of Nuclear Physics [BINP] of SB RAS is the largest academic institute of the Russian Federation, and one of the world's leading research centers in the field of elementary particle physics, accelerator physics and technology,

großen runden Besprechungstisch; einzigartig und respektierten auf diese Weise ein akademisches Grundverhalten. Ilmenau war Partneruniversität der TU Nowosibirsk, die als dritte russische Hochschule neben der Moskauer Lomonossow Universität und der staatlichen in St. Petersburg Mitglied der Magna Charta der Universitäten wurde.[2] Darf so etwas selbst in heutigen Kriegszeiten außer Acht gelassen werden? Schafft es die Politik auch noch, solche Jahrhundertreste humanistischer Eintracht zu löschen?

Zentraler Ausgangstext dieses Buches ist die Beschreibung der TH Ilmenau in der Vielfältigkeit ihrer Entwicklungs- und sich laufend – wie üblich in Hochschulen – verändernden Alltagsgeschichte wie auch deren Besonderheiten. Diese Komplexe sind immer fachlich detailliert im Rahmen der Überlieferungsbedingungen zu beschreiben. Dass jedes Institut, jeder Lehrstuhl jede Gruppierung seine oder ihre Hauptaufgabe nicht darin sieht, Protokoll für den Historiker zu schreiben, ist evident und „normal". Viele Perioden sind sogar sehr mäßig überliefert. Es gibt jedoch durch Erinnerungsarbeit und systematisches Nachfragen alternativ immer auch bereichernde Ergebnisse und Einsichten. Hochschulen sind immer auch Brutstätten für Gerüchte und dies nicht nur zu den besonderen Schweigefeldern der inneren Ereignisse. Die Leitungsebenen können und müssen oft weit von diesen Realitäten entfernt agieren. Jeder Wissenwollende in einer Hochschule hat andererseits Zugang zum clandestinen Wissen, zu welcher Richtung oder in welche Abhängigkeit die jeweiligen Mitglieder und Angehörigen einer Hochschule auch gehören mögen. Die Auslegung solcher Bedingungen gehört zu den vorauszusetzenden Fähigkeiten praktizierter empirisch gebundener Wissenschaftsgeschichte. Aber nicht nur diese: die engeren wissenschaftlichen Fachkompetenzen sind ohne Folgen für Ansehen und Wirkung und Beschreibung wenig vernachlässigbar. Sie können selbst in einer Diktatur sogar eine relative Unabhängigkeit des Denkens und Handelns begründen. Inoffizielle Mitarbeiter der „Sicherheit" werden nicht immer ihre Tarnung aufrechterhalten können. Auch über deren

---

synchrotron radiation sources, free electron lasers, high-temperature plasma physics, and controlled thermonuclear fusion. A number of key ideas and developments that determine the current world level of accelerator science and technology were proposed and implemented at Budker Institute. It is the only laboratory in the world where for half a century since the appearance of the colliding-beam method at least one electron-positron collider has been operating. Today, two out of the six existing colliders are operating here." Und über die wissenschaftliche Bedeutung bis vor dem Krieg Russlands mit der Ukraine: „Among the 440 researchers of the Institute there are 10 members and corresponding members of the Russian Academy of Sciences (RAS), more than 60 doctors and 170 candidates of science. BINP has a large experimental plant (about 1000 people) with highly technological equipment. The Institute conducts active work on training high-qualification research and engineering personnel. BINP is a basic institute for seven subdepartments of the physics department of the Novosibirsk State University (NSU) and the physical-technical department of the Novosibirsk State Technical University (NSTU), where about 200 student study. About 70 youths go on the graduate course at BINP, the NSU and the NSTU." https://www.inp.nsk.su/budker-institute-of-nuclear-physics, geholt am 1.5.2022.

2 Die Magna Charta Universitatum „wurde ins Leben gerufen, um gewisse grundlegende Prinzipien im universitären Leben festzulegen und die Idee der Universität zu schützen. Als fundamentale Grundsätze gelten dabei Unabhängigkeit, akademische Freiheit und intensives Zusammenspiel von Forschung und Lehre. In Auseinandersetzung mit der Geschichte der Hohen Schulen und deren Aufgaben versucht die Vereinigung, die wesentlichen Charakteristika herauszufiltern, um darauf aufbauend die Basisanforderungen für eine zukünftige Universitätsentwicklung und -politik zu formulieren. Die in voller Länge Magna Charta Observatory of Fundamental University Values and Rights benannte und in Bologna beheimatete Vereinigung ist eine Non-Profit-Organisation, die von der Universität von Bologna und der European University Association (EUA) ins Leben gerufen wurde. Die Magna Charta Universitatum wurde bereits bei ihrer Gründung vor 17 Jahren von 388 Rektoren unterschrieben." https://www.bildungsserver.de/onlineressource.html?onlineressourcen_id=43414, geholt am 1.5.2022.

Mobbing und Dummheiten, wie über deren Denunziationen, können ganze Drehbücher aus den Akten des MfS geschrieben werden.

Die Dokumentenbasis allein aus Akten des MfS beträgt für dieses Buch 170.000 Blatt mit einer zwölfprozentigen Relevanz. Allein geschätzt etwa 100 laufende Meter Akten umfasst die Recherche der Hochschulüberlieferung der TH. Zu Recht ist unter dem Titel *Macht und Ohnmacht des Universitätsarchivs Ilmenau* im Buch ein fachlich in jedem Fall mitzulesender Artikel von der Universitätsarchivarin Anja Kürbis beigefügt. In Diktaturen sind Archive von systemstabilisierender Natur, aber nicht nur. Sie waren überdies zum Ende der DDR der „Reinigung" durch systemnahe Kader, an vorderster Front jene des MfS, ausgesetzt. Was unter diesen Voraussetzungen die in diesem Buch festgestellte „Permanenz der Erziehung" in der Hochschule belegt, darf als wertvoller Hinweis für Erziehungswissenschaftler nachgelesen werden.

Das Endkapitel „Vertiefung" hebt und vertieft einige der Gefährdungslinien für die deutlicher werdenden Abhängigkeitsentwicklungen der Entscheidungen der Hochschule hervor. In der Abhängigkeit von der Sozialistischen Einheitspartei SED werden spezifische Organisations- und Denkweisen des Ministeriums für Staatssicherheit deutlicher. Sie greifen in die inneren Gefüge der Hochschule ein und untergraben mit dem eigenen Arbeitsmodell und den Auffassungen vom „Neuen Menschen" und seiner Gesellschaft die restlichen Denkweisen einer technologisch profilierten hochschulischen Vermittlung des Lernens und Forschens. Hier wird das vorliegende Buch zu einer erläuternden und prüfenden Fallstudie bis in die oftmals Abwägungen bedürfenden Details im Kurs solcher Prozesse der Hochschulpolitik, beispielsweise zur „Rotlichtbestrahlung". Die Wirkungen auch der Sowjets auf das Hochschulwesen der DDR sind in breiter Weise erfasst. Die kämpferische Position der SED für die Durchsetzung ihrer Politik auch in den Details sichtbar. Die neueste Geschichte der TH seit 1989 wird innerhalb der Materialgrenzen in weitgehender Vollständigkeit erfahrbar.

Insgesamt beurteilt, beschreiben die Untersuchungen und Dimensionen wie die Auswertungen dieses Buches die vielfältig miteinander verbundenen Schichten des Handlungsgefüges, innerhalb deren sich nicht nur die TH Ilmenau, sondern das Hochschulwesen der DDR insgesamt nach 1945 befunden hat. Und das alles weitgehend lückenlos. Sätze am Rande wie: „Die Universitäten werden wie Finanzämter organisiert", können möglicherweise sogar helfen, zu den gegenwärtigen Problemen nicht nur der Hochschulen „im Osten" geistige Brücken zu bauen. Mir scheint, dass wir dringend solche bildungsgeschichtlichen Aufarbeitungen in die relevanten Studiengänge und in die Steuerung unserer Hochschulen einbringen müssen.

Hannover, im Mai 2022

1 Vorwort und Danksagung

Die Technische Universität Ilmenau stellte sich, so Hans Schneider, nach der Wiedervereinigung die Frage, wie man „die Opfer des SED-Unrechts angemessen rehabilitieren" könne und entschied sich für eine Gedenktafel – anonym und unisono mit jenen Opfern aus der Nazizeit.[3] Johanna Krapp, die Künstlerin des Werkes, gab zur Einweihung der Tafel im Helmholtz-Bau der TU Ilmenau am 10. Mai 2006 zu bedenken, dass diese Tafel „das Andenken der an dieser Hochschule Benachteiligten, ausgegrenzten und gedemütigten Mitarbeiter und Studenten bewahrt" und gleichzeitig „daran erinnert, dass die beste Wissenschaft ihren Wert verliert, wenn die Menschenwürde missachtet wird".[4] Ihr Werk zeigt dem Betrachter zwei Welten, die durch einen Riss verbunden bleiben. Während der rechte Teil die Opfer totalitärer Systeme transzendiert, mahnt der linke Teil, die Zukunft nicht zu vergessen. Wie und was erinnern wir, um die Geschichte der DDR wachzuhalten? Die Friedrich-Schiller-Universität im widerständigen Jena rang lange Zeit um den Entscheid für ein Denkmal und entschied sich letztlich für eine Installation Sibylle Manias, bestehend aus zusammengestellten Türmen von Kartons, die nicht nur die Sammelwut der Stasi symbolisieren. Es „sollte ein Denkmal geschaffen werden", so Katharina Lenski, „das weder abschließende Kanonisierung noch Identitätsstiftung forderte, sondern Selbst-Verunsicherungen zur Entwicklung demokratischer Kultur" fördert.[5] Aber warum Selbst-Verunsicherungen, wenn Klarheit „installiert" werden könnte? Die Feststellung, dass die DDR eine Diktatur respektive ein totalitäres Regime war,[6] also *ganzheitlich* der SED-Ideologie unterworfen war, wird bei der Betrachtung des Kunstwerks jedenfalls nicht zwingend evoziert. Der erste demokratisch gewählte Rektor der Technischen Hochschule Ilmenau, Eberhart Köhler,[7] sah den Sozialismus in der DDR als „ein großes geschichtliches Experiment", ein Experiment „in 70 Jahren weltweit angelegt und zur Überwindung der Gebrechen bisher bekannter Staats- und Gesellschaftsformen gedacht", das „so gründlich schief gegangen" ist, „dass Menschen und Institutionen vor allem in den betroffenen Regionen bis in die Grundfesten erschüttert" worden sind.[8] Eine Staatsordnung aber sollte besser kein Experiment sein, die Menschen wollen nicht auf einen Versuch, auf eine Probe

---

3 Schneider, Hans in: Heimatgeschichtlicher Verein Ilmenau e. V. (Hrsg.): 50 Jahre Akademisches Leben in Ilmenau. Ilmenau 2003, S. 113 f.

4 Redetext von Johanna Krapp; Sammlung (Slg.) Krapp.

5 Lenski, Katharina: Geheime Kommunikationsräume? Die Staatssicherheit an der Friedrich-Schiller-Universität. Frankfurt am Main, New York 2017, S. 11–14.

6 Vgl. Greiffenhagen, Martin: Der Totalitarismusbegriff in der Regimelehre, in: Politische Vierteljahresschrift (PVS), 55(2014)4, S. 372–396. Gräßler, Florian: War die DDR totalitär? Eine vergleichende Untersuchung des Herrschaftssystems der DDR anhand der Totalitarismuskonzepte von Friedrich, Linz, Bracher und Kielmansegg. Baden-Baden 2014. Courtois, Stéphane et al.: Das Schwarzbuch des Kommunismus. Unterdrückung, Verbrechen und Terror. München 1998. Baberowski, Jörg/Patel, Kiran K.: Jenseits der Totalitarismustheorie? Nationalsozialismus und Stalinismus im Vergleich, in: Zeitschrift für Geschichtswissenschaft (ZfG), 57(2009)12, S. 965–972.

7 Geb. am 16.11.1929 in Siegmar (bei Chemnitz). 1940–1948 Oberrealschule, 1949–1954 Studium der Elektrotechnik, Hochfrequenztechnik. 1954–1961 Assistent, Oberassistent im Institut für Allgemeine Elektrotechnik an der TH Dresden. 1960 Promotion, 1965 Habilitation. 1961–1965 Abteilungsleiter unter Werner Hartmann in der AME in Dresden (Mikroelektoniktechnologie). Ab 1965 an der TH Ilmenau, ordentlicher (o.). Prof. und Direktor des Instituts für Elektronik, 1968–1979 der Sektion PHYTEB. 1990–1995 Rektor der TU Ilmenau. Gest. am 20.1.1995; u. a. Universitäts-Archiv der TU Ilmenau (UAI), 6625 Pers.

8 Köhler, Eberhart in: Heimatgeschichtlicher Verein, S. 132.

hin leben. Apropos Leben: Das Leben an der Ilmenauer Hochschule war ein in allen nur denkbaren Facetten vielfältiges – trotz des herrschenden Zentralismus in den entscheidenden strukturellen, normativen und personellen Fragen von Lehre und Forschung sowie des dunklen, oben von Johanna Krapp angemahnten geschichtlichen Kapitels, das es in dieser Studie besonders zu untersuchen galt. Deshalb stellte auch diese Hochschule, aufs Ganze gesehen, jene Differenziertheit und Buntheit des Daseins dar, wie es der Bildungswissenschaftler Manfred Heinemann prägnant zum Ausdruck brachte: „Auch der Apparat ist vielfältig, er kennt weder eine Normmeinung, noch lassen sich Wissenschaftler, Antifaschisten, Emigranten, Russlandheimkehrer, Nationalpreisträger, ehemalige Westdeutsche, Klinikchefs, Mitglieder der Akademie der Wissenschaften und andere Notabeln der akademischen Welt leicht auf Parteilinie bringen oder – man denke an Rektoren wie den legendären ‚Schorsch' Mayer, Rektor der Universität Leipzig – leicht handhaben."[9]

Es gilt Dank zu sagen: insbesondere dem Impulsgeber zu dieser Studie und Beistand bis heute, Prof. Michael Krapp; den Initiatoren des Forschungsprojektes Prof. Dagmar Schipanski, von 1995 bis 1996 Rektorin der TU Ilmenau, und Pfarrer Christian Dietrich, von 2013 bis 2018 Landesbeauftragter des Freistaats Thüringen zur Aufarbeitung der SED-Diktatur; dem Bundesbeauftragten für die Unterlagen des Staatssicherheitsdienstes der ehemaligen DDR (BStU), Dr. Roland Jahn, insbesondere seiner Außenstelle in Erfurt, namentlich Andreas Bogoslawski, sowie der Außenstelle in Suhl, namentlich Beate Alexy und Margrit Langguth; dem Archiv der TU Ilmenau, namentlich Dr. Anja Kürbis und Stephanie Hopf. Ein besonderer Dank geht an den ehemaligen Außenstellenleiter des BStU in Erfurt, Wolfgang Brunner, denn ohne ihn wäre es zu dieser Studie nicht gekommen, da das Thema erhebliche Kapazitäten seines Hauses band, die es zu kompensieren galt. Ein wiederum besonderer Dank geht an die beiden Beiträger Dr. Kürbis und Prof. Krapp sowie an die zahlreichen Interviewpartner, meist ehemalige Hochschullehrer, und nicht minder an Prof. Jörg Ganzenmüller, Prof. Manfred Heinemann, Prof. Dieter Hoffmann, Dr. Ilko-Sascha Kowalczuk und Ralf Weber für Anregungen und Hinweise unterschiedlichster Art. Schließlich danke ich der TU Ilmenau, die mit ihrer finanziellen Unterstützung das Projekt nach meinem Dienstende 2017 beim BStU fortführen half, und Dr. Johannes Wilken, der mir bei der Umsetzung der Layoutbestimmungen des Universitätsverlages half. Last, but not least gilt mein Dank meiner Frau Anke, die es mir nicht leichten Herzens nachsah, dass ich mich weit über mein berufsausübendes Dasein hinaus mit der politischen Aufarbeitung der DDR befasst habe.

---

9 Heinemann, Manfred: Wer stürmte die Festung Wissenschaft? Die sowjetische Besatzungspolitik und die SED im Bereich von Hochschule und Wissenschaft, in: Revue d'Allemagne et des Pays de langue allemande, 32(2000)1, S. 103–116, hier 104.

2 Einleitung

„Die Hochschullehrer, wissenschaftlichen Mitarbeiter, Arbeiter, Angestellten und Studenten unserer Hochschule können mit Stolz auf die Ergebnisse in Erziehung, Aus- und Weiterbildung sowie Forschung blicken.“[10]

„Wenn man“ aber „erzählen könnte“, wie es wirklich ist, „das wäre schlimm. Aber man müsse sich fügen, weil man doch nichts ändern kann.“[11]

2.1 Kontur der Thematik

Das Anliegen der Studie – entsprechend des 2014 erfolgten Forschungsantrages des damaligen Landesbeauftragten des Freistaates Thüringen zur Aufarbeitung der SED-Diktatur, Christian Dietrich, in Kooperation mit der Technischen Universität (TU) Ilmenau, dem Förder- und Freundeskreis der TU Ilmenau e. V. und dem Verein „Gesichter geben – Opfer der Diktatur von 1945 bis 1989 in Ilmenau e. V.“, an den Bundesbeauftragten für die Stasi-Unterlagen (BStU) – besteht in der Erforschung der an der Technischen Hochschule (TH) Ilmenau konkret umgesetzten Hochschul- und Wissenschaftspolitik der SED im Zusammenhang mit der „Überwachung der technischen Intelligenz durch die Staatssicherheit“.[12]

2.2 Forschungsdesign

2.2.1 Forschungsfragen

Die TH Ilmenau besaß in der DDR im Bereich der technischen Wissenschaften einen guten Ruf. Doch trifft es auch zu, dass sie, was für viele, auch den Verfasser, ausgemacht schien, ideologiefern(er) gewesen war? War die ideologische Gängelung, wie Ilko-Sascha Kowalczuk mit Blick auf die TH Ilmenau vermutete, „vergleichsweise geringer“?[13] Blieb die technische Intelligenz dauerhaft ein Sonderfall, wie es der Publizist Jürgen Rühle im Jahr 1956 konstatierte, wo „der Typus des unpolitischen Fachmannes noch möglich“ war?[14]

Ralph Jessens primäre Forschungsfragen in seiner richtungsweisenden Schrift zur Hochschulgeschichte der DDR waren „die Frage nach Kontinuität und Diskontinuität“ der „Entwicklung der ostdeutschen Hochschullehrerschaft in Beziehung zur deutschen Universitäts- und Sozialgeschichte vor 1945“ sowie die „nach dem Verhältnis zwischen diktatorischer Herrschaft und eventuell verbleibenden oder neu entstehenden (teil-)autonomen Handlungsräumen in der Universität“.[15] Es ist besonders seine auf der Makro- und Meso-Ebene entwickelte zweite Forschungsfrage, die dieser Studie als Vorbild diente,

---

10 Linnemann, Gerhard am 16.9.1973: Zwei Jahrzehnte sozialistische Hochschule Ilmenau. Ilmenau 1973, S. 3.

11 Bericht von „Walter“ am 2.8.1966; BStU, BV Suhl, AIM 984/89, Teil II, Bd. 1, Bl. 58.

12 Forschungsauftrag des ThLA an den BStU vom 31.3.2014; Slg. Buthmann.

13 Kowalczuk, Ilko-Sascha: Geist im Dienste der Macht. Hochschulpolitik in der SBZ/DDR 1945 bis 1961. Berlin 2003, S. 289.

14 Rühle, Jürgen: Die Haltung der Intellektuellen in der Sowjetzone. Zwischen Opportunismus und geistigem Widerstand, in: Sowjet-Zone (SZ), (1956)1, S. 4–7, hier 6.

15 Jessen, Ralph: Akademische Elite und kommunistische Diktatur. Die ostdeutsche Hochschullehrerschaft in der Ulbricht-Ära. Göttingen 1999, S. 13 f.

jedoch heruntergebrochen auf die Mikroebene. Mithin eröffnete sich die Chance, in Bezug auf die reichhaltigen und weitestgehend unbekannten Quellen des BStU eine integrative Historiographie zu versuchen, die einem Gesamt aller Erscheinungen nahekommt. Im Fokus der Forschung stand die Beantwortung der Frage nach den vielfältigen politischen Implikationen in den sozialen Feldern der Ilmenauer Hochschule. Methodisch stellt die Studie eine empirische Wissenschaftsforschung mit historisch-soziologischer Grundausrichtung dar, und dies mit besonderem Augenmerk auf verdeckte Steuerungsinstrumente im Rahmen der Hochschul- und Wissenschaftspolitik der SED seitens des Ministeriums für Staatssicherheit (MfS).

Hinsichtlich des letztgenannten Aspektes interessierte vor allem die Frage, inwieweit der Staatssicherheitsdienst als Vollstrecker von SED- und/oder eigenen Interessen auftrat sowie eine signifikante Störgröße – auch in geistiger Hinsicht – darstellte. Jürgen Kuczynski (1904–1997), der bekannteste Gesellschafts-, Bildungs- und Wirtschaftswissenschaftler der DDR, der bereits zu DDR-Zeiten dem MfS einen parasitären Charakter bescheinigte,[16] schrieb 1994 in *Ein Leben in der Wissenschaft der DDR*, dass die KPD und die SED der Intelligenz „stets mit Misstrauen“ begegnet seien, überdies habe „ein Kommandosystem in der Wissenschaft“ geherrscht.[17] Es stellt sich also mit Blick auf die oben dargelegte Vermutung, wonach den Technikwissenschaftlern in der DDR eine Sonderrolle zugesprochen wurde und wird, die Frage, so sie denn positiv beantwortet werden kann, wie es ihnen überhaupt gelingen konnte, eine Art von Barriere um sich herum aufzubauen. Die Erscheinung der politischen Abstinenz in Bezug auf die TH Ilmenau konstatiert jedenfalls mit einem Urteil der Abteilung Agitation und Propaganda der Bezirksleitung der SED Suhl von 1957 der Philosoph Guntolf Herzberg in *Anpassung und Aufbegehren*.[18] Wie aber konnte diese Resistenz oder Abstinenz entstehen? War sie a-priori existent, gleichsam in der Biographie dieser Spezies von Akteuren angelegt? Doch auch die Gegenseite hatte es nicht leicht, hatte, so Herzberg, einen schweren Stand bei den Naturwissenschaftlern.[19]

2.2.2 Forschungsstand

Eine integrativ kompakt-komplexe, allen wesentlichen Erscheinungen – und hierzu zählt der substantielle Eintrag des Staatssicherheitsdienstes der DDR in das jeweilige Hochschulregime – gerecht werdende diachrone Studie, fehlt weitestgehend. Auf dem Gebiet der Hochschulforschung sollen hier vor allem fünf Werke hervorgehoben sein: Ilko-Sascha Kowalczuks *Geist im Dienste der Macht*[20] und *Die Humboldt-Universität zu Berlin und*

---

16 Buthmann, Reinhard: Versagtes Vertrauen. Wissenschaftler der DDR im Visier der Staatssicherheit. Göttingen 2020, S. 870.

17 Kuczynski, Jürgen: Ein Leben in der Wissenschaft der DDR. Münster 1994, S. 13.

18 Herzberg, Guntolf: Anpassung und Aufbegehren. Die Intelligenz der DDR in den Krisenjahren 1956/58. Berlin 2006, S. 351. Quellenhinweis: Bundesarchiv (BArch) DY 30, IV 2/904, 356, S. 55–58. Das Urteil der Bezirksleitung ist valide, vgl. Landesarchiv Thüringen – Staatsarchiv Meiningen (LATh-StA Meiningen), Bestands-Sgn. (BS) 4-95-1317, Archiv-Sgn. (AS) 15 bis 17.

19 Ebd. erste Quelle, S. 361–367.

20 Kowalczuk: Geist.

das Ministerium für Staatssicherheit,[21] Wolfgang Lambrechts *Wissenschaftspolitik zwischen Ideologie und Pragmatismus. Die 3. Hochschulreform (1965–71) am Beispiel der TH Karl-Marx-Stadt*[22], Anita Krätzners *Die Universitäten der DDR und der Mauerbau 1961*[23] sowie Katharina Lenskis *Geheime Kommunikationsräume? Die Staatssicherheit an der Friedrich-Schiller-Universität Jena*[24]. Stellt Kowalczuks Pionierwerk (2003) eine Art Generalvisitation der SED-Einflüsse an Universitäten und Hochschulen in der DDR dar – gewissermaßen ergänzt mit einer Analyse des Wirkens des MfS an der Humboldt-Universität (2012), untersucht Krätzner (2014) verschiedene Hochschulen und Universitäten unter einer „äußeren" Fragestellung, der Grenzschließung 1961, jedoch auch – wie in dieser Studie – unter einem akteursbetonten Aspekt. Die Hochschule für Elektrotechnik (HfE) resp. TH Ilmenau ist von ihr nicht untersucht worden. Lambrechts Arbeit (2007) kann, was den politischen Term angeht, als Vorbild für diese Studie gelten, wenngleich sie zeitlich kürzer und thematisch nicht so komplex ausfällt. Mit verblüffendem Mut zur Benennung personaler Sachverhalte fällt Lenskis Werk (2017) auf, doch fehlt gerade diesem Werk die Seele des Lebens einer Hochschule. Methodisch der Arbeit Krätzners ähnlich, verfolgen andere Autoren spezielle Fragestellungen, etwa jene nach der Frage des widerständigen Verhaltens. Hierzu zählen Waldemar Krönigs und Klaus-Dieter Müllers *Anpassung Widerstand Verfolgung. Hochschule und Studenten in der SBZ und DDR 1945–1961*[25] sowie Werner Fritzschs und Werner Nöckels *Vergebliche Hoffnung auf einen politischen Frühling. Opposition und Repression an der Universität Jena 1956 bis 1968*.[26]

Anderen bedeutenden Arbeiten wie etwa Reiner Pommerins *Geschichte der TU Dresden*[27] fehlt der Rückgriff auf Unterlagen des BStU, womit diesen die Dimension einer Aufarbeitung weitestgehend fehlt. Der Politikwissenschaftler Hans-Joachim Veen verwies auf Theodor Adorno, der den Begriff „Aufarbeitung der Vergangenheit" einführte, der auch die Dimension der „Stärkung des Bürgersinns" in sich trägt, also in eine „Gestaltung der Gegenwart und der Zukunft" mündet. Veen begreift Aufarbeitung als den zentralen Begriff der Auseinandersetzung mit der SED-Diktatur.[28] Exakt diese *politische* Natur der Aufarbeitung entspricht der Sinngebung des Stasi-Unterlagen-Gesetzes (StUG). Alexander Riebel mahnte in Bezug auf das Projekt „Nach der Diktatur" an der Universität Würzburg an, dass Aufarbeitung nur dann einen Sinn macht, wenn „sich aus der Geschichte lernen lässt".[29] Meine Studie folgt dieser Überzeugung und knüpft damit an die Tagung an der

21 Kowalczuk, Sascha-Ilko: Die Humboldt-Universität zu Berlin und das Ministerium für Staatssicherheit, in: Geschichte der Universität unter den Linden, Bd. 3: Sozialistisches Experiment und Erneuerung in der Demokratie – die Humboldt-Universität zu Berlin 1945–2010. Berlin 2012, S. 437–554.

22 Lambrecht, Wolfgang: Wissenschaftspolitik zwischen Ideologie und Pragmatismus. Die 3. Hochschulreform (1965–1971) am Beispiel der TH Karl-Marx-Stadt. Münster, New York, Berlin 2007, S. 10.

23 Krätzner, Anita: Die Universitäten der DDR und der Mauerbau 1961. Leipzig 2014.

24 Lenski: Geheime Kommunikationsräume?

25 Krönig, Waldemar/Müller, Klaus-Dieter: Anpassung Widerstand Verfolgung. Hochschule und Studenten in der SBZ und DDR 1945–1961. Köln 1994.

26 Fritzsch, Werner/Nöckel, Werner: Vergebliche Hoffnung auf einen politischen Frühling. Opposition und Repression an der Universität Jena 1956 bis 1968. Berlin 2006.

27 Pommerin, Reiner: Geschichte der TU Dresden 1828–2003. Köln, Weimar, Wien 2003.

28 Hans-Joachim Veen: Was Deutschlands innere Einheit ausmacht, 19.3.2012; http://www.gesellschaftzeitgeschichte.de/dokumente/aktuelle-dokumente, geholt am 2.6.2021.

29 Riebel, Alexander: Zukunft braucht Versöhnung, in: Die Tagespost vom 15.4.2021, S. 27.

Friedrich-Schiller-Universität Jena (FSU) vom Sommer 1992 an, die als Vergangenheitsklärung firmierte.[30] Zum Kanon dieses Segments der Neueren Geschichte zählen vor allem Arbeiten zu den Universitäten in Rostock[31], Berlin[32], Leipzig[33] und Jena[34].

Mit der Frage der Aufarbeitung eng verbunden ist jene nach einem *angemessenen* Umgang der Hochschulen und Universitäten „mit ihrer Vergangenheit". Dieser Frage widmete sich 2019 resümierend Kowalczuk. Er konstatiert, dass die „Einen argumentieren", dass es „ein breites Angebot in der Lehre und ein großes Spektrum an wissenschaftlichen Forschungen" gebe, „so dass die Rede von der fehlenden Aufarbeitung übertrieben sei". Für diese Linie stünden „exemplarisch zahlreiche Arbeiten von Peer Pasternack", während andere die Ansicht vertreten, dass „der Umgang mit der jüngsten Vergangenheit [...] sich bei näherer Betrachtung als defizitär" erweise. Kowalczuk benennt u. a. drei Desiderate: „Auch fast 30 Jahre nach der ostdeutschen Revolution von 1989 ist von keiner Universität verlässlich bekannt, wie viele Studenten aus politischen Gründen zwischen 1946 und 1989 exmatrikuliert worden sind. Ebenso gibt es keine belastbaren Angaben darüber, wie viele Hochschulangehörige in diesem Zeitraum aus politischen Gründen entlassen oder verhaftet und verurteilt worden sind. Und nicht einmal die Anzahl und Namen derjenigen sind bekannt, denen in der kommunistischen Diktatur die akademischen Titel aberkannt worden sind."[35] Desiderate, die auch der Verfasser nicht vollumfänglich beseitigen, wenngleich mindern konnte. Doch gesetzt, der Befund zu Pasternack stimmte, was ist, um mit Udo Scheer zu fragen, „wenn Geschichte im gesellschaftlichen Gedächtnis schrumpft, dem Vergessen anheimfällt, mit goldenen Pinseln übermalt wird?"[36] Der sich seit fünf Jahrzehnten mit der ostdeutschen Geschichte befassende westdeutsche Historiker Wolfgang Schuller warnte 2019 anlassbedingt vor der relativierenden Gefahr der „Goldenen Pinsel" und forderte das Wachhalten der „Erkenntnis, dass bis 1989 in letzter Instanz Gewalt und Repression herrschten, auch in Gestalt ihrer indirekten und strukturellen Form. Als die zentralen Charakteristika jeder Diktatur müsse dies nach wie vor Forschungsgegenstand bleiben."[37]

---

30 Vergangenheitsklärung an der Friedrich-Schiller-Universität Jena. Beiträge zur Tagung „Unrecht und Aufarbeitung" am 19. und 20.6.1992. Leipzig 1994.

31 Beispielsweise: Lehmann, Daniel: Zwischen Umbruch und Erneuerung. Die Universität Rostock von 1989 bis 1994. Rostocker Studien zur Universitätsgeschichte, Bd. 26. Rostock 2013.

32 Beispielsweise: Kowalczuk: Geist.

33 Beispielsweise: Catrain, Elise: Hochschule im Überwachungsstaat. Struktur und Aktivitäten des Ministeriums für Staatssicherheit an der Karl-Marx-Universität Leipzig (1968/69–1981). Leipzig 2010. Triebel, Bertram: Universität Leipzig. Fakultät für Geschichte, Kunst- und Orientwissenschaften. Historisches Seminar. Magisterarbeit. Leipzig 2008.

34 Beispielsweise: Kluge, Gerhard/Meinel, Reinhard: MfS und FSU. Das Wirken des Ministeriums für Staatssicherheit an der Friedrich-Schiller-Universität Jena. Erfurt 1997.

35 Kowalczuk, Ilko-Sascha: Universitäten in der SED-Diktatur. Ein Problemaufriss, in: Prüll, Livia/George, Christian/Hüther, Frank: Universitätsgeschichte schreiben. Inhalte – Methoden – Fallbeispiele. Mainz 2019, S. 121–151, hier 121 f. Vgl. auch Hechler, Daniel/Pasternack, Peer: Traditionsbildung, Forschung und Arbeit am Image. Die ostdeutschen Hochschulen im Umgang mit ihrer Zeitgeschichte. Leipzig 2013.

36 Scheer, Udo: Gegen Geschichtsvergessenheit – Erinnerung provozieren, in: Gerbergasse 18 (2020), Heft 96, S. 56–59, hier 59.

37 Schuller, Wolfgang: Offene Türen und Nebeneingänge. Neue und alte Fragen der DDR-Forschung, in: Gerbergasse 18 (2019), Heft 92, S. 59–61, hier 60.

2.3 Methode und Darstellung

2.3.1 Methode

Die Methode der Studie lautet kurz gesagt, Hintergründe und Zusammenhänge zu finden und auf zweierlei Weise darzustellen: diachron als Lauf der Geschichte und exemplarisch als ein vertiefendes „Anhalten" an markanten Problemstellungen. Erste Voraussetzung hierfür ist die Rekonstruktion der strukturellen, disziplinären und personellen Entwicklungen, grundsätzlich manifestiert in den Sitzungen des Senats und des Kollegiums sowie den Vorlesungsverzeichnissen soweit geführt und vorhanden. Nachgerade als eine Art von „Abfallprodukten" fallen bei dieser Herangehensweise Brüche, hochschulpolitische Anordnungen, SED-Interventionen, Rationalisierungs- und Intensivierungsakte, technische Entwicklungsschübe, defizitäre Lagen aller Art und vielfältige Stressfaktoren an. Die Grundmethodik vereinigt mikro-, meso- und makropolitische Elemente, wobei das qualitative Design im Forschungsprozess vorrangig dem Methodenarsenal der Mikropolitik folgt, einer „Forschungsrichtung in der Soziologie, die innerhalb von Organisationen autonom und politisch handelnde Individuen sieht, die in *Aushandelsprozessen* laufend versuchen, den eigenen Einflussbereich zu sichern oder auszudehnen."[38] Geradezu idealtypisch liefern hierzu die Akten des BStU das empirische Material. Die mikropolitische Methode ist mit der mikroökonomischen eng verwandt bzw. korreliert, auch sie setzt bei der Analyse von Prozessen in der Wirtschaft, und dazu zählt Wissenschaft, Forschung und Entwicklung, auf Entscheidungen von Akteuren, die ihrerseits ein Feld von verschiedensten Interdependenzen aufspannen.

2.3.2 Darstellung

Die Grundsätze der Darstellung waren: die Rekonstruktion der bedeutendsten struktur- und fachgeschichtlichen Linien (nach Fakten, Chronologie, Begriffen und Programmen), die kritische *Aufarbeitung* dieser Linien hinsichtlich ihrer inneren Widersprüchlichkeit, Genese, inoffiziellen und, soweit zutreffend, geheimen Natur (etwa die Militärforschung), sowie eine Systematik zu finden, die es gestattet, einzelne Phänomene exemplarisch als jeweiligen Ausweis für deren generelle Natur in der DDR darzustellen. Der Kernaufbau der Studie gehorcht einer Dreiteilung. Den ersten Komplex bilden Einführung, Voraussetzungen und Rahmenbedingungen (Kap. 2 und 3). Zu ihm zählen für das Verstehen der Phänomene an der Ilmenauer Hochschule ideologische, geistige, gesellschaftliche, kulturelle, politische, hochschul- und wissenschaftspolitische sowie volkswirtschaftliche Grundbedingungen. Er gestattet die Einordnung der Ereignisse und Geschehnisse im zweiten Komplex, der sich mit der Entwicklungsgeschichte der HfE resp. TH Ilmenau befasst (Kap. 4). Der dritte Komplex schließlich, der aus der Entwicklungsgeschichte der Hochschule schöpft, vertieft bedeutende Fragen des Verhältnisses der Hochschule zur Industrie, zum Militär und zum Staatssicherheitsdienst sowie zu gesellschaftlichen Fragen (Kap. 5).

---

38 Bosetzky, Horst: Mikropolitik, Machiavellismus und Machtkumulation, in: Küpper, Willi/Ortmann, Günther (Hrsg.): Mikropolitik. Rationalität, Macht und Spiele in Organisationen. 2. durchgesehene Auflage (Aufl.). Opladen 1988, S. 27–37.

Lesetechnische Hinweise
Inoffizielle Mitarbeiter werden klein geschrieben, wenn es Gesellschaftliche Informatoren (GI) resp. Gesellschaftliche Mitarbeiter (GM) sowie im Text anonymisierte oder abstrahierte, mehrere oder alle inoffizielle Mitarbeiter waren. Groß hingegen werden jene geschrieben, die kategorial der Familie der IM (siehe Abkürzungsverzeichnis) angehörten oder mit Klarnamen oder mindestens mit ihrem Decknamen im Text erwähnt werden. Auf die Differenzierung der IM-Kategorien wird weitestgehend verzichtet, da der gelegentliche Wechsel nur verwirrt. Wenngleich die Institution „BStU" am 17. Juni 2021 dem Bundesarchiv einverleibt wurde, wird ihre Bezeichnung, um den Quellenbestand beider Institutionen klar voneinander unterscheiden zu können, in dieser Studie weiterverwandt.

2.4 Quellen

Das Forschungsdesign basiert vor allem auf den Zugriff der Quellen des BStU und des Archivs der TU Ilmenau (UAI). Quellen des Bundesarchivs und Landesarchivs Thüringen erwiesen sich als nicht besonders relevant.[39] Nur in Bezug auf die beiden letztgenannten Quellen kann übrigens dem Urteil, wonach „die Rede von der fehlenden Aufarbeitung übertrieben sei", beigepflichtet werden. Studien, die ohne den Zugriff auf die Unterlagen des BStU entstanden sind, müssen, wenn sie dezidiert die bildungs- und forschungspolitischen Bewegungslinien im Blickfeld haben, vielfach blind bleiben. Ohne diesen Rückgriff wäre allein die Beschreibung der Regimeverhältnisse an der Hochschule in Ilmenau nicht nur unvollständig, sondern in vielerlei Hinsicht auch irreführend. Nicht wenige Kausalzuschreibungen wären Artefakte und die Gefahr des Schreibens mit dem „Goldenen Pinsel" groß. Freilich fanden alle anderen Quellen auch ihren Platz in der Studie, also Fachveröffentlichungen der wichtigsten Hochschullehrer, Spezialarchive, Sekundärliteratur, Interviews und zahlreiche, jahrelang geführte Gespräche des Verfassers mit Angehörigen der Hochschule.

Die Studie ist quellengesättigt, synthetisch und analytisch erarbeitet. Der Verfasser versteht sich in erster Linie als Grundlagenforscher und Berichterstatter von kaum erschlossenen Quellen, denn als Nacherzähler erschlossener Quellen im Modus modernster Narrative. Quellen sind grundsätzlich nachgewiesen. Auch ihm mündlich Gesagtes, etwa im Rahmen geführter Interviews, erfolgt unter Nachweis. Das Quellenmaterial ist in der Studie in hohem Maße kritisch verarbeitet worden. Zum einen ist dies dem Umstand der „Zusammenlegung" zweier grundsätzlich verschiedener Quellensorten (des UAI und des BStU) geschuldet, zum anderen wegen der Einordnung der TH Ilmenau in den Gesamtkontext der Wissenschafts- und Bildungspolitik der DDR. Dies ist zwar ohnehin ein Gebot, erfuhr aber im vorliegenden Fall wegen der Verwendung von geheimpolizeilich erstellten Berichten ein höheres Gewicht, da diese Quellen einerseits teilweise in Misskredit stehen,

---

39 Damit hängen zusammen erstens, ökonomische Gründe, da das Ziel bestand, die entsprechenden Datenmassive des BStU und der UAI komplett zu recherchieren; und zweitens, arbeitsteilige Gründe, da Bertram Triebel parallel in seiner Forschungsarbeit die TH Ilmenau und die Pädagogische Hochschule Erfurt/Mühlhausen Fragenstellungen unterwirft, die anderen Quellenprimaten folgt. Triebels Forschungsergebnisse sollen zeitnah mit dieser Studie publiziert werden, in: Ders.: Thüringer Hochschulen in der Ära Honecker.

andererseits, weil diese Textsorte die meist geschönten Statistiken und Rechenschaftslegungen, wie sie beispielsweise der Staatsapparat hinterließ, konterkarieren.

2.4.1 Hauptquellenarten

Archiv des BStU

Aus den Provenienzen der Bezirksverwaltungen (BV) Suhl und Erfurt, der Kreisdienststellen (KD) Suhl und Ilmenau sowie der MfS-Zentrale in Berlin (u. a. ihrer Hauptabteilungen [HA] II, XX/9, XVIII/5 und XVIII/8) sind circa 180.000 Blatt aussageträchtiger Materialien recherchiert worden, von denen sich circa zwölf Prozent als hochrelevant erwiesen. Diese Unterlagen entstammen einem breiten Spektrum, das gesamtumfänglich in der öffentlichen und fachwissenschaftlichen Wahrnehmung um den Wert der Stasi-Akten kaum Beachtung findet. Was ist damit gemeint? Dass sie außer den originären Akten des MfS selbst, Unterlagen der Institutionen (hier HfE resp. TH Ilmenau), Unterlagen der in Frage kommenden Ministerien (hier u. a. SHF, MHF, MEE, MWT), Unterlagen der SED (hier u. a. Politbüro- und Ministerratsbeschlüsse, Beschlüsse und Dokumente der Bezirks- und Kreisleitung der SED) sowie Unterlagen örtlicher Organe und Gesellschaften enthalten. Abgesehen davon sind die originären Akten des MfS äußerst breit, die wichtigsten in der Studie verwandten sind: Sachstandsanalysen aller Art, Jahrespläne, Dienst- und Durchführungspläne, operative Materialien aller Art und mit gehobenem Stellenwert die Operativen Personenkontrollen (OPK), Operativen Vorgänge (OV) sowie die Akten der gesellschaftlichen und inoffiziellen Mitarbeiter des MfS (GMS, IM).

Archiv der TU Ilmenau (UAI)

Der relevante Bestand der Protokolle der Sitzungen des Senats und des Kollegiums (mit jeweils ergiebigen Dokumenten und Fachvorlagen im Anhang), der Büros des Rektors und Prorektors, des Prorektors für Forschungsangelegenheiten, des Wissenschaftlichen und des Gesellschaftlichen Rates, der VS-Hauptstelle, der Rechtsstelle, des Informationsbeauftragten, der Direktorate, Fakultäten und Institute beträgt geschätzt 100 lfd. Meter. Hinzu kommen Tausende Fotos und Karteikarten, Negative und Diapositive sowie Broschüren, Hefte, Vorlesungsverzeichnisse, Schautafeln und Bauunterlagen. Als bedeutend erwiesen sich circa 12.000 Blatt.

2.4.2 Quellenkritik (mit Beitrag von Anja Kürbis)

Hartmut Reichelt[40] bewertete 1986 im Rahmen seiner Recherchen zur Geschichte der Industrie-Tagungen die Quellenlage im Archiv der TH Ilmenau „als unzureichend". Darüber hinaus fand er keine Bestandsbildung vor, sondern lediglich ein Verzeichnis überlieferter Archivdokumente der 1950er Jahre. Und das sei „sehr lückenhaft" gewesen, „so dass ein kritischer Quellenvergleich nicht immer möglich" gewesen war. Den bedeutendsten Fundus sah er in den gedruckten Quellen zu den Industrie-Tagungen.[41] Tatsächlich ist diese

---

40 Von 3/84 bis 4/90 Leiter der Verschlusssachen-Hauptstelle, kurz VS-Hauptstelle der THI. Von 6/82 bis 2/84 und 5/70 bis 7/91 Leiter des Archivs der THI.

41 Reichelt, Hartmut: Zur Geschichte der Industrie-Tagungen der HfE 1955–1961; UAI, Fachschularbeit, THI 1986, S. 4.

Lückenhaftigkeit ein Merkmal der Quellen des (nicht nur) Ilmenauer Universitätsarchivs. Mithin kommt – neben dem Archiv des BStU – den in der DDR gedruckten Publikationen eine besondere historiographische Bedeutung zu. Tagungsbände, Aufsätze, Belegarbeiten, Veröffentlichungen in fachwissenschaftlichen und populären Zeitschriften wie *Feingerätetechnik, URANIA, Wissenschaft und Fortschritt* können in der Forschung oft zu wichtigen Quellen und auch Mitteln der Quellenkritik avancieren. Keine Quellenart ist belanglos. So finden sich im Archiv der TU Ilmenau unter den Marxismus-Leninismus-Abschlussarbeiten auch Arbeiten von guter Qualität, nicht zuletzt unter quellenkritischen Gesichtspunkten. Dieses Urteil gewinnt noch an Gewicht, da den damaligen Studenten und Promovenden in der DDR nur eingeschränkt die heute üblichen technischen Möglichkeiten und Quellenzugänge zur Verfügung standen. Und wo sie nichts fanden, befragten sie kurzerhand Angehörige der Hochschule. So tradierten sie, wie Norbert Stein und Christian Resagk mit ihrer *Geschichte des Instituts für Physik der HfE Ilmenau*[42], Kenntnisse ins Heute weiter.

Macht und Ohnmacht des Universitätsarchivs Ilmenau: Beitrag von Anja Kürbis, Leiterin des Universitätsarchivs Ilmenau

Seit ihrem Bestehen sind Archive Instrumente der Macht. Spätestens mit Jacques Derridas Aussage, dass es keine politische Macht ohne Kontrolle über die Archive gäbe, ist deren Systemrelevanz beschrieben. Wer das Archiv kontrolliert, kontrolliert das Gedächtnis. Daher ist die Frage, wie Gesellschaften mit ihren Archiven umgehen, immer auch die Frage nach der politischen Teilhabe in einer Gesellschaft. Die Geschichte zeigt aber auch, dass gerade diese Relevanz Archive einer permanenten Bedrohungsoption aussetzt, sei es durch gesellschaftliche oder natürliche Katastrophen, durch den Zerfall der Informationsträger oder schlicht durch Vernachlässigung. Archive verwahren im Gegensatz zu Museen oder Bibliotheken Informationen, die weder zum Zwecke der Überlieferung noch der Verbreitung erstellt wurden. Es handelt sich vielmehr um unikale, nicht publizierte Informationen, in der Regel internen und personenbezogenen Charakters. Die Geschichtswissenschaft spricht mit Gustav Droysen von sogenannten Überresten, Informationen also, die im Kontext von Entscheidungsfindungen erstellt wurden und einem konkreten Zweck dienten. Erst im Zuge ihrer Bewertung im Archiv verlieren diese Informationen ihren praktischen Wert und werden zur historischen Quelle. Archive sind informationelle Schutzräume. Sie entscheiden anhand wissenschaftlich fundierter transparenter Methoden, welche Informationen erhaltenswert sind und welche vernichtet und damit dem Vergessen anheimgegeben werden. Damit prägen sie ganz erheblich die Diskurse über die Geschichte, sie ermöglichen diese geradezu und stellen gleichzeitig ein Korrektiv für geschichtsferne Interpretationen dar. Archive bewahren Informationen dauerhaft und authentisch. Sie verhindern nicht nur deren Manipulationen, sondern auch deren bewusste Vernichtung. Nicht zuletzt machen Archive aber auch Informationen zugänglich. Allerdings erfordert der Charakter dieser Informationen einen strikt geregelten Zugang, der sowohl dem Schutz der Personen

---

42 Stein, Norbert/Resagk, Christian: Zur Geschichte des Instituts für Physik der Hochschule für Elektrotechnik Ilmenau (1953–1960); UAI, F 20, ML-Belegarbeit, THI 1985.

als auch der Freiheit der Wissenschaft Rechnung zu tragen hat.

In Diktaturen haben Archive vor allem eine systemstabilisierende Funktion. Nicht nur die Entscheidung über Aufbewahrung und Vernichtung, sondern vor allem der Zugang zu den Informationen ist politisch motiviert. Auch das Archiv der Hochschule für Elektrotechnik/Technischen Hochschule Ilmenau war von 1954 bis 1989 ein Archiv in einer Diktatur. Spuren finden sich u. a. in Regelungen, die den Zugang nichtsozialistischer Forscher zu den Quellen verhinderten. Den Kern der Überlieferung stellen die zentralen Struktureinheiten, wie das Rektorat, dar. Die Fakultäten, insbesondere die naturwissenschaftliche unter dem Dekan Prof. Eugen Philippow, bleiben dagegen äußerst blass. Offenbar fanden aber auch zahlreiche Informationen, wie z. B. die Forschung zu militärischen Zwecken, gar nicht erst ihren Weg in das Archiv. Ganz konkrete Anhaltspunkte der politischen Einflussnahme stellen darüber hinaus nachweisbare Kontakte des Archivpersonals zu den Sicherheitsorganen und bewusste Aktenvernichtungen vor allem in der Umbruchszeit der Hochschule dar. Jahrzehntelang wurde das Archiv seitens der Hochschule sehr niedrigschwellig unterhalten. Ob dies politisch begründet werden kann, wäre zunächst anhand aussagekräftiger Quellen zu untersuchen. Die Auswirkungen für die historische Forschung sind aber bereits jetzt spürbar: Es fehlen essentielle Informationen und die Recherche gestaltet sich aufgrund der nur vorläufigen Erschließung der Archivalien sehr langwierig. Und auch dies ist ein Ergebnis des Umgangs mit dem Archiv: Dreißig Jahre nach dem politischen Umbruch liegt mit dieser Studie die erste historisch-kritische Würdigung der Technischen Hochschule Ilmenau vor. Ich wünsche ihr zahlreiche kritische Leser und eine anregende Diskussion über Legenden, Geschichtsbilder und Ilmenauer Identitäten.

Zum Bestand des BStU

Es hat in der 30-jährigen Geschichte der Offenlegung der Stasiakten nicht nur Genugtuung bei den Opfern und Aufarbeitern des DDR-Unrechts gegeben, sondern auch Unmut, medial verstärkt und in zahllosen Aufsätzen und Beiträgen manifestiert. Meist ging es polar zu, um Wegsperren oder Offenhalten. Kern des Unmuts war die vom Gesetzgeber im Rahmen seines StUG gewollte Anomalie des Archivzugangs. Einfach gesagt, der Verfasser konnte, wie seine Kollegen der Abteilung Bildung und Forschung (BF) auch, selbst recherchieren, was Wissenschaftlern von außen vorenthalten ist. Aber nur mit diesem privilegierten Zugang war es möglich, dass der BStU der Forschungsgemeinschaft Studien mit Grundlagen-Charakter zur Verfügung stellen konnte. Was aber oft in den Debatten verschwiegen wird, ist, dass beide Seiten hinsichtlich ihrer Veröffentlichungen den Bestimmungen des StUG sowie den Richtlinien und Verwaltungsvorschriften des BStU unterliegen. Am 17. Juni 2021 endete mit der Übernahme des BStU in das Bundesarchiv diese „einzigartige Institution“, wird sein „Aus“, wie Kowalczuk es Ende 2020 vorwegnahm, „eine Leerstelle hinterlassen, die nicht zu schließen ist. Mit fatalen Folgen.“[43] „Wer das Archiv kontrolliert“, so hörten wir Kürbis, „kontrolliert das Gedächtnis“.

---

43 Kowalczuk, Ilko: Das Ende eines Revolutions-Symbols, in: Sächsische Zeitung vom 24.11.2020, S. 7. Vgl. auch Buthmann, Reinhard: Offener Aktenstreit, in: Gerbergasse 18, (2021), Heft 101, S. 7–10.

3 Hochschullandschaft der DDR

In den folgenden drei Rahmen werden jene Felder abgesteckt, die für ein Verständnis der *sozialpolitischen* Geschichte der TH Ilmenau unabdingbar sind. Der Naturwissenschaftler Dietrich Gall[44], ehemals Sektion PHYTEB der TH, stellte in seinem Vortrag am 17. März 2007 zum Thema der lichttechnischen Ausbildung fest, dass „gerade die Nachkriegszeit" gezeigt habe, „dass viele Dinge nur durch die politischen Rahmenbedingungen erklärt werden können" – eine Feststellung, die er ausdrücklich als Kritik an historischen Arbeiten zu seiner Hochschule verstanden wissen wollte.[45]

3.1 Rahmen I: Zeit der Entscheidung

In diesem Kapitel vermischen sich Fragen zu Willkürverhaftungen, zur Entnazifizierung, zum Elitewechsel und zur Personalselektion. Eine Zeit vielfältiger Entscheidungsnotstände. Sich zu den drängenden Fragen nicht zu verhalten, war unmöglich.

SED und MfS etikettierten die bürgerlichen Hochschullehrer und Wissenschaftler überaus häufig mit dem Wort „indifferent"; Walter Ulbricht 1950: „Es gibt manche Leute, die anscheinend zwei Seelen in ihrer Brust haben. Man trifft sie auch unter den älteren Semestern der Berliner Universität. Sie wissen noch nicht, ob sie in der Deutschen Demokratischen Republik mit dem Volke für den Fortschritt arbeiten sollen oder ob sie als Bedienstete des westlichen Großkapitals arbeiten werden."[46] Wer „zwei Seelen" in sich nicht ertrug, musste sich entscheiden. Etwa im Falle des Dekans der mathematisch-naturwissenschaftlichen Fakultät der Wilhelm-Pieck-Universität (WPU) Rostock, Rudolf Kochendörffer. 1967 konnte er einen Auslandsaufenthalt zur Flucht nutzen. Seit 1946 Mitglied der SED, war er 1951/52 aus der Partei „gestrichen" worden (wie etwa ein Jahr später auch der erste demokratisch gewählte Rektor der FSU Jena, Ernst Schmutzer[47]). Er soll „nicht immer mit der politisch-ideologischen Erziehung der Studenten, entsprechend den Richtlinien einer sozialistischen Hochschule, einverstanden" gewesen sein. Laut einer Einschätzung vom 17. Juli 1963 sei er „der Typ eines Nur-Wissenschaftlers". Seine „Grundkonzeption" sei „indifferent". Er gebe sich nur den Anschein, ein „guter Staatsbürger" zu sein, nie lege er sich fest, halte immer eine Tür für einen Rückzug offen. Er protegiere an seinem Institut die Nicht-Genossen. Öffentliche Auftritte meide er, sei aber ein guter Fachmann, auch könne er die Vorlesungen gut bestreiten. Es sei ihm „gleich, ob er für seine Arbeit ausgezeichnet" werde „oder nicht". 1960, als er den Vaterländischen Verdienstorden erhielt, äußerte er: „Man hat mich wahrscheinlich für meine Sparsamkeit mit Büroklammern ausgezeichnet, als ich noch Prorektor war."[48] Und über den Ilmenauer Walter Furkert heißt

---

44 Geb. 1940. Studium an der THI bis 1965, Promotion 1969, Habilitation 1983. 1965–1990 wiss. Assistent, Oberassistent, 1990 Prof. an der Sektion PHYTEB. Gest. 2017.

45 Gall, Dietrich: Die Anfänge der lichttechnischen Ausbildung an den höheren Lehranstalten in Ilmenau bis 1968. Vortrag zur 6. Lichttagung des Fachgebietes Lichttechnik und der BG Thüringen/Nordhessen der Deutschen Lichttechnischen Gesellschaft e. V. am 17.3.2007. TU Ilmenau, Langfassung (pdf) 2007, S. 1–21, hier 1.

46 Referat von Walter Ulbricht, in: Junge Welt vom 28.11.1950; abgedruckt in: Physikalische Blätter, 7(1951)1, S. 39–41, hier 41.

47 Interview des Verf. mit Ernst Schmutzer am 6.3.2019. Siehe auch Kap. 4.3.6, S. 364.

48 BV Rostock vom 17.7.1963: Einschätzung; BStU, BV Rostock, AOP 1970/67, 1 Bd., Bl. 51 f., hier 52.

es in einem IM-Bericht acht Jahre später, dass er sich arbeitsmäßig „ausschließlich auf das Halten seiner Vorlesungen" beschränke.[49]

Auch wenn die Gründung der HfE Ilmenau erst 1953 erfolgte, können die davor erfolgten Repressalien und Verhaftungen nicht ausgeblendet werden, da sie vielfältig noch lange nachwirkten. Am 26. Januar 1988 fand in der Mensa der TH Ilmenau eine Veranstaltung der Freien Deutschen Jugend (FDJ) zum Thema der historischen Hintergründe der Umgestaltung in der Sowjetunion statt. Anlass war der Aushang eines Studenten an einer Wandzeitung. Den Vortrag hielt der Marxist Klaus Römer[50], der – so der Inoffizielle Mitarbeiter (IM) „Michael Kühn" – den vorrangigen Grund hierfür aus den Ungerechtigkeiten der Stalinära ableitete, wie etwa Willkürverhaftungen. Letztlich eine Ära, die nicht konsequent und rechtzeitig aufgearbeitet worden sei. „Michael Kühn" zitierte Römer: „Solange Macht erforderlich ist und existiert, so lange ist Subjektivismus nicht ausgeschlossen." Worauf ein Student gefragt haben soll, „was ihm die Sicherheit und die Garantie" gebe, „dass Probleme der Entwicklung in der Sowjetunion nicht auch in unserem Zeitraum der Entwicklung der DDR zu finden" wären.[51]

Das Gros der Verhafteten wurde, so sie nicht verschollen oder verstorben waren, erst ab 1953, dem Gründungsjahr der HfE Ilmenau, entlassen. Wie ein Standardfall erscheint die Inhaftierung von Gerd M. Ahrenholz, Student der Chemie an der Universität Rostock. Er wurde 1948 verhaftet und vom Sowjetischen Militärtribunal (SMT) der Garnison des sowjetischen Sektors von Berlin gemäß Paragraph 56-6 (Spionage) zu 25 Jahren Zwangsarbeitslager (ZAL) verurteilt, oder anders gesagt: von der kurz zuvor ausgesprochenen Todesstrafe begnadigt. Ihm war unterstellt worden, einem Bekannten, der angeblich ein überführter Geheimdienstmitarbeiter eines westlichen Landes gewesen sein soll, auf dessen Bitte hin, Standorte sowjetischer Militärobjekte auf einem Stadtplan gezeigt zu haben. Ahrenholz bestritt dies. Im Oktober 1955 wurde er per Erlass vom 28. September entlassen.[52] Ein anderes Opfer, Martin Lauer, erinnert:

„Spion – bist du erwiesen –
Das ist ein übler Scherz,
‚verurteilt' – zum Tode durch Erschießen –
Eiskalt umkrallt's dein Herz."[53]

Die politische Verfolgung in der Sowjetischen Besatzungszone (SBZ) resp. DDR hatte erhebliche Auswirkungen auch auf den Bildungs- und Wissenschaftssektor. Dabei galt 1945 zunächst noch eine für alle Besatzungszonen identische Strategie in der völligen

---

49 Bericht von „Lutz Krause" am 11.11.1971; BStU, BV Suhl, AIM 603/92, Teil II, Bd. 2, Bl. 13–17, hier 15.

50 Geb. 1934. Philosoph. Facultas docendi 1973, o. Prof. ab 1980 am Institut resp. an der Sektion Marxismus-Leninismus (ML). Prorektor für Gesellschaftswissenschaften (GeWi) 1981–1990.

51 Bericht von „Michael Kühn" am 30.1.1988; BStU, BV Suhl, Abt. XX, Nr. 1522, Bl. 78–81.

52 MfS, Abt. X: Anlage zum Schreiben vom 20.8.1982 der Abt. XX der BV Rostock: Überprüfungsersuchen; BStU, MfS, HA X, AP 8808/89, Bl. 27. Information SU/X/64/82 vom 5.7.1982. Siehe auch Ahrenholz, Gerd Manfred: „Alleslüge" – Leben und Überleben im Krieg und Gulag 1939–1956. Dannenberg 2011. Zur Internierung: Beatti, Andrew H.: Die alliierte Internierung im besetzten Deutschland. Außergerichtliche Inhaftierung im Namen der Entnazifizierung, in: Gerbergasse 18 (2020), Heft 97, S. 33–38.

53 Das Tribunal, in: Lauer, Martin: Mein Buch Sehnsucht. Gedichte aus dem Archipel Gulag 1950–1954. Erfurt 2002, S. 41 f. Lauer wurde zu 25 Jahren Zwangsarbeit verurteilt, zwei Mitverurteilte zum Tode.

Entmachtung nazistischer Staatsfunktionäre und der Beseitigung nazistischer Strukturen. „Alle Mitglieder der nazistischen Partei, welche mehr als nominell an ihrer Tätigkeit teilgenommen haben, [...] sind aus den öffentlichen oder halböffentlichen Ämtern und von den verantwortlichen Posten in wichtigen Privatunternehmungen zu entfernen." Sie waren durch „Personen, welche nach ihren politischen und moralischen Eigenschaften fähig erscheinen, an der Entwicklung wahrhaft demokratischer Einrichtungen in Deutschland zu helfen", zu ersetzen. Das Erziehungswesen sollte so kontrolliert werden, dass „eine erfolgreiche Entwicklung der demokratischen Ideen möglich gemacht" werde.[54]

Die Verhaftungen blieben bis 1950 an der Tagesordnung; der Historiker Klaus Schröder: „Das NKWD/MWD selbst verhaftete und verschleppte mit Unterstützung deutscher Kommunisten und Spitzel Einzelpersonen und Gruppen weit über den offiziellen Abschluss der Entnazifizierung [mit dem Befehl der Sowjetischen Militär-Administration in Deutschland (SMAD) Nr. 35 vom 26.2.1948 – der Verf.] hinaus. Neben tatsächlich ‚aktiven' Nationalsozialisten wurden auch Jugendliche (wegen angeblicher Wehrwolftätigkeit) und Personen, die sich den gesellschaftlichen und politischen Umgestaltungen widersetzten, inhaftiert." Und: „Die Sowjets kannten auch gegenüber Jugendlichen keine Gnade: Von den 38 1945/46 verhafteten jungen Leuten aus Greubent (Thüringen) z. B. überlebten nur 14."[55] Oft verschwanden Menschen spurlos. Bürger fragten bei Repräsentanten des Staates nach. Der stellvertretende Ministerpräsident Otto Nuschke hatte in einem dieser Fälle Staatssekretär Herbert Warnke gebeten, Erkundigungen zu zwei Vermissten einzuziehen, gegebenenfalls über den Generalinspekteur der Hauptverwaltung zum Schutze der Volkswirtschaft, Erich Mielke, ob die Nachgefragten „wieder aus der Haft entlassen" würden und „warum sie verhaftet" worden seien.[56] Warnke erkundigte sich bei der Hauptverwaltung der Deutschen Volkspolizei. Heraus kam, dass die Vermissten „durch das Dezernat F auf Veranlassung" der Kreisdienststelle festgenommen worden seien. Sie waren demnach am 6. November 1949 „der Sowjetischen Zentralkommandantur überstellt" worden.[57] Die Verhaftung erfolgte am 31. Oktober. Nuschke wartete indes immer noch auf eine Antwort, also bat er Wilhelm Zaisser um Erledigung seiner Anfrage.[58] Erst am 8. Juni 1950 ist ihm „mündlich Auskunft" erteilt worden.[59] Und als die sowjetische Besatzungsmacht ihre furchtbare und angstmachende Praxis der Verhaftungen einstellte, setzten die deutschen Kommunisten diese auf nur wenig veränderter Art und Weise fort.[60]

Wie in solchen Zeiten sich verhalten? Viele schwiegen, viele mögen sich für

---

54 Stalin, Josef/Truman, Harry/Attlee, Clement R.: Mitteilung über die Berliner Konferenz der Drei Mächte vom 17.7.–2.8.1945, in: Die Berliner Konferenz der Drei Mächte – Der Alliierte Kontrollrat für Deutschland – Die Alliierte Kommandantur der Stadt Berlin. Berlin 1946, S. 5–21, hier 9.

55 Schröder, Klaus: Der SED-Staat. Partei, Staat und Gesellschaft 1949–1990. München 1998, S. 68 f.

56 Staatssekretär Warnke an den Chef der Hauptverwaltung Deutsche Volkspolizei, Fischer, vom 21.11.1949; BStU, MfS, AS 434/67, Bl. 1.

57 Notiz vom 7.12.1949; ebd., Bl. 4.

58 Nuschke an den Minister für Staatssicherheit, Zaisser, vom 6.6.1950; ebd., Bl. 8.

59 Ebd., Bl. 9.

60 Stellvertretend für unzählig viele Fälle sei hier Jörg Bernhard Bilke, der am 9.9.1961 ohne jedwedes Verbrechen verhaftet und zu einer dreieinhalbjährigen Zuchthausstrafe verurteilt wurde, genannt. Ders.: Troglodytische Jahre. Ein Haftbericht in sechs Teilen, abgedruckt in der westdeutschen Studentenzeitschrift nobis 1965/66.

abwartendes Mitmachen entschieden haben. Einige aber lebten, als gebe es die SED nicht. Sie konzentrierten sich voll auf ihre Arbeit und lebten kulturell in einer anderen Welt. Der studierte Marxist der TH Ilmenau Franz Rittig erwähnt in *Ingenieure aus Ilmenau* am Beispiel des Starkstromtechnikers Furkert, wie der die Kommunikation in natürlicher Atmosphäre lebte und „gelegentlich" Goethe zitierte.[61] Aber wir sollten es wissen: Furkert zitierte Goethe und eben *nicht* Marx, Engels oder Lenin, und das war beabsichtigt. Das unterschied sie. Ob der in Jena wirkende Physiker Eberhard Buchwald oder der Berliner Verhaltensbiologe Günter Tembrock, sie vergaßen es fast nie, mit Goethe zu beginnen und/oder mit ihm zu beschließen.

Abbildung 1: Walter Furkert auf dem I. IWK, 1956

Walter Furkert[62] wird von Friedhelm Noack als einer jener beschrieben, die großen Wert auf eine gediegene Beherrschung der Grundlagen legten. Er erwähnt die Prägekraft Furkerts, der eine soziale Kohäsion unter seinen Studenten schmiedete und eine Reihe von Generaldirektoren, Direktoren und Professoren seine Schüler nennen durfte.[63] Seinesgleichen umzuerziehen gelang der SED meist nicht: Friedrich Mach von der EMAU Greifswald äußerte 1966 zur Frage der Erziehung der Studenten, dass sie sich positiv im Sinne der SED bewegt hätten, was man aber mit Blick auf den Lehrkörper nicht sagen könne. „Meistens" kämen „sie aus bürgerlichen Verhältnissen" und es sei „schwer, diese Menschen umzuerziehen."[64] Sie gaben sich durchaus zu erkennen. Anna Lux hat in *Eine Frage der Haltung?* an die Angewohnheit des Germanisten Theodor Frings erinnert, „sich" vom

---

61 Rittig, Franz: Ingenieure aus Ilmenau. Ilmenau 1994, S. 5. Der Hochschullehrer Furkert hatte den Vorsitz der Ortsgruppe Ilmenau der Goethe-Gesellschaft inne.

62 Geb. am 26.1.1908 in Radebeul. 1931–1948 in Betrieben u. a. als Versuchsingenieur beschäftigt, zwischenzeitlich, 1940, im Armee-Nachrichten-Regiment 549 tätig. Promotion 1933. 1948–1950 in der Deutschen Wirtschaftskommission und Hauptverwaltung Energie beschäftigt. 1950–1955 Technischer Leiter im VEB Hochspannungsarmaturenwerk Radebeul. 1956 Prof. mit Lehrauftrag für Energietechnik an der HfE, ab 1.9.1959 Prof. mit Lehrstuhl. 1973 emeritiert. Furkert verstarb 1990; UAI, 4164 Pers. u. 0342 Kad.

63 Friedhelm Noack, in: 50 Jahre Akademisches Leben, S. 19–21.

64 BV Rostock, KD Greifswald, vom 10.6.1966: Bericht zur Werbung des GI „Schubert"; BStU, BV Rostock, AIM 468/88, Bd. P, Bl. 61–66, hier 63.

Chauffeur „zu seinen Seminaren ein Kissen voran und die Tasche hinterhertragen“ zu lassen; „kurz: Er war ein ‚Bourgeois‘“. Und er blieb, wer er war, er trat nicht der SED bei, blieb ein „Mann von bürgerlicher Weltanschauung“. Diesen „letzten König“ aber zeichnete wiederum etwas aus, was er mit vielen seiner Zunft gemeinsam hatte: eine feste Treue zu seinen Schülern.[65] Und allen gemeinsam war, dass sie, mit Günter Wirth gesagt, ein „eigenständiges Selbstverständnis für die Wahrnehmung der Verantwortung“[66] besaßen.

Abbildung 2: Bürgerliche Welten: Tabakskollegien, um 1900

Dass es für Naivität in gesellschaftspolitischer Hinsicht keinen Freibrief geben könne, darauf hatte beizeiten der Philosoph Theodor Litt hingewiesen. Im Kontext der heraufziehenden parteipolitischen Machtübernahme durch die Nationalsozialisten an Universitäten und Hochschulen schrieb er seinen Leipziger Studenten gleichsam als Vermächtnis in das Taschenbuch der Leipziger Studentenschaften 1932/33 hinein; Zitat: „Wohl aber sind die inneren Voraussetzungen der akademischen Ausbildung teils aufs Schwerste bedroht, teils bereits zerstört. Mit gutem Grunde hat man die innere Haltung, die der akademische Studiengang fordert, seit je als ‚akademische Freiheit‘ bezeichnet. Richtig ausgelegt meint dies Wort nicht die Losbindung von den Pflichten und Rücksichten, denen der nichtakademische Mensch unterworfen ist, sondern die innere Souveränität dessen, der sich nur in freier Entscheidung, in selbstständiger Wahl, auf Grund verantwortlicher Prüfung bindet.“ Und: „Nur die beharrliche Wachsamkeit, nur die gewissenhafteste Selbstkontrolle kann den akademischen Bürger davor schützen, dass er, von den Sorgen des Augenblicks, von den Leidenschaften des Tages, von den Suggestionen des Massendenkens fortgerissen, die Freiheit der selbstständigen Prüfung und Stellungnahme fahren lässt und in irgend einem Haufen von Interessen untergeht.“[67] Nicht wenige Wissenschaftler und Hochschullehrer in

---

65 Lux, Anna: Eine Frage der Haltung? Die bruchlose Karriere des Germanisten Theodor Frings im spannungsreichen 20. Jahrhundert, in: Schleiermacher, Sabine/Schagen, Udo: Wissenschaft macht Politik. Hochschule in den politischen Systembrüchen 1933 und 1945. Stuttgart 2009, S. 79–99, hier 95 u. 97.

66 Wirth, Günter: Bürgertum und Bürgerliches in SBZ und DDR. Berlin 2011, S. 18.

67 Litt, Theodor: Geleitwort, in: Hahn, Herbert (Bearbeiter): Taschenbuch der Leipziger Studentenschaften 1932/33. Leipzig 1932, S. 11 f., hier 11.

der DDR haben diese „alte" Haltung, wo mit Wucht diese Probleme wieder heranwuchsen, beherzigt, auch in Ilmenau. Furkert war einer von ihnen.

Die SED arbeitete an einem völlig anderen Typus von Wissenschaftler. Der Physiker Martin Strauss, Propagandist der SED-Bildungsrevolution, schrieb 1956: „So lange die Studenten sehen, dass diese Art von Professoren den Universitätsapparat weitgehend beherrschen, in wissenschaftlichen Beiräten sitzen und – vor allem – über ihre Examina entscheiden und nicht nur nicht zur Rechenschaft gezogen werden, sondern gelegentlich auch noch mit Nationalpreisen ausgezeichnet werden, solange ist es etwas viel verlangt, dass ‚den Kampf gegen faule und feindliche Erscheinungen an dieser oder jener Hochschule die Studenten selber führen sollten'."[68] Seine Diktion, er war nicht Mitglied der SED, entsprach haargenau dem Willen der SED in der Bildungspolitik. Er war auch zwei Jahre später, 1958, einem Schlüsseljahr in der Bildungs- und Hochschulpolitik der SED, für die SED als Frontkämpfer präsent, einer der klarstellte, dass es „keine Inseln im Meer des Klassenkampfes" geben könne. Er wandte sich gegen jene, die gegen die Politisierung der Hochschulen und Universitäten ankämpften, die dies „als Störung der wissenschaftlichen Arbeit" empfanden.[69] Der Klassenkampf sei in die Universitäten und Hochschulen hineinzutragen, notfalls mit Gewalt und immer ohne Kompromisse. „Die Geschichte des Klassenkampfes an den Universitäten und Hochschulen" sei „noch nicht geschrieben worden." Den Status der bürgerlichen Professoren denunzierte Strauss: „Mitmachen, um die Positionen zu halten und einen sozialistischen Nachwuchs zu verhindern." Er untermauerte seinen Kulturkampf mit einem Zitat eines Kollegen: „‚Früher, in der Weimarer Republik, waren wir an der Universität halb illegal; heute sind wir bereits halb legal.'" „Die letzte Position", so Strauss, „auf die sich gegenwärtig die offenen und verkappten Gegner des Sozialismus zurückziehen, ist die der ‚Autonomie der Hochschulen'". Die Praxis dieser Politik liege in der Ablehnung der „demokratischen Kontrolle und die Isolierung der Hochschulen vom gesellschaftlichen Leben und damit auf die Konservierung aller undemokratischen und antisozialistischen Traditionen im Hochschulwesen". Die deutschen Universitäten seien zwar traditionell auf Grundlagenforschung eingestellt. Es sei „kurzsichtig", würde man diesen „Vorzug völlig aufgeben". Jedoch müsse man sehen, wohin die Mittel des Staates vorzugsweise fließen sollten: jedenfalls nicht in solche Gebiete wie die Kosmologie und die abstrakte Algebra, sondern in solche, die den Fortschritt in Wissenschaft und Technik bedingen, sich in „den Dienst der beschleunigten Entwicklung der Produktivität" stellen. Und zur Bedeutung der Assistenten an der Hochschule betonte er jenen Aspekt, der in der Geschichte der HfE resp. TH Ilmenau immer wieder bemüht wurde, der zu Relegationen führte, zum Widerstand anregte und vielfach für Unmut sorgte; Zitat: „Die Assistenten haben einen sehr guten Riecher für die wirklichen Machtverhältnisse an ihrer Universität. Solange sie reaktionäre Professoren gefördert sehen, kann man von ihnen nicht erwarten, dass sie sich für den Sozialismus einsetzen." Strauss folgerte in Hinblick auf den

[68] Strauss: Schreiben an das Neue Deutschland vom 21.12.1956 zum Leitartikel „Studentenschaft und Sozialismus" am 20.12.1956; ArchBBAW, Nachlass Strauss, Nr. 150, S. 1–3, hier 2.

[69] Strauss, Martin: Die Zweite Etappe. Zur Hochschulkonferenz der SED. Erschienen am 2.3.1958 im Sonntag; ebd., Nr. 157, S. 1–3, hier 1.

Ruf der Universitäten: „An ihren Assistenten sollt ihr sie erkennen.“[70]

Verlief der SED-gewollte Generationsumbruch in den gesellschaftswissenschaftlichen Fächern rasch, so war er in den naturwissenschaftlich-technischen Fächern zunächst kaum ausgeprägt. Ralph Jessen hat im Falle der Universitäten in Berlin, Leipzig und Rostock gezeigt, dass sich die Proportionen zwischen den drei Generationen, der Weimarer, der NS- und der DDR-Generation, recht „langsam und kontinuierlich, ohne dramatische Brüche“ entwickelten; Zitat: „In der zweiten Phase zwischen 1951 und 1958 folgten die Anteile der beiden ‚alten‘ Generationen mit minimalen Abweichungen dem Idealmodell, was vor allem auf das Anwachsen der NS-Generation zurückzuführen ist, die jetzt in einer relativen Stärke vertreten war, als hätte es nie eine Entnazifizierung gegeben. Der Zuwachs der neuen Generation füllte im Wesentlichen die reguläre Emeritierungslücke und hatte keinen Verdrängungscharakter. Das änderte sich in der dritten Phase nach 1958, als der Generationsaustausch an Tempo gewann. Die Weimarer und noch stärker die NS-Generation verloren überproportional zugunsten der DDR-Generation an Boden. Erst jetzt, Anfang der sechziger Jahre, war in den Naturwissenschaften ein Verdrängungseffekt der ‚Neuen‘ spürbar.“[71]

Was an den alten Bildungsinstitutionen augenfällig war, zeigt sich an der 1953 gebildeten HfE Ilmenau so nicht. Sie bildete, ähnlich wie die Deutsche Akademie der Wissenschaften (DAW),[72] eine Verlängerung zum Normalverlauf in der „personalen Verdrängung“, zumindest bis 1968. Abgänge waren hier eher „selbstinitiiert“, etwa durch Flucht. Dass dafür auch gesellschaftlicher oder ideologischer Druck verantwortlich sein konnte, ist unbestritten, denn der ideologische Druck der SED machte auch um die HfE Ilmenau keinen Bogen. Gleich im Gründungsjahr 1953 wurde, wenn auch nicht das erste Mal, der ehemalige Direktor des Thüringer Technikums, Georg Schmidt (1871–1955), denunziert und öffentlich geschmäht.[73] Objektiv gesehen war die HfE zwar begünstigt durch ihre Disziplinen, die technischer Natur waren. Doch prinzipiell betraf es alle Disziplinen, neben den philosophisch „verdächtigen“ wie Physik (Relativitätstheorie) und Biologie (Vererbungslehre) zunehmend auch scheinbar im Windschatten gelegene wie die Geographie. Bruno Schelhaas erinnert an Heinz Sanke, den „wichtigsten Vorkämpfer der sozialistischen Geographie in der DDR“, der die Auffassung vertrat, dass die „Länderkunde als Bestandteil der bürgerlichen Ideologie in der Geographie [...] nicht in den Dienst des Aufbaus des Sozialismus in der DDR gestellt werden“ könne. Schelhaas sieht es als ein Kernproblem der DDR-Geographie an, dass die in dem Zitat zugrunde gelegte Doppelfunktion – die Ablehnung der bürgerlichen Auffassung und die gleichzeitige Etablierung einer neuen Lehre der Geographie – verwirklicht werden sollte.[74]

---

70 Ebd., S. 2 f. Literaturhinweis: Wetzel, Hans: Fakultäten ändern ihr Gesicht, in: Einheit, 2/1958.

71 Jessen: Akademische Elite, S. 291, auch S. 305 f.

72 Buthmann: Versagtes Vertrauen, Kap. 3.3, passim.

73 Wolfgang Prast in: Jacobs, Peter/Prast, Wolfgang: „Ilmenau soll leben ...“. Die Geschichte des Thüringischen Technikums von 1984 bis 1955 und der studentischen Verbindungen und Vereine von 1894 bis heute. Wehrheim 1994, S. 28–95, hier 87 f.

74 Schelhaas, Bruno: Der Aufbau der Hochschulgeographie in der SBZ und der jungen DDR, in: Schleiermacher, Sabine/Pohl, Normann (Hrsg.): Medizin, Wissenschaft und Technik in der SBZ und DDR. Organisationsformen, Inhalte, Realitäten. Husum 2009, S. 125–151, hier 126.

1985 monierte die Ilmenauer Marxistin Petra Lindner, dass sich „ein Teil" des Lehrkörpers „aus Vertretern der bürgerlichen Intelligenz" zusammensetzte. „Die daraus resultierenden bürgerlichen Verhaltensweisen und ideologischen Grundpositionen" hätten einen „maßgeblichen Einfluss auf [die] politische Situation an der Hochschule" gehabt. „Der zentrale Beschluss der Partei, die Gründung und der Aufbau einer Spezialhochschule für Elektrotechnik, ist erfüllt worden. Nicht erfüllt worden sei die Durchsetzung der führenden Rolle der SED." Sie untermauerte ihre Einschätzung mit der des 1. Sekretärs der Hochschulparteileitung (HPL) von 1957 bis 1964, Alfred Pfestorf. Zwar waren 1955 55 Prozent aller Mitarbeiter der HfE Ilmenau Mitglieder der SED, doch sank dieser hohe Grad. Pfestorf kritisierte den unzureichenden Durchgriff seiner Partei auf die politisch-ideologische Erziehung und auf die „politische Zusammensetzung des Lehrkörpers". 1957 waren an der HfE nur fünf der 25 Hochschullehrer Mitglieder der SED. Auch der Anteil unter den Dozenten, Assistenten und Oberassistenten lag nur bei etwa 20 Prozent. Insgesamt lag der Organisationsgrad der SED etwas höher und blieb zunächst relativ stabil. 1958 lag er bei 31, drei Jahre später bei 33 Prozent.[75] Bereits Anfang 1955 hatte die Hochschul-Parteiorganisation (HPO) festgelegt, „die fortschrittlichsten Studenten und Mitarbeiter der Verwaltung" für die SED zu gewinnen.[76] Parteisekretär Hellmuth Hellge stellte im April 1955 fest: „Wenn die Partei noch nicht die führende Kraft an der Hochschule ist, so hat dies seinen Grund darin, dass weder der Parteisekretär noch ein anderer Genosse aus der Leitung die Fachkenntnisse hat, um auf Wissenschaftler Einfluss nehmen zu können. Dies ist eine sehr wichtige Frage."[77] Das zentrale Thema der SED war auch der jungen Parteileitung der HfE nicht entgangen; ein Parteileitungsmitglied: „Die bürgerlichen Wissenschaftler trachten doch danach, den jungen Kadernachwuchs zu hemmen." Derselbe beklagte 1956: „Wir sind ein Generalstab mit einer Armee von 1.000 Menschen, wir haben aber nur drei Offiziere, auch fehlen uns die Unteroffiziere in den Gruppen."[78] Wiesen die Hochschullehrer an den Universitäten inkl. der TH Dresden 1951 einen SED-Anteil von nur 23,1 Prozent aus, waren es acht Jahre später, 1959, bereits 53,2 Prozent. Parallel dazu fiel der Anteil der Mitgliedschaften in den Blockparteien von 10,7 auf 8,3 Prozent.[79]

Neben der SED-Mitgliedschaft besaß für die SED lange Zeit die Frage der sozialen Herkunft der Studenten und Hochschullehrer eine entscheidende Bedeutung. Nur zuletzt, in den 1980er Jahren, driftete sie als Personalselektionskriterium in eine mehr diskursive und statistische ab. Bis an das Ende der Ulbricht-Ära stieg an den Universitäten und der TH Dresden der Anteil der „Arbeiter-und-Bauern-Kader" unter den Professoren von 1951 mit 7,7 nahezu kontinuierlich auf zuletzt 33,7 Prozent.[80] Jährlich war in den Formblättern

---

75 Lindner, Petra: Ausgewählte Probleme zur Geschichte der HfE unter besonderer Berücksichtigung der Entwicklung des Lehrkörpers 1953–1961. UAI, Diplomarbeit. Ilmenau 1985, S. 16, 20, 25, 34 u. 62. Zur SED-Mitgliedschaft vgl. Kowalczuk: Geist, S. 311–324 u. unter dem Aspekt der Elite, S. 324–333. Vgl. differenzierte Mitgliederstatistik vom 15.6.1959; LATh-StA Meiningen, BS 4-95-1317, AS 17, S. 1 f.

76 HPL der HfE, Protokoll vom 31.1.1955; ebd., AS 14, S. 1 f., hier 1.

77 HPL der HfE, Protokoll vom 28.4.1955; ebd., BS 4-95-1317, AS 14, S. 1–5, hier 4.

78 HPL der HfE, Protokoll vom 31.8.1955; ebd., S. 1–4, hier 3. Über die Parteiarbeit vom 12.5.1956; ebd., S. 1–18, hier 9.

79 Jessen: Akademische Elite, S. 374, 376 u. 401.

80 Ebd.

der Hochschulstatistiken der Nachweis über die soziale Zusammensetzung der Studenten zu führen und nach Berlin zu übermitteln. 1967 betrug an der TH Ilmenau der Anteil der aus den sozialen Schichten der Arbeiter und Bauern stammenden Studenten 48 Prozent.[81]

Es gab in der DDR-Wissenschafts- und Hochschullandschaft keine wesentlichen Unterschiede in der ideologischen Auseinandersetzung mit den bürgerlich sozialisierten Wissenschaftlern und Hochschullehrern. Auseinandersetzungen, die oft die Karriere kosteten, fanden an allen größeren Institutionen nach sich ähnelnden Mustern statt. Der IM des MfS „Fröhlich" berichtete am 28. August 1952, dass Hermann Weidhaas[82] von der Hochschule für Architektur in Weimar „der ausgesprochene Typ des bürgerlichen Akademikers" sei, „der zielbewusst den Kastencharakter der Wissenschaftler erhalten möchte und weder die Parteilichkeit der marxistischen Wissenschaft noch ihre Überlegenheit über die bürgerliche Wissenschaft" anerkenne. Er sei „im Gegenteil bestrebt, mit Hilfe der objektiven Wissenschaft, die für ihn unantastbar" sei, „den Marxismus praktisch aus den Hochschulen zu verdrängen. Kritik und Selbstkritik verleumdet er als eine Methode des Abschießens." Angeblich würden seine Vorlesungen „von objektivistischen und sogar Lebensraum-Ideologie" strotzen. Er sei ein „ausgesprochener Doppelzüngler, der jedes Mal nach den vielen Aussprachen, die die Betriebsgruppenleitung der Hochschule mit ihm geführt" habe, „und in denen er den Harmlosen und Reumütigen" spiele, „umso versteckter intrigiert und die Partei verleumdet".[83] Dass Weidhaas der SED angehörte, spielte keine Rolle.

Bis etwa 1968 bildete sowohl der bürgerlich sozialisierte Wissenschaftler in herausgehobener Position als auch die Wissenschaftlergemeinschaft einen nicht zu vernachlässigen Machtfaktor. Sie waren als Leistungsträger zwar Lokomotiven des Fortschritts, dennoch nur auf Zeit geduldete. Zahlreich sind ihre Gefährdungen, Lebens- und Berufseinbußen sowie existentiellen Situationen. In Kreisen der SED und in Gänze beim MfS lautete das Urteil stereotyp wie 1966 von der Suhler Funktionärselite geäußert: „Der überwiegende Teil der Wissenschaftler und Institutsdirektoren stammt aus den Reihen der alten Intelligenz. Charakteristisch für diesen Personenkreis sind: die ehemalige Zugehörigkeit zur NSDAP oder anderen faschistischen Organisationen, die frühere Tätigkeit in mittleren und leitenden Funktionen in Konzernbetrieben, umfangreiche unkontrollierte dienstliche und private Verbindungen zu Wissenschaftlern und Angestellten in westdeutschen Konzernen und Hochschulen."[84] Das Etikett „bürgerlich" war ein Totschlagsargument, ein Kampfbegriff, tradiert aus der NS-Zeit. Immer ging es der SED um den möglichst raschen Austausch der Bürgerlichen gegen Parteitreue. 1967 sprach der Justitiar der TH Ilmenau und Spitzen-IM des MfS Wolfgang Berg[85] auf der Parteileitungssitzung (APO I) des Rektorats

---

81 Hochschulstatistik, Stichtag: 30.11.1967; Konvolut Planung und Statistik 1966–1968; UAI, Sgn. 613.

82 Hermann Weidhaas (1903–1978). Zu Werdegang und Bedeutung siehe auch Ficker, Friedberg: Hermann Weidhaas und die osteuropäische Kunstgeschichte. Im Gedenken an seinen 20. Todestag, in: VIA REGIA – Blätter für internationale kulturelle Kommunikation 7(1998)54/55.

83 Bericht der BV Erfurt, Abt. V, vom 6.6.1953 über den Gruppenvorgang „Zentrum"; BStU, BV Erfurt, AOP 227/54, Bd. 1, Bl. 55–99, hier 92 f.

84 BV Suhl, AIG, vom 18.5.1966: Bericht über Mängel und Missstände bei der Sicherung politischer und ökonomischer Geheimnisse im Bezirk Suhl; BStU, BV Suhl, AKG, Nr. 347, Bd. 1, Bl. 1–20, hier 16.

85 Geb. am 8.10.1929 in Leipzig. 1949–1954 Studium an der KMU Leipzig, 1954 Staatsexamen. Von 1954–1963 an der Staatsanwaltschaft Suhl angestellt, 1963–1965 Leipziger Bekleidungswerke und VEB

davon, dass er „den Eindruck“ habe, „dass sich alles im Schlepptau der noch immer im bürgerlichen (spießbürgerlichen) Denken verharrenden alten Akademiker mit ihren längst gesellschaftlich überholten Vorstellungen von akademischer Freiheit befindet, und da es sich um zum Teil anerkannte Professoren mit Ruf handelt, denen keiner zu nahe treten will, bestimmen sie die Politik und den Arbeitsstil, während man ringsherum alles nur rechtfertigt und als neu ausgibt.“[86] Es genügte oft nur eine Bezugnahme zu einem bürgerlichen Wissenschaftler, um den Zitierenden selbst mit eben diesem Etikett zu versehen und zu kritisieren. Als 1970 der Wirtschaftswissenschaftler Heinz-Dieter Haustein einen Vortrag über heuristische Probleme der Wissenschaftsprognose vor der Hautevolee aller Prorektoren der Universitäten und Hochschulen der DDR hielt, zeihte man ihm wegen des Rückgriffs auf Wilhelm Ostwald und Ernst Mach „bürgerlicher Auffassungen“.[87] Hinzuweisen ist, dass mit dem Etikett „bürgerlich“ jeder Bürger der DDR versehen werden konnte. Der Multifunktionär und nach 1976 zum Stellvertreter des Ministers des MHF avancierte Rektor der WPU Rostock von 1965 bis 1976, Günter Heidorn (1925–2010), musste, da es der SED resp. dem MfS plötzlich opportun schien, 1988 seinen Posten räumen, weil bei ihm von 1956 bis 1958 angeblich die bürgerliche Ideologie „eingebrochen“ sei und er revisionistische Auffassungen verbreitet habe. Als Prorektor habe er zu dieser Zeit einen „außerordentlich negativen Einfluss“ ausgeübt. Das MfS verschriftete seinen operativen Einsatz wie folgt: „Durch eine zielgerichtete Bearbeitung des H. ist es gelungen, dass er von sich aus den Wunsch äußerte, von seiner Funktion als Stellvertreter des Ministers entbunden zu werden. Diesem Wunsch wird im Laufe des Jahres 1988 entsprochen.“[88] Was auch geschah.

Die SED hatte es immer auch mit Abweichungen in ihren Reihen zu tun. Durch alle Institutionen des Hoch- und Fachschulwesens bis hoch in die ministeriellen Ebenen gab es Aufrichtigkeit, Widerspruch und rein fachorientiertes Arbeiten. Selbst an der Kaderschmiede der Arbeiter- und Bauernfakultät (ABF) gab es zahlreiche Studenten und Lehrer, die flüchteten, widersprachen, oder „nur“ Fachinteressierte waren. An der ABF erzog und rekrutierte die SED bevorzugt ihre zukünftigen Wissenschaftler und Forscher aus der sozialen Schicht der Arbeiter und Bauern. An der HfE resp. TH Ilmenau, die selbst keine ABF hatte, wirkten einige Hochschullehrer, die diesen Vorstudienkurs absolvierten. Beispielsweise der Optiker und Hochschullehrer Heinz Haferkorn, der an der ABF der Universität Leipzig studierte. Die Differenziertheit an der ABF war entgegen dem weitverbreiteten negativen Image dieser Vorstudienart durchaus breit. So gab es viele, die primär auf Fachwissen orientiert waren wie eben Haferkorn oder der DDR-bekannte Soziologe Manfred Lötsch (1936–1993). Gewöhnlich aber kursieren Beispiele radikal erzogener Kommunisten, die später Parteikarriere machten. Ein Vertrauensstudent der Evangelischen

Bauelemente der Nachrichtentechnik Großbreitenbach. 1966 Justitiar an der THI. Auflösungsvertrag Anfang 1992. Siehe Kap. 5.3.3, Fall-Nr. 98.

86 Bericht von „Walter“ vom 30.11.1967; BStU, BV Suhl, AIM 984/89, Teil II, Bd. 2, Bl. 117 f., hier 118.

87 Haustein, Heinz-Dieter: Erlebnis Wissenschaft. Wirtschaftswissenschaft in Ost und West aus der Erfahrung eines Ökonomen, 2011, S. 1–38, hier 23; http://Peter.Fleissner.org/ Transform/HausteinErlebnis Wissen 3.pdf., geholt am 2.6.2021.

88 Abschlussbericht zur OPK „Kontakt“ vom 15.6.1988; BStU, MfS, AOPK 7271/88, Bl. 93–101, hier 101.

Studentengemeinde (ESG) an der Humboldt-Universität zu Berlin (HU Berlin) kam in den 1950er Jahren mit anderen Vertrauensstudenten auf die Idee, im Internat der ABF zu missionieren, da ihnen aufgefallen war, dass zu den Bibelstunden niemals ABF-Studenten erschienen waren. Das taten sie dann auch, doch bei der Verabschiedung erhielten sie von den ABF-Studenten folgendes „Lebewohl" mit auf dem Weg: „Ihr seid ja ganz vernünftige Zeitgenossen – aber wenn wir an der Macht sind, werden wir Euch aufhängen."[89] Ähnlich wie in der NS-Zeit.[90]

Diese handlungsrelevante Staatsideologie war universell ausgerichtet. Wenngleich ein Kontinuum, so gab es doch auch ausgeprägte Hochzeiten. Die Germanistin Hildegard Emmel erinnerte 1991 in eigener Sache: „Den Anstoß für die neueinsetzende Verfolgung der sogenannten bürgerlichen Wissenschaftler – auch ‚Hexenjagd' genannt –, die viele von ihnen Ende der 1950er Jahre zur Flucht veranlasste, gab die Ungarnkrise vom Herbst 1956."[91] In einem Protokoll von 1958 zu einem öffentlichen Tribunal gegen sie heißt es, dass Emmels Auftreten „mit der sozialistischen Hochschulpolitik nicht in Einklang zu bringen" sei. Sie biete nicht die Gewähr, „sich in der nächsten Zeit zum Besseren zu ändern". Erst jetzt zeige sich „die ganze Scharlatanerie" von ihr, da sie „über völlig lückenhafte Kenntnisse des Marxismus verfüge und gleichzeitig den Marxisten das Recht" abspreche, „über sie zu urteilen". Der damalige 1. Sekretär der SED-Kreisleitung und später in hohen SED-Funktionen amtierende Werner Krolikowski (1928) behauptete auf dem Tribunal zwar, dass „nie die Rede davon" gewesen sei, „dass sie gezwungen werden sollte, den Marxismus und Leninismus zu studieren", sondern dass es „einzig darum ging", ob sie wissenschaftlich oder unwissenschaftlich arbeite und ob sie die Studenten zum Sozialismus erziehe oder nicht. Es sei Sache des Rates der Fakultät zu entscheiden, ob Frau Prof. Emmel ihre Lehrtätigkeit weiter ausüben könne oder nicht."[92] Schlussendlich wurde sie entfernt. Eine ihr zugewiesene Archivtätigkeit in Weimar befriedigte sie nicht, sie flüchtete in den Westen. Ihr DDR-Schicksal besiegelte ausgerechnet ihr Buch *Weltklage und Bild der Welt in der Dichtung Goethes*.[93] Den SED-Zensoren missfiel die unparteiische, ja stellenweise misanthropische Haltung Goethes. Man wollte einen fortschrittlichen Goethe. Walter Furkert, Vorsitzender der Goethe-Gesellschaft in Ilmenau, wird Emmel, zumindest aber ihr Werk, gekannt haben. Nicht ausgeschlossen, dass sie sich beide vor 1960 in Weimar oder Ilmenau, wo sie mit ihren Studenten zu Exkursionen war, begegneten. Mit Emmels Fall waren hochrangige Funktionäre des Staatssekretariats für Hochschulwesen (SfH) resp. des Staatssekretariats für Hoch- und Fachschulwesen (SHF) befasst. Einer von ihnen war Franz Dahlem (1892–1981), der versuchte, sich für sie einzusetzen. Ohne Erfolg.

Einen finalen Impuls in der Frage des Umgangs mit dem bürgerlichen Lebens- und Arbeitsstil sieht Hermann Peiter in der Internationalen Beratung der kommunistischen und

89 Evangelischer Kalender Sonne und Schild, Tagesblatt vom 24.6.2013.

90 „Abgerechnet wird zum Schluss", da war es schon nicht mehr nur ein leeres Versprechen, in: Seewald, Peter: Benedikt XVI. Ein Leben. München 2020, S. 84.

91 Emmel, Hildegard: Die Freiheit hat noch nicht begonnen. Zeitgeschichtliche Erfahrungen seit 1933. Rostock 1991, S. 121.

92 Protokoll der außerordentlichen (a. o.) Sitzung des Rates der Philosophischen Fakultät der Universität Rostock am 14.5.1958; BStU, MfS, AS 1484/67, Bl. 109–117.

93 Emmel, Hildegard: Weltklage und Bild der Welt in der Dichtung Goethes. Weimar 1957.

Arbeiterparteien in Moskau 1969; Zitat: „Die Beratung forderte den unversöhnlichen Kampf gegen alle Erscheinungsformen der bürgerlichen Ideologie, gegen bürgerlichen Nationalismus, Revisionismus, Dogmatismus und linkssektiererisches Abenteuertum."[94] Insofern lieferte sie, die exzessiv in Ideologiekursen – nicht zuletzt im gesellschaftswissenschaftlichen Unterricht – propagiert worden war, eine willkommene Steilvorlage für die SED. Peiter weiter: „Auch im Hochschulbereich wurde die Unterdrückung verschärft. Man hatte glatt wie ein Aal zu sein, um seine berufliche Zukunft nicht zu gefährden." In Bezug auf den für ihn zuständigen Referenten im Ministerium für Hoch- und Fachschulwesen (MHF), den IM „Jürgen Janott", heißt es bei ihm in eigener Sache: Meine „berufliche Zukunft lag also in den Händen eines IM".[95]

Entnazifizierung, Flucht und Übersiedlung, Verhaftungen, soziale Auslese und eine signifikante Säuberungswelle unter den Studenten 1952/53 dünnten das verfügbare Personal für Lehrkörper, Verwaltung und Lehre empfindlich aus. Die Säuberungswelle kostete allein der HU Berlin 342 Studenten, die aus mannigfaltigen politisch-sozialen Gründen „hinausgesäubert" wurden. Auch im Gründungsjahr der HfE Ilmenau, 1953, wurde in den Fakultäten und Instituten der HU Berlin weiter kräftig gesiebt, wurden Listen mit Sollzahlen aufgestellt und vollstreckt, nach denen Angehörige des Lehrkörpers „weggereinigt" werden sollten.[96] Diese Praxis fachte die Fluchtwelle zusätzlich an und mündete in den allgemeinen Fluss landesweiten Unmuts über die Politik der SED, mithin in den Volksaufstand am 17. Juni 1953. Als der Hauptentwicklungsleiter bei Carl Zeiss Jena, Werner Bischoff[97], nicht verhinderte, dass Kollegen Ulbricht-Bilder auf die Straße warfen, hätte es für ihn durchaus gefährlich werden können. Dass die SED 1952/53 in dieser prekären Phase ihrer Existenz auf die Idee kam, im Vollzug ihres Sturmes auf die „Festung Wissenschaft" *sozialistische* Hochschulen neu zu schaffen, lag auf der Hand. An Aufgabe ihrer Mission dachte sie – mit sowjetischen Truppen im Rücken – nicht einen Augenblick. Bischoff musste Zeiss Jena verlassen und Hans Stamm holte ihn nach Ilmenau (siehe unten). Erst 1958, als er an der HfE Ilmenau bereits fest etabliert war, „entdeckte" das MfS, dass Bischoff eigentlich auf Beschluss der Entnazifizierungs-Kommission 1948, die das Mitglied der NSDAP und der NSKK entnazifizierte, Leitungspositionen bei Carl Zeiss Jena nicht hätte erhalten dürfen.

Nachforschungen des MfS im VEB Carl Zeiss Jena nach Unterlagen der Entnazifizierung hatten im Mai 1958 ergeben, dass keine mehr vorhanden waren, außer der Vermerk, wonach „die Unterlagen der Entnazifizierungskommission nicht wieder zur Personalakte zurückkommen" sollten. Auch die MfS-Mitarbeiter der Operativgruppe (OG) „Zeiss Jena"

---

94 Peiter: Wissenschaft im Würgegriff, S. 195. Internationale Beratung der kommunistischen und Arbeiterparteien in Moskau 1969. Berlin 1972.

95 Ebd., erste Quelle, S. 196 u. 200.

96 Jordan, Carlo: Kaderschmiede Humboldt-Universität zu Berlin. Aufbegehren, Säuberungen und Militarisierung 1945–1989. Berlin 2001, S. 66 f.

97 Geb. am 26.7.1902 in Ischl/Österreich. Diplom-Examen 1925 an der TH Graz, Fachrichtung Maschinenbau. Dort bis 1930 wiss. Assistent an der Lehrkanzel für Wasserkraftmaschinen. 1930 in der Fa. Carl Zeiss Jena, zunächst wiss. Mitarbeiter, dann Entwicklungshauptleiter. Von 1939–1944 Betriebsleiter der Zeiss-Fertigungsstelle „Optische Präzisionswerke GmbH" in Warschau. 1954 Ernennung zum Prof. mit Lehrstuhl an der HfE und zum Direktor des Instituts für Feingerätetechnik. Prorektor für Forschungsangelegenheiten 1955–1962. Emeritierung 1967; UAI, 1170 Kad.

wussten nichts.[98] Doch die Zentrale des MfS besaß die Unterlagen. Demnach stammte der Entnazifizierungsbeschluss vom 2. März 1948. Über Bischoffs Fall wurde am 3. Februar verhandelt. Mit Hinweis auf den Paragraph 9 der Ausführungsbestimmungen Nr. 2 zum Befehl Nr. 201 des Chefs der SMAD wurde folgende Zwangsmaßnahme angeordnet: „1. Der Angeschuldigte ist zur Bekleidung des von der Entnazifizierungskommission als wichtig bezeichneten Postens in Behörden, Organisationen und Betrieben nicht zugelassen." Sowie „3. Dem Angeschuldigten ist das Recht entzogen zur Bekleidung von Posten oder zur Ausübung einer Tätigkeit, die mit Anstellung oder Entlassung von Arbeitern und Angestellten oder mit der Ausarbeitung von Anstellungsbedingungen verbunden ist."[99]

Die Fragebögen zur Erfassung und Bewertung einer Mitgliedschaft in der NSDAP oder in anderen NS-Organisationen waren unter Androhung gerichtlicher Verfolgung wahrheitsgemäß auszufüllen. Sie enthielten acht Gliederungen der NSDAP von SS bis hin zum NSFK, acht an die NSDAP angeschlossene Verbände von DAF bis zum NS-Rechtswahrerbund, sieben von der NSDAP betreute Organisationen von VDA bis NS-Altherrenbund sowie acht sogenannte andere Organisationen von RAD bis zur Deutschen Glaubensbewegung.[100] Zahlreiche Fragen biographischer und arbeitsrechtlicher Natur gingen zum Teil weit über das Persönliche hinaus, z. B.: „Haben Sie irgendwelche nahe Verwandte, die irgendeine der oben angeführten Stellungen bekleidet haben?" Zu Frage der NSDAP-Hilfsorganisationen standen 31 mögliche Mitgliedschaften zur Beantwortung, z. B. unter der Rubrik „Betreute Organisationen" das Deutsche Frauenwerk. Die Prüfung erfolgte final in Form einer Berichterstattung, in der Belastungen und Entlastungen einzutragen waren. Diese war Grundlage der Entscheidung der Entnazifizierungskommission des zutreffenden Kreises. In einem solchen Fall eines Wissenschaftlers der HfE Ilmenau heißt es im Beschluss vom 19. Dezember 1947: „Der Angeschuldigte fällt nicht unter den in Ziffer 7 der Ausführungsbestimmungen Nr. 2 zum Befehl 201[101] aufgeführten Personenkreis und unterliegt daher keinen Beschränkungen."[102]

Obgleich die Hochschul- und Bildungspolitik „integrierter Teil der sowjetischen Besatzungspolitik" war, so Manfred Heinemann seine jahrelangen Forschungen resümierend, war selten „herauszufinden, inwieweit die deutsche Seite über mündliche Instruktionen gesteuert wurde". Die sowjetische Seite griff möglichst nicht direkt ein, sondern mahnte „in propagandistisch organisierten Treffen und großen Reden der Verantwortlichen Kursänderungen" an.[103] Das deckt sich mit Erfahrungen und Berichten von Zeitzeugen. Etwa

---

98 KDI, Abt. V, OG „Hochschule" (OG „HS"), vom 21.5.1958: Bericht; BStU, BV Suhl, AOP 1114/63, Bd. 1, Bl. 150–153.

99 Entnazifizierungskommission Jena an die Geschäftsleitung der Fa. Carl Zeiss Jena vom 3.2.1948: Entscheidung, aufgefunden in: ebd., Bl. 242. Enthalten auch in: UAI, 1170 Kad.

100 UAI, 0232 Kad.

101 Nicht nur zur Bedeutung des Befehls, sondern grundlegend zu Verhaftungen und zum Haftsystem der DDR: Wunschik, Tobias: Honeckers Zuchthaus. Brandenburg-Görden und der politische Strafvollzug der DDR 1949–1989. Göttingen 2018. Thematisch bedeutend Kap. 3.1, S. 231–251 u. Kap. 5.6.1, S. 812–817.

102 Fragebogen der Militär-Regierung Deutschland, aufgefunden in: BStU, BV Suhl, AOPK 900/77, Bl. 37–43.

103 Heinemann, Manfred: Auf dem Weg zur Volks-Universität: Die Friedrich-Schiller-Universität Jena 1948, in: Mertens, Lothar (Hrsg.): Politischer Systemumbruch als irreversibler Faktor der Modernisierung in der Wissenschaft? Berlin 2001, S. 201–231, hier 207 f.

die Günther Rienäckers, der als designierter Rektor der Rostocker Universität im Dezember 1945 zunächst zur DZVV in Berlin-Mitte und anschließend zur SMAD in Karlshorst fuhr und hier mit entscheidenden Akteuren auf dem Gebiet der Hochschulpolitik wie Theodor Brugsch, Robert Rompe, Paul Wandel und Pjotr W. Solotuchin von der SMAD sprach. Rienäcker: „Die Unterredung" bei der SMAD „betraf zuerst grundsätzliche Fragen zum Lehrprogramm einer antifaschistisch-demokratischen Universität; Genosse Solotuchin gab wertvolle Hinweise. Über diese Fragen bestand völlige Einigkeit." Jedoch nicht zu Fragen der Entnazifizierung. Die deutsche Seite sprach sich für die Aufnahme in den Lehrkörper für jene NSDAP-Mitläufer aus, denen kein Fehlverhalten durch die Entnazifizierungskommission nachgewiesen wurde. Solotuchin, dessen enge Verbindung mit Wandel belegt ist, lehnte dies kategorisch ab. Zwischenzeitlich geriet die terminierte Wiedereröffnung der Universität am 25. Februar 1946 wegen Hochschullehrermangel in Gefahr. Eine Aktennotiz Rompes vom 7. Dezember 1945 bestätigt die Aussagen Rienäckers. Solotuchin lehnte selbst Studenten ab, die Mitglieder der NSDAP waren. Rompe hielt fest, im Falle der nichtbelasteten NSDAP-Mitglieder zunächst etwas Gras über die Geschichte wachsen zu lassen.[104] Er sprach auf recht generöse Weise gute Zeugnisse aus, auch im Falle der HfE Ilmenau. Letztlich entsprach dies einer Festlegung des Alliierten Kontrollrates, wonach der Grad der politischen Belastung in drei Kategorien definiert war.[105] Solotuchin aber glaubte an eine besondere geistige Schuld der Intelligenz, sie trage „für das Unglück, das der vergangene Krieg über die Menschheit gebracht hat, die Hauptverantwortung."[106] Die Befehle der SMAD Nr. 351 vom 9. Dezember 1946 und Nr. 201 vom 16. August 1947 ermöglichten Rehabilitierungsmaßnahmen. 1948 wurden die Regelungen großzügiger, viele Hochschullehrer durften zurückkehren (Phase der Reintegration).[107]

Andreas Malycha hat mit Verweis auf die Forschungen Ralph Jessens darauf hingewiesen, dass der Personalmangel für die Universitäten im Wintersemester 1946/47 „existenzbedrohende Ausmaße angenommen" hatte. Entnazifizierung, Abwanderung und Flucht hätten 1947 auf Basis von 1944 zu einem Verlust von 83 Prozent an Professoren und Dozenten in der Sowjetischen Besatzungszone (SBZ) geführt.[108] Nicht wenige

---

104 Rienäcker, Günther: Einige Erinnerungen aus den Jahren 1945/46, in: Beiträge zur Geschichte der WPU Rostock. Rostock, Heft 14, S. 62–67, hier 64 f. Rompe, Robert: Niederschrift vom 7.12.1945; ebd., S. 68.

105 Vgl. Malycha, Andreas: Hochschulpolitik in den vier Besatzungszonen Deutschlands. Inhalte und Absichten der Alliierten und der deutschen Verwaltungen 1945–1949, in: Schleiermacher/Schagen: Wissenschaft macht Politik, S. 29–47, hier 31 f.

106 Maier, Helmut: Technische Hochschulen im „Dritten Reich", in: Dinçkal, Noyan/Dipper, Christoph/Mares, Detlev (Hrsg.): Selbstmobilisierung der Wissenschaft. Technische Hochschulen im „Dritten Reich". Darmstadt 2010, S. 25–45, hier 27 u. 33. Quellenangabe: BArch, DR 2, 1045.

107 Malycha: Besatzungszonen, S. 37. Vgl. auch: Feige, Hans-Uwe: Aspekte der Hochschulpolitik der Sowjetischen Militäradministration in Deutschland (1945–1948), in: Deutschland Archiv, 25(1992)11, S. 1169–1180.

108 Ebd., S. 36. Lemuth ermittelte für die FSU Jena eine Verlustquote infolge der Entnazifizierung und des „brain drain" der Amerikaner von 76 Prozent. Lemuth, Oliver: Jenseits der „Systemumbrüche" von 1933 und 1945. Profilwandel, Hochschulkonzepte, wissenschaftliches Selbstverständnis und Nachkriegslegenden an der Jenaer Universität, in: Schleiermacher/Schagen: Wissenschaft macht Politik, S. 63–78, hier 76. Die HU Berlin verlor allein durch Entnazifizierung fast 85 Prozent der Professoren und Dozenten. Jordan, Carlo: Kaderschmiede Humboldt-Universität zu Berlin. Aufbegehren, Säuberungen und Militarisierung 1945–1989. Berlin 2001, S. 13. Zur Entnazifizierung: Jessen: Akademische Elite, S. 43, 46–48 u. 261–285.

Hochschullehrer verschafften sich wieder gute Startpositionen, indem sie die Evaluation geschickt unterliefen. Einige stilisierten sich gar zu Opfern des Nationalsozialismus;[109] ein Phänomen, das auch nach der friedlichen Revolution in der DDR zu beobachten war.

Ende 1946 wurden auf dem Gebiet der SBZ für die breit differenzierte soziale Schicht der Intelligenz insgesamt 254.801 Personen gezählt. Davon entfielen 61.474 auf die zweitstärkste Kategorie, die der Ingenieure und Techniker, sowie 1.110 Hochschullehrer, die von den insgesamt acht Kategorien den letzten Platz einnahmen. 1953 wurden circa 80.000 Angehörige der technischen Intelligenz sowie 5.500 Hochschullehrer und Assistenten gezählt.[110] Ehemalige NSDAP-Mitglieder gab es in allen Bereichen und sozialen Schichten. Malycha verweist auf Mitchell G. Ash, wonach Ende 1948 von insgesamt 747 Professoren und Dozenten an Hochschulen und Universitäten Ostdeutschlands 90 Mitglied in der NSDAP waren, also zwölf Prozent.[111] Mitte der 1970er Jahre waren an der Ilmenauer Hochschule noch 21 ehemalige NSDAP-Mitglieder beschäftigt, darunter drei ordentliche Professoren und ein Oberassistent, aber auch Leiter, Sekretäre und Meister sowie je ein Kraftfahrer, Hausmeister und Gärtner.[112]

2018 wurden auf dem Campus der TU Ilmenau mit illegalen Willkommensplakaten ehemalige Akteure der Hochschule wie Hans Stamm wegen ihrer Mitgliedschaft in der NSDAP und/oder der SED diffamiert.[113] Es ist in diesem Zusammenhang zu bemerken, dass es seit der Jahrtausendwende, etwa im Falle der Universität Hannover, verstärkt zu Bemühungen kam, NS-Verstrickungen ex post noch einmal neu zu bewerten, wobei es Mühe kostet, das Diktum Theodor Adornos, wonach es „kein richtiges Leben im Falschen" gab, nicht zum härtesten Kriterium aufwachsen zu lassen.[114]

3.2 Rahmen II: Erziehung

> „Wichtigste Aufgabe der TH Ilmenau ist die Erziehung und Ausbildung der Studenten. Um dieses Ziel zu erreichen, ist eine effektive Forschung notwendig."[115]

Es ist nicht von Belang festzustellen, wer von den Senatsmitgliedern der TH Ilmenau im Sommer 1974 dies sagte, auch nicht die vermeintlich gemeinte Aussage zu verteidigen

---

109 Ebd., zweite Quelle, S. 73–75. Jens Thiel: „Dass es jetzt leider noch unmöglich ist, politisch belastete Professoren durch politisch unbelastete Professoren zu ersetzen.", in: Akademische Karrieren in der SBZ und frühen DDR zwischen antifaschistischem Postulat und Pragmatismus, in: Schleiermacher/Schagen: Wissenschaft macht Politik, S. 101–123.

110 Zahlen aus: Kowalczuk: Geist, S. 49 f.

111 Malycha, Andreas: Wissenschafts- und Hochschulpolitik in der SBZ/DDR 1945 bis 1961. Machtpolitische und strukturelle Wandlungen, in: Schleiermacher, Pohl: Medizin, Wissenschaft und Technik, S. 17–40, hier 26. Mit Hinweis auf: Ash, Mitchell G.: Verordnete Brüche – Konstruierte Kontinuitäten. Zur Entnazifizierung von Wissenschaftlern und Wissenschaften nach 1945, in: Zeitschrift für Geschichtswissenschaft, (1995)10, S. 903–923.

112 THI vom 10.7.1976: Anlage 2; BStU, BV Suhl, AIM 1592/90, Teil II, Bd. 2, Bl. 136 f., hier 136.

113 Hummel, Marian: NS- und SED-Vergangenheitsbewältigung an der Uni kritisiert, in: Thüringer Allgemeine vom 21.3.2018, S. 2.

114 Universität Hannover (Hrsg.): Nationalsozialistische Unrechtsmaßnahmen an der Technischen Hochschule Hannover. Beeinträchtigungen und Begünstigungen von 1933 bis 1945. Petersberg 2016, S. 133.

115 Protokoll vom 19.7.1974 zur Senatssitzung des Wissenschaftlichen Rates (WR) am 16.7.1974; UAI, S. 1–7, hier 2.

oder zu widerlegen, vielmehr ist festzuhalten, dass die SED genau wusste, warum ihr die Erziehung stets das wichtigste Ziel war. Bei aller Krisenhaftigkeit und allen volkswirtschaftlichen Zick-Zack-Bewegungen stellen wir eine verblüffende Zielstrebigkeit in der Frage der Formung eines letztlich kommunistischen Lebens- und Menschenbildes fest. Die Erziehung als ein alles durchwalkendes multiples Programm der SED umfasste im Hochschulbereich drei Hauptfelder: die marxistisch-leninistische Aus- und Weiterbildung, Ernte-, Industrie- und andere Einsätze sowie die militärische Pflichtausbildung (ZV-Ausbildung) und Propaganda zur Erlangung der Reserveoffiziersbereitschaft (ROB). Ab Ende der 1970er Jahre kam mit dem Geheimnisschutz ein viertes Hauptfeld der Nutzung für den Erziehungsprozess hinzu. Auf allen vier Feldern der Erziehung hatte es nicht nur einen veritablen Unmut, teils auch Widerstand gegeben, sondern bald auch Ermüdungserscheinungen, die Ende der 1980er Jahre in Verweigerung und Protest umschlugen. Bei Gesprächen mit Studenten der Matrikel 88 zur Thematik der ROB im Februar 1989 wurde festgestellt, dass gegenüber dem Vorjahr „eine steigende Tendenz der Ablehner" zu verzeichnen sei. Waren es 1986 nur 13 Ablehner, ein Jahr später schon 24, hatte sich die Anzahl nun noch einmal auf 40 nahezu verdoppelt. 37 Prozent verweigerten aus religiösen Gründen, einem gern benutzen Argument zu dieser Zeit, 20 Prozent wiesen auf negative Erfahrungen bei der NVA hin.[116]

Apropos Ermüdungserscheinungen: Abgenutzt hatten sich auch die Industrieeinsätze, ganz zu schweigen von den Erntehelfereinsätzen. Die Einsätze in der Industrie waren insofern ineffektiv, nicht selten auch frustrierend, da, wenn überdurchschnittliches Engagement von den Studenten gezeigt wurde, es meist keine Möglichkeiten gab, erfindungsnahe Leistungen oder Produktionsverbesserungen in die Praxis umzusetzen. Eine Erkenntnis, die auch Wolfgang Lambrecht im Fall der TH Karl-Marx-Stadt gewann. Hochschulverantwortliche kamen deshalb auf die Idee, die Verweildauer der Studenten auf ein ganzes Jahr auszudehnen. Doch der SED ging es primär um billige Arbeitskräfte und um die Erziehung hin zum „Bündnis mit den Arbeitern". An der TH Karl-Marx-Stadt dauerte es drei Jahre, bis der zweisemestrige Praxiseinsatz wieder auf vier bis sechs Monate eingekürzt wurde.[117] Die Technischen Hochschulen hatten per Verordnung vom 1. September 1964[118] mit Beginn des Studienjahres 1964/65 die Gesamtstudiendauer auf fünfeinhalb Jahre verlängert, um – auch unter Wegfall des bisherigen Vorstudiums – eine Verlängerung des kompletten Industrieeinsatzes auf zwei Semester realisieren zu können.

Viele der älteren, meist bürgerlich sozialisierten Hochschullehrer glaubten, dass sich der Fremdkörper „Erziehung" von selbst totlaufen würde. Die DDR war noch nicht gegründet, als Paul Wandel am 20. Januar 1946 anlässlich der Neueröffnung der Universität Berlin die Professoren aufrief, sich der Erziehungsaufgabe zu stellen, einer Aufgabe, die notwendig sei, wenngleich die Professorenschaft dies aufgrund der Erfahrung der letzten

---

116 BV Suhl, Abt. XX, vom 6.3.1989: Politisch-operative Lage im Sicherungsbereich der THI für den Februar 1989; BStU, BV Suhl, Abt. XX, Nr. 909, Bd. 1, Bl. 27–30, hier 29. FIM „Holt" vom 16.2.1989: Analytische Auswertung zu ROB; BStU, BV Suhl, AIM 711/92, Teil II, Bd. 2, Bl. o. Pag.

117 Lambrecht: Wissenschaftspolitik, S. 156–217, hier 158.

118 Verordnung zur Umgestaltung der Ausbildung von Diplom-Ingenieuren vom 1.9.1964; Gesetzblatt (GBl.) 1964 II, Nr. 88, S. 745 f.

Jahre nicht gern höre. Wer dieser Rolle nicht genügend gerecht wurde, oder gar bewusst die marxistisch-leninistische Erziehung durch eine Erziehung zum (neutralen) humanistischen und/oder Berufsethos ersetzte, bekam Schwierigkeiten. Vorrangig die Rolle als Erzieher unterlag den Kontrollinstanzen der SED und – hinter den Kulissen – dem MfS.

Von Beginn an setzten die deutschen Kommunisten auf eine Zweigleisigkeit von Erziehung und Ausbildung mit einem zwanzigstündigen Kurs, verankert in der ersten Zulassungsordnung vom 30. September 1945. Bereits ein Jahr später hatte die Deutsche Verwaltung für Volksbildung (DVfV) einen obligatorischen Kurs für „Politische und soziale Probleme der Gegenwart" veranlasst.[119] Zunächst lief die Ausbildung und Erziehung noch deutlich dual ab, die politischen Schulungen hielten nicht die Hochschullehrer, sondern, so Ralph Jessen, eine „recht bunte Schar eher randständiger Dozenten". Er fand ein Dokument, das prägnant die Frage der Anerkennung der Lehrer des Marxismus-Leninismus bei den zu „Belehrenden" nicht nur für die Anfangszeit der 1950er Jahre, sondern generell bis zum Ende der DDR thematisiert, wenngleich die Ausbildung dieser Lehrer deutlich besser wurde; Zitat: „Es ist einleuchtend, dass sich viele Studenten leichter von parteilosen Wissenschaftlern beeinflussen lassen (auch wenn sie eine reaktionäre Weltanschauung haben) als von Dozenten, die sich auf ihrem Fachgebiet weder durch Promotion, noch sonst wie durch Publikationen ausgewiesen haben. Der Student nimmt sie hin als Propagandisten, nicht aber als Wissenschaftler, als Forscher."[120]

1946 eröffnete die Friedrich-Schiller-Universität Jena (FSU) das Institut für Dialektischen Materialismus. 1947 folgte landesweit die Eröffnung sozialwissenschaftlicher Fakultäten.[121] Diese Einrichtungen waren niemals geschlossene Inseln, auch an den Technischen Hochschulen nicht. Sie agierten in alle anderen Fakultäten hinein und – wie wir sehen werden – weit darüber hinaus in mannigfaltiger Weise. Roland Köhler schreibt zur frühen Einführung des Marxismus-Leninismus: „Im Grunde war das bereits der deutliche Ausdruck dafür, dass die SED nicht nur ihre politischen Grundauffassungen, sondern auch ihre ‚Philosophie' in die Universität einzuführen und der Universitätswissenschaft entgegenzusetzen begann, und vor allem, dass sie bereits mit dem Anspruch *alleiniger* Wissenschaftlichkeit auftrat." Wenngleich dem zu diesem Zeitpunkt noch „zentrale Papiere und Verlautbarungen widersprachen".[122]

Jessens Befund, wonach seit dem 11. Plenum des ZK der SED im Dezember 1965 in Richtung einer neuerlichen Hochschulreform alles auf die Erziehungsfrage hinauslief und in der IV. Hochschulkonferenz seinen deutlichen Ausdruck fand,[123] ist für die TH Ilmenau verifiziert. Die entsprechenden Diskussionen, Papiere und Handlungszwänge zu dieser Thematik waren exorbitant, phasenweise überdeckten sie die eigentlichen Kerngeschäfte der Hochschule gefährlich. Wenn Jessen von einer Erziehungskampagne spricht, ist zu

---

119 Jessen: Akademische Elite, S. 229 f.

120 Ebd., S. 231 u. 234. Quellennachweis: Vortragsmanuskript vom 28.11.1957: Ideologische Aufgaben bei der sozialistischen Umgestaltung der Universitäten; BArch, DR 3, 385.

121 Malycha: Besatzungszonen, S. 39 f.

122 Köhler, Roland: Berichtigung einer Universitätsgeschichte, in: hochschule ost, 9(2000), S. 103–120, hier 113.

123 Jessen: Akademische Elite, S. 242 f. Vgl. Diskussion zum 11. Plenum in der BL der SED Suhl; LAThStA Meiningen, BS IV A/2/1/020, Protokoll der Sitzung am 24.2.1966, S. 1–113, insb. 97 f.

ergänzen, dass sie dies spätestens von da an eigentlich für „ewig“ war. Wenn sie an Kraft verlor, dann ausschließlich aufgrund von Ermüdungserscheinungen.

Der SED war die Erziehung einer neuen Generation, die Schaffung des „Neuen Menschen“, kein luxuriöses Anhängsel. Nicht von ungefähr ordnete sie die beiden Begriffe Erziehung und Ausbildung in dieser Reihenfolge und nicht umgekehrt an, das entsprechende Direktorat lautete auf Erziehung (E) und Ausbildung (A), kurz: E/A, später dann ergänzt durch Weiterbildung, also EAW. Zwar wollte die SED gute Fachkräfte, doch aus parteipolitischer Warte heraus im Sinne des „Sieges“ ihres Gesellschaftsprojektes war die ideologische Erziehung existentiell, also vorrangig. Der „Neue Mensch“ im Kommunismus war eine verheißungsvolle ideologische Proklamation an und auf die Zukunft und in Sonderheit für die Aufsteiger der SED. Für jene aber, die unweigerlich zu den „Alten“ zählten, da sie einer „vergangenen“ Welt entsprangen, der sie, sozial geprägt, nicht entkommen konnten, war sie oft genug unerträglich, der man sich nur durch Flucht in das (noch) hochlebendige „Alte“ der Bundesrepublik zu entziehen glaubte. Einer der bekanntesten Fälle ist Josef Hämel, von 1951 bis zu seiner Flucht am 21. August 1958 Rektor der FSU Jena (siehe auch Kap. 5.4.5).

Als ein erster ernsthafter Prüfstein für den „Mehrwert“ und Sinn der Erziehung erwies sich der XX. Parteitag der KPdSU vom Februar 1956. Der Abrechnungsparteitag erschütterte nicht nur die Sowjetunion, sondern vor allem die Satellitenstaaten Polen und Ungarn, etwas abgemildert auch die DDR. Er ermutigte freiere Denker wie Rudolf Bahro und Friedrich Herneck – um es mit Siegfried Lenz zeitlos zu sagen – das Wort zu nehmen.[124] Es war ähnlich wie dreißig Jahre später zu Beginn der Gorbatschow-Ära, plötzlich gärte es überall. „Die leichte Öffnung des Deckels“, so Ilko-Sascha Kowalczuk, „ließ den Dampf in alle Richtungen heraus, unkontrolliert, unbeabsichtigt und nicht mehr steuer- und kontrollierbar.“[125] Das passierte 1956 nicht. Der Dampfdruck war zu gering. An der HU Berlin, wo Johannes – landauf, landab Hannes genannt – Hörnig (1921–2001), Leiter der Abteilung Wissenschaften beim ZK der SED, den versammelten Philosophen und Philosophiestudenten die sowjetische Politik zu „übersetzen“ hatte, kam es zwangsläufig zu Protesten, worauf die Versammlung abgebrochen werden musste. Es kam zu hektischen und restriktiven Aktivitäten der SED und Maßnahmen gegen die „Rädelsführer“. Bahros Wandzeitungsartikel vom 24. Oktober 1956 hält der Philosoph und Historiker Guntolf Herzberg „für den mutigsten aus dem ganzen Krisenzeitraum“. Bahro schrieb: „Soweit ich weiß, haben ungarische Studenten in den letzten Tagen Grußbotschaften nach Warschau geschickt, weil die Polen sich nicht scheuen, rücksichtslos und bis zur letzten Konsequenz mit dem Ungeist abzurechnen, der die jüngste Vergangenheit des Sozialismus so sehr verdunkelte. Ich habe in Gedanken mitunterschrieben.“[126] Ähnliches wie in Berlin geschah auch an den Universitäten in Greifswald, Jena, Leipzig und Rostock. Soweit zu sehen ist,

---

124 Lenz, Siegfried: Am Rande des Friedens. Rede zur Verleihung des Friedenspreises des Deutschen Buchhandels 1988. Frankfurt am Main, Wien 1988, S. 5.

125 Kowalczuk, Ilko-Sascha: Die Übernahme. Wie Ostdeutschland Teil der Bundesrepublik wurde. München 2019, S. 25.

126 Zu Rudolf Bahro, Wolfgang Harich und Willi Krebs siehe Herzberg, Guntolf/Seifert, Kurt: Rudolf Bahro – Glaube an das Veränderbare. Eine Biographie. Berlin 2002, hier insb. S. 37–42.

nicht aber an der HfE Ilmenau, hier blieb es ruhig.

Martin Strauss hatte am 21. Dezember 1956 an das *Neue Deutschland* zum Leitartikel der Zeitung einen Tag zuvor unter dem Titel „Studentenschaft und Sozialismus" einen Leserbrief gerichtet. Er zeigte sich mit dem Artikel zwar einverstanden, nicht aber mit der „Einengung des Themas". Das Leben stelle nicht das Thema „‚Studentenschaft und Sozialismus', sondern ‚Hochschule und Sozialismus'". Das Thema müsse die Hochschullehrer mit einbeziehen, nämlich, „die Fragen des schädlichen Einflusses auf die Studenten bzw. die Gründe für Unzufriedenheit unter den Studenten" untersuchen. In dieser Hinsicht hätten sich bislang das *Neue Deutschland*, die SED und das Staatssekretariat ausgeschwiegen. Strauss plädierte, das „dogmatische Sektierertum einiger weniger GeWi-Dozenten und andererseits den praktischen Opportunismus in Fragen der Personalpolitik zu überwinden". Er argumentierte mit einem „extremen Beispiel", von dem er gehört hatte. Demnach habe ein GeWi-Lehrer vor jeder Vorlesung die Studenten „eine Minute lang zum Gedenken an Marx und Engels stehen" lassen. Da die bürgerlichen Professoren in den Naturwissenschaften in der Überzahl waren, sei damit die Schadenfreude vorprogrammiert gewesen, – ein reaktionärer „kollegialer Konformismus" sei entfacht worden. Das aber sei noch harmlos gegenüber der „subversiven Art der Propaganda, die von einigen Professoren und Dozenten betrieben" werde.[127]

Zum gesellschaftswissenschaftlichen Pflichtunterricht hatte Strauss zuvor an das Blatt geschrieben, dass er nicht eine Generaloffensive gegen die bürgerlichen Professoren starten wolle, jedoch darauf hinweisen müsse, dass „gar nicht so wenige ‚Morgenluft' glaubten wittern zu können", wenn dieser Unterricht fiele. Zur geplanten Reform dieses Studiums berichtete er aus der eigenen Fakultät, dass „von einer Anzahl Kollegen ohne sachliche Begründung" dieser Unterricht „abgelehnt" worden sei. Sie hätten „klar zu erkennen" gegeben, „dass sie damit nichts zu tun haben" wollen. Und weiter: „Ich schreibe diesen Brief vor allem deshalb, weil ich die Lage und die wirklichen Gefahren genauso einschätze wie Genosse Wollweber [Ernst, Minister für Staatssicherheit 1953–1957] in seinem heutigen Artikel im *Neuen Deutschland*; ich habe diese Auffassung auch neulich bei der Diskussion im Anschluss an das Referat von Genossen Hager (‚Aktuelle Probleme der Hochschulpolitik') im Klub der Kulturschaffenden zum Ausdruck gebracht. Die Aufweichtaktiker beschränken sich aber nicht darauf, den sogenannten ‚wahren' oder ‚menschlichen' Sozialismus zu proklamieren. Sie haben an den Universitäten – wie auch anderswo – eine ‚fünfte Kolonne', die durch subversive Bemerkungen und vor allem auch durch die Betonung ihrer Machtposition gegenüber den Studenten [auffalle], eine opportunistische und zynische Haltung gezüchtet. […] Solange diese ‚fünfte Kolonne' an unseren Universitäten ungestraft und ungehindert wirken kann, kann der Einfluss feindlicher Ideologien auf unsere Studenten nicht beseitigt werden."[128]

Die Bildung gesellschaftswissenschaftlicher Institute resp. Fakultäten wurde, wenn nicht gar als schädlich im Sinne der universitären Ausbildung, so doch mindestens als

---

127 Strauss: Schreiben an das Neue Deutschland vom 21.12.1956 zum Leitartikel „Studentenschaft und Sozialismus" am 20.12.1956; ArchBBAW, Nachlass Strauss, Nr. 150, S. 1–3, hier 1.

128 Ebd., S. 3.

überflüssig angesehen. Hans-Georg Gadamer, Rektor der Leipziger Universität, soll sie als „,trojanisches Pferd' an der ,bürgerlichen' Universität" empfunden haben, wie sein Biograph Jean Grondin schreibt.[129] Dass an der HfE Ilmenau, die gleich mit ihrer Gründung ein solches Institut – wenngleich zunächst als Abteilung – ins Leben rief, Protest aus der höchsten Leitungsebene aufkam, ist nicht überliefert.

Ein Vortrag zum Parteijahr 1957/58 an der Humboldt-Universität zu Berlin liest sich wie eine Blaupause für alle anderen Hochschulen und Universitäten des Landes, wenn von der „Einschleusung revisionistischer, bürgerlich-liberaler und anderer reaktionärer Anschauungen" die Rede ist, und dass der Westen die psychologische Kriegsführung nach dem XX. Parteitag der KPdSU entfacht habe, der die bürgerlichen Wissenschaftler und Hochschullehrer mit Losungen wie „Kampf gegen den Stalinismus", „Einführung absoluter Meinungsfreiheit", „Entwicklung der Fehlerdiskussion", „Gegen den Russischunterricht", „Gegen das marxistisch-leninistische Grundstudium" und „Für die Zulassung des Studiums der idealistischen Philosophie" konfrontierte.[130] Bei ihren Propagandalosungen und meist ausschweifenden Reden fokussierte die SED stets auf den Westen, der angeblich mit den bürgerlichen Wissenschaftlern in der DDR ein gemeinsames Spiel treibe. Und wie in Berlin, Dresden, Greifswald oder Leipzig erfolgte auch in Ilmenau die Verquickung der „ideologischen Unklarheiten" mit dem gesellschaftlichen Engagement der Studenten etwa bei den Ernteeinsätzen.

Es war nur eine kurze Phase nach dem XX. Parteitag, die oft als eine liberale oder Tauwetterphase gesehen wird. Hier wurzelt auch der berühmt gewordene Konflikt um Wolfgang Harich (1923–1995). Paul Wandel (1905–1995), der erste Volksbildungsminister der DDR, Hardliner sondergleichen und mit Einfluss auch auf das Hochschulwesen, wurde seiner Funktion enthoben, eine Kette von Suiziden erschütterte letzte Hoffnungen auf einen moderateren, liberaleren Weg zum Sozialismus. Gerhart Ziller, zuständig insbesondere für Konsumindustrie und Arbeitskräftelenkung, nahm sich am 14. Dezember 1957 das Leben, ebenso Erich Eichholz, Willy Freihoff, Heinz Horn u.a.m.[131] Allein in diesem Jahr flüchteten 261.622 Bürger.[132] Die SED zog sich aus taktischen Gründen etwas zurück, um 1958 umso härter zurückschlagen zu können. Zu den aufmüpfigen „Rädelsführern" zählten ihr vor allem langjährige SED-Genossen, an vorderster Stelle Behrens, Havemann und Kuczynski. In einem Forum am 27. März 1958 richtete das ZK-Mitglied Robert Neumann, Prorektor für Gesellschaftswissenschaften an der HU Berlin, eindringliche Mahnungen an sie. Die Adresse aber galt allen im Lande, verhielten sie sich ähnlich. Dulden würde die SED diesen Revisionismus nicht mehr. Interessant ist das Verhalten, das der Historiker Horst Haun dreiteilt: Fritz Behrens habe quasi um Abbitte gerungen, alles

---

129 Jean Grondin: Hans-Georg Gadamer. Eine Biographie. Tübingen 1999, S. 287. Quellenhinweis: Feige, Hans-Uwe: Die Gesellschaftswissenschaftliche Fakultät an der Universität Leipzig (1947–1951), in: Deutschland Archiv, 26(1993)5, S. 572–583.

130 Rede zum neuen Studienjahr der SED 1957/58 vom 19.10.1957; BStU, MfS, AOPK 691/58, Bd. 1, Bl. 123–205, hier Bl. 126–128 u. 169.

131 Der Parteiarbeiter, Hrsg.: Kampfgruppe gegen die Unmenschlichkeit. Sondernummer Juli 1958, S. 7.

132 Fischer, Alexander (Hrsg.): Die DDR. Daten – Fakten – Analysen. Köln 2004, S. 266.

eingesehen und Besserung zugesagt. Robert Havemann[133] habe auch zurückgenommen und relativiert, sich jedoch weiter mit dem in Ungnade geratenen Wissenschaftshistoriker Friedrich Herneck solidarisiert. Gleichzeitig aber habe Havemann auch wieder ausgeteilt, also Kritik geübt, während Jürgen Kuczynskis Verhalten zwischen den beiden lag. Seine Haltung sei Selbstkritik und Zurückweisung gewesen, trickreich, Persiflage, letztlich eine ironische Überhöhung der Kritik an ihn. Kuczynski hatte bereits im Oktober 1956 mit der Publikation von Diskussions- und Streitschriften begonnen. Die Gegenattacken begannen sofort, rasch gerieten sie zu feindlichen, bösartigen. Verglichen mit anderen in die Kritik geratenen und selbst Kritik übenden habe sich Kuczynski, so Haun, „am weitesten vorgewagt; er hat am stärksten provoziert und schließlich [...] am wenigsten zurückgenommen."[134] So sei er in der Hager-Beratung hart aufgetreten, in der Form „ungeniert" mit „unverhohlener Distanz und Ablehnung". Er hatte gar aufgerufen: „Lasst euch prügeln von Dlubek, Diehl und Hager! Das ist ihre Aufgabe. Aber widersteht ihnen, wenn sie euch mit der wissenschaftlichen Arbeit hetzen!"[135]

Im Februar 1958 erfolgte die zweite große Säuberungswelle der SED. Opfer waren u. a. das Politbüromitglied Karl Schirdewan (1907–1998) und der Minister für Staatssicherheit Ernst Wollweber (1898–1967). Bereits in der ersten Phase, 1953, waren der ersten Welle der Minister für Staatssicherheit Wilhelm Zaisser (1893–1958) und Rudolf Herrnstadt (1903–1966) zum Opfer gefallen.[136] 1958 war auch das Jahr, indem das MfS gleichsam paradigmatisch für alle Universitäten und Hochschulen des Landes einen bürgerlichen Gesprächskreis von Hochschullehrern an der Universität Halle, der substantiell die Hochschulpolitik der SED kritisierte, mit harten Folgen für die Beteiligten zerschlug: der Fall des Spirituskreises.[137]

Den Tribunalen ähnliche Veranstaltungen gab es auch an der jungen HfE Ilmenau. Der 1. Sekretär der Hochschulparteileitung, Alfred Pfestorf, erinnerte viele Jahre später an den Fall des Hochschullehrers Max Beck[138]; Zitat: „In Herausbildung und Profilierung der TH zu einer sozialistischen Bildungsstätte führte die Parteileitung in Form *öffentlicher* Auseinandersetzungen den offensiven Kampf gegen falsche und feindliche ideologische

---

133 Geb. am 11.3.1910 in München. Studium der Chemie von 1929 bis 1933 in München und Berlin. Promotion 1935, Habilitation 1943. Im September 1943 wurde er durch die Gestapo verhaftet und am 16.12. vom Volksgerichtshof (unter Freisler) zum Tode verurteilt. Hinrichtungsaufschübe im Zuchthaus Brandenburg verhinderten die Vollstreckung des Urteils. Nach dem II. Weltkrieg folgte die Übernahme vielfältiger Funktionen. Nach seiner Entlassung als Leiter der Kaiser-Wilhelm-Gesellschaft durch die amerikanische Besatzungsmacht Ende 1947 erfolgte 1950 die Ernennung zum Kommissarischen Direktor des Physikalisch-Chemischen Institutes der HU Berlin. Havemann war von 1960 bis zu seiner Entlassung Ende 1965 Leiter der Arbeitsstelle für Fotochemie der DAW.

134 Hannah-Arendt-Institut für Totalitarismusforschung: Haun, Horst: Kommunist und „Revisionist". Die SED-Kampagne gegen Jürgen Kuczynski (1956–1959). Dresden 1999, S. 8 f. u. 123–125.

135 Ebd., u. S. 24. Stenographische Niederschrift der Beratung des Genossen Kurt Hager mit Genossen Historikern am 12. Januar 1956 im Haus der Einheit; BArch, DY 30, IV 2/9.04, 133.

136 Vgl. Kowalczuk, Ilko-Sascha: Stasi konkret. Überwachung und Repression in der DDR. München 2013.

137 Vgl. Schenk, Günter/Meyer, Regina: Auch das war die DDR. Halle 2007.

138 Geb. am 1.3.1901 in Roda. 1937–1942 planmäßiger Assistent an der Wirtschaftshochschule Berlin und wiss. Mitarbeiter an der TH Berlin-Charlottenburg, dort 1943 Dozent. 1947–1952 zunächst Dozent, anschließend Prof. mit v. Lehrauftrag an der FSU Jena; 1952–1954 in dieser Funktion an der MLU Halle-Wittenberg. Ab 1.10.1954 wiederum in dieser Funktion an der HfE Ilmenau und Direktor des Instituts für Betriebswissenschaft und Normung. 1956 Prof. mit Lehrstuhl für Normung und Standardisierung. 1955/56 Prorektor für die wissenschaftliche Aspirantur; UAI, 2336 Kad, 0897 Kad.

Auffassungen und Verhaltensweisen." Mit dem Resultat, dass „Prof. Beck als Hochschullehrer aus dem Lernprozess entfernt" wurde.[139] Tatsächlich verdichtete sich vordem die vom MfS geschürte SED-Stimmung gegen ihn, so dass Andreas Schüler[140] dem Senat der HfE Ilmenau empfahl, Beck zu entfernen. Die Begründung, die wegen ihres beleidigenden Tons nicht zitiert werden soll, mündete in dem Ersuchen des Senats der HfE an den Staatssekretär für das Hochschulwesen, „Prof. Beck von seinen Aufgaben als Hochschullehrer zu entbinden, und ihm eine geeignete Arbeit an anderer Stelle zu vermitteln, wo er seine fachlichen Fähigkeiten zum Nutzen der DDR anwenden" könne.[141]

Zur Untersuchung seines Verhaltens war extra eine Kommission gebildet worden, der Mau, Blüthgen, Bischoff, Stöbel und Schüler angehörten. Man habe sich, so Helmut Winkler[142] auf der Sitzung des Senats, „die Dinge", die sich samt Vorgeschichte in Jena abspielten, „angesehen" und sei zu dem Schluss gekommen, dass für Beck „ein weiterer Einsatz in der Lehrtätigkeit nicht in Frage" komme. Ob, und wenn ja, welche gegenteiligen Stimmen es in der Kommission oder bei der Beschlussfassung im Senat gegeben hatte, welche Argumente gegen Beck tatsächlich vorgebracht wurden, ist dem Protokoll nicht zu entnehmen. Es gab Fälle, wo lediglich ein Einzelner, vorzugsweise der Parteisekretär, dafür sorgte, dass die übrigen Kommissionsmitglieder überstimmt worden sind. Gemeint aber waren mit solchen Urteilen wie gegen Beck alle seine Kollegen, aber auch Verwaltungsangestellte und Studenten. Und auch SED-Genossen. Die Verfahren sollten abschrecken, Angst generieren. Das wurde auf der Senatssitzung am 25. Februar 1958 deutlich. Hinter den formalen Argumenten Winklers, wonach künftig bei der Durchführung von Disziplinarverfahren kein „neuer ‚rauer' Kurs verfolgt" würde, sondern lediglich der Verstärkung der „Qualifizierung der Studentenschaft" und das „Aussondern unfähiger und unwürdiger Studenten" das Wort geredet werden solle, verbarg sich im Kern der Wille, *politisch* nicht konforme Studenten auszusondern.[143]

Nach dem Mauerbau 1961 war die Stimmung gegen den GeWi-Unterricht geradezu explosiv. Es war eine Radikalisierung spürbar, die ähnlich der in Gefängnissen zutage tritt, wenn sich die Pforten oder auch „nur" die Hoffnungen schließen. Der angesehene Wissenschaftler, Hochschullehrer und Wissenschaftsfunktionär Eberhard Leibnitz hielt die

---

139 Pfestorf, Alfred: Erinnerungsbericht, in: Lindner: Geschichte, S. 64.

140 Geb. am 18.4.1921 in Breslau. 1956 kommissarisch Prorektor für das GeWi-Grundstudium, Wahrnehmungsdozentur für Politische Ökonomie an der HfE. 1957 Leiter der Abt. für das GeWi-Grundstudium, Wahrnehmung der Geschäfte des Direktors für GeWi 1958. 1959 Dozent für Politische Ökonomie, 1962–1973 Prorektor für das oben bezeichnete Gebiet. 1962–1964 auch kommissarisch Prorektor für Studienangelegenheiten. 1958 Promotion, 1969–1986 o. Prof. Seine erste Veröffentlichung 1952: „Stalin über den Charakter der ökonomischen Gesetze"; UAI, 4458 Pers.

141 Empfehlung an den Senat der HfE Ilmenau, aufgefunden in: BStU, BV Suhl, AOP 1114/63, Bd. 1, Bl. 135–137.

142 Geb. am 28.3.1911 in Quaritz, Kreis Glogau. 1939–1945 technik-Physiker in der Luftwaffe. 1938–1945 NSDAP, 1946 SED. 1957 Promotion zu einem Thema der Entwicklung von Analogierechenmaschinen. 1949–1953 Ingenieurschule Ilmenau, 1951 Dozent für Physik. Kam nach einem kurzen Intermezzo an der FSU Jena 1953 an die HfE. 1956 Wahrnehmungsprof. mit Lehrauftrag für Experimentalphysik, 1957 Prof. mit Lehrauftrag, 1959 mit v. Lehrauftrag, 1961 mit Lehrstuhl. 1957 Direktor des Instituts für Physik. 1957–1960 Prorektor für Studienangelegenheiten, 1960–1965 Prorektor für den wissenschaftlichen Nachwuchs. 1959–1965 Mitglied des wissenschaftlichen Beirates für Physik beim SHF, anschließend im wissenschaftlichen Beirat für Mathematik und Naturwissenschaften. Verdienst beim Aufbau eines Praktikums für Experimentalphysik; UAI, 0232 Kad.

143 Protokoll vom 19.3.1958 zur Senatssitzung am 25.2.1958; UAI, S. 1–12, hier 7 u. 11 f.

Situation kurz nach dem Mauerbau 1961 an den Universitäten und Hochschulen für „schlimm“, weil „im gesellschaftswissenschaftlichen Bereich und in den gesellschaftswissenschaftlichen Fakultäten über die Intelligenz hergefallen“ werde, „der man kurzweg“ sage: „Bis jetzt konntet ihr uns erpressen, aber jetzt werden wir euch mal zeigen, was eine Harke ist“. Notfalls könnten „noch ganz andere Seiten“ aufgezogen werden.[144]

In den 1970er Jahren hatten sich die Studenten mehr oder weniger mit der ungeliebten „Rotlichtbestrahlung“ abgefunden. Der Schulungsapparat verlief vergleichsweise automatisch. Wie Mehltau legten sich über den Alltag vieler Studenten und Hochschullehrer die verschiedenen GeWi-Unterrichtsformen. Dabei war die bereits unter Walter Ulbricht vorherrschende Tendenz zur Verflachung beileibe nicht minimiert worden, sondern durch „geläufige“ Semantik noch verschärft worden. Der ideologische Unterricht kostete die Gesellschaft einen hohen Preis, denn die Elaborate mussten geschrieben, vertrieben, vorgetragen, kontrolliert und beurteilt, zensiert und diskutiert werden. Dabei ging es mehr und mehr nicht nur um die Vermittlung des Marxismus-Leninismus in Aus- und Weiterbildung, sondern auch um die praktische Anwendung, sei es hinsichtlich gemeinsamer Projekte mit anderen Sektionen, Wissenschafts- und Technikfragen, definitorische und statistische Leistungen, sowie den Erwerb der obligatorischen Zulassungsqualifikation für Promovenden.

Als ein solches „angewandtes“ Arbeitsprodukt aus der Honecker-Ära vom Juli 1976 kann das folgende Dokument gelten, ähnliche Arbeiten sprossen reichlich aus den ML-Instituten resp. -Sektionen des Landes. Es handelt sich um ein deutsch-sowjetisches Gemeinschaftswerk mit dem Titel „Die naturwissenschaftlich-technische Intelligenz im entwickelten Sozialismus – Rolle – Aufgaben und Entwicklungsperspektiven“. Die Autoren der TH Ilmenau kristallisierten Merkmale heraus, die die Gruppe der naturwissenschaftlich-technischen Intelligenz von jenen der übrigen Gruppen der Intelligenz unterscheidet. Vor allem beschäftigten sie sich mit der Stellung und Funktion der naturwissenschaftlich-technischen Intelligenz im gesellschaftlichen Reproduktionsprozess und kritisierten diesbezüglich Manfred Lötsch heftig.[145] Lötsch, gelernter Schlosser, Abitur an der Arbeiter- und Bauern-Fakultät (ABF), war hochintelligent, freimütig und rhetorisch begabt. Und wenn die DDR-Soziologie, die zuletzt circa 300 professionelle Soziologen einschließlich Assistenten zählte, überhaupt einen guten Ruf hatte, dann vor allem in Verbindung mit seiner Person. Er muss, da die Ilmenauer ihn derart hart kritisiert hatten, und so etwas lief selten ohne Anweisung von der Partei, bereits zu diesem frühen Zeitpunkt für angreifbar erklärt worden sein. Der an der Bergakademie Freiberg 1963 in Ökonomie promovierte Wissenschaftler, Schüler von Kurt Braunreuther, ebenso wie er ein Freigeist und später von seiner Position entfernt, geriet bereits 1966 ins Fadenkreuz der SED aufgrund „unzulänglicher ideologischer Positionen“ im Rahmen der Arbeitsrichtung „Soziologie als Strukturwissenschaft“. Sie akzeptierte keine Felduntersuchungen im Erkenntnistarget der

144 MfS, Abt. VI/E, vom 30.10.1961: Bericht; BStU, MfS, AOP 771/63, Bd. 1, Bl. 52–57, hier 55 f.

145 Bayer, Günther/Dobrynina, W. I./Erck, Alfred et al. (Autorenkollektiv des Institutes für Marxismus-Leninismus der THI und des Moskauer Energetischen Institutes, insgesamt 22 Mitarbeiter der Sektion ML), Juli 1976: Die naturwissenschaftlich-technische Intelligenz im entwickelten Sozialismus – Rolle – Aufgaben und Entwicklungsperspektiven; UAI, Sgn. 13789, S. 1–207, hier 51–95.

Wirklichkeiten. Jedenfalls ging die „Affäre“ hoch bis zu Hörnig und endete mit einem traditionellen Erziehungsmittel der SED, der „Bewährung in der sozialistischen Produktion“. Als „negativer Kern der Fakultät“ hatte er in die Braunkohle zu gehen. Doch das ging regelrecht schief, da der Direktor des Großräschener Braunkohlenwerkes, Karl-Heinz Tauer, von Lötsch angetan war und ihn demzufolge als wissenschaftlichen Mitarbeiter für soziologische Untersuchungen in Personalfragen einsetzte.[146] Dass er 1969 per Parteiauftrag in Berlin im Institut für Gesellschaftswissenschaften wieder auftauchte, ist für den, der die DDR kennt, nicht allzu überraschend. Die Partei setzte in der Erziehung auf vielfältige Mittel. Dazu zählten Behinderungen und mannigfaltige Verbote wie Westreise- und Publikationsverbote (Lötsch durfte seine bereits gedruckt vorliegende Habilitation nicht publizieren), Zersetzung durch das MfS, aber auch eine Art von Korruption, etwa über die Vermittlung einer attraktiven Stellung. Doch Lötsch ging seinen Weg unbeirrt weiter, blieb sauber und ein Vorbild nicht nur für seine Fachkollegen. Der Verfasser erlebte Lötsch im obligatorischen, einjährigen gesellschaftswissenschaftlichen Kurs für Promovenden an der Akademie der Wissenschaften Ende der 1980er Jahre als völlig frei im Denken. Er trug in mehreren Unterrichtseinheiten soziologische Daten zum Hochschulwesen der DDR vor, sprach über die Bedingungen und das Problem der Kreativität (nur maximal 12.000 der insgesamt 124.000 in Forschung und Entwicklung Beschäftigten könnten überhaupt kreativ genannt werden), über die *wahre* soziologische Zusammensetzung der Hochschulstudenten (zwei Drittel von ihnen hätte entweder Vater oder Mutter in der Intelligenz, davon wiederum 60 Prozent beide), über die Begrenztheit des Potenzials an Studierfähigen, die Macht der sozialen Herkunft, den schlechten quantitativen Stand hinsichtlich des Personals in Forschung und Entwicklung und über vieles andere mehr.[147]

Die „offene Konfrontation“ mit dem DDR-Regime soll Lötsch nicht völlig ausgeschlossen haben, er entschied sich jedoch, in der DDR zu bleiben, „Stück für Stück mehr Wahrheit und kritische Sachlichkeit zu gewinnen“ und dies auch öffentlich zu tun. Und „so nahm er jahrelange, aufreibende ideologische Auseinandersetzungen in Kauf“.[148] Er lebte die Konfrontation, wusste, dass immer auch das MfS mithörte. Denn wer 1988 vor circa 50 Promovenden das Ende des extensiven Fortschrittsdenken forderte, die politische Ökonomie des Marxismus als nicht mehr gültig ansah, weil eine Ökonomie des Extensiven, ferner den Intelligenzbegriff der SED verwarf und forderte aufzuhören, das Leben der Wissenschaftler nach Prinzipien jener in der Produktion zu organisieren, der verstieß ganz offensichtlich gegen die unantastbaren Kriterien der SED.[149] Übrigens gab es auch intelligente junge Menschen wie Peer Pasternack, heute Direktor des Instituts für Hochschulforschung an der Universität Halle-Wittenberg, die sich noch in der Spätphase der DDR für das Studium des Wissenschaftlichen Kommunismus entschieden.

Angeblich, so die Ilmenauer, vermische Lötsch Begriffe in ihrer Zuordnung in seinem

---

146 Lötsch, Ingrid/Meyer, Hansgünter: Vorwort, in: (Dies.): Beiträge zu einem Kolloquium in Memoriam Manfred Lötsch. Berlin 1998, S. 9–14.

147 ML-Weiterbildung für Doktoranden. Thema: Sozialstruktur und ihre Entwicklung, Vorlesung und Seminar am 14.10.1988. Eine Mitschrift; Slg. des Verf.

148 Lötsch/Meyer: Beiträge, S. 13.

149 Mitschrift: Sozialstruktur und ihre Entwicklung.

Bericht unter dem Titel *Arbeiterklasse und Intelligenz in der sozialistischen Gesellschaft*, abgedruckt in der SED-Zeitschrift *Einheit*.[150] So verwende er das Begriffspaar „materiell resp. geistig Arbeitende", statt, wie es Karl Marx vorgegeben habe, von der körperlichen und geistigen Arbeit zu sprechen.[151] Es half nichts, Lötsch blieb bei seinen Ansichten, baute sie gar noch aus.[152] Das wohl höchste Maß an Entfremdung erreichten die Autoren an jener Stelle, wo sie auf ihr Studium sowjetischer und DDR-Naturwissenschaftler und Ingenieure hinweisen. Man bekomme, heißt es, den Eindruck „großer subjektiver Anstrengungen", die die Betreffenden unternommen hatten, „um zu sozialistischen Persönlichkeiten zu reifen". So erwähnen sie u. a. den sowjetischen Wissenschaftler Eduard M. Dubinin und, aus der DDR, Max Steenbeck, den sie zitieren: „Zur festen Persönlichkeit wird der Mensch nicht auf einem wohlgebahnten mühelosen Lebensweg, sondern nur aus bewusst durchlebten und verarbeiteten Widersprüchen, mit denen man sich auseinandersetzen musste." Das, so die Ilmenauer Marxisten, gelte „sowohl für die ehemals bürgerlichen Wissenschaftler und Ingenieure als auch für die erste Generation der sozialistischen Intelligenz."

Ausgerechnet den Ungeeignetsten für das kommunistische Ideal, den Dresdener „roten Baron" Manfred von Ardenne, führen die Ilmenauer in den Zeugenstand; Zitat: „Die Identifizierung mit den wissenschaftlich-technischen Problemen wurde immer stärker auch eine Identifizierung mit den Zielen und der Praxis des Sozialismus. Sie führte dazu, dass sich Ardenne nachdrücklicher für politisch-weltanschauliche Fragen zu interessieren begann und als Mitglied des Forschungsrates der DDR, als Mitglied der Volkskammerfraktion des Kulturbundes usw. politisch tätig wurde." Und weiter: „Das Persönlichkeitsprofil des Forschers und Erfinders Ardenne wird also durch seine konkreten wissenschaftlich-technischen Tätigkeiten und ihre Ergebnisse in deren sozial-politischer Determiniertheit charakterisiert."[153] Fünf Jahre nach der harten Kritik der Ilmenauer Marxisten hielt Lötsch an eben dieser Hochschule im Rahmen des 26. Internationalen Wissenschaftlichen Kolloquiums (IWK) vom 26. bis 30. Oktober 1981 einen Gastvortrag zum Thema: Erfordernisse der sozialstrukturellen Entwicklung aus der Sicht der wissenschaftlich-technischen Revolution. Und wiederum fünf Jahre später, 1986, war er anlässlich des 31. IWK mit einem Vortrag zu Fragen der Intelligenz und des wissenschaftlich-technischen Fortschritts präsent.

Eine Wissenschaftskonzeption von 1974 zeigt den Stellenwert des Instituts für Marxismus-Leninismus im Gefüge der TH zu inhaltlichen, organisatorischen, strukturellen und personellen Fragen, konfiguriert über drei Zielstellungen: (1) „Erhöhung des wissenschaftlichen und politischen Niveaus sowie der Wirksamkeit aller Lehrveranstaltungen mit dem Ziel, dazu beizutragen, solche Diplom-Ingenieure und Diplom-Mathematiker heranzubilden, die der Arbeiterklasse und ihrer Partei treu ergeben, die fähig und bereit sind, ihren

150 Einheit, 29(1974)3, S. 365–368.

151 Bayer/Dobrynina/Erck et al.: Naturwissenschaftlich-technische Intelligenz, S. 46.

152 Die Grundlage seines Ansatzes wurde posthum veröffentlicht: Lötsch, Manfred: Die Intelligenz – Zum Wesen einer sozialen Schicht. Stellung und Rolle der Intelligenz im System sozialer Strukturen. Theoretische und methodologische Grundpositionen, in: Lötsch/Meyer: Vorwort, in Beiträge, S. 283–306.

153 Bayer/Dobrynina/Erck et al.: Naturwissenschaftlich-technische Intelligenz, S. 143 u. 154 f.

spezifischen Beitrag zur weiteren Verwirklichung der historischen Mission der Arbeiterklasse zu leisten"; (2) „Bereitstellung von Forschungsergebnissen zur Vervollkommnung der kommunistischen Erziehung und Bildung der Studenten sowie für die Führungstätigkeit der SED auf dem Gebiet der sozialen und geistigen Annäherung von Arbeiterklasse und Intelligenz und der Herausbildung kommunistischer Persönlichkeiten, besonders aus der naturwissenschaftlich-technischen Intelligenz auf der Grundlage sozialistisch/kommunistischer Produktions- und Machtverhältnisse und der Ideale der Arbeiterbewegung" sowie (3) „Erhöhung des Niveaus der wissenschaftlichen Auseinandersetzung mit bürgerlichen, rechtssozialdemokratischen und revisionistischen Gesellschaftskonzeptionen, insbesondere über das Verhältnis von Arbeiterklasse und der Ideale der Arbeiterbewegung." Inhalt und Ziel der Ausbildung in Fragen des Marxismus-Leninismus basierten auf „das einheitliche und verbindliche Lehrprogramm ‚Grundlagen des Marxismus-Leninismus an den Universitäten und Hochschule'" des Landes.[154]

Noch zuletzt, 1989, wurde diese Ausbildung für den Bereich der technischen Fachschulen modernisiert; eine Art Pilotprojekt für die Universitäten und Hochschulen, die unter der Hand bereits auf diese Weise experimentierten. Angestrebt wurden in der Folge der jüngsten Ereignisse in der DDR „Aktualität, Lebensnähe und Handhabbarkeit der marxistisch-leninistischen Theorie im Alltag". Das zu vermittelnde Wissen sollte im Unterricht (ein)geübt werden. Begründet wurde dies damit, dass sich im Rahmen der Reform der technischen und ökonomischen Fachschulausbildung von 1984 bis voraussichtlich 1994 das Eintrittsalter der Studenten auf 16 Jahre verringere, sie also keine Berufsausbildung mehr mitbrächten, mithin auch nur geringe soziale Erfahrungen hätten. Darauf wolle man mit der Neuausrichtung des gesellschaftswissenschaftlichen Unterrichts reagieren. „Es sei die Pflicht eines Lehrers für Marxismus-Leninismus, die Weltanschauung der Arbeiterklasse und die Politik der SED so nahezubringen, dass sie von den Studenten als für sie subjektiv bedeutsam akzeptiert und verinnerlicht werden. Wichtig sei, die Studenten so zu motivieren, dass sie den Marxismus-Leninismus als Lebens- und Handlungsorientierung begreifen." Für Harald Schulze, dem Vorsitzenden der Zentralen Fachkommission Marxismus-Leninismus beim MHF gab es keine prinzipielle Abkehr von der marxistisch-leninistischen Erziehung, nur der Weg dahin werde „modernisiert": „Wir verlassen konsequent den deduktiven Weg der Erkenntnis und führen die 16- bis 19-jährigen Studenten von sie interessierenden praktischen Problemen zu den Gesetzmäßigkeiten."[155]

3.3 Rahmen III: Hochschulpolitik

Die Erstürmung der „Festung Wissenschaft" war ein stalinistischer Topos,[156] den Walter Ulbricht auf der I. Funktionärskonferenz der FDJ am 26. November 1950 in Berlin vehement aufgriff und die Jugend aufforderte, diese Aufgabe in ihre Hände zu nehmen. Bereits

---

154 THI, IML, vom 30.5.1974: WK des IML für den Zeitraum bis 1980, aufgefunden im Konvolut zur Senatssitzung des WR am 25.6.1974; UAI, S. 1–12, hier 2 f. u. 5.

155 Neues Lehrprogramm für Fachschulen. Studium des Marxismus-Leninismus entsprechend veränderten Bildungsvoraussetzungen; Zeitungsartikel, o. D., aber 1989; BStU, BV Suhl, KS, Nr. 2529, Bl. 14.

156 Müller, Marianne/Erwin, Egon: „... stürmt die Festung Wissenschaft!" Die Sowjetisierung der mitteldeutschen Universitäten seit 1945. Berlin 1994.

diese Rede umriss eine Hochschulpolitik, die letztlich stringent auf das Finale der 3. Hochschulreform zulief. Sie betonte das praxisverbundene Studium, den Russisch-Unterricht, die verpflichtende Teilnahme an den Vorlesungen und Seminaren, die Bedeutung der Sowjetwissenschaften für alle Fragen der Wissenschaft und Hochschulausbildung (also auch die Aufforderung, sowjetische Hochschulliteratur zu übersetzen und somit für das Studium zugänglich zu machen) sowie eine ganze Reihe von konkreten, geradezu detaillierten Vorschlägen zur Hebung des Niveaus der Ausbildung, deren Kern und Term meist ein politischer war. Scheinbar nebenbei erwähnte er, dass die Universitäten und Hochschulen der Hauptabteilung für Hochschulen und Wissenschaften beim Volksbildungsministerium der DDR unterstellt würden. Das entsprach dem Prinzip der zentralistischen Führung durch die SED. Die bislang zuständigen Organe in den Landesministerien wurden also noch vor der Auflösung der Länderordnung im Jahr 1952 aufgelöst. Ulbricht übte in seiner Rede ausgiebig Kritik an den zuständigen Verwaltungen und höheren Bildungsstätten. Der TH Dresden warf er vor, den Mathematikunterricht zu gering zu halten, sowjetische Literatur nicht zu nutzen (Zitat: „Es zeigt sich noch oft, dass von den Dozenten die fortgeschrittensten wissenschaftlichen Erfahrungen fast gar nicht ausgewertet werden.") und vor allem den Unterricht in Gesellschaftswissenschaften (GeWi) nicht richtig durchzuführen. Die ständige Kritik der Studenten am GeWi-Unterricht glaubte er mit einer Perspektivumkehr auflösen zu können, indem er dies der schlechten Unterrichtung der Studenten anlastete: „Wenn ein Professor, der Mitglied der SED ist, an der Technischen Hochschule in Dresden die Fürsorge des Rüstungsmillionärs Krupp für seine Arbeiter hervorhebt und in der Geschichte des Krupp-Konzerns und des Thyssen-Konzerns die Geschichte des vorwärtsstrebenden Bürgertums sieht, so haben die Studenten recht, wenn sie fordern, dass diese Dozenten ihre Manuskripte gründlich ändern." Dass am Studium der Gesellschaftswissenschaften festgehalten werde, daran ließ er keinen Zweifel und verwies auf Josef Stalin, wonach es ein Gebiet der Wissenschaften gebe, „‚dessen Beherrschung für die Bolschewiki aller Zweige der Wissenschaft obligatorisch sein muss. Das ist die marxistisch-leninistische Wissenschaft von der Gesellschaft, von den Entwicklungsgesetzen der Gesellschaft'".[157]

Andreas Malycha konstatiert in seinen Forschungen zur Geschichte der Wissenschafts- und Hochschulpolitik für die ersten sechs, sieben Jahre eine recht feste Autonomie der Handlungsträger, weist jedoch auch darauf hin, dass die SMAD „insbesondere in den Jahren 1945 bis 1949 über die Personalpolitik auf die Universitäten, Hochschulen und wissenschaftlichen Einrichtungen maßgeblichen Einfluss" ausübte. Bereits der SMAD oblag „in jedem Falle" die Aufgabe, vorgeschlagene resp. gewählte Rektoren, Prorektoren, Dekane und Prodekane zu bestätigen. In der Steuerungspolitik sieht Malycha die SMAD gegenüber der Deutsche Verwaltung für Volksbildung (DVfV) als treibend an, da diese nicht recht zum Zuge gekommen sei. Es habe seitens der SMAD „Klagen und Drohungen" gegeben. Er scheint wohl auch deshalb Peer Pasternacks Gesamtschau zuzustimmen, wonach

157 Referat von Walter Ulbricht, in: Junge Welt vom 28.11.1950; abgedruckt in: Physikalische Blätter, 7(1951)1, S. 39–41.

die SMAD im Unterschied zu anderen gesellschaftspolitischen Organen in der SBZ sich auf „grundlegende strukturelle Eingriffe in den historisch gewachsenen Lehr- und Forschungsbetrieb an den Universitäten und Hochschulen“ orientiert habe.[158] Der Volkswirt Jürgen Schneider formuliert es klarer: „Die SMAD griff in der SBZ initiativ in ordnungspolitische Prozesse ein.“ Sie „lenkte bzw. flankierte [...] in Verbindung mit der KPD/SED die Transformation des politischen Systems der SBZ von einer völkerrechtlichen Besatzungsdiktatur in eine monostrukturelle deutsche Parteidiktatur sowjetischen Typs.“[159]

Manfred Heinemann wählte den schwierigen Weg zur empirischen Wahrheit und befragte sowjetische und deutsche Entscheidungsträger und Persönlichkeiten im Rahmen einer Oral-History-Konferenz 1992. Auf diese Weise ist „ein vielfältig neuer Einblick in die Wahrnehmung der Prozesse gewonnen worden, die das Ende der Universität in der DDR als einer bürgerlichen Einrichtung zum Ziele hatten“. Es nahmen nicht nur die Macher (Täter) u. a. der SMAD teil, sondern auch „Opfer dieser Machtergreifung“, die viele „Jahre ihres Lebens in Zuchthäusern der DDR oder in GULAGs der Sowjetunion zubringen mussten. Aus neu zugänglichen Quellen erhöht sich die Zahl der dadurch zu Tode gekommenen Studenten und Hochschullehrer immer wieder.“[160] Die von ihm herausgegebene Dokumentation besticht in der Frage der Dignität der Fragestellungen an Protagonisten wie den Physiker und Offizier Pjotr I. Nikitin, der von 1945 bis 1949 Leiter der Abteilung für Hochschulen und wissenschaftliche Anstalten der SMAD und anschließend bis 1952 Mitarbeiter der sowjetischen Kontrollkommission war.

Von Bedeutung für die nur kurze Zeit später erfolgte Gründung der HfE Ilmenau ist das im Rahmen dieser Konferenz von Heinemann geführte monumentale Interview mit Nikitin zu Fragen des sowjetischen Steuerungsprofils im Hochschulbereich. Auffällig ist, dass Nikitin versucht war, die Verantwortung seines Landes bei der Frühsteuerung der Hochschullandschaft der DDR abzuweisen. Auf die Frage nach dem Urheber der Schaffung der gesellschaftswissenschaftlichen Fakultäten resp. Institute an Hochschulen sprach er mit dem Hinweis, wonach es hierfür im eigenen Land keine Entsprechung gab, diese Initiative der deutschen Seite zu. Dies sei „kein Beispiel der Sowjetisierung“, wenngleich ein Mitarbeiter der Abteilung Volksbildung der SMAD aktiv an der Schaffung dieser Institution beteiligt war und die SMAD diese letztlich per Befehl bestätigt habe. Auch die Transformation des Begriffs der Geisteswissenschaften hin zum Begriff Gesellschaftswissenschaften sei eine deutsche Initiative gewesen. Den Beschluss des ZK der SED von 1947, einen obligatorischen Kurs des Dialektischen Materialismus einzuführen, habe die SMAD mit Hinweis auf fehlendes Lehrpersonal und -material zunächst abgelehnt. Erst 1948 wurde begonnen, das Pflichtfach „Marxismus-Leninismus“ gegen den „Widerstand von Seiten der Intelligenz“ einzuführen. Die Frage nach der politischen Steuerung der

158 Malycha: Wissenschafts- und Hochschulpolitik, S. 21 u. 23 f. mit Literaturhinweis: Pasternack, Peer: Hochschule & Wissenschaft in SBZ/DDR/Ostdeutschland 1945–1995. Annotierte Bibliographie für den Erscheinungszeitraum 1990–1998. Studien des Instituts für Hochschulforschung Wittenberg an der MLU Halle. Weinheim 1999.

159 Schneider, Jürgen: Die Ursachen für den Zusammenbruch der Sowjetunion und der DDR (1945–1990). Eine ordnungstheoretische Analyse. Stuttgart 2017, S. 311–316.

160 Heinemann, Manfred (Hrsg.): Hochschuloffiziere und Wiederaufbau des Hochschulwesens in Deutschland 1945–1949. Die Sowjetische Besatzungszone. Berlin 2000, S. XI.

Immatrikulation vorzugsweise von Kindern aus Arbeiter- und Bauernfamilien beantwortete Nikitin in dem Sinne, dass dies von den Sowjets gewollt war, jedoch nicht so rigide, wie es dann in der Praxis hin und wieder geschah. 1948 wurde diese Politik in den Zulassungsbestimmungen[161] der Hochschulen verankert, gleichfalls, so Nikitin, gegen den „Widerstand von Seiten der Intelligenz". Eine dritte Frage, die nach dem Urheber der Schaffung des Begriffs „sozialistische Universität", wies er völlig ab, diesen habe man „überhaupt nicht verwendet". Und auf die Frage Heinemanns, ob die namhaften Professoren ihm Ende 1951/52 gesagt hätten, dass sie „am Ende ihrer Illusionen gewesen" seien, antwortete Nikitin eher ausweichend. Ja, von den Schwierigkeiten, die sie hatten, habe er gewusst.[162]

Wir haben diese Antworten eines der wichtigsten Macher der Hochschulpolitik in der Frühzeit der SBZ/DDR zur Kenntnis zu nehmen. Vieles ist stimmig, doch Nikitins Antworten gehorchen recht deutlich dem bekannten sozialpsychologischen Phänomen der Verantwortungsabschiebung. Vor allem aber ist zu berücksichtigen, dass führende SED-Funktionäre, allen voran Ulbricht, in der Sowjetunion „sowjetisiert" resp. „bolschewisiert" worden sind. Jede tiefere, vor allem mikropolitische Befassung mit diesen Fragen fördert Erkenntnisse zutage, die wir mit Reiner Pommerin als „schnelle Politisierung aller Lebensbereiche in der SBZ"[163] benennen können. Darüber hinaus galten praktisch alle wichtigen Elemente, die wir im Hochschulwesen beobachten, auch für den Bereich der Schulen. An vorderster Stelle die Personal-Selektion; hierzu der Bildungswissenschaftler Gert Geißler: „Waren den Nationalsozialisten im Zugang zur Oberschule rassische, charakterliche, körperliche und geistige Auslesekriterien maßgebend und diese, soweit sie nicht auf die jüdischen Schüler bezogen, recht dehnbar, so wird in der künftigen DDR, kategorisch in den Anfangsjahren, sozial privilegiert und deklassiert, nach politischer Organisationszugehörigkeit und Aktivität selektiert und dabei zunächst die Schulleistung in ihrer Wertigkeit zurückgesetzt werden."[164]

Als 1948 die Macht der SED im Begriff stand, Fuß zu fassen, wirkte die Abteilung Volksbildung der SMAD „mäßigend auf sie ein", versuchte, „die bürgerlichen Reste der Hochschulerneuerung zu sichern". Westdeutsche Wissenschaftler, die die DDR besuchten, stellten fest, dass die Stellung ihrer Kollegen in der DDR „bürgerlicher" als im Westen war.[165] Obgleich die Forschung Heinemanns zeigt, dass die Eineindeutigkeit einer „Sowjetisierung" oder gar „Bolschewisierung" zumindest bis zur Gründung der DDR schwierig

---

161 Initiiert bereits 1946 über die Richtlinien der Zentralverwaltung für Volksbildung vom 18.6.1946; BArch, DR 2, 647. Hierin ist bestimmt, dass die Zulassungskommissionen geeignete Kräfte aus dem Volk zu rekrutieren habe. Verschärft wurden diese Bestimmungen nochmals mit den Zulassungsbestimmungen der DVV vom 30.9.1947; ebd. Zur Genese der Zulassungsbestimmungen vgl. Kowalczuk: Geist, S. 261–272.

162 Heinemann: Hochschuloffiziere und Wiederaufbau, S. 75–146, hier 85 f., 99, 101, 107 u. 109. Vgl. Nikitin, Pjotr I.: Zwischen Dogma und gesundem Menschenverstand. Wie ich die Universitäten der deutschen Besatzungszone „sowjetisierte". Erinnerungen des Sektorleiters Hochschulen und Wissenschaft in der Sowjetischen Militäradministration in Deutschland. Hrsg. und eingeleitet von Manfred Heinemann. Berlin 1997.

163 Pommerin: Geschichte der TU Dresden, S. 242 f.

164 Geißler, Gert: Schulgeschichte in Deutschland. Von den Anfängen bis in die Gegenwart. Frankfurt am Main, Berlin, Bern, Bruxelles, New York, Oxford, Wien 2011, S. 698.

165 Heinemann: Auf dem Weg zur Volks-Universität, S. 207 f.

nachzuweisen ist, sind sich doch die meisten Historiker, Soziologen und Zeitzeugen darin einig, dass es hieran keinen Zweifel geben könne; etwa Anita Krätzner: „Die Wiedereröffnung der Universitäten und Hochschulen nach dem Zweiten Weltkrieg in der SBZ ging mit der Sowjetisierung des Wissenschaftssystems einher."[166] Und Bernd Rabehls vergleichende Untersuchungen führten mit Bezug auf die Berliner Universität zu dem Urteil, „dass sie dem sowjetischen Vorbild immer ähnlicher wurde".[167] Dass dabei vieles auch als Selbstsowjetisierungsprozess oder als vorauseilender Gehorsam gesehen werden kann, ist evident. Man wollte sowjetischer sein als die Sowjetunion selbst. Das wurde auch das Problem Hans-Georg Gadamers in Leipzig, der nicht als Einziger einen besseren Umgang mit den Sowjets denn mit den deutschen Kommunisten konstatierte. Die Sowjets mögen Vertrauen in ihn gesetzt haben, so dass er seinerseits das Zutrauen fand, die SMAD-Politik zu modernisieren. Diese Haltung aber brachte ihm „in der marxistischen Geschichtsschreibung" den Ruf eines „‚reaktionären' Rektors" ein.[168]

Heinemann hatte 1994 die Gelegenheit, den an den frühen politischen Verhältnissen in Jena gescheiterten und weiland fast 100-jährigen großen theoretischen Physiker und Hochschullehrer Friedrich Hund (1896–1997)[169] zu befragen, der sich überzeugt zeigte, dass „das Ziel der SMAD, den Einfluss des gebildeten Bürgertums in der SBZ völlig auszuschalten", bereits „im Oktober 1948 wohl erreicht" worden sei.[170] Diese Wahrnehmung ist für die Akademielandschaft und für einige Wissenschaftsinseln in Industrie und Hochschule jedoch nicht zutreffend. Bis der Sturm der SED auf die „Festung Wissenschaft" siegreich beendet war, sollten noch gut zehn Jahre vergehen. Überdies gingen einige Hochschullehrer und Wissenschaftler wie Kurt Mothes grundsätzlich ihre eigenen Wege unbeirrt weiter und lebten ihre (relative) Selbstständigkeit auch ihren Schülern tagtäglich vor; Mothes: „Suchen Sie sich", so zu Benno Parthier (1932–2019) gewandt, „selbst ein Thema, ich gebe Ihnen völlige Forschungsfreiheit."[171] Parthier nahm dies dankbar an und zahlte es Mothes, besser: der Wissenschaft mit höchstem Zinseszins zurück. Ähnlich verhielt sich in der Frühphase der HfE Ilmenau u. a. Werner Bischoff. Auch Helmut Reimer, wie sich die Physikerin und spätere Rektorin der TU Ilmenau Dagmar Schipanski erinnert: „Diese Selbstständigkeit, die mir Reimer gegeben hat, die hat mir viel geholfen."[172]

Dieses Verhalten, das zumindest in Einzelfällen als ein widerständiges zu betrachten

---

166 Krätzner: Die Universitäten, S. 15. Zu Fragen des Spannungsverhältnisses Sowjetisierung und SED-Eigeninteresse siehe Lemke, Michael: Das Forschungsprojekt „Die SBZ/DDR zwischen Sowjetisierung und Eigenständigkeit – Handlungsspielräume und Entscheidungsprozesse 1945–1963", in: Potsdamer Bulletin für Zeithistorische Studien. Potsdam (1995), Nr. 4, S. 19–29.

167 Zitat aus: Jordan, Carlo: Kaderschmiede Humboldt-Universität zu Berlin. Aufbegehren, Säuberungen und Militarisierung 1945–1989. Berlin 2001, S. 39.

168 Grondin: Hans-Georg Gadamer, S. 275.

169 Hund legte Ende Oktober 1948 sein Amt als Rektor in Jena nieder. Anlass mögen Meinungsverschiedenheiten politischer Natur über die Zulassung von Studenten zwischen ihm und dem Thüringischen Volksbildungsministerium gewesen sein. Meldungen aus Universitäten und Hochschulen, in: Physikalische Blätter 5(1949)3, S. 139.

170 Schreiben von Hund an Heinemann, März 1994. Heinemann: Auf dem Weg zur Volks-Universität, S. 212.

171 Parthier, Benno: Forschungsfreiheit und Forschungsförderung in der Demokratie, in: Jahrbuch 1998 der Deutschen Akademie der Naturforscher Leopoldina (Halle/Saale), LEOPOLDINA (R. 3) 44(1998)9, S. 513–522, hier 514. Mothes war 1954–1974 und Parthier 1990–2003 Präsident der Leopoldina.

172 Interview des Verf. mit Dagmar Schipanski am 25.7.2017.

ist, kann nicht darüber hinwegtäuschen, dass der herrschende Trend ein anderer war. Ein Trend, der gerade durch solche Singularitäten offenbar wurde. Jene Zeitgenossen, die nicht zu Illusionen neigten, hatten geahnt oder gewusst, was sie erwartete, wenn sie die vorläufige Arbeitsordnung der Universitäten und Hochschulen vom 23. Mai 1949 lasen; Zitat: „Als wahre Volksuniversitäten brechen sie entschlossen mit allen herkömmlichen Begünstigungen bestimmter Stände und begüterter Klassen; sie fördern daher entschlossen das Arbeiter- und Bauernstudium."[173] Hund hatte sein Rektorat in Jena erst im Februar 1948 angetreten, 1951 verließ er die DDR. Gadamer hatte sich in Leipzig, gleichfalls als Rektor, bereits früher entschieden zu gehen, nämlich 1949. War es Resignation oder Hellsichtigkeit, wenn er bereits Ende 1946 konstatierte, dass „wir in ein Zeitalter eingetreten sind, in dem die Arbeiterklasse ihren politischen Führungsanspruch durchgesetzt hat"? Günter Wirth interpretiert diese Sentenz als eine Art von Zustimmung zur Macht der Kommunisten.[174] Doch eine Tatsachenfeststellung muss keine Zustimmung sein.

Die empirischen Befunde zeigen, dass trotz der „Wiederbelebung der ‚Ordinarienuniversität'" im Zuge der Wiedereröffnung der Universitäten und Hochschulen die „traditionelle Autonomie der Universitäten und Hochschulen in der bisherigen Form nicht mehr zugelassen" wurde.[175] Letztlich entsprach dies einem frühen Grundsatz der Deutschen Verwaltung für Volksbildung (DVV) vom Oktober 1945, eingebettet in dem antibürgerlichen Zeitgeist zunächst in der Sowjetunion unter Lenin, dann noch einmal verschärft unter Stalin sowie im Nationalsozialismus Hitler-Deutschlands. Ein Zeitgeist, der mit fruchtbaren Traditionen brach, ein Abbruch großen Stils, oder mit Miroslav Krleža, dem serbokroatischen „Goethe" gesagt: „Die guten Traditionen schmelzen dahin wie Schnee, das ist unsere moderne Zeit, diese verdammte Zeit verschlingt alle unsere guten Bräuche".[176]

„Eine ‚Rückkehr zur reinen Linie', die ‚Fernhaltung jedes politischen Eingriffs in die Hochschule' und die ‚Pflege der Wissenschaft als Selbstzweck'", so die Abteilung Kultur und Erziehung des SED-Zentralsekretariats zur Hochschulreform vom Juli 1946, „komme für einen Neuanfang im Osten Deutschlands nicht in Frage. Eine unpolitische Universität könne es grundsätzlich nicht geben." Malycha nennt an dieser Stelle auch das eigentliche Ziel, das der „Brechung des bürgerlichen Bildungsprivilegs".[177] Dies geschah strukturell (Vorstudienanstalten, ABF) und normativ (Immatrikulationsbestimmungen der DVV vom 30. September 1947). Beides diente dem Ziel, Arbeiter- und Bauernkinder bevorzugt zu immatrikulieren.

Auch Pommerin befand im Zusammenhang mit der Wiedereröffnung der TH Dresden, dass man sofort, also 1946, bestrebt war, Studenten aus der Arbeiter- und Bauernschicht zu rekrutieren, nur gelang dies aufgrund des zu niedrigen anfänglichen Bildungsniveaus nicht hinreichend schnell genug.[178] Zudem war die historisch gewachsene, natürliche

---

173 Deutsche Verwaltung für Volksbildung in der SBZ: Vorläufige Arbeitsordnung der Universitäten und wissenschaftlichen Hochschulen der SBZ vom 23.5.1949. Leipzig 1949, hier Paragraph 1, S. 1.

174 Wirth: Bürgertum und Bürgerliches, S. 59 f.

175 Malycha: Wissenschafts- und Hochschulpolitik, S. 24.

176 Krleža, Miroslav: Die Fahnen. Klagenfurt 2016, Bd. 1, S. 144.

177 Malycha: Wissenschafts- und Hochschulpolitik, S. 17–40, hier 25 u. 28. Mit Quellenangabe: BArch, DY 30, IV 2/9.04, 456.

178 Pommerin: Geschichte der TU Dresden, S. 242 f.

Affinität der Hochschullehrer zum Bildungsbürgertum – trotz der Politik des Nationalsozialismus – noch außerordentlich fest. Sie begriff sich bis weit in die 1950er Jahre hinein als Elite.[179] Ilko-Sascha Kowalczuk hat den sozialen Auslese- und Förderungsprozess der SED in *Geist im Dienste der Macht* genetisch beschrieben;[180] ethisch ist er gewiss nicht rechtfertigbar, da er auf Ausgrenzung setzt. Alfred Schellenberger schreibt zur Studentenauswahl: „Ich entsinne mich noch der endlosen Diskussionen, wenn bestens benotete Bewerber zugunsten leistungsschwächerer Schüler zurückgewiesen werden mussten, weil die vorgegebene Anzahl an Arbeiter- und Bauernkinder (sogenannte A- und B-Kader!) nicht erreichbar war."[181] Ein Beispiel aus der HfE Ilmenau:

Auf der Sitzung ihres Leitungskollektivs am 11. August 1958 wurde informiert, dass der Antrag eines Bewerbers von der Zulassungskommission abgelehnt worden sei. Dessen Einspruch gegen diesen Entscheid half nicht. Der Grund soll in Widersprüchen bezüglich seiner im Westen lebenden Schwester gelegen haben. Auch der Sohn eines Jenenser Professors wurde zunächst abgelehnt.[182] Doch die Ablehnung wurde noch im selben Monat infolge eines Einspruchs, sein Vater galt als verdienstvoll, kassiert. Letztlich war für die Revision der Ablehnung die Intervention des SHF verantwortlich, das „die Aufnahme des Studiums" ausdrücklich wünschte.[183] Auch die Zulassung des Sohnes eines anderen bedeutenden Hochschullehrers der HfE stockte aus sozialen Gründen geraume Zeit.[184] Schipanski erinnert sich, dass die Auslese schon vor der Immatrikulation begann: „Über Staatsratseingaben und anderes bin ich dann doch noch zur Oberschule gekommen, aber eben nur durch Intervention meines Stiefvaters, der darauf hinwies, dass die Methoden Nazideutschlands auch in der DDR weitergelebt würden."[185] Ganz ähnlich bei ihrem Kollegen Michael Krapp. Dessen Vater, offen tätig in der Synode, sah sich gezwungen, da sein Sohn nicht zur Oberschule zugelassen wurde, persönlich vorstellig zu werden, bewehrt mit der Verfassung und dem Argument aus ihr, wonach es jedem Bürger freistehe, auch auswandern zu dürfen. Das zog. Am letztmöglichen Zulassungstag erfolgte sie doch noch. Das sollte sich übrigens Jahre später, 1987, bei seinem jüngsten Sohn, der Medizin studieren wollte, wiederholen. Da dem Sohn das Studium verwehrt wurde, trat Krapp nun im Stil seines Vaters auf und fragte u. a. den zuständigen Behördenmitarbeiter: „Wie wollen Sie den Sozialismus aufbauen, wenn Sie gleichzeitig leistungsfähige junge Leute ausschließen?" Die Intervention hatte Erfolg.[186]

Für das Herbstsemester 1955 verzeichnete die HfE bei den neu zu immatrikulierenden Studenten bereits 84 Prozent aus der Schicht der Arbeiter und Bauern. Nur acht Prozent

---

179 Schwabe, Klaus (Hrsg.): Deutsche Hochschullehrer als Elite 1815–1945. Boppard am Rhein 1983. Speziell zur empirischen Fassung des Bildungsbürgertums: Bispinck, Henrik: Bildungsbürger in Demokratie und Diktatur. Lehrer an höheren Schulen in Mecklenburg 1918 bis 1961. München 2011.

180 Kowalczuk: Geist, S. 145–164 u. 304–311.

181 Schellenberger, Alfred: Forschung unter Verdacht. Erfahrungen aus dem Wissenschaftsalltag der DDR. Halle 2008, S. 34.

182 Protokoll 8/58 vom 25.8.1958 zur Sitzung des Leitungskollektivs (LK) am 11.8.1958; UAI, S. 1–3, hier 2.

183 Protokoll 9/58 vom 1.9.1958 zur Sitzung des LK am 26.8.1958; UAI, S. 1–3, hier 3.

184 Protokoll 10/58 vom 22.9.1958 zur Sitzung des LK am 15.9.1958; UAI, S. 1–4, hier 1 f.

185 Interview des Verf. mit Dagmar Schipanski am 25.7.2017.

186 Interview des Verf. mit Michael Krapp am 17.4.2018.

stammten aus Familien der Intelligenz.[187] Die Sozialstruktur der Fakultäten Feinmechanik/Optik (FM/O) und Mathematik, Naturwissenschaften und technische Grundwissenschaften (G) sah für Ende 1957 folgendermaßen aus:

Tabelle 1: Sozialstruktur der Fakultäten FM/O und G[188]

Soziale Herkunft	Anzahl FM/O	Anzahl G
Arbeiter	49	363
Landarbeiter	3	17
Werktätige Bauern	4	30
- darunter ABF-Studenten	11	87
Intelligenz:		
- werktätige	5	38
- pädagogische	5	17
- freischaffende	1	7
Angestellte:		
- in VE-Wirtschaft	11	72
- in Privatwirtschaft	0	10
Selbstständige:		
- Handwerker	5	20
- Gewerbetreibende	3	9
Freie Berufe	2	3
Großbauern	1	1
Unternehmer	0	1
Sonstige	1	1

Allmählich wurden Studenten aus Arbeiter- und Bauernfamilien seltener. Statistische Tricks retteten die gewünschten Zahlenverhältnisse. Der Erziehungswissenschaftler Gustav-Wilhelm Bathke schreibt: „In den 1970er und 1980er Jahren haben sich in der DDR Studenten an Hochschulen nie proportional aus allen sozialen Gruppen der Gesellschaft zusammengesetzt, wie das 1988 noch im Standardwerk zur Sozialstruktur der DDR gegen besseres Wissen behauptet werden musste, um überhaupt diese Veröffentlichung zu sichern [...]. Studenten an den Hochschulen hatten entschieden häufiger als gleichaltrige Jugendliche in anderen Tätigkeitsbereichen hochgebildete, vor allem akademisch qualifizierte Eltern sowohl mit größerer Leitungsverantwortung im beruflichen Arbeitsprozess als auch häufigerer parteipolitischer Organisiertheit in der SED oder in den anderen Blockparteien.“ Das führte bei einer Erhebung für deutsche Studienanfänger im Wintersemester 1992/93 zu der überraschenden Feststellung, dass die Eltern der Kinder aus den alten Ländern lediglich zu 29 Prozent einen Universitäts- resp. Fachholschulabschluss hatten, in den neuen Ländern hingegen, im Arbeiter- und Bauern-Staat, 48 Prozent.[189]

Eine bedeutende Etappe in der Machtzementierung der SED stellte die am 23. Mai 1949 in Kraft gesetzte neue Arbeitsordnung der Universitäten und Hochschulen in der SBZ dar. Die von der DVV verfasste Ordnung verschob die personalpolitischen Kompetenzen

187 HfE Ilmenau: 1. Industrie-Tagung vom 4.7.1955. Ilmenau 1955, S. 7.

188 SfH, Abt. Planung und Investitionen, vom 31.12.1957: Soziale Einstufung; UAI, Sgn. 623, 1 S.

189 Bathke, Gustav-Wilhelm: Die ungebrochene Kraft des Einflusses der sozialen Herkunft auf eine akademische Bildungslaufbahn – empirische Ergebnisse zur sozialen Reproduktion der Intelligenz in der DDR und im vereinten Deutschland, in: Lötsch/Meyer: Beiträge, S. 185–207, hier 189 u. 199. Literaturhinweis: Autorenkollektiv: Sozialstruktur der DDR. Berlin 1988.

deutlich auf die Seite der SED und damit gegen autonome Entscheidungsmöglichkeiten der Bildungsstätten.[190] Der III. Parteitag der SED vom 20. bis 24. Juli 1950 kreierte den ersten Fünfjahrplan. Er formulierte das Ziel, die Industrieproduktion insbesondere über die Erhöhung der Arbeitsproduktivität zu verdoppeln. Die Zahl der Absolventen sollte ständig erhöht werden. Von 27.700 im Jahr 1951 sollte sie 1955 auf 55.000 steigen. Auch die Anzahl der Hochschulen und Universitäten sollte rasch von 19 auf 26 erhöht werden.[191] Nur wenige Monate später, zur 4. Tagung des ZK im Januar 1951, proklamierte die SED zur Umsetzung dieses Zieles die „einheitliche staatliche Leitung aller Universitäten und Hochschulen". Das war praktisch die sogenannte 2. Hochschulreform. Nach Lesart der SED „bereicherte" diese Reform „die akademische Ausbildung um neue Elemente wie das einheitliche Zehnmonatestudienjahr" (übrigens nach sowjetischem Vorbild), „das Studium der Grundlagen des Marxismus-Leninismus und – als Voraussetzung für das Kennenlernen der Sowjetwissenschaft – der russischen Sprache sowie die Berufspraktika".[192]

Am 22. Februar 1951 wurde entsprechend der Entschließung der 4. Tagung des ZK das Hochschulwesen neu organisiert. Rechtskraft erhielt die Verordnung in Form eines Ministerratsbeschlusses zum 1. März 1951. Sie war gleichsam die Manifestation der 2. Hochschulreform und damit der ungeteilten Herrschaft der SED über die Hochschulen und Universitäten. In ihr ist alles angelegt worden, was später lediglich erweitert und gefestigt worden ist. Vom Impetus her kann sie durchaus als entscheidender als die 3. Hochschulreform angesehen werden, was aber in der einschlägigen Literatur eher nicht so gesehen wird. Der Paragraph 1 (Abs. 1) legte expressis verbis die Zentralisierung des Hochschulwesens fest. „Zur einheitlichen Leitung des gesamten Hochschulwesens und zur Durchführung einer grundlegenden Hochschulreform" – entsprechend dem Gesetz vom 5. November 1950 – ordnete Paragraph 2 (Abs. 1) die Errichtung eines Staatssekretariats für Hochschulwesen (SfH) als Staatssekretariat mit eigenem Geschäftsbereich an. Mit diesem Akt wurde die Hauptabteilung Hochschulwesen des Ministeriums für Volksbildung der DDR aufgelöst (Abs. 2). Die Hauptaufgaben des SfH bestimmte der Paragraph 3 in sieben Absätzen. So die zentrale Leitung resp. Koordinierung der wissenschaftlichen Arbeit an den Universitäten und Hochschulen (Abs. 1), die „Gestaltung des Studiums, der Lehre und der Forschung auf der Grundlage der fortschrittlichen Wissenschaft" (Abs. 3), die „Heranbildung qualifizierter Aspiranten und ständige Höherqualifizierung des wissenschaftlichen Lehrkörpers" (Abs. 5) sowie die „Unterstützung und Förderung der Wissenschaftler im Rahmen der Kulturvereinigung bei der Durchführung ihrer Aufgaben an der Verwirklichung der Volkswirtschaftspläne" (Abs. 7). Der zweite Abschnitt regelte Fragen zu den dem SfH direkt unterstehenden Hochschulen. Mit ihm korrespondierte ein dritter Abschnitt, der analog Fragen zu den Hochschulen regelte, die der Staatlichen Plankommission

---

190 Vgl. Malycha: Wissenschafts- und Hochschulpolitik, S. 17–40, hier 22 f.

191 Institut für Theorie des Staates und des Rechts der AdW der DDR: Geschichte des Staates und des Rechts der DDR. Dokumente 1949–1961. Berlin 1984, S. 215.

192 Lindner: Geschichte, S. 7. Quellenhinweis: Hörnig, Johannes: Die Hochschulreform in der DDR – Ausdruck kontinuierlicher und schöpferischer Wissenschaftspolitik der SED, in: Beiträge zur Geschichte der Arbeiterbewegung, Jahrgang 13/1971, Sonderheft, S. 33–45, hier 41 f. Der zuständige Hörnig war im Bereich Kurt Hagers Abteilungsleiter 1955–1989, 1963 Kandidat, ab 1967 Mitglied des ZK. Vgl. auch Krätzner: Die Universitäten, S. 15–18.

(SPK) bzw. den fachlich zuständigen Ministerien oder Staatssekretariaten mit eigenem Geschäftsbereich der DDR direkt unterstanden. (Die Regelung des dritten Abschnitts betraf spezifisch die 1953 gegründete HfE Ilmenau.) Von zentraler Bedeutung war hier und bezogen auf die gesamte Verordnung der Paragraph 6, gegliedert in zwölf Absätzen. Abs. 1 bestimmte „die Durchführung des gesellschaftswissenschaftlichen Grundstudiums und des Sprachunterrichts für alle Studenten der Hochschulen". Die „Einheitlichkeit in allen Fragen der Hochschulordnung (Struktur, Statut, Studienordnungen, Prüfungsordnungen, Habilitationsordnung, Studienjahr, Hochschullehrertarifverträge, Vorlesungsverzeichnisse usw.)" legte der Abs. 3 fest. In gleicher Zuständigkeit lag die „Ernennung (Festlegung der Dienstbezeichnung und des Tätigkeitgebietes) von Professoren und Dozenten" (Abs. 7). Auch die Festsetzung der Studentenkontingente und die „grundlegende Regelung von Studienangelegenheiten (Studienkontrolle, Prüfungswesen, Hochschulwechsel und Fachrichtungswechsel, Stipendienangelegenheiten" u.a.m.) lagen nicht in der Macht der Hochschulen selbst (Abs. 9).[193] Aus dem SfH wurde später das Staatssekretariat für Hoch- und Fachschulwesen (SHF) resp. Ministerium für Hoch- und Fachschulwesen (MHF).[194]

Ein weitreichender Schritt der SED erfolgte also mit ihrer 2. Hochschulreform; Jessen: „Mit der Einrichtung von vier Prorektoraten – für das gesellschaftswissenschaftliche Grundstudium, für Forschungsangelegenheiten, für die wissenschaftliche Aspirantur und für Studentenangelegenheiten –, die das Staatssekretariat ohne Mitwirkung der Universitätsgremien besetzte, wurden alle wichtigen Funktionsbereiche dem Einfluss der Wahlgremien entzogen. Da die Prorektoren für das GeWi-Grundstudium und für Forschung lediglich Dozenten, die für die wissenschaftliche Aspirantur und für Studentenangelegenheiten nicht einmal Mitglieder des Lehrkörpers sein mussten, waren diese Schlüsselfunktionen nicht an den Professorenstatus gebunden."[195] Mit der 2. Hochschulreform wuchs auch der FDJ eine höhere Rolle zu. So hatte sie u. a. die Aufgabe, die Seminargruppensekretäre zu stellen. Ab 1952 wurde die FDJ – deklariert auf dem IV. Parlament der FDJ 1952 – noch enger an die SED gebunden.[196]

Widerspruch in der Folge der 2. Hochschulreform erfuhr die SED von einigen Rektoren noch über Jahre hinweg.[197] Nach Quellenlage jedoch nicht vom Rektor der HfE Ilmenau, Hans Stamm. Als die SED später daran ging, eine neue Universitätsverfassung zu installieren (Verordnung vom 13. Februar 1958), die die Inkorporation von Vertretern der staatlichen Verwaltung und der Wirtschaft vorsah und später, im Zuge der III. Hochschulkonferenz sogar den SED- und FDJ-Sekretären einen festen Platz in den Fakultätsräten zuwies (die 1. Sekretäre der Hochschul- resp. Universitätsparteileitungen hatten bereits ihren Platz

---

[193] Geschichte des Staates und des Rechts, S. 221–225. Die Verordnung betrifft auch die Aufsicht über Forschungsinstitute, wissenschaftliche Bibliotheken und Museen.

[194] Das MHF wurde am 13.7.1967 als Nachfolger des SHF gegründet, das seinerseits 1958 aus dem 1951 gegründeten SfH hervorging. Bis September 1970 war Ernst-Joachim Gießmann Minister, danach bis zuletzt Hans-Joachim Böhme. Zuständig für das MHF waren die ZK-Abteilungen Wissenschaft sowie Volksbildung. Die Kompetenzen des Ministers waren strukturtechnisch wie personell umfassend. GBl. II, Nr. 89, S. 547: Statut des MHF vom 15.10.1969.

[195] Jessen: Akademische Elite, S. 178.

[196] Krätzner: Die Universitäten, S. 19.

[197] Grundsätzlich und mit vielen Beispielen des Widerstands: Jessen: Akademische Elite, S. 175–293.

im Senat), regte sich teils massiver Widerstand, namentlich in Jena, Greifswald und Halle, so dass die SED im September temporär zum Rückzug blies.[198]

Den Faden des Ministerratsbeschlusses vom 22. Februar 1951[199] nahm die 2. Parteikonferenz der SED vom 9. bis 12. Juli 1952 auf, und führte die Hochschulpolitik stringent weiter. Sie sprach vom planmäßigen Aufbau des Sozialismus, nachdem die politischen und ökonomischen Bedingungen entsprechend entwickelt waren. Das Hauptinstrument hierzu bildete die Staatsmacht, deren Aufgabe u. a. darin bestand, „den feindlichen Widerstand zu brechen und die feindlichen Agenten unschädlich zu machen".[200] Vor allem sollte die Qualität der Ausbildung verbessert werden, auch sollten wissenschaftliche Konferenzen organisiert werden. „Ein besonderes Anliegen", schreiben 2005 Weber, Theska und Sinzinger in einem Rückblick auf die Geschichte der TH Ilmenau, „war die zügige Vergrößerung der Zahl dringend benötigter wissenschaftlich-technischer Fachkräfte".[201]

Nur ein Jahr später folgte mit dem Beschluss des Ministerrates vom 6. August 1953 die Gründung von Spezialhochschulen inmitten einer Gründungswelle von 1951 bis 1955, in der insgesamt 25 Hochschulen einschließlich hochschulähnlicher Institute (pädagogische) und Akademien (medizinische) entstanden.[202] Die Initialzündung hierfür erfolgte zeitnah zum Volksaufstand am 17. Juni 1953. Plötzlich ließ aus taktischen Erwägungen der bereits forcierte Kampf gegen bürgerliche Wissenschaftler und Hochschullehrer deutlich nach. Kurt Hager gestand als Fehler ein, den Hochschullehrern den Marxismus-Leninismus aufzwingen zu wollen. Ein scheinbar liberales Klima breitete sich aus, und genau in dieser kurzen Phase entstanden die Spezialhochschulen. Der These, dass sie der SED als trojanische Pferde oder Rammböcke gegen die immer noch renitenten Altuniversitäten dienen sollten, kann meines Erachtens mit Blick auf die SED-Strategie nur schwer begegnet werden.[203]

Die am 2. Dezember 1955 stattgefundene II. Hochschulkonferenz zog die Zügel wieder straffer, indem sie den politisch-ideologischen Geist der 2. Hochschulreform akzentuierte. Die vom 24. bis 30 März 1956 stattgefundene 3. Parteikonferenz der SED legte die Grundrichtungen der Volkswirtschaft im Rahmen des zweiten Fünfjahrplanes fest, Beachtung fanden nun jene Industriezweige, die die SED als Schwerpunkte der künftigen Entwicklung erachtete. Zu ihnen zählten die Elektrotechnik und der wissenschaftliche Gerätebau. Über eine Bilderserie titelte das *Neue Deutschland* quer über die erste Seite: „Arbeiter und

---

198 Ebd., S. 180 f.

199 GBl. 1951, Nr. 23, S. 123.

200 Geschichte des Staates und des Rechts, S. 29.

201 Weber, Christian/Theska, René/Sinzinger, Stefan: Die Entwicklung der Fakultät von 1955 bis 2015, in: Steinbach, Manfred/Theska, René (Hrsg.): 60 Jahre Maschinen- und Gerätebau von der Fakultät für Feinmechanik Optik an der Hochschule für Elektrotechnik zur Fakultät für Maschinenbau an der Technischen Universität Ilmenau. Jena 2015, S. 11–34, hier 11.

202 Beschluss des Ministerrates (MR) der DDR vom 6.8.1953: Über die weitere Entwicklung wissenschaftlich-technischer Kader mit Hochschulbildung; BArch, DC 20, I/3, 196.

203 Zu anderen Erklärungsmustern vgl. Michael Hascher, der das Phänomen der Spezialhochschulen auch genealogisch abhandelt und darauf verweist, dass es seit dem 18. Jahrhundert solche Ausrichtungen gab. Auch auf dem Gebiet der DDR mit der 1765 gegründeten Bergakademie Freiberg und der 1816 gegründeten Forstakademie Tharandt. Ders.: Die Hochschule für Maschinenbau Karl-Marx-Stadt 1953–1963. Überlegungen zur Bedeutung einer Spezialhochschule, in: Schleiermacher, Sabine/Pohl, Normann (Hrsg.): Medizin, Wissenschaft und Technik in der SBZ und DDR. Organisationsformen, Inhalte, Realitäten. Husum 2009, S. 217–242, hier 219.

technische Intelligenz unter Führung der Partei der Arbeiterklasse im gemeinsamen Kampf für technischen Fortschritt und Steigerung der Arbeitsproduktivität."[204] Gerhart Ziller wies darauf hin, dass es nicht genüge, wenn sich lediglich sieben Institute mit Fragen der Technologie und Produktionstechnik – als wissenschaftliche Disziplinen – befassten. Aus dieser Vorlage heraus etablierte die HfE Ilmenau ihre V. Fakultät (hierzu siehe insbesondere das Kap. 5.1.2). Im Beschluss der 3. Parteikonferenz finden sich Anweisungen für das Hochschulwesen wie die Forderung an die Studenten, sich mit den modernen Erkenntnissen der Weltwissenschaft und mit Produktionserfahrungen vertraut zu machen. Gefordert wurde u. a. die Aufnahme der Ausbildung von wissenschaftlichen und technischen Kadern für die Kern-, Radar- und Luftfahrttechnik.[205]

Das Jahr 1956 besitzt zwei Daten, die scheinbar wenig miteinander zu tun haben: die Rede Ulbrichts auf der Tagung des Parteiaktivs der HU Berlin in der Konsequenz der 3. Parteikonferenz zur wissenschaftlichen Diskussion an den Universitäten und Hochschulen, abgedruckt im *Neuen Deutschland* vom 21. Juni 1956, sowie der Physikerball an der FSU Jena, fünf Monate später (Kap. 5.4.2, S. 582–584)[206]. Beide Ereignisse sind von großer Bedeutung für die Befassung mit der politischen Natur des Hochschulwesens. Ulbricht zementierte den Willen zur Schaffung sozialistischer Bildungsstätten: „Unsere Universitäten und Hochschulen haben Kurs darauf genommen, sich zu sozialistischen Ausbildungsstätten unseres Arbeiter-und-Bauern-Staates zu entwickeln. Dabei kommt der Entwicklung des sozialistischen Bewusstseins im Lehrkörper, bei den Assistenten und bei den Studenten ausschlaggebende Bedeutung zu. Unsere Studenten, von denen über 60 Prozent aus Arbeiter- und Bauernkreisen kommen, sollen zur Intelligenz der Zukunft herangebildet werden. Sie dürfen deshalb in ihren Reihen keine spießbürgerlichen Gewohnheiten dulden. Von den Hochschullehrern erwarten wir, dass sie unsere studierende Jugend zu einer neuen, friedliebenden, demokratischen und sozialistischen Intelligenz erziehen. Wir können uns deshalb mit der Weltfremdheit einiger Wissenschaftler nicht einverstanden erklären, die von der Tatsache keine Notiz nehmen wollen, dass in Deutschland heute zwei Staaten mit unterschiedlicher Gesellschafts- und Staatsordnung und verschiedenen Perspektiven bestehen."[207]

Vor allem enthielt die Rede Aussagen in der Hinsicht, was die SED künftig nicht dulden werde. Die Zeit (partieller) „bürgerlicher Mitgestaltung" sollte von nun an vorbei sein. Die vermutlich dreistündige Rede deklinierte dieses Programm rauf und runter, wobei der Marxismus-Leninismus Richtschnur und Kontrollinstanz zugleich war. Noch hatte er Hoffnung, den anwesenden Robert Havemann zurückzugewinnen, indem er ihn mit den Worten „Manche suchen das Fehlerhafte und sehen und finden das Neue nicht" zitierte

204 Vom festen Vertrauen der Werktätigen getragen, in: Neues Deutschland vom 24.3.1956, S. 1.
205 Geschichte des Staates und des Rechts, S. 242.
206 Herrmann, Peter/Steudel, Heinz/Wagner, Manfred (Hrsg.): Der Physikerball 1956. Vorgeschichte – Ablauf – Folgen. Jena 1997. Paulus, Gerhard: Der Zusammenhang zwischen Wohlstand und Anstand. Gedenken an den Jenaer Physikerball 1956, in: Gerbergasse 18 (2016), Heft 79, S. 47–50.
207 Zur wissenschaftlichen Diskussion an den Universitäten. Aus der Rede des 1. Sekretärs des ZK der SED, Walter Ulbricht, auf der Tagung des Parteiaktivs der Humboldt-Universität zu Berlin, in: Neues Deutschland vom 21.6.1956, S. 3 f., hier 3.

und mit „das ist die Kernfrage" konfrontierte.[208]

Bereits vor der III. Hochschulkonferenz im Frühjahr 1958 gebrauchte die SED den Begriff der sozialistischen Universität, etwa im Beschluss des Büros der Bezirksleitung der SED Gera vom 11. Oktober 1957 in Hinblick auf die FSU Jena. Zwar habe die „Mehrzahl der Wissenschaftler der Universität", heißt es in dem Papier, „in unausgesetzter Arbeit ihre reichen wissenschaftlichen Erfahrungen der Jugend übermittelt und durch ihre Forschungsarbeit dazu beigetragen, das Ansehen der DDR zu heben", doch wurde parallel dazu „die sozialistische Erziehung der Studenten vernachlässigt". Es gehe darum, „den Kampf um eine sozialistische Universität zu verstärken und einen Umschwung in der gesamten Erziehungsarbeit herbeizuführen mit dem Ziel, solche Kader zu entwickeln, die fähig und bereit sind, aktiv für die Erhaltung und Sicherung des Friedens einzutreten, den Aufbau des Sozialismus weiterzuführen und zu vollenden und den zukünftigen einheitlichen deutschen Staat nach dem Willen der deutschen Arbeiterklasse zu gestalten." In den folgenden Punkten ist dargetan, wodurch das „Leben an einer sozialistischen Universität" gekennzeichnet ist: (1) Alle Studenten und das gesamte Lehrpersonal nehmen am Kampf gegen den Imperialismus teil; (2) die gesamte Lehrtätigkeit ist darauf ausgerichtet, „sozialistische Kader heranzubilden"; (3) der Marxismus-Leninismus ist „die Grundlage des gesamten wissenschaftlichen Lebens an der Universität"; (4) Lehre und Forschung ist in enger Verknüpfung zum praktische Leben der Gesellschaft zu halten; (5) alle pflegen eine „brüderliche Verbindung mit der Sowjetunion und allen anderen Staaten des sozialistischen Lagers"; (6) alle führen „den Kampf gegen Ausbeutung und Kolonialherrschaft" in den kapitalistischen und Drittländern; schließlich (7) werde „der Pflege der fortschrittlichen Tradition der Wissenschaft und Kultur der gebührende Platz eingeräumt". Ergo: „Der sozialistischen Universität gehört die Zukunft."[209] Das SED-Papier geht harsch mit dem sogenannten Nur-Wissenschaftlertum und dem Nur-Spezialistentum zu Gericht, namentlich wurden drei bekannte Wissenschaftler, darunter der Mathematiker Walter Brödel[210] von der FSU Jena, angegriffen. Es gehe nicht mehr an, so die Autoren, dass sich solche Lehrer vom gesellschaftlichen Leben isolierten und sich im wissenschaftlichen Leben „prinzipienlos" verhalten. Auch gehe es nicht an, dass „bürgerliche Wissenschaftler westdeutscher Universitäten unwidersprochen ihre reaktionären Theorien in Gastvorlesungen" darlegten.[211] Und auf der Leitungssitzung der GO der SED an der HfE wird es unmittelbar nach der III. Hochschulkonferenz heißen, dass „unsere Hochschule" eine neue sei, „die Anerkennung alter Traditionen der bürgerlichen Universitäten" sei „fehl am Platze".[212]

Die III. Hochschulkonferenz der SED vom 28. Februar bis 2. März 1958,[213] als

---

208 Ebd.

209 Beschluss des Büros der Bezirksleitung (BL) der SED Gera vom 11.10.1957: Zu den politisch-ideologischen Aufgaben der Parteiorganisation der Universität Jena im Studienjahr 1957/58, S. 1–8, hier 3 f.; Slg. Buthmann.

210 Kluge, Gerhard: Der „NATO-Professor" Walter Brödel. Erfurt 1999.

211 Beschluss des Büros der BL der SED Gera, S. 4–6.

212 Auswertung der III. Hochschulkonferenz am 8.3.1958; LATh-StA Meiningen, BS 4-95-1317, AS 16, S. 1–26, hier 8.

213 Entschließung der III. Hochschulkonferenz der SED über die Aufgaben der Universitäten und Hochschulen beim Aufbau des Sozialismus in der DDR vom 6.2.1958. Berlin 1961.

wirkungsgeschichtlich bedeutungsvollste aller Hochschulkonferenzen, beschleunigte die eingeschlagene SED-Hochschulprogrammatik. Faktisch begann sie bereits mit der 35. ZK-Tagung der SED vom 3. bis 6. Februar 1958. Mit der Ausschaltung resp. Maßregelung hoher Funktionäre der SED wie Oelßner, Schirdewan und Wollweber[214] begann eine SED-Politik, die als Finale der Zerschlagung der alten bürgerlichen Intelligenz und wankelmütiger Genossen bezeichnet werden kann. Flächendeckend wurde abgerechnet. Auf dieser Konferenz forderte Kurt Hager, der das Hauptreferat hielt: „Die Universitäten und Hochschulen müssen […] wahrhaft sozialistische Bildungs- und Forschungsstätten sein." Die sozialistische Ideologie sollte in *allen* Fachgebieten durchgesetzt werden. Die Hochschulkonferenz beendete abrupt alle Diskussionen über den einzuschlagenden Weg. Endgültig vorbei waren scheinbare oder auch punktuell tatsächliche Reformdiskussionen und -hoffnungen. Die SED ging nun daran, ihre Prinzipienfestigkeit auch gesetzgeberisch zu zementieren. Den genauesten, formalen Term dieser Politik zeigt die Anweisung des SHF vom 12. Mai 1958, die zunächst, scheinbar demokratisch, als Entwurf deklariert war. Der wesentlichste Aspekt ist klar formuliert. Danach seien die Universitäten und Hochschulen der DDR als höchste Bildungsstätten „Einrichtungen des *sozialistischen* Staates". In ihnen werde die „sozialistische Ideologie" durchgesetzt. Um dies zu erreichen und zu gewährleisten, sei „es erforderlich, die Verantwortung, die Zusammensetzung und die Arbeitsweise ihrer leitenden Organe (Rektor, Senat, Dekan, Rat der Fakultät, Fachrichtungsleiter) festzulegen". Gesetzliche Grundlagen hierfür bildeten das Gesetz über die Vervollkommnung und Vereinfachung der Arbeit des Staatsapparates in der DDR vom 11. Februar 1958 und die Verordnung über die weitere sozialistische Umgestaltung des Hoch- und Fachschulwesens in der DDR vom 13. Februar 1958.[215] Erst mit der III. Hochschulkonferenz wurden die Hochschulen massiv auch nach außen als „sozialistische Hochschulen" deklariert. Die FSU Jena gab postwendend am 28. März 1958 die erste Nummer der *Sozialistischen Universität*, Organ der SED-Parteileitung der Universität, heraus. „Die wichtigste Aufgabe unserer Partei- und Staatsorgane an den Universitäten und Hochschulen," heißt es in der Entschließung, sei „die Erziehung der Menschen zum sozialistischen Bewusstsein." Die Universitäten und Hochschulen haben Kader zu erziehen, „die fest mit dem Arbeiter-und-Bauern-Staat verbunden" sind.[216]

Kurz vor der III. Hochschulkonferenz am 19. und 20. Februar 1958 hatte sich die Kollegiums-Sitzung des MfS mit der Frage der „Bearbeitung der Hoch- und Fachschulen, Institute, Universitäten und andere Lehranstalten" befasst. Berichterstatter war Oberstleutnant Schröder; Zitat: „Es muss dazu übergegangen werden, dass man als Problem die feindliche Tätigkeit stellt;" es komme darauf an, „die Universitäten und Lehranstalten mit solchen Menschen zu beschicken, die mit der Entwicklung in der DDR fest verbunden"

---

214 Fred Oelßner, Mitglied des Politbüros; Karl Schirdewan, Mitglied des Politbüros; Ernst Wollweber, Minister für Staatssicherheit und Mitglied des ZK der SED. Vgl. Fricke, Karl Wilhelm: Der Wahrheit verpflichtet. Berlin 2000, S. 136.

215 Anweisung des SHF vom 12.5.1958 über die Aufgaben, Zusammensetzung und Arbeitsweise der leitenden Organe der Universitäten und Hochschulen, aufgefunden im Konvolut zur Senatssitzung am 3.7.1958, S. 1–9, hier 1. Gesetz vom 11.2.1958, GBl. 1958 I, S. 117, Verordnung vom 13.2.1958 im GBl. 1958 I, S. 175.

216 Geschichte des Staates und des Rechts, S. 243.

sind. Die „Erziehung des Lehrkörpers" habe nach den sozialistischen Prinzipien zu erfolgen. „Das ist zu verbinden mit einer allmählichen Umbesetzung von negativen Lehrkräften auf Positionen, wo sie weniger Einfluss auf die Erziehung der jungen Menschen haben." „Die Auswahl des Lehrstoffes muss nach wirklich wissenschaftlichen Prinzipien erfolgen, um zu verhindern, dass an Lehranstalten unseres Staates bürgerliche Auffassungen verbreitet werden." Es diskutierten hohe Offiziere, einer von ihnen vertrat die Auffassung, „dass Lehrkräfte, die mit feindlichen und beleidigenden Äußerungen gegen die DDR auftreten, zur Verantwortung gezogen werden müssen". Schröder antwortete, „dass dann sehr viele Lehrkräfte und Professoren eingesperrt werden müssten". Erich Mielke befahl, unverzüglich eine „verstärkte Abwehrarbeit an den Universitäten" zu organisieren. „Es darf nicht auf Anweisung von oben gewartet werden. Jeder Chef ist für seinen Bezirk verantwortlich."[217]

Der Physiker und Agitator Martin Strauss sekundierte propagandistisch. Er erinnerte am 2. März 1958 in der Wochenzeitung *Sonntag* an jene Schritte, die der III. Hochschulkonferenz vorausgingen:

- Der Offene Brief des ZK der SED an die studentische Jugend vom Dezember 1956 mit der Hauptaussage, dass nur studieren könne, wer sich dem Sozialismus verschriebe.
- Die Rede von Wilhelm Girnus (1906–1985) auf der Rektorenkonferenz am 15. Juni 1957 „Zur Idee der sozialistischen Hochschule". Mit ihr, so Strauss, sei zur Frage der Bedeutung des Lehrkörpers prinzipielle Klarheit geschaffen worden.
- Die Rektorenkonferenz im Oktober 1957 mit der Thematik einer engen Zusammenarbeit zwischen den Hochschulorganen und -leitungen der SED sowie mit den Betrieben der DDR.
- Der Entwurf des Sozialistischen Hochschulprogramms der FDJ.[218]

Anlässlich der III. Hochschulkonferenz kam der Senat der HfE Ilmenau am 11. März 1958 zu einer außerordentlichen Sitzung zusammen.[219] Man betrachte, hieß es, in Übereinstimmung mit der medialen und parteiinternen Darstellung die Konferenz als bedeutende Wende in der Entwicklung der Hochschulen und Universitäten. Referiert wurde der proklamierte „grundlegende Umschwung" sowohl inhaltlich als auch „in den Methoden der Forschung, Ausbildung und Erziehung". Hierzu hatte Hager fünf wichtige Aufgaben vorgegeben. An erster Stelle stand die Aneignung des dialektischen Materialismus, gefolgt von der Anwendung „sozialistischer Prinzipien in der Forschung". Auch der dritte Punkt war ideologisch getrimmt, nämlich die „sozialistische Orientierung in Lehre, Ausbildung und Erziehung". Einzig der vierte Punkt war zu einem geringen Anteil praxisplausibel, da neue Richtlinien bei der Auswahl und Zulassung einzuführen waren, letztlich aber war dieser Punkt ein zutiefst kaderpolitisch dominierter. Der fünfte Punkt beinhaltete die Festigung der Zentralplanwirtschaft, die Rede war von der Sicherung einer *einheitlichen*

---

217 Protokoll vom 20.2.1958: Kollegiumssitzung am 19. u. 20.2.1958, aufgefunden in: BStU, MfS, SdM, Nr. 1554, Bl. 61–79.

218 Strauss, Martin: Die Zweite Etappe. Zur Hochschulkonferenz der SED. Erschienen am 2.3.1958 im Sonntag; ArchBBAW, Nachlass Strauss, Nr. 157, S. 4 f, hier 4.

219 Protokoll vom 30.3.1958: Senatssitzung am 11.3.1958; UAI, S. 2.

bürokratischen Leitung des Hochschulwesens. Kein Entscheidungsträger, zumindest der ersten Leitungsebene an der HfE Ilmenau, dürfte insbesondere diese Botschaft missverstanden haben. Sie war ein weiterer Schritt, jegliche Autonomie zu beschneiden. Die Hochschullehrer, so Hager, müssten „Bannerträger der sozialistischen Ideologie sein und sich aktiv an den Auseinandersetzungen mit der bürgerlichen Ideologie und dem Revisionismus beteiligen". Mangelndes Wissen in Marxismus-Leninismus sei der Grund dafür, dass revisionistische Auffassungen vertreten würden. Eine Ableitung aus dem fünften Hauptpunkt bildete Hagers Forderung, wonach vor allem auf dem Gebiet von Naturwissenschaft und Technik die „Anpassung der Forschung an die Erfordernisse der Pläne" zu erfolgen habe. Dass dies mit den Auffassungen vieler Wissenschaftler schwierig zu vereinbaren war, wusste Hager aus Konflikten mit der Akademie der Wissenschaften und der Humboldt-Universität zu Berlin nur zu genau; Zitat Hager: es sei „ein vielseitiger und komplizierter Prozess". Es gehe „darum, eine der Arbeiter- und Bauern-Macht zutiefst ergebene Intelligenz [...] heranzubilden". Dazu gehörten „solche Maßnahmen wie disziplinarisches Vorgehen gegen Studenten, die ohne Genehmigung Westreisen unternehmen, sowie die Aberkennung von Examen bzw. akademischen Graden und Titeln bei republikflüchtigen Studenten und Lehrkräften".[220] Das erfolgte und entsprach letztlich der Praxis der Nationalsozialisten. Allein an der Universität Würzburg wurden von 1933 bis 1945 mindestens 184 Depromotionen durch das Regime vollzogen. Die Universität stellte – jedoch erst spät – im Frühjahr 2011 öffentlich fest, „dass diese Unrechtsakte politischer Verfolgung von Anfang an nichtig waren".[221] Es fanden sich völlig verstreut in den Aktenprovenienzen der Universität Ilmenau und des BStU 23 sichere Fälle. Etwa zu einem ehemaligen Absolventen der TH Ilmenau, dem Anfang 1980 der akademische Grad eines Diplom-Ingenieurs „für dauernd aberkannt" wurde, da er von einer Besuchsreise in die BRD nicht mehr zurückkam: „Ein entsprechendes Schreiben des Staatsanwalts von Magdeburg mit der Empfehlung auf Entzug sei eingegangen und vom Rektor akzeptiert worden."[222]

Auf der III. Hochschulkonferenz wurde der Staatssekretär des Hochschulwesens, Girnus, kritisiert. „Die Fehler – falsche Methoden der Leitung, ungenügende politisch-ideologische Leitung des Staatssekretariats für Hochschulwesen, mangelnder Kontakt mit den Universitäten, vor allem mit den Parteileitungen" versprach er abzustellen. Die „Zukunft der deutschen Wissenschaft" werde, so Hager, „in der Anwendung sozialistischer Methoden" liegen. Für kühne und griffige Sätze war er schon früh bekannt; Zitat: „Nur eine Wissenschaft, die eine sozialistische Stufe erklimmt, kann in der heutigen und kommenden Welt überhaupt an der Spitze stehen." Das Ziel zu erreichen, sei jedoch nicht möglich „ohne die aktive Mitarbeit der großen Masse der parteilosen Wissenschaftler und Lehrkräfte, ohne ihr Verständnis für das, was wir wollen. Dieses Verständnis ist jetzt noch nicht bei allen vorhanden. Ja, manche meinen im gegenwärtigen Augenblick, dass die Partei durch ihre Losung der weiteren sozialistischen Umgestaltung gewissermaßen die

---

220 In der Wiedergabe Winklers, aufgefunden im Konvolut zur Senatssitzung am 11.3.1958; UAI, S. 1–8, hier 2–4.

221 Universität Würzburg (Hrsg.): Die geraubte Würde. Die Aberkennung des Doktorgrads an der Universität Würzburg 1933–1945. Würzburg 2011, S. 11–13.

222 Bericht vom 9.4.1980 von „Walter"; BStU, BV Suhl, AIM 984/89, Teil II, Bd. 7, Bl. 275.

Entfernung der alten Intelligenz von der Universität und Hochschule auf die Tagesordnung gesetzt habe. Sie meinen, dass jetzt die alte Intelligenz keine Rolle mehr spielen müsse und könne und stellen die Frage: Was soll aus uns werden? Und diese Professoren treten bei jeder Gelegenheit auf, um zu sagen: Wir sind nicht einverstanden".[223]

Anders als die führenden Köpfe der HfE reklamierte der Hallenser Kurt Mothes 1959 in einem Brief an den stellvertretenden Staatssekretär und Hauptabteilungsleiter im SfH, Franz Dahlem, ein „stinkende[s] Misstrauen" gegen die bürgerlichen Wissenschaftler im Zuge der Reformpolitik der SED.[224] Er beklagte die Passivität der Gelehrten mit wenigen Ausnahmen wie Theodor Frings gegenüber der SED-Politik, die die Wissenschaftler zur Flucht triebe und einen „weltanschaulichen Druck auf die Hochschule" erzeugen würde, die letztlich „zu einer schweren Krise führen" müsse. Das alles hätte „uns so viele Männer gekostet, dass einzelne Universitäten fast völlig zerschlagen, einzelne, insbesondere geisteswissenschaftliche Fakultäten kaum mehr als solche existieren". Er habe dies Girnus, Harig, Selbmann, Grotewohl und Dahlem vorgetragen. Alle hätten sich bei ihm bedankt und gesagt, sie seien eben „schief beraten" worden, doch nur Dahlem könne er dieses angebliche Bedauern glauben.[225]

Nach dem Mauerbau war die Rücksichtnahme in der Frage eines neuen Statuts für die Hochschulen passé. Girnus führte auf der Rektorenkonferenz am 28. Februar 1962 aus, dass die SED nicht daran denke, so Jessen, „‚irgendwelche selbst ausgedachte traditionell geheiligte akademische Prinzipien zur Richtschnur des Handelns' zu nehmen". Allein die Politik von Partei und Regierung gelte. „Wenn die Universitätsstatuten dem entgegenstünden, habe man sich eben nach dem ‚Prinzip der revolutionären Legalität' über sie hinwegzusetzen. Die bislang gültigen Statuten seien jedenfalls obsolet."[226]

Das Gesetz über das einheitliche sozialistische Bildungssystem (ESB) vom 25. Februar 1965 – im Mai 1964 wurden die Grundsätze zum Zwecke der Diskussion veröffentlicht[227] – bildete den nächsten Meilenstein auf dem Weg zu einer zentralgesteuerten Bildungspolitik der SED und war Ausdruck der Verwirklichung des auf dem VI. Parteitag beschlossenen SED-Parteiprogramms. Das ESB als Regelsystem für die Vorschulerziehung bis hin zu den höchsten Bildungseinrichtungen des Landes und die 1967 durchgeführte IV. Hochschulkonferenz der SED am 12. und 13. Februar über die „Prinzipien" sollten Eckpfeiler auf dem Weg zum Kommunismus sein. Das ESB gebe, so Girnus-Nachfolger Ernst-Joachim Gießmann[228], „die Möglichkeit, Struktur und Inhalt der Ausbildung für alle Stufen

---

223 Wiedergabe Winklers, aufgefunden im Konvolut zur Senatssitzung am 11.3.1958; UAI, S. 1–8, hier 7 f.

224 MfS, HA V/6, vom 12.1.1959: Bericht zum Treffen mit der Kontaktperson (KP) „Johann" am 19.12.1958; BStU, BV Halle, AOP 3557/69, Bd. 16, Bl. 107 f., hier 107.

225 BV Halle vom 12.5.1959: Senatssitzung der Leopoldina am 9.5.1959; ebd., Bd. 15, Bl. 5–22, hier 11.

226 Jessen: Akademische Elite, S. 182. Quellennachweis: Referat von Girnus auf der Rektorenkonferenz vom 28.2.1962; BArch, DR 3, 6325. Zu den Hochschulverfassungen: Kowalczuk: Geist, S. 130–135.

227 MR der DDR: Grundsätze für die Gestaltung des einheitlichen sozialistischen Bildungssystems. Berlin 1964. Veröffentlicht in der Beilage der Deutschen Lehrerzeitung vom 8.5.1964.

228 (1919–2004), Staatssekretär des SHF, 1962 Nachfolger von Girnus, 1967–1970 Minister des MHF. Dipl.-Physiker, Dr. Ing. Vor Kriegsende Mitarbeiter am Institut für Technische Physik der TH Berlin; vor 1945 NSDAP, seit 1946 SED. Gießmann, Ernst-Joachim: Das einheitliche sozialistische Bildungssystem – Sache des ganzen Volkes, in: Quell, Martin (Hrsg.): Hochschul-Informationen der Zentralstelle für Gesamtdeutsche Hochschulfragen, Nr. 3 von 1965; Titel des Heftes: Die Hochschule im „Einheitlichen sozialistischen Bildungssystem". Berlin 1965, S. 4–9, hier 6.

und Bildungseinrichtungen vorausschauend zu bestimmen". Der Lehrkörper der DDR-Hochschulen müsse „sich vor allem auch in seiner erzieherischen Arbeit davon leiten lassen, dass die Studenten während des Studiums zu Kämpfern für das Neue, für die Durchsetzung des wissenschaftlich-technischen Höchststandes, zu Revolutionären des Fortschritts in der Produktion und im gesellschaftlichen Leben erzogen" würden. Das Gesetz verlange „ein enges, wechselseitig förderndes Verhältnis zwischen Forschung und Lehre an allen Instituten". Zwischen den Hochschulen und den Industriezweigen sollten langfristige vertragliche Beziehungen herausgebildet werden. Das Gesetz sah ferner vor, einen Spielraum für die Gestaltung der Unterrichtspläne zu schaffen. Die festzusetzenden, obligatorischen Stundenzahlen sollten geringgehalten werden. Beachtung sollte den „besondere[n] Fähigkeiten der Studenten" geschenkt werden, die „nach individuellen Studienplänen ausgebildet" würden. Ein Wechsel der Hochschule sollte möglich sein.

Die Verordnung über das Statut des SHF vom 3. Juni 1965 legte im Kontext des ESB fest, dass die Aufgabe vor allem darin besteht, „wissenschaftlich hochqualifizierte und sozialistisch bewusste Persönlichkeiten zu bilden und zu erziehen". Das Staatssekretariat als zentrales Organ des Ministerrates war für die „einheitliche Planung und Leitung der Hoch- und Fachschulen und für die Durchführung einer einheitlichen sozialistischen Hoch- und Fachschulpolitik an allen Universitäten, Hoch- und Fachschulen verantwortlich". Abschnitt I, Paragraph 1, Abs. (1) und (2), besagt, dass das Staatssekretariat auf Grundlage des Programms der SED, der Gesetze und Beschlüsse der Volkskammer, der Erlasse und Beschlüsse des Staatsrates der DDR sowie der Verordnungen und Beschlüsse des Ministerrates zu arbeiten hatte. Ferner bestimmte der Paragraph 2, Abs. (2), dass das Staatssekretariat in Zusammenarbeit mit zentralen staatlichen Organen u. a. folgende Aufgaben zu gewährleisten habe:

- „die Kader für das Studium auszuwählen";
- „die Studienpläne zu gestalten und die Ausbildungsprofile festzulegen" sowie
- „die Absolventen planmäßig einzusetzen".

Paragraph 4 legte fest, dass das Staatssekretariat entsprechend den Richtlinien des Staatssekretariats für Forschung und Technik an den Universitäten, Hoch- und Fachschulen die Forschungsschwerpunkte festzulegen habe. Der Paragraph 6 regelte neun Aufgaben, u. a.:

- „4. die Sicherung des Studiums der Grundlagenwissenschaften, die Bestätigung der Lehrprogramme und Studienpläne" sowie
- „5. die Durchführung einer einheitlichen Studentenpolitik sowie die Ausarbeitung von Zulassungsrichtlinien, Prüfungsordnungen, Stipendienordnungen u. a."

Die Leitung des Staatssekretariats bestimmte Abschnitt II, Paragraph 7. Hierin gab die SED dem „Prinzip der Einzelleitung" mit Räten, Arbeitsgruppen und Kommissionen einen scheindemokratischen Anstrich. Gegenüber den Rektoren besaß der Staatssekretär in Fragen der Hoch- und Fachschulpolitik Weisungsrecht. Paragraph 8 regelte das Bestätigungsrecht der Statuten der Bildungseinrichtungen, die Wahl der Rektoren, die Ernennung der Prorektoren, die Bestätigung der Dekane und Prodekane. Ferner die Bestätigung der Direktoren der Institute bzw. Leiter der Abteilungen für Marxismus-Leninismus. Das

Staatssekretariat berief die Professoren und Dozenten resp. berief sie ab. Der Paragraph 11 regelte den Einsatz und die Zusammensetzung des Hoch- und Fachschulrates. In ihm waren u. a. kooptiert der Staatssekretär für Forschung und Technik, ein Vertreter der Akademie der Wissenschaften, Rektoren der Universitäten und Hochschulen sowie Direktoren der Fachschulen. Der Rat tagte zwei bis drei Mal pro Jahr. Schließlich regelte der Paragraph 12 die Funktion der wissenschaftlichen Beiräte, die als beratende Organe des Staatssekretariats fungierten.[229]

Alle Universitäten und Hochschulen entwarfen umgehend Programme in Umsetzung dieser Vorgaben. Die TH Ilmenau legte am 6. November 1964 ein entsprechendes Papier vor.[230] An den „höchsten Bildungsstätten des Volkes" wurde fortan die Ausbildung und Erziehung als „Einheit von Theorie und Praxis, Einheit von Lehre und Forschung [sowie] Einheit von Ausbildung und Erziehung" nach dem Gesetz über das ESB propagiert.[231] Bleibt darauf hinzuweisen, dass die Umsteuerung der Hochschulpolitik der SED nicht nur eine der östlichen Staaten unter Führung der Sowjetunion war. Beispielsweise in Österreich: „Wenn" aber „die politische Gesinnung, die Handlungsnormen und Regeln, die wissenschaftlichen Theorien und Gegenwartsanalysen der Mehrheit der Hochschulprofessoren nicht mit der breiten gesellschaftlichen Wahrnehmung von technischem Fortschritt und Zukunftsoptimismus übereinstimmten," kommentiert Thomas König diese Maxime, „dann war das ein Problem."[232]

---

229 Verordnung über das Statut des Staatssekretariats für das Hoch- und Fachschulwesen vom 3.6.1965, veröffentlicht im GBl. 1965 II, Nr. 84, abgedruckt in: ebd., S. 10–19.

230 THI vom 6.11.1964: Aufgaben der THI im Zusammenhang mit dem ESB und der Grundkonzeption des Studienplanes, aufgefunden im Konvolut der Kollegiumssitzung am 12.11.1964; UAI, S. 1–4, hier 1.

231 Vgl. Dressel: Die Dialektik von weltanschaulicher und fachlicher Ausbildung von Technologen an der Ingenieurschule Mittweida, in: Feingerätetechnik 23(1974)8, S. 337–339.

232 König, Thomas: Krise und neue Anforderungen. Das österreichische Hochschulregime 1920–1960 und die Kritik der frühen 1960er-Jahre, in: Wirth, Maria (Hrsg.): Neue Universitäten. Österreich und Deutschland in den 1960er- und 1970er Jahren, in: Zeitgeschichte 47(2020), Sonderheft, S. 15–33, hier 17.

4 Geschichte der Ilmenauer Hochschule

Es existieren bildungsgeschichtliche Linien, die nicht enden wollen, obgleich sie arg in Bedrängnis gerieten. Hierzu zählt auch das Humboldt'sche Universitätsideal,[233] das Anfang des 20. Jahrhunderts aufgrund der rasanten industriellen Entwicklung rasch an Reiz und Akzeptanz verlor. Zweckwissen, viel Wissen war nun gefragt, nicht Bildung im alten Sinne. Reinhard Riese erinnert 1977 in *Die Hochschule auf dem Wege zum wissenschaftlichen Großbetrieb* an jene Denker wie Ernst Troeltsch, Max Weber, Theodor Mommsen und Adolf v. Harnack, die eindringlich die Konsequenzen für das Neue aufzeigten.[234] Die Warnungen halfen nicht, da die Spezialisierungen gebraucht wurden. Ein halbes Jahrhundert später partizipierte Ilmenau von dieser Entwicklung, es entstand eine zugeschnittene technische Hochschule unweit des Rennsteigs des Thüringer Waldes am nordöstlichen Rande. Mit Bildungsbürgertum und Neuhumanismus hatte dieser Standort – sieht man vom Wirken des Universalgenies Goethe in und um Ilmenau einmal ab – wenig gemein. Die disziplinäre Diversifikation hatte zunächst eine nur geringe Bandbreite. Das passte, denn das Land benötigte Elektrotechniker für den Großmaschinen- bis hin zum Messgerätebau. Doch bereits in der konzeptionellen Phase der Hochschule für Elektrotechnik (HfE), 1953/54, war klar, dass für die moderne elektrotechnische Grundausrichtung nahezu alle einschlägigen Disziplinen benötigt werden würden: also Physik, Elektrotechnik, Elektronik, Mechanik und Optik, aber auch Chemie, Technologie, Mathematik und Betriebswirtschaft.

Es ist bemerkenswert, wie präzise dies erkannt und durchgesetzt worden ist. Freilich erforderte dies die Natur der Sache selbst, die aber bedurfte immer noch eines Gestalters, der dies mit sicherer Hand vermochte. Große Irrtümer waren nicht erlaubt. Ihn fand das Staatssekretariat für Hochschulwesen (SfH) in Hans Stamm. Zu seinen Fürsprechern zählten die bedeutenden Wissenschaftsfunktionäre Hans Frühauf (1904–1991)[235] und Robert Rompe (1905–1993). Stamm gelang diese Aufgabe wegen seines kooperativen, inspirierenden, fordernden[236], innovativen und weltoffenen Stils anscheinend leicht. Er besaß, um den Einstiegssatz zu diesem Kapitel aufzurufen, einen immanenten Hang zum Universalismus, zur universitären Idee – auch wenn diese „nur" für den Elektrotechniker zuzuschneiden war. Wichtig aber war für den Anfang ein gewisser väterlicher Zug: Jeder bei ihm hatte „drei Würfe frei", könne also – so der Justitiar Wolfgang Berg – zweimal den gleichen, vielleicht sogar denselben Fehler machen. Nur sah Berg dies negativ; auch, dass er die guten „von ihm ausgebildeten Kräfte" wie ein Manager betreue, sie entsprechend in

---

233 Ausführlich: Benner, Dietrich: Wilhelm von Humboldts Bildungstheorie. Weinheim 2003.

234 Riese, Reinhard: Die Hochschule auf dem Weg zum wissenschaftlichen Großbetrieb. Die Universität Heidelberg und das badische Hochschulwesen 1860–1914. Stuttgart 1977, S. 13.

235 Frühauf erhielt anlässlich des zehnjährigen Jubiläums der Ilmenauer Hochschule die Ehrendoktorwürde. In jenem Jahr hielt er einen hochgelehrten Gastvortrag an der TH Ilmenau. Frühauf, Hans: Perspektiven der Nachrichtentechnik, in: Rektor der THI (Hrsg.): VIII. Internationales Kolloquium (1963). 1. Teil: Nachrichtentechnik. Jena 1965.

236 Vgl. auch Linsel, Karl-Heinz/Hanella, Klaus, in: 50 Jahre Akademisches Leben, S. 12–15. Stamm trat laut Manfred Kahle zugleich fordernd und motivierend-konstruktiv gegenüber Personen auf; ebd., S. 58–60.

der Industrie unterbringe und für eine adäquate Bezahlung sorge.[237] Eine frühe Beurteilung vom April 1954 durch den 1. Sekretär der Hochschulparteileitung (HPL), Gustav Neuschäfer, und die kommissarisch eingesetzte Kaderleiterin, Herta Fritzsche, attestierte ihm beim Aufbau der Hochschule außerordentliches Geschick, umfassende Sachkenntnis, Begeisterung und pädagogisches Talent. Und das traf sicher zu, zumal sie auch schrieben, dass ihm Bürokratie „fremd und verhasst" und er „ein ausgesprochener Taktiker" sei. Wenngleich er „oft durch bürokratische Maßnahmen übergeordneter Stellen gehemmt" werde, sei ihm seine wissenschaftliche Arbeit ein „dringendes Bedürfnis".[238] Auf das Ganze gesehen verkörperte Stamm einen souveränen Führungsstil, den von seinen Nachfolgern vielleicht nur Hans-Joachim Mau (1906–1986) und – was wohl nicht alle Leser so sehen werden – Gerhard Linnemann (1930–2001) erreichten.

Stamm war ein Mann des Aufbaus, der quasi aus dem Nichts heraus das Improvisieren und Visionieren erlernt hatte. Er zählte nicht zu jenen der SED gegenüber distanzierten bürgerlichen Wissenschaftlern und Hochschullehrern, sondern war – als Mitglied der Bezirksleitung der SED Suhl von 1956 bis 1958 – überzeugt von der Richtigkeit des sozialistischen Weges. Doch blind „gehorchte" er nicht. Das späte NSDAP-Mitglied von 1943 bis 1945 war 1948 in die SED aufgenommen worden.[239]

4.1 Vorgeschichte

Worauf gründet die Zuschreibung „Vorläufer einer Institution"? Sicherlich auf denselben Ort, weitergenutzte Gebäude, partielle Personalidentität und letztlich das Hauptlehrgebiet. Zwei dieser Elemente mögen genügen, um den Titel „Vorläufer" gerechtfertigt erscheinen zu lassen. Entsprechend kann das am 3. November 1894 konzipierte resp. gegründete, aber erst 1896 bezogene (alte) Thüringer Technikum für Maschinenbau und Elektrotechnik als institutioneller Vorläufer der HfE Ilmenau im Sinne einer Ingenieurausbildung gelten.

---

237 Bericht von „Walter" vom 11.7.1966; BStU, BV Suhl, AIM 984/89, Teil II, Bd. 1, Bl. 32 f., hier 32.

238 HfE Ilmenau: Beurteilung vom 1.6.1954; UAI, 1634 Kad, 1 S.

239 Geb. am 16.8.1908 in Frankfurt am Main. 1927–1934 Studium an der Johann Wolfgang Goethe-Universität Frankfurt am Main; 1934 Promotion zu Fragen der Theorie elektrischer Induktionsöfen, 1934/35 Hochschulassistent. In mehreren Betrieben tätig, zuletzt 1936–1945 in verschiedenen Positionen in der Koch und Sterzel AG Dresden. 1946–1953 Technischer Leiter im VEB Transformatoren- und Röntgenwerk Dresden. 1952 Prof. für Elektrotechnik an der TH Dresden und Lehrbeauftragter an der HU Berlin. Mit der Übernahme des Rektorats zum 1.9.1953, das 1962 endete, wurde er auf den Lehrstuhl für Hochspannungstechnik berufen sowie zum Direktor des Instituts für Hochspannungstechnik ernannt. Zum Zeitpunkt seines Todes am 27.2.1968 war er Direktor des Instituts für elektrische Isolierstoffe und Hochspannungstechnik.

Abbildung 3: Das neue Thüringer Technikum nach 1936

Was in Ilmenau im späten 19. Jahrhundert im Sinne der hohen ingenieur-technischen Ausbildung geschah, fand seinen Zenit bereits einige Jahrzehnte vorher in Heidelberg als Zentrum der naturwissenschaftlich-technischen Forschung und Lehre (Robert Bunsen, Hermann von Helmholtz und Gustav Kirchhoff). Mit dem 18. Jahrhundert entstiegen der Blüte der Manufaktur industrielle Formen der Produktion von Gütern aller Art, die den höher gebildeten Fachmann und den Ingenieur erforderten. Im Zuge dieser Entwicklung bildeten sich vor allem technische und gewerblich-technische Fachschulen heraus. Das besondere Merkmal bestand in einer engen Bindung an den Produktionsprozess, der die Lehre und Ausbildung mehr und mehr zu dominieren begann. Dieser gleichsam geistig-technologische Term fand auch in der Stamm'schen Konzeption der grundsätzlichen Inkorporierung der Industrie in hochschulpolitischen Entscheidungsfindungen einen beredten Ausdruck. Ein Novum in dieser Kontinuität aber war das nicht, andere technische Bildungsanstalten wie die Technische Universität Wien besitzen eine ähnliche Tradition.[240] Das Bekenntnis zum unmittelbaren Praxisbezug besitzt mit Werner von Siemens (1816–1892) gleichsam einen institutionellen Namen. Seine Firma errang in der Ingenieurskunst, gepaart mit Physikern ersten Ranges, Weltruhm. Auch die DDR partizipierte in ihrer Frühzeit noch erheblich von diesem Potenzial, etwa in Person von Gustav Herz oder Werner Hartmann, die geradezu die Verbindung des Physikers mit dem Ingenieur lebten. Auch Franz Rittig verweist auf Stamms Bekenntnis zur Vernunftgemeinschaft „Physiker und Ingenieur".[241]

Reinhard Riese hat am Beispiel der TH Karlsruhe die frühen Entwicklungsstadien der Technischen Hochschulen, insbesondere hinsichtlich der Entwicklungslinie der polytechnischen Schule zur Hochschule, untersucht. Für prädestiniert erwies sich ihm Karlsruhe, da die dortige Technische Hochschule Modellcharakter für den gesamten deutschen Sprachraum von 1832 bis circa 1880 besaß. Die Gründung der Karlsruher polytechnischen Schule 1825 war, mit Blick auf andere Länder, eine recht späte. Die Pariser Ecole

240 Sabine Seidler, in: Badurek, Gerald (Hrsg.): Die Fakultät für Physik. Köln, Weimar, Wien 2015, S. 9.
241 Vgl. zur Thematik Rittig: Ingenieure, S. 101–109.

Polytechnique 1795, Prag 1806 und Wien 1815 lagen davor. Nicht die Verwissenschaftlichung, so Riese, stand im Mittelpunkt, „sondern die bessere Technikerausbildung". Die polytechnischen Schulen (auch Polytechnika) waren „meist aus technischen Mittel- und Realschulen errichtet" worden. Hierin war Karlsruhe Vorbild. Ferdinand Redtenbacher, Professor für Maschinenbau mit 20-jähriger Lehrtätigkeit, hatte hieran den bedeutendsten Anteil. Er teilte die höhere Gewerbeschule in eine mechanisch-technische (ab 1860 Maschinenbauschule) und eine chemisch-technische Schule auf. Später, kurz nach dem Zweiten Weltkrieg, verschärfte sich wieder die Frage, ob die polytechnische Ausbildung eher an eine vorhandene Universität gehört, oder ob gar eine eigene Hochschule gegründet werden sollte. Der Karlsruher Lehrkörper entschied sich gegen eine Integration in die Heidelberger Universität und verwies auf hinreichend eigenes Vermögen.[242]

Die Zweiteilung des deutschen Bildungswesens untersuchte auch der Politikwissenschaftler Thomas Ellwein, für den Karlsruhe „besonders interessante Hinweise auf jene Anfänge" im 19. Jahrhundert liefert. Zwar konnten die Universitäten „das Entstehen Technischer Hochschulen nicht verhindern, aber sie konnten ihnen doch lange Zeit mit Erfolg wissenschaftliche Gleichwertigkeit bestreiten. An den Technischen Hochschulen gab es im 19. Jahrhundert nur Abteilungen, keine Fakultäten, kein Promotionsrecht und kein Staatsexamen [...] Den Technischen Hochschulen blieben zwei Reaktionsmöglichkeiten übrig: Sie konnten sich anpassen, ‚auch' wissenschaftlich sein und Universitäten werden oder aber eine eigene Idee von sich entwickeln. Tatsächlich forderten Wortführer des technischen Fortschritts, die in der Gesellschaft in der zweiten Jahrhunderthälfte immer mehr Ansehen errangen, bald eine eigene ‚technische Bildung', sahen die Geschicke der Völker von ihr abhängig und wandten sich gegen die allgemeine Bildung, welche die eigenen Ziele nicht nur ausschloss, sondern ausdrücklich behinderte."[243] Der europäische Zeitgeist des industriellen Bürgertums war nicht mehr aufzuhalten. Gerhard Oberkofler und Peter Goller sehen dies auch für Österreich: „Der 1882 gegründete ‚Technische Klub' in Innsbruck und der 1907 konstituierte ‚Verband der Ingenieure in Tirol und Vorarlberg' drängten seit 1904 in wiederholten Resolutionen auf Errichtung einer eigenen Technischen Hochschule in Innsbruck bzw. auf Errichtung eines technischen Lehrganges an der Universität."[244] Der Siegeszug des Diplom-Ingenieurs war in Deutschland nahezu frappant. Innerhalb von drei Jahrzehnten verfünffachte sich seine Anzahl zu Beginn der nationalsozialistischen Machtergreifung 1933 auf 243.943.[245]

Der gesellschaftliche und wissenschaftliche Stellenwert der Technischen Hochschule im Vergleich zur Universität war laut Riese „gerade in den 1890er Jahren besonders lebhaft und kontrovers diskutiert" worden. Die Techniker forderten eine Anhebung der Aufnahmebedingungen auf das Niveau der Universitäten, das Recht auf Verleihung des

---

242 Riese: Die Hochschule, S. 294 f., 297 u. 300–308.

243 Ellwein, Thomas: Die deutsche Universität. Vom Mittelalter bis zur Gegenwart. Königsstein 1985, S. 120–122.

244 Oberkofler, Gerhard/Goller, Peter: Geschichte der Universität Innsbruck (1669–1945). Frankfurt am Main 1996, S. 177.

245 Sander, Tobias: Die doppelte Defensive. Lage, Mentalitäten und radikalkonservative Politik der Diplom-Ingenieure in Deutschland 1900–1933, in: Zeitschrift für Geschichtswissenschaft, 53(2005)4, S. 301–322, hier 303.

Doktortitels und die „Förderung der wissenschaftlichen Forschung im Ingenieurbereich durch Einrichtung von Laboratorien für Maschinenbau". Und: „Die oft erbitterte und engagierte Diskussion über die Notwendigkeit von Hochschulgründungen entzündete sich aber nicht an [...] staatlichen Vorhaben, sondern an den Universitätsplänen, die von Großstädten wie Frankfurt, Dresden (Erweiterung der dortigen TH), Hamburg und Köln ausgingen." Zu den strittigen Punkten zählte auch die Frage einer günstigeren regionalen Verteilung der Hochschulstandorte.[246] Tatsächlich gewannen in der zweiten europäischen Expansionsphase nach dem Zweiten Weltkrieg „raumordnungs- und gesellschaftspolitische Standortargumente vermehrt Bedeutung, so dass sich auch die Standortkriterien erneut änderten". Viele der neuen hohen Bildungsstätten „wurden in strukturschwachen, peripheren Regionen errichtet, die bisher noch keine Hochschule besaßen und durch eine niedrige Studentendichte auffielen [...]. Von dieser Dezentralisierung erwartete man sich einerseits eine Entlastung der großen und extrem überfüllten alten Universitäten und andererseits ein Ansteigen der Studierquote sowie positive regionalwirtschaftliche und regionalpolitische Auswirkungen auf die bisher unterversorgten Standortregionen."[247] Früh entfalteten sich Visionen, auch gar mit abendländischem Einschlag: „Universitäten als urbane Mikrokosmen im Grünen oder zumindest an den Rändern der Stadt entstehen zu lassen: ‚campus construction: a new Jerusalem, a city on the hill'."[248]

Einen faszinierenden Beitrag zur Frühgeschichte der Technischen Mechanik und des Maschinenwesens stammt von Klaus Mauersberger. Hierin wird deutlich, dass die später gerühmte Konstruktionslehre mit der französischen Polytechnik, die „vom Gedanken der Einheit der technischen Bildung geleitet" war, ihren weitestgehenden Vorläufer besitzt: „Im Mittelpunkt stand die Schaffung bzw. Antizipation technischer Gebilde, vornehmlich Mechanismen, Maschinen und Bauwerke. Mathematik und Mechanik wurden dabei zu Grundpfeilern der Ingenieurwissenschaften. Nicht von ungefähr war die Ausbildung eines konstruktiven Entwurfsdenkens in den Lehrplänen der Maschinenbauer verankert. Diesen wurde die für den Ingenieur unentbehrliche ‚deskriptive Geometrie' zu Grunde gelegt. Die synthetische Methode der Maschinenwissenschaften nahm Gestalt an." In der Blüte des wissenschaftlichen Maschinenbaus Mitte des 19. Jahrhunderts mit ihren beiden großen Lehrern Julius Weisbach und eben Redtenbacher gewann, unabhängig von politischen und wirtschaftlichen Gegebenheiten, das Fach durch geniehafte Vereinfachung und Klarheit Innovationspotenz.[249] Es ist jene Geisteslinie, die von Weisbach und Redtenbacher über Georg Schmidt stringent zu Werner Bischoff und Friedrich Hansen führte und letztlich zum Prinzip der HfE erhoben wurde. Die Wertschätzung des Technischen Zeichnens für

---

246 Riese mit Verweis auf Erich Manegold: Universität, TH und Industrie, in: ders.: Die Hochschule, S. 302 u. 322.

247 Meusburger, Peter: Bildungsgeographie. Wissen und Ausbildung in der räumlichen Dimension. Heidelberg, Berlin 1998, S. 440.

248 Minta, Anna: Gebaute Bildungslandschaften der 1960er-Jahre. Campus-Architekturen und Reformkonzepte in Linz, in: Wirth: Neue Universitäten, S. 107–126, hier 109.

249 Mauersberger, Klaus: Technische Mechanik und Maschinenwesen. Ein Beitrag zur Disziplinbildung in den Technikwissenschaften, in: Guntau, Martin/Laitko, Hubert: Der Ursprung der modernen Wissenschaften. Studien zur Entstehung wissenschaftlicher Disziplinen. Berlin 1987, S. 242–256, hier 244 u. 247.

die Ausbildung zum Ingenieur lebte letztmalig in der DDR unter Stamm massiv auf.

„Noch Mitte der achtziger Jahre“, so Rittig, „meldeten sich unterschiedlich motivierte Kritiker zu Wort, die einer Traditionslinie vom Technikum zur Hochschule bisweilen heftig widersprachen. Die einen meinten, das ingenieurwissenschaftliche Studium unserer Tage dürfe den Ausgangspunkt seiner Tradition keineswegs in einer Fachschule kurz vor der Jahrhundertwende erblicken. Andere dagegen empfanden mancherlei Unsicherheiten ob des privaten Charakters der technischen Lehranstalt.“ Es „fanden sich Theoretiker, denen der Grad der ‚Verwissenschaftlichung‘ des Unterrichts am Thüringischen Technikum zu gering erschien.“[250] Die marxistische Geschichtsschreibung sah das Problem, argumentierte aber ideologisch; Rittig auf der wissenschaftlichen Konferenz „90 Jahre technische Bildung in Ilmenau“ am 15. November 1984 an der TH Ilmenau: Trotz der „bildungspolitischen Diskontinuität“ zwischen dem Technikum und der 1953 gegründeten HfE sei „der historische Prozess der heutigen Technischen Hochschule objektiv das Erbe des Ilmenauer Technikums“. Und: „Wer wollte beispielsweise leugnen, dass die Wahl für den Standort einer Spezialhochschule vor allem wegen der Ingenieurschule seinerzeit auf Ilmenau fiel? Unsere Auffassung von Erbe und Tradition bietet die Möglichkeit, derartige, spezielle Probleme der Geschichte präzise einzuordnen und dem von bürgerlicher Seite unternommenen Versuch entgegenzutreten, unsere heutige, sozialistische Hochschule zum Umwandlungsprodukt der alten Ilmenauer Privatanstalt zu degradieren.“[251] Rittigs Vortrag entstand im Rahmen seiner Befassung mit der Geschichte der Ilmenauer Ingenieurschule und als Mitglied des unter Werner Prokoph etablierten Arbeitskreises „Wissenschafts- und Hochschulgeschichte“.

Unabhängig von solchen institutionellen Fragen bleibt der Geist des Faches Elektrotechnik, von Schmidt hin zu Stamm, Ingenieure dieses Fachs auszubilden, das wohl entscheidende Argument für den ununterbrochenen Kontinuitätsstrom. Und wenn all diese Argumente nicht zu überzeugen vermögen, existiert immer noch die hermeneutische Überlegung des Philosophen Hans-Georg Gadamer: „Selbst wo das Leben sich sturmgleich verändert, wie etwa in revolutionären Zeiten, bewahrt sich im vermeintlichen Wandel aller Dinge weit mehr vom Alten, als irgendeiner weiß, und schließt sich mit dem Neuen zu neuer Geltung zusammen.“ Damit war gemeint, „dass die Neuerung sich als die alleinige Handlung und Tat der Vernunft ausgibt. Aber das ist ein Schein“.[252] Zudem sind Diskontinuitäten oft genug nur dem Blickwinkel geschuldet, wird der Blick geweitet, zeigt sich ein anderes, paradoxerweise genaueres Bild. Thüringen war eine Wirtschaftsregion ersten Ranges, lag in der Mitte Deutschlands, und der technische Zeitgeist wurde von innovativen und mutigen Personen, denen das Handeln nicht unmöglich gemacht worden war, umgesetzt. Ein Jahrzehnt lang stellte die Stadt Ilmenau rasch und unbürokratisch dem Unternehmen kostenlos Gebäuderäume und Heizung zur Verfügung. Nur zwei Jahre nach

---

250 Rittig: Ingenieure, S. 3.

251 Rittig, Franz: Entstehung, Charakter und Rolle privater mittlerer technischer Lehranstalten im imperialistischen Deutschland, in: 90 Jahre technische Bildung in Ilmenau. Ilmenauer Beiträge zur Wissenschafts- und Hochschulgeschichte, Heft 1 (1985), S. 4–24, hier 5.

252 Gadamer, Hans-Georg: Wahrheit und Methode. Grundzüge einer philosophischen Hermeneutik. Tübingen 1990, S. 286.

Konzipierung des Technikums (1896) hatte sich die Gewährung des Mutes bewiesen. Die Räumlichkeiten für die fast 400 Immatrikulierten waren umgehend zu beengt, Investitionen erfolgten sofort. Rittig hat daran erinnert, wie klug und differenziert, wie dual in den Zugängen zur Ausbildung und hochmodern praxisbezogen dieser Weg begann. Mit einer Klarheit, die den Grundstein für den außerordentlich guten Ruf dieses Ausbildungsstandortes begründete.[253]

Abbildung 4: Das alte Technikum, 1895

Georg Schmidt, Ahnherr dieser Kontinuität, kam 1894 nach Ilmenau, wo just Eduard Jentzen mit einem Brief an den Bürgermeister Ilmenaus, Paul Eckardt, vom 15. Mai initiativ wurde, das Thüringische Technikum zu gründen und auch zu leiten. Bereits Ende August beschloss der Gemeinderat den Aufbau eines neuen Gebäudes, genannt das Technikum. Später hieß es das Alte Technikum (Curie-Bau). Bereits am 24. Juni war der Vertrag mit der Stadt Ilmenau perfekt! Der Kohlrausch-Schüler Schmidt, ein begeisterter Elektrotechniker, wurde Jentzens Stellvertreter. Die feierliche Eröffnung fand am 3. November mit 134 Schülern statt. Am 1. Oktober 1903 übergab Jentzen sein Amt an Schmidt, der es bis 1948 führte. Während und im unmittelbaren zeitlichen Umfeld beider Weltkriege brachen zum Teil bedrohliche Existenzsituationen aus. Zwischenzeitlich, 1926, ist das Technikum in Ingenieurschule Technikum Ilmenau umbenannt worden, auch wurde das Neue Technikum (später Faraday-Bau) im Oktober bezogen. Wolfgang Prast sieht die Umbenennung als eine reichseinheitliche Maßnahme.[254] In der Folge verschwand aus dem Zeugnisformular und dem Dienstsiegel der Schule das Ilmenauer Stadtwappen.

Von März bis September 1945 war die Ingenieurschule wegen fehlendem Heizmaterial und aufgrund des Besatzerwechsels nicht arbeitsfähig, dann aber aufgrund der Antragstellung bei der SMAD wiedereröffnet worden. Am 2. Oktober erfolgte vom Land Thüringen das Verbot von Privatschulen, woraufhin Schmidt das Technikum rückwirkend zum

---

253 Rittig: Ingenieure, S. 29–75.

254 Prast: Ilmenau soll leben, S. 28–95, hier 31–35, 54 f., 68 u. 93–95. Schubert, Matthias: Eduard Jentzen und das technische Schulwesen, in: 90 Jahre, S. 73–78.

1. Oktober 1945 der Stadt Ilmenau verkaufte. Der Vertrag wurde am 8. Oktober unterzeichnet.[255] Am 23. Oktober wurde das Technikum als „Städtische Ingenieurschule Ilmenau“ wiedereröffnet. Schmidt blieb zunächst Rektor. Nun aber erklärte die SMAD am 21. (bei Prast am 27.) Dezember 1945 den Vertrag für ungültig. Es folgten Diffamierungen seitens der SED und der SMAD. Schmidt trat daraufhin noch im selben Jahr zurück. Am 2. Januar 1946 beantragte er die Wiedereröffnung.[256] In der marxistischen Geschichtsschreibung wurde das Verfahren gegen Schmidt als Stärkung der demokratischen Kräfte gedeutet.[257] Die Zeit der Unsicherheit, der Demontage und Fremdnutzung der Gebäude des Technikums durch die sowjetische Besatzungsmacht und deutsche Stellen dauerte fast zwei Jahre. Die erneute Wiedereröffnung fand mit Befehl Nr. 27/542 der SMAD vom 4. September 1947 am 1. Oktober statt. Schmidt war zu diesem Zeitpunkt 76 Jahre alt. Ein erfülltes Leben für die Technik und für die Stadt Ilmenau.[258]

Von 1949 bis 1953 führte Johann Hoffmann als Direktor die Geschäfte der Ingenieurschule. 1950 erhielt sie den Namen Fachschule für Elektrotechnik und Maschinenbau.[259] Die letzten Absolventen verließen am 8. Juli 1955 die Einrichtung zu einem Zeitpunkt, als es sie schon nicht mehr gab. Ab 1954 liefen Ingenieurschule und HfE parallel, wobei ein Teil der Ingenieurschule, das zweite Studienjahr, bereits nach Nauen bei Berlin ausgelagert worden war. Die Nutzung der drei Gebäude der Ingenieurschule ging schrittweise an die HfE über.[260]

4.2 Die Hochschule für Elektrotechnik Ilmenau

> Günther Ulrich: „Wir werden also durch keine Tradition gehemmt.“[261]

Die HfE Ilmenau war nicht nur die fachlogische Erweiterung des Thüringer Technikums resp. der Fachschule für Elektrotechnik und Maschinenbau, sondern sofort deutlich mehr: immense fachliche Breite der technischen Disziplinen sowie eine prononcierte Ausrichtung der Erziehung hin auf den Neuen Menschen und den *sozialistischen* Ingenieur. Obligatorisch wurde für alle Studenten das gesellschaftswissenschaftliche Grundstudium (kurz: GeWi), zunächst auf den Gebieten des Marxismus-Leninismus (ML), der Politischen Ökonomie sowie des dialektischen und historischen Materialismus. Hinzu kamen der gleichfalls obligatorische Unterricht in der russischen Sprache und Literatur sowie in der Körpererziehung (Sport).

---

255 Prast: Ilmenau soll leben, S. 28–95, hier 83. Ittig, Siegmar: Zur demokratischen Neueröffnung der Ingenieurschule Ilmenau nach 1945, in: 90 Jahre, S. 63.

256 Zusammenschau einschlägiger Quellen aus dem vierten Kap.

257 Ittig: Neueröffnung, S. 64.

258 Prast: Ilmenau soll leben, S. 84–88. Zur Geschichte des Technikums Rittig: Ingenieure, S. 16, 21, 29 f., 36, 42, 45, 49, 54, 57 f. u. 60–64.

259 Bis 1949 Ingenieurschule Ilmenau – Höhere Technische Lehranstalt für Maschinenbau und Elektrotechnik.

260 Heinz Hilpert, I. Matrikel; Schreiben an den Verf. vom 17.6.2015.

261 Schreiben von Ulrich an Stamm vom 27.9.1961; UAI, Sgn. 551, S. 1–5, hier 2.

Abbildung 5: 1. Hochschulsportfest 1955, im Tor Hans Stamm

Staatspolitisch ist die Ausbildung in Gesellschaftswissenschaften und Russisch nie zur Disposition gestellt worden. Im Personal- und Vorlesungsverzeichnis (PVV) für das Herbstsemester 1956/57 heißt es sogar: „Das gesellschaftswissenschaftliche Grundstudium bildet die Grundlage des gesamten Studiums".[262] Dieses Fremde in der Technik, pur Unbrauchbare, schlug Keile in Seminargruppen wie auch in den Lehrkörper. Es zog Kräfte ab und trieb manchen Studenten in die Exmatrikulation. Nur selten, und dies aus taktischen Erwägungen heraus, milderte die SED in dieser Frage ihre Forschheit. So wurde für das PVV für das Frühjahrssemester 1956/57 nach den Ereignissen während des Physikerballs in Jena (Kap. 5.4.2, S. 582–584) plötzlich eine moderatere Form gefunden. Auch zum Russischunterricht, der auf dem Ball in Jena gebrandmarkt worden war, hieß es nun ohne irgendeine Erklärung, dass „das Staatssekretariat für Hochschulwesen ab dem Frühjahrssemester 1957 eine Neuregelung" treffen werde.[263] Die SED nahm den Gegenwind jedoch nur temporär aus ihren Segeln.

4.2.1 Gründung und Gründungswiderstand

Der Anlass der Gründung der Spezial-Hochschule für Elektrotechnik lag vorrangig am eklatanten Mangel an hochqualifiziertem Personal für die Elektrotechnikbranche. Die Kapazitäten etwa der TH Dresden reichten nicht aus, um den Kaderbedarf zu decken. Der Entscheidung für den Standort, Ilmenau oder Mittweida, gingen intensive Diskussionen voraus. Tradition, Ressourcenrückgriff, landespolitische, soziale und wirtschaftliche Abwägungen und Argumente bildeten Kriterien.[264]

Hans Stamm fand eine ähnliche Grundsituation vor, wie oben von Riese geschildert. Er ging zeitnah zur erfolgten Gründung der HfE Ilmenau explizit auf entsprechende Abwehrversuche ein. Tradiert ist von ihm eine Rede zur „Daseinsberechtigung der

---

262 Personal- und Vorlesungsverzeichnis (PVV), HS 1956/57; UAI, Handbibliothek, S. 5.
263 PVV, FS 1955/56; UAI, Handbibliothek, S. 6.
264 Rittig: Ingenieure, S. 78 u. 80 f.

Spezialhochschulen", speziell seiner HfE. Das angesprochene Grundproblem bestand darin, dass Disziplinen wie die Elektrotechnik zunehmend an Breite gewannen, eine Breite, die an Universitäten nicht zu bewältigen sei; Zitat: „Die Elektrotechnik umfasst heute bereits ein derart weites Gebiet, dass eine umfassende Beherrschung des Gesamtgebietes zur Unmöglichkeit geworden ist. Man kann von einem Diplom-Ingenieur der Starkstromtechnik nicht verlangen, dass er z. B. mit speziellen Problemen der Hochfrequenztechnik vertraut ist. Er muss allerdings, und das ist Aufgabe seiner Ausbildung, einen Überblick auch über dieses Gebiet erhalten. Das heißt, es müssen in den Nachbardisziplinen gleichfalls sehr gute Kenntnisse vorhanden sein." Dies gehorchte einer Dialektik, die zu begreifen war und auch begriffen wurde, „denn für eine Hochschule, die nur einen speziellen Wissenszweig pflegt, ergeben sich in der Perspektive gesehen, sehr günstige Möglichkeiten. Gerade durch ihre Begrenzung wird sie durch die Konzentration von wissenschaftlichen Kräften und Möglichkeiten zu hohem wissenschaftlichem Ansehen gelangen." Der Student der HfE Ilmenau war zum Start seiner Hochschule angehalten, sich erst im 6. Semester „zu entscheiden, welche Spezialausbildung er wählt". Damit war sein Hauptfach festgelegt. Spezialisierungsmöglichkeiten blieben möglich. Besonders befähigten Studenten sollten eine Promotion angeboten werden, um sie für die eigenen Institute gewinnen zu können. Hohe Bedeutung legte Stamm der Bearbeitung „brennende[r] Fragen auf dem Gebiet der Entwicklung" bei. Ziel sei es, auf diese Weise die Exportkraft der DDR zu stärken. Diese Wissenschaftstätigkeit wiederum bildete die Voraussetzung einer hochwertigen Lehrtätigkeit. „Der Grundlagenforschung betreibende Wissenschaftler" müsse „eine so enge Bindung zur Praxis haben, dass er die Sorgen und Nöte der [...] Kollegen aus der Praxis kennt."[265]

Dass Studenten in hinreichender Anzahl nach Ilmenau kamen, mag auch an der damals noch handgreiflichen Begeisterung für Fächer der technischen und praktischen Physik wie Elektrotechnik und Maschinenbau gelegen haben. Technik war der Inbegriff der heraufziehenden Moderne, war Verheißung und Chance. Noch standen anschauliche Lehrbücher in den Regalen, die durch Zahlenwerke, Formeln und vor allem technische Zeichnungen und Abbildungen faszinierten.[266] Entdeckungen und technische Lösungen aller Art waren möglich. Alles atmete noch im Geist der bahnbrechenden Entdeckungen in der Physik der letzten Jahrzehnte. Und die Naturwissenschaften schienen ideologiefern; Zitat Dagmar Schipanski: „Ich habe Physik studiert, ganz bewusst, weil ich nicht eins von diesen anderen Fächern wie Deutsch, Sprachen, Germanistik studieren wollte, weil diese Fächer von der Ideologie durchdrungen waren [...], während die Naturwissenschaften objektiv ausgelegt waren." Und: „Weil Physik damals die Wissenschaft war, wo die neuen Entdeckungen kamen."[267]

---

265 Stamm, Hans: Die Daseinsberechtigung der Spezialhochschulen (o. D., zwischen dem 16.9.1953 und dem 1.2.1954); UAI, Rep. A34.3.1, Nr. A3/59, S. 1–6.

266 Zum Beispiel das, wie ich finde, Meisterwerk von Freytag, Friedrich: Hilfsbuch für den Maschinenbau. Für Maschinentechniker sowie für den Unterricht an technischen Lehranstalten. Berlin 1908.

267 Interview des Verf. mit Dagmar Schipanski am 25.7.2017.

Abbildung 6: Physikalische Anschaulichkeit: Radiolaboratorium

Abbildung 7: Technische Begreifbarkeit: Maschinenlaboratorium

Dies mag erklären, dass der Standort Ilmenau trotz aller Lenkungsmaßnahmen in der DDR angenommen wurde. Denn Studenten und Hochschullehrer zieht es eher ins urbane, weltoffene. Jena, eine reizvolle Ausnahmestadt in der DDR,[268] war zwar nicht weit, aber dort hätte man „nur" theoretische Physik studieren können. Dass Ilmenau in kultureller Hinsicht ein eher ungeeigneter Ort war, räumte später der zweite Rektor, Hans-Joachim Mau,[269] ein, da „durch den relativ einseitigen Charakter einer Technischen Hochschule"

---

268 Sie steht nicht nur für die Blütezeit industrieller Entwicklung im 19. Jahrhundert mit vorn in Deutschland (Carl Zeiss, Ernst Abbe u.a.m.), sondern belegt auch in natur- (Anton Geuther, Ernst Haeckel, u.a.m.) und geistesgeschichtlicher Hinsicht (Friedrich Schiller, Johann G. Fichte u.a.m.) vordere Plätze.

269 Geb. am 11.7.1906 in Neukloster (Mecklenburg). 1925–1930 Studium an der TH Hannover, dort Assistent bis zur Promotion 1937, parallel Vertriebsingenieur der AEG Berlin 1935–1946. 1947–1956 Chefkonstrukteur, dann Technischer Direktor im VEB EAW Berlin Treptow. Ab 1.1.1957 an der HfE Ilmenau. Prof. mit Lehrstuhl für Elektrische Apparate und Anlagen. Direktor des Instituts für elektrische Apparate und Anlagen. 1958 Prorektor für den wissenschaftlichen Nachwuchs, 1962–1964 für Forschungsangelegenheiten, 1962–1965 Mitglied im wissenschaftlichen Beirat des SHF. 1964–1969 Rektor, 1969–1971 o. Prof. Emeritierung 1971; UAI, 0479 Kad.

als auch wegen der ungünstigen örtlichen Lage der Stadt die Voraussetzungen „für ein vielseitiges, reiches kulturell-geistiges Leben an unserer Hochschule ausgesprochen schlecht“ seien. Die kulturell-geistige Atmosphäre sei unbefriedigend, sie zu beleben „schwierig“.[270]

Zur Gründung der HfE wurde vom Ministerium für Allgemeinen Maschinenbau Magdeburg ein zentraler Operativstab an der Ilmenauer Fachschule für Elektrotechnik und Maschinenbau etabliert. Stamm, gerade erst am 1. Mai zum Leiter des Institutes für Hochspannungstechnik im VEB Konstruktion und Entwicklung des Maschinenbaus avanciert, gehörte dem Magdeburger Team an, während dem Operativstab in Ilmenau neben Euchler (seit 1952 an der Ingenieurschule) als Leiter, Winkler, Priester, Stalzer, Neuschäfer, Kaderleiter Leh, der Vorsitzende der Betriebsgewerkschaftsleitung (BGL) Harwich und ein Vertreter der Fachschule Mittweida angehörten. Der Operativstab hatte alle einschlägigen Arbeiten in Hinblick auf die Eröffnung der Hochschule zu leisten, wie die Benachrichtigung der Bewerber, Vorbereitung der Immatrikulation, Sicherung des Einsatzes der Studenten in den Betrieben, Sicherstellung des Beginns der Lehre im Januar 1954 sowie Erarbeitung von Vorschlägen zur Errichtung von Instituten und zu den Rahmenlehrplänen. Noch vor der Gründung waren zum 1. September neben Stamm auch Helmut Winkler und Waldemar Euchler[271] als erste Hochschullehrer berufen worden.[272] Gesetzlich wurde die Entscheidungsfindung für Ilmenau am 6. August 1953 per Beschluss des Ministerrates fixiert.[273] Den Auftrag zur Leitung des Aufbaus erhielt Stamm vom Ministerium für Allgemeinen Maschinenbau am 24. August 1953.[274]

Auffällig ist, und das kennzeichnet einen Unterschied zu Instituten der Deutschen Akademie der Wissenschaften (DAW), dass die gestaltenden Kräfte des Aufbaus der HfE SED-Mitglieder waren, wie Winkler und Josef Hampel seit 1946, Stamm und Euchler seit 1948. Das entsprach durchaus dem Gesamtbild dieser Einrichtung. In der Mitte der Existenzzeit der Hochschule, 1971, gehörten 21 Professoren der SED an (50 Prozent), parteilos waren 19 (45 Prozent). Je ein Mitglied gehörte der NDPD und der LDPD an. Unter den Dozenten gehörten zehn der SED (28 Prozent) an, 25 waren parteilos (69,2 Prozent), einer war Mitglied der NDPD.[275] Sieben Jahre später, 1978, zählte die Hochschule bei den Professoren eine SED-Quote von 68,3 und bei den Dozenten gar 72,7 Prozent.[276]

---

270 THI, Rektorat, vom 6.5.1968: Bemerkungen zum geistig-kulturellen Leben an der THI, aufgefunden im Konvolut zur Kollegiumssitzung am 4.6.1968; UAI, S. 1–3.

271 Geb. am 14.3.1907 in Wölfis (Gotha). Studium des Maschinenbaus an der TH Danzig von 1927–1934, 1935–1945 bei der Deutschen Lufthansa. 1952/53 Fachschuldozent an der Ingenieurschule Ilmenau. Mitglied der NSDAP von 1934–1945. 1953 Wahrnehmungs-Dozentur für Allgemeine Maschinenkunde. 1955–1972 Dozent resp. HS-Dozent für Maschinenelemente, 1957 Leiter der Abteilung Maschinenelemente am Institut für Maschinenkunde. 1961 und 1964 kommissarische Leitung des Instituts für Maschinenelemente; Quellen: u. a.: UAI, 0030 Kad.

272 Lindner: Geschichte, S. 11–14.

273 Schreiben von Franz, Ministerium für Allgemeinen Maschinenbau, vom 24.8.1953, aufgefunden im Konvolut zur Gründung der HfE; UAI. Schreiben des Büros des MR der DDR an die THI vom 10.4.1967, in: Lindner: Geschichte, Anlage 1, S. 51.

274 PVV, HS 1953/54; UAI, Handbibliothek, S. 4.

275 Erhebung der THI vom September 1971; BStU, BV Suhl, AIM 1589/90, Teil II, Bd. 1, Bl. 178.

276 Stichtag: 16.11.1978; LATh-StA Meiningen, BS IV D2/9/2/491, S. 1–21, hier 1.

Tabelle 2: Parteizugehörigkeit an der TH Ilmenau[277]

Sektion/Bereich	SED	LDPD	NDPD	CDU	Gesamt
MARÖK	20	2	3	-	25
ORZ	8	1	-	-	9
TBK	22	1	1	2	26
INTET	40	1	-	1	42
ET	34	-	1	1	36
GT	23	4	1	2	30
PHYTEB	20	-	1	1	22
IML	31	-	-	-	31
INER	7	-	2	1	10
Industrie-Institut	4	-	-	-	4
AFÜ	4	1	-	1	6
Sport	3	-	2	-	5
HS-Leitung und Stabsstellen	56	1	-	2	59
Planung und Ökonomie	41	2	1	1	46
Plasma Meiningen	3	-	-	2	5
Gesamt	316	13	12	14	356
In Prozent von 1.366 Beschäftigten	23,13	0,95	0,88	1,02	26,06

Im Fall der Wahl des Rektors der HfE Ilmenau musste die Hochschulordnung erst gar nicht ausgehebelt werden, hier war sie durch die Macht der SED, die mit Stamm ihren Mann installierte, inexistent. Die Rektorenwahl an der renitenten Hallenser Universität[278] kurz darauf am 23. Oktober war da deutlich schwieriger, doch auch dort triumphierte letztlich die SED mit ihrem Frontkämpfer Leo Stern. Anders als in Ilmenau feierten die Mitglieder des Hallenser Senats dessen Wahl nicht, sie hatten Übung darin, „ihr Missfallen durch kühles Schweigen, manchmal durch individuelle Widerworte, ab und an durch demonstrative Missachtung wie bei Sterns peinlicher Inauguration" zum Ausdruck zu bringen.[279] Die Berufung Stamms aber stieß mit guten Gründen, und so weit zu sehen ist, auf breites Wohlwollen. Das gilt jedoch nicht für den administrativen Weg hin zur „Wahl", die mit heißer Nadel gestrickt worden ist. Stamms Ernennung zum Rektor wie auch zum Professor mit Lehrstuhl wurde vom SfH auf Referatsebene gleich in vier Punkten hart kritisiert: (1) Bislang sei es üblich gewesen, „bei neugegründeten Hochschulen den Rektor zunächst kommissarisch einzusetzen, die Wahl später durch den Senat nachholen zu lassen und ihn dann durch das SfH zu bestätigen"; (2) sei es üblich, „dass bei Bestätigung eines Rektors eine Vorlage notwendig" ist; (3) ferner fehle ein entsprechendes Schreiben vom Ministerium für Schwermaschinenbau mit Datum vom 19. August 1953; (4) und es fehle die Angabe, ob Stamm von seiner derzeitigen Tätigkeit überhaupt freigestellt wurde. Der Vorgesetzte des Bearbeiters, dem diese Anomalie im normalen Gebaren auffiel, notierte handschriftlich auf das Beschwerdepapier seines Mitarbeiters, dass er zwar mit der Ernennung zum Professor mit Lehrstuhl einverstanden sei, nicht aber mit der Bestätigung als Rektor. Folglich erteilte er lediglich sein Einverständnis für dessen Ernennung als kommissarischer Rektor.

277 THI, Direktorat Kader, vom 8.4.1975; BStU, BV Suhl, AIM 1589/90, Teil II, Bd. 1, Bl. 259. In der Tab. nicht einbezogen ein Mitglied des DBD. Abkürzungen siehe Abkürzungsverzeichnis.

278 Vgl. Großbölting, Thomas: SED-Diktatur und Gesellschaft. Bürgertum, Bürgerlichkeit und Entbürgerlichung in Magdeburg und Halle. Halle 2001, S. 220–249.

279 „Ende der Ordinarienuniversität", in: Jessen: Akademische Elite, S. 175–293, hier 175.

Noch am selben Tag wurde die Verweigerung des SfH durch einen Telefonanruf beim Leiter der Abteilung für Allgemeinen Maschinenbau beim ZK der SED annulliert. Das geschah am 15. September, zwei Wochen nach der der Öffentlichkeit bereits als Tatsache mitgeteilten Ernennung Stamms zum Rektor der neuen Hochschule! Gerhard Harig unterzeichnete an diesem Tag beide Ernennungsurkunden. Auf der Urkunde für die Ernennung zum Rektor fehlt der übliche Vermerk über den entsprechenden Senatsbeschluss zur Wahl des Rektors.[280] Stamm wurde also de facto nicht ordnungsgemäß gewählt.

Parallel zu den formalen Fragen der Gründung der Hochschule liefen inhaltliche Diskussionen zur Profilstruktur der Hochschule. Diese praktisch nur fachspezifisch fassen zu wollen (Hochfrequenztechnik, Fernmeldetechnik, Elektromaschinenbau, Elektronik, elektrische Industrieausrüstungen, Hoch- und Höchstspannungstechnik), war einer mechanistischen Denkweise geschuldet, wie sie im bürokratischen Verwaltungsdenken gewöhnlich vorherrscht. Dass mit einer rein fachspezifischen Ausrichtung der Dynamik in der Entwicklung von Elektrotechnik und Elektronik nicht Rechnung getragen werden konnte, lag auf der Hand. Auch entsprach sie nicht den Bedürfnissen der Industrie, die auf Disponibilität der Kader setzte. Was dieser Konzeption fehlte, war vor allem die Ausbildung hinsichtlich der breiten und sich dynamisch verändernden Grundlagen auf den Gebieten der Mathematik und Physik. Die Diskussion um das rechte Profil war keine spezifische in Ilmenau, sie erstreckte sich über nahezu alle Hochschulstandorte in der DDR und konnte natürlicherweise auch nie völlig befrieden.

Widerspruch gegen den ersten Strukturplan kam folglich aus der Industrie. Dort saßen Betriebsleiter, die wussten, wie veränderungsträchtig die Industrieentwicklung war und vor allem, was sie dringend benötigten. Nämlich jenen Ingenieur, der kreativ in der Lage war, *Probleme* im Produktionsprozess zu erkennen und zu lösen. Rittig sieht die Wende zu dieser – eigentlich praktischen – Klugheit so: „Man sah sich gezwungen, noch einmal neu zu beginnen. Dieser neue Ansatz geriet schließlich zu einer wissenschaftshistorischen Leistung und wurde von einem erst entstehenden Lehrkörper erbracht, der sich zu bedeutenden Teilen aus hochqualifizierten Fachleuten mit langjähriger Industrieerfahrung zusammensetzte.“[281] Gleichzeitig aber hatte Stamm, wie oben festgestellt, den universalen Blick, der die solide Grundlagenausbildung einschloss. Dass der Staatssekretär des Hochschulwesens, Harig, ähnlich dachte, war für Stamm ein Glücksfall. Der Vergleich der Quellen zeigt, dass beide auf derselben Wellenlänge dachten und kommunizierten. Der möglichen Gegenthese, wonach dem Physiker Harig und nicht dem Techniker Stamm ursächlich für den richtigen Profilaufbau der Ruhm gebührt, könnten kaum Argumente entgegengesetzt werden.

---

280 A-5-Zettel vom 15.9.1953; UAI, 1634 Kad, 1 S.
281 Rittig: Ingenieure, S. 85.

Abbildung 8: Harig vor Stamm, Auszug des Senats nach der Immatrikulationsfeier 1956[282]

Nur das Fach- und Grundstudium zusammen, so die Intention Stamms, führe zu jenem Absolventen, der „zum Wohle der menschlichen Gesellschaft“ wirken könne. Er sah in dieser politisch anmutenden Floskel die Chance, die Absolventen zu überzeugen, in die Industrie zu gehen. Denn die waren nahezu geschlossen „unter keinen Umständen“ bereit, „im Konstruktions- oder Berechnungsbüro“ zu arbeiten. Dies, so Stamm, sei auch die Schuld der Industrie, die diese Positionen schlecht bezahle. Obwohl die Regierung Korrekturmaßnahmen ergriffen habe, sei die „grundsätzliche Einstellung“ der Absolventen „geblieben“. Stamm wollte dieser Fehlentwicklung mit der Errichtung eines Gebäudes für circa 1.500 Studienplätze mit Reißbrett begegnen: „Hier soll der Student während mindestens sechs Semestern seinen festen Arbeitsplatz haben.“[283] Zweifellos eine geniale Idee, die, wäre sie durchgesetzt worden, der Volkswirtschaft und Wissenschaft erheblichen Nutzen beschert hätte. Auch die Immatrikulationskalkulation bis 1962 war kühn:

Tabelle 3: Hochschulfrequenz (I), Plan[284]

Immatrikulation	Verlauf	Neuimmatrikulation	Abgang
HS 1953	270	-	-
HS 1954	700	430	-
HS 1955	1.100	400	-
HS 1956	1.700	600	-
HS 1957	2.300	600	-
HS 1958	2.970	670	-
FS 1959	2.700	-	270
HS 1959	3.330	630	-
FS 1960	2.900	-	430
HS 1960	3.400	500	-
FS 1961	3.000	-	400
HS 1961	3.600	600	-
FS 1962	3.000	-	600

282 V.l.n.r.: Harig, Stamm, Bischoff und Schüler.
283 Stamm, Hans: Die Daseinsberechtigung der Spezialhochschulen (o. D., zwischen dem 16.9.1953 und dem 1.2.1954); UAI, Rep. A34.3.1, Nr. A3/59, S. 1–6, hier 5.
284 Ebd., S. 6.

Sie entsprach dem Bedarf an Absolventen. Doch die Hochschule konnte wegen Kapazitätsengpässen aller Art diese Planforderungen später nur annähernd realisieren. Noch bis weit in die 1960er Jahre hinein fehlten vor allem auch Lehrkräfte. Ilmenau war hierin auf Dauer keine Ausnahme. Im Frühjahr 1951 waren republikweit Stellen für 384 Professoren, 140 Dozenten, 42 Lektoren und 383 Assistenten unbesetzt.[285]

Die Festrede zur Eröffnung der HfE Ilmenau am 16. September 1953 hielt Stamm. Der Veranstaltung wohnten circa 1.500 Teilnehmer bei, 270 waren zu Immatrikulierende.

Abbildung 9: Festveranstaltung zur Gründung der Hochschule 1953[286]

Ausgerechnet Harig war wegen seiner China-Reise verhindert, so dass die feierliche Rede seines Hauses Hauptabteilungsleiter Franz Wohlgemuth hielt. Es war eine ideologische Rede, die an keiner Stelle erkennen ließ, dass er ein Insider war. Er schwor Hochschullehrer, Wissenschaftler und Studenten auf den finalen Weg des Sozialismus mit einem alten „Kampflied der unterdrückten Arbeiter" ein: „Ist die letzte Schlacht geschlagen, Waffen aus der Hand, / schlingt um die befreite Erde brüderliches Band. / Hört ihr froh die Sichel rauschen in dem Erntefeld? / Arbeit, Brot und Völkerfrieden, das ist unsere Welt."[287] Ein Blick auf die Liste der aktiven mit Vorträgen oder Grußansprachen auftretenden Teilnehmer zeigt, dass jegliche große Namen aus der Regierung und der SED sowie aus Wissenschaft und Bildung fehlten. Der provinzielle Eindruck war unübersehbar. Die Regierung ließ sich vom Hauptabteilungsleiter der Koordinierungsstelle für Industrie und Verkehr vertreten. Auch keine Grußbotschaft von einem sowjetischen Vertreter, sondern lediglich von einem Gast aus Rumänien. Nach der Begrüßungsansprache durch den 1. Sekretär der SED-Kreisleitung Ilmenau – und eben nicht durch den 1. Sekretär der Bezirksleitung der SED Suhl – hielt der Minister für Allgemeinen Maschinenbau, Helmut Wunderlich, die

---

285 Jessen: Akademische Elite, S. 48.

286 1. Reihe, 3. v. r. Hauptmann Masserow, Politvertreter des Kreiskommandanten Ilmenau der Sowjetarmee.

287 Wohlgemuth, Franz: Ansprache; UAI, Rep. A34.3.1, Nr. A3/55; UAI, S. 1–3, hier 1. Die Angaben der auf der Festveranstaltung Immatrikulierten variiert leicht, 268 sind angegeben in: Heinze, Walter (Hrsg.): Hochschule für Elektrotechnik Ilmenau. 10 Jahre. Ilmenau 1963, S. 18.

erste Festrede. Darauf folgte Wohlgemuth. Allein die TH Dresden zeigte mit Kurt Koloc und Fritz Obenaus Flagge.[288]

Harig begründete zeitnah und aus politischer Sicht die Etablierung der neuen Hochschule in der Fachzeitung *Das Hochschulwesen*. Er verwies darauf, dass der Ministerrat am 6. August 1953 beschlossen hatte, neue, nämlich Spezialhochschulen zu schaffen. Hochschulen mit enger Bindung zur Praxis auf bestimmten volkswirtschaftlich wichtigen Zweigen, mit der Maßgabe, sie den betreffenden Ministerien zu unterstellen.[289] Die beiden anderen Spezialhochschulen technischer Natur waren neben der HfE die Hochschule für Schwermaschinenbau Magdeburg und die Hochschule für Maschinenbau Karl-Marx-Stadt, die ebenfalls 1953 eröffnet wurden. Die 1954 gegründete Hochschule für Chemie Leuna-Merseburg firmiert bei der Aufzählung der drei technischen Spezialhochschulen oft nicht als eine solche, doch auch sie war im eigentlichen Sinne eine technische. Gerade um sie entbrannte ein heftiger Streit um Sinn und Zweck solcher „Schmalspurhochschulen". Als Kritiker traten u. a. die Spitzenwissenschaftler Thilo, Schwabe, Bertsch und Leibnitz auf.[290]

Harig wies darauf hin, dass die Spezialhochschulen kein Unikat darstellten, da es in der DDR mit der Bergakademie Freiberg, der Hochschule für Verkehrswesen in Dresden und der Hochschule für Ökonomie in Berlin-Karlshorst bereits Vorbilder gab. Zudem rief er ins Gedächtnis, dass die Ausbildung von Spezialisten „höchstes wissenschaftliches Niveau" erfordere, und dass es falsch sei, „an diese Spezialschulen einen geringeren wissenschaftlichen Maßstab anzulegen". Ein Aspekt, den auch Stamm nie müde wurde, hervorzuheben. Man möge dafür Sorge tragen, dass dieses höchste wissenschaftliche Niveau über einen engen Kontakt zu anderen Universitäten und Hochschulen realisiert werde.[291]

Es ist Michael Hascher, dem die vorherrschende Geschichtsauffassung (nach Jessen), wonach die Spezialhochschulen eine Art Reflex auf die „einzige" Technische Hochschule, der in Dresden, seien, zu einfach ist. Nach ihm hätte es durchaus auch eine Alternative im (qualifizierten) Fortbestand der alten Fachschul-Struktur geben können.[292] Abgesehen davon, dass er Jessen falsch verstanden haben könnte,[293] lässt sich dies mit Blick auf eine spätere interessante Diskussion zur Ausrichtung der Ingenieurschule Carl Zeiss Jena (siehe unten) durchaus zeigen. Hascher sah das politische Momentum bei der „Neugründung" der Spezialhochschulen darin, dass mit der „Wahl der neuen Form" die sozialistische

---

288 Festschrift und Dokumentation anlässlich der Gründung der HfE Ilmenau am 16.9.1953; UAI, Rep. A34.3.1, Nr. A3/55, S. 1–6.

289 Aus einem Auszug zitiert; UAI, Rep. A34.3.1, Nr. A3/55, S. 1 f. Harig, Gerhard: Zu einigen Fragen des Neuaufbaus unseres Hochschulwesens, in: Das Hochschulwesen (1953/54)1.

290 Bei Jessen: Akademische Elite, S. 149 u. S. 151. Quellennachweis: Memorandum Bertsch vom 2.11.1953; BArch, DY 30, IV 2/904, 298, Bl. 23–29.

291 Aus einem Auszug zitiert; UAI, Rep. A34.3.1, Nr. A3/55, S. 1 f. Harig, Gerhard: Fragen des Neuaufbaus.

292 Hascher: Die Hochschule für Maschinenbau, in: Schleiermacher, Pohl: Medizin, Wissenschaft und Technik, S. 217–242, hier 226.

293 Jessen sieht die alte Konfliktlinie zwischen dem Selbstanspruch der Universität vs. Technischen Hochschule aus dem 19. Jahrhundert wieder aufleben, auch, dass die Idee der Spezialhochschulen eine Kopie sowjetischer Praxis war. Einer Praxis, die unmittelbar den Bedürfnissen der Industrie folgte, wobei sich „extreme Spezialisierungen" auch nicht durchsetzen konnten. In Bezug auf Ilmenau u. a. spricht er von einem „extrem enge[n] Fachprofil", an anderer Stelle von einem „sehr schmalen Profil", in: Jessen: Akademische Elite, S. 135, 147–150.

Umgestaltung aller anderen Hochschulen in die Wege geleitet werden konnte.[294] Das trifft freilich zu.

Für den politischen Impetus der Gründung von Spezialhochschulen steht Walter Ulbricht, der gegenüber Franz Dahlem am 15. August 1957 erklärt hatte, „dass die neuen Hochschulen gegründet worden“ seien, „weil ‚man den bürgerlichen Professoren an den Fakultäten der Universitäten die Ausbildung der neuen Kader für die sozialistischen Betriebe nicht anvertrauen‘“ könne. In einer Vorlage für das Sekretariat des ZK der SED, keine zwei Monate später, hieß es, dass die neuen Hochschulen „auch ‚politisch ideologische Zentren‘ zur Eroberung der akademischen Welt“ seien.[295] War dem so, dann muss es auch entsprechende Reaktionen gegeben haben. Jessen fand solche:

Der wichtigste Einspruch bildete das gemeinsame Referendum der sechs Universitätsrektoren und des Rektors der TH Dresden vom 23. November 1956, die insbesondere fiskalische Gründe anführten. Aber es gab auch den Mut, explizit bildungspolitische Ängste zu artikulieren, wonach die Gründung solcher Anstalten „den ‚Beginn der Liquidierung der alten Universitäten und Hochschulen‘“ einleiten könnten. Der bedeutende Ökonom Fritz Behrens von der Universität Leipzig initiierte im Juli 1953 ein Protesttelegramm seines Senats an das SfH, hierin sprach er von „schweren Bedenken“. Der Rektor der TH Dresden, Horst Peschel, sprach von „Schmalspur-Hochschulen“ und „Schmalspur-Wissenschaftlern“. 1956 antwortete er auf die Frage, „ob kleine Spezialhochschulen nicht zweckmäßiger“ seien als eine so große wie die TH Dresden: „Dazu kann ich nur sagen, dass der polytechnische, universelle Charakter der TH Dresden unvergleichbare Vorteile bietet. […] Neben einer breiten Grundlagenausbildung ist bereits während des Studiums eine Spezialisierung in den 44 Fachrichtungen möglich.“ Jessen fand in den Quellen Belege „allgemeinen Kopfschüttelns“ und „allgemeiner Verwunderung“ über diesen Hochschultyp. So hieß es an der FSU Jena in Bezug auf Ilmenau, dass man dort „Professoren am laufenden Band, ohne dass die Voraussetzungen dafür“ bestünden, ernenne. Peschel „empörte sich auf einer Rektorenkonferenz darüber, dass an einer der Spezialhochschulen ‚in meinem Fachgebiet ein Dozent ernannt wurde ohne Habilitation, ohne Promotion, ja nicht einmal eine Rückfrage‘“ bei ihm oder bei seinen Fachkollegen „als ordentlicher Professor an der TH Dresden für Geodäsie“ eingegangen war.[296]

Diese und andere Proteste nahmen die SED und das SfH natürlich wahr, waren aber nicht gewillt, von ihrer Idee abzukommen. „Wenn sich“, so Jessen die Gegner zusammenfassend, „die ‚Schmalspurhochschulen‘ schon nicht verhindern ließen, so die Gegenstrategie, dann sollte ihr inferiorer Status wenigstens sichtbar sein.“ Also lavierten SED und SfH einige Zeit, versuchten Kompromisse zu schmieden und vor allem Zeit zu gewinnen. Manchmal aber mag man im SfH auch eine partielle Rücknahme der Idee der

294 Ebd., S. 226 f.

295 Ebd., S. 149. Quellennachweise: Dahlem an Ulbricht vom 15.8.1967, in: BArch, DR 3, 219. Vorlage für das ZK der SED vom 2.10.1957, in: BArch, DY 30, JIV 2/3, 579.

296 Ebd., erste Quelle, S. 150–153. Peschel, Horst: Entwicklung und Aufbau der Technischen Hochschule Dresden, in: Neues Deutschland vom 7./8.4.1956, S. 3, Beilage. Memorandum vom 23.11.1956; BArch, DR 3, 229, Bl. 137–153. Senat KMU Leipzig vom 3.7.1953; BArch, DR 3, 1538. Senat THD vom 19.9.1953; BArch, DR 3, 1542. Senat FSU Jena vom 21.1.1955; BArch, DR 3, 1543. Peschel auf der Rektorenkonferenz vom 18.4.1956; BArch, DR 3, 6324.

Spezialhochschule erwogen haben, sicherlich nicht für alle, aber für einige. Auch für Ilmenau? Jessen fand ein Dokument, das die „Reintegration von Teilen der Spezialhochschulen in die Universitäten“ zum Inhalt hatte, „um Effizienzmängel auszugleichen und Doppelarbeiten zu vermeiden. Sie scheiterten nicht zuletzt am Veto Ulbrichts, der bei seiner Auffassung blieb, die Hochschulen als politisches Gegengewicht gegenüber den konservativen Universitäten zu benötigen.“[297]

Überlegungen im Rahmen einer neuen Titelordnung wurden laut, die terminologisch zwischen Universitäts- und Hochschulprofessoren unterschied. Das wiederum sorgte auf der einen Seite für wohlwollende Zustimmung, auf der anderen jedoch für Abwehr, weil man auf diese Weise eine Abwertung hätte hinnehmen müssen.[298] Das Promotions- und Habilitationsrecht, so Jessen, wurde vom Staatssekretariat „eher zögerlich verteilt“. So bekam die Fakultät für Technologie der TH Karl-Marx-Stadt 1957 nicht das Habilitationsrecht, da an ihr nur zwei Habilitierte lehrten. Auch dem Willen, wie an Universitäten den Doktorgrad Dr. rer. nat. zu verleihen, wurde in einigen Fällen noch 1960 verweigert. (An der HfE respektive TH Ilmenau zeichnet sich dieser Umstand eindrucksvoll ab. Über Jahre hinweg wurden Entwürfe zwischen der Hochschule und dem SfH hin und her gesandt und diskutiert.) Die HfE realisierte 1957 die ersten beiden Promotionen und in den folgenden Jahren bis einschließlich 1963 weitere 43 (1, 2, 4, 8, 4, 24). Bei den Habilitationen lag sie mit fünf (je eine 1957, 1958, 1960, 1961, 1962) zunächst weit vor den beiden Hochschulen in Karl-Marx-Stadt und Magdeburg, die beide bis einschließlich 1961 keine Habilitation dem Staatssekretariat vermelden konnten. 1963, als Ilmenau Fehlanzeige meldete, hatten die beiden anderen mit fünf resp. sieben deutlich aufgeholt resp. die HfE überholt. Gegenüber der FSU Jena, die in beiden Kategorien im Zeitraum 1957 bis 1963 stolze 1.069 resp. 99 Graduierungen vermelden konnte, waren diese Werte allerdings unbedeutend. Auch der Vergleich mit der TH resp. TU Dresden fiel nicht besser aus, die es auf 713 resp. 75 Graduierungen brachte.

1963 war der Anteil am Gesamtumfang der Promotionen mit 18,1 Prozent ansehnlich, mit Bezug auf die Technischen Hochschulen aber schlechter, da der Großteil der Promotionen auf die medizinischen Akademien entfiel. Bei den Habilitationen belief sich der Anteil der Spezialhochschulen auf 16,3 Prozent. 1965 „war ein knappes Viertel aller Professoren und Dozenten im Zuständigkeitsbereich des SHF an einer der neuen Hochschulen beschäftigt“. Führend waren sie hingegen auf ideologischem Gebiet, denn es zeigte sich, dass die „Lehrenden der Hochschulen“ deutlich „häufiger der SED“ angehörten: „Bei den Professoren waren es 51,1 Prozent gegenüber 39,5 Prozent an den Universitäten und bei Dozenten belief sich das Verhältnis auf 69,2 zu 62,3 Prozent.“ Der Anteil der habilitierten Professoren lag im Hochschulbereich „mit 46,2 Prozent deutlich unter dem der Universitätsprofessoren mit 77,2 Prozent“. Bei den Dozenten war das Verhältnis ebenso deutlich bei 17,1 zu 41,3 Prozent.[299]

---

297 Ebd., erste Quelle, S. 155. Quellenangabe: Ausarbeitung vom 21.6.1957; BArch, DR 3, 292.

298 Ebd., erste Quelle, S. 152 f. Quellenangabe: Entwurf über die Verleihung der akademischen Titel eines Professors und eines Dozenten vom 29.9.1956; BArch, DR 3, 3953.

299 Ebd., S. 55 f., 154, 455 u. 457. Promotionen und Habilitationen von 1946 bis 1989, ebd., S. 453 f.

Fazit: Legt man die Begründungstexte Harigs und Stamms sowie die hier in der Studie zusammengestellten Fakten in den Kontext der konzisen Hochschulpolitik der SED, dann ist die von Jessen festgestellte politische Gründungsnote zutreffend. Hascher kann im Sinne der Abwehr dieser „singulären" Gründungsnote nur beigepflichtet werden, wenn er im Falle der Hochschule für Maschinenbau Karl-Marx-Stadt ausdrücklich auf deren frühe Traditionspflege – etwa zum fünfjährigen Gründungsdatum 1958 dargetan – verweist. Eine Traditionsverlegung allerdings, „so weit in die Vergangenheit, wie nur irgend möglich".[300] Dies gehörte zur Verteidigungsstrategie der neuen *sozialistischen* Hochschulen. Wolfgang Prast bezieht sich in der Frage der Tradition auf Stamm, der die HfE Ilmenau als „*neue* Bildungseinrichtung" verstanden haben wollte.[301] Dagegen steht Bedeutenderes, das auch Hascher im Falle der Karl-Marx-Städter Hochschule erwähnt: die gezielte Rekrutierung von Kadern mit Industrieerfahrung, oftmals ohne Promotion, und nicht zuletzt die Wahl des Gründungsrektors. In Karl-Marx-Stadt war es August Schläfer (1902–1967), SED seit 1946, Fachschulingenieurabschluss 1925 am Technikum in Hildburghausen, ab 1949 im Ministerium für Maschinenbau. Wie Stamm war er unmittelbar vor seinem Einsatz als Rektor in eine höhere Position als Hauptdirektor der Vereinigung Volkseigener Betriebe (VVB) Werkzeugmaschinenbau und Werkzeuge (WMW) in Karl-Marx-Stadt gelangt.[302] Diese Koinzidenz beider Rektoren ist bemerkenswert.

4.2.2 Grundaufbau und Diversifikation: 1953 bis 1956

Das folgende Schema zeigt die von Hans Stamm kreierte Struktur, die, gemessen an den äußerst geringen naturalen Ressourcen, mutig zu nennen ist.

Schema 1: Fakultäten und Institute der HfE, 1953[303]

Erste Fakultät (Technische Grundwissenschaften)

Institut für Betriebswissenschaft und Normung
Institut für Werkstoffkunde und zerstörungsfreie Werkstoffprüfung
Institut für Maschinenkunde
Institut für Dokumentation

Zweite Fakultät (Mathematik und Naturwissenschaften)

Institut für Mathematik [und Mechanik]
Institut für Physik
Institut für Chemie
Institut für allgemeine Elektrotechnik

Dritte Fakultät (Starkstromtechnik)

Institut für elektrische Apparate und Anlagen

---

300 Ebd., S. 227.
301 Prast: Vorwort, in: Jacobs, Prast: Ilmenau soll leben, S. 14.
302 Hascher: Die Hochschule für Maschinenbau, in: Schleiermacher, Pohl: Medizin, Wissenschaft und Technik, S. 217–242, hier 228 f.
303 Stamm, Hans: Die Daseinsberechtigung der Spezialhochschulen, o. D.; UAI, Rep. A34.3.1, Nr. A3/59, S. 1–6, hier 3. Der Beitrag fungiert als Schlusswort der Festschrift anlässlich der Gründung der HfE als Punkt 11. Ferner: PVV, 1953/54; UAI.

Institut für Elektromaschinenbau
Institut für elektromotorische Antriebe und elektrische Fahrzeuge
Institut für Hochspannungstechnik
Institut für elektrische Energietechnik
Institut für Elektrowärme

Vierte Fakultät (Schwachstromtechnik)

Institut für Hochfrequenztechnik
Institut für Fernmeldetechnik
Institut für Elektroakustik
Institut für Regelungstechnik
Institut für Röntgentechnik und Elektromedizin [elektromedizinische Apparate und Röntgentechnik]

Das erste Investprojekt beinhaltete den Ausbau eines Gebäudes des VEB Thermos Langewiesen, das der Rat der Stadt Ilmenau der HfE Ilmenau zuwies. Der VEB hatte das Gebäude durch Enteignung des Inhabers der Firma Helios-Flaschen-GmbH 1952 übernommen. Die baupolizeiliche Genehmigung zum Ausbau des Gebäudes wurde am 20. August 1953 erteilt, die Aus- und Umbauphase begann im Oktober und endete im April 1954. Zunächst waren hier vor allem die Prorektorate und die Bibliothek untergebracht.[304]

Der erste Strukturplan stammt vom Oktober 1953. Er beinhaltet fünf Prorektorate, und zwar: (1) GeWi-Grundstudium – zugeordnet das Institut für GeWi und das Lektorat Russisch, (2) Forschungsangelegenheiten, (3) Wissenschaftliche Aspirantur, (4) Studentenangelegenheiten – zugeordnet Sport, sowie (5) Fern- und Abendstudium – zugeordnet die Hauptabteilung (HA) Fern- und Abendstudium. Dem Rektorat waren vier Dekanate resp. die oben genannten vier Fakultäten zugeordnet. Weitere Organisationseinheiten waren stabsähnlich dem Rektor zugeordnet, und zwar der Senat und die Betriebsgewerkschaftsleitung (BGL), sowie dem Rektorat das Archiv und die Bibliothek. Auch die Verwaltung unter Anton Kuderna war dem Rektor zugeordnet, ihr oblag die Oberbauleitung. Ohne strukturelle Einbindung, jedoch dem Rektor an die Seite gestellt, war unter Gustav Neuschäfer[305] die Grundorganisation der SED.[306]

Die Diskussionen um die Schaffung eines Hochschulstandortes für Feinmechanik und Optik hatten sich gegen Jena und damit für Ilmenau entschieden. Dies mag zwar öko-topografisch geboten gewesen sein, sinnvoll war sie aus Sicht des Verfassers wenig, denn Jena beherbergte mit dem VEB Carl Zeiss Jena eine Weltfirma mit eben dieser Kernausrichtung und -kompetenz. Immerhin erhielt Jena eine entsprechende Fachschule (die nach der friedlichen Revolution als neue Fakultät in die FSU Jena überführt wurde). Die Initiatoren pro Ilmenau sahen die Standortentscheidung für richtig an. Rittig verteidigt die Wahl, die Feinmechanik und Optik in Ilmenau anzusiedeln, auch mit der Nähe zum VEB Zeiss Jena, der in diesen beiden Disziplinen seine Hauptgeschäftsfelder besaß. Werner Bischoff,

304 Lindner, T.: Aufbauphase der HfE Ilmenau. Aus dem Baugeschehen der HfE 1953–1965; UAI, Sgn. F/43, S. 1–26, hier 1 f.
305 Geb. am 8.1.1917 in Mühlhausen. Zeitweilig Parteisekretär, Referent resp. Prorektor für Studienangelegenheiten, Leiter der Abteilung Gesellschaftswissenschaften. Umstritten und glücklos. UAI, 0940 Kad.
306 Strukturschema der HfE vom 25.10.1953; UAI, Rep. A34.3.1, Nr. A3/57, 1 S. PVV, 1953/54; UAI, S. 33–35.

ehemaliger Entwicklungshauptleiter bei Zeiss, soll hierin eine mitentscheidende Rolle gespielt haben.[307] Rittig schreibt zum Gründungsimpetus dieser Fakultät, dass zu der Zeit „ein gravierender Mangel an wissenschaftlich geschulten, kreativ arbeitenden Ingenieuren“ zu beklagen und aufgrund des Wachstums der feinmechanisch-optischen Industrie aufzuheben war. Er tut dies auch mit Hinweis auf eigeninduzierte, „politisch verursachter, personeller Abwanderung“, doch suche „man expressis verbis in den Quellen freilich vergeblich“ nach Hinweisen, „wiewohl dies den beklagten Zustand noch dramatisierte“.

„Hätte man“, so Rittig weiter, „dennoch eine (territorial womöglich unverträgliche) Hochschulgründung in Jena inszeniert, so wäre dies zudem ein deutlicher Bruch mit und eine flagrante Inkonsequenz gegenüber jenen Grundsätzen gewesen, denen die Eröffnung einer Hochschule mit profiliertem Industriebezug in Ilmenau zu verdanken war: Eine Spezialschule nur für Feinmechanik/Optik in Jena hätte die bekannten Disproportionen in der geografischen Lokalisierung Hoher Schulen auf dem Territorium Thüringens und darüber hinaus fortgesetzt.“[308] Diese Position hat sich im Laufe der Zeit verfestigt. Christian Weber et al. rechnen es der Weitsicht Stamms zu, der frühzeitig erkannt habe, wonach „die Feingerätetechnik und die Optik als sinnvolle und notwendige Ergänzungen zur Elektrotechnik/Elektronik“ zu betrachten seien, er sozusagen „in mechatronischen Systemen“ dachte, „bevor der Begriff existierte“. Bischoff wäre insofern ein Glücksgriff Stamms gewesen.[309] Die letzte Bemerkung ist zu stützen. Bischoff dachte ganzheitlich, er hatte bei Carl Zeiss Jena gelernt, dass die moderne Gerätetechnik alle Gewerbe miteinander verband, in Sonderheit Feinmechanik, Gerätebau, Elektrik und Elektronik, Konstruktionslehre, Getriebetechnik und Wärmelehre. Und er fand bewiesene Fachleute für Konstruktionssystematik bzw. Getriebetechnik: zum 1. September 1956 Friedrich Hansen[310] (1905–1991) und Arthur Bock[311] (1898–1991).[312]

Hansen argumentierte 1969, dass man die frühere Idee, eine Hochschule für den wissenschaftlichen Gerätebau im Zentrum dieser Industrie, also in Jena, zu errichten, „auch deshalb verworfen“ habe, „weil man eine zu starke räumliche Konzentration dort scheute“,

---

307 Rittig: Ingenieure, S. 96 f.

308 Rittig, Franz: Genesis und Profilierung der Fakultät für Feinmechanik/Optik der Hochschule für Elektrotechnik Ilmenau (1954–1960), in: Steinbach/Theska: 60 Jahre Maschinen- und Gerätebau, S. 35–52, hier 35 u. 37.

309 Weber/Theska/Sinzinger: Entwicklung der Fakultät von 1955 bis 2015, S. 14.

310 Geb. am 21.5. 1905 in Gotha. Studium des Maschinenbaus 1924–1928 in München. Bis 1948 in der Industrie tätig, u. a. bei Junker Flugzeug- und Motorenbau AG (Dessau). 1950–1956 Abt.-Leiter im VEB Carl Zeiss Jena. 1956 Prof. mit Lehrauftrag im Fach Konstruktionssystematik an der HfE. Prof. mit v. Lehrauftrag 1959, mit Lehrstuhl 1966. Mehrere Funktionen, u. a.: Prodekan resp. Dekan der Fakultät Feinmechanik/Optik, Direktor des Instituts für Feingerätetechnik. Ehrenpromotion der TU Dresden 1984. 1970 emeritiert. Quellen u. a.: UAI, 4203 Pers, 064 Kad. Vgl.: Ein Wegbereiter für die Konstruktionswissenschaft, in: Feingerätetechnik 19(1970)5, S. 195 f. Zu seinem 65. Geburtstag wurden drei Fachbeiträge von Bauerschmidt, Wurmus und Sperlich abgedruckt, in: Feingerätetechnik 19(1970)6, S. 241–245, 246–251 u. 251–255.

311 Geb. am 12.11.1898 in Nürnberg. Studium 1919–1923 des Maschinenbaus an der TH Dresden. Nach vielfältigen Tätigkeiten und einem pädagogischen Studium 1926/27 von 1928–1939 Dozent für Getriebetechnik, Maschinen-Elemente und Technische Mechanik an der „Höheren Maschinenbauschule“, später Ingenieur-Schule Dresden. 1951–1956 wiss. Mitarbeiter in der Entwicklungshauptleitung unter Bischoff im VEB Carl Zeiss Jena. 1956 Professor mit Lehrauftrag für Getriebetechnik an der HfE, 1959 mit v. Lehrauftrag. 1961 Direktor des Instituts für Getriebetechnik. 1964 emeritiert; UAI, 1172 Kad.

312 KDI, Abt. V, OG „HS“, vom 21.5.1958; BStU, BV Suhl, AOP 1114/63, Bd. 1, Bl. 151–153, hier 151.

da Jena eine Universität, Fachschulen und eine stürmisch wachsende Industrie besaß. Bischoff hatte den strukturellen Vorschlag am 10. Mai 1955 eingereicht, die Zustimmung des Ministeriums für Schwermaschinenbau erfolgte acht Tage später (nach Billigung durch das SfH). Die Aufnahme des Studienbetriebes erfolgte im Wintersemester 1955/56.[313] Dass die damalige Namensfindung der jüngsten Fakultät statt Maschinenbau auf Feinmechanik/Optik aus Gründen einer semantischen Abgrenzung (zur TH für Maschinenbau Karl-Marx-Stadt und TH für Schwermaschinenbau Magdeburg) erfolgt sein soll,[314] ist wenig wahrscheinlich, da die Ilmenauer Fakultät nicht ihren Namen der Hochschule überstülpte, so dass sich eine begriffstechnische Abgrenzung gegenüber den beiden anderen Hochschulen erübrigte.

Die neben Stamm zweite Seele der Hochschule, Werner Bischoff, war parteilos. Nach fünf Jahren Assistenzzeit an der TH Graz, Lehrkanzel für Wasserkraftmaschinen, kam er 1930 zum VEB Carl Zeiss Jena. Er war grundsachlich, kooperativ, präzise, problemlösungsstark und visionär veranlagt. Für einen Entwicklungshauptleiter und Chefkonstrukteur bei Zeiss Jena war dies die allerbeste Visitenkarte. Aber das Politische machte ihm, wie oben angedeutet, einen Strich durch die Rechnung. Horst Sperlich berichtet, dass Bischoff nicht verhindert habe, dass am 17. Juni 1953 aus den Konstruktionsbüros Bilder von Walter Ulbricht auf die Straße geworfen wurden. Dies und eine Denunziation von Fritz Röhrdanz, weiland Arbeitsdirektor bei Zeiss, erinnert auch der Zeissianer Klaus Mütze und ergänzt: „Ihm folgten 1956 seine wichtigsten Mitarbeiter Friedrich Hansen, Hartwig Hasselmeier (1903–1977) und Arthur Bock. Sie legten in Ilmenau den Grundstein für die Konstruktionswissenschaft in Lehre, Forschung und Industrie." Es folgte zwar eine weitere Ära, und zwar jene von Paul Görlich (1905–1986) und Herbert Kortum (1907–1979),[315] doch überdauerte Bischoffs Prägekraft. Es war jene Ära, die einen komplexen Begriff des modernen wissenschaftlichen Gerätebaus ihren Namen gab.[316] Anlässlich seines 75. Geburtstages 1977 hieß es in der Fachzeitschrift *Feingerätetechnik* über Bischoff, dass sein Lehrplan von 1957 für das Fachgebiet der Feingerätetechnik, der ohne Vorbild von ihm geschaffen worden war, „in den wesentlichen Bestandteilen seine Wirksamkeit bei der Ausbildung von Diplom-Ingenieuren der Gerätetechnik noch heute", besitze.[317]

Was für Wissenschaftler und Techniker jenseits der Parteinomenklatur und -hierarchie äußerst selten geschah, dass eine Fachzeitschrift zu Lebenszeit des Betreffenden ein ganzes Themenheft widmete, geschah 1967 in der Person Bischoffs in der *Feingerätetechnik* mit

---

313 Weber/Theska/Sinzinger: Entwicklung der Fakultät von 1955 bis 2015, S. 15. Hansen vom 20. resp. 22.5.1969: Zur Geschichte der Fakultät Feinmechanik/Optik; UAI, Rep. A34.3.1, Nr. A3/52, S. 1–7.

314 Wie behauptet in: ebd., erste Quelle, S. 16 f.

315 Mütze, Klaus: Die Macht der Optik. Industriegeschichte Jenas von 1846–1996. Bd. II: Vom Rüstungskonzern zum Industriekombinat (1946–1996). Vermächtnis, Erkenntnis, Experiment und Fortschritt. Bucha bei Jena 2009, S. 86 u. 415. Porträt zum 60. Geburtstag, in: Feingerätetechnik 16(1967)8, S. 389. Im Vorwort zu Hansens meisterlichem Buch „Justierung" dankt er ausdrücklich Bischoff für wertvolle Hinweise. Hansen, Friedrich: Justierung. Eine Einführung in das Wesen der Justierung von technischen Gebilden. Berlin 1964.

316 Hultzsch, E.: Otto Eppenstein – Pionier des wissenschaftlichen Gerätebaus (Teil 1), in: Feingerätetechnik 27(1978)1, S. 2 f., sowie ebd. in Heft 2, S. 50–52. Aus wissenschaftshistorischer Perspektive wichtig: Langhoff, Norbert: Wie aus der Not eine Tugend wurde, in: Girnus, Wolfgang/Meier, Klaus (Hrsg.): Forschungsakademien in der DDR – Modelle und Wirklichkeit. Leipzig 2014, S. 167–181.

317 Zum 75. Geburtstag, in: Feingerätetechnik 26(1977)7, S. 290.

der regulären September-Ausgabe. Den Beiträgen kann entnommen werden, dass er geradezu verehrt worden sein muss: „Im Kreis seiner Kollegen, seiner Assistenten und Schüler [ist er] ein außerordentlich geachteter Hochschullehrer, dessen Meinung immer gesucht wurde, einerlei, um welche Art von Problemen es sich handelte. Schüler und Assistenten sprechen stets mit großer Hochachtung von ihm. Seine außerordentliche Objektivität und sein Gerechtigkeitssinn den Studenten gegenüber sind besonders hervorzuheben."[318] Der letzte Satz muss freilich auch politisch verstanden werden. Das Heft, die Titelseite zeigt ihn im Kreis seiner Mitarbeiter, enthält 31 Beiträge von Kollegen, allermeist aus seinem Institut für Feingerätetechnik. Fünf von ihnen ließen es sich nicht nehmen, ihm ihre Beiträge persönlich mit „meinem verehrten Lehrer" zu widmen. Fritz Kretschmer von der II. Matrikel gehörte zu den ersten Studenten, die bei ihm Mechanik I mit zwei Wochenstunden hörten, zuzüglich eine Stunde Übungen. Er erinnert sich, dass sie fasziniert waren, mit welcher Virtuosität er mit dem Reißbrettwerkzeug technische Darstellungen entwarf und dies mit einer treffenden Sprachgewandtheit auch begleiten konnte – ohne eine jede auch noch so geringe Attitüde von Überheblichkeit.[319] Doch erst am 20. Oktober 1967 wurde dem Nichtpromovierten und -habilitierten als Emeritus die Ehrendoktorwürde verliehen.[320]

Die dritte Seele aus der Gründerzeit war der aus Bulgarien stammende Hochschullehrer und Wissenschaftler Eugen Philippow[321] (1917–1991). Mittelmaß war Philippows Sache nicht, er hätte einmal gesagt, es gäbe bei ihm nur die Noten 1, 2 und 5.[322] Er war mindestens zwei Jahrzehnte lang – vielleicht zusammen mit Günther Ulrich – derjenige, der, um es salopp zu sagen, den Laden zusammenhielt, faktisch vielleicht einmal gar rettete, zumindest aber harte Arbeit in wesentlichen Dingen im Senat und Kollegium leistete. Sein Fachbereich war bis Mitte der 1970er Jahre primär „ein rein theoretischer Bereich, der sich mit den Grundlagen der E-Technik" befasste, ein Bereich, der der einzige dieser Art in der DDR gewesen sein soll.[323] Er engagierte sich für den Aufbau des Sozialismus, so weit zu sehen ist, nicht initiativ. Anfang 1958 bedauerte er im Zusammenhang mit der Diskussion anlässlich der III. Hochschulkonferenz der SED, auf der bekannte Wissenschaftler wie

---

318 Zum 65. Geburtstag von Prof. Dipl.-Ing. W. Bischoff, in: Feingerätetechnik 16(1967)9, S. 393.

319 Gespräch des Verf. mit Fritz Kretschmer, Hans-Peter Bernert und zwei weiteren Kommilitonen der II. Matrikel am 10.4.2018 in Berlin. Bernert war zuletzt Prof. für Wirtschaft und Technik an der HTW Berlin.

320 Mitteilung, in: Feingerätetechnik 17(1968)1, S. 46.

321 Geb. am 9.5.1917 in Sofia. Studium an der TH Berlin-Charlottenburg 1936–1940. 1940 Assistent. Einzug zur Armee Bulgariens 1941–1943. 1947 Assistent an der TH Sofia. 1948–1949 am Forschungsinstitut für Elektrifizierung des Landes Bulgarien, anschließend techn. Leiter im Schwachstromwerk Sofia, wiss. Mitarbeiter am Forschungsinstitut PTT bis 1955. Prof. mit v. Lehrauftrag an der THI 1956–1959, anschließend Prof. mit Lehrstuhl bis 1969, dann o. Prof. ab 1957. 1956 Direktor des Instituts für Allgemeine und theoretische Elektrotechnik, Dekan der Fakultät „Mathematik, Naturwissenschaften und technische Grundwissenschaften" (1956–1964), Prorektor für Forschungsangelegenheiten (1964–1968), Prorektor für Prognose und Wissenschaftsentwicklung (1968–1975), Stellvertreter des Sektionsdirektors für Forschung der Sektion INTET (1978–1982). Emeritiert 1982, leitete er als wiss. Mitarbeiter weiterhin die Forschungsgruppe „Entwicklung der theoretischen Grundlagen und Berechnungsmethoden der Elektrotechnik". Sein Arbeitsverhältnis mit der THI endete zum 1.1.1991. Er starb im selben Jahr; u. a. UAI, 4967 Pers.

322 Carl, Jörn-Thoralf; UAI, F 35, S. 1–21, hier 12.

323 KDI, OG „HS", o. D.: Bericht zum Treffen mit „Max" am 16.7.1975; BStU, BV Suhl, AIM 87/77, Teil II, Bd. 2, Bl. 120.

Fritz Behrens erzwungenermaßen Selbstkritik übten, dass er „nicht immer folgen" könne, „da ihm die Zusammenhänge unklar" blieben.[324] Vielleicht war das schon viel in seiner Position, der 1959 das Buch *Grundlagen der Elektrotechnik*[325] publizierte. Das voluminöse „blaue Buch" war auf Jahrzehnte hinaus republikweit das Standardbuch des Fachs und erschien nur drei Jahre später in der 3., 1976 in der 5. Auflage. Die 8. Auflage (1988) erschien als Lizenzdruck in der Bundesrepublik, die 9. dann 1992 als erste im wiedervereinten Deutschland. In einer Erstrezension des Fachblattes *Jenaer Rundschau* von 1960 wurde insbesondere die originelle Anordnung der Themen sowie die spezielle Betrachtungsweise des Autors hervorgehoben, die sich „zum Teil nicht unwesentlich von der Mehrzahl der übrigen" Werke dieser Thematik abhebe.[326] Heute wäre das Urteil ein Makel. Der Philippow-Schüler Harry Dreffke, ab Juni 1991 Leiter des Personaldezernats der Ilmenauer Universität, sieht ihn noch heute im Geiste „ständig zugange".[327]

Abbildung 10: Eugen Philippow

Da die Fluktuation vergleichsweise gering war, bezog die Hochschule den Nachwuchs für ihren Lehrkörper aus sich selbst. Ein anderes, nennenswertes Reservoir zur Rekrutierung gab es nicht; Kader stellten ein äußerst knappes Gut dar. Rittig: „Es gab keines."[328] Eine solche Praxis war hochschulpolitisch mittel- und vor allem langfristig zwar nicht gewollt, auch gesamtgesellschaftlich und innerbetrieblich nicht sinnvoll, doch trug diese Situation in der Bildungsphase der Ilmenauer Hochschule zu einer Verbreiterung und Verfestigung der Qualität entscheidend bei. Der erste Absolvent wurde gleich einer der besten seines Faches: Manfred Kahle (1933–2018). Diese Inzucht der HfE, realisiert über die bilanzierte

---

324 Protokoll vom 30.3.1958 zur Senatssitzung am 11.3.1958; UAI, S. 2.

325 Philippow, Eugen: Grundlagen der Elektrotechnik. Leipzig 1959.

326 Jenaer Rundschau, 5(1960)6, S. 227.

327 Interview des Verf. mit Harry Dreffke am 18.7.2018. Ähnlich beschreibt ihn Jürgen Meinhardt, in: 50 Jahre Akademisches Leben, S. 16–18. Er erinnert, dass Philippow kein einseitiger Spezialist war, sondern auch ein Kenner der Altertumswissenschaften und der Literaturgeschichte. Und Christoph Schnittler betont, dass er „hohe Anforderungen an den wissenschaftlichen Nachwuchs stellte", er habe ihn „tüchtig rangenommen"; Interview des Verf. mit Christoph Schnittler am 20.9.2017.

328 Rittig: Ingenieure, S. 133.

Abdeckung eines hohen Eigenbedarfs (allein im Frühjahr 1959 mit 66 Vorverträgen zur Übernahme einer Assistenz!)[329], gefiel der SED und namentlich dem SHF nachvollziehbar nicht, da auf diese Weise die besten Kräfte für die Volkswirtschaft, aber auch für andere Hochschulen und Universitäten im Sinne einer gezielten Fluktuation verloren gingen.[330] Was nach Inzucht aussah, war ein Glücksfall: Die fachlichen Kompetenzen und das Berufsethos kultivierten und tradierten sich an Ort und Stelle fort, gewannen an Breite und Tiefe. Binnen einer historisch kurzen Zeit machte sich eine ganze Reihe von hervorragenden Technikern und Fachwissenschaftlern einen Namen; oder mit Dreffke gesagt: „Aus dem Feuer der Mannschaft Stamms ist auch was bei rausgekommen."[331]

Fazit: Den Widerständen gegen den Standort getrotzt, die richtigen strukturellen Entscheidungen getroffen, schien ein Jahr nach der Eröffnung der HfE Ilmenau die Zukunft gesichert. Die technischen Grundwissenschaften kamen zur ehemals zweiten, nun ersten Fakultät. Neue vierte Fakultät wurde die in der Gesamtgeschichte der TH Ilmenau, was spätere Staatsprogramme anlangt, mit bedeutendste: die Fakultät für Feinmechanik/Optik.

Schema 2: Fakultäten und Institute der HfE, 1954[332]

Erste Fakultät (Mathematik, Naturwissenschaften und technische Grundwissenschaften)

Fachrichtung: Mathematik und Naturwissenschaften:
Institut für Mathematik und Mechanik
Institut für Physik
Institut für allgemeine Elektrotechnik

Fachrichtung: Technische Grundwissenschaften:
Institut für Betriebswissenschaft und Normung
Institut für Werkstoffkunde und zerstörungsfreie Werkstoffprüfung
Institut für Maschinenkunde
Institut für Dokumentation

Zweite Fakultät (Starkstromtechnik)

Institut für elektrische Apparate und Anlagen
Institut für Elektromaschinenbau
Institut für Elektrochemie und Galvanotechnik
Institut für elektromotorische Antriebe und Bahnen
Institut für Hochspannungstechnik
Institut für Energietechnik und Elektrowärme
Institut für Chemie

329 Ebd., S. 136 f.

330 Für 1956 hatte das SHF festgestellt, dass 67,6 Prozent aller 473 Berufungen und Ernennungen keinen Hochschulwechsel implizierten. Zehn Jahre später (1965) sah das Bild noch schlechter aus. Allein für die mathematisch-naturwissenschaftlichen Fakultäten zeigte sich, dass 84,3 Prozent aller Berufungsvorschläge für den Zeitraum bis 1970 aus den eigenen Fakultäten resp. Instituten erfolgten, in: Jessen: Akademische Elite, S. 413 f.

331 Interview des Verf. mit Harry Dreffke am 18.7.2018.

332 Strukturschema der HfE vom 18.11.1954; UAI, Rep. A34.3.1, Nr. A3/57, 1 S. PVV, HS 1954/55; UAI, Handbibliothek, S. 3 u. 11–21.

Dritte Fakultät (Schwachstromtechnik)

Institut für Hochfrequenztechnik
Institut für Fernmeldetechnik
Institut für Elektroakustik
Institut für Regeltechnik
Institut für Elektromedizinische Apparate und Röntgentechnik

Vierte Fakultät (Feinmechanik/Optik)

Fachrichtung: Feinmechanik:
Institut für Vermessungstechnik
Institut für Feingerätetechnik
Institut für Allgemeine Messtechnik
Institut für Elektronenoptik

Fachrichtung: Optik:
Institut für Optik
Institut für Lichttechnik
Institut für Photographie
Institut für Vakuumtechnik

Die Institute waren bei Weitem noch nicht alle voll arbeitsfähig. Volkmar Sauerteig bezeichnete für die I. Fakultät fünf Institute als arbeitsfähig, für die II. und III. je eins und für die IV. gar keins.[333] Zudem mussten zahlreiche Mitarbeiter in den ersten Jahren mehrere Funktionen zugleich ausüben oder wechselten von Gebiet zu Gebiet.

Ein frühes, ausgeprägtes Merkmal der SED-Politik war, nicht nur Praxiserfahrungen und Ratschläge aus der Industrie in die Gestaltung der Ausbildungskonzepte einfließen zu lassen, sondern überhaupt eine enge Bindung der Hochschulen zur Industrie herzustellen. Dass Stamm dies aus eigenen Anschauungen heraus für erforderlich hielt, stellte für Ilmenau ebenfalls einen Glücksfall dar. Freilich gab es sofort auch Stimmen, vor allem aus universitären Bereichen, die einer zu engen Bindung an die Industrie ablehnend bis skeptisch gegenüberstanden, da Abhängigkeiten und Ressourcenentzug drohten. Aufmerksamkeit schenkte Stamm einer spezifischen Bindung an die Industrie, die die praxisverbundene Ausbildung der Studenten zum Ziel hatte. Die jedoch, wie wir unten sehen werden, keineswegs problemlos lief. Bereits Ende 1956 hatte sich die Erkenntnis erhärtet, dass die Studenten zu geringe Praxiserfahrungen besaßen. Ein entsprechender Antrag des Senats, das Vorpraktikum für die Studenten des 1. Semesters zu verlängern, wurde jedoch vom SfH abgelehnt.[334]

Eine frühe Plattform zur Erreichung einer praxisnahen Ausbildungspolitik bildeten die Industrie-Tagungen. Die erste fand am 4. Juli 1955 statt. Rittig schreibt, dass sie „in starkem Maße zentrale wissenschaftspolitische Entscheidungen“ beeinflusst habe.[335] Das ist nicht nur schwer beweisbar, sondern auch zu sehr aus der Perspektive der Ilmenauer gesehen, da Stamm erstens ganz auf der Linie der zentralen Richtlinien agierte, und zweitens,

333 Sauerteig, Volkmar: Ein Beitrag zur Untersuchung und Darstellung der Geschichte der Fakultäten und Institute der HfE Ilmenau 1953–1963; UAI, S. 1–30, hier 14.
334 Protokoll vom 10.12.1956 zur Sitzung des LK am 3.12.1956; UAI, S. 1 f., hier 1.
335 Rittig: Ingenieure, S. 109.

was die Profilierung der Hochschulausbildung anlangte und oben bereits festgestellt worden ist, Gerhard Harig kongenial folgte. Auch die zweite Tagung fand noch 1955, am 16. Dezember, statt, die dritte folgte am 25. Juni 1956. Zur ausführlichen Darstellung der Geschichte der Industrie-Tagungen siehe Kap. 5.1.1.

Abbildung 11: Auditorium zur 1. Industrie-Tagung, 1955[336]

Erst zwei Jahre nach Gründung der HfE erhielt die Hochschule am 11. August 1955 ihr Statut, das mit Wirkung vom 1. September 1955 in Kraft trat. Bis dahin war für sie die vorläufige Arbeitsordnung der Universitäten und wissenschaftlichen Hochschulen vom 23. Mai 1949 bindend.[337] Ihr Duktus hatte noch nicht die tiefe ideologische Färbung des Nachfolgestatuts von 1971. Der Paragraph 1 postulierte lediglich, dass „alle Angehörigen der Hochschule zur Vaterlandsliebe, zur Freundschaft mit allen friedliebenden Völkern und zum demokratischen Staatsbewusstsein zu erziehen" seien. Eine enge Ankopplung an volkswirtschaftliche Belange ist nicht fixiert. Die traditionelle Hochschulautonomie war mit Paragraph 6 bereits verhohlen gekippt, hier heißt es, dass die Mitglieder des Lehrkörpers „nach den gesetzlichen Bestimmungen ernannt, berufen, emeritiert und entlassen" werden. „Die Räte der Fakultäten der Hochschule" besaßen lediglich das Vorschlagsrecht, waren also „berechtigt, über den Rektor und das Ministerium für Schwermaschinenbau [und] dem Staatssekretariat für das Hochschulwesen Ernennungs- bzw. Berufungsvorschläge für Professoren und Dozenten einzureichen." Der besondere Status der Hochschule lag in ihrer Rechtsstellung (Paragraph 2) begründet: Sie unterstand dem Ministerium für Schwermaschinenbau der DDR.[338]

Auch das zweite Studienjahr 1955/56 litt unter prekären Mängeln, etwa in der Rekrutierung von Lehrpersonal und in der Gebäudefrage.[339] Auch lagen die Gebäude insgesamt gesehen weit voneinander entfernt. Lediglich fünf Gebäude bildeten in der Rudolf-Breitscheid-Straße (ein Hochschulgebäude), der Straße der Jungen Techniker (ein weiteres

---

336 1. Reihe v.l.n.r.: Dobenecker, Winkler, Stamm, Harig; 2. Reihe v. l.: Hampel.
337 Statut vom 11.8.1955; UAI, Sgn. 551, Broschüre, S. 1–23, hier 21.
338 Ebd., S. 3 u. 5.
339 Lageplan für das FS 1955/56 in: PVV, FS 1955/56; UAI, Handbibliothek, S. 42–45.

Hochschulgebäude, ein Gebäude für Verwaltung und Bibliothek sowie eins für das Rektorat) und der Friesenstraße (das Mathematische Institut) ein Cluster. Die Aufbauleitung und Baracken für Institutsräume lagen jenseits einer Bahnlinie an der westlichen Seite der vier Ilmenauer Teiche. Das Klubhaus befand sich an der äußersten Peripherie der Stadt, in der Waldstraße.

Einige Positionen wurden geraume Zeit oftmals nur kommissarisch besetzt. Die Abteilung Wissenschaftliche Publikationen gewann unter Gottfried Kretzschmer allmählich an Gestalt. Prorektor für das wichtige Gebiet der Forschungsangelegenheiten wurde Werner Bischoff. Das Prorektorat für die wissenschaftliche Aspirantur wurde Max Beck und das für Studienangelegenheiten Kurt Schulz unterstellt. Die beiden Fachrichtungen Mathematik und Naturwissenschaften sowie Technische Grundwissenschaften wurden von Helmut Winkler resp. Lothar Poßner geleitet. Die Fakultät für Starkstromtechnik unterstand Josef Hampel[340] (1897–1979), die für Schwachstromtechnik Friedrich Blüthgen[341] (1905) und die für Feinmechanik/Optik Siegfried Buch. Deren Institutskreationen lauteten nunmehr: Institut für Feingerätetechnik und Photographie, für allgemeine und optische Messtechnik, für Optik und Elektronenoptik sowie für Vakuumtechnik. Zum Frühjahrssemester 1955/56 erhielt das Institut für Allgemeine und optische Messtechnik den Zusatz „mit der Abteilung Vermessungstechnik“, und das Institut für Optik und Elektronenoptik den Zusatz „und für Glastechnik“. In der institutionellen Struktur der Fakultäten kam es fortgesetzt zu strukturellen Änderungen (Gründungen, Zusammenschlüssen, Zuordnungswechseln und Namensgebungen). Freilich ein Phänomen, das in Gründungszeiten normal ist, jedoch für die DDR zu einem dauerhaften Zustand wurde, insbesondere im Zusammenhang mit der Akademiereform und der 3. Hochschulreform in der Mitte der Lebenszeit der DDR. Beispielsweise lautete in der Fachrichtung Technische Grundwissenschaften das einst Institut für Dokumentation genannte nun auf Dokumentation und Patentwesen sowie in der Fakultät Schwachstromtechnik das Institut für Hochfrequenztechnik nun auf Hochfrequenztechnik und Elektronenröhren.[342]

Die Idee für ein Institut der Dokumentation entwickelte Stamm bereits 1955, sie soll von Maximilian Pflücke, dem in der DDR führenden Experten auf diesem Gebiet, gelobt worden sein.[343] Gleichwohl blieb dieses wichtige Gebiet immer auch eines jener, die republikweit stiefmütterlich behandelt wurden. Den etwas dürftigen Durchschnittslevel überbot Ilmenau deutlich. Die Frage des Auf- und Ausbaus von Einrichtungen der

---

340 Geb. am 13.12.1887 in Fugau (Böhmen). Studium an der TH Prag 1917–1921, Promotion 1925, Habilitation 1936. Ab Januar 1955 an der HfE Ilmenau. 1956 Prof. für das FG Chemie, Elektrochemie und Galvanotechnik, 1961–1963 Prof. m. Lehrstuhl für Galvanotechnik und Elektrochemie. Hampel verstarb 1979; UAI, 4201 Pers.

341 Geb. am 1.9.1905 in Naumburg. Studierte Mathematik, Physik und Meteorologie in Jena, Wien und Berlin. 1937–1953 in mehreren Betrieben beschäftigt, zuletzt als Selbstständiger in einem Naumburger Entwicklungs- und Forschungslabor. An der HfE zunächst mit der Wahrnehmung einer Prof. mit Lehrauftrag für Röntgentechnik und elektromedizinische Apparate und mit der Leitung des Instituts für Röntgentechnik und Elektromedizin beauftragt (1.1.1954). Professur bis hin zum Status mit Lehrstuhl für elektromedizinische und radiologische Technik sowie Berufung als o. Prof. (1.9.1961), emeritiert zum 31.10.1969; UAI, 1174 Kad.

342 PVV, HS 1955/56; UAI, Handbibliothek, S. 13–16.

343 Kemnitz, Werner (Hrsg.): 35 Jahre Technische Hochschule Ilmenau DDR. Suhl, Ilmenau 1988, S. 21.

Information und Dokumentation bekam mit einem Auftritt Walter Ulbrichts vor dem Forschungsrat 1959, der diese Aufgabe hervorhob, Aufwind und beflügelte die Anstrengungen der HfE Ilmenau. Die HfE plante u. a. für Anfang 1960 ein großangelegtes Kolloquium, zu dem 150 Dokumentationsstellen und 30 Leitbüros für Erfindungswesen der DDR Einladungen erhalten sollten. Bemängelt aber wurde, dass sich das Institut zu sehr auf westliche Erfahrungen und Literatur stütze, es möge, hieß es, vielmehr das vorliegende Wissen der sozialistischen Länder nutzen. Also wurde eine Reise in die Sowjetunion zum Erfahrungsaustausch empfohlen.[344] Das Institut für Dokumentation und Patentwesen wurde knapp zehn Jahre später, 1964, mit dem seit 1961 bestehenden Institut für Staat und Recht zum Institut für Informationswissenschaft, Erfindungswesen und Recht (INER) vereinigt. Diese Institution entwickelte zu Beginn der 1960er Jahre einen exzellenten Ruf, auch durch die zyklische Integration seiner Thematiken in das 1956 eingeführte Internationale Wissenschaftliche Kolloquium (IWK).[345] Der Aufbau vollzog sich allerdings schleppend. Stets beherrschten Defizite die Diskussionen. Stamm betonte am 24. März 1959, dass die HfE „eine der wenigen Hochschulen" sei, „die ein derartiges Institut aufbauen".[346] Dass dieses Institut nicht den westlichen Anforderungen entsprach, lag letztlich nicht an der Hochschule, sondern an der Abgrenzungsideologie der SED zur Bundesrepublik und an ihrem hypertrophen Geheimnisschutz, dem das Patentwesen letztlich unterlag.[347]

Apropos IWK: Vom 5. bis 11. November 1956 fand das I. Internationale Kolloquium (IK) der HfE (später umbenannt in IWK) statt. Die Veranstaltungsreihe endete, bezogen auf die DDR, am 16. Dezember 1989.[348] Das Kolloquium war anerkannt und beliebt. Im November 1977 kamen circa 1.000 Gäste nach Oberhof. Ein Umstand, den der Minister für das Hoch- und Fachschulwesen (MHF), Hans-Joachim Böhme (1931–1995), zum Anlass nahm, deutliche Kritik an der hohen Besucherzahl zu äußern. Nach seiner Auffassung standen Beteiligung und Aufwand in keinem „vertretbaren Verhältnis zum erwarteten Nutzen".[349] Letztlich war es eine Ressourcen- und Kostenfrage.

Ab dem 30. Januar 1956 wurde in die Struktur der jungen Hochschule fakultätsunabhängig das Industrie-Institut (I.-I.) unter Wolfgang Stöbel (1920–2002)[350] integriert.[351] Hinzu kam die Etablierung einer speziellen Ausbildung in Fragen der Kerntechnik in drei

---

344 Protokoll vom 7.12.1959 zur Sitzung des LK am 1.12.1959; UAI, S. 1–6, hier 4.

345 Neben Rittig auch Sauerteig: Geschichte der Fakultäten und Institute, S. 1–30, hier 19; UAI.

346 Protokoll vom 10.4.1959 zur Sitzung des LK am 24.3.1959; UAI, S. 1–3, hier 2.

347 In der DDR wurde das Amt für Erfindungs- und Patentwesen (AfEP) 1950 gegründet. Literaturhinweis: Wießner, Matthias: Das Patentrecht der DDR, in: Zeitschrift für Neuere Rechtsgeschichte 35(2013)3/4, S. 130–171.

348 Felix Weber, in: 50 Jahre Akademisches Leben, S. 101–103. Kemnitz: 35 Jahre, S. 24.

349 THI, BSG, vom 7.1.1977: Informationsbericht „Januar 1977"; BStU, BV Suhl, AIM 1592/90, Teil II, Bd. 2, Bl. 243–250, hier 245.

350 Geb. 1920. Technischer Zeichner, studierte 1938–1940, 1944 u. 1949–1952. Diplom-Wirtschaftler 1952, Promotion 1955. 1957 Leiter der Abt. Organisation und Technologie, 1959 Direktor des Instituts für Ökonomie, Organisation und Planung, 1960 Fachrichtungsleiter für das Gebiet der Ingenieurökonomie der Elektrotechnik und Feinmechanik/Optik, 1965 Prof. mit v. Lehrauftrag für das FG Technologie, Planung und Fertigungsorganisation an der Fakultät für produktionstechnische Grundlagen; in der Sektion KONTEF gehörte er dem Bereich Technologie an; UAI, 4472 Pers.

351 PVV, FS 1955/56; UAI, Handbibliothek, S. 17. Zur Geschichte des Industrie-Instituts unten fortfolgend. Schreiben von Noack an Komusiewicz (Ministerium für Wissenschaft und Kunst) vom 7.12.1990; UAI, Rep. A34.3.1, Nr. A3/51, S. 1–8.

Fakultäten.[352] Dies geschah vor dem Hintergrund der prononcierten Hinwendung der DDR zur Entwicklung der Kerntechnik, einem auch forschungspolitisch umstrittenen Geschehen. Das recht eigentümliche Konstrukt an der HfE ist ohne diese Hintergründe nicht verstehbar und führte demzufolge zu Fehlinterpretationen im Umkreis der Hochschule (siehe unten).

Von Ende Januar 1956 an erhielten die „Institute seitens der Haushaltsabteilung erstmalig, dann laufend jeden Monat“, die Möglichkeit und das Recht, „die ihnen zur Verfügung stehenden Mittel selbst zu überwachen“. Auch hatte Berlin die beantragten Mittel für Forschungsaufträge bewilligt. Die erste Hälfte sofort, die andere nach Mitteilung, so die Projekte prinzipiell durchführbar waren.[353] Insbesondere die Rekrutierung geeigneten Personals blieb alles andere als einfach. Der Markt war leergefegt und die Abwanderung resp. Flucht in den Westen stieg. Das Bemerkenswerte ist, dass infolge des II. Weltkrieges und trotz der hohen Attraktivität des wiedererstarkten Westens auf dem Gebiet der DDR immer noch eine hohe personelle Qualität vorhanden war. Freilich gab es eine sich verschärfende Verschiebung zu Ungunsten der DDR sowie eine markante regionale Streuung nicht zuletzt auf dem Gebiet der Atomphysik: In Dresden wirkte (noch) Heinz Barwich und in Ilmenau Robert Döpel, und nicht zu vergessen, Max Steenbeck in Jena und für Dresden.[354] Auch existierte eine Verschiebung hinsichtlich der theoretischen hin zu den praktischen Fähigkeiten. An der Akademie der Wissenschaften wirkten begnadete Theoretiker, in Ilmenau bewiesene Praktiker. Zu ihnen zählt auch Walter Heinze[355] (1889–1987): Stamm teilte auf der Sitzung des Leitungskollektivs (LK) am 23. Januar 1956 mit, dass Heinze vom VEB RFT Erfurt „sehr an einer Zusammenarbeit mit“ der HfE „interessiert“ sei.[356] Doch erst auf der Sitzung des LK am 5. August 1957 wurde seine Berufung als Professor mit Lehrauftrag behandelt.[357]

Ein für Stamm wichtiges Datum bildete die Sitzung des LK am 7. Mai 1956. Hier kam es zur Übereinkunft mit Stöbel, eine neue Fakultät für Technologie und Ingenieurökonomie zu eröffnen. Sie sollte im Herbst 1958 den Vorlesungsbetrieb aufnehmen und aus den Fachrichtungen Technologie und Ingenieurökonomie bestehen.[358] Das Terminziel wurde unterboten, bereits für das Herbstsemester 1956/57 öffnete die Fakultät ihre Pforten. In den Vorlesungsverzeichnissen ist zu lesen, dass sie der Höherentwicklung der Fertigungstechnik und -organisation der Industriebetriebe diene. Eine weise und in der DDR keinesfalls voll erkannte Notwendigkeit (siehe hierzu Kap. 5.1.2). Die Fakultät wurde nicht aus völlig

---

352 PVV, FS 1955/56; UAI, Handbibliothek, S. 3.

353 Protokoll 1/56 vom 6.1.1956 zur Sitzung des LK am 2.1.1956; UAI, S. 1 f., hier 1.

354 Helmbold, Bernd: Wissenschaft und Politik im Leben von Max Steenbeck (1904–1981). Wiesbaden 2017.

355 Geb. am 18.3.1899 in Stettin. Studium der Physik, Mathematik und Chemie an der EMAU Greifswald, dort Promotion; Habilitation 1955 an der FSU Jena. 1931–1939 Physiker bei Osram GmbH Berlin, 1934 Leitung des Laboratoriums für die Entwicklung von Fernsehröhren, danach Laboratorium für Fernsehentwicklung bei Telefunken. 1946 SED. Nach dem Krieg Leiter des RFT-Zentrallaboratoriums im VEB Funkwerk Erfurt, Hauptkonstrukteur im Ministerium für Allgemeinen Maschinenbau, Technischer Leiter im VEB Halbleiterwerk Frankfurt/Oder. Berufung als Prof. für Vakuumtechnik der Elektronenröhren zum 1.9.1957. Wahl zum Rektor am 17.4.1962. Heinze verstarb 1987; UAI, 0984 Kad.

356 Protokoll 3/56 vom 1.2.1956 zur Sitzung des LK am 23.1.1956; UAI, S. 1 f., hier 2.

357 Protokoll 3/57 vom 10.8.1957 zur Sitzung des LK am 5.8.1957; UAI, S. 1–3.

358 Protokoll 5/56 vom 25.5.1956 zur Sitzung des LK am 7.5.1956; UAI, S. 1 f., hier 1.

neuen Kapazitäten errichtet, sondern entstammte zum größten Teil aus bereits bestehenden Strukturelementen. Die Fachrichtung Technologie erhielt vier Institute (Normung und Standardisierung, Organisation und Technologie, Werkstoffkunde und zerstörungsfreie Werkstoffprüfung mit der Abteilung Werkstoffe der Kerntechnik und Reaktorbau, sowie Fertigungstechnik) und die Fachrichtung Ingenieurökonomie zwei Institute (Ökonomik und Finanzen sowie Rechnungswesen und Betriebsanalyse).[359]

Die Planberichterstattung an das SfH für das I. Quartal 1956 wies 894 Studenten zuzüglich 30 des Industrie-Institutes (I.-I.) aus. Nur 35 waren weiblich. Die Anzahl der Arbeiter- und Bauernkinder wurde mit 555 angegeben. Nahezu alle, genau 863, waren Stipendienempfänger.[360] 1956 gewannen bildungspolitische Standards der SED wie die Schaffung wissenschaftlicher Studentenzirkel an Umsetzungsmöglichkeiten.[361] Die angespannte Personallage begann sich zu entspannen:

Tabelle 4: Entwicklung des Lehrkörpers (I)[362]

	1953 1.1.	1953 30.9.	1954 1.1.	1954 30.6.	1955 1.1	1955 30.6.	1956 1.1.	1956 30.6.	1957 1.1.
Lehrkräfte, hauptamtlich	-	4	7	10	14	18	22	27	40
Lehrkräfte, nebenamtlich	-	-	-	-	5	5	13	26	23
Oberassistenten und Assistenten	-	1	4	14	20	28	49	55	90
Gesamt	-	5	11	24	39	51	84	108	153

Tabelle 5: Entwicklung der HfE, 1956/57[363]

	1956 Soll	1956 Ist	Prozent	1957 Soll	1957 Ist	Prozent
Lehrkräfte	46	29	63	58	37	63
Oberassistenten und Assistenten	100	60	60	132	115	87
Betriebspersonal	89	73	82	97	89	91
Verwaltungspersonal	36	36	100	39	34	87
Sonstiges Personal	35	28	80	48	39	81
Übriges bildendes und wissenschaftliches Personal	159	102	64	170	158	92
Gesamt	465	328		544	472	

Die Zahl der Fakultäten stieg in dieser ersten Periode von vier auf fünf und blieb bis zur 3. Hochschulreform stabil. Stieg die Zahl der Institute 1953 bis 1956 von 21 auf 38 rasant, so blieb sie anschließend mit durchschnittlich 34 recht stabil. Die Zahl der Studenten entwickelte sich von 268 für 1953 auf 1.311, davon waren 1.251 Direktstudenten. 1955 studierten die ersten zwölf Ausländer an der HfE Ilmenau.[364]

359 PVV, HS 1956/57; UAI, Handbibliothek, S. 3 u. 28.
360 SfH, Abt. Planung und Statistik, vom 15.3.1956: Planberichterstattung für die HfE; UAI, Sgn. 623, S. 1 f.
361 Protokoll 7/56 vom 2.7.1956 zur Sitzung des LK am 27.6.1956; UAI, S. 1–5, hier 3 f.
362 HfE, Kaderabteilung, vom 4.2.1957, aufgefunden im Konvolut zum Protokoll vom 18.3.1957 zur Sitzung des LK am 11.3.1957; UAI, 1 S.
363 HfE, Kaderabteilung, vom 8.8.1956: Stellenplananalyse; UAI, Sgn. 580. HfE, Kaderabteilung, vom 30.8.1957: Stellenplananalyse; ebd.
364 Statistik, o. D.; UAI, Sgn. 622.

Abbildung 12: Immatrikulationsfeier 1956[365]

4.2.3 Entwicklung: 1957 bis 1963

SED im Sinkflug? – der Fall Döpel – Grundsteinlegung auf dem Ehrenberg – III. Hochschulkonferenz – Investitionen und Ressourcenprobleme – Dauerdilemma „Heizwerk“ – Übergabe der Zuständigkeit vom Ministerium für Maschinenbau an das SHF – der Fall (Max) Beck – Fluchten und Aberkennung akademischer Titel – das fünfjährige Jubiläum – die ersten 90 Absolventen – der einzige Siebenjahrplan der DDR – die Fälle Poßner, Brehmer, Megla und Hanke – das 1. Konzil und die Erziehungsfrage – Zukunft des Industrie-Instituts – der Fall Kortum – die soziale Zulassungsfrage – der 13. August 1961 – Bereitschaftserklärungen zur Verteidigung der Republik – Exmatrikulation von zwölf Studenten – das Nationale Dokument – Amtsübernahme durch Heinze – die I. WÖK – das Fern- und Abendstudium – der Fall Kutzsche – der neue Studienplan – das zehnjährige Jubiläum

Die SED konstatierte 1957 einen schwindenden Einfluss an der HfE Ilmenau. In üblicher Manier behauptete der 2. Sekretär der Hochschulparteileitung (HPL), Herbert Lindenlaub, dass „die Ereignisse im vergangenen Jahr bewiesen“ hätten, „dass der Gegner Uneinigkeit in der Partei und der Arbeiterklasse für seine Ziele auszunutzen versteht“. Man habe daher die Kontakte zu den Hochschullehrern verstärkt und somit „das Vertrauensverhältnis zwischen Partei und Hochschullehrer“ wieder gestärkt. Vor allem habe man sich offensiv mit „falschen und feindlichen ideologischen Auffassungen“ auseinandergesetzt, wozu er ausdrücklich die „Auseinandersetzung mit Prof. [Max] Beck“ zählte. Es sei zuletzt besser gelungen, den Senat in politische Dinge einzubeziehen, etwa in der Frage der Auswertung der III. Hochschulkonferenz,[366] die, wie wir im Kap. 3.3 sahen, einen erheblichen Stellenwert in der Hochschulpolitik der SED besaß. Zudem entwickelte sich in der Nacht zum 1. Mai 1957 ein Geschehen, das für drei Studenten mit hohen Zuchthausstrafen endete. Die SED propagierte den Fall in reißerischer Art unter dem Titel „Die Spur führte von Ilmenau nach Westberlin“ (siehe Kap. 5.4.4). Die im Oktober 1957 abgehaltene Rektorenkonferenz forderte mit Nachdruck eine engere Zusammenarbeit zwischen den Hochschulorganen und

---

365 1. Reihe v.l.n.r.: Hampel, Ulrich, Schüler, Bischoff, Narig, Bögel und Wilke.

366 Lindner: Geschichte, S. 31 f. Stamm hatte Philippow und Bischoff den Auftrag gegeben, „Beck zu veranlassen, aus der Fakultät auszuscheiden“, in: HPL der HfE, Protokoll vom 26.2.1957; LATh-StA Meiningen, BS 4-95-1317, AS 15, S. 1–7, hier 2.

den Hochschulleitungen der SED sowie mit den Betrieben der DDR.[367]

Stamm stellte auf der ersten Sitzung des Leitungskollektivs am 9. Januar 1957 Friedrich Trümpler[368] als neuen Verwaltungsdirektor vor. Das Amt zählte zwar zu den einflussreichen Funktionsposten der SED, doch deren Träger gerieten all zu leicht zwischen Anspruch und Ressourcenbeschränkung. Vieles, was gerade geschaffen war, kam umgehend unter Kritik oder wurde – aus vielmöglichen Gründen heraus – flugs wieder verändert oder beendet. Die bereits im Strukturplan vorgesehenen und ausgewiesenen Institute für experimentelle Kernphysik, für Werkstoffe der Kerntechnik und Reaktorbau, für Beschleunigungsanlagen sowie für kerntechnische Messung, Regelung und Kontrolle wurden gestrichen und in Form von Abteilungen an bestehende Institute „angehängt". In der obigen Reihenfolge erhielten die Institute für Physik, Werkstoffkunde und zerstörungsfreie Werkstoffkunde, Hochspannungstechnik und Regelungstechnik diese Abteilungen. Ferner wurden drei Institute in je zwei Abteilungen aufgegliedert.[369]

Der Fall „Robert Döpel", Teil I

Neben dem Institut für Elektronik erfolgte 1957 auch der Aufbau des Instituts für Physik. Hatte Stamm gewöhnlich eine gute Hand bei der Wahl seiner Hochschullehrer, so war dies im Falle Robert Döpels[370] (1895–1982), wie die Entwicklung zeigen sollte, zumindest fraglich. Sein Fall ist nicht nur für die Geschichte der HfE relevant. Er zeigt paradigmatisch typische Dysfunktionen im DDR-System, etwa, dass das Interesse des Hochschullehrers, an einer bestimmten Hochschule zu lehren und zu forschen, mit dem Interesse der Hochschule auch zusammenfallen sollte, was insbesondere im ersten Jahrzehnt der DDR häufig nicht der Fall war. Zum anderen legt er einen Bedeutungsstrang frei, der die Ilmenauer HfE mit jener Zeit verbindet, die vor ihrer Gründung lag. Eine Geschichte zumal, die sie zwei Jahrzehnte später noch einmal einholen sollte.

Döpel war in Fachkreisen bekannt, der langjährige Diensteinsatz in der Sowjetunion, für ihn war es kein Zwang, hob noch einmal seine Bedeutung. Ob er ein Kernphysiker von

---

367 Abgehalten an der KMU Leipzig am 16.10.1958 unter dem Vorsitz des Rektors der Universität, Georg Mayer.

368 Geb. am 13.1.1905 in Mansfeld. Vor dem II. Weltkrieg im Sparkassenwesen, danach u. a. als Buchhalter und Kaufmann tätig. 1950–1953 Leiter der Aufbauleitung im VEB Nagema Maschinen- und Apparatebau in Schkeuditz, 1953–1956 Oberreferent im Ministerium für Schwermaschinenbau. Ab 1.1.1957 Verwaltungsdirektor an der HfE. SPD von 1926–1933; UAI, 4487 Pers, 2693 Kad.

369 Protokoll vom 16.1.1957 zur Sitzung des LK am 9.1.1957; UAI, S. 1–3, hier 3 f.

370 Geb. am 3.12.1895 in Neustadt/Orla. 1919–1924 Studium an den Universitäten Leipzig, Jena und München, 1924 Promotion (bei Wilhelm Wien, Physik-Nobelpreis 1911), 1932 Habilitation. 1924–1938 Assistent an den Universitäten Göttingen und Würzburg sowie 1925–1929 im Privatlabor R. v. Hirsch in Planegg tätig. 1938 a. o. Prof. an der Universität Leipzig. 1945–1952 in der Sowjetunion als Spezialist und ab 1952 Prof. an der Universität Woronesch. Dezember 1957–1962 Prof. mit Lehrstuhl für Experimentalphysik an der HfE Ilmenau. Nach seiner Emeritierung 1962–1965 mit Arbeitsvertrag weiter an der THI beschäftigt. Harry Waibel führt den Träger des Eisernen Kreuzes I. und II. Klasse als förderndes SS-Mitglied auf, in: Ders.: Diener vieler Herren. Ehemalige NS-Funktionäre in der SBZ/DDR. Frankfurt am Main et al. 2011, S. 70 f. Döpel arbeitete außerhalb seiner vielfältigen physikalischen Themen auch zu Fragen der anthropogenen Abwärme (Wärmehaushalt der Erde), zählt mithin zu den unentdeckten Pionieren eines anthropologischen Terms der Meteorologie. Wilhelm Hanle schätzt ihn als offen und aufrecht: ders.: Robert Döpel 75 Jahre, in: Physikalische Blätter 26(1970)12, S. 573; u. a. UAI 0634 Kad.

Rang gewesen sein soll, wie hochschuloffiziell kundgetan,[371] wäre genauer zu prüfen. In Ilmenau scheiterte er nicht nur an fehlenden Ressourcen, etwa an ein eigenes kernphysikalisches Institut, sondern auch aufgrund der schwankenden Entwicklung der Kerntechnik zu dieser Zeit. Rittig zitiert den Ilmenauer Hochschullehrer Günther Fraas, wonach der 1985 gemeint habe, dass Stamm und Döpel „hätten wissen können, dass an einer jungen Hochschule dieser Größe und dieser geografischen Lage mit dem Aufbau einer einigermaßen leistungsfähigen Kernforschung nicht gerechnet werden durfte. Stattdessen wurden leider Illusionen genährt. Das hat zu dauernder Verärgerung und Frustration geführt“.[372] Aber es ging weniger um Kernforschung, sondern vielmehr um die Ausbildung von Ingenieuren der Kerntechnik infolge des zentral bestimmten höchsten Stellenwerts für die Bereiche Kerntechnik und -physik. Es war die Zukunftswissenschaft schlechthin, die aber in weiten Zügen, ähnlich wie das Großprojekt „Flugzeugindustrie“, scheiterte. 1957 hat man dies zumindest nicht wissen müssen! Insofern greift das Urteil von Rittig und Fraas zwingend zu kurz, weil es den Fokus nicht auf die Gesamtsituation, auf die Auf- und Abbruchgeschichte der Kerntechnik lenkt.[373]

Das Zerwürfnis zwischen Stamm und Döpel besaß einen tieferen Grund, auf dem die Unzufriedenheit über die wissenschaftliche Ausrichtung der Physikausbildung und der Ärger über fehlende Kapazitäten nur aufsattelten. Zuletzt war es gar „nur“ der eklatante psychologische Unterschied beider Männer. Der eine, Stamm, war ein Macher, der zupackte, der andere, Döpel, ein Fordernder, oft auch Klagender.

Seinen Wunsch, als experimenteller Astrophysiker arbeiten zu können, hatte er Gerhard Harig am 2. Juli 1957 signalisiert, zu einer Zeit, als der künftige DDR-Star der Relativitätsphysik, Hans-Jürgen Treder, noch zu jung und zudem auf einem marxistischen Trip war. Robert Rompe signalisierte Döpel früh, dass für ihn die Akademie der Wissenschaften, aber auch die HfE Ilmenau in Frage käme. Der Hinweis verblüfft auf den ersten Blick, da die HfE keine astrophysikalische Linie besaß. Doch Rompe sah seine Aufgabe vor allem darin, die in der DDR verbliebene mittlere Elite zu halten. Wie Stamm, war auch Rompe ein Macher, wusste also, dass es im Endeffekt nicht Astrophysik sein müsse. Auch Döpel war realistisch, reflektierte zumindest die fachliche Disparität. Döpel korrespondierte mit Stamm über diese Frage noch während seines Sowjetunionaufenthaltes. Beide sahen den Kompromiss darin, dass es bei den Disziplinen Astrophysik vs. Kernphysik letztlich um artgleiche physikalische Untersuchungen (etwa bei Thermokernprozessen) gehe. Abgesehen davon und von familiären Fragen, nannte Döpel gegenüber Harig nur eine Bedingung für die Aufnahme der Arbeit an der HfE: „Freie Themenwahl im Rahmen des allgemeinen Planes der Akademie in einem einzurichtenden Institut gemäß den

371 Etwa in: PVV, HS 1956/57; UAI, Handbibliothek, S. 28. Döpel arbeitete in der NS-Zeit in Leipzig im Rahmen des deutschen Uranprojekts an einem Kugelschicht-Reaktor, in: Kant, Horst/Renn, Jürgen: Eine utopische Episode – Carl Friedrich von Weizsäcker in den Netzwerken der Max-Planck-Gesellschaft; in: Hentschel, Klaus/Hoffmann, Dieter: Carl Friedrich von Weizsäcker: Physik – Philosophie – Friedensforschung. Halle 2014, S. 213–242, hier 219.

372 Rittig: Ingenieure, S. 120.

373 Buthmann: Versagtes Vertrauen, Kap. 4.3.1, S. 916–1005. Michels, Jürgen/Werner, Jochen: Die deutsche Luftfahrt. Luftfahrt Ost 1945–1990. Bonn 1994.

mündlich und schriftlich gepflogenen Besprechungen."[374]

Döpel spielte zu dieser Zeit auch mit dem Gedanken, in der Sowjetunion zu verbleiben und deren Staatsbürgerschaft zu beantragen. Ob er Mitte 1956 bis Mitte 1957 Kenntnis erhielt, dass die SED intensiv an einem Atomprogramm arbeitete, ist zwar anzunehmen, offenbar aber hatte Rompe ihn für diese Richtung nicht zu werben versucht. Das eröffnet Spekulationen Raum, war Rompe doch äußerst gut vernetzt (SED, MfS, Sowjetunion) und wusste genau, dass es einen Mangel an Kernphysikern in Dresden gab. Dass Döpel, der bis 1945 auf duzende Veröffentlichungen auf dem Gebiet der Kernphysik verweisen konnte und die „Uranmaschine" gedanklich mit vollzog, am Atomprogramm der Sowjetunion arbeitete, sich dann so entschieden für Astrophysik und Korpuskularstrahlungsphysik bewarb, kann zumindest auch als ein Votum gegen die militärische Kerntechnikanwendung – ähnlich wie es Steenbeck vorlebte – angesehen werden. Döpel zeigte sich, was die genaue Arbeitsthematik und den Arbeitsort anlangte, als verhandlungsoffen, nicht jedoch in personeller Hinsicht. Und das kann erklären, dass er für Dresden, Leipzig oder Berlin nicht in Frage kam, und Rompe sich gedacht haben mag, dass es mit ihm an der sozialistischen (!) Hochschule im Thüringer Wald besser laufe. Mit ehemaligen „Faschisten", so Döpel, wie Heinz Pose und Josef Schintlmeister, zwei bedeutende Physiker der DDR, wolle er keinesfalls in Berührung kommen.[375] Und in genau dieser Frage „ehemaliger NSDAP-Mitglieder", für Döpel unisono Faschisten, spannte sich ein zweites Netz der Unverträglichkeit mit dem Pragmatismus Stamms auf. Dazu unten mehr.

Auf der Sitzung am 11. März 1957 wurde der Rücktritt Helmut Wilkes[376] als Prorektor für Studentenangelegenheiten bekanntgegeben, Nachfolger wurde Helmut Winkler.[377] Winkler übte das Amt bis 1960 aus, ein Amt, das oft mit heiklen personalpolitischen Aufgaben befasst war. Indes hatte Gerald Lösel – verantwortlich für Ökonomie und Planung – das aktuelle Baugeschehen auf Grundlage eines Modells von 1956, einem komplexen Gebilde mit einer Kapazität für 3.500 Studenten, der Hochschulöffentlichkeit vorgestellt. An alles war gedacht: Schwimmhalle, Tennisplatz, Sportstadion – und natürlich auch an einen Schießstand. Realität wurde bis 1963 nur das imposante Gebäude am Ehrenberg (Helmholtz-Bau), die Wohnheime A bis E sowie die Institutsgebäude F und G.[378] Das wichtigste Datum des Baugeschehens bildete die Grundsteinlegung für einen ersten größeren Hochschulkomplex am 2. Mai 1957 auf dem Ehrenberg,[379] wenngleich noch keine Baugenehmigung vorlag. Sie traf erst am 17. Mai ein – mit noch elf zu erfüllenden Vorbedingungen.[380]

---

374 Schreiben von Döpel an Harig vom 2.7.1957; UAI, 0634 Kad, S. 1–8, hier 3 f.
375 Ebd., S. 7.
376 Geb. am 18.7.1920 in Freiburg (Breisgau). 1949–1955 Studium an der Akademie für Staats- und Rechtswissenschaften, Diplom-Wirtschaftler 1955. NSDAP 1939–1945. 1955/56 Wahrnehmung der Geschäfte des Prorektors für Studentenangelegenheiten. 1956 wiss. Assistent, dann Oberassistent u. 1960 wiss. Mitarbeiter am Institut für ML. 1963 wiss. Mitarbeiter in der HA Fern- und Abendstudium, hier besonders zu Fragen der Anfertigung von Lehrbriefen eingesetzt; u. a. UAI, 3724 Kad.
377 Protokoll vom 18.3.1957 zur Sitzung des LK am 11.3.1957; UAI, S. 1 f., hier 1.
378 Gerald Lösel, in: 50 Jahre Akademisches Leben, S. 79–87, hier 79.
379 PVV, FS 1955/56; UAI, Handbibliothek, S. 3.
380 Lindner: Aufbauphase, S. 12.

Abbildung 13: Grundsteinlegung am 2.5.1956, Halbkreis in der Mitte, 1. v. l.: Hans Stamm

Das Baugeschehen verlief schleppend. Die Hochschule behalf sich, indem sie Baubaracken in Institutsgebäude verwandelte. Die in der DDR für Gesellschaftsbauten favorisierte Bauweise mit Großblocksteinen[381] war zwar eine richtige Entscheidung auch für die HfE, doch kam es zu Pannen. Der spektakulärste Unfall ereignete sich am 24. April 1958. „Unzählige Versuche und Experimente auf der Baustelle waren nötig", schreibt Lindner, „um einen brauchbaren Großblockbaustein zu entwickeln." Bei dem Unfall „stürzten auf dem Mittelbau die zuletzt fertiggestellten zwei oberen Stockwerke in sich zusammen".[382] Lösel erinnert diesbezüglich an einen Ausspruch des Mathematikers Karl Bögel[383]: „Einem Mathematiker darf etwas einfallen, Bauleuten niemals." Der Führungs-IM (FIM) des MfS, Rudi Schön, notierte die Meinung eines Studenten: „Jetzt bricht wohl der Sozialismus zusammen."[384] Und Andreas Schüler äußerte auf der Parteileitungssitzung sein Befremden darüber, dass kein Schuldiger gefunden werde: „Bei dem Einsturz muss doch ein Verantwortlicher zur Rechenschaft gezogen werden können."[385]

---

[381] Auf Initiative von Paul Sagrauske erfolgt, nach einer Beurteilung Stamms vom 28.7.1959; UAI, 0541 Kad. Bauweise nicht nur im Osten! Vgl. für die Bundesrepublik: Hafner, Thomas: Vom Montagehaus zur Wohnscheibe. Entwicklungslinien im deutschen Wohnungsbau 1945–1970. Basel, Berlin, Boston 1993.

[382] Lindner: Aufbauphase, S. 12 u. 14.

[383] Geb. am 21.4.1887 in Bielau. Studium 1906–1911 an der Universität Tübingen, TH Stuttgart und Universität Göttingen. Staatsexamen 1911, Promotion 1923. 1914–1935 Studienrat an vier Einrichtungen, darunter Schulpforta (1926–1933). 1938–1940 tätig als Organist (1938–1940) sowie in der Privatwirtschaft als Mathematiker (Kreiselgeräte GmbH, Feinmechanische Werkstätten Berlin-Zehlendorf). 1946–1953 Einsatz in der Sowjetunion als Spezialist. Zweieinhalb Jahre Haft aufgrund einer Anschuldigung der Gestapo, rehabilitiert 1950. 1954 Prof. mit v. Lehrauftrag für Mathematik und Wahrnehmung der Geschäfte des Direktors des Instituts für Mathematik und Mechanik, 1955 Prof. mit Lehrstuhl für Mathematik, 1956 Prorektor für die wissenschaftliche Aspirantur; UAI, 0728 Kad.

[384] Erster Spruch: Lösel, in: 50 Jahre Akademisches Leben, S. 83 u. 79. Zweiter Spruch: FIM Schön: Bericht vom 25.4.1958; BStU, BV Suhl, AIM 377/90, Bd. 1, Bl. 100. Schön auch: KS II 66/59.

[385] HPL der HfE, Protokoll vom 12.6.1958; LATh-StA Meiningen, BS 4-95-1317, AS 16, S. 1–9, hier 2.

Abbildung 14: Bereits der Helmholtz-Bau wurde in Großblockweise errichtet, 1956

Auf der Rektorenkonferenz am 15. Juni 1957 – die primär keine Interessenvertretung der Hochschulen, sondern ein Machtorgan der SED zur Durchsetzung ihrer Interessen war – hielt der seit dem 26. Februar eingesetzte neue Staatssekretär des SHF, Wilhelm Girnus, eine Grundsatzrede „zur Idee der sozialistischen Hochschule“. Sie diente der konzeptionellen und prinzipiellen Klarheit in der Frage der Bedeutung des sozialistischen Lehrkörpers.[386] Zweifel an der Grundausrichtung in der Hochschulpolitik der SED konnte es spätestens zu diesem Zeitpunkt nicht mehr geben. Girnus, ein intellektueller Hardliner der SED, wurde nach seiner Amtszeit, die am 4. Juli 1962 endete, 1963 Chefredakteur der in Fachkreisen und darüber hinaus beliebten Literaturzeitschrift *Sinn und Form*[387]. Die liberal anmutende Ära des fachlich versierten Harig war definitiv zu Ende.

Am 19. August 1957 fand auf Initiative des Zentralamtes für Forschung und Technik (ZAFT) an der HfE die Tagung „Maschinelles Rechnen“ statt. Für den Kenner auf diesem Gebiet, den Dresdener Physiker Erich Sobeslavsky, spielte diese Tagung, an der circa 30 Personen aus Wissenschaft, Forschung, Industrie und Administration teilnahmen, „eine wichtige Rolle in der Entwicklung der Rechentechnik der DDR“, die im Gegensatz zur bisherigen Philosophie nun die Betonung auf elektronische Rechenanlagen legte. Die zwei Monate später gegründete Arbeitsgemeinschaft „Elektronisches Rechnen und Buchungsmaschinen“ stand unter Leitung des Zeissianers Herbert Kortum[388]. Kortum war eine Koryphäe auf dem Gebiet der Rechentechnik. Bereits im letzten Jahr seines Aufenthaltes in

---

386 Siehe die Girnus-Kritik am offenen Brief, in: Das Hochschulwesen, Juli 1957.

387 Vgl. insbesondere zur Person Girnus: Braun, Matthias: Die Literaturzeitschrift „Sinn und Form“. Ein ungeliebtes Aushängeschild der SED-Kulturpolitik. Bremen 2004.

388 Geb. am 15.9.1907 in Gelting/Oldenburg. 1926–1930 Studium in Jena, Promotion 1930, Staatsexamen 1931. 1930–1934 Assistent am Technisch-Physikalischen Institut Jena, 1934–1945 wiss. Mitarbeiter, Leiter und Chefkonstrukteur der Entwicklungs-Abteilung für Luftfahrtziele und Automatisierungsbauelemente (Jena). 1945–1946 Deportation durch die US-Armee nach Heidenheim, 1946–1953 Sowjetunion. NSDAP von 1930–1945, 1931–1934 aktiv in der SS tätig (Sturmführer). 1939 und 1943 Kriegsverdienstkreuz I. u. II. Klasse für die Entwicklung von feinmechanisch-optischen Geräten. 1957 Mitglied des Forschungsrates der DDR. 1959, zur Zeit der Beantragung einer nebenamtlichen Professur für Regelungstechnik und Automatisierung an der HfE durch Stamm, tätig als Entwicklungs-Hauptleiter im VEB Carl Zeiss Jena; u. a. UAI, 9272 Pers, 4276 Pers.

der Sowjetunion, 1952/53, befasste er sich zusammen mit Wilhelm Kämmerer mit der Entwicklung digitaler Großrechner. Zurückgekehrt, entwickelten beide die Optikrechenmaschine OPREMA (1954/55) und den Zeiss-Rechenautomat ZRA 1 (1956/60).[389]

Zum Herbstsemester 1957/58 war die kurze Zeit verwaiste HPL mit dem 1. Sekretär Alfred Pfestorf führungsmäßig wieder besetzt. Kaderleiter wurde Josef Placht, er verstarb Ende 1962 im Alter von nur 57 Jahren.[390] Im Sommer 1958 wurde die Abteilung für das gesellschaftswissenschaftliche Studium zum Institut (IML) aufgewertet. Die Umwandlung war vom SHF zuvor genehmigt worden. Mit der Wahrnehmung der Position des Direktors wurde Schüler beauftragt.[391]

Für einen weiten Zeitraum von mindestens fünf Jahren musste sich die Hochschulleitung immer wieder mit den miserablen Prüfungsnoten in Mathematik beschäftigen, vermutlich erstmals auf der Sitzung des Leitungskollektivs (LK) am 17. September 1957. Demnach zeigte sich in den 6. Semestern ein „unwahrscheinlich hoher Prozentsatz" unter den Studenten, die die Mathematik-Prüfung mit der Note 5 abschlossen.[392] Auf der Sitzung am 2. Oktober 1957 wurden Fragen der Steuerung westlicher Dienstreisen erörtert,[393] auch dies sollte ein Dauerthema werden. Nicht nur in der Mathematik, sondern auch in der recht anforderungsminimierten Schnellausbildung am Industrie-Institut (I.-I.) für gediente Kader in der Industrie gab es massive Leistungsprobleme. So mussten auf der Sitzung des LK am 27. Oktober 1958 Überlegungen diskutiert werden, in der Benotung künftig „einen anderen Maßstab anzulegen und bei sorgfältiger Prüfung im Einzelfall die Note 4 zuzulassen". Die hohe Zahl der Abbrüche des Studiums sollte auf diese Weise minimiert werden. Also beschloss das LK im nächsten Monat, in besonderen Fällen von der Note 5 abzusehen. Auch sollten Charakter und Inhalt der Vorlesungen verändert werden.[394]

Die Hochschule übte sich fleißig in der Pflicht – und dies in der Folgezeit vermehrt –, Solidaritäts- und Protestschreiben im Auftrag und im Sinne der SED zu verfassen. Ende des Jahres hatte das SfH ein Telegramm versandt, mit „dem die Hochschule aufgefordert" worden war, „zu den Moskauer Dokumenten sowie den Terrorprozess gegen Dr. Viktor Agartz Stellung zu nehmen". Der Hochschule wurde die Aufgabe zuteil, in den Fakultäten darüber zu diskutieren und entsprechende Resolutionen zu verfassen.[395] Solches umzusetzen, war zwar ungeschriebenes Gesetz, gleichwohl aber Pflicht entsprechend einer Verordnung des SfH vom 13. Februar 1958. Dennoch geschah es immer wieder einmal, dass ein couragierter Hochschullehrer oder Institutsdirektor dies ablehnte, und, wie im Fall des Direktors der Leipziger medizinischen Fakultät, ihm hierin sogar nahezu alle Assistenten folgten. In diesem Fall ging es um eine Resolution gegen den Vietnamkrieg.[396] Mitte 1958

---

389 Mütze: Macht der Optik, S. 67.

390 UAI, 2569 Kad.

391 Protokoll vom 31.7.1958 zur Sitzung des LK am 29.7.1958; UAI, S. 1–5, hier 5. Protokoll vom 1.9.1958 zur Sitzung des LK am 26.8.1958; ebd., S. 1–3, hier 1.

392 Protokoll vom 25.9.1957 zur Sitzung des LK am 17.9.1957; UAI, S. 1–3, hier 2.

393 Protokoll vom 15.10.1957 zur Sitzung des LK am 2.10.1957; UAI, S. 1 f.

394 Protokoll vom 24.11.1958 zur Sitzung des LK am 18.11.1958; UAI, S. 1–6, hier 1–3. Protokoll vom 10.11.1958 zur Sitzung des LK am 27.10.1958; ebd., S. 1–3, hier 2 f.

395 Protokoll vom 9.12.1957 zur Sitzung des LK am 30.11.1957; UAI, S. 1 f., hier 2.

396 Jessen: Akademische Elite, S. 194 f.

kam erneut ein Telegramm vom Staatssekretariat (nun Hoch- und Fachschulwesen [SHF]) „mit der Aufforderung, im Hinblick auf die augenblicklich äußerst zugespitzte Weltlage durch Apelle und persönliche Stellungnahmen die Bemühungen für die Erhaltung des Friedens zu unterstützen".[397] Es blieb nicht nur bei der Einforderung von Akklamationen für die interne Propaganda der SED. Institutionen der Bundesrepublik wurden fallweise direkt angeschrieben, genauer gesagt: angegriffen. Regelmäßig lehnten die auf solche Weise Angeschriebenen die Vereinnahmungsversuche ab. Und manchmal brachte es den Hochschulen Ärger ein, wie 1976. Die SED hatte Ende des Jahres landesweit gegen den „Fall Weinhold"[398] polemisiert. Auch die TH Ilmenau wurde aufgefordert, sich aktiv zu beteiligen. Entsprechend von der Hochschulparteileitung animiert, beschwerten sich Sektionen und einzelne Angehörige der TH im Dezember 1976 bei der Ständigen Vertretung der Bundesrepublik in der DDR.[399] Deren Leiter, Günter Gaus, antwortete, dass es „nicht Sache der Ständigen Vertretung der Bundesrepublik Deutschlands sein" könne, „mit Ihnen in eine Wertung des Urteils einzutreten". Die DDR habe überdies „dem Gericht die Prozessführung unter anderem dadurch erschwert", dass sie „keine Zeugen aus der DDR zu dem Termin" hat anreisen lassen. Auch sei das Verfahren noch nicht abgeschlossen, wonach es sich nach dem Rechtsverständnis verbiete, derzeit eine Stellungnahme abzugeben.[400]

Zog der durch das Staatssekretariat umzusetzende Zentralismus der SED die Zügel in der Hochschulpolitik 1957 straffer, so wurde dieser Kurs mit der vom 28. Februar bis 2. März 1958 durchgeführten III. Hochschulkonferenz vor allem in seinen Zielsetzungen deutlicher (Kap. 3.3). Sie war das bedeutendste Ereignis in diesem Jahr. Ihre Deklaration zur Verbundenheit der Hochschulen mit der Industrie ließ keinen Zweifel daran, dass die alte (autonome) Funktionalität der Hochschulen der Geschichte angehörte. Die Festlegung der Zulassungszahlen für das Studium für In- und Ausländer, Haushaltsausgaben und Richtzahlen zu Arbeitskräften, Löhnen, zur Berufsausbildung, zu Investitionen und Rekonstruktionen, Aufgabenkomplexen des Staatsplanes Wissenschaft und Technik, Forschungsthemen des Landes und innerhalb des Rates für gegenseitige Wirtschaftshilfe (RGW) sowie anderen Kennziffern lagen nicht in der hoheitlichen Entscheidung der Hochschulen selbst, sondern waren Angelegenheiten des Staatssekretariats. Stamm zeigte sich in der Auswertung der III. Hochschulkonferenz parteitreu, wenn er beklagte, „dass die Universitäten und Hochschulen mit der bisherigen Umgestaltung unseres Lebens nicht Schritt gehalten" hätten. Es bestünde „ein Widerspruch zwischen dem raschen Aufschwung der sozialistischen Praxis und dem zum Teil veralteten Lehr- und Arbeitsmethoden an unseren Hochschulen". Jeder Hochschullehrer, jeder Mitarbeiter der Hochschule und jeder Student müsse sich über die Perspektive des Sozialismus klar werden. Der Sieg des Sozialismus sei unvermeidlich.[401]

---

397 Protokoll vom 31.7.1958 zur Sitzung des LK am 29.7.1958; UAI, S. 1–5, hier 3.

398 Werner Weinhold erschoss bei seiner Flucht 1975 zwei Grenzsoldaten der DDR.

399 THI, BSG, vom 7.1.1977: Informationsbericht „Januar 1977"; BStU, BV Suhl, AIM 1592/90, Teil II, Bd. 2, Bl. 243–250, hier 246.

400 Gaus an die THI (o. D., aber Anfang Januar 1977); ebd., Bl. 239 f.

401 Sauerteig, Volkmar: Ein Beitrag zur Untersuchung und Darstellung der Geschichte der Fakultäten und Institute der HfE Ilmenau 1953–1963, S. 1–30, hier 12; UAI. Sauerteig zitiert aus einer Rede Stamms, abgedruckt in einer Festausgabe zum 5-jährigen Jubiläum der HfE.

Auf der Sitzung des Leitungskollektivs am 11. März 1958 wurde festgelegt, dass künftig jene Bewerber bevorzugt werden würden, die bereits eine Berufsausbildung resp. Tätigkeit in der Produktion absolviert hatten. Für Abiturienten sollte ein praktisches Jahr obligatorisch werden.[402] Am 1. April stimmte der Senat nach eingehender Diskussion den vorgegebenen staatlichen Prämissen der „neuen zentralen ‚Verordnung über die Vor- und Berufspraktika'" im Rahmen der „sozialistischen Umgestaltung der Hochschulen" zu, und legte für die HfE fest, dass es bei dem Vorschlag einer zentralen „Stelle für die organisatorischen und verwaltungstechnischen Arbeiten", einem Koordinierungszentrum, bleiben solle, die dem Prorektorat für Studienangelegenheiten unterstellt würde. Das galt ohnehin für die kleineren Technischen Hochschulen in der DDR. Dennoch hatte die HfE zuvor ernsthaft überlegt, dieses Amt zu dezentralisieren, dessen Aufgaben den Dekanen und Fachrichtungsleitern direkt zuzuordnen, da hier das jeweilige Wissen um den notwendigen fakultäts- und fachrichtungsgerechten Praxisbezug am besten vorhanden sei.[403]

Haushaltsengpässe und durch Ressourcenverschiebungen neu entstandene Defizite waren zu kompensieren oder zumindest zu überbrücken, und dies vor dem Hintergrund steigender Anforderungen Berlins. Wenngleich die Lage nicht selbstverschuldet war, schmerzte es, dass einige für 1957 bilanzierte „Themen des Planes der Neuen Technik" nicht fristgemäß abgeschlossen werden konnten. Eindringlich wurde auf der Senatssitzung am 1. April 1958 darauf hingewiesen, „im neuen Planjahr nur die Forschungsaufträge einzureichen, für die das Personal, die Arbeitsräume und überhaupt die Voraussetzungen vorhanden" seien. Zudem war die HfE in Misskredit geraten, weil allein 53 Prozent der Kosten für die Forschungsaufträge auf Neuanschaffungen entfielen, erlaubt waren staatlicherseits nur maximal 30 Prozent. „Aufgrund der schlechten finanziellen und fachlichen Erfüllung" waren der HfE Ilmenau die Finanztitel „wesentlich gekürzt" worden. Zu dieser Gesamtproblematik referierte Werner Bischoff. Seine Ausführungen lassen erkennen, dass der Stand der Forschungsarbeiten unbefriedigend war und sich die Hochschule aufgerufen fühlte, „die aufgezeigten Fehler in Zukunft auszuschalten". Die Mittel sollten reduziert und die Kontrolle verstärkt werden. 1959 sollte damit begonnen werden, Forschungsaufträge nur noch dann zu genehmigen, wenn sie zuvor vom zuständigen Arbeitskreis des Forschungsrates[404] abgesegnet worden waren. Die Themen waren in direkter Zusammenarbeit mit der Industrie festzulegen und zu gestalten.[405] Neben den Finanzen bildete der Kaderbedarf das zweite große defizitäre Feld:

402 Protokoll vom 30.3.1958 zur Senatssitzung am 11.3.1958; UAI, S. 2.
403 Protokoll vom 1.4.1958 zur Senatssitzung am 25.3.1958; UAI, S. 8.
404 Zu dieser Institution und den Arbeitskreisen vgl. Buthmann: Versagtes Vertrauen, Kap. 3.3.3, passim.
405 Protokoll vom 25.3.1958 zur Senatssitzung am 1.4.1958; UAI, S. 6 f.

Tabelle 6: Kaderperspektivplan, 1958–1965[406]

Jahr	Hochschul-Lehrer	Ober- und Assistenten	Sonstiges Personal in Lehre und Wissenschaft	Sonstiges und Betriebspersonal	Verwaltungs-Personal	Lehrlinge	Gesamt
1958	55	186	206	183	50	33	713
1959	55	220	225	205	53	20	778
1960	60	225	230	220	56	20	811
1961	63	230	240	225	57	20	835
1962	63	235	245	225	57	20	845
1963	63	235	250	230	58	20	856
1964	65	245	255	235	59	20	879
1965	65	245	260	240	60	20	890

Ein politisches Dauerthema bildeten neben den Industrieeinsätzen die obligatorischen Arbeitseinsätze in der Landwirtschaft. Am 5. Mai 1958 fand im Klubhaus der HfE eine Besprechung über den Arbeitseinsatz der Studenten in den kommenden Sommerferien statt. Die Besprechung leitete Stamm, anwesend waren 15 weitere Personen, unter ihnen Parteisekretär Pfestorf, Kaderleiter Placht und ein Vertreter der Bezirksleitung der SED. Der Druck auf die Studenten, sich freiwillig zu melden, war enorm. Zum aktuellen Ernteeinsatz hatten sich von den 1.246 in Frage kommenden Studenten 930 „zur Ableistung des Arbeitseinsatzes verpflichtet", also knapp 75 Prozent. Das war für die SED schlicht skandalös. Dürftig sah es auch bei der Verpflichtung von Dozenten und Assistenten aus, lediglich vom Institut für Organisation und Technologie hatten sich sieben bereiterklärt, sie zu begleiten. Nur die Gesellschaftswissenschaften glänzten – mit Ausnahme der Assistentinnen – mit einer hundertprozentigen Teilnahme ihrer Assistenten. Pfestorf kritisierte, dass die geringe Freiwilligkeit nicht im Einklang mit den Forderungen der III. Hochschulkonferenz liege. Man müsse mit den übrigen 25 Prozent „eine intensive Erziehungsarbeit" durchführen. Die, die sich nicht verpflichteten, würden auf die anderen, bereitwilligen, einen negativen Einfluss ausüben. Man müsse sich Gedanken machen, „wie man gute Beispiele und Begeisterung schaffen" könne. Für den Arbeitseinsatz in der Landwirtschaft waren vier Perioden vorgesehen, beginnend am 16. Juni, endend am 6. September.[407] Der Senat konstatierte am 20. Mai 1958, dass von den in Frage kommenden Studenten sich nunmehr 1.080 freiwillig gemeldet hatten. Ein Teil aber habe sich „trotz langer Diskussion nicht einverstanden erklärt". Auch die Durchführung des obligatorischen Vorpraktikums war mit Schwierigkeiten verbunden, da der Bedarf der Betriebe sich als begrenzt zeigte.[408]

Investitionen, Teil I

Fragen zur Investpolitik wurden vorrangig in Berlin abgestimmt, wie etwa am 16. September 1957, als über die Perspektive der drei Spezialhochschulen in Karl-Marx-Stadt, Magdeburg und Ilmenau diskutiert wurde.[409] Künftig sollte nach einer neuen Richtlinie die Aufstellung des Planes nicht mehr Sache einer Stelle sein, sondern es sollten alle Hochschulangehörige beteiligt werden. Das entsprach dem traditionellen kommunistischen Räteverständnis, Sachkompetenz, aus der heraus oft widersprochen wurde, einzudämmen und

406 Ebd., Anlage 1, 1 S.
407 Protokoll vom 14.5.1958 zur Senatssitzung am 10.5.1958; UAI, S. 1–3.
408 Protokoll vom 10.5.1958 zur Senatssitzung am 20.5.1958; UAI, S. 5 u. 7.
409 Protokoll vom 25.9.1957 zur Sitzung des LK am 17.9.1957; UAI, S. 1–3, hier 3.

mit Inkompetenz kollektiv niederzustimmen. Der Senat trug diesem Ansinnen Rechnung. Von den insgesamt 27 Anwesenden, darunter nur eine Frau aus der Bibliothek, waren acht Mitglieder der Hochschulgewerkschaft, darunter ein Pförtner.[410] Nachdem sich viele ungelöste Probleme regelrecht aufgeschaukelt hatten, kam der Senat am 6. Juni 1958 zu einer außerordentlichen Sitzung zum Thema der Tätigkeit der Aufbauleitung zusammen. Paul Sagrauske[411] erstattete Bericht.[412] Der Bauingenieur war seit dem Bestehen der vom Planträger 1954 installierten Aufbauleitung im Amt und zunächst mit der äußerst schwierigen Aufgabe befasst, einen für ein solch großes Projekt geeigneten Baubetrieb zu finden. Das war im kleinen Bezirk Suhl stets ein Problem, vor allem in den 1950er Jahren. Sagrauske fand ihn nicht im eigenen Territorium, sondern im Nachbarbezirk, und zwar die Bau-Union Erfurt über den VEB INEX. Bau-Union sah sich in der Lage, ein Bauvolumen von jährlich zehn Millionen DM zu realisieren. Doch das gefiel dem Rat des Bezirkes Suhl nicht, der eine Firma aus Eisenach in Vorschlag brachte. Trotz „schwerwiegender Bedenken“ seitens Sagrauskes setzte sich der Rat des Bezirkes Suhl durch.[413]

Mit der 5. Planänderungsanweisung vom 23. Juli 1958 erhielt die Hochschule eine Planauflage in Höhe von 5,1 Millionen DM, die in drei Verfahrensschritten zum 19. Dezember auf 5,9 Millionen DM angehoben wurde. Bei jeder der fünf Planänderungsanweisungen zuzüglich laufender Änderungen gesetzlicher Bestimmungen ergaben sich umfangreiche Neuberechnungen des Kostenplanes, Besprechungen mit den bauausführenden Betrieben und hochschulseitig neue Probleme wie etwa das des Umgangs mit vertraglich gebundenen Ausrüstungslieferungen. Der ursprüngliche Plan der Hochschule stammte aus ihrem Gründungsjahr und beinhaltete den Bau von sieben größeren Gebäudekomplexen, eines Internates, einer Mensa, Poliklinik und Sportanlagen. Dies sollte in drei Etappen realisiert werden. Dafür war man staatlicherseits bereit, folgende Beträge zu investieren: Die erste bis Ende 1960 laufende Etappe war mit 55 Millionen DM veranschlagt, die Gesamtsumme am Ende der zweiten, 1965, sollte 88 Millionen betragen. Für die dritte, 1970 abzuschließende Etappe, war eine Gesamtsumme von 115 Millionen geplant (alle Summen kumulativ). Doch die Hochschule lehnte diese Zahlen ab, weil ihr die Bauziele mit dieser Summe nicht erreichbar schienen. Die erste daraus erfolgte Planauflage in Höhe von 4,35 Millionen lehnte sie, aber auch die Deutsche Investitionsbank (DIB) ab, weil „nicht einmal die im Bau befindlichen Objekte entsprechend der Auflage enthalten waren“. Was nun im Laufe von vier weiteren Planänderungsanweisungen folgte, war – blendet man die Gesamtsituation der DDR aus – geradezu abenteuerlich: fehlende und fehlerhafte Berechnungen, personelle Änderungen bei ausführenden Stellen (etwa bei der Zweigstelle Suhl der DIB) mit der Folge, dass alte Berechnungen entweder obsolet wurden oder verschwanden. Am 29. April 1958 zog die Hochschule die Konsequenzen und orientierte auf „ein

410 Protokoll vom 20.6.1958 zur Senatssitzung am 6.6.1958; UAI, S. 1–6, hier 1.

411 Geb. am 28.4.1911 in Posen. Bis 1954 tätig in verschiedenen mit Bautechnik befassten Betrieben, zuletzt als Bauingenieur an der Warnow-Werft. Ab 1954 Aufbauleiter an der HfE Ilmenau, an der THI tätig bis 1972. Quelle: UAI, 0541 Kad.

412 Protokoll vom 20.6.1958 zur Senatssitzung am 6.6.1958; UAI, S. 1–6. Auch gab es von Anfang an Finanzprobleme, vgl. HPL der HfE, Protokoll vom 7.5.1955; LATh-StA Meiningen, BS 4-95-1317, AS 14, S. 1–4, hier 2.

413 Lindner: Aufbauphase, S. 12.

umfangreiches Reeselit-Barackenbauprogramm", weil ein Neubau aufgrund der zur Verfügung gestandenen Investsumme faktisch unmöglich war. Aber auch dieser Vorschlag ließ sich in dem Jahr nicht mehr realisieren. Also wurde beschlossen, die Baracken der Bauarbeiter freizumachen. Für sie sollten Wohnwagen angeschafft werden. Das SHF stimmte dem mit einer Erhöhung der Planauflage um 200.000 DM für die Anschaffung der Wohnwagen zu. Das geschah unmittelbar vor der 5. Planänderungsanweisung.[414]

Die nicht hausgemachten Probleme wurden in das Jahr 1959 übernommen. Gleich im Januar behandelte die Leitung den weiteren Aufbau der Hochschule. Basis bildete ein Schriftwechsel mit dem SHF vom vorigen Herbst. In einem Schreiben der HfE vom 27. Oktober an das SHF hatte die Hochschule mit Gründen dargetan, dass die Prämissen des Vorprojektes als überholt angesehen werden müssten. Das Staatssekretariat schlug daraufhin vor, „an Stelle der Ausarbeitung eines Grundprojektes eine komplexe Vorplanung zu erarbeiten". Die Ausarbeitung eines Grundprojektes sei „nicht ratsam", da „ein bestimmter Teil dieses Grundprojektes nach einigen Jahren doch wieder überholt sein würde". Die Hochschulleitung stimmte dem zu. Sagrauske sollte verpflichtet werden, bis zum 15. März 1959 „einen neuen Perspektivplan auszuarbeiten".[415]

Für das laufende Jahr waren zum Stichtag 31. Mai bereits 50,3 Prozent der Plansumme von 4,9 Millionen DM erfüllt worden. Eine Planzahl (Kontrollziffer) für das kommende Jahr lag zu dieser Sitzung noch nicht vor, obgleich die zentrale Anweisung bestand, terminpflichtig auf dieser Sitzung zu diskutieren. Der Grund hierfür lag im Zuständigkeitswechsel, die vom Ministerium für Maschinenbau an das SHF fiel, ein bedeutendes Datum in der Geschichte der Hochschule. Sagrauske konnte lediglich auf Daten hinsichtlich der bereits begonnenen Bauten aus dem Vorprojekt zurückgreifen, wobei selbst dieses Vorprojekt bislang nicht vom Planträger bestätigt worden war. Letztendlich waren es Zahlen, so Sagrauske, die „heute nicht mehr den Belangen der Hochschule" entsprechen. Denn in der Zwischenzeit entstanden neue Institute und auch die Fakultät für Technologie, die in den Zahlen nicht enthalten waren. Für den Endausbau der Hochschule wurde mit Kapazitäten für 2.740 Arbeitsplätze, 1.540 Hörsaalplätze und 900 Internatsplätze gerechnet. Auch diese Zahlen waren nur vorläufig, da Sagrauske sie mit den Institutsdirektoren noch nicht abgestimmt hatte. Zudem war wegen des Ausfalls eines Gebäudes am Ehrenberg „die Erfüllung der Kapazität der Arbeitsplätze bis Ende des Jahres nicht möglich". Dessen ungeachtet nannte er eine Gesamtsumme für den Aufbau der Hochschule von etwas über 112 Millionen DM. Projektbestätigt waren bislang 26,64 Millionen, wovon bis Ende 1958 22,7 Millionen abgerufen worden waren. Für das kommende Jahr war die Fertigstellung der Institute für Mathematik sowie Allgemeine und theoretische Elektrotechnik geplant. Die Maschinenhalle sollte 1959 fertiggestellt werden, schließlich standen die Fundamente bereits seit 1956 und drohten unbrauchbar zu werden. Die Projektierung des Heizwerkes war von der SPK zwischenzeitlich storniert worden, man würde sich mit einem provisorischen Heizwerk behelfen. Bis dato sei der Bau des Heizwerkes, das auch für andere

414 Ebd., S. 2–6. Lindner recherchierte die Angaben u. a. in den Archiven der THI und des Rates des Kreises Ilmenau sowie im Bezirksparteiarchiv Suhl.

415 Protokoll vom 26.1.1959 zur Sitzung des LK am 14.1.1959; UAI, S. 1–5.

Institutionen Ilmenaus Wärme erzeugen sollte, vertragstechnisch offen. Man baue am Provisorium weiter.[416]

Die Reihenfolge der baulichen Investitionen sah wie folgt aus: Institut für Hochspannungstechnik (Grundprojekt) – Fakultät für Feinmechanik/Optik (Ausführungsprojekt) – Mensa (Grundprojekt) – Sportplatz (Grund- und Ausführungsprojekt) – Grünanlagen. Sämtliche Ressourcen blieben defizitär, insbesondere drohte sich der Mangel an Assistenten zu verfestigen.

Tabelle 7: Beschäftigte (I), 1958 und Plan[417]

Bereich	Soll	Ist	Differenz
Lehrkörper	55	49	-6
Assistenten	186	116	-70
Hilfspersonal	206	176	-30
Verwaltungspersonal	50	41	-9
Betriebspersonal	126	113	-13
Sonstiges Personal	57	54	-3
Lehrlinge	33	24	-9

Am 5. Mai 1959 wurde wiederum die Frage der Investitionen innerhalb des Hochschul-Perspektivplanes behandelt. Hans-Joachim Mau berichtete „über die Arbeit der von ihm geleiteten Kommission ‚Bau-Investitionen'". Nach den neuesten Rahmendaten sollte der Endausbau für eine Endkapazität von 3.000 Studenten voraussichtlich zwischen 1970 und 1973 erfolgen. Der dafür notwendige Aufwand „an reiner Baukapazität für die Gebäude" wurde mit 65 Millionen DM und zuzüglich für Ausrüstungen mit 102,5 Millionen veranschlagt. Für die Folgeinvestitionen wurde ein Bauanteil von 6,8 Millionen und für Ausrüstungen von 8,3 Millionen einkalkuliert. Zusammen mit dem Aufwand anderer Planträger waren es circa 200 Millionen. Zur Sicherung des geordneten Ablaufs von Lehre und Forschung waren jährlich circa 15 Millionen notwendig.[418]

Wiederholt musste sich der Senat mit der Personalie Max Beck befassen (Kap. 3.2, S. 44.). Die eingesetzte Kommission hatte noch einmal alles geprüft, worauf der Senat am 3. Juli erklärte, „mit der jetzigen, von Herrn Prof. Mau bekannt gegebenen Formulierung einverstanden" zu sein. Nichts erfahren wir im Sitzungsprotokoll über die Argumente. Parteisekretär Pfestorf führte in einem späteren Erinnerungsbericht eine reine Nebensächlichkeit als Grund für die Entfernung Becks aus der Lehre an, nämlich eine Veröffentlichung in der Augustnummer des westdeutschen Industrieblattes. Beck habe in seinen Rationalisierungsvorschlägen objektiv der Ausbeutung der Arbeiterklasse das Wort geredet, lautete der Vorwurf.[419] Auf der Leitungssitzung der GO der HfE war Pfestorf deutlicher: Beck habe „gegen alle Prinzipien und Auffassungen unserer sozialistischen Entwicklung verstoßen".[420] Erst die Akten des Staatssicherheitsdienstes geben genaueren Aufschluss:

---

416 Lindner: Aufbauphase, S. 12 u. 16.
417 Protokoll vom 20.6.1958 zur Senatssitzung am 6.6.1958; UAI, S. 1–6, hier 4 f.
418 Protokoll vom 20.5.1959 zur Sitzung des LK am 5.5.1959; UAI, S. 1–4. Enthalten sind Zahlen zu den acht noch zu errichtenden Hörsälen.
419 Protokoll vom 23.6.1958 zur Senatssitzung am 3.7.1958; UAI, S. 9. Pfestorf: Erinnerungsbericht, in: Lindner: Geschichte, S. 62–68, hier 64.
420 HPL der HfE, Protokoll vom 22.11.1957; LATh-StA Meiningen, BS 4-95-1317, AS 15, S. 1–7, hier 5.

Demnach tagte die Kommission, bestehend aus Mau, Blüthgen, Bischoff, Stöbel und Schüler, am 22. Februar 1958. Beck soll in seiner Veröffentlichung nicht deutlich gemacht haben, dass sich seine Rationalisierungsvorschläge in den Fragen der Wirtschaftlichkeit und Wirtschaftlichkeitsmessungen ausschließlich auf die DDR bezogen, sondern dass auch angenommen werden müsse, dass sie generell gelten; Zitat: „Der Artikel [im Mitteilungsblatt des Verbandes für Arbeitsstudien der REFA in Westdeutschland] erweckt vielmehr den Eindruck, als ob der Verfasser damit das Bestreben westdeutscher Unternehmer unterstützen würde, die Arbeiter durch Rationalisierungsmaßnahmen noch stärker auszubeuten." Ferner habe sich angeblich gezeigt, dass Beck bereits an den Universitäten Jena und Halle Schwierigkeiten bekam [gemeint waren ideologische Schwächen – der Verf.], die dazu führten, dass ihn das SfH an die HfE Ilmenau berief. Die Kommission schlug dem Senat in fünf Punkten vor, ihn (1) für den Einsatz als Hochschullehrer abzulehnen, (2) einen Einsatz in anderer Weise erst einmal abzuwarten, (3) ihn zunächst zu beurlauben, (4) nach positivem Entscheid eine angemessene Aufgabe zu finden und schließlich (5), im negativen Falle, eine vorzeitige Pensionierung ins Auge zu fassen.[421]

Seit Herbst 1957 schien die Bezirksleitung der SED Suhl wegen der zunehmenden Anzahl der Fluchten kapituliert zu haben: „Alle möglichen administrativen Maßnahmen" hätten „keine großen Wirkungen" gezeigt, zudem gäbe es „nicht wenige unter den Republikflüchtigen, die Mitglieder unserer Partei" seien.[422] Das Kollegium des MfS erklärte den „Kampf gegen die Republikflucht" zur „wichtigsten Aufgabe" überhaupt.[423] Folglich war auch die Anzahl der Aberkennungen akademischer Grade hoch. Stamm gab allein auf der Senatssitzung am 3. Juli 1958 neun Fälle bekannt. Das Diplom und den Titel Professor verloren neun Personen. Zwei weiteren Hochschullehrern, offensichtlich mit einer Gastprofessur ausgestattet, wurde ebenfalls der Titel Professor aberkannt.[424] Die Fälle rissen nicht ab. Beispielsweise musste sich der Senat am 17. November 1959 mit der „plötzlichen" Flucht eines Mathematikers, der diesen Schritt trotz positiver vorheriger Aussprache über seine Hochschulperspektive vollzogen hatte, beschäftigen.[425] Gerade in der Periode steigender Flüchtlingszahlen war die – mit propagandistischer Begleitmusik – Rückkehr Geflüchteter äußerst willkommen, wobei nicht jeder auch „zurückgeworben" wurde. Auf der Sitzung des Leitungskollektivs (LK) am 18. November 1958 gab Parteisekretär Pfestorf bekannt, dass einem rückkehrwilligen Studenten schriftlich mitgeteilt worden sei, dass er aus der Bundesrepublik zurückkommen könne. Der habe zwar bedauert, diesen Schritt gegangen zu sein, bringe aber den Mut nicht auf, zurückzukehren. Auch stand die eventuelle Rückkehr eines Wissenschaftlers zur Diskussion. Bischoff hätte mit ihm anlässlich einer Tagung im Westen gesprochen, doch soll er kein Interesse gezeigt haben. Das LK

---

421 Schüler, o. D.: Empfehlung an den Senat der HfE Ilmenau, aufgefunden in: BStU, BV Suhl, AOP 1114/63, Bd. 1, Bl. 135–137. HfE: Protokoll zur Kommissionssitzung vom 22.2.1958, aufgefunden in: ebd., Bl. 138 f.

422 BL der SED Suhl, Sitzung am 13.9.1960; LATh-StA Meiningen, BS VI/2/1/050, S. 1–50, hier 35.

423 Buthmann, Reinhard: Abwanderung und Flucht von Eliten aus der SBZ/DDR am Beispiel der wissenschaftlichen Intelligenz, in: Schulz, Günther (Hrsg.): Vertriebene Eliten. Vertreibung und Verfolgung von Führungsschichten im 20. Jahrhundert. München, Oldenburg 2001, S. 229–265, hier 252.

424 Protokoll vom 3.7.1958 zur Senatssitzung am 23.6.1958; UAI, S. 10.

425 Protokoll vom 28.11.1959 zur Senatssitzung am 17.11.1959; UAI, S. 1–10, hier 2 u. 4.

behauptete, dass sein Weggang „keinen allzu großen Verlust" darstelle.[426]

Die erste Jubiläums-Festveranstaltung der HfE fand am 9. September 1958 unter dem Motto „Fünf Jahre Hochschule für Elektrotechnik, fünf Jahre Kampf für die Verständigung unter den Völkern und den Sieg des Sozialismus" statt. Stamm sah die Perspektive seiner Hochschule als gesichert an. In den vergangenen fünf Jahren habe der Staat für den Aufbau 13 Millionen und für die Anschaffung von Ausrüstungen neun Millionen DM investiert. Für die kommenden beiden Jahre rechne man mit weiteren 15 Millionen. Die große Schwierigkeit dieser Periode, die Verfügbarkeit von Räumen, umschrieb er mit der Zuversicht, dass dies die Beteiligten „bei gutem Willen" schon schaffen würden, räumte jedoch ein, dass es für nicht wenige Institute an einem „Minimum an Platz" fehle. „Große Sorge" bereitete weiterhin die Unterbringung der Studenten, da der Bau von Internaten erst in künftigen Jahren erfolgen könne. Ebenso herrsche ein Mangel an anschaulicher Ausbildung, da es schlicht an entsprechenden Praktika fehlte; Zitat Stamm: „Es ist unmöglich, dass in dem Studium vorausgehenden Vorpraktikum von fünf Monaten die Kenntnis und die Beherrschung der Werkstoffe, ihre Formgebung und Bearbeitung neben der Handhabung der hierzu benötigten Maschinen, Werkzeuge und Vorrichtungen sowie der Messwerkzeuge erlernt werden können." Zwar habe man staatlicherseits ein praktisches Jahr in Betrieben der Industrie oder Landwirtschaft vor dem Studium gelegt, das einem zweijährigen Dienst in der NVA gleichgestellt war, doch das allein genüge nicht. Stamm plädierte für eine zweijährige Grundausbildung mit Abschluss einer Gesellenprüfung. Der Student sei dann reifer und wisse „die Möglichkeiten des Studiums viel besser zu nutzen".

Ein heikler Punkt seiner Jubiläumsrede bildete die Frage der politisch-ideologischen Erziehung, die, und darauf verwies Stamm explizit, auf der III. Hochschulkonferenz kritisiert worden war. Die Hochschulen lägen hierin gegenüber den anderen gesellschaftlichen Bereichen zurück. Es bestünde „ein Widerspruch zwischen dem raschen Aufschwung der sozialistischen Praxis und den z. T. veralteten Lehr- und Arbeitsmethoden an unseren Hochschulen. Die Lösung dieses Widerspruchs könne nur durch eine sozialistische Umgestaltung im Hochschulwesen erfolgen. Darunter" sei „die planmäßige Erziehung zu wissenschaftlich-technischen Fachkräften zu verstehen, die der Arbeiter- und Bauern-Macht treu ergeben sind und sich in ihrer Arbeit von den großen Ideen des Sozialismus leiten" ließen. Die Kernfrage sei die sozialistische Erziehung, „letzten Endes" gehe es darum, „eine der Arbeiter-und-Bauern-Macht wirklich ergebene Intelligenz heranzubilden". Stamm schloss seine Rede mit: „Wir werden arbeiten zum Ruhme der deutschen Wissenschaft, für die Verständigung unter den Völkern, für den Frieden in der Welt, für den endgültigen Sieg des Sozialismus in Deutschland und in der ganzen Welt."[427]

Im Herbst 1958 wurde binnen eines Jahres zum zweiten Mal zu Raumfragen diskutiert. Die Lage war prekär. Eugen Philippow hatte den Vorschlag eingebracht, die Bodenräume im Gebäude am Ehrenberg für Laborräume herzurichten. Auf diese Weise wollte er für

---

426 Protokoll vom 24.11.1958 zur Sitzung des LK am 18.11.1958; UAI, S. 1–6, hier 1–3. Protokoll vom 10.11.1958 zur Sitzung des LK am 27.10.1958; UAI, S. 1–3, hier 2 f.

427 Zum 5-jährigen Bestehen der HfE Ilmenau. Versammelte Sonderdrucke von Arbeiten Ilmenauer Wissenschaftler in verschiedenen technischen Zeitschriften des Jahrgangs 1958. Ilmenau 1958, S. 2 f. Vorbereitend: Protokoll vom 25.31958 zur Senatssitzung am 1.4.1958; UAI, S. 3 f.

sein Institut 1.500 m² Fläche gewinnen. Akuter Platzmangel bestand auch für Funktional- und Peripheriebereiche wie Kaderabteilung, Prorektorat für wissenschaftlichen Nachwuchs, Übersetzungsbüro und die Gesellschaft für Sport und Technik (GST).[428] Philippow, der sich vehement für einen modernen Campus einsetzte und hierin offenbar die treibende Kraft an der HfE war, soll sich später, als nach dem Mauerbau die großzügigen Pläne gestrichen worden waren, sehr betroffen gezeigt haben.[429] Da die Raumnot fortbestand, griff die Hochschule zu in der DDR allbekannten aber nicht unbedingt bewährten Mitteln der Kreation von Kommissionen, versetzte einen der Hauptverantwortlichen und strukturierte die Raumplanungskommission um. Friedrich Blüthgen übernahm die Leitung. Ihm zur Seite standen der Verwaltungsdirektor, der Aufbauleiter, je ein Vertreter der Fakultäten, ein Vertreter der Gewerkschaft, wahlweise ein Vertreter des SHF oder der SPK, Vertreter des Rates des Kreises, des Rates des Bezirkes und weitere Personen. Indes erwies sich die von Philippow vorgeschlagene Nutzung der Bodenräume für Laborzwecke als undurchführbar, da eine Beheizung nicht möglich war. Also blieben der Bau von Behelfsbaracken und auch die zu prüfende Möglichkeit, durch Einziehen von Trennwänden im Haupttreppenhaus des Neubaus am Ehrenberg Räume hinzuzugewinnen. Der Bau von Baracken erwies sich als schwierig, da insbesondere Heizwärme fehlte. Magdeburg hatte infolge des bislang nicht begonnenen Baus des Heizhauses angeboten, einen zweiten Kessel zu liefern. Davon habe man gehört und wolle das prüfen.[430]

Neben diesen Problemen kamen noch disziplinarische und politische hinzu, so dass sich die Gemengelage im Herbst als besorgniserregend darstellte. Beispielsweise die Disziplinarstrafen gegen zwei Studenten sowie einen Ingenieur-Kandidaten.[431] Ob es sich um jene handelte, gegen die im Oktober eine zweijährige „Bewährung“ in der Produktion ausgesprochen wurde, geht aus den Protokollen nicht zweifelsfrei hervor. Danach soll ihnen nahegelegt worden sein, sich selbst zu exmatrikulieren. Angeblicher Grund seien miserable Leistungsstände gewesen. Wenn dem so war, dann war es aber nicht unbedingt im Sinne Berlins, das maximale Absolventenzahlen verlangte, da die Industrie dringend Absolventen benötigte. Auch sollte die Anzahl der Studenten auf 2.500 erhöht werden.[432] Die Leitung führte am 1. Dezember 1959 ein weiteres Disziplinarverfahren durch, und zwar wiederum gegen zwei Studenten. Es wurde mit einem strengen Verweis abgeschlossen. Die Studenten hatten in Westberlin Cordhosen gekauft.[433]

Zwischendurch, im Oktober 1958, wurden einige kaderpolitische Fälle behandelt. Hierzu zählte die Kündigung eines Dozenten zum 31. Dezember 1958. Demnach soll er nicht mehr den Anforderungen im „Hinblick auf die sozialistische Umgestaltung der Hochschule“ genügt haben. Des Weiteren sprach das LK einem Wissenschaftler vom Institut für Vakuumtechnik eine Missbilligung aus, da er es abgelehnt habe, einen zugesagten Vortrag auf dem III. IWK zu halten, weil ihm Reisen zu Tagungen in die Bundesrepublik

---

428 Protokoll vom 22.9.1958 zur Sitzung des LK am 15.9.1958; UAI, S. 1–4, hier 1–3.
429 Interview des Verf. mit Harry Dreffke am 18.7.2018.
430 Protokoll vom 1.10.1958 über die Sitzung des LK am 23.9.1958; UAI, BIIa2a-0227, S. 1–4, hier 3.
431 Ebd.
432 Protokoll vom 10.11.1958 zur Sitzung des LK am 27.10.1958; UAI, S. 1–3, hier 2 f.
433 Protokoll vom 7.12.1959 zur Sitzung des LK am 1.12.1959; UAI, S. 1–6, hier 3.

versagt worden waren. Vor allem die Art seiner Begründung erregte Missfallen im Leitungsgremium. Als Reaktion darauf sprach es sich gar für die Auflösung seines Instituts aus. Walter Heinze soll sich einverstanden erklärt haben, das Institut bei sich einzugliedern.[434] Doch was der Betroffene offenbar nicht wusste war, dass aufgrund anhaltender Devisenschwierigkeiten der DDR die zentrale Anweisung bestand, bei Reisen in den Westen „einen besonders strengen Maßstab anzulegen".[435] Auch Lothar Poßner[436] vom Institut für Maschinenkunde war betroffen. Auf der Sitzung der Hochschulleitung im Sommer des nächsten Jahres soll er verkündet haben, „keinen Wert mehr darauf" zu legen, „an der Hochschule als Professor tätig zu sein".[437] Drei Monate später hieß es, dass er „sich allen Vorhaltungen" gegenüber verschließe und überhaupt „keine Einsicht" zeige. Am 22. September 1959 wurde deutlich, dass die Auseinandersetzungen um Poßner an Schärfe gewannen, auch wurden sie persönlicher. Stamm beauftragte daraufhin den Disziplinarausschuss, zu ermitteln.[438] Möglicherweise versuchte Siegfried Hildebrand von der TH Dresden, der Poßner schätzte, zu vermitteln. Es ist protokollarisch nicht klar, ob von Hildebrand der Kompromissvorschlag kam, Poßner zwar von der Lehrtätigkeit zu befreien, ihn aber auf der Position des Instituts-Direktors für Maschinenkunde zu belassen, was anzunehmen ist.[439] Hildebrands Institut besaß einen ausgezeichneten Ruf auch in der westlichen Welt. Er wurde noch über seine Emeritierung hinaus vom MfS operativ bearbeitet, mit nicht einfach zu verkraftenden Begleiterscheinungen für ihn selbst sowie für einige seiner engeren Kollegen.[440] Hildebrand und Stamm kannten sich von Dresden her. Die von Hildebrand empfohlene Lösung im Falle Poßners fand jedoch keine breite Zustimmung auf der Sitzung am 17. November, an der auch Harry Groschupf[441] vom SHF und Poßner selbst teilnahmen. Der Senat hielt es deshalb für erforderlich, den Fall noch einmal zu diskutieren. Indes wurde Max Beck, siehe oben, von seinen dienstlichen Obliegenheiten entbunden.[442] Das Verfahren gegen ihn dauerte zwei Jahre. Die Leitung befasste sich am 26. Januar 1960 wiederum mit der Angelegenheit Poßner sowie mit Disziplinarverfahren gegen 18 Studenten, die nicht am Ernteeinsatz teilgenommen hatten.[443] Fast zwei Jahre später, auf der Sitzung des Kollegiums am 4. Dezember 1961, teilte Poßner mit, dass er

434 Protokoll vom 14.11.1958 zur Sitzung des LK am 13.10.1958; UAI, S. 1–5, hier 1 u. 4.
435 Protokoll vom 1.9.1958 zur Sitzung des LK am 26.8.1958; UAI, S. 1–3, hier 2.
436 Geb. am 4.10.1896 in Ziegenrück (Saale). Studium an der TH Darmstadt, 1923 Diplom-Ingenieur, 1926 Promotion. Vor dem II. Weltkrieg Konstrukteur und Oberingenieur. 1949–1951 Dozent an der Ingenieurschule Ilmenau, danach, 1951–1954, an der Fachschule Schmalkalden. 1954 Prof. mit Lehrauftrag für Maschinenkunde, 1956–1961 Prof. mit v. Lehrauftrag. 1954 Wahrnehmung der Geschäfte des Direktors des Instituts für Maschinenkunde. Poßner verstarb 1976; u. a. UAI, 0874 Kad.
437 Protokoll vom 6.7.1959 zur Sitzung des LK am 1.7.1959; UAI, S. 1–4, hier 3.
438 Protokoll vom 15.10.1959 zur Sitzung des LK am 4.9.1959; UAI, S. 1–3.
439 Protokoll vom 19.11.1959 zur Sitzung des LK am 3.11.1959; UAI, S. 1–5, hier 4.
440 Ausführlich in Buthmann: Versagtes Vertrauen, Kap. 5.1 u. 5.2. Siehe auch: VI. Internationale Tagung Feingerätebau 1966 in Dresden, in: Feingerätetechnik 16(1967)2, Themenheft.
441 Groschupf kultivierte einen regen Kontakt zur HfE, der zwar an Harig erinnert, allerdings mit dem Unterschied, dass dieser primär ideologisch war. Er übernahm zum 1.11.1962 die Leitung der Abteilung Technik des SHF. Unterhalb dieser Ebene bildete der Sektor Technik II (Maschinenbau, Elektrotechnik, Technologie, Feinmechanik/Optik und Schiffbau) die für die HfE maßgebliche bürokratische Instanz. Groschupf avancierte später zum Stellvertreter des Ministers des MHF.
442 Protokoll vom 28.11.1959 zur Senatssitzung am 17.11.1959; UAI, S. 4 u. 17.
443 Protokoll vom 28.1.1960 zur Sitzung des LK am 26.1.1960; UAI, S. 1–7, hier 3 f.

für sich keine öffentliche Emeritierungsfeier wünsche.[444]

Indes wurde auf der ersten Herbstsitzung des Senats 1959 wiederum das Problem der angeblich überhandnehmenden Dienstreisen diskutiert. Robert Döpel schlug vor, „auf den Geburtstagstisch der Republik eine Verpflichtung zu legen, dass die Wissenschaftler der Hochschule in Zukunft nur einmal im Jahr an einer für ihr Fachgebiet besonders wichtigen Tagung teilnehmen und auch hierfür die Kosten tragen" mögen. Mit den wegfallenden Staatskosten wäre jedoch ein beliebter Entsagungsgrund unmöglich gemacht worden.

Tabelle 8: Dienstreisekosten in DM, Stichtag 31. Oktober 1959[445]

Fakultät	Sozialistisches Ausland	Kapitalistisches Ausland	Bundesrepublik	Gesamt
I.	1.929,22	1.515,46	1.647,13	5.091,81
II.	573,40	3.050,92	502,71	4.129,23
III.	1.028,75	4.605,51	2.212,98	7.848,24
IV.	2.088,60	-	3.692,63	5.781,23
V.	1.161,45	-	1.154,55	2.316,00

Die Diskussionen um Döpels Vorschlag dauerten viele Monate an. Erst am 15. Dezember 1960 beschloss der Senat, „dass in Zukunft bereits die Fakultäten einen sehr strengen Maßstab bei der Beantragung von Reisen" anzulegen haben. Es wurde orientiert, die Tagungsbesuche über Vorträge resp. Kolloquien für größere Kreise nutzbar zu machen.[446] Anfang 1961 wurde das Reiseregime verwaltungstechnisch kontrollierbarer gefasst. „Spätestens zwei Wochen nach Abschluss" der Reisen sollten die Reiseberichte in „zweifacher Ausfertigung" zur Weitergabe an das SHF vorgelegt sein.[447] Insbesondere diese Pflicht in Verbindung mit der Schaffung rechenschaftspflichtiger Dienstreise-Direktiven entwickelte sich zu einem effektiven Steuerungselement der SED resp. des MfS (siehe hierzu die Schemata 8 und 9, Kap. 5.3.5). Eine Beratung im SHF mit den für die Auslandsarbeit verantwortlichen Mitarbeitern der Rektorate der Universitäten und Hochschulen im Frühjahr festigte diesen Status, auch wurde den Mitarbeitern eine Argumentationshilfe zur Erläuterung der gegenwärtig klammen Kassenlage versprochen.[448] Der Senat orientierte am 20. Juni 1961 darauf, dass die Hochschullehrer „nur jeweils eine" Reise ins Ausland durchführen sollten.[449] Döpels Vorschlag, eingefasst in ein Kontrollregime, wurde zur Maxime erhoben. So weit zu sehen ist, war sie wenig nachhaltig. Zur Durchführung von Auslandsreisen stand der Hochschule künftig ein „Devisenfonds zur freien Verfügung". Außerdem konnten für 1961 80.000 DM für die Beschaffung wissenschaftlicher Literatur aus dem Westen abgerufen werden. Darüber hinaus standen zweckgebunden 4.500 DM „für den privaten Bezug solcher Literatur durch die Auslandsstudenten" zur Verfügung.[450]

1959 drängte die anstehende Studienreform. Die Reform war aus Gründen der

444 Protokoll vom 7.12.1961 zur Kollegiumssitzung am 4.12.1961; UAI, S. 4.

445 Protokoll vom 6.11.1959 zur Senatssitzung am 11.9.1959; UAI, S. 4 u. 11 f.

446 Protokoll vom 11.1.1960 zur Senatssitzung am 15.12.1959; UAI, S. 2. Siehe auch Protokoll vom 28.11.1959 zur Senatssitzung am 17.11.1959; UAI, S. 1–10, hier 2 u. 4.

447 Protokoll vom 30.1.1961 zur Senatssitzung am 24.1.1961; UAI, S. 4.

448 SHF vom 19.5.1961: Entwicklung der Auslandsbeziehungen und Planung und Durchführung von Auslandsreisen; UAI, S. 1–3.

449 Protokoll vom 30.6.1961 zur Senatssitzung am 20.6.1961; UAI, S. 5.

450 Protokoll vom 30.6.1961 zur Sitzung des LK am 26.6.1961; UAI, S. 1–3, hier 3.

expansiven Erhöhung der Zahl der Studenten ohne gleichzeitige proportionale Entwicklung der Aufnahmekapazitäten notwendig geworden und erwies sich demzufolge als schwierig. Eine Thematik, die nicht nur die Hochschule in Ilmenau betraf. Als Ausgangsbasis für die Bewertung der Situation dienten Ilmenau die aktuell gültigen Prämissen; vor allem die Studiendauer von 5,5 Jahren, mit Einschluss des halbjährigen Vorpraktikums, sowie die vom SHF festgelegten Anzahl von 31 Vorlesungswochen, aufgeteilt pro Jahr in 13 plus 18 Wochen. In den fünf Jahren Studium, die allerdings durch vier Berufspraktika von je fünf Wochen unterbrochen wurden, ergab das eine Gesamtvorlesungszahl von 155 Wochen. Dieser Zustand war in Hinsicht auf die Qualität des Studiums kritisch. Die Diskussionen brachten fünf größere Probleme zutage: Die Studenten hätten aufgrund der Fülle des gebotenen Stoffes und der Vielzahl von Lehrveranstaltungen keine ausreichende Zeit für das Selbststudium; die Verbindung zum wirklichen Leben sei viel zu gering, um den künftigen Praxiserfordernissen hinreichend gerecht zu werden; die jungen Diplom-Ingenieure würden „vielfach Mängel in ihrer Einstellung zur Gesellschaft" aufweisen; die Zahl der Abgänger ohne einen Abschluss sei zu hoch und bei den Fern- und Abendstudenten sogar noch höher; schließlich genüge die zweckgerichtete Verbindung von Lehre und Praxis nicht.[451]

Wegen der vom SHF geforderten massiven Erhöhung der Zahl der Studenten war klar, dass sich die Lage nicht zum Besseren verändern lassen würde. Die Hochschule sah deshalb vier zusätzliche Probleme auf sich zukommen: (1) Es müsse notwendig zu Umprojektierungen geplanter Hochschulbauten kommen; (2) weitere Neubauten und Erweiterungsbauten für Lehrzwecke seien unerlässlich; (3) die Schwierigkeiten der Unterbringung der Studenten würden weiterwachsen sowie (4), gesamtgesellschaftlich gesehen, zu einem Entzug von Produktionskräften führen. Der Vorschlag des Leitungskollektivs, aus dieser Gesamtmisere herauszukommen, klang revolutionär: Die Gesamtstudiendauer von 5,5 Jahren solle neu zusammengesetzt werden aus einem dreijährigen Direktstudium „unmittelbar an der Hochschule und einem zweieinhalbjährigen gelenkten Selbststudium bei produktiver Arbeit in geeigneten Betrieben". Das Fernstudium sollte zudem „nur noch auf Ausnahmen" beruhen.

Der Vorschlag stellte für die Planer offenbar die einzige Möglichkeit dar, wie gefordert, die Immatrikulationsquote deutlich erhöhen zu können. Ein solcher Studiendurchlauf wurde detailliert durchexerziert. Die Gesamtzahl der Vorlesungen würde sich demnach auf 132 Wochen verkürzen (sechs Semester mit je 22 Wochen), die Differenz von 23 Wochen zu den bisherigen 155 Wochen sollte in das Selbststudium verlagert werden. Die Vorlesungssemester würden nicht durchgängig laufen, sondern im 1., 3., 5., 7., 9. und 11.; die Betriebssemester jeweils dazwischen, also im 2., 4., 6., 8. und 10. Semester liegen. Sie würden sich in 22 Wochen Tätigkeit im Betrieb, eine Woche Prüfungen und drei Wochen Ferien gliedern. Auf diese Weise sollte es möglich werden, bei einem ständigen Wechsel von Vorlesungs- und Betriebssemester die Zulassungszahlen zu verdoppeln. Allerdings

451 Protokoll vom 30.1.1959 zur Senatssitzung am 20.12.1958; UAI, S. 1–8, hier 6 u. 8. Vorschlag des Praktikantenamtes der HfE vom 12.12.1958, aufgefunden im Konvolut zur Sitzung des LK am 2.12.1958; UAI, S. 1–5, hier 1.

verlagerte auf diese Weise die Hochschule das Problem der Unterbringung der Studenten auf die Betriebe, ein Problem, das in dem Papier nicht genannt resp. bewertet worden ist. Außer, dass die Studenten in den Betriebssemestern durch die Hochschule betreut werden sollten, woraus sich ergab, sie als geschlossene Seminargruppen in die einzelnen Betriebe zu bringen. Woraus wiederum ein – in dem Papier nicht wiedergegebenes – Problem entstünde, da angestrebt wurde, dass die Studenten möglichst in jenen Betrieben das Praktikum durchführen sollten, in denen sie dann auch nach Abschluss des Studiums gehen sollten. Erwähnt wurde der Mehrbedarf an Lehrstühlen mit mindestens einer Verdoppelung sowie an zusätzlichen Planstellen für Dozenten, Assistenten und Oberassistenten. In zwölf Punkten führte der Vorschlag ausschließlich positive Aspekte eines solchen Verfahrens und keinen einzigen negativen an.[452]

Noch erstaunlicher ist, dass gar eine Einsparung für die Dauer eines Studienganges in Höhe von 298 Millionen DM errechnet wurde, wobei allein 200 Millionen auf Gebäude für Lehrzwecke und Internate entfielen. Der Vorschlag stammte vom Leiter des Praktikantenamtes der HfE Ilmenau, Alfred Pohlmann[453]. Eine Gegenrechnung auf Basis der Mehrkosten allein durch die personelle Erweiterung ist nicht tradiert.[454] Ein Schreiben Stamms vom 22. Januar 1959 an die Mitglieder des LK zur Frage der Studienreform beinhaltete einen neuen Vorschlag Pohlmanns, der sich nicht auf eine Verdoppelung der Zulassungszahl, sondern lediglich auf eine Erhöhung auf 455 Studenten ab dem laufenden Jahr bezog. Werde dies nicht genehmigt, empfahl er folgende Lösung:

1. Die Fakultäten Feinmechanik/Optik sowie Technologie und Ingenieurökonomie mit zusammen 170 zu immatrikulierenden Studenten beginnen mit dem Direktstudium zu Anfang des Jahres (bzw. führen das vor dem Studium liegende Vorpraktikum nach dem ersten Semester durch, also im Januar 1960).

2. Die Fakultät Stark- und Schwachstromtechnik mit 285 zu immatrikulierenden Studenten beginnt im Sommer 1959 mit dem Vorpraktikum. Sie nehmen ab Januar 1960 am ersten Vorlesungssemester teil.

3. Dadurch würde Zeit für die Fertigstellung der Internate und Neubauten gewonnen.[455]

Das Modell gehorchte einer Phasenverschiebung. Helmut Winkler schlug am 9. Februar 1959 entgegen dem Volkswirtschaftsplan vor, nur 400 Studenten zu immatrikulieren, da die Unterbringungsschwierigkeiten für die Studenten nicht zu lösen seien. Das LK schloss sich dem Vorschlag nicht an, da an dem Volkswirtschaftsplan nicht zu rütteln sei. Also erhielt Winkler die Aufgabe, eine Analyse „über die erforderlichen Maßnahmen“ zu

---

452 Ebd., zweite Quelle, S. 1–3.

453 Geb. am 19.9.1961 in Riga (Russland). Studium an der Ingenieurschule Ilmenau, Ing.-Abschluss 1932. NSDAP von 1933–1945, LDPD von 1945–1954. Leitete das Praktikantenamt von 1954–1988 (Direktorat für Erziehung, Aus- und Weiterbildung, EAW); u. a. UAI, 4361 Pers.

454 Anlage zum Vorschlag des Praktikantenamtes der HfE vom 12.12.1958, aufgefunden im Konvolut zur Sitzung des LK am 2.12.1958; UAI, 1 S.

455 Schreiben von Pohlmann an Stamm vom 21.1.1959, 1 S., aufgefunden im Konvolut zur Sitzung des LK am 9.2.1959; UAI. Zitiert in anderer Nummernfolge.

erstellen.[456] Diese Zahlen aber berührten nicht jene Berechnung, die Pohlmann in seinem Vorschlag im vorigen Jahr thematisiert hatte. Die Erhöhung von 1.800 auf 3.000 Studenten war auf der Sitzung des Senats am 6. Februar 1959 diskutiert worden. Das wichtigste Thema auf der Sitzung der Leitung am 17. Februar bildete wiederum die Frage der Bewältigung der hohen von Berlin geforderten Immatrikulationszahlen für 1959, die indes Gesetzeskraft erlangten. Ilmenau hatte diese Zahlen umzusetzen. Demzufolge beschloss die Hochschule, Unterbringungsmöglichkeiten für 275 Studenten zu finden sowie die internatsmäßige Unterbringung für 50 bis 60 Ausländer zu realisieren; ferner sollten über einen Mietvertrag mit der Festhalle ab 15. Januar 1960 neue Vorlesungsmöglichkeiten geschaffen werden.[457] Die SED der HfE beklagte Mitte 1959, dass es keine klare Meinung der eigenen Leitung gebe, „in welcher Richtung diese Probleme gelöst werden sollen".[458]

Am 23. Juni 1959 befasste sich die Leitung der HfE mit der Studienfestlegung für das Studienjahr 1959/60. Ein Blick auf die Wochenstunden des 4. Semesters zeigt, dass das vom SHF vorgegebene Limit – in Addition von Vorlesungen, Übungen und Praktika – überschritten wurde. Die Fakultät Starkstromtechnik brachte es auf 33,5 Stunden (davon 18 für Vorlesungen und 9,5 für Übungen), Schwachstromtechnik auf 28,6 Stunden (davon 15 für Vorlesungen und 7,5 für Übungen), Feinmechanik/Optik auf 31,5 Stunden (davon 18 für Vorlesungen und 10,5 für Übungen) und Technologie auf 33,5 Stunden (davon 17 für Vorlesungen und 10,5 für Übungen). Im Fach Gesellschaftswissenschaften galten für alle einheitlich drei Stunden Vorlesungen und 1,5 Stunden Übungen, also zusammen 4,5 Stunden. Lediglich die Höhere Mathematik in den genannten Fakultäten mit je fünf Stunden und die allgemeine Elektrotechnik in den Fakultäten für Stark- und Schwachstromtechnik mit je sechs Stunden lagen über dem Volumen, das für die Lehrveranstaltung „Gesellschaftswissenschaften" eingeräumt worden war. Alle anderen acht Fächer, einschließlich Russisch und Sport, lagen hinter den Gesellschaftswissenschaften. Ein Bild, das auch für das 6. Semester ähnlich war.[459] Demnach hatte der Student für Vorlesungen und Übungen ein wöchentliches Zeitvolumen von knapp 17 Prozent für das für einen Techniker unergiebige Studium des Marxismus-Leninismus aufzubringen. Erst 1965 sollte sich die Situation bessern. Mit je 25 Wochenstunden für die ersten beiden Semester der Matrikel wurde die zentrale Vorgabe der Begrenzung nun eingehalten. Lediglich das dritte Semester überschritt diese Vorgabe um eine Stunde, sie sollte aber im vierten Semester wieder abgezogen werden. Das technische Zeichnen und das geometrische Konstruieren waren allerdings erheblich reduziert worden, lediglich eine Stunde Vorlesung, eine Stunde Übungen sowie keine Prüfung standen für das erste Semester auf dem Plan. Gegen die Kürzungen erfolgten Einsprüche.[460]

---

456 Protokoll vom 12.2.1959 zur Sitzung des LK am 9.2.1959; UAI, S. 1–4, hier 1 f.

457 Protokoll vom 2.3.1959 zur Senatssitzung am 6.2.1959; UAI, S. 1–6.

458 Einschätzung der politisch-ideologischen Arbeit der Parteileitung vom 22.6.1959; LATh-StA Meiningen, BS 4-95-1317, AS 17, S. 1–16, hier 12.

459 Studienpläne, in: Protokoll o. D. über die erweiterte Sitzung des LK am 23.6.1959; UAI, S. 1–7.

460 THI, AG 4 der III. WÖK, vom 5.11.1965: Studienplan für die 13. Matrikel, aufgefunden im Konvolut zur Senatssitzung am 16.11.1965; UAI, S. 1–3.

Zwei bedeutende Daten in der Geschichte der HfE Ilmenau und das ewige Praxisproblem
Am 31. Juli 1959 beendeten die ersten Absolventen, 90 Diplom-Ingenieure, das Studium.[461] Wenig später, auf der Sitzung des Leitungskollektivs am 24. August 1959, wurde informiert, dass Stamm „noch einmal den Antrag auf Umbenennung der Hochschule in ‚Technische Hochschule Ilmenau' stellen" werde.[462]

Wie sehr die heute meist unkritisch argumentierte damalige Praxisverbundenheit fragil war und vor allem kritisch gesehen wurde, zeigen Ausführungen Andreas Schülers, die er auf der Sitzung des Senats am 11. September 1959 zur Thematik des praxisverbundenen Studiums gab. Zunächst kritisierte er die Auffassung, wonach ein praxisverbundenes Studium nicht vonnöten sei, da die Ausbildung per se praxisverbunden erfolge, zumal die „Lehrkräfte fast ausnahmslos große praktische Erfahrungen" besäßen. Diese verbale Form aber reiche nicht, so Schüler, es müsse vielmehr die richtige „Aneignung und Verarbeitung der notwendigen Kenntnisse" ins Auge gefasst werden. Dass hinter dieser Problematik die Forderung der SED stand, eine engere Verbindung von Studium und Praxis, Hochschule und Produktion oder auch: Theorie und Praxis zu knüpfen, sah er nicht primär dem Umstand geschuldet, dass der Volkswirtschaft Arbeitskräfte an allen Ecken und Kanten fehlten, sondern „in Wirklichkeit" gehe „es um eine qualitative Verbesserung des Studiums, die ihre theoretische Begründung in der marxistischen Erkenntnistheorie" habe. Schüler verwies auf zwei Beispiele. Einmal darauf, dass sich bei einem Arbeitseinsatz gezeigt habe, dass die Studenten sich „als unfähig erwiesen" hätten, „selbstständig bei einfachen Erdarbeiten eine flüssige Arbeitsorganisation auf die Beine zu stellen". Ein anderes Beispiel, das er mit dem ersten in ursächliche Verbindung brachte, seien „die ernsten Erfahrungen im Reservistenlehrgang". Demnach wären die Studenten bei der „Ableistung des Fahneneides" nicht in der Lage gewesen, „sich von selbst mit aufgetretenen gegnerischen Argumenten erfolgreich auseinanderzusetzen, sie richtig einzuschätzen, sich in einer für sie neuen Situation rasch zurechtzufinden und richtig zu handeln".[463]

Schüler sah nicht, dass der Sinn seiner Beispiele nicht in der fehlenden Kreativität in „unerwarteten Situationen" bestand, sondern in der Unlust der Studenten, völlig fachfremde Dinge machen zu müssen. Das Ziel, vom „vorherrschenden Paukbetrieb wegzukommen", war zwar in einzelnen Punkten wie Art und Anzahl der Prüfungen lobenswert, doch der Gedanke der SED, möglichst rasch Absolventen für die Industrie zu „produzieren" und die Studenten zwischendurch auch noch in der Produktion arbeiten zu lassen, war damit keineswegs gewährleistet. Der vielgeforderte und -gelobte Praxisbezug der Ilmenauer Studenten war nicht über Ernte- und Wintereinsätze zu erreichen. Erst ein fachnaher Einsatz in der Volkswirtschaft bot die Möglichkeit des Erwerbs anwendungsfähigen Wissens, erforderte einen Einstieg in Selbstdisziplin und umsetzbaren Arbeitsmethoden, kurz: machte Kreativität erst möglich. Doch darum ging es der SED zumindest nicht durchgängig, da sie die (billigen) Studenten im Ernteeinsatz, in der militärischen Ausbildung und in

461 Rittig: Ingenieure, S. 119.
462 Protokoll vom 4.9.1959 zur Sitzung des LK am 28.8.1959; UAI, S. 1–5, hier 2.
463 Schüler: Über die Entwicklung praxisverbundener Studienformen, aufgefunden im Konvolut zur Senatssitzung am 11.9.1959; UAI, S. 1–10, hier 1–4.

Form von Arbeitseinsätzen (auch wenn sie Berufs- und Vorpraktika hießen) in Betrieben benötigte. Schüler konstatierte, dass die beiden Hauptformen der Praxisvermittlung „nicht den gewünschten Erfolg“ und somit „die größten Meinungsverschiedenheiten“ brächten. Die Studenten in den Praktika Geräte bauen zu lassen, wie es an anderen Hochschulen, aber auch an einigen Instituten der HfE Ilmenau mit Erfolg praktiziert wurde, war ein richtiger und gangbarer Weg. Ein anderer war jener über die Beziehung zu Betrieben. Erwähnt wurde als pionierhaft hierin die V. Fakultät. Die dürften jedoch nicht, so Schüler, „als eine zusätzliche Belastung oder Ablenkung vom Studium betrachtet werden“, was aber wegen der mangelnden Effizienz so gesehen werde. Schüler hoffte, „dass derartige Formen unsere verstorbenen wissenschaftlichen Studentenzirkel erneut beleben und mit einem neuen Inhalt erfüllen“ könnten.[464] Tatsächlich hatte die V. Fakultät mit ihrer Kreation von Fakultätsratssitzungen in Betrieben der Volkswirtschaft ein interessantes Beispiel gegeben, das übrigens auch der Technologieauffassung Stamms entgegengekommen wäre. Diese mit Exkursionen zu verbinden, die nicht nur Besichtigungen, sondern in Form von Vorträgen, Seminaren und Übungen direkte Mitwirkungsaktivitäten einschlossen, wäre in der Tat ein richtungsweisender Schritt für den letztlich auch intellektuellen Austausch geworden. Doch es blieb nur bei dieser Idee.

Der Siebenjahrplan der DDR

Auf der Sitzung des Senats am 17. November 1959 nahm der am 1. Januar 1959 gestartete Siebenjahrplan der DDR einen breiten Raum ein. Der erste und einzige Siebenjahrplan der DDR scheiterte nachhaltig.[465] Mit ihm war gesetzlich festgeschrieben worden, „dass die Universitäten, Hoch- und Fachschulen wissenschaftlich hochqualifizierte Fachleute auszubilden“ hatten. Das war zwar Usus, doch dies im Sinne der Mitbestimmung des Weltniveaus auf Basis einer breiten Entwicklung der Grundlagenforschung *und* der Vertragsforschung erreichen zu wollen, beinhaltete a priori ein hohes Maß an Spannungen für die ressourcenschwache DDR. Die angestrebten Zahlen erwiesen sich als deutlich zu ambitioniert. Im Zeitraum des Siebenjahrplanes wollte die SED die Zulassungen zum Direktstudium an den Universitäten und Hochschulen von 13.600 auf 20.000 sowie an den Fachschulen von 23.400 auf 34.000 erhöhen.[466] Für die HfE Ilmenau folgte daraus eine Erhöhung der Anzahl der Studenten auf 3.200 zuzüglich 500 Ausländer.[467]

Stamm argumentierte recht überraschend, dass selbst diese Zahlen Minimalforderungen darstellten. Es sei Aufgabe der Hochschulen, diese Ziele zu überbieten. In fachlicher Hinsicht favorisierte die SED die „Ausbildung auf den Gebieten der Radiochemie, der Biochemie und Kerntechnik, der Feingeräte- und Feinmesstechnik, der Halbleitertechnik, der Regelungstechnik und Automation, der chemischen Verfahrenstechnik und des Apparatebaus für die chemische Industrie, der Wärmetechnik, der Verformungs- und Gießereitechnik, der Baustofftechnik und die Ausbildung von Technologen aller Fachgebiete“. Da für

---

464 Ebd., S. 4 u. 7–10.

465 Geplant für den Zeitraum vom 1.1.1959 bis 31.12.1965. Von 1963 an wurden dann bis 1970 jahresweise Perspektivpläne aufgestellt.

466 Protokoll vom 28.11.1959 zur Senatssitzung am 17.11.1959; UAI, S. 1–10, hier 5 f.

467 Lindner: Aufbauphase, S. 6.

die HfE eine ganze Reihe konkreter Aufgaben abzuleiten war, schlug Stamm vor, hierfür Kommissionen einzusetzen. Schließlich solle der Siebenjahrplan „letzten Endes erweisen, dass die in der DDR herrschende Gesellschaftsordnung den anderen überlegen ist". Der Senat beschloss noch Ende November eine Reihe von Maßnahmen zu seiner Umsetzung.[468]

Im Zuge des Siebenjahrplanes formulierte die TH ihre nach 1953 zweite große Aufbauperspektive. Die Staatliche Plankommission (SPK) hatte gefordert, die neue Vorplanung bis zum 20. Dezember 1960 fertigzustellen. Unter Aufbietung aller Kräfte soll es gelungen sein, die alten Pläne entsprechend umzuarbeiten. Doch die nachfolgende Situation entsprach der der ersten großen Planperiode, in der es, wie oben dargelegt, zu fünf Planänderungsverfahren gekommen war. Das größere Problem stellte diesmal die akute Finanznot der DDR dar. Die geplante und letztlich ohnehin viel zu knappe Investsumme für das kommende Jahr wurde zudem um 8 Millionen DM auf nunmehr knapp 6,1 Millionen (andere Quelle: knapp über 6,1 Millionen) gekürzt. Aus der Not wurde festgelegt, zunächst keine Internate zu bauen. Doch auch diese Korrektur um den Betrag einer halben Million reichte nicht hin, die vorgegebenen Kontrollziffern einzuhalten. Hinzu kam, dass es nicht nur das fiskalische, sondern auch das alte bauseitige Kapazitätsproblem gab, da die örtlichen Bauunternehmen sämtlich ausgebucht waren.[469]

Die Attraktivität des Westens und die Fluchtbewegung

Ein herausgehobenes Thema auf der Senatssitzung am 17. November 1959 bildeten „ideologische Probleme" wie der Spionageprozess gegen Franz Brehmer und eine neuerliche Verhaftung einiger Studenten, die angeblich „der Spionage für imperialistische Geheimdienste überführt" wurden (siehe Kap. 5.3.4, S. 551–554 u. 602). Einmal mehr wurde hierfür die angeblich schlechte Erziehungsarbeit der Assistenten verantwortlich gemacht, es fehle an „politisch-ideologischer Klarheit". So sei etwa die „Rolle Westdeutschlands und Westberlins als Zentrum der Reaktion und des Militarismus nicht klar". Es würden „sich viele Studenten an Wissenschaftler, wissenschaftliche Institute und Betriebe in Westdeutschland" gewandt haben, „um sich für die Durchführung ihrer Diplomarbeiten fehlende wissenschaftliche Publikationen zu beschaffen". Professoren würden gar in ihren Vorlesungen Hinweise auf Westliteratur geben. „Das führe dazu, dass Verbindungen zu imperialistischen Geheimdiensten hergestellt" würden. Dies müsse beendet werden, Wege hierfür seien die Beschaffung von Literatur ausschließlich auf legalem Wege und die Verbesserung der Arbeit der Betreuer bei Exkursionen westdeutscher Wissenschaftler.[470]

Parallel zu diesen Vorfällen und Problemen verschärfte sich die Abwanderung durch Flucht. Aktuell verließ nun auch Gerhard Megla[471] die DDR, Leiter des Instituts für Hochfrequenztechnik und Elektronenröhren, angeblich „auf Grund persönlicher Verärgerungen

---

468 Protokoll vom 28.11.1959 zur Senatssitzung am 17.11.1959; UAI, S. 1–10, hier 5 f.
469 Ebd., S. 7 f.
470 Ebd., S. 7.
471 Geb. am 22.1.1918 in Berlin-Karlshorst. Studium an der Ingenieur-Schule Gauß in Berlin 1935–1939, Promotion 1955. 1947 Hochfrequenztechniker in der Entwicklungsabteilung des VEB Sachsenwerk Radeberg. 1956 Prof. mit Lehrauftrag für Hochfrequenztechnik und Elektronenröhren und Direktor im gleichnamigen Institut der HfE; u. a. UAI, 0923 Kad.

mit dem Staatssekretariat für Hochschulwesen".[472] Megla war ein international anerkannter Fachmann auf dem Gebiet der Nachrichtentechnik. Einige Mitglieder des Senats zeigten sich enttäuscht, andere verwiesen darauf, dass man zu wenig auf seine Belange eingegangen sei.[473] Es war Usus, die fachlichen Argumente der Betreffenden reflexartig mit politisch-ideologischen Standards abzuwehren, was natürlich misslingen musste. Das hatte beispielsweise Max Steenbeck im Falle des geflüchteten ersten Mannes der Kerntechnik in der DDR, Heinz Barwich, der SED expressis verbis gesagt.[474] Megla, im Westen angekommen, schrieb an Manfred Kummer: „Nun ist es doch so weit gekommen, wie ich befürchtete: Ich habe mich entschlossen, die DDR zu verlassen, selbst auf die Gefahr hin, einer relativ ungewissen Zeit in der Zukunft entgegenzusehen." Es ist ein höflich verfasstes Schreiben, im Stil und in der Aussageweise völlig anders als jenes an Stamm; hier heißt es lapidar: „Teile Ihnen hierdurch mit, dass ich mich entschlossen habe, die DDR zu verlassen, da ich den Eindruck [habe], dass meine Leistungen an der Hochschule nicht anerkannt werden." Er nannte drei Gründe: die schleppende Bearbeitung seiner Berufung zum Professor mit vollem Lehrauftrag, die Wohnungsfrage und die bislang nicht erfolgte, aber zugesicherte Berufung zum Institutsdirektor. Die Hochschulleitung versuchte ihn ernstlich „zurückzugewinnen", doch ein Gespräch in Frankfurt am Main verlief in dieser Hinsicht ergebnislos.[475]

Ein Senatsmitglied stellte die Lage als ernst für die Hochschule dar. Man führe zwar „laufend Aussprachen mit den Studenten", halte sie an, sich zur Frage der Republikflucht zu äußern, erreiche sie aber nicht. Gleichermaßen gelte dies für die Assistenten. Auch „einige Angehörige des Lehrkörpers" hätten in dieser Frage „keine klare Stellung" bezogen. „Den jungen Menschen" falle es „schwer, eine klare Stellungnahme zu finden, da sie den Kapitalismus nicht bewusst erlebt" hätten. Philippow war der Auffassung, dass es an der notwendigen Verbindung des Hochschullehrers mit den Studenten mangele und empfahl, „die wissenschaftlichen Studentenzirkel wieder aufleben zu lassen und sich Gedanken zu machen, wie diese in den Erziehungsprozess mit einbezogen werden" könnten. Der Senat versuchte es gewohnt mit aktionistischer Überzeugungsarbeit, allein bis Weihnachten sollten vier Veranstaltungen stattfinden: bis Ende November drei Versammlungen der Assistenten zu ihrer Rolle in Ausbildung und Erziehung sowie am 18. Dezember „eine Aussprache mit allen Angehörigen des Lehrkörpers" über die Spionagefälle und Republikfluchten. Vertreter des Lehrkörpers sollten an Versammlungen der Seminargruppen teilnehmen.[476] Unbeeinflusst davon verließ im Dezember 1959 abermals ein Hochschullehrer die HfE. Über den Fall des Eugen Hanke[477] habe man zwar diskutiert, sei aber zu keiner triftigen

---

472 Bericht vom 3.11.1961; BStU, BV Suhl, AIM 93/73, Teil I, 1 Bd., Bl. 38–40.
473 Protokoll vom 28.11.1959 zur Senatssitzung am 17.11.1959; UAI, S. 8.
474 Buthmann: Versagtes Vertrauen, Kap. 4.3.1, S. 993.
475 Schreiben an Kummer, o. D., Schreiben an Stamm vom 16.9.1959 sowie Schreiben der HfE an das SHF vom 20.11.1959; UAI, 0923 Kad, S. 1 f. u. 1 S.
476 Protokoll vom 28.11.1959 zur Senatssitzung am 17.11.1959; UAI, S. 8 f.
477 Geb. am 17.4.1914 in Pabjaniee, Polen. 1939–1953 in Betrieben tätig, zuletzt im VEB Carl Zeiss Jena als Leiter der Werkstoffprüfabteilung. Zum 8.1.1954 mit der Wahrnehmung der Geschäfte des Prorektors für die wissenschaftliche Aspirantur an der HfE beauftragt. Oktober 1955 Prof. mit Lehrauftrag für Werkstoffkunde und zerstörungsfreie Werkstoffprüfung; mit v. Lehrauftrag ab Januar 1957 sowie April 1959 mit Lehrstuhl. Baute das Institut für Werkstoffkunde und zerstörungsfreie Werkstoffprüfung auf.

Erklärung für dessen Flucht gekommen. Gründe könne man nicht ausmachen. Sein Verhalten „wurde sehr scharf kritisiert, und der Senat forderte eine eingehende Prüfung, weshalb Herr Prof. Hanke die DDR verlassen" habe. Der Disziplinarausschuss wurde aufgefordert, bis zum 15. Januar 1960 eine Stellungnahme abzugeben. Gleichzeitig wurde er beauftragt, Meglas Flucht zu untersuchen. Unabhängig von dieser Untersuchung gab der Senat bereits eine Erklärung ab. Demnach verurteilten sämtliche Senatsmitglieder seine Flucht und bewerteten sie „als ehrlose Handlung". Der Schritt sei insbesondere „verwerflich", da er als Direktor des Instituts für Werkstoffkunde und zerstörungsfreie Werkstoffprüfung „auf das Großzügigste unterstützt" worden sei.[478] Zum „Republikverrat Hankes" ist ein Dokument der Parteiorganisation (PO) der Fakultät für Technologie und Ingenieurökonomie, abgedruckt in einer Diplomarbeit, tradiert. Er habe, so heißt es, „schamlos Verrat an der Sache des Friedens und unserem Arbeiter-und-Bauern-Staat geübt".[479] Zur Flucht Hankes und Meglas stellte Döpel auf der Senatssitzung am 19. Januar 1960 „den Antrag, zumindest Hanke den Titel Professor aberkennen zu lassen".[480]

Die für 1959 letzte Sitzung des LK fand am 28. Dezember statt. Auf der Tagesordnung stand ein Disziplinarverfahren gegen vier Studenten, zwei von der Theoretischen Elektrotechnik sowie je einer von der Elektroakustik und der Energietechnik. Alle waren „wegen staatsfeindlicher Handlungen" verhaftet worden. Angeblich hatten sie konkrete Aufträge erhalten, „als Agenten und Spione an unserer Hochschule zu arbeiten". Das LK beschloss, dass „diesen Studenten auf Grund des Paragraphen 3, Abs. 1e, der Disziplinarordnung, die Studienerlaubnis für dauernd an allen Universitäten und Hochschulen der DDR entzogen wird".[481] Am 17. Dezember 1959 hatte Offizier Löhlein mit Karl-Heinz Linsel alias „Gebhardt" (Kap. 5.3.3, Fall-Nr. 30) über das Geschehen rund um die Verhaftung der Studenten wegen unerlaubten Aufenthaltes in Westberlin gesprochen. Die Diskussionen an der Hochschule seien schlecht gewesen, da selbst teilnehmende Genossen keine Haltung bewiesen hätten, da sie schwiegen, statt darauf zu verweisen, dass es sich für Studenten an einer „sozialistischen Hochschule" nicht gezieme, Westberlin aufzusuchen. Studenten meinten gar, dass sie allein aus wegetechnischen Gründen durch Westberlin fahren müssten. Angeschnitten wurde auch die Frage der Fluchten. Man war „der Meinung, dass viele Wissenschaftler nur durch Verärgerungen über Staatsfunktionäre die DDR verlassen".[482]

Sich mit militärischen Dingen im Studium befassen zu müssen, zumal praktisch und langandauernd, war in der DDR ungeliebt. Entsprechend sah sich der Senat auf seiner Sitzung am 15. Dezember 1959 veranlasst, „darauf hinzuweisen, dass eine vollzählige Teilnahme

---

Ab Mitte 1958 Prodekan der Fakultät für Technologie und Ingenieurökonomie. Flucht im November 1959; UAI, 0921 Kad.

478 Protokoll vom 11.1.1960 zur Senatssitzung am 15.12.1959; UAI, S. 4.

479 Stellungnahme der PO der Fakultät für Technologie und Ingenieurökonomie, o. D., in: Lindner: Geschichte, S. 86–88. Als Faksimile als Anlage 7 in Sauerteig, Volkmar: Ein Beitrag zur Untersuchung und Darstellung der Geschichte der Fakultäten und Institute der HfE Ilmenau 1953–1963, S. 1–30 o. Anlagen; UAI, ML-Abschlussarbeit, THI 1983.

480 Protokoll vom 26.1.1960 zur Senatssitzung am 19.1.1960; UAI, S. 9 f.

481 Protokoll vom 11.1.1960 zur Sitzung des LK am 28.12.1959; UAI, S. 1–6, hier 2 f.

482 KDI, OG „HS", vom 18.12.1959: Bericht zum Treffen mit „Gebhardt" am 17.12.1959; BStU, BV Suhl, AIM 448/64, Teil I, 1 Bd., Bl. 21 f.

der Studenten an der vormilitärischen Ausbildung erwartet" werde.[483] Diese Ausbildungsform hatte sich seit geraumer Zeit verfestigt. Ab dem Frühjahrssemester 1958/59 erschienen in den Personal- und Vorlesungsverzeichnissen (PVV) die entsprechenden Ankündigungen in der Rubrik „Mitteilungen für Studierende". Für das Frühjahrssemester 1958/59 hieß es in eigenartiger Zusammenführung: „Lehrgang für die militärische Ausbildung und Hochschulferien." Beides jeweils vier Wochen. Im Herbstsemester 1959/60 erfolgte die Angabe dann getrennt für den Militärdienst sowie für die Ferienzeit. Im PVV für das Frühjahrssemester 1959/60 hieß es militärische und Luftschutzausbildung sowie gesellschaftliche Einsätze. Die militärische Ausbildung wurde vom 7. Juli bis 6. August 1960 absolviert. An diesem Kurs nahmen das 3., 5. und 7. Semester teil. Die Sollzahl der Teilnehmer betrug 590 Studenten. Allgemein wurde eingeschätzt, dass die Studenten einen besseren Eindruck als im Vorjahr gemacht hätten. Kritisiert wurde jedoch, dass kein Hochschullehrer es für nötig gehalten habe, der Vereidigung der Studenten beizuwohnen. Jene, die „sich nicht freiwillig zu der militärischen Ausbildung gemeldet hatten, oder nicht tauglich waren, nahmen an Arbeitseinsätzen und am Lehrgang für Heimatverteidigung teil".[484]

Die Hochschule hatte Ende 1959 insgesamt 2.065 Studenten, davon im Direktstudium 1.944 und am Industrie-Institut 121.[485] Derweil stand mit Karl Reinisch[486] ein weiterer, künftig geschätzter Hochschullehrer und Wissenschaftler kurz vor seiner Einstellung. Der Senat erklärte sich einverstanden, ihn ab 1. März 1960 als Professor an die Hochschule zu berufen bei gleichzeitiger Wahrnehmung der Instituts-Leitung für Regelungstechnik (was auch geschah[487]).[488] Georg Gerhardt erklärt die Schwierigkeiten beim Aufbau des Institutes für Regelungstechnik auch mit der Frage der Besetzung dieses Leitungspostens. Mehr oder weniger hatte er dies mit Rückendeckung Heinzes bewerkstelligt, der ihm gestattete, Reinisch aus Dresden abzuwerben.[489]

Investitionen, Teil II

Am 17. Mai 1960 behandelte der Senat den vom Verwaltungsleiter Friedrich Trümpler erläuterten Haushaltsplan 1959, der vom SHF am 10. März 1959 inklusive einer Kürzung von 640.000 DM bestätigt worden war. Zwischenzeitlich hatte die HfE am 3. Juni 1959 eine Erhöhung des Haushaltsplanes um 1.128.500 DM zur Verwendung für Lohnfonds, Stipendien und Reisekosten beantragt, der auch genehmigt wurde. Die Mittelzuteilung inklusive Veränderungen seit dem 10. März zeigt zum 31. Dezember 1959 folgende Bilanz:

---

483 Protokoll vom 7.12.1959 zur Sitzung des LK am 1.12.1959; UAI, S. 1–6, hier 3.
484 PVV in der angegebenen Reihenfolge, dort S. 6 f. u. 9.
485 Hochschulstatistiken, Hauptstatistik 1960/61. Stichtag: 30.11.1959; UAI, Sgn. 624.
486 Geb. am 21.8.1921 in Dresden. Studium 1946–1951 an der TH Dresden, anschließend Assistent und Oberassistent, Promotion 1957, Habilitation 1972. 1957–1960 Institut für Regelungstechnik der DAW in Dresden. 1960–1968 Direktor des Instituts für Regelungstechnik, 1968–1971 Direktor der Sektion TBK, danach Fachbereichsleiter „Automatische Steuerung". 1969–1986 o. Prof. Reinisch verstarb 2007.
487 Protokoll vom 30.3.1960 zur Senatssitzung am 13.3.1960; UAI, S. 3 u. 5.
488 Protokoll vom 26.1.1960 zur Senatssitzung am 19.1.1960; UAI, S. 9 f.
489 Georg Gerhardt, in: 50 Jahre Akademisches Leben, S. 69–74.

Tabelle 9: Haushaltsplan der HfE (I), 1959

Kapitel	Bezeichnung	Einnahmen [DM]	Ausgaben [DM]
600	Universitäten u. Hochschulen	24.000	10.842.000
601	Industrie-Institut (I.-I.)	-	877.000
603	Internate und Mensen	502.000	1.115.000
611	Naturwissenschaftliche u. technische Institute	-	450.000
611/1	Vertragsforschung	22.000	22.000
614	Sonstige wissenschaftliche Institute	-	9.000
496	Vorplanung	-	75.000
498	Vorprojekte und Projekte	-	400.000
Gesamt		548.000	13.790.000

Bei der Position Kapitel 603 gab es eine markante Untererfüllung gegenüber dem bestätigten Plan vom 10. März 1959 in Höhe von 235.400 DM aufgrund der Mindereinnahmen der Mensa. Die beschränkte Kapazität der Mensa machte es nicht möglich, alle 2.000 Essenteilnehmer zu verkosten. Im laufenden Jahr sollte diese Situation durch „Errichtung eines provisorischen Speiseraums im Neubau des Gebäudes der Starkstromtechnik" verbessert werden. Indes stiegen die Durchschnittskosten pro Studenten in der Kategorie Lohnfonds von 1958 zu 1960 stetig von 2.329 über 2.520 auf nunmehr 2.960 DM an, während die Ausgaben für das Stipendium von 175 über 186 auf 180 DM eher stagnierten. Den deutlichsten Anstieg in den Durchschnittskosten pro Studenten verursachten die Beschaffungskosten von 55 über 85 auf 104 DM. Sämtliche umgeschlagenen Kosten pro Studenten stiegen von 6.001 über 6.501 auf nunmehr 7.445 DM.

Der Arbeitskräfteplan wies am 31. Dezember 1959 für die HfE einen Erfüllungsstand von 97,9 Prozent, absolut von 633 Arbeitskräften, aus. Der Erfüllungsstand betrug für das Industrie-Institut 77,7 Prozent, absolut sieben, sowie für Internate und Mensen 100 Prozent, absolut 59 Arbeitskräfte. Insgesamt waren 699 Arbeitskräfte unter Vertrag, geplant waren 714. Im Republikmaßstab soll dieser Erfüllungsstand „mit an 1. Stelle sämtlicher Universitäten und Hochschulen" gelegen haben. Allerdings wurde dieser gute Stand für 1960 nicht mehr erwartet, da es große Anstrengungen kosten werde, die geplanten 895 Planstellen zu besetzen. Bis Ende des ersten Quartals waren lediglich 695 Stellen besetzt, also vier weniger als Ende 1959. Mit einem Erfüllungsstand von nur 77,5 Prozent zeichnete sich durchaus eine Notlage ab. Auf dem Gebiet der Investitionen verzeichnete die Buchhaltung in der Plansummenerfüllung (Jahresplan) für 1959 einen Stand von 98,3 Prozent, absolut 7.194.900 DM, davon in der Sparte Bau von 89,4 Prozent, absolut 2.440.500 DM. Die Plansumme sollte ab 11. April 1960 auf 8.193.100 DM angehoben werden, davon die Sparte Bau in Höhe von nunmehr 5.032.400 DM. Aber auch hier drohte Ärger, da der Erfüllungsstand Ende des 1. Quartals bezogen auf den Jahresplan lediglich 16,5 Prozent betrug, in der Sparte Bau gar nur 13,6 Prozent.[490]

[490] HfE, Verwaltungsdirektor, vom 10.5.1960: Bericht, aufgefunden im Konvolut zur Senatssitzung am 17.5.1960; UAI, S. 1–6.

Machtexpansion der SED

Ein Protokoll der Sitzung der Parteigruppe des Senats vom 28. September 1960 liefert einen Einblick in das Selbstverständnis dieses politischen Organs *im* Senat. Gleich die erste Festlegung zur Verbesserung der Parteiarbeit im Senat hatte es in sich. Sie besagt, dass der persönliche Referent des Rektors, Jörn-Thoralf Carl, ab sofort mindestens 40 Prozent seines Zeitbudgets darauf zu verwenden hatte, zu analysieren, inwieweit die Beschlüsse des Senats eingehalten wurden; Zitat: „Genosse Carl ist mit allen Vollmachten auszustatten, die Einhaltung der Beschlüsse des Senats durchzusetzen." Die Ergebnisse waren berichtspflichtig. Eine andere Festlegung betraf den Zeitpunkt der Sitzung der Parteigruppe. Diskutiert wurde, was effizienter sei, unmittelbar vor der Senatssitzung oder an irgendeinem anderen Tag vorher. Da die SED grundsätzlich bemüht war, Themen einzusteuern und Schwerpunkte festzulegen, kann es nicht verwundern, dass über einen Termin nach den Sitzungen erst gar nicht diskutiert wurde. Man einigte sich schließlich auf einen Termin unmittelbar vor der jeweiligen Senatssitzung, nur in Ausnahmefällen sollte auch ein anderer Tag möglich sein. Festgelegt wurde ferner, dass die Senatssitzungen „auf das Grundsätzlichste zu konzentrieren" seien. Hingegen sollten „alle wichtigen Fragen der operativen Leitung der Hochschule, die einer kollektiven Entscheidung bedürfen", vom Leitungskollektiv entschieden werden. Zu den Festlegungen zählten die jeweiligen aktuellen Modifizierungen der Arbeitspläne des Senats und die Vorbereitungen der künftigen Senatssitzungen. Ein Beispiel: Im Zusammenhang mit der Senatssitzung am 4. Oktober 1960 beschloss die Parteigruppe des Senats, „dem Senat vorzuschlagen, den Bericht des Prorektors für Forschung als unzureichend zurückzuweisen".[491] Das erfolgte. Am 4. Oktober wurde der Bericht Eugen Philippows „wegen ungenügender Darlegung" vom Senat zurückgewiesen, eine bloße Aufzählung äußerer Tatsachen genüge nicht, hieß es.[492]

Immatrikulationen

Die Arbeiten in Hinblick auf die Immatrikulationen von der Werbung bis hin zur Bestätigung waren in der DDR traditionell aufwendiger als in westlichen Ländern, da Steuerungsmomente deutlich ausgeprägter waren. Viele Studierwillige waren von den sogenannten Umlenkungen betroffen. So auch Dagmar Schipanski, die sich nach Dresden hin bewarb und in Magdeburg landete. Oder vice versa: „Andere sind nicht in Dresden angenommen und sind nach Ilmenau umgeleitet worden."[493] Bis zum 27. Mai 1960 lagen 779 Bewerbungen vor. Das Immatrikulations-Soll betrug 475. Da es erhebliche Mängel in der Lenkung der Bewerber gegeben hatte, die sich insbesondere in Richtung der beiden Fakultäten Feinmechanik/Optik sowie Technologie und Ingenieurökonomie auftaten, musste eine „große Umlenkungsaktion" gestartet werden. Diese war arbeitsintensiv, da Aussprachen auf den Ebenen der Betriebe, Schulen und Institute, aber auch mit den Bewerbern selbst und ihren Eltern geführt werden mussten. Eigens hierfür wurden Kommissionen und

---

491 Protokoll der Sitzung der PG des Senats am 28.9.1960, aufgefunden im Konvolut zur Senatssitzung am 13.9.1960; UAI, S. 1 f.

492 HfE, Prorektorat für Studienangelegenheiten, vom 29.9.1960, aufgefunden im Konvolut zur Senatssitzung am 4.10.1960; UAI, S. 1–12, hier 1.

493 Interview des Verf. mit Dagmar Schipanski am 25.7.2017.

Assistentenaktivs gegründet. Zum 7. Juni lagen die endgültigen Entscheidungen vor: 477 Direktzulassungen, 96 für das „Praktische Jahr", 119 zunächst für die NVA sowie 42 Zurückstellungen. Von den 477 Direktzugelassenen entstammten 262 der Kategorie A1 bis A3 (Arbeiter, Landarbeiter, LPG), 55 der Kategorie B4 bis B6 (Intelligenz), 98 der Kategorie C7 (Angestellte der volkseigenen Wirtschaft), zwölf der Kategorie C8 (Angestellte der privaten Wirtschaft), 26 der Kategorie C9 (Handwerker), neun der Kategorie C10 (Gewerbetreibende), einer der Kategorie D11 (Freie Berufe, Pfarrer etc.), sieben der Kategorie D13 (Unternehmer) sowie nochmals sieben der Kategorie D14 (Sonstige). Die Aufteilung auf die einzelnen Fakultäten erfolgte wie folgt: Die Starkstromtechnik erhielt 140 (Soll: 140), die Schwachstromtechnik 173 (Soll: 165), die Feinmechanik/Optik 80 (Soll: 80) sowie die Technologie 50 (Soll: 50) und die Ingenieurökonomie 34 (Soll: 40). Da jedoch wegen Armee-Untauglichkeit noch einige Immatrikulierte hinzukamen, erhöhten sich die Ist-Zahlen für die Fakultät für Starkstromtechnik auf 142 und für die Ingenieurökonomie auf 35 Studenten. Die Statistik zeigt folgendes Bild:

Tabelle 10: Anzahl der Studenten, HS 1960

Semester	Inländer [m]	Inländer [w]	Ausländer [m]	Ausländer [w]
Vorpraktikum	446	32	3	-
2.	386	31	4	-
4.	321	8	3	-
6.	293	10	20	4
8.	284	6	5	-
10.	209	10	14	2
12.	39	3	2	-
Gesamt	1.978	100	51	6

Jeder Seminargruppe konnte zwar ein Betreuer zugeordnet werden, doch ein nennenswertes Engagement fehlte. Eine vom Prorektorat angeordnete Beratung mit den Betreuern musste mangels Beteiligung abgesagt werden. Die Fakultäten II und V besaßen 40 Seminargruppen, die Fakultäten I, III und IV 25. Die Arbeit in den „sozialistischen Studentengruppen" orientierte sich auf sechs Schwerpunkte: Studiendisziplin, Gemeinschaftsarbeit, Studienzeitüberschreitungen, „Überwindung des unselbstständigen Arbeitens", „Republikfluchten" und Exmatrikulationen.[494]

Das erste Konzil

Am 26. November 1960 fand das 1. Konzil der HfE Ilmenau statt. Das Hauptthema bildete die sogenannte Einheit von Erziehung und Ausbildung, realiter war dies der Kern, der das Wesen einer sozialistischen Hochschule ausmachte und sie zu jenen der westlichen Welt krass unterschied. Hans Stamm rief auf, „die Synthese zwischen den technischen Wissenschaften und den Gesellschaftswissenschaften herzustellen".[495] Die Thesen des Konzils stellten gewissermaßen das ideologisch getrimmte Korsett einer sozialistischen Hochschule dar. Das Erziehungsziel in den Thesen des 1. Konzils fußte auf den im

[494] HfE, Prorektorat für Studienangelegenheiten, vom 29.9.1960, aufgefunden im Konvolut zur Senatssitzung am 4.10.1960; UAI, S. 1–12.
[495] Lindner: Geschichte, S. 40.

Siebenjahrplan formulierten quasi-gesetzlichen Primat; Zitat: „Die Universitäten, Hoch- und Fachschulen haben wissenschaftlich hochqualifizierte Fachleute auszubilden, die den neuesten Stand der wissenschaftlichen und technischen Erkenntnisse beherrschen, über die Fähigkeit verfügen, ihre Kenntnisse in die Praxis des sozialistischen Aufbaus umzusetzen, erfolgreich im sozialistischen Kollektiv zu arbeiten und eine leitende Tätigkeit in Staat, Wirtschaft und Kultur auszuüben." Letztlich ergab sich daraus „das Bild eines sozialistischen Diplom-Ingenieurs", der über die fachliche, technische und organisatorische Meisterschaft die „Überlegenheit des Sozialismus gegenüber dem Kapitalismus auf seinem Gebiet" durchsetzen sollte. Er hatte die „führende Rolle der Arbeiterklasse" und ihrer Ideologie anzuerkennen. Dass der Hochschullehrer neben seiner eigentlichen Lehraufgabe angehalten war, den Studenten „die kompromisslose Treue zur wissenschaftlichen Wahrhaftigkeit im Dienst des gesellschaftlichen Fortschritts nahezubringen und die Begeisterung und Liebe zum Beruf in ihnen zu wecken", war zwar ethisch vortrefflich formuliert, jedoch unter den ideologischen Prämissen nicht leicht realisierbar. Im Abschnitt „Verbesserung der Ausbildung durch die Studienplangestaltung" wurden zehn Thesen formuliert, die den modernen Anforderungen einer Technischen Hochschule versuchten, gerecht zu werden, u. a.:

(1) Der polytechnische Unterricht sowohl an den Oberschulen als auch der an Betriebsakademien und Berufsschulen sowie an der ABF müsse „so gelenkt" werden, „dass ein organischer Übergang zur Hochschulausbildung ohne Schwierigkeiten" erfolgen könne.
(3) Die mathematisch-physikalische Ausbildung müsse „im Interesse einer spezifizierten Grundausbildung [...] bereits in den ersten Grundsemestern den Bedürfnissen der einzelnen Fakultäten weitgehend angepasst" werden.
(5) Nicht zuletzt aufgrund der Beschlüsse des 9. Plenums sei auf eine „gute, ihrem Fachgebiet angepasste konstruktiv-technologische Ausbildung" zu setzen.
(9) Da die Berufspraktika „nicht den erwünschten Erfolg" zeitigten, sollte überlegt werden, „ein etwa halbjähriges Ingenieurpraktikum unmittelbar vor der Diplomarbeit einzuschalten".
(10) Die Wochenstundenzahl von circa 32 Stunden pro Semester dürfe nicht überschritten werden. Der Student benötige ausreichend Zeit zum Selbststudium.[496]

Im Kontrast zum Ton des Konzils berichtete die Hochschulparteileitung am 29. November, dass die Wissenschaftler „sehr pessimistisch" seien und „eine große Unzufriedenheit an den Tag" legten. Stamm, Mau, Stöbel, Ulrich und andere hätten offen erklärt, „dass sie keine wissenschaftliche Perspektive sehen" und sich mit dem Gedanken trügen, „die Hochschule zu verlassen" – anders sei es im Falle der TH Dresden, wo das Investgeschehen deutlich besser sei und es zu keinen „nennenswerten Kürzungen" käme.[497]

---

496 HfE: Thesen des Konzils über Einheit von Erziehung und Ausbildung am 26.11.1960, aufgefunden im Konvolut zur Senatssitzung am 20.12.1960; UAI, S. 1–6. Der Stundenplan müsse „so bemessen sein, dass die Studenten auch studieren können", in: HPL der HfE, Protokoll vom 13.9.1960; LATh-StA Meiningen, BS 4-95-1317, AS 18, S. 1–11, hier 6.

497 Lindner: Aufbauphase, S. 20.

Die Hochschule wies Ende 1960 insgesamt 2.239 Studenten aus, davon im Direktstudium 2.038, am Industrie-Institut 104, im Fernstudium 63 und im Abendstudium 34.[498] Die Diversifikation der Ausbildungsrichtungen und Fakultätszusammensetzungen war erheblich. Die Anzahl der Institute verdoppelte sich. Gemessen an den fehlenden naturalen Faktoren entsprach dies einer großartigen Aufbauleistung. Bedeutende Änderungen in Struktur, Namensgebung und Institutsprofil der Fakultäten im Vergleich zur Struktur von 1954, siehe Schema 2, S. 92 f., sind im folgenden Schema fett gedruckt. Bestandteil der Hochschulstruktur blieben die vier nicht fakultätsgebundenen Einrichtungen: das Institut für Marxismus-Leninismus, die Abteilungen für Sprachunterricht und studentische Körpererziehung sowie das Industrie-Institut mit seinen vier Abteilungen Naturwissenschaften und Grundwissenschaften, Elektrotechnik, Feinmechanik und Optik sowie Ökonomie.

Schema 3: Fakultäten und Institute der HfE, 1960/61[499]

Erste Fakultät (Mathematik, Naturwissenschaften und technische Grundwissenschaften)

Institut für Maschinenkunde
Institut für Maschinenelemente
Institut für Dokumentation **und Patentwesen**
Institut für Mathematik
Institut für Physik
Institut für angewandte Physik
Institut für technische Mechanik
Institut für allgemeine **und theoretische** Elektrotechnik

Zweite Fakultät (Starkstromtechnik)

Institut für elektrische Apparate und Anlagen
Institut für Elektromaschinenbau
Institut für elektromotorische Antriebe
Institut für Chemie, Elektrochemie und Galvanotechnik
Institut für Hochspannungstechnik
Institut für elektrische Energietechnik
Institut für Elektrowärme

Dritte Fakultät (Schwachstromtechnik)

Institut für Hochfrequenztechnik und Elektroakustik
Institut für Fernmeldetechnik
Institut für Mikrowellentechnik und Wellenausbreitung
Institut für Elektronik (mit Abteilung Vakuumtechnik)
Institut für Regelungstechnik
Institut für elektromedizinische und radiologische Technik

---

498 Hochschulstatistiken, Hauptstatistik 1960/61. Stichtag: 30.11.1960; UAI, Sgn. 624.
499 PVV, FS 1960/61; UAI, Handbibliothek, S. 38 f. Hier ohne die Aufteilung der I., IV. und V. Fakultät in Fachbereiche. Siehe auch: Fakultätsbild, Stand 1963: Philippow, Eugen: Fakultät für Mathematik, Naturwissenschaften und Grundwissenschaften, in: Heinze: 10 Jahre, S. 28–70.

Vierte Fakultät (Feinmechanik/Optik)

Institut für Feingerätetechnik **(mit Abteilung Konstruktionssystematik)**
Institut für Lichttechnik
Institut für allgemeine **und optische** Messtechnik
Institut für Optik
Institut für Getriebetechnik
Institut für Foto- und Kinotechnik

Fünfte Fakultät (Technologie und Ingenieurökonomie)

Institut für Werkstoffkunde
Institut für Fertigungstechnik
Institut für Standardisierung und Gütesicherung
Institut für Politische Ökonomie
Institut für Ökonomik, Organisation und Planung
Institut für Finanzwirtschaft und Rechnungswesen
Institut für Staat und Recht

In Strukturübersichten und in der Hochschulgeschichtsschreibung fehlt meist das Fern- und Abendstudium. Generationen haben von diesen Angeboten Gebrauch gemacht. Das Fernstudium in der DDR war nahezu ohne Verlust gegenüber dem Direktstudium. Allein die Betriebe und Institute trugen zunächst Verluste, da der Student faktisch kaum weniger als die Hälfte seiner Arbeitszeit für Vorlesungen, Präsenzseminare, Praktika und Exkursionen sowie Prüfungen aufzuwenden hatte, zumal, wenn sich die gewählte Universität oder Hochschule nicht am Ort seiner Arbeitsstätte befand. In der Regel gaben die Betriebe und Institute ihren Studenten oft freie Hand bei der Gestaltung ihrer Dienstpflichten. Die Regel war, dass sie ihren Arbeitgebern diese Vorleistungen mit Zinseszins zurückgaben. Eine vergleichbare Situation kannte und kennt die Bundesrepublik zumal auf wissenschaftlich-technischem Gebiet nicht. Allein die Fern-Universität Hagen – die die DDR-Situation früh reflektierte[500] – besitzt ein Spektrum an Lehrbriefen und eine Studiensystematik der Ausbildung, die der der DDR nahekommt. Das Schreiben von Lehrbriefen setzt didaktische Fähigkeiten voraus, mehr noch als für das Verfassen von Lehrbüchern. Viele dieser DDR-Hefte suchen heute ihresgleichen. Die von der Zentralstelle für das Hochschulfernstudium des MHF herausgegebenen und vom Verlag Technik gedruckten zumeist schilfgrünen Hefte im A 5-Format umfassten durchschnittlich 60 Druckseiten, wobei einzelne Thematiken wie „Technologie für Elektroingenieure" in mehreren durchnummerierten Heften erschienen. Die Hochschullehrer der TH Ilmenau bildeten das Gros der Autoren.

Anfang 1961 betrug der Altersdurchschnitt der Fern- und Abendstudenten 27 Jahre, zwei Drittel waren verheiratet, 88 Prozent besaßen einen Fachschulabschluss. Zu- und Abgänge eingerechnet, waren es 95 Studenten, wovon 32 an der Fakultät Starkstromtechnik, 43 an der Fakultät Schwachstromtechnik, 16 an der Fakultät Feinmechanik/Optik sowie vier an der Fakultät Technologie und Ingenieurökonomie eingeschrieben waren.

---

500 Bericht des Gründungsrektors, in: Die Fernuniversität. Das erste Jahr. Aufbau – Aufgaben – Ausblicke. Hagen 1976, S. 37. Rudloff, Wilfried: Hochschulreform durch Reformhochschulen?, in: Wirth: Neue Universitäten, S. 147–170, hier 165.

Tabelle 11: Bewegungsstatistik für das Fern- und Abendstudium[501]

Matrikel	I/60	II/61	III/62	IV/62	V/64	VI/65
Immatrikuliert	100	93	97	88	76	84
Zurückgestuft	10	5	1	2	-	-
Exmatrikuliert	40	24	41	22	14	-
Im Studium	50	72	64	61	62	84
Zeile 4 zu 1 in Prozent	50	77,4	66,0	69,3	81,6	100

Das Industrie-Institut (I.-I.), Teil I

Abbildung 15: Unterricht im Industrie-Institut, um 1959

Die Frage der Existenzberechtigung des Industrie-Instituts (I.-I.) kam im Januar 1961 plötzlich auf und betraf den gesamten Hochschulbereich der DDR. Wenngleich deren Existenz nicht ernsthaft gefährdet schien, stand doch die Form dieser Ausbildung zur Disposition. Nach protokollarischer Lesart war für den Senat der HfE Ilmenau die Frage völlig offen, ob die Industrie-Institute überhaupt „in ihrer bisherigen Form weiter bestehen bleiben“ oder reformiert werden sollten. Es bedürfe jedenfalls einer umgehenden Klärung, Hans Stamm werde sich mit Hans-Joachim Böhme in Verbindung setzen, hieß es. Im Widerspruch zu dieser Situation war sich der Senat offenbar einig, das Institut kadermäßig zu erweitern.[502] Günther Fraas,[503] Direktor des Instituts, lieferte die Daten für die Diskussion:

Bis zu diesem Zeitpunkt hatten demnach 108 Studenten der Matrikel I bis III das Studium erfolgreich beendet. 88 von ihnen waren in der Fachrichtung Elektrotechnik, 20 in der Fachrichtung Feinmechanik/Optik eingeschrieben. Im Studium befanden sich die Matrikel IV mit 29 Studenten im 3. Semester, V mit 40 Studenten im 1. Semester und VI mit

[501] HfE, HA Fern- und Abendstudium, aufgefunden im Konvolut zur Senatssitzung am 21.2.1961; UAI, 1 S.

[502] Protokoll vom 30.1.1961 zur Senatssitzung am 24.1.1961; UAI, S. 8.

[503] Geb. am 29.1.1926 in Weischlitz (Vogtland). 1948–1951 Studium an der MLU Halle-Wittenberg, 1953 Promotion, 1966 Habilitation. 1952–1956 wiss. Assistent an der MLU, 1956–1967 Dozent an der HfE resp. THI; 1966 Prof. mit Lehrauftrag für Rechnungsführung und Statistik, 1970 o. Prof. 1958–1967 Mitglied des SED-Bezirkstags Suhl, 1967 der BL der SED Suhl. 1968 Dekan der gesellschaftswissenschaftlichen Fakultät. 1956 Direktor des Instituts für Ökonomik der Industrie, 1958–1962 u. 1966 Direktor des I.-I. 1973–1981 Prorektor für GeWi. Fraas verstarb 1991; u. a. UAI, 4156 Pers.

35 Studenten im Vorstudium. Das Mindestalter der Studenten war mit 35 Jahren festgelegt. Die Altersdurchschnitte der sechs Matrikel lag im Minimum bei 40,8 (VI. Matrikel) und im Maximum bei 44,8 Jahren (V. Matrikel). Der Notendurchschnitt betrug in der Reihenfolge der ersten drei Matrikel 2,7 – 2,4 – 2,2. Das Studium erstreckte sich über ein Jahr Vorstudium und vier Semester Direktstudium. Der Grundcharakter der Ausbildung war naturwissenschaftlich-ökonomischer Art, 60 Prozent des Stoffes kam aus Naturwissenschaft und Technik, 40 Prozent war ökonomischer Art. Die Delegierungsbetriebe der Studenten sollen laut Fraas den Sinn und Zweck der Ausbildung bestätigt haben. Der Einsatz der Absolventen nach dem Studium war zweifellos karrierefördernd, etwa als Werkleiter, Arbeitsdirektor oder Produktionsleiter. Perspektivisch gab es bis 1965 in der Elektroindustrie mit knapp 400 Studenten einen gesicherten Bedarf für diese Ausbildungsform. Eine andere Frage war, ob die Volkswirtschaft auch die Delegierungsauflage erfüllen würde und das SHF hierzu seine Zustimmung weiterhin gebe (es gab fiskalische Vorbehalte des Sektors Haushalt des SHF). Wenn ja, hieß dies, dass das Industrie-Institut Kapazitätsprobleme lösen musste, da es ihm deutlich an Mitarbeitern mangelte, auch die Raumknappheit war groß. Auch sollte der akademische Grad „Diplom-Wirtschaftler des Industrie-Instituts“ in „Diplom-Ingenieurökonom des Industrie-Instituts“ umbenannt werden. Darüber hinaus sollte das bisher durchgeführte Vorstudium als Fernstudium durchgeführt werden. Rat und Leitung favorisierten ein Drei-Phasen-Modell bestehend aus je einem Jahr Vor- und Fernstudium sowie anschließend zwei Jahren Direktstudium.[504] Zwei Jahre später behandelte der Senat auf seiner Sitzung am 4. Juni abermals die Perspektive des Industrie-Instituts. Rudolf Geist[505] informierte, dass die Aufgaben des Instituts „künftig darin liegen“ werden, „leitende Funktionäre aus dem Staats- und Regierungsapparat sowie aus der sozialistischen Wirtschaft *beschleunigt* mit einem höheren fachlichen Wissen auszubilden“.[506] Eine Statistik vom Januar 1965 weist aus, dass das Studium am I.-I. 38 hauptamtliche Parteikader, 53 Leiter aus der SPK, dem VWR und der VVB, drei Generaldirektoren, 41 Werkdirektoren, acht technische Direktoren, 17 Produktions-Direktoren, 32 Arbeits-Direktoren, 78 Abteilungsleiter aus Betrieben und sieben Studenten aus sonstigen Bereichen erfolgreich abgeschlossen hatten.[507]

Der Senat diskutierte am 21. Februar 1961 wie im Vorjahr akute Immatrikulationsprobleme. Erst in den letzten 14 Tagen hatte sich die schwierige Situation entspannt, da nach eingeleiteten Werbemaßnahmen plötzlich ein Ansturm von 559 Bewerbungen zu verzeichnen war. Lediglich für die Fakultäten Feinmechanik/Optik sowie Technologie und

---

504 Fraas: Die Erfüllung der Aufgaben des Industrie-Institutes und seine Perspektive, aufgefunden im Konvolut zur Senatssitzung am 24.1.1961; UAI, S. 1–6.

505 Geb. am 27.1.1910 in Ottendorf-Okrilla. 1929–1933 Studium der technischen Physik und Mathematik an der TH Dresden. 1950–1954 Ingenieur u. Technischer Direktor der Warnow-Werft. 1961 Prof. mit Lehrauftrag für das FG Technologie der Schwachstromtechnik und u. a. Direktor des Instituts für Standardisierung und Gütesicherung. 1964 nach einem Intermezzo als Leiter des Industrie-Instituts Dekan der Fakultät für produktionstechnische Grundlagen. 1971–1973 Prof. für Technik der Elektronik an der Ingenieurschule Mittweida. Gest. am 16.7.1988; UAI, 1361 Kad u. Professorenkatalog der Universität Rostock.

506 Protokoll vom 6.6.1963 zur Senatssitzung am 4.6.1963; UAI S. 1–8, hier 4.

507 Angaben zum I.-I. vom 4.1.1965; LATh-StA Meiningen, BS IV C2/9/2/575, S. 1–6, hier 5.

Ingenieurökonomie waren die Zahlen weiterhin viel zu gering. Dies beruhte vor allem auf einer weitestgehenden Unkenntnis über die Existenz beider Fakultäten.[508] Vor diesem Ansturm von Bewerbungen fielen die Zahlen für diese beiden Fakultäten dramatisch niedrig aus, nämlich für die Fakultät Feinmechanik/Optik 18 (Soll: 90) und für die Fakultät Technologie und Ingenieurökonomie zehn (Soll: 115).[509] Da das zwischenzeitlich etablierte Zweischichtsystem griff, konnte, wenn auch mit Schwierigkeiten, die Unterkunftsfrage auch 1961wieder im letzten Moment geklärt werden. Allerdings gab es zu klärende Randprobleme, etwa die der Kostenfrage und Logistik im Falle gemeindeübergreifender Fahrverbindungen, wie 1961 nach Großbreitenbach. In diesem Fall war der VEB Kraftverkehr nicht gewillt gewesen, den Preis für die Studenten zu ermäßigen.[510] Die vielfältigen Ressourcen-, namentlich die Personalengpässe blieben besorgniserregend. Ein weiterer verlustreicher Abgang geschah mit Otto Dobenecker[511], der einem Ruf an die TH Dresden folgte.[512]

Eine Woche später beschloss das Gremium, dass künftig in jedem Institut nur noch ein wissenschaftlicher Mitarbeiter und ein Oberassistent ernannt werden dürfe. Lediglich dem Institut für Marxismus-Leninismus wurde eine Ausnahme eingeräumt, hier konnte für jeden Bereich ein Oberassistent ernannt werden.[513] Wie eng die personellen Kapazitäten kurz vor der Grenzschließung waren, zeigt der Fall Karl Nitzsches[514]. Seine Selbstkündigung erkannte die HfE im Mai 1961 nicht an.[515] Immerhin wurde der Kompromiss erreicht, dass er eine Tätigkeit in der Industrie aufnehmen könne, wenn er später wieder an die HfE zurückkehre. Ermöglicht wurde dies nur über eine Strukturänderung in der V. Fakultät.[516] Die Dekane berichteten auf der Senatssitzung am 18. Juli, dass wegen fehlendem Personal sowie fehlenden Räumen und Einrichtungen nicht vollumfänglich Forschung betrieben werden könne. In der Frage der wissenschaftlichen Entwicklung der Hochschule wurde kritisiert, dass wissenschaftliche Mitarbeiter und Assistenten mit organisatorischen und verwaltungstechnischen Aufgaben überlastet seien, man möge doch überlegen, ob diese Dienstleistung nicht auch von Dekanatssekretärinnen geleistet werden könne.[517] Vor diesem Hintergrund war jede erfolgversprechende Neueinstellung eine Erleichterung, wie etwa im Falle Werner Kutzsches[518], der, und das zeigte sich alsbald, zu den bedeutendsten

---

508 Protokoll vom 8.3.1961 zur Senatssitzung am 21.2.1961; UAI, S. 3.

509 HfE, Prorektorat für Studienangelegenheiten: Informationsbericht, aufgefunden im Konvolut zur Senatssitzung am 21.2.1961; UAI, S. 1–6, hier 1 f.

510 Protokoll vom 8.3.1961 zur Senatssitzung am 21.2.1961; UAI, S. 1–6, hier 4.

511 Geb. am 1.4.1903. Am 1.9.1954 zum Prof. mit Lehrauftrag und zum Direktor des Instituts für Allgemeine Messtechnik ernannt. 1956 Dekan der Fakultät für Feinmechanik und Optik. 1961 folgte er einem Ruf an die TH Dresden; Quelle: UAI, 0744 Kad. Dobenecker verstarb 1971.

512 Ebd., S. 6. Würdigung anlässlich seines 65. Geburtstages, in: Feingerätetechnik 17(1968)10, S. 433 f.

513 Protokoll vom 11.3.1961 zur Sitzung des LK am 27.2.1961; UAI, S. 1–4, hier 1 f.

514 Geb. am 7.12.1923. Studium der Physik von 1947–1953 an der FSU Jena, Promotion 1960, Habilitation 1968. Assistent und Oberassistent von 1953–1961 am Institut für Werkstoffkunde. 1961–1964 in der Industrie (Hermsdorf), ab November 1964 wieder an der THI. Von 1969–1989 o. Prof. 1984 Stellvertreter für Forschung des Direktors der Sektion PHYTEB; u. a. UAI, 0865 Kad, 4635 Pers.

515 Protokoll vom 5.6.1961 zur Sitzung des LK am 29.5.1961; UAI, S. 1–6, hier 6.

516 Protokoll vom 30.6.1961 zur Sitzung des LK am 26.6.1961; UAI, S. 1–3, hier 1.

517 Protokoll vom 7.8.1961 zur Senatssitzung am 18.7.1961; UAI, S. 2–7, hier 3.

518 Geb. am 14.5.1911 in Radebeul. Studium an der TH Dresden, Abschluss 1939, anschließend Assistent. Von 1946 an Entwicklungs-Ingenieur, Technischer Leiter und zuletzt Entwicklungsleiter im VEB Funkwerk Dresden. Dr.-Ing. h.c. 1966. 1957 Prof. mit Lehrauftrag für Elektroakustik an der HfE und Direktor

Persönlichkeiten der Hochschule aufstieg. Da der Markt praktisch leergefegt war, musste vermehrt im eigenen Haus Personal rekrutiert werden. Aktuell wurde zur Förderung des wissenschaftlichen Nachwuchses eine Kampagne gestartet. Jede Fakultät war gehalten, einen Bericht hierzu abzugeben.

Der Fall „Robert Döpel", Teil II: Konflikt mit Kortum

Die zunehmenden Personalnöte erforderten unkonventionelle Maßnahmen, insbesondere auf Beziehungsebene. So kam es zwingend auch zu Konflikten. Ein besonderer, historiographisch bedeutender Konflikt wurde auf der Leitungssitzung am 14. März erörtert. Er drohte sich zu einer Krise der immer noch jungen Hochschule auszuwachsen. Der Konflikt beruhte darauf, dass Robert Döpel den Zeissianer und Experten für Rechentechnik Herbert Kortum[519] in der Sache seiner Berufung an die HfE nochmals angeschrieben hatte, was er laut Leitungskollektiv nicht hätte tun dürfen. Mithin fand am 21. März eine abermalige Aussprache statt, diesmal zwischen Stamm, Kortum und dem Parteisekretär, „um eine endgültige Klärung der Angelegenheit herbeizuführen".[520] Was war geschehen? Dekan Günther Ulrich[521] hatte an Stamm am 20. Januar 1961 mit Bezug auf die von Stamm in der Senatssitzung am 20. Dezember 1960 bekanntgegebene Berufung Kortums an die Fakultät für Schwachstromtechnik, Institut für Regelungstechnik als Professor mit Lehrauftrag in nebenamtlicher Eigenschaft, moniert, dass für ihn diese Berufung „völlig überraschend" gekommen sei. Seiner Kenntnis nach war der Antrag auf Berufung vom SHF mit Schreiben vom 21. April 1960 abgelehnt worden, was der Fakultät auch mitgeteilt worden sei. Juristisch gesehen war der Fall abgeschlossen, es hätte also eines neuen Antrags bedurft. Zudem war zwischenzeitlich Karl Reinisch mit der Wahrnehmung einer Professur und der Geschäfte des Direktors des Instituts für Regelungstechnik beauftragt worden. Von ihm, Stamm, wisse Ulrich, dass es der „Wunsch hoher staatlicher Stellen gewesen sei", Kortum aufgrund seiner herausragenden Leistungen mit einer Professur zu belohnen. In der Fakultätsratssitzung sei jedoch am 6. Januar 1961 einstimmig der Beschluss gefasst worden, Einspruch gegen das Berufungsverfahren zu erheben, weil das Vorschlagsrecht der Fakultät verletzt worden sei. Damit sei zudem das „vollste Vertrauen" in Reinisch untergraben worden. Gerade für eine junge Hochschule gezieme es sich, „die akademischen Rechte und Gepflogenheiten an unserer Hochschule besonders sorgfältig" zu beachten.[522]

Stamm antwortete am 23. Januar 1961 und teilte mit, dass die Ablehnung des

---

des Instituts für Elektroakustik. 1960 Wahrnehmung als und ab 1961 Direktor des Instituts für Hochfrequenztechnik und Elektroakustik; 1961 Prof. mit v. Lehrauftrag, 1969 o. Prof. 1974 Korrespondierendes Mitglied der AdW der DDR. Emeritiert 1976; UAI, 2854 Kad.

519 Zu Kortum siehe Sobeslavsky, Erich: Der schwierige Weg von der traditionellen Büromaschine zum Computer, in: Sobeslavsky, Erich/Lehmann, Nikolaus J.: Zur Geschichte von Rechentechnik und Datenverarbeitung in der DDR 1946–1968. Dresden 1996, S. 7–122, hier 28–30.

520 Protokoll vom 20.3.1961 zur Sitzung des LK am 14.3.1961; UAI, S. 1–5, hier 3.

521 Geb. am 29.6.1913 in Schröttersdorf (Bromberg). 1932–1939 Studium an der TH Dresden, Promotion 1945. NSDAP von 1937–1945. Ab 1.3.1956 an der HfE, Prof. mit v. Lehrauftrag für Fernmeldetechnik. 1956 bis mindestens 1967 Dekan der Fakultät für Schwachstromtechnik. 1969 o. Prof. 1969 Berufung für drei Jahre zum a. o. Mitglied des Forschungsrates der DDR. 1978 Emeritierung; UAI, 3285 Kad. Siehe auch Dieter Kreß: 50 Jahre Akademisches Leben, S. 22–26. Er war reserviert gegenüber Veröffentlichungen, hasste Sitzungen, legte großen Wert auf Theoriebildung, mochte Witze, besaß eine humanistische Ausbildung, war Sportler, Camper und begeisterter Autofahrer.

522 Schreiben von Ulrich an Stamm vom 20.1.1961; UAI, 9272 Pers, S. 1 f.

Staatssekretariats auf der fälschlichen Annahme beruhte, Kortum hauptamtlich zu berufen. Er habe daraufhin mit einem Einspruch interveniert. Über eine Seite lang kanzelte Stamm Ulrich und seinen Fakultätsrat regelrecht ab, sie sollten sich einmal mit den Bestimmungen vertraut machen, auch zwischen hauptamtlich und nebenamtlich unterscheiden lernen. Stamm: „Ich glaube, ich habe während meiner ganzen Amtstätigkeit weitestgehend auf die Rechte der Fakultäten geachtet und dafür gesorgt, dass die Dinge an unserer Hochschule so ablaufen, wie dies den akademischen Gebräuchen entspricht."[523]

Wäre alles nur eine Verfahrensfrage oder eines falschen Begriffs gewesen, hätte Stamm nicht ein zweiseitiges Schreiben aufsetzen müssen, mit dem er die Fakultät regelrecht brüskierte. Die Brisanz lag in etwas anderem, nämlich in der Person Kortums. Denn der Prodekan Döpel hatte mit Schreiben vom 2. Januar 1961 Stamm darauf aufmerksam gemacht, dass er bereits im November diese Personalie angesprochen habe, Ärger also hätte vermieden werden können; Zitat: „Es handelt sich um die Berufung bzw. Ernennung des ehemaligen SS-Offiziers Dr. Kortum zum Mitglied des Lehrkörpers unserer Hochschule." Die I. Fakultät erhielt auf ihrer Sitzung am 21. Dezember hiervon offiziell durch Philippow Nachricht. Es entstand helle Aufregung unter „einem beträchtlichen Teil der Fakultätsmitglieder". Für den Fall, dass Kortum wirklich der SS angehört haben sollte, formulierte die I. Fakultät eine Senatsmitteilung folgenden Inhalts: „Die Fakultät hat mit Entrüstung die Nachricht vernommen, dass dem Lehrkörper unsere Hochschule ein ehemaliger SS-Offizier eingegliedert werden soll. Die Fakultät lehnt im Hinblick auf die ihr von Staat und Partei gestellte Erziehungsaufgabe die Zusammenarbeit mit Herrn Dr. Kortum ab."[524]

Das Problem lebte Jahre später noch einmal auf. Döpel hatte am 25. Januar 1979 einen Brief an den Rektor geschrieben und sich u. a. über Stamm, Heinze und Kortum beschwert, dass sie die Entwicklung der Hochschule gebremst hätten. Insbesondere Walter Heinze, der die Auflösung des Institutes für angewandte Physik veranlasst habe, damals mit der Begründung, dass seine, Döpels, Forderungen unerfüllbar seien.[525] Die Erkenntnisse flossen in den Informationsbericht Kurt Repennings (Kap. 5.3.3, Fall-Nr. 72) vom März 1979 ein. Hierin kamen auch zehn fundierte Hinweise, die Personen der TH Ilmenau schwer belasteten und Döpel, dem gerade von der Hochschule zum 80. Geburtstag gratuliert worden war, ein denkbar schlechtes Zeugnis ausstellen. Einer der Vorhaltungen Döpels lautete: „Nein, ich kann diese schändliche und unsozialistische Behandlung seitens der Hochschule in den Jahren 1958 bis 1963 nie vergessen." Repenning schätzte ein, dass das Schreiben Döpels brisant sei, da man nicht wisse, „an wen eventuell Durchschläge bzw. Kopien" gegangen seien. Stamms NSDAP-Mitgliedschaft sah Döpel als einen Grund dafür an, „weshalb der Lehrkörper der Hochschule (Professoren und Dozenten) einen bedeutend höheren Prozentsatz an ehemaligen Mitgliedern dieser Partei" aufweise „als der gesamte deutsche Volkskörper (I. Fakultät, 1950, 50 Prozent NSDAP)". Und zu Kortum kritisierte er einmal mehr, dass Stamm ihm die Professur verschafft habe, „einen dem Faschismus

---

523 Schreiben von Stamm an Ulrich vom 23.1.1961; ebd., S. 1 f.
524 Schreiben von Döpel an Stamm vom 2.1.1961; ebd., S. 1–3.
525 KDI vom 28.2.1979: Bericht zum Treffen mit „Rainer" am 27.2.1979; BStU, BV Suhl, AIM 1592/90, Teil II, Bd. 4, Bl. 64 f.

bis in den Tod Verschworenen".[526] Erkenntnisse übrigens, die durch Repenning über seinen Informationsbericht vervielfältigt und somit erst in die Welt kamen, freilich legitimiert als Beauftragter für Sicherheit und Geheimnisschutz (BSG) der TH Ilmenau. Döpel argumentierte zumindest mit einem Schreiben vom 21. Januar 1981 an Minister Böhme vom MHF entsprechend. Das Ministerium schickte dem Rektor der TH Ilmenau eine Kopie des Schreibens. Die Posteingangsstempel belegen, dass das Schreiben Döpels von Böhme und seinem Stellvertreter Harry Groschupf sowie von mindestens zwei weiteren Mitarbeitern der Abteilung Technische Wissenschaften des MHF gelesen worden ist.[527]

Zurück in das Jahr 1961. Im Frühsommer zeichnete sich in der Personalie „Kortum" ab, dass er bereit gewesen sein soll, nach Dobeneckers Weggang das Institut für allgemeine und optische Messtechnik zu übernehmen. Aber auch hier gab es Widerstand aus Gründen der angeblich nicht zureichenden fachlichen Eignung Kortums, da er bislang mit solchen Aufgaben nicht befasst gewesen sei. Es müsse, hieß es, hierüber noch eingehend diskutiert werden. In der Personalie Kortum spielte auch Peter-Adolf Thiessen, nach Rompe und Steenbeck der dritte maßgebliche Wissenschaftsfunktionär der DDR, eine Rolle. Er hatte empfohlen, Kortum für das Fachgebiet Messtechnik nach Ilmenau zu berufen. Stamm schlug vor, „eventuell" dann die „allgemeine und optische Messtechnik zu trennen und die optische Messtechnik in das Institut für Optik zu übernehmen".[528]

Expansiv blieb die SED in der Frage der Zukunftssicherung. Die Hochschule befasste sich am 27. März 1961 mit ihrer Perspektive. Stamm teilte dem Leitungsgremium mit, dass mit den „übergeordneten Organen entschieden worden sei, die Hochschule wie vorgesehen für 3.500 Studenten im Endausbau weiterzubauen". Über die Bereitstellung der Mittel sei jedoch keine endgültige Entscheidung getroffen worden. Es müsse „versucht werden, bis 1965 mit geringsten Mitteln auszukommen".[529]

Die Sitzung des Senats am 18. April stand im Zeichen der Technologie-Frage, die immer noch nicht entschieden war. Rudolf Geist erinnerte in seinem Grundsatzreferat, dass „in allen Betrieben und Institutionen der Elektroindustrie der DDR [...] die technologischen Aufgaben ungenügend gelöst" seien. In Sonderheit wandte er sich gegen die Gleichartigkeit einer Technologenausbildung für die Gebiete Maschinenbau und Elektrotechnik. Versuche, dies in Analogie zu tun, seien als Fehlschlag abzulehnen.[530] Diese Auffassung entsprach nicht der Stöbels, aber auch nicht Stamms, der erwiderte, „dass der Begriff Technologe nach wie vor unterschiedlich ausgelegt" werde, „da man zum großen Teil den Fertigungsingenieur und nicht, wie in der Diskussion sehr richtig zum Ausdruck kam, den Verfahrenstechnologen bzw. -techniker" sehe. Stamm weiter: „Der Technologe muss ein wissenschaftlich ausgebildeter Diplom-Ingenieur seines Fachgebietes sein, der in der Lage ist, schöpferisch zu arbeiten, und der befähigt ist, auf der Grundlage seiner Ausbildung

---

526 THI vom 20.3.1979: Informationsbericht „März"; ebd., Bl. 91–102, hier 101 f.
527 THI vom 10.3.1981: Informationsbericht „März"; ebd., Bl. 453–464, hier 464.
528 Protokoll vom 5.6.1961 zur Sitzung des LK am 29.5.1961; UAI, S. 1–6, hier 3–5.
529 Protokoll vom 5.4.1961 zur Sitzung des LK am 27.3.1961; UAI, S. 1 f, hier 2.
530 Geist, Konzept vom 11.4.1961: Die Ausbildung von Technologen, aufgefunden im Konvolut zur Senatssitzung am 18.4.1961; UAI, S. 1–9, hier 1 f.

neue Fertigungsverfahren zu entwickeln."[531]

Besprochen wurde ferner eine vom SHF erlassene Richtlinie zur Durchführung des kombinierten Studiums im Rahmen aktueller Reformüberlegungen. Das Wesen eines solchen Studiums umriss das Staatssekretariat euphemistisch mit dem Begriff der praxisverbundenen Ausbildung. Künftig würden Studienformen an Gewicht gewinnen, „in denen das Studium an den Universitäten und Hochschulen und das Studium ohne Arbeitsunterbrechung (Fern- und Abendstudium) sinnvoll miteinander verbunden werden" könnten.[532] Seit zwei Jahren führte eine Reihe von Fakultäten diese Art des Studiums bereits durch. 1960 waren es landesweit bereits 3.888 Studenten. Die Erfahrungen würden in Fachkreisen diskutiert.[533] Mit diesem Studium erhoffte sich die SED eine bessere und kostenminimierte Kapazitätsausnutzung. Das Studium sollte regelmäßig „mit einem mehrjährigen Direktstudium" beginnen, anschließend begänne das Fern- resp. Abendstudium. Möglich sei auch für bestimmte Fachrichtungen, dieser zweiten Phase eine weitere hinzuzufügen, in der dann wieder ein Direktstudium betrieben werde. Die Direktphasen sollten jedoch drei Viertel der Gesamtstudiendauer nicht überschreiten. Während der gesamten Studienzeit seien die Studenten ordentlich eingeschrieben. Eingeführt werden sollte ein solches Studium jedoch nur dort, wo die entsprechenden Voraussetzungen, also die Dualität beider Grundformen des Studiums gegeben seien. Die HfE kam für diese Studienart grundsätzlich in Frage. Die vom 1. Stellvertreter des Staatssekretärs Franz Dahlem unterzeichnete Richtlinie sollte bis zum Erscheinen einer Anordnung über die Durchführung eines solchen Studiums gültig sein.[534] Ob sie irgendwo adäquat umgesetzt worden ist, ist nicht bekannt.

Die soziologischen Kriterien blieben unvermindert hart. 58,9 Prozent der Zulassungen für das kommende Studienjahr entfielen auf Kinder aus Arbeiter- und Bauernfamilien.

Tabelle 12: Sozialstruktur der Zulassungen nach Fachrichtungen, 1961[535]

Fakultät/Fachrichtung	Soll	Ist	Kategorie A1–A3	Kategorie B4–B6	Kategorie C7–C10	Kategorie D11–D14
Technische Physik	15	18	9	4	3	2
Theoretische Elektrotechnik	25	27	18	3	5	1
Starkstromtechnik	175	172	109	12	44	7
Schwachstromtechnik	115	113	68	9	31	5
Regelungstechnik	35	37	24	3	9	1
Feinmechanik/Optik	90	86	41	13	27	5
Technologie	55	53	32	8	11	2
Ingenieur-Ökonomie	60	27	13	4	9	1
Gesamt	570	533	314	56	139	24

531 Protokoll vom 24.4.1961 zur Senatssitzung am 18.4.1961; UAI, S. 2.
532 SHF, Dahlem, vom 31.5.1961: Richtlinie zur Durchführung des kombinierten Studiums, aufgefunden im Konvolut zur Sitzung des LK am 12.6.1961; UAI, S. 1 f., hier 1.
533 SHF, Dahlem, vom 1.6.1961: Richtlinie über das kombinierte Studium, aufgefunden ebd., S. 1 f.
534 SHF, Dahlem, vom 31.5.1961: Richtlinie zur Durchführung des kombinierten Studiums; ebd., S. 1 f.
535 HfE, Prorektorat für Studienangelegenheiten, vom 18.5.1961; BStU, BV Suhl, Abt. XX, Nr. 1732, Bl. 53. Abkürzungen siehe im Text S. 128.

Der 13. August 1961

Am 13. August schloss die DDR ihre westlichen Grenzen, um Westberlin wurde eine Mauer gezogen. In einem Bericht vom 24. August an die SED-Führung teilte das MfS mit, dass auch „eine Reihe wissenschaftlicher Mitarbeiter“ der HfE Ilmenau die „Maßnahmen der Regierung“ negativ einschätze. Diese, so hätten sie gemeint, stelle „eine Verletzung internationaler Abkommen dar, und die Verantwortung für mögliche Komplikationen“ läge „bei der DDR“ und nicht beim Westen. Außerdem sei der Hauptgrund der Grenzschließung die zunehmende Anzahl der Fluchten und nicht die angebliche Agententätigkeit Westberliner Bürger, denn die könnten ja nach wie vor einreisen.[536]

Am 18. August fand eine Sondersitzung des Senats und des Lehrkörpers zum Mauerbau statt. Zu Beginn der Veranstaltung verlas Werner Bischoff eine Ergebenheitsadresse an Walter Ulbricht, verbunden mit Unterstützungsverpflichtungen der Hochschule. Für diese „Zulieferung“ waren generalstabsmäßig fünf Arbeitsgruppen gebildet worden, die geräte-, vertragstechnische und andere Themen betrafen. Der Arbeitsgruppe 1 unter Bischoff oblag die Aufgabe der Katalogisierung der Erfassung der westlichen Geräte, die Arbeitsgruppe 2 unter Philippow hatte die zurückgegebenen Technofonds-Anträge zu überprüfen, die Arbeitsgruppe 3 unter Walter Furkert überprüfte die Buch- und Zeitschriftenbestellungen aus Importen der Bundesrepublik, die Arbeitsgruppe 4 unter Wolfgang Stöbel befasste sich mit den von der Industrie an die HfE herangetragenen Aufgaben, und die Arbeitsgruppe 5 besaß die „abrundende“ Aufgabe, einen dreiwöchigen Ernteeinsatz im Bezirk Suhl zu organisieren.[537] Das Staatssekretariat hatte dem Senat einmal mehr „empfohlen“, „zu den Maßnahmen der Regierung der DDR am 13. August Stellung“ zu nehmen. Es wurde festgelegt, dass vier Hochschullehrer eine entsprechende Stellungnahme ausarbeiten.[538]

Am 12. September befasste sich der Senat erneut mit Maßnahmen infolge der Grenzschließung, da sich u. a. „einige Schwierigkeiten im Hinblick auf Importe“ ergeben würden, die Hochschule müsse der Industrie bei der „Störfreimachung“ helfen. Die FDJ sollte gedrängt werden, erzieherisch „in allen Lehrveranstaltungen die Studenten von der Richtigkeit der Maßnahmen unserer Regierung zu überzeugen“. Stamm verlas den Brief an Ulbricht, in dem seine Hochschule ihre „uneingeschränkte Zustimmung zu den Maßnahmen“ der DDR zum Ausdruck brachte, verbunden mit der „tiefer Genugtuung“, dass die DDR „durch ihr festes und entschlossenes Handeln die Anschläge gegen unsere friedliche und sozialistische Entwicklung vereitelt“ habe. Dem Brief waren Verpflichtungen beigegeben (hier gekürzt):

(1) „Sicherung der völligen Unabhängigkeit der Hochschule in Lehre und Forschung von den Blockadebedrohungen der Feinde unseres Arbeiter- und Bauern-Staates, durch das Schreiben eigener Lehrbücher und Lehrbriefe, durch die Konstruktion und die

---

536 Bericht Nr. 478/61 vom 24.8.1961 über die Reaktionen der Angehörigen der Intelligenz auf die Schutzmaßnahmen der Regierung der DDR; BStU, MfS, ZAIG, Nr. 526, Bl. 49–56. Quellenbasis: CD, Beigabe, in: Münkel, Daniela (Hrsg. u. Bearbeiterin): Die DDR im Blick der Stasi 1961. Die geheimen Berichte an die SED-Führung. Göttingen 2011.

537 Protokoll über die a. o. Senatssitzung am 18.8.1961; UAI, S. 1–3, hier 2 f.

538 Protokoll vom 6.9.1961 zur Sitzung des LK am 4.9.1961; UAI, S. 1–5, hier 2–4.

Herstellung von Apparaten und Geräten, die bisher aus Westdeutschland bezogen wurden." (2) Die Belange der Industrie maximal zu unterstützen und dazu „die gesamte Forschungskapazität der Hochschule in der Grundlagen-, Zweck- und Vertragsforschung auf die erforderlichen volkswirtschaftlichen Schwerpunkte zu konzentrieren". (3) Werde der Senat „alle Angehörigen des Lehrkörpers" verpflichten, „durch persönliche Stellungnahme und eigenes Beispiel den sozialistischen Jugendverband bei der Erfüllung des Kampfauftrages der FDJ zu unterstützen". (4) Die Hochschule werde praktische Unterstützung durch eigene Leistungen entsprechend des „Produktionsaufgebots zur Vorbereitung des Friedensvertrages", einer von der SED inspirierten Initiative der Arbeiter des VEB Elektrokohle Berlin, liefern.[539]

Behandelt wurde auf dieser Sitzung auch die Zusammensetzung des neu gebildeten Forschungsausschusses, dem die SED-Leitung der HfE große Bedeutung beimaß, da sie sich über dieses Instrument versprach, perspektivisch besser ihre Ziele durchsetzen zu können. Dem neuen Ausschuss gehörten Stamm, Philippow, Mau, Kolbe, Frielinghaus, Heinze, Stöbel, Winkler, Döpel, Ulrich, Schüler, Pfestorf und Geist an. Die Hauptaufgabe, die der Forschungsausschuss zu leisten hatte, war im Sinne der primären Aufgabe einer Hochschule, zu lehren und auszubilden, problematisch. Unumwunden wurde erklärt, dass diese Aufgabe „in der Abstimmung der Forschung auf die aktuellen Probleme" bestehe: „Der Hochschule werden täglich Aufgaben aus der Industrie gestellt, um die Wirtschaft störfrei zu machen. Diese Aufgaben, die aus den gegenwärtigen aktuellen Problemen der Industrie herangetragen werden, sind vom Forschungsausschuss zu koordinieren und erfordern eine entsprechende Zuweisung an die Institute, die für eine solche Hilfestellung in Frage kommen." Der Forschungsausschuss hatte zunächst die prekäre Ressourcenproblematik zu meistern und konnte in der sogenannten Störfreimachung, besser: in der Stornierung von geplanten Importen aus dem Westen, rasch einen zweifelhaften Erfolg vermelden. Der Ausschuss reduzierte die Importliste in Höhe von 120.000 DM auf 18.000, wobei diese Restsumme bis auf einen winzigen Posten von 200 DM im sozialistischen Ausland realisiert werden konnte.[540]

Indes platzte in die Problematik dieser Verpflichtungen der triste Alltag hinein. Ein vorläufiger Überblick zur „Wahlpflicht" zeigte, dass 61 Studenten nicht gewählt hatten, vom 2. Semester waren es 33. Der Prorektor für Studienangelegenheiten wurde beauftragt, Vorschläge bis zum 25. September „zu unterbreiten, wie mit diesen Studenten zu verfahren" sei. 16 von den 33, die in Internaten wohnten, waren zur Strafe „sofort umzuquartieren".[541] Die Information über die Wahlergebnisse gelangte vom MfS zum Senat und in überarbeiteter Fassung auch an die SED. Obgleich „die Studenten darauf orientiert worden" waren, in Ilmenau zu wählen, beantragten 50 Studenten, zum Teil in „provokatorischer Form", Wahlscheine, um in ihren Heimatorten wählen zu können. Beabsichtigt war,

539 Protokoll vom 26.9.1961 zur Senatssitzung am 12.9.1961; UAI, S. 1–8, hier 2–5.
540 Ebd., S. 7 f.
541 Protokoll vom 19.9.1961 zur Sitzung des LK am 18.9.1961; UAI, S. 1–3, hier 3.

einen „Provokateur“ zur Abschreckung von der Hochschule zu entfernen.[542] Wenige Tage später erhielt die SED-Führung wiederum einen Bericht. Demnach stellte die HfE – neben den Universitäten in Greifswald und Jena – den Schwerpunkt in der Frage der Nichtwähler unter den Studenten dar. Von der HfE hatten circa „100 Studenten nicht gewählt“. „Maßnahmen zur Auseinandersetzung“ mit ihnen waren bereits eingeleitet.[543]

Die politisch-operative Bearbeitung der personenbezogenen Phänomene rund um die Grenzschließung vollzog das MfS unter der Aktion „Rose“. Ein infamer und zynischer Codename für das politisch-operative Programm zur Erkundung der Reaktionen der Bevölkerung auf die Grenzschließung am 13. August. Wichtigster Adressat dieser Berichte war der ZK-Sekretär für Sicherheitsfragen, Erich Honecker.[544] Wenig später, am 27. September, bekam die oberste SED-Führung einen Bericht auch über entsprechende „Vorkommnisse“ an der HfE – sie sei „ein ständiger Angriffspunkt der imperialistischen Geheimdienste“. Überdies trete „ein beträchtlicher Teil des Lehrkörpers mit negativen Diskussionen in Erscheinung“.[545]

14 Tage später befasste sich der Senat im erweiterten Rahmen wiederum mit der Grenzschließung. Stamm machte unmissverständlich deutlich, „dass jeder Hochschullehrer die Politik unserer Regierung und des gesamten sozialistischen Lagers anerkennt und unterstützt, durch seine persönliche Stellungnahme und durch sein persönliches Beispiel als Erzieher unserer akademischen Jugend“. Die letzten Wochen hätten gezeigt, dass nicht bei allen Studenten „das gesellschaftliche und moralische Bewusstsein zur Politik unserer Regierung vorhanden“ sei. Das bewiesen die Republikfluchten vor dem 13. August und die Nichtteilnahme an der Wahl am 17. September. Nicht alle Studenten, Assistenten und Hochschullehrer hätten, so Stamm, den gegenwärtigen Ernst der Lage erkannt. Flankierend wurde etwas Druck aus dem Kessel der Unmut abgelassen, indem Andreas Schüler die Order des SHF kundtat, den gesellschaftswissenschaftlichen Unterricht moderner gestalten zu wollen. Zum einen würde das SHF nur noch bestimmte Komplexe vorschreiben. Zum anderen wolle man künftig mehr Wert auf „seminaristische Aussprachen“ legen (ein taktischer Zug zur Stimmungssteuerung analog 1989). Auch sollte die bislang auf drei Jahre festgelegte Gesamtunterrichtsstundenzahl künftig auf vier Jahre gestreckt werden. Zudem sollte es möglich werden, auf aktuelle Ereignisse kurzfristig reagieren zu können. Auf vier maschinenbeschriebenen Seiten ist ein Katalog von Sofort-Maßnahmen fixiert worden, der den Eindruck evoziert, als habe sich die DDR im Kriegszustand befunden. Schlussendlich erörterte Karl-Otto Frielinghaus[546] das am 20. September 1961 von der Volkskammer

---

542 2. Bericht Nr. 563/61 vom 17.9.1961 über feindliche Erscheinungen und besondere Vorkommnisse im Zusammenhang mit den Volkswahlen 1961; BStU, MfS, ZAIG, Nr. 474, Bl. 5–7. Quellenbasis: CD, Beigabe, in: Münkel: Die DDR im Blick der Stasi 1961.

543 Bericht Nr. 572/61 vom 21.9.1961 über bei der Volkswahl 1961 aufgetretene politisch-operative Schwerpunkte; BStU, MfS, ZAIG, Nr. 474, Bl. 8–17. Quellenbasis: ebd.

544 Münkel: Die DDR im Blick der Stasi 1961, S. 31.

545 Bericht Nr. 603/11 vom 27.9.1961 über im Zusammenhang mit den Schutzmaßnahmen entstandene politisch-operative Schwerpunkte im Bezirk Suhl; BStU, MfS, ZAIG, Nr. 478, Bl. 164–180. Quellenbasis: CD, Beigabe, in: Münkel: Die DDR im Blick der Stasi 1961.

546 Geb. am 22.1.1913 in Mühlheim an der Ruhr. 1932–1937 Studium, Promotion 1952. Bis 1945 als Konstrukteur bei Schloemann AG Düsseldorf und Labor-Ingenieur bei Friesecke und Höpfner in Potsdam-Babelsberg. 1946–1949 angestellt im Russisch-Technischen Büro für Kinematografie Potsdam-

beschlossene Verteidigungsgesetz.[547] Dieses und das Wehrpflichtgesetzes vom 24. Januar 1962 bildeten ab dem Studienjahr 1963/64 die Grundlage für die militärische und Luftschutzausbildung an der HfE Ilmenau.[548]

Keine zwei Wochen später gab der Senat bekannt, dass sich die Assistenten dafür ausgesprochen hatten, eine „Verteidigungsbereitschaftserklärung" zu unterschreiben. Man überlege gar, wie an anderen Hochschulen bereits geschehen, diese Bereitschaftserklärung auch auf die Angehörigen des Lehrkörpers bis zum 35. Lebensjahr auszudehnen. Das Kollegium stimmte dieser Initiative zu.[549] Begonnen hatte diese „Bewegung" mit einem Kampfapell der FDJ zur Erhöhung der Verteidigungsbereitschaft im Zuge der Grenzschließung. Angesprochen waren zunächst und grundsätzlich nur die bis zu 23-Jährigen. Der Senat fasste am 17. Oktober 1961 den Beschluss, auch auf die Assistenten bis zu einem Alter von 35 Jahren hinzuwirken, Bereitschaftserklärungen abzugeben, in denen sie sich „bereiterklären, und, soweit möglich, an den Reservisten-Lehrgängen der NVA" teilzunehmen.[550] In zahlreichen Fällen sind diese Gelöbnisse im A 4-Querformat und in Schönschrift gehaltenen Urkunden, deren Text mit einer Grußbotschaft Nikita Chruschtschows an den XXII. Parteitag der KPdSU eingeleitet ist, in den Kaderakten überliefert, etwa im Falle des damaligen Assistenten und künftigen Rektors der TH Ilmenau, Gerhard Linnemann; Zitat: „Meine Tätigkeit an unserer Hochschule betrachte ich als Auftrag der Regierung meines Arbeiter- und Bauern-Staates, in der Lehre, Forschung und Erziehung entscheidend mitzuwirken. Aus diesem Auftrag ergibt sich für mich die Verpflichtung, stets vorbildlich und parteilich zu handeln. Deshalb erkläre ich mich bereit, zu jeder Zeit meinen Beitrag zur Verteidigung unserer Republik zu leisten und an der Reservistenausbildung teilzunehmen."[551] Der Eigeninitiative der HfE, die Bereitschaftserklärung zur Verteidigung der DDR auf „alle" Angehörigen der Hochschule bis zum 35. Lebensjahr auszudehnen, erteilte das Kollegium am 30. Oktober seine abschließende Zustimmung.[552]

Am 27. September teilte Hans Stamm dem Kollegium mit, dass einmal mehr eine neue Hochschulstruktur vorgesehen sei, mit dem Ziel, die „Angleichung an die Nomenklatur" des SHF herzustellen. In diesem Zusammenhang sollte die Zusammenlegung der Fakultäten für Stark- und Schwachstromtechnik zur Fakultät für Elektrotechnik erfolgen. Themen bildeten auch die Verlegung der Ausbildung von Technologen in die einzelnen Fachgebiete, die Bildung der Institute für „Technologie der Elektrotechnik" und „Technologie der Feinmechanik und Optik" sowie die Übernahme des Institutes für allgemeine und theoretische Elektrotechnik in die Fakultät für Elektrotechnik.[553] Gegen die Zusammenlegung

---

Babelsberg, 1950–1959 Laborleiter bei der DEFA. Ab 1959 Prof. mit Lehrauftrag für Foto- und Kinotechnik an der HfE, 1963 Prof. mit Lehrstuhl, 1961 Direktor des Instituts für Foto- und Kinotechnik, 1964–1968 des Instituts für Lichttechnik. 1961 Dekan der Fakultät für Feinmechanik/Optik; 1969–1978 Dekan der Fakultät für Technische Wissenschaften; 1969–1970 stellv. Sektionsdirektor für Forschung. Emeritiert 1978, verstorben 2000; UAI, 3154 Kad.

547 Protokoll vom 5.10.1961 zur Senatssitzung am 26.9.1961; UAI, S. 1–8.

548 HPL der HfE: Beschluss vom 14.2.1963; LATh-StA Meiningen, BS IV A/7/107/12, AS 34, S. 1.

549 Protokoll vom 13.10.1961 zur Kollegiumssitzung am 9.10.1961; UAI, S. 1–5, hier 5.

550 2. Beilage, in: Protokoll vom 10.11.1961 zur Senatssitzung am 17.10.1961; UAI, S. 1–3, hier 3.

551 Unterschrieben am 20.12.1961; UAI, 4618 Pers, Teil 1.

552 Protokoll vom 3.11.1961 zur Kollegiumssitzung am 30.10.1961; UAI, S. 1–3, hier 2 f.

553 Protokoll vom 2.10.1961 zur Kollegiumssitzung am 27.9.1961; UAI, S. 1–3, hier 2.

intervenierte umgehend Günther Ulrich schriftlich. Er verwies auf die fachgeschichtliche Entwicklung der elektrotechnischen Institute der TH Dresden von 1932 an. Zwar habe die TH Dresden gegenwärtig auch ihre vier Institute der Starkstromtechnik und fünf Institute der Schwachstromtechnik unter einem Fakultätsdach gestellt, doch zeichne sich ab, „dass die Organisationsform bereits zu eng geworden" sei. 1932 waren es vier Institute unter der „Mechanischen Abteilung" gewesen. Die TH Dresden, so Ulrich, halte die Struktur der TH Ilmenau deshalb für optimal. Ulrich begründete dies komplex, u. a. mit dem Hinweis, dass der Dekan bei einer solchen Zusammenlegung schwerlich bei Diplomprüfungen, Dissertationen und Habilitationen auf beiden Großgebieten gleichermaßen fachlich beschlagen sein könne, er dürfe nicht nur „repräsentative Figur" sein. Dass Dresden den Schritt der Aufspaltung noch nicht vollzogen habe, läge daran, dass sie aufgrund ihrer langen Tradition nicht so beweglich sei wie Ilmenau, das „den großen Vorteil" besitze, „bei der Gründung sich nur den Erfordernissen der Industrie und Wirtschaft" hatte anpassen müssen.[554]

Doch der SED war der Volkswirtschaftsplan 1962 zunächst von höherer Bedeutung. Die Eckdaten aus dem Volkswirtschaftsplan lieferte das SHF. Im Planteil „Zulassungen" für das Direktstudium trat zunächst eine ungewöhnlich hohe positive Diskrepanz zwischen Vorgabe (Kontrollziffer des SHF) und dem eigenen Planvorschlag auf. Eine Diskrepanz, die aufgrund der traditionellen kapazitiven Defizite der Hochschule in dieser Richtung nicht zu erwarten gewesen war. In einem Telefonat mit dem SHF konnte jedoch Einigkeit dahingehend erzielt werden, dass die Hochschule ihre Eigenverpflichtung für die Fachrichtung „Ingenieurökonomie" von 60 auf 20 reduzierte, so dass das Überbietungsplus der Hochschule gegenüber der Staats-Vorgabe nun nicht mehr so deutlich ausfiel:

Tabelle 13: Planteil: Zulassungen für das Direktstudium (I)[555]

Fachrichtung	Kontrollziffer	Planvorschlag der HfE	Differenz
Physik	15	15	0
Technologie	55	75	+20
Feinmechanik/Optik	90	100	+10
Starkstromtechnik	155	150	-5
Schwachstromtechnik (mit Regelungstechnik)	200	205	+5
Theoretische Elektrotechnik	25	15	-10
Ingenieurökonomie	20	60	+40
Gesamt	560	620	+60

Die Zulassungen für das Fern- und Abendstudium in den Fachrichtungen Technologie, Feinmechanik/Optik, Starkstromtechnik und Schwachstromtechnik (mit Regelungstechnik) erhöhte die HfE um 75 auf 175. Sie verwies verteidigend auf die TU Dresden, die in ihrem Fernstudium in der Fachrichtung Elektrotechnik den Planvorschlag des SHF gar um 100, von 275 auf 375 Zulassungen erweitert hatte. Die Neuzulassungszahl für das Industriestudium am I.-I. betrug 45.[556] Auch wenn es fachliche Argumente gab, einzelne Positionen zu erhöhen, ist es nicht wenig wahrscheinlich, dass die eingereichten höheren Zahlen

554 Schreiben von Ulrich an Stamm vom 27.9.1961; UAI, Sgn. 551, S. 1–5.
555 HfE, Abt. Planung und Statistik, vom 17.10.1961: Volkswirtschaftsplan 1962, aufgefunden im Konvolut zur Senatssitzung am 17.10.1961; UAI, S. 1–4, hier 1.
556 Ebd., S. 2.

dem Umstand geschuldet waren, dass man sich, was die Ergebenheitsadressen an Staat und Regierung derzeit anlangte, in einem rauschähnlichen Zustand befunden haben mag. Die Tagespresse war nach der Grenzschließung jedenfalls voll von Überbietungsnachrichten.

Für den Bereich des Planteils „Arbeitskräfte" ging die Hochschule grundsätzlich davon aus, dass ein Zuwachs im Bereich der Hochschullehrer und Dozenten sowie Assistenten zu erreichen ist. Der summarische Zuwachs aber hielt sich mit 30 Stellen (von 815 per 31. Dezember 1961 auf 845 für das Planjahr 1962) in Grenzen. Auf den Zuwachs entfielen lediglich zwei Professoren und ein wissenschaftlicher Mitarbeiter für das Fern- und Abendstudium, die Masse des Zuwachses ging mit 27 auf das Konto der Assistenten. Alle anderen Personalarten wie Lektoren, Sportlehrer, Fach- und Hilfspersonal und sonstiges Personal blieben stabil.[557]

Am 9. Oktober fand die erste – künftig monatlich stattfindende – Arbeitsbesprechung zu Fragen des wissenschaftlichen Nachwuchses statt. Beraten wurde ein Aufgabenspektrum, das von der Zentralen Kaderleitung des SHF, Sektor wissenschaftlicher Nachwuchs, vorgegeben war. Das Spektrum war breit und umfasste auch Aufgaben, die schwerlich unter dem Begriff „*wissenschaftlicher* Nachwuchs" subsumierbar sind; wie: „(b.) Unterstützung der Aktion des Verzichts auf Importe aus Westdeutschland und dem kapitalistischen Ausland, damit Beseitigung der Störanfälligkeit." Oder Punkt „(c.) Verstärkung der sozialistischen Erziehung, Beteiligung an Arbeits- und Ernteeinsätzen, Verpflichtung zur Verteidigungsbereitschaft für die jünger als 35-jährigen Nachwuchskräfte und Meldung zu den Reservistenlehrgängen der NVA."[558] Beides war gegenüber der SED kontrollpflichtig. Eine Analyse vom 18. Oktober beschäftigte sich mit dem Stand der Ausbildung und Erziehung des wissenschaftlichen Nachwuchses. Demnach waren für alle Seminargruppen ein bis zwei Assistenten als Betreuer in wissenschaftlicher und gesellschaftlicher Hinsicht mit „dem Ziel, aus den Seminargruppen sozialistische Studentenkollektive heranzubilden", vorgesehen. Der Verfasser der Analyse kritisierte, dass die meisten Fakultäten diese Aufgabe geringschätzten. Bei der Vorbereitung und Durchführung der Volkswahlen seien die Assistenten diesmal jedoch aktiv gewesen, lediglich ein Assistent sei seiner Wahlpflicht nicht nachgekommen. Ermittlungen hätten ergeben, „dass es sich hierbei um einen Fall von Gleichgültigkeit", nicht aber „von feindlicher Einstellung" gehandelt habe.[559]

Andreas Schüler sprach auf der Senatssitzung am 21. November über die Bedeutung des XXII. Parteitages der KPdSU für die HfE und konstatierte „eine gute Verpflichtungsbewegung zur Störfreimachung der Industrie". Im Prinzip gelte es jedoch, diese Verpflichtung nicht auf sie „selbst zu reduzieren", sondern vielmehr „für das gleiche Geld mehr zu leisten". Auf allen Gebieten müsse rational gearbeitet werden. „Die politische Zielsetzung des Produktionsaufgebotes" werde nicht „genügend" beachtet. Es müsse die Initiative aller geweckt werden. Man wünsche sich einen entsprechenden „Maßnahmeplan als konkrete Arbeitsrichtlinie". Schüler referierte drei Aspekte, die Chruschtschow auf dem XXII. Parteitag explizit unter dem Aspekt der „Formung des Neuen Menschen" erläutert hatte:

---

557 Ebd., S. 3.
558 1. Beilage, in: Protokoll vom 10.11.1961 zur Senatssitzung am 17.10.1961; UAI, S. 1–3, hier 2.
559 2. Beilage, in: ebd., S. 1–3, hier 2.

(1) die Notwendigkeit der Herausbildung und Festigung der kommunistischen Weltanschauung, (2) die Erziehung in der Arbeit und zur Arbeit sowie (3) die erzieherische Herausbildung der kommunistischen Moral. Während der erste Komplex von denjenigen, die auf dem Standpunkt des Marxismus-Leninismus stünden, erwartet werde, seien zu den beiden anderen Komplexen alle Angehörigen des Lehrkörpers hierzu aufgerufen. Die gegenwärtige Lage unter den Studenten könne jedenfalls nicht befriedigen. Der Aufschwung durch die Kampfwoche der FDJ und die Ernteeinsätze wäre bereits wieder verpufft. Er erwähnte das Beispiel der zwölf „abtrünnigen" Studenten (Kap. 5.3.3, S. 537 f.); Zitat: „Einige Herren des Disziplinarausschusses" hätten den Ernst der Lage nicht erkannt, so dass der „Beschluss, die zwölf Studenten zeitweilig vom Studium auszuschließen, nicht einstimmig gefasst" werden konnte, was den Studenten nicht verborgen geblieben sei. Geschlossenheit sei dringend erforderlich.[560]

Die Hochschule bilanzierte Ende November 1961 insgesamt 2.541 Studenten, davon im Direktstudium 2.274, am Industrie-Institut 97, im Fernstudium 97 und im Abendstudium 61.[561]

1962: Das letzte volle Jahr als HfE Ilmenau

Das Kollegium bestätigte am 8. Januar Friedrich Hansen als Leiter der Betriebsakademie (BA). Diese Institution zählt, obgleich sie für die Weiterbildung eine hohe Bedeutung besaß, zu den historiographischen Desideraten. Der erste Lehrgang war für den 16. Januar anberaumt,[562] obgleich die Arbeit an der Struktur der BA und am Studienplan noch nicht abgeschlossen war. Kernelement der BA war, jedem an der Weiterbildung interessierten Hochschulangehörigen entsprechende Möglichkeiten in Form von Lehrgängen, Vortragsreihen und Aussprachen zu geben. Insbesondere stand dieses Angebot den Teilnehmern am Fern- und Abendstudium offen, denen über einen Studienförderungsvertrag[563] großzügige Hilfe zuteilwurde. Die Mitarbeit an der BA erfolgte ehrenamtlich. Der Plan für 1962 sah zunächst zehn Maßnahmen vor. Sieben erfolgten in Eigenregie, darunter Marxismus-Leninismus, Russisch sowie Lehrgänge für Sekretärinnen und technische Assistenten für Physik. Die restlichen drei für Englisch, Französisch und einen Meisterlehrgang erfolgten in Zusammenarbeit mit der Volkshochschule und der Fachschule Schmalkalden.[564]

Noch zu Beginn des Jahres wurde als Leiter des Rechenzentrums (RZ), später: Organisations- und Rechenzentrums (ORZ), Günter Bräuning[565] bestätigt. Bräuning wird zwei

---

560 Protokoll vom 7.12.1961 zur Senatssitzung am 21.11.1961; UAI, S. 4 f.

561 Hochschulstatistiken, Hauptstatistik 1962. Stichtag: 30.11.1961; UAI, Sgn. 618.

562 Protokoll vom 16.1.1962 zur Kollegiumssitzung am 15.1.1962; UAI, S. 1–4, hier 1.

563 Formblatt: Studienförderungsvertrag vom 1.2.1962, aufgefunden im Konvolut zur Kollegiumssitzung am 13.2.1962; UAI, S. 1 f.

564 Vorlage zur Arbeitsordnung der Betriebsakademie vom 1.2.1962, aufgefunden ebd.; UAI, S. 1–5. Auf der Kollegiumssitzung am 26.2.1962 wurde die Satzung der Akademie bis auf kleinere Änderungen bestätigt. Protokoll vom 27.2.1962 zur Kollegiumssitzung am 26.2.1962; UAI, S. 1–5, hier 1 f.

565 Geb. am 6.12.1929 in Schleusingen. 1950–1954 Studium an der FSU Jena, Promotion 1957, Habilitation 1970. 1961–1969 Leiter der Abteilung Maschinelles Rechnen des Instituts für maschinelle Rechentechnik, 1969–1971 Dozent für Mathematische Kybernetik und Rechentechnik an der Sektion MARÖK. 1971 o. Prof. für Mathematik und Kybernetik, 1971–1975 u. 1979–1984 Stellvertreter für EAW der Sektion MARÖK. 1993 Prof. für Numerische Mathematik und Informationsverarbeitung. Aktives NDPD-Mitglied seit 1963, Mitglied der Bezirksleitung des Kulturbundes; UAI, 6507 Pers.

Jahrzehnte das Bild des Rechenzentrums prägen. Das SHF war einverstanden, „dass sofort mit der Ausbildung von jährlich zehn Programmierern begonnen werden" könne.[566] Das Rechenzentrum arbeitete keineswegs nur für Belange der Hochschule und der Wissenschaft, sondern auch für umliegende Betriebe und für den Rat des Bezirkes Suhl (das hier angebundene Lohnprojekt galt als Pilotprojekt für die gesamte DDR). Im Zuge der permanent wachsenden Ökonomisierung wuchs der Druck auf das Rechenzentrum. Noch zuletzt, Anfang 1989, wies Minister Hans-Joachim Böhme Rektor Werner Kemnitz eindringlich darauf hin, die Auslastung der Rechentechnik insgesamt in den Griff zu bekommen. Hierzu wurde speziell eine Hochschulanweisung an alle Einrichtungen des Ressorts erlassen. Eine THI-interne Beratung unter Leitung des ökonomischen Direktors zeigte jedoch, dass dies für einige Bereiche schwer bis gar nicht möglich war. So etwa im Bereich der Verwaltung, hier könne man die geforderten zwölf Stunden täglich gar nicht realisieren. „Gleichermaßen" sei „sichtbar" geworden, „dass im ORZ der ESER-Großrechner[567] immer weniger ausgelastet wird, weil durch die Zunahme der Anzahl der Kleinrechner in den Bereichen der Großrechner nicht mehr benötigt wird." Man habe schlicht zu viele Kleinrechner angeschafft.[568]

Investitionen, Teil III

Auf der ersten Senatssitzung des Jahres am 23. Januar stand die Bilanzierung des Haushaltsplanes 1961 auf der Tagesordnung. Er wurde mit 16,6783 Millionen DM erfüllt. Nicht erfüllt wurde Positionen in Höhe von 87.700 DM für nicht benötigte Stipendien u.a.m. Das Arbeitskräftesoll belief sich auf 858, lediglich sieben Stellenbesetzungen blieben unrealisiert. Das entsprach einem Zuwachs gegenüber 1960 von neun Prozent. Die ursprüngliche Investsumme für 1961 in Höhe von 6,2158 Millionen DM war zwischenzeitlich auf 10,3562 Millionen erhöht worden. Die Frage der Folgeinvestitionen blieb zunächst offen, neuere Einreichungen waren bislang nicht bestätigt worden. Es bestand „weiterhin keine Klarheit über die Reihenfolge und den Zeitablauf der weiteren Entwicklung der Hochschule". Durch die geringe Baukapazität im Bezirk Suhl bestand die Gefahr, dass die Disproportionen wuchsen. „Der Ernst der Situation" sei „wiederholt von der Hochschulleitung und der Hochschul-Parteileitung eingeschätzt" worden. Übergeordnete Organe waren um Unterstützung gebeten worden. Einbezogen war auch die Staatliche Plankommission (SPK), die jedoch nur zwei Möglichkeiten der Milderung der angespannten Situation sah. Einmal im Abzug von Baukapazität aus dem Bezirk Erfurt hin nach Ilmenau (Bezirk Suhl), zum anderen in einer Revision der bisherigen Gesamtplanung der HfE Ilmenau, in positiver Semantik formuliert: um „den Hochschulbau abzurunden". Große Probleme gab es weiterhin beim Bau des Heizkraftwerkes. Der Senat war der Auffassung, „dass es nunmehr endgültig an der Zeit" sei, „das gesamte Problem der Hochschulplanung von den übergeordneten Organen zum Abschluss zu bringen, um die vorhandenen Disproportionen zu beseitigen". Stamm plante, nochmals beim SfH vorstellig zu werden.[569] (Tatsächlich kam

566 Protokoll vom 19.3.1962 zur Kollegiumssitzung am 12.3.1962; UAI, S. 1–5, hier 2.
567 Sobeslavsky: Der schwierige Weg, S. 98–110.
568 Bericht von „Walter" vom 25.1.1989; BStU, BV Suhl, AIM 984/89, Teil II, Bd. 9, Bl. 125.
569 Protokoll vom 29.1.1962 zur Senatssitzung am 23.1.1962; UAI, S. 2 f. u. 5.

es im Sommer zu Beratungen mit der klaren Botschaft des SfH, dass mit einer Erweiterung des Hochschulbaus im nächsten Dezennium keinesfalls zu rechnen sei.[570])

Zeitgleich forderte Wilhelm Girnus entsprechend der sich weiter verschlechternden fiskalischen Situation der DDR eine konsequente, zugleich aber auch elastische Haushaltspolitik. Eine weitere jährliche Steigerung der Ausgaben im Bereich des SHF von insgesamt 35 Prozent (1958 mit 771 Millionen DM, 1959 mit 894,5 Millionen, 1960 mit 988,3 Millionen auf zuletzt 1.043,5 Millionen) sei nur unter der Bedingung einer höheren Effizienz für die Produktionsbetriebe denkbar.[571] Entsprechend wurden die Kontrollziffern für die Haushaltszahlen gegenüber der Planung der Hochschule bis auf eine Position, die der Mensen und Internate, gesenkt. Zu diesen beiden erfolgte eine Erhöhung von 756.700 DM auf 775.000 DM.

Tabelle 14: Haushaltsplan der HfE (II), 1962[572]

Kapitel	Planvorschlag THI [DM]	Planberichtigung [DM]	Ist 1961 [DM]
Hochschule	16.362.800	15.525.000	14.342.400
Internate und Mensen	756.700	775.000	739.500
Ausländerstudium	290.000	250.00	219.800
Auslandsbeziehungen	20.000	20.000	15.400
Luftschutz	13.000	9.000	1000
Bibliothek	343.000	290.000	305.400
Forschung	402.000	361.000	333.300
Vertragsforschung, Ausgaben	8.900	4.900	66.900
Vertragsforschung, Einnahmen	240.000	240.000	-
Sonstige wissenschaftliche Institute	6.000	5.200	6.900

Schmerzlich war die Ausgabensenkung des SHF für Ausrüstungen der HfE für 1963.

Tabelle 15: Ausgaben für Ausrüstungen[573]

Fakultät	Geplante Summe [DM]	Kontrollziffer 1963 [DM]
I.	56.000	36.000
II.	101.400	78.400
III.	301.400	266.000
IV.	56.000	48.400
V.	24.000	19.200

Am 11. Oktober 1962 beschloss der Ministerrat der DDR das Investprogramm für die Ilmenauer Hochschule „in veränderter Form weiterzuführen und 1965 zu beenden". In diesem Zusammenhang wurde eine Investsumme in Höhe von 8,9 Millionen DM bestätigt. Damit konnte wenigstens die Fertigstellung der Internate A bis D und der Mensa fixiert werden. In Fortführung sollte dann 1963 eine Plansumme in Höhe von circa 6 Millionen DM für die Fertigstellung der Maschinenhalle, einer Trafostation, des Rechenzentrums und von Kabelgräben zur Verfügung stehen.[574]

Auf der Berliner Arbeitsberatung der Rektoren am 23. Februar 1962 wurden drei –

---

570 HPL der HfE, Protokoll vom 19.7.1962; LATh-StA Meiningen, BS 4-95-1317, AS 19, S. 1–3.
571 Protokoll zur Senatssitzung am 13.3.1962; UAI, S. 1–11, hier 6.
572 THI, Abt. Planung und Statistik, vom 16.4.1962: Vorlage für Senatssitzung, aufgefunden im Konvolut zur Senatssitzung am 16.4.1962; UAI, S. 1–5, hier 4 f.
573 Protokoll vom 27.8.1962 zur Besprechung mit den Dekanen am 21.8.1962; UAI, S. 1 f., hier 2.
574 Lindner: Aufbauphase, S. 8.

nachgerade permanente – Hauptprobleme besprochen: die Verbesserung der Leitungstätigkeit, Maßnahmen zur Steigerung der Produktivität in Forschung und Lehre sowie die Überwindung der „Zweigleisigkeit zwischen fachlicher Ausbildung und politisch-ideologischer Erziehung". Die Hinweise auf die Proklamationen des 14. Plenums des ZK der SED (nach Lesart der SED die Grundlage für die Arbeit an den Hochschulen) und des XXII. Parteitages der KPdSU sowie auf die Instruktion durch Girnus (Zitat: „Wissenschaftlich denken" heiße, „in Zusammenhängen denken.") trugen nicht nur formalen Charakter. Die Aufgabe der Hochschulführung bestand vor allem darin, die ideologischen Vorgaben abrechenbar umzusetzen. Laut Girnus bestand hierin ein erhebliches Defizit der Hochschulen und Universitäten. Er nahm die Rektoren persönlich in die Pflicht. Stamm referierte die von Girnus vorgetragene Unzufriedenheit der SED umfassend:

„Die Bildung und Formung der sozialistischen Persönlichkeit erfordert, dass man sich mit dem gesellschaftlichen Charakter der Arbeit und der gesellschaftlichen Natur des Menschen, der Arbeit und des dialektisch-materialistischen Begriffs der Erziehung, der den Begriff der Selbsterziehung beinhaltet, der Arbeit und ihren materiellen und moralischen Antrieben in der sozialistischen Gesellschaft und weiteren Zusammenhängen dieses Gedankenkomplexes beschäftigen muss." Allein die hieraus folgende Maßnahme des Senats, dürfte den Ausführenden schwer im Magen gelegen haben, da „in Zukunft in jeder Senats- und Fakultätsratssitzung konkret [!] mit den einzelnen Fachrichtungen darüber" zu beraten war, „in welcher Weise sie einen schöpferischen Beitrag für die Lösung" zu geben in der Lage seien. Auf der anderen Seite vermehrten sich Restriktionen nicht zuletzt in kommunikativer Hinsicht, etwa in der Frage des Abbruchs der Verbindungen mit westdeutschen Kollegen sowie in der Mitarbeit an westlichen Publikationsorganen oder in Fachgremien. Hierzu Stamm: „Es gibt an einigen Universitäten und Hochschulen Mitarbeiter, die an westdeutschen Zeitschriften mitarbeiten, die sich gegen die DDR richten und nicht eindeutig für die friedliche Koexistenz mit der DDR eintreten." Girnus erwartete von den Rektoren, dass sie dies an ihren Bildungsstätten genau überprüften. Er erwartete von ihnen „die Beseitigung aller zwielichtigen und prinzipienlosen Beziehungen". Generell, so Girnus, fehle es an den Hochschulen an einer straffen politischen Führung und an der Einhaltung der Studiendisziplin und Arbeitsmoral der Studenten.[575]

An allen Stellen wurde nach Rationalisierung, heißt: nach Einsparpotenzialen gesucht. Zum zweiten Male nach 1958/59 versuchte sich Alfred Pohlmann in der Kreation einer kosten- und zeitminimierten Studienreform. Er schlug vor, das bislang obligatorisch durchgeführte Vorpraktikum in ein kombiniertes Studium umzuwandeln, wobei die erste Phase in der für das jeweilige Studium fachgerechten Industrie stattfinden sollte. Das bedeutete, dass der immatrikulierte Student zunächst in einem Betrieb angestellt und auch bezahlt werden würde. Pohlmann erhielt das Mandat, hierüber mit den zuständigen Stellen des Volkswirtschaftsrates der DDR zu verhandeln.[576] Auf diese Weise sollte versucht werden, ihn sofort produktiv arbeiten zu lassen, Bindungseffekte an die Einsatzbetriebe waren

575 Protokoll zur Senatssitzung am 13.3.1962; UAI, S. 1–11, hier 3 f.
576 Protokoll vom 19.3.1962 zur Kollegiumssitzung am 12.3.1962; UAI, S. 1–5, hier 2.

erwünscht. Bislang wurde beklagt, dass sich bei der herkömmlichen Art des Vorpraktikums, das regelmäßig in Lehrwerkstätten der Metallbranche stattfand, „nur wenige Betriebe der Elektroindustrie" bereitfanden, „Praktikantengruppen aufzunehmen und sie nach den Richtlinien der Hochschule auszubilden". Und wo dies geschah, hatten sie „nur zum Teil die Möglichkeit, die erworbenen Fertigkeiten unmittelbar in der Produktion anzuwenden".[577]

Die Umsetzung für Ende August 1962 oblag Pohlmann. Zu den zehn Merkmalen der Neuerung zählten geldwerte Vorteile. So sollten circa 100.000 DM an Ausbildungskosten und circa 500.000 DM an Stipendien eingespart sowie 600.000 Arbeitsstunden für die Wirtschaft geleistet werden. Zu den Vorteilen zählte vor allem der Erwerb polytechnischer Kenntnisse, die bislang nicht hinreichten.[578] Das Gesamtpaket war vielseitig, es enthielt u. a. Technisches Zeichnen, ein Selbststudium mit vorgegebenen Themen zur Ökonomie des Studierens, Mathematik, Physik und Aufgabenstellungen zu technologischen Fragen, schlussendlich eine nach Kriterien vorgegebene Bilanzierung der Tätigkeit in der Produktion.[579] Die Kombination wurde Produktionspraktikum genannt, das erste fand vom 3. September 1962 bis zum 2. März 1963 statt. In Anspruch genommen wurden 25 Betriebe der Elektrotechnik, sechs der Feinmechanik/Optik und Regelungstechnik, zwei der Büromaschinenindustrie und ein Betrieb des Werkzeugbaus. Aber auch hier „bedurfte" es „etlicher Anstrengungen, um die Eingliederung der Studenten in den Arbeitskräfteplan zu erreichen, obwohl entsprechende Weisungen ergangen waren". Zu den Schwierigkeiten zählte das traditionelle Problem der Wohnunterbringung, der Einsatz in unterschiedlichen Schichten, betriebliche Störungen im Arbeitsablauf und fehlende Literatur. Hinzu kamen Störungen durch Hochschulwechsel, weil die für die Fakultät Technologie und Ingenieurökonomie immatrikulierten Studenten an andere Hochschulen abgegeben werden mussten. Insgesamt soll sich die Form des Produktionspraktikums für beide Seiten bewährt haben. Mit Erfolg beendeten das Praktikum von 554 Studenten 520, aufgaben elf und exmatrikuliert wurden drei. 20 Studenten verlor die HfE aufgrund des Hochschulwechsels (Technologie).[580]

Am 6. April 1962 fand eine erweiterte Sondersitzung des Senats statt. Diskutiert wurde das Dokument des IV. Nationalkongresses der Nationalen Front über „die geschichtliche Aufgabe der Deutschen Demokratischen Republik und die Zukunft Deutschlands" in Verbindung mit den Beschlüssen des 15. Plenums „und die sich für die HfE daraus ergebenden Aufgaben". Referenten waren Hans-Joachim Mau und der Sekretär der Bezirksleitung der SED Suhl, Kurt Engelhardt. Mau betonte, dass „gerade heute [...] jeder, und besonders der Wissenschaftler, seine klare persönliche Stellungnahme zur nationalen Frage" abzugeben

---

577 HfE, Prorektorat für Studienangelegenheiten, Praktikantenamt, vom 3.5.1963: Vorbereitung, Durchführung und Auswertung des Produktionspraktikums der HfE in der Zeit vom 3.9.1962 bis 2.3.1963; UAI, 4361 Pers, S. 1–5, hier 1.

578 Pohlmann, Verbesserungsvorschlag vom 9.9.1962: Zur Durchführung des obligatorischen Vorpraktikums 1962/63; ebd., S. 1 f.

579 HfE, Prorektorat für Studienangelegenheiten, Praktikantenamt, vom 31.7.1962: Verpflichtungen der Studenten während des obligatorischen Vorpraktikums; UAI, 4361 Pers, S. 1–4.

580 HfE, Prorektorat für Studienangelegenheiten, Praktikantenamt, vom 3.5.1963: Vorbereitung, Durchführung und Auswertung des Produktionspraktikums der HfE in der Zeit vom 3.9.1962 bis 2.3.1963; UAI, 4361 Pers, S. 1–5, hier 2–4.

habe. Nicht nur fachlich gute Diplom-Ingenieure auszubilden sei die Aufgabe, sondern „Menschen zu erziehen, denen der Dienst an der Gesellschaft ehernes Gesetz" sei. Es ist wohl nur aus der Warte der ideologischen Verfasstheit des SED-Staates nachvollziehbar, wie man aus dem Dokument des Nationalrates die Schlussfolgerung ziehen konnte, dass nun „der Mut aufgebracht werden" müsse, „nur solche Aufgaben zu bearbeiten, die der Republik von Nutzen sind. Dazu gehört auch, dass sich die Hochschulinstitute untereinander in ihrer Forschungsarbeit abstimmen."[581] Mau verband seine Ergebenheitsadresse mit Fichtes „Reden an die deutsche Nation"[582] und forderte die Angehörigen des Lehrkörpers auf, „offen" zu „dokumentieren", dass jeder „im Sinne der Worte von Fichte persönlich hinter dem nationalen Dokument" stehe. Er rief die Hochschullehrer auf, „den Charakter und das Profil der ihnen anvertrauten jungen Menschen zu sozialistischen Diplom-Ingenieuren zu formen". Es gehe darum, *alle* Menschen zu gewinnen. Es war, wie oben festgestellt, Tradition in der DDR, innen- wie auch außenpolitische Akklamationen mit Ergebenheitsadressen und Produktionsinitiativen zu verknüpfen. Also hieß es nun: „Jeder von uns bekennt sich öffentlich zu diesem bedeutungsvollen Ereignis und verpflichtet sich, in FDJ- und Gewerkschaftsversammlungen das Nationale Dokument allen Angehörigen der Hochschule zu erläutern." Die künftigen Forschungsthemen würden nun „nach den im 15. Plenum des ZK der SED genannten volkswirtschaftlichen Schwerpunkten" ausgerichtet werden. Und zwar in engster Zusammenarbeit mit der Industrie.[583] Der Senat befasste sich am 16. April nochmals mit dem Nationalen Dokument und forderte die Fakultäten auf, „alle Reserven auszunutzen und das wissenschaftliche Produktionsaufgebot zu einem vollen Erfolg zu führen".[584]

Hatte Hans Stamm plötzlich nicht mehr die Kraft, war der Druck, eine solche politische Dauer-Performance als erster Mann der Hochschule zu leben, für ihn zu hoch geworden? Der Mauerbau war nicht nur ein architektonischer aus Beton und Stahl, sondern auch ein pausenlos agitatorischer. Im Nationalen Dokument war – trotz einer theoretischen Bekundung zu einer möglichen Konföderation – klar formuliert worden, dass die DDR der einzige rechtmäßige deutsche Staat sei. Er, der Macher und Aufbauer, musste längst mit ansehen, wie seine Hochschule für Außen- und Tagesinteressen vernutzt wurde und einige Grundüberzeugungen Gefahr liefen, nicht adäquat realisiert werden zu können, wozu auch die Frage der Technologie gezählt haben mag. Protokollarisch ist nichts Erhellendes tradiert, als er am 16. April unter Punkt 5 der Tagesordnung den Senat bat, „ihn von seiner Funktion als Rektor magnificus zu entbinden, da diese langjährige Tätigkeit die wissenschaftliche Arbeit sehr erschwere und er auch gesundheitlich nicht mehr in der Lage ist, diese Funktion durchzuführen". Als Nachfolger schlug er Walter Heinze vor. Die Mitglieder begrüßten den Vorschlag und wählten Heinze einstimmig zum Rektor.[585]

---

581 Protokoll vom 6.4.1962 zur Sonder-Senatssitzung am 3.4.1962; UAI, S. 1–5, hier 2 f.

582 Gehaltene Reden (Vorlesungen) ab Dezember 1807 in Berlin; die berühmt gewordenen Texte lagen bereits 1808 gedruckt vor, in: Reden an die deutsche Nation durch Johann Gottlieb Fichte. Berlin 1808. Dem Marxismus-Leninismus galt Fichte als subjektiv-idealistischer Denker.

583 Protokoll vom 6.4.1962 zur Sonder-Senatssitzung am 3.4.1962; UAI, S. 1–5.

584 Protokoll vom 15.5.1962 zur Senatssitzung am 16.4.1962; UAI, S. 1–4, hier 2.

585 Ebd., S. 2 f.

Ausdrücklich war vom SHF im Zuge des 14. und 15. Plenums der SED für den Volkswirtschaftsplan 1962, Planteil „Zulassungen“ zum Direktstudium, um Verständnis gebeten worden, dass „besonders im Bereich der nichtmateriellen Produktion“ mit „Kürzungen und damit verbundenen unbedingten Sparsamkeitsmaßnahmen“ gerechnet werden müsse. Dass aber die Kontrollziffer binnen eines halben Jahres von 560 auf 590 gesetzt wurde, war einmal mehr dem Eifer der Hochschule geschuldet. Offenbar hatte Alfred Pfestorf sie „hochgedrückt“, da Stamm nachweislich protestiert hatte.

Tabelle 16: Planteil: Zulassungen für das Direktstudium (II)[586]

Fachrichtung	Bestätigter Plan	Differenz
Technische Physik	15	0
Technologie	75	+20
Feinmechanik/Optik	100	+10
Starkstromtechnik	150	-5
Schwachstromtechnik (mit Regelungstechnik)	185	-15
Theoretische Elektrotechnik	15	-10
Ingenieurökonomie	50	+30
Gesamt	590	+30

Zusammen mit 25 ausländischen Studenten der Fachrichtungen Feinmechanik/Optik (neun), Starkstromtechnik (vier) und Schwachstromtechnik (zwölf) waren es 615 Neuzulassungen. Stamm wies das SHF ausdrücklich darauf hin, „dass es auf Grund der Situation in Ilmenau (Unterbringung, Verpflegung, Hörsäle, Seminarräume, Diplomandenplätze usw.) unverantwortlich sei, 615 Studenten zu immatrikulieren, zumal ja auch die Investitionen sehr stark reduziert wurden und in den nächsten Jahren nicht mehr mit weiteren bezugsfertigen neuen Räumlichkeiten zu rechnen“ sei. Das SHF versprach, die Einwände zu prüfen und einer Reduzierung um circa 30 bis 40 Zulassungen zuzustimmen. Dies aber dürfe, so Stamm, auf keinem Fall in den Schwerpunktfachrichtungen Schwachstromtechnik, Technologie und Ingenieurökonomie erfolgen. Einverständnis wurde hinsichtlich der Zulassungen zum Fern- und Abendstudium sowie Industriestudium erreicht. Zugelassen werden sollten 80 Fernstudenten in den Fachrichtungen Technologie (20), Starkstromtechnik (20) und Schwachstromtechnik (40), 65 Abendstudenten in den Fachrichtungen Feinmechanik/Optik (25), Starkstromtechnik (20) und Schwachstromtechnik (20) sowie 45 Studenten des Industrie-institutes in den beiden Fachrichtungen Feinmechanik/Optik (15) und Elektrotechnik (30).

Unnachgiebig verhielt sich das SHF hingegen in der Frage der Zahl der Beschäftigten. Obgleich die der Studenten wuchs, schmolz das Staatssekretariat die Planzahlen für die Beschäftigten in zwei Schritten ab, wo nicht, fror es die jeweiligen Zahlen wie im Bereich der Lektoren (13) und in der Bauverwaltung (6) ein. Etwaige Interventionen Ilmenaus waren zwecklos. Zwischenzeitlich geschlossene Vorverträge waren wieder zu lösen. Insgesamt sollte der Bestand an Fachpersonal (Professoren, Dozenten, Assistenten, wissenschaftliche Mitarbeiter, Lektoren) zum 31. März 1962 von 568 auf 531 verringert werden,

586 THI, Abt. Planung und Statistik, vom 16.4.1962: Vorlage, aufgefunden im Konvolut zur Senatssitzung am 16.4.1962; UAI, S. 1–5, hier 1 f.

zusammen mit dem Personal für Verwaltung, Wirtschaft, Mensen und Internate von 845 auf 802. Berufungen sollten nunmehr nur noch zum 1. Februar und 1. September erfolgen. Wissenschaftliche Mitarbeiter sollten zeitnah überprüft und neue nicht mehr ernannt werden. Bei Fluktuationen konnte eine Neubesetzung nur im Rahmen des gültigen Lohnfonds erfolgen.[587]

Der Fall „Robert Döpel", Teil III

Eugen Philippow teilte dem Senat am 16. April mit, dass Robert Döpel „im Zusammenhang mit seiner Emeritierung vor dem Fakultätsrat der I. Fakultät beleidigende Äußerungen gegen Rektor und Senat der Hochschule" gemacht habe. Er habe seine Funktion als Prodekan der Fakultät zur Verfügung gestellt und die Fakultätssitzung verlassen. Der Senat beauftragte daraufhin Heinze, Bischoff und Mau, die Ursachen für das Verhalten Döpels zu untersuchen. Dem Staatssekretariat wolle man, was grundsätzlich nicht zu umgehen war, umgehend Bericht erstatten.[588] Am 12. Juni wurde auf der Senatssitzung die Emeritierung Döpels erneut behandelt. Es wurde die Vereinbarung getroffen, dass er „zu einem Zeitpunkt, der im Einvernehmen mit dem Staatssekretariat festgelegt" würde, „von seinem Lehrstuhl zurücktritt". Über sein Verhalten wolle man auf der nächsten Sitzung sprechen. Das wurde, soweit zu sehen ist, unterlassen. Offenbar war Döpel mit seinem Emeritierungsdatum nicht einverstanden, erkennbar daran, dass der Konflikt allgemeingültig für alle Hochschullehrer neu geregelt wurde. Demnach würden die Hochschullehrer fortan mit Erreichung des 65. Lebensjahres (Frauen mit 60) zum folgenden 31. August emeritiert, jedoch nicht jene, die sich in Ämterfunktionen befänden wie Rektoren, Prorektoren und Dekane. Für diese werde automatisch eine Amtszeitverlängerung ausgesprochen.[589]

Die Hochschulparteileitung (HPL) arbeitete als primäre Gestaltungsmacht und als „integrierter Souverän"[590] an der Konzeption der Plandiskussion auch für 1963 wieder mit. Diese letztlich bolschewistische Verfahrensweise gewann nach dem Mauerbau deutlich an Festigkeit und an Durchschlagskraft. Die wichtigste Legitimationsstrategie der SED – für ein Mehr an Leistung bei weniger Entlohnung – bildete der Antifaschismus. Handschriftlich in die Konzeption für 1963 wurde hinzugesetzt: „antifaschistischer Schutzwall war notwendig, schützt unsere friedliche Arbeit an der Hochschule". Hieraus leitete die Partei *sämtliche* Aufgaben der Hochschule und ihrer Angehörigen ab, alles habe der Stärkung der DDR zu dienen: „Jede Diskussion, alle Vorschläge, die Initiative der Hochschulangehörigen, alle Maßnahmen in der Plandiskussion und im Kampf um die Hauptfragen der weiteren Entwicklung der Hochschule" seien in diese „Richtung zu lenken." Die fiskalischen und Importmöglichkeiten sanken jedoch rapide, so dass das von der Hochschule geradezu gebieterisch verlangte, alles zu tun, was diese Defizite zu mildern versprach. Eine „Aufgabe, die von jedem Hochschulangehörigen ein solches Bewusstsein erfordert,

---

587 Ebd., S. 3.
588 Protokoll vom 15.5.1962 zur Senatssitzung am 16.4.1962; UAI, S. 1–4, hier 3 f.
589 Protokoll vom 14.6.1962 zur Senatssitzung am 12.6.1962; UAI, S. 1–8, hier 7.
590 Vgl. Triebel, Bertram: Der integrierte Souverän – Die SED an der Bergakademie Freiberg in der Ära Honecker, in: Pohl, Norman/Farrenkopf, Michael/Hansell, Friederike: Lebenswerk Welterbe. Aspekte von Industriekultur und Industriearchäologie, von Wissenschafts- und Technikgeschichte. Berlin, Diepholz 2020, S. 343–350.

täglich, stündlich alles zu tun, um in Lehre, Forschung und Erziehung höchste Leistungen zu erzielen". Jeder werde daran gemessen, wie er mit den Maximen „sparsamster und wirtschaftlichster Umgang mit Geld, Material, Zeit und anderen Mitteln des Staates", der „Erschließung und Ausnutzung aller Reserven und Kapazitäten", der „Einhaltung aller staatlichen Termine" sowie der „Erhöhung des Wirkungsgrades der Arbeit jedes Einzelnen, Disziplin und schöpferische sowie eigenverantwortliche Initiative bei der Lösung aller Aufgaben" umzugehen versteht.[591] Exakt dieser Kriterienkatalog galt dem MfS als Folie für seine operativ-politische Arbeit.

Die HPL entwarf sowohl die Prinzipien der Ausbildungs- und Forschungsphilosophie als auch die haushaltsrechtlichen Kennziffern. Dabei fallen drei Grundsätze auf: (1) Die Einführung eines „Sparsamkeitsregimes" auf allen Gebieten; (2) die Durchsetzung des Schwerpunktprinzips und – ein wenig überraschend – (3) die Rolle der Technologie. Zu einzelnen Kennziffern des Planes 1963: Demnach sollte die Fakultät für Schwachstromtechnik 195 Zulassungen erhalten, fünf mehr als ursprünglich vom SHF gesetzt, dafür wurden die Zulassungen für die Technische Physik reduziert. Die Arbeitskräfteanzahl wurde mit Stand 1962 auf 870 eingefroren, die Jahresdurchschnittslohnsumme je Beschäftigten nur leicht von 8.250 auf 8.260 DM angehoben. Das Investitionsvolumen betrug lediglich sechs Millionen DM, davon Bau mit 1,64 und Bauwirtschaft mit 1,5 Millionen. In der Kalkulation fällt auf, dass die Positionen Honorare, Lehr- und Lernmittel, Instandhaltung, Stipendien und Stipendienfonds für das Berufspraktikum sowie Reisekosten rückläufig waren. Lediglich die Positionen Beschaffung und Prämienfonds stiegen.[592]

Aus der SED-Vorgabe ist ablesbar, dass die SED keinen Spielraum mehr für Freiheiten bereithielt, auch nicht auf dem Gebiet der Absolventenvermittlung. Von freier Berufswahl konnte schwerlich die Rede sein, wenn es hieß, dass „kein Zweifel mehr darüber bestehen" dürfe, „dass der Einsatz aller Absolventen in der Produktion erfolgt". Erst nach „längerer Erfahrung" würden „die besten Kader" dann in die Konstruktion gehen können. Für die Lehre und Ausbildung ergäben sich daraus, so die Parteileitung, „entscheidende Umwälzungen", seien „große und komplizierte Probleme" zu lösen, die jenen der Schulreform glichen[593]. Überwunden werden sollte eine überspitzte Spezialisierung zugunsten einer „breiten mathematisch-naturwissenschaftlichen, technologischen und Fachgrundlagenausbildung". Als anzustrebende Proportion galten 80 Prozent, so dass auf die Spezialausbildung lediglich noch 15 Prozent und auf die Vertiefung fünf Prozent entfielen.

Den Gürtel enger zu schnallen, war das Gebot der Stunde: „Senkung der Überstunden um 30 Prozent zu 1961; Verminderung der Reisekosten um 15 Prozent; Verzicht auf Prüfungsvergütungen; Überprüfung der Mehrleistungen (Vergütung), Abrechnung nach den tatsächlich geleisteten Stunden; Verringerung der Zahlen der Hilfsassistenten um 40 bis 50 Prozent [!] zu 1961 mit Schwerpunkt [auf die] II. und V. Fakultät" und die „Reduzierung der Büroausgaben um 1,50 DM je Beschäftigten und Monat zu 1961." Auch die

591 HPL der HfE vom 4.9.1962: Konzeption der Hochschulparteileitung zur Führung der Plandiskussion für 1963; UAI, S. 1–11, hier 1 f.
592 Ebd., S. 3–5.
593 Zur Schulreform und den Erziehungsprämissen in der DDR vgl. Geißler: Schulgeschichte, S. 754–818.

Heizungs- und die Kosten für die arg limitierten Literaturbeschaffung u.v.a.m. sollten gesenkt werden. Für die Arbeit der Partei stand fest, dass „ohne Ausnahme [...] die Genossen an die Spitze“ dieser Aufgaben gehörten. „Sie müssen die Führung in der Plandiskussion übernehmen.“[594] Walter Heinzes Rektorat stand mithin unter den denkbar schwierigsten Bedingungen, schwieriger als in Aufbauphasen allemal, da diese gewöhnlich anders angenommen werden.

Die oben kommentierten Zulassungszahlen für 1963 wurden in einer Besprechung mit den Dekanen am 16. Oktober in Untersetzung auf die einzelnen Fachrichtungen bekanntgegeben. Dokumentiert ist, dass lediglich Walter Furkert Einspruch erhob, da für die Fachrichtung Galvanotechnik keine Zulassungen vorgesehen waren. Gegenüber 1962 waren es einschneidende Veränderungen, da nur 400 Zulassungen erfolgten. Da die Hochschulen das Recht besaßen, die Relationen untereinander zu verändern, machte die HfE abermals davon Gebrauch (Zahlen in Klammern). Dies gestattete Ilmenau, 15 Studenten für die neue Richtung Technische Physik zu immatrikulieren. Die Fakultät Feinmechanik/Optik sollte 100 (80), die Starkstromtechnik 80 (100), die Schwachstromtechnik 190 (180) sowie die Theoretische Elektrotechnik 30 (25) Zulassungen erhalten.[595] In der Frage der Zulassungen war die Ausdifferenzierung der Fakultäten gegenüber den 1950er Jahren zurückgefahren worden. Die Technologie verschwand (temporär) als Leitbegriff. Die Ausbildung in Marxismus-Leninismus wurde weiter differenziert und für zehn Semester konzipiert: Historischer Materialismus (1. Semester), Grundriss der Geschichte der Arbeiterbewegung I bis III (2. Semester), Grundriss der Geschichte der Arbeiterbewegung IV und V (3. Semester), Politische Ökonomie des Sozialismus I (4. Semester), Politische Ökonomie des Sozialismus II (5. Semester), Dialektischer Materialismus (6. Semester), Angewandte ökonomische Spezialdisziplinen (7. und 8. Semester), ökonomisch-technische und philosophische Themen (9. Semester) sowie spezielle Seminare (10. Semester).[596]

Die unterdessen in die Kritik geratene Nachwuchsarbeit evaluierte die Kommission „Wissenschaftlicher Nachwuchs“. Mit ihr war man unzufrieden, da die angestrebte systematische Fluktuation von Assistenten nicht „den fachlichen und gesellschaftlichen Anforderungen“ entsprach. Helmut Winkler, Prorektor für den wissenschaftlichen Nachwuchs, wurde vergattert, folgende eigentlich unlösbare Aufgaben „in den Vordergrund seiner Arbeit zu stellen“: (1) Die Veränderung der sozialen Struktur unter den Assistenten, es sollten „mehr Arbeiterkinder in den wissenschaftlichen Nachwuchs“ aufgenommen werden. (2) Unter dem Aspekt, dass eine Erweiterung des Stellenplanes ausgeschlossen war, sollten „Assistenten, die den ideologischen und fachlichen Anforderungen nicht“ entsprachen, „schnellstens in die Industrie“ umgesetzt werden. Die so freiwerdenden Stellen sollten „mit jungen, qualifizierten Kadern“ besetzt werden, „nach Möglichkeit mit Genossen“. (3) Bei der Umsetzung von Assistenten innerhalb der Hochschule sollte die Stellung des Instituts im Sinne der volkswirtschaftlich ausschlaggebenden Bedeutung entscheidend

594 HPL der HfE, Protokoll vom 4.9.1962: Konzeption der HPL zur Führung der Plandiskussion für 1963; UAI, S. 1–11, hier 7–9.
595 Protokoll vom 7.11.1962 zur Besprechung mit den Dekanen am 16.10.1962; UAI, S. 1–4, hier 3.
596 Entwicklung der Lehrprogramme für das Grundstudium ML; UAI, S. 1–5, hier 5.

sein.[597]

Die Anzahl der ausländischen Studenten belief sich am 30. November 1962 auf 78, davon aus sozialistischen Ländern 51. Von den Ausländern, die sich alle im Direktstudium befanden, waren vier weiblich. Das erstaunlichste Resultat war die geringe Repräsentanz von Frauen, denen die SED seit Längerem einen hohen Förderwillen versprach.

Tabelle 17: Hochschulstatistik (I), 1962[598]

	Deutsche Studenten	Weiblich	Direkt-Studenten	Studenten am I.-I.	Fern-Studenten	Abend-Studenten
Studenten, 30.11.1961	2.541	112	2.274	109		61
Zugänge 12/61 - 11/62	742	35	593	45	86	18
Neuzulassungen	686	29	547	45	78	16
Hochschulwechsel	6	-	3	-	2	1
Abgänge 12/61 - 11/62	515	23	450	43	17	5
Absolventen	318	6	282	36	-	-
Hochschulwechsel	35	2	33	-	2	-
Vorzeitige Abgänge	111	12	87	7	14	3
Studenten, 30.11.1962	2.768	124	2.417	111	166	7

1963: Jahr des zehnjährigen Jubiläums der Hochschule

Eines der wichtigsten Ereignisse des Jahres fand mit der I. Wissenschaftlich-Ökonomischen Konferenz (WÖK) am 12. Januar statt. Ihre Thesen wurden in der ersten Nummer der *neuen hochschule* abgedruckt. In der für die DDR typischen Weise wurden sie als Ergebnis eines langen und intensiven Meinungsaustausches gefeiert. Demnach seien 100 Parteiversammlungen, zwölf Senats- und Fakultätssitzungen sowie 30 Institutsaussprachen durchgeführt worden. Die Thesen formulierten sechs große Ziele, u. a. „sozialistische Kader auf höchstem wissenschaftlichem Niveau für die Produktion und für die Zukunft auszubilden“, eine „breite Ausbildung in den Grundlagenwissenschaften“ voranzubringen sowie eine „vertragsgebundene Forschung mit der Industrie“ zu praktizieren. Das Vorpraktikum im Umfang eines halben Jahres sollte zugunsten eines Betriebs-Praktikums im 7. und 8. Semester entfallen.[599] Auf seiner Sitzung am 23. April 1963 bestätigte der Senat einstimmig den Beschluss der I. WÖK, wonach „der neue Studienplan unter Berücksichtigung des praktischen Jahres und einer Semesterdauer von 18 Vorlesungswochen sowie einer Gesamtstudiendauer von elf Semestern aufzubauen“ ist. Vorausgegangen waren Proteste von Hochschullehrern gegen eine Verminderung der Gesamtstundenzahl.[600]

Der VI. Parteitag der SED vom 15. bis 21. Januar beschloss das Programm der SED unter der Überschrift: „Ein neues Zeitalter hat begonnen.“ Es umfasste sämtliche Bereiche der Gesellschaft. Die Hochschulbildung erhielt zwar keine eigene Kapitelüberschrift, war jedoch für den aufmerksamen Leser nicht zufällig Gegenstand des zweiten Hauptkapitels des zweiten Teils mit dem Titel: „Die Rolle der Wissenschaft bei der umfassenden

---

597 Ebd., S. 3.

598 Hochschulstatistik 1962. Stichtag: 30.11.1962; UAI, Sgn. 618. Nach einer anderen, etwas später angefertigten Statistik, studierten Ende 1962 insgesamt 2.768 Studenten, davon im Direktstudium 2.417, am I.-I. 111, im Fern- 166 und im Abendstudium 74. Eingeschrieben waren 77 Ausländer als Direktstudenten, in: Hochschulstatistiken, Hauptstatistik 1963/64. Stichtag: 30.11.1962; UAI, Sgn. 617.

599 Zanter, Mirko: Die Entwicklung des Hochschulwesens in der DDR in den 1960er Jahren am Beispiel der THI – Eine Chronik. ML-Belegarbeit; THI, 25.81986; UAI, S. 1–50, hier 16 f.

600 Protokoll vom 30.4.1963 zur Senatssitzung am 23.4.1963; UAI, S. 1–6, hier 3.

Verwirklichung des Sozialismus.“ Die beiden wichtigsten Aussagen bargen Sprengstoff für jene, die zwischen den Zeilen zu lesen verstanden und wussten, dass die SED nicht nur redete, sondern grundsätzlich auch handelte; Zitat: „Es ist notwendig, die Forschung einheitlich zu leiten, um die Zersplitterung und isolierte Behandlung wichtiger Forschungsthemen zu beseitigen.“ Ferner: „Um die Wirksamkeit der Universitäten, Hochschulen und der Deutschen Akademie der Wissenschaften bei der schnellen Durchsetzung des wissenschaftlich-technischen Fortschritts zu erhöhen, ist eine weitere Verbesserung der Organisation, der Planung und Finanzierung der Grundlagenforschung und der angewandten Forschung notwendig. Die Forschungsplanung und -finanzierung wird so gestaltet, dass sie die Orientierung auf Schwerpunkte und volkswirtschaftliche Hauptfragen gewährleistet.“[601] An dem Parteitag in der Berliner Werner-Seelenbinder-Halle nahmen seitens der HfE Rektor Heinze, Parteisekretär Pfestorf sowie Mau, Kutzsche und Philippow teil.[602]

Der Fall „Werner Kutzsche“

Zur Sitzung des Senats am 4. Juni 1963 ist ein dreiseitiger Protokollzusatz Günther Ulrichs in der Angelegenheit Werner Kutzsches tradiert. Er spiegelt eine gereizte Atmosphäre, die durch die zunehmende Politisierung der Hochschule erklärt ist. Da der Dekan Ulrich aber verhindert war, schrieb er gewissermaßen nachträglich in das Protokoll hinein.[603]

Hans Frühauf und Robert Rompe hatten Kutzsche zur Auszeichnung mit dem Nationalpreis vorgeschlagen. Eigentlich war ein Vorschlag dieser beiden Wissenschaftsfunktionäre Gesetz. Mehr Ehre ging nicht. Ulrich stimmte dem Vorschlag ausdrücklich mit mehreren zugkräftigen Argumenten zu. Ulrichs nachgereichter protokollarischer Bemerkung ist zu entnehmen, dass Parteisekretär Pfestorf auf recht kryptische Art darauf aufmerksam gemacht hatte, dass die Hochschule nicht Antragsteller sei und infolgedessen ein so positives Votum, wie es Ulrich schrieb, nicht abzugeben sei. Obgleich der Senat am 4. Juni 1963 den Antrag Frühaufs und Rompes einstimmig befürwortet hatte, wozu auch Pfestorf gehörte, gelangte nun eine Indifferenz in das Protokoll, die Ulrich folgendermaßen monierte: „Dass diese Formulierung erstens sowohl für die Fakultät als auch für Herrn Kollegen Kutzsche selbst, diskriminierend ist, und dass zweitens Gedanken darin verankert sind, die auf der Senatssitzung überhaupt nicht zur Sprache kamen, so dass ein Versehen ausgeschlossen ist. Hier ist bewusst eine Abänderung des Senatsbeschlusses vorgenommen worden.“ Ulrich erkundigte sich beim Staatssekretariat für Forschung und erhielt die Auskunft, dass alle um Beurteilung angeschriebene Stellen mit einer Ausnahme (Funkwerk Dresden) positiv im Sinne des Antrags geurteilt hatten. Ulrich spekulierte, dass das Funkwerk bei der HfE Ilmenau interveniert habe, so dass die negative Passage ins Protokoll kam. Aber das Funkwerk selbst hatte zwischenzeitlich dem Antrag zugestimmt. Es bestand demnach keine Veranlassung, einen negativen Term in das Protokoll zu setzen. Ulrich glaubte fest an Manipulation. Er forderte erstens die Klarstellung des Vorgangs durch den Senat, zweitens die Richtigstellung im Protokoll, „damit auch das Staatssekretariat informiert“ werde,

---

601 Programm der SED, in: Neues Deutschland, Sonderbeilage, vom 25.1.1963, S. 1–40, hier 23 f.
602 Zanter: Entwicklung des Hochschulwesens, S. 17.
603 Ulrich an Winkler vom 11.7.1963: zum Protokoll der Senatssitzung am 4.6.1963; UAI, S. 1–3.

sowie drittens eine Entschuldigung der Hochschule durch den Senat bei Kutzsche. Er schloss u. a. mit der Bemerkung, dass es für die Hochschule „einfach unmöglich“ sei, „dass wir der Öffentlichkeit beweisen, dass die Verdienste eines unserer Kollegen von uns nicht erkannt wurden, sondern dass eine diskriminierende Formulierung wie sie im Protokoll ‚Der Senat war sich *lediglich* darüber einig, dass hinsichtlich der Person des Auszuzeichnenden keine Bedenken zu erheben sind‘ die Stellungnahme unserer Hochschule ist.“ Die Fortsetzung des Protokollsatzes mit „sofern der Antrag durch den VEB Funkwerk Dresden und die gemäß Gesetz einzuschaltenden Institutionen des Bezirkes Dresden in jeder Hinsicht befürwortet wird“, genügte Ulrich nicht, da ihm jedwede Souveränität der Hochschule fehlte.[604] Aus dem Protokoll der nächsten Sitzung des Senats am 23. Juli geht hervor, dass sich der Senat vor Pfestorf stellte, und dass sich Ulrich angeblich nur vom Wort „lediglich“ gereizt gefühlt habe. Das Wort wolle man nur auf die Eile des Verfahrens bezogen wissen, und dies habe Ulrich selbst zu verantworten, da er kurzfristig eine Stellungnahme des Senats verlangte. Dem Senat sei es „nicht möglich“ gewesen, in „so kurzer Zeit eine Einschätzung zu geben“. Der Senat würde nun eine „befürwortende Stellungnahme“ anfertigen.[605] Dass Pfestorf nicht von Ungefähr handelte, mag seine Begründung darin gehabt haben, dass Kutzsche von 1933 bis 1945 der NSDAP angehörte.[606]

Auf der Sondersitzung des Senats am 28. Juni 1963 wurde die Grundkonzeption für den neuen Studienplan beschlossen. Neben den vier selbstverständlichen Elementen des Studiums, wie der Vermittlung modernster wissenschaftlicher Kenntnisse und dem obligatorischen Hinweis zur Vermittlung der Lehren des Marxismus-Leninismus als Grundlage für die Herausbildung sozialistischer Persönlichkeiten, enthielt die Konzeption alle harten Rahmendaten. Die Ausbildungszeit wurde auf elf Semester, davon zwei in Form eines praktischen Jahres festgelegt. Die Ausbildungsdauer innerhalb des Semesters belief sich auf 17 Wochen. In den ersten sechs Semestern galt eine Wochenstundenzahl von 36. Das ergab „insgesamt bei Absinken der Stundenzahlen in den oberen Semestern und bei acht Wochenstunden im praktischen Jahr eine Gesamtzahl von circa 4.900 Stunden, die dem Ausbildungsstand im internationalen Maßstab“ entspreche. Die Gesellschaftswissenschaften erhielten ein Zeitvolumen von 20 Wochenstunden, insgesamt also von 340 Stunden (6,8 Prozent des Gesamtvolumens). Für die Ausbildung auf dem Gebiet der mathematisch-physikalischen Grundlagen war ein Volumen von 56 bis 63 Wochenstunden, in summa also 952 bis 1.071 Stunden festgelegt (19,1 bis 21,5 Prozent des Gesamtvolumens), die Unterrichtung der technischen Grundlagen erhielt einen Satz von 58 bis 64 Wochenstunden, in summa 986 bis 1.088 Stunden (19,8 bis 21,9 Prozent des Gesamtvolumens), die Ausbildung in konstruktive Grundlagen wurde mit 15 bis 30 Wochenstunden veranschlagt, in summa 255 bis 510 Stunden (5,1 bis 10,2 Prozent des Gesamtvolumens), die Vermittlung des Stoffes der technologischen Grundlagen erhielt 13 bis 19 Wochenstunden, in

604 Protokollzusatz von Ulrich vom 11.7.1963 zur Senatssitzung am 4.6.1963; UAI, S. 1–3. Protokoll vom 6.6.1963 zur Senatssitzung am 4.6.1963; UAI, S. 1–8, hier 5.

605 Protokoll vom 29.7.1963 zur Senatssitzung am 23.7.1963; UAI, S. 1–8, hier 2 f. Offenbar war diese Problematik kein Thema in den Leitungssitzungen der HPO.

606 UAI, 2854 Kad.

summa 221 bis 323 Stunden (4,4 bis 6,5 Prozent), die ökonomische Ausbildung erhielt 17 Wochenstunden, in summa 289 Stunden (5,8 Prozent des Gesamtvolumens) sowie die Sprachen und die Körpererziehung zusammen 22 Wochenstunden, in summa 374 Stunden (7,5 Prozent des Gesamtvolumens).[607]

Obgleich die Verschlankung der HfE empfohlen war, beabsichtigte sie die Bildung eines Instituts für maschinelle Rechentechnik. Allerdings beantwortete das SHF laut eigener Mitteilung vom 30. März keine Anträge dieser Art mehr.[608] Dennoch beschloss das Kollegium am 20. Juli, einen Antrag zu stellen.[609] Noch vor zwei Jahren war das SHF per Beschluss des Präsidiums des Ministerrates vor zwei Jahren ausdrücklich angehalten worden, „ein Programm zur Verbesserung und Erweiterung der Ausbildungsmöglichkeiten von Kadern für die Lochkartentechnik aufzustellen" und für kapazitive Erweiterungen etwa in Bezug auf die Zulassungskontingente zu sorgen.[610] Eine Grundlage hierfür bildete der Beschluss der SPK vom 29. März 1961 zur Errichtung von Rechenzentren und Rechenstationen, in dem das Institut für Physik der HfE Ilmenau explizit erwähnt wurde.[611]

Auf der Senatssitzung am 23. Juli informierte Winkler, „dass seit einiger Zeit an der HfE auf Anordnung des SHF eine militärische Abteilung besteht. Der derzeitige Leiter" sei „Oberstleutnant Noack. In Anbetracht der Wichtigkeit dieser Abteilung" sei es notwendig, ihn „in den Senat aufzunehmen". Der Senat stimmte ohne Diskussion zu. Der Antrag auf Aufnahme in den Senat wurde ordnungsgemäß dem SHF zugeleitet.[612] Soweit zu sehen ist, ist außer Friedhelm Noack, der dieser Offizier nicht ist, kein weiterer Noack in den relevanten PVV von 1961 bis 1963 aufgeführt. Das SHF bestätigte ihn umgehend. Heinze stellte ihn zu Beginn der Senatssitzung am 11. Oktober 1963 vor und führte ihn „mit beschließender Stimme" ein.[613] Doch bereits mit Wirkung vom 1. Februar 1964 ist die Militärabteilung unter Noack aufgelöst worden. Die Aufgaben wurden von der Militärabteilung an der Ingenieurschule für Bauwesen übernommen.[614]

Allmählich gingen Gründungsmitglieder der HfE aus ihren hohen Funktionen oder in Pension. Nach Hans Stamm und Josef Hampel zum Beispiel, zog sich nun auch Werner Bischoff mit Wirkung zum 1. September 1963 von seiner Funktion als Prorektor für Forschungsangelegenheiten zurück.[615] Andere kamen. Mitgeteilt wurde auf der

607 Protokoll vom 5.7.1963 zur Senatssitzung am 28.6.1963; UAI, S. 1–4, hier 2–4.

608 Protokoll vom 10.7.1963 zur Kollegiumssitzung am 9.7.1963; UAI, S. 1–3, hier 2.

609 Protokoll vom 16.8.1963 zur Kollegiumssitzung am 20.7.1963; UAI, S. 1–3, hier 1.

610 Beschluss zur Entwicklung des maschinellen Rechnens in der DDR (Entwurf vom 23.10.1961), in: BArch, IV/2/607, 27, S. 1–14, hier 5 f. Ein Jahr später legte das SFT ein Programm von „Lochkartenstationen" vor. Abt. Querschnittsfragen vom 19.9.1962: Begründung zum Programm zur Entwicklung von Lochkartenstationen 1963; ebd., S. 1–7.

611 SPK vom 29.3.1961: Beschluss zur Entwicklung der Rechentechnik; ebd., S. 1–6.

612 Protokoll vom 29.7.1963 zur Senatssitzung am 23.7.1963; UAI, S. 1–8, hier 7. Noack nahm zumindest auch an der Leitungssitzung der HPO am 21.11.1963 teil, in: HPL der HfE, Protokoll vom 5.12.1963; LATh-StA Meiningen, BS 4-95-1317, AS 32, S. 1–7.

613 Protokoll vom 29.10.1963 zur Senatssitzung am 11.10.1963; UAI, S. 1–8, hier 2.

614 Protokoll vom 20.5.1964 zur Kollegiumssitzung am 15.5.1964; UAI, S. 1–8, hier 1 f. Vorlage für das Kollegium: Rahmenzeitplan für den Rest des Studienjahres 1963/64 und Durchführung der Militärausbildung.

615 Protokoll vom 30.4.1963 zur Senatssitzung am 23.4.1963; UAI, S. 1–6, hier 5.

Kollegiumssitzung vom 25. September, dass Ilse Junge[616] zur Kaderleiterin ausgewählt worden sei. Sie werde zur Bestätigung beim SHF eingereicht.[617] Sie zählte noch zu jener Generation von Kaderleitern der DDR, die eher selten mit dem MfS inoffiziell „kooperierten".

Auf der Sitzung des Senats am 6. September wurde die Zusammenlegung der Feierlichkeiten zum zehnjährigen Jubiläum der Hochschule mit den Wahlen zur Volkskammer am 20. Oktober erörtert. So seien *alle* „besonders stolz und erfreut, doppelt Bilanz zu ziehen", hieß es. In einem Papier zur Feier wurde in Verse gesetzt:

„Gemeinsam haben wir gearbeitet
Gemeinsam prüfen wir das Erreichte!
Gemeinsam stecken wir die neuen Ziele ab!
Gemeinsam entsenden wir unsere Besten in die Machtorgane des Staates!
Alles für unsere sozialistische Republik!"

Für den 26. September wurde eine Pressekonferenz anberaumt, der Fackelzug sollte am 18. Oktober stattfinden.[618] Zahlreiche Veranstaltungen waren in der Festwoche geplant, u. a.: der Tag der offenen Tür an mehreren Tagen, ein Jugendforum am 15., eine Festveranstaltung der FDJ am 16. sowie am 19. und 20. Oktober mehrere Veranstaltungen wie Modenschau, Schachturniere, Tischtennismeisterschaften und eine Briefmarkenausstellung.[619] Institute und Straßen erhielten teilweise neue Namen (hier eine Auswahl):

Gebäude I (Altes Technikum): Curie-Bau;
Gebäude II (Neues Technikum): Faraday-Bau;
Gebäude VII (Schützenhaus): Institutsgebäude Fertigungstechnik;
Gebäude XV (Ehrenberg, Starkstrombau): Kirchhoff-Bau;
Block F (Ehrenberg): Gauß-Bau;
Block G (Ehrenberg): Abbe-Bau.[620]

---

616 Geb. am 27.10.1911 in Düren. 1932–1945 vorwiegend als Sekretärin beschäftigt, 1945–1948 Hauptamtsleiterin im Stadtrat Sondershausen, ab 1956 an der HfE als Sekretärin, anschließend Dekanatssachbearbeiterin. Ab Dezember 1968 Direktor für Kader und Qualifizierung (künftig K/Q). KPD 1945/46, seit 1957 Mitglied der HPL. UAI, 094 Kad.

617 Protokoll vom 28.9.1963 zur Kollegiumssitzung am 25.9.1963; UAI, S. 1–3, hier 2 f.

618 Text zum Jubiläum, vorgelegt zur Senatssitzung am 6.9.1963; UAI, S. 1–4.

619 Protokoll vom 29.10.1963 zur Senatssitzung am 11.10.1963; UAI, S. 1–8, hier 7.

620 Protokoll vom 1.10.1963 zur Senatssitzung am 6.9.1963; UAI, S. 1–5, hier 3.

Abbildung 16: Internatsblöcke A und B auf dem Ehrenberg, um 1965

Am 16. September 1963 feierte die HfE Ilmenau ihr zehnjähriges Jubiläum. Walter Heinze gab einen reich bebilderten Band heraus. Er zeigt großformatig (A 3) elf Persönlichkeiten der Hochschule einschließlich des Verwaltungsdirektors, nicht aber Bischoff! Das war zweifellos eine politische Note. Wir wissen nicht, ob Bischoff im ersten Entwurf, der von der Parteileitung der Hochschule kassiert wurde, enthalten war. „Im ganzen Entwurf", monierte ein Leitungsmitglied, stehe „nicht ein Wort über den Aufbau des Sozialismus in unserer Republik".[621] Das Buch musste völlig neu bearbeitet werden, die Parteileitung legte hierfür die Konzeption fest. Dem veröffentlichten Band ist zu entnehmen, dass die Hochschule in dieser Periode 56 Millionen DM für ihren Aufbau erhalten hatte. Für Lehre und Forschung stellte der SED-Staat 115,2 Millionen DM zur Verfügung.[622] Die in einer Auflagenhöhe von 1.000 Exemplaren publizierte Festschrift wurde intern hoch gelobt und als Repräsentationsgeschenk gern verwandt. Die Erfurter Druckerei „Fortschritt" empfahl, das Buch infolge seiner „hervorragenden Gestaltung zur Auszeichnung als bestes Buch des Jahres einzureichen".[623] Es war eine Zeit der Resümees und Auszeichnungen. In den zehn Jahren des Bestehens der Hochschule wurden 33 Promotionen und vier Habilitationen abgerechnet. Das war wenig.

Tabelle 18: Promotionen und Habilitationen, 1953–1963[624]

Fakultät	Promotionen	Habilitationen
I.	13	2
II.	10	-
III.	2	1
IV.	2	1
V.	6	-
Gesamt	33	4

621 HPL der HfE, Protokoll vom 2.3.1963; LATh-StA Meiningen, BS 4-95-1317, AS 32, S. 1–8, hier 2 f. Konzeption: HPL der HfE, Protokoll vom 7.3.1963; ebd., S. 1–6.

622 Heinze: 10 Jahre, S. 18 u. 190 f.

623 Protokoll vom 29.10.1963 zur Senatssitzung am 11.10.1963; UAI, S. 1–8, hier 7.

624 Protokoll vom 28.9.1963 zur Kollegiumssitzung am 25.9.1963; UAI, S. 1–3, hier 2.

Die Hochschule zählte Ende 1963 insgesamt 2.835 Studenten, 2.404 befanden sich im Direktstudium, 75 am Industrie-Institut, 191 im Fernstudium und 93 im Abendstudium. Eingeschrieben waren zudem 72 Ausländer als Direktstudenten.[625]

Tabelle 19: Hochschulfrequenz (II), 1953–1963[626]

Jahr	Studenten Gesamt	Direkt-Studenten	davon Deutsche	davon Ausländer	Fern-Studenten	Abend-Studenten	Studenten am I.-I.
1953	268	268	268	-	-	-	-
1954	676	676	676	-	-	-	-
1955	936	906	894	12	-	-	30
1956	1.311	1.251	1.231	20	-	-	60
1957	1.711	1.596	1.543	53	-	-	115
1958	1.939	1.827	1.772	55	-	-	112
1959	2.098	2.017	1.956	61	-	-	81
1960	2.299	2.098	2.038	60	63	34	104
1961	2.604	2.337	2.274	63	97	61	109
1962	2.849	2.498	2.417	78	166	74	111
1963	2.842	2.480	2.408	72	191	95	76

Die gesamte Periode der HfE Ilmenau war zum einen von dem Versuch geprägt, die berechtigten Anforderungen des Staates nach hohen Absolventenzahlen mit den chronisch knappen Ressourcen vor Ort einigermaßen zu harmonisieren. Die folgende Übersicht zeigt den dramatischen Einbruch 1961, auch für das Institut für Elektronik (IE), der primären Zukunftstechnologie überhaupt, die gerade in dieser Zeit ihren Siegeszug antrat.

Tabelle 20: Haushaltsmittel, 1958–1965[627]

Institut	1958	1959	1960	1961	1962	1963	1964	1965	Gesamt
FM-T	54.500	128.200	115.700	52.600	37.800	15.000	32.200	19.000	455.000
HF + MW-T	132.300	538.300	299.200	128.600	70.300	40.000	64.800	22.000	1.295.500
IE	80.500	256.500	110.000	51.100	69.800	123.000	42.000	13.000	745.900
RT	87.600	226.200	132.600	57.400	40.700	36.000	47.200	8.000	635.700
E-Medizin	31.600	46.300	84.700	19.900	15.700	14.000	33.700	10.000	255.900

Zum anderen gelang es, die Interessen der Hochschule mit denen der Wirtschaft zu verknüpfen. Das geschah im Kontext der Industrie-Tagungen durchaus produktiv. Beide Phänomene, der hohe Bedarf an Absolventen und industriewirksamer Forschungen, bildeten jene Standardprobleme, mit denen die DDR von Anfang an zu tun hatte und die Josef Stalin mit der Kaderfrage verbunden hatte: „Doch brauchen wir nicht beliebige Leiter, Ingenieure und Techniker. Wir brauchen solche [...], die fähig sind, die Politik der Arbeiterklasse unseres Landes zu begreifen, die fähig sind, sich diese Politik zu eigen zu machen und die bereit sind, sie gewissenhaft zu verwirklichen.“[628]

625 Hochschulstatistiken, Hauptstatistik 1963/64. Stichtag: 30.11.1963; UAI, Sgn. 617.

626 Es ist darauf hinzuweisen, dass die überlieferten Statistiken oft voneinander, meist jedoch geringfügig, abweichen. Nicht immer sind Stichtagsdaten genannt. Hier: HfE, o. D.; UAI, Sgn. 622, 1 S.

627 Institut für Elektronik; BStU, MfS, AOP 1902/67, TV 7, Bd. 6b, Bl. 163–181, hier 165.

628 Zitiert aus Hascher: Die Hochschule für Maschinenbau, in: Schleiermacher, Pohl: Medizin, Wissenschaft und Technik, S. 217–242, hier 221. Originalquelle: Stalin, Josef: Werke, Bd. 13. Berlin 1955, S. 60.

4.3 Die Technische Hochschule Ilmenau

1990 existierten auf dem Gebiet der DDR 28 Universitäten und Hochschulen. Sieben besaßen den Status einer Technischen Hochschule: Ilmenau, Köthen, Leipzig, Leuna-Merseburg, Wismar, Zittau und Zwickau. Größere Profilüberlappungen besaß die TH Ilmenau mit der TH Leipzig und der TH Wismar. Zudem existierten drei Technische Universitäten: Dresden, Karl-Marx-Stadt und Magdeburg. Mit der Universität in Dresden und der späteren in Karl-Marx-Stadt besaß die TH Ilmenau die deutlichsten fachlichen Überlappungen.[629]

4.3.1 Umbenennung

Am 14. Oktober 1963 verlieh der Ministerrat der DDR der HfE Ilmenau den Status einer Technischen Hochschule, ein Ereignis, das – im Gegensatz etwa zu Jubiläumsschriften – in den einschlägigen Dokumenten kaum einen Widerhall fand.

4.3.2 Entwicklung: 1963 bis 1967

Die „zweckmäßige Struktur der TH Ilmenau" – Produktionsprinzip und Ressourcenallokation – Ulrich interveniert – Rektoratswechsel von Heinze auf Mau – das einheitliche sozialistische Bildungssystem (ESB) – das „Ökonomische Experiment" oder die Vertrags- resp. Grundlagenforschung – das Erziehungsprogramm – das 11. Plenum des ZK der SED – die „Prinzipien" und die IV. Hochschulkonferenz – Exmatrikulationen – die Investitionsfrage – das Industrie-Institut – die Vertragsforschung und der Konflikt „Mau-Berg" – Rechentechnik an der TH Ilmenau – plötzliche Verschärfung der Profildiskussion

Besonders in krisenähnlichen Zeiten, und die waren selbst außerhalb der fünf großen Krisen der DDR nicht selten, übte sich der SED-Staat in Strukturumwandlungen und neuen Namensgebungen. Keine Hochschule oder Universität blieb hiervon verschont. Es ist fraglich, und in der Forschung ein Desiderat, ob die Vielzahl der ökonomisch begründeten Reformen überhaupt messbare Erfolge zeitigte. Wer halböffentlich oder öffentlich die Ressourcenmissstände oder die noch schlechtere Allokation der Mittel beklagte, wurde von der SED kritisiert und vom MfS bearbeitet. Die Ideologischen Kommissionen der SED hatten landauf, landab den wachsenden Unmut in Kreisen der Intelligenz zu bewältigen. Auch in Ilmenau. Gewohnt und geübt antwortete die SED mit ideologischer Zukunftspropaganda. Ihre Reden und Dokumente waren herunterzubeten. So bildete den Schwerpunkt der Senatssitzung am 26. November 1963 das (zweite) Jugendkommuniqué des Politbüros des ZK der SED und seine Verwirklichung an der TH Ilmenau. Die drei Hauptaufgaben lasen sich durchweg positiv: (1) „Entwicklung einer selbstständigen wissenschaftlichen und produktiven Tätigkeit der Studenten, Übernahme der Verantwortung"; (2) „Entwicklung eines allseitigen geistigen und kulturvollen Lebens"; (3) Entwicklung eines regen Lebens in allen Organisationseinheiten. Die Aufgabe der staatlichen Leitung bestand darin, „der Jugend mehr Vertrauen entgegenzubringen und mehr Verantwortung aufzuerlegen".[630] Das Jugendkommuniqué, dessen eigentlicher Kern in der Aktivierung der Jugend

---

629 Vgl. auch Raabe, Josef (Hrsg.): Forschung in der DDR. Institute der Akademie der Wissenschaften, Universitäten und Hochschulen, Industrie. Stuttgart 1990.

630 Protokoll vom 28.11.1963 zur Senatssitzung am 26.11.1963; UAI, S. 1–5, hier 2–4.

für das Neue Ökonomische System der Planung und Leitung (NÖSPL) lag, hieß: „Der Jugend Vertrauen und Verantwortung".[631]

Eigentlich aber drängte die auferlegte Strukturreform. Eine zentrale Information der BV Suhl des MfS vom 12. Februar 1964 spiegelt zur Perspektive der TH Ilmenau dies. Darunter Fragen, die von problematischer und zugleich zukunftsweisender Natur waren, wie etwa die der Technologenausbildung. Festgestellt wurde, dass sie „noch vollkommen unklar" sei. Besondere Schwierigkeiten lagen bei der II. und III. Fakultät vor; Zitat: „Gegenwärtig sei der Zustand eingetreten, dass es vom 4. Semester abwärts keine Technologen mehr gibt und es werden auch keine Immatrikulationen mehr speziell für diese Fachrichtung vorgenommen, weil die Ausbildung der Technologen von den einzelnen Fakultäten mit übernommen werden soll." Weiland befanden sich noch circa 50 Technologen aus dem 6., 8. und 10. Semester in der Ausbildung. Wenn diese auslaufe, hieß es, würde eine Lücke entstehen und der Industrie keine Technologen für Elektrotechnik mehr zur Verfügung gestellt werden können. Bisher aber hätten sie sich in der Industrie bewährt. „Keiner der Verantwortlichen" könne „konkret sagen", wie in Zukunft die Ausbildung „weiter fortgesetzt werden soll." Das SHF habe „keine genaueren Richtlinien herausgegeben".

Ein zweites Problem bildete die ewig akute Raumfrage, die das MfS in gewohnter Weise subjektivierte: Jeder sehe nur sein Institut und hierin soll sich nicht einmal der Rektor unterscheiden, der für sein Institut die vom Institut für Feingerätetechnik freigewordenen drei Baracken in Anspruch nehme, „obwohl andererseits Seminarräume für andere Institute" fehlen würden. Mit der Raumfrage war ein drittes Problem überlappt, und zwar die abermals drohende Erhöhung der Immatrikulationsquote. Ab 1965 würde sie von 400 auf 700 anwachsen, was nur bei Einführung eines Zwei-Schicht-Systems zu bewerkstelligen sei. Eine Lösungsidee bestand darin, einige Hotels zu schließen, um die Studenten unterzubringen. Wenn die Hochschule der Forderung nicht nachkäme, seien gar Sanktionen des RGW für die DDR denkbar. Von all dem war an der TH Ilmenau, soweit zu sehen ist, nichts bekannt. Das MfS aber sah die Gefahr, dass es, würde es bekannt werden, „negative Diskussionen seitens der Wissenschaftler" gäbe.[632]

Die Festlegung einer neuen Struktur war das eine, die Umsetzung das andere. Nahezu jede einzelne Umstrukturierung warf Folgefragen auf. Bei Weitem ging es nicht immer relativ reibungslos vonstatten wie mit der Überführung des Chemie-Instituts in die I. Fakultät, wenngleich es vermutlich erst im Juli 1967 hinreichend arbeitsfähig war, wie dies einem Aktenkonvolut mit reichem Materialfundus zu entnehmen ist.[633] Aktuell, im Rahmen der Sitzung des Kollegiums am 14. Februar 1964, war über eine notwendig werdende Dozentur für das neu zu bildende Institut für Chemie diskutiert worden. Der Schwerpunkt der Lehre sollte auf dem Gebiet der anorganischen, organischen und physikalischen Chemie liegen, die analytische Chemie hingegen wurde als nicht so wichtig angesehen.

---

[631] Dokumente der SED. Berlin 1965, Bd. IX, S. 697–706. Siehe auch: Ohse, Marc-Dietrich: Jugend nach dem Mauerbau: Anpassung, Protest und Eigensinn. Berlin 2003, S. 64–81. Das NÖSPL wurde auf der Wirtschaftskonferenz des ZK der SED am 24. u. 25.6.1963 behandelt und beschlossen.

[632] BV Suhl vom 12.2.1964: Einzelinformation zur THI; BStU, BV Suhl, AKG, Nr. 8, Bd. 1, Bl. 65–70, hier 65–67.

[633] Im SS-Konvolut für 1963, Schlussablage; UAI. Das Datum im Text ist korrekt.

Immerhin existierte das Institut für maschinelle Rechentechnik bereits, wenngleich der vorgesehene Leiter noch auf seine Berufung wartete. Auch in der V. Fakultät lief der Strukturbildungsprozess. Als Dekan war Rudolf Geist, als Prodekan Wolfgang Stöbel vorgesehen. Felix Weber sollte die Leitung des neuen Instituts für Dokumentation, Patentwesen und Recht übernehmen, Günther Fraas war für die Leitung des Instituts für Ökonomik der Industrie vorgesehen.[634]

Am 22. Februar legte das Prorektorat für Studienangelegenheiten aufgrund jahrelanger Unzufriedenheit und Kritik an seiner Arbeit ein neues Studienprofil vor. Man hielt den Zeitpunkt für geeignet, eine umfassende Lösung zu schaffen. Die Aufgaben des Prorektorats waren komplex: (1) „Verstärkung der ideologischen Erziehungsarbeit unter den Studenten“ (Anleitung der Fakultäten, Betreuertätigkeit, Zusammenarbeit mit der FDJ und dem Institut für Marxismus-Leninismus, Anleitung der Seminargruppensekretäre); (2) im Rahmen des „neuen Studienplanes und neuer Ausbildungsformen: Wissenschaftliche Studentenzirkelarbeit, Ingenieurpraxis, Studentenwettstreit, Begabtenförderung“; (3) Zulassungen und Eignungsprüfungen; (4) Vermittlung von Absolventen; (5) Betreuung der Ausländerstudenten; (6) Durchsetzung des Leistungsprinzips; (7) Arbeit mit den Heimräten; (8) Zusammenarbeit mit der Militär-Abteilung [zu diesem Zeitpunkt noch existent – der Verf.] sowie (9) Ernte- und Arbeitseinsätze. In der alten Struktur durchlief der „Student im Verlaufe seines Studiums“ zusätzlich zu seinem Fakultätsdurchlauf „gewissermaßen verschiedene Sachgebiete“ des Prorektorats. Zwischenzeitlich war bereits dazu übergegangen worden, die „gesamten inhaltlichen Fragen der Zulassungen und die Kaderakten in die Fakultätsbereiche“ zu verlagern, dadurch aber war das hauseigene Sachgebiet Zulassungen/Kader nicht mehr ausgelastet. Zudem war unbefriedigend, „dass die Praktika nicht in der Hand der für die Erziehung und Ausbildung der betroffenen Studenten Verantwortlichen“ lagen. All das zu organisieren und die Studenten zu betreuen, sei viel besser durch die Fachinstitute zu lösen. Das alte Praktikantenamt werde dadurch überflüssig. Als Leitfaden für die neue Struktur sollte das Produktionsprinzip angewandt werden.[635]

Das Produktionsprinzip und die „zweckmäßigste Struktur“

Der Begriff „Produktionsprinzip“ war nicht nur ein von der SED ausgegebenes neues Schlagwort, sondern der – verbindliche – Inbegriff für strukturelle Umwandlungen in der Volkswirtschaft sowie in den Institutionen von Bildung, Forschung und Wissenschaft. Auch das MfS baute seine Struktur nach diesem Prinzip um.[636] Im Kern beinhaltete das Prinzip die Bündelung produktionsgleicher Einrichtungen resp. Zweige zu Industriezweigen mit der Absicht, sie zentralistisch steuerbarer zu machen. Pointiert gesagt, sollte mit diesem Prinzip die Durchschlagskraft der Zentrale gegenüber den zu steuernden Einheiten vor Ort wesentlich erhöht werden. Verschlankung war erwünscht. Es ist jedoch fraglich,

634 Protokoll vom 22.2.1964 zur Kollegiumssitzung am 14.2.1964; UAI, S. 1–4, hier 2.

635 Vorschlag zur Strukturveränderung im Prorektorat für Studienangelegenheiten vom 22.2.1964, aufgefunden im Konvolut zur Kollegiumssitzung am 19.6.1964; UAI, S. 1–4, hier 1.

636 Das MfS begann mit seiner Umstrukturierung 1964. Eine Folge war u. a. die Schaffung von Operativgruppen und Objektdienststellen sowie eine wesentliche Weiterentwicklung des Systems der Sicherheitsbeauftragten, in: Buthmann, Reinhard: Hochtechnologien und Staatssicherheit. Die strukturelle Verankerung des MfS in Wissenschaft und Forschung der DDR. Berlin 2000, S. 130 f.

ob das Prinzip adäquat verstanden wurde. Aber das Neue war wie stets ein beliebtes Vehikel zum Zwecke der Karriere. So zeihte auch in diesem Fall Berlin die Genossen vor Ort der voreiligen Beflissenheit. Einige Aufgaben des Prorektorats mehr in die Fakultätsbereiche („produktionsnah") zu verlagern, machte zwar Sinn, bedeutete aber in der Endkonsequenz mehr Zeitaufwand und Personal. Auch gab es bereits Pläne im Bereich des Politbüros und des SHF, die Fakultäten früher oder später zu entmachten bzw. aufzulösen, wovon allerdings an der TH Ilmenau keiner etwas wusste. Die neue Struktur sah drei Fakultätsreferenten mit Sacharbeitern (für die I. und IV., II. und III. sowie für die V. Fakultät) vor. Das Sachgebiet Ausländerstudium unter Gerda Rocktäschel sollte erhalten bleiben, während das Praktikantenamt unter Alfred Pohlmann in das zu schaffende Sachgebiet „Querschnittsfragen" integriert werden sollte. Es sollte sich u. a. mit der Studienwerbung, der Verbindung zu den Oberschulen und Betrieben sowie dem Prüfungswesen befassen.[637]

Auf der Sitzung der Dekane am 9. März 1964 erläuterte Günther Ulrich im Namen der Fakultät für Schwachstromtechnik seine Überlegungen zur Meisterung der künftig hohen Zulassungsquoten und benannte ein grundsätzliches Problem: „Am Anfang möchte ich den grundsätzlichen Ilmenauer Fehler unterstreichen, nach dem wir trotz fehlender Voraussetzungen jede Forderung unserer vorgesetzten staatlichen Stellen erfüllen bzw. zu erfüllen versuchen. So haben wir die Abrundung der Hochschule ohne Kürzung der Studentenzahlen und die Verringerung der Stellenpläne hingenommen und beweisen damit, dass scheinbar die früheren Vorprojektierungen der Fachkräfte falsch sind. Dass wir damit aber gegenüber der Ausbildung der uns anvertrauten jungen Menschen fahrlässig handeln, wird nicht offen ausgesprochen; wir unterstreichen dagegen stets, dass wir trotz fachlich unmöglicher Improvisationen den modernsten Stand der Ausbildung garantieren."[638] Sein Urteil war nicht nur aktuell und rückblickend valide, sondern galt bis zuletzt, vor allem aber in der letzten Phase von 1985 bis 1989. Weil sich aber auch Ulrich diesem Verfahren nicht entziehen konnte, nannte er zu erfüllende Mindestbedingungen, worauf seine Fakultät bestehe. Dazu zählte, dass die vom SHF für das (berufs-)praktische Jahr vorgelegte Vorlage für den Ministerrat auch durch diesen beschlossen sein müsse, da andererseits die Betriebe nicht verpflichtet wären, die Studenten aufzunehmen. Alle Halbheiten oder Aufweichungen in der Frage der Zulassungsverpflichtung, entweder einen Facharbeiterabschluss oder einen technischen Facharbeiterberuf vorweisen zu müssen, müssten kategorisch abgelehnt werden, da das „Studium von diesen gesammelten praktisch-technischen Erfahrungen von Anfang an abhängt". Auch lehnte er eine „effektive Direktstudienzeitverkürzung, die z. B. durch Ersatz eines Semesters Direktstudium durch ein Betriebssemester auftreten könnte", ab. Dies würde unweigerlich zu einer Verschlechterung der Ausbildungsqualität führen. Ferner thematisierte er das Unterbringungsproblem für die

---

637 Vorschlag zur Strukturveränderung im Prorektorat für Studienangelegenheiten vom 22.2.1964, aufgefunden im Konvolut zur Kollegiumssitzung am 19.6.1964; UAI, S. 1–4, hier 2 f.

638 Dekanat der Fakultät für Schwachstromtechnik vom 3.3.1964, aufgefunden im Konvolut zur Besprechung mit den Dekanen am 9.3.1964; UAI, S. 1–7.

Studenten und die einzuhaltende Gesamtstudiendauer von elf Semestern.[639]

Da in der Besprechung der Dekane keine Einigkeit erzielt werden konnte, wurde sie auf den 16. März vertagt. Andreas Schüler hatte vorab ein Papier erarbeitet, in dem teilweise tragfähige Kompromisse formuliert sind, andere besaßen lediglich aufschiebende Wirkung, wiederum andere gründeten letztlich auf eine Ressourcenverschiebung. Mit Beginn der XII. Matrikel sollte überdies der Übergang vom halb- zum ganzjährigen Praktikum vollzogen werden. Es ist jene Matrikel, die erstmals das Studium ohne Vorpraktikum beginnen sollte. Gegen das Modell der Phasenverschiebung opponierten die letztlich entscheidenden Fakultäten für Stark- und Schwachstromtechnik sowie Feinmechanik/Optik. Ein Blick auf die abgeschlossene Zulassungsperiode für die XII. Matrikel zeigt, dass die Hochschule im ungünstigsten Fall 34 Prozent Oberschüler ohne eine abgeschlossene Berufsausbildung bekommen hätte. Das waren 140 Bewerber. Besonders schlecht sah die Situation in den Fakultäten Theoretische Elektrotechnik und Feinmechanik/Optik aus, da hier die Quoten bei circa 48 resp. 50 Prozent lagen. Bei der Stark- und Schwachstromtechnik lagen sie mit circa 25 resp. 32 Prozent deutlich günstiger. Wolle man auf eine Periode warten, in der die Oberschulabgänger alle eine Facharbeiterausbildung hätten, hieße dies, „eine noch nicht abzuschätzende Verzögerung der Einführung des einjährigen Praktikums" in Kauf zu nehmen. Das bisherige Vorpraktikum sei in den meisten Betrieben ineffektiv. Der Wirkungsgrad der praktischen Ausbildung sei zu gering. Vielfach werde nur gegen Bezahlung in der Produktion gearbeitet. Schüler forderte, mit dem einjährigen Ingenieurpraktikum alsbald zu beginnen.

Jene ohne Berufsausbildung würden demnach in zwei Durchgängen zu je 70 Studenten vom 13. Juli bis 15. August sowie 17. August bis 19. September in Werkstätten der Institute „in den wichtigsten Arbeiten unterwiesen werden". Mit dem Beginn des halbjährigen Ingenieurpraktikums der VIII. Matrikel sollten dann die fünfwöchigen Berufspraktika bis zur XI. Matrikel entfallen und die Vorlesungsabschnitte auf bis zu 17 Wochen ausgedehnt werden. Hierfür musste allererst die Unterbringungsfrage geklärt werden. Erhebliche Sorgen machte den Planern die Situation der XI. Matrikel, die Ende Juni 1964 ihre Unterkünfte zu verlassen hatten. Das Gesamtbild sah wie folgt aus: 34 Wochen Vorlesungszeit, je vier Wochen Kartoffelernte, Militärausbildung und Semesterferien sowie sechs Wochen für den Prüfungsabschnitt.[640]

Im Wesentlichen wurde das Schüler-Papier gebilligt. Seine Forderungen nach echter Fachausbildung der Studenten waren jedoch nicht sofort umsetzbar. Die XII. Matrikel für den Studienbeginn im Herbst 1964 sollte – letztlich entsprechend eines Beschlusses des Kollegiums, der dem Senat zu dessen Sitzung am 24. Februar unterbreitet worden war – sofort mit dem Direktstudium beginnen. Für diese Matrikel fiel das Vorpraktikum fort. Um überhaupt einen Praxisbezug zu erhalten, sollten die 140 Studenten, die keine Ausbildung nachweisen konnten, ein sogenanntes fünfwöchiges Handfertigkeitspraktikum an der

---

639 Ebd., S. 1 f. u. 6. Die Problematik des (berufs-)praktischen Jahres in der Einführungsphase hat beschrieben: Schüler, Andreas: Das berufspraktische Jahr während des Studiums, in: Philippow, Eugen: Wissenschaftliche Studentenzirkel, in: Heinze: 10 Jahre, S. 100–103.

640 Prorektor für Studienangelegenheiten, Schüler, vom 11.3.1964: Einführung des neuen Studienplanes, aufgefunden im Konvolut zur Besprechung mit den Dekanen am 16.3.1964; UAI, S. 1–4, hier 2 f.

Hochschule ableisten. Zum gleichen Zeitpunkt sollte die VIII. Matrikel in ein halbjähriges Praktikum gehen. Da der von Ulrich angemahnte Beschluss des Ministerrates noch ausstand, sollten dem SHF schleunigst jene Betriebe mitgeteilt werden, die für das Praktikum in Frage kämen. Auf diese Weise provozierte die TH Ilmenau Unterstützung seitens der Betriebe.[641] Zur Geschichte des 1964 erstmals absolvierten Ingenieurpraktikums erzählt Brigitte Spietschka in *50 Jahre*. Der Einsatz im VEB Erdölverarbeitungswerk (EVW) Schwedt geschah praktisch ohne Vorwarnung für das 7. Semester vom 3. März bis zum 7. Juli 1964 als Test. Es betraf eine Seminargruppe der Fachrichtung Regelungstechnik. Einige sollen begeistert gewesen sein, andere weniger oder gar nicht. Die Verkehrsanbindung nach Schwedt war miserabel. Immerhin verdienten die Studenten auf diese Weise Geld und wohnten in einem attraktiven Kinderferienlager am Grimnitzsee in der Schorfheide. An einem Tag in der Woche fand in Althüttendorf das Studium mit den Lehrern statt.[642] Im Frühjahr 1965 folgte die Auswertung im Senat. Demnach hielten 92 Prozent der Studenten die fachlichen Anforderungen in den Einsatzbetrieben für angemessen, fünf Prozent fühlten sich unter-, drei Prozent überfordert. 72 Prozent der Studenten meinten, dass die an der TH Ilmenau erworbenen Kenntnisse ausreichend gewesen seien.[643]

Mit dem neuen Studienplan kam die Technologieausbildung – als technologische Fachausbildung – in die betreffenden Fachfakultäten. Hierfür sollten an den Fakultäten für Starkstromtechnik, Schwachstromtechnik sowie Feinmechanik/Optik je eine Abteilung gebildet werden. Den Abteilungen wurden Institute zugeordnet. In der Starkstromtechnik fiel die Wahl auf das Institut für Apparate und Anlagen bzw. Elektromaschinenbau, für die Feinmechanik/Optik auf das Institut für Feingerätetechnik. Die Technologenausbildung sollte mit Studenten des derzeitigen 4. Semesters beginnen. Eine Ausnahme machte die Fakultät für Feinmechanik/Optik, die die Ausbildung mit der VII., VIII. und IX. Matrikel zu beginnen hatte. Die Ausbildungsinhalte waren bis Ende April einzureichen.[644] Das Kollegium versuchte am 10. April die begriffliche Fassung für die Rechtsnachfolge der Fakultät für Technologie und Ingenieurökonomie zu klären. Daraus folgte unmittelbar die Verantwortung für die Ausbildung beider Linien (Technologie sowie Ingenieur-Ökonomie), die „ohne Einschränkung von der Fakultät für produktionstechnische Grundlagen übernommen“ werden sollte. Die Fakultät war am 18. Mai 1963 beauftragt worden, „einen technologischen Rat zu bilden, um somit ein Mitspracherecht auch in der Ausbildung von Technologen in den Fakultäten zu haben“. Das Kollegium beschloss, diesen Rat mit der Aufgabe der Evaluation des Standes der technologischen Ausbildung „unverzüglich zu bilden“. Das Kollegium bestätigte ferner den Antrag der Fakultät Feinmechanik/Optik vom 31. März 1964, womit die vier Fachrichtungen Feingerätetechnik, Lichttechnik, allgemeine und optische Messtechnik sowie Optik zu einer Fachrichtung zusammenzufassen waren.[645]

---

641 Protokoll vom 20.3.1964 zur Besprechung mit den Dekanen am 16.3.1964; UAI, S. 1–5, hier 1–3.

642 Spietschka, Brigitte: Erinnerungen an das erste Ingenieurpraktikum 1964 in Schwedt, in: 50 Jahre Akademisches Leben, S. 107–109.

643 Protokoll vom 13.4.1965 zur Senatssitzung am 30.3.1965; UAI, S. 1–7, hier 3.

644 Protokoll vom 20.3.1964 zur Besprechung mit den Dekanen am 16.3.1964; UAI, S. 1–5, hier 3.

645 Protokoll vom 13.4.1964 zur Kollegiumssitzung am 10.4.1964; UAI, S. 1–9, hier 5–7.

Am 10. April befasste sich das Kollegium nochmals mit der „zweckmäßigsten [der Begriff wechselte mit „zweckmäßigen" – der Verf.] Struktur der TH Ilmenau".[646] Sich damit befassen zu müssen, entsprang der Verwirklichung des einheitlichen sozialistischen Bildungssystems der DDR (ESB).[647] Das SHF wollte die konzeptionellen Auffassungen aller Universitäten und Hochschulen bis Ende April 1964 auf dem Tisch haben. Hierfür lieferte es die Prämissen. So sollten drei Prorektoren als Stellvertreter des Rektors auf den Gebieten der Gesellschaftswissenschaften, für naturwissenschaftlich-technische Fragen sowie für die Erziehung installiert werden. In gleichrangiger Position sollte der Verwaltungsdirektor gesetzt werden. Anstelle des Prorektors für Studienangelegenheiten sollte der Stellvertreter für Erziehung in Erscheinung treten, der, so Rektor Heinze, „nicht nur die studentischen Fragen, sondern sämtliche Fragen – wie die Gestaltung des Unterrichts sowie alle Erziehungsfragen der Studenten – zu lösen" habe.

Für die Betreuung der ausländischen Studenten wollte das SHF nach Vorbild der Bergakademie Freiberg ein Auslands-Institut schaffen, was allerdings eine Expansion bedeutet hätte. Ferner vertrat es die Auffassung, dass es sich bei den Technischen Hochschulen um einen anderen Typ der Fakultäten handele als an den Universitäten. Dort bildeten die Fakultäten volkswirtschaftlich geschlossene Gebiete. An den Technischen Hochschulen hingegen seien es „nicht vollkommen abgeschlossene volkswirtschaftliche Bereiche". Deren Fakultäten sollten daher „dem Industriezweig als sachkundiges Organ zugeordnet werden". Heinze argumentierte mit dem Hinweis, dass dies im Falle der THI ohnehin gegeben sei. Jedoch sei die bisherige „vorliegende vollkommene Selbstständigkeit der Fakultäten nicht vertretbar". Das ist bemerkenswert, ist es doch ein Urteil, das zwar von der Auffassung des Staatssekretärs entsprechend dem Produktionsprinzip getragen war, aber offenbar bei Heinze zu keinen Konflikten führte. „Auch wenn man den bisherigen Fakultäten den Namen ‚Fakultät' weiterhin gibt", so Heinze, müsse man „doch früher als später daran denken, die Rechte der Fakultäten in der früheren Form von Abteilungen festzulegen." Berufungen und Festlegungen der Studienpläne sollten Ausschüssen des Senats vorbehalten sein. Die Frage, warum diese Pläne bei Heinze und anderen der ersten Leitungsebene zu keinen Konflikten führte, ist mit dem Hinweis, dass sie nicht aus der Hochschultradition, sondern aus der Industrie resp. Technik stammten, erklärt. Allein Günther Ulrich opponierte. Heinze will gute Gründe *gegen* die Autonomie der Fakultäten gesehen haben, etwa hinsichtlich der veränderten Situation der Disziplinen. Sie würden sich erheblich gegenseitig durchdringen, so „dass auch die Meinung anderer Fachleute bei der Aufstellung des Studienplanes gehört werden" müsse. Dies gelte etwa für Berufungen; Heinze: „Es kann nicht verantwortet werden, dass Fakultäten, die auf die Darbietung des Lehrstoffes – beispielsweise in der Grundlagenfakultät – angewiesen sind, keine Möglichkeit haben, bei

646 THI, Rektor, vom 10.4.1964: Diskussion über die zweckmäßige Struktur der THI, aufgefunden im Konvolut zur Kollegiumssitzung am 10.4.1964; UAI, S. 1–3.

647 Das Thema ist im Juli 1964 an der THI behandelt worden. Die Grundsätze hierzu waren zuvor veröffentlicht worden, etwa als Broschüre oder Beilage zur Deutschen Lehrerzeitung vom 8.5.1964 (Nr. 19/1964). Der Kern bestand in der inhaltlichen und strukturellen Zusammenlegung resp. Abstimmung aller Institutionen der Bildung unter dem Aspekt der Adaption an die bestimmenden Zweige der Volkswirtschaft und insbesondere an die Prinzipien des NÖSPL. Siehe THI, Leiter der Senatskommission, vom 9.7.1964: Hinweise zur Diskussion über das ESB an der THI; UAI, S. 1–8.

der Berufung ein Wort mitzureden."[648]

Der Senat führte auf seiner Sitzung am 17. April, auf der Hans-Joachim Mau einstimmig zum dritten Rektor gewählt wurde, die im Kollegium geführte Diskussion weiter. Hier zitierte Ulrich die Auffassung von Heinze, wonach die Selbstständigkeit der Fakultäten obsolet sei, um ironisch zu bemerken: „Auf Grund der bisherigen Arbeitsweise der Hochschule habe ich als Dekan noch nie gewusst, dass das so ist."[649] Ulrichs Ausführungen sind zwar stellenweise ironisch gefärbt, doch in Gänze betrachtet eine fulminante Grundsatzkritik. Sie entlastete Heinze mit keiner Silbe, etwa mit dem Hinweis, dass der ja nur den Empfehlungen des SHF nachzukommen habe. Jeder Einzelne trage Verantwortung für sein Tun, eine Entlastung könne es hierin nicht geben. Ulrichs Kritik war darüber hinaus eine prophetische Vorwegnahme jener Situation, die mit der 3. Hochschulreform auch die Ilmenauer Hochschule erfassen wird, und die mit einem Federstrich gerade das zunichtemachte, was Ulrich zu verhindern trachtete. Seine Wortmeldung zeichnet ihn als einen verantwortungsbewussten Hochschullehrer ersten Ranges aus. Und er erzielte Wirkung: Am 17. April zog der Senat die „zweckmäßige Struktur" zurück. Der Senat wolle zunächst die Stellungnahme der vom Ministerrat beschlossenen Dokumente über die sozialistische Umgestaltung des Bildungswesens abwarten.[650]

Das einheitliche sozialistische Bildungssystem (ESB) und die Rationalität

Eine Vorlage für die Sitzung des Senats am 25. Juni stand bereits im Zeichen der Vorbereitung des 15. Jahrestages der DDR und diente als Diskussionsgrundlage für eine ganze Reihe von Aktivitäten, die, vom Prorektorat für Studienangelegenheiten ausgearbeitet, vor allem zwei Aufgaben skizzierte: die Diskussion und Verwirklichung der vom Ministerrat vorgelegten Grundsätze für die Gestaltung des ESB, hierzu zählte das Ingenieurpraktikum und das überarbeitete Berufsbild des sozialistischen Diplom-Ingenieurs, sowie Thesen für die III. WÖK im nächsten Jahr zu Fragen der Forschung, die nach dem Schwerpunktprinzip auszurichten waren.[651] Der Leiter der Senatskommission Walter Burian, Mitarbeiter im Prorektorat für Studienangelegenheiten, legte am 9. Juli ein Diskussionspapier zum ESB an der TH Ilmenau vor.

Die tradierten Wortmeldungen aus der TH Ilmenau waren, verglichen mit Stimmen aus anderen Bereichen der Bildung in der DDR, eher moderat. Kritik wurde den tradierten Quellen nach nicht laut. Burian schrieb in seinen Hinweisen zur von der SED abgeforderten Diskussion, dass es die Hauptaufgabe der TH Ilmenau sei, nicht die Grundsätze zu diskutieren, „sondern vielmehr konstruktive Vorschläge zur Verbesserung zu unterbreiten bzw. mit ihrer Realisierung sofort zu beginnen". Er hob hervor, dass die DDR mit diesem zu schaffenden System einen deutlichen Vorsprung zur Bundesrepublik erhalten werde, während sie tatenlos zusehe, wie die DDR die Einklassenschule völlig beseitige, die

---

648 THI, Rektor, vom 10.4.1964: Diskussion über die zweckmäßige Struktur der THI, aufgefunden im Konvolut zur Kollegiumssitzung am 10.4.1964; UAI, S. 1–3, hier 1 f.

649 Schreiben Ulrichs vom 16.4.1964, aufgefunden im Konvolut zur Kollegiumssitzung am 10.4.1964; UAI, S. 1–5, hier 1.

650 Protokoll vom 22.4.1964 zur Senatssitzung am 17.4.1964; UAI, S. 1–6, hier 2.

651 Vorlage zur Senatssitzung vom 25.6.1964, aufgefunden im Konvolut zur Senatssitzung am 15.9.1964; UAI, S. 1–3.

zehnklassige Oberschule für alle Kinder einführe und vor allem das Bildungsprivileg gehobener Schichten an Universitäten und Hochschulen breche. Vier Prinzipien sollten das neue System auszeichnen: Es müsse den Anforderungen der Volkswirtschaft, der Wissenschaft und des gesellschaftlichen Lebens entsprechen, die Entwicklungstendenzen von Wissenschaft und Produktion bestimmen sowie „das marxistisch-leninistische Prinzip der Verbindung von Theorie und Praxis, von Lehre und Forschung und von Ausbildung und Erziehung" verwirklichen. Das vierte Prinzip bildete eine pure Selbstverständlichkeit: „Der Bildungs- und Erziehungsprozess erfordert fachliches und pädagogisches Können und die Anwendung moderner wissenschaftlicher Lehrmethoden."[652] Es finden sich in dem Text keine Hinweise, die vermuten lassen, dass die Kommissionsmitglieder die vom Ministerrat erlassenen Grundsätze, die freilich erst mit der 3. Hochschulreform Ende 1967 offenkundig wurden, dechiffriert hätten.

Gehaltvoller war der Beschlussentwurf der II. WÖK zur „Forschungsarbeit der TH im Neuen ökonomischen System der Planung und Leitung der Volkswirtschaft beim umfassenden Aufbau des Sozialismus in der DDR", dem NÖSPL. Die Autoren schrieben, dass die Hochschule ihre vordringliche Aufgabe darin sehe, über die Grundlagenforschung jenen „notwendigen wissenschaftlichen Vorlauf zu erreichen", der nötig sei, um den wissenschaftlich-technischen Höchststand mitzubestimmen, wenn nicht gar zu bestimmen. Doch wenn sie glaubten, dass sie dies erreichten, indem sie „Kräfte und wissenschaftlichen Kapazitäten auf die zu lösenden Schwerpunkte der führenden Industriezweige Elektrotechnik, besonders Elektronik, wissenschaftlicher Gerätebau und Energiewirtschaft" konzentrierten,[653] verbreiterten sie jene Kluft, die sich längst zuungunsten der allgemeinen Grundlagenforschung herausgebildet hatte. Die Grundsätze der Forschungsarbeit wurden von der Leitlinie der SED in der Volkswirtschaft, alle Kräfte auf die Schwerpunkte zu konzentrieren, bestimmt, sinnbildlich im dritten und sechsten von acht genannten Grundsätzen: „Anerkennung des Primats des volkswirtschaftlichen Nutzens" sowie „langfristige vertragliche Bindung aller Forschungsarbeiten mit Betrieben, VVB, Arbeitskreisen" und anderen Stellen. Die Redaktionskommission setzte den Passus „vertragliche Bindung aller Forschungsarbeiten" kursiv.

Abgesehen davon, dass mit den Arbeitskreisen des Forschungsrates keine vertraglichen Bindungen eingegangen werden konnten, fror die Hochschule ihre Eigenbeweglichkeit in der Grundlagen- und angewandten Forschung nachgerade freiwillig ein. Weite Passagen des Textes beziehen sich explizit darauf; etwa: „Deshalb kann die Festlegung des Einsatzes und der Wertigkeit der Forschungskapazität nicht eine Sache subjektiver Entscheidungen sein, sondern muss objektiven Gesetzmäßigkeiten, sozialistischen Prinzipien der Planung und Leitung untergeordnet werden."[654] Die einfachste und genaueste Übersetzung hierzu lautet: Nicht der bewährte Wissenschaftler und Hochschullehrer hatte zu entscheiden, sondern die SED. Und genau dies entwarf vielfältige, teils dramatische Konfliktszenarien,

---

652 Burian: Hinweise zur Diskussion des ESB an der THI vom 9.7.1964, aufgefunden im Konvolut zur Senatssitzung am 15.9.1964; UAI, S. 1–8, hier 3.

653 Redaktionskommission der II. WÖK: Entwurf des Beschlusses der II. WÖK zur Forschungsarbeit der THI, aufgefunden im Konvolut zur Senatssitzung am 15.9.1964; UAI, S. 1–10, hier 1 f.

654 Ebd., S. 2.

mindestens aber Unmut. Im Kern ging es der SED darum, die immer knapper werdenden Mittel auf die volkswirtschaftlich wichtigsten Linien zu konzentrieren. Hans-Joachim Mau kam in der „forcierten Gemeinschaftsarbeit“ im Rahmen der Beschlüsse der II. WÖK eine entscheidende Rolle zu. Er wurde ihr zwar gerecht, doch war das SHF 1967 nicht völlig zufrieden mit ihm. Rückblickend hätte sie sich eine noch größere Konzentration der Forschung gewünscht.[655]

Auf der Suche nach vielfältigen Kriterien der Bewertung naturaler Faktoren ersann die Hochschule ein sogenanntes Faktorsystem zur Bewertung der personellen Forschungskapazitäten. Ziel war, verdeckte Kapazitäten zu entdecken und umzuleiten.

Tabelle 21: Personelle Forschungskapazitäten

Wissenschaftliche Qualifikation	Forschungsstunden pro Woche	Bewertungs-Faktor
Professor	20	1
Dozent	20	0,8
Wissenschaftlicher Mitarbeiter	24	0,6
Aspirant	40	0,5
Wissenschaftlicher Assistent	24	0,35
Diplomand	48	0,15
Student mit großem Beleg	15	0,10
Student im wissenschaftlichen Studentenzirkel	2	0,05

Einmal jährlich sollte diese „individual-theoretische“ Forschungskapazität mit den tatsächlich erreichten Forschungsergebnissen verglichen werden. Der Wirkungsgrad der Forschungstätigkeit sollte – wie allgemein üblich – anhand der Quantität von Promotionen, abgeschlossenen Forschungsverträgen, Erstveröffentlichungen, Vorträgen und Patenten gemessen werden. Um dies planen zu können, wurden Richtwerte ausgegeben, beispielsweise hatte ein Professor bzw. Dozent jeweils eine wissenschaftliche Arbeit in einem Zeitraum von zwei Jahren zu veröffentlichen.[656] Zur Berechnung der Forschungskapazität waren später, ab 1969, 30 Prozent von 2.000 Stunden Jahresarbeitszeitfonds zu bilanzieren.[657] Der feststehende Satz sollte die Ausbilanzierung der Zeitfonds für Forschung und Lehre verhindern.

Jessen fand heraus, dass das SHF seit der ersten Hälfte der 1960er Jahre damit befasst war, von den Hochschulen einen empirischen Überblick über das wissenschaftliche Leistungspotenzial zu erhalten. Die erste Arbeitszeitstudie kam demnach vom Rektorat der HU Berlin 1963. Das Datum stimmt mit der Erhebung an der TH Ilmenau überein. Allein Jessens Wertung, wonach es der SED um eine Art Vorgabenorm für die Zeiteinteilung der Hochschulwissenschaftler ging,[658] kann nicht genügen, da der eigentliche Impetus des SHF darauf gerichtet war, und das zeigen die Quellen deutlich, ein Maximum an Zeit für die Aufgaben der Industrie herauszuholen.

---

655 SHF, Abt. Kader, vom 8.3.1967: Einschätzung der Wirksamkeit der Leitungsfunktion des Rektors der HfE; UAI, 0479 Kad, Teil I, S. 1–3, hier 2.

656 Redaktionskommission der II. WÖK: Entwurf des Beschlusses der II. WÖK zur Forschungsarbeit der THI, aufgefunden im Konvolut zur Senatssitzung am 15.9.1964; UAI, S. 1–10, hier 2 f.

657 Bericht von „Walter“ vom 9.10.1970; BStU, BV Suhl, AIM 984/89, Teil II, Bd. 4, Bl. 24–26, hier 24.

658 Jessen: Akademische Elite, S. 247 f.

Die verdeckten Kapazitäten aufzudecken, war genuine Aufgabe des MfS. Es sah dementsprechend stets auch sogenannte Hobbyforscher am Werk. So berichtete es in einer Einzel-Information vom 24. Oktober 1964, dass die IV. Fakultät für Feinmechanik/Optik „keine zielgerichtete Forschungstätigkeit" betreibe, teilweise werde sich sogar mit „Hobbyforschung" befasst. Karl-Otto Frielinghaus, Dekan der Fakultät, setze sich nicht regelmäßig mit den Wissenschaftlern und Institutsdirektoren auseinander. Mehr oder weniger würden alle davon ausgehen, dass Werner Bischoff weiterhin die Geschicke lenke. Paul Michelsson[659] (der SED nicht gerade zugetan – der Verf.) bearbeite angeblich „keinerlei Forschungsaufträge mit ökonomischem Nutzen" und lasse eine „zielgerichtete und systematische Forschungstätigkeit" vermissen. Die Informationen, die das MfS der SED übergab, waren äußerst negativ und zumindest für Michelsson potenziell schädlich.[660] Dieses Aufspüren von selbstbestimmten Forschungsthemen blieb bis zuletzt Praxis des MfS. So teilte Heinar Kunze* alias „Martin" (Kap. 5.3.3, Fall-Nr. 60) im Sommer 1982 dem MfS mit, dass „entgegen der früheren Konzentration der Forschung auf Schwerpunktaufgaben" nunmehr „jeder Oberassistent und jeder Mitarbeiter quasi seine ganz subjektive Forschung durchführt". Nach seiner Einschätzung liefen an seiner Sektion 18 Forschungsarbeiten, die in keinem inneren Zusammenhang gestanden hätten. Die Zersplitterung sei nicht primär ein Ergebnis dessen, dass „‚Einzelkönner' an vielfältigen volkswirtschaftlich wichtigen Aufgaben" arbeiteten, sondern, dass die Arbeiten „nach subjektiven Auffassungen und Wünschen der Oberassistenten gestaltet" würden. Er könne nur feststellen, dass außer „den Lampen in der Sektion PHYTEB nicht eine Aufgabe bearbeitet" werde, „die den Anforderungen des Genossen Honecker nach ökonomischer Verwertbarkeit auf dem Weltmarkt entspricht. Was wir machen, gibt es international längst besser und ist nicht verkaufsfähig."[661]

Im Oktober wurden die Diskussionen zum ESB vorangetrieben. Die Stellungnahme berücksichtigte sämtliche Hinweise Burians von Anfang Juli, sehr wahrscheinlich stammt auch das neuerliche Papier von ihm. Eingangs hob der Autor die einhellige Zustimmung der Hochschulführung, des Lehrkörpers und der Assistenten zu den Grundsätzen hervor. Lediglich die Studenten waren bei der „Meinungsbildung" wegen der Sommerferien nicht – wie es das SHF gefordert hatte – hinreichend an den Aussprachen beteiligt worden. Im Mittelpunkt der Beratungen standen die von ihm festgelegten drei Aufgabenkomplexe Oberschulen, Ausbildung und Erziehung sowie Erwachsenenbildung. Ganze sechs Seiten widmete er der zu verbessernden Qualität der Oberschulausbildung. Zur Frage der Verbesserung der Ausbildung und Erziehung, dem Kern des Anliegens überhaupt, wurde lediglich darauf hingewiesen, „neue Elemente in das traditionelle Ausbildungssystem" einfügen zu

659 Geb. am 24.2.1916 in Dorpat (Estland). 1960 Promotion an der TH Dresden. 1940–1945 wiss. Mitarbeiter an der Deutschen Versuchsanstalt für Luftfahrt in Berlin-Adlershof. Nach mehreren Tätigkeiten in Berliner Institutionen zuletzt Laborleiter im EFEM Berlin-Oberschöneweide. Ab 1.8.1956 Wahrnehmungsprofessur mit Lehrauftrag an der HfE Ilmenau, 1.3.1961 Prof. mit Lehrauftrag für Elektrische Messtechnik, 1.9.1969 o. Prof. für Technische Kybernetik (Prozessmesstechnik). Direktor des Instituts für allgemeine und optische Messtechnik. Urania-Aktivist. Gestorben 1986; u. a. UAI, 3445 Kad.

660 BV Suhl vom 24.10.1964: Einzelinformation über Mängel und Schwächen in der Forschungstätigkeit der THI; BStU, BV Suhl, AKG, Nr. 8, Bd. 4, Bl. 90–93.

661 Bericht von „Martin" vom 29.6.1982; BStU, BV Suhl, AIM 433/89, Teil II, Bd. 3, Bl. 210 u. 213.

wollen, „oder einzelne Seiten desselben inhaltlich oder methodisch“ zu verändern, womit sich die III. WÖK befassen sollte.

Als ein Mittel zur Hebung des Ausbildungsniveaus wurde die „Einführung des Ausbildungsabschnittes in der Industrie“ angesehen. Es ist dies eine jener typischen Reaktionen der SED, nicht die Ursachen zu beseitigen, sondern eine weitere Verpflichtung zu kreieren, in der Hoffnung, dass sie eine katalysierende Wirkung entfalten möge. Die Hochschule, hieß es, sei sich ihrer Verantwortung durchaus bewusst, „wenn sie als erste technische Hochschule der Republik eine ganze Matrikel im Herbstsemester 1964/65 ein solches Ingenieurpraktikum ableisten“ lasse. Dass dies den Schematismus gar noch verstärken könne, mag man befürchtet haben, wenn es heißt, dass es besonders darauf ankomme, „dafür zu sorgen, dass sich dieser Ausbildungsabschnitt organisch in den Studienablauf einfügt und kein Bruch zwischen der ‚theoretischen‘ Tätigkeit an der Hochschule und einer rein ‚praktischen‘ im Betrieb entsteht“. Auch wolle man erreichen, „dem gelenkten und kontrollierten Selbststudium unter Berücksichtigung differenzierter Begabungen weit größeren Platz einzuräumen, die Zahl der Lehrveranstaltungen, besonders obligatorischer Vorlesungen, konsequent zu reduzieren“ u.a.m.[662] Allein diese Neuerung zeigt, wie sich politische Proklamationen wie das ESB auf der Mikroebene in den Hochschulbetrieb eintrugen und zu kapazitiven und damit zwangsläufig auch zu sozialen und sozialpsychologischen Problemen beitrugen.

Am 21. Oktober 1964 behandelte das Kollegium den Perspektivplan der TH Ilmenau bis 1970. Grundlage bildeten neue Zahlen, die Mau auf der Rektorenkonferenz am Vortag in Berlin erhalten hatte. Dazu zählte der Bau von zwei Internaten 1966 bis 1967 und der Baubeginn des Heizwerkes 1966. Mitgeteilt wurde auch die Forderung des SHF, dass im Bereich der Elektrotechnik die Zulassungen jährlich um 700 Studenten zu erhöhen seien. Da dies die TH Ilmenau nicht leisten könne, würden an den Technischen Hochschulen in Karl-Marx-Stadt und Magdeburg neue Fakultäten für Elektrotechnik geschaffen werden. Eine Konzentration auf Ilmenau hätte bedeutet, dass die Investsumme gegenüber Magdeburg um fünf Millionen MDN höher ausgefallen wäre. Mit der Schaffung zweier neuer Fakultäten aber würde zwingend eine mit diesen Hochschulen abgestimmte Profilierung der TH Ilmenau notwendig werden. Der Schwerpunkt in Karl-Marx-Stadt sollte auf dem Gebiet der Bauelemente und der Datenverarbeitung, der in Magdeburg auf Probleme der Elektrotechnik im chemischen Gerätebau und Schwermaschinenbau liegen. Dass Mau betonte, dass es keinen Grund zum Pessimismus gebe, deutet darauf hin, dass er für Ilmenau mindestens mit einem Abzug von Kapazitäten und auch mit Unmut rechnete. Latent mag Angst umgegangen sein, dass der Standort Ilmenau zur Disposition stehen könnte. Philippow stützte Mau und „wies besonders darauf hin, dass es notwendig“ sei, „in den nächsten fünf Jahren die Probleme der Bauelemente zu lösen“, wofür weder in der Republik noch in Karl-Marx-Stadt Kader zur Verfügung stünden. Ähnlich verhalte es sich auf dem Gebiet der Datenverarbeitung. Er erinnerte, dass mit der VVB Büromaschinen am Standort Erfurt

---

662 THI, Oktober 1964: Stellungnahme der THI zu den Grundsätzen für die Gestaltung des ESB, aufgefunden im Konvolut zur Senatssitzung am 26.1.1965; UAI, Vorblatt u. S. 1–16, hier 1–8.

ein Partner in der Nähe sei. Das Kollegium beauftragte Philippow, mit einer kleinen Gruppe einschließlich des Parteisekretärs nach Erfurt zu fahren und die neue Lage zu diskutieren.[663]

Tatsächlich mehrten sich Stimmen, wonach die Technischen Hochschulen in Karl-Marx-Stadt und Magdeburg sowie die Universität Rostock Fakultäten für Elektrotechnik bekämen, womit womöglich das Ende der TH Ilmenau besiegelt sei. Dies passe, so sprachen einige, zum schleppenden Ausbau der Mensa und dem Wegfall des Baus eines Heizwerkes, das lediglich als Provisorium gebaut werde. Ilmenau stagniere, in Magdeburg liefe vieles besser. Unter den Professoren breite sich, was die Zukunft anlange, Desinteresse aus.[664] Zu diesen Gerüchten kommentierte die BV Suhl des MfS wenig später, dass daraus ein Desinteresse der Hochschullehrer folge, da sie „nichts zur Veränderung" der Situation unternähmen.[665] Dafür, dass dies nicht aus der Luft gegriffen war, sprechen Indizien: die TH war ein ungeliebtes Kind in der universitären Landschaft, in der Chemie, Kerntechnik und Flugzeugindustrie brachen Großprojekte des Ulbricht'schen Gigantismus weg, die SED reformierte gern, und nicht zuletzt wuchsen die fiskalischen und Personalprobleme.

Rationalität zählte also nach wie vor zu den allerersten Prinzipien, etwa hinsichtlich des Perspektivplans der TH Ilmenau für 1970: „Es verlangt der rapide wachsende Umfang der Ausbildungskosten von uns noch größere Anstrengungen, um die rationale Struktur dieser Ausgaben, ihre optimale Größe, Effektivität und Rückflussdauer zu ermitteln. Das muss ‚im Zusammenhang mit einem komplexen perspektivischen Entwicklungsplan für die gesamte nationale Wirtschaft einschließlich der Volksbildung, Kultur usw.' geschehen, erklärte Ulbricht auf der Sitzung der Perspektivplankommission am 10. September 1964." Übersetzt hieß dies, dass mehr mit weniger Mitteln geleistet werden sollte. Das hatte seit dem Mauerbau auch jeder adäquat verstanden. Durch „Vermeidung von Fehleinschätzungen der Entwicklungstendenzen" sollte die Bildungsökonomie verbessert werden. Hierfür aber mussten zunächst Organe, die die Entwicklungsrichtungen der Forschung im nationalen und internationalen Maßstab zu verfolgen hatten, geschaffen werden. Zur Bildungsökonomie zählte auch die Einführung der Wirtschaftlichkeitsberechnung auf dem Gebiet der Ausbildung und Forschung auf Grundlage des Prinzips der materiellen Interessiertheit, die Einführung der leistungsgestaffelten Gehälter sowie die Lenkung der Forschungskapazitäten entsprechend dem Schwerpunktprinzip. Doch eine bessere Bildungsökonomie hätte vor allem verlangt, die Zahl der Zulassungen (unter Maßgabe einer höheren Qualitätsselektion) auf 400 einzufrieren. Das aber wollte die SED nicht, da ihre Philosophie auf Entwicklung, Fortschritt, Breite und Vorherrschaft ausgelegt war. Also beinhaltete der Perspektivplan der TH Ilmenau eine Erhöhung der Absolventenzahlen auf 800 im Jahr 1970. Das Wachstum an wissenschaftlichen Nachwuchskräften durch Promotionen und Habilitationen sollte jährlich 10 bis 20 Prozent betragen. Jährlich sollten 200 wissenschaftliche Beiträge, 60 bis 80 Dissertationen und – bezogen auf jedes Fachgebiet – ein Standardwerk

---

663 Protokoll vom 22.10.1964 zur Kollegiumssitzung am 21.10.1964; UAI, S. 1–7, hier 2–4.

664 KDI, OG „HS", vom 17.11.1964: Bericht von „Kaspar Hauser" zum Treffen am 17.11.1964; BStU, MfS, AOP 1902/67, TV 7, Bd. 1, Bl. 127 f.

665 BV Suhl vom 4.12.1964: Stimmung unter den Assistenten der THI; BStU, BV Suhl, AKG, Nr. 8, Bd. 4, Bl. 165–168, hier 167 f.

abgerechnet werden.[666] Forderungen, die fortan zu Kontrollziffern mutierten.

Eine politische Klammer der Bildungsökonomie und Prognostik bildete das ESB, das allmählich aus der pseudodemokratisch organisierten Diskussion herauskam und dogmatisch umgesetzt wurde, obgleich es noch nicht Gesetzeskraft besaß. In einer weiteren Ausarbeitung der TH Ilmenau vom 6. November 1964 hieß es, dass die Grundsätze des ESB „entscheidend Charakter und Struktur des Studienganges auch an unserer Hochschule" bestimmten.[667] Anders als auf dem Gebiet der Prognostik, waren die Argumente unter diesem neuen Standardbegriff ideologisch, zugleich aber auch kybernetisch geprägt, etwa wenn es hieß, dass das NÖSPL „auch von unserer Arbeit ein in sich geschlossenes System materieller und vor allem moralischer Hebel in Lehre und Erziehung" verlange.[668] Im Kern ein Ideologem, das ein gutes Jahrzehnt dominierte und erst unter Honecker zugunsten anderer Leitbegriffe abgelöst worden ist. Auch war dessen Wirklichkeitsgehalt denkbar gering, was selbst in dem Papier der TH angedeutet wurde; Zitat: „Die Erfahrungen zeigen, dass alle Beschlüsse und Apelle eine nur sehr begrenzte Wirkung haben, solange nicht auf beiden Seiten die innere Bereitschaft zur Realisierung vorhanden ist. Insbesondere ist die Verbesserung von Lehre und Erziehung vom persönlichen Einsatz und von der Initiative des Lehrenden abhängig."[669]

Das auch Bildungsgesetz genannte Gesetz schätzt Marc-Dietrich Ohse als modern ein, da mit ihm das Ziel der Bildung und Erziehung zu „allseitig und harmonisch entwickelter sozialistischer Persönlichkeiten" festgeschrieben wurde. Zwar war es als soziale Ethik modern, aber auch weltfremd, da sich die Menschen nur ungern nach einer sozialistischen Einheitsdoktrin erziehen lassen wollten. Auch war das Ziel, die Meisterschaft in der wissenschaftlichen-technischen Revolution zu erreichen, nicht ohne beträchtliche soziale Differenzierung in Bildung und Weltanschauung erreichbar. Ohse sagt zutreffend, dass sich die im Bildungsgesetz grundgelegten Widersprüche in Hinblick auf die 3. Hochschulreform noch zuspitzen sollten. Damit würde „die politische Überformung des gesamten Bildungswesens, die noch vor der Gründung der DDR eingesetzt hatte, [...] einen Höhepunkt" erreichen.[670]

Indes wurde der personale Engpass unter den Hochschullehrern deutlicher, überdurchschnittlich viele Emeriti verblieben deshalb weiter im Hochschuldienst.[671] Ein Bild, das fachübergreifend für die DDR symptomatisch war. So zählte Bruno Schelhaas allein im Fach Geographie vier namhafte Geographen, die „im hohen Alter auf ihre alten Lehrstühle zurückberufen" wurden.[672] Das war alles andere als nur ein statistisches und soziales Phänomen. Die Folgen waren komplex, von einer gesunden Fluktuation, die einer Erstarrung

---

666 Wissenschaftliche Perspektive der THI, aufgefunden im Konvolut zur Kollegiumssitzung am 21.10.1964; UAI, S. 1–3.

667 THI vom 6.11.1964: Aufgaben der THI im Zusammenhang mit dem ESB und zur Grundkonzeption des Studienplanes, aufgefunden im Konvolut zur Kollegiumssitzung am 21.10.1964; UAI, S. 1–4, hier 1.

668 Ebd., S. 2.

669 Ebd.

670 Ohse: Jugend nach dem Mauerbau, S. 109 f., 118 u. 167–169.

671 PVV, HS 1964/65; UAI, Handbibliothek, S. 63 f.

672 Schelhaas, Bruno: Der Aufbau der Hochschulgeographie in der SBZ und der jungen DDR, in: Schleiermacher, Pohl: Medizin, Wissenschaft und Technik, S. 125–151, hier 135, 140 u. 149 f.

entgegenwirkt, konnte keine Rede sein. Zahlreich waren republikweit die Klagen über Ressourcenengpässe aller Art wie etwa vom Institut für Elektronik der TH Ilmenau in Hinblick auf die Assistenten, weil es zur Erfüllung seiner Aufgaben in Lehre und Forschung nicht auf eine genügend hohe Anzahl von Hilfskräften zurückgreifen konnte und somit über Gebühr belastet wurde.[673] Doch das MfS war darin geübt, objektive Sachzustände in Subjektivismus umzumünzen; ein Beispiel:

Am 4. Dezember bewertete die BV Suhl die Stimmungslage unter den Assistenten als schlechter denn je. Sie kritisierten insbesondere die Zusammenarbeit mit den Professoren und die Arbeitsbedingungen. Namentlich wurde einmal mehr die IV. Fakultät für Feinmechanik/Optik genannt. Man wisse derzeit nicht, was Bischoff überhaupt mache. Heinze kümmere sich nicht ausreichend und wäre nur daran interessiert, zu Tagungen zu reisen, „um dadurch zu höherem Ruhm zu gelangen". Seine Vorlesungen ließen zu wünschen übrig, die Anleitung der Assistenten verkümmere. Auch Mau übe seine Lehrtätigkeit nur ungenügend aus und setze sich nicht konsequent für die Belange seines Institutes ein. Als Rektor könne er sich nicht durchsetzen, der „alte Trott gehe so weiter". Die Ursachen würden in der Überalterung des Lehrkörpers liegen, die Professoren seien auf dem Zenit ihrer beruflichen Laufbahn angelangt „und ringen nicht mehr um die Lösung der Probleme". Über den wissenschaftlichen Nachwuchs habe man größtenteils keine klaren Vorstellungen über dessen Perspektive. Bis auf Ausnahmen zeichneten sich „kaum junge strebsame Nachwuchskräfte" ab. Parallel hierzu würden die Alten „die Assistenten von oben herab betrachten, obwohl die Letztgenannten die Hauptlast der wissenschaftlichen Arbeit in den Instituten" trügen. Dabei seien sie „meist auf sich selbst angewiesen". Es ändere sich hierin nichts, so dass man davon ausgehe, dass der Rektor dies billigend in Kauf nehme.[674]

Auf der Sitzung der Senatskommission am 11. November fehlten von acht Mitgliedern vier, obgleich es um wichtige strukturelle Fragen wie etwa die Diskussion zu Aufgaben und zum Aufbau des Prorektorats Forschung ging. Zu dieser Forschungsleitstelle sollten vier Abteilungen hinzukommen: das Büro für Neuerer- und Patentfragen (BfN), die Bildstelle sowie „Entwicklungstendenzen der Forschung" und „Wissenschaftliche Publikationen". Zur Unterstützung des BfN war beabsichtigt, eine neue und recht große Kommission (weil hierin alle Fakultäten vertreten sein sollten) unter Felix Weber[675] zu bilden. Eine weitere Kommission war zur Unterstützung der Abteilung „Entwicklungstendenzen der Forschung" geplant.[676] Zwei Jahre später galt das BfN als etabliert. Doch soll sein Leiter

---

673 KDI, OG „HS", vom 13.11.1964; BStU, MfS, AOP 1902/67, TV 7, Bd. 1, Bl. 123–126, hier 123. Berichte von „Martin" und „Harry Schubert".

674 BV Suhl vom 4.12.1964: Stimmung unter den Assistenten der THI; BStU, BV Suhl, AKG, Nr. 8, Bd. 4, Bl. 165–168, hier 165–167.

675 Geb. am 10.9.1924 in Kauern (bei Merseburg). Studium an der Ingenieur-Schule für Schwermaschinenbau und Elektrotechnik Leipzig, Promotion 1956, Habilitation 1966. 1957 Wahrnehmungsdozentur, 1961 Dozent und Wahrnehmung der Geschäfte des Direktors des Instituts für Staat und Recht, 1967 Prof. mit Lehrauftrag für Arbeits-, Patent- und Neuererrecht, 1969–1983 1. Prorektor, 1964–1989 Direktor des Instituts für Dokumentation, Patentwesen und Recht resp. INER. 1969–1990 o. Prof.; UAI, 4767 Pers.

676 Prorektor für Forschung: Protokoll der Sitzung der Senatskommission für Forschung am 11.11.1964, aufgefunden in: BStU, MfS, AOP 1902/67, TV 7, Bd. 1, Bl. 191–193. Beschlussvorlage zur Aufgabenstruktur der Bildstelle; ebd., Bl. 194.

Martin Freitag alias „Skat“ (Kap. 5.3.3, Fall-Nr. 90) weiterhin beklagt haben, dass er weder eine Sekretärin noch einen eigenen Raum besitze. Zudem entsprach der Geheimnisschutz nicht den neuesten Bestimmungen. Die Patentsachen wurden „trotz wiederholter Rundschreiben über die Hauspost und nicht wie vorgesehen als VD verschickt“.[677] Zwei Wochen später wurde der 1. Sekretär der HPL, Alfred Pfestorf, vom Senat verabschiedet. Er wechselte in eine „verantwortungsvolle Position“ zum Rat des Bezirkes Suhl. Mau sprach ihm „in herzlichen Worten [...] Dank und Anerkennung des Akademischen Senats für die von ihm geleistete Arbeit aus.“ U. a. hätte er sich „besondere Verdienste bei der Einführung neuer Lehr- und Ausbildungsmethoden [...] erworben und mit dazu beigetragen, ein enges Band zwischen der TH Ilmenau und der Industrie zu knüpfen.“ Sein besonderer Verdienst soll darin bestanden haben, „ein echtes Vertrauensverhältnis zwischen Lehrkörper und Parteiorganisation“ geschaffen zu haben. Pfestorf sollte Ehrenmitglied des Senats werden.[678] Sein Nachfolger wurde Karlheinz Werner, dessen Stellvertreter Karl-Heinz Linsel.[679]

Zum Herbstsemester 1964/65 wurden einmal mehr Fakultätsbezeichnungen geändert. Die erste Fakultät firmierte nun unter naturwissenschaftlich-technische Grundlagen. Die Fakultät für Starkstromtechnik war weiterhin stabil, lediglich die Chemie wurde in die erste Fakultät abgegeben. Das entsprechende Institut hieß nun Institut für Elektrochemie und Galvanotechnik. Auch die Fakultäten für Schwachstromtechnik sowie Feinmechanik/Optik blieben stabil, hier erfolgten keine nominellen resp. substantiell bedeutende Veränderungen. Anders die fünfte Fakultät, sie veränderte völlig ihr Gesicht. Aus „Technologie und Ingenieurökonomie“ wurde „produktionstechnische Grundlagen“. In ihr waren die Institute für Maschinenelemente, Maschinenkunde sowie Dokumentation, Patentwesen und Recht, für Produktionsorganisation und für Ökonomik der Industrie etabliert. Immer noch zählte auch das Institut für Politische Ökonomie dazu, im Grunde genommen ein Fremdkörper. Die Hochschule wies Ende 1964 ohne das Industrie Institut (I.-I.) insgesamt 2.815 Studenten aus, davon im Direktstudium 2.414, im Fernstudium 224 und im Abendstudium 69.[680]

Die Diskussionen über die Gestaltung des ESB gingen, wenngleich mit geringerer Intensität, 1965 weiter. Der Staatssekretär des SFH, Ernst-Joachim Gießmann, sprach anlässlich des philosophischen Kongresses vom 22. bis 24. April 1965 in Berlin in blumigen Worten von der großen Zukunft infolge des ESB, das zuvor, am 25. Februar,[681] auf der 12. Tagung der Volkskammer als Gesetz beschlossen worden war. Der Absolvent der Zukunft werde nicht der hochspezialisierte Fachmann sein, sondern einer, der über breite wissenschaftliche Kenntnisse verfügt und in hoher Disponibilität der Volkswirtschaft zur

---

677 KDI, OG „HS“, vom 13.10.1966: Bericht zum Treffen mit „Skat“ am 12.10.1966; BStU, BV Suhl, AIM 93/73, Teil II, Bd. 1, Bl. 185–187, hier 185.

678 Protokoll vom 27.11.1964 zur Senatssitzung am 24.11.1964; UAI, S. 1–7, hier 2 f.

679 PVV, HS 1965/66; UAI, Handbibliothek, S. 37.

680 Hochschulstatistiken, Hauptstatistik 1965. Stichtag: 30.11.1964; UAI, Sgn. 620.

681 Gesetz über das ESB vom 25.2.1965; GBl. 1965 I, Nr. 6, S. 83. Dem Gesetz ging der gleichnamige Beschluss des ZK der SED vom 13.2.1965 voran.

Verfügung stehen werde.[682] Forderungen, die an allen Technischen Hochschulen sofort und ausgiebig herunterdekliniert wurden. Auch an der TU Dresden; Pommerin: „Eine übermäßige Spezialisierung ist zu vermeiden und nur in einem volkswirtschaftlich und wissenschaftlich vertretbarem Umfang vorzunehmen."[683] Wer die Mammutrede Ulbrichts auf der 11. Tagung des ZK der SED im Dezember genau las, konnte wissen, dass der Perspektivplan mehr als nur eine volkswirtschaftliche Dimension besaß, er umfasste alle gesellschaftlichen Bereiche bis hin zur Bewusstseinsformung; Ulbricht: „Das Gesetz über das einheitliche sozialistische Bildungssystem und die Beschlüsse über die Kulturaufgaben geben die Möglichkeit, die Entwicklung des Bewusstseins der Menschen und die kulturelle Entwicklung einzuschätzen."[684]

Zu Beginn des Jahres zeigte sich das SHF unzufrieden mit den von den Hochschulen eingereichten Perspektivplänen bis 1970. Das betraf explizit auch die TH Ilmenau. Es waren eher Zusammenfassungen der Fakultätspläne, Berlin erwartete jedoch eine höhere Komplexität, durchtränkt vom Geist der letzten SED-Beschlüsse. Zügig sollten Änderungen auf Basis folgender Maßgaben eingearbeitet werden; hier die wichtigsten: (3) die rationellere Gestaltung der Ausbildung unter den Aspekten der Schaffung von brauchbaren neuen Lehrmaterialien, eines Selbststudiums, das in den Vordergrund zu rücken war, die Einführung von Baukastenvorlesungen und die Schaffung von besseren Kooperationsmöglichkeiten mit anderen Hochschulen sowie von höheren Anschauungsmöglichkeiten im Unterricht; (4) einer Perspektive und Entwicklung der ingenieur-ökonomischen Fakultät; (5) die ökonomische Ausbildung und Erziehung an den naturwissenschaftlichen und technischen Fakultäten sowie (6) die postgraduelle Weiterbildung an den technischen Fakultäten, wofür vier Formen vorgeschlagen wurden: ein ein- bis zweijähriges Fernstudium, ein Teildirektstudium für besonders befähigte Studenten, Sonderlehrgänge mit spezifischer Thematik sowie die technische Weiterbildung für nichttechnische Spezialkräfte.[685]

Der Perspektivplan war bis zum 15. Februar zu überarbeiten. Hierzu wurden sofort drei Arbeitsgruppen etabliert. Die erste AG unter dem Prorektor für Gesellschaftswissenschaften war verantwortlich für die Erstellung der Präambel, die wissenschaftliche Perspektive der Hochschule, die Einheit von Ausbildung und Erziehung, das Profil der Forschung und für weitere vier Teilbereiche des Planes. Die vom Dekan der Fakultät für produktionstechnische Grundlagen geleitete zweite AG war für „spezifische Gesichtspunkte der Fakultäten" zuständig. Die dritte AG unter Vorsitz der Planungskommission des Senats war für sechs Teilabschnitte verantwortlich, u. a. für Leitungs- und Kaderfragen sowie zur Verbesserung der Leitungstätigkeit. Von Institutsneugründungen sollte zunächst abgesehen werden, da die „komplexe Behandlung der Lehre und der Forschungsthemen eines Fachgebietes mit der Schaffung neuer Lehrstühle an vorhandenen Instituten möglich" sei.

682 Gießmann, Ernst-Joachim: Probleme der Hoch- und Fachschulausbildung in der technischen Revolution, in: Deutsche Zeitschrift für Philosophie, Sonderheft 1965: Die marxistisch-leninistische Philosophie und die technische Revolution, S. 211–214.

683 Pommerin: Geschichte der TU Dresden, S. 295.

684 Ulbricht, Walter: Probleme des Perspektivplanes bis 1970. Rede auf der 11. Tagung des ZK der SED, in: Neues Deutschland vom 18.12.1965, S. 3–8, hier 3.

685 Protokoll vom 15.1.1965 zur Kollegiumssitzung am 12.1.1965; UAI, S. 1–5, hier 2 f.

Damit entfiel die Gründung eines zweiten physikalischen Instituts. Eine Umbenennung folgte auf Antrag der Fakultät für Feinmechanik/Optik, die nun Fakultät für feinmechanisch-elektrisch-optische Gerätetechnik heißen sollte. Eine personelle Entscheidung erfuhr das Industrie-Institut. Rudolf Geist wurde auf eigenen Wunsch hin als Direktor entpflichtet, als sein Nachfolger wurde Heinz Geißler[686] bestimmt.[687]

Der überarbeitete Perspektivplan der TH Ilmenau bis 1970 wurde am 12. März bestätigt. Mau, der tags zuvor in Berlin auf der Rektorenkonferenz die weitere Herangehensweise mitgeteilt bekam, erteilte Bericht. Demnach sollten die Pläne der Universitäten und Hochschulen nicht additiv, sondern nach übergeordneten Gesichtspunkten zusammengefasst werden. Als Einzelpläne sollten sie überdies elastisch bleiben. Auch wenn diese Pläne final noch zu bearbeiten waren, befasse sich das SHF bereits mit der Konzeption der Perspektivpläne bis 1980, die im Herbst fertig werden sollten. Es war abermals Ulrich, der Einspruch übte. Der richtete sich diesmal gegen die Festlegung der Forschungskapazität der Hochschule, da die Kapazitätsberechnung nach seiner Auffassung auf nicht exaktem Zahlenmaterial beruhte.[688] Seinem Einspruch wurde nicht stattgegeben.

Das „Ökonomische Experiment" oder die Basis der Vertragsforschung, Teil I

Ein besonderes Datum in der Geschichte der TH Ilmenau bildet der Beginn des sogenannten Ökonomischen Experimentes am 28. Januar 1965, das sie als ein Alleinstellungsmerkmal eine Zeitlang beschäftigen sollte. Das Ereignis firmierte als Beschluss der II. WÖK unter dem Begriff „ökonomisches Beispiel". Oft wurde der erstgebrauchte Begriff „Experiment" in den Dokumenten mit „Beispiel" überschrieben. Vereinzelt taucht auch der Begriff „Versuch" auf, später hieß es „wissenschaftlich-ökonomisches Experiment". In dieser Studie findet einheitlich das Wortpaar „Ökonomisches Experiment" Verwendung.

Ziel und Inhalt des Experimentes waren vom SHF vorgegeben und bestanden in zwei Hauptaufgaben mit Unterpunkten; hier schlagwortartig reduziert: (1.1) Nutzung der Forschungskapazität der Hochschule zur Schaffung des wissenschaftlichen Vorlaufs; (1.1.1) Einsatz der Forschungskapazität der Hochschule zur Lösung volkswirtschaftlicher Schwerpunktaufgaben; (1.1.2) Nutzung der Forschungskapazität der Hochschule vorwiegend für Arbeiten, die in die Produktion eingehen. (1.2) Herstellung von Beziehungen zwischen Industrie und Hochschule, die auf einer realen ökonomischen Basis beruhen. Hierbei sollten folgende Fragen berücksichtigt werden: (1.2.1) Bezahlung der Arbeiten entsprechend der Leistung und dem wirklichen Aufwand sowie (1.2.2) materieller Anreiz der Bearbeitung durch leistungsabhängige Prämien. (1.3) Erhöhung der Forschungskapazität der Hochschule. Systematischer Ausbau der Ausrüstungen und Einrichtungen der Hochschulinstitute für die profilierten Forschungsgebiete durch intensive Eigenleistung. Förderung der Grundlagenforschung durch Nutzung eines bestimmten Anteiles der durch eigene

[686] Geb. am 17.11.1922 in Taucha (bei Leipzig). 1948–1951 Studium an der KMU Leipzig, 1958 Promotion. 1953–1958 Aspirantur am Staatlichen ökonomischen Institut Moskau. 1958 Dozent an der HfE, 1969–1988 Hochschul-Dozent. Vielfältige Parteifunktionen, 1959–1966 in der HPL; 1966 Vorsitzender der HSG. 1965–1983 Direktor des I.-I., auf ihn folgte Berthold Bley; u. a. UAI, 4167 Pers.

[687] Protokoll vom 4.2.1965 zur Senatssitzung am 26.1.1965; UAI, S. 1–6, hier 3–6. Protokoll vom 11.10.1965 zur Senatssitzung am 4.10.1965; UAI, S. 1–5.

[688] Protokoll vom 22.3.1965 zur Senatssitzung am 12.3.1965; UAI, S. 3 f.

Arbeit erreichten Rückflussmittel.[689]

Die gesetzlichen Grundlagen für das Ökonomische Experiment wurden vom 1. Januar bis 15. Februar 1965 gelegt, beteiligt hieran waren das SHF, das Ministerium für Finanzen, der Volkswirtschaftsrat, die Staatliche Plankommission (SPK), das Staatssekretariat für Forschung und Technik (SFT) und das Prorektorat für Forschung der TH Ilmenau. Als Grundlage der Durchführung galten die Beschlüsse der II. WÖK, ferner der „Entwurf einer Haushaltsanweisung über die Planung und Abrechnung der Einnahmen und Ausgaben für vertragsgebundene wissenschaftliche und wissenschaftlich-technische Leistungen von Einrichtungen des Hoch- und Fachschulwesens"; der „Entwurf einer Anordnung über die Preise für wissenschaftliche und wissenschaftlich-technische Leistungen von Einrichtungen des Hoch- und Fachschulwesens, die auf der Grundlage von Wirtschaftsverträgen durchgeführt werden" sollten, sowie „die Ermittlung der Gemeinkosten der TH Ilmenau". Gegenüber dem alten Wirtschaftsvertrag gab es insgesamt vier Novellierungen: die Existenzdauer des Vertrages, die sich jetzt „bis zur Einführung der Ergebnisse in die Praxis" erstreckte – einem mit Blick auf die Realwirtschaft der DDR schwer handhabbaren Passus für eine Hochschule, die Schaffung genauester Terminablaufpläne, die Führung sorgfältig formulierter Pflichtenhefte sowie die Verteidigung der Resultate „vor einem Kreis von Sachverständigen". Die Generaldirektoren der 13 VVB, die den Abteilungen Elektrotechnik und Elektronik des Volkswirtschaftsrates unterstellt waren, erhielten die Order, das Ökonomische Experiment zu unterstützen. Der Beginn der Vertragsabschlüsse erfolgte am 15. März. Mitte des Jahres besaßen von den 33 Instituten lediglich 17 vertragliche Verbindungen. Umgerechnet auf die Fakultäten ergaben sich für die Fakultäten I bis IV folgende Prozentzahlen: 5,7 – 13,6 – 12,2 – 2,3 – 0,4. In der ersten Einschätzung wurde vermerkt, dass einige Institute die Vorteile des Verfahrens noch nicht erkannt hätten, mittlerweile aber auch auf dem Wege seien, sich hiervon zu überzeugen. Ferner gab es Bedenken, dass Umlenkungen von Assistenten auf Gebiete, die für das Experiment infrage kämen, nicht problemlos verlaufen würden, aber auch, dass die TH Ilmenau als einzige Hochschule dies durchführe sowie die Schwerpunktfestlegung „unecht" sei. Das Prorektorat für Forschung erhielt die Aufgabe, diese Skepsis zu beseitigen.

Zur Vorbereitung des Ökonomischen Experimentes hatte die Hochschule sieben organisatorische und strukturelle Maßnahmen eingeleitet. Hierzu zählte die „Erfassung aller bisher durchgeführten Forschungsarbeiten" in Form einer Kerblochkartei und die Erfassung der Forschungskapazität der Hochschule (siehe Tab. 22). Dabei sollten „die ermittelten Zeiten für die Forschung […] mit den Stundenpreisen der einzelnen Fachleute" entsprechend der Anordnung der Preise multipliziert werden. Bis Jahresende sollten 30 Prozent der gesamten Forschungskapazität der TH vertraglich für die Industrie fixiert sein.[690]

---

689 THI, Prorektorat für Forschung, o. D.: Bericht über Entwicklung und Stand des Ökonomischen Experimentes an der THI, aufgefunden im Konvolut zur Senatssitzung am 29.6.1965; UAI, S. 1–12, hier 1.

690 Ebd., S. 2–11. Aufschlussreich ist, dass in späteren Fachlexika die Erläuterungen zur Vertragsforschung eklatant blass blieben. Vgl. Ökonomisches Lexikon, Bd. 3, Q-Z. Berlin 1979, S. 502. Lexikon der Wirtschaft. Arbeit Bildung Soziales. Berlin 1982, S. 926.

Tabelle 22: Forschungskapazität der TH Ilmenau

Nr.	Institut	Kapazität [TMDN]	davon 30 Prozent [TMDN]
1	Mathematik	133.1	39.9
2	Physik	233.8	70.1
3	Allgemeine und theoretische Elektrotechnik	259.8	77.9
4	Maschinelle Rechentechnik	117.5	35.3
5	Technische Mechanik	39.2	11.8
6	Chemie	40.3	12.1
7	Apparate und Anlagen	240.2	72.1
8	Hochspannungstechnik	231.4	69.4
9	Energietechnik	222.8	66.8
10	Elektrowärme	129.1	38.7
11	Elektrochemie	122.3	36.7
12	Elektromaschinenbau	137.9	41.4
13	Elektromotorische Antriebe	151.5	45.5
14	Fernmeldetechnik	162.2	48.7
15	Hochfrequenztechnik	229.9	69.0
16	Mikrowellentechnik	128.8	38.6
17	Regelungstechnik	264.7	79.4
18	Elektronik	331.1	89.3
19	Elektromedizin	156.3	46.9
20	Feingerätetechnik	294.5	88.4
21	Lichttechnik	73.5	22.0
22	Allgemeine und optische Messtechnik	122.8	36.8
23	Getriebetechnik	55.9	16.7
24	Optik	65.8	19.7
25	Foto- und Kinotechnik	43.2	13.0
26	Werkstoffkunde	105.1	31.5
27	Maschinenelemente	121.2	36.4
28	Dokumentation, Patentwesen und Recht	83.7	25.1
29	Ökonomik der Industrie	144.7	34.4
30	Politische Ökonomie	23.2	7.0
31	Produktionsorganisation	148.8	44.7
32	Fertigungstechnik	220.6	66.2
33	Standardisierung	113.6	34.1
Gesamt		4.948.5	1.484,6

Zum Stand des Ökonomischen Experimentes berichtete Eugen Philippow Ende Mai 1965. Bis zu diesem Datum konnten circa acht bis neun Prozent der geplanten Vertragsforschung gebunden werden. Den vordersten Platz nahm die II. Fakultät mit 16,7 Prozent ein, gefolgt von der I. Fakultät mit 9,6 Prozent, der IV. Fakultät mit 6,4 Prozent und der III. Fakultät mit 5,3 Prozent. Schlusslicht bildete die V. Fakultät mit knapp 0,6 Prozent. Insgesamt lagen am 20. Mai 34 Vertragsabschlüsse mit einem Volumen von 892.000 MDN vor. Im Vorjahr waren es zu diesem Zeitpunkt lediglich 120.000 MDN.[691] Im Januar des Folgejahres konnten zwar bessere Werte nach Berlin gemeldet werden, doch blieben auch sie weiterhin weit hinter den geforderten. In aufsteigender Reihenfolge der Fakultäten in Prozent: 11,8 – 19,7 – 16,0 – 10,0 – 12,7. Vom Ziel einer 30-prozentigen Bindung lasse man jedoch nicht ab, verkündete Philippow.[692]

Die TH Ilmenau betrachtete im Sommer 1966 das Ökonomische Experiment als abgeschlossen, nicht jedoch das SHF. Das hatte zwischenzeitlich die Ergebnisse ausgewertet

691 Protokoll vom 10.6.1965 zur Kollegiumssitzung am 25.5.1965; UAI, S. 1–5, hier 1–4.
692 Protokoll vom 27.1.1966 zur Kollegiumssitzung am 18.1.1966; UAI, S. 1–8, hier 7.

und einige Abänderungen vorgeschlagen. Auch veranlasste es zu Fragen der Planung und Finanzierung der Vertragsforschung eine Verallgemeinerung für das Hoch- und Fachschulwesen. Diese war eingebettet in Forderungen des Zentralen Staatlichen Vertragsgerichtes hinsichtlich der 3. Durchführungsverordnung zum Vertragsgesetz.[693] Die TH wurde parallel dazu gebeten, das Verfahren um ein weiteres Jahr zu verlängern. Die Vertragsforschung sollte rückwirkend ab dem 1. Januar 1966 neu gerechnet werden. Verändert wurden die Prämiensätze (bislang 10 Prozent der Gemeinkosten, ab 1. Januar 1966 dann 6,5 Prozent der Lohnkosten) sowie der Gemeinkostensatz für die TH von 150 auf 110 Prozent. Der Differenzbetrag von 40 Prozent sollte „für die schon abgeschlossenen Verträge als Nutzungsanteil" verwendet werden, wobei hiervon 50 Prozent dem Prämienfonds zugeführt und die restlichen 50 Prozent zur Verfügung der Senatskommission „Forschung" gestellt werden sollte.[694] Es ging also offensichtlich mehr um eine Neuverteilung des Ertrages, denn um eine Präzisierung vertragsrechtlicher und berechnungstechnischer Größen. Hans Stamm soll 1966 dem Prorektorat Forschung vorgeworfen haben, dass es nicht nur an einer fachgerechten Übersicht zur Vertragsforschung mangele, sondern auch „an einer klaren Organisation der gesamten Forschungsarbeit überhaupt [...], wie zu beginnen ist, welche Maßnahmen wann durchzuführen sind, Vertragsabschluss, Abrechnungswesen usw.".[695]

Ulbricht lobte in seiner Rede zur Entwicklung des Hochschulwesens in Dresden am 4. November 1966, siehe unten, ausdrücklich das von der TH Ilmenau durchgeführte Ökonomische Experiment als Vorbild.[696] Tatsächlich wurde es – unter dem Begriffstitel der Vertragsforschung – landauf, landab zu einem ewigen Problem, wenn nicht gar Ärgernis. Am 28. Dezember 1966 flossen die Erkenntnisse aus dem Ökonomischen Experiment indirekt in die allgemeinverbindliche Regelung des Hochschulforschungsgesetzes ein.[697] Die Probleme begannen bereits Mitte 1966 an der TH Ilmenau selbst:

Am 29. Juli 1966 fand eine Beratung über die Neuregelung der Vertragsforschung statt. Die Diskussionen verliefen strittig, gerade auch in Bezug auf die Verteilung der Finanztitel. Bislang hatten die beteiligten Institute 46 Prozent der „Rückflussmittel aus den Gesamtkosten der Vertragsforschung" erhalten. Bliebe das nicht so, so Erich Kolbe[698], gehe die Vertragsforschung zurück. Ständig würden die Bedingungen verändert werden, man benötige aber Verlässlichkeit auf dem Weg zur Erfüllung der einzelnen Forschungsaufgaben. Auch die Staffelung der Prämien, mit acht Prozent für zentral festgelegte Forschungsthemen, aber nur vier Prozent für die Vertragsforschung, sei nicht nachvollziehbar, weil letztlich formal. Zur Grundlagenforschung soll er die Meinung vertreten haben: „Da künftig die Institute aus den ‚Nutzanteilen' Zuführungen erhalten sollen, würde das dazu führen

693 THI, Prorektorat für Forschungsangelegenheiten, vom 18.7.1966: Mitteilung Nr. 3/66; ebd., Bl. 25.
694 Protokoll vom 5.7.1966 zur Kollegiumssitzung am 28.6.1966; UAI, S. 1–7, hier 6.
695 Bericht von „Walter" am 11.7.1966; BStU, BV Suhl, AIM 984/89, Teil II, Bd. 1, Bl. 32 f., hier 33.
696 Walter Ulbricht: An die Jugend. Berlin 1968, S. 387 f.
697 GBl. 1966 II, Nr. 10, S. 51 f.
698 Geb. am 22.2.1919 in Dresden. 1947–1951 Studium an der TH Dresden, Promotion 1964. Ab 1958 an der HfE, Wahrnehmungsprof. mit Lehrauftrag für Elektrowärme, 1961 mit v. Lehrauftrag. 1965 Prof. mit Lehrauftrag für Starkstromtechnik, 1969–1984 Prof. für Elektrotechnik. Gest. 1988; u. a. UAI, 3649 Kad.

müssen, dass man von der Grundlagenforschung zur angewandten Forschung übergeht, weil es in der Grundlagenforschung so gut wie unmöglich ist, einen wertmäßigen Nutzen zu errechnen.“ Wolfgang Berg alias „Walter“ (Kap. 5.3.3, Fall-Nr. 98), Justitiar des Hauses, will auf die Beschlüsse der II. WÖK verwiesen haben, die Kolbe „entschieden“ zurückgewiesen hätte: Die Änderungen der Bedingungen der Vertragsforschung würden ihr den Boden entziehen. Kolbe mahnte zudem an, die „Bestimmungen über die Vertraulichkeitsgrade“ aus den Verträgen zu nehmen, da man – vor allem auch rasch – die Leistungen veröffentlichen und diskutieren müsse.[699]

Einen ersten echten Testfall für die Vertragsforschung bildete eine Koordinierungsvereinbarung mit Carl Zeiss Jena, die am 21. Dezember 1966 abgeschlossen wurde. Sie diente der Schaffung wissenschaftlicher Grundlagen für die Simulation konstruktiver Tätigkeiten. Es handelte sich um das von Friedrich Hansen kreierte Projekt MAKON. Unter Paragraph 1, Abschnitt IV, war bestimmt, dass „die in den Instituten der TH Ilmenau durchgeführte Erkundungs- und gezielte Grundlagenforschung [...] in erster Linie aus staatlichen Haushaltsmitteln finanziert“ werden sollte. Berg war jedoch der Auffassung, dass diese Regelung geeignet sei, wegen der Prämienregelung exakt diese Forschungen „in den Hintergrund“ zu drängen. Ähnlich soll auch Philippow argumentiert haben, wonach selbst der Staatssekretär für Forschung und Technik (SFT), Herbert Weiz,[700] „extra zu ihm geäußert habe, aufzupassen, dass sich die TH nicht wegen der finanziellen Vorteile der Vertragsforschung verlockenden ‚Tagesproblemen‘ der Industrie“ beuge, und auf diese Weise die Grundlagenforschung vernachlässige.[701] Die hohen staatlichen Stellen der DDR reflektierten also durchaus Manipulationsmöglichkeiten und Statistikprobleme. Der Vorschlag der TH Ilmenau zur Berechnung des Erlöses wurde vom Ministerium für Finanzen Anfang 1967 bestätigt. Der Preis (P) für die jeweilige Forschungsarbeit bestand aus dem Lohn (L), dem Aufwand (A), den Gemeinkosten (G) und einem Nutzungsanteil (N), also P=L+A+G+N. Die sogenannte „materielle Interessiertheit für die Bearbeiter (M)“, die in den Gemeinkosten enthalten war, betrug 6,5 Prozent der Lohnkosten. Ein Nutzungsanteil von in der Regel 20 bis 50 Prozent vom Lohn war mit der Industrie verhandelbar. Die Verwendung der Nutzungsanteile war wie folgt festgelegt: 60 Prozent für Neuinvestitionen der Institute, 30 Prozent für den allgemeinen Prämienfonds und zehn Prozent für das SHF. Die 30 Prozent für den Prämienfonds sollten jeweils zu zehn Prozent für Institutsprämien, soziale Maßnahmen und Hochschulangehörige verwandt werden.[702]

Berg hatte sich rasch etabliert, seinen inoffiziellen Berichten verdanken wir jene Wirklichkeitsnähe abzüglich der ideologischen Verzeichnung, die wir in den staatlichen Protokollen meist vergeblich suchen. Im Juli 1966 begann sich der ehemalige Staatsanwalt „auftragsgemäß“ überall bekanntzumachen, suchte mehrere Institutsdirektoren zum Zwecke

---

699 6. Bericht von „Walter“ am 2.8.1966; BStU, BV Suhl, AIM 984/89, Teil II, Bd. 1, Bl. 61.
700 Herbert Weiz (1924). Mitglied des Forschungsrates der DDR. Stoph berief 1965 Steenbeck zum Vorsitzenden und Weiz zu dessen Stellvertreter, zu diesem Zeitpunkt Staatssekretär für Forschung und Technik (SFT). Weiz wurde 1974 Minister des MWT.
701 Bericht von „Walter“ am 19.1.1967; BStU, BV Suhl, AIM 984/89, Teil II, Bd. 1, Bl. 168.
702 Protokoll vom 2.2.1967 zur Kollegiumssitzung am 17.1.1967; UAI, S. 1–7, hier 6.

der Kontaktanbahnung auf und fertigte über die Personen „ausführliche Berichte“.[703] Historiographisch gesehen, sind seine Berichte und Analysen wertvoll. Dies betrifft in der Hauptsache seine recht exakte Informationstätigkeit an SED und MfS sowie seine Interventionen in Fragen der Forschungskooperation mit Kombinaten und Betrieben. Permanent und ausgiebig berichtete er zur Vertragsforschung, aktuell von einer Auseinandersetzung mit Werner Bischoff, in der es um die Rechte Dritter bei Verträgen mit der Industrie ging. Bischoff soll laut Berg die Auffassung vertreten haben, „dass er stets bei einer Aufgabenstellung erst mal überlegt, welche Lösungswege nach vernünftiger Überlegung möglich sind, die verfolgt er und erst dann untersucht er, was auf diesem Gebiet schon Bekanntes vorhanden“ sei. Das, so Berg, „führe dann häufig dazu, dass Patentrechte festgestellt“ würden, mit der Folge, entsprechende „Lizenzen zu erwerben, weil ein anderes Verfahren, das dann frei von Rechten Dritter wäre, teurer und unzweckmäßiger“ sei. Wäre der Erwerb des Patentes nicht möglich oder zu teuer, „könne der Vertrag“ eben „nicht erfüllt werden“. Dass dieser Disput zustande kam, lag nicht in der Natur der Sache selbst, sondern darin, dass sich die TH Ilmenau – vertragstechnisch gesehen – „verpflichten“ sollte, „die ‚Leistungen grundsätzlich frei von Rechten Dritter‘ zu erbringen“.[704] Das war zwar ein plausibler Grundsatz, jedoch wegen der Nachzüglerrolle der DDR auf Gebieten der Trendwissenschaften recht unrealistisch. Den Grundsatz konterkarierte Berg selbst:

Laut Einschätzung von Stamm wäre sein Institut, insbesondere nach den Baumaßnahmen im Laufe des Jahres, was die Forschungsmöglichkeiten betreffe, „führend in der DDR“. Es könne im Weltmaßstab durchaus mithalten, in Isolationsfragen sei es teilweise führend. Doch zur Frage des Patenrechtes in der DDR zeige er eine ähnlich negative Einstellung wie Bischoff, wenn er meinte, dass man es „mitsamt dem Patentamt [...] verbrennen“ müsste. Vor Jahren habe er ein Patent anmelden wollen, das Amt aber hätte keinen Nutzen erkennen wollen. Später wollten die Japaner im Glauben, dass es über die Erfindung ein Patent gibt, dies kaufen. So musste er ihnen mitteilen, dass sie es nicht bräuchten, da es kein Patent gebe. Er übergab ihnen den entsprechenden Fachaufsatz. Mit dem Präsidenten des Amtes habe er sich deshalb „in den Haaren gelegen“.[705]

Bischoffs Ansatz war sinnvoll, weil pragmatisch geboten. Sein Hinweis, dass der Forscher nicht absolut sicherstellen könne, dass nicht doch noch unentdeckte Patenrechte existierten, war freilich richtig, juristisch aber nicht praktikabel. Berg wies darauf hin, dass wissenschaftliche Leistungen „häufig nichts nützen würden“, wenn man sie nicht exportieren könne. Seinen Kompromissvorschlag, vertragstechnisch die Patentrecherche zu umreißen, soll Bischoff abgelehnt haben. Er könne auch für einen „begrenzten Rahmen“ keine Verantwortung übernehmen. Weiland waren die Institutsdirektoren hauptverantwortlich für den patenrechtlichen Schutz der Forschungsergebnisse. Einen professionellen und weltoffenen Servicedienst gab es für sie nicht. Zuzüglich zu dieser Situation und diversen sicherheitspolitischen Restriktionen fehlte es an Finanzmitteln. Bischoff führte in Bezug auf die „Neuregelung der Finanzierung der Vertragsforschung“ dann auch aus, „dass ein

703 KDI: Bericht zum Treffen am 7.7.1966; BStU, BV Suhl, AIM 984/89, Teil II, Bd. 1, Bl. 10 f.
704 Bericht im August 1966; ebd., Bl. 13–15, hier 13.
705 Bericht von „Walter“ am 11.7.1966; ebd., Bl. 32 f., hier 32.

wissenschaftlicher Notstand“ an der Hochschule bestünde, und zwar „in Bezug auf die Mittel für die Forschung“. Berg unterhielt sich anschließend mit dem Leiter des Büros für Neuerer- und Patentfragen (BfN), Martin Freitag. Der habe gesagt, dass Bischoff offenbar „noch nach alter Schule“ arbeite.[706]

Berg aber kannte die Problematik des Patentwesens in der DDR. Man besitze keine hinreichenden Kapazitäten für die Patentrecherche wie in der Bundesrepublik, wo es „riesige Patentbüros“ gebe. Obgleich in bestimmten, festgelegten Arbeitsstufen Patentrecherche Pflicht war, reiche sie nicht aus, um bei Exporten keine Probleme zu bekommen. „An der THI fehle z. B. eine Stelle, die alle Forschungsergebnisse zusammenfasst und andere interessierte Institute informiert. So arbeitet man nebeneinander.“ Eine Änderung könne nur von oben, vom ZK aus erfolgen, „sonst würde es nichts werden“. Dies müsse man über gute Beziehungen einsteuern.[707] Hierin ist ein grundlegendes Problem der Organisationskultur enthalten, das in der Frage gipfelt, warum die SED es an vielen Stellen nicht geschafft hat, Wissenschaftler effektiv zu entlasten, anderenfalls aber durch gesellschaftspolitische Maßnahmen überaus gern belastete. Jedenfalls kannte Bischoff von seiner frühen Zeit bei Carl Zeiss Jena noch den Zustand, dass dort den Wissenschaftlern diese Arbeit weitestgehend abgenommen worden war; Zitat in der Wiedergabe Freitags: „Dass er seine Erfindungen der Patentstelle mitgeteilt hat und diese vollkommen selbstständig alle erforderlichen Unterlagen von den Recherchen angefangen bearbeitet hat, während doch hier die Dinge von den Bearbeitern und Instituten selbst durchgeführt werden müssen, wodurch seiner Auffassung nach viel Zeit verloren geht.“[708]

Im April 1966 lieferte Freitag dem MfS eine Art Sachstandsbericht, indem er die subjektive Ebene des „Versagens“ hervorhob. Demnach stünden zwei alte Hindernisse einer umfassenderen Schutzrechtspolitik im Wege. „Man stellt Veröffentlichungen in den Vordergrund, ohne vorher durch entsprechende Recherchen die Patenfähigkeit geprüft zu haben, um in der Öffentlichkeit mit neuen wissenschaftlichen Ergebnissen aufwarten zu können wie z. B. anlässlich von Kolloquien.“ Zweitens sähe man „in der Patentanmeldung eine zusätzliche arbeitsmäßige Überlastung [...] Ursache ist auch hier, dass man von der Warte des Wissenschaftlers und der Veröffentlichung ausgeht und dabei die ökonomische Seite des Schutzrechtes unterschätzt.“[709]

Die „Prinzipien“: Primat der Erziehung, Teil I

Auf der ersten Sitzung des Kollegiums im neuen Jahr am 18. Januar mussten jene „Prinzipien“ diskutiert werden, die in einem Jahr auf der IV. Hochschulkonferenz der SED zu Eckpfeilern des angestrebten Weges zum Kommunismus erkoren wurden. Zentral in dieser Begriffskreation der SED war die Frage der „Verstärkung des Einflusses der politisch-ideologischen Erziehungsarbeit“. Die sogenannten Unklarheiten, eine Chiffre für abweichende Auffassungen, „über das Wie der Erziehungsarbeit“ sollten „beseitigt werden“.

---

706 Bericht im August 1966; ebd., Bl. 13–15.
707 5. Bericht von „Walter“ am 2.8.1966; ebd., Bl. 60.
708 KDI, OG „HS“, vom 17.7.1964: Bericht zum Treffen mit „Skat“ am 16.7.1964; BStU, BV Suhl, AIM 93/73, Teil II, Bd. 1, Bl. 101–103, hier 102.
709 KDI, OG „HS“, vom 14.4.1966: Bericht von „Skat“ am 13.4.1966; ebd., Bl. 152 f.

Wie dies zu handhaben sei, war jedoch unklar. Klar war lediglich, dass man „einen neuen Typ des Absolventen“ schaffen wollte. Hans-Joachim Mau schlug zur Klärung das übliche DDR-Verfahren vor, also wurden Kommissionen, Arbeitsgruppen und Diskussionsrunden ins Leben gerufen. Zu den Fragen der Ausbildung, Forschung und Profilierung sollten drei Lehrkörperforen über Studienform, Hochschulprofil und Inhalt der Forschung durchgeführt werden. Die TH sei verpflichtet, dies zu tun, da das SHF dies „schnellstens“ wissen wolle.[710]

Kurz zuvor hatte sich die Parteileitung dafür ausgesprochen, die Amtszeit Maus um ein Jahr zu verlängern.[711] Der Senat bekräftigte später gegenüber Mau diesen „besonderen Wunsch“. Auf der Senatssitzung am 11. April 1967 wurde er dann wiedergewählt. Es fiel ihm nach eigenem Bekunden schwer, nur vier Jahre vor seiner Emeritierung noch einmal die Hochschule zu führen. Er erhielt alle 17 Stimmen.[712]

Indes fielen noch vor dem Jahreswechsel 65/66 zwei zukunftsträchtige Personalentscheidungen. Für Gerhard Linnemann[713] der Antrag zum Dozenten für Allgemeine Elektrotechnik, und für Manfred Kummer[714] der Antrag zum Dozenten und Direktor für das Institut für Mikrowellentechnik.[715] Gleich die erste Sitzung des Senats am 15. Februar 1966 widmete sich den „Prinzipien“ der weiteren Entwicklung von Lehre und Forschung an den Hochschulen der DDR „unter besonderer Berücksichtigung der politisch-ideologischen Situation an der TH“ Ilmenau. Andreas Schüler führte aus, „dass von allen Aufgaben“, die die III. WÖK der TH stellte, „die Erziehungsarbeit die geringsten Fortschritte“ aufweise. Schuld daran sei, „weil ein gemeinsames perspektivisches Programm mit kontrollierbaren Aufgaben“ fehle.[716] Die Lösungsvorschläge griffen nicht, da viele Studenten, Assistenten und Hochschullehrer in den Ernte- und Industrieeinsätzen, Militärlehrgängen und marxistisch-leninistischen Unterrichtsformen keinen oder wenig Sinn sahen. Der permanente Druck zu politisch instrumentalisierten Aktivitäten verschärfte gar noch die Abwehr. Also verblieb einzig das Ingenieurpraktikum als Hoffnungsträger für die Gewinnung eines „höheren Bewusstseins“ und einer besseren Studiendisziplin. Es ist an den Quellen erkennbar, dass die TH versucht war, die Forderungen des 11. Plenums der SED – „auf die Dringlichkeit einer Verbesserung der sozialistischen Erziehung der studentischen Jugend hinzuwirken“ – ins Fachlich-Organisatorische zu transformieren und zu diskutieren, und zwar: Die Problematik des Übergangs von der Oberschule zur Hochschule, die Meisterung

---

710 Protokoll vom 27.1.1966 zur Kollegiumssitzung am 18.1.1966; UAI, S. 1–8, hier 2 u. 6 f.

711 THI, AG 4 der III. WÖK, vom 5.11.1965: Studienplan für die 13. Matrikel, aufgefunden im Konvolut zur Senatssitzung am 16.11.1965; UAI, S. 4.

712 Protokoll vom 27.4.1967 zur Senatssitzung am 11.4.1967; UAI, S. 1–9. Beschlussprotokoll vom 12.4.1967; UAI, S. 1–4, hier 1.

713 Geb. am 13.4.1930 in Oschersleben (Bode). 1950–1953 Studium der Elektrotechnik an der Fachschule für Schwermaschinenbau Magdeburg, Studium der Theoretischen Elektrotechnik an der HfE Ilmenau 1955–1960. Promotion 1963. Lektor im Berliner Verlag Technik 1953–1955. Assistent, Oberassistent und Dozent 1960–1970 an der THI. Technischer Direktor TRO Berlin 1967–1971. O. Prof. an der THI 1971–1990, Rektor 1972–1985. Gest. am 11.12.2001.

714 Geb. am 29.7.1928 in Planitz (Sachsen). Studium an der TH Dresden, Abschluss 1955, Promotion 1964. 1955 wissenschaftlicher Assistent am Institut für Hochfrequenztechnik, 1958 Oberassistent am Institut für Hochfrequenztechnik und Elektronenröhren, 1961–1968 Dozentur, 1968 Prof. mit Lehrauftrag für Mikrowellentechnik, 1974 o. Prof., Wissenschaftsgebietsleiter, dann Direktor der Sektion INTET.

715 Antrag vom 8.12.1965, aufgefunden im Konvolut zur Kollegiumssitzung am 14.12.1965; UAI, S. 1 f.

716 Protokoll vom 15.3.1966 zur Senatssitzung am 15.2.1966; UAI, S. 1–11, hier 3.

der Grundlagenausbildung, der Übergang zur intensiven selbstständigen Arbeit, die Gestaltung des Ingenieurpraktikums sowie die Anfertigung von Spezialstudien (Großer Beleg und Diplomarbeit).

Insbesondere Parteisekretär Karlheinz Werner drängte in seiner 32 Seiten umfassenden Rede auf der Sitzung des Senats am 25. Februar 1966 auf Ideologiedominanz. Allein ihr Umfang signalisierte, dass die SED eine Erwartungshaltung hegte, der die TH nicht hinreichend nachkam. Alle hätten „das *Neue*" zu erkennen, es gehe darum verstehen zu lernen, dass man Partei zu ergreifen habe, die „Reste des bürgerlichen Denkens und Handelns" seien „zu überwinden", „überall" breche „sich das Neue seine Bahn". Vieles sei im Zusammenhang mit der II. und III. WÖK erreicht worden (sechs Seiten), doch es gebe, wo Licht ist, auch Schatten: Unklarheiten und Skeptizismus, Selbstbeweihräucherung und Selbstzufriedenheit, doch „das Neue" fordere „Begeisterung, Liebe und Konsequenz, aber in erster Linie politisch-ideologische Klarheit um Ziel und Weg". 20 Seiten beinhalteten negative Aspekte: Die Bevölkerung erwarte, dass die Absolventen treu ergebene Sozialisten werden, doch „es zeigen sich erhebliche Lücken und ernsthafte Rückstände"; die Studenten würden mit Wissen vollgepackt, „aber das Herz bleibt dabei in nicht wenigen Fällen kalt"; es reiche nicht, nur kluge Absolventen in ihren Fächern auszubilden, sie müssen „vor allem leidenschaftliche Streiter für den Sozialismus" sein; „Begutachter, die am Rande des Geschehens stehen, brauchen wir nicht"; Ja-sagen im GeWi-Unterricht und Abends das Ohr den westlichen Medien schenken, sei nicht hinnehmbar: „wo sind die Vorbilder an der Hochschule [...], an denen der Student sich selbst erzieht?"; es gäbe viele Studenten, die alle Maßnahmen der SED kritisierten; man erhebe sich „über die Politik und Taktik der Partei und Regierung." Ergo: „Wir sollten uns keine Illusionen über die wahre Haltung mancher Studenten machen. Wenn im vergangenen Jahr bei einer Befragung 23,6 Prozent der Befragten – und das waren in der Mehrheit Studenten – sich für die Einheit Deutschlands um jeden Preis aussprachen [...], dann dürfen wir so etwas nicht übersehen."

Werner konfrontierte den Senat direkt: „Kennen Sie den FDJ-Sekretär Ihrer Fachrichtungsleitung?" – „Haben Sie sich schon einmal mit der FDJ-Leitung Ihrer Fachrichtungsorganisation über Probleme der politisch-ideologischen Arbeit beraten?" – „Kennen Sie die Genossen Studenten Ihrer Fachrichtung?" Der Student erkenne „schon am Ton und der Begeisterung, mit der sein Professor über ein wissenschaftliches oder gesellschaftliches Problem spricht". Dass „43 Prozent aller Professoren und Dozenten keine marxistisch-leninistische Ausbildung besitzen", sei auch ein Grund „dafür, dass mancher Angehörige des Lehrkörpers zu politischen Tagesfragen nicht immer eine gefestigte Meinung" habe. Es sei notwendig, marxistisch-leninistische Kolloquien zur Weiterbildung abzuhalten; und es gäbe genügend Fälle, „wo Assistenten eingestellt wurden, ohne dass wir völlige Klarheit über ihre politisch-ideologische Position hatten, oder wo eben nur die fachliche Seite berücksichtigt" worden sei.[717]

---

717 Referat am 15.2.1965: Die politisch-ideologische Situation an der THI, aufgefunden im Konvolut zur Senatssitzung am 15.2.1965; UAI, S. 1–32. Bericht über die Untersuchung der politisch-ideologischen Führungstätigkeit der Parteileitung der THI bei der politisch-ideologischen Erziehungsarbeit der Studenten; LATh-StA Meiningen, BS IV C2/9/2/575, S. 1–18.

Es konnte nicht ausbleiben, dass, nachdem der Parteisekretär dem Senat die Leviten in Sachen der mangelhaften Erziehung gelesen hatte, wieder debattiert, getagt und Unmengen Papier beschrieben wurde. So entstand allein im März ein siebenseitiges Thesenpapier sowie ein Stufenplan zur Erreichung der Erziehungsziele. Schüler trug dem Senat die Eckpunkte am 29. März vor. Eine seiner Thesen verstieg sich gar dazu, „die Erziehungsziele im Erziehungsprogramm erstens nach verschiedenen Gesichtspunkten der Persönlichkeitsstruktur aufzugliedern", und zwar differenziert nach „a) ideologische und moralische Überzeugungen und Verhaltensnormen; b) Charaktereigenschaften; c) intellektuelle Fähigkeiten und Fertigkeiten." Zweitens sei es wesentlich, das Erziehungsziel in Niveaustufen zu untergliedern (Stufenplan). Schüler behalf sich mit kybernetischen Gedankenspielen. Es sei eine der schwierigsten Aufgaben, Erziehungsziele eindeutig zu formulieren, „um ihre Kontrolle zu ermöglichen", da hierzu „der wissenschaftliche Vorlauf als auch praktische Erfahrungen weitgehend fehlen" würden. Es fehlten „viele theoretische und praktische Grundlagen" und „Methoden der Messung, Kontrolle und Rückkopplung".[718] Die Sitzung ging auch auf die vom 21. bis 22. März stattgefundene Rektorenkonferenz ein. Staatssekretär Ernst-Joachim Gießmann hatte sich in seiner Rede ausführlich auf die „Frage der Erziehung und auf die Stellung des Wissenschaftlers in unserem Staat" kapriziert. War es Taktik oder nur ein Vorauspreschen, wenn er ausführte, „dass es nicht auf eine Sektionsbildung um jeden Preis ankommt? Sektionen sollten nur dann gebildet werden, wenn volkswirtschaftliche Schwerpunkte vorliegen und damit eine höhere Qualität des Kollektivs erreicht werden" könne. Schließlich sollte die Bildung der Sektionen bei gleichzeitiger Entmachtung der Fakultäten das Mittel der 3. Hochschulreform in zwei Jahren werden, um u. a. die Steuerungsfunktion in Richtung Vertragsforschung für die Industrie zu forcieren. Der Fakultätsaufbau der TH Ilmenau, apportierte der Senat, trage „bis auf einzelne Ausnahmen […] der Forderung nach Sektionsbildung Rechnung".[719] Die SED ließ also bereits 1966 ihre harten Reforminteressen durchblicken.

Indes drückte der Hochschule der Schuh an anderer Stelle: Auf Veranlassung des SHF mussten die Zulassungszahlen von 440 auf 470 erhöht werden. Mau wies am 3. Mai ausdrücklich darauf hin, dass „alle Anstrengungen zu unternehmen" seien, die Planauflage umzusetzen. Die Aufteilung würde nach den bestehenden Instituten gemacht werden und nicht in Hinblick auf „zukünftig vorgesehene Vertiefungsrichtungen". Aufgrund der Unterbringungsschwierigkeiten werde man dem SHF jedoch mitteilen, dass „die im Planangebot vorgesehenen ausländischen Studenten sowie ausländischen Aspiranten 1967 an der TH Ilmenau nicht aufgenommen werden können". Aufgrund „des Fehlens der Baukapazität" im Bezirk Suhl war der Beginn des Baus der Internate mittlerweile von 1966 auf 1967 verschoben worden.[720] Der Termin ist gehalten worden.[721]

---

718 Schüler: Thesen, März 1966, aufgefunden im Konvolut zur Senatssitzung am 17.5.1966; UAI, S. 1–7.

719 Protokoll vom 25.4.1966 zur Senatssitzung am 29.3.1966; UAI, S. 1–9, hier 2 f. u. 6.

720 Protokoll vom 23.5.1966 zur Kollegiumssitzung am 3.5.1966; UAI, S. 1–8, hier 2.

721 Im November fanden die Richtfeste für die beiden Internate H und I statt, beide waren für eine Kapazität von je 252 Studenten ausgelegt; Zanter: Entwicklung des Hochschulwesens, S. 36 u. 38.

Tabelle 23: Zulassungen, 1967[722]

Fakultät	Direkt-Studenten	Fern- und Abend-Studenten	Industrie-Studenten
I.	40	10	-
II.	135	60	-
III.	180	125	-
IV.	75	15	-
V.	40	20	-
Industrie-Institut	-	-	45
Gesamt	470	230	45

Am 3. Juni 1966 fand beim Rat des Bezirkes eine Beratung über die Perspektive der TH Ilmenau statt. Günter Bernhardt, Stellvertreter des Staatssekretärs des SHF für den Bereich der Hochschulverwaltung, hatte zuvor signalisiert, dass Ilmenau in der Perspektive mit 5.000 Studenten zu rechnen habe. Wie aber die fehlenden Bauleistungen erreichen? Allein zum Bau des Heizwerkes waren immer „noch keine endgültigen Festlegungen getroffen“ worden, da noch nicht feststand, „ob das Industriegelände weiterhin in der Perspektive vorgesehen“ sei.[723] Die Schaffung eines zentralen Industriegeländes inklusive eines gemeinsamen Heizwerkes für die Industriebetriebe und die Hochschule war bereits Gegenstand gemeinsamer Beratungen und Beschlüsse hinsichtlich einer Ministerratsvorlage zwischen dem SHF, der Bezirksplankommission Suhl und der SPK im Sommer 1963. Das Investitionsvolumen der neu zu errichtenden Bauten inklusive des Heizwerkes betrug 150 Millionen DM.[724] Indes stagnierte die Beschäftigtenentwicklung an der TH:

Tabelle 24: Beschäftigte (II), 1966–1967[725]

Gruppe	Ist am 30.4.1966	Planende 1966	Plan 1967
Professoren	23	28	29
Dozenten	19	19	20
Assistenten	226	214	204
Wissenschaftliche Mitarbeiter	61	86	96
Lektoren	12	13	13
Sonstiges Fachpersonal	274	261	271
Verwaltung und Wirtschaft	311	317	317
Gesamt	926	938	950

Das Ingenieurpraktikum

Am 26. Mai 1966 gab das Prorektorat für Studienangelegenheiten einen Bericht zum zweiten Ingenieurpraktikum, das vom 1. September 1965 bis zum 28. Februar 1966 durchgeführt worden war. Von 430 Teilnehmern beendeten 427 das Praktikum erfolgreich. Zu 80 Prozent der Teilnehmer lagen indes statistische Angaben vor. Demnach sollen 25 Prozent in der Lage gewesen sein, „Kenntnisse und Methoden schöpferisch in der Praxis anzuwenden“, 50 Prozent waren hierin „sicher“ und 23 Prozent „bemüht“. Insgesamt 60 Prozent sollen eigene Ideen eingebracht haben. Bemängelt wurde, dass 40 Prozent der Aufgaben „nicht unmittelbar fachbezogen waren“. Die „Persönlichkeitsentwicklung“ mit

722 Planangebot für 1967, aufgefunden im Konvolut zur Senatssitzung am 17.5.1966; UAI, S. 1–15, hier 1.
723 Protokoll vom 23.6.1966 zur Kollegiumssitzung am 14.6.1966; UAI, S. 1–9, hier 6 f.
724 Konvolut von Dokumenten; BStU, BV Suhl, Abt. XVIII, Nr. 2453, Bl. 2 f. u. 11–22.
725 Planangebot für 1967, aufgefunden im Konvolut zur Senatssitzung am 17.5.1966; UAI, S. 1–15, hier 3.

der Dominanz des Politisch-ideologischen war mit Noten zensiert worden. Demnach erhielten 32 Prozent der Studenten die Benotung „sehr gut", 62,5 Prozent „gut", sechs Prozent „befriedigend" und 0,5 Prozent „genügend". 79 Prozent hatten die Frage nach dem Sinn des Praktikums für ihre weitere wissenschaftliche Laufbahn positiv beschieden. Bemerkenswert war die Meinung von 72 Prozent der Befragten, wonach eine einschlägige Facharbeiterausbildung sinnvoll sei. Natürlich durfte der Hinweis nicht fehlen, dass zur Erziehung eine „bessere Koordinierung des Instituts für Marxismus-Leninismus mit den Fachrichtungen" notwendig sei.[726] Im Sommer 1966 wollte die TH Ilmenau die Auswertung des Ingenieurpraktikums im *Neuen Deutschland* abdrucken lassen, doch lehnte dies die Zeitung ab.[727]

Hans-Joachim Mau berichtete Ende September 1966 von der am 23. des Monats stattgefundenen Rektorenkonferenz, wonach ausdrücklich angeordnet worden sei, in der Frage der zukünftigen Arbeit des Senats, des Kollegiums und der Fakultätsräte, die Beschlüsse des 13. Plenums sowie die Dokumente hinsichtlich der Vorbereitung des VII. Parteitages der SED zu behandeln und umzusetzen. Im Rahmen der Diskussion um die „Prinzipien" sei sichtbar geworden, dass „ein Teil der Studenten eine schwankende Haltung zeigt und ideologische Auseinandersetzungen ausweicht". Man habe bislang nur registriert, aber nicht die Ursachen erkannt, auch habe man keine Schlussfolgerungen seitens der Hochschulleitung gezogen. Besondere Beachtung müsse, so Mau, der politisch-ideologischen Schulung des Lehrkörpers beigemessen werden. Die Ausbildung in Marxismus-Leninismus sei „wesentlich zu verbessern". Für den 4. November sei in Vorbereitung auf den 20. Jahrestag der Wiedereröffnung der TU Dresden eine Feier geplant, an der Ulbricht teilnehmen und eine programmatische Rede über die Entwicklung des Hochschulwesens in der DDR halten werde. Eine erste Auswertung folge auf der Rektorenberatung Mitte November 1966, eine weitere im Dezember mit dem Ziel, im Februar 1967 die IV. Hochschulkonferenz einzuberufen.[728]

Im Mittelpunkt der Rede Ulbrichts in Dresden standen vier Kriterien eines Absolventen, wobei das erste und wichtigste der Marxismus-Leninismus sei, den der sozialistische Absolvent „zutiefst" zu begreifen und „eine klassenmäßige Position in unserem nationalen Kampf" einzunehmen habe, der „die Zusammenhänge von Politik, Ökonomie, Ideologie und Wissenschaft" verstehen müsse. Dies an der TH umgesetzt zu haben, lobte am Jahresende Parteisekretär Werner die Professoren Philippow, Mau, Kolbe, Stamm, Ulrich, Kutzsche, Hansen und Frielinghaus.[729] Indes versuchte sich die TH den drängenden Hinweisen des SHF zur Ablieferung der längst überfälligen Konzeption des Erziehungsprogramms zu entledigen. Zwei voluminöse Papiere wurden geschrieben. Das erste zur „politisch-ideologischen Lage unter dem Lehrkörper der THI" vom 14. November 1966, gehalten als Rede vor dem Senat, stammte von Werner, der sich auf seine Rede vom 15. Februar (siehe

---

726 THI, Prorektorat für Studienangelegenheiten, vom 26.5.1966: Das Ingenieurpraktikum 1965/66, aufgefunden im Konvolut zur Kollegiumssitzung am 31.5.1966; UAI, S. 1–4.

727 Protokoll vom 23.6.1966 zur Kollegiumssitzung am 14.6.1966; UAI, S. 1–9, hier 2.

728 Protokoll vom 1.10.1966 zur Kollegiumssitzung am 28.9.1966; UAI, S. 1–11, hier 5 f.

729 Material im Konvolut zur Senatssitzung am 15.11.1966; UAI, S. 1–13, hier 9. Die Festansprache hielt Ulbricht am 4.11.1966. Ulbricht, Walter: An die Jugend. Berlin 1968, S. 387 f.

oben) bezog und ein Resümee versuchte. Demnach habe sich der Lehrkörper um Verbesserung „bemüht“, man sei erneut „einen großen Schritt vorangekommen“. Großes Lob erntete Ulrich, der zur Festveranstaltung zum 20. Jahrestag der SED „nicht nur“ einen „Gruß und Dank an die SED“, ein „vivat, floriat, orescat, sondern eine klare Stellungnahme zu Grundfragen der geistigen und ideologischen Auseinandersetzung unserer Zeit“ geliefert habe. Am 24. November 1966 wurde mit der HPL das Erziehungsprogramm beraten.[730]

Exmatrikulationen, Teil I

Die Exmatrikulationen waren insbesondere der SED-Hochschulleitung zu hoch:

Tabelle 25: Exmatrikulationen bis zur VII. Matrikel

Matrikel	Immatrikulationen	Absolventen	Exmatrikulationen	Exmatrikulationsquote [Prozent]
I.	268	224	44	16,4
II.	404	322	82	20,3
III.	252	230	22	8,7
IV.	357	292	65	18,2
V.	351	275	76	21,3
VI.	351	292	59	16,3
VII.	420	329	97	23,1
Gesamt	2.403	1.964	445	18,5

Ab der XI. Matrikel, vom 30. November 1963 bis zum 31. Juli 1965, gaben von insgesamt 2.717 Studenten 313 das Studium auf. Auf das Studienjahr 1964/65 entfielen 174 Studenten.[731] Die Gründe wurden selten – in den zumal oft lückenhaften Statistiken – angegeben. Und wenn, wie in der folgenden Tabelle, ohne Angabe der Exmatrikulationen aus politischen Gründen.[732]

Tabelle 26: Exmatrikulationen 1959 und 1960 bis zum 26.9.[733]

Spezifikation	1959	1.1.–26.9.1960
Gesundheitliche u. familiäre Gründe	8	16
Fachliche Gründe	16	13
Hochschulwechsel	24	11
Disziplinarverfahren	6	2
Republikflucht	14	13
Entzug der Studienerlaubnis	2	8
Verstorben	-	1
Gesamt	70	64

Die hohe Exmatrikulationsquote 1965 korrelierte mit den ungenügenden Leistungen im Fach Mathematik. Mit Stand vom 1. März 1965 mussten in der XI. Matrikel 21 und in der XII. Matrikel zehn Studenten exmatrikuliert worden. Mit Noten von 4,5 und schlechter befanden sich in der XI. Matrikel noch 22 und in der XII. Matrikel 39 Studenten. Eine

730 Material zur Senatssitzung am 15.11.1966; UAI, S. 1–13, hier 10. Entwurf zum Erziehungsprogramm, o. D., aufgefunden im Konvolut zur Kollegiumssitzung mit der HPL am 24.11.1966; UAI, S. 1–16.

731 HPL, September 1965: Leistungsanalyse der Studenten der TH Ilmenau 1965; LATh-StA Meiningen, BS 4-95-1317, AS 37, S. 1–3.

732 Protokoll vom 13.4.1965 zur Senatssitzung am 30.3.1965; UAI, S. 1–7, hier 3.

733 HfE, Prorektorat für Studienangelegenheiten, vom 29.9.1960, aufgefunden im Konvolut zur Senatssitzung am 4.10.1960; UAI, S. 1–12.

Situation, die besorgniserregend war. Eignungsprüfungen ergaben aber ein überraschendes Bild, da diese mit den zuvor erbrachten Abiturnoten in Mathematik nicht korrelierten.[734]

Einer anderen Quelle zufolge wurden 1964/65 circa 250 Studenten exmatrikuliert, vermutlich ist der Bemessungszeitraum auf das gesamte Studienjahr geweitet. Der Senat war gehalten, die Ursachen zu erforschen und für Abhilfe zu sorgen. Am 5. Juli 1966 nahm er Stellung. Ins Protokoll gelangte die Formulierung, dass entsprechende Schlussfolgerungen und Maßnahmen gezogen und eingeleitet wurden, „um eine derart hohe Exmatrikulationsziffer" künftig „zu vermeiden". Welche Maßnahmen dies waren, ist nicht überliefert. 1965/66 seien es dann nur 85 Exmatrikulationen gewesen, neun Studenten hatten kein Interesse, 20 der XIII. Matrikel seien abgegangen wegen falscher Vorstellungen, der Rest aus fachlichen, familiären und disziplinarischen Gründen. Zu möglichen politischen Gründen fehlt jeder Hinweis. Dieser mag verklausuliert worden sein, wenn es heißt, dass weiterhin „ernsthafte Mängel in der sozialistischen Erziehung der Studenten" festgestellt wurden. Es gebe Studenten, die einen „extrem schwierigen Charakter" hätten, die negativ auf die strebsamen Studenten einwirken würden.[735] Wiederum ein Jahr später, 1967, war sich zumindest das Prorektorat für Studienangelegenheiten darüber einig, dass das Problem nicht in der Faulheit oder in einem Unvermögen der Studenten liege, sondern die Betreuung eine maßgebliche Rolle spiele. Die meisten würden nicht richtig studieren, wodurch Unlust und Desinteresse befördert werde. Im 4. Semester würden viele Studenten noch nicht einmal ihre künftige Fachrichtung kennen. 39 Prozent aller Befragten gaben an, auch ihren Fachrichtungsleiter nicht zu kennen. Jeder möglichen Exmatrikulation sollten nun längere Gespräche vorausgehen.[736] Auf der Rektorenberatung am 5. September führte Harry Groschupf vom SHF aus, „dass die TH Ilmenau ihre bisherigen Bemühungen weiterführen" solle. Es müsse „alles versucht werden, dass die Studenten zum Abschluss gelangen, unter Umständen auch ohne Diplom, aber für die Industrie einsatzfähig".[737]

Investitionen, Teil IV

Mit Stand vom Februar 1965 stand der TH Ilmenau eine Investsumme von 1,257 Millionen MDN zur Verfügung. Die Mittel waren eingeplant für die Starkstromtechnik (329.000), für die Institutsblöcke F (59.000) und G (95.000), für Außenanlagen (262.000), für den Straßenbau (11.000), für das Rechenzentrum (83.000) sowie für Ausrüstungen der Institute (408.000). Zusätzlich waren 800.000 MDN für die Beschaffung und die Hauptinstandsetzungen eingestellt. Die insgesamt 16 Positionen zeigen, dass es mit nur einer Ausnahme sämtlich Bauarbeiten im weitesten Sinne waren (Reparaturen aller Art, Dachdeckerarbeiten, Restarbeiten, Um- und Anbauten u.dgl.m.). Lediglich im Bereich der Starkstromtechnik sollte ein 3-poliges Netzmodell[738] installiert werden. Zusätzlich wurden 276.000 MDN

734 Testergebnisse, o. D., aufgefunden im Konvolut zur Senatssitzung am 30.3.1965; UAI, S. 1–4.
735 Protokoll vom 7.7.1966 zur Senatssitzung am 5.7.1966; UAI, S. 1–13, hier 4.
736 Protokoll vom 7.7.1967 zur Senatssitzung am 6.6.1967; UAI, S. 5a–6.
737 Protokoll vom 20.11.1967 zur Senatssitzung am 24.10.1967; UAI, S. 1–10, hier 3 f.
738 Zur Ausbildung und Schulung des künftigen Schaltberechtigungspersonals sowie zum Antihavarietraining. Es soll in seiner Art in der DDR das einzige Modell gewesen sein, das sämtliche Fehler, die im Verbundsystem der Energieversorgung auftreten können, nachzubilden in der Lage war. Bericht von „Lutz Krause" am 11.11.1971; BStU, BV Suhl, AIM 603/92, Teil II, Bd. 2, Bl. 13–17, hier 15.

für laufende Instandhaltungsmaßnahmen eingeplant.[739] Im Sommer kam vom SHF endlich die Mitteilung, dass der Bau der Mensa für den Zeitraum 1968 bis 1970 bestätigt sei. Der Rat des Bezirkes Suhl hatte hierfür die Mittel genehmigt. Gleichzeitig wurde der Bau des Heizhauses und von sechs Wohnungseinheiten für Hochschullehrer bestätigt.[740]

An den knappen Kapazitäten im Baugewerbe hatte sich weiterhin nichts geändert, so dass 1966 einmal mehr der alte Plan kaum mehr Geltung besaß und neuerlich die Investitionen für den Sportplatz gestrichen wurden. Die Anordnung kam vom SHF. Das Kollegium aber beschloss, dem SHF mitzuteilen, dass die erforderliche Baukapazität „nur sehr gering" sei, da das Projekt im Nationalen Aufbauwerk (NAW) gebaut werden könne. (Zur Lage des Sports: Anfangs war der 1951 in der DDR obligatorisch festgelegte Sport in Bereichen der Bildung nur „sehr erschwert" durchführbar, da es massive Defizite gab. Ab dem Studienjahr 1956/57 beschäftigte die Abteilung Studentensport vier ausgebildete Sportkräfte. Probleme gab es stets in Schlechtwetterperioden, da eine Sporthalle fehlte. 1977 standen zwei überdachte Sportstätten, ein Kraftraum und eine Sportraum im Curie-Bau zur Verfügung. Der Bauabschluss wurde auf 1980 verlegt.[741]) Obgleich die Mittel für den Ausbau der Hochschule seit Jahren chronisch knapp waren, hielt das SHF Ilmenau an, sich konkrete Gedanken über ihre Entwicklung über 1970 hinaus zu machen. Eugen Philippow verwies auf den Bauboom in Europa mit circa 100 neuerrichteten Hochschulen und forderte, sich dies genauer anzusehen und auszuwerten. Seinem Vorschlag, für die Auswertung der Materialien gar „einen promovierten Kader hauptamtlich im Prorektorat für Forschung einzustellen", stimmte das Kollegium zu. Auch müsse, so Philippow, eine Kommission „bestehend aus den fähigsten Wissenschaftlern der Hochschule" gegründet werden. Die Angst, dass das SHF an eine Schließung der TH Ilmenau denken könnte, verebbte nicht. Darauf weist u. a. ein Hinweis des Sekretärs der HPL, Werner, hin, der aufforderte, mit dem SHF dahingehend zu sprechen, dass sich die TH „nach 1970 hinsichtlich der Starkstromtechnik oder hinsichtlich der Schwachstromtechnik vorrangig entwickeln" werde, und, „dass an der TH Ilmenau umfangreiche starkstromtechnische Ausrüstungen vorhanden" seien, „die bei Neueinrichtung an anderen Hochschulen sehr hohe Investitionen erfordern würden".[742]

Philippow informierte auf der Kollegiumssitzung am 19. Juli 1966, dass er unter Mitwirkung von Schüler und Stöbel drei Varianten zur Perspektive der TH nach 1970 erarbeiten werde. Zu den Zielfunktionen zählten insbesondere die optimale Anzahl der Studenten, die erforderlichen Bauinvestitionen, die Organisation der Fakultäten und die Frage der Technologenausbildung. Wurde bislang von einer Planstellenerweiterung bis 1970 um 30 Vollbeschäftigteneinheiten (VbE) ausgegangen, waren nun vom SHF 111 (66 Planstellen für die Forschung, 20 für die Lehre, zehn für Fachpersonal und 15 für sonstiges Personal) vorgesehen. Auch die Zahl der Zulassungen wurde erhöht. Statt 455 sollten nun

739 THI, Direktor Verwaltung, vom 20.2.1965, aufgefunden im Konvolut zur Kollegiumssitzung am 2.3.1965; UAI, S. 1–3.

740 Protokoll vom 24.6.1965 zur Kollegiumssitzung am 22.6.1965; UAI, S. 1–6, hier 4 f.

741 THI, Abt. Studentensport, vom 7.4.77: Entwicklung des Studentensports, aufgefunden im Konvolut zur Senatssitzung des WR am 19.4.1977; UAI, Deckblatt u. S. 1–6.

742 Protokoll vom 23.5.1966 zur Kollegiumssitzung am 3.5.1966; UAI, S. 1–8, hier 3 f.

480 Zulassungen erfolgen. Dafür aber reichten die Kapazitäten der Hörsäle nicht aus. Friedrich Trümplers diesbezüglichen Einwand folgte das Kollegium infolge der festgelegten – geringeren – 25 Wochenstunden nicht und empfahl, die Vorlesungen zu teilen.[743] Die Frage der Wohnheime kam zur Senatssitzung am 13. September als akutes Thema auf die Tagesordnung. Maximal könnten, so Schüler, 430 Studenten untergebracht werden. Es war zu diesem Zeitpunkt keinesfalls geklärt, wo die zusätzlichen 50 Studenten wohnen sollten. In den letzten Jahren waren 435 private Zimmer in Ilmenau verloren gegangen. „Eine äußerst bedenkliche Situation" sei „auch die anzahlmäßige Belegung der Internatszimmer, in denen teilweise sechs bis acht Studenten" wohnten. Einmal mehr bat der Senat den Bürgermeister Ilmenaus um Unterstützung.[744]

Die Kollegiumssitzung am 30. August resümierte die drängende Frage des Heizhauses. Zuvor, am 7. Juli, hatte eine Beratung beim Rat des Bezirkes Suhl am 7. Juli unter Leitung Gerhard Schürers, SPK, stattgefunden. Es wurde festgelegt, dass 1969 der Bau des „Komplexes ‚Industriegelände Ilmenau'" begonnen werde. Der Termin der frühesten Dampfabgabe wurde auf 1971 terminiert. Zwischenzeitlich war ein Gutachten aus Magdeburg bestellt worden, die Frage des Einsatzes zweier Lokomotiven zu untersuchen. Dies werde auf jeden Fall „umfangreiche Umarbeiten erforderlich" machen, so dass es besser wäre, einen 6,5 Tonnen-Kessel zu beschaffen. Zur Internatsfrage bestand ein ähnliches Bild des Notstandes: Verhandlungen zur Übernahme der Schortemühle zur Überbrückung als eine Art Behelfsinternat liefen noch, man erhoffte sich Klarheit bis Ende September.[745] Einen Monat später beriet das Kollegium abermals beide Probleme. Die Gutachten aus Magdeburg waren negativ ausgefallen. Das SHF favorisiere deshalb die Verwendung zweier Klein-Wasserrohrkessel vom Typ KWK S1-6,5. Doch deren Lieferung war frühestens 1971 möglich. Es werde sich bemühen, das Lieferdatum auf 1969 zu bringen. Zur Schortemühle war in Erfahrung gebracht worden, dass sich das Anwesen auch im Begehr des Ministeriums der Finanzen befand, man wolle aber weiter auf Staatsebene um das Objekt ringen.[746]

Das Industrie-Institut (I.-I.), Teil II

Im Herbst 1966 wurde die Perspektive der Industrie-Institute grundsätzlich überdacht. 1972 sollte laut Politbürobeschluss die Ausbildung in dieser Form beendet werden. Die Institute sollten „in bereits bestehende oder noch aufzubauende Institute der sozialistischen Wirtschaftsführung an den Hochschulen und Universitäten übergeführt werden". Die Mitarbeiter des Industrie-Institutes würden in der TH Ilmenau disloziert werden. Man werde aber das ZK der SED bitten, dem Rektor einen schriftlichen Bescheid zukommen zu lassen, da man diesen bislang nicht erhalten habe.[747] Ende des Jahres wurde erneut über die Perspektive gesprochen. Zwischenzeitlich hatte eine Beratung im ZK stattgefunden, an der seitens der TH Parteisekretär Werner teilnahm. Da für den Bereich der Elektrotechnik eine solche Ausbildung nicht mehr an mehreren Hochschulen stattfinden sollte, war hierfür

743 Protokoll vom 1.8.1966 zur Kollegiumssitzung am 19.7.1966; UAI, S. 1–8, hier 3–5.
744 Protokoll vom 4.11.1966 zur Senatssitzung am 3.9.1966; UAI, S. 3 f.
745 Protokoll vom 18.9.1966 zur Kollegiumssitzung am 30.8.1966; UAI, S. 1–8, hier 2 f.
746 Protokoll vom 1.10.1966 zur Kollegiumssitzung am 28.9.1966; UAI, S. 1–11, hier 2 f.
747 Ebd., S. 3 f.

nunmehr zentral die TU Dresden vorgesehen. Ilmenau aber wollte sich bemühen, mit Unterstützung der Bezirke Suhl und Erfurt „zumindest eine Fachabteilung der sozialistischen Wirtschaftsführung“ aufbauen zu dürfen.[748]

Auf der Kollegiumssitzung am 20. Dezember wurde Parteisekretär Karlheinz Werner nach nur zwei Jahren Amtszeit verabschiedet und der neue, Karl-Heinz Linsel[749], herzlich willkommen geheißen.[750] Stellvertreter wurde Karl-Heinz Kühn.[751] Am 12. Januar gab Linsel für beide Gremien die Themen von 13 Punkten vor:

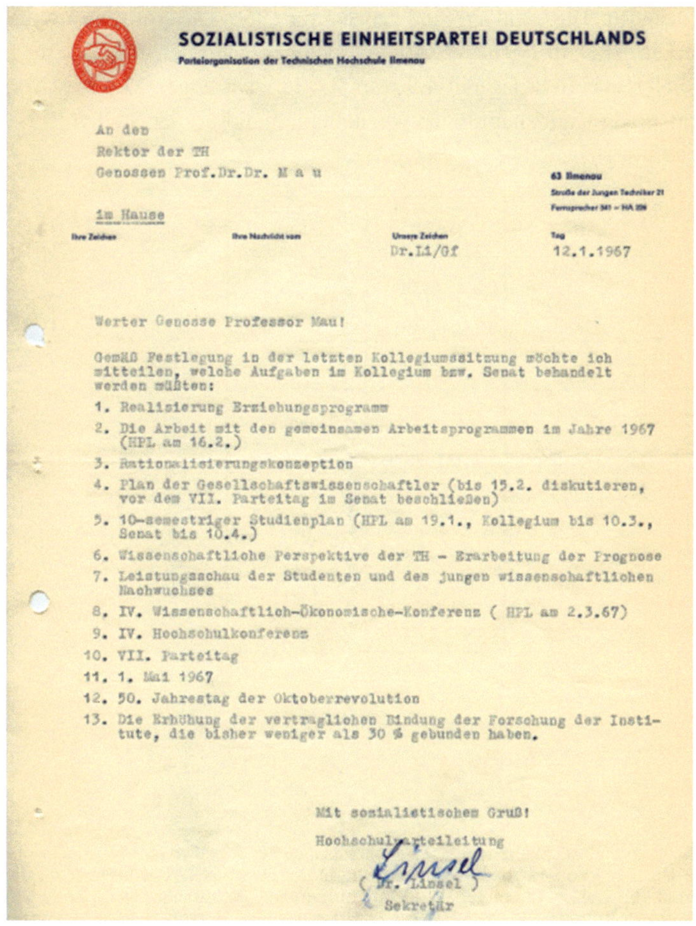

SOZIALISTISCHE EINHEITSPARTEI DEUTSCHLANDS
Parteiorganisation der Technischen Hochschule Ilmenau

An den
Rektor der TH
Genossen Prof.Dr.Dr. M a u

im Hause

63 Ilmenau
Straße der Jungen Techniker 21
Fernsprecher 341 – HA [illegible]

Ihre Zeichen	Ihre Nachricht vom	Unsere Zeichen	Tag
		Dr.Li/Gf	12.1.1967

Werter Genosse Professor Mau!

Gemäß Festlegung in der letzten Kollegiumssitzung möchte ich mitteilen, welche Aufgaben im Kollegium bzw. Senat behandelt werden müßten:

1. Realisierung Erziehungsprogramm
2. Die Arbeit mit den gemeinsamen Arbeitsprogrammen im Jahre 1967 (HPL am 16.2.)
3. Rationalisierungskonzeption
4. Plan der Gesellschaftswissenschaftler (bis 15.2. diskutieren, vor dem VII. Parteitag im Senat beschließen)
5. 10-semestriger Studienplan (HPL am 19.1., Kollegium bis 10.3., Senat bis 10.4.)
6. Wissenschaftliche Perspektive der TH – Erarbeitung der Prognose
7. Leistungsschau der Studenten und des jungen wissenschaftlichen Nachwuchses
8. IV. Wissenschaftlich-Ökonomische-Konferenz (HPL am 2.3.67)
9. IV. Hochschulkonferenz
10. VII. Parteitag
11. 1. Mai 1967
12. 50. Jahrestag der Oktoberrevolution
13. Die Erhöhung der vertraglichen Bindung der Forschung der Institute, die bisher weniger als 30 % gebunden haben.

Mit sozialistischem Gruß!

Hochschulparteileitung

Linsel

(Dr. Linsel)
Sekretär

Abbildung 17: Gestaltungsmacht der SED

[748] Protokoll vom 5.12.1966 zur Kollegiumssitzung am 8.11.1966; UAI, S. 1–5, hier 2.

[749] Geb. am 2.1.1932 in Kleinfurra (bei Nordhausen). 1951–1956 Studium an der TH Dresden, Promotion 1965. 1955–1966 u. 1969–1991 HfE/THI, 1966–1969 SED-Kreisleitung. 1969 Dozent für Technologie elektrotechnischer Geräte an der Sektion ET. 1984 a. o. Prof. Quelle: UAI, 4843 Pers.

[750] Protokoll vom 20.12.1966 zur Kollegiumssitzung am 20.12.1966; UAI, S. 1–8, hier 2.

[751] PVV, 1967/68; UAI, Handbibliothek, S. 38.

Rechentechnik an der TH Ilmenau, Teil I

Auf der Sitzung des Senats am 21. März 1967 wurden die Aufgaben des Instituts für maschinelle Rechentechnik behandelt. Diskutiert wurde die bisherige Entwicklung in der Auslastung des 1962 installierten Zeiss Rechenautomaten 1 (ZRA 1)[752] und des ENDIM 2000, eines mit 64 Operationalverstärkern ausgerüsteten Langzeitrechners. Mit der ENDIM 2000 konnten für die damalige Zeit recht anspruchsvolle Aufgaben wie etwa die Berechnung der Kontrastübertragungsfunktion optischer Systeme berechnet werden.[753] Auffällig war, dass die Masse der Aufträge an das Rechenzentrum aus der Hochschule selbst kam, mit 73,6 Prozent für 1965 und gar 80,3 Prozent für 1966. Die Aufträge aus der Vertragsforschung, die die SED dringend erwartete, schlugen lediglich mit 2,5 resp. 2,6 Prozent zu Buche. Selbst das SHF lag mit 4,9 resp. 2,6 Prozent höher. Der Rest von 19 resp. 14,5 Prozent entsprang Kundenaufträgen von außerhalb dieser vier Stellen.[754]

Tabelle 27: Ökonomie des ZRA 1 und des ENDIM 2000[755]

	Maschinengutzeit [Stunden]	Maschinengutzeit [MDN]	Gesamtumsatz [MDN]	Bareinnahmen [MDN]
ZRA 1				
1963	744	119.040	147.453	
1964	1.815	290.360	368.498	
1965	2.770	443.240	500.299	
1966	5.649	903.840	939.957	
ENDIM 2000				
1964	1.239	86.730	94.517	
1965	2.525	176.715	183.491	
1966	3.647	255.255	258.814	
ZRA 1 + ENDIM 2000				
1963				6.407
1964				43.017
1965				145.146
1966				204.295

752 Rechner auf Basis von Röhren und Lochkarteneingabe. Der Hauptspeicher vom Typ eines Magnettrommelspeichers hatte eine Kapazität von 4.096 Worten. Gewaltig in den Ausmaßen, benötigte er für die Aufstellung 50 m^2. Literaturhinweise: Kämmerer, Wilhelm/Kortum, Herbert/Straube, Fritz: Zeiss-Rechenautomat ZRA 1, in: Jenaer Rundschau, 4(1959)1, S. 19–26. Kretschmer, Kerstin: Standort Dresden. Zu den Anfängen der Computerproduktion in Sachsen: Schleiermacher, Pohl: Medizin, Wissenschaft und Technik, S. 283–304, hier 284. Zur Entwicklung der Rechentechnik: Sobeslavsky/Lehmann: Zur Geschichte von Rechentechnik und Datenverarbeitung, S. 29–33. 1961 war lediglich die Verteilung von sieben Anlagen in der DDR geplant, wobei Ilmenau noch nicht vorgesehen war, in: Beschluss zur Entwicklung des maschinellen Rechnens in der DDR (Entwurf vom 23.10.1961), in: BArch, IV/2/607, 27, S. 1–14, hier 13. Zur Entwicklung der OPREMA und des ZRA 1: Mütze: Macht der Optik, S. 67–81.

753 Reschke, Elke: Die Berechnung der Kontrastübertragungsfunktion (KÜF) für die Abbildung von Achspunkten mit dem Analogrechner ENDIM 2000, in: Feingerätetechnik 17(1968)6, S. 253–256.

754 THI, I. Fakultät, vom 10.3.1967: Die Aufgaben des Instituts für maschinelle Rechentechnik in der Sicht des Programms zum Aufbau der Datenverarbeitung in der DDR, aufgefunden im Konvolut zur Senatssitzung am 21.3.1967; UAI, S. 1–8.

755 Ebd., S. 3.

Die „Prinzipien": Primat der Erziehung, Teil II

An der IV. Hochschulkonferenz der SED am 12. und 13. Februar 1967 nahmen Philippow, Linnemann und Schüler sowie die Vertreter von Gewerkschaft, SED und FDJ, Patzschke, Linsel und Dittrich teil. Dem Senat berichtete Eugen Philippow am 21. Februar. Demnach sei die grundsätzliche Beratung über die „Prinzipien" abgeschlossen, „ein Teil Zukunft unserer Republik geformt, geprägt und programmiert". Die drei wesentlichen Themenkomplexe der Hochschulkonferenz waren: die klassenmäßige Erziehung, die Einführung des Neuen ökonomischen Systems in allen Bereichen des Hochschulwesens sowie die perspektivische Entwicklung und die wissenschaftliche Prognose. Staatssekretär Ernst-Joachim Gießmann formulierte auf der Konferenz die künftigen Aufgaben für die Universitäten und Hochschulen, die allesamt auf übliche Weise ideologisch getrimmt waren. Sein Stellvertreter, Gregor Schirmer, glänzte mit Losungen. Zwei eng beschriebene Protokollseiten Philippows zeugen davon eindrücklich, etwa Schirmers Behauptung, wonach „die sozialistische Demokratie" darin „gipfelt [...], dass jedes Mitglied unserer sozialistischen Gesellschaft nicht nur mitarbeitet, sondern auch mitgestaltet". Allenfalls seine Bemerkung, dass hierfür die „Möglichkeit" bestehe und er nicht von „allen Bürgern der DDR" sprach, sondern ausdrücklich von Mitgliedern der Gesellschaft, ließ vielleicht aufhorchen. Doch die Ilmenauer Delegation brachte nicht nur Redetexte mit zurück, sondern vor allem Aufgaben, die bis in die Strukturen hinein, vor allem aber im Berichts- und Rechnungswesen, immense Kapazitäten kosteten: (1) die „Einführung des Neuen ökonomischen Systems in allen Bereichen des Hochschulwesens (Durchsetzung und Vertiefung des wissenschaftlich-ökonomischen Experimentes [siehe oben])", (2) die Prognostik sowie (3) die „ständige Entwicklung und Weiterarbeit mit den ‚Prinzipien'".[756] Philippow informierte auch, dass „mehrmals" die TH Ilmenau „als Vorbild" hinsichtlich des Ökonomischen Experimentes, „der Frauenförderung, der Erziehungsarbeit, der Studienplangestaltung, der sozialistischen Gemeinschaftsarbeit und der Prognose-Tätigkeit" erwähnt worden sei. Auf der Senatssitzung sprachen weitere drei Mitglieder des Senats sowie der Bürgermeister Ilmenaus und ein Vertreter des Rates des Bezirkes Suhl. Allein Helmut Reimer[757] warnte vor den „umfangreichen Aufgaben", die nun „zu lösen" seien. Man könne dies nur „schrittweise" bewältigen. Die „Belastung des Lehrkörpers" müsse „auf ein erträgliches Maß" festgelegt werden.

Parteisekretär Linsel fühlte sich jedoch provoziert und verstieg sich zu der Aussage, dass die bisherige „Erziehungsarbeit gegenüber der Lehre und Forschung nur einen geringen Anteil" ausgemacht habe und forderte, „gleiche Proportionen zu schaffen".[758] Bereits zu dieser Sitzung am 21. Februar lag eine Vorlage über die Verantwortung des DDR-Wissenschaftlers beim Aufbau des Sozialismus vor, die zu diskutieren war.[759] Mit Folgen:

---

756 Protokoll vom 16.3.1967 zur Senatssitzung am 21.2.1967; UAI, S. 1–10.

757 Geb. 1937. Studium an der HfE, Abschluss 1961. 1970–1977 o. Prof. für Elektronische Bauelemente. 1977 Leiter der Abt. Forschung in den VVB BuV, 1978 der Abt. Grundlagenforschung des VEB Mikroelektronik Erfurt, ab 1981 des Technikums Mikroelektronik.

758 Protokoll vom 16.3.1967 zur Senatssitzung am 21.2.1967; UAI, S. 1–10, hier 5 u. 7 f.

759 Die Verantwortung des Wissenschaftlers beim umfassenden Aufbau des Sozialismus in der DDR, vom 25.1.1967, aufgefunden im Konvolut zur Senatssitzung am 21.2.1967; UAI, S. 1–11.

Waren die bisherigen WÖK ohnehin ideologiegetönt, war es die IV. noch mehr. Das Kollegium befasste sich am 7. März 1967 mit der WÖK, dem Planangebot an das SHF für 1968 und abermals mit der Perspektive der Hochschule, worin die „Prinzipien" als Schlagwort dominierten. In Zukunft würde man sich auch hinsichtlich der „prognostischen Aufgaben der Hochschule entsprechend den ‚Prinzipien' befassen".[760] Nur einen Tag später beklagte das SHF mit Blick auf die HfE, und damit aktuell auf Hans-Joachim Mau, dass die Umsetzung der „in den ‚Prinzipien' festgelegte[n] und auf der Hochschulkonferenz sehr klar zum Ausdruck gebrachte[n] Verantwortung des Hochschullehrers in Bezug auf die sozialistische Erziehung des Studierenden [...] noch nicht bei allen Hochschullehrern die [erwünschte] Resonanz gefunden" habe. Es müsse „der Hochschullehrer mit aller Konsequenz gezwungen werden", bei den Nachwuchskräften „nicht vorwiegend nur die fachliche Seite zu sehen, sondern auch seine erzieherischen Fähigkeiten entsprechend den ‚Prinzipien' zu beurteilen".[761]

Die Vertragsforschung, Teil II

Ende März 1967 wurde die Vertragsforschung bilanziert. Waren zu Beginn des Jahres lediglich 14 Prozent der Forschungskapazität vertraglich gebunden, waren es aktuell nur drei Punkte unter der angepeilten 30-Prozent-Marke. Doch zwischenzeitlich war die Forderung des SHF auf 45 Prozent hochgeschraubt worden. Dies umzusetzen, warf Probleme auf. Dazu gesellte sich ein weiteres Problem, da die Industrie gehalten war, zukünftig nur noch 20 Prozent der Mittel für Forschung einzusetzen. 80 Prozent gingen ausschließlich an Schwerpunktprojekte, den sogenannten Großkomplexen.[762] Der Öffentlichkeit wurden wie üblich ausschließlich positive, widerspruchs- und problemlose Informationen gegeben. In der *Feingerätetechnik* war zu lesen, dass die TH Ilmenau im späten Frühjahr mit dem VEB Carl Zeiss Jena und dem VEB Optische Werke Rathenow einen Kooperationsvertrag abgeschlossen habe. Kernelement war die gegenseitige Hilfe. Die Industrie stellte der Hochschule Lehrkräfte für die Ausbildung im wissenschaftlichen Gerätebau zur Verfügung, andererseits sollten Hochschulkräfte ihr Wissen den Praktikern vermitteln.[763]

Zur Anwendung des Ökonomischen Systems des Sozialismus bei der Vertragsforschung lobte Justitiar Wolfgang Berg zwar das Prinzip, kam jedoch nicht umhin, Schwachpunkte zu benennen. Die TH Ilmenau war, wie oben dargelegt, indirekt gesetzesinitiativ geworden, da infolge des Ökonomischen Experimentes die „wirksame Durchsetzung der Vertragsforschung" zwingend eine „Anordnung über die Planung, Finanzierung und die vertragliche Sicherung von wissenschaftlich-technischen Aufgaben" erforderte, die als allgemeinverbindliche Regelung (sprich Hochschulforschungsgesetz) getroffen wurde. Im Mittelpunkt stand nun die Frage, ob die „Stimuli (Nutzenanteile und Prämien) ausreichen" würden, die von der SED beabsichtigten Wirkungen zu erzielen. Berg verneinte dies kategorisch in zwei Punkten. Zum einen seien Nutzensanteile und Prämien keine „besonders

760 Protokoll vom 16.3.1967 zur Kollegiumssitzung am 7.3.1967; UAI, S. 1–7, hier 3–6.
761 SHF, Abt. Kader, vom 8.3.1967: Einschätzung der Wirksamkeit der Leitungsfunktion des Rektors der HfE; UAI, 0479 Kad, Teil I, S. 1–3, hier 3.
762 Protokoll vom 6.4.1967 zur Senatssitzung am 21.3.1967; UAI, S. 1–10, hier 8 f.
763 Mitteilung in: Feingerätetechnik 16(1967)5, S. 236.

wirksame, im Sinne des Ökonomischen Systems des Sozialismus typische ökonomische Hebel". Da Nutzensanteile den geplanten Gewinnen entsprächen, erfüllten sie nicht das Kriterium des Wesens des Ökonomischen Systems, das darin bestehe, „den größtmöglichen effektiven Nutzen zu erzielen". Durch den Gewinn könne man dies eben nicht feststellen, weder in der Industrie noch an der TH Ilmenau. Prämien würden überdies schon immer gezahlt werden. Zum anderen finde allgemein keine „Mitwirkung bei der Überleitung der Ergebnisse der Forschung in die Produktion" statt. Praxis sei, dass nach Ablieferung der Forschungsergebnisse die TH Ilmenau aus dem Geschäft heraus sei. Die Nutzensanteile würden nach der erbrachten und abgenommenen Leistung, wie die Prämien auch, berechnet und bezahlt werden. Berg insistierte, dass die Nutzensanteile „ganz oder teilweise erst dann gezahlt werden", sobald der Auftraggeber auch bestätigt, „dass die Forschungsergebnisse tatsächlich genutzt" würden. Er verwies auf eine Reihe von Unstimmigkeiten und auch Nachteile für die Hochschule. So würden „nicht die Institute [...] die Rechnung" betreffs der aufgewandten Mittel für die Forschung aufmachen, sondern die Industrie, die diese kalkuliere. „Dadurch werden nicht die tatsächlich anfallenden Kosten kalkuliert, die meistens höher liegen, so dass die Forschungsleistungen unter dem Wert verkauft werden."[764]

Das Thema der Forschungskonzentration wurde ab Sommer 1967 drängender. Das Phänomen war republikweit zu beobachten und zählte zu den Frühindikatoren der Akademie- und Hochschulreform 1968. An der TH Ilmenau nahm in dieser Frage das Institut für Physik einen vorderen Platz ein, die Konzeption zur Konzentrierung der Forschungsarbeit lieferte Karl-Heinz Gothe[765]. Ziel war es, die Zersplitterung der experimentellen Forschung zugunsten „der Bearbeitung volkswirtschaftlich wichtiger Forschungskomplexe in der DDR" zu beseitigen. Darüber hinaus sollte die experimentelle Physik mit der angewandten zusammengelegt, das Potenzial der Forschung auf diese Weise vergrößert werden.[766]

Werner Schlegelmilch[767] opponierte. Er war der Auffassung, dass die Profildiskussion erst nach Festlegung des Hochschulprofils erfolgen könne, was überdies für alle Institute gelte. Auch wies er darauf hin, dass in Übereinstimmung mit Thesen des 2. Konzils das Ausbildungsprofil maßgebend sein müsse und *nicht* die Forschungsschwerpunkte. Es sei also „sehr schwer, schon jetzt über das obige Thema Endgültiges zu sagen". Und weiter: „Die Ausbildung an der TH erfordert für die Physik eine große wissenschaftliche Breite, um mit möglichst allen anderen Instituten in dieser Richtung in eine fruchtbare Zusammenarbeit treten zu können." Er hob hervor, dass das „Institut für Physik als wesentliches

---

764 Information von „Walter" am 27.4.1967; BStU, BV Suhl, AIM 984/89, Teil II, Bd. 1, Bl. 237–240.

765 Geb. am 12.5.1929 in Eisenach. Diplomphysiker 1954, Promotion 1959, Habilitation 1966. SED 1954, 1967 Bezirkstagsabgeordneter. 1954–1966 am HHI der DAW in Berlin. Ab 1.7.1966 Prof. mit Lehrauftrag für Angewandte Physik, ab 1.6.1969 o. Prof. 1967 Direktor des Instituts für Physik. An der TH resp. TU Ilmenau bis 1994.

766 Konzeption zur Konzentrierung der Forschungsarbeit im Institut für Physik vom 7.7.1967, aufgefunden im Konvolut zur Kollegiumssitzung am 20.6.1967; UAI, S. 1–6.

767 Geb. am 8.3.1910 in Bad Langensalza. Studium der Physik in Tübingen, Göttingen und München. Promotion 1933. 1954 Dozent für Technische Mechanik an der HfE Ilmenau. 1956–1975 am Institut für Physik, 1961 Prof. für theoretische Physik; 2098 Kad, 4432 Pers u. Ilmenauer Uni-Nachrichten 43(2000)3, S. 16.

Grundlageninstitut nicht zu einem zu eng begrenzten Spezialinstitut ausgebaut werden" könne.[768] Schlegelmilch lebte die Souveränität des, laut Christoph Schnittler, „durch und durch bürgerlichen Wissenschaftlers", der über die Tagespolitik hinaus das Große im Blick hatte und nach altem Stile lebte, folglich eine „angenehme Atmosphäre" schuf und auch die Tradition des alljährlichen Ausflugs in die Heimat mit seiner „Truppe" pflegte, eine Institution, die heute, lange nach seinem Tod, immer noch lebt.[769]

Abbildung 18: Werner Schlegelmilch, 1971

Das eigentliche Thema aber bildete die Frage der Forschungskonzentration unter dem Gesichtspunkt extrem begrenzter naturaler Ressourcen, letztlich eine Frage der Allokation. Während die jüngeren und vor allem Parteikräfte die Berliner Forderungen 1:1 umzusetzen geneigt waren, opponierten die älteren Wissenschaftler. Es zeigte sich in den theoretischen Debatten rasch, dass viele denkbare „freiwillige" wissenschaftlich Rationalisierungen, Organisations-Konstruktionen und Konzentrationen möglich waren. Welche aber waren tatsächlich sinnvoll, wenn der Staat, hier durch das SHF vertreten, generell die Maxime der Konzentration der Mittel über *alle* Institutionen verhängte? Musste nicht selbst eine sinnvoll klingende Konstruktion problematisch sein, weil sie letztlich auf Zwang oder augenblicklicher Not – wie der Erkrankung eines Wissenschaftlers – beruhte? Und das geschah auch so, kann aber in dieser Studie aus Platzgründen nicht explizit behandelt werden. Die aufgefundenen Beispiele zeigen, dass die Rationalisierungs- resp. Konzentrations-Konstruktionen aus zwei Notlagen heraus zustande kamen, einmal, gegenüber den Forderungen des Staates gehorchen zu müssen, und zum anderen aus Engpässen heraus. Das mag Schlegelmilch gesehen haben, wenn er formulierte: „Ich verstehe durchaus die allgemeine Forderung nach einer straffen Profilierung in der Forschung. Ich halte mich jedoch fachlich nicht für kompetent, in der experimentalphysikalischen Forschung zu entscheiden, welche Forschungsrichtung die größten Aussichten auf wissenschaftlichen Erfolg hat und welche mit den vorhandenen materiellen Mitteln wirklich durchführbar ist. Es erscheint mir jedoch

768 Prognose und Profil des Instituts für Physik der THI; UAI, S. 1–7, hier 1.
769 Interview des Verf. mit Christoph Schnittler am 20.9.2017.

vom fachlichen und vom ökonomischen Standpunkt aus nicht zu verantworten, eine schon lange begonnene Forschung, die bezüglich ihrer technischen Aufgabenstellung ohne Einschränkung den Beschlüssen des VII. Parteitages der SED und dem Gesetz über den Perspektivplan vom 25. Mai 1967 entspricht und in die bereits erhebliche Summen investiert wurden, im Moment einsetzender Erfolge zugunsten einer gerade im Aufbau begriffenen Gruppe aufzugeben.“[770]

Schlegelmilch traf mit seiner Kritik an der laufenden Umstrukturierung nach dem Schwerpunktprinzip, die er höflich und diplomatisch vortrug, nicht nur den Kern des von außen herangetragenen administrierten Ansinnens der SED an die TH Ilmenau, sondern in Vorwegnahme der Geschehnisse der 3. Hochschulreform und der Akademiereform prophetisch den Nerv der späteren Kritik an der Reformpolitik der SED. Aber konnte geahnt werden, dass auch die Tage der Fakultäten und der relativ selbstständigen Institute gezählt waren? Pommerin ist sich sicher, dass die Rektorin der TU Dresden, Lieselott Herforth, es nicht geahnt hatte,[771] obgleich harte Strukturmaßnahmen bereits liefen. So wusste Berg von der geplanten Angliederung des vormals von Max Steenbeck geleiteten Instituts für Magnetohydrodynamik an die TH zum 1. Januar 1968. Die Initiative dieser Verlagerung soll, und das traf auch zu, von der Akademie der Wissenschaften und nicht vom SHF ausgegangen sein. Auch kam das Problem der Einbindung der Außenstelle Meiningen unter Wolfgang Rother[772] auf, das sich mit Plasmaphysik beschäftigte. Aktuell gab es Überlegungen, sie in zwei bis drei Jahren ganz aufzulösen und in das Institut von Mau einzugliedern.[773]

Zur Bemessung von Grundlagenforschung im Rahmen der Vertragsforschung legte Berg am 10. August 1967 eine zweite, verbesserte Konzeption für weitere Untersuchungen auf Basis einer vorher verfassten Kurzanalyse vom 31. Juli 1967 vor, die er vorab u. a. mit Philippow besprochen hatte. Es sind Formaldaten für die in Betracht kommenden Abschlussleistungen im Zeitraum vom 1. Januar bis 31. Mai 1967, die zunächst zusammengestellt werden sollten. Zudem legte er einen Entwurf eines Mahnschreibens für Betriebe vor, für den Fall, dass sie sich weigern sollten, Nutzensermittlungen nach der Hochschulforschungs-Anordnung zu liefern. Kriterien, wie die Grundlagenforschung *vor* der Anwendung in Verfahren, Geräten oder Techniken überhaupt zu bemessen ist, enthielt diese Konzeption nicht.[774] Seine einfache Maxime war, die Hochschule solle sich „rechnen“. Das führte zu zahlreichen Konflikten. Bereits am 18. August 1967 musste er eine Beschwerde gegen sich quittieren. Grund war, dass er „an den VEB Trafo- und Röntgenwerk einen

---

770 Prognose und Profil des Instituts für Physik der THI; UAI, S. 1–7, hier 6.

771 Pommerin: Geschichte der TU Dresden, S. 302. Voss, Waltraud: Lieselott Herforth: Die erste Rektorin einer deutschen Universität. Bielefeld 2016.

772 Geb. am 19.7.1926 in Görlitz. Studium der Physik 1949–1954 an der FSU Jena.1964 Promotion, 1973 Habilitation. 1957–1967 an der DAW, Institut für Magnetohydrodynamik, dort u. a. 1959–1962 stellv. Direktor. 1963 Leiter der Außenstelle Meiningen – eingebunden im PTI Berlin, Bereich Gaselektronik, ab 1965 Institut für Magnetohydrodynamik. Die Einrichtung der DAW wurde 1968 von der THI übernommen. 1975 Stellvertreter EAW und Berufung zum o. Prof. für Elektrotechnik (Plasma- und Schalttechnik); u. a. UAI, 4998 Pers.

773 Bericht von „Walter“ am 28.6.1967; BStU, BV Suhl, AIM 984/89, Teil II, Bd. 1, Bl. 264.

774 Konzeption zur Bemessung der Vertragsforschung vom 10.8.1967; ebd., Bd. 2, Bl. 21 f. Information an das MfS hierüber am 18.8.1967; ebd., Bl. 20.

Brief mit der Androhung der Einschaltung des Vertragsgerichts geschrieben" hatte. Mau war mit der Intervention Bergs nicht einverstanden. Mau soll „kategorisch den Standpunkt" vertreten haben, „dass bei der Grundlagenforschung kein Nutzen zu ermitteln" sei. Berg widersprach „unter Hinweis auf die von ihm durchgeführten Untersuchungen, die mit Einverständnis der Senatskommission ‚Forschung' durchgeführt worden" seien und belegten, „dass doch Nutzensermittlungen möglich" seien. Veröffentlichte Erkenntnisse in der Zeitschrift *Vertragssystem*[775] wolle Mau nicht anerkennen, so Berg. Bergs Vorschlag, im Falle der Überleitung in die Produktion eine höhere Beteiligung auszuhandeln, lehnte Mau ab: Die Überleitung in die Produktion sei nicht Aufgabe der Hochschule. Die Industrie könne dies besser. „Den Hochschulen fehle die Betriebskenntnis und es käme auf die besonderen technologischen Umstände an."[776]

Obgleich Berg solche Gegenargumente tagtäglich registrieren musste, akzeptierte er ein Scheitern des SED-Willens nicht. Er ließ nicht locker. Am 5. September 1967 führte er in Leipzig mit dem Autor des Artikels in der besagten Zeitschrift, Heinz Such, ein Gespräch. Das Ergebnis des Gesprächs stufte er gegenüber dem MfS hoch ein: „Für die gesamte weitere Arbeit auf dem Gebiet der Nutzensermittlung und der Überführung von Forschungsergebnissen in die Praxis dürfte dieses Gespräch von entscheidender Bedeutung für die Festlegung der Hauptrichtung der offiziellen und inoffiziellen [!] Arbeit sein." Maus Versuche, „mich in seinem Institut mit einigen Fällen der Vertragsforschung zu konfrontieren, um meine Bemühungen um die Nutzensermittlung ad absurdum zu führen, dürfen nicht zum Erfolg" führen. Mau soll ihn angeblich aufgefordert haben, einen Gegenartikel zu jenen Suchs zu verfassen, „und begründen, dass der Nutzen nicht ermittelt werden" könne. Dazu übergab Mau ihm zwei paradigmatische Fälle aus der Grundlagenforschung. Berg gefiel dies ganz und gar nicht und befragte einen mit Überleitungsfragen vertrauten Hochschullehrer, der leider „auch auf dem Standpunkt" stand, „dass bei der reinen Grundlagenforschung nur schwer der Nutzen zu ermitteln" sei. „Aufgrund der agnostischen Haltung" von Stamm, Mau und anderen sei er, Berg, bereits von seiner ursprünglichen Haltung mehr und mehr abgekommen und habe dies Such thesenhaft im Vorfeld seines Besuchs in Leipzig mitgeteilt. Such hätte ihn in seiner ursprünglichen Auffassung jedoch bestätigt und dies mit der „Forderung der Partei auf dem VII. Parteitag der SED" begründet, wonach sie „eindeutig darauf hinausläuft, den Nutzen der wissenschaftlichen Arbeit zu ermitteln und die Forschungsergebnisse in maximal kurzer Zeit anzuwenden". Berg verwies auf Willi Stophs Artikel im *Neuen Deutschland* vom 20. April 1967. Nicht nur die Hochschulforschungs-Anordnung käme bei der Nutzensermittlung in Betracht, nicht nur der persönliche, sondern der „gesamte Aufwand" müsse „ins Verhältnis gesetzt werden zu dem Nutzen der Forschungsarbeit". Und weiter: „Eine künftige vertragsrechtliche Regelung" werde es „ermöglichen, dass die Hochschulen die Betriebe zur Anwendung der Forschungsergebnisse" sogar „zwingen" werden „können." Es komme jetzt darauf an, „die Industrie zu zwingen, ökonomisch zu denken". Wir Juristen müssen „den Prozess der Umerziehung"

---

775 Vertragssystem: Zeitschrift für sozialistische Kooperation (1967)4, S. 205.
776 Bericht von „Walter" am 18.8.1967; BStU, BV Suhl, AIM 984/89, Teil II, Bd. 2, Bl. 14.

jetzt führen. Zwar würden gegenwärtig nur etwa zwei Prozent aller relevanten Fälle entsprechend bewertet, was aber nicht heiße, dass das so bleiben müsse. Such selbst sei bereit, nach Ilmenau zu kommen, um Stamm und andere zu überzeugen.[777]

Es ist eine Dysbalance: Auf der einen Seite, die an sich freie Grundlagenforschung, die vom Wesen her eher fachlich-semantisch ist, und auf der anderen Seite die politische Appellation, die sie sofort in eine zu fassende Anwendungsform zu gießen trachtete. Dabei sollte sie, und das war das besondere Problem, *sofort* zweckorientiert finanztechnisch kalkuliert werden können. Die in drei Punkten gezogene Konsequenz aus dem Gespräch mit Such war dementsprechend eine administrative und nicht, wie es hätte sein müssen, eine fachlich-sachliche, ob denn Grundlagenforschung in Kosten-Nutzen-Absatz-Relationen überhaupt darstellbar sei. Berg formulierte abschließend in sechs Punkten die *sofortige* organisatorische Umsetzung seiner Überzeugung: Information über die Gegner der Nutzensermittlung (Stamm und Mau), Information an Philippow und an die Parteileitung, Arrangement eines Auftretens von Such in Ilmenau und konzeptionelle Gedanken für einen eigenen Artikel in der Sache.[778]

Berg erreichte bei Philippow, dass der sich für ein Kolloquium mit Such einsetzte. Der Rektor, Mau, willigte ein.[779] Der Vortrag wurde am 27. Oktober im Hörsaal 4 der TH Ilmenau gehalten. Doch es erschienen lediglich vier Institutsdirektoren (Reinisch, Schüler, Nitzsche und Bögelsack). Stamm und Mau, prononcierte Gegner, erschienen nicht. Circa 40 Assistenten sollen teilgenommen haben. Such hatte den Vortrag am Vortag an der Bergakademie Freiberg gehalten, dort soll die Teilnehmeranzahl bedeutend besser gewesen sein. Philippow soll laut Berg als Einladender einen gelangweilten Eindruck hinterlassen und selbst nicht gesprochen, jedoch Berg aufgefordert haben, die Erkenntnisse zu Papier zu bringen. Berg hatte den Eindruck, „als ob man sich unter den Professoren fast einig“ gewesen sei, „nicht zu dem Vortrag zu gehen“.[780]

Die Konflikte, die Berg mit seinem Ansinnen hervorrief, abrechenbare Verträge mit exakten Daten auszuhandeln, etwa in der Festlegung des Vereinbarungspreises, erreichten das MfS und das SHF resp. MHF gleichermaßen. Letzteres aber zeigte sich erwartungsgemäß als überfordert. Die schriftlichen Informationen Bergs versickerten auf dem Verwaltungsweg. Auch auf ein zweites Schreiben erhielt Berg keine Antwort. In einer Zusammenfassung des Geschehens an Philippow referierte er diesen Zustand und drängte auf rascheste Erledigung. Allen schien das Thema lästig zu sein; Zitat Berg: „Im Rahmen des bei uns an der TH Ilmenau am 27. Oktober 1967 durchgeführten Kolloquiums zum Thema: ‚Probleme der Ökonomisierung der wissenschaftlich-technischen Arbeit‘, hat Herr Professor Dr. habil. Such ausdrücklich darauf hingewiesen, dass der Wirtschaftsvertrag die Grundform zur Regelung der gegenseitigen Beziehungen der Partner darstellt. Und ausdrücklich: ‚Die Beteiligten müssen selbst rechtsverbindliche Vereinbarungen treffen.‘“ Berg sah, dass seine Position, wonach die Hochschule selbst den Nutzen (Preis) zu

777 Information von „Walter“ am 7.9.1967; ebd., Bl. 36–38, hier 36 f.
778 Ebd., Bl. 37 f.
779 Bericht von „Walter“ am 14.9.1967; ebd., Bl. 47 f.
780 Information von „Walter“ am 6.11.1967; ebd., Bl. 81.

kalkulieren und verhandlungstechnisch einzubringen habe, zumindest nicht der Hochschulforschungs-Anordnung zuwiderläuft.[781] Ein Erfahrungsaustausch mit der TU Dresden will ihm gezeigt haben, dass die TH Ilmenau besser im Rennen sei. Dort würden seine Vorstellungen als irrelevant betrachtet wurden.[782] Das aber war grob blauäugig.

Profildiskussionen ohne Ende

Den Anfang machte das Institut für Marxismus-Leninismus. Das Profil der Ausbildung in Marxismus-Leninismus wurde im späten Frühling ausgiebig im Senat diskutiert, die Grundlage hierzu lieferte die neue Struktur und die Perspektivplanung des Instituts. Sechs Hauptaufgaben wurden formuliert, u. a.: (1) „Ausbildung und Erziehung in der Geschichte der deutschen Arbeiterbewegung, in der Politischen Ökonomie, Philosophie und im Wissenschaftlichen Sozialismus"; (2) Weiterführung dieser Linien im Spezial- und Forschungsstudium; (3) entsprechende „gesellschaftliche Aufgabenstellung[en] in dem Ingenieurpraktikum" sowie (4) „Weiterbildung des Lehrkörpers" und des wissenschaftlichen Nachwuchses. Auch war beabsichtigt, das Fach „Sozialistische Menschenführung" zu etablieren. Allein es stand noch nicht fest, welches Institut hierfür in Frage komme. Hingewiesen wurde auch auf den Umstand, dass sich eine Reihe von Gesellschaftswissenschaftlern, die sich institutionell in der V. Fakultät befanden, nicht mehr als solche betrachteten.[783] Es ist dies jenes gruppendynamische Phänomen, wonach die institutionellen Leitbilder inklusive der jeweiligen Grundprobleme auch von Fachfremden allmählich übernommen werden.

Die Aus- und Weiterbildung des Lehrkörpers sollte auf dem Gebiet der politischen Ökonomie des Sozialismus geschehen. Man mag sich von diesem Hauptgebiet des dreiteiligen marxistisch-leninistischen Kanons versprochen haben, dass es als einziges in der Lage sei, bei den sogenannten exakten Wissenschaftlern Aufmerksamkeit zu erheischen. Doch auch gegen diesen Zuschnitt gab es „teilweise" erheblichen „Widerstand gegen die Durchführung derartiger Veranstaltungen, weil sie als unnütze Belastung angesehen" wurden. Festgestellt wurde, dass nur „20 bis 25 Herren des Lehrkörpers" zur ersten Veranstaltung erschienen, darunter ein hoher Anteil von Gesellschaftswissenschaftlern. So jedenfalls könne das Ziel nicht erreicht werden, also müsse der Rektor entsprechend wirksam werden.[784] Schüler, Prorektor für Gesellschaftswissenschaften, diskutierte einige Wochen später im Rahmen des Senats nochmals die extrem geringe Zahl der Besucher der marxistisch-leninistischen Kolloquien durch Mitglieder des Lehrkörpers. Durchschnittlich seien es nur 20 gewesen.[785]

Am 6. Juni wurde bekanntgegeben, dass es in Bezug auf die letzte Planstellenfestlegung teils erhebliche Änderungen durch das SHF geben werde, am stärksten würde die V. Fakultät betroffen sein. Auch wurde auf ein absehbares Absinken des fluktuierenden wissenschaftlichen Personals von gegenwärtig 60 auf 40 Prozent hingewiesen. Die

---

781 THI, Justitiar, vom 2.11.1967; BStU, BV Suhl, AIM 984/89, Teil II, Bd. 2, Bl. 88 f.
782 „Walter" vom 20.11.1967; ebd., Bl. 111.
783 Protokoll vom 17.5.1967 zur Kollegiumssitzung am 9.5.1967; UAI, S. 1–8, hier 2 f.
784 Ebd., S. 5.
785 Protokoll vom 7.7.1967 zur Senatssitzung am 6.6.1967; UAI, S. 1–11, hier 8.

Auswahl müsse langfristiger erfolgen: „Es sind die Besten auszuwählen, fachlich und gesellschaftlich gute Studenten." Unbedingt seien „Schnellverfahren" zu vermeiden. Ein Problem machte auch die Dauer der Promotionen, nur fünf Prozent schlössen sie in weniger als vier Jahren ab. Eine Frage, die weit über ein Jahrzehnt immer akuter wurde und zu manifesten Restriktionen – übrigens republikweit – führte. Ein anderes Problem bildete der zu geringe Anteil weiblicher Kader für den wissenschaftlichen Nachwuchs. Lediglich zwei von insgesamt 22 Frauen waren „nicht infolge ehelicher Bindungen" an der TH Ilmenau beschäftigt.[786] Mau forderte die Senatsmitglieder auf, den Frauenplan entsprechend der Perspektivplanung vom Februar 1966 umzusetzen, da die Ziele sonst nicht erreicht würden. Es gäbe zwar Erfolge in der Erhöhung der Quote weiblicher Studenten von 12 auf 16 Prozent und eine Senkung der Fluktuation von 9,5 auf 9 Prozent. Ziel aber sei es, 20 Prozent weibliche Studenten bis 1970 zu immatrikulieren.[787]

Weiten Raum in der Diskussion nahm die immer brennender werdende Frage ein, wie der wachsende Bedarf an Hochschullehrern überhaupt befriedigt werden könne. Gerhard Linnemann wies darauf hin, dass die gegenwärtigen Notmaßnahmen für die Zukunft nicht mehr hinreichten. Es seien zentral „gelenkte Maßnahmen erforderlich", um den Stellenplan bis 1972 sichern zu können. Damit tauchte automatisch wieder das Wohnungsproblem auf. In der heftig geführten Diskussion über die Gesamtheit aller Kaderfragen kam zum Ausdruck, dass man eben doch nicht in Hinsicht auf die perspektivisch bilanzierten 4.000 Studenten adäquat geplant habe, wie es erforderlich gewesen wäre. Keine Vorschläge seien von den Instituten, so Kaderleiterin Ilse Junge, gekommen. Walter Furkert wies darauf hin, dass dies sekundär sei, da der bauliche Zustand der TH ohnehin einem Provisorium gliche, es fehlten schlichtweg die notwendigen Baukapazitäten. Er verwies auf Karl-Marx-Stadt, wo für die dortige Hochschule 70 Millionen MDN für eine Erweiterung bereitstünden.[788]

Laut einem Diskussionsbeitrag eines Funktionärs von außerhalb der Hochschule auf der Sitzung des Senats am 18. Juli, der vermutlich zur Zerstreuung möglicher Unruhe gedacht war, sollte angeblich das Profil im Wesentlichen belassen werden. Beruhigungspillen wurden verteilt: Die Datenverarbeitung werde erweitert, das Gebiet der Starkstromtechnik gestärkt, auch die Nachrichtentechnik und der wissenschaftliche Gerätebau würden einen Bedeutungszuwachs und damit eine kapazitive Erweiterung erfahren. Überdies werde das Hauptgewicht in der Ausbildung auf dem Gebiet der Elektrotechnik liegen, ein Viertel entfalle auf den wissenschaftlichen Gerätebau und ein noch geringerer Teil auf Mathematik und Physik. Mau teilte mit, dass das SHF betont habe, „das Profil nicht von der Forschung her zu bestimmen". Vielmehr habe die Profilierung der Reihe nach zu folgen, und zwar: (1) Festlegung der Ausbildungsrichtungen; (2) Proportionen der Ausbildungsrichtungen; (3) Bestimmung der daraus folgenden wissenschaftlichen Kapazitäten; (4) „Abstimmung der Institutionen außerhalb der TH". Die Profilierung sei ein Prozess und das SHF denke diesbezüglich an einen Zeitraum von sechs bis acht Jahren.

786 Ebd., S. 3–5a.
787 Protokoll vom 20.11.1967 zur Senatssitzung am 24.10.1967; UAI, S. 1–10, hier 5.
788 Protokoll vom 7.7.1967 zur Senatssitzung am 6.6.1967; UAI, S. 4–5a.

Abzustimmen sei künftig die Profilbestimmung zwischen der TH Ilmenau und der Universität Jena. Jena werde sich mit Blick auf Carl Zeiss verstärkt der Physik in Richtung des wissenschaftlichen Gerätebaus widmen, Ilmenau hingegen dem ingenieursmäßigen Gerätebau. Wie auch immer die Nachrichten aus Berlin intendiert waren, jedenfalls tauchte das Gespenst der Frage nach der zumindest partiell disziplinären Existenzberechtigung der TH Ilmenau wieder auf, und das ist auch so gesehen worden, etwa indem Mau die Auffassung des SHF wiedergab: „Es muss nochmals betont werden, dass die endgültige Entscheidung über die Zukunft der TH Ilmenau wesentlich von den Möglichkeiten des Bezirkes abhängt.“ Und wie der Rat des Bezirkes sich verhalte, so Mau, hänge letztlich auch von den Leistungen der TH Ilmenau für diesen Bezirk ab.

Mau diskutierte zudem die Reaktionen des SHF auf die von seiner Hochschule gelieferten Prognoseüberlegungen. Man sei mit dem ersten Prognosevorschlag nicht einverstanden gewesen und habe angeregt, „sich nicht zu sehr an die Fakultätsstruktur zu klammern, sondern eine Integration vorzunehmen (dagegen spreche jedoch, dass die internationale Anerkennung oft von der Fakultätsstruktur abhängig gemacht wird und dass die Fakultäten auch in administrativer Hinsicht eine Vereinfachung der Arbeit bewirkt). Strukturfragen sollen in der Prognose erst dann beraten werden, wenn die Profilierung der Ausbildung vorgenommen ist.“ Das SHF hatte zu bedenken gegeben, der Starkstromtechnik gegenüber der Nachrichtentechnik mehr Gewicht zu geben. Auch die Fragen zur Technologie und zur Technologenausbildung seien für die TH Ilmenau „von größter Wichtigkeit und müssen an der Hochschule unbedingt geklärt werden“.[789] Gerüchte über eine mögliche Schließung der TH wollte Justitiar Berg nicht bestätigen, er habe aus seinen Quellen nur von Profilierungsvorhaben gehört, etwa, nicht passende Institute „gegebenenfalls zu verlegen“.[790]

Konsens war Ende Oktober, die Immatrikulationszahlen, die dem MHF als 2. Variante gegeben wurde, bis 1980 auf 4.480 Direktstudenteneinheiten (DSE) zu erhöhen. Die Anzahl der Naturwissenschaftler solle 275, die der Mathematiker 150 und die der Physiker 125 betragen. Entsprechend der elektrotechnischen Schwerpunktcharakteristik waren folgende Studentenzahlen geplant: in der Starkstromtechnik 1.325, in der Nachrichtentechnik 800, in der Regelungstechnik 359 und in der theoretischen Elektrotechnik 200. Für die Gerätetechnik wurden 750 und für die Prozesstechnik 500 DSE veranschlagt. Die Technologen waren in den genannten Fachrichtungen nicht enthalten, deren Anzahl stand noch nicht fest.[791] Postwendend lag eine neue Anforderung vom MHF vor, die Zulassungen für 1968 in den Schwerpunktfachrichtungen Wissenschaftlicher Gerätebau, Elektronische Bauelemente, Hochfrequenztechnik und Mikrowellentechnik zu erhöhen. Wenn nicht möglich, dann „auf Kosten anderer Fachrichtungen“. Der Senat kam dem mit einer Erhöhung um 35 Nachimmatrikulationen nach.[792]

---

789 Protokoll vom 3.8.1967 zur Senatssitzung am 18.7.1967; UAI, S. 1–12, hier 4–6.

790 Bericht von „Walter“ am 7.9.1967; BStU, BV Suhl, AIM 984/89, Teil II, Bd. 2, Bl. 28.

791 Protokoll vom 20.11.1967 zur Senatssitzung am 24.10.1967; UAI, S. 1–10, hier 7 f.

792 THI, Rektorat, vom 10.11.1967: Zulassungszahlen für 1968, aufgefunden im Konvolut zur Senatssitzung am 5.12.1967; UAI, 1 S.

Tabelle 28: Beschäftigte (III), 1967 und Plan 1968[793]

Gruppe	Ist 30.6.1967	Planende 1967	Plan 1968
Professoren	28	30	35
Dozenten	14	15	23
Assistenten	230	231	198
Wissenschaftliche Mitarbeiter	75	77	104
Lektoren	13	13	15
Sonstiges Fachpersonal	257	261	271
Verwaltung und Wirtschaft	311	264	267
Gesamt	928	891	913

Tabelle 29: Hochschulstatistik (II), 1967[794]

Studienform	Studenten Gesamt	Arbeiter	Angestellte	Produktions-Genossenschaften	Intelligenz	Selbstständige	Sonstige	Studenten Vorjahr
Direktstudium	2.206	928	548	133	379	163	55	2.233
- davon Ausländer	103							95
Industrie-Institut	85	73	10	-	-	2	-	89
Fernstudium	434	143	83	3	195	9	1	389
Abendstudium	99	49	32	5	8	4	1	64
Gesamt	2.824	1.193	673	141	582	178	57	2.775

Tabelle 30: Internatsplätze, 1965–1967[795]

Art	Ist 1965	Voraussichtlich 1966	Plan 1967
Eigene Internate	1.154	1.154	1.154
Gemietete Internate	330	330	330
Gesamt	1.484	1.484	1.484

Tabelle 31: Entwicklung der Hochschulfrequenz (III), 1964–1967[796]

Jahr	Studenten Gesamt	Direkt-Studenten	davon Deutsche	davon Ausländer	Fern-Studenten	Abend-Studenten	Studenten am I.-I.
1964	2.817	2.394	2.326	68	264	71	88
1965	2.865	2.386	2.274	92	332	57	90
1966	2.901	2.328	2.233	95	389	64	89
1967	2.998	2.309	2.206	103	434	99	85

793 Vorlage zur Senatssitzung am 19.9.1967; UAI, S. 1–8, hier 4.

794 Hochschulstatistik, Stichtag: 30.11.1967; UAI, Sgn. 613, Konvolut Planung und Statistik 1966–1968.

795 Planangebot für 1967 vom 10.5.1966, aufgefunden im Konvolut zur Senatssitzung am 17.5.1966; UAI, S. 1–15, hier 5.

796 Es ist darauf hinzuweisen, dass die überlieferten Statistiken oft voneinander, meist jedoch geringfügig, abweichen. Nicht immer sind die Stichtagsdaten genannt. Widersprüche zu Zahlen oben sind hiermit erklärt. Vorliegende Statistik: HfE, o. D.; UAI, Sgn. 622, 1 S.

4.3.3 Dritte Hochschulreform: 1968 bis 1971

„Die Ouvertüre ist beendet, die Oper kann beginnen."[797]

Gründung von Sektionen – die Verfassungsdiskussion – Durchpolitisierung: das XIII. IWK – das 3. Konzil – Abschluss der 1. Etappe und Plan der weiteren Hochschulreform – Utopia am Ehrenberg – Invasion in die ČSSR – prägende Persönlichkeiten „entlastet" – die neue Organisationsstruktur – Aufwertung der WÖK – Etablierung des Gesellschaftlichen und des Wissenschaftlichen Rates – Elster wird Rektor – AUTEVO und das ESEG – Repenning betritt die Bühne – die Produktivität der Hochschullehrer – das neue Statut

Das herausragende Geschehen in der Übergangsphase von Walter Ulbricht auf Erich Honecker bildete die 3. Hochschulreform, die, wie oben festgestellt, bereits 1967 begann, aber als solche erst im August 1968 vom Ministerium für Hoch- und Fachschulwesen (MHF) vorläufig statuiert und ein halbes Jahr später gesetzlich geregelt wurde. Wolfgang Lambrecht hat in seiner grundlegenden Studie zur 3. Hochschulreform am Beispiel der TH Karl-Marx-Stadt aufgezeigt, von welch herausragender Bedeutung sie für die Wissenschafts- und Bildungspolitik der DDR war, und dass man ihren zeitlichen Rahmen von 1965 bis 1971 setzen muss.[798] Ich folge dem Urteil Lambrechts gegen andere ausdrücklich. Die dritte Reform begann programmatisch und auch substantiell mit dem Gesetz über das einheitliche sozialistische Bildungssystem und endete etwa in der Zeit des vollendeten Führungswechsels von Ulbricht auf Honecker. Überdies gilt, wie in dieser Studie dargelegt, dass der gesamte Prozess des Sturmes auf die „Festung Wissenschaft" von einer äußerst stringenten Art und Weise war, die, rein technisch oder aus Sicht der SED betrachtet, bewunderungswürdig konsequent erfolgte. Sie ließ nie ab von ihrem Kurs, machte manchmal aus taktischen Gründen einen Schritt zurück, um postwendend einen Doppelschritt hinzulegen.

Bereits am 7. Dezember 1967 war auf der Sitzung des Kollegiums die eine Woche zuvor erfolgte Gründung der ersten Sektion, die der „Nachrichtentechnik und elektronische Messtechnik", besprochen worden. Den Bericht gab Günther Ulrich.[799] Im Oktober meldete die TH Karl-Marx-Stadt mit der Sektion Fertigungstechnik und -organisation bereits ihre neunte Sektionsgründung nach Berlin, darunter gar eine für Marxismus-Leninismus.[800] Kurz vor Jahresende gab Hans-Joachim Mau bekannt, dass bis 1980 die Anzahl der Fakultäten von fünf auf drei reduziert werden würden; und zwar: I. Fakultät für Mathematik und Naturwissenschaften, II. Fakultät für Elektrotechnik und Elektronik sowie III. Fakultät für Prozess- und Gerätetechnik. Alte und neue Institute würden entsprechend zugeordnet werden. Die alte, bewährte und auch aussagestarke Grundordnung innerhalb der Elektrotechnik in Stark- und Schwachstromtechnik fehlte. Mau begründete die – nicht empirisch überzeugende – Dreiteilung in den genannten Grundlinien mit „der Entwicklungsrichtung moderner Leitungsstrukturen für technische Hochschulen". Die vier nicht

797 Staatssekretär Böhme, aufgefunden in: THI vom 9.11.1968: Ergebnisse der Rektoren-Dienstbesprechung am 8.11.1968; UAI, Sgn. 554 B, S. 1–4.
798 Lambrecht: Wissenschaftspolitik, S. 10.
799 Protokoll vom 14.11.1967 zur Kollegiumssitzung am 7.12.1967; UAI, S. 1–5, hier 2.
800 Vgl. Lambrecht: Wissenschaftspolitik, S. 122 f.

fakultätsgebundenen Einrichtungen sollten nahezu unverändert fortexistieren: die Institute für Marxismus-Leninismus, Fremdsprachen und Körpererziehung sowie das Rechenzentrum. Die Lehrstühle sollten „innerhalb der Fakultäten in Sektionen zusammengefasst werden, die zugleich die Hauptfachrichtungen verkörpern" würden. Die Zulassungsquote sollte bis 1980 auf 4.250 Studenten erhöht werden (I. Fakultät mit 350, II. Fakultät mit 2.600 und die III. Fakultät mit 1.300). Für die Weiterarbeit am Gesamtprofil der Hochschule schlug Mau die Schaffung von neun Prognosegruppen unter Leitung Eugen Philippows vor.[801]

Die TH Ilmenau war in der Frage dieser hochschulpolitischen Zäsur vergleichsweise pflegeleicht, wenngleich nicht beflissen schnell. An den Universitäten stockte der Reformprozess teils erheblich. Überall war zu beobachten, so Ralph Jessen, dass „der Strukturbruch mit einem großangelegten Revirement in den Leitungsfunktionen" einherging.[802] Dass dies an der TH Ilmenau nicht der Fall war, ist von ihrem sozialistischen Gründungsimpetus her gesehen nicht verwunderlich. Da es keine Widersacher gab, konnte Mau die Reform recht problemlos durchziehen. Indes, Druck kam nicht nur aus Berlin, sondern auch von den anderen „sozialistischen" Hochschulen, in Sonderheit von den Lokomotiven aus Karl-Marx-Stadt und Magdeburg. Immer wieder wurde die TH Magdeburg erwähnt, die Schrittmacherdienste in der Frage der Durchsetzung der Hochschulreform leiste. Es ist auffällig, dass in den Konvoluten der Senatssitzungen der TH Ilmenau vergleichsweise viele Dokumente dieser Hochschule überliefert sind. Bereits Ende 1969 waren republikweit die circa 900 Institute der Universitäten und Hochschulen zu 170 Sektionen zusammengefasst worden,[803] ein radikaler Konzentrationsprozess sondergleichen.

Auf der ersten Sitzung des Kollegiums im neuen Jahr am 8. Januar informierte Mau einmal mehr über das Drängen des MHF, die Zulassungszahlen ab 1968 von 480 auf jährlich 540 zu erhöhen. Doch nur einen Monat später war diese Orientierung Makulatur, die Zulassungsquote wurde nun gar auf 600 erhöht. Wolfgang Stöbel erhielt den Auftrag, eine Machbarkeitsstudie anzufertigen. Karl-Heinz Elster[804] gab einen Überblick über die Exmatrikulationen, ein weiterhin drängendes Problem, da die SED auf die Erhöhung der Absolventenzahlen gesteigerten Wert legte. In den letzten drei Monaten registrierte die Hochschule 13 vorzeitige Abgänge, allein sieben Fälle verzeichnete die II. Fakultät, sie galt „nach wie vor" als „Schwerpunkt" in der Frage der Exmatrikulationen.[805]

Das *Neue Deutschland* druckte am 2. Februar 1968 den Entwurf der Verfassung der DDR ab,[806] die nicht nur den Abschluss einer Reihe von Gesetzesreformen bildete, sondern die alte deutsche Rechtseinheit beendete und die Zweistaatlichkeit sanktionierte. In allen

---

801 Protokoll vom 19.1.1968 zur Senatssitzung am 19.12.1967; UAI, S. 1–6, hier 2 f.

802 Beispiele in: Jessen: Akademische Elite, S. 204–206.

803 Lambrecht: Wissenschaftspolitik, S. 106 f., 111 u. 119.

804 Geb. am 3.8.1931 in Kupferberg (Böhmen, ČSR). 1950–1955 Studium der angewandten Mathematik. Promotion 1958, Habilitation 1962. 1955–1965 wissenschaftlicher Assistent, Oberassistent u. zuletzt Prof. der TH Merseburg. 1965 Prof. mit Lehrauftrag an der THI, 1968 o. Prof. 1966 Mitglied der HPL. 1968 Prorektor für Studienangelegenheiten, 1969–1972 Rektor; UAI, 5502 Pers. Gest. am 31.10.1996.

805 Protokoll vom 10.1.1968 zur Kollegiumssitzung am 8.1.1968; UAI, S. 1–5, hier 3 f. Protokoll vom 1.3.1968 zur Kollegiumssitzung am 6.2.1968; UAI, S. 1–5, hier 3–5.

806 Entwurf der Verfassung der DDR, in: Neues Deutschland vom 2.2.1968.

Bereichen der TH Ilmenau musste nun geraume Zeit hierüber diskutiert werden. Die Durchpolitisierung der Gesellschaft wurde intensiviert und drückte sich gerade in jenen Feldern aus, die – wie die Internationalen Wissenschaftlichen Kolloquien (IWK) – bislang als unpolitisch galten. Die Konzeption zur Vorbereitung des XIII. IWK beinhalte vier politische und fünf wissenschaftliche Ziele. Zu den politischen zählte, den Konferenzteilnehmern aus den westlichen Ländern nicht nur die „wissenschaftlichen, ökonomischen und kulturellen Leistungen" der DDR nahezubringen, sondern bei ihnen „Einsichten und Überzeugungen" zu wecken, dass die DDR „einziger rechtmäßiger deutscher Staat" sei, eine „Haltung", die in eine „Anerkennung der Realitäten" münden möge. Letztlich sei das die Basis auch für die „Erzeugung einer Haltung" bei ihnen, „die sie für die Aufnahme der TH Ilmenau in die IAU [International Association of Universities] eintreten" lasse. Zu den wissenschaftlichen Zielen zählte vor allem die „Erzeugung eines Bedürfnisses bei den auswärtigen Teilnehmern, Ilmenau als Stätte" des „wissenschaftlichen Erfahrungsaustausches" wahrzunehmen.[807]

Die Politisierung der IWK sollte 1982 ihren Höhepunkt erreichen. Ein Hochschullehrer der Universität Duisburg, der sich mit einem Vortrag zum 27. (keine römischen Ziffern mehr) IWK bereits angemeldet hatte, fragte im Juni 1982 schriftlich nach, ob es sich bei der Veranstaltung um eine wissenschaftliche handele, oder ob ausländische Beteiligte zu einer politischen Aussage quasi genötigt werden sollten. Entgegen einer früheren Information vermittele das ihm zugeschickte Deckblatt nun den Eindruck, dass die Veranstaltung umfunktioniert worden sei. In diesem Falle aber sei er nicht mehr bereit zu kommen, da er die Macht des Sozialismus nicht stärken möchte. Tatsächlich war das Deckblatt durch den Sekretär der Hochschulparteileitung (HPL), Manfred Jacobi, gegen den Willen des Verantwortlichen für die Durchführung der Tagung verändert worden.[808] Es war nicht die einzige scharfe Kritik aus dem Westen. Am 29. Juni äußerte sich ein Hochschulkollege von der Ruhr-Universität Bochum ähnlich. Er betonte, dass eine solche politische Parole zu einer wissenschaftlichen Veranstaltung ihm noch nie in der ganzen Welt begegnet sei.[809] Offenbar wurde die Formulierung nicht zurückgenommen, da am 4. Oktober Kurt Repenning von Offizier Ehrhardt die Anweisung „hinsichtlich der Argumentation gegenüber NSW-Vertretern, die eine Stellungnahme zum Programmheft des IWK angekündigt hatten", erhielt, entsprechend zu argumentieren.[810]

Organisationstechnisch sollte eine „grundlegende Änderung" durch „eine inhaltliche Neugestaltung der Kolloquien" erreicht werden. Die war notwendig geworden durch den permanent wachsenden Umfang der Wissensgebiete und die damit verbundene Ausdifferenzierung von Disziplinen und somit auch der Vortragsreihen. Obendrein war die Teilnehmerzahl stark angewachsen, demzufolge eine Limitierung geboten schien. Auch die Variabilität in der genauen Terminfixierung sollte erhöht werden. Die Themenfelder der

---

807 THI, Rektorat, vom 21.3.1968: Konzeption zur Vorbereitung des XIII. IWK, aufgefunden im Konvolut zur Kollegiumssitzung am 6.2.1968; UAI, S. 1–7, hier 1 f.

808 KDI vom 7.7.1982: Bericht zum Treffen mit „Rainer" am 7.7.1982; BStU, BV Suhl, AIM 1592/90, Teil II, Bd. 4, Bl. 552 f. Schreiben eines Hochschullehrers vom 23.6.1982; ebd., Bl. 554.

809 Schreiben eines Hochschullehrers vom 29.6.1982; ebd., Bl. 557.

810 KDI vom 4.10.1982: Bericht zum Treffen mit „Rainer" am 4.10.1982; ebd., Bl. 586 f.

Dokumentation, des Patentwesens und des Rechts sollten zukünftig nicht mehr in den IWK behandelt werden. 1968 sollten die Disziplinen der Starkstromtechnik und theoretischen Elektrotechnik, 1969 die der mathematischen und naturwissenschaftlichen sowie produktionstechnischen Grundlagen und der Gerätetechnik, 1970 dann die der nachrichtentechnischen Richtungen, Elektronik und Regelungstechnik zuzüglich der maschinellen Rechentechnik behandelt werden. Diese Themenfelder sollten sich in einem dreijährigen Zyklus wiederholen. Die wissenschaftlichen Beiträge sollten zu circa 40 bis 60 Prozent von Angehörigen der TH Ilmenau kommen. Die Institutsdirektoren zeichneten sowohl für den inhaltlichen als auch für politische Aussagen verantwortlich, sie hatten sorgfältig die eingereichten Vorträge zu prüfen. Alle Vorträge mussten vorab vor der Forschungsgruppe oder dem Institut probehalber vorgetragen werden.

Die politischen Momente des aktuell geplanten IWK implizierten auch eine Schulung der Teilnehmer in Hinblick auf die Konfrontation mit westlichen Argumenten, die Auswahl und Schulung der Betreuer und Diskussionsleiter, die limitierte Einladung westlicher Interessenten (nicht mehr als 15 bis 20 Prozent der Gesamtteilnehmerzahl), die Organisierung von Ansprachen politischen Inhalts zu jeder Eröffnung einer Vortragsreihe. Mit im Mittelpunkt der politischen Vorbereitung standen die geselligen Veranstaltungen wie das abendliche Festkonzert, ein Aussprachenachmittag und der akademische Festakt. Der Festakt sollte in alter Tradition geistige, gesellschaftliche und naturwissenschaftliche Fragen vereinen. Aktuell war dies u. a. die Verfassungsdiskussion. Für den Festvortrag sollte ein namhafter Philosoph gewonnen werden, hierfür wurde das Generalthema „Mensch, Technik und Gesellschaft“ vorgeschlagen. Auch der Jugendklub sollte mit der Organisierung eines „herbstlichen Tanzabends“ und von Darbietungen des Lesetheaters, Singeklubs und des Instrumentalkreises Präsenz zeigen.[811]

Auf der Rektorenberatung am 4. März führte Günter Bernhardt vom MHF aus, dass die Verfassungsdiskussion mit der Hochschulreform verknüpft werden müsse. Die Verfassungsdiskussion mit den Studenten sei mangelhaft.[812] Diese Verknüpfung war gewollt, konnte doch auf diese Weise der Hochschulreform ein Schutzmantel, der jedwede Kritik abzuweisen in der Lage war, umgelegt werden. Bernhardt führte überdies aus, dass die Termine für die Gründung von Sektionen, Großinstitutionen etc. überprüft und gekürzt werden sollten. Wäre die DDR mit der Gründung der LPG auch so verfahren, „hätten wir heute noch keine“. Der SED ging es um eine Verzahnung der hohen Bildung mit den Erfordernissen der Volkswirtschaft. Auch ging es mehr und mehr um Masse und Worte, nicht mehr um Klasse und Haltung. Hier einordnungsfähig ist auch ein Notat Maus zur Rektorenberatung, wonach in Kürze eine „Anweisung zur Senkung der vorfristigen Exmatrikulationen“ herausgegeben werde. Man habe genug diskutiert, es gehe nicht um „ein Verbot der Exmatrikulation“, sondern „um das ideologische Problem des Kampfes gegen die Mittelmäßigkeit bei den Studenten“.[813] Die neue Verfassung enthielt im Artikel 26 (1) die

811 THI, Rektorat, vom 21.3.1968: Konzeption zur Vorbereitung des XIII. IWK, aufgefunden im Konvolut zur Kollegiumssitzung am 6.2.1968; UAI, S. 1–7.
812 Stichwortprotokoll von Mau zur Rektorenberatung am 4.3.1968; UAI, S. 1–3, hier 3.
813 Ebd.

Zusicherung des Staates, den Zugang zu den höchsten Bildungsstätten des Landes auch unter „Berücksichtigung der sozialen Struktur der Bevölkerung" zu gewährleisten.[814] In der Tat war 1968 der Anteil der Arbeiterkinder auf einen seit 1958 stetig fallenden Stand von 52,7 auf 37,1 Prozent gesunken, um dann binnen weniger Jahre auf über 45 Prozent zu steigen. Reziprok dazu verhielten sich die Zahlen zur Herkunft aus Intelligenzfamilien.[815]

Am 6. Mai legte der Prorektor für Gesellschaftswissenschaften, Andreas Schüler, einen analytischen Bericht über die Verfassungsdiskussion vor, gedacht für die Diskussion im Kollegium am 4. Juni. Die über das Wahlverhalten der Studenten und die politische Propaganda der SED aufschlussreiche Arbeit verschweigt nicht, dass zur Durchführung der Verfassungsdiskussion „der Lehrkörper in einem bisher nicht erreichten Maße in die ideologische Erziehungsarbeit einbezogen" worden war. Allein das Verhalten der auswärtigen Studenten, für die „kein eigener Wahlbezirk geschaffen wurde", war zu diesem Zeitpunkt statistisch noch nicht bekannt. Schüler schätzte ein, dass „mindestens 90 Prozent der Hochschulangehörigen und der Studenten in freier Entscheidung für unsere sozialistische Verfassung gestimmt haben". Das sei gerade in der Phase „der Zuspitzung des ideologischen Klassenkampfes zwischen den beiden deutschen Staaten" hoch zu bewerten.[816] Das aber bedeutete nicht, dass er mit dem Ergebnis zufrieden war. So lasse der Einsatz der Betreuerassistenten „in vielen Fällen noch stark zu wünschen" übrig, „in zahlreichen FDJ-Versammlungen zeigte sich entweder eine beschämende Hilflosigkeit oder mangelnde Bereitschaft, auch als politischer Erzieher aufzutreten". Die Diskussionen zeigten oftmals eine Passivität, man meine, so Schüler, dass es „zu den grundsätzlichen Fragen keine Einwände und daher nichts zu diskutieren gäbe". Es zeige sich auch „bei den jungen Menschen eine ausgeprägte Abneigung gegen deklarative Wiederholungen", im Grunde genommen würden die Studenten „unseren Aufforderungen zu öffentlichem persönlichem Engagement nur widerwillig" nachkommen. Man habe es nicht gern, sich „alles vorkauen" zu lassen, man fühle sich nicht „als denkender erwachsener Mensch behandelt". Tatsächlich waren in der Diskussion Tabu-Fragen aufgekommen, die die Probleme der Freizügigkeit, des Reiseverkehrs, des Rechts auf Auswanderung, die Regelungen für den Verteidigungsfall, die „soziale Zusammensetzung und sozialen Bedingungen bei [der] Zulassung zum Studium und der Stipendiengewährung" sowie Glaubens- und Religionsfreiheit betrafen. In den bis Ende März eingegangenen Berichten zu 70 Versammlungen mit circa 800 Teilnehmern wurden 244 Diskussionen registriert.[817]

Im zeitlichen Umfeld der Sitzung des Kollegiums am 6. Februar war es zu einem Streitgespräch über die Frage gekommen, ob die Ingenieur-Schule Carl Zeiss Jena die Ausbildung mit dem Ziel eines Hochschul-Ingenieurs oder eines Diplom-Ingenieurs durchführen solle. Die Diskussion warf die alte Standort- und Profilfrage anlässlich der Gründung der HfE Ilmenau im Jahr 1953 noch einmal in einem neuen Licht auf. Der VEB Carl Zeiss

---

814 Verfassung der Deutschen Demokratischen Republik. Berlin 1969, S. 31.

815 Schulze, Edeltraut/Noack, Gert (Hrsg.): DDR-Jugend. Ein statistisches Handbuch. Berlin 1995, S. 115.

816 Verlauf und Ergebnisse der Verfassungsdiskussion einschließlich Statistik vom 6.5.1968, aufgefunden im Konvolut zur Kollegiumssitzung am 4.6.1968; UAI, S. 1–5, hier 1, u. 1 S. Anlage.

817 Ebd., S. 2 u. Anlage.

Jena benötigte dringend und insbesondere für den wissenschaftlichen Gerätebau Ingenieure. Der Bedarf werde weiter stark anwachsen. Eine Einschätzung, die später, vor allem in den 1980er Jahren, sich vollauf bestätigen sollte. Die Frage, die zur Debatte stand und vermutlich von Zeiss initiiert worden war, wurde vom stellvertretenden Minister des MHF, Heinz Herder, aufgeworfen und an die Ingenieurschule in Jena sowie an die TH Ilmenau herangetragen. In dem Gespräch schien der Vertreter der Ingenieurschule überrascht gewesen zu sein, da er betonte, dass die Fragestellung neu sei. Seine Schule habe die Aufgabe, Prozess-Ingenieure entsprechend einer ausgearbeiteten Konzeption als Hochschul-Ingenieure auszubilden. Von Zeiss Jena war Klaus Mütze anwesend, der den hohen Bedarf an wissenschaftlichen Kadern wegen der wachsenden Bedeutung seines Hauses erläuterte. Die Vertreter Ilmenaus sollen sich reserviert, Mau gar abwehrend gezeigt haben. Da es zu keiner Einigung über die künftige Strategie kam, wurde Mütze beauftragt, für Klärung zu sorgen, vor allem den realen Bedarf an Diplom-Ingenieuren festzustellen. Dann könne weiterdiskutiert werden.[818] Der erhöhte Bedarf betraf insbesondere die Ausbildung in den Fächern der Technischen Optik, einer Fachrichtung, die Heinz Haferkorn, der führende Wissenschaftler auf diesem Gebiet, zehn Jahre später explizit verteidigte.[819] Die Gesprächswiedergabe zeigt, auch wenn nur Bruchteile tradiert sind, wie groß die Not von Zeiss war, und wie abwehrend die beiden Lager die eigenen stets knappen Ressourcen, aber auch Existenzansprüche, verteidigten. Die Ingenieurschule für wissenschaftlichen Gerätebau Carl Zeiss Jena, die aus der 1949 gegründeten Betriebsfachschule Carl Zeiss Jena hervorging, bildete in den 1970er und 1980er Jahren Ingenieure auf den Gebieten der Technischen Optik, Mechanik und Elektronik aus.

Zurück zur Hochschulreform: Ein Rechenschaftsbericht der Parteigruppe des Rektorats vom 12. Februar 1968 pries wie gewohnt die jüngsten Beschlüsse und Schreiben Ulbrichts, doch ging es ihr in erster Linie um die künftigen „bedeutenden Arbeiten der Genossen“ im Rahmen der Hochschulreform, vor allem was die Arbeit der Kaderleitung anlangte; Zitat: „Von der Arbeit dieser Genossen hängt im entscheidenden Maße ab, mit welchen Menschen wir an der TH die Aufgaben, die besonders nochmals auf der 3. ZK-Tagung erwähnt worden sind, lösen werden.“[820] Eine propagandistisch-ideologische Vergatterung in Fragen der Umsetzung der Hochschulreform erfolgte auf der Rektorenberatung des MHF am 1. März 1968. „Alle Angehörigen der Hochschulen, einschließlich“ der Studenten, seien, so Ernst-Joachim Gießmann, „bei Profilierungsarbeiten einzubeziehen“, um das demokratische Prinzip zu verwirklichen. Obgleich dies eine Farce war und blieb, wurden die Universitäten und Hochschulen nichtdestotrotz immer wieder zur Rechenschaft hierüber aufgefordert. Laut Gießmann hatten SED und Regierung Kritik am Hochschulwesen geübt, weil die „gestellten Aufgaben nicht mit ausreichendem Tempo bearbeitet“ worden seien. Die Maßnahmen dürften „nicht in Verbrämung des Alten auslaufen“. Die „Realisierung

---

818 THI, Bereich Rektorat, vom 2.4.1968, aufgefunden im Konvolut zur Kollegiumssitzung am 6.2.1968; UAI, S. 1–4.

819 Haferkorn, Heinz: Ausbildung in Technischer Optik an der THI, in: Feingerätetechnik 27(1978)6, S. 280.

820 PG Rektorat vom 12.2.1968; BStU, BV Suhl, AIM 984/89, Teil II, Bd. 2, Bl. 181–187, hier 182.

der ‚Prinzipien‘ muss eine ‚Reform‘ der Hochschule ergeben“.[821] Soweit zu sehen ist, wurden hier erstmals die „Prinzipien“ als vorlaufendes Vehikel der Hochschulreform identifiziert.

Bei diesem Prozess ging es der SED – auch mit Blick auf die in Kürze beginnende Akademiereform – um einen raschen, überfallartigen Vollzug des Elitewechsels mit dem Ziel, die Belange der Wissenschaft und Bildung engstens an die Tagesaufgaben der Industrie zu binden. Der auf Autonomie gegründeten Logik der „alten“ Wissenschaftsauffassung wollte man sich – am besten über Nacht – entledigen. Man müsse beweisen, so Mau, dass der Sozialismus bessere Lösungen als der Westen finde. Die Kritik am Verlauf der Reform, so hatte es Gießmann formuliert, richtete „sich gegen die Weiterführung der Reform, deren Gesamtkonzeption zugunsten von Teilproblemen aufgegeben“ worden sei. Die Hochschulreform sei „*entpolitisiert*“ worden (Hervorhebung von Mau). Hierauf wird, wie kein anderer sonst an der TH Ilmenau, Justitiar Wolfgang Berg ein um das andere Mal hinzuweisen wissen. Werden die Schrittmacher (Personen wie Berg – der Verf.), fragte Gießmann, überhaupt gehört, wahrgenommen? An dieser Stelle fügte Mau eine „eigene Bemerkung“ ins Stichwortprotokoll: „Kritik an Ilmenau. Siehe Ausdruck des Pessimismus auf dem Kabarett des Diplomandenballs.“[822] Die Vorfälle während des Diplomandenballs am 27. Januar 1968 waren auf der Sitzung des Kollegiums am 6. Februar besprochen worden. Es wurde festgelegt, „dass diese Frage in aller Deutlichkeit als Quittung der Erziehungsarbeit unter dem Tagesordnungspunkt ‚Mitteilungen und Anfragen‘ in der nächsten Senatssitzung durch den Rektor angesprochen“ werde.[823] In einem resümierenden Bericht der Linie XX der BV Suhl vom 1. März 1968 ist zu dem Diplomandenball ausgeführt, dass das „der FDJ-Leitung vorgelegte Programm des Kabaretts“ politisch höchst fragwürdig gewesen sei, es „offene und versteckte Angriffe gegen die Partei- und FDJ-Leitung und teilweise gegen die sozialistische Gesellschaftsordnung“ enthalten habe. Die FDJ-Leitung habe erst nach längeren Diskussionen und Abänderungen ihre Zustimmung geben können. Ungeachtet dessen habe man einen „Teil der abgelehnten Passagen des Programms ungeändert vorgetragen“.[824]

Das siebenstündige 3. Konzil fand am 13. März im Klubhaus statt, 62 Angehörige der TH Ilmenau und zwei Gäste waren anwesend. Den einzigen Tagesordnungspunkt bildete der Stand der Hochschulreform. Hochschullehrer erläuterten den Stand zur Bildung der Sektionen, so Elster über die beabsichtigte Bildung der Sektion Mathematik, Werner Kutzsche über seine Erfahrungen bei der Ende 1967 erfolgten Bildung der Sektion Nachrichtentechnik und elektronische Messtechnik, Karl Reinisch über die im Begriff stehende Bildung der Sektion Technische Kybernetik sowie Friedrich Hansen und Karl-Heinz Gothe über Vorstellungen zur Bildung der Sektionen Wissenschaftliche Gerätetechnik resp. Physik/Chemie. Andere sprachen über Profilierungsbestrebungen etwa hinsichtlich der alten Fachrichtung „Elektrische Maschinen und elektromotorische Antriebe“ (Germar Müller)

---

821 Stichwortprotokoll von Mau zur Rektorenberatung am 4.3.1968; UAI, S. 1–3, hier 1.
822 Ebd.
823 Protokoll vom 1.3.1968 zur Kollegiumssitzung am 6.2.1968; UAI, S. 1–5, hier 5.
824 BV Suhl vom 1.3.1968: Periodische Berichterstattung über die Entwicklung der politisch-ideologischen Situation im Bezirk, für Januar u. Februar; BStU, BV Suhl, Abt. XX, Nr. 1441, Bl. 47–54, hier 53.

und zu Fragen der „fertigungsorientierten Technologie“ (Franz Grünwald).[825]

Schema 4: Ablaufplan der Hochschulreform an der TH Ilmenau[826]

Prozess	1968				1969				1970				1971
	I	II	III	IV	I	II	III	IV	I	II	III	IV	I
Politisch-ideologische Bildung u. Erziehung	x	X	X	X	x	x	X	x	x	x	x	x	x
Wissenschaftsintegration, Prognose, Profilierung	x	X	X	X	x	x	X	x	x	x	x	x	x
Studienplanung und Gestaltung der Ausbildung	x	X	X	X	x	x	X	x	x	x			
Gestaltung der Weiterbildung				X	x	x	X	x	x	x			
Umgestaltung der Forschung, Komplexbildung			X	X	x	x	X	x					
Neues Organisations- und Leitungssystem		X	X	X	x	x	X	x	x	x			
Integration der TH Ilmenau in das Territorium		X	X	X	x	x	X	x	x				
Kader- und Arbeitskräfteentwicklung			X	X	x	x	X	x	x	x	x	x	x
Baugestaltung				X	x	x	X	x	x	x	x	x	x
Gestaltung der Arbeits- und Lebensbedingungen			X	X	x	x	X	x	x	x			
Entwicklung des geistig-kulturellen Lebens			X	X	x	x	X	x	x	x	x	x	x

Die Beschlussfassung vom 6. März ist von der Stabsgruppe „Hochschulreform“ verfasst worden. Sie sanktionierte den bisherigen Weg der Reform ohne Abstriche und begründete sie mit dem Hinweis, dass sich solche Reformen im Zuge der sich explosiv verändernden Wissenschaftsentwicklung überall vollzögen.[827] (Das traf zu. Wilfried Rudloff hat dies für die Bundesrepublik für die 1960er und 1970er Jahre dargelegt, wo es 1962 begann und 1966 in der mutigen Empfehlung des Wissenschaftsrates zur Neuordnung der Studien, die in der Folge zu Hochschulreformen führten, gipfelte.[828]) Das Papier bildet ein Paradebeispiel der Perspektivumkehr, wenn ausgeführt ist, dass das westdeutsche Hochschulsystem die Humboldt'sche Idee und -tradition nicht realisieren könne, da es dem „staatsmonopolistischen Herrschaftssystem“ zufolge „diesem ergebene Hochschulkader“ auszubilden habe.[829]

Wenngleich das Protokoll zum 3. Konzil und andere Dokumente der letzten Monate den Eindruck erwecken, dass die Profilierung letztlich ein Eigenbestreben der Hochschule(n) zur allseitigen Qualitätsverbesserung gewesen sei, kam es auf der Sitzung des Kollegiums am 28. März endlich zu einer Äußerung über die Hochschulreform, der es an Klarheit nicht fehlte: sie sei „keine ‚Reparatur‘, sondern eine grundlegende Neukonzeption“. Der Hintergrund bestand darin, dass für die Durchführung dieser komplizierten Reform mehr Zeit gebraucht werde als gefordert. So habe man allein bei der Erarbeitung des Grundstudienplanes „seit einem Jahr kein[en] wesentlichen Fortschritt“ erzielt, man könne

825 THI, Rektorat, vom 19.3.1968: Protokoll zum 3. Konzil am 13.3.1968; UAI, S. 1–5.

826 THI, Rektorat, vom 18.4.1968: Führungskonzeption der THI für die Hochschulreform, aufgefunden im Konvolut zur Kollegiumssitzung am 7.5.1968; UAI, 1 S u. 3 Anlagen, hier Anlage 1, 1 S.

827 THI, Stabsgruppe „Hochschulreform“, vom 6.3.1968: Beschlussvorlage zum 3. Konzil der THI am 13.3.1968; UAI, Sgn. 11.356, S. 1 f.

828 Rudloff, Wilfried: Hochschulreform durch Reformschulen? Die bundesdeutschen Hochschulgründungen der 1960er- und 1970er-Jahre zwischen Diversifizierung und Homogenisierung, in: Zeitgeschichte, 47. Jahrgang, Sonderheft 2020, S. 147–170, hier 147.

829 THI, Stabsgruppe „Hochschulreform“, vom 6.3.1968: Beschlussvorlage zum 3. Konzil der THI am 13.3.1968; UAI, Sgn. 11.356, S. 1 f.

dies binnen von vier Wochen nicht schaffen. Der Grundstudienplan war Basis für die Fachstudienpläne. Gleich mehrere Mitglieder übten Kritik, u. a. daran, dass die „moderne Technologie des Studiums“ erst noch projektiert werden müsse (Umfang und Rolle der Vorlesungen, Übungen, Seminare und Labore). Vor allem seien zentral festzulegende Aspekte, die für alle Universitäten und Hochschulen Geltung besäßen, überhaupt noch nicht geliefert worden, wie etwa „der Grundbestand von Wissensgebieten“ oder die „gemeinsame ökonomische, technologische und juristische Ausbildung aller“ Studenten.[830]

Philippow fasste am 8. März die Arbeit seiner Prognosegruppen zusammen. Bezüglich der Gebiete Mathematik, Elektroenergetik, Technische Kybernetik, Wissenschaftliche Gerätetechnik sowie Technologie/Prozesstechnik waren die Vorbereitungen soweit gediehen, dass eine Sektionsbildung gerechtfertigt erschien. Die beiden Institute für Theoretische Elektrotechnik sowie für Elektronische Bauelemente besaßen bereits eine abgeschlossene Profilbildung. Die Prognosegruppe „Energetik“ wurde zwischenzeitlich gesplittet in „Elektroenergetik“ und „Elektrische Maschinen und elektromotorische Antriebe“. Nicht abgeschlossen waren die Arbeiten der Prognosegruppe „Elektrische Maschinen und elektromotorische Antriebe“ sowie „Technologie und Fertigungstechnik“.[831]

Ausdrücklich bezog sich Mau auf die Festlegungen des 3. Konzils in Bezug auf die Gliederung der Hochschule in Sektionen. Es waren folgende – später nicht mehr sämtlich so genannte: (1) Sektion Mathematik, (2) Sektion Naturwissenschaften, (3) Sektion Theoretische Elektrotechnik, (4) Sektion Elektronenenergetik, (5) Sektion Nachrichtenelektronik, (6) Sektion Technische Kybernetik, (7) Sektion Wissenschaftlicher Gerätebau, (8) Sektion Prozessorientierte Technologie sowie als nichtsektionsgebundene Einheiten (9) „Elektrische Maschinen und Leistungselektronik“, (10) „Technologie der Starkstromtechnik“ und (11) „Elektrische Bauelemente“ – zuzüglich von vier selbstständigen wissenschaftlichen Einheiten, den Instituten für Marxismus-Leninismus, Fremdsprachen und studentische Körpererziehung sowie dem Rechenzentrum. Das Industrie-Institut (I.-I.) ist zwar nicht aufgeführt, blieb aber existent. Für nach 1970 versprach die SED großzügige Investitionen. Beanspruchten die Bauanteile bei den Investitionen bis 1970 die Hälfte aller Investitionen, so sollten es für den Zeitraum nach 1970 zwei Drittel sein:

830 Protokoll vom 4.4.1968 zur Kollegiumssitzung am 21.3.1968; UAI, S. 1–4, hier 2.
831 THI, Leiter der Prognosegruppen, vom 8.3.1968: Profilierungsergebnisse; UAI, Sgn. 11.356, S. 1–4.

Tabelle 32: Investitionen, Teil V, Planung vor und nach 1970 (in Mark)[832]

Sache	Investitionen bis 1970	davon Bauanteile	Investitionen nach 1970	Investsumme Gesamt
Acht Internate	3.546.000	2.592.000	12.000.000	15.546.000
Mensa	3.000.000	2.550.000	3.200.000	6.200.000
Heizwerk (Anteil)	3.000.000	-	-	3.000.000
Heizkanäle	800.000	800.000	800.000	1.600.000
Sportanlagen	420.000	396.000	-	420.000
Hörsaal und Seminarräume	-	-	5.000.000	5.000.000
Institutsgebäude	-	-	22.800.000	22.800.000
Bibliothek	-	-	3.800.000	3.800.000
Sporthalle	-	-	1.200.000	1.200.000
Sonstige Investitionen	1.921.000	-	-	1.921.000
Ausrüstungen	-	-	8.000.000	8.000.000
Ersatzinvestitionen	-	-	12.000.000	12.000.000
Gesamt	12.687.000	6.338.000	68.800.000	81.487.000

Ein technisch-organisatorisches Dokument für die Gestaltung der nächsten Schritte der Reform stammt vom 8. April. Die Beschlussfassung vom 28. März verantworteten die HPL der SED und das Leitungskollektiv der Hochschule gemeinsam. Demnach war die erste Etappe der Umsetzung der Hochschulreform mit der ersten Hochschulwoche der TH vom 11. bis 15. Juni abzuschließen. Diese Woche „war völlig der Durchführung der sozialistischen Hochschulreform gewidmet“. Eckdaten bildeten eine öffentliche Sitzung des Senats und der HPL am 11. Juni mit 180 Studenten und Nachwuchswissenschaftlern, das V. wissenschaftliche Studentenkolloquium (erstmalig 1963) sowie die IV. Wissenschaftlich-Ökonomische Konferenz (WÖK). Die Schlüsselrolle nahmen die Prognosegruppen ein, die so gefasst waren, dass sie gegenüber den noch bestehenden Leitungsstrukturen und Fakultätsräten „relativ selbstständig“ waren und „die Befugnisse staatlicher Leitungsorgane“ erhielten. Sie besaßen folgende Struktur: Leiter der Prognosegruppe, plus die Direktoren der dazugehörigen Institute, plus zwei bis drei Angehörige des wissenschaftlichen Nachwuchses, plus je einen Vertreter der SED und der Gewerkschaft sowie zwei bis drei Vertreter der FDJ. Diese Struktur bildete die Übergangsform bei der Herausbildung der Sektionen.

Das Papier enthält eine ganze Reihe von detaillierten, terminierten organisatorischen Schritten (Profilierung der Ausbildung, Öffentlichkeitsarbeit, Aufgaben der Prognosegruppen, Erarbeitung der Fachstudienpläne etc.). Bemerkenswert ist, dass die Anzahl der Wochenstunden im Fachstudium für das 5. bis 7. Semester verbindlich auf 28 festgelegt wurde. Die Anweisung kam vom MHF. Allerdings fanden in den 28 Wochenstunden der genannten Semester jeweils drei Stunden für die obligatorischen wissenschaftlichen Studentenzirkel Berücksichtigung. Das 8. Semester sollte als Fernstudium ablaufen. Für das Ingenieurpraktikum waren acht Wochenstunden eingeplant. Die restlichen 83 Semesterwochenstunden setzten sich zusammen aus 70 Prozent für die Fachausbildung (einschließlich der theoretischen Elektrotechnik und Technologie), zwölf Prozent für mathematische Methoden und maschinelle Rechentechnik, zehn Prozent für Marxismus-Leninismus

[832] THI, Rektor, vom 27.3.1968: Vorschlag für die Entwicklung bis 1980; UAI, Sgn. 11.356, S. 1–11.

sowie acht Prozent für die Operationsforschung und Organisationswissenschaft sowie Datenverarbeitung, sozialistische Wirtschaftsführung und Betriebsökonomie.[833]

Offenbar stand die Begrenzung auf 28 Wochenstunden nur auf dem Papier oder war nicht von Dauer. Im Februar 1970 berichtete Arnold Jansen* alias „Christel" (Kap. 5.3.3, Fall-Nr. 11), dass aus allen Richtungen zu hören sei, „dass die mit der Hochschulreform verbundenen Verschiebungen im Studienplan nur zu Lasten der Studenten" gehe. Besonders waren die Matrikel XV und XVI betroffen. In einigen Gruppen waren zudem „zusätzliche Fächer wie Getriebelehre, Optik und Feingerätetechnik (Konstruktion) hineingenommen" worden. Da bereits vor der Implantation dieser Fächer das Wochenmaß – ohne die übrigen gesellschaftlichen Verpflichtungen – 34 Stunden betrug, war deutlich geworden, dass mit dem Ansatz von 33 Stunden Selbststudium nunmehr eine nahezu 70-Stunden-Woche zu bewältigen war; Zitat Jansen*, weiland Mitglied des Rates der Sektion Konstruktion und Technologie der Feinwerktechnik (KONTEF): „Die Reaktion der Studenten ist Gleichgültigkeit." Ein Student: „Alles schaffe ich sowieso nicht, also mache ich ‚ne 4!" Bereits im nächsten Semester sollten die Belastungen durch fünf weitere Praktika noch zunehmen. Der Studentenrat schlug in einer Eingabe vor, die Optik wieder herauszunehmen und auf eine Abschlussprüfung in Kybernetik zu verzichten.[834] Dass die Überbelastung Exmatrikulationen beförderte, war zum Abschluss des Frühjahrssemesters 1969/70 unbestritten. Nicht das erste Mal drückte das MHF auf eine Minimierung der Exmatrikulationsquote. Nicht wenige Hochschullehrer beklagten die damit zusammenhängende Tendenz zur Disziplinlosigkeit, „wenn mit aller Gewalt Exmatrikulationen vermieden werden" müssen.[835]

Anfang Mai 1968 befasste sich das Kollegium mit der Forderung des MHF, „von vornherein die Studenten als aktive gleichberechtigte Partner" an der Hochschulreform „mitarbeiten zu lassen und nicht durch ‚einbeziehen' in eine passive Rolle zu drängen". Die Hochschulreform war „ab sofort in ihrer Gesamtheit in Angriff zu nehmen". Die politische Grundlage hierfür bildete eine Konzeption der HPL vom 2. Mai, wonach „unverzüglich die Arbeitsgruppen, ihre Aufgabenstellungen und die Vorschläge für die Arbeitsgruppenleiter für die Hochschule zu veröffentlichen" waren. Die Stabsleitung zur Führung der Reform übernahm der Sekretär der HPL, Karlheinz Werner, persönlich.[836]

Auf der Sitzung des Kollegiums am 15. Mai wurde deutlich, dass eine Lösung des Problems der zu hohen Zulassungszahlen nicht in Sicht war. Die Hochschule sah sich nicht in der Lage, eine Zahl von über 540 Immatrikulationen zu realisieren. Es reichten die Kapazitäten weder hinsichtlich der Hörsäle noch der Seminarräume nicht. Ginge man mit den Zahlen nicht runter, müsse der Lehrbetrieb von 7.00 bis 24 Uhr laufen. Es gehe nicht nach den Berliner Wünschen, sondern nach den tatsächlichen Kapazitäten des Bezirkes Suhl. Aber auch alle anderen Kapazitäten waren limitiert, von der Mensa über die Bibliothek bis

---

833 THI, Bereich Rektorat, vom 8.4.1968, aufgefunden im Konvolut zur Kollegiumssitzung am 7.5.1968; UAI, S. 1–5. Im Konvolut des SS 5/68 einliegend: Redaktionskommission der IV. WÖK, Rektorat, vom 25. Juni 1968: Zur ersten Hochschulwoche der THI.

834 Bericht von „Christel" vom 11.3.1970; BStU, BV Suhl, AGMS 513/75, 1 Bd., Bl. 22 f.

835 Bericht von „Walter" vom 22.7.1970; BStU, BV Suhl, AIM 984/89, Teil II, Bd. 4, Bl. 12.

836 Protokoll vom 9.5.1968 zur Kollegiumssitzung am 7.5.1968; UAI, S. 1–8, hier 3 u. 6.

hin zu den Wohnplätzen der Studenten.[837] Basis der Diskussion bildete ein Papier des Verwaltungsleiter der TH, Friedrich Trümpler, über Varianten der Zulassungszahlen, einmal auf Basis von 540 ab 1968, zum anderen auf Basis von 600 ab 1969 jährlich. Hierfür wurden die absoluten und Verlaufszahlen nach verschiedenen Kriterien wie Absolventenzahlen, Bettenkapazitäten, Arbeitskräftebedarf, Hörsaal- und Seminarraumkapazitäten, Mensakapazität und Kapazität der Bibliothek sowie Wohnungen berechnet. Beide Varianten erwiesen sich als teils krass defizitär. Ein Zwei-Schichtsystem war zwingend. Nach der Hochrechnung hätte ab 1970 gar der Lehrbetrieb um 6.00 Uhr für die erste Variante beginnen müssen. Für die zweite Variante begänne der Lehrbetrieb ab 1972 um 7.00 Uhr und würde um 23 Uhr enden, für ab 1973 liefe er gar von 7.00 bis 24.00 Uhr.[838] Dass das nicht ging, lag auf der Hand.

Im Mai lieferte Mau eine aktuelle Konzeption zum weiteren Verlauf der Hochschulreform mit dem Ziel ab, die Hauptaufgaben bis zum 20. Jahrestag der DDR, „insbesondere die wissenschaftliche und strukturelle Profilierung der TH Ilmenau", abschließen. Diese Aufgaben waren den „anderen Aufgaben an der Hochschule" überzuordnen. Das ehrgeizige Ziel zu erreichen, so Mau, bedürfe einer Planung und Leitung, die die Hochschulreform als komplexes System begreife. Diese Sprachregelung war zu jener Zeit weit verbreitet und entsprach einem kybernetischen, modellhaften Denken. Alles hatte ein Prozess zu sein. In dem System sah Mau sich selbst als Zentrum in wechselseitigem Austausch mit der Stabsgruppe (der 11. Arbeitsgruppe), in recht loser Verbindung zum Kollegium und in direkt anweisender Position gegenüber den Prorektoren, dem Verwaltungsdirektor, den Dekanen, den Leitern der Sektionen, den Institutsdirektoren und den Leitern der zehn Arbeitsgruppen (nicht zu verwechseln sind mit den Prognosegruppen, siehe oben).[839]

Am 11. Juni fand eine öffentliche Senatssitzung im Kleinen Saal der Festhalle vor 180 Zuhörern statt.[840] Das Ziel bestand in der Deklaration der Grundkonzeption zur Durchführung der Hochschulreform in der logischen Fortsetzung der Ziele der IV. Hochschulkonferenz, namentlich mit den Zielen der „klassenmäßigen Erziehung", der „Gestaltung großer Forschungskomplexe", der „sozialistischen Leitung und Planung der Erziehung, Ausbildung und Forschung", der „Verschmelzung der Hochschule mit dem Territorium" sowie der „Verbesserung der Arbeits- und Lebensbedingungen".[841] Für diese Sitzung hatte die Grundorganisation der FDJ eine Vorlage zu ihrem Anteil an der Hochschulreform vorgelegt. Sie enthält die Aufforderung, „allen Studenten zu erklären, dass das Hochschulwesen Bestandteil des entwickelten gesellschaftlichen Systems des Sozialismus" sei. Ferner, dass es auf die Herausbildung der sozialistischen Persönlichkeit gerichtet sei, „die dem Leitbild des sozialistischen Wissenschaftlers und Ingenieur entspreche".[842] Zudem verfasste die FDJ-Leitung eine Ordnung über die Verleihung des Titels „Sozialistisches

837 Protokoll vom 6.6.1968 zur Kollegiumssitzung am 15.5.1968; UAI, S. 1–5, hier 1–4.
838 THI, Verwaltung, vom 3.5.1968: Erhöhung der Zulassungszahlen, aufgefunden im Konvolut zur Kollegiumssitzung am 15.5.1968; UAI, S. 1–16.
839 Protokoll vom 9.6.1968 zur Senatssitzung am 21.5.1968; UAI, S. 1–6, hier 2.
840 Protokoll vom 26.6.1968 zur Senatssitzung am 11.6.1968; UAI, S. 1–8.
841 Zanter: Entwicklung des Hochschulwesens, S. 39; UAI.
842 Vorlage der FDJ-GO, aufgefunden im Konvolut zur Senatssitzung am 11.6.1968; UAI, S. 1 f.

Studentenkollektiv". Dieser Titel, hieß es, entspreche der höchsten Form des Wettbewerbs und diene der Herausbildung der sozialistischen Persönlichkeit und der Effektivierung der Ausbildung.[843]

Von der Sitzung des Senats am 11. Juni, die die Hochschulwoche einleitete, konnten keine kritischen Worte zur Hochschulreform erwartet werden, sie war Bilanz des Bisherigen und Auskunft über die nächsten Schritte. Kam Kritik auf, etwa jene aus der Industrie, wonach die Absolventen der TH Ilmenau „sehr häufig keine Leiterpersönlichkeiten" mehr seien, wurde sie wegdiskutiert. Vom MHF war Hauptabteilungsleiter Harry Groschupf erschienen, der in Anklang an Kurt Hager die ständig wachsende Bedeutung der Ideologie hervorhob und vor allem die Erfahrungen der TH Magdeburg geradezu zelebrierte. Angeblich seien dort „über 1.000 konstruktive Vorschläge zur Gestaltung der Hochschulreform unterbreitet" worden. Er war der Auffassung, dass es gleichermaßen bei den Studenten, beim wissenschaftlichen Nachwuchs und beim Lehrkörper „Fortschrittliche" als auch „Zurückgebliebene" gebe. Zudem kritisierte er den Beschlussentwurf der IV. WÖK, wonach auf einen freiwilligen Besuch der Vorlesungen orientiert werde. Auch die Werktätigen in den Betrieben hätten nicht das Recht, der Arbeit nach Gutdünken fernzubleiben.[844] Intern sekundierte ihm Wolfgang Berg, „dass der ideologischen Seite" auf der Sitzung am 11. Juni „zu wenig Aufmerksamkeit gewidmet" worden sei. Die HPL-Funktionäre Werner und Linsel seien ihrer Funktion nicht gerecht geworden. Er könne „fast den Eindruck gewinnen, dass die gesamte Hochschulreform lediglich ein Komplex organisatorischer Maßnahmen" sei, „der mit unserem sozialistischen Gesellschaftssystem keine Verbindung" habe. Senatsmitglied [A] hätte „nur mit Mühe die Augen aufhalten" können. [A], Furkert, Sachs, Hansen, Frielinghaus und Ulrich hätten zusammengesessen und nichts gesagt.[845] [A] habe bemerkt, „dass sich in der Hochschulwoche eine gewisse Gleichgültigkeit unter den Studenten gezeigt hätte, obwohl auf der ganzen Welt nach Hochschulreformen geschrien würde." Die Partei wirke ungenügend auf den Senat ein, deren ideologisch-politische Konzeption sei „nicht bekannt".[846]

Die Grundkonzeption vom 11. Juni 1968 zur Durchführung der Hochschulreform an der TH Ilmenau diente als Basis für die Beschluss-Vorlage für das Gespräch mit Gießmann am 5. November des Jahres. Hauptziel sei, die TH Ilmenau als „sozialistische Hochschule" zu entwickeln. Die Umgestaltung der Forschungsarbeit werde „eines der wesentlichsten und tiefgreifendsten der sozialistischen Hochschulreform sein". Es „gehe nicht darum, eine Hochschule industriemäßig zu leiten. Die Leitungsstruktur einer Hochschule" müsse „den spezifischen Bedingungen des Hochschulwesens entsprechen, jedoch auch die Erfahrungen bei der Leitung der sozialistischen Gesellschaft als Ganzes, als System, in sich aufnehmen". Von acht Kriterien dienten zwei in besondere Weise der Strategie der Partei, nämlich die Kriterien Nr. 5, die Schaffung eines „wirksamen Kontrollsystems", und Nr. 7, die „Besetzung der Leitungsfunktionen durch die fähigsten Kader" (das hieß gewöhnlich,

---

843 Material im Konvolut zur Senatssitzung am 11.6.1968; UAI, S. 1–3.
844 Protokoll vom 26.6.1968 zur Senatssitzung am 11.6.1968; UAI, S. 1–8, hier 2 u. 4 f.
845 Bericht von „Walter" am 14.6.1968; BStU, BV Suhl, AIM 984/89, Teil II, Bd. 2, Bl. 265.
846 Bericht von „Walter" am 27.6.1968; ebd., Bl. 280 f., hier 280.

mit SED-Genossen – der Verf.).

Im Zuge der prognostischen Überlegungen lief das zukünftige Profil auf acht Richtungen hinaus: Theoretische Elektrotechnik, Leistungselektronik, Elektroenergetik, Informationselektronik, Technische Kybernetik, Elektronische Bauelemente, Wissenschaftliche Gerätetechnik sowie Produktionstechnik und Elektroindustrie. Als Disziplinen mit eigener Ausbildung wurden die Mathematik und die Physik genannt. Der Begriff Technologie ist im Dokument nicht enthalten. Dafür aber umso umfangreicher der der marxistisch-leninistischen Ausbildung und – neu – der Begriff der Marxistisch-leninistischen Organisationswissenschaft (MLO), dem neun Kriterien wie die „Methoden der Führung von Arbeitskollektiven", die „Organisation von Informationsflüssen" und die „Organisation und Technik der Datenverarbeitung" zugeordnet waren. Die zur Umgestaltung aufgeführten acht Punkte lauteten zusammengefasst: alle Forschung für die von der SED auserkorenen Aufgaben der Industrie zur Verfügung zu stellen.

Laut der neuen Organisationsstruktur der Hochschule bestand die erste Leitungsebene aus: Rektor (Prinzip der Einzelleitung) – Gesellschaftlicher Rat (als ein den Rektor beratendes und kontrollierendes Organ) – Wissenschaftlicher Rat (als ein den Rektor beratendes Organ, dem darüber hinaus die Facultas docendi [Lehrbefähigung] und die höheren akademischen Grade zu verleihen zugewiesen war, untergliedert in einzelne Klassen für Gesellschaftswissenschaften, Technik und Naturwissenschaften) – und als Funktionalorgane die Prorektoren und Dekane. Die zweite Leitungsebene setzte sich zusammen aus: Leiter der Sektionen und ihre Stellvertreter, Leiter der Kommissionen, Verwaltungsleiter und Wissenschaftsorganisator. Die Wissenschaftlich-Ökonomischen Konferenzen (WÖK) bildeten „die Versammlung der Delegierten aller Hochschulangehörigen".[847]

Dem Gesellschaftlichen Rat (GR) sollten außer der engeren Leitung der Hochschule (Rektor, 1. Stellvertreter und Prorektor, Prorektor für Gesellschaftswissenschaften, Direktor für Ausbildung und Erziehung) Vertreter der Industrie (circa elf), ein Vorsitzender, Vertreter des Territoriums (circa vier), Vertreter anderer wissenschaftlicher Institutionen wie der Akademie der Wissenschaften (zwei), Abgeordnete des Bezirkstages und der Volkskammer (zwei), der Beauftragte für die TH Ilmenau seitens der Militärabteilung, Angehörige des Lehrkörpers (circa vier), Vertreter des wissenschaftlichen Nachwuchses (drei), Studenten (vier), Arbeiter und Angestellte (zwei) sowie Vertreter der SED und der gesellschaftlichen Organe (vier) angehören. Als Vorsitzender war Gerhard Linnemann vorgesehen.[848] Der GR bildete ein Kernelement der 3. Hochschulreform. Pohl spricht von einer „maßgebliche[n] Veränderung und Aushöhlung der universitären Eigenständigkeit". Dem GR der Bergakademie Freiberg gehörten gar Vertreter des Wehrkreiskommandos an.[849] Die marxistisch orientierte Geschichtsschreibung sieht dies anders und betont auch heute noch den zutiefst demokratischen Charakter des Rates. Lambrecht sieht die

---

[847] THI vom 11.6.1968: Grundkonzeption zur Durchführung der Hochschulreform an der THI. Entwicklung der Hochschule bis 1980; UAI, Sgn. 11.356, S. 1–18. Leitungsstruktur der THI, hier 11–14.

[848] Der Gesellschaftliche Rat der THI; ebd., Anlage 13, S. 1 f.

[849] Pohl, Norman: Hochschulreform im Zeichen des Klassenkampfes. Zur Geschichte der Bergakademie Freiberg von 1960 bis 1970, in: Schleiermacher, Pohl: Medizin, Wissenschaft und Technik, S. 173–215, hier 179.

divergierenden Forschungsmeinungen als Resultat eines „völlig unterschiedlichen Verständnis von Demokratie".[850] Die Quellen zeigen, dass dem GR gegenüber dem WR kaum eine faktische Bedeutung zukam.[851]

Schema 5: Strukturplan der THI[852]

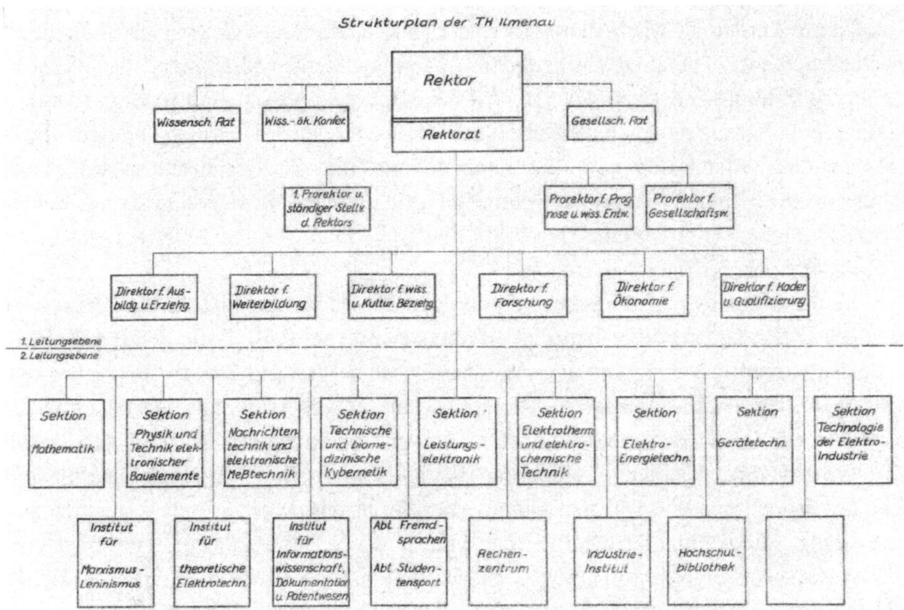

Als Funktionalorgane des Rektors fungierten die Prorektoren und Dekane der Bereiche Gesellschaftswissenschaften, Prognose und wissenschaftliche Entwicklung, Erziehung, Ausbildung und Weiterbildung (EAW), Wissenschaftliche und kulturelle Beziehungen, Ökonomie sowie Kaderentwicklung. Als Beratungsorgane und Funktionalorgane des Leiters der Sektion waren vorgesehen: der Rat und die Vollversammlung der Sektion, die Stellvertreter für EAW und für Forschung sowie ein Wissenschaftsorganisator und der Verwaltungsleiter. Die Kaderpolitik implizierte mit dem Prinzip der „Auswahl und Qualifizierung der *neuen* Leitungskader" eine erhebliche politische Dimension. Ausführungen zur „Verschmelzung" der Hochschule mit dem Territorium zeigen, dass die SED die produktive Einbindung in Belange der Industrie vorantrieb. Für die Zukunft wurde mit dem Bau von acht Internaten, einer Mensa, einer Sportanlage, einem Heizwerk und mehreren Hörsälen und Sektionsgebäuden, einer Bibliothek, einer Sporthalle und einer Schwimmhalle (zusammen mit dem Rat der Stadt und Trägerbetrieben) ein großes Versprechen, gewissermaßen als i-Punkt zur Besänftigung möglicher Kritik, formuliert. In Anbetracht der ambitionierten personalen Ziele, gewissermaßen ein Muss:

---

850 Lambrecht: Wissenschaftspolitik, S. 113.
851 Dies sieht Lambrecht für die TH Karl-Marx-Stadt ähnlich; ebd. 114.
852 Strukturplan der THI (Anlage 11); UAI, Sgn. 557, auch Sgn. 11.356.

Tabelle 33: Entwicklung der Studenten- und Arbeitskräftezahlen.[853]

Art	Ist 1967	Plan 1980
Direktstudenten	2.233	4.250
Fernstudenten	453	1.000
Teilstudenten	30	400
Professoren	28	97
Dozenten	14	42
Wissenschaftliche Mitarbeiter	342	780
Nichtwissenschaftliches Personal	598	920

Aus der Warte der unzureichenden Investmöglichkeiten und hinsichtlich der sich neuerlich verschärfenden Krisensituation der DDR hin auf 1970/71, erwies sich der Gigantismus in der Architekturplanung für die TH Ilmenau geradezu als anachronistisch. Ein Gutachten der TH Ilmenau ein Jahr später wies die Bebauungskonzeption ab.[854] Wie der Entwurf des hochmodernen Campus strotzten auch die Auswertungen der Hochschulwoche von Superlativen. Angeblich seien 2.000 Angehörige und Studenten der Hochschule in die Diskussionen zur Hochschulreform einbezogen worden sowie 320 Vorschläge eingegangen.[855] Ganz anders klangen dagegen die inoffiziellen Berichte wie jener von Helmut Kaufmann alias „Frost“ (Kap.5.3.3, Fall-Nr. 28) vom 21. Juni, in dem es heißt, dass bei allen, außer den für Ausländer organisierten Veranstaltungen, eine „ungenügende Teilnahme seitens der Studenten sowie das vorzeitige Verlassen [der] IV. WÖK von Studenten und Assistenten“ zu registrieren war. Einige Studenten hätten in dieser Woche sogar Ferien gemacht. Auch wies er darauf hin, dass es zu Unmut unter den Studenten hinsichtlich der schlechten Qualität des Mensaessens gekommen sei. Mehrere Eingaben seien bereits erfolgt und es bestünde die Gefahr, dass es zu einem geschlossenen, organisierten Auftreten kommen könne, das mit Blick auf die Ereignisse in der ČSSR fatal wäre, käme dies an das Licht der Öffentlichkeit.[856] Wenige Tage später berichtete Gert Vorfeld* alias „Max“ (Kap. 5.3.3, Fall-Nr. 62) von den Maßnahmen der 3. Hochschulreform. Das MfS monierte, dass der IM „die Notwendigkeit der Umstrukturierung in keiner Weise klar“ begriffen habe. Nach ihm seien die Ecktermine zum einen zu knapp gefasst, zum anderen hätte sich herausgestellt, dass die Organisation der Umstrukturierung schwieriger als gedacht verlaufe, etwa in der Frage des Zusammenschlusses von Instituten, die – wie im Falle der Elektro-Medizin und der Regelungstechnik – örtlich weit auseinander lagen. Er selbst, Vorfeld*, wisse um seine künftige Position keineswegs Bescheid. Allein die Bildung der Sektion Nachrichtentechnik als Modell-Sektion gelinge, die anderen seien Missbildungen. Vorfeld* vertrete die Ansicht, dass die Modell-Sektion erst einmal zwei Jahre laufen sollte, um Erfahrungen zu sammeln, bevor die anderen Sektionen nachzögen. Die allgemeine Meinung sei, dass man mit der Abstimmung der Studienpläne und Fachstudiencharakteristiken elementare Schwierigkeiten habe. Die Entwürfe würden laufend von der AG Ausbildung

853 THI vom 11.6.1968: Grundkonzeption zur Durchführung der Hochschulreform an der THI. Entwicklung der Hochschule bis 1980; UAI, Sgn. 11.356, S. 1–18, hier 12–14.

854 Stellungnahme zur Bebauungskonzeption der TH Ilmenau vom 23.5.1969; UAI, A1/29, S. 1–3.

855 Redaktionskommission der IV. WÖK vom 25.6.1968: Erste Hochschulwoche der THI, aufgefunden im Konvolut zur Senatssitzung am 25.6.1968; UAI, S. 1 f., hier 1.

856 Bericht von „Frost“ am 21.6.1968; BStU, BV Suhl, AIM 872/89, Teil II, Bd. 1, Bl. 12 f.

zurückgeschickt werden. Der IM, so sein Führungsoffizier, sei auch „nicht davon überzeugt“ gewesen, „dass die Veränderungen an der Hochschule Ilmenau im Rahmen der Hochschulreform nur durch eine breite Diskussion und kollektive Festlegungen durchgesetzt werden könnten“.[857] Auch „Frost“ berichtete am 19. Juli ähnlich: Reinisch unternehme große Anstrengungen, die „Modellsektion ‚Technische Kybernetik‘“ zum Erfolg zu führen. Anders sehe es beispielsweise in der Starkstromtechnik aus, wo so ziemlich alles auseinanderlaufe.[858]

Das Kollegium befasste sich am 18. Juni mit dem wichtigen Thema der „Schaffung von echten Kapazitätsreserven“. Eine Lösung dürfte „nur durch die Reduzierung der Studiendauer möglich“ sein. Unverzüglich sollte die Arbeitsgruppe Ausbildung eine Studie erarbeiten. Das MHF hatte just 575 Neuzulassungen für 1969 und 600 für 1970 bestimmt. Da dies nicht realisierbar sei, müsse auf jeweils 540 reduziert werden müssen. Für Mathematik wurden 20 und für die Produktionstechnik der Elektroindustrie 40 festgelegt. Alle anderen Fachrichtungen sollten proportional gekürzt werden. Zulassungen für die Fachrichtung Physik wurden für 1969 und 1970 nicht angesprochen. Der Fachrichtung werde empfohlen, „durch Kooperation mit anderen Fachrichtungen Diplomanden auszubilden“.[859]

Eine Pionierrolle in der Umsetzung der Hochschulreform nahm die Sektionsbildung für „Technische und biomedizinische Kybernetik“ (TBK) mit Datum ihrer Antragstellung vom 12. Juli 1968 ein. Sie wurde am 16. September als zweite Sektion der TH Ilmenau gebildet. Die Sektion sollte die Institute für Regelungstechnik, allgemeine und optische Messtechnik, elektromedizinische und radiologische Technik sowie den technischen Bereich des Instituts für maschinelle Rechentechnik umfassen. Die institutionelle Zusammenfassung sollte nach Auffassung der Verantwortlichen „eine ideale Voraussetzung für die erfolgreiche Bearbeitung einer der Hauptaufgaben“ der Volkswirtschaft der DDR, „der optimalen automatischen Steuerung (Regelung und Optimierung) komplizierter technologischer Prozesse mittels universeller Prozessrechner“, werden.[860]

Die öffentliche Verteidigung der Sektionsmodelle „Nachrichtentechnik und elektrische Messtechnik“ sowie „Technische Kybernetik“ fand am 24. Juli 1968 statt. Der Beschluss zum Antrag auf Bildung der Sektionen erfolgte am folgenden Tag. Anschließend mussten die Beschlüsse wie üblich dem MHF zur Prüfung und Bestätigung vorgelegt werden. Es wurde nochmals bekräftigt, dass umgehend ein Rahmenprogramm für den neunsemestrigen Studienplan auszuarbeiten sei.[861] Am 30. Juli wurde der Antrag zur Bildung der Sektion Technische und biomedizinische Kybernetik (TBK) einstimmig vom Senat bestätigt. Eine der dringendsten aktuellen Aufgaben war, eine Analyse über die wissenschaftlichen Potenzen der TH Ilmenau zu erstellen, die bis zum 31. August dem MHF zu übergeben

---

857 KDI, o. D.: Bericht zum Treffen mit „Max“ am 9.7.1968; BStU, BV Suhl, AIM 87/77, Teil II, Bd. 2, Bl. 18 f., hier 19.

858 Bericht von „Frost“ am 19.7.1968; BStU, BV Suhl, AIM 872/89, Teil II, Bd. 1, Bl. 28 f., hier 28.

859 Protokoll vom 24.6.1968 zur Kollegiumssitzung am 18.6.1968; UAI, S. 1–6, hier 3 u. 5.

860 Antrag auf Bildung der Sektion Technische und biomedizinische Kybernetik, o. D.; UAI, Rep. A34.3.1, Nr. A3/53, S. 1 f. u. Anlage 1–4.

861 Protokoll vom 18.7.1968 zur Kollegiumssitzung am 16.7.1968; UAI, S. 1–8, hier 5 f. THI, Rektorat, vom 15.7.1968: Reform des Kollegiums; UAI, S. 1 f.

war. Alle sieben Fakultäten hatten daran mitzuarbeiten. Zudem stand Mau im Begriff, eine Arbeitsgruppe Technologie zu berufen, die zusammen mit der Stabsgruppe Untersuchungen über die Bildung einer technologischen Sektion zu befinden habe, die „in erster Linie" die Aufgabe zukomme, die Universität Jena auf dem Gebiet des wissenschaftlichen Gerätebaus zu unterstützen.[862]

Einmarsch der Warschauer Paktstaaten in die ČSSR

Mitten hinein in die heiße Phase der Hochschulreform platzte eine der größten politischen und gesellschaftlichen Krisen des gesamten Ostblocks. Unter dem Codenamen Operation Donau marschierten am 21. August 1968 um die 500.000 Soldaten der Sowjetunion, der DDR, Polen, Bulgariens und Ungarns in die ČSSR ein und erstickten den sogenannten Prager Frühling, Synonym für den Versuch, einen Sozialismus mit menschlichem Antlitz zu etablieren. Die Tageszeitungen der DDR verkündeten in Sonderausgaben noch am selben Tag den Einmarsch. Justitiar Wolfgang Berg berichtete bereits im Juni von entsprechenden Diskussionen in der Parteigruppe der Verwaltung (APO I), dass Genossen die Situation in der ČSSR als kritisch erachteten. Der Tenor aber sei, dass die ČSSR-Genossen keine Chance für eine Veränderung der gesellschaftlichen Verhältnisse besäßen. Ihr Aufbegehren sei zwecklos.[863]

Einen eindrucksvollen Bericht lieferte Gert Vorfeld* anlässlich seiner dreiwöchigen Urlaubsreise in die ČSSR, die er am 3. August antrat. Während der ersten Woche auf seiner Tour über Pilsen, Prag, Brno und Kralove gab es keine besonderen Ereignisse, auch die erste Woche danach im Riesengebirge verlief ruhig. Doch wenige Tage vor dem 21. August gab es bereits Hinweise, das Grenzgebiet zu Polen aufgrund angeblicher Manöver besser zu meiden. In der Nacht zum 21. seien sie dann „durch Lärm, welcher vermutlich von schweren Transportflugzeugen verursacht" worden war, „die das Gebiet überflogen", aufgeweckt worden. Man habe dem aber keine besondere Bedeutung beigemessen. Doch nicht wie üblich, waren am nächsten Morgen die Frühstückstische eingedeckt. Die Wirtin weinte. Später gab es zwar Mahlzeiten, aber kleinere, da Lieferungen ausblieben. Die Straßen, so wurde gesagt, seien „durch Panzer und Militär gesperrt". Vorfeld* wertete dies als Gerücht, da es keiner selbst gesehen hatte. Keiner ging an diesem Tag außer Haus. „Sie hörten Radio vom Empfänger des westdeutschen Gastes, welcher Rias eingestellt hatte. Andere Sender wären in deutscher Sprache nicht in dieser Gegend zu hören gewesen." Auf der Rückfahrt, Vorfeld* war auf der Suche nach einer Kfz-Werkstatt, mochte plötzlich keiner mehr „der sonst so freundlichen ČSSR-Bürger" deutsch verstehen, „obwohl in dieser Gegend sehr viele sonst deutsch verstanden, sie reagierten nicht auf die Fragen, gaben keine Auskunft" oder „schickten ihn mit seinem PKW in die entgegengesetzte Richtung". Außer in einem Selbstbedienungsladen erhielten sie nichts. Vorfeld* stellte auf den Straßen zwar keine Panzer fest, doch deutete einiges darauf hin, dass vor kurzem welche gefahren seien. In Jesenice waren u. a. „zerfahrene Straßen, schwarze Fahnen bzw. Landesfahne[n] mit Trauerflor" und Sichtwerbung mit der Aufschrift „Was wollt ihr hier,

862 Protokoll vom 21.8.1968 zur Senatssitzung am 30.7.1968; UAI, S. 1–7, hier 4 f.
863 Bericht von „Walter" am 14.6.1968; BStU, BV Suhl, AIM 984/89, Teil II, Bd. 2, Bl. 269.

sowjetische Soldaten“ zu sehen. Auch seien Schilder mit der Aufschrift „Geschäfte geschlossen“ zu sehen gewesen sowie „Menschenansammlungen welche diskutierten“. In Vichlabi (Hohenelbe) war u. a. die „Straße nach diesem Ort mit Sichtwerbung versperrt“ und „Plakate mit deutscher, russischer und tschechischer Aufschrift“ zu sehen, u. a.: „1939 Hitler, 1968 Ulbricht“. Und auf der Rückfahrt in Tannenvald: „zerschossene Fabrik, brennendes Fahrzeug, eventuell LKW; ein Holzkreuz errichtet, darum Blumen und brennende Kerzen.“ Ab dort seien keine Spuren von Panzern mehr zu sehen gewesen. In Liberec hätten sie „zwei Kreuze“ gesehen, „aufgestellt mit Kerzen und Blumen davor“, und in Decin beklebten „größere Kinder […] das Fahrzeug“ des IM „mit Plakaten, wo die Namen von Dubček und Svoboda sowie die Landesfarben der ČSSR zu erkennen“ waren.[864]

Noch am selben Tag riefen die Institutsleitungen der TH die wissenschaftlichen Mitarbeiter und Hochschullehrer zu Beratungen zusammen. Der „Andrang“ war nicht groß. Am Institut für Physik erschienen nur 27. Von diesen hätten zehn die Erklärung für den Einmarsch nicht unterschrieben. Jene, die zu den „kirchlichen Kreisen“ zählten, seien „nicht anwesend“ gewesen. Tags darauf soll die SED erreicht haben, dass alle unterschrieben. Kurt Ensberg* alias „Hans“ (Kap. 5.3.3, Fall-Nr. 34) glaubte, dass dies nicht die wahre Meinung der Nachzügler sei. Einer der kirchlich gebundenen (bedeutenden) Hochschullehrer soll gesagt haben, dass jetzt nur noch Versammlungen folgen würden, die einen „zum Halse heraushängen“; ähnlich artikulierten andere: „Dies ist wie vor 30 Jahren, wieder eine Besetzung der ČSSR und abermals mit Deutschen.“ Oder in Bezug auf die mangelhafte und falsche Informationspraxis der DDR-Medien: „Hat man“ vor der Wahrheit „Angst, oder sind die Argumentationen der westlichen Länder nicht zu widerlegen“. Andere Auffassungen gingen dahin, zu fragen, ob es nicht Alternativen zum Einmarsch gegeben hätte und ob nun nicht die „freie Meinung und Selbstbestimmung der Bevölkerung brutal unterdrückt“ würde.[865] Die Kritik verfestigte sich im September weiter.[866]

Die Restriktionen griffen. Reisen dorthin, so der Senat, seien „gründlich vorzubereiten und mit jedem Reisenden“ vorab „Aussprachen zu führen“. Die Zuständigkeiten waren klar geregelt. Für das Rektorat, den Lehrkörper und den wissenschaftlichen Nachwuchs war das Rektorat, und für die Studenten der Prorektor für Studienangelegenheiten verantwortlich. Dass im Hintergrund das MfS Regie führte, kam freilich nicht ins Protokoll. Das MfS hatte seine inoffiziellen Mitarbeiter in Schlüsselfunktion beauftragt, die Entwicklung in der ČSSR genauestens anhand von Meinungsbildern zu protokollieren. Zwar war dies eine genuine Aufgabe des MfS (für die Berichterstattung an die SED, aber auch zum eigenen, multivalenten Gebrauch, etwa für die 1965 gebildete Zentrale Auswertungs- und Informationsgruppe [ZAIG] des MfS), doch diesmal erforderte die Situation auch den massiven Einsatz der SED-Mitglieder. In das Protokoll der entsprechenden Senatssitzung kam also hinein, dass, die „auftretenden Diskussionen einer ständigen Analyse zu unterziehen“ seien. Die Dekane erhielten explizit den Auftrag, „dafür zu sorgen, dass seitens der

864 KDI, OG „HS“, o. D.: Bericht von „Max“ zu den Ereignissen in der ČSSR; BStU, BV Suhl, AIM 87/77, Teil II, Bd. 2, Bl. 26–28.
865 KDI, OG „HS“, vom 23.8.1968: Bericht zum Treffen mit „Hans“ am 23.8.1968; BStU, MfS, AIM 88/77, Teil II, Bd. 2, Bl. 8–10, hier f.
866 KDI, OG „HS“, vom 19.9.1968: Bericht zum Treffen mit „Hans“ am 18.9.1968; ebd., Bl. 11–13.

Institute das Rektorat ständig über den Inhalt von Diskussionen und über auftretende Argumente und Meinungen unterrichtet" werde.[867]

„Am 21. August gegen 9.30 Uhr hörte" Berg über eine Genossin „erstmals, dass in der Nacht die Truppen des Warschauer Vertrages einmarschiert wären." Die Genossin meinte, „dass das ‚furchtbar' wäre". Sie hätte Angst, dass sich der Westen einschalte. Ein Student hätte „hämisch gegrinst" bei seiner, Bergs Frage, „wer denn eigentlich die Armee zu Hilfe gerufen hätte". Andere begrüßten den Einmarsch, man sei ohnehin „immer viel zu human" gewesen. Auch war die Rede von der Einmischung in die inneren Angelegenheiten eines Staates.[868] Berg hatte einmal mehr seine Ohren auch außerhalb der TH Ilmenau: Man habe Angst, es hätte schon Tote gegeben, Panzer hätten gebrannt. Da Berg bis 22.00 Uhr Nachrichten hörte und dergleichen nichts berichtet wurde, vermutete er, „dass man auf der Dienststelle", in diesem Fall der Rat des Kreises Ilmenau, „den Westen gehört" habe. Die Parteigruppe „Rektorat" führte sofort am nächsten Tag eine öffentliche Versammlung durch. Berg berichtete, dass man allgemein den Maßnahmen der DDR seine Zustimmung gebe. Jedoch sei man „im Gegensatz zum Vortag" doch „sehr zurückhaltend" geworden. Wer nichts sagte, den habe er aufgefordert, Stellung zu beziehen. Die im Rektorat „eingehenden Meldungen aus allen Bereichen" zeigten, dass die Maßnahmen begrüßt wurden. Lediglich „in der ‚Mathematik' sei man zurückhaltend, und in der ‚Lichttechnik'", jenem Institut, das häufig in der Kritik der SED stand und dessen Direktor, Harald Beck,[869] 1962 in die Bundesrepublik geflüchtet war (Kap. 5.4.5, S. 612),[870] sei man gar gegen die Maßnahmen. Und durch eine offene Tür im Institut für maschinelle Rechentechnik hörte Berg jemand sagen: „Wer gibt uns denn das Recht zu bestimmen, was die drüben tun oder lassen sollen." Zwar versuchte er weiter zu lauschen, „konnte aber nichts Wesentliches von außen mehr hören". Er notierte die Namen, die an der betreffenden Zimmertür standen. Von einem Mitarbeiter ließ er sich erzählen, was der von Westmedien so wisse; Zitat: „Man hätte gezeigt, wie eine Demonstration stattfindet und eine Fahne getragen wird, die man mit Blut eines Getöteten beschmiert hätte. Hubschrauber würden an der Grenze fliegen", somit wisse man, „was sich hinter der Grenze abspielt, wo sowjetische Panzer einfahren."[871]

Kaufmann alias „Frost" arbeitete spätestens seit dem 21. August vorübergehend im Raum des 1. Sekretärs der HPL als Verantwortlicher „für die Endzusammenstellung der Informationen für die Kreisleitung der Partei" über die Ereignisse in der ČSSR. Er übergab die Erkenntnisse auch dem MfS.[872] Täglich. Am 21. berichtete er zu mindestens 15 Aspekten, u. a. zu Meinungen von Hochschulangehörigen und Studenten („Einmischung ja oder nein?", „War das notwendig?", „Wäre keine andere Lösung möglich gewesen?" etc.). Es

---

867 Protokoll vom 21.8.1968 zur Senatssitzung am 30.7.1968; UAI, S. 1–7, hier 6 f.

868 Bericht von „Walter" am 21.8.1968; BStU, BV Suhl, AIM 984/89, Teil II, Bd. 2, Bl. 305 f.

869 Geb. am 14.2.1907 in Frankfurt/M. 1926–1931 Studium in München und Dresden. 1955 wiss. Oberassistent in der Abt. Lichttechnik der HfE. 1956 Prof. mit Lehrauftrag. Direktor des Instituts für Lichttechnik. Zunächst auch Leiter des Meininger Instituts. Mitglied der LDPD ab 1945. Gest. am 4.11.1989. Quelle: UAI, 6992 Pers. u. Gall: Anfänge der lichttechnischen Ausbildung.

870 Ebd., zweite Quelle, S. 14.

871 Bericht von „Walter" am 23.8.1968; BStU, BV Suhl, AIM 984/89, Teil II, Bd. 2, Bl. 308 f.

872 KDI, o. D.: Bericht zum Treffen mit „Frost" am 21.8.1968; BStU, BV Suhl, AIM 872/89, Teil II, Bd. 1, Bl. 30.

wurden primär Informationen gesammelt, die für das MfS interessant waren, etwa jene, wonach 30 Studenten, Aspiranten und Praktikanten aus der ČSSR von einem Betreuer begleitet wurden, der Dubček-Anhänger war, und dass zehn Mitarbeiter des Instituts für Physik ihre Unterschrift unter eine Solidaritätsadresse für den Einmarsch verweigerten.[873] Ende August meinte ein Wissenschaftler, dass für ihn am 21. August „eine Welt zusammengebrochen" sei, ein anderer, dass ihn der Einmarsch „fast erschlagen" hätte, ein dritter habe gar den Einmarsch als Aggression bezeichnet. Die Palette der Meinungen reichte von der Begrüßung der Maßnahmen bis hin zur Bekundung von Angst vor einem dritten Weltkrieg. Auch berichtete „Frost" dem MfS von den Solidaritätsadressen, so kopierte er vier schriftlich-offizielle Bekundungen von Mitarbeitern der ersten und zweiten Leitungsebene.[874] Ende August hätten alle Bereiche entsprechende Erklärungen abgegeben. „Frost" berichtete, dass Druck auf jene Angehörigen der Hochschule ausgeübt worden sei, die sich geweigert hätten, solche Solidaritätsbekundungen zu unterschreiben.[875]

Die Berichterstattung Bergs an das MfS fand nahezu täglich statt. Am 23. August kursierten Gerüchte, wonach Alexander Dubček bereits verhaftet sei. Die Kaderleiterin der TH bemerkte, dass die Berichterstattung der DDR sich „wesentlich verbessert" habe. Am 26. August führte die Parteigruppe „Rektorat" eine öffentliche Parteigruppenversammlung durch. Die Gelegenheit nutzten allerdings nur zwei parteilose Personen. In Suhl wären Losungen „angeschmiert" worden, etwa: „Lasst Dubček frei!" Eine Genossin empörte sich und „nahm sofort dagegen Stellung". Man unterzeichnete erste Stellungnahmen. Zwei Genossen versuchten sich zu drücken, einer verließ vorzeitig die Versammlung. Berg stellte sie anschließend zur Rede.[876] Am 27. August führte er mit mehreren Personen Gespräche über Stimmungen, fragte wiederum, wer Westnachrichten höre. Dem MfS nannte er die Namen. Am 28. August fand nochmals eine öffentliche Parteigruppenversammlung statt, zeitweilig soll Hans-Joachim Mau hinzugekommen sein. Einige wenige Mitglieder waren keinesfalls prosowjetisch eingestellt, sie machten aus ihren Zweifeln an den Darstellungen der DDR-Medien keinen Hehl. Wenn man nicht wahrheitsgemäß berichte, dann „würde uns" das „großen Schaden in Diskussionen mit der Bevölkerung bringen", sagte einer. Dubček sei kein Führer der Konterrevolution. Indes wurde Berg von einer Genossin gerühmt, dass er eine Ausnahme sei, alle hörten den Westen ab, er hingegen nicht.[877] Das aber traf nicht zu.

Auch Klaus Rogazewski[878] alias „Peter Arbeiter" (Kap. 5.3.3, Fall-Nr. 70) berichtete umfassend zu den Ereignissen in der ČSSR. Sein Direktorat Kader und Qualifizierung (K/Q) erhielt eine Vielzahl von Stimmungsbildern. Am 23. August teilte er seinem Führungsoffizier mit, dass ihm jemand gesagt habe: „Ist es wieder soweit, dass sich Deutsche

---

873 Liste von Fragen, Meinungen und Haltungen vom 19.8.1968; ebd., Bl. 31.

874 Bericht von „Frost", vom 22.–26.8.1968; ebd., Bl. 33–35 u. 36 f.

875 KDI, o. D.: Bericht zum Treffen mit „Frost" am 30.8.1968; ebd., Bl. 40.

876 Bericht von „Walter" am 27.8.1968; BStU, BV Suhl, AIM 984/89, Teil II, Bd. 2, Bl. 311 f.

877 Bericht von „Walter" (Datum unleserlich, vermutlich 28.8.1968); ebd., Bl. 317 f.

878 Geb. am 4.4.1939 in Berlin. 1962 Studium an der HfE resp. THI, 1970 Promotion. 1963–1967 wissenschaftlicher Assistent, 1967–1971 u. a. wissenschaftlicher Sekretär, 1972–1989 Direktor K/Q, anschließend wiss. Sekretär des Direktors der Sektion MARÖK.

schämen müssen. Ich für meine Person schäme mich."[879] Zahlreiche Meinungen aus dem Kreis der oben genannten Delegation aus der ČSSR zu den Ereignissen in ihrem Lande teilte er dem MfS mit. An drei Tagen ihres mindestens einwöchigen Besuchs der TH Ilmenau waren sie für einige Tage nach Leipzig gefahren. Rogazewski reiste als einer von drei „Betreuern" mit. So soll der Delegationsleiter in allen Gesprächen die Auffassung vertreten haben, dass die Regierung legal sei (Rogazewski: „gemeint sind die konterrevolutionären Kräfte"), kein Mitglied der Reisegruppe habe dem widersprochen. Mehr noch, er sprach gar von einer Besetzung wie weiland 1938, von „Okkupanten" und „Interventen". Die Vereinbarungen, so der Delegationsleiter, seien „unter dem Druck der Waffen zustande gekommen". Von Freundschaft mit der Sowjetunion könne nicht mehr „geheuchelt" werden, das sei nun vorbei. Die DDR-Presse lüge.[880]

Rogazewski hatte am 26. September vier Wissenschaftler, die um den 21. August herum in der ČSSR weilten, zu einem Gespräch eingeladen. Er wollte wissen, was sie gesehen hätten, was erlebt und was ihnen gesagt worden sei – angeblich zur Prävention hinsichtlich von Begegnungen auf künftigen Konferenzen wie dem IWK im Oktober. Es soll sich jedoch keiner geäußert haben. „Sie wüssten nicht, was sie sagen sollten." Das einzige Nennenswerte war, dass sie auf ihrer Rückreise festgestellt hätten, „dass Wegweiser demoliert worden waren" und dass „keine Verpflegung und Benzin für Ostdeutsche zu bekommen war".[881]

Hans-Joachim Mau fertigte am 29. August ein Stichwortprotokoll zur Rektorenkonferenz drei Tage zuvor beim MHF an. Tradiert sind Restriktionen. Etwa jene Anweisung Ernst-Joachim Gießmanns, wonach der Amateursendebetrieb in der DDR bis auf weiteres zu ruhen hatte. Sein Staatssekretär und 1. Stellvertreter, Hans-Joachim Böhme, führte laut Mau aus, dass „politische Aktionen [...] nicht Kommissionen übertragen werden" dürfen, sondern stets „Aufgaben der Leitungen" bleiben müssen. Hinsichtlich der Lage in der ČSSR sollten sofortige Aussprachen mit den Studenten beginnen, es dürfe nicht gewartet werden, „bis alle wieder am Studienort sind". Unliebsame Meinungen sollten sofort unterbunden werden. Alles sollte praktisch sofort berichtet werden: „Berichte jeweils dienstags und donnerstags bis 15.00 Uhr per Fernschreiber, möglichst früher." Der Rektor der Universität Rostock, Günter Heidorn, gab zu bedenken, „dass das Wesen der Konterrevolution in [der] ČSSR nicht richtig erkannt" werde. Und der Vertreter der Abteilung „Ausland" des MHF gab bekannt, dass sämtliche Reisen in die ČSSR bis auf Widerruf gestoppt seien. Reisen nach Rumänien und Jugoslawien seien zwar noch erlaubt, bedurften jedoch grundsätzlich der Rücksprache mit dem MHF.[882]

Der „Prager Frühling"[883] bestimmte bis Ende des Jahres die politischen Diskussionen. Rainer Nokkel* alias „Peter Schulz" (Kap. 5.3.3, Fall-Nr. 71) berichtete am 3. November, dass man eher zurückhaltend mit Äußerungen zur Lage in der ČSSR sei, aber durchaus

---

879 KDI: Bericht von „Peter Arbeiter" am 23.8.1968; BStU, BV Suhl, AIM 1589/90, Teil II, Bd. 1, Bl. 8.
880 KDI vom 3.9.1968: Bericht von „Peter Arbeiter"; ebd., Bl. 15–17.
881 KDI, o. D.: Bericht zum Treffen mit „Peter Arbeiter" am 1.10.1968; ebd., Bl. 24–26, hier 26.
882 Stichwortprotokoll zur Rektorenberatung am 26.8.1968; UAI, S. 1–3.
883 Vgl. Ohse: Jugend nach dem Mauerbau, S. 185–210. Münkel, Daniela (Hrsg.), Florath, Bernd (Bearbeiter): Die DDR im Blick der Stasi 1968. Die geheimen Berichte an die SED-Führung. Göttingen 2018.

kritisiere, dass die Medien anlässlich der Rückkehr von DDR-Soldaten besser beraten gewesen wären, wenn sie sich zurückhaltender geäußert hätten. Und Ende Januar 1969 berichtete er, dass Suizide, besonders die Selbstverbrennung von Jan Palach[884], allgemein verurteilt würden; Zitat: Ein „Selbstmord aus Nationalbewusstsein" sei „nicht denkbar". Die Medienberichterstattung sei schlecht, da man stets erst Tage später über das aktuelle Geschehen informiert werde. Zwangsläufig informiere man sich aus Medien der Bundesrepublik.[885] Sein Bericht vom 15. Oktober über das in diesem Jahr absolvierte Ingenieurpraktikum im VEB Funkwerk Erfurt, das vom 11. März bis 31. August lief, enthielt auch Hinweise zu den Reaktionen der Arbeitskollektive im Betrieb, in denen die 15 Teilnehmer der TH Ilmenau integriert waren. Man sei regelrecht erregt gewesen und habe kleine Transistorradios mit auf Arbeit genommen, um immer aktuell informiert zu sein. Insbesondere verstehe man nicht das Verbot des Amateurfunkverkehrs. Es blühe nachgerade die Produktion von Konvertern zum Empfang des ZDF: „Die größte Geräteserie, die im Funkwerk jemals gebaut wurde, ist wahrscheinlich die illegale Serie der Konverter zum Empfang des II. Fernsehprogramms aus Westdeutschland."[886]

Am 2. September 1968 fand eine Mitgliedervollversammlung der SED im Großen Hörsaal statt. Anwesend waren circa 200 SED-Mitglieder (50 Prozent). Das Referat über die Aufgaben der Partei an der Hochschule hielt Karl-Heinz Linsel. Er sprach über die Geschehnisse in der ČSSR, über „schiefe Diskussionen" in einigen Instituten und über „eine Fülle von Aufgaben im Rahmen der Hochschulreform". Ein Institutsdirektor habe geduldet, dass ein Student aus der ČSSR „seine revisionistische Linie ausbreiten konnte" und in der IV. Fakultät sei „einer gemeinsamen Erklärung durch Unterschriftsleistung nicht zugestimmt worden".[887]

Zurück zur Hochschulreform. Hans-Joachim Böhme teilte der TH Ilmenau mit Schreiben vom 28. August mit, dass für die Umsetzung der Hochschulreform die HU Berlin, die FSU Jena und die TH Magdeburg Modellcharakter besäßen.[888] Die veröffentlichte Hochschulstruktur für das Herbstsemester 1968/69 wies zwar das gewohnte Bild der alten Fakultätsdarstellung auf, doch gegenüber dem Strukturbild des Herbstsemesters 1964/65 tauchte in der III. Fakultät für Schwachstromtechnik erstmals der Strukturbegriff „Sektion" auf. Aus den ehemaligen drei Instituten für Fernmeldetechnik, Hochfrequenztechnik und Elektroakustik sowie Mikrowellentechnik und Wellenausbreitung waren nun die Lehrstühle unter dem Begriff „Sektion für Nachrichtentechnik und elektronische Messtechnik" versammelt. Das Institut für Physik der I. Fakultät erhielt einen Lehrstuhl für angewandte Physik, und in der II. Fakultät für Starkstromtechnik kam es zu einer Institutsumbenennung (von Institut für Elektromaschinenbau in Institut für elektrische Maschinen). Die III. Fakultät verlor die Institute für Maschinenkunde und – was längst überfällig war – für Politische

884 Jan Palach (1948–1969). Der Student verbrannte sich auf dem Prager Wenzelsplatz am 16. Januar 1969 aus Protest gegen die Niederschlagung des Reformprozesses in seiner Heimat.

885 Berichte von „Peter Schulz" am 3.11.1968 u. 26.1.1969; BStU, BV Suhl, AIM 604/92, Teil II, Bd. 1, Bl. 98 f.

886 Bericht von „Peter Schulz" am 15.10.1968; ebd., Bl. 92 f.

887 Bericht von „Walter" vom 9.9.1968; BStU, BV Suhl, AIM 984/89, Teil II, Bd. 2, Bl. 327 f.

888 MHF, Böhme, vom 28.8.1968; UAI, Sgn. 554 B, 1 S.

Ökonomie.[889] Auch was die Studienpläne und Studiencharakteristiken anlangte, blieb fast alles beim Alten.[890]

Ein wichtigstes Thema auf der Senatssitzung am 10. September bildete der Bericht der Stabsgruppe zur finalen Vollendung der Hochschulreform im Rahmen der Grundkonzeption. Als ob die Zeit nicht schon drängte und die Fristen nahezu abenteuerlich eng konzipiert waren, sollte Mau dem MHF nun bereits anlässlich des Republikgeburtstages am 7. Oktober eine Verlaufsdarstellung der Reform übergeben, die Inhalte implizierte, die eigentlich erst später umzusetzen waren. Das bedeutete, dass alle „wesentlichen" Aufgaben vorfristig abzuschließen waren. Der Staat machte Druck. In die Vorlage für den Minister sollte hinein: das Grundprofil der Hochschule samt den Profilen der Sektionen bis hin zur „Festlegung der genauen Bezeichnung der Sektionen"; die „Erarbeitung des Ausbildungsprofils, des Gesamtstudienplanes, der Konzeption zur marxistisch-leninistischen Bildung" und die „Erarbeitung der Konzeption zur Gestaltung der TH als geistig-kulturelles Zentrum"; die „Erarbeitung des Forschungsprofils" sowie die „Festlegungen über die Hauptträger der Vertragsforschung"; die „Erarbeitung eines genauen Angebots der Weiterbildung entsprechend der äußeren Weiterbildungsfunktion der THI"; die „Gestaltung der Beziehungen zwischen THI und Territorium"; die „Charakterisierung der Grundstruktur der THI, Festlegung der Leit- und Weisungslinie, Erarbeitung des Informations- und Leitungssystems, Konzipierung der Verwaltungsstruktur bzw. des Verwaltungsapparates" sowie nicht zuletzt die „Festlegungen über die Leitung der Sektionen sowie der TH" und die „Erarbeitung des Kaderprogramms". Andere, hier nicht aufgeführte Teilprobleme erhielten zu deren Lösung eine Frist bis Mitte November, „weil dann die Formulierung des Beschlusses der V. WÖK zum 17. Dezember 1968" zu erfolgen hatte.[891] Die V. WÖK sollte den Abschluss der strukturellen und inhaltlichen Umgestaltung der TH Ilmenau im Rahmen der Hochschulreform bilden, ein Datum, zu dem dann sechs Sektionen gegründet sein sollten: KONTEF, PHYTEB, MARÖK, TBK, INTET und ET. Proklamiert wurde ein wissenschaftliches Profil der Hochschule, das „in hohem Maße von der Elektronik bestimmt" sein sollte.[892]

Auf der Sitzung des Senats am 24. September wurde eine Vorlage von Günther Ulrich zur Auflösung der III. Fakultät diskutiert. Wieder einmal war es Ulrich, der nicht nur hinter vorgehaltener Hand, sondern in aller Deutlichkeit herausstellte, dass der methodische Weg falsch sei und auf die Inhalte der Ausbildung und Forschung nur negativ wirken würde. Keinesfalls, so Ulrich, könne die Auflösung der III. Fakultät „als Modellfall für die Umstrukturierung der Hochschulorganisation im Sinne der Hochschulreform betrachtet werden, da sie nur im Rahmen der Institute und der aus diesen aufgebauten Sektionen der Fakultät erfolgt, ohne die zentralen Stellen einzubeziehen. Der Vorgang kann demnach nicht koordiniert ablaufen. Die Folge davon ist, dass sich in diesem Fall aus der

---

889 PVV, HS 1968/69; Handbibliothek, S. 43 f.

890 KDI, OG „HS", o. D.: Bericht von „Max" am 1.10.1968; BStU, BV Suhl, AIM 87/77, Teil II, Bd. 2, Bl. 29 f., hier 29.

891 Protokoll vom 24.9.1968 zur Senatssitzung am 10.9.1968; UAI, S. 1–6, hier 3 f. Die V. WÖK fand am 18.12. statt.

892 Zanter: Entwicklung des Hochschulwesens, S. 47.

Hochschulreform nur Nachteile ergeben." Ulrich hatte sich die Belastungsstruktur für Sekretärinnen und für viele Pflichtaufgaben wie die Durchführung von Promotionen und Habilitationen, Diplomvor- und Diplomabschlussprüfungen, Aufgaben aus der Verbindung mit den Prorektoren und dem Verwaltungsleiter angesehen, um festzustellen, dass diese hybride Strukturform (abgebildet im PVV 1968/69) nicht funktionieren könne. Da keine „Anpassung der zentralen Leitungsstellen der Hochschule an die neue Struktur mit den Sektionen" erfolgte, so Ulrich, müsse „die gesamte bisherige Tätigkeit der Fakultät nur auf die beiden Sektionen und das Institut für Bauelemente übertragen werden. Aus diesem Vorgang resultiert eine Verdreifachung der studentenzahlunabhängigen Aufgaben, während sich die studentenzahlabhängigen Aufgaben einfach aufschlüsseln." Dies führe u. a. automatisch zu einer weiteren Belastung der ohnehin „bereits völlig überlasteten Institutssekretärinnen bei den Sektionen". In summa müsse also „ein Kompromiss gesucht werden, der den Wegfall der Fakultät für einen gewissen Zeitraum ermöglicht". Junge Wissenschaftler mit administrativen Aufgaben zweckentfremdet einzusetzen, sei nicht der richtige Weg.

Auch im Zusammenhang mit der Aufstellung der Funktionspläne herrschte die Ressourcenknappheit, so dass sich Ulrich genötigt sah, zwei Forderungen zu formulieren: „Bei der viel zu knappen wissenschaftlichen Kapazität für die Lehre und Vorlaufforschung darf der Fachwissenschaftler nur für seine eigentlichen Aufgaben eingesetzt werden." Und: „Jede administrativ-organisatorische Arbeit, die bisher im Rahmen der Fakultäten bzw. Institute durchgeführt werden musste, muss daraufhin untersucht werden, ob sie in den zentralen Stellen der Hochschule erledigt werden kann. Einzelarbeiten sind immer relativ aufwendig, da sie mit antiquierter Bürotechnik, relativ hoher Fehlerwahrscheinlichkeit und Schwierigkeit in der Vollständigkeit der Unterlagen abgewickelt werden müssen."[893]

Dem Kollegium lag am 17. September ein Vertragsentwurf zwischen dem MHF und dem MEE vor, der heftig diskutiert worden war, da man sich genötigt sah, vor allem zwei Änderungen vorzuschlagen, die beide den Willen der SED markierten, die Durchschlagskraft der Industrie gegenüber den Universitäten und Hochschulen zu verstärken. Das Kollegium monierte den Begriff „bestimmender Einfluss" seitens der Industrie gegenüber dem MHF mit dem Argument: „Eine Hochschule kann nicht bindend von einem bestimmten Industriezweig abhängig sein." Es wurde empfohlen, diesen Begriff zu substituieren, etwa durch „verpflichtet werden [...] verantwortungsvoll mitzuwirken". Auch die direkte Meldung des „prognostischen Bedarfs an Kadern seitens der Industrie" an die entsprechende Hochschule sei nicht korrekt, da hier unbedingt das zuständige Fachministerium, das MHF, zwischengeschaltet werden müsse. Ähnlich verhalte es sich mit der Absolventenvermittlung, auch hier gebe es keinen direkten Verbindungsdraht zwischen Industrie und Hochschule.[894] Dem MHF wurde folgende Zukunftsversion übergeben:

---

893 Vorlage von Ulrich vom 24.9.1968: Auflösung der III. Fakultät, aufgefunden im Konvolut zur Senatssitzung am 24.9.1968; UAI, S. 1–3.

894 Protokoll vom 30.9.1968 zur Kollegiumssitzung am 17.9.1968; UAI, S. 1–8.

Tabelle 34: Entwicklung der TH Ilmenau, 1968–1980[895]

Sektion/Institut	Direktstudenten			Fern- u. Abendstudenten		
	1968	1975	1980	1968	1975	1980
Sektion Mathematik	6	90	150	14	20	30
Sektion Allgemeine u. theoretische Elektrotechnik	182	190	200	1	20	40
Sektion Elektroenergetik	241	240	300	84	80	80
Sektion Leistungselektronik	249	280	400	20	40	90
Sektion elektrochemische u. -thermische Technik	118	120	200	8	20	40
Sektion Physik u. elektronische Bauelemente	240	250	300	44	50	70
Sektion Nachrichtentechnik u. elektr. Messtechnik	490	670	800	115	160	190
Sektion Technik u. biomedizinische Kybernetik	382	470	700	161	170	170
Sektion Feingerätetechnik	291	470	700	30	80	170
Sektion Technologie der Elektroindustrie	172	320	500	8	60	120

Zum neuen Strukturbestandteil der Leitung, dem Gesellschaftlichen Rat (GR) der THI, lagen indes die Vorstellungen über den maximal 40 Mitglieder umfassenden Kreis wie folgt vor: Rektor, ein 1. Stellvertreter, ein Direktor eines Funktionalorgans, sechs Vertreter aus der Praxis (Industriebetriebe), vier Vertreter des Territoriums, ein Vertreter des MEE, vier Vertreter aus dem Lehrkörper, drei Vertreter des wissenschaftlichen Nachwuchses, drei FDJ-Studenten, drei Arbeiter resp. Angestellte, zwei Abgeordnete, drei Vertreter der SED resp. anderer gesellschaftlicher Organisationen, ein Vertreter der Militärabteilung sowie zwei Vertreter von wissenschaftlichen Einrichtungen von außerhalb der TH. Die eigenen Vertreter sollten auf der V. WÖK im Dezember gewählt werden.

Dagegen befand sich die Form und Zusammensetzung des anderen neuen Organs, des Wissenschaftlichen Rates (WR), noch in der Phase der Vorklärung. Vorgelegt wurden von der Stabsgruppe zwei Varianten. Die erste Variante sah die Gliederung des WR in drei Fakultäten (Mathematik und Naturwissenschaften, Gesellschaftswissenschaften, Technische Wissenschaften), die zweite eine Aufgliederung der Fakultät für Technische Wissenschaften „im Sinne zweier weiterer Fakultäten" vor, nämlich in je eine für Informations- und Leistungselektronik. Der WR sollte vom Rektor geleitet und das Präsidium zusammengesetzt werden aus dem Rektor und dem Prorektor für Perspektive und Prognose (ggf. alle Prorektoren), den Dekanen, je zwei FDJ-Studenten und Vertreter des wissenschaftlichen Nachwuchses, je einem Vertreter der SED, Gewerkschaft und FDJ sowie dem Direktor der Bibliothek.[896]

Am 17. Oktober 1968 beriet eine hochkarätig besetzte Gruppe in der Suhler Bezirksleitung der SED über den weiteren Kurs. U. a. nahmen Albrecht und Engelhardt von der Bezirksleitung und Groschupf vom MHF teil, auch das ZK der SED war vertreten. Engelhardt „glänzte" mit der Forderung, dass der Marxismus-Leninismus „innerhalb der Sektionen zur Grundlage der Forschung gemacht werden" müsse. Hieran knüpfte auch der ZK-Vertreter an, der die Vorlage der TH kritisierte, weil sie „zu wenig das neue Denken und Handeln der Hochschulangehörigen" zeige. Der 1. Sekretär der Bezirksleitung, Hans Albrecht, forderte, dass die TH als strukturbestimmende Größe im Bezirk ihrer Rolle gerecht

895 THI vom 16.9.1968: Entwurf zur Gliederung und Grobdisposition der Beschlussvorlage zur Verteidigung beim Minister des MHF zur Entwicklung der THI in Erziehung, Ausbildung Weiterbildung und Forschung bis 1980; UAI, Sgn. 551.

896 Protokoll vom 30.9.1968 zur Kollegiumssitzung am 17.9.1968; UAI, S. 1–8, hier 7 f.

werden müsse, es gehe nicht um die Struktur schlechthin, sondern um inhaltliche Veränderungen, eine „moderne Hochschule" sei jedenfalls „nicht erkennbar". Er forderte die Überarbeitung der Vorlage.[897]

Im Oktober war die Beschluss-Vorlage für die Dienstbesprechung der Rektoren im MHF für November fertig. Sie enthält auf Grundlage der Grundkonzeption als Anlage 2 vom 11. Juni 1968 und weiterer Anlagen[898] detaillierte Angaben über (1) den bisherigen Verlauf der Hochschulreform, (2) das wissenschaftliche Profil der Hochschule, (3) die neue Leitungsstruktur, (4) die Hauptaufgaben der Institute und Sektionen sowie (5) über künftige Aufgaben der TH Ilmenau bis zum Jahre 1980. Hier expliziter nur zu (1) und (3):

Zu (1): Festgestellt wurde, dass sich die Hochschule im Laufe ihrer Existenz „aus einer Spezialhochschule für Elektrotechnik zu einer Technischen Hochschule entwickelt" habe. Seit 1967 sei die prognostische Arbeit hinsichtlich der „Verwirklichung der ‚Prinzipien' zur weiteren Umgestaltung von Lehre und Forschung an den Hochschulen der DDR" in Angriff genommen worden. In diesem Prozess seien 2.800 Hochschulangehörige inklusive Studenten einbezogen worden. Aktuell würden 700 Hochschulangehörige in 110 Arbeitsgruppen und -kollektiven an der Ausarbeitung der Aufgaben der Sektionen mitarbeiten. Den Höhepunkt in dieser Phase werde die V. WÖK im Dezember bilden. Konstatiert wurde, dass es durchaus Widerstand gegen die Hochschulreform gab: „ungenügende Bereitschaft, den Schritt in Neuland zu gehen" oder etwa das „Festhalten an angeblich bewährten und erfolgreichen Arbeitsgewohnheiten und Leitungsmethoden". Aber auch inhaltlich konstatiert der Bericht einen problematischen Sachstand, etwa der bedenkliche Zustand hinsichtlich der Bestimmung der wissenschaftlichen Schwerpunkte in Ausbildung und Forschung: „Dabei spielten u. a. die zur Zeit noch nicht exakt ermittelten Kaderbedarfszahlen an Absolventen, die Vielzahl der Ausbildungskapazitäten an verschiedenen Hochschulen auf dem Gebiet der Elektrotechnik und Elektronik, die vorhandenen Traditionen im Hochschulwesen, die Zersplitterung der Forschungskapazität der TH auf die Mehrheit der Industriezweige der Elektrotechnik/Elektronik und subjektivistische und unwissenschaftliche Auffassungen über Ziel und Inhalt der sozialistischen Hochschulreform eine hemmende Rolle." Deutlich ist gesagt, dass mit dieser Beschluss-Vorlage eine „Neubestimmung der Funktion der TH Ilmenau im System des Hochschulwesens" einhergeht. Das wissenschaftliche Profil werde eine „grundlegende Veränderung" erfahren.

Zu (3): Der Leitungsstruktur des Rektors, der dem Minister des MHF gegenüber

---

[897] THI, Büro des Rektors: Protokollartiges, handschriftlich ausgeführtes Papier zur Beratung im Sekretariat der BL der SED Suhl am 17.10.1968; UAI, Sgn. 11.356, S. 1–10.

[898] Zweites Erziehungsprogramm der THI; UAI, Sgn. 11.356, S. 1–4 (Anlage 4). Programm für die marxistisch-leninistische Bildung und Weiterbildung der Hochschulangehörigen, Kurzfassung, o. D.; ebd., S. 1–9 (Anlage 5). Profil und den Inhalt des Studienplanes der THI, o. D.; ebd., S. 1–9 (Anlage 6). Forschungsprofil der THI (o. D.); ebd., S. 1 f. (Anlage 8). Strukturplan der THI, o. D.; ebd., 1 S. (Anlage 11). Es sind weitere Anlagen bis Nr. 20a tradiert, die offenbar aber nicht an das MHF gegeben worden sind: Der Gesellschaftliche Rat der THI; ebd., S. 1 f. (Anlage 13). Der Wissenschaftliche Rat der THI; ebd., 1 S. (Anlage 14). Die Hochschulleitung der THI; ebd. 1 S. (Anlage 15). Ohne Anlagenkennzeichnung ein Vorschlag zur Entwicklung der Studenten bis 1980; ebd., 1 S. Rahmen-Statut für die Sektionen der THI; ebd., S. 1–4 (Anlage 17). Funktionsrahmen der Leitungskräfte der Sektion; ebd., S. 1 f. (Anlage 18). Führungskonzeption des Rektors; ebd. S. 1–6 (Anlage 19). Programm der Arbeits- und Lebensbedingungen, Teil 2: Bauprogramm der THI; ebd. S. 1–16 (Anlage 20a).

verantwortlich und rechenschaftspflichtig war, gehörten in der Spitze als Vertreter des Rektors der 1. Stellvertreter und der Prorektor an. Als Beratungsgremien des Rektors fungieren der Gesellschaftliche Rat (GR), die WÖK und der Wissenschaftliche Rat (WR). In der Leitungsebene des Rektors sollten „Funktionaldirektoren" etabliert werden, und zwar für: Ausbildung und Erziehung, Weiterbildung, Forschung, Ökonomie und Planung, Wissenschaftliche und kulturelle Beziehungen sowie Kader und Qualifizierung.[899]

Böhme führte auf der Dienstbesprechung der Rektoren am 8. November 1968 aus, dass Regierung und das ZK der SED die bisher erreichten Erfolge anerkannt hätten, jedoch müsse allen „klar sein", dass wir erst „am Anfang der Reform stehen. Die Ouvertüre ist beendet, die Oper kann beginnen. Die revolutionierenden Maßnahmen, die Walter Ulbricht fordert, müssen begonnen werden, um auch an den Hochschulen den neuen Abschnitt der Wissenschaftspolitik einzuleiten." Ob auch Mau sich kritisch in Berlin geäußert hatte, wissen wir nicht, wahrscheinlich nicht, sonst wäre diese Wortmeldung sicherlich in das Protokoll genommen worden. Kritisch hatte sich hingegen Heidorn gezeigt, der kundtat, dass es an seiner Rostocker Universität größte Schwierigkeiten bei der Realisierung der Forderung nach Konzentration der wissenschaftlichen Kapazitäten gebe. Wie drängend der SED die Reform war, zeigt nicht zuletzt die Festlegung, dass über den Fortgang der Reform „dienstags und donnerstags dem Minister [des MHF] schriftlich" zu berichten war.[900] Kurz zuvor hatte Böhme den zum Rapport erschienenen Delegationen der Universitäten und Hochschulen die Order erteilt, nicht viele Sektionen zu gründen, sondern wenige, im Falle Ilmenaus lediglich fünf. Die TH Ilmenau hatte, siehe Tab. 34, zehn vorgeschlagen. Großsektionen entsprächen eher den Anforderungen, nicht viele kleine, lautete der Rat.[901]

Abbildung 19: V.l.n.r.: Böhme, Kemnitz und Albrecht

---

899 THI: Beschlussvorlage zur Dienstbesprechung bei Gießmann am 5.11.1968; UAI, Sgn. 11.356, S. 1–21, u. 10 Anlagen, hier 1–3 u. 7 f.

900 THI vom 9.11.1968: Rektoren-Dienstbesprechung am 8.11.1968; UAI, Sgn. 554 B, S. 1–4.

901 KDI, o. D.: Bericht zum Treffen mit „Peter Arbeiter" am 1.11.1968; BStU, BV Suhl, AIM 1589/90, Teil II, Bd. 1, Bl. 35.

Der Antrag zur Bildung der Sektion Konstruktion und Technologie der Feinwerktechnik (KONTEF) wurde am 25. November 1968 von Gerhard Bögelsack[902], Leiter der Arbeitsgruppe KONTEF, gestellt. In dieser Sektion waren die Institute für Feingerätetechnik inkl. der Abteilungen für Konstruktionssystematik, Fertigungstechnik, Foto- und Kinotechnik, Getriebetechnik, Konstruktion und Technologie des schwachstrom-technischen Gerätebaus (hierfür musste ein Vertrag mit der Sektion für Informationstechnik und theoretische Elektrotechnik geschlossen werden), Maschinenelemente, Optik, Produktionsorganisation, Standardisierung und Gütesicherung sowie Technische Mechanik und Thermodynamik zu vereinen. In der Begründung findet sich – außer Hinweisen zu den staatspolitischen Forderungen im Zuge der Hochschulreform – lediglich das fachliche Argument der Vereinigung von „Konstruktion und Technologie der Gerätetechnik in Lehre und Forschung". Warum aber diese beiden Bereiche zwingend zusammengehörten, kann der Begründung nicht entnommen werden. Beschrieben ist, welche Aufgaben der Sektion zukommen und in welche Lehrbereiche (LB) sie aufzugliedern sei, nämlich in vier: „Konstruktionstechnik", „Technologie", „Feingerätetechnik" und „Elektronische Gerätetechnik".

Die Organisation der Lehre sollte durch Aufteilung der Sektion in Lehrgruppen (LG) strukturiert werden. Jeder LG sollte ein Lehrgruppenleiter vorstehen. Innerhalb der LG sollten Lehrstühle mit und ohne Dozenturen sowie die wissenschaftlichen Mitarbeiter verankert werden. Für die Tätigkeit der LG und deren Koordinierung sollte der Stellvertreter für EAW des Sektionsdirektors verantwortlich sein. Die Fachrichtungen sollten ausbildungsmäßig so konzipiert werden, dass „die Lehrgruppen einen gewissen Anteil an der Fachausbildung zu tragen" in der Lage waren. Die Konzipierung hierzu erfolgte unter Verantwortung des Stellvertreters EAW. Der Begriff „Fachbereich", verwandt als bisheriges Strukturelement", sollte wegfallen. Die Forschungsarbeit sollte über Forschungsgruppen (FG) geleitet werden. Die übersektionalen Forschungskomplexe sollten durch Kooperationen von FG verschiedener Sektionen bearbeitet werden.[903]

Bögelsack publizierte in der *Feingerätetechnik* Nr. 1/1970 ein erstaunlich genaues mit Namen versehenes Strukturbild der Sektion KONTEF. Ausdrücklich wird die Leistung aller ihrer Institute gelobt, die bislang über 900 Diplom-Ingenieure ausbildeten und in denen 68 Dissertationen, vier Habilitationen und 453 Veröffentlichungen entstanden. Er beschreibt sieben größere Aufgabenkomplexe der Sektion, darunter die „Ausbildung und Weiterbildung technischer Kader an Betriebsakademien u. ä. Einrichtungen". Das Heft war ganz seiner Sektion gewidmet. Einmal mehr glänzte Heinz Haferkorn[904] mit einer für

---

902 Geb. am 5.5.1932 in Halberstadt. 1952–1957 Studium an der TH Dresden, Promotion 1962, Habilitation 1972. 1968 Prof. mit Lehrauftrag, 1969–1989 Prof. für Getriebe- resp. Mechanismentechnik. 1966 Wahrnehmung der Geschäfte des Direktors für das Institut für Getriebetechnik, 1968–1972 Direktor der Sektion KONTEF, 1973 Leiter des WB Mechanik/Mechanismentechnik der Sektion GT, 1976 stellv. Sektionsdirektor für Forschung der Sektion GT. Zahlreiche Veröffentlichungen wie etwa: Zu Fragen der Hochschulausbildung von Konstrukteuren und Technologen für die Gerätetechnik, in: Feingerätetechnik 23(1974)10, S. 477–480. Gest. 2011.

903 Antrag auf Bildung der Sektion Konstruktion und Technologie der Elektronik und Feingerätetechnik vom 25.11.1968 mit Anlage 1 zur Begründung; UAI, Rep. A34.3.1, Nr. A3/52, S. 1 f. u. 1–4.

904 Geb. am 22.2.1927 in Leipzig. 1946/47 Neulehrer in Leipzig, 1947/48 Vorstudienanstalt Leipzig. Studium an der KMU Leipzig 1948–1953. Promotion 1967, Habilitation 1969. 1952–1954 Dozent für Physik an der ABF Leipzig. 1954–1959 wissenschaftlicher Assistent an der HfE, 1959–1969 beauftragter

jeden Technischen Optiker wunderbar anschaulichen Berechnung mehrlinsiger optischer Systeme. Den sprachlich besten Aufsatz lieferte indes Uwe Grüning, von dem wohl keiner wusste, dass er auch Dichter war.[905]

Die inoffizielle Stimmung unter den führenden Mitarbeitern der TH Ilmenau war gereizt. Ensberg* berichtete am 6. November 1968, dass die Hochschulreform theoretisch in Ordnung sei, aber an der TH gehe alles drunter und drüber; Zitat: „Wir befinden uns gegenwärtig in der 4. Etappe der Hochschulreform, in der 5. Etappe wird alles wieder über den Haufen geworfen und in der 6. geht es wieder so weiter wie vorher."[906] Auch drohe, so der IM des MfS „Max", die Aufblähung des Verwaltungsapparates. In der Regel sollten Lehre und Forschung hälftig veranschlagt werden. Nach den Aufzeichnungen aller Assistenten hatten sich jedoch andere Proportionen ergeben: für die Lehre 30 bis 50 Prozent, für die Forschung 20 Prozent und für die Organisation 30 bis 50 Prozent. Unter den Organisationsaufgaben waren auch solche, die gut und gerne von der Verwaltung hätten erledigt werden können.[907] Am 18. Dezember 1968 berichtete Justitiar Berg einmal mehr über Stimmungen zur Hochschulreform. Man sei unsicher und unzufrieden. „Das alles" habe „seine Ursache darin, dass unter einer Reihe von Personen völlig unklar ist, wie es mit ihnen und in ihrem Bereich weitergeht, weil ungenügende persönliche Gespräche geführt worden sind." Aus dem Institut für Hochspannung kenne er eine Mitarbeiterin, die meinte, „dass man sich über die Zukunft nur allgemein und nicht mit den Menschen ausgesprochen hätte, was aus ihnen" nun werde. Auch Abwanderungsgedanken und Angst kursierten.[908] Tradiert ist ein Fall, wonach ein Angehöriger der TH als Grund für seine Flucht in die Bundesrepublik „die durch die 3. Hochschulreform entstandene Unruhe an der Hochschule" angab.[909] Ulrich soll laut „Frost" gesagt haben, dass die Hochschulreform „den Wissenschaftlern viel Zeit" gekostet habe „und nichts einbringt". Es würden zu viele Nichtfachleute mitreden.[910] Eine Fotografie in einem Band zum 35. Jahrestag der Hochschule zeigt die „Entlastung" von Hansen, Furkert und Ulrich als Dekane im Dezember 1968 zum „Abschluss des Strukturwandels".[911]

Dozent, 1969/70 Dozent, o. Professor 1970. 1959–1967 Institutsdirektor, 1972–1975 Direktor der Sektion GT. 1975 Prorektor für Wissenschaftsentwicklung. Standardwerke: Optik (Berlin 1980), bibliographisches Lexikon Optik, Hrsg. (Leipzig 1988). Gest. am 1.5.2003.

905 Feingerätetechnik 19(1970)1. Porträt der Sektion KONTEF, S. 1–3; Haferkorn, S. 24–30; Grüning, S. 45 f. Zu Grüning: Geb. am 16.1.1942 in Pabianice (Polen). 1960–1966 Studium an der THI, Diplomabschluss an der Fakultät für produktionstechnische Grundlagen 1966. Promotion (Fertigungstechnik) und Oberassistent 1970. 1975–1982 Lehrtätigkeit an der Ingenieur-Schule für Wissenschaftlichen Gerätebau „Carl Zeiss" in Fertigungsverfahrenstechnik, Technologie und Fertigungstechnik/Glas. Politische Ämter für die CDU in Sachsen von 1990 bis zumindest 2012. Vielzahl von Werken und Veröffentlichungen, u. a.: Fahrtmorgen im Dezember. Gedichte. Berlin 1977. Auf der Wyborger Seite. Roman. Berlin 1978. Im Umkreis der Feuer. Gedichte. Berlin 1984.

906 KDI, OG „HS", vom 7.11.1968: Bericht zum Treffen mit „Hans" am 6.11.1968; BStU, MfS, AIM 88/77, Teil I, 1 Bd., Bl. 155.

907 KDI, OG „HS", o. D.: Bericht zum Treffen mit „Max" am 1.10.1968; BStU, BV Suhl, AIM 87/77, Teil II, Bd. 2, Bl. 29 f., hier 29.

908 Bericht von „Walter" vom 18.12.1968; ebd., Bl. 138.

909 Bericht von „Peter Arbeiter" vom 26.11.1969; BStU, BV Suhl, AIM 1589/90, Teil II, Bd. 1, Bl. 81.

910 KDI, o. D.: Bericht zum Treffen mit „Frost" am 3.12.1968; BStU, BV Suhl, AIM 872/89, Teil II, Bd. 1, Bl. 60 f., hier 60.

911 Kemnitz: 35 Jahre, S. 30. Das Foto war für den Verf. nicht rechtefrei zu setzen.

Abbildung 20: Prägende Persönlichkeit: Günther Ulrich

Zur Entwicklung der Hochschule:

Tabelle 35: Hochschulstatistik (III), 1968[912]

Studienform	Studenten Gesamt	Arbeiter	Angestellte	Produktions-Genossen-schaften	Intelli-genz	Selbst-ständige	Sonstige	Studenten Gesamt, Vorjahr
Direktstudium	2.391	982	583	154	418	183	71	2.206
davon Ausländer	103							103
Industrie-Institut	80	71	7	-	-	2	-	85
Fernstudium	389	130	78	4	164	11	2	434
Abendstudium	90	45	29	4	10	2	-	99
Gesamt	2.950	1.228	697	162	592	198	73	2.824

Tabelle 36: Entwicklung des Lehrkörpers (II), 1953–1969[913]

Art	1953/54 FS	1954/55 HS	1954/55 FS	1955/56 HS	1955/56 FS	1956/57 HS	1956/57 FS	1957/58 HS	1957/58 FS	1958/59 HS
Prof. mit Lehrstuhl	1	1	2	3	3	3	5	5	6	6
Prof. mit v. Lehrauftrag	1	1	2	1	2	4	4	7	7	8
Prof. mit Lehrauftrag	0	1	2	2	5	7	11	9	10	11
Wahrnehmungs-Prof.	3	2	2	2	0	3	4	5	5	6
Dozent	5	2	4	5	5	4	3	5	5	6
Wahrnehmungs-Dozentur	1	2	2	2	2	2	2	2+1[a]	3+1[a]	3+1[a]
Lehrbeauftragte (FS)	2	6	6	7	13	10	44	21	28	28
Gesamt	13	15	20	22	30	33	73	55	65	69

912 Hochschulstatistik, Stichtag: 30.11.1968; UAI, Sgn. 613 (Konvolut Planung und Statistik 1966–1968)

913 PVV, 1953/54 bis 1968/69. Legende: (a) Industrie-Institut, (b) Wahrnehmung, (c) nebenamtlich, (d) Gastdozentur resp. -professur, (e) Emeriti, (f) im Ruhestand, (k. A.) keine Angaben. Es existiert eine ähnliche tabellarische Struktur des Lehrkörpers in: Lindner: Geschichte, Anlage 2, S. 52.

Fortsetzung

1959/60 HS	1959/60 FS	1960/61 HS	1960/61 FS	1961/62 FS	1962/63 HS	1963/64 HS	1964/65 HS	1965/66 HS	1966/67	1967/68	1968/69 HS
9	7	7	9	11	11	12	8+4[e]	8+3[e]	10+3[e]	9+4[e]	8+4[e]
7	8	9	7+1[b]	5	5	6	4+2[e]	10+2[e]	7+2[e]	7+2[e]	6+3[e]
8	7	6	7+2[c]	8+3[c]	8+3[c]	7+4[c]	7+2[c]	6+3[c]	10+5[c]	13+6[c]	17+6[c]
8	6	7	6	4	4	4	4+1[d]	1+1[d]	1	-	-
9	10	10	9	9+1[d]	10+1[d]	9+1	9	10	11+1[d]	12+1[d]	10
4+1[a]	4+1[a]	4+1[a]	4+2[a]	5+2[a]	5+2[a]	4+2[a]	4+2[a]	2+2[a]	1+3[a]	1+2[a]+1[f]	1+2[a]+1[f]
37	56	55	63	61	74	69	51	63	77	93	130
83	99	99	110	109	123	118	98	111	131	151	188

Anfang 1969 lieferte Wolfgang Berg den nächsten Bericht zur Hochschulreform, eine Mitarbeiterin des Rektorats habe gesagt, „dass ihr die Arbeit keine Freude mehr“ bereite, „man wüsste nicht, wohin man gehört, wem man unterstellt“ sei „und wie es persönlich“ weiterginge. Allein drei Assistenten aus der „Hochspannung“ seien bereits gegangen. Die Institutssekretärinnen seien zu Schreibkräften degradiert worden. Einer fragte den HPL-Sekretär, was aus ihm nun werde, er habe keine Antwort erhalten. Nun hätte er „keine richtige Arbeitslust mehr“. Offenbar grassiere Unlust, es fehle an Arbeitskräften, „alles wäre nur Hetzerei und eins treibe das andere“. Räume fehlten „und alles was einen betrifft, den andern in der Arbeit stört“. Man habe nicht einmal Zeit, einen Plan aufzustellen. In der „Mathematik“, äußerte eine Mitarbeiterin, seien „sie alle unzufrieden“, weil eine Mitarbeiterin „wegsoll“.[914]

Ähnlich klang die Kritik eines Mitarbeiters der Plasmatechnik Meiningen. Es gebe eine „große Unlust unter den Wissenschaftlern der THI“, da „keiner mehr so recht wüsste, was eigentlich die Zukunft in Bezug auf sein Arbeitsgebiet bringen würde. In Greifswald hätte z. B. eine große Gruppe Plasmatechnik bestanden, die man jetzt aufgelöst“ habe „und die jetzt etwas anderes machen müssten“. Er wisse letztlich „nicht, was künftig bei ihm werden würde.“ Bei der Großforschung würde die „Gefahr darin“ bestehen, „dass so viele wichtige Randprobleme nicht mehr bearbeitet würden. So z. B. auf dem Gebiet der Plasmatechnik oder der Galvanotechnik. Er glaubt nicht, dass es richtig ist, derart konsequent abzubrechen. Das würde aber geschehen, wenn die gesamte Forschungskapazität mit einer VVB gebunden würde. Da bliebe ja nichts mehr übrig für die Randgebiete und Spezialfragen.“ Er habe Bedenken hinsichtlich der Forschungsplanung bis 1970, da „bis heute nicht klar“ sei, „wohin die Richtung“ gehe. Neue Verträge könne man also derzeit nicht vorbereiten.[915] Analoge Schwierigkeiten waren auch aus der Sektion INTET zu hören. Es sei angewiesen worden, 20 Prozent der Absolventen in ein Forschungsstudium zu bringen. Die Sektion habe aber keine Betreuer für diese Studenten. Da sie sich weigerte, wurde sie gerügt. Auch herrschte Mangel an geeigneten Räumen für die Forschungsstudenten. Überdies fehlte es an allem, etwa an Lichtpausenpapier, ein Umstand, der insbesondere für die Vervielfältigung der Diplomarbeiten negativ zu Buche schlug und somit auch den

914 Bericht von „Walter“ vom 19.1.1969; BStU, BV Suhl, AIM 984/89, Teil II, Bd. 3, Bl. 152 f.
915 Bericht von „Walter“ vom 9.5.1969; ebd., Bl. 247.

Forschungsfluss beeinträchtigte.[916]

Am 9. Januar 1969 fand im MHF eine Dienstbesprechung zum Perspektivplan bis 1972 statt. Gebilligt wurde der Vorschlag der TH Ilmenau, den Grundstudienplan für ein vierjähriges Studium bis zum 1. September des laufenden Jahres auszuarbeiten. Die TH Magdeburg hatte bereits geliefert. Das MHF wies ausdrücklich darauf hin, dass auch Übergangspläne vom fünf- zum vierjährigen Studium zugelassen seien. Die Verantwortung für die Ausarbeitung der Grundstudienpläne lag jedoch nicht in der Hand der TH Ilmenau. Für das Fach Elektrotechnik hatte sie überraschenderweise die TH Karl-Marx-Stadt (die TH Ilmenau hatte hierzu die Diskussionsgrundlage vorab zu liefern) inne, während sie für die Mathematik die HU Berlin und für Physik die Universität Jena ausübte, was Sinn machte.[917] Ilmenau hatte zwei Varianten eingereicht. Eine bezog sich auf einen Studienplan mit vier Jahren einschließlich des Ingenieurpraktikums, die andere auf einen mit viereinhalb Jahren.[918]

Auf der ersten Sitzung des Gesellschaftlichen Rates (GR) am 4. Februar 1969 – noch vor Erlangung seiner Gesetzeskraft am 1. August – wurden Fragen über die Bedeutung des Rates und über dessen Arbeitsprinzipien besprochen. Mau erläuterte den Sinn und Zweck des GR entsprechend des Beschlussentwurfs des Staatsrates der DDR. Der GR sollte „das wichtigste Organ zur Beratung und Kontrolle der Tätigkeit der Hochschulleitung“ sein. Laut Mau bestünde „eines der Grundmerkmale unserer sozialistischen Hochschulreform“ darin, „dass sie nicht auf Grund irgendeines äußeren Druckes, sondern auf Grund der Gesetzmäßigkeiten der Entwicklung der sozialistischen Gesellschaft durchgeführt“ werde. Von daher seien „alle Ergebnisse durch gemeinsame Arbeit entstanden und es“ gebe „keinen Gegensatz zwischen Hochschullehrer und Studenten“. Das beweise letztlich die Zusammensetzung des Rates.[919]

Die Konstituierung des Wissenschaftlichen Rates (WR) eine Woche später am 11. Februar – ebenfalls vor Erlangung seiner Gesetzeskraft am 15. März – fand im Kirchhoff-Bau statt.[920] Die Begründung für die Bildung einer gesellschaftswissenschaftlichen Fakultät im WR – entsprechend der zweiten Variante zur Struktur des WR wie oben angegeben – hatte Schüler am 10. Februar eingebracht.[921] Mit dem Vorgang war ein begründungspflichtiger Antrag an das MHF zur Gestattung der Rechte auf Verleihung akademischer Grade verbunden.[922] Gerechtfertigt wurde die Initiative mit der Hochschulreform, die verlange, „den marxistisch-leninistischen Gesellschaftswissenschaften den ihr gebührenden Platz einzuräumen“. Es bestünde ansonsten an einer technisch ausgerichteten Hochschule die Gefahr,

---

916 KDI, OG „HS“, o. D.: Bericht zum Treffen mit „Max“ am 9.5.1969; BStU, BV Suhl, AIM 87/77, Teil II, Bd. 2, Bl. 44.
917 THI, Rektorat, vom 13.1.1969: Dienstbesprechung im MHF am 9.1.1969; UAI, Sgn. 554 A, S. 1–3, hier 1.
918 THI, Direktorat E/A, vom 8.1.1969: Dienstbesprechung im MHF am 9.1.1969; ebd., S. 1–3, hier 1.
919 Protokoll vom 5.2.1969 zur Sitzung des Präsidiums des GR am 4.2.1969; UAI, S. 1–7, hier 2–4. Zum GR: GBl. II, Nr. 75, S. 465: Anordnung vom 1.8.1969 über Aufgaben, Stellung und Arbeitsweise der Gesellschaftlichen Räte an den Hochschulen der DDR.
920 THI, Rektorat, vom 5.2.1969: Bildung des WR; UAI, 1 S.
921 THI, Prorektor für GeWi, vom 10.2.1969: Bildung einer gesellschaftswissenschaftlichen Fakultät; UAI, S. 1–3.
922 Protokoll vom 24.3.1969 zur Sitzung des Präsidiums des WR am 11.2.1969; UAI, S. 1 f.

dass die gesellschaftswissenschaftlichen Disziplinen nur „eine ‚bedienende', sekundäre Funktion" einnähmen. Diese würden der Gefahr ausgeliefert sein, „an den Grenzgebieten zur Technik zu entideologisieren". Der Marxismus-Leninismus müsse im Gegenteil mehr Gewicht bei der „Durchdringung aller Wissensbereiche" bekommen. Es gehe um eine qualifiziertere Auseinandersetzung auch mit revisionistischen Erscheinungen. Für eine eigene Fakultät bekannten sich zehn Professoren, Dozenten und ein Assistent: Schüler plädierte zudem für die Integration der selbstständigen Fachabteilungen für Fremdsprachen und Studentensport sowie der promovierten Lektoren.[923]

Der WR erhielt am 8. Mai 1969 eine vorläufige Ordnung für seine Tätigkeit. Demnach war er „das kollektive, den Rektor beratende Organ für die Entwicklung des wissenschaftlichen Lebens an der Hochschule". Als solcher war er in bestimmten akademischen Aufgaben „ein mitwirkendes bzw. beschließendes Organ", etwa in Hinblick auf prognostische Dokumente für die Lehre und Forschung, die Ausübung des Promotionsrechts (delegiert in die Fakultäten des WR), die Verleihung der Facultas docendi, die Ernennungen und Berufungen von Hochschullehrern sowie die Kontrolle der „Einhaltung der Grundsätze zur Erlangung von Diplomen sowie zur Ablegung von Zwischenprüfungen". Der Rat gliederte sich in von Dekanen geleitete Fakultäten für Gesellschaftswissenschaften, Mathematik und Naturwissenschaften sowie Technische Wissenschaften. Insgesamt gehörten ihm circa „50 namhafte Wissenschaftler, hervorragende wissenschaftliche Mitarbeiter und FDJ-Studenten an". Zur „Unterstützung der Leitungstätigkeit des Vorsitzenden" war ein Präsidium zu bilden, bestehend aus: Rektor, Prorektoren, Dekanen, je ein Vertreter der HPL, Hochschulgewerkschaftsleitung (HGL) und FDJ-Hochschulleitung, je zwei wissenschaftliche Mitarbeiter und FDJ-Studenten sowie dem Direktor der Hochschulbibliothek. Der WR hatte pro Jahr mindestens zweimal eine Plenartagung einzuberufen. Seine Arbeit und die des Präsidiums waren von einem wissenschaftlichen Sekretär (Klaus Gola) zu koordinieren. Die Beratungen der Fakultäten – als Organe des WR – sollten monatlich erfolgen. Die Geheimhaltung über „als vertraulich gekennzeichnete oder erklärte Vorgänge" galt auch über die Zeit der Mitgliedschaft im WR hinaus.[924] Im Vorfeld waren u. a. die Ordnungen resp. vorläufigen Ordnungen der WR der TH Magdeburg[925] und der FSU Jena studiert worden.[926]

Wertungen, dass der WR verfehlt sei, gab es mehrere. Bereits Ende 1968 äußerte ein Wissenschaftler (der allein dafür vom MfS in einer Kerblochkarteikarte erfasst wurde, sogenannte KK-Erfassung), dass der Rat „nicht in der Lage" sei, „eine ordentliche fachliche Arbeit zu gewährleisten", da in ihm zu wenige Fachleute säßen. Nun würden „Personen Entscheidungen treffen, die von der Sachmaterie zu wenig Ahnung hätten".[927]

---

923 THI, Prorektor für GeWi, vom 10.2.1969: Bildung der gesellschaftswissenschaftlichen Fakultät; UAI, S. 1–3.

924 THI, Büro des Rektors, vom 8.5.1969: Vorläufige Ordnung für den WR der THI, in: 2. Senatssitzung des WR am 28.4.1969; UAI, S. 1–6. Zum WR: GBl. II, Nr. 31, S. 224: Anordnung vom 15.3.1970 über Aufgaben, Stellung und Arbeitsweise der Wissenschaftlichen Räte an den Hochschulen der DDR.

925 Diskussionsgrundlage zur Sitzung des WR am 28.4.1969; ebd. erste Quelle, UAI, S. 1–6.

926 THI, Büro des Rektors, vom 26.4.1969: Entwurf der Arbeitsordnung für den Senat des WR; ebd., S. 1 f.

927 KDI, OG „HS", vom 16.12.1968: Bericht zum Treffen mit „Skat" vom 13.12.1968; BStU, BV Suhl, AIM 93/73, Teil II, Bd. 4, Bl. 29 f., hier 30.

Immer klarer wurde, dass die Hochschulreform einer strukturellen Revolution glich. Nicht Fakultäten und Institute, sondern Sektionen und Räte, durchzogen von einem wachsenden verwaltungstechnisch-bürokratischen Geflecht, zeichneten das neue Erscheinungsbild. Zwar war der Kerncharakter der Hochschulreform noch nicht gesetzlich fundiert, so war sie doch allenthalben mit fortlaufenden Beschlüssen des Staatsrats, Verordnungen und Gesetzesbestimmungen armiert, wie etwa durch die Hochschullehrerberufungsverordnung (HBVO) vom 6. November 1968. Die Facultas docendi zu erreichen, ging praktisch nur noch über die Brücke einer marxistisch-leninistischen Ausbildung und Prüfung. Die Erlangung der Promotion A und – für die Lehre dann als Voraussetzung – B liefen nicht mehr automatisch in eine Lehrbefugnis über.[928] Dass im Zuge dieser Reform das Parteimitgliedsbuch der SED noch mehr an Gewicht gewann, war gewollt.

Im Juni 1969 äußerte ein Hochfrequenztechniker – mit einer Funktion auch im Forschungsrat der DDR, den das MfS vergeblich als inoffiziellen Mitarbeiter zu gewinnen trachtete –, dass die Bedingungen zur Umsetzung des Reformteils „Verkürzung der Studiendauer" an der Hochschule keinesfalls gegeben seien. Es fehlten die Voraussetzungen, „in der verkürzten Studienzeit das Wissen zu übermitteln, wie es die Studenten in ihrer späteren Tätigkeit benötigen". Das liege nicht „im Sinne unseres Staates".[929] Die Konzeption des 4-Jahres-Studiums versammelte unter den ersten beiden Hauptüberschriften – „Grundsätze der Neugestaltung der Ausbildung" und „Die Grundstudienrichtungen an der TH Ilmenau" (Elektroingenieurwesen, Mathematik und Physik) – all jene Aspekte der Profilierung, die seit einem halben Jahr diskutiert worden waren, einschließlich der Gewichtung der Ausbildung in den drei Hauptprofillinien. Vorrang galt der Ausbildung in der Grundstudienrichtung Elektroingenieurwesen. Vorgelegt wurden mit der Konzeption in jeweils detaillierter Form der Grundstudienplan für das Elektroingenieurwesen (Lehrprogramme, Stundentafel, Lehrbuchprogramm, Netzplan für den Ablauf des Grundstudiums, EDV-Ausbildungsprogramm), für alle Fachrichtungen die Absolventenanforderungscharakteristiken (Technische und biomedizinische Kybernetik, Theoretische Elektrotechnik, Informationselektronik, Bauelementetechnik, Physik, Elektrotechnik, Konstruktion und Technologie der Elektronik und Feingerätetechnik, Mathematische und statistische Methoden der Operationsforschung), die Fachstudienpläne der Fachrichtungen sowie Angaben zum Ingenieurpraktikum.[930]

Um die Reform insgesamt zu realisieren, fehlten nach Erkenntnissen des MfS „vielfach die einfachsten Bedingungen". So könnten nicht einmal die erforderlichen Lehrmaterialien vollumfänglich bereitgestellt werden, weil Papier fehle. Um den Unterricht wie gefordert praxisnah zu gestalten, herrsche ein Mangel an Geräten, Maschinen und Aggregaten. „Die gesamte Umorganisierung, die im Moment vonstattengeht", sei „ein Durcheinander" und

---

928 GBl. 1968 II, Nr. 127, S. 997, Nr. 131, S. 1055: HBBO vom 6.11.1968. (Erweitert für den künstlerischen Bereich durch die 2. HBVO vom 16.8.1973: GBl. 1973 I, Nr. 38, S. 401.) GBl 1968 II, S. 1022: Verordnung vom 6.11.1968 über die akademischen Grade. GBl. 1968 II, S. 1012: Anordnung vom 1.12.1968 über die Erteilung und den Entzug der Facultas docendi.

929 BV Suhl, Abt. II/3, vom 27.6.1969: Bericht über eine Aussprache am 12.6.1969: BStU, BV Suhl, AIM 128/70, Teil I, 1 Bd., Bl. 91–95, hier 91 f.

930 Einführendes Schreiben von Gola sowie THI, Kommission zur Ausarbeitung des 4-Jahres-Studienplanes, vom Mai 1969; UAI, keine Pag.

belaste „derzeitig den Lehrkörper sehr." Überstunden häuften sich, der Unterrichtsbetrieb gehe bis 20.00 Uhr.[931] Auch Günther Ulrich soll darauf hingewiesen haben, „dass durch die umfangreiche Reglementierung der Sektionen durch die erste Leitungsebene der eigentliche Sinn, den Wissenschaftlern mehr Zeit zur wissenschaftlichen Arbeit zu lassen, ins Gegenteil verkehrt werde. Das Rektorat wäre personell so verstärkt worden, dass jeder seine Daseinsberechtigung nachzuweisen suchen würde." Damit „würden die ‚Prinzipien' von einst mit Füßen getreten". In den Sektionen gäre es. „Die Hochschulreform würde sinnentstellt und zu einer Verwaltungssache degradiert werden." Dem Rektor sprach er „alle berufspraktischen Erfahrungen ab, weil er noch nicht – wie die übrigen ‚alten Hasen' – in der industriellen Praxis" gearbeitet hätte.[932]

Seit Herbst des Vorjahres wurden vermehrt Ängste um so manches Forschungs- und Ausbildungsprofil registriert. Fragebögen über die Dienste der Fakultäten mussten beantwortet werden. Einen dieser beantwortete Friedrich Hansen in Form eines geschichtlichen Rückblicks auf die Fakultät Feinmechanik/Optik. Er verwies darauf, dass der 1955 entstandene Strukturplan „in seinen wesentlichen Zügen bis zum Jahre 1968 gültig geblieben" sei, wobei die langjährige Amtstätigkeit der Dekane (Dobenecker von 1956 bis 1960, Frielinghaus von 1960 bis 1964 und ihm selbst von 1964 bis 1968) der „Vervollkommnung des gemeinsamen Ausbildungszieles" der verschiedenen Institute förderlich war. Von Anfang an habe das Ziel bestanden, Diplom-Ingenieure auszubilden, „die Träger und Pionier auf dem Gebiet des Entwicklungs- und Fertigungsprozesses der Erzeugnisse der feinmechanisch-optischen Industrie sein können". Erste Versuche einer Umprofilierung seien um 1966 in Hinblick auf die Schaffung einer Einheit von Konstruktion und Technologie erfolgt, um der Zersplitterung des Gesamtprofils entgegenwirken zu können. Dies sei zwar nicht gelungen, bilde nun aber im Vollzug der Hochschulreform wieder die Grundlage.[933]

Am 3. Juni 1969 stellte Berg fest, dass die neuen Sektions-Direktoren alles an sich ziehen würden, „und zwar auch Dinge, die früher von den Assistenten eigenverantwortlich erledigt worden seien. Heute verlange der Direktor alles zur Unterschrift vorgelegt. Die Assistenten würden deshalb derart reagieren, dass sie nichts mehr machen und sagen, der Direktor soll doch gleich alles selbst machen. Die Assistenten würden sich heimlich nach neuen Arbeitsplätzen umsehen, um bei günstiger Gelegenheit abzugehen." Ihm sei folgender Witz erzählt worden: „Es wird nach dem Unterschied zwischen der Hochschulreform und einer Langholzfuhre gefragt. Der Unterschied bestehe darin, dass bei der Langholzfuhre das dicke Ende vorne und die rote Fahne hinten wäre."[934]

Am 1. September 1969 begann Karl-Heinz Elster als vierter Rektor der Ilmenauer Hochschule seine Amtszeit. Sie endete am 31. August 1972. Zu Beginn des Herbstsemesters 1969 war die Grundstruktur der TH Ilmenau nahezu vollendet:

---

931 BV Suhl, Abt. II/3, vom 27.6.1969: Bericht über eine Aussprache am 12.6.1969: BStU, BV Suhl, AIM 128/70, Teil I, 1 Bd., Bl. 91–95, hier 91 f.

932 Bericht von „Walter" vom 25.9.1969; BStU, BV Suhl, AIM 984/89, Teil II, Bd. 3, Bl. 343 f.

933 THI, Hansen, vom 20. resp. 22.5.1969: Zur Geschichte der Fakultät Feinmechanik/Optik; UAI, S. 1–7.

934 Bericht von „Walter" vom 3.6.1969; BStU, BV Suhl, AIM 984/89, Teil II, Bd. 3, Bl. 272.

Schema 6: Sektionen und Institute der TH Ilmenau, 1969[935]

1 Sektion MARÖK (Mathematik/Rechentechnik und ökonomische Kybernetik)

1.1 Fachrichtung Mathematik
1.1.1 Lehrgruppe (LG) Mathematik/Mathematische Kybernetik
1.1.2 LG Marxistisch-Leninistische Organisationswissenschaft (MLO)
1.1.3 LG Sozialistische Betriebswirtschaftslehre
1.1.4 LG Numerische Mathematik/Rechentechnik

2 Sektion TBK (Technische und biomedizinische Kybernetik)

2.1 Fachrichtung Technische und biomedizinische Kybernetik
2.1.1 Fachbereich (FB) Prozessmesstechnik
2.1.2 FB Informationsverarbeitung
2.1.3 FB Automatische Steuerung
2.1.4 FB Biomedizinische Technik

3 Sektion INTET (Informationstechnik und theoretische Elektrotechnik)

3.1.a Nachrichtentechnik und elektronische Messtechnik
3.1.b Theoretische Elektrotechnik
3.1.1 LG Nachrichtentechnik
3.1.2 LG Schaltungstechnik und elektronische Messtechnik
3.1.3 LG Konstruktion und Technologie
3.1.4 LG Mikrowellentechnik
3.1.5 LG Allgemeine und theoretische Elektrotechnik

4 Sektion ET (Elektrotechnik)

4.1 Fachrichtung Elektrotechnik
4.1.1 LG Elektronische Energieumformung und Signalverarbeitung
4.1.2 LG Schalt- und Schutztechnik
4.1.3 LG Plasmatechnik
4.1.4 LG Elektrochemische Technik
4.1.5 LG Elektroenergietechnik
4.1.6 LG Hochspannungs- und Isolierstofftechnik
4.1.7 LG Elektromechanische Energieumformung und elektromagnetische Prozesse
4.1.8 LG Elektrothermische Technik

5 Sektion KONTEF (Konstruktion und Technologie der Feingerätetechnik), ab 1973 GT (Gerätetechnik)

5.1 Fachrichtung Konstruktion und Technologie der Elektronik und der Feingerätetechnik
5.1.1 LG Technische Optik
5.1.2 LG Getriebe- und Antriebstechnik
5.1.3 LG Informationsspeichertechnik
5.1.4 LG Angewandte Mechanik
5.1.5 LG Theoretische Konstruktionstechnik
5.1.6 LG Konstruktionselemente
5.1.7 LG Standardisierung und Gütesicherung

---

935 THI, Abteilung Weiterbildung, Fernstudium, vom 31.8.1969: Strukturübersicht; UAI, S. 1–3. Nicht enthalten: das Industrie-Institut und die eigenständigen Abteilungen.

5.1.8 LG Fertigungstechnik
5.1.9 LG Fertigungsprozessgestaltung

6 Sektion PHYTEB (Physik und Technik elektronischer Bauelemente)

6.1.a Fachrichtung Bauelementetechnik
6.1.b Fachrichtung Physik
6.1.1 LG Vakuumelektronik
6.1.2 LG Festkörperelektronik
6.1.3 LG Festkörpertechnologie
6.1.4 LG Physik
6.1.5 LG Lichttechnik
6.1.6 LG Chemie
6.1.7 LG Werkstoffe

7 Institut INER (Institut für Informationswissenschaft, Erfindungswesen und Recht)

7.1 Fachrichtung Fachinformator (Ausbildung erfolgt in einem zweijährigen Postgradualstudium)
7.1.1 LG Erfindungswesen und Recht
7.1.2 LG Informationswissenschaft

8 Institut ML (Marxismus-Leninismus)

8.1 LG Marxistisch-leninistische Philosophie
8.2 LG Politische Ökonomie
8.3 LG Wissenschaftlicher Sozialismus und Geschichte der deutschen Arbeiterbewegung

Zur außerordentlichen Sitzung des Präsidiums des Wissenschaftlichen Rates am 29. September stand vor allem die Willenserklärung anlässlich des 20. Jahrestages der DDR auf der Tagesordnung. Sie war ein Lobgesang für die „historische Mission" der SED, das „Modell der entwickelten sozialistischen Gesellschaft für die ganze deutsche Nation zu schaffen", woran Ulbricht „persönlich als glühender Kommunist [...] entscheidenden Anteil" habe. Die TH verpflichte sich dafür zu sorgen, hochqualifizierte Wissenschaftler auszubilden, die „zugleich zu allseitig gebildeten Sozialisten mit fester marxistisch-leninistischer Weltanschauung auszubilden und zu erziehen" seien. Die Schlussformulierung lautete: „Mit der Leidenschaft unserer Herzen, mit der Kraft unseres Verstandes, vorwärts zu neuen Leistungen für die allseitige Stärkung unserer DDR."[936] „Herzlichen Beifall" gab es bei der Verabschiedung des bisherigen Sekretärs der HPL, Linsel. Nachfolger wurde Hermann Funkler.[937]

Die politische Kontrolle und Elemente des Militärischen wurden mit der 3. Hochschulreform verstärkt. Pohl spricht im Falle der Bergakademie Freiberg gar von einer „Militarisierung des Hochschullebens" im Zuge der Hochschulreform.[938] Die militärische und vormilitärische Ausbildung war jedoch bereits seit Jahren fest etabliert. Es gab sogar Noten. Die jeweils im Herbst absolvierten Lehrgänge wurden langfristig geplant und politisch

936 Willenserklärung der TH vom 29.9.1969; UAI, S. 1–3.
937 Stichwortprotokoll vom 7.11.1969 über die a. o. und erweiterte Sitzung des Präsidiums des WR am 29.9.1969; UAI, S. 1 f., hier 2.
938 Pohl, Norman: Hochschulreform im Zeichen des Klassenkampfes. Zur Geschichte der Bergakademie Freiberg von 1960 bis 1970, in: Schleiermacher, Pohl: Medizin, Wissenschaft und Technik, S. 173–215, hier 191.

bewertet.[939] Einige Institutionen wie das Institut für Marxismus-Leninismus kooperierten mit militärpolitischen Themen für den Unterricht. Die Abteilung Körpererziehung kreierte militärsportliche Übungen und der Filmklub zeigte militärische Filme.[940]

Abbildung 21: Vormilitärische Ausbildung[941]

Die Thesen zur Vorbereitung des 4. Konzils der TH Ilmenau im November 1970 wurden am 22. Januar vorgelegt. Ausgangspunkt bildete eine sogenannte Gesellschaftsprognose, erstellt auf einer Klausurtagung der wissenschaftlichen Sekretäre der TH Ilmenau unter Leitung Eugen Philippows. Gesellschaftsprognose hieß, dass die Forschung der TH einen festeren Platz beim Aufbau des entwickelten gesellschaftlichen Systems des Sozialismus einzunehmen hatte. Ganz dem kybernetischen Gedanken verhaftet, war die TH in diesem Gesamtprozess ein Teilsystem. Gola erwähnte 13 Prozesse, u. a. die Entwicklung des Bildungswesens, die Entwicklung der sozialistischen Ideologie und Moral sowie die Entwicklung des Einflusses internationaler Entwicklungslinien auf die DDR.[942]

Im Rahmen des Planes zur Erlangung von Spitzenleistungen in der Forschung, der vorläufig bestätigt worden war, behielt sich die TH „das Recht vor, in der Großforschung bis zur Erkundungsforschung vorzustoßen". Bemerkenswert ist das Eingeständnis, wonach sie „alle Anstrengungen unternehmen" müsse, „die Anzahl der Spitzenleistungen auf das notwendige Mindestmaß zu reduzieren", die Kräfte seien auf wesentliche „Aufgaben zu konzentrieren". In der Frage des Promotionsverfahrens und der Verleihungsrechte wurde die „Verpflichtung des Doktoranden (Hippokratischer Eid für den Naturwissenschaftler und Techniker)" diskutiert. Dem Rat schwebte nicht etwa eine Erneuerung des Ethik-Bezuges, sondern die Adaption des Eides an die neuen Erfordernisse der Hochschulreform als eine

---

939 THI, AG Studentenausbildung, o. D.: Militärische und vormilitärische Ausbildung, aufgefunden im Konvolut zur Senatssitzung am 30.3.1965; UAI, S. 1–4.

940 THI, AG Studentenausbildung, o. D.: Plan der sozialistischen Wehrerziehung für das Studienjahr 1964/65, aufgefunden im Konvolut zur Senatssitzung am 30.3.1965; UAI, S. 1–3.

941 Wettbewerb zur Ausgestaltung der Industrie- und Verwaltungsräume aus Anlass des 1. Mai 1958 unter dem Motto „Kampf dem Atomtod".

942 THI, Büro des Rektors, vom 22.1.1970: Thesen zum 4. Konzil; UAI, S. 1–11, hier 1 f.

Art Treueschwur gegenüber der SED vor. Zum Schluss wurde Mau als scheidender Rektor und Mitglied des Präsidiums des WR verabschiedet. Er blieb jedoch „weiterhin aktives Mitglied des Wissenschaftlichen Rates (für die Technischen Wissenschaften)“.[943]

Der faktische Einfluss der Gesellschaftsprognose war hoch, da die hieraus destillierten Hauptaufgaben der TH Ilmenau substantiell in jede Ausbildungs- und Forschungsrichtung hineinwirkten. Von den von Gola genannten vier Hauptaufgaben waren drei von zwingender Form: die Gestaltung der „Aus- und Weiterbildung von wissenschaftlichen Kadern im Rahmen des einheitlichen Bildungssystems“, „die Erziehung aller Hochschulangehörigen zu sozialistischen Persönlichkeiten“ sowie die Erfüllung der staatlich aufgegebenen Forschungsaufgaben. Allein die vierte Hauptaufgabe war weicherer Natur, weil unmessbarer in ihrer Umsetzung, nämlich die geforderte „politisch-ideologische und geistig-kulturelle Ausstrahlung“ der TH Ilmenau „in das Territorium“.[944] In summa bildeten die Thesen alle Leitgedanken der Hochschulreform ab. Keine These barg in sich Zündstoff für eine fruchtbringende Diskussion ins Offene. Die marxistische Geschichtsschreibung der DDR sah dies anders.[945] Der Senat des Wissenschaftlichen Rates behandelte am 12. März abschließend die von Philippow vorgelegte Konzeption und bestätigte sie. Für die Vorbereitung wurden einmal mehr Arbeitsgruppen (AG) etabliert, insgesamt acht. Jene „Grundsatzreferat“ genannte, leitete Philippow selbst, sie umfasste acht Personen.[946] Zur inhaltlichen Orientierung hatte er am 11. Februar ein Papier unter dem Titel „Die Anwendung der Prinzipien der sozialistischen Wissenschaftsorganisation zur Leitung der Hauptprozesse der TH Ilmenau“ verfasst.[947]

Die Beratungen der Hochschulprognosegruppe vom 20. und 23. Juli 1970 über die Einbeziehung der Sektionen und Institute der TH Ilmenau in die neuen Kooperations-Großprojekte „Automatisierung der technischen Vorbereitung“ – auch: „Automatische Technische Produktionsvorbereitung“ – (AUTEVO) und „Einheitssystem der Elektronik und des Gerätebaus“ (ESEG) verliefen, soweit dies aus den kargen Protokollnotizen hervorgeht, aus Sicht Carl Zeiss Jenas zunächst nicht zufriedenstellend. Ein Jenenser war am 20. Juli erschienen und musste feststellen, dass „die meisten Vertreter der Sektionen nicht anwesend“ waren, beziehungsweise „keine eindeutige Stellungnahme abgeben“ konnten.[948] Doch die Malaise bezog sich nicht nur auf die Kooperationspartner Jenas, sondern betraf in erster Linie das Zeisswerk selbst. Und die Lage wurde nicht besser. Im Juli 1979 lag der HA XVIII des MfS ein analytisch valides Papier über die wissenschaftsorganisatorische Situation bei Carl Zeiss Jena vor, das einem Offenbarungseid gleichkam. Von Wissenschaftsorganisation mit der Zielstellung einer Prognosetätigkeit zur Entfaltung strategischer Konzepte konnte keine Rede sein. Ein Team hochqualifizierter Mitarbeiter war gerade aufgelöst worden. Weder war die Produktionsstruktur noch die Entwicklungsrichtung

943 Festlegungsprotokoll vom 4.3.1970 zur Präsidiumssitzung des WR am 16.12.1969; UAI, S. 1–4.
944 THI, Büro des Rektors, vom 22.1.1970: Thesen zum 4. Konzil; UAI, S. 1–11, hier 2 u. 10 f.
945 Kemnitz: 35 Jahre, S. 34.
946 Festlegungsprotokoll vom 24.4.1970 zur Senatssitzung des WR am 12.3.1970; UAI, S. 1–3.
947 THI, Prorektor für Prognose und Wissenschaftsentwicklung, vom 11.2.1970: Anwendung der Prinzipien der sozialistischen Wissenschaftsorganisation zur Leitung der Hauptprozesse der THI; UAI, S. 1–7.
948 THI, Abt. Forschung, vom 27.7.1970: Protokoll über die Beratungen der Hochschulprognosegruppe am 20. u. 23.7.1970; UAI, Sgn. 9999, S. 1 f.

der Großforschung geklärt. Das in Bildung befindliche Großforschungszentrum (GFZ) „AUTEVO“[949] – ein an sich hochinteressantes multiples Programm zur Rationalisierung und Automatisierung des Prozesses der technischen Vorbereitung der Konstruktion – umfasste lediglich 16 Personen. Es bot „keine Möglichkeiten für Pionier- und Spitzenleistungen“, zudem waren dessen Mitarbeiter „nicht in der Lage, die Programme auszuarbeiten, ganze Programmsysteme zu entwickeln und die Programmkoordination und Grundlagenforschung durchzuführen“. Die fehlende strategische Linie des Zeisswerkes wurde u. a. für die Vergeudung und Ineffektivität der Kapazitäten von Forschung und Entwicklung, für exorbitant lange Überleitungszeiten (durchschnittlich fünf, in einem Fall zehn Jahre) sowie für die Nichtberücksichtigung von Absatzchancen verantwortlich gemacht.[950]

Am Projekt AUTEVO arbeiteten zahlreiche Mitarbeiter der Ilmenauer Hochschule über viele Jahre mit.[951] 1982 waren es acht Themen. Insgesamt waren zu diesem Zeitpunkt 19 Wissenschaftler der TH Ilmenau involviert. Quantitativ bearbeitete Haferkorn die meisten Themen: Bewertung optischer Systeme, Synthese optischer Systeme und Einsatz neuer optischer Werkstoffe. Zu den anderen Themen zählten Grundlagenuntersuchungen zur projektierenden Arbeitsweise, Kopplung von Mikrofilmspeichern und EDVA, Elektromechanische Systeme sowie Konstruktionsrichtlinien. Die Bilanzsumme aller Themen betrug knapp zwei Millionen Mark.[952]

Zum ESEG: Im Juli 1969 fand in Berlin eine Absprache zwischen dem MHF, dem MEE, der TH Ilmenau und der VVB Nachrichten und Messtechnik (NuM) statt, die die Forschung der Sektion INTET betraf. Festgelegt wurde, dass die Sektion ihre Hauptforschungskapazität auf das ESEG zu legen habe. Der Komplex sollte Vertrauliche Verschlusssache (VVS) werden, selbst die Bezeichnung ESEG sollte nicht an die Öffentlichkeit dringen, was übrigens weder hier noch anderswo durchgesetzt werden konnte. Mit dem ESEG war die „Erarbeitung der optimalsten [sic!] Technologien im Zusammenhang mit Bedarf, Welthöchststand, Nutzeffekt der Produktion, Kooperation innerhalb der DDR und in Orientierung auf internationale Kooperation“ geplant.[953] Das ESEG wurde republikweit in den Institutionen von Wissenschaft und Technik propagiert. Die TH Ilmenau kann für sich in Anspruch nehmen, interessante Beiträge zu diesem Thema geliefert zu haben. Zunächst aber begrenzten Kapazitätsmängel die Aktivitäten. Eine Belastungsanalyse zeigt, dass die TH lediglich 18 VbE für diese Aufgabe frei machen konnte.[954]

---

949 Mütze: Macht der Optik, S. 415 f.

950 HA XVIII vom 2.7.1979: Zu einigen Fragen der Durchsetzung der Wissenschaftsorganisation im VEB Carl Zeiss Jena; BStU, MfS, HA XVIII, Nr. 9125, Bl. 1–11.

951 Wolf, Anita: Elektromechanische Linearmotoren für die Gerätetechnik – eine Übersicht für den Anwender, in: Feingerätetechnik 24(1975)3, S. 100–104. Zum Stand AUTEVO: Fritsch, M./Otte, V.: Sozialistische Rationalisierungsvorhaben AUTEVO – Stand der Arbeiten im Forschungsleitzentrum, in: Feingerätetechnik 24(1975)6, S. 262–264. Zur Frage der Überleitung aus normativer, jedoch problemorientierter Sicht: Lange, Alfred: Die Überleitung wissenschaftlich-technischer Ergebnisse in den Produktionsprozess, in: Autorenkollektiv: Forschung und Entwicklung im RGW. Aktuelle Fragen. Berlin 1974, S. 122–140.

952 Übersicht, o. D., aufgefunden in: BStU, BV Suhl, AGMS 1255/90, 1 Bd., Bl. 95.

953 KDI, OG „HS“, o. D.: Bericht zum Treffen mit „Max“ am 31.7.1969; BStU, BV Suhl, AIM 87/77, Teil II, Bd. 2, Bl. 48.

954 Ebd.

Investitionen, Teil VI
Das bedeutende Thema auf der Rektorenkonferenz am 8. Oktober 1970, die Investitionsproblematik, spielte vom Zeitvolumen her eine geringere Rolle als die Frage des Geheimnisschutzes. Geplant war, die Investitionen für den gesamten Hochschulbereich von 1970 zu 1971 auf 135 Prozent zu steigern. Gewissermaßen sollte dies eine Art Gegenleistung für die Anstrengungen der jüngsten Reformpolitik sein. Doch als Förderschwerpunkte wurden nur die TH Karl-Marx-Stadt und die Universität Leipzig festgelegt. Einmal mehr galt die Grundkonzeption der TH Karl-Marx-Stadt für alle anderen Hochschulen als beispielgebend. Hier sei die Norm der Auslastung vorbildlich. Sie betrage „70 Stunden pro Woche (Montag bis Freitag 7.00 bis 20.00 Uhr, Samstag 7.00 bis 13.00 Uhr)". Diese Norm würde lediglich noch von der TU Dresden und der Humboldt-Universität zu Berlin erreicht. Die empfohlene Reihenfolge für die Investitionen lautete: Internate, Mensen, Erweiterung der Lehr- und Forschungskapazitäten sowie EDV-Anlagen.[955]

Den entsprechenden „Plan der Sicherung der materiell-technischen Basis auf der Grundlage des Planes 1971" kritisierte Berg auf der Dienstbesprechung der ersten Leitungsebene am 30. März 1971 scharf. Weder seien Lösungswege noch Varianten formuliert worden, es wäre „gefährlich", bestätige man den Planentwurf. Unbedingt sollte die Vorlage zur GVS erklärt werden, damit sie nicht auch noch kursiere und „zur Panik" führe. Auch an das MHF wolle man den Plan besser nicht senden, er wirbele dann „zu viel Staub" auf. Die Planvorlage sei „politisch unvertretbar und höchst gefährlich, wenn ein Direktorat eine solche Politik der Ausweglosigkeit" beschreibe.[956] Tatsächlich waren die aufgeführten Fakten haarsträubend, an allen Ecken und Kanten waren Terminvorgaben nicht eingehalten worden. Aggregate wurden nicht in Betrieb genommen, Geräte minderer Qualität eingebaut und Studenten nicht untergebracht. Auch war die Ausstattung der Unterkünfte lückenhaft, es gab Ausfälle der Beheizung am Ehrenberg.[957] Berg hatte Erfolg, der Plan wurde umgehend kassiert.

Von der Dienstbesprechung des Rektors, Karl Heinz Elster, mit den Leitern der ersten und zweiten Leitungsebene am 25. Mai 1971, die auf Basis der Rektorenberatung beim Minister MHF erfolgte, kam das Signal, die Entwicklung der TH in quantitativer Hinsicht fortzusetzen. Den bildungspolitischen Schwerpunkt der DDR sollten die polytechnischen Hochschulen übernehmen (übersetzt: den Verlust aus der verkürzten Studiendauer wettmachen). Die Arbeit mit den Forschungsstudenten sollte „besonders in sozialer Hinsicht" verbessert werden. Von „Notenhascherei" sei Abstand zu nehmen. Es seien progressive Kräfte auszuwählen und zielgerichtet zu fördern. Künftig würden sich die Forschungskapazitäten nur minimal erhöhen, es müsse der Effektivität der Forschung mehr Beachtung geschenkt werden. Notwendig sei die Verbesserung der Zusammenarbeit sowohl mit der Industrie als auch innerhalb der Hochschule zwischen den Sektionen und Fachdisziplinen. Bei den Investitionen seien die Wohnheime und Mensen vorrangig zu berücksichtigen.

---

955 THI, Rektor, vom 13.10.1970: Bericht über die Dienstbesprechung beim Minister des MHF am 8.10.1970, aufgefunden in: BStU, BV Suhl, AGG, Nr. 55, Bd. 1, Bl. 18–23, hier 18–21.
956 Bericht von „Walter" am 8.4.1971; BStU, BV Suhl, AIM 984/89, Teil II, Bd. 4, Bl. 170 f., hier 170.
957 Material zum Bericht von „Walter" am 8.4.1971; ebd., Bl. 172 f.

Das Fachpersonal müsse erhöht und das Verwaltungspersonal auf den Stand von 1971 eingefroren werden. Die Profillinie „Bionik“ werde aufgegeben (was im Endeffekt nicht geschah), die laufenden Arbeiten aber beendet werden („vertraulich!“). Die Profillinie „Technische Optik“ hingegen werde aufgenommen werden („vertraulich!“). Der Ilmenauer Hochschule werde kein Rechenautomat des Typs R 40 zur Verfügung gestellt. Tags darauf wurden Detailfragen erörtert. Es drang durch, dass der Fertigstellungstermin der Mensa zum 31. Dezember des Jahres finanztechnisch nicht mehr gesichert sei, es fehlten „mehr als neun Millionen“ Mark.[958]

Solche auf hoher Ebene stattgefundenen Besprechungen waren regelmäßig Gegenstand der inoffiziellen Berichterstattung, gegeben von jenen inoffiziellen Mitarbeitern des MfS, die in Schlüsselpositionen saßen, also mit den jeweiligen Faktenlagen bestens vertraut waren. Für eine hohe Validität der Berichterstattung für das MfS steht insbesondere die Person, die am 20. September 1971 jene Ebene der Hochschule betrat, die nicht nur nominell in der ersten Leitungsebene handlungskompetent verankert war, sondern darüber hinaus eine Durchschlagskraft nach unten besaß: Kurt Repenning. Anders als Berg war Repenning alias „Rainer“ ein Eigengewächs der Hochschule. Auch er kann für sich in Anspruch nehmen, Personal-, Hochschul- und Wissenschaftspolitik mitgestaltet zu haben. Personen wie er waren oftmals Aus- und Endpunkte von kommunikativen Einflusslinien der SED und des MfS. Repenning war sowohl horizontal als auch vertikal vielfältig – und über den engeren Bereich der Hochschule hinausgehend – kommunikativ vernetzt. Bis zu seiner Installation als regelrechter Brückenkopf des MfS (siehe Kap. 4.3.4, S. 272 f.) sollten jedoch noch drei Jahre vergehen. Zu Beginn seiner inoffiziellen Arbeit war ihm „aufgezeigt“ worden, „dass er durch seine Bereitschaft, das MfS zu unterstützen, einen großen Beitrag zur Stärkung unserer Republik“ leisten könne.[959] Ein zeitrelevantes Beispiel:

Repenning berichtete am 21. Dezember 1971 zu Problemen in der Forschungskooperation der Sektion ET. Gleich drei Hochschullehrer hatten sich, weil sie angeblich ihre Lehrstühle und Forschung in Gefahr sahen, beschwert: Erich Kolbe bei der Sektionsleitung, Hans-Joachim Mau bei der Hochschulleitung und Walter Furkert gar beim MHF. Assistenten waren der Auffassung, dass Furkert der Situation vor der Hochschulreform nachtrauere. Der Kernpunkt seiner Kritik betraf das Forschungsprofil, er sähe angeblich den „Fortbestand […] der wichtigen Forschung in Gefahr“. Speziell Exrektor Mau sah sich brüskiert, da seine Forschung anerkannt sei, auch international, es sei deshalb „nicht vertretbar, wenn man die Forschung auf so einem wichtigen Gebiet einstellt“. Die Parteigruppe war jedoch der Auffassung, dass es hierfür keinen Spielraum (mehr) gebe. Es gelte die vorgegebene Linie der energieorientierten Elektrotechnik, wie sie auf dem VIII. Parteitag beschlossen worden war. Das Forschungsprofil der Sektion bestand aus den Linien Kryo-Technik, elektrotechnologische Verfahren und feste Isolierstoffe. Die Profillinien „Energiesysteme“ (Furkert) und „Kontakte, Schaltungen“ (Mau) waren entfallen. Im Profil

---

958 Bericht von „Walter“ am 3.6.1971; ebd., Bl. 212–214, hier 212.
959 Bericht vom 5.10.1971 zum Treffen mit „Rainer“ am 4.10.1971; BStU, BV Suhl, AIM 1592/90, Teil II, Bd. 1, Bl. 6–9, hier 7.

der elektrotechnischen Verfahren waren enthalten die Forschungsgruppen Galvanotechnik, Plasmatechnik und Induktionserwärmung. Kolbe war zwar nicht primär betroffen, sah aber auch für sein Gebiet die Gefahr einer Reduzierung, da die Forschung auf dem Gebiet der Induktionserwärmung auslaufen sollte. Er soll der (zutreffenden – der Verf.) Auffassung gewesen sein, dass ein solch wichtiges Gebiet aus volkswirtschaftlicher Sicht nicht auslaufen dürfe. Mau war offenbar der härteste Kritiker der neuen Linie, er zweifelte grundsätzlich an, „dass dieses gewählte Profil der Sektion richtig" sei. Die Parteigruppe der Sektion hatte deshalb die Aufgabe erhalten, Einheitlichkeit in der Frage der Anerkennung der neuen Linie zu demonstrieren. Das gelang nicht. Lediglich ein Assistent soll sich hundertprozentig für die neue Linie ausgesprochen haben. Zur Plasmaforschung in der DDR wisse man nur, dass an verschiedenen Stellen geforscht werde. Es sei aber weitestgehend geheim, Genaues wisse man nicht. Ein Austausch innerhalb des RGW gebe es nicht. In der Frage der Induktionserwärmung sei der Westen weit voraus. Die Anlagen in der DDR seien aus Teilen gefertigt, die auch aus dem Westen kämen (Schweden, BRD), das führe dazu, dass die Öfen nicht funktionierten. Ein Beispiel: „Tiegelöfenanlagen, die von LEW Hennigsdorf für Hettstedt gefertigt worden" waren, konnten „nicht angewendet werden", da „dort zu wenig Forschung betrieben" würde. „Die Öfen haben nicht funktioniert." Mehrere Wissenschaftler sollen der Auffassung gewesen sein, so Repenning, „dass die Haltung" der „Professoren Mau und Furkert reine Sturheit" darstellten.[960] Repenning, zu dieser Zeit Forschungsstudent, arbeitete an Fragen des dynamischen Verhaltens von Tiegelofenanlagen. Seine Darstellung ist valide.

Leistungsbemessung der Hochschullehrer, Teil I

Ab 1971 wurde der Bemessung der Produktivität der Hochschullehrer erhöhte Aufmerksamkeit geschenkt. Zur Bemessung wurden als Kriterien Veröffentlichungen in Fachzeitschriften und Vorträge für das Jahr 1970 sowie die Betreuung von Promotionen A und B mit Stand November 1971 herangezogen. Wenngleich es immer auch schon Ansätze zu einer solchen Bewertung zum Zwecke der Stimulierung einer höheren Produktivität resp. Effektivität gab, so kann doch dieses Datum als Startschuss einer Kampagne gesetzt werden, die über viele Jahre ein wichtiges, auch statistisches Pflichtthema blieb.

Demnach wurden für die Sektionen MARÖK, PHYTEB, INTET, TBK, KONTEF und ET insgesamt 53 Veröffentlichungen und 52 Vorträge von 61 Hochschullehrern erfasst. Spitzenreiter bei Veröffentlichungen waren die Sektionen PHYTEB und KONTEF mit jeweils 16, bei den Vorträgen waren es die Sektionen PHYTEB und ET mit jeweils 15. Allein die Sektion TBK konnte keine Veröffentlichung vorweisen. Die Binnendifferenzierung zeigt, dass ein Hochschullehrer sechs Veröffentlichungen hatte, ein weiterer vier, drei Hochschullehrer auf jeweils drei und zwölf auf jeweils zwei Veröffentlichungen kamen. Zehn Hochschullehrer veröffentlichten je einen Beitrag. Somit trugen zum Gesamtergebnis 27 Hochschullehrer bei, während 34 keine Veröffentlichung für 1970 nachwiesen. Die differenzierte Betrachtung der Vortragsbeteiligung weist ein ähnliches Bild auf (Anzahl der Vorträge zu Zahl der Hochschullehrer): 5:2, 4:2, 3:5, 2:5, 1:9 und 0:38.

---

960 Bericht von „Rainer" vom 21.12.1971; ebd., Bl. 33–38.

Promotionen A wurden für 144 Forschungsstudenten, 175 befristete Assistenten, 13 planmäßige Aspiranten sowie 198 außerplanmäßige Aspiranten registriert. Die durchschnittliche Belastung der Hochschullehrer wurde mit 6,6 angeben, wobei eine weiterführende Analyse zeigt, dass die erfahrenen Hochschullehrer, die vor 1966 berufen worden waren, „den Hauptanteil der Betreuungsarbeit“ leisteten. Ein Blick auf die Entwicklung von 1965 zu 1971 zeigt, dass es eine eindeutige Tendenz für das Kriterium „Veröffentlichungen“ nicht gab, besonders nicht in der Entwicklung der Anzahl der Hochschullehrer ohne eine jährliche Veröffentlichung, diese Reihe sah für die genannten Jahre wie folgt aus: 14, 9, 6, 8, 8, 12 und zuletzt 14. In der Anzahl der Veröffentlichungen gab es zum Teil erhebliche Schwankungen, hier beliefen sich die Jahresleistungen auf: 71, 80, 101, 82, 98, 113 und zuletzt 90.[961]

Eine „Aussprache“ emeritierter Hochschullehrer mit dem Minister für das Hoch- und Fachschulwesen, Hans-Joachim Böhme, und dem Leiter der Abteilung Wissenschaft des ZK der SED, Hannes Hörnig, zur jüngsten Hochschulpolitik der SED ist aufgrund ihres offenen Charakters und den damit verbundenen Urteilen bemerkenswert. Ergebnisse, die nicht 1:1 in das Schema der marxistischen Geschichtsauffassung der SED aber auch nicht zu den Protokollen des Kollegiums und des Senats der TH Ilmenau passen. Die Aussprache firmierte als Zwischenbericht. Es war möglicherweise beabsichtigt, die Hochschulreform noch final zu diskutieren. Ein grundsätzliches Resultat dieser Aussprache in der Zusammenfassung von Mau war, dass die „notwendige Kritik und Korrekturen“ nicht dazu führen dürfen, die „Gesamtkonzeption der Hochschulreform [zu] verfälschen“. Festgestellte „subjektivistische Übertreibungen“ müssten jedoch beseitigt werden; Zitat: „Manche Forderungen der Vergangenheit haben zu Überspitzungen geführt, die in aller Ruhe geglättet werden müssen. Übertriebenes Administrieren und Ausnutzung von Befehlsgewalt hat in einigen Fällen wissenschaftliche Entwicklung in Sektionen gelähmt.“ Es habe sich gezeigt, dass sich eine „schematische Trennung zwischen Grund- und Fachstudium“ nicht bewährt habe, der angewandte „Formalismus bei der Aufstellung von Einheitsplänen war falsch“. Und wenn von den emeritierten Professoren betont wurde, dass die Grundlagenausbildung „besser auf Gesamtkonzeption und Ziel der Ausbildung abgestimmt werden“ müsse, dann war dies eine logische wie empirisch längst bekannte Grundbedingung, die zumindest tendenziell missachtet worden war. Und so ist es nicht überraschend, wenn festgehalten wurde, dass die „Quantität der Absolventen […] nicht auf Kosten der Qualität gehen“ dürfe. Doch das widersprach der Auffassung Böhmes: „Alle erreichen, jeden gewinnen und keinen zurücklassen.“[962]

Es war kein Zufall, dass die TH Ilmenau, 16 Jahre nach der Gründung der HfE und acht Jahre nach ihrer Umbenennung zur Technischen Hochschule, in der Folge der Hochschulreform nun, 1971, ihr zweites Statut erhalten sollte. Ein *sozialistisches* Statut mit 24 Paragraphen, aus dem jegliche Autonomie gewichen war. In der Präambel ist klar

---

961 THI, Direktorat für Forschung, vom 9.12.1971: Ordnung über das Forschungsstudium an der THI, aufgefunden im Konvolut zur Senatssitzung des WR am 14.12.1971; UAI, S. 1–6.

962 THI, Mau, vom 4.2.1972: Aussprache zur Hochschulreform; UAI, Sgn. 9999, S. 1–3.

gesagt, dass die Hochschule „den gesellschaftlichen Auftrag“ besitzt, „ihr gesamtes wissenschaftliches Potenzial so zur Wirkung zu bringen, dass hochqualifizierte sozialistische Absolventen erzogen und ausgebildet und planmäßig hervorragende Forschungsergebnisse und Spitzenleistungen mit großem volkswirtschaftlichen Nutzen erzielt werden“. Die Aufgaben der Hochschule beschreibt Paragraph 3 dergestalt, dass „hochqualifizierte Fachkräfte mit festem sozialistischen Klassenbewusstsein zu erziehen, aus- und weiterzubilden“ seien, „die auf der Grundlage des Marxismus-Leninismus in fester Verbundenheit mit der Arbeiterklasse und ihrer marxistisch-leninistischen Partei fähig und bereit sind, in sozialistischer Gemeinschaftsarbeit Pionier- und Spitzenleistungen zu vollbringen und Kollektive sozialistischer Menschen zu leiten. Sie entwickelt und stärkt durch die zielbewusste sozialistische Wehrerziehung die Bereitschaft der Studenten, ihren Beitrag zur Verteidigung des sozialistischen Vaterlandes zu leisten.“ Elemente des Statuts nach Paragraph 4 waren u. a. die sogenannte Einheit von „Erziehung und Ausbildung“, das „System des wissenschaftlich-produktiven Studiums“ (wpS) und das an Bedeutung gewinnende Forschungsstudium. Paragraph 6 legt fest, dass die Forschung auf Elektrotechnik, Elektronik und wissenschaftlichem Gerätebau zu konzentrieren sei. Paragraph 7 schreibt die Struktur auf sechs Sektionen sowie das IML und INER fest, zuzüglich Industrie-Institut (I.-I.), Abteilungen Fremdsprachen und Übersetzungswesen (AfÜ) und Studentensport (AS) sowie Hochschulbibliothek und Rechenzentrum. Die Wahl des Rektors legte Paragraph 10, Abs. 1, fest. Er war „nach Beratung mit den gesellschaftlichen Organisationen aus dem Kreis der ordentlichen Professoren auf Vorschlag des Senats vom Plenum des Wissenschaftlichen Rates der Technischen Hochschule in geheimer Wahl“ zu wählen und vom Minister für Hoch- und Fachschulwesen zu bestätigen. Ihm gegenüber war er „verantwortlich und rechenschaftspflichtig“.

Strukturell von Bedeutung war die Festlegung der Direktorate sowie die Aufgaben und die Arbeitsweise der Direktoren, die vom Minister des MHF festgelegt wurden. Paragraph 13 enthält die Bestimmungen zum Konzil als „Versammlung der Delegierten aller Hochschulangehörigen“, das u. a. die Vertreter der Hochschule für den Gesellschaftlichen Rat (GR) zu wählen hatte. Der GR ist im Paragraph 14 als beratendes und kontrollierendes gesellschaftliches Organ beschrieben, dessen Aufgaben, Stellung und Arbeitsweise ebenfalls vom Minister des MHF geregelt wurden. Der Wissenschaftliche Rat, geregelt im Paragraphen 15, hatte den Rektor in Fragen der Prognosetätigkeit, der Perspektivpläne und Entwicklungsfragen des wissenschaftlichen Lebens der Hochschule zu beraten. Ihm oblag die Verleihung der akademischen Grade und der Facultas docendi. Auch hierzu wurden Aufgaben, Stellung und Arbeitsweise des Rates vom Minister des MHF geregelt. Paragraph 16 beschreibt die Sachlage hinsichtlich der Fakultäten, deren Pflichten in der „Wahrnehmung der Aufgaben des Wissenschaftlichen Rates“ bestanden. Wesentlich mehr Raum als den Fakultäten war den Sektionen gewidmet, zu denen drei Paragraphen (17, 18 u. 19) ediert wurden. Gegenüber den Aufgaben im Rahmen der Industriekooperation verblasst geradezu der Begriff „Ausbildung“.[963]

---

963 Statut der THI 1971; UAI, Sgn. 9999, S. 1–13, u. Anlage, 1 S.

Verglichen mit dem ersten Statut von 1955 entsteht der Eindruck einer Institution, die dem MHF und dem ZK der SED in allen wesentlichen Fragen unterworfen war. Doch das Statut, das in einer sauberen Weise allen Erfordernissen der jüngsten Hochschulreform gerecht und somit zu einem beeindruckenden historischen Dokument wurde, ist nicht paraphiert worden. Erst im Sommer 1973 sollte es erneut zur Debatte stehen.

4.3.4 Entwicklung: 1972 bis 1976

Das Forschungsstudium – Problemfach „Mathematik" – Amtsübergabe von Elster auf Linnemann – neue Rektoratsstruktur – das Industrie-Institut – Leistungsbemessung der Hochschullehrer – die Wissenschaftskonzeptionen – in der Kritik: Promotions- und Habilitationsdauer – bilanzpflichtig: Sowjetwissenschaften – das Statut der TH Ilmenau – Auslandskontakte und Ausländerstudium – „Brückenkopf" des MfS: Repenning und seine Forschungsanalysen – Hauptforschungsrichtungen (HFR) – Weltpolitik in Oberhof – Abwärtstrend in Bildung und Ausbildung: schrumpfende Zulassungszahlen – knappe Ressource „Hochschullehrer" – Trendwissenschaften: Biomedizin und Bionik/Biokybernetik

Die erste Sitzung des Senats des Wissenschaftlichen Rates 1972 fand am 18. Januar statt. Auf der Tagesordnung standen Aspekte der Analyse des wissenschaftlichen, methodischen und erzieherischen Niveaus der Ausbildung in Höherer Mathematik, die Präzisierungen des Grundstudiums Elektro-Ingenieurwesen und des Grundstudienplanes Mathematik sowie die Verfahrensordnung für die Durchführung des Forschungsstudiums. Bereits auf der letzten Sitzung des Senats war der Entwurf über das Forschungsstudium an der TH Ilmenau Thema.[964] Die Verfahrensordnung der TH zur zentralen Anordnung vom 1. Juni 1970 beinhaltete abzüglich des ideologischen Terms – Forschungsstudenten als besonders befähigte sozialistische Persönlichkeiten heranzubilden – das Auswahlverfahren der Studenten, beginnend in der Mitte des zweiten Studienjahres, das Verfahren der Antragstellung im dritten Studienjahr sowie das der Zulassung. In den positiven Auswahlfällen wurde mit den betreffenden Studenten ein Ausbildungsvertrag abgeschlossen und eine Zulassungsurkunde ausgegeben. Bemerkenswert war das Recht der Forschungsstudenten, allerdings per Absprache mit dem Lehrgruppenleiter, 240 Stunden in der Lehre ableisten zu können. Diese Möglichkeit war „der Ableistung von 100 Stunden Übungen oder 240 Stunden Praktika-Betreuung äquivalent". Der Einsatz in der Lehre und im Rahmen von Übungen wurde nach der Honorarordnung „Lehre" vergütet. Die Gesamtdauer des Forschungsstudiums betrug zwei Jahre.[965] Im Zeitraum von 1970 bis Ende 1975 wurden 192 Absolventen des Direktstudiums in das Forschungsstudium übernommen, 155 hatten es bereits abgeschlossen, 51 wurden promoviert. Sie gingen mehrheitlich in die Industrie.[966]

---

964 THI, Prorektor für Prognose und Wissenschaftsentwicklung, vom 9.12.1971: Ordnung über das Forschungsstudium, aufgefunden im Konvolut zur Senatssitzung des WR am 14.12.1971; UAI, S. 1–6.

965 THI, Büro des Rektors, vom 14.1.1972: Vorläufige – aber später in den Kernelementen bestätigte – Verfahrensordnung zur Anordnung über das Forschungsstudium vom 1.6.1970, aufgefunden im Konvolut zur Senatssitzung des WR am 18.2.1972; UAI, S. 1–7, hier 1–4.

966 THI, Direktorat K/Q, vom 12.12.1975: Arbeit mit dem wissenschaftlichen Nachwuchs an der THI, aufgefunden im Konvolut zur Senatssitzung des WR am 17.12.1975; UAI, S. 1–38, hier 28 u. 31.

Schwache Leistungen in Mathematik, Teil I

Die Mathematik war nicht zufällig Thema am 18. Januar. Im Mittelpunkt der Ausführungen des Direktors der Sektion MARÖK stand die Forderung nach einem hohen theoretischen Niveau in der Mathematik-Ausbildung „unter Berücksichtigung anwendungsbereiten Wissens“. Zur Thematik, zu der auch eine Stellungnahme der Hochschul-FDJ-Leitung in der Februar-Ausgabe der Hochschulzeitung erschien, stellte der Senat in positiver Semantik Forderungen in acht Punkten auf. Zu diesen zählte wie selbstverständlich die „klassenmäßige Erziehung des Studenten“, die enger „mit den Problemen der fachlichen Ausbildung“ verbunden werden müsse. Dagegen klang die Formulierung, wonach überlegt werden sollte, ob es zu Beginn des Studiums Sinn mache, einen Vorkurs zur Überarbeitung des Oberschulstoffes einzuführen, geradezu fakultativ.[967]

Eine Studienanalyse zur Mathematik-Ausbildung hatte Karl-Otto Frielinghaus, Dekan der Technischen Wissenschaften, angefertigt. Demnach hatte sich die Betriebssektion der Kammer der Technik (KdT) der TH Ilmenau zu Beginn des Studienjahres bereiterklärt, „die stets auftretenden Schwierigkeiten beim Studienanfang näher zu untersuchen“. Sein Bericht basierte auf Hospitation, Auswertung der Betreuertätigkeit und Internatsgesprächen am Ende des ersten Lehrabschnittes mit circa 40 Studenten der Matrikel 71, vorwiegend der Sektion KONTEF. Grundsätzlich stellte er methodische und organisationstechnische Mängel und Probleme fest. Stattliche 30 Prozent der Studenten wiesen unzureichende Mathematik-Leistungen auf. Eine Feststellung, die auch für die vorhergehende Matrikel zutraf. Die Anforderungen der Hochschule entsprächen nicht den erzielten Vorkenntnissen von der Oberschule, das aber sei beachtenswert, weil „solche Schwierigkeiten keineswegs in den Fächern Physik und Allgemeine Elektrotechnik“ aufträten. Dumm und faul seien die Studenten nicht, wenngleich das Engagement bei einigen nicht sehr hoch sei. Es fehle oft an eigenem Antrieb, man lerne, wie von der Oberschule gewohnt, die Aufgaben zu erfüllen, mehr nicht, es fehle an Begeisterung. Es bestünden gegenwärtig „ernste Bedenken, ob die derzeitige Mathematikausbildung an unserer Hochschule in Bezug auf Stoffkonzentration, Anforderungen an die Studenten und Bewertungsmaßstäbe optimal bzw. richtig ist“. Zur Notenverteilung stellte er fest, dass in den meisten Fächern die Note 3 am häufigsten vorkam, in der Mathematik jedoch die Note 4. Das habe zwei Ursachen: einmal eine Diskrepanz zwischen den Mathe-Kenntnissen und -Fähigkeiten und den Voraussetzungen, die die Hochschulausbildung „aufgrund des Oberschul-Ausbildungsplanes erwarten“ müsse, zum anderen die Stofffülle, die größer sei als es dem Aufnahmevermögen des Durchschnittsstudenten entspreche.[968]

Die 3. Hochschulreform setzte den Stellenwert der marxistisch-leninistischen Ausbildung noch einmal höher. Doch den meisten Studenten interessierte nur, irgendwie „eine gängige Zensur zu erwischen“. Eingeführt wurde eine Gesamtprüfung aller ML-Fächer. Erst im

---

967 Festlegungsprotokoll vom 11.2.1972 zur Senatssitzung des WR am 18.1.1972; UAI, S. 1–6, hier 2–5. Hochschulzeitung Nr. 2 vom 4.2.1971.

968 THI, Frielinghaus, vom 16.1.192: Studienanalyse zur Mathematikausbildung, aufgefunden im Konvolut zur Senatssitzung des WR am 18.1.1972; UAI, S. 1–5.

Erfolgsfall durfte die Praktikumsarbeit geschrieben werden.[969] Die Teilnahmequoten an der Marxistisch-leninistischen Weiterbildung (MLWB) stellte die SED nicht zufrieden. Folglich beschloss der Wissenschaftliche Rat am 14. März 1972 die Erhöhung des wissenschaftlichen Niveaus und der politisch-ideologischen Wirksamkeit der MLWB. Im Kern ging es um eine massive Steigerung der Kontroll- und Berichtstätigkeit in sechs differenziert abgehandelten Punkten. So wurde festgelegt, dass „die monatlichen inhaltlichen und statistischen Auswertungen [...] den zuständigen Sektionsdirektoren, Institutsdirektoren bzw. Abteilungsleitern zur Auswertung", sprich zum Zwecke der Disziplinierung, „zugestellt" werden mussten. Andreas Schüler erhielt die Aufgabe, sie in „verdichteter Form und im Zusammenhang mit anderen Informationen über die ideologische Lage dem Rektor zur Verfügung" zu stellen. Für die Tage der Weiterbildung wurde eine „konsequente" Dienstreise- und Veranstaltungssperre verhängt. Das Kontrollregime wurde verschärft.[970]

Tabelle 37: Beteiligung an der marxistisch-leninistischen Ausbildung[971]

Struktureinheit	Jan. 1972 [Prozent]	Jan. 1972 [Prozent]	Professoren [Prozent]	Dozenten [Prozent]	Promovierte Mitarbeiter [Prozent]
MARÖK	85	60	70	66	74
TBK	60	80	80	77	50
INTET	94	65	80	100	79
ET	63	55	75	66	53
KONTEF	68	63	62	0	79
PHYTEB	67	81	90	71	67
Industrie-Institut	100	80	100	100	50
INER	66	67	75	100	-
AFÜ	80	100	-	-	75
Studentensport	100	86	-	-	-
Gesamt	75	74	79	72	66

Insbesondere aufgrund der Rede von Hans-Joachim Böhme am 25. Januar und einer Anweisung seines MHF vom 1. März 1972 sah sich die TH Ilmenau gehalten, „in stärkerem Maße" als bislang die „wissenschaftlichen Fragen der inhaltlichen Gestaltung und der Überprüfung und Analyse des wissenschaftlichen Niveaus von Erziehung und Ausbildung" in den Mittelpunkt der Arbeit der Räte der Sektionen zu stellen. Hauptverantwortlich für die Umsetzung dieser Vorgabe waren die Hochschullehrer. Bei der vierjährigen Ausbildung sollte es bleiben, die Grenzen zwischen Grund- und Fachstudium aber fließend gestaltet werden. Recht ungewöhnlich, weil realistisch, ist die gezogene Konsequenz aus dem verkürzten Studium: „Die Ausbildung ist so zu gestalten, dass der Absolvent in erster Linie in der Lage ist, die bestehende Technik zu beherrschen, anzuwenden und weiterzuentwickeln." Das Papier enthält eine Reihe von Hinweisen auf kleinere kosmetische Veränderungen wie beispielsweise das Ziel, die „Rolle der Prüfungen" künftig „aufzuwerten". Ausfälle von Vorlesungen und Übungen sollten nicht mehr geduldet werden.[972]

---

969 Monatsbericht „Februar 1972" von „Christel"; BStU, BV Suhl, AGMS 513/75, 1 Bd., Bl. 81–84.

970 THI, Prorektor für GeWi, vom 6.4.1972: Beschluss des WR vom 14.3.1972 über die Erhöhung der Effizienz der MLWB, aufgefunden im Konvolut zur Sitzung des Plenums des WR am 14.3.1972; UAI, S. 1 f.

971 Statistische Auswertung der marxistisch-leninistischen Weiterbildung, aufgefunden ebd.; UAI, S. 1 f.

972 THI, Prorektor für Wissenschaftsentwicklung, vom 7.3.1972: Vorschläge; ebd., S. 1–4, hier 1 f.

Am 11. Juli wurde auf der Sitzung des Senats des Wissenschaftlichen Rates (WR) Gerhard Linnemann zum Rektor gewählt,[973] seine Wahl erfolgte mit 47 Ja-Stimmen bei einer Gegenstimme. Die Amtsübergabe zum 1. September fand am 31. August im Hörsaal des Faraday-Baus statt. Anwesend war auch Minister Böhme, der bereits am Vortag nach Suhl gereist war, um Gespräche mit der Bezirksleitung der SED Suhl zu führen.[974]

Abbildung 22: Gerhard Linnemann, um 1981

Auf dieser Sitzung wurde eine Art von Evaluierung zu Problemen an der TH versucht, insbesondere hinsichtlich der Verbesserung der Lehre auf dem Gebiet der Elektrotechnik, zu der Kurt Repenning umfassend berichtete. Warum sich das MfS in Person des Leiters der Operativgruppe „TH“ der Kreisdienststelle (KD) Ilmenau, Hofmann, hierzu einlud, ist nicht überliefert. Aspekte der Diskussion waren die Notwendigkeit der Wiederholung des Oberschulwissens zu Beginn des Studiums, die Streichung von Ausbildungsstoffen aufgrund der Stoff-Überfülle und die vierjährige Studiendauer. Neben einer differenzierteren Grundlagenausbildung sollten zwar Streichungen des Stoffes durchgeführt werden, jedoch erst nach einer gründlichen analytischen Untersuchung, um eine „Kettenreaktion von Mängeln“ zu vermeiden. Der wissenschaftlich-technische Beirat des Wissenschaftlichen Rates plädierte für eine 50-Stunden-Woche einschließlich von circa 12 bis 18 Stunden für das Selbststudium; Linnemann soll diesen Satz als zu gering erachtet haben. Eberhard Forth wies darauf hin, dass die Frage, vier oder fünf Jahre Studium, durch die Hochschulreform längst entschieden sei, so dass man sich die Diskussionen sparen könne. Es gehe nur noch um die Effektivität des Studiums innerhalb dieser vier Jahre.[975]

Eine umfassende „Analyse des wissenschaftlichen, methodischen und erzieherischen Niveaus der Lehrveranstaltung“ auf den Gebieten Konstruktionselemente, Fertigungsverfahren und Fertigungsprozessgestaltung stammt vom 9. Oktober. Verantwortet wurde sie vom Direktor der Sektion KONTEF. Dem Prorektor für Wissenschaftsentwicklung oblag

---

973 Das MfS stellte hierzu eine Entwicklungsübersicht zusammen, in: BV Suhl, KDI, vom 2.6.1972: Auskunftsbericht; BStU, BV Suhl, AIM 351/77, Teil I, 1 Bd., Bl. 119 f.

974 KDI, OG „HS“, vom 23.8.1972: Amtsübergabe an der THI; ebd., Bl. 138.

975 KDI, OG „HS“, vom 15.7.1972: Besuch am 11.7.1972; ebd., Bl. 104.

die Kontrolle. Abgesehen von Ausführungen zu ideologischen und Erziehungsfragen behandelte das Papier fachliche Themen, organisatorische, technische, methodische und didaktische Fragen sowie Aspekte der Leistungskontrollen und Abschlussleistungen in den genannten drei Gebieten. Der Gesamtdurchschnitt aller 585 Studenten lag am 15. April 1972 (ohne Nachprüfungen) in der Matrikel 71 aus dem Studienjahr 1971/72 bei 2,95. (1. und 2. Trimester; zur Erklärung: die drei Trimester wurden in der Periode des 4-Jahres-Studiums eingeführt, der Ernteeinsatz wurde gestrichen. Ab Matrikel 75 wieder 5-Jahres-Studium) Der Notendurchschnitt der Sektionen belief sich für TBK auf 2,68, für KONTEF auf 2,76, für INTET auf 3,23, für PHYTEB auf 3,33 und für ET auf 2,80. Zwar ist das Papier rein sachlich auf den statistischen Ist-Zustand ausgerichtet, dennoch enthält es einige harte Kritikpunkte, so u. a. die Betonung der (alten) Forderung, die Technische Darstellungslehre wieder in das Grundstudium aufzunehmen. Man beherrsche das Technische Zeichnen nicht mehr hinreichend, nur zehn bis 15 Prozent der Studenten würden es befriedigend beherrschen. Ohne dieses sei aber ein „Verstehen des Tafelbildes und damit der Vorlesung nicht möglich". Auch müssten die Hörsäle eine bessere Ausstattung erhalten: „mit glatten einwandfreien Wandtafeln, vollständigem Zubehör wie Kreide weiß und farbig, Zeigestock, Säuberungsgerät, sauberem Wasser, Handtuch und Projektionsgeräten". Hierzu gab es laufend Beschwerden aber keine Abhilfe.[976] Dieser letzte Kritikpunkt klang einen Monat später auf der Sitzung des Senats in Bezug auf das letzte IWK ähnlich, wenn es hieß, dass künftig der „Atmosphäre (Vortragsräume, Unterbringung der Gäste usw.) [...] große Aufmerksamkeit" geschenkt werden müsse, letztlich aus Gründen der Internationalität der Veranstaltung.[977]

Zwar war im Herbst 1972 die neue Rektoratsstruktur formal fertig, im November jedoch noch immer nicht völlig umgesetzt. Dem Heinz Grote zugeordneten Büro des Rektors sollten vier Abteilungen des Rektors unterstellt werden. Eine dieser Abteilungen, die Abteilung „Stabsorgane", sollte den Informations-Beauftragten, den Justitiar, den ZV-Beauftragten sowie die VS-Hauptstelle und die Inspektion für technische Sicherheit und Brandschutz aufnehmen. Allesamt klassische Positionen, die das MfS bevorzugt inoffiziell besetzte. Justitiar Wolfgang Berg sah für sich einen Nachteil, da seine direkte Unterstellung beim Rektor damit kassiert werden würde. Das widerspreche, so Berg, einer Anweisung des Hochschulministers. Gleiches träfe auch auf die Unterstellungsstruktur des VS-Hauptstellenleiters und des ZV-Beauftragten zu. Berg schlug vor, diese drei Bereiche direkt dem Büro zuzuordnen und nicht einem zwischengeschalteten Abteilungsleiter. Bei Linnemann werde man aber eher nicht Erfolg mit diesem Vorschlag haben, so Berg.[978] Sein Vorstoß kam nicht von ungefähr, da seine konspirativ eingerichtete Zwitterstellung, herrührend aus seiner MfS-Funktion an der TH, ein zweites Mal Gefahr lief, kassiert zu werden.

Grote zählte ab diesem Datum zum operativen Zirkel innerhalb des Rektorats zur

976 THI, WR, vom 9.10.72: Analyse, aufgefunden im Konvolut zur Senatssitzung des WR am 31.10.1972; UAI, S. 1–25.
977 Protokoll vom 6.12.1972 zur Sitzung des Plenums des WR am 28.11.1972; UAI, S. 1–5, hier 4.
978 Bericht von „Walter" vom 6.11.1972; BStU, BV Suhl, AIM 984/89, Teil II, Bd. 4, Bl. 440.

Umsetzung der strukturellen Reform, speziell in der ersten Leitungsebene, zudem bereitete er die Grundsatzentscheidungen für und unter Linnemann vor. Dazu zählte die diffizile Aufgabe, aus den zwei heterogenen Direktoraten für Internationale Beziehungen (IB) und für Forschung sowie der Vervielfältigungsstelle ein einziges Büro des Rektors zu kreieren. Eine Maßnahme, die im Sinne einer rationaleren Verwendung (Konzentration) der Mittel verstanden wurde. Als Sekretär des Rektors resp. des Senats war Grote zudem für die Erarbeitung der Führungsdokumente des Rektors, aber auch für dessen Auftreten etwa auf den IWK für Rededispositionen u.dgl.m. verantwortlich.[979] Grote übte ferner die Funktion des Sekretärs des Wissenschaftlichen Rates (bis 1983) aus. In dieser Funktion wurde er zu einer „Institution" des Wissenschaftlichen Rates, für manche galt er gar als eine Art zweiter Rektor, der es verstand, den jeweiligen Rektoren den Rücken freizuhalten.

Das Industrie-Institut (I.-I.), Teil III

Am 28. November 1972 fand die erste Sitzung des Plenums des Wissenschaftlichen Rates im Studienjahr 1972/73 statt. Nach längerer Zeit standen wieder die Aufgaben und das Profil des Industrie-Instituts zur Diskussion. Von dessen Schließung war keine Rede mehr. Als profilbestimmend für das Institut galten die Lehrgebiete Politische Ökonomie, Wirtschaftswissenschaften und Sozialistische Volkswirtschaft, während die Mathematik und die Allgemeine Elektrotechnik lediglich Nebengebiete darstellten.[980] Als Grundlage der Diskussion diente eine Konzeption vom 14. November. In ihr steht vermerkt, worum es der SED bei dieser Art von Bildungsinstitution in Wahrheit ging. Nämlich um die Erfüllung des „Klassenauftrags", der darin bestand, „Kader der Arbeiterklasse für leitende Funktionen in Partei, Staat, Wirtschaft und gesellschaftlichen Organisationen" fit zu machen. Die in der Praxis „bewährten" Funktionäre der SED sollten so ausgebildet werden, dass sie den neuen Produktionsbedingungen genügten. Zu den Aufnahmevoraussetzungen zählte der Abschluss der 10. Klasse und eine abgeschlossene Berufsausbildung oder eine mindestens zehnjährige Berufserfahrung. Der auf einen Diplomabschluss ausgerichtete Lehrplan für 17 Disziplinen umfasste 2.103 Unterrichtsstunden. Davon entfielen auf marxistisch-leninistische Stoffe 513, auf sozialistisch getrimmte betriebswirtschaftliche 710 sowie auf technische, naturwissenschaftliche und mathematische 760 Stunden. Vorgesehen waren 14 Prüfungen in Form von Zwischen-, Haupt- und Abschlussprüfungen.[981]

Das Studienprofil am I.-I. wurde durch vier Lehrkomplexe bestimmt. Der erste, von Heinz Geißler geleitete, umfasste die marxistisch-leninistischen, der zweite, von Wolfgang Hinke geleitete, die betriebswirtschaftlichen, der dritte, unter Hubert Zerbe stehende, die mathematischen sowie der vierte, von Paul Latussek geleitete, die fertigungstechnischen Lehrgebiete. Das Pflichtthema „Forschung für die Industrie" lautete: „Die Wirkungsweise der sozialistischen Demokratie im Industriebetrieb". Es basierte auf einer Zusammenarbeit mit dem Institut für Gesellschaftswissenschaften beim ZK der SED (Lehrstuhl Politische Ökonomie) und dem VEB Kombinat Zentronik als Praxispartner. Die engere Leitung des

---

979 Aus einer Beurteilung von 29.8.1974, aufgefunden in: BStU, BV Suhl, AOPK 732/75, 1 Bd., Bl. 46–48.

980 Protokoll vom 6.12.1972 zur Sitzung des Plenums des WR am 28.11.1972; UAI, S. 1–5, hier 3 f.

981 THI, I.-I., vom 14.11.1972, aufgefunden im Konvolut zur Sitzung des Plenums des WR am 28.11.1972; UAI, S. 1–22, hier 4, 8 u. 11.

Instituts bestand neben dem Direktor des Hauses aus den Stellvertretern für Erziehung und Ausbildung sowie Forschung. Planstellen für vier wissenschaftliche Assistenten und für eine Professur für Politische Ökonomie sicherten die Lehre.[982]

Tabelle 38: Zusammenstellung der Lehrverpflichtungen des I.-I.[983]

Sektion, Institut, Bereich	Stunden	Prozent
Industrie-Institut	1.006	46,8
MARÖK	514	23,8
GT	112	5,2
PHYTEB	39	1,8
INER	39	1,8
IML	196	9,1
AFÜ	87	4,0
Sport	148	6,9
Inspektion Gesundheits- und Arbeitsschutz	13	0,6
Gesamt	2.154	100

Zur Integration des jeweiligen Lehrgebietes (Sektion resp. Institut) in der Struktur der TH:

- Marxistisch-leninistische Grundlagen

Führung der Gesellschaft durch die SED (I.-I.)
Politische Ökonomie (I.-I.)
Spezialseminar zu den Werken der Klassiker (I.-I.)
Einführung in das Studium (I.-I.)
Dialektischer und historischer Materialismus (IML)
Wissenschaftlicher Kommunismus (IML)

- Leitung, Planung, Organisation der sozialistischen Wirtschaft

Leitung der sozialistischen Wirtschaft (I.-I.)
Sozialistische Volkswirtschaft (I.-I.)
Sozialistische Betriebswirtschaft (MARÖK)
Sozialistische Arbeitswissenschaft (MARÖK)
EDV (I.-I.)

- Mathematik und Statistik

Mathematik für Ökonomen (I.-I.)
Statistik (I.-I.)

- Technisch-technologische Grundlagen

Elektro-Technik (I.-I., ET)
Physik (PHYTEB)
Prozessgestaltung (GT)
Fertigungstechnik (GT)
Elektronik (PHYTEB).[984]

---

982 THI, I.-I., vom 14.11.1972: Konzeption des I.-I., aufgefunden im Konvolut zur Senatssitzung des WR am 6.2.1973; UAI, S. 7–11 u. 16 f.

983 THI, WR, vom 17.12.1975: Senatssitzung des WR am 17.12.1975; UAI, S. 1–5, Anlage 2, 1 S.

984 THI, I.-I., vom 4.12.1976: Konzeption über die Entwicklung des I.-I., aufgefunden im Konvolut zur Sitzung des Plenums des WR am 14.12.1976; UAI, S. 1–4.

Ende 1972 eskalierte an der Sektion PHYTEB ein hochschulreformbedingter Konflikt. Anlass der Auseinandersetzung bildete die Forschungskooperation mit dem VEB Kombinat Funkwerk Erfurt (KFW). Obgleich die gesamte Forschungskapazität der Sektion hierin einzubinden war, wollte Helmut Reimer laufende Forschungsverträge mit Stahnsdorf wenigstens weiter auf Sparflamme halten. Adolf Pauk* alias „Wälzbach" (Kap. 5.3.3, Fall-Nr. 102), ein Spitzenmann der Sektion, verteidigte zwar die staatliche Order („Ich vertrat die Meinung, dass das aber nicht möglich ist."), kam aber nicht umhin, die Vertragsstruktur mit Erfurt als nicht zielführend zu bewerten. So sei Erfurt „gezwungen", „alles von uns zu kaufen, auch das, was ihnen nichts nützt". Würde Erfurt selbst die Forschung leisten, käme es dem Kombinat viermal teurer als über die TH Ilmenau. Das, was Pauk* dem MfS in sieben Punkten vortrug und Reimer diskreditieren sollte, gab ihm de facto aber Recht. Die Struktur der Sektion sei nicht optimal, da sie auf Forschung ausgerichtet sei. Es gelte nun, „diese Struktur umzuorganisieren ohne großen Aufwand". Es sei zwingend, den Anteil der einzelnen Mitarbeiter in der Lehre zu reduzieren. Überdies läge vom Kombinat immer noch keine Konzeption vor, die über den Tag hinausreiche. Auch gäbe es kein Feedback über die Effektivität der Forschung an der TH Ilmenau in Hinblick auf das Kombinat.[985]

Der Konflikt fand seinen Anlass in der Verordnung über die Leitung, Planung und Finanzierung der Forschung der Akademie der Wissenschaften und an Universitäten und Hochschulen vom 23. August 1972, kurz: Forschungsverordnung (FVO). An der TH Ilmenau wurde gewitzelt, dass damit „die DDR endlich zu einer Sowjetrepublik" würde. Hintergrund war, dass die Verordnung federführend von der Akademie der Wissenschaften (AdW) erarbeitet worden sei, die diese in Anlehnung an jene der Sowjetunion kreiert habe.[986] Am 1. Januar 1973 trat hierzu eine Anweisung des MHF für den Hochschulbereich in Kraft. In zehn Paragraphen umreißt sie „für Leitung, Planung und Kontrolle von Forschungsaufgaben" definitorisch Fragen der Planvorgaben, des Planentwurfs und der Planbestätigung, der Planauflagen, der Planverteidigungen, der Hauptauftragsnehmerschaften, der Auftraggeberschaft der Rektoren u.a.m. Definitorisch handelte es sich sämtlich um Forschungsaufgaben „im Auftrage des Ministers" in sieben Arten, beispielsweise solche aus dem Staatsplan „Wissenschaft" oder „Prognosen zur Entwicklung bestimmter Wissenschaftsgebiete".[987]

Leistungsbemessung der Hochschullehrer, Teil II

Dem Protokoll zur Sitzung des Plenums am 27. März 1973 ist wenig verklausuliert zu entnehmen, dass die Wissenschaftsproduktion infolge der 3. Hochschulreform einen Einbruch erlitten hatte. Hauptkriterium der Untersuchung der Produktivität aller 44 Professoren waren deren wissenschaftliche Publikationen. Es zeigte sich, dass „in den letzten Jahren ein gewisser Rückgang und teilweise eine Diskontinuität" eingetreten ist. Die Werte für das vergangene und die Prognose für das laufende Jahr wiesen jedoch darauf hin, dass

985 Bericht von „Wälzbach" am 22.11.1972; BStU, BV Suhl, AIM 2648/94, Teil II, Bd. 1, Bl. 2–5.
986 Bericht von „Walter" vom 23.10.1972; BStU, BV Suhl, AIM 984/89, Teil II, Bd. 4, Bl. 436.
987 Anweisung für die Leitung, Planung und Kontrolle von Forschungsaufgaben im Auftrage des Ministers für Hoch- und Fachschulwesen und der Rektoren von Hochschulen, o. D., aufgefunden im Konvolut der Senatsprotokolle des WR des Jahres 1972. Datum der Inkraftsetzung: 1.1.1973; UAI, S. 1–9, hier 1 f.

der Negativtrend gestoppt sei. Die Ursachen für den temporären Rückgang sahen die Verfasser des Papieres u. a. darin, „dass die Publikationstätigkeit in den ersten Jahren nach der Hochschulreform nicht genügend beachtet und stimuliert worden" sei. Dazu komme „in einigen Fällen eine nicht übersehbare Entwertung der Rolle der Hochschullehrer, die zu einer Gleichgültigkeit hinsichtlich der wissenschaftlichen Aktivität führte. Wir sind der Auffassung, dass diese Erscheinungen seit der Auswertung der Warnemünder Rektorenkonferenz systematisch abgebaut worden sind." Man zeigte sich überzeugt, „dass die Übernahme einer Leitungstätigkeit (Sektionsdirektor, Prorektor, Rektor) nicht notwendig zu einem Rückgang der Publikationen führen" müsse. Es gebe auch andere Beispiele.

Argumente von Hochschullehrern, wonach das Tief auch durch den erhöhten Geheimnisschutz erklärt sei, wollten die Verfasser nicht gelten lassen, da vom Hochschullehrer verlangt werde, dass er seine geheimen Forschungen in allgemeiner Form publizieren können müsse. Die Ergebnisse der Erhebungen wurden in drei Gruppen (überdurchschnittliche, normale und unterdurchschnittliche Publikationstätigkeit) geordnet. In die erste Gruppe kamen 24 Prozent der Hochschullehrer (Elster, Haferkorn, Kolbe, Müller, Nitzsche, Philippow, Reinisch, Riemann, Sachs und Weber), in die mittlere 64 und in die letzte Gruppe zwölf Prozent. Davon, dass der Hochschullehrer auch Leiter sein sollte, gingen die Verfasser nicht ab.[988]

Zur Frage der Promotionen wurde gefordert, mehr sowjetische Literatur auszuwerten und auszuweisen. Dieser Quellenfundus sollte künftig „echt in die Arbeit" einfließen.[989] Für 1972 war festgestellt worden, dass 40 Prozent der Dissertationen dieser Vorgabe gerecht wurden. Das sei ein Fortschritt, auf den man zielstrebig hingearbeitet habe.[990] Künftig sollte dieses Kriterium eines der wichtigsten werden und musste turnusmäßig statistisch erfasst und – auch nach Berlin – rapportiert werden. Wie üblich wurde auch die marxistisch-leninistische Weiterbildung der Hochschullehrer und der wissenschaftlichen Mitarbeiter rückwirkend auf das vergangene Studienjahr (1971/72) ausgewertet. Es existierten 26 Zirkel und Seminare, an denen 580 Hochschullehrer und wissenschaftliche Mitarbeiter teilgenommen hatten. U. a. wurden vier Seminare zum Studium der Geschichte der KPdSU für Doktoranden – im Dreijahreskurs – am IML mit zusammen 73 Teilnehmern sowie „Jahresintensivkurse" der ML-Abendschule für Hochschullehrer mit 19 Teilnehmern in zwei Seminargruppen durchgeführt. Spitzenreiter an der ML-Weiterbildung war die Sektion PHYTEB mit 83 Prozent, gefolgt von MARÖK (78), KONTEF (73), INTET (72), TBK (69) und ET (63). Zufriedenstellend seien diese Beteiligungsquoten, so Fraas, jedoch nicht, die Ergebnisse zeigten „ideologische Schwächen".[991]

---

988 Protokoll vom 2.4.1973 zur Sitzung des Plenums des WR am 27.3.1973; UAI, S. 1–6, hier 2. THI, Prorektor für Wissenschaftsentwicklung, vom 21.3.1973: Analyse der wissenschaftlichen Produktivität der Hochschullehrer, die Bedingungen der wissenschaftlichen Arbeit und die Entwicklung des wissenschaftlichen Lebens an der TH, aufgefunden im Konvolut zur Sitzung des Plenums des WR am 27.3.1973; ebd., S. 1–7, hier 1–4. Drei Professoren wurden wegen zu kurzer Berufungszeit nicht bewertet.

989 Protokoll vom 2.4.1973; ebd., erste Quelle, S. 1–6, hier 6.

990 THI, WR, vom 21.3.1973: Vorlage, aufgefunden im Konvolut zur Sitzung des Plenums des WR am 27.3.1973; UAI, S. 1–3, hier 3.

991 THI, Prorektor für GeWi, vom 13.10.1972, aufgefunden im Konvolut zur Sitzung des Plenums des WR am 27.3.1973; UAI, S. 1–5, hier 1–3.

Wissenschaftskonzeptionen, Teil I: I.-I., PHYTEB, KONTEF, INTET und TBK

Die Wissenschaftskonzeptionen (WK) waren strategische Leitungsdokumente der Sektionen resp. sektionsunabhängigen Einrichtungen. Basis bildeten die vom MHF vorgegebenen Studienpläne, Forschungsaufgaben und Erziehungskonzeptionen. Am 6. Februar 1973 wurde die bereits am 14. November 1972 fertiggestellte WK des Industrie-Institutes (I.-I.) erstmals behandelt. Anders als die etwa zeitgleich entstandenen WK der Sektion PHYTEB war sie primär eine ideologisch-organisatorische, die, reichlich armiert mit Hinweisen auf die Beschlüsse des ZK vom 26. November 1969 und des Ministerrates vom 8. Mai 1970 sowie auf Lenin, die Rolle und Schöpferkraft der Arbeiterklasse auf sieben Seiten regelrecht zelebrierte. Die WK skizziert in groben Zügen den Inhalt und Ablauf des zweijährigen Studiums, das mit einem dreimonatigen Vorbereitungslehrgang seinen Anfang nahm.[992] Am 16. Dezember 1975 diskutierte der Senat ein zweites Mal die Verwirklichung dieser WK.[993]

Am 18. Januar 1973 legte die Sektion PHYTEB ihre WK vor.[994] Die Sektion hatte jährlich 50 bis 60 Studenten in der Fachrichtung (FR) „Elektronische Bauelemente" auszubilden. Lehraufgaben erwuchsen für das Grundstudium „Elektroingenieurwesen" in den Fächern Experimentalphysik, Grundlagen der Elektronik, Passive Bauelemente und Werkstoffe sowie im Fachstudium „Elektronische Bauelemente" und im Zusammenhang mit anderen Fachstudienrichtungen in insgesamt elf Fächern. Hierzu war ein Hochschullehrerpotenzial von sieben Lehrstühlen und fünf Dozenturen notwendig. Die Studenten sollten Halbleiter-Bauelemente, integrierte Schaltungen der Mikroelektronik, Speicherbauelemente, Elektronenröhren, passive Bauelemente, Wandlerbauelemente, Strahlungsquellen und -empfänger „entwerfen und vor allem ihre Produktion vorbereiten, überwachen und leiten lernen".[995]

Der Senat stellte auf seiner Sitzung am 6. Februar fest, dass die WK dieser Sektion nicht den „Arbeitshinweisen des MHF"[996] entspreche. Sie mag auch begriffen worden sein als zu wenig ideologisch und in Teilen zu kritisch.[997] Tatsächlich sollten alsbald die anderen WK der Sektionen völlig anders aufgebaut sein. PHYTEB legte wie gefordert am 14. Mai die Überarbeitung vor. Sektionsdirektor Eberhart Köhler nahm jedoch seine Kritik an den fehlenden Ressourcen und der fachlichen Ausrichtung keineswegs zurück, sondern präzisierte vielmehr die Darstellungen des jeweiligen Forschungsgegenstandes etwa in den Wissenschaftsbereichen „Physik", „Chemie/Werkstoffe" und „Elektronische Bauelemente". Auch hob er nochmals die Bedeutung der Fachrichtung „Strahlungsquellen" resp.

---

992 THI, I.-I., vom 14.11.1972: Konzeption des I.-I., aufgefunden im Konvolut zur Senatssitzung des WR am 6.2.1973; UAI, S. 1–20.

993 THI, WR: Protokoll vom 17.12.1975 zur Senatssitzung des WR am 17.12.1975; UAI, S. 1–5, Anlage 2, 1 S.

994 THI, PHYTEB, vom 18.1.1973: WK der Sektion PHYTEB, aufgefunden im Konvolut zur Senatssitzung des WR am 6.2.1973; UAI, S. 1–19.

995 Ebd., S. 1 f. u. Anlage 1, S. 17.

996 Anweisung für die Leitung, Planung und Kontrolle von Forschungsaufgaben im Auftrage des Ministers für Hoch- und Fachschulwesen und der Rektoren von Hochschulen, o. D., aufgefunden im Konvolut der Senatsprotokolle des WR des Jahres 1972. Es ist hier der 3. Entwurf, jedoch mit Datum der Inkraftsetzung zum 1.1.1973; UAI, S. 1–9.

997 Protokoll vom 12.2.1973 zur Senatssitzung des WR am 6.2.1973; UAI, S. 1–7, hier 3 f.

„Lichttechnik“ hervor, die den Konzentrationsbestrebungen in Verwirklichung der 3. Hochschulreform zum Opfer fallen sollte. Er betonte, dass die „Notwendigkeit der Auswahl der Forschungsgebiete aus dem Lehrfach“ zwar „selbstverständlich“ sei, aber hier „noch einmal ausdrücklich festgestellt werden“ müsse. Die Forschungsgebiete seien also nicht von den Bedürfnissen der Industrie her zu bestimmen, sondern aus der *ausbildungsgeleiteten* Wissenschaftsperspektive. Forschung ist, heißt es in dem Papier, „Ausschnitt aus dem Lehrfach“.[998] Genau das aber wollte die SED nicht hören.

Am 14. August 1973 stellte die Sektion KONTEF ihre WK fertig. Heinz Haferkorn gab einleitend neun ausgewählte administrative und normative Grundlagen an, die das Fundament der Forschungskonzeption bestimmten. Hierzu zählten „Hinweise und Unterlagen über die Weiterführung der 3. Hochschulreform“, Ergebnisse von sechs Sektionsberatungen und Arbeitsrichtlinien vom 1. August 1972 zur Leitung der Hochschulen.[999] Die schematisch-didaktisch aufgebaute Konzeption mit einem nur geringen fachlichen Term ist an keiner Stelle kritisch angelegt. Sie wird zum Muster aller künftigen WK werden. Die in ihr dargelegte Ausbildungskonzeption umfasst die Grundstudienrichtung „Elektroingenieurwesen“ und die Fachrichtung „Gerätetechnik“. Als Spezifik der Ausbildung sah Haferkorn die Entwicklung und Konstruktion feinmechanisch-elektrisch-optischer Geräte, die Konstruktionswissenschaft, die Entwicklung von Fertigungsverfahren sowie die Technische Optik. Die Konzeption stellt die Spezifik der Ausbildung als „Spezialisierungsrichtungen“ der Forschungen in der Geräteentwicklung, Gerätetechnologie und Technischen Optik dar. Nach der Auflistung der Wissenschaftsbereiche (Konstruktion, Fertigungstechnik, Fertigungsprozesse, Technische Mechanik und Mechanismentechnik, Informationstechnik sowie Technische Optik und Messtechnik) und der Nennung der zugeordneten Hochschullehrer – ohne defizitäre oder andere Hinweise – erfolgt die Bitte an den Rektor, diese sechs Wissenschaftsbereiche zu bestätigen und die Sektion KONTEF in Sektion Feingerätetechnik umzubenennen, damit das Wissenschaftsprofil prägnanter zum Ausdruck komme.[1000] Am 15. November 1973 legte die Sektion INTET ihre Konzeption vor. Wie jene der Sektion KONTEF ist sie streng formal ausgerichtet. Von Kritik ist sie frei. Die Ausbildungskonzeption sah drei Fachrichtungen vor: Theoretische Elektrotechnik mit 60, Informationstechnik mit 70 und zum 1. September 1973 die Elektronik-Technologie mit 30 Studenten. Ferner hatte INTET für alle Sektionen die Grundausbildung in Elektrotechnik, Elektrischer Messtechnik und im Fachgebiet „Elektromagnetisches Feld“ zu realisieren. Für den Bereich der Forschung schlug Manfred Kummer vor, 30 Prozent für die Vorlaufforschung, 40 für die angewandte Forschung und 30 für Forschungsaufgaben im Rahmen der Realisierung der Lehre und Ausbildung einzuplanen. 20 Prozent der gesamten Forschungskapazität sollten an Interessen des Bezirkes gebunden werden. Genannt wurden

---

998 THI, PHYTEB, vom 14.5.1973: WK der Sektion PHYTEB, aufgefunden im Konvolut zur Senatssitzung des WR am 26.6.1973; UAI, S. 1–27, hier 25.

999 THI, KONTEF, vom 14.8.1973: WK der Sektion KONTEF, aufgefunden im Konvolut zur Senatssitzung des WR am 28.8.1973; UAI, S. 1–17, hier 1.

1000 Ebd., S. 2–5 u. 10–16. Zur Geschichte, Profil der Ausbildung, Forschung, Kooperation und zu Technika der GT vgl. Haferkorn, Heinz/Schreiber, Anton: Die Fachrichtung Gerätetechnik an der THI, in: Feingerätetechnik 25(1976)11, S. 521–523.

in disziplinärer Unterteilung mit Angabe der Forschungsschwerpunkte sechs Wissenschaftsbereiche (Nachrichtentechnik, Schaltungstechnik und elektronische Messtechnik, Konstruktion und Technologie, Mikrowellentechnik, Theoretische Elektrotechnik sowie Informationstechnik) und 14 Praxispartner, davon sechs aus dem Bezirk Suhl.[1001]

Noch 1973 erarbeitet, legte TBK am 31. Januar 1974 als vierte Sektion ihre WK dem Senat vor. Sie war nach der gleichen Gliederung wie die der Sektion INTET gestaltet, formal waren beide identisch. Die WK besitzt weder einen kritischen noch einen erkennbar kreativen Term. Neben ihrem eigenen Ausbildungs- und Forschungsprogramm nahm die Sektion für alle anderen Sektionen die Ausbildung im Lehrgebiet Systemanalyse/Kybernetik wahr. Das Fach war gleichermaßen komplex, modern und interessant, vereinte es doch Kybernetik (u. a. kybernetische Systeme, Informationserfassung und -verarbeitung, Signal- und Systemanalyse) mit Disziplinen wie Biologie, Medizin, Ökonomie, Soziologie, Militärtechnik und Pädagogik; Fächer, zu denen den Studenten Grundkenntnisse vermittelt werden mussten. Im zentralen dritten Punkt wurde festgeschrieben, dass die Sektion 20 Prozent ihrer Forschungskapazität für Betriebe des Bezirkes zur Verfügung stellen werde. Die gesamte Forschungskapazität, heißt es, werde „hinsichtlich Vorlauf-, Anwendungs- und Lehrforschung so aufgeteilt, dass sie der Entwicklung der Wissenschaftsdisziplinen und zugleich der Ausbildung der Studenten in effektiver Weise dient“.[1002] Wie das aussehen sollte, ist nicht dargestellt. War doch der relativ feststehende Ausbildungsstoff, der im Grunde genommen bei Wahrung des aktuell gültigen Fundamentalwissens den modernsten Trends zu folgen hatte, mit den recht fluiden Tages-Anforderungen der Industrie nicht automatisch kompatibel. Die vier komplexen Fachbereiche der Sektion, automatische Steuerung, Informationsverarbeitung, Prozessmesstechnik sowie biomedizinische Technik und Bionik, mussten ja erst sinnvoll mit Erfordernissen der Außenwelt verknüpft werden. Freilich bestanden bereits Bindungen oder befanden sich in Vorbereitung zu elf überregionalen Ministerien, VVB und anderen Institutionen sowie zu drei VEB des Bezirkes und zur Medizinischen Akademie Erfurt. Auch arbeitete die Sektion mit den übrigen Sektionen sowie mit zwölf ausländischen Institutionen zusammen.[1003]

Rasch gerieten also die Wissenschaftskonzeptionen zu einem Akklamationsinstrument, die künftig in nicht wenigen Fällen immer umfänglicher wurden. Ob das vom MHF so bezweckt war, ist zu bezweifeln. Es ist eine Aufgabe der Forschung, anhand dieses mikropolitischen Geschehens zu untersuchen, inwieweit die fehlende Elastizität in der Volkswirtschaft, mithin also auch in Forschung, Wissenschaft und Bildung, zwar nicht stiftend und ursächlich, doch aber auf diese Weise „von unten“ befeuert wurde, und zwar durch das Motiv des geringsten Widerstandes, der schnellmöglichsten Erledigung und nicht zuletzt aus Gründen der Karriere.

Nach nunmehr 18 Jahren seit dem ersten Statut der HfE von 1955 lag das neue Statut zur

---

[1001] THI, INTET, vom 15.11.1973: WK der Sektion INTET, aufgefunden im Konvolut zur Senatssitzung des WR am 27.11.1973; UAI, S. 1–14.

[1002] THI, TBK, vom 31.1.1974: WK der Sektion TBK, aufgefunden im Konvolut zur Senatssitzung des WR am 26.2.1974; UAI, S. 1–17, hier 6 u. 8.

[1003] Ebd., S. 15–17.

schlussendlichen Behandlung im Senat am 28. August vor. Gegenüber der detailliert-umfangreichen Erstfassung von 1971 (siehe Kap. 4.3.3, S. 252–254) ist es sehr kurzgehalten und erinnert an jenes von 1955. Auch fehlt die weitschweifige ideologische Präambel der Fassung von 1971. Nur lapidar ist noch vermerkt, dass die TH Ilmenau eine „staatliche sozialistische Bildungseinrichtung" ist und dem MHF unterstehe (Abs. I, Paragraph 1). Aufgaben der Hochschule, Stellung und Arbeitsweise des Rektors, der Prorektoren, Direktoren der Direktorate und der Sektionen ergaben sich nach den einschlägigen gesetzgeberischen Normativen im Zuge der 3. Hochschulreform. Die Sektionen, Institute und anderen Einrichtungen sind kurzbündig aufgezählt (Paragraph 4) und enthalten keine Neuerungen. Abs. III, Paragraph 6 schreibt jene akademischen Grade fest, die Ilmenauer Hochschule verleihen durfte: Diplom-Ingenieur (Dipl.-Ing.), Diplom-Mathematiker (Dipl.-Math.), Diplom-Ökonom des Industrie-Instituts (Dipl.-Ing. d. I.-I.) sowie Doktor-Ingenieur (Dr.-Ing.), Doktor rerum naturalium (Dr. rer. nat.), Doktor scientiae technicarum (Dr. sc. techn.) und Doktor scientiae naturalium (Dr. sc. nat.).[1004]

Promotions- und Habilitationsdauer

Zum planmäßigen Erwerb der Promotion A wurde im November 1973 dem Wissenschaftlichen Rat eine Analyse vorgelegt, nach der 51 infrage kommende wissenschaftliche Mitarbeiter ab Beginn ihrer Tätigkeit mit der Zielstellung der Promotion bis zur Eröffnung des Promotionsverfahrens im Mittel 6,1 Jahre benötigten. Eine Zeitspanne, die bei den wissenschaftlichen Assistenten laut einer Erhebung von 1961 mit 5,8 Jahren niedriger lag. Erklärt wurde dies mit vermehrten Aufgaben, aber auch wegen des Einsatzes im Wehrdienst und in der Zivilverteidigung (ZV). Allerdings zeigt die Analyse auch, dass die Quote der promovierten Assistenten der TH Ilmenau mit 84 Prozent erfreulich deutlich über die im Durchschnitt der DDR mit 75 Prozent lag. Was die Frage der Promotion B anlangte, wurde festgestellt, dass es noch 16 Professoren und 31 Dozenten gab, die die Promotion B, was laut Beschluss des Senats von 1970 als bindende Verpflichtung festgeschrieben worden war, noch nicht abgelegt hatten. Vier ältere Professoren waren von dieser Pflicht befreit. Lediglich 31 Hochschullehrer verfügten über die Promotion B. 26 Hochschullehrer gaben an, dies bis 1976 erreichen zu wollen. Karl-Otto Frielinghaus, der Verfasser der Studie, sah dies mit Verweis auf nur zwölf Hochschullehrer, die dies seit 1960 schafften, als illusorisch an. Um die Quote zu verbessern, sollten ab sofort Qualifizierungsverträge (wie bei den wissenschaftlichen Mitarbeitern) abgeschlossen werden.[1005] Das Promotionsverfahren B war vom Wissenschaftlichen Rat 1970 laufzettelähnlich vorgegeben.[1006]

Anfang 1974 lag die Statistik der Promotionsverfahren für 1973 vor. Ein Trend war in den letzten drei Jahren seit dem nominellen Ende der 3. Hochschulreform nicht auszumachen. In allen akademischen Graden waren es bei den abgeschlossenen Verfahren 1971 zusammen 56, ein Jahr darauf 68, und 1973 dann 62. Das Gros der Promotionen bildete

---

1004 Statut der THI, aufgefunden im Konvolut zur Senatssitzung des WR am 28.8.1973; UAI, S. 1–4.

1005 THI, WR, vom 15.11.1973: Planmäßiger Erwerb der Promotion A und B, aufgefunden im Konvolut zur Senatssitzung des WR am 27.11.1973; UAI, S. 1–3.

1006 Schema der Promotionsverfahrensordnung B, aufgefunden im Konvolut zur Senatssitzung des WR am 16.7.1974; UAI, 1 S.

der Dr.-Ing. mit 45 Verfahren für 1971, gefolgt mit 56 und zuletzt 49. Die beiden höchsten Grade, Dr. sc. techn. und Dr. sc. nat., die früheren Habilitationen (habil.), waren nur gering vertreten, in der Reihung 1971 bis 1973: 2, 6 und 4. Allein die Entwicklung der Beantragungen stieg in diesen drei Jahren signifikant von 72 über 80 auf zuletzt 100 an. Dieser Trend lag in der zunehmenden Anzahl von Dissertationen der Forschungsstudenten begründet. Noch deutlicher nahm die Laufzeit der bis zum jeweiligen Jahresende nicht abgeschlossenen Verfahren zu, nämlich von 36 über 48 auf nunmehr 86. Der Grund hierfür lag darin, dass die Zeitspanne für die Erstellung der Gutachten – besonders von den internen Hochschullehrern – deutlich zugenommen hatte. Nach den gesetzlichen Vorschriften mussten die Gutachten nach circa drei Monaten erstellt sein. Die Hochschullehrer der TH Ilmenau benötigten indes 5,1 Monate. Schneller reagierten die externen Gutachter. Insgesamt wuchs die durchschnittliche Laufzeit der Verfahren (von der Einreichung bis zur Verteidigung) auf neun Monate an. Was die Benotung der Promotionen A anlangte, zeigte sich in diesen drei Jahren eine Abnahme von „Ausgezeichnet“ (6 – 10 – 4) und „Sehr gut“ (29 – 24 – 23) und damit eine Zunahme von „Gut“ (13 – 23 – 31). Dies war gewollt, da der Wissenschaftliche Rat beizeiten angemahnt hatte, zu einer objektiveren Bewertung zu kommen. Gutachter hatten zudem Richtlinien für die Benotung bekommen. Allerdings gab es 1973 kein „Genügend“, eine Benotung, die in den beiden Jahren zuvor sechs resp. fünf Mal vergeben worden war.[1007] Ein genauerer Blick auf die Statistik bestätigt die Trendwende. „Gut“ und „Genügend“ zusammengerechnet, zeigte für die drei Jahre einen Aufwärtstrend mit 35,2 über 45,2 hin zu 53,5 Prozent. Ob die geänderte Richtlinie im wissenschaftlichen Sinne gut war, lässt sich ohne Blick auf die jeweiligen Dissertationen nicht sagen. Die historische Vergleichbarkeit aber dürfte gelitten haben.

Mit der Analyse der Gutachtertätigkeit befasste sich das Plenum des Wissenschaftlichen Rates erstmals am 26. März 1974.[1008] Philippow führte mit 29 betreuten Doktoranden, 21 abgegebenen Gutachten und einer durchschnittlichen Erstattungszeit von 6,5 Monaten die Liste der 47 hauseigenen Hochschullehrer an. Extrem viel Zeit von 17,5 Monaten benötigte ein Hochschullehrer, der zehn Doktoranden betreute und acht Gutachten ablieferte, sowie ein Hochschullehrer, der für seine drei Doktoranden samt Gutachten 10,1 Monate brauchte. Vorbildlich waren Reinisch und Mau, die 18 resp. 17 Doktoranden betreuten, eine hohe Zahl von Gutachten von 17 resp. 15 ablieferten und auf Erstattungszeiten von vier resp. viereinhalb Jahren kamen. Spitzenreiter aber waren Frielinghaus und Furkert, die mit sieben resp. sechs zu betreuenden Doktoranden und mit 14 resp. elf abgegebenen Gutachten es auf 2,7 resp. 2,6 Monate brachten. Insgesamt blieben 17 Hochschullehrer unter dem gesetzlich festgeschriebenen Wert.[1009]

1007 THI, WR, vom 25.1.1974: Analyse der Promotionsverfahren des Jahres 1973, aufgefunden im Konvolut zur Senatssitzung am 26.2.1974; UAI, S. 1–4, hier 1 f.

1008 Protokoll vom 5.4.1974 zur Sitzung des Plenums des WR am 26.3.1974; UAI, S. 1–5.

1009 THI, Fakultät für Technische Wissenschaften, vom 19.1.1974: Analyse der Promotionsverfahren des Jahres 1973, aufgefunden im Konvolut zur Sitzung des Plenums des WR am 26.3.1974; UAI, S. 1–3.

Auslandskontakte und Ausländerstudium

Die erste Sitzung des Senats des Wissenschaftlichen Rates am 29. Januar 1974 befasste sich mit der Frage der Zusammenarbeit der TH Ilmenau mit der Sowjetunion und anderen sozialistischen Ländern. Traditionelle Partner waren das Belorussische Polytechnische Institut (BPI) Minsk, die Hochschule für Maschinenbau und Elektrotechnik „W.I. Lenin" in Sofia, die Slowakische Technische Hochschule (STH) Bratislava, die jugoslawische Universität Niš und nicht zuletzt das Moskauer Energetische Institut (MEI), mit dem seit Oktober 1967 ein Freundschaftsvertag bestand. 1972 reisten zu Studienzwecken 58 und zu Tagungen 54 TH-Angehörige, in umgekehrter Richtung waren es 93 resp. 81 Besucher. Die meisten Ausreisen gingen in die ČSSR (24) und in die Sowjetunion (23). Die meisten Einreisen erfolgten aus der Sowjetunion (53), gefolgt von Polen (34), der ČSSR (32) und Ungarn (30).[1010] Die Zusammenarbeit wurde über die Zeiten hinweg generell positiv gesehen, anders das Ausländerstudium, das differenzierter gesehen wurde. Anfang 1974 wurde die „gemeinsame Unterbringung in Sektionswohnheimen" und die unklaren Studienwünsche seitens des MHF für die Ausländer bemängelt.[1011] Zu den Jahresberichten über das Ausländerstudium und den jährlichen Einschätzungen über jeden Studenten, die jeweils bis zum 20. August dem MHF zu übergeben waren, legte die Kommission für das Ausländerstudium zusätzlich einen Sonderbericht über die Arbeit mit den ausländischen Studenten und Aspiranten vor. Grundlage bildete die neue „Richtlinie für die Ausbildung ausländischer Bürger an den Hochschulen" vom Oktober des Vorjahres. Eine Richtlinie, die die Verantwortlichkeiten des Rektors, des Direktors für Internationale Beziehungen (IB), des Direktors Erziehung, Aus- und Weiterbildung (EAW) und der Sektionsdirektoren bindend festschrieb. Heraus kam u. a., dass die Studienleistungen der Ausländer aus den sozialistischen Ländern über den Durchschnitt der DDR-Bürger lagen. Unbefriedigende Leistungen brachten jedoch insbesondere Studenten aus Nigeria, Mozambique, Khmer, Irak und teilweise auch vietnamesische Studenten.[1012]

Tabelle 39: Ausländische Studenten und Aspiranten an der TH Ilmenau

Sektionen	Studenten	Aspiranten	Fernaspiranten	Gesamt
TBK	71	7	1	79
INTET	23	5	-	28
ET	9	5	-	14
MARÖK	3	3	-	6
PHYTEB	5	6	-	11
KONTEF	5	2	1	8
Gesamt	116	28	2	146

1010 THI, IB, o. D.: Zum Stand und Weiterentwicklung der vertraglichen internationalen Zusammenarbeit der THI mit Hochschuleinrichtungen der sozialistischen Länder, aufgefunden im Konvolut zur Senatssitzung des WR am 26.6.1973; UAI, S. 1–6, hier 1–4. THI, IB, vom 16.1.1974: Stand und Entwicklungstendenzen der Zusammenarbeit mit der Sowjetunion und den anderen sozialistischen Ländern, behandelt auf der Senatssitzung des WR am 29.1.1974; UAI, S. 1–8.

1011 Protokoll vom 31.1.1974 zur Senatssitzung des WR am 29.1.1974; UAI, S. 1–6, hier 4 f.

1012 THI, EAW, Kommission für Ausländerstudium, vom 23.1.1974: Bericht über die Arbeit mit den ausländischen Studenten und Aspiranten, aufgefunden im Konvolut zur Senatssitzung des WR am 29.1.1974; UAI, Deckblatt u. S. 1–6.

Um 1977 herum entstanden im Gegensatz zu früheren Jahren, als die Anzahl der Studenten aus sozialistischen Ländern gewachsen war, Probleme bei deren Integration. Vordem hatten die eher Einzelstudenten „als Bindungskollektiv nur die Seminargruppe". Sie wurden individuell betreut und integrierten sich gut. Nunmehr, zahlenmäßig stärker, habe „sich auch das politische Ausbildungsziel verschoben". War es früher auf Ziele im Herkunftsland, sei es nun auf die sozialistische ökonomische Integration innerhalb des RGW ausgerichtet. Daraus folgte die Aufgabe, nicht nur für die Ausbildung, sondern auch auf den Nutzeffekt dieser Länder hinzuarbeiten.[1013] Die politisch formierten Ländergruppen (sozialistische resp. kommunistische Jugendverbände) hätten seitdem „zu einer eigenen, zum Teil sehr intensiven gesellschaftlichen und politischen Arbeit" geführt, die für die Studenten „meist Vorrang vor der Bindung an das Seminargruppenkollektiv" erhalten habe. So entstand allmählich eine Isolation dieser Gruppen. Die FDJ-Gruppen hatten also zu bedenken, dass sie ihre Anforderungen an die Ausländer nicht 1:1 umsetzen konnten.[1014] Doch dies war aus dem Selbstverständnis der SED heraus nicht nur ein theoretisches Problem. Sie konnte die Existenz von Parallelwelten ideologisch nicht hinnehmen, also heißt es verklausuliert, dass es in einem „wesentlich stärkerem Maße als bisher" zu einer „regelmäßige[n] Zusammenarbeit der staatlichen Leitung von Hochschule und Sektionen, der Lehrgruppen und Hochschullehrer, der FDJ-Gruppen und Sektionsleitungen, der Berater und Erzieherkollektive mit den Leitungen dieser Gruppen" kommen müsse. Organisationstechnisch hieß dies, dass bei allen Problemen zu allen möglichen Fragen, und seien es noch so positive Aspekte wie etwa die Förderung der Besten, fortan Ländervertreter zu den Gesprächen mit den Studenten herangezogen werden mussten.

Mit der Erhöhung der Anzahl der Ausländer stiegen auch die Deliktzahlen, „die durch Disziplinarverfahren und Disziplinargespräche geahndet werden mussten". Eine Statistik zeigt, dass im Zeitraum vom 1. September 1975 bis zum 22. Februar 1977 von den sieben in der Sektion INTET studierenden Länderteilgruppen vier Disziplinargespräche geführt worden sind. Es geht jedoch nicht hervor, wie viele Disziplinarakte innerhalb einer Länderteilgruppe geführt wurden, da lediglich ein Kreuz gesetzt worden ist; beispielsweise hatte Polen sechs Studenten in der Sektion, es ist aber lediglich ein Kreuz in der Spalte „Disziplinargespräche" eingetragen worden. Somalia hatte einen Studenten und erhielt ebenfalls ein Kreuz. Da nirgends zwei oder mehrere Kreuze oder Zahlen eingetragen worden sind, ist es wahrscheinlich, dass die Deliktanzahl höher lag.[1015]

1978 ist in einer Analyse zum Ausländerstudium für 1977/78 festgestellt worden, dass sich die Tendenz hin zu größeren Gruppen weiter verstärkt habe. Bulgarien schickte demnach 26 Studenten, Polen 24, Vietnam 20 und die ČSSR 18. Deshalb sei es notwendig, zu einer besseren Zusammenarbeit mit den Länderleitungen und innerhalb des Internationalen Studentenkomitees der TH Ilmenau zu kommen. In der ML-Ausbildung seien die polnischen Studenten signifikant schlecht: in der Matrikel 74 waren demnach 54 Prozent und in

---

[1013] Protokoll vom 21.3.1977 zur Sitzung des Plenums des WR am 22.2.1977; UAI, S. 1–4 u. Anlage, S. 1 f.

[1014] THI, Direktorat EAW, vom 15.2.1977: Ausgewählte Fragen zum Ausländerstudium, aufgefunden im Konvolut zur Sitzung des Plenums des WR am 22.2.1977; UAI, S. 1–6, hier 2, u. Anlagen.

[1015] Ebd., S. 2 f. u. 5, Anlage 1, S. 1 f.

der Matrikel 75 gar 85 Prozent schlechter als der Matrikeldurchschnitt. Der Notendurchschnitt insgesamt aber war für die Matrikel 76 besser als der Gesamtdurchschnitt aller Studenten (2,83 zu 3,01).[1016] Stand September 1978 studierten an der TH Ilmenau 117 Ausländer. Die größte Gruppe stellte die ČSSR mit 26, gefolgt von Ungarn mit 16 sowie Polen und Bulgarien mit je 15. Abgeschlagen auf Position 7 folgte Jemen mit sechs und die Sowjetunion mit nur drei Studenten auf Platz 8. 93 kamen aus sozialistischen, 24 aus nichtsozialistischen Ländern. Ferner waren 30 ausländische Aspiranten aus den sozialistischen resp. sechs aus den nichtsozialistischen Ländern an der TH tätig.[1017]

Das Verhältnis von Forschungsarbeit und Lehre war nicht zufällig Thema auf der Sitzung des Senats des Wissenschaftlichen Rates am 26. Februar 1974. Es war das Thema dieser Jahre schlechthin. Die Forschungsarbeit wurde programmatisch von den vier zentralen volkswirtschaftlichen Aufgaben des VIII. Parteitages der SED bestimmt, und zwar von der Ankurbelung der Konsumgüterindustrie, der Ablösung von Importen aus dem Westen, einem rationeller werdenden Energie- und Rohstoffeinsatz sowie der Standardisierung und Qualitätssicherung. Zu diesen Aufgaben hatte die TH Ilmenau dem MHF Leistungen für den Jahresbericht „Wissenschaft und Technik" zu liefern. Leistungen, die bereits industrielle Bindewirkung besaßen und Zuwachs an Qualität und Quantität verhießen. Die TH entwarf fünf Aufgaben, zum Beispiel INTET die „Erarbeitung der Grundlagen einer allgemeinen nichtlinearen Synthesetheorie" und PHYTEB „Grundlagenuntersuchungen und Funktionsmuster von programmierbaren Festwertspeichern auf MOS-Basis".[1018]

Einen erkennbar höheren Stellenwert erfuhr die Einbindung der Studenten in Forschungsaufgaben. Der berichtspflichtige Bedeutungszuwachs schlug sich auch auf Messen und anderen Leistungsschauen nieder. Aktuell war die V. Leistungsschau der Studenten und jungen Wissenschaftler zu beschicken. In die hochschulinterne Auswahl gelangten 26 Vorschläge, die meisten steuerten die Sektionen TBK (7) und GT (6) bei. Es waren Arbeiten aus Jugendobjekten, Neuerer- und Studentenkollektiven, Diplomthemen oder Ingenieurpraktika. Auffällig ist, dass der Anteil der Frauen bei den rein technischen Sektionen INTET, ET, GT und PHYTEB äußerst gering war. An den 16 Exponatvorschlägen mit insgesamt 74 Beteiligten waren lediglich zwei Frauen an zwei Arbeiten beteiligt. Das Gesamtbild besserten nichttechnische Bereiche wie MARÖK auf, hier waren es bei sieben Exponatvorschlägen mit insgesamt 37 Bearbeitern immerhin sieben Frauen, die an fünf Arbeiten beteiligt waren. Insbesondere aber „verbesserte" das Institut für Marxismus-Leninismus (IML) die Statistik mit seinen nur drei Vorschlägen. Hier waren an einer einzigen Arbeit über die sozialistische ökonomische Integration, an der nur Studenten, also keine Arbeiter oder Hoch- und Fachschulkader teilnahmen, zwölf von den insgesamt 52 Bearbeitern Frauen.[1019]

1016 THI, DIB, vom 28.2.1978: Analyse des Ausländerstudiums 1977/78, aufgefunden im Konvolut der Senatssitzungen 1978; UAI, S. 1–11 der Originalpaginierung, hier 2 u. 4 f.

1017 THI vom 15.11.1978: Informationsbericht „November 1978"; BStU, BV Suhl, AIM 1592/90, Teil II, Bd. 4, Bl. 24–44, hier 43 f.

1018 Protokoll vom 12.3.1974 zur Senatssitzung des WR am 26.2.1974; UAI, S. 1–7, hier 4.

1019 Exponate, aufgefunden im Konvolut zur Senatssitzung am 26.2.1974; UAI, S. 1 f. u. Anhang.

Wissenschaftskonzeptionen, Teil II: IML

Der Senat vollzog am 25. Juni 1974 die durch Eugen Philippow vorgenommene Entpflichtung des bisherigen Dekans der gesellschaftswissenschaftlichen Fakultät, Günther Fraas, und die Einführung seines Nachfolgers, Erich Gläser. Die von Fraas vorgelegte Wissenschaftskonzeption (WK) des Instituts für Marxismus-Leninismus (IML) wurde besonders gelobt.[1020] Auch sie ist sehr schematisch gehalten und versammelt viele Schlagworte wie das von der Sieghaftigkeit des Sozialismus, der wohldurchdachten Wissenschaftspolitik der SED sowie das der bedeutenden wissenschaftlichen Potenzen der TH Ilmenau, der „weiteren Erhöhung des wissenschaftlichen und politischen Niveaus in der Lehr- und Erziehungstätigkeit". Auch der Topos der kommunistischen Erziehung der Studenten fehlte nicht. Die Konzeption der Ausbildung, Erziehung und Weiterbildung in Marxismus-Leninismus sah für das Direktstudium weiterhin einen dreiteiligen Kursaufbau mit zusammen 300 Stunden vor, und zwar in Philosophie für das 1. und 2. Semester, Politische Ökonomie für das 3. und 4. Semester sowie Wissenschaftlicher Kommunismus und Geschichte (WK/G) der Arbeiterklasse für das 5., 6. und 7. Semester. Die ausländischen Studenten aus den nichtsozialistischen Ländern hörten einen dreijährigen Lehrzyklus von insgesamt 180 Stunden „zu theoretischen Grundfragen der gesellschaftlichen Entwicklung in unserer Zeit". Das IML arbeitete mit neun Institutionen der DDR und mit sechs des Auslands, insbesondere mit dem Moskauer Energetischen Institut (MEI), zusammen. Dienstleistende Aufgaben der Öffentlichkeitsarbeit in Gestalt von Vorträgen und Publikationen besaß das Institut mit sechs Stellen wie der Bezirksleitung der SED, der URANIA und dem Kulturbund der DDR.[1021] Auffällig bei der Angabe der Dokumente und Beschlüsse ist, dass ein Hinweis auf das neue Jugendgesetz vom 28. Januar fehlt. Das Jugendgesetz schrieb das Recht auf ein Studium fest. Erst überraschend spät, nämlich im Oktober, fand es im Zusammenhang mit dem XIX. IWK Erwähnung: „Das Jugendgesetz der DDR und die Jugendförderung" wurden „als bemerkenswerte Leistungen und Erfolge unserer Jugendpolitik gewertet."[1022] Dieses Recht aber stand für Viele nur auf dem Papier. 1973/74 wurden in der marxistisch-leninistischen Weiterbildung 609 Mitarbeiter der TH Ilmenau erfasst. Als „belebend" galten die Seminarführungen der „Parteiarbeiter" Klaus Gola und Klaus Rogazewski. Eva Voigt (Kap. 4.3.6, S. 381) vom IML wurde eine „hervorragende Lehrtätigkeit" bescheinigt. Die „Auseinandersetzungen" in den Seminaren hätten allgemein „an Qualität gewonnen". Jedoch fehle es an Übereinstimmung von Wort und Tat.

[1020] Protokoll vom 1.7.1974 zur Senatssitzung des WR am 25.6.1974; UAI, S. 1–6, hier 3 f.

[1021] THI, IML, vom 30.5.1974: WK des IML für den Zeitraum bis 1980, aufgefunden im Konvolut zur Senatssitzung am 25.6.1974; UAI, S. 1–12, hier 4 u. 11 f.

[1022] THI, HA IBÖ, vom 10.12.1974: Auswertung des XIX. IWK vom 14.–18.10.1974, aufgefunden im Konvolut zur Senatssitzung am 17.12.1974; UAI, S. 1–14, hier 6. Jugendgesetz der DDR, GBl. 1974 I, S. 45.

Tabelle 40: Beteiligungsgrad im Vergleich Genossen zu Nicht-Genossen

Sektion/Institut	SED-Genossen [Prozent]	Nicht-Genossen [Prozent]
MARÖK (Gläser)	88,1	82,9
GT (Kallenbach)	75,0	77,5
GT (Höhne)	78,5	70,7
INTET (Ulrich)	66,2	83,9
INTET (Kummer)	77,0	69,3
INTET (Kutzsche)	83,6	68,1
PHYTEB (Riemann)	85,8	78,5
PHYTEB (Graf)	78,1	78,5
Sport (unleserlich)	90,0	94,3
TBK* (Forth)	76,5	76,5
ET (Kahle)	77,4	89,4
IML (Erck)	59,7	61,1

Die Teilnahmequote am Parteilehrjahr betrug insgesamt 78,8 Prozent. Die Durchführung der Lehrprogramme erfolgte zwar auf Grundlage einschlägiger Partei- und anderer Beschlüsse, konnte jedoch den Bedürfnissen der TH Ilmenau angepasst werden. Die Hauptformen waren:

- Das Marxistisch-leninistische Kolloquium (MLK). Hierzu wurden elf Seminare mit 214 Teilnehmern durchgeführt.
- Die Marxistisch-leninistische Abendschule (Aufbaustufe) mit einem Seminar in der Stärke von 15 Teilnehmern.
- Die Doktorandenweiterbildung in den drei Fächern Philosophie (drei Seminare mit 55 Teilnehmern), Politökonomie (drei Seminare mit 68 Teilnehmern) und Wissenschaftlicher Kommunismus (fünf Seminare mit 103 Teilnehmern).
- Die marxistisch-leninistische Abendschule wurde gemeinsam mit der Hochschule für Architektur und Bauwesen und der Medizinischen Akademie Erfurt gestaltet. Hierfür waren zwei Seminare gebildet worden, an denen 18 Angehörige der TH Ilmenau teilnahmen.
- Das Parteilehrjahr (PL) war strukturiert in Grundwissen (ein Seminar mit 17 Teilnehmern), Politökonomie (drei Seminare mit 60 Teilnehmern), Wissenschaftlicher Kommunismus (vier Seminare mit 45 Teilnehmern) und Geschichte der KPdSU (ein Seminar mit 14 Teilnehmern).[1023]

Installation eines Brückenkopfes des MfS, der BSG

Im Mittelpunkt eines Gespräches am 3. März 1975 zwischen Kurt Repenning (Kap. 5.3.3, Fall-Nr. 72) und MfS-Offizier Belau stand seine Berufung als hauptamtlicher Beauftragter für Sicherheit und Geheimnisschutz (BSG) durch den Minister des MHF. Die grundsätzliche Einweisung und Darstellung seines Funktionsplanes erhielt Repenning im MHF durch den dortigen BSG. Der Beginn seiner BSG-Tätigkeit an der TH Ilmenau sollte nach

[1023] THI, Prorektorat GeWi, vom 16.10.1974: Analyse der MLWB und des PL im Studienjahr 1973/74, aufgefunden im Konvolut zur Senatssitzung des WR am 29.10.1974; UAI, S. 1–7, hier 1–5. Anlage 1, 1 S. u. Anlage 2, 1 S. TBK*: hier wurde nicht nach SED-Zugehörigkeit differenziert. HPL vom 17.5.1974: Darstellung zur marxistisch-leninistischen Qualifizierung; LATh-StA Meiningen, BS IV C2/9/2/575, S. 1–8 u. Anlagen.

Absprache mit dem MfS folgendermaßen ablaufen: Vorstellung des BSG durch den Rektor vor der ersten und zweiten Leitungsebene sowie seinem Büro; „Gewährleistung der materiellen Sicherstellung, Anschaffung eines Tonbandgerätes mit Zubehör, Schreibmaschine u. a.“; Realisation von Schreibmöglichkeiten für Unterlagen mit GVS-Vermerk; Durchsetzung eines wöchentlichen Informationsaustausches zwischen dem BSG und dem Rektor sowie die Gewährleistung eines allseitigen Informationsflusses zum BSG. Mit sofortiger Wirkung wurde die Soll-Treff-Frequenz mit dem MfS auf einmal pro Woche erhöht.[1024]

Die Wissenshaushalte des MHF über die Universitäten und Hochschulen wurden nicht unwesentlich von den BSG, kurz: Sicherheitsbeauftragten, gespeist. Das grobe Aufgabenprofil der Arbeit des BSG war dem amtierenden Rektor, Gerhard Linnemann, bekannt, nicht aber seine inoffizielle Arbeitsbindung an das MfS. Auch der Parteisekretär der Hochschule, Manfred Jacobi, wurde am 3. April 1975 informiert. Nicht aber vom MfS oder dem Rektor, sondern von Repenning selbst. Der teilte ihm mit, dass er als BSG „Zuarbeiten für das MHF, für den Rektor und die örtlichen Organe des MfS“ zu tätigen habe. Jacobi wollte den Funktionsplan sehen, was Repenning jedoch mit Hinweis auf den GVS-Status verweigerte. Er führte lediglich aus, dass er seine Aufgaben auf Grundlage des mit dem MHF „abgestimmten Arbeitsplanes“ hinsichtlich „bestimmter Wissenschaftsdisziplinen“ erhalte. Das traf zwar zu, jedoch nicht in Gänze, da er grundsätzlich zu *allen* Fragen der Lehre, Kultur, Forschung, Wissenschaft, Kommunikation, Hochschulführung, Disziplinar etc. detailliert und je nach Notwendigkeit auch mit Hilfe konspirativer Mittel zu berichten hatte. Er bat Jacobi, ihn zu unterstützen, insbesondere in Fragen zu westlichen Kontakten, kritischen Stimmen hinsichtlich eventueller Missstände und anderem mehr. Jacobi versprach zu helfen, „stellte aber in Frage“, ob Repenning überhaupt geeignet sei und beschwerte sich auch, dass er zum Einsatz eines BSG vorab nicht befragt worden sei.[1025] Repennings Bestätigung als BSG erfolgte am 6. März 1974 durch den Minister des MHF, Hans-Joachim Böhme.[1026] Im selben Monat leistete er im Auftrag des Rektors im Bereich des Rektorats eine Art Volontariat, um „sich mit der Arbeitsweise des Rektorats, der Direktorate und Abteilungen an der THI vertraut“ zu machen. Hier wurde er sogleich fündig, indem er über zwei Mitarbeiter berichtete, die angeblich für eine Tätigkeit im Rektorat ungeeignet seien. Einer der beiden hätte eine negative Haltung zur Hochschulreform.[1027]

Anwendung der Sowjetwissenschaften in Dissertationen

Die nach 1972 nächste und genauere Auswertung zur Frage der Häufigkeit zitierter sowjetischer Literatur in Dissertationsschriften stammt vom März 1975 für das Vorjahr. Demnach waren in den beiden letzten Jahren kaum Dissertationen eingereicht worden, in denen keine sowjetischen Quellen eingearbeitet worden waren. Ausnahmen gäbe es allerdings „bei ausländischen Kandidaten“. Zur Einschätzung der Qualität der Berücksichtigung

---

1024 Bericht vom 4.3.1975 zum Treffen mit „Rainer“ am 3.3.1975; BStU, BV Suhl, AIM 1592/90, Teil II, Bd. 1, Bl. 142. KDI vom 4.3.1975: Bericht zum Treffen mit „Rainer“ am 3.3.1975; ebd., Bl. 294.

1025 Bericht von „Rainer“ vom 7.5.1975; ebd., Bl. 171 f.

1026 KDI, OG „HS“, vom 14.3.1975: Bericht zum Treffen mit „Hartmann“ am 13.3.1975; BStU, BV Suhl, AIM 351/77, Teil II, 1 Bd., Bl. 48 f. Das Berufungsverfahren war zu diesem Datum noch nicht perfekt.

1027 Bericht vom 13.3.1974 zum Treffen mit „Rainer“ am 12.3.1974; BStU, BV Suhl, AIM 1592/90, Teil II, Bd. 1, Bl. 114. Bericht vom 28.3.1974 zum Treffen mit „Rainer“; ebd., Bl. 115–18, hier 115.

dieser Literatur wurde ein 4-Stufen-Kriterienkatalog kreiert.[1028]

Tabelle 41: Anwendung der Sowjetwissenschaften in Dissertationen (I)[1029]

Stufe	Kriterium	1974 [Anzahl]	1974 [Prozent]
1	wertvolle Hinweise/Impulse	10	17
2	wesentliche Hinweise	19	34
3	geringe Hinweise	24	42
4	keine Hinweise	4	7

1975 wechselte die Begrifflichkeit. 1977/78 wurde die 100-Prozent-Marke knapp verfehlt.

Tabelle 42: Anwendung der Sowjetwissenschaften in Dissertationen (II)[1030]

Stufe	Kriterium	1975 [Prozent]	1976 [Prozent]	1977 [Prozent]	1978 [Prozent]
1	entscheidende Hinweise	18	10	20	22
2	wichtige Hinweise	46	57	49	56
3	geringe Hinweise	30	30	29	20
4	keine Hinweise	6	3	2	2

Hauptforschungsrichtungen (HFR)

Auf der Sitzung des Senats am 17. Juni 1975 wurde eines der bedeutendsten Themen der folgenden Jahre, das der Konzipierung von Hauptforschungsrichtungen (HFR) diskutiert. Nomenklaturtechnisch waren sie zentral vorgegeben. Aktuell hatten Eberhard Forth für die Bionik und Biokybernetik und Gerhard Bögelsack für Konstruktionsgrundlagen ihre Vorstellungen zu Papier gebracht. Weiterhin bestanden Unklarheiten resp. Probleme u. a. in der Frage ihrer Finanzierung und Einordnung in die interne und übergeordnete Planungshierarchie. Auch bestand ein neues Problem darin, dass der Umriss der erarbeiteten Sektionsprofile nicht deutlich wurde, da „viele Wissenschaftsbereiche ihre Widerspiegelung in unterschiedlichen HFR“ und anderen Fachrichtungen fänden, oder einfacher gesagt: durch die HFR verschwammen die sektoralen Grenzen wieder, führten also zu einer Eigendynamik. Gleichwohl war die HFR ein an sich brauchbares Instrument. Festgelegt wurde, für entstehende Probleme Arbeitsgruppen zu bilden: „Die HFR-Leiter bilden Arbeitsgruppen zur Präzisierung der inhaltlichen Aufgabenstellungen, zum Aufdecken der ‚weißen Flecke‘ und zur Abstimmung der RGW-Zusammenarbeit.“[1031]

Nicht zur Freude des MfS offerierte Gerhard Linnemann am 24. Juni Forth ein Ansinnen, das so kurz vor der Schlussakte von Helsinki, gewissermaßen deren Geist vorwegnahm. Offenbar war er angetan von der Präsentation der HFR Forths. Linnemann beabsichtigte die wissenschaftlich-kulturelle Zusammenarbeit der TH Ilmenau mit der TH Graz „zu aktivieren und durch den Abschluss eines Freundschaftsvertrages“ zu heben,

[1028] THI, WR, vom 18.3.1975: Auswertung der sowjetischen Literatur im Rahmen der Promotionsverfahren, aufgefunden im Konvolut zur Senatssitzung des WR am 25.3.1975; UAI, 1 S.

[1029] THI, Fakultät für Technische Wissenschaften, vom 10.11.1975: Anwendung der Sowjetwissenschaften im Rahmen der 1974 abgeschlossenen Dissertationen, aufgefunden im Konvolut zur Sitzung des Plenums des WR am 18.11.1975; UAI, 1 S.

[1030] THI, WR, vom 15.2.1977: Anwendung der Sowjetwissenschaften im Rahmen der 1976 abgeschlossenen Promotionsverfahren, aufgefunden im Konvolut zur Sitzung des Plenums des WR am 22.2.1977; UAI, S. 1. THI, Fakultät für Technische Wissenschaften, Protokoll vom 6.4.1979, aufgefunden im Konvolut zur Sitzung des Plenums des WR am 17.4.1979; UAI, 1 S.

[1031] THI, WR: Protokoll vom 21.8.1975 zur Senatssitzung des WR am 17.6.1975; UAI, S. 1–6, hier 3 f.

sanktioniert über bestehende staatliche Vereinbarungen zwischen der DDR und der Republik Österreich auf ökonomischem, wissenschaftlich-technischem und kulturellem Gebiet. Er zeigte sich überzeugt, dass sich das Forschungsinteresse beider Seiten an Fragen der Elektro- und biomedizinischen Technik im gegenseitigen Interesse gut verknüpfen ließe. Also stellte er Forth die Frage, ob er Gedanken über eine solche Zusammenarbeit formulieren könne. Sollte er dafür sein, möge er geeignete Kader aus seinem Bereich benennen.[1032] Die DDR sollte später, am 31. März 1978, tatsächlich mit Österreich einen Vertrag über wissenschaftlich-technische Zusammenarbeit abschließen. In der Folge fanden mehrere Sitzungen der gebildeten gemischten Kommissionen statt, u. a. wurde auf der 3. Tagung vom 20. bis 22. April 1982 in Wien die Zusammenarbeit des Wissenschaftsbereiches von Philippow und der TU Graz vereinbart. Sie bezog sich sowohl auf den Austausch von Wissenschaftlern als auch von Forschungsergebnissen. Themen waren die Entwicklung von Mikroprozessorsystemen zur Lösung spezieller Aufgaben in der Elektrotechnik und die Entwicklung von computergerechten Modellen zur Berechnung und Ermittlung des Herzfeldes.[1033]

Der Primat der HFR und Vertragsforschung waren harte SED-Forderungen, denen sich kein Betrieb und keine Institution ohne schwerwiegende Folgen widersetzen konnte. Wenn überhaupt Kritik aufkam, dann indirekt: „Das Hochschulprofil der Forschung muss bei aller Anerkennung der Arbeit der Hauptforschungsrichtungen erhalten bleiben." Dass man das Verhältnis der Grundlagen- zur Applikationsforschung auf 2:3 bringen wollte, mutet noch moderat an, freilich wäre ein umgekehrtes Verhältnis besser gewesen. Auch heißt es, dass eine größere zentrale Finanzierung angestrebt werde und dass die Überführung der Forschungs- und Entwicklungsleistungen von der Industrie finanziert werden müssten.[1034] Das hätte eigene Ressourcen geschont. Die Hochschule besaß in der Blüte der HFR-Philosophie, 1983, in drei zentralen HFR die Federführung innerhalb der DDR, und zwar: HFR 1.11: Informationstechnik (Linnemann), HFR 4.12: Bionik/Biokybernetik (Forth) und in der HFR 7.01: Konstruktionstechnik (Bögelsack).[1035] Aus dem klassischen Leistungsspektrum der Gründer- und Plateauphase überlebte nur die Konstruktion. In diesem Jahr flossen 90 Prozent der Forschungskapazität der TH Ilmenau in diese HFR. Sie waren so strukturiert, dass sie jeweils ein breites Feld von Themen abdeckten, die nominell als Grundlagenforschung geführt wurden, jedoch in zahlreiche und konkrete Zielfunktionen applikativ und/oder in die Vertragsforschung direkt einmündeten. Im Falle der HFR Informationstechnik (IT) unter Linnemann waren es sechs Schwerpunkte (u. a. Systemtheorie, Schaltungstechnik und Messtechnik), zu denen acht fachlich-disziplinäre Forschungsfelder zählten, wie die „theoretische und technische Erschließung neuartiger physikalischer Medien als Informationsübertragung (Lichtleiter)", die „Entwicklung prozesskompatibler

---

1032 Schreiben von Linnemann an Forth vom 24.6.1975; BStU, BV Suhl, AIM 1592/90, Teil II, Bd. 1, Bl. 161.

1033 KDI vom 5.8.1982: Aufstellung von sicherheitsrelevanten Forschungs- und Entwicklungsthemen der THI; BStU, BV Suhl, AGG, Nr. 55, Bd. 2, Bl. 16–32, hier 20.

1034 Protokoll vom 17.2.1976 zur Sitzung des Plenums des WR am 17.2.1976; UAI, S. 1–7, hier 5–7.

1035 THI, Direktorat für Forschung, vom 3.2.1983: Forschungsjahresbericht der naturwissenschaftlich-technischen Forschung 1982, aufgefunden im Konvolut zur Senatssitzung am 1.3.1983; UAI, S. 1–31, hier 8.

komplexer Informations-, Mess- und Prüfeinrichtungen" sowie die „Entwicklung einer komplexen Basis zur digitalen Bildverarbeitung und zur Erhöhung der Effektivität von Bildverarbeitungstechniken".[1036] Für 1987 betrug der Zielwert für die erkundende Grundlagenforschung 20 Prozent.[1037] Letztlich ist der Term HFR nicht geeignet, den jeweils tatsächlichen Anteil an Grundlagenforschung zu bestimmen, es trifft lediglich zu, dass ein nicht quantifizierbarer Anteil an zielgerichteter Grundlagenforschung darin enthalten ist.

Weltpolitik in Oberhof

Im Rahmen des XX. IWK vom 13. bis 17. Oktober wurde ein Oberhofer Rundtischgespräch zum Thema „Die nächsten Aufgaben nach Helsinki" am 15. Oktober abgehalten. An ihm nahmen 35 Personen aus zehn Ländern teil. Zehn Teilnehmer stellte die TH Ilmenau, angeführt von Linnemann. Auffällig war, dass mit Kemnitz (INTET) und Gothe (PHYTEB) lediglich zwei Teilnehmer aus der engeren Wissenschaft ausgewählt waren. Der Bereich Marxismus-Leninismus war mit drei Personen, die HPL mit Jacobi und das Rektorat mit den beiden Spitzen-IM Berg und Repenning vertreten. Fraas, Prorektor für Gesellschaftswissenschaften, legte in seiner Rede den formalen Inhalt der KSZE dar. Der sowjetische Vertreter vertrat die Ansicht, dass die KSZE besonders für Europa von Bedeutung sei, da von diesem Kontinent zwei Weltkriege ausgingen. Der Vertreter der Bundesrepublik verband mit Helsinki insbesondere die Hoffnung auf einen erhöhten Informationsaustausch und stellte die gewachsene französisch-deutsche Freundschaft als Beispiel dar. Linnemann betonte exklusiv die Bedeutung des Informationsaspektes. Felix Weber betonte, die Dokumente von Helsinki so zu veröffentlichen, „wie sie wirklich sind, ungeschminkt"; sinngemäß: Wir selbst seien an einem Vertrag über wissenschaftliche Zusammenarbeit interessiert. Lediglich der dänische Teilnehmer soll provoziert haben, indem er forderte, den „Schwarzen Kanal" endlich abzuschaffen. Worauf jemand erwiderte, dass der „Schwarze Kanal" eine Antwort der DDR auf die Medienpolitik der Bundesrepublik sei. Repenning wertete die Veranstaltung als schleppend. Die Teilnehmer aus Polen und der ČSSR meldeten sich nicht zu Wort, und das Auftreten von Linnemann und Weber sei ideologisch schwach gewesen.[1038]

Repennings Forschungsanalysen

Eine der historiographisch gesehen bedeutenden Standardaufgaben Repennings als BSG bestand darin, Analysen zu Forschung und Entwicklung zu erstellen. Ein Eindruck: Das wissenschaftliche Personal setzte sich zum Stichtag 30. Juni 1975 wie folgt zusammen: Professoren 43, Dozenten 37, unbefristete wissenschaftliche Mitarbeiter 243, befristete wissenschaftliche Mitarbeiter 182, sonstiges Fachpersonal 369, außerplanmäßige Aspiranten 164, planmäßige Aspiranten drei, Forschungsstudenten 47. Von ihnen waren einen Monat später in Forschung und Entwicklung 87 als Geheimnisträger vergattert, davon zwei

---

1036 THI, Prorektor für Naturwissenschaften und Technik, o. D.: Aufgaben der THI bei der weiteren Präzisierung der Grundlagenforschung – Strategie und Leitungsmaßnahmen, aufgefunden im Konvolut zur Senatssitzung am 16.11.1982; UAI, S. 1–14, hier 3–5.

1037 THI, Direktorat für Forschung, vom 4.2.1987: Jahresleistungsbericht zur naturwissenschaftlich-technischen Forschung 1986, aufgefunden im Konvolut zur Senatssitzung am 24.2.1987; UAI, S. 1–29, hier 3.

1038 Repenning, Protokoll zum Oberhofer Rundtischgespräch am 15.10.1975; BStU, BV Suhl, AIM 1592/90, Teil II, Bd. 1, Bl. 281–287.

im Status Geheime Verschlusssache (GVS). Neun Personen besaßen einen umfassenden Überblick über Themen der Forschung und Entwicklung: Linnemann (Rektor), Haferkorn (Prorektor Wissenschaftsentwicklung), Philippow (Ex-Prorektor Wissenschaftsentwicklung), Wykowski (Leiter der HA Forschung), Frielinghaus (Dekan der Fakultät für Technische Wissenschaften), Repenning (BSG) sowie drei wissenschaftliche Kräfte aus der Hauptabteilung Forschung. Als Westreisekader waren 19 Personen bestätigt. Neun Personen waren für den Empfang von westlichen Gästen oder Service-Personal bestätigt. Dienstlich-postalische Verbindungen in den Westen besaßen 15 Personen, private 27. Rückkehrer aus dem Westen waren zwei, Zuziehende vier, Haftentlassene zwei.

Tabelle 43: Entwicklung der Forschungskapazität, 1974–1976

Art	1974 [VbE]	1975 [VbE]	Plan 1976 [VbE]
Naturwissenschaftlich-technisches Potenzial	227,3	215,0	226,4
Gesellschaftswissenschaftliches Potenzial	10,0	14,2	14,3
Potenzial für methodisch-didaktische Aufgaben (für das MHF)	6,5	6,8	10,4
Gesamt	243,8	236,0	251,1

Breiten Raum erhielten in diesen Berichten die Erfüllungsstände einzelner wissenschaftlich-technischer Themen. Zur Illustration dieser Quellenlage, hier extrem gekürzt:

a) Dünnschichtisolierungen (Staatsplanthema, Z 2.14.03.003), Sektion ET, unter Manfred Kahle. Erfüllungsstand: plangerecht. Ergebnisse zur Applikation leitfähiger Dispersionen auf Epoxidharzbasis bereits genutzt in: VEB Bergmann Borsig Berlin (u. a. für die Herstellung temperaturbeständiger, leitfähiger Asbestabdeckungen der Hauptisolierung elektrischer Maschinen), VEB Werk für Fernsehelektronik Berlin (Substitution des Lötens durch leitfähige Verklebung bei Raumtemperatur) und VEB Röhrenwerk Neuhaus (Substitution des Hochtemperaturbondens durch leitfähige Verklebung bei hoher Temperatur).

g) Theorie der endlichen Graphen (Staatsplanthema, Z 6.03.01.002), MARÖK, unter Horst Sachs. Erfüllungsstand: planmäßig, ökonomische und Qualitätskennziffern wurden überboten. Die Ergebnisse der Aufgabe flossen ein in das Projekt „Territoriale Rationalisierung“ hinsichtlich der Parameter resp. Aspekte: Senkung der Selbstkosten, Materialökonomie und für den wissenschaftlichen Vorlauf.

Ferner übergab Repenning einen Überblick über die wichtigsten Themen der Forschung und Entwicklung des Planjahres 1976. Es waren zumeist Staatsplanthemen, teilweise in internationaler (RGW) Kooperation, alle galten als profilbestimmend für die TH Ilmenau:

MARÖK: Nichtlineare Optimierung, Graphentheorie und Netzwerktechnik, Kontrolltheorie und Hybridrechentechnik.

TBK: Modellierung und Steuerung komplizierter technischer und nichttechnischer Systeme, Entwurf informationsverarbeitender Systeme, direkte digitale Messwertwandlung und Messdynamik sowie elementare und komplexe bioelektrische Prozesse.

INTET: Konstruktion und Technologie der Elektronik.

ET: Festkörperisolierung, Galvanotechnik und Kryo-Elektrotechnik.

GT: Theorie der Konstruktion und der technologischen Vorbereitung und ihre

Anwendung im wissenschaftlichen Gerätebau und in der Datenverarbeitung.

PHYTEB: Oberflächenintegrierte Bauelemente.

INER: Verfahren und Methoden zur Rationalisierung betrieblicher Informationssysteme.

Hinzu kamen Staatsplanthemen wie die Kryo-Elektrotechnik (06.25.018) der Sektion ET zur Thematik der Weiterentwicklung der Versuchsanlage und der Kryo-Messtechnik, die experimentelle Erprobung des Modells eines supraleitenden Kabels sowie die Untersuchungen zur Kühlbarkeit und zur Theorie der Auslegung von supraleitenden Kabeln. Die Forschungskapazität betrug 10,4 Vollbeschäftigteneinheiten (VbE). Ferner wichtige Themen im Rahmen bereits bestehender Hauptforschungsrichtungen (HFR) wie die Untersuchung ingenieurwissenschaftlicher Grundlagen der Informationstechnik und der technischen Kybernetik (HFR 1.11.00), der Grundlagen der Konstruktionstechnik (HFR 7.05.00) und der Bionik-Biokybernetik (HFR 4.12.00). Zu Repennings Übersichten, die oft mit inoffiziell erarbeiteten Informationen versehen waren, gehörten nicht zuletzt Kooperationsprojekte mit dem sozialistischen Ausland, wie etwa:

Sektion MARÖK: Theorie und Anwendung der nichtlinearen Optimierung mit ZEMI Moskau, der ungarischen AdW und der TH Warschau, Kapazität: 3,8 VbE; Kontrolltheorie/Operatorgleichungen mit der polnischen AdW, Kapazität: 1,9 VbE; Hybridrechentechnik mit der sowjetischen AdW und der TH Brno, Kapazität: 5,3 VbE.

Sektion ET: Kryo-Elektrotechnik mit dem Polytechnikum Wrocław und Dolmel Wrocław, Kapazität: 10,4 VbE; Elektrische Alterung von Festkörperisolierungen mit dem Moskauer Energetischen Institut (MEI), Kapazität: 4,5 VbE; Elektrothermische Anlagen und Verfahren mit MEI, Kapazität: 2,1 VbE; Grundlagenforschung Galvanotechnik mit VMEI Sofia, dem Institut für dynamische Technik Vilnius und dem Institut für dynamische Technik „Mendelejew" Moskau, Kapazität: 3,9 VbE; Leistungselektronik für elektrische Triebfahrzeuge mit MEI, Kapazität: 1,8 VbE; Hochdruckplasmaforschung mit ITMO Minsk, Kapazität: 2,6 VbE; Elektrodenerosion mit Magnetfeld mit ITMO und dem Institut für Thermodynamik Novosibirsk, Kapazität: 2,6 VbE.

Sektion PHYTEB: MIS-Bauelemente mit der sowjetischen Akademie der Wissenschaften (AdW), Sibirische Abteilung Novosibirsk, Kapazität: 3,6 VbE; Technologie und Eigenschaften von MIS und poly-Si-I-S-Strukturen mit der sowjetischen AdW, Sibirische Abteilung Novosibirsk und der Ukrainischen AdW Kiew, Kapazität: 8,1 VbE; Lichttechnik der Phasengrenzen und Schichten mit der sowjetischen AdW, Sibirische Abteilung Novosibirsk und der STH Bratislava, Kapazität: 2,7 VbE; Kontaktierung mit der STH Bratislava, Kapazität: 3,7 VbE; Herstellung und Untersuchung von Aluminiumnitrid mit der sowjetischen AdW, Sibirische Abteilung Novosibirsk, Kapazität: 3,7 VbE.[1039]

Auf der Sitzung des Senats am 8. Juli 1976 wurde die Analyse der Promotionsverfahren für das zurückliegende Jahr diskutiert. Diese Analyse war deutlich quantitativer Natur. Tatsächlich ging es staatlicherseits mehr um Zahlen und besetzbare Positionen als um Wertinhalte und Leistungsfähigkeit. 1975 wurden 106 Promotionsverfahren abgeschlossen und

---

[1039] Repenning: Analyse zur Forschung und Entwicklung 1975; ebd., Bl. 226–256.

102 akademische Grade verliehen. Die Forschungsstudenten schlugen seit 1973 zu Buche. In dem Jahr schlossen zwölf das Verfahren ab, ein Jahr darauf waren es 17, 1975 dann gar 28 oder 29 (zwei Werte tradiert). Die mittlere Laufzeit der Promotionsverfahren von der Einreichung bis zur Verteidigung betrug 12,8 Monate im Jahr 1975, zum Vergleich mit den Vorjahren hatte sie sich um circa zwei Monate verlängert. Die Gründe waren vielfältig, der Hauptgrund lag in der langen Zeit der Gutachtenerstellung, aber auch Verzögerungen bei der Freigabe der Verteidigung, fehlende Bearbeitungskräfte in der Verwaltung und fehlende ML-Nachweise. Die mittlere Zeit vom Beginn der Tätigkeit an der Hochschule resp. der Qualifikation zur Promotion A bis zur Beantragung des Promotionsverfahrens lag bei den 30 wissenschaftlichen Mitarbeitern bei 5,9 Jahren. Bei den 29 Forschungsstudenten waren es 3,7 Jahre, bei den sieben planmäßigen Aspiranten 4,7 Jahre und bei den 27 außerplanmäßigen Aspiranten 4,2 Jahre. Der Gesamtdurchschnitt aller betrug 4,8 Jahre.

Tabelle 44: Verliehene akademische Grade (I), 1971–1975

Akademischer Grad	1971	1972	1973	1974	1975	Gesamt
Dr. sc. techn.	2	3	3	5	4	17
Dr. sc. nat.	-	3	1	-	1	5
Dr.-Ing.	45	56	49	59	92	301
Dr. rer. nat.	7	5	8	7	7	34
Dr. oec.	2	1	1	2	2	8
Gesamt	56	68	62	73	106	365

Tabelle 45: Bewertung der Promotionsleistungen, 1971–1975

Bewertung	1971	1972	1973 Gesamt	1973 Fo.-Stud.	1974 Gesamt	1974 Fo.-Stud.	1975 Gesamt	1975 Fo.-Stud.
Ausgezeichnet	6	10	4	1	3	2	4	2
Sehr gut	29	24	23	4	32	4	41	14
Gut	13	23	31	6	29	9	46	10
Genügend	6	5	-	-	3	2	6	3
Nicht genügend	1	2	-	-	2	-	4	-

Seit 1974 wurde versucht, eine Nutzaussage zu den Dissertationen zu treffen. Sie erfolgte bereits bei der Beantragung. Für 1974 lagen Angaben bei 38 Prozent der Verfahren vor, ein Jahr darauf waren es schon 46 Prozent.[1040]

Bildung und Ausbildung im Niedergang?

Der vom MHF entworfene Fünfjahrplan 1976 bis 1980 vom 8. März 1976 sah eine Abschmelzung der Zulassungen für die Fachrichtungsgruppe Mathematik von 30 auf 25 für 1977 vor. Dieser Satz sollte anschließend bis 1980 konstant bleiben. Drastischer sah die Abschmelzung in der Fachrichtungsgruppe Elektrotechnik/Elektronik aus. Von 490 Zulassungen 1976 sollte die Anzahl in zwei Schritten für das Folgejahr auf 480 und für 1978 auf 370 gesenkt werden. (Dagegen sollten die Zahlen für die letztgenannte Fachrichtungsgruppe für das Ausländer- sowie das Fern- und Abendstudium mit 35 auf 40 resp. 40 auf 45 leicht steigen.) Trotz dieser Abschmelzung sollten die Haushaltsausgaben von

[1040] THI, WR, vom 12.6.1976: Analyse der Promotionsverfahren 1975, aufgefunden im Konvolut zur Senatssitzung des WR am 8.7.1976; UAI, S. 1–4.

5,3 Millionen Mark für 1976 auf 6,7 für 1980 ansteigen, ein betriebswirtschaftlich gesehen vernünftiges Signal. Bilanziert wurde auch der 1977 zu beginnende Bau des Technikums für elektronische und feinmechanisch-optische Geräte in Suhl (hierzu unten mehr).[1041]

Der Abwärtstrend, die die Bildungspolitik in den letzten Jahren erfuhr, musste gestoppt werden. Nirgends aber fanden sich in den Quellen Hinweise, dass dieser Trend mit den andauernden Reformen und vor allem mit der 3. Hochschulreform einen Zusammenhang bildete. Auch plantechnisch erfuhr das Problem im Rahmen des neuen Fünfjahrplans 1976 bis 1980, der auf der Dienstbesprechung des Rektors mit der ersten Leitungsebene am 31. Mai diskutiert wurde, keine Lösung.[1042] Im Gegenteil, die Anzahl der Studenten wurde gesenkt. Die zu erstellende Vorlage wurde auf Grundlage der Planungsordnung 1976 bis 1980, der staatlichen Planauflagen durch das MHF, der Arbeitsdirektive der TH Ilmenau zur Ausarbeitung des Fünfjahrplanes sowie einschlägiger Bestimmungen und Festlegungen erarbeitet. Festgehalten wurde, dass die grundlegende Aufgabe der TH darin besteht, die Qualität der *Ausbildung* von Hochschulkadern zu erhöhen. Aber wie?

Tabelle 46: Plan der Zulassungen von Direktstudenten in technischen Fächern, 1977–1981[1043]

Fachrichtung	1977	1978	1979	1980	1981
14001 (Theoretische Elektrotechnik)	55	50	45	45	45
14002 (Technische Kybernetik und Automatisierungstechnik)	105	100	85	85	85
14003 (Informationstechnik)	95	80	55	45	45
14004 (Elektronische Bauelemente)	55	55	45	45	45
14005 (Gerätetechnik)	130	120	115	115	115
14007 (Elektrotechnik)	105	100	95	95	95
Gesamt	545	505	440	430	430

Verglichen mit der geplanten Steigerung des Mittelaufwandes für die Forschung lässt sich eine relative Absenkung der Bedeutung der Ausbildung gegenüber der Forschung erkennen. Handelte es sich um eine bloße semantische Anerkenntnis („grundlegende Aufgabe" und Erhöhung der Qualität)? Denn „grundsätzlich" wurden „die Sektionen ja auf einen höheren Anteil in der Forschungskapazität für das Kapitel 42001 – bezahlende Auftraggeber – orientiert". Demnach sollte sich der prozentuale Anteil zur Gesamtkapazität „Wissenschaft und Technik" von 29,4 Prozent für 1976 auf 37,3 Prozent im Jahr 1980 erhöhen, wobei der größte Sprung von 1976 auf 1977 mit einer Zunahme von 5,5 Prozent resp. von 844.000 Mark erfolgen sollte. Der Haushaltsmittelbedarf ergab sich für die naturwissenschaftlich-technische Forschung im Mittel der Jahre 1977 bis 1979 zu 8,2 Millionen Mark, 1980 sollte der Satz 8,6 Millionen betragen. Bei einem Gemeinkostensatz von 100 Prozent lautete der jährliche Gesamtaufwand auf circa 13,5 Millionen Mark für 1977 bis 1979 und 1,1 Millionen für 1980. Zur Intensivierung der Forschungsarbeit, insbesondere für die „Erhöhung der Schöpferkraft der Wissenschaftler", wurden neun Maßnahmen formuliert, u. a.

[1041] MR der DDR, Böhme, vom 8.3.1976: Staatliche Aufgaben für die Ausarbeitung des Fünfjahrplanes 1976–1980 der THI; UAI, Sgn. 376, S. 1–8, hier 1 f.

[1042] THI vom 26.5.1976: Entwurf des Fünfjahrplanes 1976–1980 für die THI; BStU, BV Suhl, AIM 1592/90, Teil II, Bd. 2, Bl. 67–99.

[1043] Ebd., Bl. 68. Die Lehrinhalte der sechs Fachrichtungen der Grundstudienrichtung Elektroingenieurwesen galten weiterhin, vgl.: THI (Hrsg.): Studieninformation TH Ilmenau. Ilmenau, Juni 1986.

die weitere Zentralisierung der administrativen Tätigkeit, der „Aufbau eines einfachen und optimalen Informationssystems in der ersten und zweiten Leitungsebene", die „Schaffung zusammenhängender störungsfreier Arbeitszeiten für die Wissenschaftler durch Optimierung der Stunden- und Raumplanung in der Lehre", „der Sicherung eines breiten im Rahmen des RGW abgestimmten Bauelementesortiments und der kurzfristigen Bereitstellung von Kleinimporten" sowie „der Verbesserung der Versorgung der Wissenschaftler mit Fachliteratur aus dem nichtsozialistischem Wirtschaftsgebiet und der Bereitstellung der entsprechenden Kopiertechnik an den Einrichtungen".[1044]

All den Engpässen zum Trotz wurden die Sektionen weiterhin orientiert, 20 Prozent ihrer Forschungskapazität bezogen auf das Fachpersonal für Betriebe des Bezirkes zu verwenden. Vorrangig sollten diese Mittel für Nutzanwendungen aus dem Plan der Grundlagenforschung generiert werden. Waren die Ausführungen bis zu diesen Planteilen noch von Optimismus getragen, waren sie dies im Planteil „Kader" nicht mehr. Es fehlte deutlich an der notwendigen Zahl geeigneter Kader als Dozenten und Hochschullehrer. So waren die mit Datum vom 6. Januar 1976 beim Minister MHF eingereichten Zahlen und Positionen immer noch nicht bestätigt. Indessen reichte die verbleibende Zeit kaum mehr für die Realisierung der Planzahlen für 1977. Klare Absprachen mit Kandidaten existierten nur in Ausnahmefällen. In einigen Fällen wie Analysis MARÖK und Werkstoffe PHYTEB existierten nicht einmal namentliche Vorstellungen. Auch die eingereichten Daten zur Promotion B reichten nicht hin. Es scheine, hieß es, „ideologische Vorbehalte zur Notwendigkeit des Erwerbs des höchsten akademischen Grades zu geben".

Das Defizit in der Anzahl qualifizierter Hochschulkader lag reziprok zu den Zahlen für die Absolventenzuführung und damit auch zur Gewährleistung einer optimalen Fluktuation. Dieses Defizit wurde noch verschärft, „da fast alle Zuführungen anderer Einrichtungen" auszubleiben drohten. Das MHF wurde hierüber informiert. Für das laufende Planjahr war diese Situation schwerwiegend. Zudem wurde ein zwischenzeitliches Defizit in der Absolventenzuführung für 1980 erwartet, da infolge des wieder verlängerten Studiums erst mit den Zuführungen 1978 und 1979 eine allmähliche Trendwende im Sinne der angestrebten Fluktuation erwartet werden konnte. Aufmerksamkeit war deshalb hinsichtlich Matrikel 75 geboten, „um die geplante Absolventenzuführung qualitätsgerecht zu sichern". Auch seien Anstrengungen notwendig, Absolventen des Forschungsstudiums der Matrikel 73 für befristete Assistentenstellen zu gewinnen. Vor allem in der Sektion ET war die Kadersituation kritisch. Man müsse große Anstrengungen unternehmen, hieß es, um das Defizit über andere Hochschulen und Universitäten zu minimieren. Selbst im Institut für Marxismus-Leninismus hatte man ähnliche Sorgen. Hier war nicht bedacht worden, „dass es 1978 nur Absolventen der Fachrichtung Philosophie geben" sollte. Für eine „Sicherung einer planmäßigen Fluktuation" sei „es aber auch in diesem Bereich notwendig, in jedem Jahr in jeder Disziplin Absolventen einzustellen".[1045]

Die Wissenschaftler waren sich bewusst, dass sich die Schere zwischen Anspruch und

---

[1044] Ebd., erste Quelle, Bl. 72–75.
[1045] Ebd., Bl. 76–79.

Wirklichkeit weiter öffnen werde. Die Abschmelzung in der Fachrichtungsgruppe Elektrotechnik/Elektronik zum Beispiel, stand im Widerspruch zur Situation zu dieser Zeit. Es widersprach der zutreffenden Prognose der Steigerung des Bedarfs insbesondere auf dem Gebiet der Elektronik (speziell der Mikroelektronik). Die Sektion PHYTEB legte dem Senat des Wissenschaftlichen Rates am 14. Dezember 1976 ihre Stellungnahme vor. Zur Ausbildung, die zukünftig in Richtung der Mikroelektronik entwickelt werden sollte, zählten die im Ausbau befindlichen Praktika „Werkstoffe der Elektrotechnik“ und „Technologie elektronischer Bauelemente“. Deren Ausbau unter Abzug interner Ressourcen aus dem Wissenschaftsbereich „Elektronische Bauelemente“ war jedoch kontraproduktiv. Die Sektionsleitung könne dies „angesichts der volkswirtschaftlichen Lage auf dem Gebiet der Mikroelektronik [...] nicht verantworten. Wir erwarten eine Klärung durch die Hochschulleitung.“ So verwies Köhler darauf, dass die Sektion gleich drei Grundlagenpraktika für alle Studenten der Hochschule durchführe: „Experimentalphysik“, „Werkstoffe der Elektrotechnik“ und „Grundlagen der Elektronik“. Auch müsse wegen der „rasanten Wissenserweiterung und zur Erfüllung der Forschungsaufgaben“ die Kapazität an Hochschullehrern deutlich aufgestockt werden. Er schlug fünf neue Dozenturen für die Fachgebiete der Mikroelektronik-Technologie und Lichtanwendung vor. Die sogenannte wissenschaftlich-produktive Tätigkeit (wpT), Grundlage des „Großen Belegs“ im neunsemestrigen Studium, müsse, obgleich sie sich bewährt habe, mit noch „größerem wissenschaftlichen Tiefgang“ weiterentwickelt und initiativer von den Studenten angenommen werden. Allein für den Wissenschaftsbereich „Elektronische Bauelemente“ forderte er mindestens drei Hochschullehrer und zehn wissenschaftliche Mitarbeiter. Eines der drängenden Probleme war nicht zuletzt die Frage der Beschaffung hochmoderner Ausrüstungen. Die Ausstattung allein „mit moderner Präparations- und Messtechnik“ war „völlig unzureichend“. Wichtige Anträge hierzu – zum Beispiel technologische Einrichtungen mit physikalischen Grenzparametern und Mikroprozessorsteuerung – liefen bereits seit Jahren ohne Erfolg. Allein 500.000 Mark, je hälftig in DDR- und Valutawährung, waren für eine Mindestausstattung für die Forschung der nächsten fünf Jahre unbedingt notwendig.[1046]

Mit Stand Ende 1976 war mit 44 ordentlichen Professoren zu 41 Hochschuldozenten das angestrebte Zahlenverhältnis von 1:2 in weite Ferne gerückt. Auch das Gesamtverhältnis der 85 Hochschullehrer zu den 570 wissenschaftlichen Mitarbeitern war ungünstig. Plötzliche Engpässe, etwa wegen Auslandseinsätzen oder Hilfeersuchen aus der Industrie, waren nur schwer kompensierbar. In den letzten fünf Jahren konnten zwölf Planstellen wegen des Eintritts in den Ruhestand nicht über Neuberufungen wiederbesetzt werden.

1046 THI, PHYTEB, vom 7.12.1976: Realisierung der Beschlüsse des IX. Parteitags, aufgefunden im Konvolut zur Sitzung des Plenums des WR am 14.12.1976; UAI, S. 1–13, hier 1–9.

Tabelle 47: Hochschullehrer, Oktober 1976

Sektionen und Institute	Ordentliche Professoren	Dozenten	Gesamt
MARÖK	7	7	14
TBK	6	6	12
INTET	6	5	11
ET	6	4	10
GT	9	7	16
PHYTEB	6	5	11
INER	2	2	4
IML	2	4	6
Industrie-Institut	-	1	1
Gesamt	44	41	85

Ein deutlich hervortretendes Problem war die sich entwickelnde Altersstruktur. Nur zwei der Professoren bis zu 39 Jahren standen 25 bis zu 49 Jahren gegenüber, zehn waren über 54 Jahre alt. Bei den Hochschuldozenten stellte sich dieses Problem dagegen nicht, hier waren von den 41 Dozenten lediglich vier im Alter von 50 bis 54 Jahren und keiner darüber. Ein gravierendes Defizit stellte (weiterhin) die geringe Quote der akademischen Graduierung dar. Nur 26 Professoren und zehn Hochschuldozenten besaßen die Promotion B. Auf mehr als ein halbes Jahr Auslandserfahrung – in sozialistischen Staaten – brachten es lediglich zwei Professoren, bei den Dozenten waren es zehn. Deutlich gut dagegen war die industrielle Praxiserfahrung, hier hatten 37 ordentliche Professoren eine solche, bei den Dozenten waren es 22.[1047] Angesichts der beachtlichen Leistung, wonach die DDR den Anteil der Hochschulabsolventen in den Technikwissenschaften gemessen an der Gesamtbeschäftigungszahl von 1955 bis 1975 vervierfacht hatte,[1048] woran Ilmenau einen bedeutenden Anteil hatte, fehlte es aber an Kontinuität.

Der zweite Arbeitspunkt der Sitzung des Senats am 8. Juli 1976, die Frage der Wirksamkeit der Fakultäten, war durchaus ein wichtiges Thema, da deren Aufgaben nach der jüngsten Hochschulreform auf ein Minimum reduziert worden sind. In einigen historischen Arbeiten kommen sie gar nicht mehr vor, so dass der Eindruck entsteht, sie seien mit der Etablierung der Sektionen völlig abgeschafft worden. Die ihnen verbliebene Gestaltungsmacht beruhte nunmehr nahezu ausschließlich auf Fragen der Promotionstätigkeit, der Weiterbildung, und, als eigentümliche Pointe, der paramilitärischen Ausbildung. So wurde auf der Sitzung über das wissenschaftliche Niveau der Promotionen A, über die Gutachtertätigkeit sowie über die quantitativen Stände hinsichtlich der Promotionen A und B diskutiert. Einen weiteren Schwerpunkt bildete der Tätigkeitsbericht der AG Sozialistische Wehrerziehung mit den Aspekten der militärpolitischen und militärwissenschaftlichen Weiterbildung, Fragen der Zivilverteidigung (ZV), der Vorbereitung und Durchführung der militärischen und ZV-Ausbildung sowie Fragen der Gewinnung von Reserveoffiziersanwärtern (ROA).[1049] In der Frage der ROA-Gewinnung gab es zunehmend Probleme. Ein halbes Jahr später berichtete Heinar Kunze* alias „Martin“ (Kap. 5.3.3, Fall-Nr. 60) bereits

1047 THI, Direktorat K/Q, vom 23.9.1976, aufgefunden ebd., S. 1–6, hier 1 f.
1048 Schneider: Ursachen für den Zusammenbruch, S. 429.
1049 Festlegungsprotokoll vom 8.7.1976 zur Senatssitzung des WR am 8.7.1976; UAI, S. 1–3.

über größere Probleme in der Sektion PHYTEB, Matrikel 75 und 76. Von den zwölf Studenten, die an den Gesprächen teilnahmen, konnte keiner als ROA gewonnen werden.[1050] (Ein Andrang zur Offizierslaufbahn wie in der NS-Zeit, kann im Falle der TH nicht konstatiert werden.[1051]) Lediglich die Fakultät für Mathematik und Naturwissenschaften hatte in diesem Jahr einen etwas breiteren Aufgabenzuschnitt. Etwa Fragen der Zusammenarbeit der Natur-, Technischen und Gesellschaftswissenschaften, die Qualität der Ausbildung in Mathematik und Physik, die Errichtung von Professuren und Dozenturen sowie „Aufgaben in der kommunistischen Erziehung der Studenten".[1052] Das Recht der Verleihung der akademischen Grade wurde vom Minister MHF übertragen. Die Fakultät für Mathematik und Naturwissenschaften besaß folglich das Recht der Verleihung des Dr. rer. nat., die Fakultät für Technische Wissenschaften das des Dr.-Ing. und die Fakultät für Gesellschaftswissenschaften das des Dr. oec.[1053]

Zukunftsdisziplinen: Bionik, Glas und Keramik
Auf der Sitzung des Senats am 13. Oktober 1976 wurden mehrere wichtige Zukunftsthemen abgehandelt, insbesondere die Frage der Bionik-Ausbildung und -Forschung an der TH Ilmenau und die Realisierung des Aufbaus einer zu spezialisierenden Ausbildung auf den Gebieten Glas und Keramik.[1054] Der Senat hatte bereits am 1. November 1973 den Antrag auf Bildung einer Sektion resp. Abteilung Glas- und Keramiktechnik behandelt. Die Idee zur Sektionsgründung fußte auf Initiativen der Industrie, des Ministeriums für Glas und Keramik sowie staatlicher und Parteiorgane.[1055] Zur Bionik lagen vier Entscheidungen zur Eröffnung dieses Wissenschaftsprofils vor, und zwar seitens des MHF 1970, MWT 1973, RGW 1973 und zuletzt durch die Beschlüsse des Politbüros und des Ministerrates der DDR vom 30. April resp. 16. Mai 1974 „über die langfristige Entwicklung der naturwissenschaftlichen und mathematischen Grundlagenforschung sowie der Grundlagenforschung ausgewählter technischer Richtungen im Bereich der AdW der DDR und des MHF".

Basis der Lehrkonzeption der TH Ilmenau in Umsetzung dieser Entscheidungen in der Wissenschaftspolitik der DDR war die Einsicht, dass es nicht sinnvoll sei, sich einer Gesamtausbildung des breiten Gebietes dieser Disziplin anzunehmen. Dies entsprach letztlich der Auflage, die Ausbildung in Bionik „an eine vorhandene interdisziplinäre Lehrkonzeption anzukoppeln" und sich auf die in der DDR existierenden Forschungsschwerpunkte zu konzentrieren. Die Aufgaben der TH Ilmenau betrafen in erster Linie Themen der Informationsprozesse in Neuronen und Neuronennetzen, was zur Folge hatte, den bisherigen Lehrstoff in biomedizinischer Technik zu modifizieren. Vier neue Lehrveranstaltungen verbreiterten das Lehrangebot auf dem Gebiet der biomedizinischen Technik:

1050 Bericht von „Martin" am 5.1.1977; BStU, BV Suhl, AIM 433/89, Teil II, Bd. 2, Bl. 194.
1051 Vgl. Maier: Technische Hochschulen im „Dritten Reich", S. 29–31.
1052 THI, Fakultät für Mathematik und Naturwissenschaften, vom 5.10.1976: Arbeitsplan für 1976/77, aufgefunden im Konvolut zur Senatssitzung des WR am 13.10.1976; UAI, S. 1 f.
1053 Promotionsordnung A vom 21. Januar 1969 (GBl. 1969 II, Nr. 4, S. 107). THI, WR, o. D., aufgefunden im Konvolut zur Sitzung des Plenums des WR am 14.12.1976; UAI, S. 1–6 mit Anlagen.
1054 THI, GT, vom 2.10.1976: Stand der Realisierung der Konzeption zum Aufbau der Spezialausbildung Glas/Keramik, aufgefunden im Konvolut zur Senatssitzung des WR am 13.10.1976; UAI, S. 1–7.
1055 Protokoll vom 6.11.1973 zur Senatssitzung des WR am 1.11.1973; UAI, S. 1–5, hier 4 f.

(1) Einführung in die Bionik und Biokybernetik, (2) Informationsprozesse in Lebewesen, (3) Bionik II sowie (4) Elektro- und Neurophysiologie. Die Lehrkonzeption wurde 1976 im Rahmen einer RGW-Koordinierungsvereinbarung beraten. Offen blieb zunächst die Ausbildung auf einigen Spezialgebieten. Hierzu zählten Biomechanik, autonome Robotersysteme und Navigationssysteme. Indes hatte die Vermittlung von Absolventen für wissenschaftliche Probleme der Bionik bereits begonnen. Allerdings blieb sie auf Jahre hinaus aufgrund der vorrangigen Bedienung der Interessen des Gesundheitswesens deutlich beschränkt. Auch die Forschung musste aus Kapazitätsgründen beschränkt bleiben, sie ging letztlich auf Kosten der biomedizinischen Technik.[1056] Das Beispiel zeigt pars pro toto, wie die Umsetzung der Wissenschaftspolitik stets an Ressourcengrenzen stieß, da gerade die biomedizinische Technik, etwa mit Blick auf die Entwicklung künstlicher Organe, eben nicht hätte beschnitten werden dürfen. Damit drohte einmal mehr auf einem neuen, anerkanntermaßen innovativen Wissenschafts- und Technologiefeld sofort ein sich rasch verbreiternder Rückstand. Immerhin erhielt die Sektion TBK am 30. März 1978 ein neues Gebäude für die Erweiterung der Arbeiten auf dem Gebiet der biomedizinischen Technik und Bionik. Ein Gebäude mit überdurchschnittlichem Sicherheitsstandard, da hierin ein Isotopenlaboratorium eingerichtet wurde, „dass auch als radiologisches Laboratorium des Stabes der Zivilverteidigung des Bezirkes Suhl" diente.[1057] (Anfang 1980 wird das Politbüro der SED mit seinem Beschluss vom 24. Januar die Aufgabe stellen, „eine durchgreifende Leistungssteigerung der medizinischen Forschung, insbesondere durch entschiedene Konzentration wesentlicher Maßnahmen, auf international anerkannten Schwerpunktaufgaben zu erwirken". Mit diesem Beschluss korrespondierte der gleichgerichtete Beschluss des Ministerrates der DDR zur Entwicklung der medizinischen Forschung der DDR vom 14. Mai 1980.) Die aktuellen Beschlüsse betrafen auch die TH Ilmenau mit ihren beiden Linien der Biomedizin und Bionik, die überdies als die „zwei zentralen Hauptlinien der Forschung" in diesem Bereich galten. Die diesbezüglichen beiden Hauptforschungsrichtungen in der DDR waren: Künstliche Organe unter Leitung der WPU Rostock und Bionik/Biokybernetik unter Federführung der TH Ilmenau. Hauptkooperationspartner in der ersten HFR war die TH Ilmenau selbst, in der zweiten waren es universitätsseitig die Karl-Marx-Universität (KMU) Leipzig, die HU Berlin und die TU Dresden.[1058]

Ähnlich groß waren die Ambitionen und Nöte der DDR-Glas- und Keramikindustrie. Innerhalb des laufenden Fünfjahrplanes sahen die staatlichen Direktiven eine Steigerung der Warenproduktion auf 143 bis 145 Prozent für den Bereich des Ministeriums für Glas- und Keramik vor. Der VEB Kombinat VEB Keramische Werkstoffe plante gar eine Steigerung auf 155 Prozent. Die TH Ilmenau hatte 1973 den Startschuss auf Anforderungen der Industrie gerade noch rechtzeitig gegeben und Mitte 1975 dem Minister des MHF eine entsprechende Konzeption vorgelegt. Die Konzeption sah vor, bis zum Studienjahr

---

1056 THI, TBK, vom 1.10.1976: Lehre und Forschung auf dem Gebiet der Bionik an der THI, aufgefunden im Konvolut zur Senatssitzung des WR am 13.10.1976; UAI, Deckblatt u. S. 1–4.

1057 THI, Repenning, vom 8.5.1978: Informationsbericht „Mai 1978"; BStU, BV Suhl, AIM 1592/90, Teil II, Bd. 3, Bl. 479–488, hier 479.

1058 THI, TBK, vom 1.10.1976: Lehre und Forschung auf dem Gebiet der Bionik an der THI, aufgefunden im Konvolut zur Senatssitzung des WR am 13.10.1976; UAI, Deckblatt u. S. 2–4.

1977/78 die Aufbauphase abzuschließen. Die ersten fünf Studenten der Sektion GT nahmen im Studienjahr 1975/76 die Spezialausbildung auf – sie hatten ihr Diplom gerade erst im Juli erfolgreich verteidigt. Auch hier mangelte es beim Aufbau der neuen Fachrichtung an materiellen und personellen Kapazitäten. So gelang der Kauf eines Anbaus in der Poststraße 27 aktuell nicht. Für die nächsten elf Studenten aus der Matrikel 73, die in dieser Richtung zusätzlich ausgebildet wurden, war das Zeitvolumen gekürzt, waren Praktika als Provisorium organisiert, und selbst Lehrbücher standen nicht zur Verfügung, so dass für die Lehrveranstaltungen extra Skripte angefertigt werden mussten. Die drei Basislehrveranstaltungen waren: Glas- und Keramikwerkstoffe, Glas- und Keramikherstellung (Technologie I) sowie Glas- und Keramikverarbeitung (Technologie II). Sektionsspezifisch sollten hinzukommen: Elektrowärme für Glas und Keramik, Hochtemperaturmesstechnik, Wärmetransport und spezielle Probleme des Glas- und Keramikmaschinenbaus. Neben der Stammsektion GT wurden die Sektionen TBK, INTET, ET und PHYTEB involviert. Da ein eigenes Laboratorium fehlte, wurden Labore der Sektionen GT, ET und PHYTEB mitgenutzt. Aus den Matrikeln 74 bis 76 sollten jeweils 25 Studenten für diese Spezialrichtung ausgebildet werden. Ab 1977 sollten an der Sektion GT die Immatrikulationen so aufgestockt werden, dass die Zielstellung der Konzeption von 40 Studenten erreicht werden konnten.[1059] Ende 1985 machte das Projekt der Errichtung eines weiteren Technikums, das für Glas/Keramik, Fortschritte. Basis war ein Ministerratsbeschluss vom 12. September 1985. Der 1. Sekretär der Bezirksleitung der SED Suhl, Hans Albrecht, hatte zugesagt, das Investprojekt 1986 auf den Weg zu bringen. Einmal mehr aber war absehbar, dass die Unterbringung von zunächst 80 bis 90 Glas/Keramik-Studenten schwierig werden würde.[1060]

4.3.5 Entwicklung: 1977 bis 1989

Das Technikum FOE in Suhl – Problemfälle Mathematik, Experimentalphysik und Mechanik – hoher westdeutscher Besuch – die methodisch-diagnostischen Zentren (mdZ) – defizitäres Promotionsgeschehen – Internationaler Hochschulferienkurs für Germanisten (IHFK) – Applikationsgruppe resp. Technikum „Mikroelektronik“ – prekäre Rechentechnik – Präsenzerhöhung des Militärischen – Statuserhöhung des Instituts für ML zur Sektion – Problem „Nachwuchskader“ – Abrechnung der Forschungsleistungen – Mikromechanik im Aufwind – letzte Grundstruktur und Konzeption der THI – deutsch-deutsche Verbindungen – Investitionen und Verschleißgrade – Dachstuhlbrand des Faraday-Baus – moderne Themata der Sektion ML – letzte Immatrikulation – Neuausrichtung der THI in letzter Minute

Die Phase der DDR von 1977 bis 1989 begann mit einer veritablen Kulturkrise, eingeleitet durch die Ausbürgerung Wolf Biermanns im November 1976. Die SED sah sich 1977 plötzlich einer Solidaritätsbekundung für einen bis dato scheinbar nur elitären Kreis von Schriftstellern und Künstlern ausgesetzt, die sie so, in der Spitze wie auch in der Breite, mit Sicherheit nicht erwartet hatte. Statt Angst vor der SED, erntete sie nun einen Gegensturm. Das Volk wachte auf und wurde mutiger, wenngleich nicht in dem Maße wie im benachbarten Polen.

1059 THI, GT, vom 2.10.1976: Stand der Realisierung der Konzeption zum Aufbau der spezialisierenden Ausbildung Glas/Keramik, aufgefunden im Konvolut zur Senatssitzung des WR am 13.10.1976; UAI, S. 1–7.

1060 Bericht von „Walter“ vom 12.11.1985; BStU, BV Suhl, AIM 984/89, Teil II, Bd. 8, Bl. 109.

Das Technikum in Suhl, Teil I

Neben der Industrieanbindung, den Personalengpässen und dem defizitären Promotions- und Habilitationsgeschehen bildete fortan die Errichtung des Technikums für elektronische und feinmechanisch-optische Geräte in Suhl ein Dauerthema. Eine Geschichte, die gekennzeichnet ist von Konkurrenzansprüchen und Änderungen vielfältiger Art sowie von Misserfolg und Erfolg. Aktuell setzte sich die Auffassung durch, die Aufgabenpalette des Hauses auf den feinmechanisch-optisch-elektrischen Gerätebau zu begrenzen. Bereits zu diesem frühen Zeitpunkt kam die Frage auf, wie die hohen Geheimnisschutzanforderungen überhaupt umgesetzt werden könnten. Sorge bereitete, dass nicht „im für die Ausbildung erforderlichen Maße Studenten Zutritt zu den dafür vorgegebenen Räumen des Technikums" bekämen.[1061] Nach 1966/67 war es der zweite markante Schub der DDR in Fragen des Geheimnisschutzes, der sich durch neue Normative, Strukturen und Schulungen auszeichnete und fortan das Tagesgeschäft – insbesondere auch in Fragen des Technikums – perforierte. In Gesprächen mit den Stellvertretern Forschung der Sektionen gewann Kurt Repenning den Eindruck, dass sie über den Geheimnisschutz verworrene Ansichten hätten. Der Geheimnisschutz werde mit Bürokratie gleichgesetzt, seine ökonomische Funktion und die „enorme Verantwortung des Wissenschaftlers für den Schutz der eigenen wissenschaftlichen Leistungen" nicht gesehen. Es bestünde die Tendenz, mit niedrigsten Geheimnisschutzgraden einzustufen und zu behaupten, dass man die gesetzlichen Vorgaben nicht umsetzen könne.[1062] Gerhard Linnemann hatte Ende 1976 anordnen müssen, dass infolge einer Überprüfung der im Forschungsplan für 1977 ausgewiesenen Arbeiten und anhand der Bestimmungen der Hochschulanweisungen 8/72 und 13/75 eine Reihe von Forschungsthemen in ihren Geheimhaltungsgraden höher einzustufen sind.[1063] Es handelte sich um 26 Themen.[1064]

Der eigentliche Anlass für den Bau des Technikums lag im Beschluss des MHF vom September 1975 zur Intensivierung der Forschungs- und Entwicklungsarbeiten mit dem besonderen Augenmerk auf eine bessere Ausnutzung der Forschungstechnik, nicht zuletzt für industrielle Belange. Es sollten gewissermaßen Ausleihstationen für transportable Geräte und Technika geschaffen werden, die der „Sicherung des Eigenbedarfes an Geräten" dienen sollten.[1065] Es fehlte der DDR seit der frühen Zerstörung der privaten Unternehmerkultur manifest der Dienstleistungssektor. Die Technika – in vielen Instituten waren es schlicht Werkstätten – sollten diesen Mangel wenigstens ansatzweise kompensieren. Das Technikum sollte folgende Zielfunktionen erfüllen: (1) Wissenschaftlicher Gerätebau auf vorzugsweise elektrisch-elektronischen und feinmechanisch-optischen Gebieten zu multiplen Zwecken wie Musterbau, Fertigung von Unikaten und Anwendungsaufgaben für spezielle Forschungsaufgaben; (2) Entwicklung von Verfahren für die Messwerterfassung,

---

[1061] Protokoll vom 1.2.1977 zur Senatssitzung des WR am 25.1.1977; UAI, S. 1–5, hier 3.

[1062] THI, BSG, vom 7.1.1977: Informationsbericht „Januar 1977"; BStU, BV Suhl, AIM 1592/90, Teil II, Bd. 2, Bl. 243–250, hier 244.

[1063] Schreiben von Linnemann vom 17.12.1976; ebd., Bl. 255.

[1064] THI, Büro des Rektors, HA Forschung, vom 17.12.1976: Aufstufung der Geheimnisschutzgrade von Forschungsthemen; ebd., Bl. 256–262.

[1065] THI vom 11.1.1977: Konzeption des Technikums der THI, aufgefunden im Konvolut zur Senatssitzung des WR am 25.1.1977; UAI, S. 1–9, hier 1.

-verarbeitung, -speicherung und -auswertung zur Rationalisierung der Forschungsarbeit an der TH Ilmenau; (3) Realisierung des Servicedienstes für Wartung und Reparatur wissenschaftlicher und anderer Geräte der Hochschule; (4) Bau von Lehr- und Lernmitteln; (5) Bau von Rationalisierungsmitteln für die territorialen Betriebe sowie (6) praxisnahe Ausbildung für die Studenten.[1066]

Woher aber die Ressourcen für den Bau, die Ausrüstungen und den Betrieb nehmen? Da die hauseigenen Mittel knapp waren, wurde bei diesem Projekt die – nicht von allen geliebte – Plasmaabteilung in Meiningen sofort ins Auge gefasst. Es bestand zunächst die Absicht, das Problem Meiningen auf diese Weise der Ressourcengewinnung elegant zu lösen. Die Begründung, dass die Abteilung seit 1973 auf Beschluss der Hochschulleitung bereits solche Aufgaben zunehmend wahrnahm, traf in einem gewissen Maße zwar zu, allerdings in Form von staatlich festgezurrten Forschungs- und Entwicklungsverträgen mit der Industrie. Nicht dagegen ist der fachlichen, ausbildungsseitigen Begründung dieses Vereinnahmungswillen zu folgen, die suggerierte, dass die spezifische Ausrichtung dieser Abteilung sehr wohl für die Hauptaufgaben des Technikums geeignet sei. Das Technikum benötigte freilich auch Physiker, doch vor allem aber Diplom-Ingenieure für die Ausbildung und Entwicklungsarbeiten in den Grundaufgaben des Technikums, überdies Werkstattmeister, möglichst von Rang. Die Konzeption für das Technikum listete die verfügbaren Gerätschaften und auch die Fertigkeiten der Abteilung Plasmatechnik auf, jedoch ohne zu explizieren, dass diese für das Technikum in Suhl einfach nicht passten. Zudem wurde angemerkt, dass die „derzeitige Aufgabenstruktur der Abteilung Plasmatechnik [...] bis zur Aufnahme der Arbeit des Technikums erhalten bleiben“ müsse, da sie „die einzige Forschungsstelle für plasmatechnologische Forschung im Bereich des Hochschulwesens“ sei „und auf diesem Gebiet einen internationalen Ruf“ besitze.[1067] Allein dieses Urteil hätte Unantastbarkeit bedeuten *müssen*. Aus der blanken Not heraus wurden in der DDR oftmals Potenziale bedeutenden Ausmaßes zerstört. Dafür besaß das MfS niemals den Begriff der Sabotage, obgleich es eine solche, sachlich gesehen, oft war. Allein an Fachpersonal bilanzierte die Konzeption für das Technikum 41 VbE. Ein Blick auf das fachliche Profil der Hochschulkader und des sonstigen Personals zeigt, dass – zutreffender Weise – gar keine Plasmatechniker gefragt waren, sondern vielmehr Fachkräfte der Technischen Kybernetik, Elektrotechnik, Informationstechnik, Theoretischen Elektrotechnik und Gerätetechnik, sowie Feinmechaniker, Elektrofacharbeiter, BMSR-Techniker, Technisch-physikalische Laboranten, Technische Zeichner und Teilkonstrukteure.[1068]

Die Abteilung Plasmatechnik hatte in diesem Jahr sieben Forschungsaufgaben mit unterschiedlichen Industriepartnern, angefangen vom SKET Magdeburg über KCW Buna bis hin zum VEB TGI, zu lösen. Darunter befanden sich bedeutende Themen wie das Plasmaspritzen und das Kieselglasschmelzen, der Bau eines Chemieplasmatrons sowie der Bau von Messgeräten der Branche. Diese zum Teil recht komplizierten Aufgaben mit

---

1066 Ebd., S. 2 f.
1067 Ebd., S. 4 f.
1068 THI vom 11.1.1977: Konzeption des Technikums der THI, aufgefunden im Konvolut zur Senatssitzung des WR am 25.1.1977; UAI, S. 1–9, hier 6 f.

bedeutenden Industriebetrieben nötigen für die kleine Abteilung mit 19 Mitarbeitern (umgerechnet 16,1 VbE) Respekt ab. Ein Blick auf die reale Struktur des wissenschaftlichen Personals zeigt, dass es 14 Mitarbeiter (12,6 VbE) waren, die diese Aufgaben zu bewältigen hatten, darunter drei Physiker und zwei Diplom-Ingenieure. Zwei waren Oberassistenten, zwei unbefristete Assistenten. Ein großes Problem im Raum Meinigen war der Mangel an Laborantinnen, binnen kurzer Zeit verlor Meiningen drei, dazu einen Laboranten, so dass das Team derzeit lediglich noch eine dieser Stellen – bei drei Planstellen – besaß. Da zudem weder Hausmeister noch Heizer vorhanden waren (diese Aufgaben mussten Mitarbeiter nebenbei erfüllen), gerieten die eng terminierten Planaufgaben notwendig unter Druck und in Verzug. In dem Gebäude der Abteilung wohnten zudem drei Familien, die mit der Sache keine Verbindung besaßen. Die Räume der Abteilung lagen im Erd- und Kellergeschoß. Ein Laborraum, Lagerräume, die technische Versorgung und die „Sozialfläche“ befanden sich in Holzschuppen, deren Nutzung aus Hinfälligkeitsgründen nur noch auf circa fünf Jahre geschätzt wurde. Der Veralterungsgrad der Ausrüstung war hoch. Ein Viertel des Grundmittelbestandes von circa 946.000 Mark war bereits bis 1976 abgeschrieben worden. Im Planzeitraum bis 1980 waren keine Investitionen für eine räumliche Erweiterung der Abteilung geplant. Auch ausrüstungsseitig ergab sich ein düsteres Bild. Allein durch Bindung an die Betriebe wurde es als möglich angesehen, eine Generalreparatur der Werkzeugmaschinen zu bewerkstelligen.[1069]

Schwache Leistungen in: Mathematik, Experimentalphysik und Mechanik, Teil II

Der Senat befasste sich im April 1977 mit der Analyse der Ausbildung in Mathematik, Experimentalphysik, Mechanik bzw. Technische Mechanik. In der Vergangenheit waren die Leistungsdurchschnitte in diesen Fächern nicht zufriedenstellend, nun aber lautete – nach der Kürzung der Studienzeit – das Urteil salomonisch, dass die TH es „mit großer Beharrlichkeit und Zielstrebigkeit“ geschafft habe, „in der letzten Zeit an der Verbesserung der Mathematikausbildung“ zu arbeiten. Geändert wurde der Aufbau der Vorlesung und die Gestaltung der Übungen, auch wurde die Methodik angepasst, neues Lehrmaterial erarbeitet, die intersektionale Zusammenarbeit verbessert und die Kommunikation mit den Studenten über Nutzen und Sinn dieser Disziplin in Gang gesetzt.

Tabelle 48: Prüfungsergebnisse in Mathematik

Matrikel	1. Zwischenprüfung	2. Zwischenprüfung	Abschlussprüfung
73	3,18	2,74	3,22
74	3,20	3,60	2,84
75	3,01	3,13	
76	3,48		

In Experimentalphysik waren die Leistungen nicht besser. Ein Notendurchschnitt der Matrikel 74 von 4 ist katastrophal und zeigt, dass bei Ingenieuren die – praktische – Physik nicht gerade beliebt war. Ob man ohne substantielle Einbußen in das Profil resp. unter Beibehaltung gewohnter Prüfungsmaßstäbe innerhalb eines Jahres die Abschlussnote für die nächste Matrikel um eine ganze Note senken konnte, darf bezweifelt werden. Das

[1069] THI vom 13.1.1977: Konzeption der Abt. Plasmatechnik, aufgefunden ebd., S. 1–10.

Papier gibt keine Auskunft, wie dies erreicht werden sollte. In diesem Lehrgebiet wurde den Studenten „ein Überblick über die für einen Ingenieur wesentlichen physikalischen Gesetzmäßigkeiten und Zusammenhänge vermittelt“. Dies waren u. a. die Fachgebiete Struktur der Materie, Stoffeigenschaften, Erhaltungssätze, Felder und Wellen. Im Kern handelte es sich um die Basis der Technischen Physik, für Ingenieure zudem ein primäres Anliegen.

Tabelle 49: Prüfungsergebnisse in Experimentalphysik

Matrikel	Zwischenprüfung	Abschlussprüfung
73	3,88	3,22
74	3,60	3,84
75	2,86	2,76
76	3,14	

Das dritte schwere Fach war die Mechanik, jenes Fach, das für den Ingenieur klassischer Ausprägung, und das galt noch bis in die 1970er Jahre hinein, die Königsdisziplin hätte sein müssen, sozusagen mit Note 1 obligatorisch. Freilich gilt diese Pointierung nicht unbedingt für den Elektroingenieur, noch weniger für den Elektroniker, unbedingt aber für den Ingenieur des wissenschaftlichen Gerätebaus. Die Mechanik war unterteilt in Grundlagen der Mechanik und Technische Mechanik. Schwerpunkte in den Grundlagen bildeten die Statik und die Festigkeitslehre mit ihren Elementen wie Kräfte, Momente, Lagerarten, analytische und grafische Lösungsverfahren sowie Zug, Druck, Torsion, Biegung und die Beherrschung der Schnittmethode. Als Grund für die schlechten Leistungen wurde angegeben, „dass in Einzelfällen […] eine gewisse ‚Nebenfachideologie‘ noch nicht überwunden“ worden sei. Dass aber Einzelfälle den Gesamtnotendurchschnitt so drücken konnten, ist nicht erklärt. Demnach wiesen die Matrikel 74 und 75 in der Fachrichtung Informationstechnik Notendurchschnitte von 3,9 resp. 3,3 auf, in der Fachrichtung Elektronische Bauelemente (hier soll die Nebenfachideologie zum Ausdruck gekommen sein) von 3,6 resp. 4,1. Für die Fachrichtung Elektrotechnik wurde lediglich für Matrikel 75 ein besserer Notendurchschnitt mit 2,8 ausgewiesen. Wenngleich etwas besser, waren auch die Leistungen im Lehrgebiet „Technische Mechanik“ schlecht. Das Lehrgebiet war Teil der Fachrichtungen Technische Kybernetik/Automatisierungstechnik und Gerätetechnik. Wie in den Grundlagen für die obigen Fachrichtungen waren hier die Elemente der Statik und Festigkeitslehre in etwas veränderten Ausrichtungen sowie insbesondere Kinetik und Dynamik mit einer höheren Mathematisierung zu studieren. Die Matrikel 73 und 74 wiesen in der erstgenannten Fachrichtung Notendurchschnitte von 2,9 resp. 3,3, die Matrikel 73 in der Gerätetechnik einen Durchschnitt von 3,3 auf.[1070]

Bedeutender westdeutscher Besuch

Am 10. und 11. Mai 1977 besuchten zwei Vertreter der Ständigen Vertretung der Bundesrepublik in der DDR, Bräutigam und Staar, die TH Ilmenau.[1071] Aus Sicht des Juristen

[1070] THI, Direktorat EAW, vom 5.4.77: Ausbildung in den LG Mathematik, Experimentalphysik und Mechanik, aufgefunden im Konvolut zur Senatssitzung des WR am 19.4.1977; UAI, S. 1–10.

[1071] THI, Repenning, vom 9.5.1977: Informationsbericht „Mai 1977“; BStU, BV Suhl, AIM 1592/90, Teil II, Bd. 3, Bl. 5–10, hier 8.

Wolfgang Berg verliefen leider nicht alle Abschottungsmaßnahmen wie geplant. So hatten in der Mensa zwei SED-Genossen „über polizeiliche Erlebnisse der Vergangenheit, über die U-Haftanstalt, einen Einsatz von Polizeireitern in Erfurt und auch über Sicherungsmaßnahmen“ geplaudert, obgleich am Nebentisch der Kraftfahrer der BRD-Vertretung gesessen habe. Der habe auch die Sicherungskräfte bemerkt, da der „Schichtwechsel“ am Mensaeingang sehr auffällig vonstattenging. Auch Berg gehörte der Sicherungsgruppe an. Ihm machte es offenbar nichts aus, wenn er diesbezüglich direkt angesprochen wurde. Etwa von der Leiterin der Bierstube, die schnippisch auf seine Sicherheitshinweise geantwortet hätte, „dass sie wohl aber das Licht“ noch „einschalten dürfe“. Berg stellte zwei Personen fest, die Fotos machten: Da tauchte plötzlich „eine männliche Person mit Fotoapparat auf und richtete den Apparat ein auf den Eingang vom Kirchhoff-Bau“.[1072] Ende Mai erhielt Linnemann ein Schreiben von Hans Otto Bräutigam, dem späteren Leiter der Vertretung von 1982 bis 1989,[1073] worin er sich für „das interessante Besuchsprogramm“ bedankte.[1074] Der Besuch – offenbar infolge der Eingabe der TH Ilmenau im Fall Weinholds (Kap. 4.2.3, S. 106) – war ursprünglich für den 12. und 13. Januar 1977 geplant und in allen Einzelheiten durchexerziert worden. Die (verdeckte) Federführung bei solchen Ereignissen hatte stets das MfS inne. Seitens der TH Ilmenau wurden ausgewählt und beim MfS zur Bestätigung angefragt: Linnemann, Weber (Felix), Fraas, der Leiter der Hauptabteilung IBÖ Friedrich, der Informationsbeauftragte Knorr, Hülsenberg (Dagmar), Philippow, Stade und Reinisch. Zu der erwarteten anschließenden Einladung der Vertretung im Ilmenauer Hotel zum Löwen wurden Linnemann, Kemnitz, Philippow und Friedrich ausgewählt und bestätigt.[1075]

Neben der Errichtung von Technika begann die DDR zu dieser Zeit auch methodisch-diagnostische Zentren (mdZ) zu gründen. Das Politbüro des ZK der SED hatte im Juni 1975 einen richtungsweisenden Beschluss zur allgemeinen „Einschätzung des Standes der Ausstattung wichtiger Forschungs- und Entwicklungsrichtungen der Industrie, der AdW und des MHF“ gefasst. Das MHF seinerseits hatte eine Konzeption am 11. Mai 1976 für die Errichtung von mdZ vorgelegt. Hierfür existierte bereits ein langfristiges Programm der Kooperationsgemeinschaft Elektroenergietransport (ELTRA)[1076] sowie ein Vertrag über eine langfristige Zusammenarbeit mit dem VEB Kombinat LEW auf dem Sektor der Isoliertechnik. Das mdZ der THI sollte in abgestimmter Weise mit dem mdZ der TU Dresden zusammenarbeiten, dem die „methodische Forschung auf dem Gebiet der Hochspannungsmess- und -prüftechnik und die Erforschung von gasförmigen Isolierungen“ oblag. Beim Ilmenauer mdZ handelte es sich um Fragen mathematischer, physikalischer und elektrotechnischer Methoden und Verfahren zur Entwicklung elektrischer Isoliertechnik. Ein

---

1072 Bericht von „Walter“ vom 18.5.1977; BStU, BV Suhl, AIM 984/89, Teil II, Bd. 6, Bl. 234 f.
1073 Hinweis: Bräutigam, Hans Otto: Ständige Vertretung. Meine Jahre in Ost-Berlin. Hamburg 2009.
1074 THI, Repenning, vom 12.7.1977: Informationsbericht „Juli 1977“; BStU, BV Suhl, AIM 1592/90, Teil II, Bd. 3, Bl. 33–38, hier 36.
1075 THI, BSG, vom 7.1.1977: Informationsbericht „Januar 1977“; ebd., Bd. 2, Bl. 243–250, hier 246 f.
1076 Involviert war Ende der 1970er, Anfang der 1980er Jahre die Sektion ET. Eine von der Sektion erarbeitete Projektierungsrichtlinie, 1979 an das Kombinat Elektroanlagenbau Berlin übergeben, war noch 1982 berichtstechnisch nicht beantwortet worden, in: Bericht von „Hans Müller“ am 31.1.1982, angenommen vom FIM „Walter“; BStU, BV Suhl, AIM 603/92, Teil II, Bd. 2, Bl. 355.

ähnliches mdZ existierte in der DDR nicht. Für die Umsetzung des Ilmenauer Vorhabens waren 16 bis 18 VbE vorgesehen. Das mdZ sollte durch Aufstockung und Ausbau des Laborflachbaus II realisiert werden.[1077] Die Konzeption reichte konkret bis 1980, die Entwicklung danach sollte später beraten werden. Aus dem Informationsbericht Repennings vom Mai geht hervor, dass er dem MfS umfassend dienstliche Unterlagen, versehen mit Kommentar zur Konzeption des mdZ lieferte. Hierzu zählten Dokumente wie Protokolle der Dienstbesprechungen, Grundsatzdokumente, Fachberichte, personelle Besetzungsüberlegungen u.dgl.m. Eine personelle Zuordnung war bereits erarbeitet und vom Sektionsdirektor sowie vom Parteisekretär bestätigt. Repenning legte jedoch Einspruch ein, da seiner Auffassung nach „politisch nicht besonders geeignete Kader" aus dem Wissenschaftsbereich „Isolier- und Hochspannungstechnik" für das mdZ ausgewählt worden waren.[1078]

In der Rede des Ministers für Elektrotechnik und Elektronik Otfried Steger auf der 6. Tagung des ZK der SED im Juni 1977, dem sogenannten Mikroelektronikplenum, dominierte die Botschaft an alle mit Fragen der Elektronik beschäftigten Institutionen in der DDR, künftig einen, wenn nicht gar den Schwerpunkt der Forschung auf die Mikroelektronik zu legen. Der Sektion PHYTEB wurde u. a. von Repenning postwendend der Vorwurf gemacht, aus dem Plenum nicht die notwendigen Schlussfolgerungen gezogen zu haben. Oben haben wir jedoch gesehen, dass es Köhler und sein Team waren, die die Beschlüsse antizipierten und u. a. in die Wissenschaftskonzeption der Sektion PHYTEB hineinschrieben! Solche Umkehrungen der Perspektive stützten sich oft auf Denunziationen, in diesem Fall auf eine Information von Heinar Kunze* alias „Martin" (Kap. 5.3.3, Fall-Nr. 60). Der attestierte Köhler zwar genaue Kenntnis über den internationalen Stand der Mikroelektronik,[1079] behauptete aber, dass der die Forschung so gestalte, „dass die Ergebnisse nicht immer produktionswirksam" würden, „sondern dem Ziel der Erlangung eines akademischen Grades dienten". Daraus folgte die Selbstanmaßung und -ermächtigung des MfS, vertreten vom Justitiar des Hauses, Berg: „Der BSG [Repenning] der THI überprüft momentan, ob die Forschungsaufgabe auf dem Gebiet der Mikroelektronik in den langfristigen Arbeitsplan bis 1980 aufgenommen werden muss."[1080]

Der Senat behandelte Anfang Juli 1977 erneut das defizitäre Problem der Promotionstätigkeit. Von 39 Professoren und Dozenten hatten lediglich elf eine voraussichtliche Abgabe ihrer Promotion B terminiert. Der Senat ließ Zeitdiagramme anfertigen, aus denen sowohl der aktuelle prozentuale Stand für den Abschluss der wissenschaftlichen Untersuchungen, als auch Angaben über die voraussichtliche Abgabe ersichtlich waren.[1081] Gegenüber 1975 (siehe Tab. 44) fiel der Gesamtwert aufgrund eines Defizites in Höhe von

[1077] THI, Sektion ET: Aus einer Dienstbesprechung am 5.4.1977; BStU, BV Suhl, AIM 1592/90, Teil II, Bd. 3, Bl. 11–20.

[1078] THI, Repenning, vom 9.5.1977: Informationsbericht „Mai 1977"; ebd., Bl. 5–10, hier 5.

[1079] Vgl. z. B. Köhler, Eberhard: Elektronische Bauelemente und integrierte Schaltungen, in: Feingerätetechnik 23(1974)10, S. 447–454. Plenum des ZK der SED am 23./24.6.1977.

[1080] Bericht von „Martin", o. D., aber Sommer 1977; BStU, BV Suhl, AIM 984/89, Teil II, Bd. 6, Bl. 250.

[1081] Protokoll vom 15.7.1977 zur Senatssitzung des WR am 5.7.1977; UAI, S. 1–5. THI, WR, vom 12.5.1977: Stand der Promotionen B, aufgefunden im Konvolut zur Senatssitzung des WR am 5.7.1977; UAI, S. 1 f.

27 bei der Promotion zum Dr.-Ing. überaus deutlich zurück. Die Anzahl der laufenden Verfahren blieb mit 117 Fällen zwar hoch, genügte jedoch der THI nicht. Um den Kontrolldruck weiter zu erhöhen, wurden ab 1977 quartalsmäßig „Aufstellungen über die ausstehenden Gutachten der Hochschullehrer" angefertigt und dem Rektor vorgelegt. Im Ergebnis fallen extreme Schwankungen auf, selbst bei Beachtung von 19 Verfahren, die bereits 1976 abgeschlossen, jedoch erst 1977 bestätigt worden waren. So hat es in den ersten beiden Graden lediglich einen Abschluss gegeben, 1975 waren es immerhin fünf. Nahezu verdoppelt hatte sich die Qualifikation zum Dr.-Ing. Stark rückgängig zeigte sich die Qualifikation zum Dr. oec. von 21 auf drei.[1082]

Tabelle 50: Verliehene akademische Grade (II), 1976–1977[1083]

Akademischer Grad	1976	1977	Gesamt 1971–1977
Dr. sc. Techn.	4	1	22
Dr. sc. Nat.	1	-	6
Dr.-Ing.	65	108	474
Dr. rer. Nat.	6	10	50
Dr. oec.	21	3	32
Gesamt	97	122	584

Ein Papier des Wissenschaftlichen Rates vom 26. Mai zeigt die brisante Lage. 45 Hochschullehrer, Professoren und Dozenten besaßen aktuell nicht die Promotion B. Lediglich elf von ihnen befanden sich hinsichtlich ihres Berufungsdatums mit weniger als fünf Jahren im Normalbereich. Rechnet man diese heraus, ergibt sich eine mittlere Lücke vom Berufungsdatum bis zu dieser Erhebung von 8,5 Jahren. Sieben Hochschullehrer, die mindestens seit sechs Jahre berufen waren, hatten einen Bearbeitungsstand von Null! Einer hatte es bereits 20 Jahre nicht geschafft, um wenigstens die untere Marke von zehn Prozent an Bearbeitung angeben zu können. Ein anderer, dessen Berufungsdatum 13 Jahre zurück lag, strebte die Promotion B nicht mehr an. Lediglich ein Hochschullehrer, der in dieser Liste enthalten ist, war, weil über 60 Jahre alt, nicht mehr verpflichtet, sich dieser Aufgabe weiterhin zu stellen.[1084] Seit der Gründung der TH Ilmenau erfolgten 1.254 Promotionen A und B, hiervon seit dem IX. Parteitag der SED 627.[1085]

Tabelle 51: Bewertung der Promotionsleistungen (A), 1976–1977

Bewertung	1976	1977
Ausgezeichnet	6	5
Sehr gut	27	47
Gut	37	65
Genügend	1	4
Nicht genügend	5	4

[1082] THI, WR, vom 25.4.1978: Analyse der Promotionsverfahren 1977, aufgefunden im Konvolut zur Senatssitzung des WR am 30.5.1978; UAI, S. 1–6, hier 3.

[1083] THI, WR, vom 27.6.1977: Tätigkeitsbericht über die Arbeit der Fakultäten des WR im Planjahr 1976, aufgefunden im Konvolut zur Senatssitzung des WR am 5.7.1977; UAI, Deckblatt u. S. 1–6, hier 3.

[1084] THI, WR, vom 26.5.1978: Stand der Qualifizierung, aufgefunden im Konvolut zur Senatssitzung des WR am 30.5.1978; UAI, S. 1–10.

[1085] THI, K/Q, vom 19.1.1981: Erwerb akademischer Grade, aufgefunden im Konvolut zur Senatssitzung des WR am 20.1.1981; UAI, S. 1–6.

In der Sektion MARÖK waren von 46 wissenschaftlichen Mitarbeitern 36 ohne die Promotion A. Noch größere Defizite wiesen die Sektionen ET und PHYTEB auf. Bei ET waren 36 von insgesamt 59 Mitarbeitern nicht promoviert. Bei PHYTEB waren lediglich 16 von 44 Mitarbeitern ohne Promotion. Alle Sektionen sowie die Institute INER und IML zählten 212 Säumige bei insgesamt 328 wissenschaftlichen Mitarbeitern. 72 waren über vier Jahre ohne Einreichung. Dieser letzte Wert soll aber optimistisch gestimmt haben, da bei der letzten Erfassung es noch 100 waren. Allein das ideologisch kontaminierte Kriterium der Ergebnisnutzung der Promotionen erreichte 1977 – wie zu erwarten war – einen neuen Höchstwert mit 84 gegenüber 46 Prozent vom Vorjahr.[1086]

Berichterstattung an die SED, Teil I

Gerhard Linnemann hatte dem Sekretariat der Bezirksleitung der SED Suhl am 8. Juni 1977 die abgeforderte Vorlage „Maßnahmen zur weiteren Entwicklung der TH Ilmenau im Zeitraum 1976 bis 1980 in Verwirklichung des Beschlusses des Politbüros vom 18. Januar 1977 – Maßnahmeplan zur weiteren Entwicklung der Universitäten, Hoch- und Fachschulen im Zeitraum 1976 bis 1980“ übergeben. Das eindrucksvolle Papier über die Tätigkeitsstruktur der Hochschule enthält alle wesentlichen Punkte des Arbeitsspektrums unter Angabe der Aufgabenverantwortlichen, der Kontrolleure und der jeweiligen Kontrollmodi. Wer heute wissen möchte, was noch bis 1989 kommen sollte und auch kam, dem genügt sie; allerdings mit einer Ausnahme: die forschungsstrategische Kehre hin zu den militärisch relevanten Hochtechnologien ab 1985. Es waren dies im Einzelnen: (1) Aufgaben in Ausbildung und „kommunistischer Erziehung“: (1.1) die Erhöhung des Niveaus der Aus- und Weiterbildung, (1.2) der Entwicklung der wissenschaftlich-schöpferischen Tätigkeit der Studenten; (2) Aufgaben in Forschung und Wissenschaftsentwicklung: (2.1) Verteidigung der Wissenschaftskonzeptionen, (2.2) Arbeit des Wissenschaftlichen Rates, (2.3) Weltstandsvergleich der eigenen Arbeiten, (2.4) Zusammenarbeit mit den Betrieben der VVB Bauelemente- und Vakuumtechnik (BuV) sowie VVB Automatisierung- und Elektroenergieanlagen, den Kombinaten Robotron und Zentronik, (2.5) Einflussverstärkung auf die Planwirksamkeit der Forschungsleistungen, (2.6) Aufbau eines Lehrsystems an der Sektion TBK zur Mikroprozessortechnik, (2.7) Zusammenarbeit mit zehn Zentralinstituten der Akademie der Wissenschaften, (2.8) Aufbau des Technikums für feinmechanisch-optischen und elektronischen Gerätebau in Suhl und Kooperation mit dem Kombinat Technisches Glas Suhl, (2.9) Aufbau des mdZ „Isoliertechnik“, (2.10) Vorbereitung des Fünfjahrplanes 1981 bis 1985, (2.11) Arbeiten am IML mit dem Schwerpunkt des Themas „Soziale und geistige Annäherung der Arbeiterklasse und der naturwissenschaftlich-technischen Intelligenz“, (2.12) Verflechtung von Themen aus der naturwissenschaftlichen und gesellschaftswissenschaftlichen Provenienz, (1.13) Einsatz der in der Sektion MARÖK gebildeten Applikationsgruppe, (2.14) Zusammenarbeit der Sektionen mit Betrieben des Territoriums, (2.15) Maßnahmen zur Erhöhung der Effektivität der wissenschaftlichen Arbeit, (2.16) bilaterale Zusammenarbeit mit der Sowjetunion und anderen sozialistischen

---

[1086] THI, WR, vom 25.4.1978: Analyse der Promotionsverfahren 1977, aufgefunden im Konvolut zur Senatssitzung des WR am 30.5.1978; UAI, S. 1–6, hier 3 u. 6.

Staaten sowie zum Dreiecksvertrag Moskauer Energetisches Institut – TH Bratislava – TH Ilmenau; (3) Aufgaben der (3.1) Entwicklung des Lehrkörpers, (3.2) Weiterbildung des Lehrkörpers; (4) Aufgaben hinsichtlich des Wissenschaftlichen Nachwuchses: (4.1) Auswertung der Konferenz zur Förderung und Entwicklung des wissenschaftlichen Nachwuchses, (4.2) Konzentrierung der Ausbildung des wissenschaftlichen Nachwuchses bei ausgewählten Hochschullehrern, (4.3) Erreichung der Plantreue bei akademischen Abschlüssen, (4.4) jährlicher Austausch von fünf bis zehn ausgewählten Kadern mit der Praxis, (4.5) Delegierung von jährlich zehn bis 15 Hochschullehrern und wissenschaftlichen Mitarbeitern in das sozialistische Ausland; (5) Aufgaben der Praxisverbindung der TH Ilmenau und ihre Entwicklung hin zu einem geistig-kulturellen Zentrum sowie (6) Aufgaben der Leitung, Planung und Ökonomie. Hierzu einige ausgewählte Details:

Zu (1) ist auffällig, dass expressis verbis von *kommunistischer* Erziehung und vom Aufbau des Sozialismus *und Kommunismus* die Rede ist. Die marxistisch-leninistische Ausbildung auf den Gebieten der Kultur, Ethik und Ästhetik sollte an Stellenwert gewinnen. Auch dem Selbststudium sollte mehr Bedeutung geschenkt werden, ebenso die militärische Wehrerziehung, mit dem Ziel, 15 Prozent der wehrdiensttauglichen Studenten als Reserveoffiziersanwärter (ROA) zu gewinnen. 40 Studenten aller elektrotechnischen Fachrichtungen sollten eine vertiefte Ausbildung in Glas/Keramik erfahren, ausgewählte Hochschulabsolventen sollten auf Spezialgebieten wie der Mikroelektroniktechnologie weitergebildet werden. Die in den Sektionen GT und ET bestehenden „Studentischen Rationalisierungs- und Konstruktionsbüros“ (SRKB) sollten weiterentwickelt, die Etablierung von „Studentischen Rationalisierungs- und Automatisierungsbüros“ (SRAB) in den Sektionen INTET und TBK vorangetrieben werden. Die „Studentischen Programmierbüros“ (SPB) in der Sektion MARÖK sollten erweitert und der Studentenwettstreit zu einem festen Bestandteil des Studienprozesses entwickelt werden.

Auffällig sind moderne Themen im Komplex (2): Die Eingliederung der TH Ilmenau in die Aufgabenstellungen zur Realisierung des Mikroelektronikprogramms wie Schaltungsentwurf, Nachrichtenübertragung mittels Lichtleiter, Entwicklung der Hybridrechentechnik, die „Entwicklung moderner elektronischer Bauelemente mit hohem Integrationsgrad der Bauelementefunktionen und entsprechend optimaler Technologien im Rahmen des Mikroelektronikprogramms“ sowie die „Weiterentwicklung der direkten digitalen Messung nichtelektrischer Kenngrößen (Weg, Kraft, Konzentration, Dichte)“. Schließlich fehlte auch nicht die im Westen längst in stürmischer Entwicklung befindliche CCD-Technik, die „Erforschung verbesserter CCD-Techniken“ und vieler anderer, moderner und hochspezialisierter Themen der Mikroelektronik.

Ein bemerkenswerter Aspekt zum Aufgabenkomplex (3) bildete die Frauenförderung. „Alle befähigten Nachwuchswissenschaftlerinnen, die auf den an der THI vertretenen Berufungsgebieten arbeiten“, sollten in die Perspektive zur Heranbildung von Hochschullehrern einbezogen werden. „In jede organisierte Qualifizierungsmaßnahme für Nachwuchswissenschaftler“ sollte „jährlich mindestens eine Frau aufgenommen“ werden. Darüber hinaus sollte die „Teilnahme aller Hochschullehrer einmal im Zeitraum von fünf Jahren“

an einem marxistisch-leninistischen Lehrgang gesichert werden.[1087] Drei Monate vorher war der Senat „besonders mit dem Ziel der Besetzung verantwortlicher Funktionen durch Frauen“ bereits initiativ geworden.[1088] In der Senatsvorlage sind unter der Rubrik „Entwicklung von Frauen zu Hochschullehrern“ fünf Frauen in der Rangfolge ihrer zugedachten Berufung aufgeführt. An erster Stelle das SED-Mitglied Eva Voigt, sie kam von der Hochschule für Ökonomie (HfÖ) Berlin. Ihre Kaderperspektive war im IML bereits detailliert konzipiert worden. Von den übrigen vier Frauen waren zwei Mitglied der SED, eine war parteilos, eine gehörte der NDPD an. Unter der Rubrik „besonders zu fördernde Frauen“ befanden sich sechs Frauen – ebenfalls der Rangfolge nach – gelistet. Vier Frauen gehörten der SED an, zwei waren parteilos. An erster Stelle stand die parteilose Dagmar Schipanski.[1089]

Im Komplex (5) ist u. a. die „Pflege des humanistischen Erbes und [...] Pflege und Festigung eigener Traditionen der TH Ilmenau“ thematisiert. Dies geschah in der Konsequenz „der Erbe-Konferenz“ der FSU Jena im Februar 1977[1090] und gehorchte letztlich einer zentralgesteuerten Kampagne. Sie folgte strikt dem marxistisch-leninistischen Rezeptionsstil. 1979 hieß es in der SED-Zeitschrift *Einheit*, dass die DDR „ein klares, eindeutiges Verhältnis zu ihren geschichtlichen Voraussetzungen“ habe, deren Wurzeln weit in die „Geschichte des deutschen Volkes“ zurückreichten.[1091] Diese ideologische Öffnung war – wie stets in solchen Fällen – mit einer strikten Maxime verbunden. Einerseits wurde verstärkt auf die Auseinandersetzung mit dem bürgerlichen Weltbild der westlichen Historiker orientiert, andererseits die Freilegung sogenannter progressiver Traditionen gefordert. In einer späteren Befassung mit dieser alten DDR-Problematik betont der Wissenschaftshistoriker und Kenner der DDR Hubert Laitko zwar zu Recht, dass die Nutzung von Jubiläen „eine seriöse Traditionsbildung nicht ausschließen“ musste.[1092] Doch souverän genutzt wurde sie eher selten. Bei Spezialstudien etwa zu Natur- oder Technikwissenschaftlern gelang dies durchaus immer wieder einmal, aber bei Institutionen wie etwa Hochschulen? Auch müssen wir fragen, ob der nach der 1977er Kampagne erfolgte neuere Geschichtsschreibungsmodus überhaupt seriös genannt werden kann, wenn zwar akkurat quellengesättigt und historiographisch sauber gearbeitet, letztlich aber alles marxistisch eingefasst und damit nahezu zwangsläufig verformt wurde.[1093] So erfolgte erst mit der Jubiläumspublikation von 1988 zum 35. Jahrestag der Gründung der Ilmenauer Hochschule eine etwas genauere Darstellung zur Geschichte der Ingenieurausbildung in Ilmenau. Aber

---

1087 THI, Rektor, vom 8.6.1977: Vorlage für das Sekretariat der BL Suhl; BStU, BV Suhl, AIM 1592/90, Teil II, Bd. 3, Bl. 42–75, hier 43–64.

1088 Protokoll vom 28.3.1977 zur Senatssitzung des WR am 22.3.1977; UAI, S. 1–5, hier 5.

1089 THI, Direktorat K/Q, vom 18.3.1977, aufgefunden ebd., 1 S. u. Anlage, S. 1 f.

1090 THI, Rektor, vom 8.6.1977: Vorlage für das Sekretariat der BL Suhl; BStU, BV Suhl, AIM 1592/90, Teil II, Bd. 3, Bl. 42–75, hier 67–70.

1091 Typischer Beitrag seiner Zeit: Bartel, Horst/Mittenzwei, Ingrid/Schmidt, Walter: Preußen und die deutsche Geschichte, in: Einheit, 34(1979)6, S. 637–646, hier 637.

1092 Laitko, Hubert: Die DDR als Wissenschaftsstandort: Gegenstand historischer Analyse und komparativer Bewertung, in: Guntau, Martin/Herms, Michael/Pade, Werner (Hrsg.): Zur Geschichte wissenschaftlicher Arbeiten im Norden der DDR 1945 bis 1990. Tagungsband anlässlich der 100. Veranstaltung der Rostocker Wissenschaftshistorischen Kolloquien vom 23.–24.2.2007. Rostock 2007, S. 10–37, hier 27.

1093 Beispielsweise: 90 Jahre technische Bildung in Ilmenau. Ilmenauer Beiträge zur Wissenschafts- und Hochschulgeschichte, Heft 1 (1985).

es blieb auch bei dieser bei einer ideologischen Verkrümmung; Zitat: „Organischer Bestandteil einer Gesellschaft, die ihre ureigenen revolutionären Traditionen wahrt und entwickelt, ohne ihr reiches humanistisches Erbe zu vernachlässigen, konnte sich unsere Hochschule auch ihrem Vorläufer zuwenden, in dem am Ort seit 1894 Ingenieurausbildung gepflegt wurde.“ Immerhin, nur fünf Jahre zuvor wurde lediglich das Titelblatt der Illustrierten Zeitung für Leipzig und Berlin vom 9. Januar 1897 abgedruckt, auf dem das Alte Technikum und andere Daten dem Leser einen kleinen antiquierten Überblick gaben.[1094]

Zurück zum Linnemann-Rapport: Im letzten Komplex (6) sticht die Herausgabe einer Broschüre über die TH Ilmenau im Jahr 1978 zur öffentlichkeitswirksamen Präsentation sowie vor allem einige Investitionsprojekte wie die Fertigstellung des Sektionsgebäudes IML und des Industrie-Instituts bis 1983 (zwölf Millionen Mark), die Rekonstruktion der Blöcke F und G 1983 bis 1984 (eine halbe Million), der Bau eines Wohnheims einschließlich Sozialeinrichtungen 1981 bis 1982 (viereinhalb Millionen), die Rekonstruktion der Baracke ET I mit der Erweiterung zum mdZ „Isolierstofftechnik“ von 1981 bis 1982 (eine dreiviertel Million) sowie die Rekonstruktionen und Erweiterungen des Hörsaal- und Seminarraumkomplexes von 1982 bis 1984 (zehn Millionen), der wissenschaftlichen Bibliothek von 1981 bis 1982 (sechs Millionen) und weitere Baumaßnahmen im Zeitraum von 1986 bis 1990 auf dem Ehrenberg im Umfang von sechs Millionen Mark hervor.[1095]

Ein Unikat und ein Novum: die IHFK

Am 16. Juni 1977 teilte das MHF der TH Ilmenau mit, dass im Juli 1978 an der Hochschule der erste Internationale Hochschulferienkurs für Germanisten (IHFK) durchzuführen ist, ein Kurs für Studenten, der künftig jährlich stattfinden werde. Dies stellte eine krasse Anomalie hinsichtlich des Profils einer Technischen Hochschule dar und bildete mithin ein weiteres Alleinstellungsmerkmal dieser Hochschule. Hierbei sollte es sich ausschließlich um ausländische Studenten, davon zwei Drittel aus nichtsozialistischen, westlichen Ländern handeln. Gerhard Linnemann ordnete per Weisung am 23. September an, dass hierfür die Prorektoren für Erziehung und Ausbildung sowie für Gesellschaftswissenschaften alle notwendigen Maßnahmen zur Realisation einzuleiten hätten. Die Konzeption war im November 1977 fertig.[1096] Eine überarbeitete Fassung mit sämtlichen Details des Ausbildungskurses (Unterrichtsfächer, Veranstaltungen, Hochschullehrer) lag am 31. Januar 1978 vor.[1097] Eine politische Sensation aber war es nicht, denn dem MHF ging es um Auslandspropaganda. Der universitären Welt sollte eine „positive Bilanz des sozialistischen Aufbaus in der DDR und die gesellschaftspolitische Perspektive, die von der Partei der Arbeiterklasse im Bündnis mit allen Werktätigen verwirklicht“ werde, gezeigt werden.[1098] Im späten Frühjahr war die Vorbereitung des I. IHFK weitestgehend abgeschlossen. Die

---

1094 Kemnitz: 35 Jahre, S. 13. Linnemann, Gerhard (Hrsg.): 30 Jahre Technische Hochschule Ilmenau DDR. Leipzig 1983, S. 11.

1095 THI, Rektor, vom 8.6.1977: Vorlage für das Sekretariat der BL Suhl; ebd., Bl. 42–75, hier 71 f. u. 74.

1096 THI, Repenning, vom 17.2.1978: Informationsbericht „Januar 1978“; BStU, BV Suhl, AIM 1592/90, Teil II, Bd. 3, Bl. 303–309, hier 307.

1097 THI vom 31.1.1978: Konzeption für die Durchführung des I. Internationalen Hochschulferienkurses für Germanisten in der DDR an der THI vom 8.–30.7.1978; ebd., Bl. 490–505.

1098 THI vom 13.11.1977: Vorlage zur Dienstbesprechung des Rektors mit den Funktionalorganen am 21.11.1977; ebd., Bl. 323–328, hier 323.

Kursteilnehmer sollten in den Wohnheimen I und K (eventuell auch H) „in möglichst geschlossenen Etagen, damit keine kursfremden Studenten zwischen den Ausländern wohnen“, untergebracht werden.[1099]

Der I. IHFK fand vom 8. bis 30. Juli 1978 statt. An ihm nahmen 74 Studenten aus zehn Ländern teil (ČSSR 24, Polen 13, Bulgarien acht, Rumänien sechs, Ungarn fünf, Jugoslawien acht, Frankreich zwei, Niederlande einer, Italien sechs und Großbritannien einer). Sieben von den ursprünglich angemeldeten Kursteilnehmern reisten nicht an. Aus der Bundesrepublik war kein Delegat vorgesehen. Repenning war mit der sicherheitspolitischen Vorbereitung und Durchführung dieses Events und der nachfolgenden beauftragt worden. Er hatte sowohl dem BSG-Kollegen im MHF als auch dem MfS über Planung und Ablauf zu berichten. Dabei war er selbst Akteur, war also in Fragen der Ausarbeitung des Arbeitsplanes hinsichtlich der „politisch-ideologischen, sicherheitspolitischen und organisatorischen Vorbereitung“ beteiligt. Wenn er resümiert, dass die Teilnehmer die DDR als den besseren deutschen Staat bezeichnet hätten und beeindruckt gewesen sein sollen von dem „Lebensniveau, von der Art und Tiefe unserer Problemsicht und deren öffentlicher Diskussion“, von der „Bemühung, alle politisch-ideologischen Aussagen überprüfbar zu machen“ usw.,[1100] so mag das, eingedenk der Auswahl der Teilnehmer, zugetroffen haben. Im Jubiläumsband der TH Ilmenau zur 30-Jahr-Feier heißt es über den Kurs: „Die dreiwöchigen Kurse bieten den ausländischen Teilnehmern Möglichkeiten der sprachlichen Qualifizierung, der landeskundlichen und politischen Information. Sie machen sozialistische Wissenschafts- und Kulturpolitik, Pflege des humanistischen fortschrittlichen und revolutionären Erbes und marxistisch-leninistische Fachmethodik deutlich und geben ein Bild von den Errungenschaften des realen Sozialismus in der DDR.“[1101]

Applikationsgruppe „Mikroelektronik“ (AGM) – Technikum Mikroelektronik (TMI)

Wenn die SED ein Ziel proklamierte, mussten alle mitmachen. Also hatten alle Institutionen mit einer Nähe zur Mikroelektronik sich in dieser Frage zu positionieren. So lud der Atomphysiker und -spion Klaus Fuchs am 2. Februar 1977 namhafte aber sämtlich fachfremde Wissenschaftler ein, über eigene Ideen zu einer Konzeption des ZK der SED zur Ankurbelung der Elektronik zu diskutieren.[1102] Das realisierte auch die Sektion GT mit einer Vorlage vom 31. März 1978. Sie beginnt mit einer Aussage, die es in der DDR so präzise vermutlich nicht überall gegeben hat: „Die Gerätetechnik ist durch den dominierenden Informationsaspekt bestimmt und den Entwicklungstendenzen der Informationserfassung, -verarbeitung, -speicherung, -ausgabe hinsichtlich Arbeitsgeschwindigkeit, Automatisierungsgrad, Zuverlässigkeit, Präzision und Miniaturisierung angeschlossen.“ Gleichzeitig aber, und das sahen die Verfasser des Papieres, Anton Schreiber und Gerhard Bögelsack, zutreffend, leiste die Gerätetechnik gerade hierfür selbst die Grundlage. Ohne sie war und werde die Herstellung mikroelektronischer Bauelemente unmöglich sein.

1099 THI, Repenning, vom 8.5.1978: Informationsbericht „Mai 1978“; ebd., Bl. 479–488, hier 483 f.
1100 THI, Repenning, vom 15.11.1978: Informationsbericht „November 1978“; ebd., Bd. 4, Bl. 24–44, hier 28–31.
1101 Linnemann: 30 Jahre.
1102 Buthmann: Versagtes Vertrauen, S. 164 f.

Kommentarlos ist in dem Papier vermerkt, dass im Zuge der Kursorientierung auf die Mikroelektronik die Weiterbearbeitung einiger Themen vorzeitig eingestellt worden sei.[1103]

Im Sommer 1977 animierte die VVB BuV unter Generaldirektor Wolfgang Lungershausen die TH Ilmenau, ein Applikationszentrum für „Mikroelektronische Technologie" zu etablieren, da hierfür eigene Kapazitäten mittelfristig nicht zur Verfügung stünden. Man wolle der TH circa 20 Planstellen zur Verfügung stellen und sich zu 80 Prozent an den Material- und Ausrüstungskosten beteiligen. Das Applikationszentrum sollte insbesondere der „Intensivierung der Vorlaufforschung auf dem Gebiet der Mikroelektronik" hinsichtlich der Entwicklung von Speicherbauelemente dienen.[1104] An der Sektion PHYTEB liefen bereits Arbeiten zum Aufbau eines solchen Zentrums. Hierbei handelte es sich um den Aufbau der Applikationsgruppe „Mikroelektronik" (AGM). Die Konzeption war im November 1976 fertig. Sie beinhaltete die Grundaufgaben, Arbeitsweise, Kaderüberlegungen, Gehalts- und Sozialfragen sowie Fragen der materiell-technischen Sicherstellung des Projekts. Die Arbeitsaufnahme war – in Abstimmung mit dem Kombinat Funkwerk Erfurt – für den 1. Januar 1978 geplant. Die erste Aufgabe, die Entwicklung elektrisch umprogrammierbarer Speicher, sogenannter EAROM, war ein Staatsplanthema.[1105] Aufgabe der Applikationsgruppe war es, Forschungsergebnisse zielführend und direkt für das Erfurter Kombinat nutzbar zu machen, da sich in der Vergangenheit gezeigt hatte, dass PHYTEB zwar Forschungsleistungen überführte, Erfurt diese aber nicht im gewünschten Umfang umsetzte. Dies war dem Minister des MHF bei dessen Besuch in der Sektion verdeutlicht worden mit dem Ergebnis, eine solche Applikationsgruppe endgültig zum 1. Januar 1978 aufzubauen (nach entsprechender Vereinbarung von MHF und MEE). Vorerst sollte die Gruppe fünf Mitarbeiter umfassen, künftig zehn.[1106]

Auch in dieser Frage schlug die Ressourcenknappheit voll durch. Ursprünglich sollte die AGM bereits Ende 1977 arbeitsfähig sein. Jedoch waren „weder die Mitarbeiter benannt bzw. bestätigt, noch" existierten „Räume bzw. Unterkünfte".[1107] Selbst die prinzipielle Entscheidung des Rektors über die Gründung einer solchen Gruppe war Ende Januar 1978 immer noch nicht vollzogen. Das war durchaus ein Problem, da dieser (inexistenten) Gruppe bereits bindend ein Staatsplanthema für das KFW Erfurt zugeordnet worden war.[1108] Die Bildung kam im März in Bewegung, zwei Wissenschaftler und eine Laborantin bildeten die Keimzelle. Die Wissenschaftler waren „von der Lehre freigestellt" worden. Aufgestockt werden sollte die Gruppe durch Mitarbeiter aus der Industrie. Nach Meinung von Mitarbeitern habe Linnemann und die „gesamte erste Leitungsebene gebremst". So wollte er erst die Kader bestätigen, wenn alle benannt würden („im Block"). Auch stellte

---

1103 THI, GT, vom 31.3.1978: Beitrag der Sektion GT zum Mikroelektronikprogramm, aufgefunden im Konvolut zum Protokoll der Senatssitzung des WR am 25.4.1978; UAI, S. 1–3.

1104 THI, Repenning, vom 12.7.1977: Informationsbericht „Juli 1977"; BStU, BV Suhl, AIM 1592/90, Teil II, Bd. 3, Bl. 33–38, hier 33. Schreiben der VVB BuV vom 12.4.1977 an die THI; ebd., Bl. 40 f.

1105 THI, Repenning, vom 12.9.1977: Informationsbericht „November 1977"; ebd., Bl. 146–155, hier 146. Kopfzeile unleserlich: Konzeption über die Bildung und Arbeitsweise der AGM; ebd., Bl. 157–165.

1106 Bericht von „Wälzbach" am 19.12.1977; BStU, BV Suhl, AIM 2648/94, Teil II, Bd. 1, Bl. 104 f.

1107 Bericht von „Martin" am 14.12.1977; BStU, BV Suhl, AIM 433/89, Teil II, Bd. 3, Bl. 8.

1108 KDI vom 25.1.1978: Bericht zum Treffen mit „Wälzbach" am 24.1.1978; BStU, BV Suhl, AIM 2648/94, Teil II, Bd. 1, Bl. 106 f. Bericht von „Wälzbach" am 24.1.1978; ebd., Bl. 108.

die Kaderabteilung der TH „sehr hohe Sicherheitsansprüche an die Kader der Applikationsgruppe", einige seien abgelehnt worden. „Gründe für die Ablehnung" würden „der Sektion nicht mitgeteilt" werden.[1109] Zu Fragen der Kaderbestätigungen siehe Kap. 5.3.5, hier wird auch gezeigt, dass Linnemanns Ansicht korrekt war. Einige Kader für die AGM, die zum 1. Januar 1978 arbeitsfähig war, stammten aus dem Funkwerk.[1110]

Im Herbst 1977 wurden in Hinblick auf das Technikum Mikroelektronik 60 bis 70 wissenschaftliche und technische Mitarbeiter bilanziert. Für die zusätzlich zu importierenden Gerätschaften wurden 348.000 Valutamark eingeplant und sofort bestätigt. Es waren insgesamt acht Positionen, darunter ein Auger-CMA-Spektrometer Modell ASC-300 der Fa. Bueil-Ralmaison (Frankreich) für circa 100.000, ein Tischrechner HP 9825 A (USA) für circa 90.000 und diverse Schaltkreise für Mikroprozessorsteuerung von der Fa. MOSTEK (USA) für circa 2.000 Valutamark.[1111] Im März 1978 gingen die Meinungen dahin, dass die THI „nicht ausschließlich ein Technikum des KME" sein dürfe, auch sei eine Abstimmung mit anderen Hochschulen „zur arbeitsteiligen Forschung" zweckmäßig. Das Technikum müsse komplex ausgerichtet werden, also gleichermaßen für Forschung und Ausbildung genutzt werden können.[1112] In der Dienstberatung des Rektors mit den Leitern der ersten und zweiten Leitungsebene am 5. Dezember 1978 wurde als erster Tagesordnungspunkt die Politbürositzung vom 26. Oktober 1978 zur Mikroelektroniktechnologie behandelt. Hieraus folgte für die TH Ilmenau sofort der forcierte Aufbau des Technikums „Mikroelektronik". Der Aufbau müsse gemeinsam mit Industriepartnern realisiert werden. „Zwischenseitlich" seien „die eigenen Anstrengungen der Sektionen PHYTEB, INTET und TBK unter Leitung des Prorektors NT zu erhöhen und zu koordinieren."[1113] Am 9. April 1979 war die Konzeption fertig. Drei Gebiete stellten den Inbegriff des Technikums dar: die Mikroelektroniktechnologie, Prozessmesstechnik und Prüftechnologie sowie die Schaltkreisentwicklung und -anwendung.[1114] Die Philosophie des Technikums war breiter angelegt als die vordem vom Ministerium für Elektrotechnik/Elektronik (MEE) bereits bestätigte. Die alte Fokussierung auf das Erfurt Kombinat wurde aufgehoben und hinsichtlich einer Profilabgrenzung zu den Technika der TU Dresden und der TH Karl-Marx-Stadt erweitert.[1115]

Wissenschaftskonzeptionen, Teil III: PHYTEB

Das Hauptthema der Sitzung des Senats am 25. April 1978 bildete die Präzisierung der Wissenschaftskonzeption (WK) der Sektion PHYTEB. Eberhart Köhler schätzte ein, dass die 1973 gestellte Aufgabe erfüllt worden sei. Änderungen hatten sich indes auf dem

1109 KDI vom 7.3.1978: Bericht zum Treffen mit „Wälzbach" am 7.3.1978; ebd., Bl. 110 f. Bericht von „Wälzbach" am 7.3.1978; ebd., Bl. 112 f.

1110 THI, Repenning, vom 17.2.1978: Informationsbericht „Januar 1978"; BStU, BV Suhl, AIM 1592/90, Teil II, Bd. 3, Bl. 303–309, hier 303.

1111 Ebd., Bl. 146 f. THI, Sektion PHYTEB, vom 23.9.1977: Konzeption zur Errichtung eines Technikums für Mikroelektronik; ebd., Bl. 166–171. THI, HA Grundfondswirtschaft, Abt. Materialwirtschaft, vom 15.11.1977: Zusätzlich eingereichte Importanträge für Mikroelektronik; ebd., Bl. 176.

1112 Protokoll vom 21.4.1978 über eine Arbeitsberatung des Senats am 17.3.1978; UAI, Deckblatt u. S. 1–3.

1113 Festlegungsprotokoll vom 27.12; ebd., erste Quelle, Bl. 81.

1114 THI vom 9.4.1979: Überarbeitete Konzeption zum Technikum „Mikroelektronik" an der THI, aufgefunden im Konvolut zur Senatssitzung am 17.4.1979; UAI, S. 1–15.

1115 Bericht von „Walter" vom 9.2.1979; BStU, BV Suhl, AIM 984/89, Teil II, Bd. 7, Bl. 88.

Gebiet der Mikroelektronik und in der intersektionalen und interdisziplinären Arbeit ergeben. Der Senat lobte zwar die im Papier „angemessenen Gedanken zur kommunistischen Erziehung und zur Rolle des Schöpfertums",[1116] doch auch diese präzisierte WK hielt es mit der obligatorischen Huldigung der SED-Programmatik recht kurz, wenn lediglich festgestellt ist, dass mit der Orientierung des 6. Plenums des ZK der SED und des IX. Parteitags auf die Mikroelektronik „eine weitere Akzentuierung" der vorgängigen SED-Beschlüsse zu verzeichnen sei. Wobei Köhler es sich nicht verkniff zu erwähnen, dass das Institut für Elektronik sich dieser Aufgabe in Lehre und Forschung bereits seit 1963 zunehmend gewidmet habe.

Die präzisierte WK besticht abermals durch den hohen wissenschaftlichen Term, geht also über die Metaebene der Überschriftenbegrifflichkeiten hinaus und wagte Vergleich und Einspruch. Demnach habe PHYTEB eine Grundlagenausbildung etabliert, die „in keiner anderen Sektion [...] so umfangreich" sei. Auch immatrikulierte die Sektion in den letzten beiden Studienjahren 60 Studenten, im kommenden Jahr würden es gar 79 sein, jedoch, so Köhler, ersuche er die Hochschulleitung „dringend", dies in der Planstellenverteilung auch „durch eine Grundsatzentscheidung zu berücksichtigen".[1117] Die nächste WK wurde am 13. Februar 1981 übergeben. Auch sie rapportierte nicht obrigkeitshörig. *Hauptaufgabe* der Sektion, heißt es, sei es nach wie vor, Diplom-Ingenieure im Rahmen der Fachrichtung 14004 (Elektronische Bauelemente) auszubilden sowie die beiden großen Einsatzgebiete künftiger Absolventen, integrierte Schaltkreise der Mikroelektronik und nichtintegrierte elektronische Bauelement, abzudecken.[1118]

Ein Vierteljahrhundert Ilmenauer Hochschulgeschichte

Am 16. September beging die TH Ilmenau den 25. Jahrestag ihrer Gründung. Zu den Feierlichkeiten fasste Justitiar Wolfgang Berg eine Woche später zusammen, dass „noch immer lebhaft darüber diskutiert" werde, „dass langjährige und solche Mitarbeiter, die stets für wichtige Aufgaben eingesetzt" worden seien, nicht zu den Feierlichkeiten eingeladen worden sind. Zudem war für „die Masse der Hochschulangehörigen [...] bisher nichts spürbar und nichts bekannt, was ihnen die Bedeutung der 25 Jahre deutlich" gemacht hätte. „Ihnen bleibt die Tagespresse um zu" erfahren, „welche Bedeutung die THI hat."[1119] Der Senat hatte bereits Anfang 1977 damit begonnen, eine Vorlage über die Konzeption des 25. Jahrestages der Hochschule, in Sonderheit über die des Jubiläumsbandes zu erarbeiten. Der Darstellung der Arbeits- und Lebensbedingungen der Arbeiter, Angestellten, wissenschaftlichen Mitarbeiter und Hochschullehrer sollten fünf Seiten gewidmet werden. So wie der Text des Protokolls nahelegt, sollten diese Profile inklusive der Darstellung der zugehörigen Institute auf fünf Seiten begrenzt werden. Die „dadurch freiwerdenden Seiten [sollten] der FDJ und (nach Klärung) der Parteiorganisation zur Verfügung gestellt" werden. Der GST wurden ein bis zwei Seiten eingeräumt. Der Festband, so die Forderung,

---

1116 Protokoll vom 8.5.1978 zur Senatssitzung des WR am 25.4.1978; UAI, S. 1–4, hier 2 f.

1117 THI, PHYTEB, vom 31.3.1978: Präzisierung und Realisierung der WK der Sektion PHYTEB, aufgefunden im Konvolut zum Protokoll der Senatssitzung des WR am 25.4.1978; UAI, S. 1–9, hier 1 u. 3 f.

1118 THI, PHYTEB, vom 13.2.1981: WK der Sektion PHYTEB, aufgefunden im Konvolut zur Sitzung des Plenums des WR am 17.11.1981; UAI, S. 1–21 u. 7 Anlagen.

1119 Bericht von „Walter" vom 22.9.1978; BStU, BV Suhl, AIM 984/89, Teil II, Bd. 7, Bl. 32.

sollte „den Charakter der TH Ilmenau als einer sozialistischen Bildungsstätte plastisch zum Ausdruck bringen".[1120] Eine regelrechte Flut von Ehrungen und Preisungen war geplant, begleitet durch eine lokale Medienoffensive. Zur Organisation des Ganzen sollte eine Arbeitsgruppe mit fünf Untergruppen geschaffen werden.[1121]

Der Senat tagte 1978 letztmalig am 19. Dezember. Ein wichtiges Thema bildeten Fragen im Zusammenhang mit der Berufung von Hochschullehrern. 1978 betrug das Durchschnittsalter der ordentlichen Professoren 49 Jahre, das der Berufungskader 41. Unter den Kandidaten befand sich keine einzige Frau. Bemerkenswert ist, dass in der sozialen Herkunft der Anteil der Arbeiter- und Bauernkinder zugunsten der Intelligenz, vor allem aber der Selbstständigen plötzlich abnahm. Regelrecht überraschend war der Trend hin zur Mitgliedschaft in den Blockparteien und hin zu Auslandserfahrungen.

Tabelle 52: Statistikprofil: Professoren und Berufungskader[1122]

Soziale Herkunft (a), Parteizugehörigkeit (b), Bildung (c)	Tätige ordentliche Professoren [Prozent]	Berufungskader [Prozent]
Arbeiter- u. Bauernkinder (a)	47,7	37,5
Angestellte (a)	20,4	12,5
Intelligenz (a)	22,8	25,0
Selbstständige (a)	9,1	25,0
SED (b)	65,9	62,5
Blockparteien (b)	2,3	25,0
Parteilos (b)	31,8	12,5
Promotion B (c)	63,6	75,0
Praxiserfahrung (c)	81,8	87,5
Auslandserfahrung (c)	11,3	50,0

Rechentechnik an der TH Ilmenau, Teil II

Das Plenum des Wissenschaftlichen Rates befasste sich Ende 1979 mit der Entwicklung der EDV in den Sektionen sowie im INER und ORZ. In der Diskussionsvorlage ist zum Ausbau der zentralen Rechentechnik festgehalten, dass mit der Konfiguration des EC 1040 (auch R 40 genannt) zwar ein leistungsstarker Großrechner vorhanden und auch der Anschluss an die ESER-Rechentechnik (ESER: Einheitliches System Elektronischer Rechentechnik) für Lehre und Forschung gewährleistet sei. Jedoch fehlte ein umfangreiches multiples Erweiterungsprogramm der Rechnerkonfiguration für das Patentrecherchesystem des INER, für die Hochschulbibliothek und nicht zuletzt für den Dialogverkehr in Lehre und Forschung. Die Planung reichte bis in das Jahr 1990, wo die Möglichkeit eines Zugriffs auf zentrale Großrechner (etwa des MHF) mit moderner Peripherieausstattung geschaffen werden sollte. Um die praxisgerechte Konfiguration im Sinne eines Terminaleinsatzes zu realisieren, war eine Gesamtinvestition von circa einer Million Mark notwendig (für 32 Bildschirmgeräte und Drucker, die bis zu 600 Meter vom EC 1040 entfernt aufgestellt werden sollten; für längere Streckenlängen wäre eine Datenfernübertragung notwendig geworden). Da dies nicht sofort möglich war, wurden Alternativvarianten entwickelt.

1120 Protokoll vom 25.1.1977 zur Senatssitzung des WR am 25.1.1977; UAI, S. 1–10, hier 3 f.

1121 THI, 1. Prorektor, vom 18.1.1977: Gestaltung des 25. Jahrestages der THI, aufgefunden im Konvolut zur Senatssitzung des WR am 25.1.1977; UAI, Deckblatt u. S. 1–3.

1122 Protokoll zur Senatssitzung des WR am 19.12.1978; UAI, S. 1–23, hier 5 f.

Der Stand der dezentralen Rechentechnik war nicht nur defizitär, sondern auch extrem divergent. Die Sektionen TBK, INTET, ET und GT sowie am INER verfügten über neun Digitalrechenanlagen und drei Analogrechner, „die teilweise veraltet“ waren. Die TH besaß 86 Tischrechner, wovon 35 resp. 15 auf die Typen Soemtron ETR 220 und Elka 22(M) entfielen. Aus Japan stammten sieben Rechner. Insgesamt waren 13 verschiedene Typen im Einsatz. Allein 56 der Rechner befanden sich in den Sektionen INTET, ET, GT und PHYTEB. Hinzu kamen 223 Taschenrechner, gleichfalls bestehend aus 13 Typen: 65 Stück vom Typ Konkret 600, 57 Stück des Typs Minirex und 42 Stück Elka 135. Nur vier Rechner waren westlicher Herkunft. 137 dieser Rechner verteilten sich auf die genannten Sektionen.[1123] Vier Jahre später, 1984, bestand zwar die Aussicht, dass das ORZ noch im laufenden Jahr den Rechner EC 1055 erhalten würde. Offen aber waren die peripheren Ausrüstungen, vor allem Terminals und Wechselplattenspeicherkapazitäten.[1124] Festgestellt wurde ein erheblicher Mangel an Möglichkeiten zur Software-Entwicklung, der letztlich für den „Rückstand bei der Software für mittlere und Großrechner“ verantwortlich war. Ein weiteres Problem bestand in der weiterhin ungenügenden Verknüpfung resp. Optimierung von dezentraler und zentraler Rechentechnik. Die Berichterstattung vor dem Senat brachte dies pointiert auf den Begriff der allein aus ökonomischer Sicht nichtvertretbaren Autarkie, die endlich unterbunden werden müsse. In den Sektionen war weitestgehend dezentrale Rechentechnik der Typen K 1510 und K 1520[1125] sowie MRES 20[1126] und der Mikrocomputer MC 80 eingesetzt. Auf der Agenda stand demzufolge zwingend eine „einheitliche Ausrüstung aller Sektionen mit kombinierten Arbeitsplatz-Terminal-Rechnern in 16-bit-Technik für Ausbildung und Forschung“ sowie „ein lokaler Rechnerverbund mit einem Zugriff zum Großrechner“. Für das ORZ war damit die Aufgabe des Aufbaus eines lokalen und globalen Rechnernetzes mit dem EC 1055 unumgänglich.[1127]

Das Ausbildungskonzept „Computertechnik“ machte vor allem deutlich, dass auch für die TH Ilmenau eine neue Zeit begann, freilich um Jahre verspätet. Die Hochschule, die einst gut in das Rechnerzeitalter startete, war naturgemäß den DDR-Verhältnissen ausgeliefert und konnte auf eine durchschlagende Besserung ihrer Situation demzufolge kaum hoffen. Immerhin plante sie, den Unterricht Mitte der 1980er Jahre moderner zuzuschneiden. Demnach sollten in die Grundlagenausbildung des Elektroingenieurwesens (EIW),

---

1123 THI, WR, vom 18.11.1979: Die Entwicklung der EDV in den Sektionen, INER und ORZ, aufgefunden im Konvolut zu den Sitzungen des Plenums und des Senats des WR am 27.11.1979; UAI, S. 1–6 sowie Anlage 1, S. 1–4, Anlage 2, S. 1–3 u. Anlage 3, S. 1 f.

1124 Protokoll vom 27.3.1984 zur Beratung des Senats am 27.3.1984; UAI, S. 1–4, hier 2 f.

1125 Zur Architektur und Entwicklung der Robotron-Mikrorechnersysteme auf Basis U 808 resp. U 880: Claßen, Ludwig: Programmierung des Mikroprozessorsystems U 880 – K 1520. Berlin 1981. Kanton, Dieter: Mikroprozessorsysteme in der Automatisierungstechnik. Berlin 1978. Der K 1520 bestand aus einem reichen Sortiment von Steckeinheiten, Geräten und Zubehör. Neben dem Mikroprozessor CPU mit dem Schaltkreis U 880D bildeten u. a. die Schaltkreise U 202D (Speicher RAM) und U 555D (Speicher EPROM) die Basis.

1126 Das Mikrorechnerentwicklungssystem (MRES) diente auf Basis der Assemblersprache des U 880D der Programmentwicklung sowie auf Basis des Mikroprozessors (CPU) U 880D als Prüfrechner.

1127 THI, Prorektor für Naturwissenschaften und Technik, vom 22.3.1984: Bericht zur Entwicklung der Rechentechnik, aufgefunden im Konvolut der Senatssitzung am 27.3.1984; UAI, Deckblatt u. S. 1–5, hier 1 f.

getragen von den Sektionen TBK und MARÖK, circa 300 Stunden Vorlesungen, Übungen und Praktika eingeordnet werden. Enthalten war hierin der Ausbildungskomplex „Computertechnik" mit circa 210 Stunden. Für die Realisierung der praxisnahen Ausbildung waren 30 Heimcomputer für den Vorkurs sowie 30 Personalcomputer sowie 15 Entwicklungssysteme für spezielle Ausbildungsrichtungen geplant.[1128] Das Ziel der neuen Fachrichtung „Technische Informatik/Computertechnik" bestand auf Basis der Grundlagenausbildung „Elektrotechnik/Elektronik" – in Übereinstimmung mit dem internationalen Trend – darin, „die Theorie und Technik der Informationsverarbeitungsprozesse so zu erforschen, zu lehren und anzuwenden, dass in optimaler Einheit und Wechselwirkung von Hardware und Software auf hohem Niveau informationsverarbeitende Elemente, Module, Geräte und Systeme geschaffen und genutzt werden können".[1129]

1980: Präsenzerhöhung des Militärischen, der Sicherheit und des Marxismus-Leninismus

Im Spätherbst 1980 kam es nicht zum ersten Mal zu einer Auseinandersetzung Gerhard Linnemanns mit dem Justitiar des Hauses, Wolfgang Berg. Linnemann hatte sich dafür ausgesprochen, nicht alle Studenten, die mit der speziellen Forschung in Berührung kämen, mit dem Geheimnisschutzgrad Vertrauliche Verschlusssache (VD) zu verpflichten; Berg, Linnemann zitierend: „Wir hätten 38 Prozent Studenten in die Forschung einbezogen, die nicht VD-verpflichtet sind. Wir müssen das alles so lösen, dass es geht, ohne Verpflichtungen. Dazu brauchen wir eben eigene Rechtsvorschriften. Wir seien doch kein geschlossenes Militärobjekt und könnten nicht überall vor jeden Mitarbeiter und Studenten einen mit der Mpi [Maschinenpistole] stellen. Schließlich müssen wir auch Ausländer ausbilden. Das müssen wir alles so lösen, dass es machbar ist."[1130]

Auch das MfS baute seine Präsenz aus. Es registrierte in letzter Zeit, dass man innerhalb der TH Ilmenau genau wisse, dass das Zimmer 220 im Block G ein Kontaktzimmer des MfS sei.[1131] Das Zimmer wurde auch für Erstansprachen zur Gewinnung inoffizieller Mitarbeiter genutzt. Zur MfS-Präsenz gab es Ende 1989 eine heftige Kontroverse, letztlich in Folge eines Abgeordnetenbriefes, einer Demonstration und von Presseinformationen. Doch ausgerechnet Berg wurde mit der rechtlichen Klärung der Nutzung von Räumen durch das MfS beauftragt! Nach ihm sei die Fokussierung auf das MfS „zu eng gefasst", da auch „noch andere Organe und Einrichtungen" Räumlichkeiten der Hochschule genutzt hätten. Also verfasste er zusammen mit dem wissenschaftlichen Sekretär folgende Darstellung: „Auf der Grundlage gültiger Rechtsvorschriften [...], bisheriger Ausbildungsdokumente des MHF bzw. abgeschlossenen Ausbildungsverträgen mit Kollegen des MdI, des MfNV, Industrieministerien und Kombinaten und auch des ehemaligen MfS entspricht es den Verfassungsgrundsätzen, dass Vertreter der genannten Organe und Einrichtungen in unseren Räumlichkeiten Gespräche mit Studenten geführt haben. Über Ziel und Inhalt der Gespräche haben wir nur dann Kenntnis erhalten, wenn daraus hochschulpolitische

---

1128 THI, TBK, o. D.: Informatik-Ausbildung an der THI, aufgefunden im Konvolut der Senatssitzung am 20.11.1984; UAI, S. 1–4, hier 2.

1129 THI, TBK, November 1984: Konzeption der Fachrichtung „Technische Informatik/Computertechnik", aufgefunden im Konvolut zur Senatssitzung am 20.11.1984; UAI, Deckblätter I–III, u. S. 1–18, hier 2.

1130 Bericht von „Walter" vom 4.11.1980; BStU, BV Suhl, AIM 984/89, Teil II, Bd. 7, Bl. 339 f.

1131 Treffbericht von Ende 1980; BStU, BV Suhl, AIM 984/89, Teil II, Bd. 7, Bl. 362.

Aufgaben erwuchsen, die eine Zusammenarbeit erforderlich machten (z. B. Absolventeneinsatz, Hochschulwechsel, Disziplinarmaßnahmen)." In diesem Sinne nahm Werner Kemnitz umgehend öffentlich Stellung. Er fügte hinzu, dass ihm als Rektor „Fälle des Missbrauchs", etwa die Werbung künftiger MfS-Mitarbeiter, nicht „bekannt geworden seien. Ausdrücklich habe ihm dies der Direktor für Studienangelegenheiten, Wolf-Joachim Hummel, bestätigt.[1132] Doch das entsprach nicht der Wahrheit (siehe ausführlich Kap. 5.3).

Abbildung 23: Übergabe des Kabinetts „Landesverteidigung"[1133]

Der Senat befasste sich am 12. Dezember 1980 mit dem Antrag des Instituts für Marxismus-Leninismus (IML) auf Bildung einer Sektion. Der Antrag war vom MHF initiiert worden, erst danach unterbreitete das Institut, dass dies des Öfteren bereits in Richtung MHF insistiert hatte, dem Senat den Antrag. Erich Gläser trug das Anliegen vor und übergab dem Rektor das just erschienene Buch *Naturwissenschaftlich-technische Intelligenz im Sozialismus*, ein Werk, das auf Basis einer gemeinschaftlichen Arbeit zwischen der THI und dem MEI Moskau entstanden war.[1134] Die Institutionalisierung der ML-Ausbildung und -Forschung begann 1954 mit der Bildung der Abteilung für das gesellschaftswissenschaftliche Grundlagenstudium mit zunächst nur zwei Lehrkräften. Zur Gründung des IML waren es 14 Lehrkräfte. Ab Mitte der 1970er Jahre wuchs der Personalbestand. Aktuell hatte es 43 wissenschaftliche Mitarbeiter und drei Aspiranten. Promoviert waren 27, acht waren Professoren und Dozenten. 1988 zählte die Sektion 54 Mitarbeiter. Ihre Tätigkeit war keineswegs auf den Bereich der TH Ilmenau beschränkt. So übernahm sie schrittweise die Leitung der Marxistisch-Leninistischen Abendschule *aller* thüringischen Hochschulen, auch nahm sie Lehrveranstaltungen für die externe Ausbildung von Praxiskadern auf dem Gebiet der sozialistischen Betriebswirtschaft wahr. Zudem existierten vielgestaltige

---

1132 Klarstellung des Direktorats für Studienangelegenheiten vom 4.12.1989; UAI, Sgn.-Nr. 15278, S. 1 f. Schreiben von Kemnitz vom 6.12.1989: Tätigkeit des ehemaligen MfS an der THI; ebd., S. 1 f.

1133 Obere Reihe, 4. v.l.n.r.: Linnemann, Redner: Liebich.

1134 Protokoll vom 17.12.1980 zur Senatssitzung am 12.12.1980; UAI, S. 1–5, hier 3. Römer, Klaus/Erck, Alfred et al.: Naturwissenschaftlich-technische Intelligenz im Sozialismus. Berlin 1980.

Weiterbildungsaufgaben im Territorium. Etwa Lehraufgaben für die Betriebsparteischule (BPS) Schleusingen sowie nahezu für alle Kreisparteischulen des Bezirkes Suhl, ferner Aufgaben im Rahmen des Parteilehrjahres und des FDJ-Studienjahres. Für 1979 zählte die Statistik 550 solcher Veranstaltungen, für das erste Halbjahr 1980 waren es bereits fast 400.

Für den Planzeitraum 1981 bis 1985 waren für die Sektion ML in Abstimmung mit zentralen Stellen und in- und ausländischen Instituten vier Forschungskomplexe festgeschrieben worden: Fragen zur sozialen und ideologischen Entwicklung der naturwissenschaftlich-technischen Intelligenz im Prozess der Annäherung zwischen Arbeiterklasse und Intelligenz unter Klaus Römer, zur Arbeit der naturwissenschaftlich-technischen Intelligenz im Sozialismus unter Andreas Schüler, zur schöpferischen Persönlichkeit in Naturwissenschaft/Technik und Kunst einschließlich der ästhetisch-künstlerischen Erziehung der Studenten unter Alfred Erck sowie zur Herausbildung und Entwicklung einer neuen naturwissenschaftlich-technischen Intelligenz unter Franz Geishendorf.[1135]

Das Technikum in Suhl, Teil II

Die SED-Parteiversammlung der Hochschulleitung gab am 12. November 1979 bekannt, dass entschieden worden sei, in Suhl ein Technikum für Feingerätetechnik zu errichten. Die Frage der Vollendung des Technikums „Mikroelektronik" drohte dagegen in die Verlängerung zu gehen, da die Industrie die Absicht hegte, es erst 1985 zu schaffen, und zwar im Kombinat Erfurt und nicht in Suhl. Inoffizielle Mitarbeiter des MfS lagen richtig in ihrer Kritik, wonach „das zu spät" sei. Allerdings gebe es die Hoffnung auf einen früheren Termin, die Entscheidung sei noch nicht getroffen. Die Information war „nicht für die Öffentlichkeit bestimmt".[1136] Das Technikum „Mikroelektroniktechnologie" – es wechselten die Bezeichnungen für die Technika in den Projektierungsphase recht häufig – in Erfurt sollte Helmut Reimer übernehmen, damit war auch entschieden, dass er nicht nach Jena, was längere Zeit befürchtet worden war, gehen würde.[1137]

Zum Bau des Technikums in Suhl lag am 3. Februar 1982 ein Beschluss des Sekretariats der Bezirksleitung der SED vor. Demnach sollte es auf dem Industriegelände Suhl-Nord errichtet werden. Die Inbetriebnahme war für das I. Halbjahr 1983 geplant. Der vorab wichtigste Meilenstein in dieser Frage, die Grundsatzentscheidung von Anfang 1981, war vom MHF bestätigt worden.[1138] Der Beschluss vom 3. Februar beinhaltete sechs Punkte, u. a. die Umstellung der Bauweise von der monolithischen in eine Blockmontage zur Verkürzung der Bauzeit, die Aufholung der Baurückstände durch den Einsatz von Industriebau Zella-Mehlis des BMK Erfurt als Hauptauftragnehmer sowie Maßnahmen zur Sicherung des rechtzeitigen Einsatzes der Ausrüstungen und zur Rekrutierung von Arbeitskräften für

---

[1135] Angaben u. a. aus: THI, IML, vom 19.11.1980: Bericht zur Entwicklung des IML anlässlich der Beantragung der Umwandlung des Instituts zur Sektion, aufgefunden im Konvolut zur Senatssitzung am 12.12.1980; UAI, Deckblatt u. S. 1–8, Anlage 1, S. 1 f., Anlage 2, S. 1 f., Anlage 3, 1 S.

[1136] Bericht von „Walter" vom 14.11.1979; BStU, BV Suhl, AIM 984/89, Teil II, Bd. 7, Bl. 220.

[1137] Bericht vom 3.3.1980 zum Treffen mit „Walter" am 28.2.1980; ebd., Bl. 253 f., hier 254.

[1138] Protokoll vom 23.1.1981 zur Senatssitzung des WR am 20.1.1981; UAI, S. 1–7, hier 7.

das Technikum.[1139] Es war kein Einzelfall, dass in Fragen der Standortbestimmung und des Zuschnitts der Technika heftig gerungen wurde.[1140]

Das Grundprofil des Technikums bestand Anfang 1983 aus den Fachlinien angewandte Mikroelektronik, Robotertechnik sowie Automatisierung. Es knüpfte an Erfahrungen der TH Karl-Marx-Stadt bei der Errichtung eines ähnlichen Technikums an. Die Inbetriebnahme wurde auf den 5. Mai 1983 fixiert. Der Termin wurde eingehalten.[1141] Das generelle Ziel des Technikums lag nunmehr (1) in der Fertigung von Baugruppen und Geräten, (2) in der Herstellung spezieller Geräte des wissenschaftlichen Gerätebaus (WGB) für die TH Ilmenau, Hochschulen und die Akademie der Wissenschaften, sowie (3) in der Weiterbildung von Industrie-Kadern. Doch endgültige Klarheit über das Profil gab es weiterhin nicht. Anfang des Jahres orientierte das MHF darauf, „dass das Technikum nicht die Aufgabe habe, Erfordernisse eines Akademieinstituts zu erfüllen, sondern dem Charakter der Hochschule entsprechend, der Lehre, Ausbildung, Erziehung und Forschung“ zu dienen habe. Ausbildungsseitig bedeutete dies, dass das Technikum die Durchführung der Lehrveranstaltungen mit den Studenten des 7. bis 9. Semesters sowie die Absolvierung des Ingenieurpraktikums zu realisieren habe.

Dennoch scheint es, dass es eine effektive Begrenzung der Zugriffe seitens der Industrie des Bezirkes kaum gegeben haben dürfte. Allein zum Analysezeitraum waren eine Reihe von teils hochkarätigen Aufgabenstellungen mit der Industrie vereinbart worden: mit dem VEB Thuringia Sonneberg (Kombinat für Glas- und Keramikmaschinenbau) zu Anwendungsuntersuchungen optoelektronischer Sensoren zur Vollautomatisierung des Fertigungsprogramms von Geschirrporzellan; dem VEB Carl Zeiss Jena, Betrieb Eisfeld, zur Analyse technologischer Prozesse zwecks Erhöhung des Automatisierungsgrades in der Produktion von Feldstechern; dem VEB Robotron Rechenelektronik Zella-Mehlis zur Vereinheitlichung speicherprogrammierbarer Steuereinheiten; dem Kombinat Technisches Glas Ilmenau (Thermometerwerk Geraberg) zur Entwicklung eines Erkennungsverfahrens zur Bestimmung des Fadenstandes bei Flüssigkeitsthermometern auf der Basis von CCD-Kameras; dem Wirtschaftsrat des Bezirkes, Kombinat Haushaltswaren, zum automatischen Richten von Scherenteilen und Entwicklung einer Mess- und Prüftechnik in Bezug auf Schneidfähigkeit und Schneidgeometrie; dem Kombinat Zweiradfahrzeuge, Stammbetrieb Fajas, zur Entwicklung und Musterbau der Elektronik für den Antrieb eines Elektrorollstuhls; dem Kombinat EGS zur Untersuchung der Gestaltung des technologischen Prozesses zur vollautomatischen Fertigung eines vereinheitlichen Motors; dem VEB Mikroelektronik „Anna Seghers“ in Neuhaus zur Grundlagenuntersuchung für die Entwicklung eines optoelektronischen Qualitätsüberwachungssystems für Chipbonder; dem Kombinat VEB Thüringer Möbelkombinat Suhl zu Anwendungsuntersuchungen und der

---

1139 BL der SED Suhl: Festlegungen zum Bau des Technikums laut Beschluss des Sekretariats der BL vom 3.2.1982, aufgefunden in: BStU, BV Suhl, AIM 1592/90, Teil II, Bd. 4, Bl. 546–549.

1140 Protokoll vom 9.3.1982 zur Beratung des Senats des WR am 2.3.1982; UAI, S. 1–4, hier 2 f.

1141 Protokoll vom 31.1.1983 zur Beratung des Senats am 25.1.1983; UAI, S. 1–4, hier 3 f. BV Suhl, AGG, vom 14.11.1983: Untersuchung zur Gewährleistung des Geheimnisschutzes am Technikum FOE; BStU, BV Suhl, AGG, Nr. 55, Bd. 2, Bl. 114–121, hier 114. Aufbau und Entwicklung des Technikums seit dem 5.5.1983; LATh-StA Meiningen, BS 4-95-641, AS 44.

Realisierung von Einsatzmöglichkeiten von CCD-Kameras in der Möbelproduktion sowie dem VEB Werkzeugkombinat für Automatisierungslösungen für Fertigungsabschnitte unter Einbeziehung von Industrierobotern. Überdies gab es Konsultationsvereinbarungen mit drei weiteren Betrieben des Bezirkes und Kooperationsbeziehungen mit dem Zentrum für wissenschaftlichen Gerätebau (ZWG) der Akademie der Wissenschaften (AdW) und der Abteilung Technische Wissenschaften des MHF.[1142]

Am 14. März 1983 gab Gerhard Linnemann auf der Parteiversammlung aktuelle Angaben zum Technikum bekannt. Nach seinen Vorstellungen bestand der Sinn dieser Institution darin, „mit einer neuen Methodik und Technik zur Ausbildung und Verbesserung der Erziehung und Weiterbildung anhand von Forschungsaufgaben“ vor allem für die Industrie wissenschaftlich-technische Lösungen zu erarbeiten. Zwar werde es mit der Akademie der Wissenschaften eine Zusammenarbeit geben, dürfe aber damit keine Art Akademiewerkstatt (Gerätebau für Belange der Institute – der Verf.) werden. Mitarbeiter würden auch aus Betrieben gewonnen werden. Zunächst sollten 90 Studenten mit der Arbeit beginnen, perspektivisch werde diese Zahl zu verdoppeln sein. Zu ihrer Unterbringung sei der Bau eines Internats geplant. Im Technikum werde im Dreischichtsystem gearbeitet, auch sollten Sensortechnik und Roboter eingesetzt werden.[1143] Er wolle, so war aus Insiderkreisen zu hören, dass es einen „großen finanziellen Gewinn“ erwirtschafte. Auf dem Tauschweg wolle man hochmoderne Ausrüstungen und Bauelemente beschaffen. Es sollte versucht werden, die NVA für Aufträge zu gewinnen, da sie über Devisen verfüge.[1144]

Aufschlussreich ist die Frage des Zweckes des Technikums im Vergleich zur ursprünglichen Konzeption von 1977, als es primär für die örtliche Industrie nutzbar gemacht werden sollte (siehe oben, Teil I), auch wenn dies schon damals gegen die Intention des MHF verstieß. Ein Konflikt, der sich einreiht in die klassische Grundfigur volkswirtschaftlicher Enge, wonach jedes Ministerium und jede SED-Bezirksleitung geradezu zwingend eigene Zwecke befolgen *musste*: auf der einen Seite das MHF, das Hochschulkader zu „produzieren“ hatte, auf der anderen die Industrie, die Forschungs- und Entwicklungsleistungen dringend benötigte. Die aktuelle Binnensicht zeigt aber auch, dass es an der Hochschule Partikularinteressen und objektive Bedingungen gab, die der prononcierten Auffassung Linnemanns, das Technikum primär als Ausbildungsstätte zu nutzen, entgegenstanden. Die Binnensicht ist tradiert durch Berichte Gert Zeitmeyers* alias „Bruno“ (Kap. 5.3.3, Fall-Nr. 9), der einen direkten Zugriff auf alle relevanten Informationen aus der ersten und zweiten Leitungsebene besaß.[1145] Er berichtete auch zur Übergabe des Technikums am 5. Mai 1983. Kontrovers wurde weiterhin über den Standort diskutiert, ob es überhaupt richtig gewesen sei, das Technikum an einer Großkreuzung zu errichten (Abbildung 24). Die einen sähen es so, die anderen so. Man wolle die Frage alsbald messtechnisch klären. Sollte die Schwingungsproblematik die Präzisionstechnik unmöglich machen, so orakelte

---

1142 Ebd., zweite Quelle, Bl. 114–117.

1143 Bericht vom 14.5.1983 zum Treffen mit „Walter“ am 11.5.1983; BStU, BV Suhl, AIM 984/89, Teil II, Bd. 7, Bl. 528 f., hier 529.

1144 Bericht von „Walter“ vom 6.9.1983; ebd., Bl. 549.

1145 BV Suhl, AGG, vom 13.4.1983: Information; BStU, BV Suhl, AGMS 1255/90, 1 Bd., Bl. 271–273. Information vom 13.4.1983; ebd. 269 f. BV Suhl, AGG, vom 8.4.1983: Information; ebd., Bl. 267 f.

Zeitmeyer*, werde es niemand von den Standortentscheidern zugeben wollen.[1146]

Die Arbeitsgruppe Geheimnisschutz (AGG) der BV Suhl des MfS fasste Mitte April 1983 zusammen, dass die Wissenschaftler der TH Ilmenau die Abkehr vom ursprünglichen Motiv des Baus des Technikums für die Industrie (Überführung von Forschungsleistungen, Musterbau, Weiterbildung von Industriekadern) zugunsten der Lehre zumindest mit Skepsis betrachtet hätten. Die Wende sei mit der Erklärung Linnemanns erfolgt, wonach die Technika an Hochschulen der DDR generell „der Lehre, Ausbildung, Erziehung und der Forschung" zu dienen habe. Eine zweite Irritation sei im Februar aufgetreten, als der offizielle Sprachgebrauch von „Technikum für Feinmechanik, Optik und Elektronik" (FOE) offenbar auf „Technikum der Sektion Gerätetechnik" geändert worden war. Wenngleich die alte Bezeichnung letztlich blieb – allerdings unter der organisatorischen Kopplung mit der Sektion GT – ist diese Phase der Verunsicherung historiographisch von Bedeutung, da sie die latente Konfliktlage deutlich macht. Plötzlich sahen sich die Sektionen vor die Aufgabe gestellt, Kapazitäten des Technikums für die Lehre nutzen zu *müssen*. Eine erste Bedarfskalkulation zeigte, dass GT nur maximal 60 Prozent der Kapazität zu nutzen in der Lage war. Prägnant wurde diese Situation mit dem Ausspruch formuliert: „Ja, wenn das Technikum in Ilmenau stehen würde, dann hätten alle Bedarf." Doch die Gründe der Kritik waren nicht von der Hand zu weisen. Etwa die miserable Verkehrsanbindung und die fehlende Infrastruktur für die Bedürfnisse der Hochschullehrer und Studenten vor Ort. Auch aus wissenschaftlich-technischer Sicht war der Standort „an einer stark befahrenden Straßenkreuzung in Großblockbauweise" an der F 247 in Hinsicht auf die Erfordernisse des Präzisionsgerätebaus alles andere als optimal gewählt. Entsprechend geisterte auch der Satz durch die Gesprächsrunden: „Na, der Genosse Albrecht [der Bezirkschef der SED – der Verf.] will von der TH etwas in Suhl haben." Das entsprach einem bekannten Bonmot, wonach jeder SED-Bezirksfürst seine eigene Spielwiese brauchte und sie auch bekam.

Dennoch war die von Linnemann und dem Direktor der Sektion GT, Schreiber, umgesetzte Forderung des MHF vernünftig und hatte mit der Idee, das Ingenieurpraktikum (von Einzelfällen abgesehen) erstmals im eigenen Hause durchzuführen, eine zumindest interessante Zusatznote bekommen. Allein die Tatsache, dass laut Schreibers Expertise circa 160 Studenten des 7. bis 9. Semesters im Technikum Suhl ihren Industrieeinsatz zu absolvieren hatten, warf das Problem der Kapazitätsengpässe mit sofortiger Wirkungsentfaltung wieder auf; Zeitmeyer*: „keine Bibliothek, kein Rechenzentrum, Internate notwendig". Auch sein Argument, wonach gerade „Beststudenten [...] Vorlesungen anderer Sektionen" besuchen,[1147] war nicht von der Hand zu weisen. Die Teilung des Studierbetriebs war, besonders aus kultureller Sicht, gewiss ein Nachteil. In der Wiedergabe der Stimmen prominenter Hochschullehrer der ersten und zweiten Leitungsebene, die mit Ausnahme von Schreiber[1148] und Eberhard Kallenbach Skepsis über die neue Zweckauslegung des Technikums gegenüber Zeitmeyer* äußerten, fehlt der entscheidende Fakt, dass letztlich das

---

[1146] BV Suhl, AGG, vom 12.5.1983: Bericht zum Treffen mit „Bruno" am 11.5.1983; ebd., Bl. 279–281.

[1147] BV Suhl, AGG, vom 13.4.1983: Information; ebd., Bl. 271–273, Bl. 271 f.

[1148] Schreiber hielt in einer Matinee-Veranstaltung am 10.4.1983 einen Vortrag über das Technikum FOE, in: Information von „Bruno"; ebd., Bl. 277 f.

MHF das Sagen hatte, dem Linnemann schuldfrei folgen konnte. Die Situation um das Technikum wurde vom Leiter der BV Suhl, Generalmajor Gerhard Lange, ein zweites Mal für wert befunden, umfassend der Zentrale des MfS in Berlin detailliert zu berichten.[1149]

Abbildung 24: Suhl, Industriestraße 27: Technikum FOE, Foto von 2018

Den kompletttesten Sachstand zur Errichtung des Technikum FOE verdanken wir einer Analyse der Berliner Zentralen Arbeitsgruppe Geheimnisschutz (ZAGG) des MfS zum Zwecke der Gewährleistung des Geheimnisschutzes auf Basis der gültigen Rechtsnormative, zu der u. a. auch die Dokumente der TH Ilmenau herangezogen wurden. Diese Aufgabe der ZAGG erstreckte sich auf alle an den Universitäten und Hochschulen der DDR zu errichtenden Technika auf Basis des Beschlusses des Ministerrates vom 23. November 1982.[1150] Dass es den Beschluss des Ministerrates überhaupt gab, soll im Technikum bis zum 2. September 1983 niemand gewusst haben.

In dieser Bestandsaufnahme zur Geschichte des Technikums wurde auf drei Problemkomplexe bei der Errichtung des Technikums eingegangen: Bauausführung, Gewinnung von Kadern und Beschaffung von Ausrüstungen. Es sind jene Probleme der Ressourcenknappheit, die die Bürger der DDR nur zu gut kannten. Wegen des Termindrucks in Überlagerung mit Engpässen des Einsatzes der einzelnen Baugewerke kam es zu unabgestimmten Einsätzen gleich mehrerer Gewerke mit dem Resultat, dass die Qualität der Ausführungen durch „ständige Nachbesserungen" litt. Erhebliche Verzögerungen der Übergabe des Erd- und Kellergeschosses resultierten aus der mangelhaften Ausführung des Epowitfußbodens, der komplett wieder herausgenommen werden musste. Die nichtsachgemäße Durchführung des Baues des Grube-Rampe-Traktes hatte zur Folge, dass es teilweise nicht möglich war, Schwerlasten hineinzubringen. Das wiederum hatte zur Folge, dass „aufwendige zusätzliche Leistungen durch Inanspruchnahme von Technik und Personal anderer Betriebe zum Einbringen des Maschinenparkes in das Gebäude und zur

---

[1149] BV Suhl, Leiter, vom 21.4.1983: Zur Information Nr. 73/83 vom 30.3.1983; ebd., Bl. 284–287.
[1150] MfS, ZAGG, vom 19.8.1983; BStU, BV Suhl, AGG, Nr. 55, Bd. 2, Bl. 80.

Aufstellung der Maschinen“ zu erbringen waren.

In der Frage der Personalgewinnung gab es für die wissenschaftlichen Kader keine nennenswerten Schwierigkeiten, anders war dies bei der Facharbeiterrekrutierung für den Musterbau. Während der elektronische Bereich sich im Soll befand, war der mechanische 1984 praktisch inexistent. Es wurde davon ausgegangen, dass von den geplanten sieben Facharbeitern lediglich einer zur Verfügung stehen würde. Immerhin war die Position des Werkstattleiters besetzt. Ähnliche Probleme gab es bei der Gewinnung des Betriebs- und Betreuungspersonals. Zum Berichtsdatum waren zudem die Labormöbel noch nicht geliefert. Als Zwischenlösung wurden von der Sektion GT ausgesonderte Möbel eingebaut. Da die Fernsprechanlage nicht plangemäß geliefert wurde, war auch hier ein Provisorium nötig. Zudem traten im Rahmen des gesteigerten Geheimnisschutzes logistische und betriebstechnische Probleme auf. So unterband die Anwesenheit von Studenten „die volle Wirksamkeit eines Teiles der technischen Sicherungsmaßnahmen“ für bestimmte Bereiche, weil „ihnen der ständige Zutritt zu den geschlossenen Fluren gewährt werden“ musste, „so dass der Verschluss derselben nicht mehr im vollen Umfange gewährleistet“ werden konnte. Das Problem würde sich noch verschärfen.[1151]

Die ersten zehn größeren Kooperationsbeziehungen zur Industrie unterlagen zunächst keiner Geheimhaltung. Allerdings waren die Dokumente hierüber und in Bezug auf die Aufgaben des Technikums insgesamt mit VD eingestuft worden. Künftig war vorgesehen, mit dem Musterbau sowie Planung und Ökonomie zwei Wissenschaftsbereiche aufzubauen. In Vorbereitung befand sich auch eine VS-Nebenstelle der TH Ilmenau. Der Antrag mit Begründung auf Basis entsprechender Hochschulanweisungen wurde am 16. Dezember 1983 an die BV Suhl, AGG, gestellt. Der Verteilerschlüssel enthält die Adressen der KD Ilmenau des MfS und der TH Ilmenau.[1152] Dies war legale, wenngleich konspirierte Praxis des MfS in zivilen Objekten dieser Art.

Zurück zum generellen Geschehen: Am 9. Dezember 1982 wurde zwischen der TH Ilmenau und dem VEB Kombinat Mikroelektronik „Karl Marx“ in Erfurt der Vertrag über die Errichtung des Technikums „Mikroelektronik“ abgeschlossen. Die wissenschaftliche Leitung oblag der Hochschule, die Rechtsträgerschaft über Gebäude und Grundmittel blieb beim Kombinat.[1153] Im Umfeld dieser Entwicklung ist der Entwurf eines Koordinationsvertrages für eine langfristige Zusammenarbeit beider Institutionen tradiert, mündend in die Schaffung eines Industrie-Hochschul-Komplexes (IHK) unter der Maßgabe einer langfristigen Forschungs- und Entwicklungsstrategie. Zu den Unterzielen zählte die Absicht, die Zeiträume für Forschung, Entwicklung und Überleitung von Spitzenleistungen zu verkürzen, sowie „wesentliche [!] Forschungskapazitäten“ der TH „zunehmend auf die Erarbeitung des notwendigen wissenschaftlichen Vorlaufs für die Haupterzeugnislinien“ des Kombinates zu orientieren. Die Forschungstätigkeit – nach Paragraph 2 – war entsprechend den Erfordernissen des Kombinates „auszurichten und umzuprofilieren“. Auch das

---

[1151] THI vom 21.9.1983: Zur Geschichte des Aufbaus des Technikums, aufgefunden in: ebd., Bl. 108–113.
[1152] BV Suhl, AGG, vom 14.11.1983: Untersuchung zur Gewährleistung des Geheimnisschutzes am Technikum FOE; ebd., Bl. 114–121, hier 114 u. 118 f.
[1153] Bericht von „Walter“ vom 30.5.1986; BStU, BV Suhl, AIM 984/89, Teil II, Bd. 8, Bl. 176

Ausbildungsprofil von sieben in Frage kommenden Fachrichtungen war „auf die Belange und Erfordernisse des VEB Mikroelektronik ‚Karl Marx' ausgerichtet". Für 1990 war gar geplant, am Standort eine Außensektion der TH Ilmenau zu bilden, beginnend mit 20 Studenten. Bis 1995 sollte die Anzahl auf 150 aufgestockt werden. Die jährliche Absolventenzuführung für das Kombinat sollte von 1989 bis 1992 von 28 über 40, dann 79 bis zuletzt auf 100 Absolventen gesteigert werden.[1154] Das ging nicht ohne zusätzliche Belastungen jener Teile des Lehrkörpers, insbesondere von der Sektion PHYTEB, die hierin direkt involviert waren bzw. werden sollten. Eine Entlastung wäre zumindest auf dem Gebiet der gesellschaftlichen Tätigkeit möglich gewesen, doch davon wollte die SED nichts hören. Eberhart Köhler hatte bereits Ende 1979 die Auffassung vertreten, „dass die Wissenschaftler mit gesellschaftlicher Tätigkeit überlastet" seien „und dadurch zu keiner wissenschaftlichen Arbeit" mehr fänden. Eine zutreffende Feststellung, die aber bei den ideologischen Tugendwächtern wie Wolfgang Berg nicht gut ankam. Der insistierte, dass die Folge solcher Aussagen sei, dass Köhlers Mitarbeiter „immer weniger bereit" seien, „gesellschaftliche Aufträge zu übernehmen". Berg zitierte einen seiner inoffiziellen Mitarbeiter, wonach Köhler „fundiert Einwände dagegen" vorgebracht habe, „dass immer wieder wissenschaftliche Kräfte viel gesellschaftliche Aufträge übernehmen, zu Sitzungen laufen und Verwaltungsarbeit machen müssen. Er sagt, dass wir wissenschaftlich bald nicht mehr bestehen können, wenn wir das so fortsetzen."[1155]

Das Plenum behandelte am 15. Juni 1982 die Frage des wissenschaftlichen Nachwuchses. Die – auch statistisch-analytisch verfolgte – Nachwuchsentwicklung wurde für jeweils fünf Jahre im Voraus entworfen und war als bilanzpflichtige Aufgabe gleichsam Chefsache des Kaderdirektors Klaus Rogazewski. Talente und „insbesondere Frauen" sollten „als künftige Assistenten und Forschungsstudenten ab 3. Studienjahr" regelmäßig gefördert werden. „Für jeden Angehörigen des wissenschaftlichen Nachwuchses" – außer für die außerplanmäßigen Aspiranten – wurde ein individueller Entwicklungsplan aufgestellt (Elemente des Planes waren u. a. Kadergespräche, Leistungseinschätzungen und Qualifizierungsverträge). Nicht zufrieden zeigte sich Rogazewski mit der Fluktuation besonders der unbefristeten Assistenten und Oberassistenten. Kader, die nicht mehr für die Berufungskaderreserve vorgesehen waren und auch nicht an der Promotion B arbeiteten, sollten zum Zwecke der Verbesserung der Altersstruktur der Lehrkräfte „zur Heranbildung höchstqualifizierter Kader wirksamer" werden. Zur Kaderauswahl forderte er, dass sie „nach den Grundsätzen sozialistischer Kaderpolitik" zu erfolgen habe; Zitat: „Es werden aus dem Direktstudium alle geeigneten Arbeiterkader, alle Mitglieder und Kandidaten der SED und alle Mädchen bzw. jungen Frauen, die dazu gewonnen werden können, für ein Forschungsstudium bzw. für die befristete Assistenz ausgewählt und zugelassen bzw. eingestellt." Weitere Kriterien waren: gute bis sehr gute Studienleistungen insbesondere in Marxismus-Leninismus, gesellschaftliche Arbeit als SED-Genosse und/oder in Massenorganisationen, Bereitschaft der männlichen Studenten für den Dienst als Reserveoffizier

---

1154 Koordinierungsvertrag, o. D.; BStU, BV Erfurt, Abt. XVIII, Nr. 13, S. 1–13, hier 1–4.

1155 Bericht vom 28.11.1979 zum Treffen mit „Walter" am 28.11.1979; BStU, BV Suhl, AIM 984/89, Teil II, Bd. 7, Bl. 222 f. u. 227.

sowie „das Verhalten der Kandidaten zu privaten Verbindungen und Kontakten ins NSW".

Tabelle 53 Nachwuchskader, 31.12.1981

Assistenten, Aspiranten	Plan	Ist	Frauen	Promotion A (abgeschlossen)	Promotion A (in Arbeit)	Promotion B (abgeschlossen)	Promotion B (in Arbeit)
Oberassistenten	104	98	2	98	0	9	52
Unbefristete Assistenten	103	111	20	98	13	2	16
Befristete Assistenten	180	168	37	3	165	0	0
Forschungsstudenten	42	65	16	0	65	0	0
Planmäßige Aspiranten	30	25	10	0	25	0	0
Außerplanmäßige Aspiranten	80	84	7	2	82	0	2
Gesamt	539	551	92	201	350	11	70

Tabelle 54: Nachwuchskader, politische Kriterien, 1.2.1982

Art	Gesamt	A/B-Kader [Prozent]	SED [Prozent]	Frauen [Prozent]
Wissenschaftliche Oberassistenten	105	48,5	55,0	1,9
Unbefristete Assistenten	115	46,0	37,6	17,4
Befristete Assistenten	168	37,4	29,2	22,0
Forschungsstudenten	70	26,8	31,4	22,9

Das Durchschnittsalter hatte sich bei den wissenschaftlichen Oberassistenten (nun 40), den unbefristeten Assistenten (nun 38) seit 1979 um circa zwei Jahre erhöht. Auch die Forschungsstudenten (k. A.) und befristeten Assistenten (nun 27) seien durchschnittlich älter geworden. Die ordentlichen Professoren wiesen ein Durchschnittsalter von 51, die der Hochschuldozenten von 45 Jahren auf. Daraus folgte, dass die Reserve für Ersatzberufungen zum Hochschuldozenten, resp. jene zum ordentlichen Professor, schrumpfte. Hochgerechnet für die 1990er Jahre wäre der vollumfängliche Ersatz der Hochschuldozenten mit den gerade tätigen unbefristeten Assistenten nicht mehr möglich gewesen. Die Forderung lautete folglich auf „Verjüngung des Bestandes der unbefristeten Assistenten und Oberassistenten". Rogazewskis berechtigte Auffassung war, dass das „Ausscheiden der älteren unbefristeten Assistenten und Oberassistenten in den Wissenschaftsbereichen ganz offen diskutiert" werden müsse. Die Neigung, aus eigenem Antrieb die Hochschule zu verlassen, sei wenig ausgeprägt. Es gäbe eine „allgemeine Scheu, in die Industrie überzuwechseln". Hinzu komme, dass sie die Lehrtätigkeit allgemein schätzten und auch gern weiter wissenschaftlich arbeiten möchten. Zudem gebe es mit einem Arbeitswechsel verbundene soziale Fragen, die schwierig zu lösen seien. Hauptgrund, dass diese drängende Frage überhaupt entstand, war die viel zu geringe Neigung zur Promotion B. Auch die Qualifikationsdauer sei schon seit Jahren „unbefriedigend hoch", trotz Anzeichen einer Entspannung in jüngerer Zeit. Wissenschaftliche Assistenten würden nunmehr, 1981, 5,3 Jahre benötigen, gegenüber 5,6 Jahre im langjährigen Mittel. Ähnlich rückläufig waren die Zahlen für die Forschungsstudenten von nun 4,2 zu 4,6 und planmäßigen Aspiranten von 3,2 für 1980 zu 3,7. Ein entgegengesetzter Trend von 5,1 zu 4,6 Jahren zeichnete sich bei den außerplanmäßigen Aspiranten ab.[1156]

[1156] THI, Rogazewski, vom 8.6.1982: Zur Arbeit mit dem wissenschaftlichen Nachwuchs, aufgefunden im Konvolut zur Senatssitzung am 15.6.1982; UAI, S. 1–13.

Mit Stand 1982 hatten 100 Prozent aller Oberassistenten die Promotion A, die Promotion B hingegen nur 20 Prozent, was immerhin eine Verdopplung gegenüber dem Vorjahr bedeutete. Bei den unbefristeten Assistenten lagen die Quoten bei 87 resp. 2,5 Prozent sowie bei den befristeten Assistenten bei 3,6 respektive null Prozent. Allerdings war die Anzahl der Promotionen A gegenüber 1977 um mehr als die Hälfte zurückgegangen, für 1982 mit 58 zu 119 für 1977. Auch der Erfüllungsstand bezüglich des Planes der Promotionen A war unbefriedigend: 35 Prozent betrug er bei den wissenschaftlichen Mitarbeitern, 23 bei den Forschungsstudenten, 27 bei den außerplanmäßigen Aspiranten sowie 50 bei den planmäßigen Aspiranten. Jene säumigen Hochschullehrer, die ihre Promotion B „noch nicht erfüllt“ hatten, wurden namentlich genannt. Es waren 36. Die Qualifikationszeiten von 1970 bis 1981 verkürzten sich in drei Kategorien: bei den wissenschaftlichen Mitarbeitern von 5,6 auf 5,1 Jahre, bei den Forschungsstudenten von 4,6 auf 3,4 und bei den planmäßigen Studenten von 3,7 auf 3,3. Lediglich bei den außerplanmäßigen Studenten wurde eine Verlängerung von 4,6 auf 4,9 Jahre festgestellt.[1157]

Abrechnung der Forschungsleistungen

Der Jahresbericht der mathematisch-naturwissenschaftlichen sowie gesellschaftswissenschaftlichen Forschung für 1983 brachte für Ilmenau 120 verteidigte Abschlussleistungen, von denen 106 in die Produktion überführt worden sind. 1.531 Vorträge rundeten die Leistungsbilanz ab. Insgesamt waren nach dieser Statistik 328,65 VbE in der Forschung tätig. Als besondere Leistungen wurden die Projekte „Mikroelektronisches Laserdilatometer“ für Carl-Zeiss-Jena unter Leitung Gerd Jägers und „Abgleichbare verteilte RC-Strukturen auf Si-Substraten“ unter Gerhard Linnemann hervorgehoben. Das Technikum in Suhl soll als „Schrittmacher bei der Überführung wissenschaftlicher Leistungen in die Praxis“ in der Lage gewesen sein, bereits ab Mai 1983 CCD-Kameras im Wertumfang von 400.000 Mark herzustellen und den Industriepartnern zu übergeben. Als reine Überführungsleistungen von Forschungs- und Entwicklungsergebnissen wurden fünf Projekte genannt, u. a. die Produktionsüberführung einer CCD-Kamerafamilie für den VEB Studiotechnik Berlin unter Eberhard Kallenbach und Linnemann, eine Verkehrsoptimierung für das VEB Verkehrskombinat Suhl unter Hermann Hutschenreuther sowie einen rechnergesteuerten asynchronen Drehstromstellantrieb für den VEB Elektromaschinen Dresden unter Leitung von Wolfgang Gens.[1158]

Einen Vergleich der Forschungsleistungen der TH Ilmenau mit anderen Universitäten und Hochschulen des Landes bieten die Jahresforschungsberichte des MHF, in die die Einzelberichterstattungen der einzelnen Bildungsstätten statistisch eingearbeitet wurden. Die Ergebnisse dienten dem MHF einerseits zur Rechenschaftslegung im Ministerrat und gegenüber dem ZK der SED, andererseits zur allfälligen Stimulierung und Kritik der hohen Bildungsstätten. Für 1984 rechnete die TH Ilmenau sechs berichtspflichtige Leistungen

---

[1157] THI, Direktorat K/Q, vom 3.6.1983: Entwicklung des wissenschaftlichen Nachwuchses, aufgefunden im Konvolut zur Beratung des Plenums am 7.6.1983; UAI, S. 1–3.

[1158] THI vom 2.2.1984: Leistungen der THI auf dem Gebiet der naturwissenschaftlich-technischen und gesellschaftswissenschaftlichen Forschung, aufgefunden im Konvolut zur Senatssitzung am 14.2.1984; UAI, S. 1–12, hier 4–7, u. Anlage, S. 13 f.

des Staatsplanes als erfüllt ab und konnte somit, auch weil die 17 Leistungen des Planes der Grundlagenforschung erfüllt worden waren, insgesamt eine 100-prozentige Erfüllung melden (23:23). Intern ließ sich das Ergebnis sehen und feiern. Zunächst zeigt der Blick auf die anderen Einrichtungen kein anderes Bild, sieht man von der Karl-Marx-Universität Leipzig ab, die eine Aufgabe nicht abrechnen konnte (24:25).[1159] Dass es Methoden gab, diese hundertprozentige Erfüllung termingerecht zu trimmen, etwa über Plankorrekturen innerhalb des Jahres, muss allerdings bedacht bleiben.

Von der Anzahl der berichtspflichtigen Leistungen her, lag Ilmenau auf dem neunten Platz (23), führend mit großem Vorsprung war die TU Dresden (73), gefolgt von der HU Berlin (42) sowie der FSU Jena (41). Von den artverwandten drei Spezialhochschulen belegte Ilmenau den letzten Platz, hier führte die TH Karl-Marx-Stadt (35) vor der TH Magdeburg (28). Bezüglich des Planes Wissenschaft und Technik verbuchte die TH Ilmenau 87 von 89 – plus 19 zusätzliche – Leistungen, in summa 106. Mit dieser Anzahl lag die TH Ilmenau im gehobenen Mittelfeld, auch hier führte die TU Dresden (293) knapp vor der HU Berlin (288). Ilmenau erbrachte diese Leistungen mit einer Forschungskapazität von 328 VbE, davon waren 218 Hochschulkader. Verglichen mit den Einsatzkapazitäten der führenden Einrichtungen, ergibt sich jedoch eine Leistungsverschiebung. Die TU Dresden setzte zur Erfüllung ihrer Aufgaben 1.264 VbE, davon 708 VbE Hochschulkader, ein, also nahezu das Vierfache Ilmenaus, und die HU Berlin 1.731 VbE, davon 893 VbE Hochschulkader, was etwas über das Fünffache Ilmenaus lag. Bezogen auf alle Leistungen rechnete die TH Ilmenau 129 Leistungen ab, die TU Dresden 366 und die HU Berlin 330. Somit war Ilmenau in Bezug auf die eingesetzte Anzahl von Kadern effizienter. Damit war, wenn man dies in Berlin auch so gesehen (gerechnet) haben sollte, Ilmenau eine Vorzeigehochschule. Diese gute Position aber provoziert die Frage, ob die Hochschullehrer der TH Ilmenau, aus welchen Gründen auch immer, andere Aufgaben eher vernachlässigten als ihre Kollegen anderswo. Tatsächlich zeigt ein Blick auf die Anzahl der Lehrbücher, Monographien, Lehrbriefe und wissenschaftlichen Aufsätze sowie die Betreuung der Dissertationen A und B ein anderes Bild:

Tabelle 55: Geistige Leistungsbilanz (I), 1984[1160]

	HS-Lehrbücher	Andere Lehrbücher	Monographien	Sammelbände	Gesamt	Forsch.-Berichte	Lehrbriefe	Wiss. Artikel	Diss. A	Diss. B	Gutachten
HUB	27	18	35	21	101	503	69	2.634	366	84	1.065
KMU	30	38	8	20	96	282	65	1.939	247	34	789
FSU	20	6	17	21	64	153	13	1.164	177	37	490
TUD	25	16	17	26	84	565	91	1.507	267	44	824
THM	20	1	1	18	40	266	22	435	42	11	266
THK	8	5	12	25	50	237	47	571	121	30	3317
THI	7	4	3	12	26	233	8	331	79	20	248

1159 Jahresbericht der naturwissenschaftlich-technischen Forschung für 1984; UAI, Sgn. 13364, hier Anlage 1, S. 41, Anlage 2, S. 42, u. Anlage 3, S. 43.

1160 Ebd., Anlage 10, S. 72 f.

Die letzten fünf Jahre: Problemzuspitzungen am laufenden Band

Kurt Hager lobte in einem Schreiben an die TH Ilmenau zum Jahreswechsel 1984/85 die Anstrengungen der Hochschule in ihrem „Kampf um höchstes Niveau in der kommunistischen Erziehung und fachwissenschaftlichen Ausbildung der Studenten und des wissenschaftlichen Nachwuchses".[1161] Doch die letzten fünf Jahre der DDR begannen denkbar schlecht. Anfang 1985 herrschten extreme Witterungsbedingungen, in vielen Bezirken bestanden Lieferrückstände und Engpässe in der Versorgung der Bevölkerung und Industrie mit festen Brennstoffen. Auch der Bezirk Suhl war betroffen, einige Betriebe wie das Kaltwalzwerk Bad Salzungen und der VEB Fajas hielten die Produktion an und ließen lediglich einen Warmhaltebetrieb laufen. Transportprobleme betrafen nicht nur die Kohle, sondern auch Produkte der Lebensmittelindustrie wie Brot und Milch, etwa in Bad Salzungen. Nicht wenige Betriebe wie der VEB Schrauben- und Normteilewerk Hildburghausen stellten zeitweise die Produktion gänzlich ein. Erhebliche Produktionsausfälle trafen auch den Kreis Ilmenau. Der VEB Relaistechnik Großbreitenbach beklagte in nur wenigen Tagen einen Produktionsausfall von 600.000 Mark, und am 8. Januar wurde im Betriebsteil Gehren des VEB Ilmkristall die Produktion stillgelegt. Der Minister des MHF wies an, die geplante vorlesungsfreie Zeit vom 11. bis 23. Februar auf die Zeit vom 8. bis 20. Januar vorzuverlegen. An der TH Ilmenau durften nur die Studenten der Matrikel 80 sowie die ausländischen Aspiranten und Studenten verbleiben.[1162]

Am 13. März 1985 fand an der TH Ilmenau im Beisein des stellvertretenden Ministers für Hoch- und Fachschulwesen, Harry Groschupf, eine Besprechung statt, die als Initialisierung des Beginns der speziellen Ausbildung (SA) von Studenten angesehen werden muss. An ihr nahmen der für militärische Aspekte im MHF zuständige Grund, von der TH Ilmenau Linnemann, HPL-Sekretär Jacobi, der 1. Prorektor Kemnitz, die Dozenten Wagner und Höhne sowie der BSG Repenning teil. Es handelte sich bei diesem Ortstermin nicht um ein Gespräch, ob die THI hierzu überhaupt bereit wäre, sondern um eine klare Beauftragung ohne Wenn und Aber. Groschupf führte aus: (1) dass „keine zusätzlichen Bauinvestitionen für Wohnheime, Lehr- und Forschungsstätten sowohl in Suhl als auch Ilmenau" erfolgen würden; (2) die „Unterbringung von 130" zusätzlich „auszubildenden Studenten [...] durch eigene organisatorische Maßnahmen" ab dem 1. September 1985 zu realisieren ist – wenn nötig, sollten bereits zugelassene Studenten an andere Universitäten und Hochschulen umgelenkt werden; (3) die „Sicherung der Seminar-, Praktikums-, Forschungsräume sowie Hörsäle" sei „durch wissenschaftliche ‚Profilbereinigung' der TH Ilmenau" zu realisieren, etwa durch „‚Auslagerung' von Wissenschaftsbereichen, die bereits an anderen Hochschulen" bestünden wie z. B. die Hochspannungstechnik; (4) „zusätzliche finanzielle Mittel für Stipendien und Gehälter der im Sonderbereich Studierenden bzw. Auszubildenden werden nicht bereitgestellt"; (5) „zur Realisierung der Ausbildungsausgaben" sei „der Lehrkörper der TH Ilmenau zu nutzen"; (6) „durch die gezielte Zufuhr von fachlich, politisch und sicherheitspolitisch ausgezeichneten Kadern (Studenten und

---

1161 Professor Kurt Hager an unsere TH, in: neue hochschule, Nr. 3 (1985), S. 1.

1162 BV Suhl vom 10.1.1985: Information über die gegenwärtige Lage bei der Durchführung volkswirtschaftlicher Aufgaben unter Winterbedingungen; BStU, BV Suhl, KD Suhl, Nr. 1628, Bl. 1–8.

Lehrpersonal)“ werde „sich die TH Ilmenau zu einer Art ‚Elite‘-Hochschule herausbilden“; (7) „das Projekt“ sei „unter allen Umständen voll zu realisieren“; (8) „bis Ende April“ habe „die TH Ilmenau dem Minister konkrete Vorstellungen für die Realisierung des Sonderbereiches unter den zuvor genannten Bedingungen zu unterbreiten“. Der Minister des MHF, Böhme, hatte mit Schreiben vom 28. Februar 1985 die TH über dieses neue Programm vorinformiert.[1163] Der militärische Befehlston ist, so weit zu sehen ist, einzigartig. Zu diesem Programm, das seinen organischen Platz in einer weltpolitisch äußerst angespannten Zeit fand, siehe Kap. 5.2.

Die Tagung des Senats am 28. Mai fiel heftig aus. Es standen drei Entwicklungskonzeptionen der Sektion GT, des Technikums FOE Suhl und der Sektion TBK auf der Tagesordnung, die allesamt struktureller Natur waren. Konstatiert wurde, dass sich das Profil der Sektion GT – wie keine andere Sektion sonst – aufgrund der Zuordnung des Technikums FOE und des Aufbaus des Wissenschaftsbereiches „Glas/Keramik-Technik“ stark verändert habe. Moniert wurde in der Diskussion, dass das Grundprofil der Sektion nicht die Technische Optik und Glas/Keramik-Technik enthielt. Die Bildung der Fachrichtung der Glas/Keramik-Technik sei in der Perspektive unumgänglich, die der Technischen Optik müsse zumindest im kommenden Studienjahr diskutiert werden. Bei der Biotechnologie hingegen zeigte man sich nicht überzeugt, dass sie in das Profil der Hochschule passe. Es sollte alsbald geklärt werden, inwieweit die Hochschule daran beteiligt würde. Zur Profillinie CAD/CAM wurde bemerkt, dass sie nur als Begriff erscheine. Es müsse überlegt werden, auf welchem Gebiet die TH Ilmenau hier arbeiten wolle – „rechnergestützte Konstruktion wäre sehr gut“.

Zur Ausrichtung des Suhler Technikums soll der Direktor der Sektion TBK, Michael Roth, in der Senatsbesprechung nachgefragt haben, ob das ursprüngliche Konzept, wonach es als Lehr-, Forschungs- und Überführungseinrichtung konzipiert worden sei, überhaupt noch Gültigkeit besitze, wenn dort nun plötzlich Grundlagenforschung betrieben werden solle. Hingegen bestand Übereinkunft in der Frage der notwendig werdenden engen und interdisziplinären Zusammenarbeit mit den Sektionen. Roth vertrat die Ansicht, dass die Schaffung „eines billigen CAD/CAM-Zentrums in Suhl“ möglich sei, protokollarisch ist jedoch nicht evident, ob er dieses als ein separat zu entwickelndes Zentrum neben dem Technikum sah, oder ob beide in eins gedacht waren.[1164] Dass eine CAD/CAM-Ausführung der ursprünglichen Idee des Technikums für eine multiple Lehr-, Forschungs- und Überführungseinrichtung nicht unbedingt entsprach, zeigt, dass der Ausdifferenzierungsaspekt in Verbindung mit den berechtigten Wünschen vieler Akteure von innen und außen keinesfalls beendet war.

Roths Konzeption für TBK stellt ein modernes, nahezu singuläres Dokument einer Profilbestimmung dar. Es signalisiert eine Epoche der Darbietung von Forschungsphilosophie, wie sie im Westen längst etabliert war. Das Papier besticht durch eine schier unendliche Kette hochmoderner Begrifflichkeiten und erinnert an einen Thesaurus. Insofern stellt es

---

1163 Aktennotiz vom 25.3.1985; BStU, BV Suhl, AIM 1592/90, Teil II, Bd. 5, Bl. 234 f.
1164 Protokoll vom 11.6.1985 zur Beratung des Senats am 28.5.1985; UAI, S. 1–8, hier 2 u. 4.

einen krassen Gegenentwurf zu den herkömmlichen deskriptiven Konzeptpapieren dar, sei es aus der sachlich-kritischen Feder Köhlers oder den ideologisch gefärbten anderer. Und es passte auch, dass Roth für seine Sektion gleich den neuen Namen „Technische und biomedizinische Kybernetik, Informatik und Sensorik (TBKIS)" kreierte, der jedoch nicht akzeptiert wurde.[1165] Zur Profilierung der Sektion TBK bis 1990 wurde von Günter Henning die Ansicht vertreten, dass die Biomedizinische Technik (BMT) „in den letzten Jahren eine außerordentliche Dynamik durchlaufen und an Bedeutung zugenommen" habe. Die Bildung einer Fachrichtung „BMT" sei geboten. Eine eigene „Struktureinheit ‚BMT'" erachtete der Senat jedoch gegenwärtig „für nicht sinnvoll". Auch sollten noch Abstimmungen mit der Medizinischen Akademie erfolgen.[1166]

Am 15. Oktober wurde der neue Rektor gewählt. Gerhard Linnemann hatte vorab den Minister des MHF, Hans-Joachim Böhme, gebeten, ihn von seinem Amt zu entlasten. Als designierter Nachfolger war Werner Kemnitz ausgewählt worden. Manfred Jacobi (HPL) begründete kurz. Die Wahl von Kemnitz erfolgte einstimmig.[1167]

Mikromechanik im Aufwind

Die Frage der Mikromechanik wurde bereits im Frühjahr angeschnitten, im Senat hieß es, dass sie umfassend zu diskutieren sei und festgelegt werden müsse, „welchen Beitrag die TH Ilmenau" überhaupt leisten könne.[1168] Die Mikromechanik stand im Begriff, zu einer wichtigen, auch militärisch relevanten Entwicklungslinie zu werden. Ein halbes Jahr später, am 5. November, stand sie im Mittelpunkt der Senatssitzung. Eine neue Begriffswelt von aufkommenden Standardbegriffen in Hinblick auf die Zeit der für die SED relevanten Hochtechnologien tat sich auf, kurz: „Miniaturisierung und höhere Präzision mechanischer Bauelemente und Funktionsgruppen". Das neue Forschungsfeld nutzte „Verfahrenstechnologien und Prozessabläufe der Halbleiterindustrie" und stellte „eine konsequente Weiterentwicklung der 2-dimensionalen Planartechnologie zur 3-dimensionalen Formkörperherstellung dar". Im Einzelnen: (1) Strukturen für Halbleitermaterialien im µm-Bereich wie Löcher, Durchbrüche, lange Kanäle, dünne Platten, Stege, Zungen, Stifte und Hügel; (2) mechanische Funktionsgruppen, wie etwa Stellglieder, Antriebselemente und Mikromotoren; sowie (3) mikromechanische Funktionsgruppen wie Mikrodosiereinrichtungen (etwa: Tintenstrahlkopf für die Drucktechnik).[1169] Vier Jahre später, am 28. Februar 1989, legte Helmut Wurmus seine Konzeption zum Projekt eines Technologischen Laboratoriums „Mikromechanik" vor. Es ist einerseits ein ehrgeiziges, andererseits aber, etwa mit Blick auf die Raumfahrttechnik und -technologie, ein international längst etabliertes Gebiet. Der Baubeginn des Laboratoriums war für 1991/92, die Fertigstellung für 1993/94 geplant. Der Baukomplex sollte durch die Industrie, namentlich durch das Kombinat Robotron Dresden, das in Thüringen Betriebsableger besaß, finanziert werden. Eine Nutzung

---

1165 THI, TBK, vom 15.5.1985: Grundsätze und Tendenzen der Profilentwicklung der Sektion TBK im Zeitraum bis 1990, aufgefunden im Konvolut zur Beratung des Senats am 28.5.1985; UAI, S. 1–17.

1166 Protokoll vom 11.6.1985 zur Beratung des Senats am 28.5.1985; UAI, S. 1–8, hier 5 f.

1167 Protokoll vom 19.11.1985 zur Beratung des Plenums am 15.10.1985; UAI, S. 1–8, hier 2.

1168 Protokoll vom 11.6.1985 zur Beratung des Senats am 28.5.1985; UAI, S. 1–8, hier 2.

1169 Konzeptionelle Vorstellungen zur Mikromechanik, aufgefunden im Konvolut der Senatssitzung am 5.11.1985; UAI, S. 1–10.

oder Rekonstruktion vorhandener Gebäude des Campus war ausgeschlossen, da hohe und höchste Anforderungen an Staubfreiheit, Klimatisierung, Schwingungsfreiheit und Versorgung mit spezifischen Medien gefordert waren, wie sie ähnlich von der Mikroelektroniktechnologie her bekannt sind. Der Flächenbedarf wurde mit circa 2000 m^2 veranschlagt. Der Zweck des Laboratoriums wurde in sechs Punkten gesehen; u a.: (1) in der Erarbeitung von Grundlagenerkenntnissen zu den drei Feldern „Wirkungsweise, Dimensionierung und Herstellung mikromechanischer Funktionselemente", zur „Montage und Präzisionsfügen mikromechanischer Funktionselemente unter Integration von Mikroelektronikbauelementen" sowie zur „Montage von Baugruppen der Präzisionsgerätetechnik"; (2) in der „Anwendung der Grundlagenerkenntnisse auf die Entwicklung ausgewählter Klassen hochleistungsfähiger automatisierter Präzisionsgeräte" sowie (3) zur „Realisierung einer an den modernen Entwicklungsrichtungen der Präzisionsgerätetechnik orientierten von hoher Praxisverbundenheit und hohem Selbstständigkeitsgrad geprägten Ausbildung von Studenten der Fachrichtung Gerätetechnik".[1170]

Am 5. Dezember 1985 fand eine gemeinsame Sitzung des Gesellschaftlichen und des Wissenschaftlichen Rates im Stammbetrieb des VEB Kombinat Mikroelektronik (KME), dem VEB Mikroelektronik Erfurt statt. Die Tagesordnungspunkte wiesen einen direkten Bezug zur Mikroelektronik, zur Wissenschaftskonzeption der Sektion PHYTEB für 1986 bis 1990 und zur Entwicklungskonzeption für das Technikum Mikroelektronik des KME auf. Der Leiter des Technikums, Reimer, berichtete über die Hauptaufgaben, die Forschungs- und Entwicklungsarbeiten für das KME, die Ausbildung von Direktstudenten und die Weiterbildungsmaßnahmen für das KME. Das Technikum beschäftigte 40 Mitarbeiter, die mit der Arbeit u. a. in den Linien Prozessmodellierung und -simulation als CAD/CAM-Lösungen, Entwicklung von Teilschrittverfahren sowie Realisierung von Bauelementeprototypen beschäftigt waren. Reimers Bestreben ging dahin, für die Technologie der Mikroelektronik ein Prozessmodell für den Zyklus I und ein Technologiepraktikum auf Si-Basis ins Leben zu rufen.[1171] Das war längst überfällig, spätestens Ende der 1960er Jahre hätte es diese beiden Elemente in der Lehre geben *müssen*. Drei Jahre später, 1988, stellte das Forschungszentrum des Kombinates heraus, dass die Ergebnisse Ilmenaus u. a. im Komplex „Probleme des Entwurfs und der Technologie von EPROMs" unter den Aspekten Ausbeute und Zuverlässigkeit „sehr praxisrelevant" seien. Bei der Produktion des U 2732 soll die Ausbeute von 50 auf 70 Prozent gesteigert worden sein.[1172]

1170 THI vom 28.2.1989: Konzeption „Technologisches Laboratorium ‚Mikromechanik'", aufgefunden im Konvolut zur Beratung des Senats des WR am 28.2.1989; UAI, S. 86–93. BV Suhl vom 29.5.1989; BStU, BV Suhl, AIM 1486/90, Teil I, 1 Bd., Bl. 76 f.

1171 Protokoll vom 21.1.1986 über die gemeinsame Sitzung des GR und WR am 5.12.1985; UAI, S. 1–5. Vgl. Sachstandsbericht zum Lehr- und Forschungsgebäude „Mikroelektronik" von 1986; LATh-StA Meiningen, BS IV F219/431, S. 1–7.

1172 VEB Kombinat ME „Karl Marx", Forschungszentrum, Dezember 1988: Forschungsanalyse MEE 1988, aufgefunden in: BStU, BV Erfurt, XVIII, Nr. 13, Bl. 15–34, hier 19, 22, 24–27 u. 30.

Die im Wesentlichen letzte Grundstruktur der TH Ilmenau:

Schema 7: Sektionen und Wissenschaftsbereiche der TH Ilmenau, um 1986[1173]

Sektion Technische und Biomedizinische Kybernetik (TBK), Kirchhoff-Bau, Direktor: Michael Roth

WB Prozessmess- und Sensortechnik (Gerd Jäger)
WB Technische Informatik (Werner Liebich)
WB Computertechnik (Michael Roth)
WB Automatische Steuerung (Karl Reinisch)
WB Biomedizinische Technik (Günter Henning)

Sektion Informationstechnik und theoretische Elektrotechnik (INTET), Helmholtz-Bau, Direktor: Woldemar Kienast

WB Nachrichtentechnik (Dieter Kreß)
WB Schaltungstechnik und elektronische Messtechnik (Gerd Scarbata)
WB Konstruktion und Technologie elektronischer Funktionsblöcke (Woldemar Kienast)
WB Mikrowellentechnik (Manfred Kummer)
WB Theoretische Elektrotechnik (Hermann Uhlmann)
WB Informationstechnik (Edwin Wagner)

Sektion Elektrotechnik (ET), Kirchhoff-Bau, Curie-Bau, Direktor: Friedhelm Noack

WB Steuerungstechnik und Leistungselektronik (Wolfgang Gens)
WB Plasma- und Schalttechnik (Wolfgang Rother)
WB Elektrochemie und Galvanotechnik (Heinz Liebscher)
WB Netz- und Anlagentechnik (Volkmar Pfeiler)
WB Elektrische Isolier- und Hochspannungstechnik (Manfred Kahle)
WB Elektromechanik und Technologie (Karl-Heinz Linsel)
WB Elektrowärme (Dietmar Schulze)

Sektion Gerätetechnik (GT), Block F, Kirchhoff-Bau, Direktor: Anton Schreiber

WB Konstruktion (Günter Höhne)
WB Technische Optik (Heinz Haferkorn)
WB Informationsgerätetechnik (Eberhard Kallenbach)
WB Technische Mechanik/Mechanismentechnik (Erwin Just)
WB Fertigungsprozesse (Anton Schreiber)
WB Fertigungstechnik (Wolfgang Holle)
WB Glas-Keramik-Technik (Dagmar Hülsenberg)
Technikum Feinmechanik, Optik, Elektronik (FOE) in Suhl (Eberhard Kallenbach)

Sektion Physik und Technik elektronischer Bauelemente (PHYTEB), Faraday-Bau, Curie-Bau, Direktor: Gernot Paasch (Nachfolger ab 1988: Christian Knedlik)

WB Physik (Christoph Schnittler)
WB Chemie/Werkstoffe (Karl Nitzsche)
WB Elektronische Bauelemente (Eberhart Köhler)
WB Lichttechnik (Manfred Riemann)

[1173] Vielfältige Quellen, z. B. Telefonverzeichnis der THI, Stand vom 1.1.1986; BStU, BV Suhl, Abt. XX, Nr. 934, Bd. 1, Bl. 9 (S. 1–76). Die Rekonstruktion konnte zu keinem ganz genauen Datum erfolgen.

Sektion Mathematik, Rechentechnik und ökonomische Kybernetik (MARÖK), Block G, Kirchhoff-Bau, Flachbau 8, Direktor: Frieder Hülsenberg

WB Analysis (Johannes Vogel)
WB Optimierung (Karl-Heinz Elster)
WB Stochastik (Günther Dennler)
WB Operationsforschung (Walter Kempe)
WB Diskrete Mathematik (Horst Sachs)
WB Numerische Mathematik/Rechentechnik (Günter Bräuning)
WB Sozialistische Betriebswirtschaft (Frieder Hülsenberg)
Organisations- und Rechenzentrum, ORZ-Gebäude, (Reinhold Schönefeld)

Sektion Marxismus-Leninismus (ML), Block F, Kirchhoff-Bau, Direktor: Wolfgang Köhler

WB Dialektischer und historischer Materialismus (Klaus Römer)
WB Politische Ökonomie (Wolfgang Köhler)
WB Wissenschaftlicher Kommunismus / Geschichte der Arbeiterbewegung (Werner Prokoph)
WB Kulturtheorie / Ästhetik* (Alfred Erck)

Institut für Informationswissenschaft, Erfindungswesen und Recht (INER), Unterpörlitzer Str. 38, Direktor: Hans-Jürgen Manecke

WB I: Informationssysteme (Karl-Heinz Tänzer)
WB II: Methodik (Hans-Jürgen Manecke)
WB III: Maschinelle Sprachdatenverarbeitung (Erich Mater)
WB IV: Patentinformation, Erfindungswesen und Recht (Felix Weber)

Industrie-Institut (I.-I.), Gebäude Unterer Berggraben 10, Leiter: Berthold Bley

Abteilung Plasmatechnik Meiningen, Leiter: Wolfgang Reiß

Abteilung Fremdsprachen und Übersetzungswesen (AFÜ), Neuhäuser Weg, Flachbau 3, Leiter: Werner Geisler

Abteilung Studentensport, Sportplatzgebäude, Leiter: Georg Hartmann

Hochschulfilm- und Bildstelle, Block G, Leiter: Heinrich Quadflieg

Hochschulbibliothek, Straße der Jungen Techniker, Leiter: Dieter Knobbe

Das Jahr 1986 begann mit einer für die TH-Angehörigen nicht sichtbaren Maßnahme: Die Abteilung XX der BV Suhl übernahm am 1. Januar die Sicherung der TH (Kap. 5.3.1).[1174]

Der Senat diskutierte am 25. Februar 1986 die Jahresberichte der naturwissenschaftlich-technischen sowie gesellschaftswissenschaftlichen Forschung für 1985.[1175] Demnach wurden in der naturwissenschaftlich-technischen Forschung annähernd 35 Prozent der Kapazität für Aufgaben der Grundlagenforschung eingesetzt. Allerdings soll der Anteil jener Forschungsaufgaben, die den Charakter von Entwicklungs- und Konstruktionsaufgaben bzw. Rationalisierungsaufgaben besaßen – und kurzfristig zu lösen waren – zu hoch

---

1174 BV Suhl, Abt. XX, vom 4.2.1987: Einschätzung der politisch-operativen Lage an der THI; BStU, BV Suhl, Abt. XX, Nr. 909, Bd. 1, Bl. 58.
1175 Protokoll vom 1.4.1986 zur Beratung des Senats am 25.2.1986; UAI, S. 1–3.

gewesen sein. Verlangt wurden mehr Leistungen, die internationales Format aufwiesen. Die TH verteidigte 1985 insgesamt 73 Leistungen abschließend, an überführten Leistungen verbuchte sie 34. Insgesamt wurden 27 Fachbücher geschrieben, drei davon waren Hochschullehrbücher. 1.357 Vorträge wurden gehalten.[1176]

Die Forschungskapazität der TH Ilmenau betrug für das laufende Planjahr circa 25 Millionen Mark, errechnet aus dem Einsatz von 325 VbE Hochschullehrer, Assistenten und sonstigem Fachpersonal. Das entsprach einem Anteil von circa 44 Prozent der Planstellenkapazität aller involvierten Bereiche, und dies waren nahezu alle, sieht man von dienstleistenden Bereichen und Abteilungen wie für Sport und Sprachenausbildung ab. Hinzu kamen noch Leistungen durch den Einsatz von 205 VbE Forschungs- und anderen Studenten, insgesamt also 530 VbE. Zwei Vergleichsdaten unterstrichen den hervorgehobenen Stellenwert der TH Ilmenau: 44 Prozent der gesamten Planstellenkapazität standen 35 Prozent des Durchschnitts aller Universitäten und Hochschulen gegenüber, krass war der Unterschied des studentischen Anteils mit nahezu 40 Prozent gegenüber dem MHF-Durchschnitt von circa 26 Prozent. Die 44 Prozent wurden als „eine absolute Obergrenze" angesehen. Ein Anteil, der als „nicht weiter ausdehnbar" betrachtet wurde. Die Forschungskapazität war zu 80 Prozent vertraglich gebunden, davon 52 Prozent über Leistungsverträge und Industriefinanzierung mit Kombinaten und anderen Institutionen. Der Anteil der Grundlagenforschung betrug circa 13 Prozent und wurde als „noch zu gering" erachtet. Der Rest, 27,9 Prozent, war vertraglich für Projekte im Rahmen der LVO[1177] und anderer Institutionen, die dem Staatsplan Wissenschaft und Technik eingegliedert waren, gebunden (Kap. 5.2.1). 20,4 Prozent entfielen auf die erkundende Grundlagenforschung, finanziert aus dem Staatsplanhaushalt (summarisch nicht exakt, die Differenz beträgt 0,3 Prozent). Insgesamt zehn Kombinate hatten bereits langfristige Verträge mit der TH abgeschlossen oder beabsichtigten, solche abzuschließen (etwa Mikroelektronik Erfurt, Robotron Dresden, Narva Berlin, Carl Zeiss Jena und Technisches Glas Ilmenau). Den für die Hochschule erheblichen Bedarf an Wissenschaftskader wollte man extensiv erweitern, da allein für die Profilierungsaufgaben für Carl Zeiss Jena 71 VbE, für Technisches Glas 50 VbE, für das CAD/CAM-Labor im Technikum Suhl 40 VbE und für das Technikum Mikroelektronik Erfurt 81 VbE erforderlich waren. Mit Ausnahme der LVO-Aufgaben, die Vorrang genossen, war das gesamte Volumen mit den vorhandenen Kapazitäten nicht realisierbar. Offen war u. a. die Deckung des Bedarfs der Aufgaben für Carl Zeiss Jena, hier fehlten 34 VbE. Auch existierten „riesige Probleme" in der Frage der Wohnungsbereitstellung.[1178]

Ein Schreiben von Werner Kemnitz vom 25. Februar 1986 zeigt einen Interessenskonflikt, der im Kern mit der Ressourcenknappheit erklärt werden kann. Die im Bestand des BStU aufgefundene Quelle weist im Verteiler ihn selbst, das MHF, die Bezirksleitung der

---

[1176] THI, Direktorat Forschung, vom 10.2.1986: Jahresbericht der naturwissenschaftlich-technischen Forschung 1985, aufgefunden im Konvolut zur Beratung des Senats am 25.2.1986; UAI, S. 1–35, hier 3 u. 29.

[1177] Verordnung über Lieferungen und Leistungen an die bewaffneten Organe – Lieferverordnung (LVO) – vom 15.10.1981; GBl. 1981 I, Nr. 31, S. 357.

[1178] THI vom 10.1.1986: Arbeitsmaterial zur Forschungskapazität und -kooperation der THI 1986, aufgefunden in: BStU, BV Suhl, Abt. XX, Nr. 939, Bl. 53–57.

SED Suhl und den Sicherheitsbeauftragten Repenning aus. Der Inhalt betraf eine dringende Bitte an den Generaldirektor des Kombinates Carl Zeiss, Wolfgang Biermann, um ein Gespräch. In der Sache ging es um die Bilanzierung und Finanzierung eines Lehr- und Forschungsgebäudes, betrieben von der TH zum Zwecke der Forcierung von Hochtechnologieprojekten. Zeiss war der Auffassung, dass dies Angelegenheit des MHF sei. Kemnitz nicht, schließlich dürfte er gute Argumente gehabt haben, da die TH für das Kombinat Leistungen erbringen sollte und nicht umgekehrt. Das Ergebnis des Gesprächsersuchens war deprimierend: acht Versuche der Verbindungsaufnahme, acht Vertröstungen oder ausgebliebene versprochene Rückrufe. Schließlich informierte Kemnitz am 21. Februar Harry Groschupf vom MHF. Der versprach, in drei Tagen mit ihm das weitere Vorgehen abzustimmen. Da die Aktennotiz von Kemnitz vom 25. Februar stammt, kann angenommen werden, dass auch Groschupf sich nicht gemeldet hatte. Auch eine Bitte an Biermann, dass er einen Festvortrag zum diesjährigen IWK an der TH Ilmenau halten möge, wurde über dessen Büro ohne Gründe abgesagt, es hieß lediglich, dass „eine offizielle schriftliche Einladung zurzeit nicht sinnvoll" sei.[1179]

Das Technikum in Suhl, Teil III

Ende Februar 1986 bestand das der Sektion GT zugeordnete Technikum strukturell aus der Leitung, die zu dieser Zeit von Eberhard Kallenbach auf Fritz Roth wechselte, und zwei eher dienstleistenden und drei Wissenschaftsbereichen:[1180]

TS 1: Organisation und Technik unter Karl-Heinz Kühn
TS 2: Werkstattbereich (Mechanischer und elektronischer Musterbau, Fotolabor, Bauelementelager) unter Helmut Herzer
TS 3: WB Konstruktion unter Manfred Schilling
TS 4: WB Antriebs- und Sensortechnik unter Eberhard Kallenbach
TS 5: WB Lasertechnik unter Fritz Roth

Die Gesamtsumme der Investitionen betrug 37,1 Millionen Mark, wovon auf den eigentlichen Bau 22,1 Millionen entfielen. Zur Bausumme zählten die Kosten für spezielle Lehr- und Forschungsgebäude, das Internat mit einer Kapazität von 240 Wohnheimplätzen sowie die Speiseeinrichtung und den medizinischen Stützpunkt in Höhe von 15,2 Millionen. Indessen war auch das Direktstudium verändert und die Anzahl der Direktstudenten im 8. und 9. Semester auf 45 neu festgelegt worden. Um dies zu realisieren, sollten Studienplätze der Sektionen GT, TBK, INTET, ET und PHYTEB abgezogen werden. Ferner sollten die Vertiefungsrichtungen „Automatisierte Präzisionsgeräte" und „Geräteentwicklung" weiterentwickelt werden, wobei als Schwerpunkt CAD/CAM zu profilieren war. Die 45 Studenten sollten im 7. Semester ein Ingenieurpraktikum durchlaufen. Zusätzlich sollten 25 weitere Studenten aus allen Sektionen der TH Ilmenau ihr Ingenieurpraktikum im Technikum absolvieren. Für die Weiterbildung von Industrie-Kadern war u. a. ein dreisemestriges Postgradualstudium „CAD/CAM" der Gerätetechnik für jährlich 25 Studenten

---

1179 THI, Rektor, vom 25.2.1986: Aktennotiz; BStU, BV Suhl, Abt. XX, Nr. 939, Bl. 61 f.
1180 BV Suhl, Abt. XX, vom 27.2.1986: Technikum Suhl; BStU, BV Suhl, Abt. XX, Nr. 1473, Bl. 22 f.

vorgesehen. Auch zeichnete sich ab, dass Ende 1986 ein Leistungsvolumen in der Forschung in Höhe von 1,2 Millionen Mark und im Wissenschaftlichen Gerätebau von 1,3 Millionen erreicht werden würde. Die Leistungsgrenze des Technikums war mit „vier Typen von CCD-Kameras, 20 Modulen mikroelektronischer Steuerungen, zwei Typen von Feinpositionierungssystemen" und einigen weiteren Einzelaufgaben erreicht. Leistungsverträge waren nunmehr mit zwölf Kombinaten und Betrieben abgeschlossen worden. Sie konzentrierten sich auf ein System von Modulen flexibler Automatisierung, wie modulare mikroelektronische Steuer- und Regelkreise, sowie Greifertechnik, Maschinen- und Applikationssoftware, Prozesstechnologie und -strukturierung des Gerätebaus. Die Gesamtleistung des Technikums wurde nach Abschluss der ersten Etappe auf 10,2 Millionen Mark pro Jahr kalkuliert.[1181]

Zum Investprogramm der TH Ilmenau für den Komplex der LVO-Forschung und für den Bau resp. die Weiterentwicklung der Technika ist ein parteiinternes Material vom 2. Oktober 1986 überliefert. Demnach waren die Kapazitäten des Technikums völlig ausgebucht. Vorrangig sollte die Einrichtung eines CAD/CAM-Labors, die Errichtung eines Entwicklungszentrums für Leiterplatten sowie die Erweiterung der Kapazitäten für den Musterbau vorangetrieben werden, für den das Technikum die Leitfunktion innerhalb der entsprechenden territorialen Einrichtungen wahrzunehmen hatte. Das konkret festgelegte Leistungsangebot des Technikums umfasste acht Kombinate und Betriebe sowie den Wirtschaftsrat des Bezirkes mit insgesamt 44 Themen. Darunter für den VEB Kombinat Elektrogerätebau Suhl zwölf Themen, etwa einem Verdrahtungsroboter (CAM), einem Technologenarbeitsplatz (CAD/CAM) und einem Fakteninformationssystem für Forschung und Entwicklung.[1182] Der weitere Ausbau des Technikums für die drei oben genannten Komplexe (CAD/CAM, Leiterplattenzentrum und Musterbau) erfolgte auf Grundlage des Beschlusses des Sekretariats der Bezirksleitung der SED Suhl vom 27. August 1986.[1183] Darüber hinaus war für die Jahre 1987 bis 1989 geplant, in unmittelbarer Nähe der Sektion GT in der Poststraße 27 ein gemeinsames Technikum des Kombinates Technisches Glas Ilmenau, der TH Ilmenau und der Akademie der Wissenschaften für die „Entwicklung neuer Verfahren, Werkstoffe und Erzeugnisse der technischen Glasindustrie" zu errichten. Diesen Beschluss fasste die Bezirksleitung der SED Suhl am 26. März 1986.[1184]

Indes blieben die Probleme des wissenschaftlichen Nachwuchses die alten, wobei die Vergleichbarkeit der Statistiken, die oftmals verändert wurden, deutlich erschwert ist.

1181 THI, Kemnitz, von 1986: Aufbau des Technikums in Suhl; BStU, BV Suhl, Abt. XX, Nr. 941, Bl. 3–19.

1182 THI, Kemnitz, vom 2.10.1986: Parteiinterne Quellen; BStU, BV Suhl, Abt. XX, Nr. 939, Bl. 102–115.

1183 THI vom 14.10.1986: Parteiinterne Quellen, aufgefunden in: ebd., Bl. 117. Vorlage der Entwicklungskonzeption des FOE für die Bezirksleitung der SED Suhl vom 23.10.1086; LATh-StA Meiningen, BS IV F2/9/2/431, S. 1–16.

1184 THI, Kemnitz, vom 2.10.1986: Parteiinterne Quellen, aufgefunden in: ebd., erste Quelle, Bl. 102–115, hier 112–115.

Tabelle 56: Promotionsverfahren A, 1986

Sektionen und Institute	Plan	Ist	Erfüllung [Prozent]
MARÖK	6	3	50
TBK	24	15	62,5
INTET	15	12	80
ET	11	8	72,7
GT	12	7	58,3
PHYTEB	8	5	62,5
INER	1	1	100
ML	1	-	0
Technikum FOE Suhl	1	-	0
Gesamt	79	51	64,6

Tabelle 57: Durchschnittliche Qualifizierungszeiten, Promotion A

Qualifizierungsform	1982	1983	1984	1985	1986
Befristete Assistenz	4,9	5,2	5,1	4,34	4.03
Forschungsstudium	4,7	3,5	3,5	3,34	3,33
Planmäßige Aspirantur	3,3	3,4	3,4	3,33	3,44
Außerplanmäßige Aspirantur	4,0	4,6	4,3	4,6	4,13

In der Frage der Überschreitung der Qualifizierungszeiten fiel die Sektion INTET recht deutlich mit 10,4 Prozent auf, während TBK mit zumindest ähnlich hoher Promotionsanzahl eine Überschreitung der Normzeit von 4,8 Prozent vermeldete. Das MHF machte für das kommende Jahr ernst. Hochschullehrer, die ihre Doktoranden nicht termingemäß zur Promotion führten, sollten keine Prämien mehr erhalten. Die TH Ilmenau verankerte dies in ihrem Betriebskollektivvertrag (BKV) für 1987. 1986 erwies sich insbesondere die Quote für die Promotion B als besorgniserregend. Die acht Kandidaten waren im Durchschnitt 42,3 Jahre alt, drei gar knapp 50 Jahre.

Tabelle 58: Nachwuchskader, Promotion B, 31.12.1986

Struktureinheit	Plan	Ist	Erfüllung [Prozent]
MARÖK	5	0	0
TBK	5	2	40
INTET	4	1	25
ET	4	0	0
GT	3	1	33
PHYTEB	2	1	50
TH gesamt	23	5	21,7

Das MHF verlangte aufgrund der Bevölkerungsstruktur, die künftigen Zulassungszahlen auf dem Gebiet des Elektroingenieurwesens gegenüber den Jahren 1981 bis 1985 konstant zu halten. Ilmenau überbot für diese Jahre die Maßgabe jährlich um „ein ganzes Stück“.[1185] Sie belegte insgesamt gesehen einen Mittelplatz, besaß jedoch drei erste Plätze (was keine andere Bildungsstätte erreichte) bei nur einem letzten Platz.

[1185] THI, Direktorat K/Q, vom 12.2.1987: Analyse der Entwicklung des wissenschaftlichen Nachwuchses, aufgefunden im Konvolut zur Beratung des Senats am 24.2.1987; UAI, S. 1–4.

Tabelle 59: Kennziffern für Direktstudenteneinheiten je VbE

Einrichtung	Wiss. Personal	HS-Lehrer	Professoren	Sonstiges Fachpersonal
TU Dresden	6,8	24,6	53,5	7,6
Bergakademie Freiberg	7,5	28,6	57,6	5,4
TH Magdeburg	7,2	26,4	55,5	9,5
TH Karl-Marx-Stadt	6,6	31,3	78,5	9,8
TH Ilmenau	6,1	27,3	59,2	6,7
HfV Dresden	7,1	25,8	66,1	11,0
HS für Architektur u. Bauwesen Weimar	8,0	30,7	69,1	11,0
TH Leipzig	5,7	21,4	48.8	10,7
TH Leuna-Merseburg	6,4	22,6	45,4	7,3

Tabelle 60: Kennziffern je 100 Direktstudenteneinheiten[1186]

Einrichtung	Hörsaalplätze	Seminarraumplätze	Arbeitsplätze (Studium, Kabinette, Praktika)	Vorzeitige Exmatrikulationen
TU Dresden	66,7	23,0	34,6	3,8
Bergakademie Freiberg	83,1	39,4	35,2	4,9
TH Magdeburg	51,6	31,2	25,6	4,7
TH Karl-Marx-Stadt	49,9	46,7	34,7	5,0
TH Ilmenau	38,7	32,7	40,8	2,6
HfV Dresden	69,1	51,8	28,7	5,6
HS für Architektur u. Bauwesen Weimar	42,9	27,5	22,0	4,5
TH Leipzig	51,4	32,5	20,6	4,8
TH Leuna-Merseburg	57,4	53,2	38,6	5,6

Wachstum der deutsch-deutschen Verbindungen?

Anlässlich der Leipziger Frühjahrsmesse im März 1987 kam es auf Initiative des Ministerpräsidenten von Baden-Württemberg, Lothar Späth, zu einem Gespräch über das Hochschulsystem der DDR. Werner Kemnitz erhielt bei dieser Gelegenheit von Späth inoffiziell eine Einladung zu einem Besuch der Universität Stuttgart sowie zu Besuchen zweier Messen. Das MfS schätzte ein, dass Späth sowohl über die TH als auch über Kemnitz gut unterrichtet war.[1187] Die Bitte des Rektors, der Einladung Späths zu folgen, beschied das MHF abschlägig, da „vorläufig kein zentrales Interesse“ bestehe, verwarf diesen Bescheid jedoch mit Schreiben vom 25. Mai 1987. Die Reise befürwortete auch Klaus Stubenrauch vom Ministerium für Wissenschaft und Technik (MWT). Das MHF und das Ministerium für Auswärtige Angelegenheiten (MfAA) bestimmten, dass vorab keine konkreten Festlegungen zu treffen seien. Diese seien erst nach dem WTZ-Abkommen zwischen den beiden deutschen Staaten möglich. Eine „spezifische Einweisung des Rektors“ erfolgte am 12. Juni durch die Stellvertreter der Hauptverwaltung Aufklärung (HV A) und der Abteilung XX der BV Suhl. Der Sofortbericht von Kemnitz für sein Haus und das MHF als auch die detaillierten Einschätzungen des MfS verraten ein reges Interesse der westdeutschen Seite an diesen Kontakten. Die Ilmenauer besuchten in Stuttgart das Max-Plank-Institut für Metallforschung, die Universität und ein Technologiezentrum.[1188]

1186 Vergleich ausgewählter Kennziffern der Technischen Universitäten und Hochschulen des MHF 1986; BStU, BV Suhl, Abt. XX, Nr. 934, Bl. 84.

1187 BV Suhl, Abt. XX, vom 20.4.1987: Information; BStU, BV Suhl, Abt. XX, Nr. 927, Bl. 13–15, hier 15.

1188 BV Suhl, Abt. XX, vom 19.6.1987: Delegation des MHF und MWT; ebd., Bl. 20. Sofortbericht von Kemnitz, o. D.; ebd., Bl. 22–24. BV Suhl, Abt. XX, vom 10.7.1987: Ergänzung; ebd., Bl. 36–39.

Die Beziehungen zur TU Karlsruhe entwickelten sich von da an positiv. Am 14. April 1988 kam es zu einem Gespräch zwischen einem führenden Angehörigen der TU und Kemnitz in Ilmenau, das politische Terrain wurde auf gegenseitige Belastbarkeit abgeklopft. Der Delegationsleiter der TU habe „jede Konfrontationspolitik abgelehnt", er sähe in der DDR „einen völlig souveränen Staat". Beide Seiten müssten aufeinander zugehen und sich achten. Bei dieser Gelegenheit wurde Kemnitz ein Besuch der Fakultät Elektrotechnik der TU in Aussicht gestellt.[1189] Offenbar war der Besuch seitens der TU nicht gut vorbereitet, so dass es zu einem zweiten Termin vom 20. bis 24. Februar 1989 kommen musste, dem nach Zusicherung der TU „diesmal [...] auch alle gewünschten Gesprächspartner" beiwohnen würden.[1190] Kemnitz hielt einen Vortrag zum Thema: „Wissenschafts- und Ausbildungsprofil der TH Ilmenau und Schwerpunkte der zukünftigen Arbeit."[1191] Die *Uni-Information Karlsruhe* berichtete ausführlich über die Kolloquiumsvorträge von Kemnitz und Jürgen Wernstedt. Beide gaben ein umfassendes Bild von der TH Ilmenau. Kemnitz informierte, dass die Absolventenquote mit 80 Prozent hoch sei; Zitat aus *Uni-Information Karlsruhe*: „Der Rest verlässt die Hochschule vorzeitig – entweder weil das Studium fachlich nicht geschafft wird oder aus sozialen Gründen. Außerdem seien die Absolventengehälter vergleichsweise nicht so hoch, dass man sich ‚gezwungen' fühlte, ein Studium gegen extreme Schwierigkeiten zu Ende zu führen." Zur Forschungsfrage hieß es, dass die personelle Forschungskapazität der TH Ilmenau „zu 40 Prozent durch Studenten abgedeckt" werde, wobei die Forschungsaufträge zu 60 Prozent aus der Industrie kämen. Der Rest ergebe sich aus Aufträgen des MWT und seiner Hochschule. Man sei „an der TH bemüht, den Industrieanteil nicht steigen zu lassen, da man die Meinung" vertrete, „dass die Hochschule nicht dazu da sei, Tagesaufgaben zu erledigen".[1192]

Gab Berlin das Signal zu dieser Offenheit? Im Vorfeld des Besuchs war es jedenfalls zu einer Absprache von Kemnitz mit Böhme und Groschupf gekommen, bei der ihm bedeutet wurde, die Themen einer künftigen Zusammenarbeit mit Karlsruhe selbst zu bestimmen.[1193] Doch entsprachen die gegebenen Zahlen auch den tatsächlichen Erhebungen? Die Erfolgsquoten im Studium sahen jedenfalls anders aus, nämlich für die Jahre 1985 bis 1988, aufsteigend in Prozent: 82 – 84,6 – 92,3 und zuletzt 91,2.[1194] Und genau das entsprach den Vorgaben des MHF, das möglichst alle Studenten durchbringen wollte! Das MfS sah die Entwicklung der Beziehungen beider Bildungseinrichtungen dem initiativreichen Engagement Späths geschuldet.[1195] Im März 1989 kam ein hoher Vertreter der TU zu einem Gegenbesuch nach Ilmenau.[1196]

1189 BV Suhl, Abt. XX, vom 19.4.1988: Zusammenkunft; ebd., Bl. 43–46, hier 44 f.

1190 TU Karlsruhe vom 31.1.1989: Programmabstimmung; ebd., Bl. 56 f.

1191 TU Karlsruhe vom 22.7.1988: Einladung; ebd., Bl. 48. THI, INTET, TBK, vom 2.7.1988: Reisedirektive für den Rektor der THI; ebd., Bl. 49–51. THI vom 7.9.1988: Annahme der Einladung; ebd., Bl. 52.

1192 Porträt einer DDR-Hochschule – wie sie sich selber sieht, in: Uni-Information Karlsruhe (1989)5, S. 13.

1193 BV Suhl, Abt. XX, vom 26.9.1988: Perspektive der Zusammenarbeit zwischen der THI und TU Karlsruhe; BStU, BV Suhl, Abt. XX, Nr. 927, Bl. 55.

1194 THI vom 10.3.1988: Persönliches Informationsmaterial über die THI; BStU, BV Suhl, Abt. XX, Nr. 934, Bl. 72–83, hier 75.

1195 BV Suhl, Abt. XX, vom 11.3.1989: Erkenntnisse zum Vorgehen der BRD bei der Anbahnung von Partnerschaftsbeziehungen zwischen der TU Karlsruhe und der THI; ebd., Bl. 108–112.

1196 BV Suhl, Abt. XX, vom 27.3.1989: Besuch der TU Karlsruhe vom 17.–18.3.1989; ebd., Bl. 117 f.

Drei politische Ereignisse von 1983 und 1986 – der Beschluss des Politbüros des ZK der SED vom 28. Juni 1983 zur Konzeption für die Gestaltung der Aus- und Weiterbildung der Ingenieure und Ökonomen in der DDR, der XI. Parteitag der SED vom 17. bis 21. April 1986 und die 3. Tagung des ZK der SED – nahmen 1987 an Bedeutung zu. Der SED ging es bei ihren Kursbestimmungen und -korrekturen um Konzentration, Zentralisation und Schwerpunktverlagerungen, da der Ressourcenrahmen keine Expansion zuließ. Hierzu zählte beispielsweise der Plan einer alsbaldigen Abschaffung des Fachschulstudiums. Alle Ingenieure und Ökonomen sollten künftig ein Hochschulstudium absolvieren. Den Abschluss als Ingenieur resp. Ökonom sollte es nach der Umstellung nicht mehr geben. Die Umstellung wurde begründet mit dem sich rasant entwickelnden wissenschaftlich-technischen Fortschritt, einer Wissensexplosion und der Notwendigkeit einer modernen Grundlagenausbildung, die letztlich der immer höher werdenden Frequenz der Wissensalterung entgegenzusetzen sei. Mit der Umsetzung sollten „das Netz und die Profile der Universitäten, Hoch- und Fachschulen so ausgestaltet" werden, „dass sie langfristig den Erfordernissen der entwickelten sozialistischen Gesellschaft noch besser gerecht" würden. Es ging darum, in einer in der DDR nie dagewesenen Breite Spitzenkräfte aus- und weiterzubilden. 1987 verfestigte die SED diese Programmatik agitatorisch.[1197] Hieran schloss sich eine Reformkonzeption für das Hochschulfernstudiums an, die noch Ende 1987 vorlag. Hierbei ging es um eine effektivere, verbindlichere und auch raschere Ausbildung (für Ingenieure fünf Jahre, vormals fünfeinhalb bis fünfdreiviertel Jahre), wobei der Diplom-Abschluss im externen Verfahren fakultativ zu erwerben war. Eine zweite Möglichkeit der Höherqualifizierung sollte für Fachschulingenieure über ein spezielles Fernstudium möglich werden, das mit einem Diplom abzuschließen war. Der Start war für 1988 vorgesehen.[1198]

Die letzte große Konzeption für die TH Ilmenau

Die Konzeption für eine neuerliche Profilierung der TH Ilmenau vom 24. März 1987 war letztlich eine 1:1-Übersetzung der Beschlüsse des XI. Parteitages der SED. Sie bildete die letzte Richtungsanweisung der SED im Rahmen einer Wissenschaftspolitik, die das Hochschulausbildungssystem bezüglich der Industriebindung nun vollständig ergriff. Sie beschreibt für die TH Ilmenau die letzte Zäsur der Politik der SED für Wirtschaft, Wissenschaft und Bildung, die semantisch gesehen eine hochmodern-zivile, im inneren jedoch erheblich militärisch intendiert war (Kap. 5.2). Für das Wissenschaftsprofil sah sie je sieben Wissenschafts- und Ausbildungslinien vor. Die Wissenschaftslinien waren:

- Mikro- und Optoelektronik, interferenzoptische Sensorsysteme, Lasertechnik und intelligente Messtechnik;
- Informatik, Informationsverarbeitung und Informationstechnik;
- Automatisierungstechnik;
- Veredlung und rationeller Einsatz von Werkstoffen mit dem Schwerpunkt Glas/Keramik;

[1197] Information 1987/1, Nr. 227, zur zukünftigen Ausbildung von Ingenieuren und Ökonomen an den Universitäten und Hochschulen der DDR; BStU, BV Suhl, Abt. XX, Nr. 934, Bl. 11–18.

[1198] Information 1987/12, Nr. 238, zur weiteren Entwicklung des Hochschulfernstudiums; ebd., Bl. 19–26.

- Rechnergestützter Entwurf und Entwicklung technischer (z. B. für Mikroelektronik), technisch-organisatorischer (z. B. für technologische Prozesse) und nichttechnischer (z. B. für ökonomische Aufgaben) Systeme;
- Rationelle Energieerzeugung und Energieanwendung inklusive neuer Diagnosesysteme;
- Ausgewählte mathematische Aufgaben im Sinne der sechs genannten Linien.[1199]

Die sieben Ausbildungslinien, die die sieben Forschungslinien abbildeten, waren:

- Theoretische Elektrotechnik (FR 14001);
- Technische Kybernetik und Automatisierungstechnik (FR 14002);
- Informationstechnik (FR 14003);
- Elektronische Bauelemente (FR 14004);
- Gerätetechnik (FR 14005);
- Elektrotechnik (FR 14007);
- Mathematik (FR 01003).

Die Konzeption berücksichtigte die Maxime, wonach die steigende Zahl von Studenten „bei gleichbleibender materiell-technischer Basis" zu realisieren sei. Geplant war ein Wachstum der Direktstudenten von 2.225 (für 1986) auf 2.891 (für 1995). Dabei kam der höchste Zuwachs „aus der Notwendigkeit, das Direktstudium für die Vertiefungsrichtung Mikroelektronik/Optoelektronik (Carl Zeiss Jena) von 1986 für 130 Studenten bis 1995 voraussichtlich auf 480 zu erweitern", zustande (Kap. 5.2.2). Ein Element des Zuwachses war die „jährlich vorzeitigen Entlassungen aus dem dreijährigen Wehrdienst, beginnend 1988 mit circa 220 Studenten". Die Gesamtanzahl der Studenten aller Studienformen sollte von 3.035 (für 1986) auf 4.430 (für 1995) steigen. Markante Erhöhungsraten waren für die Entwicklung der Mikro- und Optoelektronik sowie die Anzahl der Studenten und Assistenten vorgesehen:

Tabelle 61: Plan der Entwicklung der Anzahl der Studenten der TH Ilmenau, 1986–1995

Studienart	1986	1988	1990	1992	1995
Direktstudium, DDR	2.225	2.320	2.566	2.835	2.891
Mikro- u. Optoelektronik (für Carl Zeiss Jena)	130	320	470	470	480
Vorfristige Entlassung aus der NVA	-	220	220	220	280
Direktstudenten DDR, gesamt	2.355	2.860	3.256	3.525	3.651
Industrie-Institut	124	124	124	124	124
Direktstudium, Ausländer	292	302	299	276	276
Teilstudenten u. postgraduale Ausländer	3	15	15	15	15
Vorkurs	42	45	80	80	80
Aspiranten, DDR	10	34	61	76	76
Teilaspiranturen	9	12	15	18	18
Forschungsstudenten	135	135	140	150	150
Aspiranten, Ausländer	65	83	50	40	40
Studenten, gesamt	3.035	3.610	4.040	4.304	4.430

1199 BV Suhl, Abt. XX, vom 20.5.1987: Konzeption für die Weiterentwicklung und Profilierung der THI in Verwirklichung der Beschlüsse des XI. Parteitages der SED vom 24.3.1987; ebd., Bl. 53–61, hier 53.

In der Konzeption sind 63 Forschungs- und Entwicklungsthemen aufgeführt. Hauptpartner waren die Kombinate Carl Zeiss Jena, Mikroelektronik Erfurt, Robotron Dresden, Technisches Glas Ilmenau, Automatisierungsanlagenbau Berlin und Elektrobau-Elektrotechnische Werke Hennigsdorf. Derzeit standen Koordinierungsverträge mit den Kombinaten Elektrogeräte Suhl und Keramikmaschinenbau Sonneberg in Vorbereitung. Gefordert wurde eine Erhöhung des Anteils von 30 Prozent des Forschungspotenzials (für 1986) auf 54 Prozent (für 1990) für Themen der speziellen Forschung sowie Staatsplanthemen. Ein Drittel der Staatsplanthemen stand unter direkter Kontrolle des Ministerrates. Der Anteil der speziellen Forschung (LVO) wuchs sowohl quantitativ als auch qualitativ von der Bedeutung und Kompliziertheit der Themenstellungen her. War für das laufende Jahr (1987) ein Anteil von 17 Prozent eingestellt, so sollte er binnen dreier Jahre auf circa 40 Prozent wachsen! Die Wachstumsraten lagen damit weit über dem Durchschnitt des Bereiches des MHF und erforderten aus Sicht des MfS einen maximalen Eingriff in die Sicherheitsarchitektur der TH Ilmenau mit vielfältigen Restriktionen. Ein Element bestand darin, die jährliche Zahl der ausländischen Direktstudenten „schrittweise zu reduzieren". Erheblich waren die bekannten Defizite, angefangen bei der Rekrutierung von Studenten und Hochschullehrern, der Beschaffung von Wohnheimplätzen bis hin zum Grundmittelbestand. Von den 392 Objekten der TH Ilmenau galten 73 als „vollkommen verschlissen".[1200] Eine Kaderanalyse von 1987 zeigt eine drohende Überalterung in wichtigen Positionen.

Tabelle 62: Kaderübersicht, 1987[1201]

	Anzahl							Alter					
		SED	[%]	Prom. A	[%]	Prom. B	[%]	≤ 35	[%]	36–50	[%]	> 50	[%]
O. Prof.	52	40	77	52	100	43	83	-	-	13	25	39	75
A. o. Prof.	10	6	60	10	100	9	90	-	-	5	50	5	50
Hon.-Prof.	6	5	83	6	100	3	50	-	-	2	33	4	67
HS-Doz.	60	55	92	60	100	46	77	1	2	41	68	18	30
A. o. Doz.	13	8	62	13	100	13	100	-	-	10	77	3	23
Hon.-Doz.	12	10	83	12	100	2	17	-	-	6	50	6	50
Wiss. Oberass.	88	45	51	87	99	12	14	7	8	68	77	13	15
Ubfr. w. Ass.	126	51	40	107	85	2	2	67	53	50	40	9	7
Bfr. w. Ass.	197	71	36	12	6	-	-	197	100	-	-	-	-
Lektoren	22	7	32	22	100	-	-	-	-	6	27	16	73
LHD	46	18	39	5	11	-	-	13	28	26	57	7	15
Fo-Studenten	111	43	39	-	-	-	-	111	100	-	-	-	-
Plm. Asp. A	13	5	38	-	-	-	-	5	38	8	62	-	-
Plm. Asp. B	7	7	100	7	100	-	-	4	57	3	43	-	-
Aplm. Asp. A	133	57	43	-	-	-	-	59	44	72	46	2	-
Aplm. Asp. B	9	7	78	9	100	-	-	4	44	4	44	1	11

1200 Ebd., Bl. 54–56 u. Anlage 1, Bl. 62, Anlage 2 zu ausgewählten Themen der Forschung, Bl. 63 f., Anlage 3 zu bedeutenden Spitzenleistungen, Bl. 56, 59–61 u. 65–68. 1986 bestand ferner die FR 43005: Wirtschaftsinformatik als angewandte Disziplin der Informatik aus der Grundstudienrichtung „Wirtschaftswissenschaften", in: Studieninformation der THI; BStU, BV Suhl, KS, Nr. 2271, Bl. 162–182.

1201 Ebd., Anlage 4, Bl. 69. Zeilen: (1) ordentliche und in (2) außerordentliche (a. o.) Prof., (3) Honorar-Prof., (4) Hochschuldozenten (außer a. o. Prof.), (5) a. o. Dozenten (alle Oberassistenten), (6) Honorar-Dozenten, (7) wiss. Oberassistenten (außer a. o. Dozenten), (8) unbefristete wiss. Assistenten, (9) befristete wiss. Assistenten, (10) Lektoren, (11) Lehrer im Hochschuldienst, (12) Forschungsstudenten, (13) planmäßige Aspiranten A, (14) planmäßige Aspiranten B, (15) außerplanmäßige Aspiranten A, (16) außerplanmäßige Aspiranten B.

Die Besetzung der Sektionen mit Hochschullehrern zeigte Ende 1987 folgendes Bild:

Tabelle 63a: Hochschullehrerschaft, Ende 1987

Bereich / Zweig	Lehr-stühle	Dozenturen	O. Prof.	A. o. Prof.	HS-Doz.	A. o. Doz.	Honorar-Prof.	Honorar-Doz.
TBK	6	10	6	0	10	0	2	1
INTET	9	10	9	2	8	2	0	2
ET	6	6	6	2	3	0	0	3
GT	9	12	9	3	9	4	1	2
PHYTEB	7	8	6	3	5	3	2	1
MARÖK	9	10	9	3	5	2	0	1
ML	5	8	5	0	7	0	1	0
INER	3	2	3	1	1	1	0	1
I.-I.	1	4	1	0	4	1	0	0
AFÜ	0	1	0	0	1	0	0	0
MaNa	9	8	9	5	3	2	0	0
TeWi	35	45	34	8	35	9	4	9
GeWi	5	6	5	1	5	1	0	1
MLG	3	7	3	0	6	0	1	0
WiWi	3	5	3	0	4	1	0	1
THI, gesamt	55	71	54	14	53	13	5	11

Nicht besetzt waren zum Teil wichtige Positionen wie der Lehrstuhl der Sektion PHYTEB, Mikroelektroniktechnologie. Ferner waren die Dozenturen für Informationsverarbeitung in der Ökonomie sowie Betriebssysteme (beide MARÖK), Elektrische Maschinen der Sektion ET, aber auch Dialektischer und historischer Materialismus der Sektion ML vakant. Die Lehrstühle für Theoretische Physik (PHYTEB) und Politische Ökonomie (ML) drohten zum Jahresende frei zu werden. Die Tab. 63a zeigt zwar deutlich das eigentliche Schwergewicht der TH Ilmenau, aber auch den relativ hohen Stellenwert der Sektion ML mit 13 Hochschullehrern, die damit durchaus in Reichweite der Mathematik und Naturwissenschaften lag.[1202] Für das neue Studienjahr sank die Zahl der Hochschullehrer – bei gestiegenen Bedarfszahlen – leicht auf 147:

Tabelle 63b: Hochschullehrerschaft, 30.9.1988[1203]

THI, gesamt	56	75	54	20	42	11	7	13

Das personale Problem wirft noch einmal die Frage von oben auf, inwiefern sich die Leistungsbilanzen in der Forschung und in der geistigen Produktivität zu jenen vor der Zuwendung zur speziellen Ausbildung, Forschung und Entwicklung, 1984, verschoben haben mögen. Hat diese Trendwende die TH Ilmenau stärker betroffen als andere Universitäten und Hochschulen? Die Darstellung der Daten im Jahresbericht des MHF der naturwissenschaftlich-technischen Forschung für 1987 folgt jener, die für 1984 gewählt wurde:

Die 16 berichtspflichtigen Leistungen aus dem Staatsplan Wissenschaft und Technik sowie die 14 berichtspflichtige Leistungen aus dem Plan der Grundlagenforschung wurden erfüllt (30:30), insgesamt also eine Steigerung von sieben Leistungspositionen gegenüber

[1202] THI, Direktorat K/Q, vom 10.11.1987: Berufungen zum 1.2.1988, aufgefunden im Konvolut zur Beratung des Senats am 1.12.1987; UAI, S. 1–41. MLG ist unbekannt, sonst siehe Abkürzungsverzeichnis.

[1203] Statistik, aufgefunden im Konvolut zur Beratung des Plenums des WR am 1.11.1988; UAI, S. 1–3.

1984. Von allen 26 hohen Bildungsstätten meldeten diesmal drei ein Defizit von jeweils einer Position. Von der Anzahl der berichtspflichtigen Leistungen her lag Ilmenau diesmal drei Plätze verbessert auf dem sechsten Platz (30). Führend war wiederum die TU Dresden (49), gefolgt von der FSU Jena (43) und der HU Berlin gemeinsam mit der TU Karl-Marx-Stadt mit je (37). Auch die artverwandte dritte ehemalige Spezialhochschule, die TU Magdeburg, lag mit einer Leistungsposition noch vor Ilmenau. Insgesamt nahm die Anzahl aller berichtspflichtigen Leistungen von 488 für 1984 auf nunmehr 417 deutlich ab, während Ilmenau seine deutlich steigerte, sie gehörte nunmehr zum oberen, führenden Feld der Leistungsträger. Die TH Ilmenau erbrachte diese Leistungen mit einer Forschungskapazität von 358 VbE, also 30 mehr als 1984, darunter waren 198 Hochschulkader, also 20 weniger als zum Vergleichsjahr. Der Vergleich des Einsatzes mit den Kapazitäten der genannten anderen Einrichtungen ergab das gleiche Bild wie 1984. Wieder setzten etwa die TU Dresden (1.475, um 211 VbE gesteigert) und die HU Berlin (1.877, um 146 VbE gesteigert) deutlich mehr wissenschaftliche Kader ein. Zu den berichtspflichtigen Leistungen aus dem Staatsplan und der Grundlagenforschung kamen für die THI 88 Leistungen aus dem Plan Wissenschaft und Technik hinzu, 18 weniger als 1984, zusammen also 118 Leistungen. Eingerechnet die dazu zur Verfügung gestandenen VbE-Kapazitäten, war sie auch 1987 wieder effizienter als die nominell stärksten Bildungseinrichtungen. Der Wettbewerb in der geistigen Leistungsbilanz entschied sich aber wiederum gegen Ilmenau.

Tabelle 64: Geistige Bilanz (II), 1987[1204]

	HS-Lehrbücher	Andere Lehrbücher	Monographien	Sammelbände	Gesamt	Fo.-Berichte	Lehrbriefe	Wiss. Artikel	Diss. A	Diss. B
HUB	25	17	24	13	79	462	88	3.278	423	75
KMU	12	11	29	41	93	308	43	1.723	204	32
FSU	14	7	16	11	48	268	9	1.351	185	44
TUD	51	35	23	56	165	703	117	1.710	284	62
TUM	14	12	3	2	31	176	13	498	71	8
TUK	9	11	8	27	55	245	38	621	88	45
THI	11	3	4	6	24	241	26	410	78	12

Ende des Jahres wurde die Wissenschaftskonzeption „Konstruktion zur Weiterentwicklung der konstruktiven Disziplinen an den Universitäten und Hochschulen der DDR und ihre Realisierung an der TH Ilmenau“ diskutiert. Die TH war dank ihrer Konstruktionsschule hierfür prädestiniert. Sie besaß auf diesem Gebiet ein historisch verfestigtes fachliches Herausstellungsmerkmal. Das war offenbar der Grund für das MHF, sie mit dieser Aufgabe für sämtliche Universitäten und Hochschulen zu betrauen. Ganz im Geist dieser Tradition heißt es: „Die Konstruktion als generelles und tragendes Element *jeglicher* Ingenieurtätigkeit muss in der Ausbildung *aller* Ingenieure vermittelt werden.“ Entfaltet wurde der Sinn im dritten Aspekt: „Das für *jeden* Ingenieur erforderliche Grundwissen umfasst: Technisches Darstellen, Bemessungsgrundlagen, Standardisierung, Gestaltungsgrundlagen, Konstruktionselemente, Antriebselemente, Fertigungsverfahren sowie die Grundlagen des methodischen Konstruierens.“ Dann folgt ein Satz, der wie aus der Feder

[1204] Jahresbericht des MHF für die naturwissenschaftlich-technische Forschung 1987; UAI, Sgn. 13366, Anlage 3, S. 55, Anlage 4, S. 56, Anlage 5, S. 57, Anlage 13, S. 119 f.

Stamms, Bischoffs oder Hansens entlehnt scheint: „Um ein Mindestmaß konstruktiver Fertigkeiten zu entwickeln, soll jeder Student im Grundstudium eine Woche zusammenhängend am Reißbrett arbeiten und dabei Teilprobleme mit modernen Mitteln der Informatik lösen." Freilich dürfte ihnen dieses Mindestmaß nicht genügt haben. Das kommt auch im zweiten Abschnitt der Konzeption zum Ausdruck, wenn es heißt, dass „die konstruktive Grundausbildung für die Fachrichtungen des EIW an der TH Ilmenau (mit Ausnahme GT)" nicht ausreiche. Dass „gegenüber den 1960er Jahren [...] in dieser Hinsicht trotz methodischer Verbesserungen in der Stoffvermittlung ein qualitativer Rückgang eingetreten" sei, fand folgende Begründung: (1) „Reduktion des ehemals vermittelten Grundwissens auf Reste des Fachinhaltes ‚Konstruktionselemente'"; (2) „Verschlechterung der materiellen Bedingungen durch Wegfall von Zeichensälen, Labor und Praktika"; (3) „unzureichende kaderseitige Voraussetzungen" sowie (4) „differenzierte und lückenhafte Vorkenntnisse aus der polytechnischen Schulbildung bzw. Facharbeiterausbildung".[1205]

Für 1988 waren 39 Staatsplanthemen zu bearbeiten. Knapp die Hälfte, 16, galten als Schwerpunkte, da es Themen des speziellen Staatsplanes Wissenschaft und Technik waren. Im laufenden Jahr mussten ein spezielles Thema und 13 Staatsplanthemen abgeschlossen werden. Die Themen der speziellen Forschung gehorchten einem recht breiten Spektrum, angefangen vom wichtigsten Komplex „Präzision" (Kap. 5.2.1) über Aufgaben im Rahmen des Interkosmos-Programms bis hin zur Sportforschung. Aufgaben, die auf Grundlage von Vereinbarungen zwischen dem MHF einerseits, sowie andererseits mit dem MfS, dem Ministerium für Nationale Verteidigung (MfNV) und dem Ministerium des Innern (MdI) durchzuführen waren. Die verbindlichen Plankennziffern von 1987 zu 1990 lassen eine Explosion des Anteils der speziellen, sprich geheimen Forschungen erkennen.

Tabelle 65: Spezielle und andere Forschungsaufgaben, 1987–1990[1206]

Sachbezug	1986	1987	1988	1990
Spezielle Forschung (Anteil am Gesamtpotenzial)	k. A.	17 Prozent		40 Prozent
Andere Staatsplanthemen (Anteil am Gesamtpotenzial)	k. A.	13 Prozent		14 Prozent
Gesamtanteil am Gesamtpotenzial der Forschung	k. A.	30 Prozent		54 Prozent
Kapazitäten für die spezielle Forschung	43 VbE	k. A.	76 VbE	k. A.
Finanzielle Mittel, gesamt	4,3 Mio. M	k. A.	9,3 Mio. M	

Hoch im Kurs standen Themen, die eine Affinität zur Militärtechnik besaßen, wie etwa die Mikrowellentechnik. Sie findet Anwendung in der Nachrichtenübertragung, in der Funkortung und -Navigation, in der Messtechnik und im wissenschaftlichen Gerätebau. Die Anwendungen waren breit und hinsichtlich der zivilen und militärischen Zielstellung bipolar ausgerichtet, insbesondere die beweglichen Funkdienste, Funkfernsteuerung, Zeitnormale und Radiometrie. Für die DDR waren laut der dem Senat vorgelegten Expertise neun Anwendungen relevant, u. a. (1) die terrestrische und satellitengestützte Richtfunktechnik, (2) die Funk-Sende- und Empfangstechnik für die Nationale Volksarmee, (4) die

1205 Aufgefunden im Konvolut zur Beratung des Plenums am 20.10.1987; UAI, S. 1–4.

1206 BV Suhl, Abt. XX, vom 18.2.1988: Stand und Wirksamkeit der politisch-operativen Sicherung bedeutender Positionen des Staatsplanes Wissenschaft und Technik; BStU, BV Suhl, Abt. XX, Nr. 929, Bd. 2, Bl. 25–27.

Mikrowellenradiometrie zur Fernerkundung der Erde, (8) die Mikrowellenerwärmung in technologischen Prozessen sowie (9) die Mikroelektronik und Optoelektronik. Zuletzt waren dem VEB Mikrowellentechnik jährlich circa 20 bis 25 Absolventen zugewiesen worden. 1987 waren in diesem Wissenschaftsbereich vier Hochschullehrer und Oberassistenten, drei befristete Assistenten, vier Fachkader, drei Forschungsstudenten und sieben Aspiranten beschäftigt.[1207] Das breite Aufgabenfeld lehr- und forschungsseitig zu bearbeiten, mag wohl mit diesem Potenzial hinreichend möglich gewesen sein, dies aber auch in der verbürokratisierten und unter verschärften Sicherungsmaßnahmen stattfindenden Forschung und Entwicklung in hoher, innovationsträchtiger Qualität schaffen zu können, ist fraglich. Nahezu alle Entwicklungen erforderten hohe Geheimnisschutzgrade. Ein Umstand, der in der Konzeption nicht thematisiert worden ist. Der WB Mikrowellentechnik der TH Ilmenau war von der Struktur und Profilierung her einzigartig im Bereich des MHF auf dem Gebiet der Aus- und Weiterbildung, bildete mithin ein weiteres, wenngleich ein geringes Herausstellungsmerkmal.

Nach etwas mehr als einem Jahr war die Konzeption der Mikrowellentechnik ausgereift. Grundlagen bildeten die Entwicklungskonzeptionen für die Hoch- und Höchstfrequenztechnik im Bereich des MHF und die Vorlage „Funktechnik der DDR“ des MHF. Der Wissenschaftsbereich sollte in den kommenden Jahren mit jährlich 25 Absolventen Hauptquelle für Kader der Ingenieurhochschule (IHS) Berlin, der Hochschule für Verkehrswesen (HfV) Dresden sowie für Robotron Dresden sein. Eine Million Mark wurden für Messmittel bilanziert, sie waren bereits ausgelöst worden. Die Entscheidung über die Planstellen fällte das MHF.[1208] Die Überarbeitung der Senatsvorlage fußte auf jene vom 30. Juni 1987 und 23. Februar 1988, der Berücksichtigung von Ergebnissen der eingesetzten Arbeitsgruppe Höchstfrequenztechnik und der MHF-Abteilung Technische Wissenschaften sowie auf diverse Absprachen zwischen Böhme, Groschupf und Kemnitz.

In der Frage der Ausbildung bestand zwischen den Beteiligten Einigkeit, dass die Linie Hoch- und Höchstfrequenztechnik an der TH Ilmenau, die Linie Funktechnik an der TU Dresden, HfV und IHS Berlin verankert werden sollten. In der Forschungsfrage blieb es prinzipiell bei den früheren Vorstellungen, jedoch wurde darauf verwiesen, dass die zu erbringenden Forschungsleistungen „in zunehmendem Maße von sehr unterschiedlichen Bedarfsträgern“ (u. a. dem MfS) kommen sollten, in der Summe also „umfangreicher als die gegenwärtigen und die angestrebten zukünftigen Realisierungsmöglichkeiten“ seien. Die Absolventenzahlen für die Matrikel 85 bis 88 lauteten in der Reihenfolge: 20, 30, 26 und 25. Wenngleich die Forderungen von außen kamen, flossen die dafür notwendigen Mittel nicht automatisch. Auch in diesem Falle beabsichtigte die TH Ilmenau, das „MHF um weitgehende Bereitstellung der in den Realisierungsvorschlägen der TH Ilmenau vom 16. August 1988 angeforderten zusätzlichen Finanzmittel und Planstellen“ zu bitten.[1209]

1207 THI, INTET, WB Mikrowellentechnik, vom 16.6.1987: Konzeption für die Entwicklung des WB Mikrowellentechnik, aufgefunden im Konvolut zur Beratung des Senats am 30.6.1987; UAI, S. 1–10.

1208 Protokoll vom 14.12.1988 zur Beratung des Senats des WR am 22.11.1988; UAI, S. 1–3, hier 2.

1209 THI, INTET, WB Mikrowellentechnik, vom 10.11.1988: Aktualisierung der Konzeption für die Entwicklung des WB Mikrowellentechnik, aufgefunden im Konvolut zur Beratung des Senats des WR am 22.11.1988; UAI, S. 1–5, hier 2 f., 5 u. Anlage, S. 1 f.

Investitionen, Teil VII
Die Gesamtsituation blieb unbefriedigend. Steigender Verschleißgrad zum 31. Dezember 1987: Gebäude 30,23 Prozent, Ausrüstung 69,91 Prozent, gesamt 55,82 Prozent. Die dem MHF Anfang 1988 übergebene erste Investitionskonzeption für 1991 bis 2000 sah lediglich „Ersatzinvestitionen mit geringfügigen Erweiterungen vor“. Investschwerpunkte bis 1995 waren: ein Internatsflachbau (Flachbau I) mit 400 Wohnplätzen, eine Sporthalle sowie ein Seminar- und Hörsaalgebäude, ferner ein Zentrum für Wissenschaftsinformation, Technika und andere Einrichtungen mehr. Der Verschleißgrad einiger Objekte wurde mit größer als 50 Prozent angegeben, dazu zählen der Curie-Bau, die Wohnheimflachbauten, der Flachbau Neuhäuser Weg, das Sportprovisorium Ehrenberg sowie der überwiegende Teil der Internate außerhalb des Campus. 3,5 Millionen Mark seien jährlich nötig, „um eine weitere Erhöhung des Verschleißes insbesondere der Gebäude aufzuhalten und spürbare Verbesserungen im Bereich der Arbeits-, Lebens- und Studierbedingungen zu erzielen“. Mit der Realisierung des Komplexvertrages zwischen dem Rat des Bezirkes Suhl und der TH Ilmenau sollten der Hochschule bis 1990 zwei Mittelgangshäuser (von denen eines um 1985 bereits fertiggestellt war) mit insgesamt 130 Wohneinheiten für befristete Assistenten, Forschungsstudenten, Aspiranten, Studentenehepaaren und Studentinnen mit Kind übergeben werden. Die Situation in der Frage der Kapazitäten von Lehrräumen hatte sich in den letzten Jahren noch verschärft. Eine Situation, die nicht besser werden würde, weil die Zulassungszahlen stiegen, auch verlangte die Ausbildung im neuhinzukommenden Vorkurs zusätzliche Kapazitäten. Zudem verschärfte sich die Knappheit an Lehrräumen wegen der zunehmenden Differenzierung des Studiums nach Vertiefungsrichtungen und Spezialausbildungen. Die Auslastung der Lehrräume für die 32 Doppelstunden des Schichtschemas betrug 1987/88 für Hörsäle 31 und für Seminarräume 29 Stunden.[1210]

Werner Kemnitz wurde am 1. November 1988 einstimmig zum Rektor wiedergewählt. Auf der Beratung des Senats wurde am selben Tag Lothar Reichel als neuer Sekretär des Senats benannt.[1211] Nur wenige Tage später ereignete sich am 10. November im Faraday-Bau die größte Brandkatastrophe in der Geschichte der HfE resp. TH Ilmenau. Den Brand bemerkte gegen 4.16 Uhr eine Streife der Volkspolizei, die sah, wie starker Funkenflug aus dem Dachgeschoss austrat. Eine Minute später war die Feuerwehr alarmiert, da sie aber wegen fehlender Löschmöglichkeiten nicht sofort voll wirksam werden konnte, wurde nahezu der komplette Dachstuhl zerstört. Der Hörsaal wurde teilweise zerstört.[1212] Polizei, TH-eigene Kräfte und das MfS ermittelten umfangreich.

[1210] THI vom 4.4.1988: Arbeits- und Lebensbedingungen der Studenten der THI – Stand, Entwicklung und Maßnahmen, aufgefunden im Konvolut zur Beratung des Senats mit der FDJ-Hochschulleitung am 12.4.1988; UAI, Deckblatt u. S. 1–8 u. Anlage, S. 1 f.

[1211] Protokoll vom 16.11.1988 zur Beratung des Senats des WR am 1.11.1988; UAI, S. 1–3, hier 2.

[1212] BV Suhl vom 10.11.1988: Dachstuhlbrand; BStU, BV Suhl, Abt. XX, Nr. 947, Bl. 10.

Abbildung 25: Brand des Faraday-Baus, 1988

Das Technikum in Suhl, Teil IV

Das Tätigkeitsfeld des Technikums FOE in Suhl hatte sich in den letzten Jahren weiter ausdifferenziert, vor allem wurde der Zweck, produktionswirksam zu werden, deutlicher; in Stichworten: (1) Forschung, Entwicklung und Konstruktion sowie die Herstellung von wissenschaftlichen Geräten, Baugruppen, Bauelementen, Messeinrichtungen der Automatisierungstechnik für die Forschung und Lehre an der TH Ilmenau, für die AdW, das MHF und die Industrie; (2) Musterbau als Ergebnis der erkundenden und gezielten Grundlagenforschung sowie angewandten Forschung für die TH Ilmenau und für diverse Kooperationspartner; (3) Projektierung und Realisierung von partiellen Systemlösungen der flexiblen automatisierten Montage im Gerätebau (auch Präzisionsmontage); (4) Ausbildung von Studenten in der Vertiefungsrichtung Präzisionsgeräteentwicklung, Aufbau und Durchführung von Praktika für das Hochschulwesen auf den Gebieten der flexiblen Automatisierung, Präzisionsantriebstechnik und Sensortechnik; schließlich (5) Weiterbildung auf dem Gebiet der Schlüsseltechnologien, vor allem zum Zwecke der flexiblen automatisierten Fertigung und rechnergestützten Konstruktion und Technologie für CAD/CAM, sowie der Sensortechnik, Antriebstechnik, Automatisierungstechnik, Lasertechnik und Rechentechnik.[1213]

Der Leistungsumfang für 1987 wurde forschungsseitig mit 1,2 Millionen Mark und für 1988 mit 1,8 Millionen sowie für den wissenschaftlichen Gerätebau mit 2,1 resp. 3,1 Millionen angegeben. Seit Bestehen des FOE wurden insgesamt 6,7 resp. 8,8 Millionen Mark erwirtschaftet. Ferner wurden 110 Studenten, 50 Postgradualstudenten, 16 Forschungsstudenten und Aspiranten, 360 Industriekader im Technikum und 700 in Betrieben aus- und weitergebildet. Das Lehr- und Forschungspersonal bestand aus je zwei Professoren und Dozenten, 22 Doktor-Ingenieuren, 28 Diplom-Ingenieuren und elf Ingenieuren. Zudem arbeiteten im FOE 38 Facharbeiter; vier Lehrlinge wurden ausgebildet. Geplant war ein

---

[1213] THI, GT, o. D.: Erweiterung und Profilierung des Technikums FOE Suhl der THI 2000, aufgefunden im Konvolut zur Beratung des Senats des WR am 24.1.1989; UAI, S. 1–13, hier 2 f., u. 3 Anlagen.

Kapazitätsausbau in den nächsten Jahren entsprechend der langfristigen Konzeption und dem Beschluss des Sekretariats der Bezirksleitung der SED vom 27. August 1986. Mit der Entwicklung einer eigenen Maschinen- und Applikationssoftware sollte das Technikum zu einem Applikationszentrum für Musterlösungen der rechnergestützten Automatisierung geformt werden. Von 1990 bis 1992 wollte man auf diese Weise für den wissenschaftlichen Gerätebau und für Baugruppen der Automatisierungstechnik eine pekuniäre Leistung von 4,8 über 5,3 bis hin zu 6 Millionen Mark realisieren. Für die Forschung sollten für diese drei Jahre eine Leistung von 2,1 über 2,3 und nochmals 2,3 Millionen Mark realisiert werden. Kern des Erweiterungsprogramms hinsichtlich des CAD/CAM-Komplexes war die Investition eines sechsgeschossigen Mittelganghauses und eines Flachbaues, wofür 1988/89 circa 11,5 Millionen Mark in den Haushalt eingestellt werden sollten. Eine Erhöhung der Anzahl der Hochschullehrer bis 1995 war von derzeit vier auf zehn geplant. Bis Ende 1988 wurden zehn größere Forschungsergebnisse mit zehn industriellen Kooperationspartnern an den Standorten Suhl (2), Erfurt (2), Zella-Mehlis (2), Ilmenau (1), Schmalkalden (1) und Großbreitenbach (1) abgerechnet. Lediglich ein Partner, das Werk für Fernsehelektronik (WF) in Berlin, kam nicht aus Thüringen.[1214]

Über die Abwicklung des Technikums 1990 und die darauffolgende Neustrukturierung durch „eine große Anzahl von High-Tech-Firmen" und Forschungsprojekten ist 2015 vom Leiter der Nachfolgeinstitution, des Instituts für Präzisionstechnik und Automation (IPtA), Gerhard Linß, ein Beitrag veröffentlicht worden.[1215]

Das letzte Jahr

Anfang 1989 diskutierte der Senat die Frage der Weiterbildung. Es ist eine Thematik, die in der Historiographie, auch vor allem zu Vergleichen Ost-West, geringgeschätzt wird, was ein recht schwerwiegender (nicht nur statistischer) Fehler ist, weil diese Leistungen enorme Kapazitäten beanspruchten und zugleich einen hohen gesellschaftlichen Wert besaßen, zumindest in Ausklammerung des politisch-ideologischen Anteils. Der nationale Vergleich zeigt, dass die TH Ilmenau in Bezug auf alle Weiterbildungsmaßnahmen (WBM) von 25 Einrichtungen des Hoch- und Fachschulwesens einen Mittelplatz belegte. 54 Prozent aller WBM wurden von sieben großen Einrichtungen erbracht, darunter die TH Ilmenau. Dieser Mittelplatz fiel bezogen auf die eigentlich interessanten Kriterien wie Beschäftigten- und Studentenzahlen noch wesentlich besser aus: Die Anzahl der WBM, bezogen auf die Zahl der Beschäftigten pro 100 VbE, betrug im MHF-Bereich 9,17, für die TH Ilmenau jedoch 14,1, womit sie den 4. Platz belegte. Einen Platz besser war die Platzierung bei der Anzahl der Teilnehmer an WBM, wiederum bezogen auf 100 VbE. Im MHF-Bereich waren es 295, für die TH Ilmenau jedoch 596 Teilnehmer. Noch einen Platz besser lag die TH Ilmenau bei der Anzahl der Teilnehmer an WBM bezogen auf die Zahl der Direktstudenten. Hier waren es für den MHF-Bereich 78, für die TH Ilmenau jedoch 168. Bezüglich der vier Schwerpunkte in Forschung und Wissenschaft der DDR belegte die TH Ilmenau ebenfalls nur vordere Plätze. Und zwar in der Mikroelektronik den 3. Platz

---

1214 Ebd., S. 4 f., 7–13 u. Anlage 1, S. 1 f.
1215 Steinbach/Theska: 60 Jahre Maschinen- und Gerätebau, S. 463–473.

mit einem Anteil von 14,8 Prozent (bezogen auf die Teilnehmer: 16,0 Prozent); in den Disziplinen Rationalisierung von Fertigungsprozessen und der flexiblen Automatisierung 21,3 Prozent (bezogen auf die Teilnehmer: 23,8 Prozent) den 1. Platz; den 4. Platz in der Energiewirtschaft und Energietechnik mit 6,8 Prozent (bezogen auf die Teilnehmer: 10,9 Prozent) sowie den 5. Platz auf dem Gebiet der Biotechnologien mit 5,9 Prozent (bezogen auf die Teilnehmer: 6,7 Prozent).[1216]

Nicht erwähnt ist in der Analyse, dass sich die sehr guten Quoten im Republikmaßstab noch einmal besonders im Kriterium der Teilnehmerzahlen darstellten, dem vielleicht wichtigsten Kriterium, nicht zuletzt für die Beantwortung der Frage nach der Belastung der Hochschullehrer an der TH Ilmenau. Ein statistischer Binnenblick zeigt die Verteilung dieser WBM mit Hinzunahme des Fernstudiums (das in der obigen Statistik nicht enthalten ist). Es ist ein Blick, der zudem die faktische Dominanz der ML-Weiterbildung zeigt und insofern aber auch die zentrale, obige Statistik, mit einem Fragezeichen der partiellen Sinnhaftigkeit versieht. Die Statistik unterscheidet (1) in WB-Leistungen in eigener Verantwortung (Lehrgänge, postgraduales Studium, Fernstudium und wissenschaftliche Kolloquien) sowie (2) in WB-Leistungen bei anderen Bildungsträgern (KdT, Betriebsakademie, Volksbildung, Hochschulen u.a.m.). Zu (1): Spitzenreiter waren die Sektionen TBK und MARÖK mit 19 WBM und 946 Teilnehmern resp. elf WBM und 1.081 Teilnehmern. Die Zahlen fallen mit dem dritten Platz des ORZ mit elf WBM und 247 Teilnehmern deutlich ab. Die Sektion ML lag im gehobenen Mittelfeld mit neun WBM und 178 Teilnehmern. Insgesamt registrierte die TH Ilmenau 82 WBM mit 3.166 Teilnehmern. Zu (2): Die Sektion ML rechnete für 1988 22 WBM mit 2.278 Teilnehmern ab und erreichte den 1. Platz. Es folgten die Sektionen INTET und PHYTEB mit 22 WBM und 893 Teilnehmern resp. 16 WBM und 1.117 Teilnehmern. Mittelfeldplätze belegten TBK, ET und das ORZ, hier waren die Werte zu den Spitzenwerten etwa halbiert. Zu den Schlusslichtern zählten GT und MARÖK mit fünf WBM und 177 Teilnehmern resp. drei WBM mit 71 Teilnehmern. Insgesamt waren es für dieses Jahr 106 WBM mit 5.825 Teilnehmern. Zusammengerechnet brachte es die TH Ilmenau auf 188 WBM mit 8.991 Teilnehmern.[1217]

Wenn in der Studie die politisch-ideologische Bildung in Frage gestellt wurde, muss bei aller Verschärfung des Terms der SED-Indoktrination auf diesem Gebiet auch erinnert werden, dass von vielen Akteuren des ML-Unterrichts zuletzt Themen aufgegriffen wurden, die zwar auf den Sozialismus gemünzt, letztlich aber über diese Enge hin und wieder hinausgingen, da sie unmittelbar auf – modernes – Weltwissen und -bezug angewiesen waren. Im Zentrum der Forschungsarbeit der Sektion ML lag 1988 die langfristig angelegte Thematik der „Gestaltung des Reproduktionsprozesses unter den Bedingungen der Automatisierung“ sowie Fragen der Erhöhung der Effektivität der naturwissenschaftlich-technischen Intelligenz im sogenannten entwickelten Sozialismus. Hierin eingebettet war das von Klaus Römer geleitete Projekt der Untersuchung von ökonomischen, sozialen und

---

1216 THI, Prorektor EAW, vom 10.2.1989: Ergebnisse und Schlussfolgerungen für die Entwicklung der Weiterbildung für die in der Praxis tätigen Hoch- und Fachschulkader, aufgefunden im Konvolut zur Beratung des Senats des WR am 28.2.1989; UAI, Deckblatt u. S. 1–3, hier 2, u. Anlage, 1 S.

1217 Ebd., Anlage, 1 S.

geistigen Einflussfaktoren in der Fragerichtung der Effektivitätssteigerung der naturwissenschaftlich-technischen Intelligenz sowie das von Alfred Erck betriebene Projekt zu Fragen einer geistigen, speziell ästhetischen Kultur und des Schöpfertums der naturwissenschaftlich-technischen Intelligenz. Fünf andere Themenkreise waren diesem Zentralthema mehr oder weniger zugeordnet.[1218] Diese moderne Öffnung – natürlich in alten ideologischen Schläuchen – ergibt einen diskutablen Aspekt in Hinblick auf die Frage nach dem Verbleib dieser Forschung und der Problematik der Radikalität in der Abwicklung der Sektion ML ab 1990 (Kap. 4.3.6).

Im Einzelnen waren es folgende Themenkreise: (1) „Philosophische Probleme der Entwicklung von künstlicher Intelligenz" unter Meyer, (2) Fragen zum Wissenschaftspotenzial, zur Struktur, Dynamik und Effektivität der naturwissenschaftlich-technischen Intelligenz unter Voigt, (3) zur Sozialgeschichte der deutschen Intelligenz unter Hoffmann sowie zwei historiographische Themenkreise (4) zur Erforschung der Geschichte der TH Ilmenau unter Rittig und zur Geschichte der Technikwissenschaften unter Kirpal.[1219]

Im Rahmen der Kooperation dieser Sektion – im Kontext der Kooperation des Hochschulwesens mit der Akademie für Gesellschaftswissenschaften beim ZK der SED – lagen die beiden oben zitierten Themen von Römer und Erck ausgerechnet in der Verantwortung von Manfred Lötsch, weiland Vorsitzender des Problemrates „Sozialstruktur des Rates für Soziologische Forschung der DDR". Ausgerechnet, weil Lötsch von Mitarbeitern des damaligen ML-Instituts einst heftig attackiert wurde (siehe oben, S. 45–47). Ercks Thema lag in der Verantwortung von Hasse, Vorsitzender des Rates für Kultur- und Kunstwissenschaften, des Instituts für Kunst- und Kulturwissenschaften der Akademie für Gesellschaftswissenschaften beim ZK der SED.[1220] Auffällig ist, dass seit circa zwei Jahren ein systemübergreifender Sprachgebrauch erkenntlich wurde, der, wie oben erwähnt, auch zu einem moderneren Zuschnitt in der Wissenschaftskonzeption der Sektion TBK führte. Dass es um neue Begrifflichkeiten mehr denn je ging, ist den Protokollen ablesbar. Etwa im Rahmen der Diskussion des Senats am 26. September zur Entwicklung der Wissenschaftskonzeption der TH Ilmenau für 1991 bis 1995, als es darum ging, einen „Begriff für die [neue] Hauptentwicklungsrichtung der Hochschule" zu finden, und zwar für die „Entwicklung und Technologie intelligenter Mikrosysteme". Karl Reinisch schlug vor, zu ergänzen: „... und deren Anwendung zur Informationsverarbeitung und Steuerung in Prozessen der Industrie und Ökologie".[1221] Ökologie war der SED aber immer noch suspekt.

War die TH Ilmenau unterwegs zu einer vorsichtigen Selbstbestimmung, wenn schon nicht Glasnost, so doch wenigstens Perestroika? Dies ist nicht zuletzt eine Frage der vergleichenden Forschung. Indes, von der SED-Führung gab es bis in den Herbst 1989 hinein keine anderen als die bekannten dogmatischen Sätze, wie etwa Honeckers Ausführungen zur 7. Tagung des ZK der SED im Dezember 1988, speziell, was die Sowjetunion betraf;

1218 THI, ML, vom 10.1.1989: Jahresbericht der gesellschaftswissenschaftlichen Forschung 1988, aufgefunden im Konvolut zur Beratung des Senats des WR am 28.2.1989; UAI, Deckblatt, Vorblatt u. S. 1–41, hier 1.

1219 Ebd.

1220 Ebd., S. 18.

1221 Protokoll vom 11.10.1989 zur Beratung des Senats am 26.9.1989; UAI, S. 1–5, hier 3.

Zitat: „Bei der Beurteilung dieser Frage darf sich niemand ablenken lassen durch das Gequake wildgewordener Spießer, die die Geschichte der KPdSU und der Sowjetunion im bürgerlichen Sinne umschreiben möchten."[1222] Eine Trotzigkeit, die seine Frau, Minister für Volksbildung, in ihrer Rede auf dem IX. Pädagogischen Kongress der DDR im Juni 1989 noch zu überbieten verstand. Für uns, so Margot Honecker, stehe „nicht die Frage, zurück zu Marx, Engels und Lenin, sondern mit ihnen vorwärts auch in das nächste Jahrtausend. (Starker Beifall)."[1223] Und es konnte der Anlass weiterhin nicht nichtig genug sein, um in das Visier von SED und MfS zu geraten – oft mit grotesken Folgen: Ein Student der Sektion TBK, Mitglied der SED-Parteileitung, war als Mandatsträger für die Weltfestspiele der Jugend nominiert und bestätigt worden. In Vorbereitung darauf nahm er an einem Forum mit leitenden SED-Funktionären des Bezirkes Suhl teil. SED-Bezirkschef Hans Albrecht bezeichnete die aktuellen Probleme der DDR, namentlich die Nationalitätenprobleme und Versorgungsschwierigkeiten, als Folge der Perestroika. Daraufhin stellte der Student die Frage, ob es nicht auch positive Entwicklungen im Zuge der Perestroika gebe. Darüber wurde durchaus – nach Einschätzung des MfS – sachlich diskutiert, jedenfalls war es, so das MfS, keine Provokation. Nur drei Tage später bekam die TH Ilmenau von der FDJ-Bezirksleitung die Order, dass „aus ‚Kontingentsgründen'" dem Studenten „das Mandat zur Teilnahme an den Weltfestspielen" entzogen worden sei. Seltsamerweise erhielt nun ein anderer Student der TH das Mandat. Der so relegierte Student gab sich mit der begründungslosen Entscheidung jedoch nicht zufrieden und bat die FDJ-Bezirksleitung um Aufklärung. Die verwies auf den Zentralrat der FDJ in Berlin. Da nachgefragt, wusste man, wie zu erwarten war, von der Sache nichts. Auch der FDJ-Sekretär der Sektion TBK wusste nichts. Heraus kam schließlich, dass es Albrecht höchstpersönlich war, dem diese einfache Frage des Studenten schon zu viel war, und der das Reiseverbot anordnete. Der Vorfall verbreitete sich rasch unter den Studenten. Das MfS erfuhr, dass es Diskussionen dahingehend gebe, „dass Probleme nicht offen und kritisch ausgesprochen werden können, ohne dass diese als oppositionell und provokatorisch aufgefasst" würden. „Einerseits sollen offene politische Gespräche zu den Fragen des Lebens zur Verbreitung eines klassenmäßigen Standpunktes führen. Andererseits wurde mit dieser Entscheidung die Diskussion über freie Meinungsäußerung, öffentliche politische Aussprachen wieder angeheizt."[1224]

Die letzte feierliche Immatrikulation vor der friedlichen Revolution fand am 16. September 1989 um 10.00 Uhr in der Festhalle der Stadt Ilmenau statt. Formal war alles wie sonst, auch im Vorfeld der Immatrikulation. Die männlichen Studenten hatten sich bis zum 31. August 1989 beim für ihren Heimatort zuständigen Wehrkreiskommando umzumelden, ja mehr noch; Zitat: „Alle gedienten Reservisten kontrollieren, ob in ihrem Wehrdienstausweis – Seite 22, Spalte 3 – die BWS-Nummer und gegebenenfalls die ROA-Bestätigung auf Seite 23 vorgenommen wurde. Von den gedienten Reservisten erwarten wir

---

1222 Aus dem Bericht des Politbüros an die 7. Tagung des ZK der SED, Berichterstatter: Honecker, in: Neues Deutschland vom 2.12.1988, S. 3.

1223 Referat von Margot Honecker: Unser sozialistisches Bildungssystem – Wandlungen, Erfolge, neue Horizonte, in: Neues Deutschland vom 14.6.1989, S. 3 f.

1224 BV Suhl, Abt. XV, vom 27.7.1989: Informationen und Meinungen an der THI; BStU, BV Suhl, Abt. XX, Nr. 1769, Bd. 3, Bl. 212 f.

die Bereitschaftserklärung zum ROA [Reserveoffiziersanwärter]." Und wie zu einer Einberufung klang auch der Befehl: „Mitzubringen sind bereits bei der Anreise zum Hochschulort [das war außer für die Studenten der FR Wirtschaftsinformatik und Mathematik der 3. September in der Zeit von 13.00 bis 18.00 Uhr]: wetterfeste Kleidung, festes Schuhwerk und Kopfbedeckung, Essbesteck und Trinkbecher (Getränkeversorgung auf der Obstplantage [für den alsbaldigen Ernteeinsatz – der Verf.]). Nicht mitzubringen sind eigene Fahrzeuge und Wertsachen (Fotoapparat, Rundfunk-Geräte u. dgl.)." „Erwartet" wurde, „dass alle FDJ-Studenten im FDJ-Hemd erscheinen".[1225] Eingedenk der wachsenden Fluchtbewegung im Herzen Europas ein Anachronismus sondergleichen. Genau eine Woche vor dem Datum der Direktoratsanweisung zur Immatrikulation vom 14. Juli, am 7., hatte Michail Gorbatschow auf der ersten Ostblock-Gipfelkonferenz seit 1968 erklärt, dass jeder sozialistische Staat seine Entwicklung selbst bestimmen könne. Kurz nach der Immatrikulation anlässlich seiner Rede auf dem Plenum zur Einberufung des XXVIII. Parteitages der KPdSU bekräftigte er erneut seinen Kurs.[1226]

Der Wissenschaftliche Rat legte im November 1989, autorisiert durch den Rektor der Hochschule, Kemnitz, den Entwurf für eine Diskussion über die Weiterentwicklung der TH Ilmenau vor, die als Wissenschafts- und hochschulpolitische Grundsatzerklärung firmierte. Das Schlüsseldokument zeichnet sich in dreifacher Hinsicht aus: es betont (1) die bislang gelebte Machtlosigkeit gegenüber zentral vorgesetzten Stellen, (2) hüllt sich in der Frage der ressourcenbindenden speziellen Forschung, Entwicklung und Ausbildung in Schweigen sowie (3) schont die SED.[1227] Eine außerplanmäßige Beratung des Senats am 20. Dezember befasste sich mit der Überarbeitung dieser Grundsatzerklärung. In der neuen Fassung kam tatsächlich hinein: „Prozess der revolutionären Umgestaltung unseres Landes" (siehe hierzu Kap. 4.3.6, Teilüberschrift „Revolution").[1228] Auch der zweite Beratungspunkt zur Frage der Berufungen befasste sich mit einer politischen Thematik, nämlich mit der „Untersuchung von Ungerechtigkeiten bei Berufungen". Aus dem Protokoll erfahren wir lediglich, dass die Wahlen auf der Grundlage der vorhandenen Struktur vorbereitet werden sollten. An allen Sektionen waren die Sektionsdirektoren und Sektionsräte neu zu wählen. Die Wahlvorbereitung war für den 3. Januar des kommenden Jahres anberaumt.[1229] Im Herbst 1989 sah die letztmalige Bestandsaufnahme wie folgt aus:

1225 THI, Direktorat StA, vom 14.7.1989, aufgefunden in: BStU, BV Suhl, KS, Nr. 2271, Bl. 71 (S. 1–12, hier 1 f., u. 12).

1226 Die Rede wurde veröffentlich, in: Neues Deutschland vom 20.9.1989, S. 3–5.

1227 THI, Kemnitz, November 1989: Wissenschafts- und hochschulpolitische Grundsatzerklärung des WR der THI; BStU, BV Suhl, Abt. XX, Nr. 909, Bd. 2, Bl. 76–91, hier 76.

1228 THI, Dezember 1989: Wissenschafts- und hochschulpolitische Erklärung des WR; UAI, S. 1–34, hier 1.

1229 Protokoll vom 9.1.1990 zur außerplanmäßigen Beratung des Senats des WR am 20.12.1989; UAI, S. 1 f.

Tabelle 66: Lehrstühle, Dozenturen und Hochschullehrer, 1989[1230]

	Lehrstuhl	Dozentur	O. Prof.	A. o. Prof.	HS-Do-zent	A. o. Do-zent	Honorar-Prof.	Honorar-Dozent
TBK	7	11	7	3	6	1	2	1
INTER	9	9	9	3	6	2	0	3
ET	6	7	6	3	4	0	0	3
GT	9	16	8	4	12	1	1	3
PHYTEB	7	8	7	3	4	2	2	2
MARÖK	9	10	9	5	4	3	0	2
ML	5	9	4	0	7	0	1	0
INER	3	3	3	1	2	0	0	1
I. I.	1	3	1	0	2	1	1	1
AFÜ	0	1	0	0	1	1	0	0
Gesamt	56	77	54	22	48	11	7	16

4.3.6 Revolution, Permutation, Evaluation

„Wenn sich die Euphorie des politischen und geistigen Aufbruchs“, so Manfred Lötsch 1989, „welche die DDR in diesen Herbsttagen erfasst, etwas gelegt haben wird, werden weniger angenehme Dinge zur Sprache kommen müssen.“[1231]

Revolution

Der Begriff Revolution war und ist nicht en vogue. Massenwirksamkeit erlangten im Handumdrehen Begriffe wie Wende (nach Wendehals) und Anschluss (nach Annexion). Ilko-Sascha Kowalczuk hat allein mit dem Buchtitel *Die Übernahme* den öffentlichen Zorn Richard Schröders entfacht,[1232] was anzeigt, dass eine historiographische Pointierung im politischen Deutungsraum zu Würgeanfällen führen kann. Die Frage, wann sich gesellschaftliche Prozesse einspielten, die ex post als Vorboten einer revolutionären Veränderung in Richtung einer Wiedervereinigungsmöglichkeit zwingend zu bewerten sind, lässt uns an Geschehnisse erinnern wie die Ereignisse um die Umweltbibliothek in Berlin 1987 oder die Demonstrationen 1988/89 in Dresden, als die Bürger zu Tausenden auf die Straße gingen, um gegen den Bau des umweltgefährdenden Reinstsiliziumwerkes für die Mikroelektronik zu demonstrieren. Ereignisse, die organisch einmündeten in die revolutionären Ereignisse des Herbstes, insbesondere jene am 27. November 1989 in Leipzig.[1233]

Ab 1988 erfasste das Land eine Agonie, die alle gesellschaftlichen Bereiche ergriff. Für die SED und Bürger, die die DDR an sich liebten oder nutzbringend akzeptierten, war es eine Katastrophe: ein Armageddon. Wer in Berlin lebte, hatte in aller Regel keinen Begriff für den Zusammenbruch der Wirtschaft und des Handels in der „Provinz“. Ein anonymer Bericht zur Lage der FDJ-Arbeit vom 5. März 1989 an der TH Ilmenau zeigt, dass es eine gesellschaftliche Motivation für die Idee des Sozialismus in nennenswerter Breite nicht mehr gab, der Zug für eine Karriere mit dem Mittel der (vorauseilenden)

[1230] THI, Direktorat K/Q, vom 13.9.1989: Entwicklung der Lehrstühle und Dozenturen, aufgefunden in: BStU, BV Suhl, Abt. XX, Nr. 934, Bl. 94–101, hier 101.

[1231] Lötsch, Manfred: Abschied von der Legitimationswissenschaft, in: Knabe, Hubertus (Hrsg.): Aufbruch in eine andere DDR. Hamburg 1989, S. 192–199, hier 194.

[1232] Kowalczuk: Übernahme, sowie Schröder, Richard: Der Schock, in: FAZ vom 28.12.2020, S. 6.

[1233] Buthmann, Reinhard: „Den Bürger noch nie so mutig erlebt“. Eine Chronologie der Auseinandersetzungen um das Reinstsiliziumwerk Dresden-Gittersee, in: Horch und Guck 12(2003)43, S. 28–38.

Staatshörigkeit war abgefahren. Es gebe, fasste das MfS Anfang 1989 zusammen, kaum noch ein Engagement zur Übernahme von Funktionen, obendrein würden staatliche Leiter dies kaum noch fördern. So würden „nicht die fähigsten, sondern die am leichtesten" überredbaren Jugendfreunde ein Amt übernehmen. Dies sei „eine der wesentlichsten Ursachen für die ständig wachsende Unwilligkeit der Studenten zu gesellschaftlicher Arbeit". Das erzeuge Egoismus, „alle, selbst die FDJ-Sekretäre, machen nicht mehr, als sie unbedingt müssen". Kaum jemand trage zu entsprechenden Anlässen ein FDJ-Hemd, ein großer Teil der FDJler besitze überhaupt keines mehr. Ähnlich sei die Situation in der Parteiarbeit, auch hier sei die Passivität „ein Faktor, der zur Ohnmacht unserer Parteileitung hinzukommt". Studenten litten weiter unter den Wohnbedingungen und vor allem unter einem „einfach katastrophal zu bezeichnendem Stundenplan". Auch „die Sinnlosigkeit von Parteiveranstaltungen führen dazu, dass [der Parteisekretär] vor leerem Saal stand (Null Anwesenheit!)."[1234]

Vergleichbare Ereignisse vor der heißen revolutionären Phase im Herbst wie in Berlin, Dresden oder anderswo hat es weder in der Stadt noch auf dem Campus der TH in Ilmenau gegeben. Es gab jedoch kleinere Aktionen, die den Zuschnitt einer In-Frage-Stellung der SED-Politik besaßen, wie etwa ein Aushang an einer Wandzeitung. Ziel der Bearbeitung durch das MfS war, den oder die Verfasser der „selbstgefertigten Wandzeitung", die am 7. Dezember 1988 am Informationsbrett des Studentenheimes Block I befestigt wurde, zu identifizieren. Es handelte sich um eine Collage, bestehend aus Ausschnitten aus dem *Neuen Deutschland*, dem *Sputnik* und der Verfassung der DDR (Deckblatt). Der Aushang wurde rasch entdeckt und entfernt. Das MfS wertete diese Aktion als eine „besondere aggressive Reaktion" im Zusammenhang mit der Streichung des *Sputniks* von der Presseliste der DDR und dem Quasi-Verbot sowjetischer Filme. Die mit eigenen Texten versehene Collage war derart gefertigt, dass nach Einschätzung des MfS der Paragraph 220 (2) StGB erfüllt sei, da – neben der Diskreditierung und Beleidigung der Bündnisbeziehungen der DDR zu Rumänien, das Regime übte sich derzeit in offener und aggressiver Repression gegen das Volk – die Gewährleistung der verfassungsmäßigen Grundrechte und die sozialistische Demokratie angezweifelt werde.[1235] Das MfS konnte jedoch nach intensiven, auch kriminaltechnischen Untersuchungen den Fall nicht aufklären. Bereits nach acht Monaten, am 31. August 1989, schloss es die Akte „Provokateur". Ab Oktober formierten sich in Ilmenau zunehmend oppositionelle Kräfte und suchten den öffentlichen Raum für ihre Aktionen. Für den 31. Oktober zum Beispiel kursierten in der Stadt handgeschriebene Aufrufe für eine „Schweigedemonstration für die längst fälligen Reformen in der DDR". Gebeten wurde, mit Transparenten und brennenden Kerzen „auf Probleme unserer Zeit aufmerksam zu machen". Der Aufruf schloss mit: „Weitersagen!!!"[1236]

Unterhalb der öffentlichen Wahrnehmungsschwelle fand jedoch im Frühjahr ein bemerkenswerter Vorgang statt. Eine gemeinschaftliche, demonstrative Aktion starteten

---

1234 Situationsbericht vom 5.3.1989; BStU, BV Suhl, Abt. XX, Nr. 909, Bd. 1, Bl. 127–130.

1235 BV Suhl, Abt. XX, vom 31.8.1989: Abschlussbericht zum OV „Provokateur"; BStU, BV Suhl, Abt. XX, Nr. 1140, Bd. 2, Bl. 142–145. BV Suhl, Abt. XX, vom 26.1.1989: Zusammenfassender Bericht; ebd., Nr. 877, Bl. 19–21.

1236 Fotokopie, aufgefunden in: BStU, BV Suhl, KDI, Nr. 2721, Bl. 21.

70 katholische Studenten am 31. März 1989 mit einer Petition an das Volksbildungsministerium. Es trägt deutliche Zeichen des Willens für massive gesellschaftspolitische Veränderungen. Die Verfasser verlangten, dass die Schulen nicht nur reine Wissensvermittlung, sondern auch einen Beitrag „zur allseitigen Persönlichkeitsentwicklung“ zu leisten verpflichtet seien. Überdies hätten die Eltern „die Hauptverantwortung für die Erziehung ihrer Kinder“ und „nicht die Schule“. Das Schreiben, das ein eher selten anzutreffendes hohes Niveau aufweist, problematisiert in vier Abschnitten die Fragen des Verhältnisses von Lehrern und Schülern, die Methodik des Lehrens, die Militarisierung der Schule sowie die weltanschauliche Indoktrination der Schüler nach dem Einheitsbild des Marxismus-Leninismus. Was hier von den Studenten am Beispiel der Schulbildung ausgesprochen wurde, konnte und kann, weil invariant, auf beliebige andere gesellschaftliche Bereiche übertragen werden, insbesondere auf das Hochschulsystem. Es sind genau jene Fragen, die die Universitäten und Hochschulen des Landes zutiefst berührten, soweit aber zu sehen ist, selten, wenn überhaupt, so prägnant zum Ausdruck gebracht wurden wie es hier erfolgte.

Im ersten Abschnitt monieren die Verfasser u. a., dass die Berufsidentifikation eines großen Teiles der Lehrerschaft aufgrund der staatlichen Umlenkungsmaßnahmen zu wünschen übriglasse, dass die feste Bindung an Lehrpläne die Kreativität im Unterricht einschränke, wodurch letztlich die Anonymität der Schule wachse und zu einer „Vergleichgültigung von Lehrern und Schülern“ komme. Ferner gebe es eine autoritäre Praxis der Lehrer, die dazu führe, dass sie ihre Vertrauensstellung dazu nutzen würden, alles aus ihren Schülern herauszubekommen, „was zu Hause gesprochen“ werde. Im zweiten Abschnitt kritisieren die Studenten das vermittelte Weltbild und die damit verbundene Interessenlosigkeit für aktuelle Probleme und die „Tendenz zu einem kritiklosen Wissenskonsum“. Es fehle die Vermittlung von „Grundlagen, um sich eine eigene Meinung und eigene Wertvorstellungen zu bilden“. Ihre Beziehung zur Schule sei lebensfremd. Ausgeprägt sei ein „Zwecklernen“, das lediglich dem Erwerb guter Zensuren diene und „nur das Kurzzeitgedächtnis“ beanspruche. Musik und Kunsterziehung sei „unterrepräsentiert“. An den meisten EOS sei der Musikunterricht „auf eine Wochenstunde begrenzt“. Ferner wirke „sich die Beschränkung auf zwei Jahre EOS nachteilig auf die Persönlichkeitsentwicklung und ganz besonders auf das Leistungsniveau aus. Individualität tritt hinter kollektive Gleichmacherei zurück. Das Notenspektrum wird nicht mehr in der vollen Breite ausgeschöpft.“ Im dritten Abschnitt thematisiert die Petition die Militarisierung, kritisiert militärisch relevante Physikaufgaben, die Veranstaltung von Pioniermanövern verbunden mit der Schaffung von Feindbildern und die Praxis der bewaffneten Organe als „einzige Berufsgruppe, die bereits in der Schule massiv um Nachwuchs wirbt“. Schlussendlich demaskiert sie im vierten Abschnitt die Doktrin der Vermittlung der marxistisch-leninistischen Weltanschauung an der Schule. Die Schule in der DDR sei eine weltanschauliche Schule. Oft werde diese Weltanschauung dem religiösen Glauben „konträr gegenübergestellt“, dessen „Fähigkeit, Lebensfundament zu sein“, werde ihm somit „abgesprochen“.[1237]

Berichtstechnisch ist MfS- und SED-seitig die heiße Phase in der revolutionären

[1237] Schreiben vom 31.3.1989 an das MfV, aufgefunden in: BStU, BV Suhl, Abt. XX, Nr. 1652, Bl. 24–27.

Bewegung durch sogenannte Lageeinschätzungen gekennzeichnet. Dabei ist die MfS-Quelle „Lageeinschätzung“ nicht zu verwechseln mit der des Standardtitels „Einschätzung der politisch-operativen Lage“, einer Berichtsform, die über Jahrzehnte Praxis war, meist monatlich die wichtigsten Ereignisse und Geschehnisse im jeweiligen Sicherungsbereich zusammenfassend. Bei der Lageeinschätzung geht es vielmehr um jene Darstellungen zur Lage, die in kritischen Zeiten wie 1956, 1968 oder eben 1989 – in administrativer und kommunikativer Union mit den SED-Strukturen – angefertigt wurden, aber auch zu Ereignissen, die hohe lokale oder sicherheitstechnische Bedeutung besaßen. So ordnete die ZK-Abteilung Wissenschaft und Propaganda am 23. Oktober 1956 an, dass sie täglich über die Lage an den Hochschulen und Universitäten zu unterrichten sei. Das MfS reagierte umgehend mit einer entsprechenden Richtlinie zur Umsetzung des ZK-Willens. Interessant ist in dieser Hinsicht die Feststellung Kowalczuks, wonach die Umsetzung dieser Maßnahmen eine Eskalation Ende Oktober/Anfang November nicht verhindern,[1238] zumindest nicht ersticken konnte. Ein Phänomen, das sich 33 Jahre später wiederum bestätigte.

Für den Bereich der TH Ilmenau ist eine erste Lageeinschätzung für den Zeitraum vom 1. Februar bis 3. März 1989 überliefert. Da das MfS diese Berichtsform wählte, muss davon ausgegangen werden, dass es eine Staatsgefährdung für möglich hielt, wenngleich die Lage zunächst als ruhig eingeschätzt wurde. Reflektiert wurden außenpolitische Ereignisse wie der Abzug von Sowjettruppen aus Afghanistan und die wirtschaftlichen Probleme auf dem RGW-Markt, wo es eher ein „Gegeneinander“ als ein „Füreinander“ gebe. Auch zu den anstehenden Kommunalwahlen gab es explizit keine akuten Befürchtungen.[1239]

Die Lageeinschätzung vom 4. bis 15. März zeigt kein anderes Bild. Sie suggeriert, dass alles – mit nur wenigen Ausnahmen – ruhig sei. Zwar mache die gesellschaftliche und politische Entwicklung in Ungarn und Polen Sorge, doch innenpolitisch drehe sich bei den Studenten und Beschäftigten alles um die Frage des Ausländerwahlrechts. Darin sei man gespalten, einige meinten, dass das Gesetz, was wieder einmal über Nacht kam, unnötig sei, und überdies wolle die DDR „wieder einmal“ der Bundesrepublik einen Schritt voraus sein. Der Tenor der Diskussionen lautete, dass das Wahlrecht den Staatsbürgern des Landes gehöre. Zu den Kommunalwahlen sei „Bedrohliches“ nicht laut geworden, manche Diskussionen sollen spitz und hart, jedoch „immer sachlich“ verlaufen sein. Allein der Hochschulfilmclub soll mit der Werbung für den Film „Die Kommissarin“ negativ aufgefallen sein.[1240]

Die Lageeinschätzung vom 21. bis 28. April vermittelt nur stellenweise eine Beschleunigung des gesellschaftspolitischen Erosionsprozesses. Die Wahl, heißt es, verlaufe insgesamt ruhig ab. Circa 75 Prozent aller Studenten hätten bereits gewählt, teils geschlossen als Seminargruppen. Der Rektor hatte für den 27. April ein sachliches „Gespräch mit christlich gebundenen Studenten“ anberaumt, da sie mit einer eigenen Losung

[1238] Kowalczuk: Die Humboldt-Universität, S. 456.
[1239] Lageeinschätzung für den 1.2.–3.3.1989; BStU, BV Suhl, Abt. XX, Nr. 909, Bd. 1, Bl. 135 f. Zuarbeiten von „Klaus“ und „Floyd Anderson“; ebd., Bl. 137.
[1240] Lageeinschätzung für den 4.–15.3.1989; ebd., Bl. 138. Zuarbeit von „Harry“, „Ralf“ und „Jörg Koch“; ebd., Bl. 139 f. Ralf Weber, Leiter des Filmclubs, findet den Film im Programm nicht; an den Verf. im Mai 2021.

demonstrieren wollten. Davon hatte das MfS Kenntnis bekommen und überdies über den Rektor eingesteuert, dass der Direktor für Internationale Beziehungen (IB) darauf zu achten habe, dass die polnischen Studenten keine Solidarność-Losungen mitbrächten. Um dies zu verhindern, sollten Mitglieder der ersten Leitungsebene der Hochschule vor Beginn des Demonstrationszuges die Plakate und Transparente kontrollieren.[1241] Auch die Lage im April zeigte sich normal. So kam eine Studentin, die der Evangelischen Studentengemeinde (ESG) angehörte, nicht von einer Reise in dringenden Familienangelegenheiten aus der Bundesrepublik zurück, die Reservistenqualifizierung (RQ) und die ZV-Ausbildung der Matrikel 87 seien ohne Probleme angelaufen, und in der Frage der Überprüfung jener Personen, die für das Studium ab September 1989 zugelassen worden seien, habe sich gezeigt, dass es 14 Personen gab, zu denen negative Erkenntnisse vorlagen.[1242]

In der nächsten monatlichen Lageeinschätzung wurde konstatiert, dass es keine Nichtwähler gegeben habe, jedoch hätten einige Studenten offen bekundet, „Streichungen vorgenommen" zu haben. Als politisch unklug wurde eingeschätzt, dass einige Hochschullehrer Druck auf Studenten ausgeübt haben sollen, vorzuwählen. Angeblich habe man auf diese Weise jenen FDJ-Gruppen, „die den Wahltag als Höhepunkt gestalten wollten", einen „Rückschlag" verpasst. „Zweifel an der Richtigkeit der Stimmenauszählung" wurden mit der medialen Präsenz der Bundesrepublik abgetan.[1243] Allein die Entwicklung in Ungarn mit der Bekanntgabe der Grenzöffnung zu Österreich am 2. Mai setzte einen betonteren Aspekt. Die Medienpolitik sei von den Beschäftigten und Studenten der TH hart kritisiert worden, man frage sich, wie lange die DDR noch eine Insel in der osteuropäischen Entwicklung sein wolle und könne. Die DDR sei ja gleichsam umzingelt. Selbst die Parteigruppe der Sektion PHYTEB hielt sich nicht zurück und meinte, dass es wie in der Nazizeit sei, als man sich in den Medien des Auslands wahrheitsgemäße Meldungen suchen musste.[1244]

Das Kommende wurde nicht gesehen. Wollte man, was diese Lageeinschätzungen zu dieser Zeit anlangte, vor Erich Mielke, dem Minister der Staatssicherheit, glänzen? Denn unterhalb dieser Lageeinschätzungen gab es durchaus auch andere Informationen. Demnach liefen die Kommunalwahlen am 7. Mai nach Einschätzung der Abteilung XX der BV Suhl zwar ohne Probleme ab, doch soll es bei hundertprozentiger Wahlbeteiligung auch 111 Gegenstimmen (fünf Prozent) gegeben haben.[1245] In einem Brief eines Studenten der TH Ilmenau, den sie über Postkontrolle abfing oder zwecks Einsichtnahme kurzerhand „entnahm", waren genaue Angaben zum Wahlverhalten und zum Wahlverlauf am 7. Mai enthalten. Auch zeigte sich der Student „deprimiert" über den Wahlablauf. Die Auszählung sei „‚unheimlich korrekt' verlaufen". Das „Unglaubliche" aber war, so der Student, „dass wir" von 7.00 bis 10.00 Uhr bei nur „drei Wahllokalen und dem Sonderwahllokal (circa ein Viertel der Wähler) schon 50 Prozent der offiziellen Gegenstimmen hatten. Dabei"

1241 Lageeinschätzung für den 21.–28.4.1989; ebd., Bl. 152.
1242 BV Suhl, Abt. XX, vom 25.4.1989: Politisch-operative Lage im Monat April; ebd., Bl. 154–156.
1243 Lageeinschätzung für den 29.4.–26.5.1989; ebd., Bl. 148 f. Zuarbeit zur Lageeinschätzung von „Jörg Koch", „Floyd Anderson", „Andreas Torfmann" und „Uwe Messerschmidt"; ebd., Bl. 150 f.
1244 Ebd.
1245 BV Suhl, Abt. XX, vom 7.6.1989: Politisch-operative Lage im Monat Mai; ebd., Bd. 2, Bl. 9–11, hier 9.

lieferte die Auszählung „im Sonderwahllokal mit 20 Prozent Gegenstimmen noch das beste Ergebnis. Ich kann mir nicht vorstellen, wie dann 98 Prozent zustande kommen sollen.“[1246]

Ende Mai, Anfang Juni gewannen die Ereignisse in China einen hohen Stellenwert. Mehrheitlich glaube man der Medienberichterstattung der Bundesrepublik, allein schon aus dem Grunde, da die DDR relativ lange brauchte, um überhaupt die chinesischen Ereignisse zu kommentieren. 75 Prozent der Studenten glaubten nicht, dass es sich um eine „Niederschlagung einer Konterrevolution“ handelte, wie die SED es im Einklang mit den chinesischen Führern verkündete. „Immer wieder“ würde „die Frage nach der Perspektive der sozialistischen Staatengemeinschaft gestellt, besonders hinsichtlich der Geschichtsbewältigung, besonders in der DDR, der wirtschaftlichen Stagnation und deren Ursachen und mögliche Lösungswege.“ Der Student, so das MfS, wartet auf Antworten „ohne die ‚üblichen Phrasen‘“.[1247]

Ein Lagebericht zu den Beschäftigten und Studenten der TH Ilmenau vom 16. Juni zeigt alles in allem eine für die DDR ungewöhnliche Situation, die allenfalls an Ereignisse vor dem 17. Juni 1953 erinnerte, gleichwohl verschoben von wirtschaftlichen Ärgernissen hin zu eher kulturell-geistigen Aspekten des alltäglichen Lebens. Es ist eine Zusammenstellung, die nicht von der für die TH Ilmenau zuständigen Abteilung XX, sondern von der KD Ilmenau erstellt worden war. Zwar wurde die Lage für den Sommer als stabil eingeschätzt, dennoch markiert sie insgesamt einen Wandel in der generellen Haltung nahezu aller. So sei die Art der Reaktion auf internationale Medien differenzierter, zunehmend interessierten Fragen der Entwicklung und Situation der sozialistischen Länder. Nahezu einhellig, nämlich mit „Unverständnis und teilweise offener Ablehnung“, reagiere man auf die Streichung des *Sputnik* von der Postvertriebsliste und auf die Absetzung sowjetischer Filme von den Spielfilmplänen der Kinos. Auch werde nicht mehr einstimmig gewählt. So erhielten bei den Parteiwahlen sowohl der Sekretär der SED-Kreisleitung Ilmenau als auch der 1. und der 2. Sekretär der HPL Ilmenau einen hohen Anteil an Gegenstimmen. Gleiches widerfuhr dem 1. Sekretär der SED-Kreisleitung Ilmenau bei den Kommunalwahlen. Die Parteipolitik wurde zunehmend in Frage gestellt. Jedoch seien die Hochschullehrer in überwiegender Anzahl „bereit, die Politik von Partei und Regierung aktiv zu vertreten“. Rektor Werner Kemnitz und der Prorektor für Gesellschaftswissenschaften Klaus Römer wurden diesbezüglich hervorgehoben. Sie hätten durch „persönliche Einflussnahme“ erreicht, dass der Leiter des Hochschulfilmclubs, Ralf Weber, von seinem Posten entbunden werden konnte. Man gehe jedoch davon aus, dass der Einfluss Webers auf den Filmclub erhalten bleibe. Die insgesamt circa 80 Personen umfassenden Studentengemeinden, ESG und KSG, würden nur marginalen Einfluss besitzen. Dass dies so sei, verdanke man den engagierten Gesprächen des Rektors mit den religiös gebundenen Studenten.[1248]

Diese Analyse unterstreicht detailliert eine vom 1. Sekretär der HPL Ilmenau, Manfred

---

[1246] BV Suhl, M, vom 22.5.1989: Einzelinformation 280/89; BStU, BV Suhl, Abt. XX, Nr. 1760, Bd. 3, Bl. 19 f.

[1247] Lageeinschätzung für den 27.5.–13.6.1989; BStU, BV Suhl, Abt. XX, Nr. 909, Bd. 2, Bl. 7 f.

[1248] BV Suhl, KDI, vom 16.6.1989: Die Lage unter Angehörigen und Studenten der THI; ebd., Bl. 12–18.

Jacobi, verfasste. Ständig müsse man, so Jacobi, in einem fast flehentlich-bedauernden Tonfall, die „Genossen darauf hinweisen, dass die DDR und vor allem unsere Partei zunehmend zum Angriffspunkt des Klassengegners“ werde und höchste Wachsamkeit erforderlich sei. Man erwarte von den leitenden Genossen, dass sie nicht nur parteilich argumentieren, sondern sich mit einer entsprechenden Haltung auch identifizieren.[1249] Das Problem der Unterschriftensammlungen ereilte zumindest die Sektion INTET, wo es während der Lehrveranstaltung „Digitale Vermittlungstechnik“ zu einer solchen gekommen war.[1250] Gegen den Studenten, der die Listen erstellte, wurde ein strenger Verweis mit Androhung der Exmatrikulation ausgesprochen. Der stellvertretende FDJ-Sekretär der Hochschule wurde von seiner Funktion entbunden.[1251]

Explosionsartig nahmen gesellschaftskritische Aktivitäten der Studenten zu. Kein Ereignis in der DDR wurde ausgelassen, um sich bei Konflikten und Protesten entsprechend zu positionieren, sei es zu den Kommunalwahlen oder zu Fragen der Friedensarbeit. Auch Wissenschaftler beteiligten sich hin und wieder an solchen Aktionen, wie etwa ein Mitarbeiter der Sektion TBK, der an einem Schweigemarsch gegen das Reinstsiliziumwerk in Dresden-Gittersee teilnahm.[1252] Oder ein Seminarleiter, der am 20. Mai 1989 die Studenten direkt dazu aufgerufen haben soll, die Ilmenauer Umweltgruppe zu unterstützen. Der Seminarleiter war wissenschaftlicher Assistent an der Sektion ML. Das MfS begann wie stets in solchen Fällen umgehend mit Ermittlungen.[1253]

Die Abteilung XX der BV Suhl konstatierte im Sommer 1989, dass „der überwiegende Teil aller Studenten [...] den westlichen Medien [...] in zunehmendem Maße Glauben“ schenke. „Die Meldungen der Medien der DDR“ würden dagegen „als ‚Lüge, Verdummung und unrealistisch‘ bezeichnet und gewertet“ werden. Das Interesse der Studenten sowohl in Bezug auf nationale wie auch internationale Ereignisse wachse beständig, die „Offenheit der Diskussionen zu solchen aktuellen Problemen nimmt zu und ist sehr hoch“, kurz: der „politisch-ideologische Zustand der Studentenschaft“ sei „äußerst kritisch“. Es bestehe bei ihr die „Tendenz zur besonderen Auswahl der Negativbeispiele“. Schwerer aber wog die Einschätzung Rudi Juffas alias „Holt“ (Kap. 5.3.3, Fall-Nr. 45), wonach „es kaum erkennbare Unterschiede zwischen Mitgliedern der SED und Parteilosen“ gebe. Sowohl die Parteiorganisation als auch die FDJ und die Sektion ML schwächelten in der Frage der „bewusstseinsbildenden Tätigkeit“. Erschwerend komme hinzu, dass insbesondere Technikstudenten empfänglich seien für den „größeren Fortschritt“ im Westen. Juffas Maßnahmenpaket zur Eindämmung dieser Tendenzen zeugt von einer kaum überbietbaren Hilflosigkeit und Weltfremdheit; Zitat: „Der Hochschulleitung in ihrer Gesamtheit müsste

---

1249 THI, Parteileitung, vom 20.6.1989, aufgefunden in: ebd., Bl. 19–22.

1250 THI, INTET, vom 21.6.1989: Aktennotiz zur Unterschriftensammlung, aufgefunden in: ebd., Bl. 23 f. Weitere sieben Aktennotizen vom 21., 26., 27.6. u. 10.7.1989; ebd., Bl. 25–35 u. 40 f.

1251 BV Suhl, Abt. XX, vom 30.6.1989: Politisch-operative Lage im Sicherungsbereich der THI für Juni 1989; ebd., Bl. 36 f. BV Suhl, Abt. XX, vom 4.8.1989: Politisch-operative Lage im Sicherungsbereich der THI für den Monat Juli 1989; ebd., Bl. 44 f., hier 44.

1252 Ebd., zweite Quelle, Bl. 44.

1253 BV Suhl, Abt. XX, vom 10.7.1989: Aufforderung zur Beteiligung an Aktivitäten der Ilmenauer Umweltgruppe; ebd., Bl. 42 f.

in kürzeren Abständen die reale Lage dargestellt werden, um Reaktionen zu erreichen."[1254]

Die Lageeinschätzung für den Zeitraum vom 1. bis 29. September 1989 stand ganz unter dem Eindruck der Fluchtwelle über Ungarn. Man müsse, so der Tenor, die Gründe für die Fluchtwelle nicht im Westen suchen, sondern „in der DDR selbst". Schlechte Medienpolitik, schlechte Versorgungslage, mangelnde Demokratie und fehlende materielle Anreize führten dazu, dass „in zunehmenden Maße Kritik und Unwillen an der unflexiblen Arbeit der Partei und Regierung geäußert" werde. Der DDR werde in Bezug auf die Ausreisewelle Ohnmacht attestiert.[1255] Mit der Öffnung der ungarischen Grenze nach Österreich in der Nacht vom 10. auf den 11. September brachen die Dämme in der Zurückhaltung. Inoffizielle Mitarbeiter stellten kaum noch Unterschiede in der Art und Weise der Argumentation in den Diskussionen, angefangen von studentischen bis hin zu Parteikreisen, fest. Man wandte sich klar gegen die Medien, die behaupteten, dass Ungarn internationalen Rechtsbruch betreibe, denn dass es zur Massenauswanderung komme, sei nur ein Symptom für die hohe Unzufriedenheit der DDR-Bevölkerung in nahezu allen Fragen, so etwa „die tägliche Verarschung der Bevölkerung in der Zeitung, dass einem erzählt wird, es gehe einem prächtig". Angeblich beherrsche die industriell hochentwickelte DDR die Mikroelektronik, doch man könne weder einen Videorecorder, einen CD-Player noch einen Satellitendecoder kaufen. Es sei lächerlich, den primitiven Mikrocomputer MC 80 als eine CAD/CAM-Station zu bezeichnen. Ein Fernseher koste bereits an die 7.000 Mark, auf ein „hochentwickeltes Auto wie dem Trabant" warte man „schlappe 15 Jahre". Dann werde einem noch erzählt, wie gut es uns im Vergleich mit der Bundesrepublik gehe, dort seien alle arbeitslos, der Kapitalismus faule dahin. So brauche man sich nicht wundern, „dass die Bevölkerung irgendwann mal diese Verarschung satthat und dieser realitätsfremden Regierung den Rücken kehrt". Man müsse sich nicht wundern, wenn angesichts der ruinierten Wirtschaft „die restlichen, ehrlich arbeitenden Menschen den Mut verlieren" und auch gehen wollen.[1256]

Im Oktober 1989 verschärfte sich die Lage. In der Nacht vom 7. auf den 8. Oktober soll es auf dem Campus zu Zwischenfällen gekommen sein. Welcher Art, ist nicht angegeben.[1257] Das MfS begann sogenannte Tagesrapporte zu verfassen. Dies entsprach dem Verfahren in akuten Bedrohungssituationen. In ihnen sind alle größeren Aktivitäten mit Kommentar erwähnt, je nach Bedeutung in Verbindung mit Maßnahmen. Festgehalten ist beispielsweise, dass die kulturellen Aktivitäten im Rahmen des Immatrikulationsballes Mitte Oktober aufgrund eines aktuellen Anlasses unterbrochen wurden, indem die Arbeitsgruppe Hochschulfunk über aufgestellte Monitore die Aktuelle Kamera und die Rede von Egon Krenz live übertrug. Oder, dass am 18. Oktober zwei Studenten, die namentlich erfasst wurden, u. a. die Forderung nach Zulassung neuer Parteien erhoben und das Neue Forum als basisdemokratisch bezeichnet hätten.[1258]

1254 Analyse vom 3.7.1989: Operative Schwerpunkte im studentischen Bereich der THI; BStU, Abt. XX, Nr. 920, Bl. 69–84, hier 69 f., 80 u. 83.

1255 BV Suhl, Abt. XX: Lageeinschätzung für den Zeitraum 1.–29.9.1989; ebd., Bl. 48.

1256 Berichte von „Jörg Stängel" vom 11.9.1989; BStU, BV Suhl, Abt. XX, Nr. 909, Bd. 2, Bl. 49–51.

1257 BV Suhl, Abt. XX, vom 12.10.1989: Veranstaltung „Plattform"; ebd., Bl. 56–59, hier 59.

1258 BV Suhl, Abt. XX/8: Tagesrapport vom 19.10.1989; ebd., Bl. 60–62.

Im Wissenschaftsbereich „Prozessmess- und Sensortechnik“ hing nach Feststellung des MfS vom 20. Oktober an der Wandzeitung der Aufruf „Aufbruch 89 – Neues Forum“. Jedem soll der Aufruf bekannt geworden sein, da er auch von Hand zu Hand ging. Das MfS hielt fest, wer mit welchen Worten sich mit solchen Aufrufen solidarisch erklärte und wer selbst aktiv an Demonstrationen teilnahm. So nahm ein Student gleich drei Mal an Demonstrationen in Dresden teil. Er war der Auffassung, „dass man unbedingt etwas tun“ müsse, „um die in der DDR angestauten Probleme zu lösen und er außerdem zu denen gehört, die nicht viel zu verlieren“ hätten. Von der Mehrheit aber, so das MfS, würde der Aufruf abgelehnt werden, da er keine ökonomischen Lösungsansätze böte und es abgelehnt werde, den Staat als „Staat von Bütteln und Spitzeln“ zu bezeichnen. Die Erklärung von Egon Krenz habe man gehört, diskutiert und, was den Aufruf zur Offenheit anlangte, begrüßt. Falsch aber sei es, die führende Rolle der SED nicht unangetastet zu lassen.[1259]

Der inoffizielle Mitarbeiter „Ralf“ konstatierte am 11. Oktober, dass sich die Studenten „besonnen verhalten würden, Gewalt werde abgelehnt“. Zwar hege man mit dem XII. Parteitag der SED noch Hoffnung, doch möglicherweise sei es bereits zu spät. „Wenn in vier bis sechs Wochen sich nichts ändere, verschärfe das absolut die Lage.“ Die Sektion GT hatte am 10. Oktober im Mensasaal IV die Bildung einer Plattform durchgeführt.[1260] Die Idee sei von der FDJ-Leitung der Sektion mit dem Ziel gekommen, eine Plattform für die freie Meinungsbildung zu schaffen. Es nahmen circa einhundert Studenten, zwei FDJ-Funktionäre und Römer teil. Diskutiert wurde das Verhältnis zur SED und zum Staat sowie einzunehmende Positionen zu Randalen, Demonstrationen und Reformen. Auch wurde die Forderung laut, ein neues Wahlgesetz zu schaffen. Wesentliche Punkte waren die Durchführung geheimer Wahlen und eine zu begrenzende Mandatsdauer. Ferner wurde gefordert, frei seine Meinung äußern zu dürfen, und zwar ohne Angst vor Benachteiligungen und Schikanen. Die Rechenschaftslegung müsse von oben nach unten erfolgen und nicht umgekehrt. Auch sei der Personenkult um Honecker und der Polizeieinsatz in Leipzig verurteilt worden. Man habe festgestellt, dass sich Sicherheitskräfte in Zivil bei Demonstrationen unter den Randalierern mischten, um diese zu Übergriffen zu verleiten. Damit hätte die Polizei die Möglichkeit erhalten, Verhaftungen durchzuführen. Das müsse abgestellt werden. Auch wurde die „Forderung nach Kontrolle der Sicherheitsorgane“ laut, da es „in der DDR keine rechtlichen Möglichkeiten“ gebe, „um gegen [die] Stasi vorgehen zu können“, der Stasi traue man alles zu (Beispiele wurden erzählt). Breiten Raum nahm die Medienpolitik ein, es sei „eigentlich sinnlos“, „darüber zu diskutieren: Schwarz-Weiß-Darstellungen, dogmatische Berichterstattung, nicht realitätsbezogen, Fälschungen der Wirklichkeit, ständig gleicher Wortlaut, lange Reaktionsdauer sowie Beleidigungen durch Karl Eduard von Schnitzler. Die FDJ sei für mehr Liberalität, wolle auch andere Jugendzusammenschlüsse, nicht alles müsse in ihrer Hand liegen. Sie sei unattraktiv, „weil alles erzwungen und gezwungen“ aussehe, die Jugendlichen „rennen deshalb in die Kirche“. Das FDJ-Studienjahr habe sich überlebt, besser seien „freie Diskussionsrunden“. Römer

---

[1259] BV Suhl, Abt. XX/8: Tagesrapport vom 20.10.1989; ebd., Bl. 63–65.
[1260] BV Suhl, Abt. XX: Bericht zum Treffen mit „Ralf“ am 11.10.1989; ebd., Bl. 55.

forderte zur generellen Sachlichkeit auf und bat die Studenten, „sich nicht an Demos zu beteiligen“.[1261] Die Hilflosigkeit der Hochschulparteileitung war nicht mehr kaschierbar: „Sorge besteht vor allem darüber, dass die Eskalation westlicher Medienmanipulation bei so vielen jungen Menschen unseres Landes offensichtlich mehr Wirkungen hinterlässt, als das bei den DDR-Medien der Fall ist.“ Die Genossen warten „diszipliniert und geduldig auf zentrale Entscheidungen“, auf eine „unmittelbar wirksame Hilfe der Bezirksleitung Suhl und vor allem auf ein klares Wort zur Lage, das unser Politbüro und der Generalsekretär, Genossen Erich Honecker, jetzt sprechen muss“.[1262]

Am 3. Oktober wurde eine Fotodokumentation zu „40 Jahre DDR – in unverbrüchlicher Freundschaft mit der Sowjetunion“ in der Mensa teilweise zerstört und in der Nacht Losungen auf einem frisch betonierten Fußweg zwischen den Blöcken H und I eingeritzt („We want free“, „BD-Club“, „Freies Forum“, „Wir bleiben hier“). Die Proteste verteilten sich im gesamten Stadtgebiet. Zu heftigen „Ordnungsstörungen“ kam es am 6. und 7. Oktober, u. a. vor der Volksbuchhandlung, wo Protestierende „grölten“: „Stasi raus“, „Bullen raus“, „Gorbi hilf uns“, „Gorbi gibt uns Freiheit“, „Freiheit, Freiheit, Freiheit“, „Freiheit, wir bleiben hier“. 20 Personen wurden festgenommen. Am 8. Oktober formierte sich ein Demonstrationszug von circa einhundert Personen vom Stadtkulturhaus „ab in die City“. Schlagstöcke wurden eingesetzt und 37 Personen „zugeführt“. Eine Gruppe von 30 Personen setze sich in Richtung Hochschule in Bewegung. Sie setzten ihre Sprechchöre „differenziert“ fort. Insgesamt wurden an den beiden Tagen „48 Personen zugeführt“. Bis zum 9. Oktober waren zu fünf Personen Ermittlungsverfahren mit Haft eingeleitet worden. Von den 48 zugeführten Personen entstammten lediglich zwei der THI. 31 waren Arbeiter, gefolgt von sieben Lehrlingen und fünf Selbstständigen, der Rest Angestellte und Schüler.[1263]

Abbildung 26: Studenten demonstrieren in größerer Zahl, Marktplatz Ilmenau am 19.4.1990

[1261] BV Suhl, Abt. XX, vom 12.10.1989: Information zur Veranstaltung „Plattform“; ebd., Bl. 56–59. BV Suhl, KDI, vom 23.10.1989: Information zur FDJ-Aktion „Plattform“; ebd., Bl. 66–68.

[1262] HPL der HfE vom 5.10.1989; LATh-StA Meiningen, BS IV F219/431, S. 1–5, hier 1 u. 5.

[1263] KD des MfS und VPKA Ilmenau: Information über bedeutsame Vorkommnisse/Erscheinungen im Zeitraum 3.–9.10.1989 (Lagefilm); BStU, BV Suhl, KDI, Nr. 2721, Bl. 26–32.

Dieter Urs* alias „Fred“ (Kap. 5.3.3, Fall-Nr. 26) berichtete am 11. Oktober dem MfS von Bestrebungen an der Sektion PHYTEB, „das Neue Forum einzurichten“ und nannte führende Köpfe.[1264] In den Diskussionen der Dozenten und Assistenten komme eine scharfe Kritik an der Medienpolitik der SED zum Ausdruck. Sie käme einer „‚Verleumdung‘ der Menschen in der DDR mit sogenannten Erfolgsmeldungen“ gleich, kenne doch jeder die andersgeartete Realität. Das könne nicht gut gehen. Zunehmend komme Angst auf, da eine Verhärtung beider Seiten nicht auszuschließen sei. Das „sogenannte Festhalten an der ‚alten Politik‘“ reiche nicht mehr aus, eine Kursänderung sei dringend erforderlich. Der Dialog mit der Opposition müsse gesucht werden. Früher oder später komme der Staat ohnehin nicht umhin, etwa das Neue Forum anzuerkennen.[1265] Das letzte Treffen mit Offizier Luther galt der oppositionellen Bewegung. Der beauftragte ihn, alle ihm bekanntwerdenden Veranstaltungs- und Versammlungstermine sofort telefonisch zu übermitteln. Doch „Fred“ bat ihn, zeitweilig die inoffizielle Arbeit einstellen zu dürfen, zumindest so lange, bis er „eine eigene Position zu den Ereignissen gefunden“ habe. Luther lehnte ab und sprach von einem Vertrauensverlust des IM gegenüber der SED und dem MfS.[1266]

Im Oktober-Monatsbericht stellte das MfS fest, dass ein Überschwappen von Ereignissen von anderswo auf die TH Ilmenau durch konzertiertes Handeln der Hochschulparteileitung, der staatlichen Leitung und den gesellschaftlichen Organisationen verhindert werden konnte. Erste operative Personenkontrollen (OPK) zu Aktivisten des Neuen Forums und des Demokratischen Aufbruchs (DA) waren bereits eingeleitet worden. Der Sprecher, der auf der Gründungsveranstaltung des Neuen Forums am 25. Oktober gewählt wurde, sei „negativ-feindlich in Erscheinung“ getreten. Die bisher durchgeführten Diskussionen auf den Plattformen der FDJ in den Sektionen hätten großen Anklang gefunden. Seit Anfang Oktober wären zwei Studenten aus der FDJ ausgetreten, fünf gehörten den Studentengemeinden, ESG und KSG, an. Auch hätten weitere sechs Angehörige der THI die DDR verlassen. Die Anzahl der Anträge auf ständige Ausreise steige.[1267]

Zumindest ab dem 9. November 1989 „war klar“, so Günter Wirth, „dass eine ‚interne‘ Neuordnung der DDR-Verhältnisse wie in Polen, in der ČSSR, in Ungarn usw. nicht mehr möglich war; wodurch sich auch die Chance einer gewissen Führungsrolle bildungsbürgerlicher Kräfte zerschlug“.[1268] Die waren in erster Linie in der Oppositionsbewegung Demokratie Jetzt (DJ) zusammengekommen. Soweit ein Wille zum Aufbruch an der THI tradiert ist, bezieht sich dieser fast nur auf Studenten. Doch wie aus dem Nichts heraus kamen plötzlich Verantwortung und Risikofreude in erheblichem Maße auch bei Hochschullehrern ans Licht. Ein Brückenschlag, der zeigt, dass auch bei den Älteren die Zeit zu Handlungen reif war. Christoph Schnittler sagte sich, als er die ungarische Grenzöffnung im Fernseher erlebte, „das ist das Ende der DDR“ und gleichzeitig wurde ihm bewusst, „dass man sich engagieren“ müsse, es „war wie eine Initialzündung“.[1269] So kam es, dass es in

---

1264 Bericht von „Fred“ vom 11.10.1989; BStU, BV Suhl, AIM 735/90, Teil II, Bd. 2, Bl. 133.
1265 BV Suhl, Abt. II/2, vom 11.10.1989: Information (aus Berichten von „Fred“); ebd., Bl. 135 f.
1266 BV Suhl, Abt. II/2, vom 9.11.1089: Bericht zum Treffen mit „Fred“ am 8.11.1989: ebd., Bl. 137 f.
1267 BV Suhl, Abt. XX, vom 28.10.1989: Politisch-operative Lage im Oktober; ebd., Bl. 69–72.
1268 Wirth: Bürgertum und Bürgerliches, S. 14.
1269 Interview des Verf. mit Christoph Schnittler am 20.9.2017.

dem Wikipedia-Eintrag zu ihm nicht gerade korrekt heißt: „ist ein deutscher Politiker." Für die TH Ilmenau waren es nicht wenige, die diesen Weg wählten.[1270] Wirths generelle Feststellung aber, wonach zunächst „das DDR-Bürgertum in seiner Mehrheit dem Prozess der [...] friedlichen Revolution weitgehend abseits gegenüberstand",[1271] und Jürgen Johns spezieller Befund, wonach Professoren und Studenten „1989 nicht gerade im Zentrum des ‚demokratischen Aufbruchs' standen",[1272] sind mit dieser Studie für die TH Ilmenau verifiziert.

Die Wissenschafts- und hochschulpolitische Grundsatzerklärung der TH Ilmenau

Vom November 1989 ist von Werner Kemnitz mit dem Titel „Wissenschafts- und hochschulpolitische Grundsatzerklärung des Wissenschaftlichen Rates der TH Ilmenau" ein Papier überliefert, das ironischerweise die zwingende Legitimation einer historiographischen Aufarbeitung der *politischen* Geschichte der Hochschule in genau der Gestalt dieser Studie liefert. Im November ging es der Hochschulführung noch darum, „für eine grundlegende Erneuerung des Sozialismus" alles zu tun, damit „der eingeleitete Reformprozess gefördert und unumkehrbar gestaltet" werden könne – und dies voll und ganz im Sinne der Erhaltung der DDR. Dass dies unumkehrbar sein sollte, hieß, dass man das, was in dieser Erklärung kritisiert wurde, nicht wieder reanimiert haben wollte. Kemnitz rief seine Hochschule auf, „die besten Wege in Wissenschaftsentwicklung und Forschung" zu finden, um so die DDR aus der Krise zu führen.

Der Wissenschaftliche Rat (WR) halte es „für unumgänglich, Irrtümer und Versagen aufzudecken, wo immer sie wissenschaftliche Entscheidungsfindung be- oder verhindert haben. Es sind Verantwortlichkeiten beim Namen zu nennen und Kontrollmechanismen zu entwickeln, um jegliche Wiederholbarkeit der schwer belastenden Fehler vergangener Jahre auszuschließen." Fehler, die so gut wie nie den Weg in die Protokollprovenienzen fanden. Es gehe nun darum, heißt es, „Tempo, Niveau und Ausbreitung jener wissenschaftlich-technischen Innovationen zu erhöhen, die den traditionellen bewährten Profillinien" der TH Ilmenau entsprechen. Vor allem bedeute dies die „Schaffung wirklich effektiver Arbeitsbedingungen für Lehre und Forschung", eine Grundvoraussetzung für „die radikale Beseitigung bürokratischer Hemmnisse inner- und außerhalb der TH Ilmenau". Ein Mitspracherecht bei der Investitionstätigkeit vorgesetzter Staatsorgane sei unabdingbar. „Die wiederholten Versuche von außen, die Hochschule als Rationalisierungseinrichtung des Bezirkes zu nutzen, kann nur durch Erhöhung unserer Eigenverantwortung in einer ausgewogenen Grundlagen- und Applikationsforschung und effektiven Partnerschaft mit der materiellen Produktion überwunden werden. Bislang einengende Planvorgaben für Lehre, Forschung, wissenschaftlichen Gerätebau und wissenschaftlich inkompetente Eingriffe wird die Hochschule dadurch rasch überwinden, dass sie ihre Autorität als

---

1270 Universitätsgesellschaft Ilmenau – Freunde, Förderer, Alumni e. V. (Hrsg.): 30 Jahre Deutsche Einheit. Wie Wissenschaftler und Absolventen der Technischen Universität Ilmenau ihre Heimat neu aufbauten – und was sie dabei erlebt haben. Ilmenau 2020.

1271 Wirth: Bürgertum und Bürgerliches, S. 15.

1272 John, Jürgen: Exposé für den Workshop Hochschulumbau Ost. Die Transformation des DDR-Hochschulwesens nach 1989/90 in typologisch-vergleichender Perspektive, Leipzig vom 13.–14.9.2018, S. 1–25, hier 9.

wissenschaftliches Zentrum der Analyse und konstruktiven Lösung drängender wissenschaftlicher, ökonomischer und gesellschaftlicher Probleme erkennt und zum Nutzen des Sozialismus energisch einsetzt." Das Strategiepapier behandelt sechs Themenfelder: (1) Verwirklichung der sozialistischen Demokratie (Konzil, Gesellschaftlicher Rat [GR], Sektionsrat, Wissenschaftlicher Rat [WR]), (2) akademische Bildung, (3) wissenschaftliche Nachwuchs und Kaderarbeit, (4) Forschung, (5) Qualifizierung der Leitung sowie (6) materiell-technische Basis und Arbeits- und Lebensbedingen. Hierzu einige Auszüge:

Zu (1): Revisionsbedürftig erachtete Kemnitz die Anordnungen über den GR vom 1. August 1969 und den WR vom 15. März 1970 sowie die Verordnung über die Aufgaben der Universitäten, Hochschulen und wissenschaftlichen Einrichtungen mit Hochschulcharakter vom 25. Februar 1970. Das waren jene Bestimmungen, die die 3. Hochschulreform konfigurierten und durchzusetzen halfen. Wer dagegen verstieß, wurde ermahnt, diszipliniert, behindert oder gar entfernt. Das schrieb Kemnitz freilich nicht. Aber er brachte es auf den Punkt, wenn er verlangte, dass künftig alle Passagen, „die eine direkte Abhängigkeit der Universitäten und Hochschulen von den Beschlüssen der Partei, also ihre direkte Unterstellung unter die Parteibeschlüsse, festschreiben", zu streichen seien. Letztlich entsprach dies zu diesem Zeitpunkt dem vorgegebenen Spielraum: „Die in der Verordnung vom 25. Februar 1970 festgelegte straffe zentralistische Führung der Universitäten und Hochschulen durch die zentralen Staatsorgane und die mehr oder weniger auf verbale Aussagen und Formalismen beschränkte bzw. als ein Mittel der zentralistischen Führung vorgesehene Gestaltung der Demokratie entspricht nicht den Erfordernissen unserer Zeit und dem Reifegrad der sozialistischen Gesellschaft." Dies werde, so Kemnitz, besonders deutlich bei den Paragraphen besagter Verordnung 2, 10/2, 11/1, 12 bis 14 und 23. Für die neue Gesetzesvorlage unterbreitete er mehrere Vorschläge, u. a. die geheime Wahl des Rektors, die Beschränkung seiner Amtszeit und die Vermehrung der Rechte der Studenten. Die Neugestaltung des Konzils als „umfassendste Versammlung der Delegierten der Wissenschaftler, Studenten, Arbeiter und Angestellten der Hochschule zur gemeinsamen Beratung der Hauptaufgaben in akademischer Bildung, Forschung und Wissenschaftsorganisation" sollte im Sinne einer Erhöhung seiner demokratischen Befugnisse reformiert werden. Hierzu zählen Vorschläge, die allerdings nur die – nun jeweils geheimen – Wahlen des Rektors und der Prorektoren sowie der Mitglieder des GR betrafen. Für den GR schlug er vor, die Anzahl der Studenten auf fünf zu erhöhen. Auch hier nutzte er nur den vorgegebenen politischen Spielraum, wenn er der FDJ das Vorschlagsrecht einräumte. Auch die Wahl und Zusammensetzung des Sektionsrates sollte entsprechend demokratisiert werden. Dem WR solle das Recht der Rektoren- resp. Prorektorenwahl entzogen wurden.

Zu (2): In diesem Abschnitt kommt deutlich zum Ausdruck, dass sich der alte Geist keineswegs umorientiert hatte, wenn Kemnitz schreibt: „Wir gehen davon aus, an unserer Hochschule solche Ingenieure, Mathematiker und Wirtschaftsinformatiker auszubilden, die für die grundlegende sozialistische Umgestaltung unseres Landes all ihr Wissen, ihre Kraft und ihre Ideen ein- und umsetzen wollen." Zwar ist eine nun flexiblere und individualisierte Studienplangestaltung angesprochen, gleichwohl war diese Forderung alles andere als neu. Alles sollte irgendwie flexibler und nicht alles mehr in Richtung des

Obligatorischen gehen. Auch das marxistisch-leninistische Grundlagenstudium wollte Kemnitz nicht abgeschafft wissen, vielmehr sollte es „konsequent auf seine akademische Funktion“ umgestellt werden, was wohl heißen sollte, dass die doktrinäre Erziehungsfunktion herunterzufahren war: „Vermittlung des Minimums an marxistisch-leninistischen Grundlagen zum Verständnis und für die mögliche Identifikation mit der Gesellschaftskonzeption unseres Landes.“ Auch die ZV-Ausbildung sollte bestehen bleiben. Er fand eine Formulierung dergestalt, wonach sie nun „in Form einer berufsspezifischen Ausbildung zur Vermittlung fachspezifischer Kenntnisse der Produktions- und Versorgungssicherheit sowie des Havarie- und Katastrophenschutzes erfolgen“ sollte. Und die Qualifizierung zum Reserveoffizier (RAO) sollte fortan in der Zeit nach dem Studium auf freiwilliger Basis im Rahmen des Reservewehrdienstes erfolgen.

Zu (3): Korrekturen sind hier Fehlanzeige, es sei denn, dass hinsichtlich der Kriterien zur Auswahl von Kadern die Betonung „ausschließlich“ auf „die erreichte Qualifikation, Befähigung zur Wahrnehmung von Arbeitsaufgaben, Leistungsfähigkeit, Leistungsbereitschaft, moralisch-charakterliche Integrität“ gelegt wurde und die ideologische Ergebenheitsformel fehlte.

Zu (4): Kein Wort fiel hier über das vielfältig präsente MfS, nichts über die militärnahe und militärische Forschung, Entwicklung und Ausbildung. Gerade hier hätte es insbesondere eingedenk der letzten fünf Jahre – und weiland bereits laut gewordenen Debatten – zwingend einen Hinweis geben müssen, etwa an jener Stelle seiner Forderung, nun künftig mindestens 50 Prozent der Kapazitäten für die Grundlagenforschung zu reservieren. Immerhin sprach er die Veränderung der ökonomischen Rahmenbedingungen an: „Wir werden gemeinsam mit unseren Industriepartnern neue Bedingungen schaffen, die Initiative und Risikobereitschaft fördern. Einengende Planvorgaben und Vorschriften sowie Eingriffe durch gesellschaftliche Organisationen und andere nicht zuständige staatliche Organe schränken die Wirksamkeit unserer Forschungstätigkeit ein und sind unzulässig. Wir wenden uns dagegen, mit ‚Vorzeigeergebnissen‘ Leistungsmaßstäbe zu verzerren und mit dem Prädikat ‚Spitzenleistung‘ leichtfertig umzugehen. Für die Bewertung von Forschungsergebnissen werden wir strenge Effektivitätsmaßstäbe einführen und die Ergebnisse am internationalen Niveau messen.“

Zu (5): „Im Zuge der Erneuerung“ werde gegenwärtig „auch die Tätigkeit der Hochschulleitung kritisch bewertet“. Also müsse der Verwaltungsaufwand reduziert, der administrative Aufwand zugunsten der akademischen Ausbildung und der Forschung gesenkt werden. Sektionen und Wissenschaftsbereichen solle mehr Selbstbestimmung eingeräumt, die Kultur zwischen Leitern und Mitarbeitern verbessert werden. Um die Mitarbeiteranzahl in der Verwaltung zu senken, schlug Kemnitz u. a. vor, vier Planstellen in den Büros des Rektors und des 1. Prorektors freizusetzen. Hatte er hier die MfS-Stellen im Auge?

Zu (6) räumte Kemnitz ein, dass die Kritik an der Überalterung und Ausstattung von Forschungstechnik sowie an der Versorgung berechtigt sei. Man wisse „um die Problematik der studentischen Wohnheimbedingungen und um den baulichen Zustand einiger Internate und Sektionsgebäude“ und verstehe die Sorgen der Studenten, Hochschullehrer, Wissenschaftler und Mitarbeiter. Man sehe sich aber „gegenwärtig außerstande, mit eigener

Kraft die auf diesem Gebiet angehäuften Probleme zu lösen".[1273]

Im November spitzte sich die Lage weiter zu, der Staat sah sich gezwungen, zu handeln. Er tat es mit der Regierungsbildung vom 18. November 1989. Geopfert wurde das MfS, wenn auch nicht konsequent. Generalleutnant Wolfgang Schwanitz, Nachfolger Mielkes, hatte angeordnet, dass am 20. November eine Erklärung zu seiner Ernennung als Leiter des Amtes für Nationale Sicherheit (AfNS) allen Angehörigen des ehemaligen MfS zu verlesen ist: „Mit der Berufung zum Leiter dieses Amtes hat mir die oberste Volksvertretung unseres Landes eine große persönliche Verantwortung übertragen. Diese Aufgabe wurde mir kurzfristig gestellt. Es ist für mich eine außerordentliche Herausforderung, diesen Auftrag praktisch aus dem Stand, ohne Möglichkeiten einer Vorbereitung zu erfüllen, hierzu brauche ich die uneingeschränkte aktive Unterstützung aller Angehörigen. Dies ist nicht die Stunde der Übermittlung von Glückwünschen. Die Auflösung des MfS und die Bildung des Amtes für Nationale Sicherheit erfolgen in einer geradezu dramatischen Situation in unserem Land und innerhalb der Partei. Die tiefe Vertrauenskrise in unserer Partei geht auch an unseren Angehörigen nicht vorüber und hinterlässt bei jedem einzelnen von uns schmerzliche Gefühle. Die Mitarbeiter und ihre Familienangehörigen sind seit Wochen einem sich mehr und mehr verstärktem Druck, zunehmenden Diffamierungen und Diskriminierungen, Drohungen und tätlichen Angriffen ausgesetzt. In besonderem Maße sind davon die Mitarbeiter in den Kreisen betroffen." Zwei besondere Aspekte zeichnen den Text aus. Zum einen die Sorge um Wohl und Zukunft der Mitarbeiter des ehemaligen MfS, die den breitesten Raum in der Erklärung einnimmt, zum anderen die Aufgabe der besonnenen Überleitung in ein neues, erst zu schaffendes Gebilde namens AfNS: „Ich appelliere an alle Leiter und Funktionäre, an jede Genossin und jeden Genossen, die weiteren Maßnahmen mit größter Besonnenheit und Umsicht durchzuführen. Unüberlegte und überstürzte Aktionen und Handlungen, die zu Unruhe, zur Beeinträchtigung der Arbeit der Diensteinheit und zu einer Gefährdung der Konspiration operativer Kräfte und Mittel führen können, sind unter allen Umständen zu unterlassen. Die Sicherheit unserer Patrioten ist ohne Einschränkung zu wahren."[1274]

Die Existenz des AfNS währte nur kurz. Am 5. Dezember trat sein Kollegium zurück. Der Ministerrat beschloss am 14. Dezember in der Folge der Forderung des Zentralen Runden Tisches am 7. Dezember, das AfNS aufzulösen, aus ihm sollte ein Verfassungsschutz und ein Nachrichtendienst transferiert werden. Doch der Beschluss wurde infolge von Protesten gekippt. Der Ministerrat beschloss am 13. Januar 1990 die ersatzlose Auflösung des AfNS.

Noch am 27. November hatte der Leiter des Bezirksamtes Suhl des AfNS, Generalmajor Gerhard Lange, den „begonnene[n] Prozess der Erneuerung des Sozialismus in der DDR" in allen Bereichen des Bezirkes gewürdigt. Demnach werde sich die SED „ohne Anspruch auf eine Führungsrolle" erneuern, grundsätzliche Prinzipien wie freie Wahlen

---

[1273] THI, Kemnitz, November 1989: Wissenschafts- und hochschulpolitische Grundsatzerklärung des WR der THI; BStU, BV Suhl, Abt. XX, Nr. 909, Bd. 2, Bl. 76–91.

[1274] Persönliche Erklärung zur Verlesung am 20.11.1989; BStU, BV Suhl, AKG, Nr. 274, Bl. 46–50.

würden ermöglicht werden. Lange reflektierte die Entwicklungstendenzen der Bürgerrechtsbewegung, sah Widersprüche und ein Abflauen der Demonstrationen. Auch resümierte er die im Kreis Ilmenau festgestellten Aktivitäten zur Gründung von Ablegern der zentral entstandenen Bürgerrechtsorganisationen Neues Forum und Demokratie Jetzt sowie die am 23. November in der Mensa der TH Ilmenau stattgefundene Gründungsversammlung des Demokratischen Aufbruchs (DA). Es werde versucht, so Lange, den DA „unter Einbeziehung von Mitarbeitern der THI zu formieren“.[1275] Anfang November hatte der Sekretär des ZK der SED, Horst Dohlus, auf der Sitzung der SED-Bezirksleitung Suhl noch Hoffnung gehegt, die Kräfte des Neuen Forums paralysieren zu können, „dass sie sich dort abkapseln und wieder weggehen“.[1276]

Stellte die 16 Seiten starke Grundsatzerklärung und im Bestand des BStU tradierte wissenschafts- und hochschulpolitische Erklärung vom November im Kern ein Restaurationsprogramm dar, so war die nur einen Monat später verfasste, nun 34 Seiten umfassende und im Archiv der TU Ilmenau tradierte, ein verhaltenes Transformationsprogramm. Sprach der Novembertext von einer Reform, so der Dezembertext von revolutionärer Umgestaltung. Verhaltenes Transformationsprogramm deshalb, weil es im zweiten Absatz „Sozialistische Demokratie“ heißt, dass die Partei zwar erneuerungsbedürftig sei, nicht aber obsolet.

Eingangs ist festgehalten, dass die wichtigste Verpflichtung der TH Ilmenau darin besteht, „den für die Entwicklung unserer Gesellschaft notwendigen Bildungsvorlauf zu sichern“, wofür die „Einheit von Lehre und Forschung“ die Voraussetzung bilde. Von der (einst gar primären) Rolle der Erziehung findet sich keine Spur mehr, dafür aber ist die e von der „Ausprägung wertvoller Persönlichkeitseigenschaften“. Zur Sicherung der Innovationsfähigkeit werde vorrangig die Grundlagenforschung entwickelt und die „angewandte Forschung gemäß volkswirtschaftlichen Erfordernissen gefördert“. Zur Frage des weiland unabwendbaren Nutzinteresses der Industrie, die in der Novemberfassung noch vorsichtig beantwortet wurde, heißt es nun: „Die wiederholten Versuche von außen, die Hochschule als Rationalisierungseinrichtung des Bezirkes zu nutzen, lassen Fehleinschätzungen der Bedeutung der Wissenschaft und ihrer Rolle im Prozess der wissenschaftlich-technischen Revolution erkennen, die nur durch Erhöhung unserer Eigenverantwortung für ausgewogene Grundlagen- und Applikationsforschung in effektiver Partnerschaft mit der materiellen Produktion überwunden werden können.“ Nun heißt es sogar, dass die Hochschule „Eingriffe in wissenschaftliche Fragen von inkompetenter Seite […] künftig konsequent zurückweisen“ werde.[1277] Autonomie war gefragt. Etwa in der Frage des Bildes vom Wissenschaftler an der TH Ilmenau, das einem Autonomiebild entspricht und in Sonderheit dem Lehrstuhlinhaber die Mittel zur Realisation seiner Verwirklichung bereitstellt (u. a. Raumeinheiten, Mitarbeiterplanstellen, Mittel für den Ankauf von Lehr- und Lernmitteln sowie Literatur, Gewährleistung von Tagungsteilnahmen und Studienreisen). In

---

[1275] AfNS, Bezirksamt Suhl, vom 27.11.1989: Aspekte der politischen Lage; ebd., Bl. 89–94.

[1276] Rede von Horst Dohlus auf der Sitzung der BL der SED Suhl am 2.11.1989; LATh-StA Meiningen, BS VI F2/1/12, S. 14–41, hier 19.

[1277] THI, Dezember 1989: Wissenschafts- und hochschulpolitische Erklärung des WR der THI; UAI, 1–34, hier 1 f.

Bezug auf die Lehre ist zwar der Begriff der Erziehung verschwunden, dafür kam jedoch die Selbstbestimmung ins Spiel: „Die jungen Menschen kommen zur Hochschule in der Erwartung, gefordert, stimuliert und aufgeklärt zu werden. Sie suchen nach Möglichkeiten, ihren eigenen Weg in der Auseinandersetzung mit einer Vielfalt von Meinungen *selbst* zu finden." Dies umzusetzen, erforderte neben der Revision von Studieninhalten auch strukturelle Änderungen vielfältiger Art. Wegfallen sollten ab dem Frühjahrssemester das marxistisch-leninistische Grundlagenstudium, das Sportangebot (warum eigentlich?) und die Vorlesungen zum Geheimnisschutz. Das Maßnahmepaket ist bedeutend radikaler gehalten als das in der November-Erklärung. Einige Aspekte wie Fragen der Zivilverteidigung und der Verpflichtung zu Reserve-Offiziers-Anwärtern kommen nicht mehr vor. Eine demokratisch zusammengesetzte Zulassungskommission und eine Absolventenvermittlung (künftig sollten – was gesetzgeberisch noch zu leisten war – die Betriebe und andere Einrichtungen für sich selbst entscheiden können und nicht der Staat) bestimmten das Bild. Das Industrie-Institut sollte zu „einem Institut für Volkswirtschaft und Management" umfunktioniert werden.

Die Ausführungen zu den Freiheitsgraden der Studenten glichen denen der Universitäten und Hochschulen westlicher Staaten. In der Frage des Personalwesens wurde Klartext für absolut notwendige Veränderungen gesprochen, da die bisherige Kaderpolitik „von der führenden Rolle der Partei abgeleitet" worden war, was „zu schwerwiegenden Deformationen" geführt habe. Auch findet sich hier bereits eine Erklärung für eine künftige Evaluation, wenngleich an eine solche, wie sie dann ausgeführt wurde, wahrscheinlich noch nicht gedacht war; Zitat: „Es dürfen an der Hochschule keine Personen beschäftigt werden, die sich nicht demokratischen und humanistischen Prinzipien verpflichtet fühlen."[1278]

Permutation

Dieses Unterkapitel heißt Permutation von permuto, umkehren von Grund aus, durchaus verändern, wechseln; im Sprachgebrauch heute Austausch oder Umtausch durch Übernahme, in der Mathematik auch Umstellen. Übertragung hieße, der DDR-Seite eine ihr nicht zukommende Entlastung zuzusprechen. Ob aber Übernahme oder Übertragung, beide Modi bedurften der schnellstmöglichen, atemlosen Abwicklung. Besinnung durfte nicht sein.

Die letzte Personalstruktur der ersten und zweiten Leitungsebene zeigte folgendes Bild: Rektor (Werner Kemnitz), Prorektor für Naturwissenschaft und Technik (Eberhard Kallenbach), Direktor für Forschung (Helmar Dittrich); Direktor der Sektion MARÖK (Frieder Hülsenberg), weiteres Führungspersonal: Horst Sachs, Karl-Heinz Elster, Johannes Vogel, Walter Kempe, Günter Bräuning, Reinhold Schönefeld, Peter Gmilkowsky; Direktor der Sektion GT (Anton Schreiber), weiteres Führungspersonal: Helmut Wurmus, Heinz Haferkorn, Eberhard Kallenbach, Dagmar Hülsenberg, Wolfgang Holle, Günter Höhne; Direktor der Sektion ET (Friedhelm Noack), weiteres Führungspersonal: Wolfgang Gens, Manfred Kahle, Jürgen Petzoldt, Wolfgang Rother, Heinz Liebscher, Cordt Schmidt, Dietrich Stade; Direktor der Sektion PHYTEB (Christian Knedlik), weiteres

[1278] Ebd., S. 5, 12, 14–16 u. 19 f.

Führungspersonal: Eberhart Köhler, Albrecht Zur, Werner Buff, Christoph Schnittler, Heinrich Arnold, Manfred Riemann; Direktor der Sektion INTET (Heinz-Ulrich Seidel), weiteres Führungspersonal: Hermann Uhlmann, Dieter Kreß, Gerd Scarbata, Woldemar Kienast, Manfred Kummer, Edwin Wagner; Direktor der Sektion TBK (Jürgen Wernstedt), weiteres Führungspersonal: Gerd Jäger, Günter Henning, Werner Liebich, Wolfgang Fengler, Manfred Günther, Edgar Körner; Direktor der Plasmatechnik Meiningen war Wolfgang Reiß.[1279] Von diesen 47 Personen waren 17 inoffizielle Mitarbeiter des MfS (36 Prozent).

Zu den Grundlagen der Wahlführungskonzeption der TH Ilmenau vom 19. Januar 1990 zählte vor allem die wissenschafts- und hochschulpolitische Erklärung des Wissenschaftlichen Rates (WR) vom Dezember des Vorjahres. Zu wählen waren Sektionsräte und -direktoren, ihre Stellvertreter, der WR sowie Rektor und Prorektoren. Die Wahl des Rektors hatte durch den WR zu erfolgen. Für die Wahl der Prorektoren besaßen der Rektor und der zuständige Minister ein Vorschlagsrecht. Für alle Wahlpositionen waren Kriterien vorgegeben. Für den Rektor sowie für die Prorektoren, Sektionsdirektoren und deren Stellvertreter galten folgende Kriterien: demokratische Haltung, integre Persönlichkeit, Fähigkeit zur wissenschaftsleitenden Funktion sowie Ausweis als Wissenschaftler *und* Hochschullehrer. Alle Wahlen waren geheim durchzuführen, sie sollten Ende Februar begonnen und Mitte März abgeschlossen werden.[1280]

Bereits zur ersten außerplanmäßigen Beratung des Senats am 3. Januar 1990 wurde die Vorbereitung der Wahlen besprochen. Hierzu hatte es einen Brief an den Minister des MHF mit der Bitte gegeben, die Wahlen entsprechend dem Positionspapier zu gestalten. Zur Vorbereitung der Wahlen wurde eine Arbeitsgruppe gebildet, deren Konstituierung am 5. Januar stattfand. Ihr gehörten zunächst Schnittler und Schreiber an, weitere Personen sollten noch bestimmt werden. Ein weiterer Punkt der Sitzung lieferte protokollarisch einen klassischen Freud'schen Versprecher; Zitat: „Bildung einer AG zur *Unterstützung* von Ungerechtigkeiten bei Berufungen." Dieser Arbeitsgruppe gehörten u. a. Dieter Kreß und Wolfgang Gens an. Hierzu sollte es eine Zusammenarbeit mit entsprechenden Arbeitsgruppen des Runden Tisches geben. Der dritte Tagesordnungspunkt befasste sich mit der Herausgabe einer Hochschulzeitung. Geplant war, eine Presse- und Informationsstelle der Hochschulleitung zu bilden. Zu ihren Aufgaben zählten die periodische Herausgabe der Hochschulzeitung, eines Personal- und Vorlesungsverzeichnisses, die Informationslieferung an die Tagespresse sowie die Realisierung von Interviews und Editionsaktivitäten hinsichtlich einer wissenschaftlichen Zeitschrift.[1281]

Zu der Sitzung sind erste Vorstellungen für das zu kreierende gesellschaftswissenschaftliche Betätigungsfeld vor allem der ehemaligen Sektion ML, aber auch von Teilen der Sektion MARÖK vorgelegt worden. Erstaunlich ist, wie rasch dem Sektionsdirektor ML, Herbert Meyer, die Wende gelang: „Entsprechend den Traditionen deutscher

---

[1279] Raabe, Josef (Hrsg.): Forschung in der DDR. Institute der Akademie der Wissenschaften, Universitäten und Hochschulen, Industrie. Stuttgart 1990, S. 47 f.

[1280] THI, AG Wahl, vom 18.1.1990: Wahlführungskonzeption, aufgefunden im Konvolut zur Beratung des Plenums am 15.3.1990; UAI, S. 1–5.

[1281] Protokoll vom 9.1.1990 zur außerplanmäßigen Beratung des Senats des WR am 3.1.1990; UAI, S. 1–3.

Hochschulbildung, gemäß internationalen Gepflogenheiten und auf der Grundlage der ‚wissenschafts- und hochschulpolitischen Erklärung des Wissenschaftlichen Rates' werden an der TH Ilmenau die Sozial- und Geisteswissenschaften mit der Absicht gelehrt, die Freiheit des Geistes, die Kreativität der Persönlichkeit, die mündige Selbstbestimmung eines jeden Studenten zu befördern." Die Textsignaturen der vergangenen 40 Jahre waren über Nacht verschwunden, nun hieß es: „Die humanistische Bildung des Ingenieurs und Technikwissenschaftlers soll inhaltlich wie organisatorisch so angelegt sein, dass dem Studenten ein hohes Maß an akademischer Freiheit gesichert ist." Das Wort „marxistisch" findet sich nur einmal in Verbindung mit einem Kurstitel, und zwar in Verneinungsform: „Das Bild vom Menschen im nichtmarxistischen philosophischen Denken des 19./20. Jahrhunderts."[1282]

In einer Konzeption zur Beratung des Senats am 16. Januar wurde auf die Tagesordnung die Rehabilitation des Promotionsverfahrens zu Manfred Bittner gesetzt (Kap. 5.4.2, S. 578 f. u. 586–588).[1283] Die Beratung des Senats befasste sich zudem mit der Vorbereitung der Wahlen und einer Vorlage zur Ausbildung in Sozialwissenschaften, die bestätigt wurde. Ein anderer Tagesordnungspunkt behandelte die weitere Zusammenarbeit mit der Industrie. Von den 14 Diskussionsteilnehmern zeigten sich einige skeptisch, viele verunsichert, wenige kritisch, alle jedoch hoffnungsvoll. Alle gingen – soweit die kurzen protokollarischen Texte diese Wertung überhaupt zulassen – von der Fortexistenz der DDR aus, jedoch mit Zäsuren. Am deutlichsten zeigte sich dies in der Prophezeiung Schnittlers, wonach die großen Schaltkreise in der Mikroelektronik der DDR nicht mehr enthalten sein würden. Die Befürchtungen gruppierten sich um Fragen der Inflexibilität, Abwanderung und Vertragsunsicherheit.[1284]

Am 22. Januar folgte die dritte, diesmal wieder außerplanmäßige Beratung des Senats, die zusammen mit der Wahlkommission abgehalten wurde. Änderungen an der Konzeption vom 16. Januar gab es nicht.[1285] Entsprechend der Wahlführungskonzeption sollten nach einem Vorschlag von Anfang des Jahres, Prorektoren und Sektionsdirektoren „nur noch vom Senat (nicht mehr vom Minister) bestätigt" werden. Die Konzeption wurde mit zwei Gegenstimmen und zwei Stimmenthaltungen bestätigt.[1286] Bei der Aufstellung der Kandidaten wurde öffentliche Transparenz zugesagt. Ein weiterer Tagesordnungspunkt betraf eine Beratung in Bayreuth am 19. und 20. Januar über die Zusammenarbeit der Hochschulen Bayerns, Thüringens und Sachsens. Themen waren u. a. Voraussetzungen und Bedingungen für die Zulassung von Zusatz- und Teilstudiengängen, die Zusammenarbeit beim Technologietransfer und der Austausch von Nachwuchswissenschaftlern.[1287]

[1282] THI, Sektion Sozialwissenschaften, vom 9.1.1990: Konzeptionelle Vorstellungen für das Studium der Sozial- und Geisteswissenschaften an der THI ab Studienjahr 1990/91, aufgefunden im Konvolut zur außerplanmäßigen Beratung des Senats des WR am 3.1.1990; UAI, S. 1–3, hier 1.

[1283] THI, WR, vom 15.1.1990: Konzeption zur Beratung des Senats am 16.1.1990; UAI, S. 1 f.

[1284] Protokoll vom 6.2.1990 zur Beratung des Senats des WR am 16.1.1990; UAI, S. 1–7, hier 3 f.

[1285] Protokoll vom 6.2.1990 zur außerplanmäßigen Beratung des Senats des WR und der Wahlkommission am 22.1.1990; UAI, S. 1 f., hier 1.

[1286] Protokoll vom 6.2.1990 zur Beratung des Senats des WR am 16.1.1990; UAI, S. 1–7, hier 6.

[1287] Protokoll vom 6.2.1990 zur außerplanmäßigen Beratung des Senats des WR und der Wahlkommission am 22.1.1990; UAI, S. 1 f., hier 1.

Der Diskussionsbedarf auf der außerplanmäßigen Senatsberatung am 6. Februar war verglichen mit vielen anderen Sitzungen des Gremiums hoch. Insbesondere fiel Karl Reinisch mit konstruktiven Wortmeldungen u. a. zur Wahl, zum Universitätsstandort Erfurt und zu potenziellen Partnern der Hochschule auf. Im Mittelpunkt des Interesses dürfte der Bericht über die Rektorenkonferenz vom 30. und 31. Januar in Berlin gestanden haben, kamen doch von dort binnen dreier Monate geradezu revolutionäre Änderungen. Der Minister für Bildung, Hans-Heinz Emons, hatte insbesondere zur Gesetzgebung (Bildungsgesetz, Hochschulgesetz), zur Bildung von sieben Arbeitsgruppen zu Fragen der Berufung von Hochschullehrern, zu den Rechten der Studenten und nicht zuletzt zur Hochschulreform informiert. Letztere implizierte expressis verbis gar die Überprüfung der Ergebnisse der 3. Hochschulreform. Zu dieser demokratischen Einübung zählten Forderungen wie die nach Autonomie der Hochschulen, der Wahl von unten nach oben und nach einem neuen Hochschulstatut, der Reduzierung der Beiräte und der Schaffung einer Studentenvertretung. Einige Aspekte waren praktisch sofort umsetzbar. Zum Beispiel die öffentliche Ausschreibung von Hochschullehrerstellen und die Kreierung von Berufungskriterien. Die Themenpalette umfasste alle Bereiche des Hochschullebens bis hin zu Fragen einer neuen Stipendienordnung, eines Vordiploms und der Sinnhaftigkeit des Forschungsstudiums.[1288]

Von nun an ging es Schlag auf Schlag. Am 27. Februar beriet der Senat erneut über die Wahlvorbereitung. Die Wahlkommission schlug Köhler als Rektor vor, als Prorektor für Bildung Nehse und Noack sowie als Prorektor für Naturwissenschaft und Technik Gens. Die Investitur des Rektors war für den 20. April vorgesehen. Schreiber informierte über den Einspruch von Krapp und zwei anderen TH-Angehörigen gegen die Wahlkonzeption. Jemand gab zu Protokoll, dass aufgrund des Misstrauens von Studenten und Mitarbeitern gegenüber Grote das Amt des Verwaltungsdirektors neu zu besetzen sei. Festgelegt wurde, dass Kemnitz hierüber eine Vorklärung mit dem MHF einleiten werde. Zudem wurde informiert, dass der Runde Tisch seine Tätigkeit am 15. März 1990 beenden werde.[1289]

Die Gründungsversammlung der neu statuierten Rektorenkonferenz fand am 1. März 1990 in Berlin statt. Wer von den Universitäten und Hochschulen Mitglied werden wollte, musste hierfür das Mandat des jeweiligen Wissenschaftlichen Rates einholen.[1290]

Das Plenum beriet am 15. März. Themen bildeten die Konstituierung des Wissenschaftlichen Rates, die Wahl des Rektors, die Bestätigung der Sektionsleitungen und die Bildung der Fakultäten sowie die Wahl der Dekane und Prodekane. Köhler erhielt 73 Ja-Stimmen, 15 votierten gegen ihn. Noack setzte sich gegen Nehse mit 61 Ja-Stimmen durch, während Gens das Spitzenergebnis aller vier Kandidaten mit 76 Ja-Stimmen von insgesamt 88 Stimmberechtigten erzielte.[1291] Schließlich wurde einstimmig der Beitritt zur Rektorenkonferenz beschlossen. Weiterhin unzufrieden mit der Personalie Grote, forderte der

1288 Protokoll vom 9.2.1990 zur außerplanmäßigen Beratung des Senats des WR mit den Sektionsdirektoren und der AG Wahlen am 6.2.1990; UAI, S. 1–11.

1289 Protokoll vom 15.3.1990 zur Beratung des Senats am 27.2.1990; UAI, S. 1–8, hier 3 f.

1290 THI, Rektor, vom 2.3.1990: Information, aufgefunden im Konvolut zur Beratung des Senats am 27.2.1990; UAI, 1 S.

1291 Protokoll vom 19.3.1990 zur Beratung des Plenums am 15.3.1990; UAI, S. 1–5, hier 2–4.

Studentenrat eine öffentliche Ausschreibung seines Postens.[1292]

Die hohe Taktfrequenz der Senatsberatungen fand mit den Beratungen des Senats und des Plenums am 15. Mai – bis zum August/September – ein vorläufiges Ende. Auf der Tagesordnung des Plenums stand die Rehabilitation Bittners hinsichtlich seiner ihm weiland versagten Promotion. Das Plenum befasste sich auch mit der Frage des Erhalts der TH Ilmenau. Köhler sprach sich klar gegen ihre Auflösung aus.[1293] Hierin unterstützte ihn auch der erste demokratisch gewählte Rektor der FSU Jena (1990–1993), der Physiker und Kosmologe Ernst Schmutzer, der sich derselben Lage ausgesetzt sah. Auch Jena, hieß es, solle zu Gunsten der Wiederbelebung der Erfurter Universität aufgelöst werden. Zwei Universitäten könne sich Thüringen nicht leisten.[1294] Die Erfurter Universität, die ihre Pforten 1392 öffnete und 1816 schloss, ist eine der ältesten Universitäten Deutschlands.

Die Beratung des Senats am 19. Juni war randvoll mit Tagesordnungspunkten, jedoch war nur einer von besonderer Bedeutung: ein Protestschreiben des Studentenrates gegen die neue Stipendienordnung, die vom Ministerrat der DDR festgelegt worden war. Der Senat entschied, sich nicht zum Fürsprecher des Protestes zu machen und warf dem Rat unbewiesene Behauptungen vor, auch kritisierte er den Stil des Schreibens.[1295] Das Protestschreiben ging am 15. Juni im Büro des Rektors ein, Köhlers Paraphe datiert vom 18. Juni. Ein Auszug: „Wir werden von einer ideologischen in eine neue, diesmal von wirtschaftlicher Abhängigkeit gekennzeichneten Unmündigkeit gestoßen. Die Freiheit von Lehre und Forschung, ein Grundrecht des Menschen überhaupt, wird damit zur Last für Studenten und deren Eltern bzw. Ehepartner. Der Staat enthebt sich damit seiner Pflicht, die Grundrechte der in ihm lebenden Menschen zu sichern. Studenten haben ein Recht auf Anerkennung ihrer Persönlichkeit und damit auf einen Mindeststudienzuschuss in Höhe des Existenzminimums."[1296]

Hingegen geschah ein revolutionärer Akt mit dem Beschluss des Ministerrates der DDR vom 23. Mai 1990, der für großen Unmut und heiße Debatten sorgte. Alle Hochschullehrer der Struktureinheiten ML wurden „abberufen und deren Berufungsgebiete aufgehoben". Neu geschaffen wurden drei Lehrstühle und eine Dozentur für die Sektion Philosophie und Sozialwissenschaften: ein Lehrstuhl für philosophische Probleme der Natur- und Technikwissenschaften unter Herbert Meyer, ein Lehrstuhl für Kulturtheorie unter Alfred Erck, ein Lehrstuhl für Sozialwissenschaften unter Klaus Römer sowie eine Dozentur für Geschichte der Technikwissenschaften unter Alfred Kirpal. Ein Aufbegehren gegen die staatliche Behandlung von ML-Lehrern brachte der Vorsitzende des Rates der Sektion TBK auf den Weg.[1297]

Am 2. August befasste sich der Senat mit dem Hochschulstatut. Der Entwurf der

---

[1292] Ebd., S. 5. Die Forderung des Studentenrates in handschriftlicher Form vom 15.3.1990; ebd., 1 S.

[1293] Protokoll vom 28.5.1990 zur Beratung des Plenums am 15.5.1990; UAI, S. 1–6, hier 2 u. 4.

[1294] Interview des Verf. mit Ernst Schmutzer am 6.3.2019. Bestätigt in einem Gespräch mit Manfred Heinemann am 27.11.2020.

[1295] Protokoll vom 3.7.1990 zur Beratung des Senats am 19.6.1990; UAI, S. 1–6, hier 5.

[1296] Schreiben des Studentenrates, aufgefunden im Konvolut zur Beratung des Senats am 19.6.1990; UAI, 1 S.

[1297] Schreiben vom 8.6.1990, aufgefunden im Konvolut zur Beratung des Senats am 19.6.1990; UAI, 1 S. Protokoll vom 3.7.1990 zur Beratung des Senats am 19.6.1990; UAI, S. 1–6, hier 2 f.

Grundordnung (GO) war eng angelehnt an das Hochschulrahmengesetz der Bundesrepublik Deutschland.[1298]

Das Industrie-Institut (I.-I.), Teil IV: Auflösung und Bilanz
Das am 30. Januar 1956 gegründete Industrie-Institut (I.-I.) wurde letztlich auf Forderung des Ministers für Wissenschaft und Kunst, Emons, vom 31. August 1990 aufgelöst. Vollzug meldete Friedhelm Noack am 7. Dezember 1990. Das I.-I. durchlief rückblickend drei Etappen. In der ersten von 1956 bis 1962 rekrutierte es seine Studenten aus den Ministerien und Betrieben der Elektroindustrie. Erfolgreich verließen 227 Absolventen die HfE, davon entstammten 220 der Wirtschaft, sieben waren Parteikader. Die zweite Etappe von 1963 bis 1971 erfuhr in der Frage der Rekrutierung einen Paradigmenwechsel, da nahezu ausschließlich nur noch Kader vom ZK der SED und von den SED-Bezirksleitungen delegiert wurden. Von den 375 Absolventen waren 280 Wirtschafts- und, deutlich angestiegen, 95 Parteikader. Dominierten in der ersten Etappe mit 60 Prozent die naturwissenschaftlich-technischen Fächer, so war das Verhältnis in der zweiten Etappe ausgewogen. In der dritten Etappe ab 1972 erfolgten auch wieder Delegierungen von ausgewählten Ministerien. Bis zum Berichtsdatum verließen die TH Ilmenau 400 Absolventen, und zwar 268 Wirtschafts- und 132 Parteikader.[1299] Die Kontinuität dieser Ausbildung basierte auf Beschlüssen des ZK der SED vom 26 November 1969 und vom 20. Oktober 1975 sowie des Präsidiums des Ministerrates vom 8. Mai 1970 und vom 12. Februar 1976.

Ab dem neuen Studienjahr sollte laut Senatsbeschluss vom 21. August 1990 folgende Struktur arbeitsfähig sein: Fakultät für Mathematik und Naturwissenschaften mit den Studiengängen Angewandte Mathematik, Wirtschaftsmathematik und Physik; Fakultät für Elektrotechnik und Informationstechnik mit den Studiengängen Elektrotechnik und Werkstoffwissenschaften; Fakultät für Maschinenbau und Feinwerktechnik mit dem Studiengang Feinwerktechnik; Fakultät für Automatik und Informatik mit dem Studiengang Informatik sowie Fakultät für Wirtschafts- und Sozialwissenschaften mit den Studiengängen Wirtschaftsinformatik und Wirtschaftsingenieurwesen. In Vorbereitung lagen die Studiengänge Betriebswirtschaft und Geschichte der Technikwissenschaften.[1300]

Ein Blick auf die Personal-Struktur der TH Ilmenau zeigte Anfang 1991 folgendes Bild: Dem Rektor Eberhart Köhler waren die Prorektoren für Wissenschaft, Wolfgang Gens, und Bildung, Friedhelm Noack, sowie der Kanzler Bernhard Haupt und ein persönlicher Referent unterstellt. Ferner waren drei Referate eingerichtet worden: für Öffentlichkeitsarbeit (unter Günter Frank, hier war Franz Rittig als Sachgebietsleiter eingesetzt), für Forschungsförderung und Technologietransfer (unter Helmar Dittrich) sowie für Rechtsfragen (unter Wolfgang Berg). Der Unterbau des Rektorats bestand aus vier Dezernaten: für Akademische Angelegenheiten (Bernd Friedrich), für Haushalt und Personalwesen (Klaus-Dieter Teichmann), für Gebäude und Technik (Carl-Heinz Wittig) sowie für

---

1298 Protokoll vom 8.8.1990 zur Beratung des Senats am 2.8.1990; UAI, S. 1–5, hier 3.

1299 THI an das ThMfWK vom 7.12.1990; UAI, 13/51, 1 S. Historischer und statistischer Abriss vom 28.11.1985; ebd., S. 1–4.

1300 THI, Rektor, vom 19.9.1990: Beantwortung der durch die Geschäftsstelle des Wissenschaftsrates an die Hochschulen in der DDR gerichteten Fragen; UAI, Rep. A34.3.1, Nr. A3/59, S. 1–13.

Planung und Datenverarbeitung (Edgar Schöne). Die Leistungsbereiche waren: das Rechenzentrum (Volker Macholdt), die Hochschulbibliothek (Heinz Geißler), die Abteilungen Fremdsprachen (Karin Heinitz) und Hochschulsport (Alexander Heisig) sowie die wissenschaftliche Einrichtung Wirtschaftsinformatik und Ingenieurwesen (Horst-Tilo Beyer). Schließlich die vier Fakultäten: Mathematik und Naturwissenschaften (Christoph Schnittler), Elektrotechnik und Informationstechnik (Dagmar Schipanski), Automatisierung und Informatik (Günter Henning) sowie Maschinenbau und Feinwerktechnik (Peter Wiesner).[1301] Vier der 24 Personen waren ehemalige inoffizielle Mitarbeiter des MfS (16,7 Prozent), drei von ihnen waren gar bis Ende 1989 aktiv.

Am 20. Januar 1995 verstarb Eberhart Köhler. Er wurde keine 66 Jahre alt. Er war, erinnert sich Schnittler, „immer menschlich geblieben" und „genau der Richtige als erster Nachwende-Rektor".[1302] Das zeigt nicht zuletzt ein von Ralf Weber und Andrea Micklitz liebevoll gestaltetes Heftchen des Studentenrates zu seinem viel zu frühen Tod: „SO EIN MENSCH. Kennst du das seltene Gefühl jemand gegenüber zu stehen der an dir das für wert erachtet was wirklich wertvoll ist: dein Menschsein."[1303] Seine wohl schwierigste Lebensaufgabe war, wenngleich es auch andere für ihn nicht gerade leichte gegeben hatte, die Evaluation von Kollegen und Angehörigen seiner Hochschule. Weber hat dies schön auf den Punkt gebracht, wenn er sagt: Er habe „Dinge miteinander verschränkt, die eigentlich kaum verschränkbar waren".[1304] In dieser Lage befanden sich einige der ersten demokratisch gewählten Rektoren. Zu erinnern ist an den – oben erwähnten – im April 1990 gewählten Ernst Schmutzer von der FSU Jena, der von einer juristischen Grauzone eines Interregnums schrieb, als die ersten Schritte der Umgestaltung erfolgten.[1305] Anders als Köhler hatte Schmutzer, der sich eher noch prononcierter für eine Aufarbeitung des Unrechts einsetzte,[1306] eine Schmutzkampagne auszuhalten, die selbst heute noch nicht als befriedet gelten kann. Dabei fällt auf, dass in grober Weise seine Biographie nicht nur nicht zur Kenntnis genommen wurde, die zu denken hätte geben müssen, sondern einzig ein Element, der Rauswurf aus der SED Anfang der 1950er Jahre, verschwörungstheoretisch derart aufgeladen wurde, dass ein Link zu „seiner" Stasiakte geführt werden konnte, die angeblich belegt, dass er inoffizieller Mitarbeiter gewesen sei. Es war und ist Rufmord, der unsäglich ist. In Wahrheit belegt die Stasiakte, dass er dem MfS nicht diente.

[1301] Konvolut zur Inneren Evaluierung; UAI, Sgn. 16819.

[1302] Interview des Verf. mit Christoph Schnittler am 20.9.2017.

[1303] Studentenrat der TU Ilmenau (Hrsg.): Erinnerung. Ilmenau 1996. Siehe auch: Dankbarkeit und Verehrung für Rektor Eberhart Köhler, in: Ilmenauer Uni-Nachrichten 38(1995)2, S. 3 f.

[1304] Interview des Verf. mit Ralf Weber am 26.7.2017.

[1305] Schmutzer, Ernst: Interregnum und „Jenaer Modell". Die Friedrich-Schiller-Universität Jena in der politischen Wende 1989–1991, in: Hörig, Herbert (Hrsg.): Überlast in Freiheit. Festschrift für Dietrich Grille. Mainz 1995, S. 131–142.

[1306] Schmutzer, Ernst: Begrüßung der Teilnehmer, in: Vergangenheitsklärung, S. 13–17.

Abbildung 27: Eberhart Köhler

Evaluation

Die Evaluation war das zentrale politische Instrument der Permutation. Jutta Petersdorf und Bruno Hartmann stellten zum Wissenschaftler-Integrations-Programm (WIP) fest, dass nach Kriterien der OECD-Methodik die DDR im Bereich der Forschung und Entwicklung circa 140.000 Beschäftigte zählte, davon 14.000 an Hochschulen, 32.000 in der außeruniversitären Forschung, 86.000 in der Wirtschaft und 8.000 Geisteswissenschaftler an diversen Einrichtungen. Nach ihrer Meinung sei der größte Teil in der Phase der Wiedervereinigung der Überzeugung gewesen, dass sie im Rahmen des Paragraphen 38 des Einigungsvertrages, der das Bekenntnis zu einer geeinten großen Wissenschaftslandschaft enthält, eine Zukunft besäßen, vor der sie keine Angst haben müssten.[1307] Es ist schwer zu sagen, ob das quantitativ wirklich so zutraf. Und es dürfte regional (Berlin war nicht Ilmenau), disziplinär (Physik war nicht Marxismus-Leninismus) und positionsmäßig (ein junger Promovend war nicht Bereichsleiter) erhebliche Gradienten in diesem Befund gegeben haben. Vor allem drei Personengruppen mussten objektiv Angst vor der Evaluation haben: SED-Funktionäre, inoffizielle Mitarbeiter des Staatssicherheitsdienstes und Beschäftigte der Sektion ML. Die beiden Autoren stellten fest, dass die „aus der alten Bundesrepublik bekannten Erfahrungen“ nahezu „durchweg ignoriert“ wurden. „Kaum einer fragte nach, was und wer denn bei diesem ‚Gipfelsturm‘ auf der Strecke geblieben war bzw. bleiben könne. Kaum einer dachte nach, wie und wann einheitliche, dem Wesen nach völlig neuartige, entwicklungsträchtige Strukturen in Wissenschaft und Wirtschaft anzustreben wären. So handelte es sich dabei um dominant destruktive Veränderungen großen Ausmaßes: Die Schleifung der Industrieforschung, die sogenannte Neustrukturierung der Hochschulen und die Abwicklung der Akademie-Institute. Das heißt, es betraf eigentlich

[1307] Petersdorf, Jutta/Hartmann, Bruno: Zwischen Reform und Demontage: Das Wissenschaftler-Integrations-Programm (WIP), in: Mayer, Hansgünther et al. (Hrsg.): 25 Jahre Wissenschaftsforschung in Ost-Berlin. „Wie zeitgemäß ist komplexe integrierte Wissenschaftsforschung?“ Reden eines Kolloquiums. Berlin 1996, S. 207–216, hier 207.

das gesamte Wissenschaftler-Potenzial."[1308] Auch der Blick auf verschiedene Sachlagen zeigt ein gespaltenes Bild. Neben der Erfolgsgeschichtsschreibung existieren auch andere Sichtweisen. Uwe Schimank schreibt: „Im Rahmen der gesamtgesellschaftlichen Transformationsprozesse, die seit 1989 in allen postsozialistischen Ländern Mittel- und Osteuropas ablaufen, spielt die Transformation der Forschungssysteme nur eine untergeordnete Rolle. Weder gehörten Probleme der Forschung zu denjenigen Faktoren, die die Transformation dieser Gesellschaften ausgelöst haben, noch steht die Forschung im Zentrum der Aufmerksamkeit derjenigen Akteure, die die Transformation zu gestalten versuchen. Diese Vorgänge gehen bekanntlich vielmehr auf wirtschaftliche und durch diese induzierte politische Probleme zurück."[1309]

In Thüringen waren von der Evaluation sechs Hochschuleinrichtungen betroffen: die FSU Jena, die TH resp. TU Ilmenau, die Medizinische Akademie Erfurt, die Pädagogische HS Erfurt/Mühlhausen, die HS für Musik „Franz Liszt" in Weimar, die HS für Architektur und Bauwesen in Weimar sowie drei Fachhochschulen in Erfurt, Jena und Schmalkalden. Der mit Abwicklungs- und Evaluationsverfahren in Sachsen befasste Manfred Heinemann (zu dieser Zeit stellvertretender Vorsitzende der Sächsischen Hochschulkommission für die Geistes-, Sozial- und Wirtschaftswissenschaften) hat in seinem Resümee zur Hochschulerneuerung in Ostdeutschland einleitend den Titel eines Buches des Hochschulhistorikers Jürgen Herbst zitiert, der da hieß: From *Crisis to Crisis*, um überzuleiten mit der Bemerkung, dass dieser Krisenzustand höchstens „zeitweilig unterbrochen" wird „durch Phasen von Wachstumsschüben". Wobei die „nach der Wende in Ostdeutschland durchgeführte Hochschulerneuerung" eher als „ein Sonderfall in der deutschen Hochschulgeschichte anzusehen" sei.[1310] Tatsächlich war in diesem Sinne die Geschichte der Ilmenauer Hochschule eine nahezu durchgängige Krisengeschichte. Allerdings, und das macht einen partiellen Unterschied zu den von Heinemann und Herbst attestierten Zuständen, wurden die Krisen in Ilmenau nahezu sämtlich aus politischen Quellen gespeist, insbesondere durch die Durchschlagskraft der Hochschulkonferenzen und -reformen. Und wäre die „Wende" früher gekommen, vielleicht 1957, wäre es möglicherweise zu keiner Sonderkrise gekommen, da der Wandel der Mentalitäten nicht derart wie 1989 fortgeschritten war.

Der Umbau des zentralverwalteten Hochschulsystems der DDR begann im Frühjahr 1990. Heinemann erinnert, dass Leitungskader des MHF zu dieser Zeit „mit Hilfe einiger Westdeutscher [...] in interner Weiterbildung mit den Grundzügen des westdeutschen Hochschulsystems bekannt gemacht" worden sind. Am 18. September 1990 wurde „noch in nahezu letzter Minute [...] die als Übergang dienende ‚Vorläufige Hochschulordnung' [...] (nach dem letzten DDR-Minister und ersten Sächsischen Staatsminister für

---

1308 Ebd.

1309 Schimank, Uwe: Die Transformation der Forschungssysteme der mittel- und osteuropäischen Länder: Gemeinsamkeiten von Problemlagen und Problembearbeitung, in: Mayntz, Renate/Schimank, Uwe/Weingart, Peter: Transformation mittel- und osteuropäischer Wissenschaftssysteme. Länderberichte. Opladen 1995, S. 10–39, hier 10 u. 14 f.

1310 Heinemann: Hochschulerneuerung in Ostdeutschland, S. 81. Zu dieser Thematik: Schleiermacher/Schagen: Wissenschaft macht Politik.

Wissenschaft und Kunst auch als ‚Meyer'sches Landrecht' bezeichnet) erlassen." Heinemann zitiert Hans Joachim Meyer mit einer recht problematischen, weil nur auf Schäden und Defizite fußenden Auffassung, die die politischen Eliten zu dieser Zeit nicht müde wurden, zu propagieren; Zitat: „Niemand kann glauben, was in Jahrzehnten angerichtet wurde, könne in kurzer Zeit geheilt oder in Ordnung gebracht werden. Nichts ist schwerer zu überwinden als die geistigen Schäden, die in diesem Teil Deutschlands seit 1933 mit nur kurzer Unterbrechung angerichtet worden sind."[1311] Seither gilt es als ausgemacht, dass, wie der Historiker Jürgen John sagt, die DDR „wirtschaftlich, politisch und gesellschaftlich-moralisch gescheitert" war.[1312] Das ist zwar zutreffend, jedoch wird vergessen hinzuzufügen, dass dies trotz eines massiven *Leistungsaufwandes* der Bevölkerung geschah. Sie vergessen also nicht nur die großartigen Aufbau- und Folgeleistungen der Menschen gegen die naturalen Defizite und gegen die kaum beeinflussbare Allmacht der SED, sondern die unbedingt notwendige semantische Unterscheidung der Subjekt- von der Objektebene. Die DDR ist gescheitert, nicht aber die Menschen!

Diese Frage klammert jedoch jene Personen aus, die politisch-moralisch schwer belastet sind. Sie nicht (vor allem an vorderer Front) mit Führungsaufgaben des Umbaus zu beschäftigen, lag mit guten Gründen auf der Hand. Alle Befürchtungen, dies nicht schaffen zu können im Sinne einer demokratischen Erneuerung, hätten sich, so Heinemann, auf der Landesebene Sachsens bestätigt; Zitat: „Es gab nicht einmal eine in der Zahl nennenswerte demonstrative ‚Reinigung' von ‚Altkadern'. Stattdessen behielten solche Altkader offen oder konspirativ ihre Wirkungsfelder auch über die Zeit der örtlichen Personal- und Berufungskommission hinaus, die ihrerseits wieder unabhängig von dem Ministerium aufgrund eines für sie durch Gesetzgebung geschaffenen und nachfolgend richterlich überprüfbaren Rechtsrahmens agierten." In Sachsen waren es 1992 bis zum 25. November 347 Hochschullehrer, die entlassen worden sind. Durch „massenhafte Reduzierung" über vorgezogene Rente und „freiwilliges Ausscheiden" kam allerdings eine deutlich höhere Zahl zustande. Eine Revolution, so Heinemann, fand nicht statt: „Die Mitschuld am Ruin des Hochschulsystems blieb – wie schon einmal in der Vorgeschichte – in der Regel anonym. Der zwingend erforderliche positive Beleg dazu war für die Personalkommission in der überwiegenden Mehrzahl der Fälle nicht zu erbringen. Die Tätigkeit für das MfS richtete für sich. In nicht wenigen Fällen sicherte dann doch der ‚Rechtsstaat' durch unabhängige Richterentscheidung den Verbleib im Amt. Wegen der Persönlichkeitsschutzrechte werden zu Details in diesen Fällen erst in weiter Zukunft die Akten geöffnet werden können."[1313] Auf der zentralen Zusammenkunft aller Personalkommissionen der Länder und Vertreter der Landesregierungen am 30. Januar 1992 kalkulierte der sächsische Vertreter, dass nur auf dem Hochschulsektor circa 10.000 Stellen wegfallen sollten, eine „große Mitarbeiterzahl muss gehen".[1314]

In Sachsen konstituierte sich die Sächsische Hochschulkommission (SHK) am 18.

[1311] Ebd., erste Quelle, S. 86 f.

[1312] John: Exposé für den Workshop Hochschulumbau Ost, S. 1. John (1942) ist Historiker mit dem Schwerpunkt der Landes- und Universitätsgeschichte.

[1313] Heinemann: Hochschulerneuerung, S. 87 f.

[1314] Konvolut zur Inneren Evaluation; UAI, Sgn. 16808, Bd. 2.

Februar 1991, die Hochschulstrukturkommission des Landes Thüringen am 14. März 1991. Heinemann, der 1991/92 als „Aushilfe" aus dem Westen am Institut für Erziehungswissenschaften lehrte, das formal gesehen aus der Sektion Erziehungswissenschaften an der FSU Jena hervorging, weist darauf hin, dass die SHK-Arbeit nicht bedeutete, „sich in die Bereinigung der Folgelasten des alten Systems einzumischen. Die Personalbereinigung blieb vollständig eine Sache der sächsischen Hochschulen und ihrer Personalkommission."[1315] Der Evaluationsprozess an der TH Ilmenau begann zu einer Zeit, als es diesen Prozess amtlich noch nicht gab. Im Dezember 1989 trafen sich konspirativ, so der Mathematiker Hansjoachim Walther, 1990/91 Bundesminister für besondere Aufgaben, er und sechs seiner Kollegen, um zu schwören, „alles dafür zu tun, dass diejenigen (nicht nur politischen) Leiter, die uns jahrzehntelang drangsaliert hatten, im zu erwartenden neuen System nichts mehr zu sagen haben sollten". Sie organisierten umgehend die geheime Wahl eines Mitarbeiterrates. Alle Mitarbeiter des Instituts erschienen, nur einer verließ unter Protest die Sitzung, da es, seiner Meinung nach, kein demokratisches Verfahren sei.[1316] Der Erfolg des Mathematikers hielt sich in Grenzen. Nach einem Jahr bat ein anderer Mitarbeiter Köhler, da sich nichts tat, sich für eine konsequente Überprüfung aller Angehörigen seines Instituts einzusetzen.[1317] Wieder zwei Jahr später, im Oktober 1992, erinnerte Michael Krapp, nun Chef der Thüringischen Staatskanzlei, in seiner Rede zur Verleihung des Status einer Universität, dass ein von ihm als ehrlich eingeschätzter Hochschullehrer „trotzig, teils triumphierend schrieb, dass trotz allem die besten Wissenschaftler an der TH Ilmenau immer noch [die ehemaligen] SED-Genossen seien".[1318]

Der eigentliche Evaluationsprozess begann im Sommer 1990 mit der Anforderung von Daten zur Entwicklung der Universitäten und Hochschulen seitens der Geschäftsstelle des Wissenschaftsrates. Die TH Ilmenau beantwortete die vorgegebenen allgemeinen und speziellen Fragen am 19. September 1990.[1319] Ein von sieben Mitgliedern des neugewählten Wissenschaftlichen Rates – Liste: „Demokratische Akademische Selbstverwaltung" – unterzeichnetes Schreiben vom 5. Dezember 1990 an Köhler mahnt eindringlich, „die Verfahrensweise bei dem Bewertungsverfahren des Leistungsvermögens der Hochschullehrer in der ersten Sitzung des Wissenschaftlichen Rates zu diskutieren" und in eine Beschlussfassung überzuführen. Die Verfasser monierten, dass das von Köhler „herausgegebene Bewertungsformular [...] nicht geeignet" sei, „eine objektive und ausreichende Bewertung des Leistungsvermögens der Hochschullehrer zu ermöglichen". Vielmehr sei zu klären, ob die Lehrveranstaltungen, die anzugeben waren, auch persönlich gehalten wurden und von welcher Qualität sie sind; ferner sollte der persönliche Anteil bis hin zur Frage der Themenfindung hinsichtlich der Betreuung von Diplomarbeiten und Dissertationen qualifiziert werden; auch genauere inhaltliche Angaben zu den geleisteten Forschungsbeiträgen sollten

---

1315 Heinemann: Hochschulerneuerung, S. 92–94.

1316 Hansjoachim Walther, in: 50 Jahre Akademisches Leben, S. 118–120, hier 118. Walther gehörte der DSU an und wurde am 18.3.1990 in die Volkskammer gewählt.

1317 Schreiben an Köhler vom 7.12.1990, Konvolut zur Evaluierung; UAI, Sgn. A2/21, 1990–1991, 1 S.

1318 Krapp, Michael: Rede am 17.10.1992 zur Eröffnung der TU Ilmenau; Slg. Krapp, S. 1–6, hier 4.

1319 THI, Rektor, vom 19.9.1990: Beantwortung der durch die Geschäftsstelle des Wissenschaftsrates an die Hochschulen in der DDR gerichteten Fragen; UAI, Rep. A34.3.1, Nr. A3/59, S. 1–13.

ausgewiesen werden, wie auch zur Frage der Qualität der publizierten Arbeiten; ferner möge der jeweils individuelle Anteil an vorgeschlagenen Projekten bemessen werden. Die ausgefüllten Bewertungsbögen sollten schlussendlich offengelegt und unterschrieben werden. Die Sieben appellierten dringend an Köhler, „alle Möglichkeiten zu nutzen, die ehemaligen Stasi-Mitarbeiter (Gehaltsliste [das war blauäugig – der Verf.]) ausfindig zu machen und dort mit den notwendigen Entlassungen zu beginnen“. Köhler quittierte mit rotem Stift: „Ja! Ich bin sehr einverstanden mit dem Vorgehensvorschlag. Ich werde das Schreiben dem Vorstand des WR übergeben.“[1320]

Zu Beginn des Jahres 1991 lagen dem Senat am 17. Januar die Thesen zur Vorbereitung der Evaluation vor. Im ersten von zehn Punkten ist der Wunsch der Bundesregierung und der Kultusministerkonferenz nach einer Evaluation fixiert; Zitat: „Ihr Ergebnis soll Bund und Länder die Entscheidungen zur Gestaltung der gesamtdeutschen Hochschullandschaft erleichtern.“ Es sind jene Aspekte des Hochschulstandortes Ilmenau fixiert, die ihn wertvoll und unverzichtbar für die Hochschullandschaft der Bundesrepublik machen. Allein drei Punkte betreffen Verfahrensfragen der Vorbereitung. Eine politische Implikation im Sinne einer Personalüberprüfung ist nicht enthalten.[1321]

Die Vorbereitungen für die Bildung der Hochschulstrukturkommission (HSK) auf Senatsebene konnten bis Ende Februar abgeschlossen werden. Der Zeitplan stand. Die HSK, also Rektor, Kanzler, Prorektor Bildung sowie fünf eigene und fünf westdeutsche Dekane, hatte primär die Aufgabe, die von den Fakultäten erarbeiteten Personalstrukturpläne zu begutachten und auf Gleichwertigkeit und Verträglichkeit mit der Hochschulkonzeption im Sinne der fünf Fakultäten und der nunmehr acht Studiengänge zu prüfen. Eine Rahmengröße bestand in der schwer umzusetzenden Maßgabe, eine allmähliche Angleichung an den Standard des Verhältnisses der Anzahl der Studenten zu einem Hochschullehrer in der Bundesrepublik von 8,2:1 zu schaffen. Aktuell lag das Verhältnis bei 4,6:1. Grundsätzlich war der in zwölf Punkten gefasste Plan der HSK strukturmäßig gehalten, lediglich der zehnte Punkt war personell orientiert und durchaus heikel, insbesondere auch für den Rektor; Zitat: „Mit Hochschullehrern, die nach der Fragebogenaktion und Diskussion in den Fakultätsräten nicht die Mindestkriterien (Lehrveranstaltungen, Doktorbetreuung, Veröffentlichungen) erfüllen, werde ich [der Rektor] über Veränderungen des Arbeitsvertrages sprechen. Die Ergebnisse werden dem Senat vorgelegt.“[1322]

Am 9. Januar ordnete Köhler die Abwicklung von Teilbereichen der Hochschule an. Dies betraf die ideologisch geprägte ehemalige Sektion ML, nun firmierend unter Philosophie, Sozial- und Wirtschaftswissenschaften, die Einrichtungen mit nur geringen Lehrbeiträgen INER und Plasmatechnik Meiningen sowie die Bildstelle. Teile der einstigen Sektion ML sollten in die Zentrale Wissenschaftliche Einrichtung (ZWE) gehen, die, so war es vorgesehen, von einem westdeutschen Hochschullehrer geleitet werden würde. Alle

---

1320 Liste „Demokratische Akademische Selbstverwaltung“ vom 5.12.1990, aufgefunden im Konvolut zur Senatssitzung am 7.2.1991; UAI, S. 1 f, hier 1.

1321 THI, Notiz R 1/1991, vom 2.1.1991: Thesen zur Vorbereitung der Evaluation durch eine Arbeitsgruppe des Wissenschaftsrates, aufgefunden im Konvolut zur Senatssitzung am 2.1.1991; UAI, S. 1–3. Ein Protokoll ist nicht aufgefunden worden.

1322 Ebd., S. 2.

Bereiche der Hochschulen, also auch die ZWE, sollten einer Belastungsanalyse unterzogen werden. Natürliche Abgänge sollten „für das Herauswachsen aus der personellen Überbesetzung“ genutzt werden. „Nur die Besten“ wolle man für die Habilitation halten. Zündstoff barg das Bestreben, Hochschullehrer, und das waren nicht wenige (siehe Tab. 62), die das 57. Lebensjahr vollendet hatten, zu bewegen, Lehrveranstaltungen an jüngere Kollegen abzutreten. Auch hier spielten Fragebögen eine bedeutende Rolle, deren Ergebnisse „in den Fachgebieten offengelegt werden“ sollten. Der letzte und neunte Punkt betraf die „Stasi-Untersuchung“, die rasch durchgeführt werden sollte.[1323] Eines der normativen Eckpapiere bildete das Förderprogramm für die fünf neuen Bundesländer vom November 1990, das die Hochschullandschaft der ehemaligen DDR auf jene der alten Bundesregierung trimmen sollte, insbesondere, was die Personalausstattung betraf.[1324]

Die 4. Senatssitzung am 29. Januar 1991 befasste sich mit der Beschlussvorlage „Evaluierung der Hochschullehrer“. Die Vorlage zur Inneren Evaluierung war von Karl Reinisch und Wolfgang Gens erarbeitet worden. Die Befragung der Studenten sollte anonym, ansonsten unter Namensnennung erfolgen. Gens empfahl, die breite Hochschulöffentlichkeit nur über das vorgeschlagene Verfahren einzubeziehen. Der Senat legte dem Wissenschaftlichen Rat am 29. Januar die Vorlage zur Annahme vor.[1325] Eine Woche später fand die 5. Sitzung statt. Im Mittelpunkt stand die Diskussion zur Hochschulevaluierungskommission (HEK). Die Rechtsgrundlage bildete die vorläufige Hochschulverordnung der neuen Bundesländer vom 18. September 1990. Die Aufgaben der Zentralen Senatskommission (ZSK) bestanden in der Entgegennahme der Empfehlungen der Fakultäten, Beratung dieser und erforderlichenfalls Übergabe an den Senat, sowie Erarbeitung von Empfehlungen für fakultätsübergreifende Einrichtungen und Übergabe an den Senat. Entweder bestätigte der Senat oder er gab das Verfahren an die ZSK zur erneuten Beratung zurück. Die Entscheidung sollte dann die Landesregierung auf Empfehlung des Rektors treffen.

Die Senatsabstimmung am 27. Februar zur Verfahrensweise der Evaluierung an den Fakultäten mittels einer anonymen Befragung ergab elf Ja- und sechs Nein-Stimmen. Die anonyme Befragung sollte in einem Wahllokal im Zeitraum von zwei bis drei Tagen ermöglicht werden. Die Abstimmung ergab mit einer Gegenstimme, dass die zusammengefassten statistischen Befragungsergebnisse von jedem zu seiner Person eingesehen werden können. Die Gesamtheit der Befragungsergebnisse sollten der Evaluierungskommission der Fakultäten und dem Fakultätsrat zur Verfügung stehen. Die Bewertungsbögen für die Zentralverwaltung sollten den Fakultäten zur Verfügung stehen. Prinzipiell sollte jeder Hochschulangehörige die Möglichkeit erhalten, jeden zu bewerten. Hinweise auf konkrete Verfehlungen von Hochschulangehörigen sollten nach Wunsch mündlich oder schriftlich an die Fakultäten oder auch an die HEK herangetragen werden können.[1326] Köhler teilte in einem Aushang zur Inneren Evaluierung an der THI am 15. Februar 1991 mit, dass auf

[1323] THI, Notiz R 2/1991, vom 9.1.1991: Personal- und Strukturpolitik, aufgefunden im Konvolut zur Senatssitzung am 2.1.1991; UAI, S. 1–3.

[1324] Hochschulrektorenkonferenz (HRK), November 1990: Förderungsprogramm für die Hochschulen in den fünf neuen Bundesländern, aufgefunden im Konvolut zur Senatssitzung am 2.1.1991; UAI, S. 1–6.

[1325] THI, WR, vom 18.2.1991 zur Senatssitzung am 29.1.1991; UAI, S. 1 f.

[1326] THI, WR, vom 14.2.1991 zur Senatssitzung am 7.2.1991; UAI, S. 1–5.

Beschluss des Senats vom 29. Januar und des WR vom 1. Februar festgelegt worden sei, „Hochschullehrer, unbefristete wissenschaftliche Mitarbeiter und die leitenden Mitarbeiter in der Verwaltung und in nichtwissenschaftlichen Fakultätseinrichtungen zu evaluieren". Ziele und Modalitäten waren vorab von der Senatskommission zur Inneren Evaluierung erarbeitet und am 7. Februar der Hochschulöffentlichkeit bekanntgegeben worden. Die Wahl der Mitglieder der ZSK in geheimer Abstimmung wurde auf den 22. Februar terminiert.[1327]

Neben Fragen im Zusammenhang mit der Zusammensetzung der Evaluierungskommissionen der Fakultäten (EKF) und der ZSK waren Entscheidungsgrundlagen zur Evaluierung und die Aufgaben der Evaluierungskommission die wichtigsten Aspekte in dem Papier der Senatskommission zur Inneren Evaluierung vom 7. Februar. Demnach bestand das Ziel der Evaluierung in der Einschätzung der Hochschullehrer und der wissenschaftlichen Mitarbeiter hinsichtlich ihrer wissenschaftlichen und pädagogischen Qualifikationen und Aktivitäten sowie die der leitenden Mitarbeiter in der Verwaltung und in nichtwissenschaftlichen Fakultätseinrichtungen hinsichtlich ihrer Effektivität. Alle aber waren in der Frage „ihrer politisch-moralischen Integrität und demokratischen Haltung" zu überprüfen. Zur Einordnung waren zwei Kategorien vorgesehen. Kategorie A bedeutete die „Empfehlung zur unverzüglichen Bestätigung der Eignung als Lehrstuhlinhaber/Fachgebiets- und anderer Leiter/wissenschaftlicher Mitarbeiter und Zuordnung zum Personalstrukturplan, falls Stelle verfügbar", die Kategorie B beinhaltete die „Empfehlung zur Neuausschreibung von Lehrstuhl/Fachgebiets- und anderer Leitung/Mitarbeiterstelle (falls verfügbar) mit der Möglichkeit zur Neubewerbung des bisherigen Inhabers mit erforderlichenfalls vertiefter Überprüfung". Über die weitere Verwendung sollte „von den zuständigen Stellen entschieden" werden.[1328]

Zu den Bestimmungen und Kompetenzen im Rahmen der EKF zählten die freiwillige schriftliche oder mündliche Stellungnahme „zur Untersetzung der anonymen Bewertung" sowie die Befragung von Hochschulmitgliedern „aus der Arbeitsumgebung des Bewerteten, sofern diese sich unter Wahrung der Freiwilligkeit dazu" bereiterklärten (die Aussagen unterlagen der Vertraulichkeit); ferner die Anhörung von Personen der Kategorie B „auf freiwilliger Basis" mit der Möglichkeit der Korrektur der Befragungsergebnisse. Die Wahl der Evaluierungskommission des Senats erfolgte am 22. Februar 1991. Gewählt wurden je zwei Hochschullehrer, wissenschaftliche Mitarbeiter sowie verwaltungstechnische Mitarbeiter. Gesetzt waren: Köhler, Gens, Haupt (Kanzler) sowie ein Vertreter des Personalrats und zwei Studentenvertreter.[1329]

Am 9. April fand die bereits 7. Senatssitzung im laufenden Jahr statt. Gens berichtete über die Innere Evaluierung. Demnach waren die Befragungen ohne Vorkommnisse vonstattengegangen, Manipulationen soll es nicht gegeben haben. Die Beteiligung der

---

1327 THI, Rektor, vom 15.2.1991: Aushang „Innere Evaluierung an der THI", aufgefunden im Konvolut zur Senatssitzung am 7.2.1991; UAI, S. 1 f.

1328 Senatskommission zur Inneren Evaluierung der THI vom 7.2.1991: Evaluierung, aufgefunden im Konvolut zur Senatssitzung am 7.2.1991; UAI, S. 1–4, hier 1, u. 4 Anlagen, 4 S.

1329 THI, Rektor, o. D.: Evaluierungskommission des Senats; UAI, 1 S. Der Stimmzettel vom 22.1.1991 ist tradiert, aufgefunden im Konvolut zur Senatssitzung am 7.2.1991; UAI, S. 1–3.

Hochschulbeschäftigten lag bei mehr als zwei Drittel, die der Studenten bei circa einem Drittel. Die Ergebnisse seien „nicht verschwommen", „Spitzen im Relief erkennbar". Indes hatte die Hinterfragung der besonders in Kritik geratenen Personen durch die Evaluierungskommission der Fakultäten begonnen. Die ZSK sollte erstmalig am 17. April zur Festlegung der grundsätzlichen Verfahrensweise zusammenkommen. Zur Selektion des Personals wurden endgültig zwei Gruppen, sprich Kategorien, bestätigt: die Kategorie A mit klarer Perspektive, die Kategorie B für Rückstufung bzw. ein Ausscheiden.[1330]

Die 9. Beratung des Senats fand am 7. Mai statt. Die Diskussionsbeteiligung war rege. Allein zu den beiden Tagesordnungspunkten 5 und 6 sind 16 Diskussionsbeiträge verschriftet worden. Köhler hatte zum TOP 5 mitgeteilt, dass die Evaluierung an der TH planmäßig verlaufe und in den Fakultäten teilweise bereits abgeschlossen sei. Auch informierte er über den Gesetzentwurf zur Evaluation der Thüringer Hochschulen. Ein Senatsmitglied hielt „die Art und Weise des Papiers" für „nicht angemessen", „da der Entwurf alles bisher bezüglich [der] Evaluierung Gelaufene über den Haufen" würfe. „Das bisherige Handeln und die Ergebnisse sollten anerkannt werden." Ein anderes Senatsmitglied forderte, „aus der Inneren Evaluierung aber auch Konsequenzen" zu ziehen, der Senat zeige sich in dieser Frage „hilflos". Der Tenor aber lautete auf Fortsetzung des bisherigen Verfahrens.[1331]

Die Fragebögen zur Inneren Evaluation gingen an drei Adressen: als Anlage 1 (1) für Hochschullehrer, wissenschaftliche und verwaltungstechnische Mitarbeiter sowie Studenten des 6., 8. und 10. Semesters; als Anlage 2 (2) für Seminargruppen des 4. und 6. Semesters; als Anlage 3 (3) für Hochschullehrer, wissenschaftliche und verwaltungstechnische Mitarbeiter.[1332] Hier eine Ergebnisdarstellungen beispielhaft zu einer Person der Kategorie B:

Tabelle 67: Ergebnisse der Befragungen (Zahl der Stimmen)[1333]

	Ges.			Wiss.			Lehre			P-M		
	Pos.	Idf.	Neg.	Pos.	Idf.	Neg.	Pos.	Idf.	Neg.	Pos.	Idf.	Neg.
HSL	2	5	11	4	4	-	1	6	1	1	4	4
WM	6	15	37	5	7	12	6	7	11	1	6	19
VT-M	5	9	31	2	2	6	3	4	4	8	1	11
St. 6.–10. S.	6	10	7	12	7	2	5	15	4	1	5	8

Hunderte Angehörige der Hochschule wurden wie folgt beurteilt: „2. Ich kenne den Bewerteten und bewerte die Persönlichkeit in ihrer Funktion insgesamt durch Ankreuzen in der Differentiation positiv, indifferent, negativ. 3. Ich kenne den Bewerteten gut und kann eine differenzierte Bewertung vornehmen. Seine Effektivität, Menschenführung, politisch-moralische Haltung bewerte ich mit Ankreuzen (alle drei jeweils mit positiv, indifferent, negativ)." Einer der in dieser Studie offengelegten inoffiziellen Mitarbeiter in

1330 Protokoll vom 10.4.1991 zur Beratung des Senats am 9.4.1991; UAI, S. 1–7, hier 1–3.
1331 Protokoll vom 15.5.1991 zur 9. Beratung des Senats am 7.5.1991; UAI, S. 1–7, hier 6 f.
1332 Konvolut zur Inneren Evaluierung; UAI, Sgn. 16809, Bd. 3, 1991–1992.
1333 Ebd. Ges. = Gesamt, Wiss. = Wissenschaft (Forschung und Entwicklung), P-M = politisch-moralisch, HSL = Hochschullehrer, WM = wissenschaftliche Mitarbeiter, VT-M = Mitarbeiter aus Verwaltung und Technik, St. 6.–10. S. = Studenten des 6. bis 10. Semesters, Pos. = positiv, idf. = indifferent, neg. = negativ.

Schlüsselfunktion erhielt von seinem „Volk“ die denkbar schlechtesten Bewertungen; nach der obigen Tabelle, erste Zeile: 4-4-17, 0-2-6, 0-1-10 und 1-1-12. Aber wie war umzugehen mit jenen Personen, die nicht in der Mitte der Gauß-Verteilung lagen und klassische Ausreißer aufwiesen? Jene Fälle, wo eine hohe Anzahl von Publikationen und eine vorbildliche Vortragstätigkeit vorlag, zudem noch Patente und Weiteres mehr, der Betreffende aber, aus welchen Gründen auch immer, kein gutes Standing besaß? Etwa der Fall des Dr. [A], der es in zwanzig Jahren auf über 50 Veröffentlichungen brachte, darunter fast zehn Lehrbriefe, nahezu jedes Jahr zwei Vorträge hielt und auf ein halbes Dutzend Patentanmeldungen blicken konnte – ohne von der Hochschule je besonders gefördert worden zu sein. Weder gehörte er der SED noch dem MfS als inoffizieller Mitarbeiter an. Er kam in die Kategorie B.

Die Evaluierungskommissionen der Fakultäten hatten die Aufgabe, auf Grundlage der Bewertungen das jeweilige Personal in die Kategorien A und B zu selektieren. Zur Auswertung konnten maximal 60 Zahlen kommen, die ihrerseits durch Bildung von zwei Akzeptanzwerten von plus 1 bis minus 1 reduziert wurden. Beispielsweise zeitigte das Ergebnis für die Fakultät Elektrotechnik und Informationstechnik (EI) für 32 Personen einen Wert von größer als 0,7, für 100 Personen zwischen 0,1 und 0,7, für 23 Personen zwischen minus 0,1 und plus 0,1 sowie für 15 Personen von kleiner als minus 0,1. Vor allem die unterste Bewertungsklasse bildete die Kohorte für die Kategorie B. Insgesamt bewertete die Fakultät 170 Personen. An der anonymen Bewertung nahmen von den Angehörigen der Fakultät 68,6 Prozent und von den Studenten 25,4 Prozent teil.[1334]

Freilich fiel das Verhältnis der „Ö. D.“-Beurteilten (Ö. D.: „für den öffentlichen Dienst geeignet“) zu den „nicht Ö. D., Ruhestand/Vorruhestand“-Beurteilten deutlich zu Gunsten der ersten Gruppe aus. Eine der Fakultäts-Kohorten wies ein Verhältnis von 101:12 aus. Allerdings, die Gruppe der Zwölf konnte heterogener nicht sein. Darunter zwei bewährte, langgediente Spitzenkräfte der TH Ilmenau und zudem Opfer des MfS (OPK mit OV-Charakter sowie OV), wobei der eine auch IM war, sowie ein Spitzen-IM, für dessen Verbleib Ende 1991 einige seiner Kollegen petitionierten und ihr Befremden gegenüber dem ThMfWK Ausdruck verliehen. Aber zu einem anderen Spitzen-IM genau derselben Art, der sich bis zur letzten Stunde mit seinem Führungsoffizier traf, vermutlich aus Freundschaftsgründen noch darüber hinaus, seine Zusammenarbeit nicht angab, und zu dem zum damaligen Zeitpunkt keine Stasi-Unterlagen bekannt waren, erfolgte der Vorschlag „Ö. D.“.[1335] Während dieser grob log und obsiegte, geriet eine der beiden oben erwähnten Spitzenkräfte, der Stasikontakte angab, obgleich es sie per definitionem nicht waren, in die Kategorie B, also in Abschiebung. Die größere Heterogenität in der Gruppe der Zwölf war keine Funktion der kleineren Anzahl, sondern dem Gewicht einzelner herausgehobener Negativfaktoren, vor allem aber der Fragegenauigkeit (resp. -ungenauigkeit) und der Ehrlichkeit (resp. Lüge) geschuldet.

Zur Überprüfung auf Stasi-Zugehörigkeit unter TOP 6 auf der Senatsberatung am

---

1334 Konvolut zur Inneren Evaluierung; UAI, Sgn. 16834, Bd. 6, 1991–1992.
1335 Konvolut zur Inneren Evaluierung; UAI, Sgn. 16808, Bd. 2, 1991–1992.

7. Mai 1991 teilte Köhler mit, dass die Listen mit den Namen der zu Überprüfenden dem Ministerium am 11. März zwar übergeben wurden, jedoch in der Gauck-Behörde nicht angekommen seien. Drei beauftragte Hochschulangehörige hätten daraufhin einen neuen Versuch gestartet und die Namenslisten, nun auf über 200 Positionen erweitert, zur Gauck-Behörde in Berlin und nach Suhl (Außenstelle) gebracht. Für den Umgang mit den Ergebnissen wolle man sich „beim Land Vollmacht für personalpolitische Entscheidungen geben" lassen. Man war sich einig, dass die Hochschule Kündigungsautonomie besitze und diese bei jenen inoffiziellen Mitarbeitern des MfS, „die sich noch nicht bekannt" hätten, auch anzuwenden sei.[1336]

Mit der ersten Fassung der Evaluationsordnung von 8. Mai 1991, die an den Hochschulen zu diskutieren war, war im Rahmen der Reform und Erneuerung der Hochschulen vorgegeben, „innerhalb eines Jahres nach Inkrafttreten dieser Ordnung" zu prüfen, „ob Hochschullehrer und wissenschaftliche bzw. künstlerische Mitarbeiter über die für ihre Tätigkeit erforderliche [...] fachliche Qualifikation und [...] persönliche Eignung verfügen".[1337] Es war eine Ordnung, die den hohen Anspruch besaß, einen generellen Elitewechsel binnen eines Jahres zu statuieren. Bereits das erste Prüfkriterium für die Frage der persönlichen Eignung nach Paragraph 1, Abs. 1, Ziffer 2, war eindeutig, da es hieß, dass der Betroffene diese persönliche Eignung nicht besitze, wenn er für das MfS resp. AfNS tätig war.[1338]

War es wirklich notwendig, diesen letzten Satz näher zu bestimmen, wie es einige forderten? War „tätig sein" notwendig zu differenzieren und zu interpretieren? Wir werden unten sehen, wie sehr diese Frage aus wissenschaftlicher Hinsicht bejaht werden muss (Kap. 5.3.3). Die Bestimmung von Ziffer 2, wonach derjenige diese Qualifikation nicht haben könne, wenn er „gegen die Grundsätze der Menschlichkeit oder der Rechtsstaatlichkeit verstoßen" hatte, war theoretisch gewiss nicht schwierig, aber praktisch? Zwar wurden als Rechtskriterien der Internationale Pakt über bürgerliche und politische Rechte vom 19. Dezember 1966 und die Allgemeine Erklärung der Menschenrechte vom 10. Dezember 1948 erwähnt, doch die Frage der Rechtsstaatlichkeit war, wie es sich dann zeigen sollte, eine selbst auf juristischer Ebene höchst umstrittene. Schwierig waren in der Praxis die abgeleiteten Kriterien dieser Grundsätze zu handhaben, die lauteten: die „Beeinträchtigung der Gewissens- und Glaubensfreiheit", die „Verletzung der Freiheit von Forschung und Lehre" sowie die „Förderung oder Behinderung von Hochschulangehörigen aus wissenschaftsfremden, politischen oder ideologischen Gründen". Grundsätzlich aber gingen die Chancen für folgende Positionen und/oder Funktionen gegen Null, nämlich wer: „1. Einer Parteileitung der SED angehörte oder hauptamtlich leitende Funktionen in anderen Massenorganisationen der ehemaligen DDR ausgeübt hat. 2. In der Hochschule als Hochschullehrer oder als Mitarbeiter nebenamtlich leitende Funktionen in der SED oder anderen

---

1336 Protokoll vom 15.5.1991 zur 9. Beratung des Senats am 7.5.1991; UAI, S. 1–7, hier 6 f.

1337 Evaluationsordnung für Thüringer Hochschulen, o. D.; UAI, A2/22, Direktorat K/Q, S. 1–7. Die Evaluationsordnung für die Thüringer Hochschulen vom 29.5.1991 gründete auf das vorläufige Thüringer Hochschulgesetz vom 13.5.1991, worauf wiederum die Verfahrensordnung der Personalkommissionen vom 6.6.1991 sowie die Richtlinie zur Anhörung von Hochschul-Angehörigen durch die Personalkommissionen gemäß § 3 Abs. 4 der Verfahrensordnung vom 27.6.1991 gründeten. Letztere beschrieb die Kategorisierung in A und B sowie die Anhörung zu B.

1338 Ebd., erste Quelle, S. 1.

Massenorganisationen der ehemaligen DDR ausgeübt hat. 3. Den Nomenklaturkadern des herrschenden Regimes angehörte.“ Dennoch konnte es geschehen, dass eine mittlere Position in der Kammer der Technik (KdT) als Makel angesehen und bewertet wurde, nicht aber eine extrem hohe Position in der NDPD. Für beide Fälle gibt es zwei herausragende Fallbeispiele an der TH Ilmenau, die aus datenschutzrechtlichen Gründen aber nicht genannt werden können. Eine Intervention von Köhler beim Thüringer Ministerium für Wissenschaft und Kunst (ThMfWK) half in dem Fall der KdT-Person nicht.

Paragraph 2 bestimmte die Anbindung und Zusammensetzung der an jeder Hochschule zu gründenden Personalkommission (jeweils aus vier Vertretern des öffentlichen Lebens und der Hochschule), Paragraph 3 das Verfahren der Personalkommission in fünf Absätzen. Paragraph 4 bestimmte die Formgebung der Arbeitsresultate der Personalkommission in Form von Empfehlungen. Paragraph 7 legte in fünf Absätzen das Verfahren der Rehabilitation fest.[1339] Die Personalkommission als Instrument der Vollstreckung war gegen die Öffentlichkeit gesetzlich abgeschirmt. Die Mitglieder waren persönlich und gesellschaftspolitisch repräsentativ ausgewählt sowie strafrechtlich vergattert.[1340]

Auf der 10. Sitzung des Senats am 16. Mai wurde der Entwurf der Evaluierungsordnung der Thüringer Hochschulen beraten. Offenbar war man sich einig, dass ein „Kriterium für eine fehlende Eignung zur weiteren Mitarbeit an Thüringer Hochschulen eine frühere Funktion in der SED oder anderer Massenorganisationen“ sein müsse. Ein Mitglied meinte, dass man demnach „wahrscheinlich 95 Prozent der Hochschulangehörigen“ auch „nicht in der Kommission arbeiten lassen“ könne. Dem Protokoll nach war die Diskussionsatmosphäre eher auf Selbstbestimmung denn auf blinden Gehorsam gegenüber höheren Stellen gestimmt. Indes hatte die Vorbereitungskommission Richtlinien für den Umgang mit ehemaligen Stasi-Mitarbeitern verfasst, die äußerst rege diskutiert wurden. Es wurden über 46 Wortmeldungen protokolliert.[1341]

Die endgültige Fassung der Verfahrensordnung für die Personalkommissionen speziell zum Paragraphen 2 der Evaluationsordnung für die Thüringer Hochschulen vom 6. Juni 1991 bestimmte die sorgfältige Überprüfung und demokratische Wahl ihrer Mitglieder (Paragraph 1) und legte fest, dass die Kommission nicht öffentlich zu tagen habe (Paragraph 5). Paragraph 6 bestimmte Form und Inhalt der anzufertigenden Protokolle. Der zentrale Paragraph 3 legte das Überprüfungsverfahren in fünf Absätzen fest. Abs. 2 forderte „von jedem Hochschullehrer und wissenschaftlichen oder künstlerischen Mitarbeiter einen auszufüllenden Fragebogen“ ab, der binnen zwei Wochen nach Aushändigung abzuliefern war. In ihm waren differenzierte Fragen zu einer möglichen Zusammenarbeit mit dem MfS oder dem AfNS, zu Funktionen in der SED, in den Blockparteien oder Massenorganisationen sowie bezüglich einer Mitgliedschaft oder gar Funktion in den Betriebskampfgruppen enthalten. Ausdrücklich wurde darauf hingewiesen, dass wahrheitswidrige

---

1339 Ebd., S. 2–4, u. 7.

1340 Mit einer Niederschrift über die förmliche Verpflichtung nach § 1 Abs. 1 bis 3 des Verpflichtungsgesetzes mit Hinweis auf die relevanten Strafvorschriften des Strafgesetzbuches u. a. nach § 133 Abs. 3 (Verwahrungsbruch), § 203 Abs. 2, 4 u. 5 (Verletzung von Privatgeheimnissen), § 204 (Verwertung fremder Geheimnisse); UAI, Sign. 16984.

1341 Protokoll vom 3.6.1991 zur 10. Beratung des Senats am 16.5.1991; UAI, S. 1–8, hier 3–7.

Angaben eine „fristlose Kündigung nach sich ziehen“ könne. Grundsätzlich war eine Empfehlung zur Frage der persönlichen Eignung abzugeben. Eine Anhörung von Hochschulangehörigen war regelmäßig nicht erforderlich, wenn keine Anhaltspunkte im Sinne einer mangelnden Eignung vorlagen (Abs. 3 und 4).[1342] Die Richtlinie zur Anhörung sah ein zweistufiges Verfahren vor. Eine Anhörung war zwingend vorgesehen, wenn von 22 vorgegebenen Kriterien einige erfüllt waren; insbesondere Funktionsträger wie Rektoren, die Direktoren für Kader, Internationale Beziehungen und Studienangelegenheiten, die Sektionsdirektoren und deren Stellvertreter sowie die ihnen beigeordneten wissenschaftlichen Sekretäre, ferner Sicherheitsbeauftragte, VS-Hauptstellenleiter sowie eine ganze Reihe von Funktionsausübungen in der SED.[1343] Mit der Verfahrensordnung war die Bestellung der Personalkommission der TH Ilmenau aus Sicht der Hochschule mit Schreiben vom 18. Juli 1991 an das ThMfWK gegeben. Seitens des öffentlichen Lebens wurden sieben Persönlichkeiten und seitens der Hochschule jeweils vier Hauptmitglieder und Stellvertreter – mit Stimmrecht – sowie ein Hauptmitglied und ein Stellvertreter – ohne Stimmrecht – vorgeschlagen.[1344]

In der sachlich ausgerichteten Evaluierungsgrundlage ging es um die Bewertung der fachlichen Leistungen. Vieles war aber Funktion nicht der Leistungsfähigkeit an sich, sondern eine des Alters, der Stellung und der konkreten Aufgaben, kurz: der Umstände; ein konkretes, hier aber anonymisiertes Beispiel:

1. Aus- und Weiterbildung

1.1. Vorlesungen: keine
1.2. Praktika: keine
1.3. Seminare: keine
1.4. Anzahl der persönlich betreuten Diplom-Arbeiten: zwei

2. Forschung

2.1. Forschungsgebiete: Antriebstechnik, Industrieroboter, Bildverarbeitung und -Sensoren
2.2. Forschungsberichte: vier
2.3. Publikationen
- Bücher: keine
- Zeitschriftenartikel: fünf
2.4. Vorträge: zwei

3. Sonstige Leistungen: keine
4. Soziale Bedingungen (freiwillige Angaben).[1345]

1342 Verfahrensordnung für die Personalkommission vom 27.6.1991 nach der Evaluationsordnung für die Thüringer Hochschulen vom 6.6.1991; UAI, Direktorat K/Q, S. 1–4 u. Anlage, S. 1 f.

1343 Richtlinie zur Anhörung von Hochschulangehörigen durch die Personalkommission; UAI, Direktorat K/Q; UAI, Sgn. 16984, S. 1 f.

1344 Schreiben des Rektors der THI an den Minister des ThMfWK vom 18.7.1991; UAI, Direktorat K/Q, S. 1 f.

1345 Konvolut über Evaluierung; UAI, Sgn. 16801, Bd. 1, 1991–1992.

Auf der 12. Sitzung des Senats am 18. Juni nahm Köhler Stellung zum Verlauf der Inneren Evaluation, die er seit Februar unter seinem Begriff der „Politik des Herauswachsens“ apostrophierte und als erfolgreich bezeichnete. Bislang waren 30 Empfehlungen für eine eingeschränkte resp. Nichtweiterverwendung von Personen gegeben worden. Bei Einschluss der noch fehlenden Zwischenergebnisse der Fakultäten Elektrotechnik und Informationstechnik (EI) sowie Automatik und Informatik (AI) wurde noch mit einer Verdopplung dieser Zahl gerechnet. Das weitere Verfahren sollte entsprechend der Evaluationsordnung des ThMfWK in der Weiterbehandlung durch die Personalkommission der Hochschule erfolgen, mit dem Ziel, dem Ministerium Empfehlungen zu den Personen zu geben. Offen war noch die Besetzung der zentralen Kommission (Personalkommission), für die er aus dem öffentlichen Leben fünf Personen und von der Hochschule neun Personen, von denen anschließend fünf gewählt wurden, vorschlug. Man stimmte darin überein, dass der Evaluierungsprozess „trotz des hohen Zeitaufwandes fortzusetzen“ sei, er „eine Chance zur geistigen Erneuerung und Erhöhung der Leistungsfähigkeit“ darstelle, ja, „um die uns die Hochschulen in den alten Bundesländern beneiden“ würden. Mit den Überprüfungsergebnissen der Gauck-Behörde wolle man „differenziert verfahren. Auf jeden Fall“ sei „eine Einzelfallprüfung“ vorgesehen. Die „Vorgehensweise an der Universität Jena“ wurde als Vorbild erachtet.[1346]

Auf der 13. Sitzung des Senats am 9. Juli wurde die für das Verfahren der Inneren Evaluation nächste Senatssitzung am 16. des Monats besprochen. Der Senat einigte sich auf eine geheime Abstimmung. Für die Annahme der Beschlüsse sollte eine einfache Mehrheit genügen.[1347] Die nicht öffentliche Sitzung fand wie geplant statt, sie dauerte von 7.00 bis 20.30 Uhr. Köhler würdigte den Aufwand und das Engagement aller Beteiligten und verwies darauf, dass es nicht um eine Bestrafung gehe, sondern um die Feststellung der Eignung als Hochschulangehörige sowohl in fachlicher als auch politisch-moralischer Hinsicht. Die öffentliche Bekanntgabe der Ergebnisse der Inneren Evaluierung sollte nicht in Einzelfalldarstellungen, sondern in statistischer Darstellung erfolgen. Ein Hauptberatungspunkt bildete Fragen zu den Empfehlungen der Zentralen Evaluierungskommission (ZEK).[1348] Die Verpflichtung der Mitglieder und Stellvertreter sollte spätestens auf der Beratung der Personalkommission der TH am 9. September erfolgen.[1349]

Zur 15. Senatssitzung am 8. Oktober wurde bekanntgegeben, dass der Bericht der Personalkommission (PK), eine Einrichtung der Landesregierung, vom Minister bestätigt worden sei. Bislang fanden sieben Beratungen der PK statt. Ihre Aufgabe bestand darin, für jeden wissenschaftlichen Mitarbeiter eine Empfehlung auszusprechen. Allerdings war „über die Art der Empfehlung“ mit der Landesregierung noch zu verhandeln. Ob von der PK auch die Archive der ehemaligen SED und der PDS genutzt werden würden, wollte jemand wissen, und, was „die THI-Leitung unternommen“ habe „zur Beschleunigung der Stasi-Überprüfung“. Köhler versicherte, dass die „Ergebnisse der Stasi-Überprüfung“

[1346] Protokoll, o. D., zur 12. Senatssitzung am 18.6.1991; UAI, S. 1–6, hier 4 f.
[1347] Protokoll vom 25.7.1991 zur Senatssitzung am 9.7.1991; UAI, S. 1–8.
[1348] Protokoll vom 19.7.1991 zur nichtöffentlichen Senatssitzung am 16.7.1991; UAI, S. 1–3.
[1349] Schreiben von Gens vom 14.8.1991; UAI, Direktorat K/Q, Evaluierungskonvolut 1991–1998.

berücksichtigt würden, der dazu „geführte Schriftwechsel“ sei „einsehbar, ebenso sonstige Unterlagen“.[1350]

In einer Aktennotiz des Rektorats vom 6. November ist überliefert, dass bis dato 72 Empfehlungen für Hochschullehrer, wissenschaftliche und verwaltungstechnische Mitarbeiter ausgesprochen wurden. Das statistische Ergebnis lautete: 35 Fälle mit freiwilligem Verzicht auf Wahlämter und eine Leitungstätigkeit in der Hochschulselbstverwaltung, zwölf Fälle von Rückstufung aus der Stellung eines Hochschullehrers auf eine Stelle als wissenschaftlicher Mitarbeiter bzw. aus der Stellung eines wissenschaftlichen Mitarbeiters auf eine Stelle eines technischen Mitarbeiters, sieben Fälle von Altersübergang sowie ein Fall Übergang in den Ruhestand. In 17 Fällen ist das Verlassen der Hochschule in einem bestimmten Zeitraum bzw. die Übernahme in ein befristetes Arbeitsverhältnis empfohlen worden. In zwei Fällen wurde eine Überprüfung auf Qualität der Lehrtätigkeit nachgefordert.[1351]

Der Senat legte am 4. Februar 1992 seinen Standpunkt zur Tätigkeit für das MfS resp. des AfNS dar. Dazu lagen ihm vier Anlagen vor. Die Mehrzahl der anwesenden Senatsmitglieder hatte sich nach intensiver Auseinandersetzung mit den Argumenten für die Anlage 1 als Diskussionsgrundlage entschieden. Als Ergebnis folgte ein neuer Standpunkt, gewonnen aus den Anlagen 1, 3 und 4 sowie anderen Vorschlägen. Der neue Standpunkt ist offenbar im Anschluss an das ThMfWK übermittelt worden.[1352] Auf der Sitzung wurden die bisher erarbeiteten Erkenntnisse im Zusammenhang mit der Erneuerung der Hochschule normativ fixiert, zum einen der Standpunkt des Senats zur Besetzung des Personalstrukturplanes, zum anderen der Standpunkt des Senats zu Tätigkeiten von Mitarbeitern der TH Ilmenau für das MfS resp. AfNS.

Zum ersten Standpunkt (Anlage 1): Der aus zwölf Punkten bestehende Standpunkt beschrieb den Verfahrensweg und die Normative zur Besetzung des Stellenplanes, zum Beispiel die Handhabung zur Erreichung eines Verhältnisses von unbefristeten zu befristeten wissenschaftlichen Stellen von 30:70. Hierin eingeschlossen war auch die Maßgabe, älteren unbefristeten Mitarbeitern mit Promotion und älteren Hochschullehrern eine KW-Stelle, Altersübergang oder Übergang in den vorgezogenen Ruhestand anzubieten. Eine vordergründig politische Ausrichtung besaß der Standpunkt nicht.[1353] Zum zweiten Standpunkt (Anlage 2): Augenscheinlich wurde hier eine härtere Gangart für notwendig erachtet. Anlass bildete die Aufdeckung einer jahrelangen Tätigkeit eines Kommissionsmitgliedes als IM des MfS. Der Senat war mit Recht enttäuscht und betroffen, da der Betreffende in der Frage der Evaluationsordnung aktiv beteiligt war (Personalrat, ZEK und Personalkommission), gute Referenzen besaß und mehrmals unterschriftlich die inoffizielle Mitarbeit abstritt. Der Senat nahm diesen Fall zum Anlass, nochmals auf den Beschluss des Senats vom 16. Mai 1991 und den Beschluss des Wissenschaftlichen Rates vom 24. Mai 1991 zu verweisen, in dem die Unzumutbarkeit des Festhaltens an einem Arbeitsverhältnis

---

1350 Protokoll vom 17.10.1991 zur Senatssitzung am 8.10.1991; UAI, S. 1–7.

1351 THI, Rektorat, vom 6.11.1991: Zur Inneren Evaluierung; UAI, Direktorat K/Q, 1990–1991.

1352 Protokoll vom 11.2.1992 zur Senatssitzung am 4.2.1992; UAI, S. 1 f.

1353 THI, Köhler: Standpunkt des Senats zur Besetzung der Stellen des Personalstrukturplanes der THI zur Senatssitzung am 4.2.1992; UAI, S. 1–3.

in solchen Fällen bestimmt worden war. Die Stellungnahme des Senats wurde veröffentlicht.[1354]

Die Evaluationsordnung für die Thüringer Hochschulen fand ihre rechtliche Grundlage im Paragraphen 130a, Abs. 2, des Vorläufigen Thüringer Hochschulgesetzes, Gesetz zur Änderung des Vorläufigen Thüringer Hochschulgesetzes vom 27. Februar 1992. Die gesetzliche Änderung der Evaluationsordnung für Thüringer Hochschulen vom Sommer 1991 erfolgte am 25. Mai 1992.[1355] Das ThMfWK übersandte der TH Ilmenau am 22. Juni 1992 eine Liste mit 170 Bescheinigungen der persönlichen Eignung im Sinne des Paragraphen 1, Abs. 1, Ziffer 1, der Evaluationsordnung sowie tags darauf noch einmal eine Liste mit 52 Bescheinigungen.[1356] Eine Konkordanzliste mit den Ergebnissen wurde nicht aufgefunden. Eine andere tradierte Quelle führt eine Liste mit 216 Beschäftigten auf, die eingereicht und nach dem Vollzug der Evaluation gemäß Paragraph 1, Ziffer 1, der Thüringer Evaluationsordnung als geeignet für den öffentlichen Dienst bestätigt worden war.[1357]

Die Gespräche mit Personen der Kategorie B wurden 1991 unter Federführung Köhlers in hoher Zahl geführt. In den Gesprächen, die in der Regel circa 15 Minuten dauerten, wurde versucht, mit den Betroffenen Übereinstimmung zu erzielen, zumindest aber sollte deren grundsätzliche Meinung in Erfahrung gebracht werden. Die Durchsicht der Befragungsprotokolle ergab, dass jene, die sich selbst offenbarten oder Stasi-Kontakte einräumten, fast sämtlich auf notwendige Kontakte hinsichtlich geheimer Projekte (spezielle Forschung, Spezialstudenten, siehe Kap. 5.2), besondere Vorkommnisse aller Art oder hohe sowie spezifische Dienststellungen rekurrierten. Einer der inoffiziellen Mitarbeiter (IM) des MfS verteidigte seine inoffizielle Tätigkeit unterteilend gar in vier Phasen, eine als wissenschaftlicher Sekretär, eine wegen MfS-Studenten, die er betreuen musste, eine als Projektleiter im Kombinat Mikroelektronik, dort wegen der Embargoproblematik, und die letzte Phase wegen seiner Position als stellvertretender Direktor. Kurz: Er habe einer Stasi-Zusammenarbeit gar nicht ausweichen können. Seine Argumentation war – unabhängig von der Quantität und Qualität seiner inoffiziellen Arbeit – grob falsch. Keineswegs war die Zusammenarbeit mit dem MfS aus den genannten Gründen zwingend gewesen. Die Kommission beschied: Absenkung auf einen Mitarbeiterstatus, vier Jahre durfte er keine Ämter bekleiden. Ähnlich argumentierten mindestens weitere zwei Hochschullehrer. Beide hätten bereits aus Gründen grober Unaufrichtigkeit gehen müssen. Rechtfertigungen, wie „kann sich an nichts erinnern" oder habe „schriftlich nichts abgegeben", sind so selten nicht zu finden. Ihren Decknamen nannten nur extrem wenige IM, die Frage nach einer schriftlichen Verpflichtung taucht zumindest protokollarisch nicht auf. Kategorial war, was ihren IM-Status betraf, wenig klar.

Der Bundesbeauftragte für die Unterlagen des Staatssicherheitsdienstes der ehemaligen DDR (BStU) war auf Grundlage des Stasi-Unterlagengesetzes (StUG) vom 29. Dezember 1991 grob auskunftsfähig sowie strukturell und personell hinreichend etabliert, doch ihr

---

[1354] Standpunkt des Senats am 4.2.1992 zu Tätigkeiten von Mitarbeitern für das MfS/AfNS; UAI, S. 1 f.

[1355] Veröffentlicht in: Gesetz- und Verordnungsblatt für das Land Thüringen, 1992, Nr. 5, S. 73 f., sowie Nr. 14, S. 243 f.

[1356] Evaluierungskonvolut; UAI, Direktorat K/Q, 1991–1998.

[1357] ThMfWK vom 22. u. 23.6.1992; UAI, Evaluationskonvolut, A2/22.

erster gesetzlich festgelegter Tätigkeitsbericht vom 1. Juli 1993 zeigt, dass sie nach nunmehr zweieinhalb Jahren vom Aufbaustab über den Sonderbeauftragten hin zum Bundesbeauftragten immer noch ein Provisorium war. Die ersten Akteneinsichten im Normalverfahren starteten Anfang 1992. Der Erschließungstand zum 1. Juli 1993 zeigt die Außenstelle Suhl mit 81,7 Prozent von allen 14 Außenstellen und Berlin an letzter Stelle. Und von den in den Dienstzimmern des MfS aufgefundenen Unterlagen waren es gar nur 10,7 Prozent erschlossene.[1358] Die eigentliche Lage aber zeigt ein differenzierter Blick auf den Erschließungsstand am 31. Mai 1995. Die für die Aufarbeitung der TH Ilmenau relevanten Diensteinheiten, die Kreisdienststelle (KD) Ilmenau und die Abteilung XX der BV Suhl, lagen, wie die anderen Diensteinheiten auch, im Erschließungsstand noch weit hinter den Erwartungen zurück. Von den damals 82 laufenden Metern der Abteilung XX an Schriftgut, Karteien, Bild- und Tonträgern waren gerade einmal zwölf Meter erschlossen; bei der KD Ilmenau betrug das Verhältnis 140 zu 56.[1359] Erst mit Schreiben des ThMfWK vom 13. Mai 1993 wurden Köhler und sein Kanzler ermächtigt, die Gauck-Auskünfte einzusehen. Sie seien aufgefordert, „mit den Betroffenen Gespräche zu führen". „Je nach Fall" ergaben „sich drei Entscheidungsmöglichkeiten: 1. Fristlose Kündigung; 2. Angebot zum Abschluss eines Auflösungsvertrages; 3. Eventueller Verbleib an der TU Ilmenau," wozu ein Antrag an das ThMfWK zu stellen war. „Die Entscheidung" werde „dort getroffen" werden. Der Beschluss erfolgte mit 18 Ja-Stimmen bei einer Enthaltung.[1360] Zu diesem Zeitpunkt war die Innere Evaluation praktisch schon abgeschlossen.

Im Verlauf der Verfahren kam es zunehmend zu Beschwerden, Einsprüchen, Eingaben und in letzter Konsequenz zu Klagen, die vor Gericht gebracht wurden. Oft handelte es sich um Einsprüche gegen den Ausschluss von Verdienstzeiten. Die ThMfWK verlangte in Bezug auf die Auslegung der Übergangsvorschrift Nr. 4 zum Paragraphen 19, BAT-O, dass die Beschäftigungszeiten bei der Anrechnung ausgeschlossen werden, wenn eine Tätigkeit aufgrund einer „besonderen Systemnähe" übertragen worden war. Die Vorschrift rekurriert auf mittlere und obere Führungskräfte in zentralen Staatsorganen, auf obere Führungskräfte beim Rat des Bezirkes und auf Vorsitzende der Räte der Kreise sowie auf Personen in anderen vergleichbaren Positionen. Der Unterpunkt der Übergangsvorschrift Nr. 4, (bb), knüpfte dabei stringent an die Hierarchie des Staates an. Das bedeutete, dass Tätigkeiten in der zweiten Leitungsebene der Hochschule nur übertragen worden sind, wenn neben der fachlichen Eignung auch die politisch-ideologische Arbeit mit den übergeordneten Zielen der Hochschulleitung übereinstimmte. Das Urteil lautete in diesen Fällen: „Es ist zu unterstellen, dass die berufliche Tätigkeit in direkter Verbindung mit der persönlichen Systemnähe einherging."[1361] Unterfüttert wurde dies mit einer Aufstellung der gesellschaftlichen Funktionen. In einem konkreten Fall eines bedeutenden Hochschullehrers waren es 16, doch das Gros dieser entsprang fachlicher Natur. Der Verfasser kann aus seiner jahrzehntelangen Befassung mit der Wissenschaftsgeschichte der DDR nicht

---

[1358] Erster Tätigkeitsbericht des BStU. Berlin 1993, S. 6 f. u. 24.
[1359] Zweiter Tätigkeitsbericht des BStU. Berlin 1995, S. 143 f.
[1360] Protokoll vom 19.8.1993 zur Senatssitzung am 6.7.1993; UAI, S. 1–7, hier 4.
[1361] Ein Fall aus dem Sommer 1993.

erkennen, dass ein parteiloses Mitglied etwa in einem Zentralen Arbeitskreis (ZAK) des Forschungsrates,[1362] was alles andere als selten war, automatisch der SED „systemnah" gegenübergestanden haben soll. Dort saßen in erster Linie die Fachexperten des Landes. Und liest man zu ihnen angelegte Akten des Staatsicherheitsdienstes, sind es nicht selten regelrechte „Systemfeinde", auch solche darunter, die öffentlich keinen Hehl aus ihrer Distanz zur SED machten. In dem obigen Fall (zur Fußnote 1361) halfen dessen Eingaben und selbst eine resolute Unterstützung Köhlers nicht.

Zum Jahresende 1992 konstatierte Jochen Gläser für den universitären Bereich in der ehemaligen DDR, „dass gegenwärtig an den Universitäten massenhaft wissenschaftliche Evaluation durch politische Evaluation ersetzt wird. Die Liste der peinlichen und widerwärtigen Vorgänge in diesem Zusammenhang ist beliebig lang."[1363] Es mag das schwierigste Kapitel auch in der Geschichte der TH Ilmenau gewesen sein. Es waren, was nicht erstaunt, vor allem Sozialpsychologen, Psychologen und Mediziner, die zu den härtesten Kritikern des Transformationsprozesses zählten. Zu den härtesten Abrechnungen zählt jene des Humanmediziners Arno Hecht aus dem Jahr 2002. Hecht erinnert beispielsweise an ein Urteil des Psychiaters Hans-Joachim Maaz, wonach die Abwicklungs- und Evaluierungskommissionen „zu peinlichen und beschämenden Veranstaltungen, die aus möglichen Tätern nun wieder Opfer von Kränkung, Demütigung und neuer Gesinnungsschnüffelei machten. Die neuen Richter rutschten unverhofft in die gleichen Strukturen, die sie eben noch verdammt und bekämpft hatten. Die Schuld der feigen Anpassung und des Opportunismus wurde umgewandelt in die Schuld der neuen Verfolgung."[1364] Und da für die Berufsgruppen aus den geisteswissenschaftlichen Bereichen die Weiterbeschäftigungschancen drastisch geringer waren als bei den technischen und naturwissenschaftlichen, setzte in ihnen eine Entsolidarisierung ein, die binnen kurzer Zeit regelrecht die sozialen Bindungen, die als fest geglaubt wurden, sprengte. Solches geschah beispielsweise der Marxistin Eva Voigt, die auf einer Versammlung von Köhler erfuhr, dass sie keine Chance auf Weiterbeschäftigung habe, da sie ja seit 1990 nicht mehr gelehrt habe. Köhler bemerkte jedoch, dass sie geschockt war, ging hernach auf sie zu und befragte sie. Sie antwortete ihm, dass das nicht zutreffe, worauf er sie für den nächsten Tag ins Rektorat einlud. Sie brachte zum Termin die Anwesenheitslisten mit, die sie klugerweise bei ihren Vorlesungen ausgelegt hatte. Der Schwindel flog auf; Zitat Voigt: „Die eigenen Genossen, die einen rausgeboxt haben."[1365]

1362 Der 1957 gegründete Forschungsrat war in Gruppen gegliedert, denen ZAK für Forschung und Technik zugeordnet waren. In den ZAK wurden Fachfragen beraten und eingereichte Forschungsthemen begutachtet. Aufgrund der Empfehlungen der ZAK wurden dann diese Themen von den staatlichen Organen in den Plan Wissenschaft und Technik aufgenommen oder abgelehnt. Auch Wissenschaftler der THI waren in ZAK vertreten oder leiteten sie. 1958 waren es 15, in: Bilanz von Stamm zum 5-jährigen Bestehen der HfE. Versammelte Sonderdrucke von Arbeiten Ilmenauer Wissenschaftler in verschiedenen technischen Zeitschriften des Jahrgangs 1958. Ilmenau 1958.

1363 Gläser, Jochen: Die Akademie der Wissenschaften nach der Wende: erst reformiert, dann ignoriert und schließlich aufgelöst, in: Aus Politik und Zeitgeschichte. Beilage der Wochenzeitung Das Parlament, B 51/92 vom 11.12.1992, S. 37–46, hier 46.

1364 Hecht, Arno: Die Wissenschaftselite Ostdeutschlands. Feindliche Übernahme oder Integration. Leipzig 2002, S. 127.

1365 Interview des Verf. mit Eva Voigt am 16.10.2018.

Bemerkenswert ist, dass die TU Ilmenau in der Frage der Nichtverdrängung ostdeutscher Hochschulprofessoren und -dozenten durch westdeutsche Kollegen im Vergleich zu allen hohen Schulen (Volluniversitäten, Technische Universitäten und Fachhochschulen) mit 86 Prozent den ersten Platz einnahm. Die nächstfolgende artgleiche Universität, die TU Freiberg, wies 68 Prozent auf. Schlusslicht bildete die Neugründung in Cottbus mit lediglich 22 Prozent ostdeutscher Hochschullehrer. Lediglich die FSU Jena folgte der TH Ilmenau recht nah mit 81 Prozent. Nur acht Einrichtungen erreichten oder überschritten die 70-Prozent-Marke (70, 70, 71, 72, 73, 73, 81 und 86 Prozent).[1366] Kowalczuk gibt 2019 ganze 35 Prozent Verbliebene bis Mitte der 1990er Jahre (ohne die Medizin) an.[1367]

John spricht von einer hochschulpolitischen Herausforderung ersten Ranges, die die Universitäten und Hochschulen als „staatliche Anstalten eines zentralistisch geprägten und in Verwaltungsbezirke gegliederten politischen Systems" erfasste – und „durch staatliche Intervention" einen „massive[n] Personalwechsel" erzwang. Der Elitewechsel vollzog sich aus der Metaperspektive Johns mit den Mitteln der „‚Evaluation' und ‚Abwicklung' über ‚Bedarfs-Kündigungen', ‚Einstellungsstopps', ‚Überleitungsverfahren', ‚Warte-Schleifen', Professuren ‚alten' und ‚neuen Rechts' bis zu Neuberufungen großen Stils." Auch wenn Eigenmomente bei einigen Hochschulen feststellbar waren, so John, konnte von einer Hochschulautonomie in dieser Phase „keine Rede sein": „Alles in allem erfolgte die ‚innere Transformation' aber eher fremd- als selbstbestimmt, stärker in Außen- als in Eigenregie der Universitäten und Hochschulen. Zwar beriefen sich diese auf die ihnen von der Vorläufigen Hochschulordnung der DDR eingeräumte Gestaltungskompetenz. Sie vermochten sich aber in Konfliktfällen – vor allem bei den Übernahme- und Abwicklungs-Beschlüssen der Landesregierungen Ende 1990 – nicht gegen die Intervention von außen durchzusetzen." Die jahrzehntelange Erfahrung des von außen Regiertwerdens erlebte rasch eine Wiederkehr. Die Wahrnehmungsbruchlinie zu diesem alt-neuen Geschehen verlief exakt zwischen Verlierern und Gewinnern, oder mit John gesagt, fiel die Bewertung aus der Sicht der involvierten „Bildungspolitiker anders als aus Sicht der Akteure an den Universitäten und Hochschulen; aus Sicht damals Studierender anders als aus Sicht überführter oder neu berufener Professoren" aus. „Die Kontroversen bezogen und beziehen sich vor allem auf den Elitenaustausch, auf das Spannungsfeld von Selbst- und Außenreform, auf die Übernahme des bundesdeutschen Modells mit allen seinen Strukturdefekten, auf die Renaissance der ‚Ordinarien-Universität' mit ihren fragwürdigen Ritualen und auf die nun auch im Osten erkennbare Tendenz zur ‚Massenuniversität'."[1368]

1366 Hecht: Die Wissenschaftselite Ostdeutschlands, S. 168–170.
1367 Kowalczuk: Übernahme, S. 176 f.
1368 John: Exposé für den Workshop Hochschulumbau, S. 1–8.

5 Vertiefungen

5.1 Hochschule und Industrie

1986 legte Hartmut Reichelt eine TH Ilmenau-interne und von Siegmar Ittig betreute Geschichtsbetrachtung der Industrie-Tagungen von 1955 bis 1961 vor, in der er einführend darlegte, dass die HfE Ilmenau „mit ihrem frühzeitigen Eintreten für die Realisierung der Bedürfnisse der Volkswirtschaft eine Pionierrolle im Rahmen der Technischen Hochschulen einnahm".[1369] Dieser – zum Narrativ geronnenen – Aussage kann, wenn mit Pionierrolle nicht Urheberschaft gemeint ist, zugestimmt werden. Das Thema „Hochschule und Industrie" war eminent problembelastet. Einen zentralen Aspekt der Wissenschaftspolitik der SED bildete früh das zu lösende Problem der Produktionsunterstützung resp. der Vertragsforschung. Ein Problem deshalb, weil von Anfang an die akademische Welt, ob im Bereich der Akademie der Wissenschaften oder im universitären, eine manifeste Abwehrhaltung gegen eine vertragsrechtlich-staatlich gelenkte Verklammerung mit der Industrie an den Tag legte. Ein Problem, von dem auch die TH Ilmenau nicht verschont blieb, obgleich ihre Führungen nicht nur wegen der Industrie-Tagungen hierzu eine andere Auffassung vertraten. Das war an anderen Orten der Republik dezidiert anders; ein Beispiel:

Einen von drei Tagesordnungspunkten der Sitzung des Fakultätsrates der Humboldt-Universität zu Berlin 1963 bildete das Gesetz über die Produktionsunterstützung der VVB. Als ein Hochschullehrer sich in „unterstreichender Form positiv zum Gesetz über Produktionsunterstützung" ausgesprochen hatte, entzündete sich sofort erheblicher Widerspruch bei den – aus Sicht des MfS – üblichen Verdächtigen, also etwa Erich Thilo, der sich zuvor mit Robert Havemann abgesprochen haben soll. Eine Hauptreferentin bemerkte: „Es entspann sich dann eine sehr lange und heftige Diskussion um das Für und Wider der Produktionsunterstützung. Platonisch erklärten sich zwar alle bereit, aber durch das negative Auftreten Prof. Havemanns bekamen die Leute mit Bauchschmerzen Rückenwind und traten mehr oder weniger offen mit negativen Beispielen gegen diese Verordnung auf." Havemann sei der „Anführer" der „Antibewegung" gewesen. Er habe betont, dass die Betriebe ihre Dinge selber zu lösen hätten, die Institute sollten nicht deren schlechte Leistungen auch noch kaschieren.[1370]

Mit der 3. Hochschulreform nahm der Antagonismus deutlich an Schärfe zu. Die Universitäten und Hochschulen waren von nun an mit der Industrie über die zentralistisch organisierte Planverwaltungswirtschaft enger verbunden. Die Kopplung zeichnete sich durch drei Merkmale aus. Einmal war es eine der westlichen Kultur nicht entsprechende Wirtschaftsweise, weil dort die Industrie *selbst* massiv in *eigene* Forschung und Entwicklung investiert, zweitens besaß die DDR keine (dienstleistenden) Firmen des freien Marktes als effektive Mittler und Mitgestalter, und drittens, nicht zuletzt als Ergebnis der genannten beiden Punkte, war sie ineffizient. Wo neue Bindungen von Staatswegen den Vorrang erhielten, mussten oftmals alte Bindungen, auch wenn sie sich als fruchtbar erwiesen hatten,

---

1369 Reichelt: Geschichte der Industrie-Tagungen, S. 3. Die Urheberschaft ist in der hauseigenen Historiographie bis zuletzt betont worden, vgl. Kemnitz: 35 Jahre, S. 23 f.

1370 Informationsbericht zur Sitzung des Fakultätsrates der mathematisch-naturwissenschaftlichen Fakultät der HU Berlin am 13.2.1963; BStU, MfS, AOP 5469/89, Bd. 1, Bl. 171–174.

aufgelöst, zumindest aber kapazitiv heruntergefahren werden. Paradigmatisch ist der folgende Fall:

Ein namhafter Wissenschaftler der TH Ilmenau zeigte sich 1972 äußerst verärgert, weil seine vertraglich vereinbarten Leistungen mit dem VEB Mikroelektronik Stahnsdorf zu Gunsten des VEB Kombinat Funkwerk Erfurt praktisch auf Null heruntergefahren werden sollten. Beschlossen war, dass das gesamte verfügbare Forschungspotenzial für das Funkwerk eingesetzt werden sollte. Dabei war die Kooperation mit Erfurt aus Sicht der Sektion, namentlich des Instituts für Elektronik, alles andere als zufriedenstellend. Zudem wurde moniert, dass Erfurt vertragstechnisch gezwungen sei, alle Forschungsleistungen der THI zu kaufen, „auch das, was ihnen nichts nützt". Der zu global ausgehandelte Vertrag mit dem Kombinat müsse reduziert werden. Ein anderes Problemfeld bildete der Wunsch Erfurts nach einer fertigen Konzeption für Bauelemente, was aber die Kapazität resp. das Profil der Sektion nicht hergab. Also musste nach einem zusätzlichen Partner Ausschau gehalten werden; Zitat: „Die gegenwärtige Struktur erfüllt jedenfalls nicht die Anforderungen", da sie auf Forschung zugeschnitten ist. Und eben nicht auf Entwicklung samt Überführung von kompletten Verfahren! Da aber kein Weg an der TH Ilmenau vorbeiging, sollten ohne großen Aufwand die Strukturen umgebildet werden und der stundenmäßige Anteil der Lehre der einzelnen Wissenschaftler reduziert werden. Also wurde der Wissenschaftler aufgefordert, sich anhand einer erarbeiteten Konzeption zur Umprofilierung Gedanken über diese Probleme zu machen. Das tat er zwar, monierte jedoch, dass die Leitlinien der Hochschule auf Forschung aufgebaut seien.[1371]

Was die SED immer brauchte, waren propagierbare Zahlen für den Einbezug der Universitäten und Hochschulen in Belange der Industrie. Wettbewerbsähnliche Zahlen zu den berichtspflichtigen Leistungen lieferten die Jahresberichte des MHF. Von den 30 Einrichtungen des MHF belegte die TH Ilmenau 1983 in der Rubrik Einnahmen den vierten Platz.

Tabelle 68: Ausgaben und Einnahmen, 1983[1372]

Einrichtung (Auswahl)	Staatshaushalt		Auftraggeber Ausgaben		Einnahmen	
	Ist [1.000 M]	Erfüllung [Prozent]	Ist [1.000 M]	Erfüllung [Prozent]	Ist [1.000 M]	Erfüllung [Prozent]
HUB	46.422	99,3	3.218	92,4	8.271	111,0
FSU	24.593	100,3	6.483	98,0	10.400	101,9
TUD	29.134	99,9	10.876	97,8	34.399	104,2
THM	9.390	131,6	4.048	94,8	11.982	111,0
THK	11.822	101,5	4.097	101,8	16.751	115,9
THI	7.563	116,1	4.738	97,1	10.548	107,2
MHF, gesamt	322.872	97,2	108.189	92,5	188.616	110.9

[1371] Niederschrift eines Berichtes von „Wälzbach" am 22.11.1978; BStU, BV Suhl, AIM 2648/94, Teil II, Bd. 1, Bl. 2–5, hier 2.

[1372] MHF: Jahresbericht 1983 über die naturwissenschaftlich-technische Forschung der Universitäten und Hochschulen im Bereich des MHF; UAI, Sgn. 13362, S. 1–77, hier 40.

5.1.1 Die Industrie-Tagungen

Zur 1. Industrie-Tagung am 4. Juli 1955 erschien Staatssekretär Gerhard Harig, nicht aber Erich Apel, dessen Konzentration auf die in Kürze in Berlin tagende wissenschaftlich-technische Konferenz vom 6. und 7. Juli ihm wohl wichtiger schien. Apel, der von 1937 bis 1939 Maschinenbau am Thüringischen Technikum in Ilmenau, dem Vorläufer der HfE, studierte und sich am 3. Dezember 1965 das Leben nahm, stand just im Begriff, der wichtigste Mann in der Frage der Wirtschaft, industriellen Wissenschaft und Technik zu werden. Er unterstrich in seiner verlesenen Grußansprache die Umsetzung der Forderungen des 24. Plenums des ZK der SED vom Juni 1955 durch die HfE Ilmenau, insbesondere die nach einem breiteren Austausch zwischen Wissenschaftlern und Praktikern in Hinblick auf die Industrie-Tagungen.[1373] Für viele Angehörige der HfE Ilmenau war es ein Aufbruch ins Neue, eine Chance zur Gestaltung eigener fach-logischer Ideen, und somit glaubhaft, wenn es im Tagungsband der 1. Industrie-Tagung zur aufzubauenden, neuartigen Spezialhochschule hieß: „Dabei kommt ihr im Gegensatz zu den bestehenden Hochschulen mit teilweise langjähriger Tradition zugute, dass sie völlig ungebunden und frei solche Wege beschreiten kann. Sie braucht nichts umzustoßen, nichts zu reformieren, sie braucht nur neu zu gestalten."[1374] Es ist jedoch zu prüfen und zu fragen, ob sich dies auch so anließ, und wenn ja, wie lange und inwiefern.

Das zentrale Thema der Veranstaltung war ein methodisches: die Frage nach der effektiven industrienahen *Ausbildung* der Studenten „in den Fächern Maschinenzeichnen und Festigkeitslehre, Maschinenkunde und Maschinenelemente", wozu es eine ganze Reihe von Gesprächen mit der Industrie gab. Diese Weise des Austausches war explizit gewollt und entsprach sowohl Harigs als auch Stamms Denkweise; Zitat Stamm: „Bitte, sagen Sie uns Ihre Forderungen, die Sie an die Ausbildung der künftigen Diplom-Ingenieure stellen."[1375] Es ist festzuhalten, dass dieser Austausch mit Industrievertretern bis in die Ausgestaltung der Studienpläne hinein (einem eigentlich akademischen Hoheitsgebiet) als außergewöhnlich betrachtet werden muss. Es ist nicht zuletzt aus heutiger, spätmoderner Sicht daran zu erinnern, welch hoher Stellenwert weiland den Grundlagen zugemessen wurde, woran die Forderungen aus der Industrie einen bedeutenden Anteil besaßen! Allein in der Grundstufe vom 2. bis 6. Semester waren es 330 Stunden Höhere Mathematik, 60 Stunden Analytische Geometrie, 75 Stunden Darstellende Geometrie, 45 Stunden Praktische Analysis, 120 Stunden Mechanik, 90 Stunden Chemie und Elektrochemie, 210 Stunden Physik, 180 Stunden Einführung in die Elektrotechnik, 210 Stunden Theoretische Elektrotechnik sowie, quantitativ von Stamm auf der Tagung nicht angegeben, Einführungen in Feingerätetechnik und Hochspannungstechnik. Dazu kamen noch Vorlesungen in elf Spezialgebieten wie zum Beispiel Energietechnik und Werkstoffprüfung.[1376] Die Wertschätzung der Geometrie an der HfE Ilmenau besaß geradezu einen aristotelischen Zuschnitt. Es kann vermutet werden, dass sich zu dieser Zeit die anschauliche euklidische

[1373] Grußbotschaft von Apel auf der 1. Industrie-Tagung vom 4.7.1955. Ilmenau 1955, S. 23 f.
[1374] HfE Ilmenau: 1. Industrie-Tagung vom 4.7.1955. Ebd., S. 1.
[1375] Ebd., S. 7.
[1376] Ebd., S. 2 f.

Geometrie noch einer hohen Wertschätzung erfreute.[1377]

Was sich die junge Hochschule dabei insgesamt – mit nur wenigen gestandenen Lehrkräften – zumutete, grenzt durchaus an Wagemut, insbesondere mit Blick auf die knappen naturalen Ressourcen. Dass die Kooperation zu dieser frühen Zeit der DDR volkswirtschaftlich geboten war, ist fraglos zutreffend. Und es ging auf dieser Tagung zunächst auch um die allgemein bekannten Defizite. Friedrich Blüthgens Institut für elektromedizinische Geräte und Röntgentechnik, eines von mehreren Instituten der Fakultät Schwachstromtechnik, litt extrem unter der Ressourcenknappheit und der Heterogenität der beiden zu vereinenden Disziplinen, der Elektrotechnik und Teilen der Medizin. Den einzigen Ausweg sah Blüthgen in der Zusammenarbeit mit einschlägigen Einrichtungen und Stellen. Ein industriell-tragfähiger Kontakt war jedoch noch nicht hergestellt. Zusagen an Beteiligungen und Hilfen kamen zunächst nur aus dem Gesundheitswesen. Darüber hinaus kämpfte das junge Institut um Räume, Geräte und Mitarbeiter; Blüthgen: „Noch sind wir in provisorischen Räumen untergebracht und Mitarbeiter sind es dank den Bemühungen der Stellenplan-Kommission erst wenige."[1378]

Otto Dobenecker vom Institut für allgemeine und optische Messtechnik sprach von der paradoxen Situation, dass die überall so dringend benötigte Messtechnik stiefmütterlich behandelt würde. In Dresden war das Fach erst seit kurzem Pflichtfach; Zitat: „Man hat die Folgen davon auch gespürt."[1379] Republikweit galt damals die Messtechnik unterentwickelt und unterschätzt. Dobeneckers Hinweis war zwingend aktuell, da er sah, dass die Messtechnik der einzelnen Disziplinen mit den modernen im Kommen begriffenen Techniken, wie beispielsweise interferometrische Messungen, vor einer Umwälzung stand. Er sah visionär die Fähigkeit der elektrischen Messtechnik, nämlich in der „Möglichkeit der Regelung, der Übertragung, der Fernleitung und der Aufzeichnung. Es liegt daher eigentlich sehr nahe, dass man die gesamte Messtechnik irgendwie mit der elektrischen Messtechnik zu koppeln versucht." Wie Blüthgen, sah auch er ein paradoxes Verhältnis zwischen Anspruch und Wirklichkeit, auch er beklagte fehlende Ressourcen: „Ich kann Ihnen leider noch nicht berichten, was das Institut bisher getan hat, da es erst im Aufbau begriffen ist."[1380] Anschließend sprach Eugen Hanke vom Institut für Werkstoffkunde und zerstörungsfreie Werkstoffprüfung von einer jungen physikalischen Wissenschaft, die sich mit Fragen der Metallkunde wesentlich tiefer zu befassen habe. Sie entwickle sich überaus rasch und auf „ihrem ureigensten theoretisch-praktischen Gebiet stoßen sich rohe Empirie mit wissenschaftlichen Ansätzen". Hanke erkannte das Neue, benannte die Defizite und eine abwartende, zweifelnde Haltung gegen das neue Fach. Auch scheute er sich nicht, westdeutsche Institutionen zu rühmen und Kritik an das Zentralamt für Forschung und

---

1377 Der Verf. erinnert sich lebhaft, dass er am Institut für Elektronik der AdW mit einem Absolventen der THI über ein Jahrzehnt lang einen Raum teilte, der als einziger der Abteilung „Optische Sondierung" ein Zeichenbrett besaß und es auch so gut wie täglich nutzte.

1378 Blüthgen, Friedrich: Redebeitrag auf der 1. Industrie-Tagung vom 4.7.1955. Ilmenau 1955, S. 8–11. Ein generelles Problem und ein Lösungsweg, der in der DDR selten gelang; vgl. Schramm, Manuel: Wirtschaft und Wissenschaft in der DDR und BRD. Die Kategorie Vertrauen in Innovationsprozessen. Köln, Weimar, Wien 2008, passim.

1379 Dobenecker, Otto: Redebeitrag auf der 1. Industrie-Tagung vom 4.7.1955, S. 12–14, hier 12.

1380 Ebd., S 13.

Technik (ZAFT) zu üben. Dort würde der zuständige Fachreferent „Forschungsaufträge des Institutes auf dem Gebiet der zerstörungsfreien Werkstoffprüfung nicht“ bearbeiten, „weil nach seiner Meinung ein solches Institut gar nicht an eine Hochschule für Elektrotechnik gehört“. Einer seiner Forschungsaufträge sei im Amt nicht nur nicht bearbeitet, sondern „nicht einmal beantwortet“ worden, „weil der betreffende Fachreferent [...] der Meinung“ war, „dass es sich hierbei um ein schulisches Unterrichtsproblem handle. Ich muss sagen, dass ich bei dieser Antwort von der [fehlenden] Fachkenntnis des Sachbearbeiters stark erschüttert war.“ Das ZAFT hatte dem Institut im Laufe von zwei Jahren keine Forschungsaufträge bewilligt. Aber auch nicht verhindern können, „dass mit Haushaltsmitteln des Institutes wissenschaftliche Probleme weiterverfolgt“ wurden. Auch die missliche Lage auf dem Sektor der Zulieferungen von Geräten sprach Hanke an. Eine Bestellung im Westen war gerade abgelehnt worden.[1381]

Die Diskussion mit Industrievertretern war kompetent und rege. Die Aufbruchsstimmung war an allen Ecken und Kanten zu spüren. Es sprachen 18 Personen von der Hochschule und der Industrie sowie Staatssekretär Harig. Besonders kritisch-produktiv diskutierten vier Teilnehmer, darunter Harig. Alle machten Vorschläge. Bemerkenswerte Äußerungen betrafen die allgemeine Situation in der DDR, die zutreffend dargestellt wurde. Etwa durch einen Abteilungsleiter aus dem VEB Transformatoren- und Röntgenwerk Dresden, der die fehlende Akzeptanz der Technologie beklagte. Absolventen würden die Konstruktion und die Technologie „zum großen Teil ganz abwegig“ betrachten, „als etwas Untergeordnetes, Nebensächliches oder sogar Unwürdiges“. Wenn man sich aber nicht neu in die Zukunft bewegt, sondern glaubt, auf vorhandene Verfahren weiterhin zurückgreifen zu können, „dann sind wir auf dem Weltmarkt erledigt, und in der Frage des Lebensstandards in der DDR wird es ungewöhnlich trübe aussehen“. Er sprach die Tendenz an, wonach die Absolventen in die Labors (Forschung) drängten, nicht aber in die Konstruktion. Der kurze Einsatz in den Betrieben reiche nicht aus, um sich praktische Dinge anzueignen. Auch ein Kollege vom VEB Geräte- und Regler-Werke Teltow stellte eine „Apathie gegen das Konstruieren“ fest. Er meinte gar, dass man in den Labors Unvermögen besser vertuschen könne als am Zeichenbrett. Auch er vertrat mit Gründen die Auffassung, dass die gegenwärtige Zeitspanne eines Praktikums im Betrieb nicht ausreicht, praxisnah das Denken zu üben, und verlangte die „Verlängerung der praktischen Ausbildung vor dem Studium auf mindestens ein Jahr“.[1382]

Der Vertreter des VEB Keramische Werke Hermsdorf sprach in Bezug auf die ersten beiden Redner von einem Notschrei, die Industrie möge sich aber selbst einmal fragen, ob sie dem Beruf des Konstrukteurs überhaupt einen Anreiz bieten könne.[1383] Harig sprach von der widersprüchlichen Situation, dass die Industrie zwar Bedarf an Diplom-Ingenieuren habe, das Staatssekretariat aber Schwierigkeiten habe, die Absolventen fachäquivalent unterzubringen. Er wies darauf hin, dass in der Industrie an entsprechenden Stellen Meister säßen, nicht Ingenieure wie in der Sowjetunion, und warnte eindringlich davor, die

---

[1381] Hanke, Eugen: Redebeitrag; ebd., S. 15–19.
[1382] Diskussionsbeitrag; ebd., S. 25–29.
[1383] Diskussionsbeitrag; ebd., S. 31–33.

Studenten nicht mit Nebenfächern (wie zum Beispiel Lichttechnik) vollzustopfen, da sie nur noch pauken würden, nicht aber nachdenken. Harig plädierte für eine Art Grundausbildung, die befähigen müsse, das sich wandelnde Wissen zu bewältigen. Die schlussendliche Spezialisierung einer Hochschule stünde dem nicht entgegen. Er sprach sich eindeutig auch für eine ökonomische Ausbildung der Ingenieure, und: „Die praktische Ausbildung des Konstrukteurs, die auch eine schöpferische Ausbildung bedeutet, ist maßgebend für die Zukunft eines akademisch gebildeten Wissenschaftlers."[1384]

Der Technische Direktor des VEB LEW „Hans Beimler", Brabant, übte Kritik an der Art und Weise, wie die Jungingenieure in den Betrieben wahrgenommen würden. Deren Einstellung sei „erschreckend". Man stelle vielfach „fest, dass sie nur mit Schlagworten operieren". So könnten und dürften sie in den Betrieben nicht auftreten. Wenn sie glaubten, dies tun zu müssen, dann seien „sie schief gewickelt". Sie seien fachlich nicht in der Lage, fachadäquat mit den Mitarbeitern in den Betrieben zu reden.[1385] Wie sehr noch vieles im Argen lag, wie unterschiedlichste Vorstellungen und Kenntnisse aufeinandertrafen, zeigt der Beitrag von Walter Büsing, Chefkonstrukteur des VEB Wissenschaftlich-Technisches Büro für Werkzeugmaschinen (WTB). Er plädierte für die Lehre des Zeichnens, Darstellens, Skizzierens und Gestaltens. Der Konstrukteur müsse „ein gut Teil Technologe sein", damit er wirtschaftliche Konstruktionen anfertigen könne, auch müsse er „ein guter Gestalter mit Augen für das Schöne einer technischen Konstruktion sein".[1386]

Die 1. Industrie-Tagung verlief kritisch, fachlich orientiert und konstruktiv. Die Rede war frei. Die von der SED geforderte Einheit von Theorie und Praxis oder auch Wissenschaft und Produktion wurde von den Teilnehmern grundsätzlich heruntergebrochen auf die Bedürfnisse der Hochschule für die Ausbildung, aber auch im Sinne der Industrie. Stamm dürfte zufrieden gewesen sein. Er war neben Harig, soweit tradiert, der Einzige, der den Rahmen der Veranstaltung politisch antönte; Stamm: Es gehe um die Ausbildung von Ingenieuren, die „vorbehaltslos auf dem Boden unserer fortschrittlichen Weltanschauung" stünden.[1387] Letztlich entsprach dies einer Heilsformel, die in dem 1976 publizierten Kompendium *Wissenschaft und Produktion im Sozialismus* ihre theoretische Vollendung erlangte.[1388]

Zur 2. Industrie-Tagung am 16. Dezember 1955, an der Apel wiederum nicht teilnahm, gab Stamm einen ersten Problem-Aufriss für die fünfmonatige Berufsausbildung vor dem Studium, die er für zu kurz bemessen hielt. Er plädierte für ein, besser zwei Jahre. Die Anzahl der Semester müsse auf zehn herabgesetzt werden. Der Industrie fehle es an Konstrukteuren, Technologen und Ingenieuren, die aber mit einer fünfmonatigen Berufserfahrung und einem zehnsemestrigen Studium nicht hinreichend gut ausgebildet werden könnten.[1389] Das waren bereits jene Grundprobleme und Themata, die die Hochschule nie

[1384] Diskussionsbeitrag; ebd., S. 39–42.
[1385] Diskussionsbeitrag; ebd., S. 43–47.
[1386] Diskussionsbeitrag; ebd., S. 51 f.
[1387] Schlusswort von Stamm; ebd., S. 53 f.
[1388] Institut für Gesellschaftswissenschaften beim ZK der SED (Hrsg.): Wissenschaft und Produktion im Sozialismus. Zur organischen Verbindung der Errungenschaften der wissenschaftlich-technischen Revolution mit den Vorzügen des Sozialismus. Berlin 1976. Leiter des Autorenkollektivs: Harry Nick.
[1389] Aufriss von Stamm, in: 2. Industrie-Tagung vom 16.12.1955; Ilmenau 1955, S. 4.

verließen. Stamms Vorschlag, Studenten in der vorlesungsfreien Zeit in Betrieben arbeiten zu lassen, war problematisch.

Es meldeten sich elf Personen zu Wort, acht kamen aus der Industrie. Der Chefkonstrukteur des VEB Transformatorenwerk „Karl-Liebknecht" sprach sich gegen eine zu lange Praxiszeit aus. Für die Praxis habe man Fachschul-Ingenieure, von Diplom-Ingenieuren erwarte man „eine gediegene wissenschaftliche Grundausbildung", sie müssten nicht das Feilen beherrschen. Eklatant fehle es hingegen an wissenschaftlich ausgebildeten Diplom-Ingenieuren in der Konstruktion. In seinem einhundert Mitarbeiter umfassenden Konstruktionsbüro arbeitete nicht ein einziger Diplom-Ingenieur. Mit nur zwei bis drei Ausnahmen, die die praktische Tätigkeit vor dem Studium auf nicht über ein Jahr hinaus ausdehnen wollten, sprachen sich alle für eine Verlängerung auf über ein Jahr aus. Parteisekretär Helmuth Hellge forderte, das politisch-ideologische Argument in der Berufsausbildung zu beachten, worauf dann aber nur einer der folgenden sieben Redner einging.[1390]

Der zweite Problem-Aufriss Stamms betraf die Frage des Studienplanes. Es sei nicht einfach für ihn und seinen Kollegen, einen allen Ansprüchen gerecht werdenden Plan aufzustellen, man komme schließlich aus der Industrie, habe nur geringe pädagogische Erfahrungen und müsse erst aus der Lehrpraxis lernen. Er schlug vor, der steigenden Entwicklung der Stundenzahl von anfänglich 30 auf nunmehr 38 bis 40 Stunden nicht nur Einhalt zu gebieten, sondern abzuschmelzen auf 26 bis 28 in der Unterstufe, die dann bis zur Oberstufe weiterhin auf dann 20 bis 22 Wochenstunden zu reduzieren sei. Der Student benötige Zeit zur Verarbeitung des Vermittelten. Auch die Zahl der Prüfungen müsse drastisch reduziert werden, in Dresden seien es an die 40, er halte eine Zahl von 14 oder 15 für ausreichend. Zu diesem Thema sprachen sechs Teilnehmer. Nur zwei begrüßten seinen Reduzierungsplan.[1391] Reichelt konstatiert, dass das Ziel der Reduzierung der Wochenstunden auf 26 bis 28 Stunden in der Unterstufe, 24 bis 25 Stunden in der Mittelstufe sowie 20 bis 22 Stunden in der Oberstufe letztlich nicht erreicht wurde.[1392] Im Gegenteil.

Das dritte Problem betraf die Berufspraktika, also Einsätze in Betrieben vor den jeweiligen Sommerferien. Die vier obligatorischen Berufspraktika dauerten je sechs Wochen. Seltsamerweise ist über den Sinn oder Unsinn dieser vier Berufspraktika nicht diskutiert oder gestritten worden, sondern wieder nur über das obligatorische Vorpraktikum zum ersten Problem-Aufriss. Dieses Mal aber nicht über die Dauer, sondern über die Frage einer vorläufigen Immatrikulation der künftigen Studenten, da Franz Brehmer – zu ihm siehe Kap. 5.3.4, S. 551–554 – vom Institut für Physik zu bedenken gab, dass der künftige Student die Zusicherung des Studienplatzes schon brauche, wenn er erst einmal bis zu zwei Jahren in der Praxis arbeite.[1393]

Ein vierter Problem-Aufriss zu betrieblichen Exkursionen besaß einen enormen, oft unterschätzten Praxisbezug. Hierzu sprachen nur sehr kurz sieben Tagungsteilnehmer. Auf den Einwurf, dass in Betrieben nicht alles gezeigt würde, was interessant sei für die

---

1390 Ebd., S. 5–8.
1391 Ebd., S. 13–21.
1392 Reichelt: Geschichte der Industrie-Tagungen.
1393 Stamm, 2. Industrie-Tagung, S. 22–31, hier 25.

Studenten, berichtete der Ex-Zeissianer Dobenecker von seinen kürzlichen Erlebnissen bei Besuchen in Westdeutschland; Zitat: „Dabei ist mir alles mit einer Offenheit gezeigt worden, die direkt frappant war. Man hat mich direkt gefragt: ‚Wofür interessieren Sie sich?' Es war mir alles bis in die kleinsten Einzelheiten zugänglich."[1394]

Die 3. Industrie-Konferenz fand am 25. Juni 1956 statt. Auf der Tagesordnung standen insbesondere die Studienpläne, die praktische Ausbildung der Studenten und erstmals Fragen zur Gestaltung der Forschung mit und für die Industrie. Das war begründet. Ein Einblick in die Welt der Industriekooperation mit Blick auf die V. Fakultät aus den Jahren 1956 bis 1958 zeigt, dass die von der SED gewollte Kooperation mit Betrieben noch in den Anfängen steckte. Völlig ungenügend waren die Finanztitel, ohnehin schon zu gering, waren sie überdies 1956 drastisch gesenkt worden. Das betraf von zwölf Themen fünf, und für 1957 bereits acht Themen, teils drastisch („Aushärtung" von 13.500 auf 1.200 Mark, „Korrosion" von 10.500 auf null Mark, „Produktionslinien" von 17.000 auf 2.600 Mark). Nicht überraschend war, dass 1957 das militärisch relevante Thema „Impuls-Echo-Methode" von 11.000 auf 13.400 Mark erhöht worden ist, ein Thema, das, so wurde eingeschätzt, planmäßig verlaufe. Von neun eingeschätzten Themen liefen lediglich drei planmäßig. Alle anderen lagen klar im Rückstand, waren im Begriff der Stornierung oder Verschiebung aufgrund fehlender geeigneter Kräfte.[1395]

Nur zwei höhere Gäste waren der Einladung gefolgt, wiederum Harig sowie der stellvertretende Minister Rudolf Müller vom Ministerium für Allgemeinen Maschinenbau. Stamm verkündete und begründete die Absicht, eine fünfte Fakultät, die für Technologie und Ingenieurökonomie, zu gründen. Letztlich folgte er mit diesem Vorstoß der Kritik der 3. Parteikonferenz des ZK der SED, die einen Mangel an solchen Fakultäten moniert hatte.[1396] Es ist auffällig, dass der Charakter des freimütigen und diskursiven Aufbruchs während der ersten beiden Tagungen im Vorjahr zumindest vorübergehend gedämpft war. Die Konferenz erschien formalisiert, die Diskussionsbeiträger sprachen insgesamt kürzer – und politisch-ideologischer. Die Diskussionen mit Vertretern der Industrie besaßen diesmal nicht den körnigen, kantigen Charakter, so vermisste der eine oder andere einfach nur sein Spezialgebiet, das er gern berücksichtigt gesehen hätte. Der berühmte Blick über den Tellerrand hinaus war nahezu verschwunden.

Alles schien auf Bereitschaftserklärungen und formalisierter Berichterstattung zu den Vorgaben für die Studienplangestaltung und die praktische Ausbildung hinauszulaufen. Doch dann sprach Harig. Er stellte prinzipielle Fragen, die fachlich fundiert und zielführend waren. Etwa die Frage, wo nach den Plänen der Hochschule die Studenten immatrikuliert werden sollten, da die Grundausbildung für alle gleich sein solle, an der Hochschule oder an den einzelnen Fakultäten? Worauf Stamm sofort antwortete: „an der ersten Fakultät".[1397] Die Hochschule besaß hierin einen Spielraum, entscheidender aber ist, dass in der Philosophie Stamms das Grundstudium eine hohe Stellung einnahm. Das bedeutete aber

---

[1394] Ebd., S. 32–34, hier 33.
[1395] Bericht der Parteiorganisation der Bereiche Technologie, Feinmechanik, Optik über den Stand der Forschungsarbeit in der V. Fakultät, aufgefunden in: BStU, BV Suhl, AOP 1114/63, Bd. 1, Bl. 140–144.
[1396] 3. Industrie-Tagung vom 25.6.1956. Ilmenau 1956, S. 5–8.
[1397] Diskussionsbeitrag; ebd., S. 60–62.

auch, dass nach Abschluss des Grundstudiums die Aufteilung auf die Fakultäten rechtzeitig mit Berlin abzustimmen war, da letztlich die Staatliche Plankommission (SPK) in Abstimmung mit der Industrie die Kontingente zu vereinbaren hatte. Harig schien dies so akzeptieren zu wollen. Zum anderen wies er auf eine notwendige rechtzeitige Differenzierung hin, „um die Allgemeinausbildung und Spezialisierung sinnvoll zu verbinden". Seine Ausführungen hierzu besitzt zeitlose Gültigkeit, darüber hinaus aber signalisierte er den Zuhörern auf der Tagung, dass zu ihnen jemand sprach, der die Materie verstand. Ein Zustand, der nach der Ära Harig nie wieder erreicht werden sollte, und der zeigt, dass sich unter den damaligen SED-Funktionären auch exzellente Fachleute befanden. Noch einmal Harich: „Es müsste also bei der Ausbildung beachtet werden, dass sich die Studenten bei der letzten Differenzierung nicht unbedingt für das ganze Leben festlegen, sondern zugleich mit dem Erwerb besonderer Kenntnisse auf einem engen Gebiet die Fähigkeit erlangen, sich überhaupt in ein Spezialgebiet einzuarbeiten. Damit hängt auch die Frage der gleichzeitig gelehrten Fächer zusammen, die wahrscheinlich in den Studienplänen noch nicht immer glücklich gelöst wurde. Ich habe den Eindruck, dass die Anzahl der Disziplinen, die gleichzeitig in einem Semester von einem Studenten bewältigt werden müssen, doch zum Teil etwas zu hoch ist."

Weitere Hinweise gab Harich zur Einordnung und Klassifizierung der Haupt-, Neben- und Unterrichtsfächer. U. a. plädierte er für ein Aufrücken der „Mathematik und Physik in den Rang eines Nebenfaches" und regte an, diese in der theoretischen Elektrotechnik anzusiedeln, was den Instituten für Mathematik und Physik „größere Möglichkeiten zur Entfaltung eröffnen" würde. Auch teilte er die Auffassung seines Staatssekretariats (SfH) noch einmal mit, „von der Stofffülle abzukommen, damit die Studenten über die erforderliche Freizeit verfügen, um selbstständig den vermittelten Stoff zu erarbeiten". Damit würde zugleich ihre Verantwortung für die Erreichung ihrer Ziele gefördert werden.[1398]

Aber erst der Redebeitrag des gewohnt souverän auftretenden Oberingenieurs Brabant brachte den zweiten Tagungspunkt auf einen lebhafteren Kurs; Zitat: „Ich habe als Praktikant eine sehr gute Ausbildung in einem kapitalistischen Betrieb der AEG genossen. Dort war alles klar organisiert [...]." Oder an anderer Stelle, als er sich empörte, dass Unterlagen zur Bestimmung von Nomenklaturrichtlinien „angeblich nicht eingereicht" worden seien: „Das verstehe ich nicht". Vielleicht lägen die Unterlagen noch irgendwo im Ministerium.[1399] Das Fehlen der Nomenklaturen zum Kaderbedarf an wissenschaftlichen Kadern gemäß Ministerratsbeschluss vom 21. Juli 1955 kritisierte Franz Dahlem, der vor zwei Jahren aus dem Politbüro der SED ausgeschlossen worden war. Als er dies sagte, wurden die Beiträge plötzlich offener. Teilnehmer bezogen sich positiv auf ihn und wagten Widerrede. Ein Abteilungsleiter des VEB Filmfabrik Agfa Wolfen reflektierte die Stimmung auf der Konferenz und meinte, „dass die praktische Ausbildung unserer Ingenieure und Diplom-Ingenieure beinahe einen toten Punkt erreicht" habe.[1400] Damit wurde die 3. Industrie-Tagung plötzlich noch einmal zu einem Fest der Diskussionskultur. Obendrein kam es zu

---

[1398] Ebd., S. 60 f.
[1399] Diskussionsbeitrag; ebd., S. 69–71.
[1400] Diskussionsbeiträge; ebd., S. 70 f u. 74 f.

einer handfesten Kritik Harigs gegen den Hauptabteilungsleiter für Hoch- und Fachschulen im Ministerium für Schwermaschinenbau, weil der offenbar – wie vordem auch in der Nomenklaturfrage – auf bekannte SED-Art herumlavierte, Verantwortung verwässerte; Harig: „Ich glaube, Koll. Franz vom Ministerium für Schwermaschinenbau widerspricht sich selbst." Im Kern ging es darum, dass das Ministerium Verantwortung zu übernehmen habe, etwa in Fragen der betrieblichen Berufsausbildung oder der materiellen Anreize.[1401] Sprachen zum ersten Komplex nur fünf Tagungsteilnehmer sehr kurz und verhalten, waren es zum zweiten Komplex 13.

Im Zusammenhang mit dieser Tagung ist eine Wortmeldung von Harig tradiert, die die Frage der sogenannten Meisterwirtschaft berührte. Ein Problem, das heute, wenn überhaupt, wenig bekannt ist, aber damals von hoher Bedeutung für große Betriebe der DDR war. Bereits mitten in der Zeit der großen Aktivistenbewegung der DDR von Adolf Hennecke, 1948, bis Frieda Hockauf, 1954, sann Ulbricht auf eine gewisse Lockerung innerhalb der Zentralplanwirtschaft nach und gedachte hierin den Meistern eine höhere Rolle zu. Da bekannt war, dass viele Meister sich gegen die Einführung neuer Methoden und Verfahren stemmten, hier wurzelt der Begriff der Werkstattblindheit, resp. Herr im eigenen Handlungsbezirk waren und bleiben wollten, wollte man diese in eine Art Wettbewerb bringen (Titelkampf um den „Besten Meister des Betriebs"). Hierfür gab es gar den „Tag des Meister", der auf den 13. Oktober gelegt wurde und erstmals 1951 gefeiert wurde. Dieser „Meister neuen Typs" – in Anlehnung an die Figur des sowjetischen Obermeisters Nikolai Rossiski – war in Verbindung mit der Einführung der wirtschaftlichen Rechnungsführung und kraft der Verordnung über die Rechte und Pflichten des Meisters in den VEB vom 2. Juli 1952 mit noch mehr Vollmacht ausgestattet worden. Man erkannte aber rasch, dass damit der Weg in die neue Technik nicht gerade befördert wurde. Die Beweglichkeit, die man sich erhoffte, trat nicht ein.[1402]

Harig bezog sich in seiner Kritik auf Dahlem, der sich bereits dafür ausgesprochen hatte, die Meisterwirtschaft zu überwinden. Die Industrie benötige dringend Diplom-Ingenieure, nicht Meister; Zitat: „Gerade die Elektrotechnik ist ein Industriezweig, der auf technisch-wissenschaftlichen Kenntnissen beruht und nur weiter ausgebaut werden kann, wenn die Ingenieure und Wissenschaftler die Stellen einnehmen, die an der breiten Entfaltung der Technik entscheidend beteiligt sind." Er forderte die HfE auf, die staatlichen Stellen wie das SFH anzusprechen, so Unterstützung benötigt werde. Auch bei der Lenkung der Absolventen müsse etwas geschehen, der Trend weg vom Aufgabengebiet der Betriebsingenieure hin zu den Konstruktionsbüros müsse gestoppt werden.

Dahlem hatte das drängende Problem angesprochen, dass endlich die Industrie zu klären habe, „was eigentlich an wissenschaftlich-technischen Fachkräften benötigt" werde. Auf zwei Tagungen 1954 und 1955 hierzu sei man nicht in der Lage gewesen, die Kluft zwischen den Hochschulen und der Industrie zu beseitigen. Trotz des Beschlusses des Ministerrates vom 21. Juli 1955 seien „die erforderlichen Nomenklaturen über den

[1401] Diskussionsbeitrag; ebd., S. 77.
[1402] Vgl. Wilmut, Adolf: Analyse der betriebswirtschaftlichen Struktur der VEB. Berlin 1958, S. 27–29.

notwendigen Bedarf an wissenschaftlichen Kadern" noch nicht aufgestellt worden. Auch die SPK sei hinsichtlich der Kaderbedarfsplanung säumig. In der Industrie gäbe es Stimmen, die den Einsatz von Diplom-Ingenieuren das Wort redeten. Es seien jedoch „gerade diese Stellen mit guten alten Genossen, Praktikern aus der Zeit des Aufbaus blockiert, die glauben, mit ihren bisherigen Erfahrungen – sie haben seit 1945 viel geleistet – könne man im Betrieb weiterkommen". Dies könne so nicht mehr weitergehen. Ein Mittel zur Abhilfe bilde das Industrie-Institut zur Qualifizierung dieser Kader.[1403] Die Appellation aber war auch ein Hilferuf an die Hochschule, sich in den Verhandlungen mit der Industrie über den quantitativen und qualitativen Absolventenbedarf für den Diplom-Ingenieur stark zu machen, seine Qualitäten offensiv zu propagieren. Wolfgang Biermann vom VEB Kombinat Carl Zeiss Jena hat später, zu Beginn der 1970er Jahre, weil man den weichen, rechtzeitigen Übergang versäumt hatte, die Zurückversetzung des Meisters zugunsten des Diplom-Ingenieurs nahezu gewaltsam durchgesetzt. Diese und andere unpopuläre Maßnahmen sorgten allerdings für Unruhe und führten, wie unter der Belegschaft gemutmaßt worden ist, auch zu Suiziden.[1404] Biermann war von 1975 bis 1989 Generaldirektor des Kombinats und von 1976 an Mitglied des ZK der SED.

Ein weiterer Diskussionspunkt betraf das Bindungsproblem der Hochschule mit der Industrie. Werner Bischoff referierte die Forschungsaufträge für 1955 und 1956. Für 1955 waren es drei Forschungsgebiete zu sechs Themen an drei Instituten, 1956 bereits 23 Forschungsaufträge an sieben Instituten. Für 1957 waren über 40 Themen an 16 Instituten geplant. Auffällig ist, dass nur wenige Hinweise tradiert sind, in welcher Hinsicht dies bereits direkte Aufträge seitens der Industrie waren. So etwa im Falle Heinz Barwichs, führender Kerntechniker der DDR, der mit dem Institut für Hochspannungstechnik die Entwicklung eines „Van-de-Graaf-Generators im Drucktank" abgestimmt hatte.[1405] Den Eindruck, dass die Forschungen für die Industrie in der Regel nicht von ihr kamen, erhärtet eine Wortmeldung von Dahlem, der bemerkte, dass die materielle Verbundenheit mit den Betrieben noch nicht gewährleistet sei, denn wäre sie es, „dann wäre auch die Notwendigkeit zur Zusammenarbeit gegeben", die sich dann auch zeigen würde.[1406]

Rechentechnik an der TH Ilmenau, Teil III: Entwicklung des Analogrechners

Die Entwicklung des Analogrechners war anfänglich die Hauptaufgabe des Instituts für Physik. Es bedurfte neben dem in der DDR obligatorischen Beschaffungsgeschicks auch eines hohen physikalischen Verstandes, fehlende elektronische Bauelemente zu kreieren. Die Grundidee des Rechners, so Norbert Stein, beruhte darauf, „Werte und Zeitverläufe von ganz unterschiedlichen physikalischen Variablen und ihrer Ableitungen nicht numerisch codiert [wie in Digitalrechenmaschinen – der Verf.], sondern durch analoge physikalische Äquivalenzgrößen nachzubilden, überwiegend durch elektrische Spannungen in entsprechend konfigurierten Netzwerken." Die Konstruktion der Rechenmaschine lief von

---

1403 3. Industrie-Tagung, S. 70 u. 77.

1404 Erinnerungen des Verf. aus der Zeit seines Studiums in Jena. Buthmann, Reinhard: Kadersicherung im Kombinat VEB Carl Zeiss Jena. Die Staatssicherheit und das Scheitern des Mikroelektronikprogramms. Berlin 1997, S. 12.

1405 3. Industrie-Tagung, Referat Bischoff, S. 81–93.

1406 Diskussionsbeitrag; ebd., S. 93–95 u. 98 f.

1954 bis 1957 unter der Bezeichnung Elektronische Analogie-Rechenanlage Ilmenau, kurz: EARI. Helmut Winkler hatte bereits 1954 die Schrift „Analogrechenmaschine zur Lösung von Differentialgleichungen höherer Ordnung“ publiziert. 1957 wurde er mit dem Thema promoviert. Die Überleitung in die industrielle Fertigung erfolgte über die VVB Büromaschinen Erfurt zum VEB Archimedes Glashütter Rechenmaschinenfabrik (Sachsen). Als EAR 6 wurde die Maschine zur Leipziger Frühjahrsmesse 1958 ausgestellt. 1960 begann die Entwicklung einer modernen Variante, dem ENDIM 2000.[1407]

Abbildung 28: Elektronische Rechenanlage, Institut für Physik, um 1958

Die 4. Industrie-Tagung am 29. Januar 1957 behandelte fünf Komplexe: wissenschaftliche Arbeit an der Hochschule, Studienplan, Berufsbild des Ingenieurs, Berufspraktikum und Zusammenarbeit mit der Industrie. Sie weist die bislang geringste Anzahl von Wortmeldungen auf. Fünf besaßen Referatscharakter, so dass angenommen werden muss, dass sie zumindest nicht spontan erfolgten.[1408] Ein ideologischer Term wurde weiterhin vermieden, allerdings findet sich auch kein kritisch-innovativer. Franz übte sich einmal mehr im Lavieren in Fragen der Kaderplanung und der Absolventenvermittlung. Zumindest war das, was er selbst als notwendig erachtete, seinen Worten nach von „sehr schwierig“ bis „es ist gewiss nicht einfach“. Freiheit („völlig freie Hand in der Gewinnung von Absolventen“) könne er nicht geben.[1409] Allein Alfred Pohlmanns Beitrag zur Frage der Bereitschaft der Studenten für das Berufspraktikum barg Diskussionsstoff. Stamm räumte ein, dass „das Berufspraktikum noch allerhand Sorgen“ bereite.[1410] Laut Pohlmann, dem Leiter des Praktikantenamtes, werde „das sechswöchige Praktikum für Studenten, die keine einschlägige Vorpraxis aufzuweisen“ hatten, weiterhin in der Fertigung durchgeführt. Direkte Auflagen

[1407] Stein, Norbert: Die Entwicklung eines Analogrechners am Institut für Physik, in: 50 Jahre Akademisches Leben, S. 88–90. Siehe auch Winkler, Helmut: Zwei Beispiele physikalischer Forschungsarbeit, in: Heinze: 10 Jahre, S. 110–112. Kemnitz: 35 Jahre, S. 24 f. Zu den im Rechenzentrum eingesetzten Rechenmaschinen siehe Bräuning, Günter: Die Anfänge der Rechentechnik an der THI, in: 50 Jahre Akademisches Leben, S. 91–95.

[1408] Diskussionsbeitrag, in: 4. Industrie-Tagung vom 29.1.1957. Ilmenau 1957, S. 22–25.

[1409] Diskussionsbeitrag; ebd., S. 53–58.

[1410] Diskussionsbeitrag; ebd., S. 52.

seitens der Hochschule waren nicht vorgegeben, gefordert waren lediglich grundlegende Kenntnisse auf mehreren praxisnahen Feldern wie Kunststoffbearbeitung, Schalttafelbau und Installation von Licht- und Kraftanlagen. Die Durchführung des Praktikums erfolgte in 80 Gießereien, 80 Starkstrom- und 55 Schwachstrombetrieben, ferner in sieben Betrieben der Feinmechanik/Optik und anderen Einrichtungen. Die Bewertungen der Studenten durch die Betriebe waren überwiegend gut bis sehr gut. Pohlmann räumte ein, dass der Einsatz unter Gesichtspunkten wie dem Höchststand in Wissenschaft und Technik unter den Erwartungen liege. Genannt wurden sechs zum Teil gravierende Mängel, etwa, dass Produktionshemmnisse in den Betrieben die Durchführung des Praktikums hemmten. Auch sei die Dauer des Einsatzes zu kurz und das eigentliche Fachwissen der Studenten werde erst mit dem 7. Semester geformt, zu einer Zeit, wo dann nur noch ein Praktikum auf dem Plan stehe. Wünsche, das Vorpraktikum zeitlich zu erweitern und organisatorisch zu optimieren, waren an der Haltung der Betriebe gescheitert. Also hielt Pohlmann eine halbjährige Vorpraxis und vier Berufspraktika zu jeweils sechs Wochen für unzureichend, andererseits ließen die gesetzlichen Bestimmungen eine Erhöhung der Einsatzzeit nicht zu. Die Hochschule wolle deshalb den Weg gehen, Bewerber, „die bei guten Noten eine mindestens einjährige Tätigkeit in der Praxis nachweisen", zu bevorzugen. Direkt von der Oberschule kommende Bewerber konnten indes nur eine Vormerkung für 1958 erhalten, sollten sich aber zwischenzeitlich um Praxiserfahrungen bemühen. Pohlmann plädierte für die Möglichkeit, in einem Betrieb als Hilfsarbeiter zu beginnen oder sich zum Facharbeiter zu qualifizieren.[1411]

Die 5. Industrie-Tagung am 9. September 1958 mit vier Schwerpunkten wurde ganz und gar vom ersten, der Frage der Technologie-Ausbildung, dominiert.[1412] Wolfgang Stöbel, Dekan der Fakultät für Technologie und Ingenieurökonomie, hielt das Referat über den Studienplan dieser Fachrichtung und brachte es sofort auf den Punkt, wenn er ausführte, dass in „vielen Betrieben und Industriezweigen [...] die Fertigung noch nach völlig veralteten Methoden" erfolgt. International gesehen bedeute dies eine erhebliche Beeinträchtigung der Produktivität, namentlich in den Kriterien Durchlaufzeit und Produktionskosten.[1413] Handwerklich anmutende Produktionsabschnitte, Einzel- und Kleinserienfertigung sowie die sogenannte Werkstattfertigung waren landauf, landab Kennzeichen der DDR-Produktion. Noch 1965 galt die Fertigung von mikroelektronischen Bauelementen in einer Art Nest- oder Werkstattfertigung, wie sie Teltow betrieb, als der beste Weg.

Technologie werde, wie Stöbel feststellte, unterschätzt. Das ist zweifellos zutreffend, doch mag auch dazu beigetragen haben, dass der Begriff keiner sachgemäßen, völlig klaren Definition entsprach, besser: entsprechen konnte. Was war denn so anders in und bei der Technologie im Gegensatz zur Technik? Oder gab es gar eine alte und eine neuere, moderne Auffassung von Technologie? Solche Fragen werden sich Tagungsteilnehmer durchaus gestellt haben. Wir werden im nächsten Kapitel an diese Frage anknüpfen, hier zunächst nur feststellen, dass auf der 4. Industrie-Tagung mit der Frage nach der rechten

---

[1411] Pohlmann; ebd., S. 45–52.
[1412] 5. Industrie-Tagung vom 9.9.1958. Ilmenau 1958.
[1413] Vortrag von Stöbel; ebd., S. 3–9, hier 3.

Technologie-Philosophie eine wichtige Debatte angestoßen und auf der 5. Tagung effektiv aufgegriffen wurde. Freilich wurde schon vorher hierzu Stellung genommen, durch Stamm etwa, oder auch höheren Orts durch Fritz Selbmann, den Stöbel im Zusammenhang mit dessen Ausführungen auf einer Technologietagung 1957 zu zitieren wusste mit der Feststellung, dass die Technologie oft als nebensächlich empfunden werde, sie sich gleichsam von selbst ergebe als eine Art Organisationsgeschicklichkeit. Was Selbmann, der letztlich in Ungnade gefallene, damals erkannte, kann in Hinblick auf die DDR-Geschichte in dieser Frage als sensationell gewertet werden. Stöbel jedenfalls erkannte das durch Selbmann aufgeworfene Neue und zitierte dessen Technologieauffassung sinngemäß nicht als „Organisationsgeschicklichkeit oder gar als Verwaltungsroutine", sondern, „als eine *Wissenschaft*, die, wie jede andere, durch ernste *wissenschaftliche* Arbeit erworben und nach objektiven *wissenschaftlichen* Maßstäben bewertet werden" müsse [Hervorhebungen des Verf.]. Genau dies aber entsprach der modernen, im Kommen begriffenen Definition von Technologie, die sich in klassischer Weise anhand der Mikroelektronik-Technologie alsbald zeigen sollte. Besitzt man diese Definition nicht, dann bewertet man sie gleichsam als parasitär, so Selbmann, und schloss: Technologie ist eine *Wissenschaft.*

Stöbel gelang die Übersetzung ins Praktische eindrucksvoll. Er nannte sieben Aufgaben des Technologen, wobei er Wert darauf legte, dass sie als – sich dynamisch optimierende – Gesamtheit von Elementen des Fertigungsverlaufes zu verstehen sind: u. a. Konstruktion und Herstellung der Betriebsmittel, Normung und Qualitätssicherung (Güte), Typung und Standardisierung, Verlustquellenforschung (!) und Beseitigung von Ausschuss (!).[1414] Er selbst stand derzeit unmittelbar vor der Aufgabe, einen Ausbildungsplan ohne empirischen Rückgriff, und dies zugleich für die Technologie des Maschinenbaus als auch für die Elektrotechnik, zu entwerfen. Ein Entwurf, der „eine übertriebene Spezialisierung" zu vermeiden suchte, und von dem er wusste, dass er „noch nicht die ideale Lösung" darstellte. Zur Diskussion sprachen unter Abzug von Mehrfachwortmeldungen 13 Teilnehmer. Lediglich zwei machten deutlich, dass sie die Wissenschaft „Technologie" tatsächlich begriffen hatten (vom VEB Werk für Fernmeldewesen und von der VVB Bauelemente und Vakuumtechnik). Die meisten anderen erschöpften sich in Forderungen nach einer höheren Stundenzahl für spezielle Fachgebiete. Keiner aber sprach sich gegen das Fachgebiet aus, fünf wollten gar eine deutliche Erhöhung des Vorlesungskontingentes.[1415]

Auch auf dieser 5. Tagung ragte die Vertragsforschung mit der Industrie nicht heraus. Werner Bischoff zeigte sich demnach in seinem Vortrag mit der Vertragsforschung unter den gegenwärtigen Umständen des beginnenden Aufbaus zufrieden und verwies auf circa 40 Themen, die mit einem Aufwand von einer halben Million DM pro Jahr bearbeitet wurden. Er betonte, dass die Themenstellungen zweckgebunden erfolgten, also in eine direkte Nutzanwendung flössen. Er verwies aber auch darauf, dass die Mittel-Zuflüsse zu wünschen übrigließen.[1416]

Die 6. Industrie-Tagung am 8. Juni 1960 nahm erneut zur Frage der technologischen

---

[1414] Ebd., S. 4–6.
[1415] Diskussionsbeiträge; ebd., S. 9–23, hier 20.
[1416] Vortrag Bischoff; ebd., S. 30–34.

Ausbildung Bezug, diesmal aber ohne die Brillanz der Vorgängertagung. Offenbar wurden Stöbel und Selbmann nicht verstanden, da der Eindruck entstand, dass einer den Disziplinen zugeschnittenen Form der Technologen-Ausbildung das Wort geredet wurde, also in Richtung Maschinenbau in Dresden und Elektrotechnik und Feingerätetechnik/Optik in Ilmenau.[1417] Im Mittelpunkt der Tagung stand vielmehr die sozialistische Gemeinschaftsarbeit, mithin die Frage der Einheit von Theorie und Praxis. Das thesengeleitete Referat sowie einige Diskussionsbeiträge hierzu wiesen erstmals einen deutlich ideologischen Term auf, der im zweiten Tagungskomplex zu Fragen der Ausbildung wieder verschwand. Die Thematik der sogenannten sozialistischen Gemeinschaftsarbeit war auf dem V. Parteitag geboren worden, sie galt nun als die „Hauptmethode der Lösung der vom V. Parteitag der SED gestellten umfangreichen Aufgaben". Die 6. Industrie-Tagung explizierte drei Möglichkeiten für die sozialistische Gemeinschaftsarbeit: an den Hochschulen selbst, in den Betrieben und schließlich in der Kooperation beider.[1418]

Allein dem Beitrag von Hubertus Bernicke, Leiter der Abteilung Elektrotechnik der SPK, der in den nächsten Jahren bis weit in die 1970er Jahre hinein zu den Akteuren in Fragen der Entwicklung der Elektronik und Mikroelektronik avancieren wird,[1419] wohnte ein fachwissenschaftlicher, provokativer und innovativer Kern inne, da er Änderungen in der bisherigen Befassung mit der Halbleitertechnik vehement forderte. Provokativ in dem Sinne, dass er den mangelhaften Besuch einer jüngst einberufenen Tagung „Forum der Ingenieure" in Dresden kritisierte, jedoch Verständnis dafür zeigte, dass man offenbar müde sei, den vielzählig gebildeten sozialistischen Arbeitsgemeinschaften noch einen Sinn einräumen zu können. Er sprach von „der Sucht" vieler Institutionen, „*auch* eine sozialistische Arbeitsgemeinschaft" bilden zu wollen. Man bilde solche Arbeitsgemeinschaften, wenn „eine Karre hoffnungslos verfahren" wurde, setze „eine hohe Prämie aus, was dazu geführt" habe, dass sich solche sozialistischen Arbeitsgemeinschaften „allein schon aus materiellen Gründen herausbilden".[1420]

Explizit sprach Bernicke über den Rückstand der DDR auf dem Gebiet der Halbleitertechnik. Da es an allem fehlte, sah er offenbar die einzige Möglichkeit darin, „das Zusammenwirken" (ein Slogan der Zeit) der vereinzelten „Kräfte an diesem Problem", was man bislang verabsäumt habe, zu organisieren. Auch warnte er davor, zu vergessen, dass international längst eine stürmische Entwicklung der Mikroelektronik begonnen habe, „dass die anzuwendenden technologischen Prinzipien infolgedessen sehr schnell über den Haufen geworfen" würden. Er erwähnte, dass in der Frage einer möglichen Hilfe der Hochschulen für den Bau von speziellen Vorrichtungen, Geräten und Maschinen für diesen Industriezweig, die Industrie stets abwinke und sage: „Alles gut und schön, aber ein Jahr warten können wir nicht." Auch wenn Bernicke es nicht gesagt haben sollte, lag doch genau hierin das Kardinalproblem der Industrie, die Entwicklung und Konstruktion, verzahnt mit der Entwicklung der jeweiligen Technologie, nicht selbst leisten zu können oder zu

---

1417 Diskussionsbeitrag, in: 6. Industrie-Tagung vom 8.6.1960. Ilmenau 1960, S. 34–37.
1418 Nicht überraschend, gewann diese Tagung Zuspruch von Seiten der SED: Lindner: Geschichte, S. 36.
1419 Buthmann: Versagtes Vertrauen, Kap. 4.1.2, S. 404–419.
1420 Bernicke, in: 6. Industrie-Tagung, S. 14–18, hier 14 f.

wollen. Seine Frage an die Adresse der HfE war eine von der Industrie ihm aufgetragene Bitte: „Gibt es konkret die Möglichkeit, dass man in etwa gleichem Tempo, das in der Industrie erforderlich ist, Sondereinrichtungen und Sondermaschinen konstruiert und möglicherweise einen Prototypen in der Umgebung (beispielsweise in Elgersburg u. ä.) produziert? Das wäre eine außerordentliche Hilfe für uns."[1421]

Diese Bitte glich dem bekannten Griff nach einem Strohhalm und kennzeichnet eines der Grundprobleme der DDR, das sie aufgrund ihrer politisch gesteuerten Zentralplanwirtschaft nicht lösen konnte, jedoch über den Musterbau – und später mittels der Etablierung von Technika – zu minimieren trachtete. Der Hauptweg aus der Sackgasse aber war die oft extemporierte Verzahnung der Industrie mit der Akademie der Wissenschaften sowie den Universitäten und Hochschulen. Auch wenn Bernicke zum Schluss beteuerte, die Aufgaben der Industrie „nicht auf die Hochschulen abwälzen" zu wollen, so tat er es dennoch, wenn er seiner Hoffnung Ausdruck verlieh, „dass es möglich sein sollte, durch Ingenieur- oder Absolventengruppen bestimmte Konstruktions- und Entwicklungsarbeiten zu übernehmen. Das ist eine unserer großen Sorgen, die ich hier aussprechen möchte."[1422]

Die 7. und letzte Industrie-Tagung unter diesem Titel am 4. Juli 1961 wird, weil sie zur Technologiefrage höchste Bedeutung besitzt, im nachfolgenden Kapitel separat abgehandelt. Insgesamt gesehen stehen die Tagungen für den Begriff des Aufbruchs. Vier Phänomene traten besonders hervor: eine Diskussionskultur von Hochschule und Industrie auf Augenhöhe, das weitestgehende Fehlen der ideologischen Durchgriffsmacht der SED, die noch in Kindesbeinen steckende Verzahnung mit der Industrie und der Anstoß für eine moderne Technologieauffassung, die die TH Ilmenau in eine Pionierrolle brachte.

5.1.2 Die Frage der Technologie

> „Unsere Mikroelektronik ist so gewaltig, dass man sie von innen besichtigen kann."[1423]

Für einige Teilnehmer auf der 6. Industrietagung mag es vielleicht überraschend gewesen sein, als Andreas Schüler die Technologen-Ausbildung an der HfE Ilmenau als umstritten bezeichnete, war man sich doch anscheinend einig, dass an einer Ausbildung in Technologie kein Weg vorbeiführt. Schüler bezog sich auf zwei seiner Vorredner, die in der Sowjetunion studienhalber zu dieser Frage weilten und erfuhren, dass man dort keine eigene Fakultät gebildet habe, sondern die Technologen-Ausbildung jeweils an den Fachinstituten laufen lasse.[1424] Dass der Gesellschaftswissenschaftler Schüler dazu neigte, die sowjetischen Erfahrungen zu favorisieren, was hier hieß, die Technologie-Ausbildung disziplinär anzubinden, überrascht nicht. So verwundert es auch nicht, dass sich Rudolf Geist zunächst gegen Wolfgang Stöbel durchsetzte. Geist beherrschte perfekt die russische Sprache, ein Umstand, der es 1966 wert war, in einer Beurteilung erwähnt zu werden, wonach er „die

1421 Ebd., S. 16 f.
1422 Ebd., S. 18.
1423 Ohne Kopfangaben: Akte zu „Hermann Buhl"; BStU, BV Suhl, Abt. XX, Nr. 1511, Bd. 2, Bl. 80.
1424 Schüler, in: 6. Industrie-Tagung vom 8.6.1960. Ilmenau 1960, S. 37–40.

sowjetische technologische Literatur unmittelbar für die Lehre und Weiterbildung des wissenschaftlichen Nachwuchses" ausgewertet habe.[1425] Und er spielte diese Karte auch mit einer sprachlich fulminanten Senatsvorlage zur Frage der Ausbildung von Technologen an der HfE vom 11. April 1961 aus. Beide aber wollten ein Technologie-Studium, von dem Werner Hartmann, nebenamtlich an der Sektion 10 der TU Dresden lehrend, rückblickend auf sein Leben schrieb: „Das Studium der Technologie war geradezu verrufen."[1426]

Abgesehen vom ideologischen Term in dieser Vorlage, gipfelnd in der von Geist ernst gemeinten Aussage, dass die „physikalische Technologie hervorragend geeignet" sei, „materielle und geistige Siege für den Sozialismus zu erringen",[1427] enthält sie kluge und moderne Ansichten, so dass es schwer zu begreifen ist, worin eigentlich der damalige Konflikt *fachlich* begründet gewesen sein mag. Gesetzt den Fall, die HfE hätte damals eine tragfähige Übereinstimmung gefunden und in Berlin erfolgreich verteidigt, dann hätte die DDR – ceteris paribus – einen in der Ausbildung von Technologen großen Erfolg errungen.

Die 7. und letzte Industrie-Tagung fand kurz vor dem Mauerbau am 4. Juli 1961 statt. Sie stand unter der Dominanz der Frage nach der rechten Technologie-Ausbildung. Geist, Fachrichtungsleiter für Technologie der HfE Ilmenau, vertrat wie Schüler die Ansicht, dass „bislang noch keine gemeinsame hinreichende Meinung erzielt" worden sei. War diese angebliche Spaltung in den Auffassungen gewissermaßen SED-subkutan gespeist? Geist war es, der offenbar die Entscheidung einleitete mit der Formel „Technologie für die Elektrotechnik", denn er bezog sich auf alles, die sowjetischen allgemeinen Erfahrungen, aber auch auf solche aus der westlichen Welt. Plötzlich argumentierte Geist mit Karl Marx: „Die Technologie als ganz moderne Wissenschaft [!] zerlegt den vollständigen Produktionsprozess zunächst ohne Berücksichtigung der menschlichen Hand in seine naturwissenschaftlich bedingten Elemente. [...] Sie ist revolutionär, weil sie ständig neue Maschinen, Werkzeuge und Verfahren schafft." Und er spitzte noch zu, dass manche Autoren, die sich in Aufsätzen der Zeitschrift *Fertigungstechnik* zu dieser Technologie-Grundfrage geäußert hätten, doch „noch viel von Marx lernen" müssten.[1428] In seiner Schlussfolgerung kam der große Wurf von Stamm eben nicht vor, im Gegenteil: „Nur unter Abkehr von der maschinenbaulichen Technologenausbildung, nur bei exakter elektrotechnischer und spezieller Technologenausbildung für die Elektrotechnik wird es möglich sein, sowohl den technischen Rückstand in der Fertigung elektrischer Geräte als auch den Qualifikationsrückstand der Technologen zu beheben sowie den Rückfall in die ausschließlich planungstechnische Handhabung der Technologie zu vermeiden." Mittelfristig gesehen waren Geists Darlegungen, insbesondere mit Blick auf die Elektrotechnik, freilich praktikabel.[1429]

„Der Versuch", schrieb Geist in seiner Senatsvorlage 1961, „Technologen der Elektrotechnik in Analogie zum Maschinenbau – teilweise im vollen Gleichlauf – auszubilden,

---

[1425] THI, Fakultät für produktionstechnische Grundlagen, vom 1.2.1966: Entwurf einer Beurteilung; UAI, 1361 Kad, S. 1–4, hier 2.

[1426] Nachlass Hartmann, Technische Sammlungen der Stadt Dresden, H 64.

[1427] Geist, Beitrag vom 11.4.1961: Die Ausbildung von Technologen, aufgefunden im Konvolut zur Senatssitzung am 18.4.1961; UAI, S. 1–9, hier 9.

[1428] Geist in: 7. Industrie-Tagung vom 4.7.1961. Ilmenau 1961, S. 5–15, hier 6. Geist zitiert Marx, Karl: Das Kapital. Berlin 1947, Bd. 1, S. 511 f.

[1429] Geist; ebd., erste Quelle, S. 9–13.

muss als Fehlschlag abgelehnt werden“; der Maschinenbau weise „gegenüber der Elektrotechnik weitaus weniger an physikalischen Qualitäten auf.“ Eine solche Übernahme sei „Willkür“, nicht aber die Übernahme der Erfahrungen aus der chemischen Industrie, da es hier eine Einheit „sich stimulierender Partner“ von Konstruktion und Technologie gebe. Dies werde in der Frage der Technologie der Halbleiter deutlich. „In Anerkennung der Entwicklungsrichtung zur Molekularelektronik [von Werner Hartmann eingebrachter Begriff – der Verf.] werden höhere theoretische Fähigkeiten für den Technologen erforderlich“ sein. Geist argumentierte vieles richtig. Auch seine Hinweise, eine „optimale Zuordnung der Ausbildungselemente so“ zu sichern, „dass eine quantitative Überbelastung vermieden wird“, und zu beachten, dass „die Technologie eine streng naturwissenschaftliche Disziplin ist“, waren zielführend. Und er sah, dass es eine Ähnlichkeit zwischen der Chemie und der Physik, nicht aber zum Maschinenbau gab, indem er formulierte, dass wir „bereits die Berechtigung“ hätten, „von der physikalischen Technologie zu sprechen“, denn: „Überall dort, wo extreme Forderungen (hohe und niedrige) zu verwirklichen sind, wächst unaufhörlich die physikalische Technologie.“[1430] Hartmann schrieb im Heft 8/1973 der Akademiezeitschrift *spectrum* aus der Sicht seines zehn Jahre währenden Kampfes für den Aufbau der Mikroelektronik-Technologie in Dresden, „dass man die Existenz einer ‚physikalischen Industrie‘ nicht in Abrede stellen“ könne. Man könne zwar beobachten, dass sich verschiedene Ingenieurswissenschaften von der Physik abnabelten, jedoch gebe es „in den letzten Jahrzehnten Gebiete, für die dies nicht“ zutreffe, „deren Arbeitsmethoden durchaus denen der Physik“ glichen. Das seien „Bereiche, in denen eine derartige Vermaschung und Kopplung verschiedener Zweige der Naturerkenntnis ausschlaggebend“ seien, „dass sie nur ein Physiker durch seine Ausbildung und Denkmethodik beherrschen lernt. Ein Beispiel dafür sind die integrierten mikroelektronischen Schaltkreise.“[1431]

Die Vorlage von Geist wurde mehrmals diskutiert, im August war immer noch keine Klarheit resp. Übereinkunft erzielt worden. Stamm verlangte, dass erneut geredet werden müsse, und beauftragte hierfür federführend Geist. Teilnehmen sollten u. a. Mau, Ulrich und Hansen. Allerdings sprach sich schon jetzt die Mehrzahl der Senats-Mitglieder für die Verlegung der Technologen-Ausbildung an die Fakultäten aus.[1432] Eine solche Zerschlagung der Technologie aber konnte nicht im Sinne Stamms, Stöbels und auch nicht Geists sein. Und als der Plan für das Grundstudium der Technologie für die Ingenieur-Fachrichtungen der TH Ilmenau Anfang 1973 (!) endlich stand, war nicht nur die Warnung Geists vor einer Überfülle von Ausbildungselementen nicht nur nicht beachtet worden, sondern in ihr Gegenteil verkehrt worden.[1433] Was Jürgen Kuczynski propagierte, forderte Geist: die Technologie müsse als eine „eigene Wissenschaft“ begriffen werden. Eine Technologenausbildung, die ins Prinzipielle zu gehen habe. Einleuchtender war jedoch für viele,

---

[1430] Geist, Beitrag vom 11.4.1961: Die Ausbildung von Technologen, aufgefunden im Konvolut zur Senatssitzung am 18.4.1961, S. 1–9, hier 2–4.
[1431] Ausführlich in: Buthmann: Versagtes Vertrauen, S. 541–544. Biographie Hartmanns: Barkleit, Gerhard: Werner Hartmann. Wegbereiter der Mikroelektronik in der DDR. Berlin 2022.
[1432] Protokoll vom 7.8.1961 zur Senatssitzung am 18.7.1961; UAI, S. 4.
[1433] AG Technologie des Senats des WR, o. D.: Grundstudium Technologie, aufgefunden im Konvolut zur Sitzung des Plenums des WR am 27.3.1973; UAI, S. 1–10.

wenngleich nicht modern, die Technologie zuzuschneiden auf einzelne Grunddisziplinen, also je eine für die Elektrotechnik, für die Feinwerktechnik etc. Sie also *sofort* für die jeweiligen Produktpaletten fit zu machen. Das hatte seinen Reiz und atmete den für die SED so wichtigen sofortigen und vor allem abrechenbaren Nutzen.

Stamm benannte 1960 die beiden Strömungen, die sich herausgebildet hatten und sich semantisch unscharf auswiesen, treffend in „allgemeine Technologen" und „Spezial-Technologen" und stellte fest, dass diese Diskrepanz nur aus der Hochschule selbst stamme, von der Industrie käme diese Trennung eher nicht.[1434] Anhand der Tagungsbroschüren, die die Diskussionen enthalten, kann diese Polarität allerdings nicht zweifelsfrei nachvollzogen werden. Vieles ist widersprüchlich, auch lässt sich die von Stamm festgestellte Diskrepanz im eigenen Hause eher nicht in den veröffentlichten Texten nachempfinden. Einige formulierten vorsichtig, dass die Sowjetunion weiter fortgeschritten sei,[1435] dass man erst einmal deren Weg gehen sollte. Stamm, moderat, fasste mehr zusammen, als dass er seine eigenen Erfahrungen und die aus der kapitalistischen Welt zu bedenken gab. Zwar vertrat er nicht expressis verbis die Erkenntnis, wonach die Technologie „eine neue Wissenschaft" sei, warnte aber vor einer Spezialisierung. Bedacht, dass zwei von acht Diskutanten die Frage nicht adäquat beantworteten, keiner für den sowjetischen Weg war, vier (zusammen mit Stamm) für „Technologie ist eine neue Wissenschaft" plädierten, neigte sich zu diesem Zeitpunkt das Pendel doch deutlich hin zu der letzteren Auffassung.

Ein Jahr später konstatierte Stamm eine breite, nahezu uneingeschränkte Zustimmung für den Spezialanwendungsfall „Elektrotechnik", räumte aber ein, dass die Feinmechanik/Optik dabei „etwas zu kurz" kommen würde. Die Vertreter der Spezialrichtungen hatten offenbar gewonnen. Der Tagungsbroschüre zufolge war eine Gegenargumentation inexistent, abgesehen davon, dass unterschiedliche Auffassungen hinsichtlich des Grades der Spezialisierung vorgetragen worden sind. Die Notwendigkeit, substantiell Praxiserfahrungen über Gastdozenten in die Ausbildung zu tragen, betonte Oberingenieur Kaluza, Leiter des Zentralinstituts für Technologie und Elektrotechnik Dresden (ZfTE), der überdies die Auffassung vertrat, dass staatlicherseits die Frage der Bedeutung der Technologie erkannt worden sei.[1436]

Es fehlte seitens der DDR der Mut zum ideologiefreien Blick in den Westen. Gewohnt widersprüchlich brachte es Kurt Hager am 20. Juni 1972 vor leitenden Parteikadern an der Parteihochschule „Karl Marx" in seiner programmatischen Rede über Sozialismus und wissenschaftlich-technische Revolution auf den Punkt: „Deshalb betonen wir auch, dass sich der Wissenschaftler und die wissenschaftlichen Einrichtungen der Akademie und des Hochschulwesens noch stärker mit der technologischen Seite bei der Umsetzung ihrer Ergebnisse beschäftigen sollen. Wir orientieren darauf, das Risiko so gering als möglich zu halten, völlig ausschalten lässt es sich in der Grundlagenforschung jedoch niemals." Und weiter: „Noch immer gibt es verbreitet eine Geringschätzung gegenüber der Technologie.

[1434] 6. Industrie-Tagung vom 8.6.1960. Ilmenau 1960, S. 41.

[1435] Autorenkollektiv: Wissenschaftlich-technischer Fortschritt und Effektivität der gesellschaftlichen Produktion. Moskau 1972, in der DDR 1975 erschienen.

[1436] Diskussionszusammenfassung, in: 7. Industrie-Tagung vom 4.7.1961, S. 16–20, hier 16 f. u. 19.

Einige Leiter unternehmen kaum oder zu wenig eigene Anstrengungen, diesen Bereich fachlich und politisch durch entsprechende Kader zu verstärken. Ähnliche Probleme der Unterschätzung der Technologie gibt es an den Hochschulen. Die großen Vorzüge der sowjetischen technologischen Schule fanden trotz mancher Bemühungen bislang nur geringen Eingang in die Einrichtungen unseres Hochschulwesens."[1437]

1973, zwölf Jahre später, als die Frage der Ausbildung von Technologen und der Technologiebegriff auf hoher und öffentlicher Ebene kontrovers diskutiert wurden, an der aber offensichtlich kein Ilmenauer teilnahm, trafen, publiziert in der Novemberausgabe der Akademiezeitschrift *spectrum*, zwei Lager aufeinander, ringend um den rechten Technologiebegriff. Die eine Seite repräsentierte der Chemiker Gerhard Keil, der die Definition von Karl Marx verteidigte (die „Technologie als planmäßige und je nach dem bezweckten Nutzeffekt, systematische Anwendung der Naturgesetze auf die Produktionsprozesse"), wonach, kurz gesagt, die Technologie ein *Verfahren* sei, sämtliche Elemente des Produktionsprozesses unter Zuhilfenahme von Optimierungsverfahren u.dgl.m. so zu beherrschen, dass am Ende der Erfolg gesichert ist. Für paradigmatisch hielt er die Erfahrungen in der chemischen Industrie, die sozusagen gesetzesartig für alle anderen Gebiete Geltung erlangen würden. Zweifel kamen erst auf, als sich die Gegenseite Gehör verschaffte. Auf den abgedruckten Brief im *spectrum*[1438] antwortete Kuczynski; Zitat: „Wenn wir beide lange und intensiv gestritten haben, ob die Technologie eine ‚eigene Wissenschaft' ist, die spezifische Gesetze zu entdecken hat, oder, wie ich meine, eine schöpferische Tätigkeit anderer Art, die jedoch gründliche und umfassende wissenschaftliche Kenntnisse voraussetzt",[1439] so wird plötzlich deutlich, was der „frühe" Stamm und Stöbel meinten. Beide wussten, dass der Technologe nicht einfach der Breiter- und schon gar nicht der Schmalspur-ausgebildete Fertigungs- oder Verfahrensingenieur sein könne, sondern ein eigentlich völlig andersartiger Diplom-Ingenieur, der vor allem kreativ sein musste, versiert in den physikalischen, chemischen, mathematischen, ökonomischen und werkstofftechnischen Grundlagen, ein Tüftler, ein Experimentalphysiker neuerer Art.

Was aber geschah jenseits der theoretischen Debatten? Der Prodekan der Fakultät für Technologie und Ingenieurökonomie hatte am 27. August 1962 offiziell in einem Schreiben an den Rektor moniert, dass die fehlende Immatrikulation in der Fachrichtung Technologie für 1963 den volkswirtschaftlichen Belangen nicht entspreche. Dies werde an höchster Stelle mit dem Leiter der Abteilung Elektroindustrie im Volkswirtschaftsrat und dem Staatssekretär des SHF zu klären sein. Man habe sich bei dieser Entscheidung bewusst nicht von der Struktur der Hochschule leiten lassen, sondern von den Bedürfnissen der Volkswirtschaft. Ferner sei es untragbar, dass bei der Verteilung der Investgelder seine Fakultät nicht berücksichtigt worden sei. Es sei nicht zu verstehen, dass selbst die eingereichten Minimalforderungen unberücksichtigt blieben, zumal künftig wieder Studenten

---

1437 Hager, Kurt: Sozialismus und wissenschaftlich-technische Revolution, in: Neues Deutschland vom 22.6.1972, S. 3–5, hier 5. Das Risiko einzugehen, war zwar immer auch als notwendig erachtet worden, doch stets systemtechnisch so minimiert, dass es als solches dann doch nicht anerkannt wurde. Vgl. Hanke, Peter: Planungsprobleme in der Grundlagenforschung. Berlin 1975, paradigmatisch S. 31 f.

1438 Schreiben von Keil an Kuczynski vom 13.6.1973, in: spectrum 4(1973)11, S. 2 f.

1439 Schreiben von Kuczynski an Keil, o. D.; ebd., S. 4 f., hier 4.

der Technologie immatrikuliert werden würden. Seine Fakultät habe bislang die geringsten Investmittel beantragt. Die im Vorjahr gebildete Abteilung Technologie der Fakultät Feinmechanik/Optik hatte überhaupt noch keine Investmittel bekommen, obgleich sie die Ausbildung der Technologen der IV. Fakultät zu übernehmen hatte. „Es befremde, dass durch die Streichung der minimalen Forderungen der Investmittel bereits ein Auflösen der V. Fakultät erkennbar wird. Daher kommt der Fakultätsrat zu der Meinung, dass die Sicherheit der Ausbildung von Technologen nicht mehr gegeben ist und lehnt die Verantwortung für die weitere Ausbildung der Technologen und Ingenieurökonomen ab nächstem Jahr ab. Der Fakultätsrat protestiert schärfstens gegen die Streichung der Investmittel der V. Fakultät.“[1440]

Die Antwort von Walter Heinze, der in diesem Jahr zum Rektor gewählt worden war, dass diese Entscheidungen auf Geheiß des SHF erfolgt seien, war zumindest nicht inkorrekt. Die Volkswirtschaft benötige vermehrt und dringend Diplom-Ingenieure der Schwachstromtechnik, deshalb sei das Schwergewicht der Ausbildung auf diese Disziplin gelegt worden. Hieraus folgte zudem eine Reduktion der Immatrikulationszahlen für die Starkstromtechnik. Es habe also keinen Zweck mit dem Volkswirtschaftsrat und dem SHF in Verbindung zu treten. Ihm sei auch nicht klar, wer verlauten ließ, dass die V. Fakultät keine Investsumme bekommen habe. Der beantragte Satz von 24.000 DM sei lediglich um circa 4.000 gekürzt worden.[1441] Zwischenzeitlich hatte sich die Hochschulparteileitung der SED im Verbund mit der Fakultätsparteileitung „Technologie und Ingenieurökonomie“ mit Schreiben vom 17. August 1962 an die Abteilung Wissenschaften des ZK der SED mit der Bitte gewandt, Tendenzen der Auflösung der beiden in der Fakultät vertretenen Richtungen entgegenzutreten. Bei all den letzten Beratungen auf höherer leitender Ebene sei jedenfalls ein Bekenntnis zum Erhalt dieser beiden Linien gegeben worden. „Im krassen Gegensatz dazu“ habe Heinze die neuen Immatrikulationszahlen verkündet. Er habe gar der Hochschulparteileitung und den 1. Sekretären der SED-Fakultätsleitungen am 19. Juli 1962 mitgeteilt, dass die V. Fakultät aufgelöst werde. Den Stopp der Immatrikulation 1962 habe Ernst-Joachim Gießmann bei seinem Besuch an der HfE am 20. Juli 1962 protokollarisch bestätigt. Befremdlich sei, dass im SHF „von all dem nichts bekannt“ war.[1442]

Auch 1964 war die Perspektive in der Frage der (zugeschnittenen) Technologenausbildung an der TH Ilmenau besonders an der II. und III. Fakultät „noch vollkommen unklar“. Einschneidender aber war, dass es „vom 4. Semester abwärts keine Technologen mehr“ gab, „weil in diesen Matrikeln keine [Studenten] mehr immatrikuliert werden durften“. Dies, so wurde gedeutet, sei Heinze zuzuschreiben, der die Technologenausbildung in die Fakultäten hinein verlagert habe. Gegenwärtig befänden sich in den 6., 7. und 10. Semestern noch 50 Studenten in dieser Fachrichtung in Ausbildung. Nach Einschätzung eines inoffiziellen Mitarbeiters des MfS werde es, „wenn diese ausgelaufen“ sei, „eine gewaltige Lücke“ geben und „eine Zeit lang keine Technologen der Elektrotechnik unserer Industrie zugeführt werden“ können. Das sei bedenklich, zumal sich die Technologen in der

1440 Wentzel an Heinze vom 27.8.1962: Planzahlen 1963; BStU, MfS, AOP 1902/67, TV 7, Bd. 2, Bl. 37 f.
1441 Heinze an Wentzel vom 29.8.1962; ebd., Bl. 39 f.
1442 HPL und Fakultätsparteileitung vom 17.8.1962; ebd., Bl. 41 f.

Industrie bewährt hätten, ein Großteil von ihnen nehme bereits Leitungsfunktionen in der Industrie ein. Er habe Heinze seine Bedenken bereits vor anderthalb Jahren kundgetan, der aber habe mit Verweis, dass in der DDR genügend Technologen ausgebildet würden, seine Argumente zurückgewiesen. Die Überführung der Technologenausbildung in die Fakultäten sei nicht geglückt, es gäbe „einige Schwierigkeiten" mit dem Ergebnis der Vernachlässigung des Ausbildungsprofils. Schwerwiegend sei insbesondere, dass Technologen im Profil der Elektrotechnik nur in Ilmenau ausgebildet würden.[1443]

Zur Einstellung der Technologenausbildung lieferten Heinz Geißler und Geist dem MfS im November 1965 eine Einschätzung (nicht inoffizieller Basis). Demnach hätten u. a. sie beide und Stöbel der Bezirksleitung der SED auf Anforderung hin im Sommer 1964 hierzu einen Bericht schriftlich übergeben. Auch habe es einen Ministerratsbeschluss gegeben, der die Auflösung der V. Fakultät festschrieb und die Technologenausbildung in die Fakultätsebene überleitete. Sie hätten den Eindruck gehabt, dass Heinze dies erwirkt habe, dass der Impuls also von ihm in Richtung Berlin ausgegangen sei. Ohne Wissen der V. Fakultät hätte er auch die Ausbildung der Ingenieurökonomen nach Dresden vergeben. Geißler und Geist monierten, dass Heinze nicht mit ihrer Fakultät über die Entwicklung hinreichend gesprochen und lediglich gesagt hätte, dass die Kapazitäten hinsichtlich der „Abrundung" [ein Wort für Kürzungspflichten – der Verf.] nicht ausreichten. Man habe protestiert, doch Heinze habe sich durchgesetzt. Angeblich hätte er die Auffassung vertreten, dass ein Technologe des Maschinenbaus auch in der Elektrotechnik eingesetzt werden könne. Das aber sei irreal. Geist zitierte Bischoff, der gesagt haben soll: „Heinze war während seiner Tätigkeit als Rektor an der TH ein Totengräber."[1444]

Geist lieferte am 24. Januar 1966 eine fünfseitige Analyse zur Entwicklung der Technologie speziell unter dem Rektorat Heinzes. Es ist nicht ersichtlich, ob er diesen Bericht selbst verfasst hatte und auch nicht, wie das Papier als Abschrift in die Hände des MfS gelangt war. Demnach stand zu diesem Zeitpunkt fest, dass es eine „Anhäufung von abgeschlossene[n], jedoch nicht in die Produktion überführten Forschungsvorhaben" gab, was „ernste Sorgen" machte. Da nun aber eine Bevorzugung der Ausbildung von Ingenieuren für Forschung und Entwicklung an der TH zu verzeichnen ist, sei dieses Problem „ungenutzter geistiger Arbeit schwerlich abzubauen". Deshalb, so Geist weiter, sei die Ausbildung von Technologen dringend. Diplom-Ingenieure für Technologie würden „zu einer Rarität werden". Die Hochschulen der DDR würden – bei 850 immatrikulierten Studenten der Elektrotechnik, wovon nur 40 für die Technologie eingeschrieben waren – ihre Ausbildungspflicht auf die Fachschulen verlagern.[1445]

Aus der Mikroperspektive heraus mag es so ausgesehen haben, dass Heinze in Berlin die Wende in der Frage der fakultätseigenen Technologieausbildung insistiert hatte. Das ist jedoch zu bezweifeln, da die Frage der Immatrikulationskontingente und deren Dislozierung samt Schwerpunktsetzungen in den Ausbildungsprofilen zentral festgelegt wurden. Ein anderer Punkt betrifft seine Person selbst, die gefährlich in das Visier des MfS

1443 KDI, OG „HS", vom 3.2.1965: Zur Einstellung der Technologenausbildung; ebd., Bl. 35 f.
1444 KDI, OG „HS" vom 11.11.1965: Aussprache; ebd., Bl. 264–266.
1445 Geist: Bericht vom 24.1.1966 (Abschrift MfS); ebd., Bd. 5, Bl. 228–232, hier 228 f.

geraten war. Zu diesem Zweck recherchierte es u. a. sämtliche Konfliktlinien im Bereich der Hochschule, insbesondere die Umsetzung zentral bestimmter Weisungen. Heinzes Rektorat war, wie oben festgestellt, nicht fruchtbringend verlaufen, die DDR steckte in einem Krisenmodus, es wurde überall gestrichen, eingespart und reduziert. Robert Rompe schätzte Heinze jedenfalls als erstklassigen Fachmann für Röhrenfragen. Er sei „ein ausgezeichneter Kenner der Produktionsfragen und der Technologie von Vakuum- und Gasentladungsröhren".[1446] Hierzu muss man wissen, dass gerade in der Frage der Röhrentechnik zuallererst die moderne Auffassung der Technologie geboren wurde, da die Herstellung dieser anfangs von „Alchemie" geprägt war, also sämtliche physikalische, chemische, technische und messtechnische Fragen beherrscht werden mussten. Wer dies wusste, konnte eigentlich keine falsche Auffassung von der modernen Technologie im Bereich der Elektronik/Elektrotechnik haben. Die aufgefundenen Verrisse lassen erkennen, dass Heinze diese Kenntnisse besaß. Nicht aber das MfS, es wird später zusammenfassen, dass er fortwährend Fehlentscheidungen in der Frage der Elektronikentwicklung und in seiner Eigenschaft als Technischer Leiter des VEB Halbleiterwerk Frankfurt/Oder (HWF) und als Direktor des Instituts für Elektronik und Vakuumtechnik an der TH Ilmenau sowie auch als Entwicklungsleiter des VEB Elektroglas Ilmenau (EGI) getroffen habe. Das sei strafbar.[1447] Wer so ins Fadenkreuz geriet, zu dem wurden Unwahrheiten in Umlauf gebracht und Fehler verstärkt. Manche sind heute noch lebendig.

Tradiert ist ein Entwurf der TH Ilmenau vom 2. November 1967, ausgewiesen als Empfehlung und getitelt mit: „Beschluss der Konferenz zur Ausbildung von Hochschul-Kadern für den Einsatz in der Technologie der Industriezweige der Elektrotechnik/Elektronik und des wissenschaftlichen Gerätebaus." Der Redaktionskommission gehörten acht Personen an, u. a. Eugen Philippow und Anton Schreiber. Die Konferenz tagte am selben Tag. An ihr nahmen auch Wirtschafts- und Staatsfunktionäre teil. Eingangs wurde festgestellt, dass „die Technologie in einem neuen Licht gesehen werden" müsse. Angesichts des explosivartigen Anwachsens wissenschaftlicher Erkenntnisse und der erkennbaren grundlegenden Veränderungen im Verhältnis der Wissenschaft und Produktion sei es in der Frage ihrer Umsetzung unumgänglich, eine „wissenschaftlich begründete Gestaltung des technologischen Prozesses" zu besitzen. „Die Ausbildung von Technologen", heißt es hier, „kann heute nicht mehr konventionell erfolgen, sondern muss so gestaltet werden, dass moderne Erkenntnisse solcher Wissenschaften wie z. B. der Kybernetik, Mathematik, Physik, Chemie, Ökonomie, Psychologie u. a. im hohen Maße Berücksichtigung finden." Das Papier listet sieben Grundsätze für die Ausbildung von Technologen auf, von denen – abgesehen von der Zentrierung auf die beiden genannten Disziplinen – einige eine generelle Bedeutung besitzen, u. a.: Schwerpunktlegung der Ausbildung auf wissenschaftliche Grundlagen und Methoden, Verfolgung des Einheitsgedankens von Entwicklung, Konstruktion und Technologie, und zwar unter dem Gesichtspunkt eines optimalen volkswirtschaftlichen Nutzens, sowie „das Auflösen des Zusammenwirkens von Mensch, Arbeitsmittel und

---

1446 Schreiben von Rompe an Dobenecker vom 2.7.1957; ebd., Bd. 3, Bl. 207 f., hier 207.
1447 HA XVIII/2/3 vom 22.4.1966: Abschlussbericht; ebd., Bd. 7, Bl. 2–53, hier 3.

Arbeitsgegenstand in seine Elemente, die Analyse ihrer Einflussfaktoren und ihre optimale Kombination".

Die Ausbildung auf technologischem Gebiet sollte auf fünffache Weise differenziert werden: in die Fachrichtungen Technologie und Prozesstechnik, in eine technologische Ausbildung der Studenten für Entwicklung und Konstruktion, in eine Ausbildung in Spezialrichtungen, etwa Galvanotechnik, Elektrowärme und elektronische Bauelemente, sowie in Richtung eines fertigungsgerechten Entwickelns und Konstruierens. Das Grundstudium auf den Gebieten der Physik, Mathematik und Werkstoffkunde mit zusammen circa 60 Prozent war richtig dosiert. Das auf breite technologische Grundlagen orientierte Fachstudium von circa 30 Prozent bot möglicherweise mit seinen sieben Fachorientierungen ein zu differenziertes Bild. Abgerundet wurde der Ausbildungsplan mit einem Spezialstudium im Umfang von circa zehn Prozent des Gesamtstundenplanes.[1448]

Ein Blick in die Dokumente jener Zeit bis zum Abschluss der 3. Hochschulreform zeigt, dass das Ringen um ein optimales Maß für allgemeine technologische Kenntnisse – in gewählten Fachrichtungen – durchaus durchgängig gegeben war. Etwa auf der Klausurtagung der 1970 gebildeten Arbeitsgruppe Technologie vom 27. bis 30. April in Ilmenau. Diesbezüglich hatte die Sektion KONTEF die Leitfunktion für die „Theorie des konstruktiven Entwicklungsprozesses" inne, auch stand diese Klausur in einem engeren Zusammenhang mit dem Projekt AUTEVO, womit es nunmehr nicht nur mehr um Ausbildung ging, sondern verstärkt produktionsnah, also technologisch gedacht werden sollte. Erkenntnistheoretisch formuliert, wurde nicht der Weg der Vereinfachung und Verallgemeinerung gewählt, sondern der Weg der Spezialisierung und Ausdifferenzierung. Damit der Technologe die Gesamtprozesse im Sinne einer optimalen Strategie zu handhaben verstehen lernt, mussten ihm daher Wissenselemente aus einem großen Fundus vermittelt werden. Es ist bemerkenswert, dass sich keine Belege im Sinne der Kunst des Reduzierens fanden, jedoch recht viele Belege in einer Art Sammelsurium notwendiger Stoffvermittlung. So fand sich ein Papier der Arbeitsgruppe Technologie vom August 1972, genannt „Bausteinkatalog für den Komplex Technologie", in dem in einer fünf Ebenen untergliederten Struktur praktisch alle denkbaren Unterrichtsstoffe zusammengefasst wurden. Ein Beispiel für den Abschnitt 3.5 „Werkstoffe", Unterpunkt 3.5.1.1.3: „Struktur-Untersuchungsverfahren (Metallografie, Schliffherstellung und -auswertung, Licht- und Elektronenmikroskopie, Röntgenfeinstrukturverfahren, Debey – Scherrer –, Rückstrahl- und Laue-Verfahren, Zählrohrgoniometer, Elektronen- und Neutronenbeugung)."[1449] Wie erlernt man jedoch Fähigkeiten, hochkomplexe Prozesse der Technologie zu optimieren? Ganz sicher nicht über den Weg einer solchen – zumal der beschleunigten Alterung unterworfenen – Wissensagglomeration.

Laut Schreiber, so 2003 in seiner Erinnerung an Stöbel, sei es ihm „sehr schnell" gelungen, „die Zweifler zu überzeugen, dass die Technologie als Wissenschaft, welche ‚die

[1448] THI vom 2.11.1967: Beschluss der Konferenz zur Ausbildung von Hochschulkadern für den Einsatz in der Technologie der Industriezweige der Elektrotechnik/Elektronik und des wissenschaftlichen Gerätebaus, aufgefunden im Gesamtkonvolut der Senatssitzungen 1967; UAI, S. 1–22, hier 1 u. 4–11.

[1449] AG Technologie des Senats des WR der THI vom August 1972: Bausteinkatalog für den Technologiekomplex, aufgefunden im Konvolut der Senatssitzung vom 31.10.1972; UAI, S. 1–17, hier 1.

Gesetzmäßigkeiten der produktionstechnischen Vorgänge in der industriellen Fertigung untersucht, zu den angewandten technischen Wissenschaften zählt".[1450] Es bleibt aber unklar, warum und mit welchen Gründen er Stöbel zwar richtig einordnet und wertschätzt, dies aber als *Durchsetzung* der Technologie als *technische* Disziplin würdigt. Ordnungstheoretisch ist dies mit Genauigkeitsabstrichen zwar möglich, doch geht dies an der Grundintension, der Selbmann, Kuczynski, Hartmann, Stamm und Stöbel und andere anhingen, vorbei, da diesen eine Technologie als Wissenschaft, gewissermaßen mehr Geist als Technik, vorschwebte. Und was die HfE resp. TH Ilmenau praktizierte, war eben doch nur zugeschnittene Technologie. Die Niederlage Stamms und Stöbels mag am 18. April 1961 auf der Senatssitzung ihren Anfang genommen haben, als Geist seine Ansicht artikulierte, worauf Stamm widersprechend meinte, dass der Technologe nicht ein Fertigungsingenieur sein müsse, sondern ein Verfahrenstechnologe, „ein *wissenschaftlich* ausgebildeter Diplom-Ingenieur seines Fachgebietes". Dies garantiere, so Stamm damals, „der von der Fakultät vorgelegte Studienplan für Technologie" nicht in der geforderten Qualität.[1451] Stamm hatte sich offenbar nicht durchsetzen können.

Es ist hervorzuheben, dass Franz Rittig die Frage der Technologie im Gegensatz zu vielen anderen Autoren richtigerweise rückbindet auf deren tatsächliche, eigenständige Bedeutung, jene späte Definition Johann Beckmanns von 1977, wonach die Technologie eine *Wissenschaft* ist, die die Verarbeitung der Naturalien und Kenntnisse der entsprechenden Handwerke lehrt. Dass die Ilmenauer Hochschule versuchte, diese moderne Auffassung früh zu etablieren, trifft für ihre Frühphase gewiss zu. Rittig fand, dass sich nur sieben von 457 Institutionen in der DDR, die sich der Technologie widmeten, in eine solche moderne Auffassung hinein bewegten.[1452]

Ab 1975 wurde der SED allmählich klar, wie sehr eine moderne Technologie-Lehre fehlte. Es waren die der Öffentlichkeit verborgenen Dresdener Ereignisse um Hartmann,[1453] die Hager in diesem Jahr veranlassten, der Technologie *neu* das Wort zu reden. Alle hatten sich wieder neu zu positionieren. Also begann auch Ilmenau mit der Gründung des Fachbereiches Konstruktion/Technologie einen erneuten Anlauf, so, als hätte sich dies nicht alles schon ereignet. Gert Vorfeld* alias „Max" (Kap. 5.3.3, Fall-Nr. 62) sah die gewachsene Problemlage wie folgt: Eine Seite gehe „davon aus, dass der Techniker im Vordergrund zu stehen" habe. „Man wollte hier" aber „einen All-Round-Technologen schaffen, der theoretisch nur auf technologischem Gebiet ausgebildet wird. Solche Leute sind aber in der Praxis schlecht einsetzbar, weil echtes theoretisches Fachwissen fehlt." Anders seien Vertreter der Sektion INTET an diese Frage herangegangen. Sie gingen „davon aus, dass ohne Fachwissen eine technologische Arbeit nicht sehr erfolgreich" sei. Diese Idee habe sich letztlich durchgesetzt. Nun, nach Gründung des neuen Fachbereiches, würden „zunächst einmal die Nachteile überwiegen, das heißt ein eigener Stundenplan, der die

[1450] Anton Schreiber, in: 50 Jahre Akademisches Leben, S. 31–33.
[1451] Protokoll vom 24.4.1961 über die Senatssitzung am 18.4.1961; UAI, S. 2.
[1452] Rittig: Ingenieure, S. 120–125.
[1453] Buthmann: Versagtes Vertrauen, Kap. 4.1, passim.

Koordinierung der Ausbildung erschweren wird“.[1454]

Der angesehene Physiker Christian Weißmantel forderte u. a. die Aufnahme einer Fachvorlesung an den höheren Bildungsstätten mit dem Titel „Technologie für Physiker“. Dies sollte kein Hybride sein, sondern den Blick des Physikers auf die Technologie schärfen. Er erinnerte an das Symposium des MHF an der HU Berlin mit dem Titel „Anwendung der Physik in der sozialistischen Industrie“ vom November 1975.[1455] Die Sitzung des Plenums des Wissenschaftlichen Rates befasste sich indes mit der Konzeption der technologischen Ausbildung an der TH Ilmenau und konstatierte, dass die unterschiedlichen Auffassungen im Ergebnis der Beratungen der AG Technologie zu einem einheitlichen Standpunkt geführt worden seien. Die Splittung der Ausbildung sollte nunmehr in Grundstudium, Fachstudium und Vertiefungsstudium erfolgen. Für das Grundstudium waren 48 Stunden Werkstoffe, 32 Stunden Fertigungsverfahren und 32 Stunden Fertigungsprozessgestaltung vorgesehen. Im Fachstudium waren Probleme der Fachrichtung Gerätetechnik, fertigungstechnische und werkstoffkundliche Fragen zu behandeln. Die prozesstechnologische Ausbildung war gering veranschlagt. Im Vertiefungsstudium waren zu diesem Zeitpunkt lediglich die Richtungen Gerätetechnologie und Galvanotechnik konkretisiert. Zu den grundlegenden Prinzipien der technologischen Ausbildung zählten eine fachrichtungs- und sektionsspezifische Gestaltung, die „Sicherung einer hohen Gemeinsamkeit in der technologischen Ausbildung zwischen einzelnen Fachstudienrichtungen unter dem Gesichtspunkt der rationellen Studienplangestaltung“ sowie eine „verstärkte Einbeziehung“ wissenschaftlicher Grundlagen, insbesondere der sowjetischen Erfahrungen.[1456]

Zeigt der Bericht der AG Technologie vom 11. Oktober 1976 eine extreme Differenzierung der Technologenausbildung in neun Fach- resp. Vertiefungsrichtungen,[1457] so erfolgten erst 1979 infolge des Mikroelektronikplenums der SED von 1977 erste Schritte zur Einführung der Fachrichtung Elektroniktechnologie, allerdings nur mit den Vertiefungsrichtungen Elektrowärme sowie Elektrochemie/Galvanotechnik.[1458] Gebiete zwar, in denen Ausbildungs- und Forschungserfahrungen vorlagen, die aber beileibe nicht das Profil der Mikroelektroniktechnologie abdeckten.

5.2 Hochschule und Militär

5.2.1 Die Militärforschung

Erstens ist dies ein Kapitel aus der Geschichte der TH Ilmenau, das sie nicht hätte umgehen können. Jeder Rektor, der es versucht hätte, wäre entfernt worden. Und um auch dies sogleich zu sagen: Im Kern haben wir es hier nicht mit einer „Selbstmobilisierung der

---

[1454] KDI, OG „HS“, o. D.: Bericht zum Treffen mit „Max“ am 16.7.1975; BStU, BV Suhl, AIM 87/77, Teil II, Bd. 2, Bl. 120.

[1455] Weißmantel, Christian: Beziehungen zwischen Physik und Technologie, zur Rolle und Bedeutung der Technologie; ArchBBAW, Nachlass Lauter, Nr. 388, S. 13–26.

[1456] THI, Prorektor für Wissenschaftsentwicklung, vom 11.11.1975: Zur Technologie-Ausbildung, aufgefunden im Konvolut zum Protokoll zur Sitzung des Plenums des WR am 18.11.1975; UAI, S. 1–5.

[1457] THI, AG Technologie, vom 11.10.1976: Bericht über Arbeitsergebnisse im Studienjahr 1975/76, aufgefunden im Konvolut zur Senatssitzung des WR am 13.10.1976; UAI, S. 1–6 u. Anlage 1, S. 1–4.

[1458] Maßnahmeplan der TH Ilmenau zur Durchsetzung des Technologiebeschlusses, aufgefunden im Konvolut zur Sitzung des Plenums und des Senats des WR am 27.2.1979; UAI, Deckblatt u. S. 1–6.

Wissenschaft“ für die Militärforschung zu tun, wie es Noyan Dinçkal und Detlev Mares mit Hinweis auf Karl-Heinz Ludwig und andere, wenngleich mit differenziertem Blick, für die Technischen Hochschulen in der NS-Zeit konstatieren.[1459] Im vorliegenden Fall ist es vielmehr eine Komplexbildung militärisch-industrieller Ausprägung, die von der SED bestimmt wurde. Die TH Ilmenau strebte von sich aus kein Engagement mit der Rüstungsindustrie an. Gleichwohl hat es Fälle von sprungbereiter Willfährigkeit durch Hochschulangehörige, in Sonderheit von inoffiziellen Mitarbeitern des MfS, gegeben. Zweitens ist dies ein Kapitel, das originär mit Legendierung, also mit Täuschung zu tun hat. Das explizite Wissen darüber hatten nur wenige, das meiste war in einen konspirativen Schleier gehüllt. Drittens ist es ein Kapitel, das zu zeigen vermag, dass (halb-)geheime Forschungen und Entwicklungen mannigfaltig störten, sicherheitstechnisch ohnehin, aber auch atmosphärisch: Helmut Kaufmann alias „Frost“ berichtete seinem Führungs-IM, Wolfgang Berg, am 14. Februar 1978, dass Rektor Gerhard Linnemann auf Leitungssitzungen über eine Auftragsarbeit des MfS in einem VEB informiert habe, die vertraulichen Charakter besitze; Zitat Berg: „Durch das Verhalten von L. besteht die Gefahr der Dekonspiration dieser Maßnahme.“[1460] Linnemann hatte das Bestreben, die militärische Komponente seiner Hochschule kleinzuhalten und die Forschungsfesseln zu lockern. Das lässt sich ganz gut anhand der BStU-Akten zeigen.

Mitte der 1980er Jahre explodierte förmlich die militärische Beanspruchung ziviler Bereiche der Volkswirtschaft. 1983 stellte das MfS fest, dass im Zeitraum bis 1990 „künftig eine Reihe von wissenschaftlich-technischen Einrichtungen mit militärischen Forschungs- und Entwicklungsaufgaben betraut“ werde, „die in der Vergangenheit keine derartigen Aufgaben zu erfüllen hatten“.[1461] Wenn in einem GVS-Planungspapier der ersten Leitungsebene der BV Suhl im Oktober 1984 eingeschätzt wurde, dass an der TH Ilmenau „vorrangig Forschungsaufgaben für die Landesverteidigung und das MfS sowie die termingerechte [...] Überleitung von Forschungsaufgaben in die Volkswirtschaft“ realisiert werden,[1462] so war dies nicht abwegig formuliert, da im Zenit dieser Entwicklung die 50-Prozent-Marke für die sogenannten Sonderprojekte naherückte.

Tatsächlich wurde – nicht zuletzt auch als eine Art von Anti-SDI[1463] – eine vorher nie dagewesene militärische Forschung, Entwicklung und Produktion in Gang gesetzt. Kurz vor dem Ende der DDR stellte die KD Ilmenau des MfS fest, dass die TH Ilmenau „im Republikmaßstab einen bedeutenden Anteil an speziellen Forschungsaufgaben im Verhältnis zur Gesamtaufgabenstellung“ besäße und „eine Vielzahl von Verbindungen mit einer

---

1459 Dinçkal, Noyan/Mares, Detlev: Selbstmobilisierung und Forschungsnetzwerke. Überlegungen zur Geschichte der Technischen Hochschulen im „Dritten Reich“, in: Dinçkal/Dipper/Mares: Selbstmobilisierung, S. 9–21, hier 15–17.

1460 Bericht vom 23.2.1978 zum Treffen mit „Walter“ am 23.2.1978; BStU, BV Suhl, AIM 984/89, Teil II, Bd. 6, Bl. 363 f., hier 363. Bericht von „Walter“ vom 22.3.1978; ebd., Bl. 377.

1461 HA XVIII, AGL, vom 26.4.1983: Bestehende Regelungen zur Erfüllung von militärischen Forschungs- und Entwicklungsaufgaben in der Volkswirtschaft; BStU, MfS, HA XVIII, Nr. 1847, Bl. 1–3.

1462 BV Suhl, Abt. XX, vom 10.10.1984: Politisch-operative Lage für die Jahresplanung 1985; BStU, MfS, HA XX, Nr. 1081, Bd. 2, Bl. 1–42, hier 27.

1463 Zur Genesis: Buthmann: Hochtechnologien, Kap. 3.2.1, S. 199–216.

hohen Intensität zu Kombinats- und Industriebetrieben" unterhalte.[1464] Dies in Verbindung mit dem höchsten Grad der Legendierung würde es, so war zu vermuten, schwierig machen, ein quantitativ hinreichend genaues Maß für den militärisch relevanten Forschungsterm zu bestimmen. Die Befürchtung bestätigte sich nicht. Zwar waren die Aufgaben im Rahmen der Landesverteidigung streng geheim, es existierten aber gerade deswegen mannigfaltige Schutzvorkehrungen, Kontrollsysteme und Bestätigungsverfahren für involvierte Personen sowie eine komplexe und intensive Berichtstätigkeit hierüber, so dass die Sachlagen exzellent recherchierbar waren.

Allerdings existiert ein begriffliches Problem insofern, dass, manchmal gar in Superposition, von militärischer oder LVO-Forschung, spezieller und/oder Sonderforschung, MfS- und NVA-Forschung die Rede ist. Allen den Themen jedoch gemein war, dass sie Sondercharakter aufwiesen und ähnlich hohen Sicherheitsstandards gehorchten. Im MHF existierte hierfür der Verwaltungssektor „Sonderforschung".[1465] Im Folgenden soll, soweit alle oder mehrere Zuordnungen dieser Forschungen gemeint sind, der Vereinfachung und besseren Lesbarkeit halber, auch in teilweiser Abkehr vom tradierten Material, der generelle Begriff der Sonderforschung verwendet werden. Lediglich für jene Komplexe unter „Präzision" und „Heide", die zur Thematik der sogenannten Profilierung Carl Zeiss Jenas zählten,[1466] soll der Begriff der speziellen Forschung genutzt werden. Die eigens hierfür geschaffene „Spezielle Forschungs- und Entwicklungsordnung" vom 26. Juli 1976 implizierte bereits die Grundlagen- und angewandte Forschung, die Entwicklung von Erzeugnissen und Verfahren sowie die Einführung in die Produktion. Sie besaß Geltung für die Zentralen Staatsorgane (ZSO) zur ökonomischen Sicherstellung der Landesverteidigung, die wirtschaftsleitenden Organe, Betriebe, Institutionen in Wissenschaft und Hochschulwesen, Räte der Bezirke sowie für die drei Ministerien MfNV, MfS und MdI. In der Begriffsnomenklatur waren hier jene Aufgaben angesiedelt, die der zentralen staatlichen militärökonomischen Nomenklatur unterlagen, das waren die Z-Themen resp. Z-Nummern. Bereits in dieser Ordnung galt das regelmäßige Verfahren, dass die Durchführung der Themen Gegenstand von Verträgen zwischen den Wirtschaftseinheiten (etwa Carl Zeiss Jena) und den bewaffneten Organen zu sein hatte.[1467] Die Kooperationspartner dieser beiden Seiten, also in unserem Fall die TH Ilmenau, tauchten in diesen (Rahmen-)Verträgen nicht auf. Die Kontrakte wurden auf Basis von Kooperationsverträgen mit den staatlich beauflagten Kombinaten und Betrieben abgeschlossen.[1468] Bereits dies entsprach einer ersten Legendierungsstufe.

Die Absicherung der Forschungs- und Entwicklungsprojekte oblag *ausschließlich* dem

---

[1464] BV Suhl, KDI, vom 16.6.1989: Die Lage unter Angehörigen und Studenten der THI; BStU, BV Suhl, Abt. XX, Nr. 909, Bd. 2, Bl. 12–18, hier 12.

[1465] Jahresbericht 1988, Teil: Sonderforschung über die naturwissenschaftlich-technische und medizinische Forschung der HU Berlin; BStU, BV Berlin, Nr. A0033/2, Bl. 1–9, hier 3 f. (o. Pag.)

[1466] Buthmann: Kadersicherung, Kap. 4.2, S. 75–85.

[1467] Ordnung über die Vorbereitung und Durchführung von militärischen Forschungs- und Entwicklungsaufgaben, die Arbeit mit Patenten und Lizenzen sowie Aufgaben der Standardisierung – Spezielle Forschungs- und Entwicklungsordnung vom 26.7.1976; BStU, MfS, HA XVIII, Nr. 5038, Bl. 1–15, hier 8.

[1468] HA XVIII, AGL, vom 26.4.1983: Regelungen zur Erfüllung von militärischen Forschungs- und Entwicklungsaufgaben; BStU, MfS, HA XVIII, Nr. 1847, Bl. 1–3, hier 2. BV Suhl, Abt. XX, vom 8.8.1989: Zum Stand der Wirksamkeit des Geheimnisschutzes; BStU, BV Suhl, Abt. II, Bd. 4, Bl. 120 f.

MfS, das hierfür die entsprechenden personellen Schalt- und Überwachungsfunktionen etablierte: Mitarbeiter der Abteilungen I, inoffizielle Mitarbeiter in Schlüsselfunktionen, Beauftragte für Sicherheit und Ordnung (BSG) sowie Sonderbeauftragte. Bereits mit dem Mielke-Befehl Nr. 325/62 vom 16. Juni 1962 ging die Verantwortung zur Vorbereitung der Volkswirtschaft auf die Landesverteidigung endgültig auf die HA III (Vorläufer der HA XVIII) über. Zu diesem Anlass wurde beim Leiter der HA III eine Arbeitsgruppe bestehend aus drei Offizieren zur Realisierung der anstehenden Aufgaben gebildet. Ab den 1980er Jahren bestand ein tiefer strukturiertes und normativ gestaltetes Netz dieses Aufgabenprofils. Die Grundlagen der Verflechtung wurden jedoch sofort gelegt. In der Staatlichen Plankommission (SPK) und im Volkswirtschaftsrat wurden Hauptabteilungen I etabliert, die mit Offizieren des MfS besetzt wurden. Zudem waren sogenannte Berechnungsorgane unter der Bezeichnung Wirtschaftsstatistik außer in diesen beiden Institutionen noch in sechs Ministerien sowie in allen Räten der Bezirke eingerichtet worden. Das SHF besaß, so weit zu sehen ist, zu diesem Zeitpunkt noch keine derartige Stelle. Ab dem Status als Ministerium (MHF) jedoch auch. Diesen Organen oblag die Durchführung jener Maßnahmen, die zur Vorbereitung der Volkswirtschaft auf die Erfordernisse des Verteidigungszustandes als notwendig erachtet wurden.[1469]

Im Zuge der steten Erhöhung des Geheimnisschutzes gab das MfS am 28. Juli 1968 auf Anordnung des Vorsitzenden des Ministerrates der DDR eine Sicherheitsverordnung „über die Sicherheit und Geheimhaltung von Aufgaben für die Landesverteidigung im Bereich der Volkswirtschaft“ heraus, die auch für die Bereiche der Hochschulbildung und der Akademie der Wissenschaften Geltung besaß. Unter „Besondere Bestimmungen“ war unter 6. (1) die Verantwortlichkeit festgeschrieben: „Der Minister der Finanzen, der Leiter des Amtes für Preise, der Präsident der Staatsbank der DDR, der Präsident der Industrie- und Handelsbank, der Präsident des Deutschen Amtes für Messwesen und Warenprüfung, der Leiter der Staatlichen Zentralverwaltung für Statistik haben zur Wahrnehmung ihrer Kontrollpflichten in Betrieben und Einrichtungen mit Aufgaben speziellen Charakters namentlich Mitarbeiter festzulegen und zu bestätigen.“ Dieser Personenkreis war mit dem MfS abzustimmen.[1470] Das letzte Wort hatte das MfS. Entsprechend waren die administrativen und Zuständigkeitsregelungen zentralistisch von Oben nach Unten geregelt, was nicht bedeutete, dass Initiativen nicht auch umgekehrt gestartet werden konnten. Angenommen, gingen sie dann wieder den vorgeschriebenen Weg hinab bis zu den Entwicklungs- und/oder Produktionseinheiten. Die Sonderforschung resp. -Entwicklung und -Produktion konnte prinzipiell nicht abgewiesen werden. Es war geschriebenes wie ungeschriebenes Gesetz, diese Aufgaben – oft genug vorrangig – auszuführen. Die Vorrangigkeit erstreckte sich automatisch auch auf das Gebiet des (meist illegalen) Imports „spezieller Erzeugnisse und Leistungen“. Die gesetzliche Grundlage wurde mit der Verordnung über Lieferungen und Leistungen an die bewaffneten Organe – Lieferverordnung (LVO) – vom Minister des

---

[1469] MfS: Befehl Nr. 325/62 vom 16.2.1962; BStU, MfS, DSt., Nr. 100353, S. 1–4.

[1470] Anordnung des Vorsitzenden des MR der DDR: Über die Sicherheit und Geheimhaltung von Aufgaben für die Landesverteidigung im Bereich der Volkswirtschaft – Sicherheitsanordnung – vom 28.6.1968; BStU, MfS, HA XVIII, Nr. 12103, Bl. 1–10, hier 6. Die Anordnung trat mit Wirkung vom 20. August 1968 in Kraft.

MfNV und dem Vorsitzenden der SPK am 15. Oktober 1981 geschaffen. Federführend hierin waren der Ingenieur-Technische Außenhandel (ITA)[1471] und der Bereich Kommerzielle Koordinierung (KoKo)[1472].

Anfang 1984 besaß der Militärbereich (MB) der SPK – der als solcher plantechnisch auch für den Bereich des MHF zuständig war – „eine spezielle Struktureinheit [...] mit einer durch staatliche Regelungen fixierten spezifischen Aufgabenstellung auf dem Gebiet der Landesverteidigung mit dem Aufgabenprofil [der] ökonomische[n] Sicherstellung der Landesverteidigung (ÖSLV) im Frieden, [der] ökonomische[n] Vorbereitung der DDR auf den Verteidigungszustand" sowie der „materiell-technische[n] Versorgung der Gruppe der Sowjetischen Streitkräfte in Deutschland (GSSD) u. a. Sonderbedarfsträger". Der MB war „ein Haushaltsorgan mit wirtschaftlicher Selbstständigkeit im Rahmen des Ministerrates". Die Aufgaben und Fragen wurden „in einer speziellen Leitung der SPK beraten und durch den Vorsitzenden der SPK entschieden".[1473]

Im Kontext dieser Studie kann auf einzelne Arbeitsordnungen und andere Normative nicht eingegangen werden, mit Ausnahme der Verfügung Nr. S 6/83, Punkt 4, Abs. (2), die die inhaltliche Komplexität sowie den Zugriff auf alle Einrichtungen der Volkswirtschaft gut zeigt; nämlich: „Ausarbeitung von gesamtstaatlichen Aufgabenstellungen und Regelungen sowie von Hauptentwicklungsrichtungen der Forschung und Entwicklung, der Produktion, Instandsetzung und des Exports ausgewählter kompletter militärischer Technik und Ausrüstungen sowie der Aufgaben zur operativen und materiellen Vorbereitung des Territoriums auf den Verteidigungszustand unter Berücksichtigung der operativen, militärischen und militärtechnischen Forderungen des MfNV und der Ministerien der anderen bewaffneten Organe." Darüber hinaus oblag dieser Struktur in der SPK die „zentrale staatliche Planung der Gesamtaufwendungen und Hauptkennziffern für die ÖSLV", aber auch die „Einflussnahme auf den wissenschaftlichen Vorlauf für die Arbeit auf dem Gebiet des ÖSLV".[1474]

Aus der Vielzahl von Gesetzen, Vorschriften und Bestimmungen besitzt im thematischen Zusammenhang der Befehl 11/84, „Präzision", des Ministers des Staatssicherheitsdienstes, Erich Mielke, „zur politisch-operativen Sicherung von Forschungs-, Entwicklungs- und Produktionsvorhaben für moderne, strategisch bedeutsame Waffensysteme" eine zentrale Bedeutung.[1475] Die Veranlassung für diesen Befehl, als ein Sich-dagegen-Stemmen gegen die „beispiellose Hochrüstung der Nato-Staaten" (SDI-Programm), ist für den Zeitraum bis 1990 im Politbürobeschluss des ZK der SED vom 24. Mai 1983 mit dem

[1471] Anordnung über den Import spezieller Erzeugnisse und Leistungen vom 1.11.1982, aufgefunden in: BStU, MfS, AGM, Nr. 635, Bl. 454–458.

[1472] Unter Alexander Schalck-Golodkowski, vgl. Buthmann, Reinhard: Die Arbeitsgruppe Bereich Kommerzielle Koordinierung. Berlin 2004.

[1473] HA XVIII/AGL vom 4.1.1984: Analyse der politisch-operativen Lage, Erkenntnisse und Erfahrungen im Prozess der politisch-operativen Absicherung des Militärbereiches der SPK; BStU, MfS, HA XVIII, Nr. 1475, Bl. 1–8, hier 4. Geführt wurde der MB durch Generalleutnant Wolfgang Neidhardt.

[1474] Anlage 1: Die Hauptaufgaben des Militärbereiches der SPK sowie die Arbeitsschwerpunkte für 1983/84; ebd., Bl. 9–13, hier 10 f.

[1475] MR der DDR, MfS, Mielke, vom 30.5.1984: Befehl Nr. 11/84 „zur politisch-operativen Sicherung von Forschungs-, Entwicklungs- und Produktionsvorhaben für moderne, strategisch bedeutsame Waffensysteme"; BStU, DSt., Nr. 103058, S. 1–13.

Titel „Komplexe Konzeption zur weiteren Entwicklung des Forschungs-, Produktions- und Exportprofils einschließlich der Entwicklung der speziellen Produktion bis 1985 und für den Zeitraum 1986 bis 1990 des Kombinates VEB Carl Zeiss Jena" – dechiffriert: „Entwicklung moderner, strategisch bedeutsamer Waffensysteme" – gegeben. Mit ihm war geplant, die militärische Produktion des Kombinates von 15,7 auf circa 28 Prozent im Jahr 1990 zu erhöhen. U. a. war damit eine Zuführung von jährlich 270 Absolventen von Hoch- und Fachschulkadern verbunden. Der Code-Name für dieses Programm lautete „Profilierung", er ging auch offiziell als Begriff für alle folgenden Aufgaben des Kombinates ein.[1476] Dieser für die Entscheidungsebenen genutzter Begriff verdeckte allerdings den eigentlichen Code. Dieser wurde bereits mit der Verfügung Nr. S 20/83 des Vorsitzenden des Ministerrates der DDR vom 10. November 1983 – federführend vom MfS gestaltet – geboren: „Alle Maßnahmen", befahl Mielke, „zur politisch-operativen Sicherung der Forschungs-, Entwicklungs- und Produktionsvorhaben für moderne, strategisch bedeutsame Waffensysteme laufen unter der Bezeichnung ‚Präzision'." In der Verantwortungsstruktur zeichnete der Leiter der HA XVIII, Alfred Kleine, „verantwortlich für die Gewährleistung der Federführung für die politisch-operative Sicherung dieser Forschungs-, Entwicklungs- und Produktionsvorhaben". Das setzte voraus, dass das MfS mit Fakten materieller, finanzieller und personeller Natur versorgt werden musste, und dies laufend bis zum Abschluss der jeweiligen Einzelprojekte; das hieß: „Rechtzeitige Information [...] über gemäß zentralen Festlegungen geplante Vorhaben, Umprofilierungen von Betrieben und Einrichtungen, Erweiterungen, Arbeitskräftezuführungen u. a. Veränderungen sowie Orientierung auf schwerpunktmäßig zu sichernde Bereiche, Prozesse, Personengruppen und sich ergebende Anforderungen an den Geheimnisschutz."[1477] Waren schon die Anforderungen des Militärbereiches der SPK unumgehbar, so die Befehlslinie des MfS, die auch den Bereich der SPK überformte, schon gar nicht. Tatsächlich wurde, was hier in gesetzgeberischer Manier verankert worden war, auch durch- und umgesetzt.

Kleine hatte „in den zentralen staatlichen Arbeitsgruppen verantwortliche Mitarbeiter gemäß der Verfügung S 20/83 [...] als Beauftragte des MfS einzusetzen, die mit dem Regierungsbeauftragten zusammenzuwirken und in diesen Gremien politisch-operative Interessen des MfS wahrzunehmen und sicherheitspolitische Forderungen durchzusetzen" hatten.[1478] Der sogenannte Sicherungsbeitrag des MfS für eine – wie es hieß – hohe Effektivität in der Hochschulforschung erfolgte in der Abteilung 3 der HA XX auf Basis von Befehlen und Weisungen des Ministers, Mielke. Normativ gesehen, gab die HA XX die Rahmenbestimmungen für die Bezirksverwaltungen (BV) heraus. In unserem Falle war das die Abteilung XX der BV Suhl. Die alltägliche Arbeit dieser Strukturlinie bezog sich vor allem auf die Unterbindung des Abflusses geheimer Informationen sowie auf die

---

1476 Rededisposition von Karl Nendel für Gerhard Schürer (GVS B 120-4185/83); BStU, MfS, ZAIG, Nr. 4715, Bl. 1–12. MfS vom 21.5.1983: Stellungnahme; ebd., Bl. 13 f. Weitere Materialien zur „Profilierung" von Zeiss Jena in diesem Konvolut.

1477 MR der DDR, MfS, Mielke, vom 30.5.1984: Befehl Nr. 11/84 „zur politisch-operativen Sicherung von Forschungs-, Entwicklungs- und Produktionsvorhaben für moderne, strategisch bedeutsame Waffensysteme"; BStU, DSt., Nr. 103058, S. 1–13, hier 2–4.

1478 Ebd., S. 4.

technisch-organisatorische Durchsetzung des Geheimnisschutzes, in Sonderheit auf Fragen der Differenzierung und Festlegung der Geheimnisschutzgrade. Die untersetzte objektseitige Arbeitsgrundlage für den Bereich der Hochschulen bildete die Teilsicherungskonzeption des MHF vom 18. Juni 1985.[1479] In einer als „Streng geheim" deklarierten Einschätzung zum Gesamtspektrum sogenannter feindlicher Angriffe auf „bedeutsame Forschungsvorhaben in der Hochschulforschung" heißt es zum Aspekt der Sicherheitsüberprüfungen (SÜ), dass sie nicht nur hohe sicherheitspolitische Anforderungen stellen, sondern auch in „einer größeren Zahl von Studenten und Wissenschaftlern für deren Einbeziehung in militärische Forschungs- und Ausbildungsvorhaben" in kurzen Überprüfungszeiten zu realisieren sind. Mit der exorbitanten Zunahme der Sicherheitsüberprüfungen wurden freilich zahlreiche Auffälligkeiten politischer Art, zu denen auch Westkontakte zählten, entdeckt, so dass sich das Aufkommen in der operativen Arbeit in Form von Operativen Vorgängen (OV) und Operativen Personenkontrollen (OPK) erhöhte. Das wiederum dünnte das für solche Aufgaben knapp limitierte Personal aus: „Die rechtzeitige Herauslösung erkannter personeller Unsicherheitsfaktoren, insbesondere aus Bereichen, in denen geheim zu haltende Forschungsvorhaben bearbeitet" worden waren, hatte „sich bewährt" und wurde „insgesamt verantwortungsbewusst durchgesetzt."[1480] Diese Arbeiten waren Teil einzelner Sicherungskonzeptionen (SiKo).

Eine solche war jene des Wissenschaftsbereiches (WB) „Interferenzoptische Sensoren und Präzisionsgeräte" der TH Ilmenau von 1983. Diese SiKo ging von der Prämisse aus, dass der militärischen Perspektive der Entwicklung dieser Fachrichtung mit ihren Anwendungsmöglichkeiten auch für den nichtzivilen Bereich eine hohe Bedeutung zukam. Hieraus leitete das MfS einen militärrelevanten Sicherungsstandard ab, was bedeutete, dass er für diesen zivilen Bereich das ohnehin schon hohe Sicherungsmaß noch überformte und somit für die Forschung und Entwicklung und in Sonderheit für Kommunikation und Vertragsforschung restriktiver war, als wenn es den militärischen Arm nicht gegeben hätte. Dies galt auch für jene Fälle, wo es gelang, die militärische Anwendungsforschung „räumlich, gerätetechnisch und personell zu separieren". Eine vollständige Zweiteilung war selten möglich. Das MfS schätzte ein, dass circa 50 bis 60 Prozent des Gesamthaushaltes der beiden zu trennenden Bereiche gemeinsam in Anspruch genommen werden mussten (u. a. Mikrorechnerzugriff, Lichtwellenleitereinsatz, Interferometerentwicklung und Ätztechnologien). Neueste Entwicklungen sollten letztlich aus Kapazitätsgründen von beiden Bereichen zugleich „ständig genutzt werden" werden können: „Hierbei muss unbedingt gesichert werden, dass keine Rückinformationen über die speziellen Anwendungen erfolgen. Dazu müssen für die separierten Arbeiten Kader ausgewählt werden, welche die Sicherheitsanforderungen erfüllen und fachlich in der Lage sind, die wissenschaftlichen Ergebnisse optimal umzusetzen." Das erforderte, dass zumindest einige der Spitzenkräfte der Entwicklung, die aus Sicherheitsgründen nicht bestätigbar waren, von halbwegs

---

[1479] Vgl. HA XX/3: Analyse über Angriffe gegen Forschungsvorhaben der Hochschulforschung vom 3.8.1987; BStU, BV Berlin, Nr. A 0033/2, Bl. 1–20, hier 19.

[1480] HA XX vom 3.12.1985: Gegnerische Angriffe gegen bedeutsame Forschungsvorhaben in der Hochschulforschung und die sicherheitspolitischen Aufgaben zur weiteren Qualifizierung der politisch-operativen Arbeit in diesem Sicherungsbereich; BStU, BV Suhl, Abt. XX, Nr. 920, Bl. 41–55, hier 52 u. 54.

geeigneten Fachkräften, die sicherheitspolitisches Vertrauen genossen, abgeschöpft werden konnten. Da beispielsweise der Laborbelegungsplan der Räume des WB „Prozessmess- und Sensortechnik (PMS)“ im Block F zeigte, dass eine Separierung technisch, personell und logistisch unmöglich war, entwarf das MfS gleich drei, letztlich restriktive Varianten.[1481]

Hochschulseitig waren an der Erstellung der SiKo vor allem der BSG Kurt Repenning sowie IM in Schlüsselpositionen – etwa Karl Fuller* alias „Hermann Buhl“ (Kap. 5.3.3, Fall-Nr. 44) – beteiligt, aber auch die Arbeitsgruppe für Organisation und Inspektion beim Ministerrat, AGOI, Sektor Geheimnisschutz.[1482] Fuller* hatte die durch die SiKo zu schaffenden Fakten umzusetzen. Seine Forderungen aber konnten, wie etwa raumtechnische, nur schwer, zeitverzögert, unvollständig oder gar nicht umgesetzt werden, so dass automatisch der Rektor in Misskredit geriet, da er die „erforderliche Unterstützung bei der Inkraft- und Durchsetzung der erarbeiteten“ SiKo nicht leisten konnte oder vielleicht auch nicht wollte. Bei einer solchen „Verweigerung“ griff zwingend ein Vertreter der AGOI des Ministerrates ein, der somit in die Entscheidungshoheit des Rektors erheblich eingriff.[1483] In einem solchen Fall stellte das MfS im Frühjahr 1984 fest, zu diesem Zeitpunkt war Gerhard Linnemann noch Rektor, dass die von der AGOI veranlassten Geheimnisschutzanordnungen immer noch nicht von der TH Ilmenau im vollen Umfang durchgesetzt worden seien. Bei Bekanntwerden des Themas im Westen könne dies dazu führen, dass das Verfahren nicht durch die DDR-Seite patentiert werden könne, was „Exportschwierigkeiten bei überführten Fertigerzeugnissen“ bringe „und militärische Nachteile“ entstehen lasse.[1484]

Aufgrund der hohen Geheimhaltung, der Legendierung, der Konspiration und des bewusst segmentierten Wissens der Bearbeiter an den Projekten kann nicht behauptet werden, dass die involvierten Wissenschaftler, Techniker und Studenten ein Wissen über ihre Arbeit besaßen, wie wir es heute haben können. Lediglich drei Personen besaßen einen genauen Überblick über jene Themen, die die TH Ilmenau direkt betrafen, aber eben nicht darüber hinaus: der Beauftragte des Rektors für Sonderforschung Gerald Buch alias „Gerd Klein“ (Kap. 5.3, Fall-Nr. 31), der Leiter des Bereiches für die Profilierung Carl Zeiss Jenas (gemeint war der spezielle Ausbildungs- und Forschungsbereich „Profilierung“ an der TH Ilmenau, der im November 1984 etabliert wurde[1485]) Gert Metz* alias „Cramer“ (Kap. 5.3, Fall-Nr. 16) und Kurt Repenning alias „Rainer“ (Kap. 5.3, Fall-Nr. 72). Alle waren IM im besonderen Einsatz (IME). Repenning hatte Einsicht in: Bezeichnung, Kurztitel und formale Einordnung als Staatsplanaufgabe (Nomenklatur Z 06.36. ff.), Leitungsstruktur, Bezeichnung und Interpretation der Teilthemen entsprechend des Pflichtenheftes, Bedeutung und Einordnung des Themas, volkswirtschaftliche und wissenschaftliche

---

1481 Ohne Kopfangaben aber von 1983; Sicherungskonzeption zum Wissenschaftsgebiet „Interferenzoptische Sensoren und Präzisionsgeräte“; BStU, BV Suhl, AGG, Nr. 55, Bd. 2, Bl. 139–147.

1482 Buthmann: Hochtechnologien, Kap. 2.2.2, S. 130–151, hier 131 u. 136 f.

1483 BV Suhl, AGG, vom 27.12.1983: Gewährleistung des Geheimnisschutzes; BStU, BV Suhl, AGG, Nr. 55, Bd. 2, Bl. 169 f.

1484 KDI vom 28.3.1984: Politisch-operative Lage auf der Linie Geheimnisschutz; BStU, BV Suhl, AKG, Nr. 154, Bl. 80–90, hier 82.

1485 BV Suhl, KDI, vom 17.12.1985: Sachstand zur Umsetzung des Befehls 11/84 „Präzision“; BStU, BV Suhl, Abt. II, Nr. 210, Bl. 161–166.

Bedeutung, Auftraggeber und Kooperationspartner, Interessen „des Gegners am Thema", Geheimhaltungsgrad, Existenz einer Sicherungs- resp. Teilsicherungskonzeption, Laufzeit und Leistungsstufen, finanzielle und personelle Kapazitäten, Nutzung wichtiger Geräte zur Erfüllung der Aufgabe, Angaben zur Überführung, Hemmfaktoren in der Frage der Erfüllung der Leistungsstufen, komplette Personalübersicht mit Angabe der kleinen Personalien (inkl. Zugriff auf die Kaderakten), Kenntnis über Personen, die in Bezug auf die einzelne Forschungsaufgabe eine Gesamtübersicht besaßen, einbezogenes technisches Personal, Personeneinschätzungen, Einschätzung der Kollektive. Die Datensätze konnten pro Aufgabe an die zehn Seiten umfassen.[1486] Einen ähnlichen Einblick hatte – abzüglich des Zugriffs auf Kaderunterlagen – Gert Metz*. Er hatte den kompletten Überblick über alle Themen der Sonderforschung, eine Tatsache, die für Repenning möglicherweise nicht zutraf, da er „nur" wahlweise Einblick in Themen nahm oder bekam, dann aber tiefer, personenbezogener. Metz* fertigte u. a. die obligatorischen Jahresberichte über die Sonderforschung an, die neben einleitenden Bemerkungen zur Entwicklung (Potenzialeinsatz, Kostenentwicklung) und zusammenfassenden, abschließenden Darlegungen auch Perspektiven der Sonderforschung enthielten.

Alle Themenkomplexe waren nach Unter- oder Einzelthemen differenziert. Der VS-gestempelte Jahresbericht 1988 zum Beispiel umfasste 39 Seiten.[1487] Die eigentliche Einbindung der Sonderforschungsthemen war offenbar allen verschlossen geblieben. Es gibt keine Hinweise, dass die für die TH Ilmenau bestimmten Themen die Zielfunktionen haben erkennen lassen, also etwa im Rahmen der Kampfpanzerbewaffnung und des Schiffsraketenkomplexes 016 (u. a. optoelektronischer Zielsuchkopf).[1488] Im Falle der Lasertechnik lautete die Dechiffrierung in einem GVS-Dokument des MfS: Zielentfernungsmesser für Panzer T 72, lasergesteuertes Lenkwaffensystem für die Modernisierung des Panzers T 55 sowie Laserschutzfilter; und im Falle der IR-Bildverarbeitung: Optischer Zielsuchkopf, Wärmebildtechnik, passive Nachtsichttechnik.[1489] Solche Übersetzungen ins Reale fanden sich nicht in den Quellen zu Buch, Repenning und Metz*. Informatorisch in Gänze waren seitens des MHF nur vier Personen involviert, vor allem der dortige LVO-Beauftragte der Abteilung Forschung, Walter Grund.[1490] Über Einzel- oder Teilthemen besaßen die Themenverantwortlichen und wenige involvierte Mitarbeiter einen passablen Einblick in die Sicherheitsarchitektur ihrer Themen, insbesondere in jenen Fällen, wenn sie dem MfS inoffiziell zur Verfügung standen. Allerdings fehlte ihnen regelmäßig der Einblick zu

---

1486 Beispielsweise zum Thema „Spezielle Untersuchungen zu IR-Sensoren und IR-Bildaufnahmesystemen", in: THI, BSG, o. D., aber 1987: Forschungsvorhaben; BStU, BV Suhl, Abt. XX, Nr. 946, Bd. 3, Bl. 1–9.

1487 THI, Beauftragter des Rektors für Sonderforschung, vom 8.2.1989: Jahresbericht 1988 auf dem Gebiet der Sonderforschung; ebd., Bl. 10–48.

1488 Ausführlich in: HA XVIII vom 4.9.1984: Erste Lageeinschätzung in Realisierung des Befehls 11/84 „Präzision"; BStU, MfS, HA XVIII, Nr. 1997, Bl. 5–13, hier 5 f. Arbeitsberatung zum Befehl 11/84 „Präzision" beim Leiter der HA XVIII am 15.1.1985; BStU, BV Neubrandenburg, Abt. XVIII, Nr. 245, Bl. 5–7.

1489 Information zur Entwicklung und Produktion spezieller Erzeugnisse im VEB Carl Zeiss Jena vom 15.3.1985; BStU, MfS, HA XVIII, Nr. 4722, Bl. 3–8.

1490 Entnommen einer hohen Information des MfS, Mai 1985; ebd., Bl. 15 f. OTS, Abt. 33/WT, vom 11.12.1985: Aktenvermerk über eine Beratung im MHF am 9.12.1985; ebd., Bl. 43–46, hier 43.

genaueren Aspekten der Integration ihrer Themen in die eigentlichen resp. übergeordneten Zwecke, auch griff in diesem Bereich bereits die Praxis der Teil-Legendierung. Eine Aufstellung zum Komplex „Profilierung“ zeigt, dass von insgesamt 68 involvierten Personen nur die sogenannten Schlüsselpositionen, 20 an der Zahl, einen genaueren Einblick in die jeweiligen Thematiken besaßen. Mit Entscheidungsbefugnis waren es elf. Darunter Werner Kemnitz als Rektor, der sie praktisch zu allen Themen besaß. In einer Übersicht von 1987 waren es 23 Themen. Gerald Buch besaß zwar Einblick in sie, aber nur in einer Einzelfrage Entscheidungsbefugnis. Eine Auflistung von wenig später zeigt bereits 25 und eine weitere avisierte Aufgabe. Demnach stammten elf Themen vom MfS, sieben von Carl Zeiss Jena (Profilierung), vier von der Armee (NVA), zwei aus dem Institut für Kosmosforschung (IKF) sowie eine vom Staatssekretariat für Körperkultur und Sport.[1491]

Aufgrund der Schriftgutverwaltung in der VS-Hauptstelle besaß auch Hartmut Reichelt eine Übersicht über verwaltungstechnische Zusammenhänge einschließlich statistischer Daten. Aus einem dieser von ihm zu verwahrenden Dokumente vom Frühjahr 1986 geht hervor, dass die spezielle Forschung – nach der hier vereinbarten Begrifflichkeit: Sonderforschung – acht Prozent des gesamten Forschungspotenzials der TH ausmachte und für 1986 bereits auf zwölf Prozent bilanziert wurde. Laut Kemnitz waren für die fest vereinbarten Themen 17 Prozent des gesamten Forschungspotenzials, gleich 58 VbE Hochschullehrer, wissenschaftliche Mitarbeiter und sonstiges Fachpersonal notwendig. Eine Bilanz, die die an diesen Forschungen beteiligen Spezialstudenten in der Größenordnung von 24 VbE nicht enthält. Umgerechnet auf natürliche Personen wären dann 1986 insgesamt 138 Hochschullehrer, wissenschaftliche Mitarbeiter und sonstiges Fachpersonal sowie 170 Studenten eingesetzt worden. Für 1990 wurden – ohne die Studenten für den Bereich der Schlüsseltechnologien – 60 VbE für eigene Belange, 26,5 VbE für Carl Zeiss Jena, 34 VbE für das MfS und 12,5 VbE für die NVA bilanziert, insgesamt 133 VbE, also mehr als das Doppelte von 1986. Daraus folgte notwendig eine Umverteilung von 95 VbE hin zur Sonderforschung. Bezogen auf das gesamte Forschungspersonal wurde ein Anteil von 39 Prozent erwartet (ohne Spezialstudenten). Umgerechnet auf die Grundlagenforschung bedeutete dies einen Anteil von 34,3 Prozent. In Bezug auf den Mitarbeitereinsatz der drei involvierten Sektionen INTET, GT und TBK hatte INTET mit 45 Prozent die größte Last zu tragen, gefolgt von GT mit 37 Prozent.[1492]

Zu Beginn des Sonderforschungsprogramms im Rahmen des VEB Carl Zeiss Jena waren aus dem Bereich der Hochschulforschung die HU Berlin, die TU Dresden, die FSU Jena und die TH Ilmenau involviert.[1493] Das betreffende GVS-Dokument wurde lediglich in vier Exemplaren ausgefertigt und ging an das ZK der SED (Hermann Pöschel), das MWT (Gerhard Montag, stellvertretender Minister, und Horst Fischer, Offizier im

---

1491 Listen (o. D., aber um 1987); BStU, BV Suhl, Abt. XX, Nr. 946, Bd. 2, Bl. 110–115.

1492 THI, Kemnitz, vom 8.4.1986: Arbeitsmaterial zur Entwicklung der speziellen Forschung; UAI, Sgn. 17223, S. 1–8. Ralf Weber weist darauf hin, dass der zusätzliche Kaderbedarf über nicht immer überzeugende Neueinstellungen realisiert wurde, in der Optik ca. 5 bis 6 Personen.

1493 Information zur Entwicklung und Produktion spezieller Erzeugnisse im VEB Carl Zeiss Jena vom 15.3.1985; BStU, MfS, HA XVIII, Nr. 4722, Bl. 3–8, hier 7.

besonderen Einsatz [OibE]) sowie die Abteilung I[1494]. Erarbeitet, geschrieben und vervielfältigt hatten es vier Personen (Montag, Fischer und zwei technische Kräfte).[1495] Das legendierte Pendant hierzu bildete die als VVS eingestufte Hochschulanweisung Nr. 2/87 über Fragen der Leitung, Planung, Gestaltung, Finanzierung, Kontrolle und Abrechnung von Sonderforschungsvorhaben an der TH Ilmenau, die alle Regularien der Einsteuerung der Projekte in den zivilen Bereich der Hochschule enthält. Wie nicht anders bei solchen Quellen zu erwarten, war diese Hochschulanweisung nicht in den Ordnern der Hochschulanweisungen enthalten, es klafft hier eine Lücke in der Durchnummerierung.[1496] Im thematischen Zusammenhang sind folgende Aspekte hinsichtlich der Informiertheit, Verantwortung und Entscheidung wichtig, auch wenn aufgefundene empirische Befunde von diesen Bestimmungen hin und wieder abweichen:

Demnach standen (2.2.) die Sonderforschungsvorhaben „unter persönlicher Kontrolle des Rektors“, der (2.3.) dafür Sorge zu tragen hatte, dass „die erforderlichen materiellen, personellen und räumlichen Bedingungen für eine qualitäts- und termingerechte Erfüllung“ bereitgestellt werden konnten; ferner hatte er (2.4.) einen Beauftragten, der vom Minister des MHF zu bestätigen war, zu benennen. Übersichten (3.) zu den Sonderforschungsvorhaben erhielten eine laufende Nummer, einen Kurznamen, eine Abkürzung (drei Buchstaben, eine Zahl), den Themenleiter, eine Forschungsnummer und den Auftraggeber. Den Mitarbeitern der TH Ilmenau, die mit solchen Themen befasst waren, wurden lediglich (3.1.) die Abkürzung, der Themenleiter und die Forschungsnummer mitgeteilt. Praktische Beispiele sind hinreichend tradiert. Etwa: 144603 – BZM-1 – Haferkorn. Die Themenleiter konnten also nicht definitiv wissen (außer, dass sie dies aus Erfahrungen oder Hinweisen schlussfolgern konnten), wer der Auftraggeber ihres Themas war, ob Carl Zeiss Jena (U-Bereich)[1497], NVA oder MfS. Im Falle dienstlicher Kontakte zum MHF und zu den Auftraggebern durfte nur die Abkürzung verwendet werden. Plantechnisch (4.2.) waren die Themen der Sonderforschung „Bestandteil der einzelnen Planteile und des Planes der Hochschule insgesamt“. Den mit diesen Plan- und Abrechnungsaufgaben befassten Struktureinheiten waren „keine geheim zuhaltenden inhaltlichen Details der Forschungsaufgaben“ mitzuteilen oder auszuhändigen. Zu diesem Zweck wurde das für solche Fragen vorgeschriebene „Formblatt 1514 in zwei verschiedenen Ausführungen ausgefertigt“ (mit und ohne spezifischen Inhalt). Gingen (4.4.) die offiziellen Formbögen (ohne spezifischen Inhalt) an den Direktor Forschung und an die Sektion, so die inoffiziellen Formbögen (mit spezifischem Inhalt) an das MHF, den Beauftragten des Rektors und an den Themenleiter. Entsprechende Regelungen galten für die Kostenkalkulation. Die Finanzierung (5.) der Sonderforschungsvorhaben erfolgte im Rahmen des Haushaltsplanes der Hochschule, auf Grundlage der Kassenordnung des Staatshaushaltes und „ausschließlich über das Bankkonto der Hochschule“. Besondere Bankkonten wurden nicht eingerichtet. Da für die Themen der Sonderforschung gewöhnlich besondere Dringlichkeiten vorlagen, hatte (6.) der

---

1494 Zuständig für Fragen der LVO, in: Buthmann: Hochtechnologien, Kap. 3.3.3, S. 246–248.

1495 MfS vom 16.4.1985: GVS Nr. B 105/1 – 1051/85; BStU, HA XVIII, Nr. 4722, Bl. 9–12.

1496 Hochschulanweisung Nr. 2/87, aufgefunden in: BStU, BV Suhl, Abt. XX, Nr. 946, Bd. 2, Bl. 16–26, sowie UAI, Sgn. 17223, S. 1–13 u. diverse Anlagen, hier Anlage 1, S. 29–31.

1497 Informationen zum U-Bereich in: Buthmann: Kadersicherung, passim.

zuständige stellvertretende Abteilungsleiter Materialwirtschaft im Direktorat Technik die entsprechenden Dringlichkeiten im Rahmen der LVO-Ordnung gegenüber Dritten auszulösen. Ihm wurden zu diesem Zweck die Forschungsnummern gegeben. Hinzu kamen die Nummern der Staatsplanthemen (als legendierte Nummern der Sonderthemen) und als Konkordanz die LVO-Fondsträgernummern. Genaueres erfuhr er nicht.

Zur Berichterstattung ist ein Kontroll- und Rapportsystem installiert worden. Der Beauftragte des Rektors war (7.4.) berechtigt, Abläufe zu kontrollieren, ferner hatte er (7.5.) dem Rektor monatlich mündlich über den Fortgang der Arbeiten Bericht zu erstatten, zudem waren (7.6.) monatlich, organisiert durch den Beauftragten, „drei bis vier Rapporte zu ausgewählten Forschungsthemen" durchzuführen. Den Vorsitz zu diesen Rapporten hatte der Rektor inne. Auch die (7.7.) Verteidigung der Leistungsstufen zu den einzelnen Themen erfolgte „grundsätzlich unter Vorsitz des Rektors".

In Fällen, in denen Mitarbeiter der TH Ilmenau oder anderer Institutionen notwendig zum Einsatz kommen sollten und nicht bestätigt waren oder werden konnten, erfolgten (8.) Legendierungen. Hierfür wurde ein artverwandtes Thema eines zivilen Verwendungszwecks und eines zivilen Auftraggebers angegeben.[1498] Die mit solchen Themen befassten Mitarbeiter wurden dennoch formgerecht belehrt und mussten einen Verpflichtungstext unterschreiben. Der Text in vier Punkten enthält die Belehrung zur „strengsten Verschwiegenheit gegenüber jedermann", das Verbot außerdienstlicher Kontakte und Beziehungen zu westlichen Personen, das Verbot zu außerdienstlichen und dienstlichen Reisen in den Westen (konnte vom MfS in Einzelfällen suspendiert werden – der Verf.) sowie das Betreteverbot für westliche Botschaften in der DDR. Der letzte Verpflichtungspunkt enthielt die Androhung, bei widerrechtlichen Verstößen strafrechtlich zur Verantwortung gezogen werden zu können.[1499] Für die Entpflichtung war abschließend eine Erklärung zu unterzeichnen, die die Verbote erst drei Jahre nach Entpflichtung aufhob, beziehungsweise bei besonders geheimen Themen, die GVS-klassifiziert waren, nach fünf Jahren.[1500]

In der Regel kamen die Aufträge des MfS zur Forschung und Entwicklung einschließlich des Musterbaus von dessen Operativ-Technischen Sektor (OTS). Vertragstechnisch wurden die Vereinbarungen zwischen den Ministern des MHF und des MfS geschlossen.[1501] Der OTS wiederum schloss mit den betreffenden Institutionen Einzel- oder Rahmenverträge ab. Im MfS-Bericht zur Lage vom 21. September 1984 ist vermerkt, dass der OTS des MfS über einen Rahmenvertrag mit der TH Ilmenau Forschungen in den Sektionen INTET, GT und TBK vereinbart habe.[1502] 1986 existierten vier Themen zur Interferenzoptik: Referenznormale für interferenzoptische Kraftsensoren (IOK), Messmittel für interferenzoptische Drucksensoren (IOD), Referenznormale für IOD sowie für die Navigation interferenzoptische Beschleunigungssensoren (IOB). Es sollten 20 bis 25 Hochschullehrer, wissenschaftliche Mitarbeiter und Forschungsstudenten eingesetzt werden.

[1498] Hochschulanweisung Nr. 2/87, aufgefunden in: BStU, BV Suhl, Abt. XX, Nr. 946, Bd. 2, Bl. 16–26.
[1499] Ebd., Anlage 4, S. 35.
[1500] Ebd., Anlage 5, S. 36.
[1501] Vgl. Vereinbarung vom 1.3.1986; BStU, MfS, SdM, Nr. 424, Bl. 148 f.
[1502] KDI vom 21.9.1984: Politisch-operative Lage auf der Linie des Geheimnisschutzes; BStU, BV Suhl, AGG, Nr. 17, Bd. 2, Bl. 94–104, hier 95.

Bis 1990 sollte auf circa 35 Personen aufgestockt werden. Im Wissenschaftsbereich Gerd Jägers, in dem die Arbeiten liefen, waren um diese Zeit vier inoffizielle Mitarbeiter zur Absicherung und Kontrolle eingesetzt.[1503] Die Arbeit im Rahmen des OTS war teilweise verbunden mit einem direkten Einsatz von Angehörigen des OTS vor Ort. Personen, die temporär mitarbeiteten, die Assistenten werden konnten, manchmal auch promoviert wurden, gelegentlich gar in den Westen fahren durften.[1504] Zudem fanden Lehrgänge für OTS-Mitarbeiter auf dem Gebiet der Mikroelektronik statt. So nahmen 1988 zehn MfS-Mitarbeiter für 40 Unterrichtsstunden an einem solchen Kurs teil, der von zwei Dozenten durchgeführt wurde.[1505]

Als ein Schlüssel- und Grundsatzpapier zur Involvierung des MHF in Belange des MfS kann eine Übereinkunft zwischen der HA XX/8 und dem OTS/33 am 12. April 1985 gesehen werden, die für die TH Ilmenau unmittelbare Bedeutung erlangte. Das Papier beinhaltet die Klärung der Frage, inwieweit der OTS und die HA XX/8 zu einer produktiven Zusammenarbeit hinsichtlich der Aufgaben des OTS an den Einrichtungen des MHF, speziell auf dem Gebiet der Elektrotechnik und Elektronik, kämen. Seitens des MHF betraf es den Stellvertreterbereich Harry Groschupfs. Er war vom Minister MHF als Beauftragter für Belange der bewaffneten Organe bestimmt worden. Von Seiten des MfS war der OTS für diese Aufgaben bestimmt worden. Aus der Sicherheitsverantwortung der HA XX/8 folgte notwendig, dass sie über die Aktivitäten des OTS zu informieren war (etwa zu Zwecken der Sicherheitsüberprüfungen, Festlegung von Sperrbereichen und der Personalauswahl). Aus Sicht des OTS wurden dem MHF folgende Zielstellungen dargelegt: „Forschungs- und Entwicklungsarbeiten für das MfS; wissenschaftlicher Gerätebau bis zur Kleinserienfertigung für das MfS; Informationsleistungen zu Problemen der Elektrotechnik und Elektronik; Qualifizierung von Mitarbeitern des MfS; Bereitstellung spezieller Kader für den OTS; Bildung von speziellen Bereichen für die Bearbeitung von LVO-Aufgaben des MfS; Stärkung der materiell-technischen und personellen Basis dieser Bereiche; entsprechende Unterstützung, Realisierung und Einordnung dieser Aufgaben in den Einrichtungen des MHF; Informationen zu im Hochschulwesen laufenden Forschungs- und Entwicklungsvorhaben, die für das MfS von Interesse sind."[1506]

Mit dem Institut für Technische Untersuchungen (ITU) existierte zudem eine Einrichtung, die einen zivilen Eindruck machte, jedoch ein dem MfS nachgeordneter VEB war. Das eigentliche übergeordnetes Organ des Instituts war der OTS. Das ITU befasste sich u. a. mit Funkabwehr, Sicherungstechnik, elektronische Geräte zur Informationsspeicherung sowie Technik für Gegenwirkung ELOKA (Elektronische Kampfführung).[1507]

[1503] BV Suhl, Abt. XX, vom 1.4.1986: Auskunftsdokument zu strategisch bedeutsamen Aufgaben der Landesverteidigung an der THI und der politisch-operativen Sicherung nach Befehl 11/84; BStU, BV Suhl, BdL, Nr. 4158, Bl. 1–15, hier 13 f.

[1504] Konvolute in: BStU, BV Suhl, Abt. XX, Nr. 898 u. 903. OTS-Arbeiten auch in direkter Kooperation vor Ort mit den Sektionen INTET, GT und TBK; BStU, MfS, OTS, Nr. 3327.

[1505] BStU, BV Suhl, KS, Nr. 2129.

[1506] OTS: Beratung mit der HA XX/8 am 12.4.1995; BStU, MfS, OTS, Nr. 3327, Bl. 4–8, hier 4–6.

[1507] Zur Einordnung des ITU in den Gesamtkomplex des OTS: Bilddokumentation von Detlev Vreisleben: Der Operativ Technische Sektor (OTS) – die Zauberwerkstatt der Stasi? Vortrag gehalten am 24.9.2020 im Grenzlandmuseum in Eichsfeld.

Im Zuge der Sonderforschung wuchsen die Sonderbereiche und mit ihnen die Sperrbereiche ab Mitte der 1980er Jahre exorbitant. Ein Umstand, der zahlreiche Kontroversen, Konflikte und Disziplinarmaßnahmen zeitigte. Einmal mehr sollte der TH Ilmenau eine Sonderrolle zufallen, ähnlich dem Ökonomischen Experiment (siehe Kap. 4.3.2). Sie bezog sich auf den Institutionen übergreifenden Sonderbereich „Carl Zeiss Jena – TH Ilmenau" aus dem Herbst 1985. Der Minister des MHF, Hans-Joachim Böhme, hatte Kemnitz bedeutet, dass er den entsprechenden Vertrag „als Musterbeispiel für das Hochschulwesen in Umsetzung des Politbüro- resp. Ministerratsbeschlusses gestaltet wissen" wolle. Aber genau hier lag wieder ein Sicherheitsproblem, worauf Justitiar Wolfgang Berg aufmerksam machte. Er wies darauf hin, dass in dem Vertrag Positionen eingeschlossen seien, „die weder auf andere Vertragsverhältnisse übertragbar" seien, „noch veröffentlicht werden" könnten, „weil der Vertrag wegen der speziellen Aufgaben VD-LVO sein" müsse.[1508] Womit eine Übertragung als Beispiel für andere Hochschulen und Universitäten in der Tat schwer möglich war. Andererseits hätte man sich sicherlich eine Art formale Hülle denken können, die eine Übertragung möglich gemacht hätte. Wahrscheinlich mag Kemnitz ähnlich gedacht haben, da er der Aufforderung Böhmes gern nachkommen wollte, jedoch sorgte Berg dafür, dass dies so einfach nicht ging. Berg war vom MfS eindringlich aufgefordert worden, dies unmöglich zu machen. Da Kemnitz diesen Weisungsdraht zum MfS nicht hatte, kam es zu einer heftigen Kontroverse in Zeugenschaft eines Dritten. Am Ende drohte Kemnitz Berg, den avisierten Ministerbesuch an der TH Ilmenau abzusagen.[1509] Berg beschwerte sich anlässlich einer Dienstbesprechung des Rektors zu Sicherheitsfragen am 8. April 1986 über die an den Tag gelegte Haltung von 20 Leitern der ersten und zweiten Leitungsebene. Sie seien „aufs äußerste disziplinlos" gewesen, hätten gelacht „über diesen ‚Blödsinn'". Anlass war die Anweisung, künftig auf die Benutzung elektronischer Schreibmaschinen für VD- und VS-Sachen zu verzichten (wegen der Gefahr des Auslesens elektromagnetischer Signaturen – der Verf.). Einer habe gesagt, dass „einer den Nationalpreis" dafür bekommen „hätte und wir nun die Maschinen aus dem Fenster werfen könnten. Andere sagten, dass sie nun keine Forschungsberichte mehr schreiben könnten [...] und auch elektrische Schreibmaschinen Störungen verursachen würden." Auch gegen die strenge Besucherordnung hätten sie „eine allgemeine Aversion", vier Hochschullehrer seien „besonders negativ" aufgefallen. Insbesondere die komplizierte räumliche Situation mit einem Durcheinander von Sperr- und nicht gesperrten, also normalen Forschungsräumen, hatte für Ärger gesorgt. Für Berg stellte all dies eine „destruktive Diskussion" dar.[1510] Die verschärfte Besucherordnung (Hochschulanweisung 10/85) war zu diesem Zeitpunkt noch nicht in Kraft gesetzt worden, wenngleich es auf Anweisung des MHF vom 15. Juli 1985 hätte längst geschehen müssen. Also setzte Berg durch, dass dies sofort zu geschehen habe, insbesondere „im Hinblick auf die Sperrbereiche und die besonderen Anforderungen dabei".[1511]

[1508] Bericht von „Walter" vom 31.10.1985; BStU, BV Suhl, AIM 984/89, Teil II, Bd. 8, Bl. 104 f.
[1509] Ebd.
[1510] 1. Bericht von „Walter" vom 9.4.1986; ebd., Bl. 139 f.
[1511] 2. Bericht von „Walter" vom 9.4.1986; ebd., Bl. 141.

Ein Papier auf Grundlage zweier Dokumente der TH Ilmenau vom 9. und 10. Januar 1986 zeigt die enorme Belastung der Hochschule mit Fragen der Sonderforschung und der speziellen Ausbildung. Die Daten für den Zeitraum bis 1990 weisen einen ständig für den Sonderbereich zur Verfügung stehenden Mindestsatz von 340 Studenten aus, die gleichzeitig den Sektionen GT, INTET, TBK und PHYTEB zur Verfügung stehen sollten. Da permanente Ab- und Zugänge bedacht werden mussten, war die absolute Anzahl der involvierten Studenten um mindesten einhundert höher zu veranschlagen. Die Binnenaufteilung unter den Sektionen war disponibel. Das zu bauende Technikum für die Sonderaufgaben Zeiss Jenas in Suhl war auf Preisbasis 1985 mit sechs Millionen Mark für den Bau und mit 8,8 Millionen Mark für Ausrüstungen bilanziert. Der Aufwand war enorm, da auch Mensa, Sportstätten, Freizeit- und Klubeinrichtungen, Bibliothek, Wartungs- und Reparaturservice u.a.m. zu errichten waren.[1512]

Die Begriffe Sicherungsbereich und Sperrbereich sind inhaltlich nicht identisch, allerdings zählten die Sperrbereiche immer zum Sicherungsbereich. Konnten Außenstehende die Sperrbereiche räumlich wahrnehmen, so waren ihnen die Sicherheitsbereiche grundsätzlich unsichtbar. Entsprechend gab es etwa den Sicherungsbereich „TH Ilmenau" der KD Ilmenau, aber auch, um ein Beispiel zu nennen, den Sub-Sicherungsbereich Bionik, wofür wiederum bestimmte Mitarbeiter der KD Ilmenau resp. der Abteilung XX der BV Suhl verantwortlich zeichneten. Für solche Sicherungs- und Schwerpunktbereiche, die also auch Sperrbereiche beinhalten konnten, wurden vom MfS Sicherungskonzeptionen erstellt, nach denen die politisch-operative Arbeit gestaltet wurde. Historiographisch gesehen sind sie von hohem Wert, da sie neben der Darstellung der fachlichen Thematik und deren volkswirtschaftlicher Bedeutung sowie den dazugehörigen Ressourcen auch konkrete Angaben zum Personal, zu Arbeitsfragen, zum inoffiziellen Mitarbeiterbestand u.v.a.m. enthalten.

Zwar war die Nutzung ziviler Einrichtungen durch das MfS alles andere als neu, doch stellte das Geschehen ab Mitte der 1980er Jahre den Höhepunkt in dieser Entwicklung der Verflechtung von MfS und MHF dar, nicht zufällig im Zenit der großen Geheimprojekte der DDR wie „Präzision" und „Heide". Ein Papier von Ende 1985 enthält das Resümee, dass sich die Zusammenarbeit des MfS, speziell seiner Diensteinheit (DE) 3000, mit dem MHF seit 1982 rasch entwickelt habe. Schwerpunkte waren und sollten es auch bleiben die TH Ilmenau und die TH resp. TU Karl-Marx-Stadt. Die bislang erfolgten Arbeiten wurden mit gut bis sehr gut bewertet und sollten in den kommenden Jahren wesentlich intensiviert werden. Mit anderen Einrichtungen des MHF war man deutlich weniger zufrieden.[1513] Die DE 3000 befasste sich wie eine wissenschaftliche Forschungseinrichtung mit modernen Entwicklungsthemen in Wissenschaft und Technik. Über die Arbeit dieser

---

[1512] BV Suhl, Abt. XX, vom 5.1.1987: Einschätzung zum Stand der speziellen Ausbildung und Forschung an der THI und deren politisch-operativen Sicherung entsprechend Befehl 11/84 des Genossen Minister; BStU, BV Suhl, Abt. XX, Nr. 946, Bd. 2, Bl. 65–76, hier 71. BV Suhl, Abt. XX, vom 1.4.1986: Auskunftsdokument zu strategisch bedeutsamen Aufgaben der Landesverteidigung an der THI und der politisch-operativen Sicherung nach Befehl 11/84; BStU, BV Suhl, BdL, Nr. 4158, Bl. 1–15, hier 5 f. Bericht von „Walter" vom Jan. 1986; BStU, BV Suhl, AIM 984/89, Teil II, Bd. 8, Bl. 129–131.

[1513] OTS, Abt. 33/WT, vom 11.12.1985: Beratung im MHF am 9.12.1985; BStU, MfS, HA XVIII, Nr. 4722, ebd., Anlage 1, Bl. 47–49.

Diensteinheit ist recht wenig bekannt. Ihre Aufgaben wurden zumindest für 1987 in den Plan des MHF eingeordnet.[1514] Aus einigen Quellen geht hervor, dass sie in Fragen der Kooperation mit Einrichtungen der Wissenschaft und Technik offenbar einen herausgehobenen Stellenwert innerhalb des OTS besaß, vermutlich besaß sie die fachliche Federführung. Dies geht zumindest aus einer inhaltlichen Orientierung eines Arbeitstreffens von Generalmajor Günter Schmidt und Groschupf – in einem Objekt des OTS – hervor. Der Inhalt des Gespräches bestand aus fünf Punkten: (1) Bilanzierung der Aufgaben 1986 und Schwerpunktfestlegung für 1987, (2) Information über den Aufbau von Forschungszentren für Schlüsseltechnologien im Bereich des MHF, (3) Stand des Aufbaus der Forschung und Ausbildung auf dem Gebiet der Hoch- und Höchstfrequenztechnik, (4) Probleme bei der materiell-technischen Sicherung der Forschung und der Leistungsstimulierung, (5) Vorstellung von ausgewählten Ergebnissen der Zusammenarbeit des MfS mit Einrichtungen des MHF. Demnach waren beispielsweise für 1986 im speziellen Staatsplan ZF 15.13 für das MfS mit dem MHF „15 Aufgaben, davon neun Staatsplanthemen mit 14 Leistungsstufen", plantechnisch eingebunden gewesen. Beteiligt waren an dieser Aufgabe vier Einrichtungen, darunter die TH Ilmenau. Der Planerfüllungsstand betrug 79 Prozent. Hohe Wertschätzung erhielten vier Aufgaben der TH Ilmenau und zwei der TH Karl-Marx-Stadt.[1515] Wegen der Ausrichtung auf Elektrotechnik und Elektronik war die TH Ilmenau in besonderer Weise betroffen. Die Verfahrensweise auf diesem Gebiet, heißt es, könne „als Vorbild für Vereinbarungen auch auf anderen Gebieten zwischen dem MfS/OTS und dem MHF dienen" (siehe oben der Konflikt Kemnitz – Berg).[1516]

So weit zu sehen ist, sind sämtliche Punkte dieses Wunschpaketes des OTS von Ilmenau erfüllt worden. Ob dies auch an anderen Hochschulen und Universitäten ähnlich der Fall war, bleibt der Forschung vorbehalten. Grundsätzlich involviert waren Ende 1985 fünf Einrichtungen: Die Technischen Hochschulen in Ilmenau (THI) und Karl-Marx-Stadt (THK), die Ingenieurhochschulen für Seefahrt in Wismar (IHS) und Mittweida (IHM) sowie die Friedrich-Schiller-Universität Jena (FSU). An diesen Einrichtungen waren bereits Beauftragte für spezielle Forschung installiert. In Vorbereitung stand die TU Dresden.[1517] 1986 liefen zumindest neun Aufgaben, die im Planteil Wissenschaft und Technik des MHF bilanziert waren. Danach bearbeitete die TH Ilmenau vier Themen (IKS-1: zehn Schaltkreis-Entwürfe, IST-1: spezielle Sicherungstechnik, IBV-1: spezielle Bildverarbeitung und spezielle Mustererkennung sowie IOA-1: Optimalempfang). Auf dem zweiten Platz folgte Mittweida mit drei Themen. Die TH Karl-Marx-Stadt und die Ingenieur-Hochschule für Seefahrt bearbeiteten je ein Thema.[1518] Ein Papier des OTS vom Frühjahr 1985 listete sieben Aufgaben detailliert auf. Die Differenz kann damit erklärt werden, dass nicht alle Themen zum Planteil Wissenschaft und Technik des MHF zählten. Die ersten drei dieser

---

[1514] OTS, Abt. 33, vom 5.11.1986: Treffen mit Vertretern des MHF im OTS; ebd., Bl. 68 f.

[1515] Ohne Kopfangaben: Vorschlag zur inhaltlichen Orientierung eines Arbeitstreffens von Schmidt mit Groschupf; ebd., Bl. 80–86, hier 80–82.

[1516] Aktenvermerk des OTS: Beratung mit der HA XX/8 am 12.4.1985; ebd., Bl. 4–8, hier 8.

[1517] OTS, Abt. 33/WT, vom 11.12.1985: Aktenvermerk über eine Beratung im MHF am 9.12.1985; ebd., Bl. 43–46, hier 43.

[1518] Aufgabenliste des MHF, Planteil Wissenschaft und Technik, PE 1986, aufgefunden in: ebd., Bl. 13 f.

Themen decken sich mit den oben angeführten:

- Entwurf von Semikundenwunschschaltkreisen (ist IKS-1) im WB Schaltungstechnik / Messtechnik der Sektion INTET;
- Digitale Signalverarbeitung und Teilprozesse der MR-gestützten Bildverarbeitung (ist IBV-1) im WB Informationstechnik der Sektion INTET;
- Mikrorechnergesteuerte CCD-Sicherungstechnik (ist IST-1) an der Sektion GT;
- Probleme der Digitalisierung und Übertragung von Sprachsignalen im WB Nachrichtentechnik der Sektion INTET;
- Spezielle Baugruppen der Mikrowellen- und HF-Technik im WB Mikrowellentechnik der Sektion INTET;
- Spezielle Probleme der Kurzwellentechnik an der Sektion INTET;
- Forschungs- und Entwicklungsarbeiten zur Anwendung der CMOS-Mikroprozessoren U 8047.[1519]

Die Geheimprojekte „Präzision" und „Heide"

Das Geheimprogramm „Präzision" auf Grundlage des Mielke-Befehls 11/84 deckt sich weitestgehend mit der sogenannten Profilierung des VEB Kombinat Carl Zeiss Jena in Fragen der Hochtechnologie. Für die TH Ilmenau besitzt dieser Befehl, den nur wenige Personen mit exklusiver Verbindung zum MfS in einer für die unmittelbaren Belange der Hochschule zureichenden Form der Beurteilung gekannt haben dürften, insofern eine herausragende Bedeutung, weil sie nicht nur mit Einzelthemen an der sogenannten Profilierung beteiligt war, sondern, weil sie jene Studenten, die für den speziellen Einsatz bei Zeiss vorgesehen waren, auszubilden hatte. Wenngleich 1985 mit dem zweiten großen Geheimprogramm „Heide" ein weiteres Schwergewicht außerziviler Art auf die Forschung und Entwicklung in der DDR hinzukam, war „Präzision" doch für dieses und alle späteren abgeleiteten geheimen und halbgeheimen Themen maßgebend. Hinzuweisen ist darauf, dass die Sowjetunion ab 1987 zunehmend Desinteresse am Fortgang der Projekte zeigte und einige Themen stornierte.[1520] So stellten sich hinsichtlich der für die TH Ilmenau relevanten Linie der Entwicklung piezoelektrischer Feinstellantriebe plötzlich Stockungen in den Vertragsbeziehungen ein.[1521] Überdies wurde die Entwicklung des optoelektronischen Zielsuchkopfes 016 mit Beschluss des Politbüros der SED vom 20. Januar 1987 zur Profilierung des Kombinates VEB Carl Zeiss Jena eingestellt. Die dadurch freiwerdenden Mittel sollten auf andere Themen der Sonderforschung resp. Forschung und Entwicklung der Mikroelektronik umgeschichtet werden.[1522] Ob das die involvierten Mitarbeiter überhaupt mitbekamen, ist fraglich. Eine Analyse von 1989 rückblickend auf die am 1. Oktober 1985 bilanzierten 41 fachwissenschaftlichen Aufgaben unter „Heide" im Interesse der

[1519] OTS, Abt. 33, o. D.: Wissenschaftlich-technische Vorlaufthemen; ebd., Bl. 10–12.

[1520] HA XVIII/8 vom 23.12.1987: Arbeitsstand im Sicherungsschwerpunkt „Präzision"; BStU, MfS, HA XVIII, Nr. 10202, Bl. 16–23.

[1521] HA XVIII/8 vom 23.12.1987: Arbeitsergebnisse zu „Präzision"; BStU, MfS, HA XVIII, Nr. 1997, Bl. 36–43.

[1522] Politbüro des ZK der SED vom 16.1.1987: Maßnahmen zur Profilierung des Kombinates VEB Carl Zeiss Jena; BArch, MWT, DF 4, 21690, S. 1–13, hier 3.

Sowjetunion auf den Gebieten der Lasertechnik, Beschichtungstechnologie, Infrarotwerkstoffe und Messtechnik, Infrarotsensorik und Bildverarbeitung, Rechentechnik sowie Optoelektronik zeigt, dass mehr oder weniger 19 Aufgaben verhandlungstechnisch vakant waren. Im Rahmen der vereinbarten Entwicklung eines faseroptischen Kreisels hieß es von Seiten der Sowjetunion, dass sie selbst ein höheres Niveau besitze, also kein Interesse am Kauf von Mustern mehr habe. Zum Start dieser 41 Projekte war eingeschätzt worden, dass die DDR nur einen „geringen wissenschaftlich-technischen Vorlauf" besitzt. Alle Aufgaben aber waren plantechnisch eingeordnet und befanden sich in Bearbeitung auf Basis von Wirtschaftsverträgen zwischen den Kombinaten und Einrichtungen der AdW und des Hochschulwesens.[1523]

Der 1. Maßnahmeplan der HA XVIII des MfS vom 4. September 1984 zur Durchsetzung des Befehls 11/84 „Präzision" vom 30. Mai 1984 enthielt als Hauptbestandteil die Bildung einer Nichtstrukturellen Koordinierungsgruppe „Präzision", der wichtige Vertreter der beteiligten Strukturbereiche des MfS angehörten, und zwar: der Leiter der HA XVIII, die Leiter der Fachabteilungen der HA XVIII/8, HA XVIII/2, HA XVIII/5 sowie die Leiter der Abteilungen XVIII der BV Gera, BV Dresden, BV Berlin und BV Erfurt. Eine direkte Beteiligung an Prozessen der Forschung, Entwicklung und Produktion (etwa über die Beschaffung) ist nicht enthalten, jedoch sämtliche indirekte Eingriffe über die Fragen von Sicherheit und Ordnung, auch und gerade in personalpolitischer Hinsicht.[1524] Auf dem Gebiet der Hochschulforschung übernahm die HA XX diese Aufgabe, die damit auch die Schaffung einer Sicherungskonzeption für die TH Ilmenau federführend anleitete und über die Abteilung XX der BV Suhl einsteuerte.[1525] Zur Realisierung dieser Aufgabe und zur operativen Sicherung wurde eine Arbeitsgruppe an der KD Ilmenau etabliert, praktisch neben der zu dieser Zeit noch existenten Operativgruppe für die TH Ilmenau. Ihr Leiter wurde auch als Leiter der neuen Arbeitsgruppe eingesetzt.[1526] Analog etablierte die Abteilung XVIII der BV Suhl für die Betriebe der Region eine Operativgruppe, ebenfalls in der Stärke von 1:2.[1527]

Ein Beispiel zur Sonderforschung aus einem gemeinsamen Arbeitsplan der Abteilung XX und der KD Ilmenau von 1985 für den Bereich der Ilmenauer Hochschule, sach- sowie terminlich untersetzt für die Offiziere Escher von der KD Ilmenau und Müller von der Abteilung XX: Demnach, und ein solcher Satz findet sich so unverblümt in einem Plandokument eher selten, werde „der Einsatz der IM in Schlüsselposition […] vorwiegend zur Durchsetzung der Interessen des MfS" erfolgen. Die „im Sonderbereich ‚Profilierung' vorhandenen IM/GMS unter den Wissenschaftlern, Studenten und sonstigem Personal" sollten aktuell präzisiert werden. Es ist festgelegt worden, dass bei den Sicherheits- und anderen Überprüfungen entdeckte negative Bezüge zu Personen, die Herauslösung der

---

1523 Standpunkt zu den Aufgaben aus dem zweiseitigen Protokoll vom 1.11.1985; BStU, MfS, HA XVIII, Nr. 1994, Bl. 107–118.

1524 HA XVIII vom 4.9.1984: 1. Maßnahmeplan zur Durchsetzung des Befehls 11/84 vom 30.5.1984; BStU, MfS, HA XVIII, Nr. 1997, Bl. 1–4, hier 2.

1525 BV Suhl, Abt. XVIII, vom 22.1.1985; BStU, BV Suhl, Abt. XX, Nr. 939, Bl. 1.

1526 BV Suhl, Abt. XX, vom 13.2.1985; ebd., Bl. 2 f.

1527 BV Suhl, Abt. XVIII, vom 3.12.1985: Umsetzung des Befehls 11/84 „Präzision"; BStU, BV Suhl, Abt. II, Nr. 210, Bl. 156–160.

Betreffenden aus ihrem Tätigkeitsfeld zur Folge habe; das heißt: „Konsequente Durchsetzung der Auswahl und Bestätigung einbezogener Personen nach Befehl 11/84 des Genossen Minister." In die Überprüfung waren auch die Ehepartner und/oder Lebenskameraden einbezogen. Breiten Raum erhielt die Arbeit mit den Sicherheitsbeauftragten, die Zusammenarbeit mit den staatlichen Leitern und der Geheimnisschutz. Speziell zur „Profilierung" und zu anderen nichtzivilen Forschungsaufgaben sollte an der TH Ilmenau ein zusätzlicher Sicherheitsbeauftragter eingesetzt werden. U. a. zur „aktiven Mitarbeit an der Durchsetzung der staatlichen Sicherheitskonzeption zum Sonderbereich ‚Profilierung'", zur „Einflussnahme auf die Kadersuche, -auswahl und Bestätigung für den Sonderbereich ‚Profilierung'" sowie für die Führung „eines Lagefilmes über alle operativ zu beachtenden Erscheinungen, Vorkommnisse, Mängel/Missstände [und zum] Personenverhalten". Hiermit korrespondierten jene Aufgaben, die unter der Begrifflichkeit des politisch-operativen Zusammenwirkens mit den staatlichen Leitern standen; und zwar u. a.: die „differenzierte Einflussnahme auf die Bestimmung von Staatsgeheimnissen, die Festlegung des Geheimhaltungsgrades und Herausarbeitung der erforderlichen Geheimnisträgernomenklaturen, die konsequente Einflussnahme auf Wahrnehmung der Verantwortung durch die staatlichen Leiter" sowie die „Sicherung und Einflussnahme auf die Kaderauswahl im Sonderbereich ‚Profilierung'".[1528]

Festzuhalten ist, dass für den Befehl 11/84 der Codename „Präzision" nicht neu gewählt wurde, sondern bis auf 1978 zurückgeht, als das MfS für die Sicherung „strategisch bedeutsamer wissenschaftlich-technischer Vorhaben im Bereich Elektrotechnik/Elektronik und des wissenschaftlichen Gerätebaus der DDR" eine Konzeption erarbeitete. Objektseitig, also Carl Zeiss Jena betreffend, basierte der Befehl auf das Regierungsabkommen zwischen der DDR und der Sowjetunion „zum Aufbau einer militärischen Sondergeräteproduktion im VEB Carl Zeiss Jena" (Verfügung des Ministerrates Nr. 46/1980 vom 11. März 1980).[1529] Die daraus entwickelten hohen Anforderungen an Selektion und Kontrolle des involvierten wissenschaftlichen, technischen und anderen Personals bei Carl Zeiss Jena – und damit auch dessen Kooperationspartner wie die TH Ilmenau – führte maßgeblich zur modernen Richtlinie Nr. 1/82 des MfS zur Durchführung von Sicherheitsüberprüfungen vom 17. November 1982, eines auch eminent politischen Selektionskriteriums.[1530]

Die spezifischen Aufgaben der Abteilung XX der BV Suhl auf der Linie der HA XX/8 im Fall der TH Ilmenau bestanden auf der Grundlage des Befehls Nr. 11/84 in folgenden Punkten, hier gekürzt:

1. Die politisch-operative Abwehrarbeit zu militärischen Schwerpunktvorhaben erfolgte auf Basis bestätigter operativer Sicherungskonzeptionen (SiKo) für die Aufgabenstellung „Profilierung" des Zeiss-Kombinates (Mit dieser Teilsicherungskonzeption des

---

1528 Arbeitsplan der BV Suhl, Abt. XX, und der KDI für 1985; BStU, BV Suhl, Abt. XX, Nr. 907, Bl. 1–9, hier 1–4.

1529 BV Gera, Abt. XVIII, vom 24.2.1983: Arbeitskräftezuführung für das Kombinat VEB Carl Zeiss Jena im Rahmen der Aktion „Präzision"; BStU, BV Suhl, Abt. XX, Nr. 1264, Bl. 66 f.

1530 Abgedruckt und kommentiert in: Buthmann: Kadersicherung, Kap. 6.1, S. 174–200.

MHF unter Federführung des MfS war bereits eine „verbindliche Richtlinie für die Sicherung aller militärischer Forschungsvorhaben“ im Bereich des Hochschulwesens geschaffen worden)[1531] sowie zu einbezogenen Bereichen und Personen der Bildungseinrichtungen. Zu den vorrangigen Aufgaben zählten die personelle Durchleuchtung des Kaderbestandes im sogenannten Klärungsprozess „Wer ist wer?“, Unterstützungsleistungen des MfS für die Erstellung der staatlichen Sicherungskonzeptionen sowie die besondere Beachtung des Einsatzes von IM in Schlüsselpositionen.

2. Schwerpunktbereiche, Staatsgeheimnisse und Geheimnisträger waren permanent zu präzisieren. Die HA XX/8 hatte eine „ständige aktuelle Übersicht zu den militärischen Forschungsvorhaben“ zu realisieren. Sie hatte „die zuständigen Diensteinheiten differenziert und rechtzeitig“ über Planänderungen, neue Vorhaben u.a.m. zu informieren. Nur „bestätigte Kader“ durften differenziert Kenntnis von einzelnen Aufgabenstellungen erhalten. Die zuständigen Diensteinheiten hatten Einfluss zu nehmen auf die Erarbeitung der Bereichsnomenklatur, also auf eine qualifizierte Einordnung der Teilthemen, und auf die entsprechende Erteilung der Geheimhaltungsstufen zu achten.
3. Es war zu realisieren: eine ständige aktuelle Lageeinschätzung zu den einbezogenen Bereichen und Personen sowie ein ständiger aktueller Überblick zu „einbezogenen Bereichen und Personen“, zum Stand und zu den Problemen der Forschungsaufgaben, zur politisch-ideologischen Lage, zu „begünstigenden Bedingungen für Feindtätigkeit“ sowie zur Gewährleistung des Geheimnisschutzes, der Ordnung und Sicherheit.
4. Entwicklung und Vervollkommnung des IM- und GMS-Systems. Zuallererst waren geeignete IM in Schlüsselpositionen zu schaffen, über die die „erforderlichen Sicherungsmaßnahmen konsequent“ durchzusetzen waren.
5. Bei Verdachtsmomenten war unverzüglich die Eröffnung einer OPK oder eines OV einzuleiten, einhergehend mit der Prüfung, ob die betroffene Person aus dem Forschungsthema herausgelöst werden musste oder nicht.
6. Bei der Auswahl und der Bestätigung von Personen waren die Bestimmungen der Sicherheitsüberprüfung entsprechend den Anforderungen nach Befehl 11/84 zu gewährleisten. Hierzu hatten die zuständigen Diensteinheiten „Einfluss auf die qualifizierte Auswahl“ der Personen nach der Anordnung des Vorsitzenden des Ministerrates vom 10. November 1976 zu nehmen. Leitende Personen mit Gesamtüberblick mussten „durch die Diensteinheiten gegenüber der Hauptabteilung XX/8“ bestätigt werden. Die Verpflichtung erfolgte im MHF.
7. Die zuständigen Diensteinheiten hatten Einfluss zu nehmen auf die „konsequente Durchsetzung des staatlichen Sicherheitsregimes“. Auch hierzu war der Einsatz der IM in Schlüsselpositionen besonders zu nutzen. Bei größerer Bedeutung der Fachaufgabe(n) war der Einsatz eines Beauftragten für Sicherheit und Geheimnisschutz (BSG)

[1531] HA XX vom 3.12.1985: Einschätzung über gegnerische Angriffe gegen bedeutsame Forschungsvorhaben in der Hochschulforschung und die sicherheitspolitischen Aufgaben zur weiteren Qualifizierung der politisch-operativen Arbeit in diesem Sicherungsbereich; BStU, HA XX, Bdl.-Nr. 1771, S. 1–17.

zu prüfen sowie Sperrbereiche einzurichten und für „deren operativ-technische und personelle Absicherung“ Sorge zu tragen. Die Zusammenarbeit mit dem BSG verfolgte den Zweck, zu den Themen bzw. Themenkomplexen Materialstudien und operative Untersuchungen durchzuführen und schriftliche Analysen und Einschätzungen anzufertigen.

8. Sämtliche Möglichkeiten zur Aufklärung feindlicher Aktivitäten waren zu nutzen. Reisen von Staatsgeheimnisträgern in den Westen waren nicht gestattet. Einreisende Personen aus dem Westen waren operativ aufzuklären und zu kontrollieren.

9. Die Zusammenarbeit der HA XX/8 mit den Diensteinheiten der Linie XX war zielstrebig zu entwickeln.

10. Ebenso war die Zusammenarbeit der HA XX mit der HA XVIII, ZAGG, HV A und anderen Diensteinheiten zu entwickeln. Eine ständige Zusammenarbeit der HA XVIII/8 mit der HA XX/8 war unabdingbar, die Federführung hatte die HA XVIII. Die HA XVIII/8 und die ZAGG hatten gemeinsame Kontroll- und Sicherungsmaßnahmen durchzuführen, hierzu gab es eine Vereinbarung vom 14. Mai 1982. Ferner besaß die HA XX/8 mit dem SWT/V der HV A sachbezogene Verbindungen.[1532]

Die Zusammenarbeit der drei massiv involvierten Einrichtungen des Hochschulbereichs in der Sonderforschung, HU Berlin, TU Dresden und TH Ilmenau, mit den zuständigen Diensteinheiten der Linie HA XX/8 wurde Ende 1985 als gut und eng entwickelt bewertet. Mit der „Konzeption zur politisch-operativen Sicherung der militärischen Schwerpunktvorhaben des Hochschulwesens in Forschung, Ausbildung und Erziehung“ der HA XX erfolgte eine verbindliche Orientierung für die diesbezügliche politisch-operative Arbeit. Hierfür waren maßgebend die „Teilsicherungskonzeption zur Durchsetzung von Ordnung, Sicherheit und Geheimnisschutz im Bereich des Hochschulwesens zum Aufgabenkomplex Profilierung des VEB Kombinat Carl Zeiss Jena“ vom 18. Juni 1985 sowie die „Weisung des Ministers für Hoch- und Fachschulwesen zum Hochschulwechsel von Studenten mathematisch-naturwissenschaftlicher und technischer Fachrichtungen an die TH Ilmenau“ vom 31. Januar 1985.[1533] Beschlüsse, die mit dem Befehl Nr. 11/84 in unmittelbarer Beziehung standen, waren (Auswahl):

- Vereinbarung zwischen dem MfNV und dem MHF „zur umfassenden Nutzung der Wissenschaft für die Gewährleistung des sicheren Schutzes der DDR“ vom 15. Januar 1983.
- Beschluss des Politbüros der SED vom 19. Juni 1984 zur Entwicklung von Basistechnologien der Mikro- und Optoelektronik.
- Vereinbarung zwischen dem MHF und dem Ministerium für Elektrotechnik und

[1532] HA XX vom 23.2.1985: Konzeption zur politisch-operativen Sicherung der militärischen Schwerpunktvorhaben des Hochschulwesens in Forschung, Ausbildung und Erziehung; BStU, MfS, HA XVIII, Sekretariat, Nr. 643, Bl. 1–10, hier 2–5.

[1533] HA XX vom 3.12.1985: Gegnerische Angriffe gegen bedeutsame Forschungsvorhaben in der Hochschulforschung und die sicherheitspolitischen Aufgaben zur weiteren Qualifizierung der politisch-operativen Arbeit in diesem Sicherungsbereich; BStU, MfS, HA XX, Bdl.-Nr. 1771, S. 1–17, hier 3.

Elektronik (MEE) über „Aufgaben des Hochschulwesens zur Sicherstellung der Ausbildung und Forschung im Zusammenhang mit der Profilierung des VEB Kombinat Carl Zeiss Jena von 1984".

- Beschluss des Politbüros vom 10. Dezember 1985 zum Staatsauftrag „Wissenschaft und Technik, ‚Entwicklung von Basistechnologien der Mikrooptoelektronik'" für 1986 bis 1990. Die TH Ilmenau war zunächst mit vier Projekten beteiligt.[1534]
- Beschluss des Politbüros vom 28. Oktober 1985 über die „Vertiefung der Zusammenarbeit mit der UdSSR bei der Entwicklung fortschrittsbestimmender elektronischer und werkstofftechnischer Schlüsseltechnologien".[1535] Hieraus formte das MfS seinen zweiten großen Sicherungskomplex unter der Tarnbezeichnung „Heide". Allein zu diesem Komplex wurden *sofort* circa 70 Hochschullehrer, wissenschaftliche Mitarbeiter und Forschungsstudenten der TH Ilmenau eingesetzt. Diese Aufgabenstellung entfiel nach einem Jahr, worüber der Rektor noch Anfang 1987 nicht informiert war.[1536]

In der im Frühjahr 1985 begonnenen heißen Phase der Umsetzung der Themen im Rahmen des Befehls 11/84 „Präzision" war festgelegt worden, den wissenschaftlich-technische Personalbestand bis 1990 auf 15 Professoren, 20 Hochschuldozenten, 150 wissenschaftliche Mitarbeiter und 200 Mitarbeiter sonstigen Personals (Ingenieure, Techniker etc.) zu erhöhen. Hiervon waren betroffen vor allem die Sektionen Gerätetechnik und Theoretische Elektrotechnik/Informationstechnik mit den Forschungsrichtungen Infrarottechnik, Lasertechnik, Strahlungsempfänger, Bildverarbeitung und Sensorik.[1537] Der hierfür definierte Sonderbereich „Profilierung" (P) galt für das Forschungsvorhaben 016. Die Sicherungskonzeption wurde am 22. April 1985 fertiggestellt.[1538]

Die Einweisung in das Programm unter dem Codenamen „Heide" auf Grundlage des Politbürobeschlusses vom 28. Oktober 1985 erfolgte durch den Minister des MHF, Hans-Joachim Böhme, in Einzelberatungen mit den Rektoren und Hochschulparteisekretären der betreffenden Bildungseinrichtungen. Hier wurden sie auf die Umsetzung der Forschungen „unter höchster Geheimhaltung" gleichsam vergattert und ihnen die jeweiligen Aufgaben für ihre Universität resp. Hochschule übergeben. Ein Mittel, um die Aufgaben kurzfristig und effektiv bearbeiten zu können, war die Erlaubnis, eine „Umprofilierung ausgewählter Sektionen und einschneidende Maßnahmen zu Lasten laufender Forschungsaufgaben" vorzunehmen. Eingeordnet wurden diese Aufgaben unter der Nomenklatur der LVO unter

---

1534 Beschluss des PB des ZK der SED vom 10.12.1985 zum Staatsauftrag Wissenschaft und Technik „Entwicklung von Basistechnologien der Mikrooptoelektronik" als Bestandteil der Hauptrichtungen und Schwerpunkte von Naturwissenschaft und Technik im Zeitraum 1986–1990 und darüber hinaus; BArch, JIV2/2A, 2839, S. 1–20. Auflistung der Investitionsobjekte, S. 1–15, hier 7.

1535 Beschluss des Politbüros des ZK der SED vom 28.10.1985: Vertiefung der Zusammenarbeit mit der UdSSR bei der Entwicklung fortschrittsbestimmender elektronischer und werkstofftechnischer Schlüsseltechnologien; BStU, MfS, HA XVIII, Nr. 1994, Bl. 1–56. Ebenso in: BArch, DY 30, JIV2/2A, 2814, Bl. 1–56. Siehe hierzu auch: HA XVIII vom 23.1.1986: Maßnahmeplan zur Sicherung weiterer Vorhaben entsprechend Befehl 11/84; BStU, MfS, HA XVIII, Nr. 1994, Bl. 59–65.

1536 BV Suhl, Abt. XX, vom 5.1.1987: Einschätzung zum Stand der speziellen Ausbildung und Forschung an der THI und deren politisch-operativen Sicherung entsprechend Befehl 11/84 des Genossen Minister; BStU, BV Suhl, Abt. XX, Nr. 946, Bd. 2, Bl. 65–76, hier 72.

1537 BV Suhl, KDI, vom 22.4.1985: Sicherungskonzeption zur politisch-operativen Sicherung des Sonderbereiches „Profilierung" an der THI; BStU, BV Suhl, Abt. XX, Nr. 939, Bl. 7–9.

1538 BV Suhl, KDI, vom 31.7.1985: Sonderbereich „Profilierung" der THI; ebd., Bl. 26–32.

der Nummer ZF 06.36 ff. in den speziellen Staatsplan Wissenschaft und Technik für 1986 bis 1990 durch das MWT. MfS-seitig erfolgten die operativen Konzeptionen zur Sicherung unter den Anforderungen des Befehls 11/84 und der staatlichen Teilsicherungskonzeption des MHF vom 18. Juni 1985.[1539] Nach der Vergatterung bei Böhme wurden von Ilmenau *sofort* sechs Aufgaben mit einer Kapazität von 30 VbE für 1986 und 170 VbE für 1987 gestartet. Die „Heide"-Aufgaben lauteten in der Politbürobeschlussnomenklatur:

Thema 1.1: Schaffung eines Entwurfes für CMOS-VLSI-Schaltkreise. Ziel war, bis 1989 ein CAD-System zu schaffen. Die Federführung hatte das MEE inne. Die Startkapazität für Ilmenau betrug zehn VbE, 1987 sollte bis auf 20 VbE erweitert werden.

Thema 1.2: Erkundung aktiver Medien für Festkörperlaser im Wellenlängenbereich 2 μm. Ziel war, bislang „nicht gekannte miniaturisierte Festkörperlaser zu schaffen, die im nahen Infrarotbereich eingesetzt werden" sollten. Die Federführung oblag der AdW, Kooperationspartner war die FSU Jena. Die Startkapazität sollte zunächst zwei VbE betragen, 1987 dann auf zehn VbE anwachsen.

Thema 1.3: Entwicklung eines Lasers mit frequenzstabiler Strahlung für heterodyne Anlagen. Die Federführung hatte die FSU Jena inne, Kooperationspartner waren die AdW und die TU Dresden. Die Startkapazität war mit fünf VbE angegeben, 1987 sollten bis zu zehn VbE mitarbeiten.

Thema 1.6: Entwicklung von piezoelektrischen Feinstellantrieben mit dem Ziel, schnellwirkende Justier- und Stellglieder für optische Systeme sowie „zum Feinstellen von Werkzeugen für die Bearbeitung von optischen Bauteilen" zu schaffen. Die Federführung hatte die TH Karl-Marx-Stadt inne. Die Startkapazität betrug fünf VbE, 1987 sollten es zehn sein.

Thema 3.3: Piezoelektrisches Antriebssystem zur automatischen Steuerung von Reflektorflächen. Ziel war, bis 1988 experimentelle Muster zu schaffen. Die Federführung hatte die TH Karl-Marx-Stadt inne. Eine Startkapazität wurde nicht angegeben, zunächst sollten bis Ende März technische Lösungsvorschläge vorgelegt werden.

Thema 4.6: Prüftechnik für Infrarot-Mehrelementeempfänger (Zeile/Matrix) auf Basis von Cadmiumquecksilbertellurid. Die Aufgabe bestand in der „Schaffung von Komponenten der Mess- und Prüftechnik für die Produktionskontrolle der Mehrelementeempfänger". Die Federführung oblag der AdW. Die Startkapazität betrug zwei VbE, der Mitarbeiterbestand sollte 1987 auf bis zu zehn VbE erweitert werden.[1540]

Involviert wurden von der TH Ilmenau bis hinunter zur Themenleitung zunächst sieben Personen, darunter Werner Kemnitz als Rektor, Gerald Buch als Beauftragter des Rektors

---

1539 HA XX vom 6.2.1986: Operative Absicherung der Forschungsaufgaben zum Komplex „Heide" im Hochschulwesen; BStU, BV Suhl, Abt. XX, Nr. 946, Bd. 2, Bl. 1–4, hier 2 f.

1540 Ebd., Anlage 1, Bl. 5–7. Mit Varianz der Angaben: BV Suhl, Abt. XX, vom 1.4.1986: Auskunftsdokument zu strategisch bedeutsamen Aufgaben der Landesverteidigung an der THI und der politisch-operativen Sicherung nach Befehl 11/84; BStU, BV Suhl, BdL, Nr. 4158, Bl. 1–15, hier 2, u. 8–10.

sowie Werner Buff und Helmut Wurmus.[1541]

Am 1. November 1989 wurde zusammen mit dem Staatlichen Komitee der UdSSR für Wissenschaft und Technik die Einstellung der Themen zum Komplex „Heide“ beschlossen. Der Minister für Wissenschaft und Technik, Herbert Weiz, rechnete die 41 Arbeiten zum Komplex Z 06.36 als erfüllt ab. So weit möglich, sollten die Arbeiten in zivile Nutzkorridore fließen und weitergeführt werden: „Aufgabenstellungen, die zu Endprodukten führten“, sollten „an interessierte Partner ohne Einschränkungen verkauft“ werden können.[1542] Gegen eine noch zeitigere Stornierung votierte Anfang 1989 erfolgreich der OibE, Abteilungsleiter und Kosmos-Experte im MWT, Horst Fischer.[1543] Anfang 1989 war es zu empfindlichen Einschnitten in der Bilanzierung der Ausgaben für die Landesverteidigung gekommen, die NVA musste eine Senkung von 655 Millionen Mark (fünf Prozent) von 1989 auf 1990 hinnehmen. Hiervon waren auch Kooperationspartner der TH Ilmenau, insbesondere Carl Zeiss Jena, betroffen.[1544] Im Frühjahr wurden zahlreiche Themen der „Profilierung“ erfolgreich bilanziert und der Nettogewinn des Kombinates Carl Zeiss Jena für das Planjahr 1990 auf Preisbasis 1989 auf 2.420 Millionen Mark festgelegt. Der Export in das sozialistische Ausland wurde mit 2.345 Millionen Mark, der für das nichtsozialistische Ausland mit 205 Millionen Valutamark angegeben.[1545]

Aufgrund der exorbitanten Steigerung der Sonderforschung im Zeitraum 1987 bis 1990 für die Kennziffer des personellen Forschungspotenzials von 17 auf 40 Prozent, aber auch wegen der sich damit weiter verschlechternden Raumsituation und der zu geringen Grundmittel zur Realisation der Themen, war der Aufwand des MfS für die komplexe politisch-operative Sicherung erheblich gestiegen und dürfte Kräfte aus Bereichen, die nicht oder nicht mehr als Schwerpunktbereiche deklariert waren, abgezogen haben. Für den Bereich der Sonderforschung wurden allein 1987 fünf zusätzliche inoffizielle Mitarbeiter geworben.[1546]

Tabelle 69: Bedarfsentwicklung der Sonderforschung, 1986 zu 1990[1547]

Gebiet	1986 [VbE]	1990 [VbE]
„Profilierung“ Carl Zeiss Jena	7,5	26,5
Schlüsseltechnologien	26	60
MfS (OTS)	22	34
NVA	8,5	12,5
Gesamt	64	133

1541 HA XX vom 6.2.1986: Operative Absicherung der Forschungsaufgaben zum Komplex „Heide“ im Hochschulwesen; BStU, BV Suhl, Abt. XX, Nr. 946, Bd. 2, Anlage 2, Bl. 8.
1542 HA XVIII/5 vom 29.11.1989: Abschlussbericht zu „Heide“; BStU, MfS, HA XVIII, Nr. 1994, Bl. 134 f.
1543 HA XVIII/5 vom 28.2.1989; BStU, MfS, HA XVIII, Nr. 4722, Bl. 75.
1544 Konsequenzen für die Volkswirtschaft und die Landesverteidigung entsprechend dem Beschluss des ZK der SED vom 31.1.1989, aufgefunden in: BStU, MfS, HA XVIII, Ltg., Nr. 572, Bl. 1–37.
1545 MEE: Arbeitsstand vom 24.3.1989; BArch, MEE, DG 10, 1366, Bl. 1–20, hier 18.
1546 BV Suhl, Abt. XX, vom 18.2.1988: Stand der politisch-operativen Sicherung bedeutender Positionen des Staatsplanes Wissenschaft und Technik; BStU, BV Suhl, Abt. XX, Nr. 929, Bd. 2, Bl. 25–27.
1547 BV Suhl, Abt. XX, vom 1.4.1986: Strategisch-bedeutsame Aufgaben der Landesverteidigung an der THI; BStU, BV Suhl, BdL, Nr. 4158, Bl. 1–15, hier 3 f.

Sonderforschung vs. Innovation

Im Folgenden soll das DDR-typische defizitäre Innovationsproblem an einem Beispiel gezeigt werden, das zweifelsfrei zu den herausragendsten erfinderischen Leistungen der TH Ilmenau in den Jahren nach der 3. Hochschulreform zählt: der Komplex der interferentiellen Wägetechnik, beschrieben und gepriesen in zahlreichen Veröffentlichungen seiner Zeit und darüber hinaus. Die Wägetechnik Gerd Jägers[1548] versammelt sämtliche Kriterien, die an eine Invention mit Innovationspotenzial gestellt sind. Da die Erfindung militärisch relevant war, ist sie vom MfS in allen Facetten durchgängig dokumentiert, beschrieben und bewertet worden. Es sei an dieser Stelle darauf hingewiesen, dass aus – zeitlich limitierten – Datenschutzgründen nicht sämtliche wichtige Namen, Beziehungen und Sachverhalte genannt werden können. Diese Einschränkung ist dadurch gegeben, dass zumindest zu zwei inoffiziellen Mitarbeitern in der Top-Ebene die Aktenlage, obgleich völlig konkludent und absolut empirisch verifiziert, fragmentiert ist (in einem Fall fehlt zumindest gegenwärtig der Teil I der IM-Akte). Lange Zeit war auch der Teil II eines der beiden IM, der die Berichte enthält, nicht greifbar, weil die Bände Ende 1989 auseinandergenommen und teilweise auch schon zerrissen wurden. Erst Jahre später wurden sie zusammengefügt.

Zur interferentiellen Messtechnik (IMT) als Erklärung vorab: Das physikalische Grundprinzip ist einfach, da es die Interferenz an einem „Luftspalt" nutzt. Die Anordnung des Luftspaltes im Mess-System, das insgesamt als Sensor bezeichnet werden kann, erfolgt derart, dass dessen Veränderung eine Veränderung der Interferenz bewirkt. Die Veränderung des Luftspaltes geschieht entweder mechanisch oder durch Krafteinwirkung auf die den Luftspalt konfigurierenden optischen Flächen. Die analoge Veränderung der Interferenz wird dabei messtechnisch (über Laseroptik) erfasst. Das Mess-System ist resistent gegenüber äußeren Einflüssen vielerlei Art, woraus es seine Attraktivität gewinnt, und zudem multivalent einsetzbar wird.

Anfang 1974 kam erstmals die Thematik der „Weltspitzenleistung ‚Kraftwaage'" der Sektion TBK effektiv in das Visier des MfS. Es ging wie so oft um einen Vortrag auf einer Fachtagung, auf der Wolfgang Berg und seine inoffiziellen Mitarbeiter Geheimnisverrat witterten. Berg stellte lapidar fest: „Eine unabgesicherte Preisgabe auf der Fachtagung könne zu ernsten Schädigungen unserer Volkswirtschaft führen."[1549] Seine Intervention hatte Erfolg. Linnemann teilte der VVB NAGEMA mit Schreiben vom 17. April 1974 mit, dass der besagte Vortrag einer erneuten Prüfung unterzogen werden müsse. Es ging um einen Vortrag eines Mitarbeiters des VEB Wägetechnik Rapido, der fachbezogen zur Thematik der direkten digitalen Kraftmessung einen Vortrag in Udine (Italien) Ende Mai

1548 Geb. 1941 in Suhl. Studium der Messtechnik an der THI, Abschluss 1964. Zusatzstudium in Kiew 1974/75. Wiss. Assistent (bei Michelsson) von 1965–1968, wiss. Oberassistent 1968–1976, Dozent ab 1976. Seit 1965 Bearbeitung von Industrieforschungsaufgaben auf Gebieten der direkten digitalen Messwertwandlung: Direkte digitale Kraftwandlung (Kooperationspartner: VEB Wägetechnik Rapido, VEB Analytik Dresden); Direkte digitale Wegwandlung (Kooperationspartner: ASMW Berlin); Direkte digitale Analysemesstechnik (Kooperationspartner: VEB RFT Messelektronik „Otto Schön" Dresden). Das digitale Dilatometer wurde 1977 gewissermaßen aus der Praxis provoziert, weil dem Werk für Technisches Glas Ilmenau von der PTB der Bundesrepublik vorgeworfen wurde, „dass der thermische Ausdehnungskoeffizient des Ilmenauers technischen Glases nicht den Prospektwerten" entsprach.

1549 Bericht von „Walter" vom 14.1.1974; BStU, BV Suhl, AIM 984/89, Teil II, Bd. 5, Bl. 110.

halten wollte. Der Vortrag war geprüft und freigegeben worden. Linnemann sprach von ernsten Bedenken, denen nachgegangen werden müsse. Eine andere Wahl hatte er nicht. Entsprechend bat er mit Angabe von Gründen um den Abbruch der Reise.[1550]

Spätestens im Herbst 1978 war sicher, dass das Dilatometer für die Messung des linearen thermischen Ausdehnungskoeffizienten die Messgenauigkeit bisher vorhandener Geräte (soweit recherchiert auch aus westlichen Produktionen) übertrifft.[1551] Bürokratische Hemmnisse und Mitnahmeeffekte Fremder überlagerten wie Mauerkraut die Arbeiten. Patentrechtliche und kommunikative Fragen erwiesen sich als schwierig.[1552] Eine Einladung aus Westberlin zu einer Tagung unter dem Titel „Neue Technologien im Waagenbau – Erfahrungen und Tendenzen“, die am 10. und 11. November des Jahres stattfinden sollte, durfte nicht wahrgenommen werden.[1553] Die vermutlich erste Veröffentlichung in allgemeiner Form erfolgte in der Juni-Ausgabe der auch im Westen greifbaren Fachzeitschrift *Feingerätetechnik*.[1554]

Überliefert ist ein Dokument der TH Ilmenau vom 13. Dezember 1984 zur volkswirtschaftlichen Bedeutung des Wissenschaftsgebietes „Interferenzoptische Sensoren und Präzisionsgeräte“, worin folgende Anwendungsbeispiele aufgeführt sind: Laserinterferometer zur Messung großer Längen, Interferenz-Komparatoren für die Endmaßmessung, Laborinterferometer zur Brechzahlbestimmung sowie Interferenzmikroskope zur Oberflächenmessung. Diese waren für den Laboreinsatz einsetzbar und bedurften der visuellen und manuellen Auswertung. Das Ziel des Wissenschaftsgebietes bestand darin, das interferenzoptische Messprinzip für die Prozessmess- und Sensortechnik zur Anwendung zu bringen. Die Messgenauigkeit, die -zeiten und die -empfindlichkeiten waren konventionellen Messverfahren um Größenordnungen überlegen. Die Forschungen an der TH zeigten zu diesem Zeitpunkt, dass zwei Entwicklungslinien besonderen Erfolg versprachen: die Entwicklung interferenzoptischer digitaler Sensoren für die physikalischen Messgrößen Weg, Kraft, Masse, Druck und Beschleunigung, sowie die Entwicklung interferenzoptischer Präzisionsgeräte wie Dilatometer, Kalibrierungsgeräte und Referenznormale für die physikalischen Größen Weg, Druck und Beschleunigung. Die Patentrecherche soll ergeben haben, dass es sich zwar um neuere Entwicklungen handelte, die aber bereits in über 30 Patenten im Westen geschützt waren. Das Papier listet für die Geräteapplikationen insgesamt 60 mögliche Interessenten im Westen auf.[1555]

Die Zeitschrift *Feingerätetechnik* druckte 1987 ein Interview mit Jäger ab (nachdem

---

[1550] Schreiben von Linnemann an den Kombinatsdirektor der VVB NAGEMA vom 17.4.1974; ebd., Bl. 183 f.

[1551] Bericht vom 25.10.1978 über das Treffen mit „Walter“ am 25.10.1978; ebd., Bl. 34 f., hier 35.

[1552] Z. B. in: Bericht von „Walter“ vom 27.10.1978; ebd., Bl. 40 f.

[1553] THI, Repenning, vom 8.5.1978: Informationsbericht „Mai 1978“; BStU, BV Suhl, AIM 1592/90, Teil II, Bd. 3, Bl. 479–488, hier 486.

[1554] Jäger, Gerd: Ein Beitrag zur Fehlerbetrachtung digitaler Wägesysteme, in: Feingerätetechnik 26(1977)6, S. 263–265. Der Beitrag basiert auf einen zum 3. Internationalen Erfahrungsaustausch „Kraft- und Härtemessung“ gehaltenen Vortrag 1976 in Berlin. Abbildung der interferentiellen elektronischen Wägezelle, in: Linnemann: 30 Jahre, S. 89. Kemnitz: 35 Jahre, S. 77. Siehe auch Jäger, Gerd: Interferenzoptische Kraftsensoren – eine neue Konzeption für die Kraftmess- und Wägetechnik, in: Technisches Messen (tm), 52(1985)9, S. 317–320.

[1555] THI vom 13.12.1984: Volkswirtschaftliche Nutzung von Ergebnissen des Wissenschaftsgebietes „Interferenzoptische Sensoren und Präzisionsgeräte“; BStU, BV Suhl, Abt. XX, Nr. 902, Bl. 3–27.

zu dieser Thematik in den Heften 3 und 6 von 1987 entsprechende Fachbeiträge veröffentlicht worden waren), in dem er die fundamentalen Neuerungen gegenüber der traditionellen Messtechnik und den Erfordernissen der modernen Technologien verdeutlichte. Der Beitrag zeigt zudem zahlreiche Abbildungen, die zusammen mit dem Text und den vorhergehenden beiden Veröffentlichungen den Lesern ein recht genaues Bild über diese Invention vermittelten.[1556] Dieses steht in einem eigentümlichen Widerspruch zu den hypertrophen Sicherungsmaßnahmen des MfS rund um diese wissenschaftliche Leistung. Selbst Kritik war erlaubt, wenn es heißt: „Die Industriepartner müssen aber auch den Anteil an eigener Forschung wesentlich erhöhen, so dass Forschungskollektive an Hochschulen ihre Zeit mehr für Grundlagen- und angewandte Forschung verwenden können."[1557] In einem Werbe-Angebotsblatt der TH Ilmenau unter dem Titel und Untertitel „Interferenzoptischer Wegsensor – Taktile Präzisionslängenmessung 0,01 µm im Bereich 0 bis 60 mm. Hohe Genauigkeit durch direkten Vergleich mit Laserlichtwellenlänge" versuchte die Hochschule eine (breitere) Nachfrage zu wecken. Hervorgehoben wurde auch der Einsatz moderner Lichtwellenleitertechnik, mit dessen Hilfe „kürzeste Einlaufzeiten, eine geringe thermische Belastung des Sensors, hohe Störsicherheit gegen elektromagnetische Felder sowie geringe geometrische Abmessungen des Sensors erzielt" würden. Abgerundet wurde das Angebot mit dem Hinweis des Einsatzes eines Mikrorechners. Direkt angesprochen wurden das Messwesen, der optische und feinmechanische Gerätebau, Präzisionstechnologien in der Fertigungstechnik, Mikroelektroniktechnologie und Präzisionsrobotertechnik. Als Referenzen wurden angegeben das ASMW und Carl Zeiss Jena.[1558]

Eine siebenseitige solide MfS-Darstellung von wesentlichen Aspekten der Forschung auf dem Gebiet der interferenzoptischen Sensorik ist vom 20. März 1987 überliefert. Demnach seien die Forschungen „in der ganzen Welt vorbildfrei" und hätten „die Qualität einer Schlüsseltechnik". Der SED-Kreisleitung Ilmenau sei dies bereits 1986 mit Gründen dargelegt worden. Interessant sei die Technik für die Industrie und für das Militär gleichermaßen. Die Forschungen seien jedoch enorm devisenaufwendig. Sie bringe der DDR einen „Forschungs- und Technologievorsprung" von anderthalb bis zwei Jahren. Das habe auch die Präsentation der 50-kg-Waage auf der Leipziger Frühjahrsmesse 1987 deutlich gemacht. Sie werde auch in Hannover gezeigt werden. Patentrechtlich seien die Forschungen über 25 Inland- sowie circa 45 Auslandspatente abgesichert. Weitere Auslandspatente unterlagen noch der Prüfung. Intern soll davor gewarnt worden sein, die Waagen direkt oder über Lizenzen zu verkaufen, wie es das MHF gern gesehen hätte, da, so Karl Fuller* alias „Hermann Buhl" (Kap. 5.3.3, Fall-Nr. 44), auf diese Weise dem Westen „das neue Prinzip [...] in die Hände" gespielt werden würde. Der Westen würde dieses dann aufgrund seiner größeren Möglichkeiten „nachempfinden, weiterentwickeln und sowohl für zivile als auch für militärische (u. a. für SDI) anwenden können" und damit „die vielen investierten Millionen Mark und geistigen Potenzen der NSW-Wirtschaft zugutekommen" lassen. „Der

---

1556 Interview mit Gerd Jäger: „Ideal für die Messtechnik"; Feingerätetechnik 36(1987)7, S. 291–293. Im selben Heft ein weiterer Beitrag: Jäger, Gerd/Grünwald, Rainer: Interferenzoptische Sensoren – eine neue Konzeption der Sensortechnik; ebd., S. 294–296.

1557 Ebd., erste Quelle, S. 293.

1558 Werbeangebot der THI, aufgefunden in: BStU, BV Suhl, Abt. XX, Nr. 902, Bl. 52 f.

einzig mögliche Weg“ könne „nur sein, dass wir diese Entwicklung in unserem Land produzieren, anwenden und verkaufen.“ Fuller* kam ferner auf eine Problematik zu sprechen, die mit der Frage der Innovationskultur direkt zusammenhing; Zitat: „Das größte Problem besteht gegenwärtig allerdings darin, dass zwar jeder bei uns von Schlüsseltechnologie spricht und in den letzten Jahren auch einige bedeutsame Ergebnisse erreicht wurden, jedoch von unseren Wissenschaftlern und Technikern weitaus mehr bahnbrechende Erkenntnisse und Lösungen erarbeitet wurden, deren Umsetzung und Überleitung in die Produktion weniger an den insgesamt begrenzten materiellen Mitteln scheitern, sondern vielmehr an subjektive Probleme wie Entscheidungsunfreudigkeit der zuständigen Mitarbeiter und Leiter von der Kreis- bis zur Regierungsebene, Inflexibilität der Bilanzorgane, starres Festhalten an eingefahrenen Wirtschaftsformen, persönlich motivierte Entscheidungen von General-, Kombinats- und Betriebsdirektoren sowie bloßes Orientieren an Produktionszahlen, ohne ein vertretbares Risiko bei Neuentwicklungen eingehen zu wollen.“[1559]

Die berechtigte Kritik erhärtete sich, Fuller* im Sommer 1988: „Jeder sagt mir, dass es strategisch sehr bedeutsam für den Warschauer Vertrag ist. Aber dass nichts klappt und das Produktionstechnische Zentrum (PTZ) am 1. Januar 1988 produktionswirksam sein sollte laut Festlegungen der Bezirksleitung der SED Suhl und des Wirtschaftsrates des Bezirkes Suhl, will keiner hören.“ Dabei kamen immer wieder bekannte Mängel zum Tragen: Kompetenzgerangel, administrative Machtdurchsetzung (Schweigen nach oben) sowie defizitäre Probleme aller Art (es fiel der Begriff Schrottbetriebe, mit denen man kaum etwas anfangen könne). So entstand der resignative Rat: „Am besten wäre, wenn das PTZ als ein Hochtechnologiezentrum unter Leitung des MHF käme.“ Der Versuch, einfache Teile der SIOS-Projekte im Kombinat Rationalisierung nach Zeichnungen der TH zu fertigen, scheiterte. Die Ergebnisse seien gleich Null.[1560]

Allein für die Überführung in die Industrie lagen verschiedene Bilanzverantwortlichkeiten vor, etwa hinsichtlich der Wägezelle zu NAGEMA und dem Wegsensor zu Carl Zeiss Jena. Aber alle Systeme hatten zu 60 bis 70 Prozent einheitliche Bauteile, entsprechend würden fünf bis sechs Mal parallele Überführungen notwendig werden. Für Ilmenau bedeutete dies, dass jedes Mal Spezialisten in die betreffenden Betriebe hätten gehen müssen, um das Know-how zu vermitteln. Richtig hingegen wäre es gewesen, einen einzigen Trägerbetrieb zu finden, der die komplette einheitliche Technik produziert, so dass nur die variablen Teile, das Primärwandlungselement sowie die äußere Hülle, fünf resp. sechs Mal hätten entworfen werden müssen. Erfahrungen lagen bereits vor: Eine Überführung nach Dresden band bereits 15 Personen des Jäger-Kollektivs für mehrere Jahre, da sie ständig pendeln mussten. Auch die Zeitdauer der Überführungen war mit sieben bis acht Jahren „völlig indiskutabel“. Das soll dem SED-Bezirkschef, Hans Albrecht, mehrfach gesagt worden sein, doch sei das bei ihm auf taube Ohren gestoßen.

Die Idee, produktionstechnische Zentren zu errichten, entsprach den an westlichen Universitäten und Hochschulen angelehnten Technologie-Transfer-Zentren. Ziel war, mit

---

1559 BV Suhl, Abt. XX, vom 20.3.1987: Bericht von „Hermann Buhl“ am 18.3.1987; BStU, BV Suhl, Abt. XX, Nr. 1511, Bd. 2, Bl. 47–53, hier 47–49.

1560 BV Suhl, Abt. XX, vom 10.6.1988: Bericht von „Hermann Buhl“ am 3.6.1988; ebd., Bl. 144–146.

diesen Bindegliedern zwischen Hochschule und Industrie auf ähnlich kurze Überleitungszeiten zu kommen. Angeblich sei, so „Hermann Buhl", mit der Staatlichen Plankommission (SPK) hierüber Einvernehmen erreicht worden. „Der Betrieb hätte den Vorteil, die Grundlagenforschung in unmittelbarer Nähe zu haben, dass Grundlagenforschungsthemen parallel zur Überleitung laufen, dass eine gemeinsame Verantwortung in der Überleitungsphase besteht, dass die im wissenschaftlichen Gerätebau produzierten Geräte in kleinen Stückzahlen mit gutem Gewinn für beide Partner verkauft würden, dass Erprobungsverträge mit den anderen Industriepartnern abgeschlossen würden usw." In Ilmenau würde sich dies aufgrund der vielen Betriebe ringsum geradezu anbieten, die, sinngemäß, auch selbst dringend einer Modernisierung bedurften. Der gemeinsame Vorschlag der Hochschule Ilmenau und der SPK sei auch von Konteradmiral Jochen Münch voll unterstützt worden, da das Militär selbst an eine solche Technologiestätte interessiert gewesen war. Münch sei vor zwei Monaten bei seinem Besuch an der TH „stark enttäuscht worden", da es mit SIOS nicht voranginge. Er wolle den Fortgang des Projekts, an dem Instanzen und Ebenen wie beispielsweise die Bezirks-Plankommission und der VEB Elektrometallgeräte Ilmenau (EMI) beteiligt waren, kurzfristig kontrollieren. Das PTZ sollte im EMI als gemeinsame Einrichtung von Hochschule und Betrieb (Betriebsteil I, Weimarer Str. 47) errichtet werden. Aufbau und Nutzung würden auf Grundlage eines Koordinierungsvertrages erfolgen. Am 29. März 1987 waren die konzeptionellen Vorbereitungen weit gediehen. Lediglich die Verteidigung vor der Bezirksleitung der SED Suhl und der Kreisleitung der SED Ilmenau stand noch aus.[1561]

Der Sachstand kam doppelgleisig durch SED und MfS zu den jeweils höchsten Stellen nach Berlin. Auf der Sitzung der Bezirksleitung der SED Suhl am 25. Mai 1987 verlangte Wirtschaftsminister Günter Mittag, allseitig gefürchtet und möglichst gemieden, Informationen über die Forschungsergebnisse Jägers. Auf Basis dieser Zulieferung sollte dann entschieden werden, welche Vermarktungsstrategie einzuschlagen sei.[1562] Nur einen Tag später meldete sich der Generaldirektor der Berliner Import-Export-GmbH, kurz BIEG (ein Betrieb des KoKo-Imperiums von Alexander Schalck-Golodkowski[1563]), Herzer, im Auftrag Schalck-Golodkowskis, um eine Einladung Jägers für den 18. Juni nach Berlin auszusprechen. Fernschriftlich war der TH Ilmenau eine Verhaltensregelung mitgeteilt worden; Zitat: „Im Interesse der zu erarbeitenden Dokumente bitte ich [Herzer], keine auslandsseitigen Aktivitäten bis zu unserer gemeinsamen Aussprache zu unternehmen." Zu diesem Zeitpunkt gab es bereits erhebliche Irritationen mit dem Industriepartner NAGEMA, der sich beim ZK der SED schlecht behandelt fühlte.[1564]

Einen Konflikt gab es auch innerhalb der Hochschule, da durchgesickert war, dass die Forschungsambitionen Jägers erhebliche militärische Bedeutung besaßen. Der Streit war heftig und störte den Betriebsfrieden. Die, so wörtlich, Kampagneführerin wurde daraufhin

---

[1561] BV Suhl, Abt. XX, vom 20.3.1987: Bericht von „Hermann Buhl" am 18.3.1987; ebd., Bl. 47–53.

[1562] BV Suhl, Abt. XX, vom 2.6.1987: Einladung; BStU, BV Suhl, Abt. XX, Nr. 927, Bl. 19.

[1563] Berliner Import-Export-GmbH. BIEG war eine Einrichtung des Bereiches Kommerzielle Koordinierung, vgl. Buthmann: Arbeitsgruppe Bereich Kommerzielle Koordinierung, passim.

[1564] BV Suhl, Abt. XX, vom 6.6.1987: Reaktionen hinsichtlich der ökonomischen Verwertung der Forschungsergebnisse Jägers; BStU, BV Suhl, Abt. XX, Nr. 1511, Bd. 2, Bl. 66 f.

denunziert.[1565] Noch im Juni liefen die Vorbereitungen für die Hannover Messe im selben Jahr an, verbunden mit einigen Aufenthalten in der Bundesrepublik.[1566] Die Reise nach Hannover dauerte vom 22. Juni bis 4. Juli 1987. Die Delegation bestand aus Vertretern der TH Ilmenau, des MHF und der BIEG.[1567] Das weitere Geschehen im Zeitraffer:

Am 4. August 1987 wurde Kemnitz die von der BIEG erarbeitete Projektskizze zu einem PTZ in Ilmenau übergeben. Nach Überarbeitung sollte sie zum 15. August Günter Mittag übersandt werden (Verteiler MHF und SED-Bezirksleitung Suhl). BIEG hatte für die Investition 20 bis 30 Millionen Mark in Aussicht gestellt. Substantiell hatte es bislang keinen Fortschritt in der Schaffung des PTZ gegeben. Kemnitz dürfte berechtigt Bedenken gehabt haben, die sich auf die materiellen Fonds beliefen und auch hinsichtlich möglicher Produktionsauflagen für die Hochschule. Aber auch von außen kamen – wie etwa vom Kombinat Technisches Glas – Bedenken und Protest.[1568]

Spätestens im Spätsommer 1987 war deutlich geworden, dass die Erfindung Jägers sowohl als Grundprinzip wie auch über einige Applikationslinien im westlichen Ausland bereits patentiert war. Da die TH Ilmenau eine Art Grundlagenpatent anstrebte, das die Breite der Applikationen möglichst großzügig abdecken sollte, ergab sich ein weiteres Problem. Um ein solches Patent durchzubringen, musste der beste Patentanwalt der DDR kurzfristig gefunden werden, um einer Vorladung in München, die sehr eng terminiert war, Folge leisten zu können. Patentrechtlich gab es durchaus Möglichkeiten, das Wirkprinzip zu umgehen, indem man ein oder zwei bereits erteilte Patente fände und eine Verbindung, etwa Interferometer/Verformungskörper, kreiere. Klar war, dass im Falle der Ablehnung des Patentes in München der Preis für zu exportierende Applikationen niedriger als gewünscht ausfallen würde und, noch nachteiliger, BRD-Firmen selbst solche Geräte herstellen könnten.[1569]

1987 resümierte Repenning in seinem Informationsbericht für den Monat September, dass das Interesse an der IO-Wägetechnik unvermindert anhalte. Interesse hatten je eine industriell ausgerichtete Firma aus der Bundesrepublik, den Niederlanden und der Schweiz bekundet. Ferner kam es zu Nachfragen und Bitten aus Lehre und Forschung.[1570]

Mitte 1988 hieß es, dass die ökonomische Verwertung der IO-Sensortechnik im Kombinat NAGEMA unter Verantwortung des stellvertretenden Ministers des MHF in Zusammenarbeit mit einer Westfirma bereits gut laufe. Der militärische Ableger allerdings sei in der Realisierung gefährdet, da das PTZ „nach wie vor nicht produktionswirksam" sei. Der Berichterstatter hierüber sah die zivile Linie dieser Technik als eine gute Abdeckung des militärischen Äquivalents an.[1571]

[1565] BV Suhl, Abt. XX, vom 12.6.1987: Bericht von „Hermann Buhl" am 6.6.1987; ebd., Bl. 70.

[1566] BV Suhl, Abt. XX, vom 18.6.1987: Reiseplanung; ebd., Bl. 71–73.

[1567] BV Suhl, Abt. XX, vom 11.8.1987: Bericht von „Hermann Buhl" vom 4.8.1987; ebd., Bl. 93 f. Der Bericht von „Hermann Buhl" wurde von „Michael Kühn" von der HA XX/8 verifiziert.

[1568] BV Suhl, Abt. XX, vom 18.8.1987: Bericht von „Hermann Buhl" am 4.8.1987; ebd., Bl. 95 f.

[1569] BV Suhl, Abt. XX, vom 14.8.1987: Vorladung nach München; BStU, BV Suhl, Abt. XX, Nr. 902, Bl. 58 f.

[1570] THI, BSG, vom 30.9.1987: Informationsbericht „September 1987"; BStU, BV Suhl, AIM 1592/90, Teil II, Bd. 5, Bl. 345–348. Belege u. a., Bl. 349 f., u. 384.

[1571] BV Suhl, Abt. XX, vom 13.6.1988: Bericht zum Treffen mit „Hermann Buhl" am 3.6.1988; BStU, BV Suhl, Abt. XX, Nr. 1511, Bd. 3, Bl. 4 f., hier 5.

Jäger soll vom MfS ausdrücklich aufgefordert worden sein, „sich strikt an die mit BIEG und dem Exportbüro des MHF zu treffenden Festlegungen zu halten und keine ‚Alleingänge im Interesse seines Labors' zu unternehmen".[1572] BIEG, die TH Ilmenau und das Exportbüro des MHF verhandelten im September sowohl in Ilmenau als auch in Suhl mit einer Westfirma in Heidelberg. Die Firma soll zugesichert haben, bis zum 1. Oktober „eine endgültige Entscheidung über die ‚Zusammenarbeit bei einer Vermarktung bzw. Weiterentwicklung einer interferenzoptischen Wägezelle' zu treffen'". Mitte Oktober riss der Kontakt zur Firma plötzlich ab.[1573] Wie die dort eingeholte Auskunft ausfiel, ist unklar, da das zerrissene Quellenmaterial nicht vollständig erhalten ist. Sie muss jedoch, wie Folge-Materialien nahelegen, negativ ausgefallen sein.

Am 14. Januar 1989 unterbreitete die Westfirma Bran & Lübbe der TH Ilmenau ein Angebot, das vor allem drei Aspekte enthielt: einmal einen Beratervertrag für den Zeitraum Februar bis Dezember des laufenden Jahres, zum anderen die Bereitstellung „integriertoptische Interferometer einschließlich der erforderlichen Versorgungs- und Auswerteelektronik sowie komplette Längenmessgeräte mit integriertoptischem Interferometer [...]. Die integriertoptischen Komponenten und Längenmessgeräte im Wert von circa 20.000 DM" sollten der TH Ilmenau „nach der Untersuchung an der TH Ilmenau" verbleiben. Anschließend hatte die Hochschule die messtechnischen Untersuchungen durchzuführen, die die Firma mit 90.000 DM vergüten wollte. Vertragspartner der westdeutschen Firma war nicht die Hochschule, sondern BIEG.[1574] Vorausgegangen war eine Beratung am 10. Januar 1989 in Berlin. An ihr nahmen fünf Personen der beteiligten Institutionen teil: der Firma Bran & Lübbe, dem Exportbüro des MHF, der BIEG und der TH Ilmenau, die zwei Vertreter entsandte. In allen wichtigen Fragen einschließlich der Preisvorstellungen sollen sich die Partner einig gewesen sein. Erste Etappe in der Vertragsgestaltung sollte die Unterzeichnung des Beratervertrages sein, der bis Ende Februar 1989 abzuschließen war.[1575]

Ein 19-seitiger Bericht zu einer Reise zum Vertragspartner Bran & Lübbe am 12. Januar 1989 enthält sämtliche Standards inoffiziell erstellter Reiseberichte, also: Regime-Angaben, politische Einschätzungen, Personenbeschreibungen, Aspekte der geheimdienstlichen Absicherung, Verhandlungsverlauf und -ergebnisse. „Also zusammenfassend muss man sagen, dass die BRD-Firma unser Know-how will, denn sie haben" sich, so sinngemäß, vorher mit anderen Firmen zu Fragen des Marktes konsultiert. Die Verhandlungen verliefen nicht reibungslos, der Bericht ist auch lesbar als ein Prozess des Scheiterns. Es wird deutlich, dass die Ilmenauer Seite den tatsächlichen Darstellungen der anderen Seite mit zu viel Optimismus und dem unbedingten Willen, einen Vertrag mit nach Hause zu

---

1572 BV Suhl, Abt. XX, vom 10.9.1988: Bericht zum Treffen mit „Hermann Buhl" am 6.9.1988; ebd., Bd. 2, Bl. 134 f. Die Sachlagen sind gut dokumentiert in: ebd., Bd. 1, passim.

1573 BV Suhl, Abt. XX, vom 5.12.1988: Sachstandsbericht von „Hermann Buhl" am 23.11.1988; ebd., Bd. 3, Bl. 18–20.

1574 Bran & Lübbe vom 14.1.1989: Vertragstext, aufgefunden in: ebd., Bl. 25 f.

1575 Berlin vom 10.1.1989: Protokoll der Beratung bezüglich der wissenschaftlich-technischen Zusammenarbeit der Fa. Bran & Lübbe und der THI, aufgefunden in: ebd., Bl. 56 f.

bringen, begegnete. Auch übten sie Druck auf die Firma aus.[1576] Das MfS schätzte ein, dass die Ilmenauer die DDR-Strategie befolgt und die sicherheitspolitischen Aspekte erkannt hätten.[1577]

Über eine Abstimmung der Ilmenauer Seite mit der BIEG am 17. Januar 1989 ist ein Bericht überliefert. Ihm ist zu entnehmen, dass, seit Schalck-Golodkowski 1987 grünes Licht für die Vermarktung gegeben hatte, die Sache ins Laufen gekommen war, was einen Ilmenauer Beteiligten angeblich zu der Aussage brachte: „Ich weiß zwar nicht, wie ihr [das MfS – der Verf.] das gemacht habt, aber ich danke Euch, dass Ihr diese extreme Veränderung in der Haltung der BIEG erreicht habt." Allerdings schätzte die BIEG die Vergütung für zu niedrig ein. Der detaillierte Bericht schloss mit der Hoffnung, dass der Vertrag gelingen möge, erstens im Sinne der Devisenerwirtschaftung, zweitens der Nutzbarmachung für eigene Zwecke: „Ob wir die Überleitung in die Produktion dann schaffen oder nicht, auf jeden Fall brauchen wir den strategischen Vorsprung in der Grundlagenforschung."[1578]

Es gehörte zur Gepflogenheit des MfS, Tonbandmitschnitte ihren inoffiziellen Mitarbeitern kundzutun. Hin und wieder aber signalisierten dies die Führungsoffiziere nicht. Ein solcher Fall trat am 14. Februar 1989 ein, als der in der Sache betroffene inoffizielle Mitarbeiter nochmals über den westdeutschen Verhandlungspartner und vor allem auf Personen zu sprechen kam, die zur Wägetechnik pro und contra redeten.[1579] Er äußerte, dass er ständig auf eine mögliche Konfrontation mit Geheimdiensten der Bundesrepublik gefasst sei.[1580] Immerhin fanden bereits eine ganze Reihe von Westreisen statt, die auch 1989 fortgesetzt wurden, so nach Grenoble zur Firma CSO vom 23. bis 25. Februar.[1581]

Urplötzlich stieg die DDR-Seite aus; Zitat MfS: „In einem Schreiben vom 24. Mai 1989 vom VEB Wägetechnik Rapido Radebeul/DDR an den Rektor der TH Ilmenau wird der Vertrag über wissenschaftlich-technische Zusammenarbeit auf dem Gebiet der IO-Wägetechnik aufgekündigt, da ‚dieses System als Ablösekonzept mit der sich ergebenden Ökonomie für den VEB Rapido nicht geeignet' ist. Dies stößt seitens der beteiligten Wissenschaftler der TH Ilmenau auf starkes Unverständnis und steht im Widerspruch zu der in den letzten zwei Jahren erreichten Anerkennung der Ergebnisse als Weltneuheiten durchführende NSW-Firmen und die Verleihung des Nationalpreises an das Forschungskollektiv."[1582] Am 29. Mai rekapitulierte Offizier Heß, dass die DDR-Industrie kein Interesse an den Entwicklungen mehr habe und den „optimistischen Prognosen keinen Glauben geschenkt" werde. Es fände sich weder im Bezirk Suhl noch in Berlin eine „kompetente und

---

1576 BV Suhl, Abt. XX, o. D.: Bericht von „Hermann Buhl" vom 18.1.1989 über die Reise in die BRD; ebd., Bl. 35–53.

1577 BV Suhl, Abt. XX, vom 27.1.1989: Bericht zum Treffen mit „Hermann Buhl" am 18.1.1989; ebd., Bl. 54 f.

1578 BV Suhl, Abt. XX, o. D.: Bericht von „Hermann Buhl" vom 18.1.1989 über die Abstimmung mit der BIEG am 17.1.1989; ebd., Bl. 29–31.

1579 Bericht von „Hermann Buhl" am 14.2.1989: „Von ihm nicht bemerkter Tonbandmittschnitt"; ebd., Bl. 60–62.

1580 BV Suhl, Abt. XX, vom 16.2.1989: Bericht zum Treffen mit „Hermann Buhl" am 14.2.1989; ebd., Bl. 68 f. Das Treffen in der KW „Hahn" mit Offizier Heß dauerte dreieinhalb Stunden.

1581 BV Suhl, Abt. XX, vom 6.3.1989: Bericht von „Hermann Buhl" vom 3.3.1989; ebd., Bl. 70. BV Suhl, Abt. XX, vom 7.3.1989: Einsatz von „Hermann Buhl" in Grenoble; ebd., Bl. 71–74.

1582 BV Suhl, Abt. XX, vom 7.6.1989: Politisch-operative Lage im Sicherungsbereich der THI für den Monat Mai 1989; BStU, BV Suhl, Abt. XX, Nr. 909, Bd. 2, Bl. 9–11, hier 10.

vor allem einflussreiche Person", „die mit Engagement die notwendigen Entscheidungen zur schnellen Überleitung in die Produktion herbeiführen könnte". Heß erinnerte an die Schritte vor zwei Jahren, die hoffnungsvoll waren, „jedoch aufgrund oben genannter Faktoren und fehlender Investmittel nicht realisiert" worden sind.[1583] Jäger und seine Mitarbeiter hätten dies „offenbar gut verkraftet", es gäbe bereits neue Praxispartner.[1584] Auch sei der Kontrakt mit Bran & Lübbe noch wirksam.[1585]

Der Generaldirektor des Kombinates NAGEMA begründete im Juli die ökonomische Notwendigkeit des Schrittes. Die vertragliche Leistung galt ursprünglich bis zum 31. Dezember 1990. Die TH Ilmenau, vertreten durch Kemnitz (Rektor), Schmidt (1. Prorektor), Dittrich (Direktor Forschung) und Jäger (Themenleiter), gab mit Gründen ihr Unverständnis über den Schritt Rapidos resp. NAGEMAs kund. Sie verwies auf zwischenzeitlich wiederholte Bekundungen und Abrechnungsleistungen für konkrete Einsatzmöglichkeiten der Invention im und durch das Kombinat. Entsprechend verlangte sie vollumfänglich die Erstattung allfälliger offener Rechnungen, laufende und abschließende Kosten sowie Lohnfortzahlung für delegierte Wissenschaftler (solange, wie für sie keine adäquaten Stellen gefunden seien). Der Gesamtkatalog der Forderungen an den Vertragspartner ist von harter Diktion getragen, ein Ton, der berechtigt war. Es war nicht Aufgabe der TH Ilmenau, Verständnis für die fehlende Elastizität der DDR-Volkswirtschaft zu zeigen. Während das Unverständnis der Vertreter der TH Ilmenau ausführlich protokolliert worden war, fehlt im tradierten Protokoll jede Notiz der ausführlichen Begründung der Vertragsauflösung seitens der Vertreter Rapidos und NAGEMAs. Es mag sein, dass dies ihrer Zusicherung geschuldet war, die Gründe in schriftlicher Form bis zum 10. August des laufenden Jahres noch zu übergeben. Über die Nichtweiterführung des Staatsplanthemas sollte das Kombinat das MHF informieren.[1586]

Indes war Rapido nicht der einzige, wiewohl der mit Abstand wichtigste Partner in diesem Projektkomplex. Unter dem Titel „Mikroelektronik wiegt Broiler – Spitzentechnologie im Geflügelschlachthof Hainspitz" informierte die *Thüringische Landeszeitung* den Leser über die Innovation der TH Ilmenau. Die im Schlachthof installierte interferenzoptische Waage gab die Wägedaten über Lichtleiterkabel an einen Rechner des Typs BC 1520 weiter. Das System erlaubte eine optimale Programmierung aller 42 Abrufstationen, fünf Arbeitsplätze konnten eingespart werden. In Hainspitz wurden täglich 20.000 Broiler verarbeitet.[1587]

1583 BV Suhl, Abt. XX, vom 29.5.1989: Absprache mit dem Leiter der Abt. XVIII; BStU, BV Suhl, Abt. XX, Nr. 1511, Bd. 3, Bl. 93.

1584 BV Suhl, Abt. XX, vom 28.7.1989: Bericht zum Treffen mit „Hermann Buhl" am 25.7.1989; ebd., Bl. 108 f.

1585 BV Suhl, Abt. XX, o. D.: Bericht von „Hermann Buhl" am 27.6.1989; ebd., Bl. 111–113.

1586 THI, o. D.: Protokoll der Beratung zwischen der THI, VEB Kombinat NAGEMA und VEB Wägetechnik Rapido am 25.7.1989, aufgefunden in: BStU, BV Suhl, Abt. XX, Nr. 902, Bl. 72–75.

1587 Zeitungsbericht, aufgefunden in: ebd., Bl. 80.

5.2.2 Die Spezialstudenten

Die *Junge Welt* veröffentlichte am 27. Februar 1987 einen Artikel über „außergewöhnlich begabte Studenten ab“ dem 3. Studienjahr, die in einem „speziellen Studium gefördert“ würden. Es seien zwischen 80 und 100, „wobei auf einen Professor fünf Studenten“ kämen.[1588] Falsch war diese Nachricht nicht, jedoch im Kern irreführend.

Der spezielle Ausbildungs- und Forschungsbereich „Profilierung“ des Kombinates VEB Carl Zeiss Jena wurde auf Grundlage der „Direktive zum Aufbau einer Ausbildungs- und Forschungseinrichtung für spezielle Produktion an der TH Ilmenau“ vom 24. September 1984 gebildet. Aufgabe des Bereiches war die Ausbildung von Diplom-Ingenieuren „für spezielle Aufgaben der Forschung/Entwicklung und Produktion“ für Carl Zeiss Jena im Rahmen der Landesverteidigung sowie der Realisierung strategisch wichtiger Forschungen im Rahmen der „Profilierung“ von Zeiss Jena,[1589] wie sie im vorigen Kapitel dargestellt sind.

Das Sonderprogramm erforderte eine Kapazitätserweiterung der wichtigsten Ressourcen, etwa hinsichtlich der Erweiterung des Lehrkörpers, wobei die Betreuungsdichte deutlich höher veranschlagt wurde als für die gewöhnlichen Studenten. Es waren vorgesehen: 15 ordentliche Professoren, 20 Hochschuldozenten, 150 wissenschaftliche Mitarbeiter und 200 sonstiges Personal (Ingenieure, Facharbeiter und technische Kräfte). Die wissenschaftlichen Kräfte sollten vorrangig aus eigenen Ressourcen rekrutiert werden.[1590] Damit kamen auf einen speziellen Studenten im Jahresdurchschnitt circa 2,8 Lehrer, Ausbilder und Betreuer. In Sonderforschung involvierte wissenschaftliche Mitarbeiter und Studenten mussten an speziellen Lehrveranstaltungen teilnehmen, die vom inhaltlichen Volumen und von der Frequenz her durchaus aufwendig waren. Beispielsweise führte ein Mitarbeiter von Carl Zeiss Jena in Ilmenau für die für Sonderforschung ausgewählten Studenten der Seminargruppen 208 und 409 eine Lehrveranstaltung unter dem Titel „Entwicklung und Produktion spezieller Erzeugnisse“ durch, die auf 48 Stunden Vorlesung und zwölf Stunden Übungen ausgelegt war.[1591]

Das Kombinat Carl Zeiss Jena sicherte die Ausrüstungsbelieferung. Für die Ausstattung der Labore und Konstruktionsplätze sowie für Klein- und Mikrorechentechnik stellte Zeiss für das Studienjahr 1985/86 zunächst zehn Millionen Mark bereit. Bis zum 1. September 1985 sollten 200 Wohnheimplätze geschaffen werden. In den Folgejahren sollte diese Zahl verdreifacht werden. Zudem war ein Lehr- und Forschungsgebäude geplant, „um einen vom restlichen Hochschulkomplex getrennten Bereich aufzubauen, in dem Lehrveranstaltungen durchgeführt werden“ sollten. Der Bauplatz war zu diesem Zeitpunkt noch nicht entschieden. Favorisiert war der Campus in Ilmenau. Gerhard Linnemanns Auffassung, das Gebäude in Suhl zu errichten, wurde diskreditiert. Als Übergangslösung

---

1588 Bericht von „Martin“ vom 19.3.1987; BStU, BV Suhl, AIM 433/89, Teil II, Bd. 3, Bl. 348.

1589 BV Suhl, Abt. XX, vom 1.4.1986: Auskunftsdokument zu strategisch bedeutsamen Aufgaben der Landesverteidigung an der THI und der politisch-operativen Sicherung nach Befehl 11/84; BStU, BV Suhl, BdL, Nr. 4158, Bl. 1–15, hier 2.

1590 KDI vom 14.12.1984: Information zum Aufbau des Sonderbereiches für Ausbildung und Forschung; BStU, BV Suhl, AGG, Nr. 55, Bd. 3, Bl. 101–104, hier 103.

1591 Bericht von „Walter“ vom 13.2.1986; BStU, BV Suhl, AIM 984/89, Teil II, Bd. 8, Bl. 127 f.

wurde die Nutzung von Bereichen des Helmholtz-Baus – abgetrennt durch Sicherheitsvorkehrungen (Sperrbereiche) – vereinbart. Die Lehrveranstaltungen im Rahmen der Grundlagenausbildung sollten in den vorhandenen Komplexen der Hochschule durchgeführt werden. Der WB Prozessmess- und Sensortechnik der Sektion TBK sollte in die Forschungsprogrammatik des Sonderbereiches einbezogen werden, da hieran das Kombinat Carl Zeiss Jena Interesse zeigte bzw. bereits beteiligt war. Die Bildung des Sonderbereiches wurde bis Ende 1984 mit sechs inoffiziellen und drei hauptamtlichen Mitarbeitern der KD Ilmenau resp. etwas später der Abteilung XX der BV Suhl direkt abgesichert. Zusätzlich wurden zwölf inoffizielle und fünf hauptamtliche Mitarbeiter der KD Ilmenau peripher eingesetzt.

Die TH Ilmenau erhielt für die Ausbildung von wissenschaftlich-technischen Kadern für die spezielle Produktion des Kombinates Carl Zeiss Jena die Funktion einer Leithochschule. Es ist ein bemerkenswertes Herausstellungsmerkmal. Grundlage hierfür bildete ein Koordinierungsvertrag beider Seiten. Eine Weisung des MHF vom 28. Januar 1985 bildete die Rechtsgrundlage. Für 1985 sah die Reihenfolge der hohen Bildungsstätten bei den zu Delegierenden *an* die TH Ilmenau wie folgt aus: TU Dresden, TH Karl-Marx-Stadt, Spezialoberschule Carl Zeiss und aus dem Facharbeitervorkurs des Kombinates Carl Zeiss je 25, FSU Jena, TH Magdeburg, IHS Mittweida und IHS Dresden je zehn sowie HU Berlin, WPU Rostock und IHS Weißwasser je fünf. Ilmenau hatte 30 eigene Spezialstudenten.[1592]

Die Sicherung erfolgte nach den Maßgaben des oben beschriebenen Befehls Nr. 11/84 „Präzision". Mitarbeiter der TH Ilmenau, die mit dieser Ausbildungsmaterie zu befassen waren, wurden LVO-verpflichtet. Das Ausbildungsfinale bestand in speziellen Lehrveranstaltungen und Praktika, die Grundlagen wurden in den Fachrichtungen Gerätetechnik sowie Theoretische Elektrotechnik und Informationstechnik gelegt. Den Studenten sollten Kenntnisse zur „Entwicklung spezieller Erzeugnisse, Grundlagen der IR-Technik, Lasertechnik, Strahlungsempfängertechnik [und] Bildverarbeitung im Umfang von 300 bis 350 Stunden ab 3. Studienjahr", dem Beginn der speziellen Ausbildung, vermittelt werden. Hinzu kamen Ausbildungslinien in einzelnen Spezialisierungsrichtungen, wie beispielsweise auf dem Gebiet der IR-Technik und Sensorik im Gesamtumfang von 150 Stunden für einzelne Studentengruppen. Die Gestaltung der Lehrprogramme stand am 31. Dezember 1984 kurz vor dem geplanten Abschluss. Um die rechtzeitige Zuführung von Studenten anderer Universitäten und Hochschulen sicherzustellen, erhielt das MHF bereits zu diesem Zeitpunkt die geplanten Immatrikulationszahlen bis 1991.[1593]

[1592] BV Suhl, Abt. XX, vom 2.3.1985: Information zum Aufbau des Sonderbereiches für Ausbildung und Forschung; BStU, BV Suhl, AGG, Nr. 55, Bd. 3, Bl. 105–107.

[1593] KDI vom 14.12.1984: Information zum Aufbau des Sonderbereiches für Ausbildung und Forschung; ebd., Bl. 101–104, hier 101 f. BV Suhl, Abt. XX, vom 1.4.1986: Auskunftsdokument zu strategisch bedeutsamen Aufgaben der Landesverteidigung an der THI und der politisch-operativen Sicherung nach Befehl 11/84; BStU, BV Suhl, BdL, Nr. 4158, Bl. 1–15, hier 2.

Tabelle 70: Personalplanung „Spezielle Ausbildung“[1594]

Teilnehmer	1985	1986	1987	1988	1989	1990	1991
Studenten ab 3. Studienjahr	120	120	95	75	70	70	70
Abiturienten der Spezialschule CZ	10	20	30	30	30	30	30
Facharbeiter aus dem Kombinat CZ	25	25	25	25	25	25	25
Gesamt	155	165	150	130	125	125	125

Die endgültige Planung für ab 1986 sah jährlich 40 eigene und 50 Studenten anderer Hochschulen und Universitäten an der TH Ilmenau vor. Im September 1985 lag die Bereitschaft von 73 Kandidaten der Matrikel 83 vor. Das Ergebnis lag jedoch weit unter den Erwartungen, da Anfang 1985 die Bereitschaft von 180 Studenten erwartet wurde.[1595] Die auf dieser Basis hochgerechneten Zahlen für 1987 bis 1990 – mit 290, 340, 380 und 420 Studenten – gerieten demzufolge vom Start in Gefahr.[1596]

Tabelle 71: Spezialstudenten Matrikel 83 für 1985 und Matrikel 84 für 1986[1597]

Bildungseinrichtung	Anzahl September 1985	Anzahl Oktober 1986
TH Ilmenau	40	39
TH Karl-Marx-Stadt	7	4
TH Magdeburg	7	3
TU Dresden	5	13
WPU Rostock	4	-
HU Berlin	3	-
FSU Jena	2	-
IHS Dresden	2	3
IHS Wismar	2	4
IHS Mittweida	1	4
Gesamt	73	70

Die Gewinnungsgespräche für die spezielle Ausbildung verliefen nicht nur zäh, sondern die positiven Ergebnisse waren auch nicht immer von Dauer. In der Matrikel 86 hatten 24 von 31 ausgewählten Studenten ihre Bereitschaft erklärt, alle waren sofort als Geheimnisträger VVS verpflichtet worden. Die restlichen sieben, die bereits im speziellen Ausbildungsbereich der TH Ilmenau integriert waren, hatten in den Erstgesprächen zwar ihr Einverständnis abgegeben, zogen es aber wieder zurück. Sie sollten zunächst während des Ingenieurpraktikums „in Bereiche ohne besondere Sicherheitserfordernisse“ vermittelt, später aber dennoch für Jena vermittelt werden. Für die Matrikel 85 waren bereits für 30 von 46 Studenten die Einsatzbeschlüsse für Carl Zeiss Jena erstellt worden. Die restlichen waren zwischenzeitlich nicht (mehr) bereit, bei Zeiss einzusteigen. Sie zog es u. a. in fünf Fällen zu einem Verbleib als Forschungsstudenten an der TH Ilmenau sowie in vier Fällen

1594 Ebd., erste Quelle.

1595 BV Suhl, Abt. XX, vom 2.3.1985; BStU, BV Suhl, Abt. XX, Nr. 939, Bl. 4–6.

1596 BV Suhl, Abt. XX, vom 1.4.1986: Auskunftsdokument zu strategisch bedeutsamen Aufgaben der Landesverteidigung an der THI und der politisch-operativen Sicherung nach Befehl 11/84; BStU, BV Suhl, BdL, Nr. 4158, Bl. 1–15, hier 7.

1597 BV Suhl, Abt. XX, vom 5.1.1987: Einschätzung zum Stand der speziellen Ausbildung und Forschung an der THI und der politisch-operativen Sicherung entsprechend Befehl 11/84; BStU, BV Suhl, Abt. XX, Nr. 946, Bd. 2, Bl. 65–76, hier 67. BV Suhl, Abt. XX, vom 20.5.1987: Information zum Stand der speziellen Ausbildung und Forschung an der THI; ebd., BdL, Nr. 4158, Bl. 17–24.

zur Akademie der Wissenschaften.[1598] Der Aufwand des MfS zur Selektion, Bestätigung und permanenten Überprüfung dieser Spezialstudenten war enorm. Immer wieder mussten Studenten aus sicherheitspolitischen Gründen herausgelöst werden (was zwingend zu Verunsicherungen führte), bzw. traten Studenten von ihrer abgegebenen Verpflichtung zurück.

5.3 Hochschule und Staatssicherheit

> „[A] vertritt die Meinung, dass die Genossen Berg, Repenning und [B] aus dem Rektorat nicht an den Dienstbesprechungen des Rektors teilnehmen sollten. […] Bei der Teilnahme dieser Genossen käme man sich immer beobachtet vor."[1599]

Es unterhielten sich Kurt Repenning alias IME „Rainer", Wolfgang Berg alias Ex-FIM „Martin" und Rudi Juffa alias FIM „Holt" über eine Disziplinarmaßnahme gegen einen Spitzenwissenschaftler der TH, Karl Fuller* alias IME „Hermann Buhl", kurz vor dem Ende der DDR. „Rainer" beschwerte sich, dass ihm Offizier Klaus Escher gesagt hätte, dass die BV Suhl des MfS noch keine Entscheidung in der Disziplinarsache getroffen hätte. Jedoch habe er nur wenig später gegenüber dem 1. Prorektor gesagt, die Entscheidung sei bereits getroffen. Demnach wäre, so „Rainer", Escher „selbst ihm gegenüber unehrlich, was dazu führt, dass man nicht mal mehr weiß, wie man bei diesen Genossen dran ist".[1600]

Der Verfasser kann sich an kein nichtöffentliches Gespräch über das MfS vor 1990 erinnern, in dem der Staatssicherheitsdienst in irgendeiner Weise nicht als irrelevant, ungefährlich oder unmoralisch betrachtet worden wäre: jeder hatte seine Erfahrungen, und wenn keine eigenen, dann solche vom Hörensagen. Das hat sich gewandelt. Bagatellisierungen erhielten Raum. Abgesehen von der Frage des Verstehens der „eigenen" Akte, das nicht ohne Irrtümer und Gefahren ist,[1601] spaltete sich nach 1990 die Volksmeinung rasch in zwei Lager auf. Die Fraktion des „Wegsperrens" der MfS-Akten propagiert seither eine Abstinenz oder Relativierung dieser Aktenbedeutung, flankiert von jenen, die mit ihrem Schlüssellochblick auf die mikroskopisch winzige, oft teilgeschwärzte „eigene" Akte mediale Schlagzeilen befeuerten. Auch Nebelkerzen regelrechter Verblödung wurden und werden bis heute abgefeuert.[1602] Und die Fraktion der „Offenhaltung", auf der anderen Seite des Gefechtes, lebt ihren Kampf um den Zugriff für historische Zwecke nach Art des Spezialgesetzes StUG.[1603]

[1598] BV Suhl, Abt. XX, vom 25.4.1989: Politisch-operative Lage im Sicherungsbereich der THI für den Monat April 1989; BStU, BV Suhl, Abt. XX, Nr. 909, Bd. 1, Bl. 154–156, hier 154 f.

[1599] Bericht vom 7.12.1978: Treffen mit „Walter" am 6.12.1978; BStU, BV Suhl, AIM 984/89, Teil II, Bd. 7, Bl. 64 f., hier 64.

[1600] Aktenvermerk vom 20.9.1989: Mitteilung von „Holt"; BStU, BV Suhl, Abt. XX, Nr. 1169, Bl. 216.

[1601] Yanay, Uri: Welche Wirkungen hatte die Lektüre der eigenen Stasi-Akte?, in: Gerbergasse 18 (2020), Heft 97, S. 55–59.

[1602] Kowalczuk, Ilko: Zerstörtes Vertrauen. Über den Mikrokosmos Stasi und die Verantwortung, die auch Techniker trugen – eine Entgegnung, in: Berliner Zeitung vom 1.2.2021, S. 3. Die Gerbergasse 18 widmete diesem Thema nahezu ein ganzes Heft: Gerbergasse 18 (2021), Heft 101.

[1603] Kowalczuk, Ilko: Das Ende eines Revolutions-Symbols, in: Sächsische Zeitung vom 24.11.2020, S. 7.

5.3.1 Struktur und Verankerung

Das Ministerium für Staatssicherheit (MfS) der DDR war eine politische Geheimpolizei, die mit erheblichen normativ-gesetzlichen, strukturellen, personellen und methodischen Mitteln ausgestattet war und die Bürger in ihrer ideologischen und politischen Einstellung, sicherheitspolitischen Konformität und Staatshörigkeit zu kontrollieren und gegebenenfalls zu bearbeiten hatte. Dass das MfS u. a. auch eine Auslandsaufgabe, eine klassische Spionageaufgabe und -abwehr hatte, zudem die immaterielle und materielle Beschaffung von Kenntnissen aller Art sowie Embargo-Gütern mindestens sicherheitstechnisch zu begleiten hatte, vervollständigt nur das Bild.

Am 28. Januar 1950 rief der damalige Generalinspekteur der Hauptverwaltung zum Schutz der Volkswirtschaft, Erich Mielke,[1604] zu einer umfassenden Stärkung seiner Institution und der Hauptverwaltung der deutschen Volkspolizei im gemeinsamen Kampf gegen Saboteure, Spione und kriminelle Verbrecher auf. Der großaufgemachte Beitrag im *Neuen Deutschland* unter dem Titel „Gangster und Mörder im Kampf gegen unsere Republik" war letztlich die propagandistische Signalisierung eines entsprechenden Beschlusses der Regierung vom 26. Januar, der in diesem Beitrag im Wortlaut mit abgedruckt worden war[1605] und unmittelbar in die Gründung des MfS am 8. Februar 1950[1606] mündete. An diesem Tag ist seine Bildung von der provisorischen Volkskammer der DDR auf ihrer 10. Sitzung beschlossen worden, nachdem das Politbüro der SED sie am 24. Januar 1950 vorgegeben hatte. Das Gesetz über die Bildung des MfS, in Kraft getreten am 18. Februar 1950 und bekanntgegeben im Gesetzblatt der DDR Nr. 15 vom 21. Februar 1950, enthält keinerlei Angaben über Aufbau, Funktion und Aufgaben des Ministeriums. Vor der Gründung wirkte als politische Polizei in der SBZ/DDR der als K 5 bezeichnete Sonderbereich der Kriminalpolizei.

Am 23. Juli 1953 wurde das MfS – aus eher taktischen Erwägungen in der Folge des 17. Juni heraus formal – zum Staatssekretariat für Staatssicherheit (SfS) herabgestuft. Am 15. Oktober 1953 bestätigte der Ministerpräsident der DDR, Otto Grotewohl, im Auftrag der Volkskammer für das SfS ein Statut mit dem Geheimhaltungsgrad Geheime Verschlusssache (GVS). War das Gesetz zur Gründung des MfS vom 8. Februar 1950 von Natur her ein Anzeigegesetz, so war das erste (interne) Statut vom 6. Oktober 1953[1607] wenigstens grob aussagekräftig hinsichtlich der Ausrichtung und Einbindung des SfS gehalten. Am 24. November 1955 wurde das SfS wieder in den Status eines Ministeriums erhoben.[1608] Wie für das erste Statut mag auch für seine Neufassung die angespannte nationale und internationale Situation den Impuls gegeben haben. Ausgangs der sechziger Jahre hatten sich die volkswirtschaftlichen Probleme in der DDR verschärft, die politische

---

[1604] Kurzbiographie in: Engelmann, Roger et al. (Hrsg.): Das MfS-Lexikon. Begriffe, Personen und Strukturen der Staatssicherheit der DDR. 4. aktualisierte Aufl. Berlin 2021, S. 230–232.

[1605] Mielke, Erich: Gangster und Mörder im Kampf gegen unsere Republik, in: Neues Deutschland vom 28.1.1950, S. 4.

[1606] GBl. 1950, Nr. 15, S. 1. Abgedruckt in: Engelmann, Roger/Joestel, Frank: Grundsatzdokumente des MfS. Berlin 2004, S. 21.

[1607] Statut des SfS vom 6.10.1953; BStU, MfS, SdM, Nr. 1574, Bl. 1 f.

[1608] Engelmann et al. (Hrsg.): Das MfS-Lexikon, S. 117–120, 237 u. 316 f.

Lage blieb hinsichtlich der 1968er Ereignisse in der ČSSR angespannt, auch büßte Walter Ulbricht an Autorität innerhalb der SED-Führungsriege ein. In der Folge bedeutsamer Rechtsakte zu Beginn des Jahres 1968, des am 12. Januar 1968 in Kraft getretenen Strafgesetzbuches (StGB) und der Strafprozessordnung (StPO) sowie der Verfassung vom 9. April 1968, kam es zu zahlreichen gesetzgeberischen und rechtlich-normativen Neufassungen und -regelungen. Hierzu zählen mit an erster Stelle das zweite Statut des MfS vom 30. Juli 1969,[1609] aber auch interne Richtlinien des MfS wie die für die Sicherung der Volkswirtschaft bedeutsame Richtlinie 1/69 vom 25. August 1969.[1610]

Die Diskussion über den Gesetzescharakter des Statuts hob mit den ersten Strafverfahren gegen Mitarbeiter des MfS Anfang der 1990er Jahre an. Zu verweisen ist auf die Urteile des Landgerichts (LG) Magdeburg vom 4. Januar 1993 und des Oberlandesgerichts (OLG) Dresden vom 27. September 1997, wonach das „Statut nicht die Anforderungen" erfülle, „die an ein Gesetz gemäß der Verfassung der DDR zu stellen" seien. Die Richter urteilten, dass die ausgeübten Eingriffe von MfS-Mitarbeitern mit Hinweis auf das Statut diese nicht rechtfertigen könnten. Weder war das Statut von der Volkskammer erlassen noch im Gesetzblatt veröffentlicht worden. Es sei lediglich ein geheimes Dokument mit billigender Unterschrift Erich Honeckers, des damals zweitmächtigsten Mannes der DDR in seiner Eigenschaft als Sekretär des Nationalen Verteidigungsrates. Als solches sei es nicht mehr als eine MfS-interne Regelung, der von den Gerichten regelmäßig die hinreichende Qualität eines Rechtfertigungsgrunds abgesprochen werden musste.[1611] Zwar ist Mielke durch das Statut ermächtigt worden, Rechtsvorschriften zu erlassen, doch waren dies keine Gesetze im Sinne der DDR-Verfassung nach Art. 48 und 49.[1612]

Die Verteidiger des MfS behaupten, dass es eine gesetzliche Grundlage für die operative Tätigkeit des MfS, für dessen Mittel, Techniken und Methoden gegeben habe. Für sie war die Tätigkeit des MfS nicht verfassungswidrig. Angeführt wird etwa die Begründung des Gesetzes zur Bildung des MfS von 1950 durch Innenminister Karl Steinhoff vor der Volkskammer. Ferner, dass der damalige Ministerpräsident Grotewohl kraft seiner ihm verliehenen Richtlinienkompetenz das Statut von 1953 bestätigt habe. Damit, so argumentieren sie, sei das Statut von 1953 verfassungskonform. Wenn die Volkskammer als höchstes Organ der DDR Zweifel an der zureichenden gesetzlichen Grundlage für das Tätigkeitsspektrum des Staatssicherheitsdienstes gehabt hätte, etwa in der Frage der „spezifischen Mittel und Methoden" wie Telefonüberwachung und Postkontrolle, hätte sie auch entsprechende Änderungen veranlasst. Da sie dies nicht tat, schlussfolgern sie, war die Tätigkeit des MfS rechtskonform.[1613]

Der MfS-Forscher Helge Heidemeyer hat prägnant dargetan, wie das MfS *in* der DDR zu denken ist: „Die Staatssicherheit war nicht die DDR, aber ohne Kenntnis über die Stasi

---

1609 Statut des MfS vom 30.7.1969; BStU, MfS, SdM, Nr. 2619, Bl. 1–11. Abgedruckt in: Engelmann/Joestel: Grundsatzdokumente, S. 183–188.

1610 Genese in: Buthmann: Versagtes Vertrauen, S. 1027–1029.

1611 Schißau, Roland: Strafverfahren wegen MfS-Unrechts. Die Strafprozesse bundesdeutscher Gerichte gegen ehemalige Mitarbeiter des Ministeriums für Staatssicherheit. Berlin 2006, S. 123.

1612 Verfassung der Deutschen Demokratischen Republik. Berlin 1969, S. 47 f.

1613 Kierstein, Herbert/Schramm, Gotthold: Freischützen des Rechtsstaats. Wem nützen Stasiunterlagen und Gedenkstätten? Berlin 2009, S. 52–56.

versteht man die DDR nicht. [...] Auch in der DDR gab es Privatheit und gesellschaftliche Beziehungen jenseits der Politik, existierten funktionale Verwaltungs- und Exekutivstrukturen. Entscheidend für das Wesen des kommunistischen Systems als eines mit totalitärem Anspruch war jedoch, dass viele Bereiche des öffentlichen Lebens bis weit hinein in das Private von der Tätigkeit des Ministeriums für Staatssicherheit beeinflusst waren. [...] Sie war für die herrschende Partei (über)lebenswichtig, weil diese trotz anderslautender Propaganda nie einen ausreichenden Rückhalt in der Bevölkerung besaß. Dessen war sich die Staats- und Parteiführung durchaus bewusst. Der 17. Juni 1953 hatte ihr das deutlich vor Augen geführt und stand seitdem als Menetekel über allen ihren Überlegungen – insbesondere, wenn sich krisenhafte Entwicklungen abzeichneten. Mit seiner faktischen, aber unsichtbaren Präsenz, die mit dem Mythos der Omnipräsenz einherging, war der Staatssicherheitsdienst eine der einflussreichsten und zugleich unbekanntesten Einrichtungen in der DDR. Die konkrete Einflussnahme war erheblich, aber oft für die Betroffenen nicht erkennbar. Die Form des Handelns, das Agieren im Verborgenen, trug erheblich zu dem spezifischen gesellschaftlichen Klima der DDR bei, das durch Furcht, Vorsicht und Misstrauen bestimmt war."[1614]

Die Organisationsstruktur des MfS zeigt sich bis 1989 als ein stetig weiterentwickeltes, tief gestaffeltes System von Diensteinheiten und anderen Stellen, die, zentralistisch und militärisch formiert, gleichsam wie ein Netz über das Territorium der DDR gelegt war. Die territoriale Differenzierung der Dienststellen und Diensteinheiten erfolgte in Bezirksverwaltungen (BV), Kreisdienststellen (KD), Objektdienststellen und – in BV/KD enthaltenen – Operativgruppen (OG), wie zum Beispiel die OG „HS" der HfE resp. TH Ilmenau. Die wichtigsten Diensteinheiten im Rahmen dieser Studie sind die Hauptabteilungen (HA) XX (Staatsapparat, Kultur, Kirchen, Untergrund) und XVIII (Volkswirtschaft). Die Hauptabteilungen waren in Abteilungen untergliedert, so war die Abteilung 8 der HA XX, kurz: HA XX/8, zuständig für Volksbildung sowie des Hoch- und Fachschulwesen.[1615] Die zentralen in Berlin ansässigen Hauptabteilungen mit ihren Abteilungen hatten ihre Ableger „auf Linie" in Form von referatsmäßig gegliederten Abteilungen in den Bezirksverwaltungen, zum Beispiel: BV Suhl, Abteilung XX, Referat 1. Da die TH Ilmenau wegen ihrer militärischen Forschung, Entwicklung und Ausbildung einen zunehmend höheren sicherheitsrelevanten Stellenwert erhielt, wuchs die Bedeutung der HA XVIII, namentlich ihrer Abteilungen 5 (Wissenschaft und Technik) und 8 (Elektrotechnik und Elektronik), für die konzeptionelle Sicherung der Hochschule.[1616] Diese grundsätzliche Zuordnung bedeutete nicht, dass andere Diensteinheiten keinen Zugriff auf Personen und/oder Belange der TH Ilmenau haben konnten. In der Regel wurde dieser Zugriff mit der zuständigen Diensteinheit, also der KD Ilmenau resp. der Abteilung XX der BV Suhl, abgestimmt oder erfolgte in Kooperation. Ein markantes Beispiel hierfür bildete die Hauptverwaltung Aufklärung (HV A) des MfS.[1617] Hier war es insbesondere deren Sektor Wissenschaft und

---

[1614] Heidemeyer, Helge, Einleitung in: Engelmann et al. (Hrsg.): Das MfS-Lexikon, S. 9–20, hier 9 f.
[1615] Braun, Matthias: Abteilung 8: Volksbildung sowie Hoch- und Fachschulwesen, in: Hauptabteilung XX: Staatsapparat, Blockparteien, Kirchen, Kultur, „politischer Untergrund". Berlin 2008, S. 138–149.
[1616] Buthmann: Hochtechnologien, Kap. 1.2, S. 10–91.
[1617] Müller-Enbergs, Helmut: Hauptverwaltung A (HV A). Aufgaben-Strukturen-Quellen. Berlin 2011.

Technik (SWT), der für die Hochschule Bedeutung besaß, u. a. zum Zwecke der Auswertung von beschafften Forschungsunterlagen aus dem Westen. Ferner der Operativ-technische Sektor des MfS (OTS) mit Aufgaben der Einsteuerung von Forschungs- und Entwicklungsarbeiten, die HA IX als Untersuchungsorgan des MfS,[1618] die dienstleistenden Abteilungen 26 (elektronische und optische Observation)[1619] und M (Postkontrolle)[1620] sowie die AG BKK (Bereich Kommerzielle Koordinierung),[1621] die Zentrale Auswertungs- und Informationsgruppe (ZAIG)[1622] und die Zentrale Arbeitsgruppe Geheimnisschutz (ZAGG) resp. ihre Bezirksableger, die AGG. Hinweis: Enthält der „Wiedmann"[1623] die diachrone Darstellung des MfS-Apparates, so *Das MfS-Lexikon*[1624] alle wichtigen Sachverhalte und Personen.

Die BV Suhl

Abbildung 29: Investition noch ganz zuletzt: die neue BV Suhl[1625]

Die Arbeit der Bezirksverwaltungen (BV) ist laufend optimiert und insofern bürokratisch-organisatorisch auch ausdifferenziert worden. So gewann beispielsweise ab Ende der 1970er Jahre die Jahresanalyse für die jeweilige darauffolgende Jahresplanung systematisch an Bedeutung. Die Jahresanalysen, die nach vorgegebener Rahmengliederung zu erarbeiten waren, prägten mehr und mehr über Planungsvorgaben die Arbeit vor Ort.[1626] So waren die operativen Mitarbeiter des MfS gehalten, „operative Materialien" zu erarbeiten,

1618 Engelmann, Roger/Joestel, Frank: Hauptabteilung IX. Berlin 2016.

1619 Schmole, Angela: Abteilung 26. Telefonkontrolle, Abhörmaßnahmen und Videoüberwachung. Berlin 2006.

1620 Labrenz-Weiß, Hanna: Abteilung M. Berlin 2005. Kallinich, Joachim/Pasquale, Sylvia de (Hrsg.): Ein offenes Geheimnis. Post- und Telefon-Kontrolle in der DDR. Heidelberg 2002.

1621 Buthmann: Arbeitsgruppe Bereich Kommerzielle Koordinierung.

1622 Engelmann, Roger/Joestel, Frank: Die Zentrale Auswertungs- und Informationsgruppe. Berlin 2009.

1623 Wiedmann, Roland: Die Diensteinheiten des MfS 1950–1989. Eine organisatorische Übersicht. Berlin 2012.

1624 Engelmann et al. (Hrsg.): Das MfS-Lexikon.

1625 BStU, BV Suhl, ZPL, Foto-Nr. 7.

1626 BV Suhl, AKG, vom 13.7.1979: Qualifizierung der Planung der politisch-operativen und fachlichen Arbeit und der Erarbeitung der Jahresanalyse über die Wirksamkeit der politisch-operativen Arbeit und ihrer Führung und Leitung; BStU, BV Suhl, Abt. XX, Nr. 688, Bd. 2, Bl. 5–15.

auch dann, wenn Personen gewissermaßen nicht durch sich selbst aufgefallen waren. Die BV Suhl als verkleinerte Abbildung der „Mutter" in Berlin oblag die Durchführung sämtlicher Grundaufgaben, teils selbstständig, teils in Kooperation auf Linie, teils im Sinne von Unterstützungsleistungen. Hierin erlangten das sogenannte Schwerpunktprinzip und die Erarbeitung von Sicherungskonzeptionen zunehmend an struktureller und normativer Bedeutung. Schwerpunkte der operativ-politischen Geheimdienstarbeit konnten Institutionen und Betriebe, Themen und Sachen sowie Personen und Personengruppen bilden.

Hauptabteilung XX/8

Die Trennung des Bereiches Volksbildung sowie Hoch- und Fachschulen von den Bereichen Sport und Blockparteien erfolgte 1981 mit der Gründung der Abteilung 8 unter Oberstleutnant Harry Otto. Dem letzten Leiter der HA XX/8, Oberstleutnant Werner Fleischhauer, unterstanden in drei Referaten 25 Mitarbeiter. Das Referat I mit sechs Mitarbeitern war zuständig für das Ministerium für Hoch- und Fachschulen (MHF), das Referat II für das Ministerium für Volksbildung (MfV) mit vier Mitarbeitern sowie das in der Bedeutung wachsende Referat III für die ausländischen Studenten mit neun Mitarbeitern. Der Bedeutungszuwachs war dem Anstieg der ausländischen Studenten innerhalb eines Jahrzehnts bis 1980 von 5.150 auf 8.500 und der Tatsache geschuldet, dass die Studenten aus Drittländern, und hier wiederum insbesondere jene aus dem arabischen Raum, „stark überwacht" werden mussten.[1627]

Zwar wird in der einschlägigen Literatur zur Kenntnis genommen, dass der HA XX/8 Verantwortungsbereiche wie das MHF und die Zentralstelle für internationale Tagungen und Reiseorganisation zugeschrieben waren,[1628] jedoch wird meist vergessen darauf hinzuweisen, dass infolge des Liniensystems des MfS und der zentralistischen Grundstruktur in der DDR (etwa die gesetzgeberische, normative und personale Abhängigkeit der Hochschulen vom MHF) diese Potenziale auf untere Einheiten wie die der Abteilung XX/8 der BV Suhl durchaus durchschlugen. Die HA XX/8 kooperierte – bei wechselseitigen Federführungen – insbesondere mit der Zentralen Arbeitsgruppe Geheimnisschutz (ZAGG) und der HA XVIII/8 vor allem auf dem Gebiet wichtiger Staatspläne. Auch diese Potenziale zählen zum Sicherungshaushalt der für die Universitäten und Hochschulen zuständigen Dienststellen vor Ort, wenngleich eher handlungsanweisend sowie in Fragen der Kontrolle und Berichterstattung.

Zu den Standardaufgaben der HA XX/8 mit ausgeprägtem Liniencharakter zählten die Ausarbeitung der Arbeitspläne für die Sicherheitsbeauftragten (im Bereich des MHF saß der für die Sicherheitsbeauftragten an den Universitäten und Hochschulen „anleitungsberechtigte" Sicherheitsbeauftragte), die Werbung von inoffiziellen Mitarbeitern unter den ausländischen Studenten und Mitarbeitern im MHF in den Bereichen internationale Beziehungen und Forschung, die Betreuung der MfS-Offiziersschüler an den Universitäten und Hochschulen sowie vielfältige Analysen im Bereich der Universitäten und Hochschulen,

---

1627 Braun: Abteilung 8, S. 138 f.
1628 Ebd., S. 139.

etwa zur Forschung[1629] und zum Geheimnisschutz.[1630] Die HA XX/8 fertigte Monats- und Jahresberichte an, die alle Bereiche des Hochschulwesens schwerpunktmäßig und periodisch abdeckten, so im Jahresbericht 1981 für die ausländischen Studenten in der DDR.[1631]

Die Operativgruppe (OG) „HS" der Kreisdienststelle (KD) Ilmenau

Der Staatssicherheitsdienst war an der TH Ilmenau direkt, das heißt, substantiell verankert: gesetzlich-normativ (Sicherheit, Ordnung, Geheimnisschutz), personell (hauptamtliche Mitarbeiter der KD Ilmenau und der Bezirksverwaltung Suhl sowie deren inoffizielle Mitarbeiter aller Gattungen) und schließlich in sachlich-fachlicher Hinsicht (u. a. zur Umsetzung, Steuerung und Kontrolle hochschul- und wissenschaftspolitischer Anliegen der SED). Im Schrifttum der Stasiakten wechselten die Bezeichnungen der Operativgruppe (OG): „THI", „HS", „Hochschule". In der Studie wird durchgehend „HS" verwandt.

Neben der TH Ilmenau hatte die KD Ilmenau vor allem die Sicherung des VE Kombinat Technisches Glas Ilmenau, VEB Elektroglas Ilmenau, VEB Labortechnik Ilmenau, VEB Relaistechnik Großbreitenbach und des VEB Henneberg-Porzellan zu leisten. Der Bereich der Volkswirtschaft/Industrie wurde von einer Arbeitsgruppe in der Stärke 1:4 gesichert.[1632] In dieser Größenordnung bewegte sich auch die Operativgruppe, die bis 1985 für die Sicherung der TH Ilmenau zuständig war. Zwischen diesen beiden Gruppen gab es in Bezug auf die Verflechtung der ihnen zugeordneten Objektbereiche eine Zusammenarbeit. Operativgruppen sind für jene Betriebe oder größere Institutionen geschaffen worden, denen das MfS einen überdurchschnittlich hohen Sicherheitsstandard zusprach. Sie waren – anders als Objektdienststellen – grundsätzlich integraler Bestandteil von Kreisdienststellen oder Bezirksverwaltungen, zum Beispiel hinsichtlich der politisch-operativen Auswertungs- und Informationstätigkeit für leitende Partei- und Staatsfunktionäre.[1633] Ihre Etablierung im großen Stil geht auf das Jahr 1957 mit der Dienstanweisung 16/57 zurück.[1634] Die personellen Strukturen der OG „HS" resp. des Referates 8 der Abteilung XX sind im Kap. 5.3.3 (Hauptamtliche) dargestellt.

Es war die Frage zu beantworten, ob nach der Verlagerung der Sicherungsarbeit weg von der KD Ilmenau hin zur Abteilung XX nach Suhl – außer einer fallweisen Führung oder temporären Übernahme von inoffiziellen Mitarbeitern sowie gelegentlicher Hilfs- und Dienstleistungen – eine systematische oder partielle Teilhabe der KD Ilmenau am weiteren Geschick der TH Ilmenau feststellbar ist. Ein ausgeprägter handlungsorientierter Befund konnte nicht nachgewiesen werden, allerdings ein informationstechnischer. Es war üblich, die periodischen Einschätzungen zur politisch-operativen Lage an der TH Ilmenau nicht nur nach oben, also zum Leiter der BV Suhl und zur HA XX nach Berlin zu geben, sondern

---

1629 Beispielsweise: HA XX vom 3.12.1985: Einschätzung über gegnerische Angriffe gegen bedeutende Forschungsvorhaben in der Hochschulforschung; BStU, MfS, HA XX, Nr. 17698, Bl. 30–46.

1630 Beispielsweise: HA XX/8, o. D.: Terminpläne für 1982 bis 1988; BStU, HA XX, Nr. 3437, Bl. 1–44.

1631 HA XX/8 vom 29.9.1981: Jahresanalyse 1981; BStU, HA XX, Nr. 4148, Bl. 31–53, hier 31–44 u. 51.

1632 BV Suhl vom Mai 1983: Erhebungsprogramm für die Ermittlung von Planstellennormativen; BStU, BV Suhl, KDI, Nr. 4022, Bl. 1–70, hier 46–50.

1633 Nachschlagematerial zur politisch-operativen Auswertungs- und Informationstätigkeit in den Kreisdienststellen und Objektdienststellen; BStU, MfS, HA XVIII, AKG, Nr. 1108 (alt), Bl. 1–390.

1634 Buthmann, Reinhard: Die Objektdienststellen des MfS. Berlin 1999.

auch quer dem Leiter der KD Ilmenau zukommen zu lassen.[1635] Allerdings muss hinzugefügt werden, dass der Quellenbestand der KD Ilmenau, verglichen mit anderen Diensteinheiten des MfS, relativ dünn ist.[1636]

Die Abteilung XX der BV Suhl

Zu den bedeutenden Schwerpunkten der Abteilung XX zählte die TH Ilmenau. Höheres Gewicht besaßen u. a. aber auch die Forschung, Entwicklung und der Gerätebau im Rennschlitten- und Bobsport in den Objekten des Wissenschaftlichen Gerätebaus Oberhof (auch Wissenschaftlich-Technisches Zentrum Oberhof) sowie die Winter- und anderen Sportveranstaltungen wie beispielsweise Kinder- und Jugendspartakiaden. Zudem wurden alle „befreundeten Parteien", also LDPD, DBD, NDPD und CDU, „gesichert"; Aufgabe hierin war stets, die führende Rolle der SED zu gewährleisten.[1637] Die Abteilung war zuletzt gegliedert in: Referat 1 (Staatsapparat, Gesundheitswesen, befreundete Parteien und Massenorganisationen); Referat 2 (FDJ, GST, Sport, Volksbildung, PiD[1638]); Referat 4 (Politik der SED in Kirchenfragen sowie Religionsgemeinschaften); IM-führender Mitarbeiter der Linie XX/5 (Westarbeit); Referat 7 (Massenmedien, Kultur), Referat 8 (TH Ilmenau) sowie Referat A/I (Auswertung und Information). Die Referate 3, 5 und 6 waren inexistent. Die Abteilung unterstand dem Stellvertreter Operativ des Leiters der BV Suhl. Laut Stellenplan besaß die Abteilung neben dem Leiter 41 Mitarbeiter.[1639]

Die personelle Gesamtsituation der BV Suhl war chronisch defizitär. Ende des ersten Halbjahres 1983 waren in der BV 33 Planstellen unbesetzt. Hinsichtlich der Perspektivkader war der Stand mit nur 35 Prozent der Jahreszielleistung ebenfalls unzufriedenstellend.[1640] Die 1987 erfolgte Zuordnung der Sicherung der Volksbildung zum Referat 8 der Abteilung XX verminderte die Kapazitäten für die Sicherung der TH Ilmenau.[1641] Aufgrund der Tatsache, dass es zunehmend Arbeits- und andere Kontakte zwischen Betrieben der Region und der Hochschule gab, wuchsen Interdependenzen in der politisch-operativen Arbeit zwischen den involvierten Diensteinheiten des MfS. Zu Beginn der Honecker-Ära standen im Perspektivplan der Abteilung XX für 1972 bis 1975 nicht zufällig auch die wachsenden operativen Aufgaben im sogenannten Operationsgebiet Bundesrepublik.

Der Abteilung XX oblag die Bearbeitung der Kirchen beider Konfessionen und der Sekten, mithin auch der Evangelischen und Katholischen Studentengemeinden, ESG und KSG, in Ilmenau, des Jungmännerarbeitskreises Thüringens (IMAK), insbesondere wegen dessen angeblicher „wehrkraftzersetzenden Tätigkeit" sowie der „Jungakademiker-Arbeit". Das Referat 4 der Abteilung XX verfügte zur Bearbeitung dieser Kreise zu dieser

---

1635 Vgl. BV Suhl, Abt. XX, Ref. AI, vom 20.12.1988: Jahresplan des Referates AI; BStU, BV Suhl, Abt. XX, Nr. 1082, Bl. 1–10, hier 8.

1636 AfNS, Bezirksamt Suhl, vom 27.11.1989: Information über einige Aspekte der gegenwärtigen politischen Lage; BStU, BV Suhl, AKG, Nr. 274, Bl. 89–94. Auch zur Auflösung des MfS und Verweis auf Aktenvernichtungen; ebd., Bl. 122.

1637 BV Suhl, Abt. XX, vom 20.11.1986: Planarbeit; BStU, BV Suhl, Abt. XX, Nr. 688, Bd. 3, Bl. 57–74, hier 61 f.

1638 Zur PiD siehe Kap. 5.3.2.

1639 BV Suhl vom 6.4.1989: Struktur- und Stellenplan der BV; BStU, BV Suhl, BdL, Nr. 1234, Bl. 1–279, hier 36 f. u. 113 f.

1640 BV Suhl, KS, vom 6.7.1987: Kaderarbeit I. Halbjahr 1987; BStU, BV Suhl, KS, Nr. 2813, Bl. 46–51.

1641 MfS, Kader 9, vom 3.4.1987: Struktur- und Stellenplanentwurf der BV Suhl; ebd., Bl. 53–58, hier 55.

Zeit mindestens über sechs IM. Zu diesen Aufgaben gab es vielfältige Überschneidungen in den Tätigkeitsprofilen der Abteilungen 4 und 8. Eine andere hauseigene Suhler Bearbeitungsstrecke bildeten bezirklich orientierte Institutionen wie der Deutsche Kulturbund mit Sparten wie Natur und Heimat (siehe AG Kultur und Technik, Kap. 5.4.2). Hier etablierte das Referat 7 ab 1975 den Aufbau eines IM-Systems.[1642] Die Zunahme der kirchlichen Aktivitäten führte dazu, dass die BV Suhl den Stellenwert der Linie XX sukzessive hochfuhr.[1643]

5.3.2 Aufgaben, Methoden und Ziele

> „Viele Studenten vermuten unter den Studenten Mitarbeiter für das MfS, daraus resultiert, die Studenten sind in Diskussionen vorsichtig, sie vertreten in der Öffentlichkeit eine andere Meinung als in privater Sphäre."[1644]

Ohne vorgeschossenes und praktiziertes Vertrauen bis hin zur Bereitschaft des auch möglichen Scheiterns kann Forschung und Entwicklung keinen Fortschritt erlangen und bleibt letztlich ohne Innovationen. „Wer Vertrauen erweist", so Niklas Luhmann, „nimmt Zukunft vorweg."[1645] Eine Fundamentalbedingung, die der Staatssicherheitsdienst der DDR von Beginn an aushebelte: Misstrauen galt als das erste all seiner inneren Gebote. Das MfS war noch kein Jahr alt, als im Januar 1951 ein Abteilungsleiter der Verwaltung Sachsen an die Abteilung VI in Berlin schrieb, dass er erfahren habe, dass Physikstudenten für ein halbes Jahr zum Praktikum in die Betriebe müssten. „Es ist zwar notwendig und richtig", schrieb er, „dass wir die Studenten unmittelbar an die Betriebe heranführen, aber andererseits steht hier die Frage der Kontrolle und Überwachung dieser Studenten." Er mutmaßte, dass reaktionär eingestellte Studenten oder solche, die in Westdeutschland ihren Wohnsitz hätten, in den Betrieben Spionage betreiben könnten. Zu seiner Besorgnis gesellte sich obendrein die bei ihm eingegangene Information, wonach von höchster Stelle angeordnet worden sei, noch in den Semesterferien im Februar und März eine Aktion unter dem Namen „Verbindung zwischen Hochschule und Betrieben" zu starten.[1646]

In Wohnungen einsteigen, in Hotelwände Löcher bohren, Briefkästen leeren, Beobachtungsposten installieren, nachts heimlich Betriebsräume durchsuchen u.v.a.m. – das MfS kannte keine Grenze, vor der es haltmachte. Das MfS war überall, im In- und Ausland, in Dienst- und Wohnbereichen, in Arbeits- und Freizeitgruppen. Hier pars pro toto zwei Fälle, die für die republikweite Allgemeingültigkeit der täglichen operativen Arbeit des MfS stehen und in ähnlicher Weise auch im Rahmen der HfE resp. TH Ilmenau passierten:

1642 BV Suhl, Abt. XX, vom 29.12.1971: Perspektivplan 1972–1975; BStU, BV Suhl, Abt. XX, Nr. 688, Bd. 1, Bl. 1–55, hier 4–8, 11 u. 14 f.

1643 BV Suhl, Abt. XX, vom 17.10.1980: Planvorschlag 1981; ebd., Bd. 2, Bl. 80–84, hier 80. BV Suhl, Abt. XX, vom 5.11.1982: Planvorschlag 1983; ebd., Bl. 86–95, hier 86–89.

1644 Bericht von „Rainer" vom 4.10.1971; BStU, BV Suhl, AIM 1592/90, Teil II, Bd. 1, Bl. 12–14, hier 13 f.

1645 Luhmann, Niklas: Vertrauen. Stuttgart 2000, S. 9.

1646 Verwaltung Sachsen vom 18.1.1951 an die Abt. VI: Arbeitseinsatz von Studenten in Betrieben; BStU, MfS, AOP 17/56, Bd. 1, Bl. 11.

(1) Als der Direktor für Forschung und Entwicklung des VEB Kombinat Arzneimittelwerk Dresden, Hartmut Schultze, der auch als GM „Schlüter“ für das MfS berichtete, 1971 eine Dienstreise nach Jugoslawien zur Flucht nutzte, war die Aufregung in der BV Dresden riesengroß. Man war überrascht, genoss doch der erfolgreiche Wissenschaftler, der sich just in der Endphase seiner Habilitation befand, das volle Vertrauen der SED. Besonders schwer wog, dass Schultze Geheimnisträger von teils sehr brisanten pharmazeutischen Entwicklungen und Studien war, u. a. über „als biologische Waffen verwendbare Krankheitserreger“. Als Schultze im Westen war, versuchte es das MfS zwei Jahre lang vergeblich, an ihn heranzukommen. Operative Kombinationen, Beschattungen, die genaueste Observation seiner Wohnungen und Arbeitsstätten, all dies füllte Akten mit Fotos, Lageskizzen, Wegeverläufen und Auffälligkeiten aller Art. Plötzlich verlor sich seine Spur, man tippte auf Südamerika. Es passt einiges in seinem Leben zu jenem des karrierebesessenen Chemikers Dr. Schlüter, eines Filmhelden,[1647] von dem er sich möglicherweise seinen Decknamen entliehen hatte.[1648] Wenngleich das fachliche Sicherheitsrisiko „Schlüters“ deutlich höher als das „Hermann Buhls“ war, so sind doch beide unter dem Aspekt des gesamten Gefährdungspotenzials auf eine ähnliche Stufe zu stellen, da „Hermann Buhls“ Verbindungen zum MfS wesentlich tiefer waren. Zudem hatte „Hermann Buhl“ Verbindung zum Militär. Die Angst der jeweils zuständigen MfS-Mitarbeiter vor einer Blamage durch Flucht stak ihnen seit „Schlüter“ wieder verstärkt in den Knochen und erinnerte an alte Fälle wie den der Flucht des Atomwissenschaftlers Heinz Barwich 1964. Vor Mielkes Donnerwetter fürchteten sich alle.

(2) Wie abenteuerlich Teile der täglichen operativen Arbeit des MfS waren, mag der Fall der Bearbeitung von Paul Görlich, Forschungsdirektor des VEB Carl Zeiss Jena, verdeutlichen. Bei einer konspirativen Durchsuchung seines Hauses in Jena 1968 gelang es dem MfS nicht, seinen Tresor zu öffnen. An ihm waren Sicherungszeichen angebracht gewesen, in Amtsdeutsch, „um Schlussfolgerungen über die Benutzung desselben ziehen zu können“. An der Durchsuchung nahm der Leiter der Berliner Abteilung XVIII/5, Horst Ribbecke, höchstpersönlich teil.[1649] Es folgte der Vorschlag, den Tresor zu „entnehmen“, um ihn von der Abteilung 31 in Berlin öffnen zu lassen. Sofort wurde der Plan hierfür ausgearbeitet und fixiert.[1650] Der Ablaufplan war am 9. Juli fertig. Der Zugriff auf den Tresor sollte bei Abwesenheit der Familie erfolgen, wenn sie in Urlaub fahren würde. Der Tresor sollte über ein Nebengrundstück abtransportiert werden. An alle Eventualitäten war gedacht.[1651] Die Aktion geschah dann tatsächlich unter Zuhilfenahme eines Großeinsatzes von Sicherheitskräften in der Nacht vom 28. zum 29. Dezember. Alles verlief nach Plan. Der Tresor konnte von der Abteilung 31 in Berlin geöffnet werden. Doch das Ergebnis lautete wie so oft: „Keine Hinweise auf eine Feindtätigkeit des Beschuldigten.“[1652]

[1647] Gleichnamiger, 1965 erstausgestrahlter fünfteiliger Fernsehfilm der DEFA.
[1648] VEB Arzneimittelwerk Dresden vom 27.10.1971; BStU, BV Dresden, AU 43/73, Bd. 1, Bl. 108–124, hier 108. Speziell zur Observation in der BRD: BStU, BV Dresden, AOP 1900/75, Bd. 1, Bl. 238–412.
[1649] HA XVIII/5/2 vom 9.6.1968: Bericht; BStU, MfS, AOP 14254/69, Bd. 11, Bl. 158 f.
[1650] HA XVIII/5/2 vom 27.6.1968: Plan; ebd., Bl. 184 f.
[1651] HA XVIII/5/2 vom 9.7.1968: Ablaufplan; ebd., Bl. 200 f.
[1652] HA XVIII/5/2 vom 9.1.1969: Bericht; ebd., Bd. 12, Bl. 98 f. HA XVIII/5/2 vom 9.1.1969: Fotoanhang zum Bericht; ebd., Bl. 100–109.

Ein formales Hauptmittel des MfS für die operative Arbeit bildete der sogenannte Operative Plan. Dies waren Pläne, die bereits in den 1950er Jahren ausgereift waren, was ohne die anleitende Hilfe der sowjetischen Instrukteure so rasch nicht möglich gewesen wäre. Erheblich eingekürzt ein Beispiel eines solchen Planes von 1962:

1. Zielfunktion
- Aufklärung der politischen Einstellung in Gegenwart und Vergangenheit;
- Aufklärung der Verbindungen und Charakterisierung derselben;
- Rolle und Einfluss im Institut, in der Forschungsgemeinschaft und in anderen Sektionen oder Gremien;
- Charakter und Umfang der Auswirkungen seiner Haltung in den beruflichen Wirkräumen.

2. Aufklärung des Persönlichkeitsbildes
- Nutzung der Verbindung eines IM zur „allseitigen Aufklärung der politischen Einstellung", einschließlich Wohn- und Lebensverhältnisse;
- Legendierte Ausnutzung eines offiziellen Kontaktes zu [C] zur Aufklärung der politischen Einstellung, der in- und ausländischen Verbindungen;
- Legendierte Ausnutzung eines offiziellen Kontaktes zu [D] zur Aufklärung der Verbindung zu einem westdeutschen Wissenschaftler;
- Laufende Überprüfung aller in- und ausländischen Kontakte und Verbindungen des Betreffenden;
- Einleitung der Postkontrolle im Institut und im Wohngebiet;
- Aufklärung einer westdeutschen Wissenschaftlervereinigung, in der der Betreffende Mitglied ist, Zusammenarbeit mit der HV A und Kontaktaufnahme zu IM, die ebenfalls in dieser Gesellschaft Mitglied sind;
- Prüfung der Werbung von IM aus dem Wohnbereich (Dienstpersonal, Gärtner etc.);
- Einrichtung eines Telefonabhöranschlusses in der Wohnung (Maßnahme „A");
- Gewinnung eines IM zur Ausforschung der Verbindung des Betreffenden mit zwei Westberliner Wissenschaftlern.

3. Aufklärung der politischen und wissenschaftlichen Arbeit im Institut sowie im gesamten Fachsektor der DDR
- Einsatz eines umfassend zu instruierenden IM zur wissenschaftlichen Tätigkeit des Institutes im Rahmen seiner volkswirtschaftlichen Bedeutung, also zu Inhalt, Bedeutung und Umfang der Grundlagenforschung, zu den „Ursachen für Nichtdurchführung von Zweckforschungen", zur Frage der Forschungsfinanzierung, Terminstellungen und Verantwortlichkeiten in den Forschungsthemen;
- Evaluierung der wissenschaftlichen Aufgabenstellung des Institutes [...] unter Legende mit dem Ziel, die Bedeutung der wissenschaftlichen Arbeiten des Betreffenden zu erfahren, Klärung der Stellung des Betreffenden zur Zweckforschung, Klärung der Frage, wo der Betreffende veröffentlicht, Klärung seiner in- und ausländischen Verbindungen;

- Einsatz zweier IM im Institut des Betreffenden zur „Dokumentierung von Auswirkungen der politischen Aktivität“ des Betreffenden, „analytische Untersuchung der politisch-ideologischen Situation im Institut“ hinsichtlich der Rolle des Betreffenden.[1653]

Zu all diesen Interessenslagen war die Frage „Wer ist wer?“ Mittel zur Informationsgewinnung. Dieses speiste diverse Datenerhebungen, beispielsweise Personendossiers. Ein „Wer ist wer?“-orientierter Katalog umfasste viele Fragen: Personalien (circa 20 Einzelfragen), NSW-Verbindungen (circa 15 Einzelfragen), berufliche Entwicklung (circa zehn Einzelfragen), politische Haltung und Entwicklung (acht Einzelfragen), materielle Lage (circa 15 Einzelfragen), familiäre Situation (circa 15 Einzelfragen), Charaktereigenschaften (circa 25 Einzelfragen), Gesundheitszustand (zwei Komplexfragen) und operativ bedeutsame Verhaltensweisen (vier komplexe Fragerichtungen).[1654]

Eine Hochschularbeit des MfS über die politisch-operative Sicherung wachstumsbestimmender Bereiche von Wissenschaft und Technik zeigt jene Standards der geheimdienstlichen Tätigkeit, die in voller Weise auch für den Sicherungsbereich „TH Ilmenau“ zutrafen. Abgesehen von Unterzielen, war diese Arbeit ausgerichtet auf die Aufgabe, die „Entwicklung von Lösungswegen für eine qualifizierte, auf hohe sicherheitspolitische Wirksamkeit ausgerichtete politisch-operative Grundlagenarbeit zur Sicherung wachstumsbestimmender Bereiche und Prozesse von Wissenschaft und Technik“ zu bestimmen. Teil I des Werkes leitet die Arbeit des MfS aus den Primärdokumenten der SED (Beschlüsse, Gesetze zum Aufbau der Volkswirtschaft etc.) mit dem Konstrukt ab, wonach die Pionierarbeit des erfolgreichen Aufbaus des Sozialismus grundsätzlich vom Westen sabotiert wird (Zersetzung von Kadern, Auskundschaftung und Schadensherbeiführung), und bezieht sich in Sonderheit auf Rechtsfragen, die es zu bewältigen galt (zum Beispiel Vertragsgesetze, Pflichtenhefte). Teil II beschäftigt sich mit der Frage, wie die herkömmlichen politisch-operativen Methoden aus ihrer isolationistischen Anwendung in den komplexen, immer komplizierter werdenden Zusammenspiel von Wissenschaft, Forschung und Technik effektiv überführt werden können. In Sonderheit zeigt sich in dieser Arbeit jener Kern, der darin besteht, inoffizielle Mitarbeiter besitzen zu *müssen*, die an allen wesentlichen Stellen in Schlüsselfunktionen eingesetzt werden und vor allem intelligent sein müssen – nicht zuletzt, und darauf war die Arbeit spezifisch und erstmalig angelegt, in Rechtsfragen.[1655] Den Idealfall eines solchen IM an der TH Ilmenau stellt ex post zweifelsfrei der Jurist Wolfgang Berg (Kap. 5.3.3, Fall-Nr. 98) dar.

Die Jahresanalysen folgten der Normativität aus Befehlen, Durchführungsbestimmungen, Dienstanweisungen und Richtlinien des MfS, sie waren spätestens 1965 methodisch und begrifflich ausgereift. Sie selbst stellten – hierarchisch von oben nach unten kreiert – Arbeitsdokumente dar, auf deren Grundlage „die zielgerichtete Planung, Organisierung und Durchführung der politisch-operativen Arbeit“ vonstatten zu gehen hatte. Empirische

---

1653 HA III/6/R vom 29.3.1962: Operativplan; BStU, MfS, AOP 771/63, Bl. 24–30.

1654 Anlage; BStU, BV Magdeburg, Abt. XVIII, Nr. 2040, Bl. 71–74.

1655 MfS, HS Golm: Information zur Forschungsarbeit „Die politisch-operative Sicherung wachstumsbestimmender Bereiche von Wissenschaft und Technik“, abgeschlossen am 1.12.1982; BStU, MfS, ZKG, Nr. 2489, Bl. 2–26.

Grundlage bildeten Berichte der inoffiziellen Mitarbeiter, Kenntnisse aus Operativen Vorgängen (OV), Operativen Personenkontrollen (OPK) und Untersuchungsvorgängen (UV) sowie analytische Problemanalysen auf Basis der den Referaten Auswertung und Information (AI) gelieferten Informationen.[1656] Der analytische Term der Jahresanalysen ist aufgrund vorgegebener Rahmengliederungen, die wie Prüfkataloge aufgebaut sind, hoch.

Die Aufgabenstellungen der Jahresarbeitspläne waren insbesondere nach Gefährdungspotenzialen hinsichtlich der staatlichen Sicherheit gestuft. Hauptfragen galten den aktuellen Schwerpunktbereichen wie Mikroelektronik, Antragsteller auf Übersiedlung, „feindlich-dekadente" Gruppierungen sowie die informelle Zusammenarbeit mit dem 1. Sekretär der SED-Kreisleitung.[1657] Grundsätzlich waren die Jahresarbeitspläne der OG „HS" integraler Bestandteil der Arbeitspläne der KD Ilmenau. So zeichnete 1984 der Leiter der KD Ilmenau verantwortlich für die Auswahl und Gewinnung „eines Spitzengeheimnisträgers" aus dem Wissenschaftsbereich „Interferenzoptische Sensoren und Präzisionsmessgeräte", während die für diesen Komplex zu schaffende Sicherungskonzeption (SiKo) der OG „HS" oblag.[1658]

1984 lagen die Schwerpunkte aus Sicht der Abteilung XX für die KD Ilmenau auf den Bereichen der Prozessmess- und Sensortechnik, der Mikroelektronik und der Robotertechnik. In Richtung der sogenannten Kontaktpolitik fasste sie die Gesellschaft für angewandte Mathematik und Mechanik (GAMM) in Regensburg, die Internationale Vereinigung für Germanische Sprach- und Literaturwissenschaft (IVG) in Göttingen, die Hochschule der Bundeswehr in München und das European Research Office der US-Armee als Spionagezentren auf. In den letzten Jahren zeichnete sich ab, dass insbesondere Mathematiker der TH Ilmenau Einladungen aus dem Westen erhielten. 1984 wurden von der Abteilung XX insgesamt 18 OV bearbeitet, von denen vier neu hinzukamen und sieben abgeschlossen wurden. Zu den Ergebnissen zählten u. a. eine offizielle Verwarnung, eine IM-Werbung und eine Herauslösung. Von den 85 OPK waren 28 neu hinzugekommen und 33 abgeschlossen worden. Zu den Resultaten zählten zwei OV-Eröffnungen, drei IM-Vorläufe, sieben Herauslösungen und zwei öffentliche Auswertungen.[1659] Der diesbezügliche Anteil des Sicherungsbereiches der TH Ilmenau lag für dieses Jahr, wie für die 1980er Jahre generell, bei etwa acht bis zehn Prozent.

Die Leiter und operativen Mitarbeiter arbeiteten nach zugeschnittenen Aufgabenprofilen. Im Jahresarbeitsplan 1986 des Leiters der Abteilung XX, Klaus Stirzel, dominierten Themen ökologischer, friedens- und kirchenpolitischer Art. Im Sicherungsbereich „Kultur und Massenmedien" kam mit der AG Natur und Umwelt und Einrichtungen des Kulturbundes endgültig ein relativ neuer Schwerpunkt in die vorderste Linie der politisch-operativen Aufgaben (Kap. 5.4.3). Im Rahmen der Sicherung der TH liefen drei Themen unter

---

[1656] Im Fall der BV Suhl auf Basis der Normative von 1965: Rahmengliederung zur Jahresanalyse über die Entwicklung der politisch-operativen Lage und die Wirksamkeit der politisch-operativen Arbeit; BStU, BV Suhl, AKG, Nr. 515, Bl. 97–136, hier 99 f. Vgl. Abt. BV Suhl, Abt. XX, Ref. AI, vom 20.12.1988: Jahresplan des Referates AI; BStU, BV Suhl, Abt. XX, Nr. 1082, Bl. 1–10.

[1657] Beispielsweise für 1981: KDI, AG AI: Arbeitsplan für1981; BStU, BV Suhl, KDI, Nr. 2622, Bl. 4–18, hier 4–6 u. 8. Beispielsweise für 1983: KDI, AG AI: Jahresarbeitsplan 1983; ebd., Bl. 22–25, hier 22.

[1658] Sicherung des Bereiches der THI 1984; BStU, BV Suhl, KDI, Nr. 2622, Bl. 44.

[1659] BV Suhl, Abt. XX, vom 10.10.1984: Bilanz; BStU, BV Suhl, XX, Nr. 1081, Bd. 2, Bl. 1–42, hier 29 f.

seiner Obhut: der Sonderbereich „Profilierung“, die Prozess-, Mess- und Sensortechnik sowie Aufgaben im Rahmen der Sonderforschung (Kap. 5.2.1).[1660]

Der Jahresarbeitsplan der Abteilung XX für 1987 enthält neben den originären Aufgaben ihres Referates 8 für den Sicherungsbereich der TH Ilmenau diverse Teilaspekte, die eine höhere Aufmerksamkeit genossen. Zum Beispiel die Aufklärung möglicher feindlicher Pläne der Technischen Universitäten München und Graz, die „Unterstützung operativer Maßnahmen der Abteilung XV“ im Bereich der TH Ilmenau, die Erweiterung des FIM-Systems „Holt“ auf eine Stärke von 1:16 sowie die der beiden FIM-Systeme „Walter“ und „Borg“ auf je 1:10.[1661] Die eigentlichen Aufgaben des Referates 8 der Abteilung XX bestanden in der Sicherung des Komplexes „Profilierung“ auf Grundlage des Befehls 11/84 unter Einbeziehung von Forschungs- und Entwicklungsaufgaben zu „Heide“ und solchen der NVA und des MfS (Kap. 5.2.1). Zwar wurde an den OV und OPK weitergearbeitet, doch mehr und mehr gerieten in den Mittelpunkt die komplexen und überaus zeitintensiven Sicherheitsüberprüfungen, insbesondere zu Studenten des 3. Studienjahres, die für die spezielle Ausbildung laufend vorausgewählt und letztlich dann bestätigt werden mussten (Kap. 5.2.2). Es mag sein, dass diese in jeder Hinsicht exorbitante Aufgabe des MfS es nicht zuließ, extensiv operative Materialien der Klasse „OV“ zu erarbeiten und entsprechend zu entwickeln, wenngleich das Tätigkeitsprofil „Sicherheitsüberprüfungen“ immer auch OPK und OV quasi als Abfallprodukte generierte. Das MfS hatte seit 1986 alle Hände voll, um die hohe Zahl der personellen Überprüfungen, Bestätigungen und Kontrollen zu den Sonderforschungsthemen und den Spezialstudenten sowie zu den immer höher werdenden Zahlen zu Antragstellern auf besuchsweise resp. ständige Ausreise zu bewältigen. 1988 kamen noch innenpolitische Probleme wie die Diskussionen um das *Sputnik*-Verbot und die Streichung von fünf sowjetischen Filmen (Kap. 4.3.6 und 5.4.4) hinzu.

Reisekader und Dienstreisen in den Westen

Die Frage der Bestätigung der Reisekader wird komplex unter dem Aspekt der Kommunikation mit den staatlichen Stellen unter Kap. 5.3.5 abgehandelt. Hier nur dies: Das MfS besaß in Fragen der Bestätigung von Reisekadern und der Kontrolle auf Einhaltung der Reisenormativen Hoheitsrecht. Übersichten zu bestätigten Reisekadern wie Stammdaten und Reiseplanungen wurden stets aktualisiert und ermöglichten einen raschen Zugriff zu allfälligen Zwecken. Zu den durchzuführenden Dienstreisen in den Westen wurden die obligatorischen Reisedirektiven mit den mitfahrenden IM/GMS beziehungsweise mit der Hauptperson, wenn diese selbst IM/GMS war (sogenannte Reisekader-IM), durchgesprochen. Hierbei war es die Regel, dass das MfS auch Eigeninteressen verfolgte. Es gab jedoch nicht nur die staatlichen Reisedirektiven, also solche der Hochschule, sondern auch Reisedirektiven des MfS, wenn inoffizielle Mitarbeiter fuhren oder mitfuhren.

Eine derartige Direktive für eine Dienstfahrt von Rolf Lubon* (Kap. 5.3.3, Fall-Nr. 59) vom 28. bis 31. August 1989 nach Westberlin zum Zwecke eines Studienaufenthaltes

---

[1660] BV Suhl, Abt. XX, vom 17.12.1985: Jahresarbeitsplan 1986; ebd., Bl. 70–119, hier 99 f.

[1661] BV Suhl, Abt. XX, vom 18.12.1986: Jahresarbeitsplan 1987; BStU, BV Suhl, Abt. XX, Nr. 688, Bd. 4, Bl. 1–60, hier 15 f. u. 46 f.

enthielt praktisch das ganze prinzipielle Bewegungs- und Verhaltensmuster. Die Direktive für Lubon* ist von seinem Führungsoffizier Neues unterschrieben, seine Instruktion unterlag der Schriftlichkeit. Der Reisegrund bestand in der „Gewinnung wissenschaftlicher, technischer und organisatorischer Erkenntnisse als Voraussetzung für die Bilanzierung und Planung von Ausrüstungen für das mit [dem Kombinat] Robotron zusammen zu errichtende Technologische Labor ‚Mikromechanik'". Aufgesucht werden sollten die Bibliotheken der FU Berlin und TU Berlin sowie das Institut für Mikrostrukturtechnik der Fraunhofer-Gesellschaft. Lubon* sollte versuchen, eine Besuchserlaubnis für das Institut zu erlangen. Seine Instruktion umfasste u. a. das Verlangen nach einem „Auftreten als bewusster Staatsbürger der DDR, der weltoffen, kritisch und konstruktiv zu bestehenden Problemen" stehe; Hinweise „auf das rigorose Vorgehen westlicher Geheimdienste, Staatsschutzstellen gegenüber Reisekadern der DDR" sowie im Falle einer möglichen Festnahme resp. Verhaftung. Geschah dies, sollte er auf keinen Fall „operatives Wissen" offenbaren und sich bei einer Vernehmung der Aussageverweigerung bedienen.[1662]

Aus dem Maßnahmeplan der politisch-operativen Tätigkeit im Operationsgebiet (OG) der Abteilung XX der BV Suhl im ersten Jahr der Integration der TH Ilmenau in den Zuständigkeitsbereich der Abteilung XX nach den Normativen des Befehls 1/85, der Richtlinie 1/79 und der Dienstanweisung (DA) 3/84 des Leiters der BV Suhl, geht hervor, dass das Interesse des MfS in der Beobachtung und Bearbeitung jener Institutionen und Personen der Bundesrepublik lag, die – laut MfS-Sprachgebrauch – „unter dem Deckmantel der blockübergreifenden Friedensbewegung oder der Ökologieproblematik", im Rahmen der „Partnerschaftsbeziehungen der evangelischen und katholischen Kirche" sowie seitens übergesiedelter oder geflüchteter ehemaliger Bürger der DDR agierten. Eine der Standardaufgaben hierzu lautete: „Ständige Gewährleistung operativer Kontrollmaßnahmen zu Einreisen von Mitarbeitern wissenschaftlicher Einrichtungen aus dem NSA [nichtsozialistisches Ausland], insbesondere den USA und der BRD. Hinweise auf Kontakte zu Mitarbeitern/Studenten der THI sind konsequenterweise in OPK zu klären." Speziell hingewiesen wurde in diesem Zusammenhang auf die OPK „Radar" (siehe unten). Offenbar besaß das Referat 8 zu diesem Zeitpunkt keine speziellen IM, die in der Aufklärungsarbeit für das OG eingesetzt wurden oder werden konnten. Hingegen besaßen die Referate 1 bis 5 und 7 zusammen 33 einsetzbare inoffizielle Mitarbeiter, davon neun der Kategorie IMB (Inoffizieller Mitarbeiter der Abwehr mit Feindverbindung).[1663] 1987 besaß auch das Referat 8 in der TH Ilmenau vier potenzielle inoffizielle Quellen für das OG: den IME „Wilhelm", den IMS „Siegmund" und die beiden GMS „Werner" und „Maraun".[1664]

Im steten Fokus: die Kaderabteilungen

Schlüsselbereiche mit Zugriffscharakter des MfS zur Sicherung bildeten vor allem das Rektorat, das Büro des 1. Prorektors sowie die Direktorate Kader und Qualifizierung sowie

[1662] BV Suhl, Abt. XX/8, vom 15.8.1989: Reisevorlage; BStU, BV Suhl, AIM 1486/90, Teil I, 1 Bd., Bl. 130–135. Erklärung, ebd., S. 143.

[1663] BV Suhl, Abt. XX, vom 7.3.1986: Maßnahmeplan zur weiteren Gestaltung der politisch-operativen Arbeit im und nach dem Operationsgebiet; BStU, BV Suhl, Abt. XX, Nr. 1025, Bd. 4, Bl. 33–42, hier 33 u. 39 f.

[1664] BV Suhl, Abt. XX, vom 13.2.1987: Zur Arbeit im und nach dem Operationsgebiet; ebd., Bd. 5, Bl. 18 f.

Studienangelegenheiten.[1665] Diese Bereiche wurden republikweit nach einheitlichen Prinzipien gesichert. Unterschiede gab es lediglich personell-subjektiv, also in der Durchsetzung der wesentlichen Sicherungsaufgaben seitens des inoffiziellen Mitarbeiters resp. seines Führungsoffiziers sowie in den Fällen, wenn kein inoffizieller Mitarbeiter rekrutiert werden konnte. Für die Schlüsselfunktion „Kaderdirektion" der TH Ilmenau sah das Arbeitsprogramm des MfS für Klaus Rogazewski alias „Peter Arbeiter" (Kap. 5.3.3, Fall-Nr. 70) wie folgt aus:

„(1) Einflussnahme auf die Kaderentwicklung:

- Verhinderung des Einsatzes negativ angefallener Personen in Führungsfunktionen;
- Verhinderung des Einsatzes negativ angefallener Personen in bedeutsamen Forschungsbereichen bzw. in Schwerpunktbereichen;
- Verhinderung von Neueinstellungen negativ angefallener Personen im Gesamtbereich der TH Ilmenau;
- Durchsetzung von erforderlichen Herauslösungen negativ angefallener Personen aus wichtigen Leitungsfunktionen bzw. aus operativ bedeutsamen Bereichen der Forschung;
- Realisierung von Umbesetzungen innerhalb der TH entsprechend den operativen Erfordernissen;
- Absprache bedeutsamer Kaderentscheidungen mit dem IM-führenden Mitarbeiter.

(2) Einflussnahme bei der Auswahl und Bestätigung von Geheimnisträgern und NSW-Reisekadern:

- Politische Grundeinstellungen der Personen und deren Haltungen zu Beschlüssen/Maßnahmen zu Partei und Regierung;
- Verhalten zu politischen Höhepunkten und Ereignissen;
- fachliche Qualitäten der Personen;
- Lebens- und Verhaltensweisen der Personen und Einhaltung der ethischen/moralischen Normen;
- bisherige Einstellung zu Fragen der Ordnung und Sicherheit an der Hochschule und Einhaltung der bestehenden Ordnungen und Weisungen;
- Feststellen von Kontakten und Verbindungen nach dem NSA von vorgesehenen Geheimnisträgern bzw. Reisekadern;
- Feststellung des sonstigen Umgangskreises und der Verbindungen der vorgesehenen Reisekader bzw. Geheimnisträger;
- Sollten Hinweise vorliegen, die eine Entpflichtung als Geheimnisträger bzw. eine Streichung als Reisekader erforderlich machen, hat der IM nach vorheriger Absprache mit dem [Führungsoffizier] seinen Einfluss in den zuständigen Gremien geltend zu machen."[1666]

[1665] Zum Beispiel: BV Suhl, KDI, vom 21.10.1985: Einschätzung politisch-operativ bedeutsamer Aspekte der Lage an der THI; BStU, BV Suhl, Abt. XX, Nr. 909, Bd. 1, Bl. 31–40, hier 39.

[1666] KDI vom 12.6.1980: Einsatz- und Entwicklungskonzeption für „Peter Arbeiter"; BStU, BV Suhl, AIM 1589/90, Teil I, 1 Bd., Bl. 59–62, hier 59 f.

Freilich stellt dieser Katalog eine Idealkonstruktion des kaderpolitischen Eingriffswunsches des MfS dar. Nie ist er in Gänze von einem Kaderleiter, so er IM war, bezüglich aller Personen und in allen Zeiten befolgt worden. Es gab in den ersten beiden Jahrzehnten der DDR hierin auch regelrechte Anomalien. Andererseits ist empirisch hinreichend nachweisbar, dass alle Punkte – temporär und fallweise – in genügend hoher Dichte erfüllt oder gar übererfüllt worden sind. Dass der Kaderdirektor überhaupt im Sinne des MfS wirksam werden konnte, bedurfte regelmäßiger Instruktionen und Schulungen. Dass enthob ihn jedoch nicht der Aufgabe, selbstständig entsprechend wirksam zu werden. Ein Blick in die Arbeitsaufgaben und -resultate von Rogazewski zeigt, dass er in nahezu vorbildlicher Weise diesen Aufgaben nachgekommen war. Dass findet u. a. seinen Ausdruck in der letzten Einschätzung des MfS vom Mai 1989, wo Defizite nicht aufgeführt worden sind, im Gegenteil: er sei „in allen Situationen" einsatzbereit gewesen, erledigte die Aufgaben „in einer guten Qualität", hielt „sich exakt an Verhaltenslinien" und verstand es, „mit Legenden zu arbeiten". Auch soll er sich in der Lage gezeigt haben, „auf plötzlich unvorhergesehene Situationen sofort und richtig zu reagieren". Ein solches Lob notierte insbesondere Offizier Escher äußerst selten.[1667]

Kontaktpolitik, Teil I

Das Bestreben, Westkontakte zu unterbinden, ist so alt wie das MfS. Zusätzlich zu Reiseverboten und Formen innerbetrieblicher Kommunikationsbeschränkungen existierten die in der einschlägigen Literatur eher unterbelichteten Phänomene des Verbots resp. der Steuerung von postalischen Verbindungen sowie die erzwungenen Kontaktabbrüche und Austritte aus internationalen Gesellschaften. Viele dieser Restriktionen bezogen sich nicht nur auf den Westen. Selbst für den Einsatz von DDR-Wissenschaftlern im sowjetischen Kernforschungszentrum Dubna wurde von den Betroffenen eine schriftliche Erklärung „über den Abbruch jeglicher Kontakte und Beziehungen zum NSW, insbesondere zur BRD und Westberlin" verlangt. Diese Erklärungen wurden in die Kaderakten eingelegt. Das MfS war angehalten zu überprüfen, ob sich der Betreffende „an die eingegangene Verpflichtung" hält oder nicht. Dazu wurde, wenn nötig, auch die Postkontrolle genutzt.[1668]

Die Kontaktabbrüche zu Verwandten aufgrund des Geheimnisschutzes wurden ab den 1960er Jahren systematisch erzwungen. Wer es nicht freiwillig tat, wurde mit mannigfaltigen Mitteln unter Druck gesetzt. Inoffizielle Mitarbeiter genossen fallweise Sonderrechte. In einer Quartalsanalyse des Geheimnisschutzes für das 1. Quartal 1977 der KD Suhl steht vermerkt, dass im VEB Kombinat Fajas gleich mehrere Angestellte solche Abbrüche verweigerten. Für den Bereich Forschung und Entwicklung waren es zwei Mitarbeiter, einer war Gruppenleiter. Der betreffende Wissenschaftler soll es konsequent abgelehnt haben, das „Merkblatt der Geheimnisträger zu unterschreiben". Analog hatten sich überdies sein Leiter und dessen Vorgesetzter, ein Hauptabteilungsleiter, verhalten. Alle waren bereit, die Konsequenzen, also auch den Verlust ihrer Funktionen, zu tragen. Sie

---

1667 BV Suhl, Abt. XX/8, vom 9.5.1989: Einschätzung zu „Peter Arbeiter"; ebd., Bl. 81 f.

1668 BV Leipzig vom 2.6.1975: Bericht von „Müller"; BStU, BV Leipzig, AIM 1992/89, Teil II, Bd. 1, Bl. 156.

würden nicht ihre Kontakte und Beziehungen zu Personen im Westen abbrechen.[1669] Im VEB Fajas wurde (auch) sogenannte spezielle, also mindestens militärnahe Produktion betrieben; es existierten Sperrbereiche. Die TH Ilmenau unterhielt Kooperationsbeziehungen zu Fajas. Für das MfS war das Arbeitsfeld „Kontaktpolitik" ein überaus wichtiges Arbeitsfeld, das aus den Teilaufgaben Erfassung, Kontrolle und Bekämpfung der sogenannten NSW-Kontakte bestand. Auch hierzu wurden zyklisch und fallbezogen Analysen in der Auswertungs- und Kontrollgruppe (AKG) des MfS auf Basis von Zulieferungen gefertigt. Solche Zulieferungen erfolgten vor allem von Repenning (Kap. 5.3.3, Fall-Nr. 72, *Kontaktpolitik, Teil 2*) und Rudi Juffa alias „Holt", der als Führungs-IM (FIM) arbeitete (Kap. 5.3.3, Fall-Nr. 45). Die folgende Analyse von 1987 erarbeitete Juffa auf Grundlage offizieller und inoffizieller Unterlagen und Hinweise. Unberücksichtigt blieben die nicht mehr sicherheitspolitisch relevanten Matrikel 80, 81 und 82.

Demnach hatte es 292 Kontakthinweise gegeben. 65,4 Prozent waren Wiederholungsfälle, der Rest sogenannte Erstkontakte bzw. Hinweise auf einmalige Kontakte. Auffällig war, dass die Häufigkeit mit steigender Matrikel-Zahl fiel, also: Matrikel 83 mit 149 Kontakten (51 Prozent), Matrikel 84 mit 67 Kontakten (22,9 Prozent), Matrikel 85 mit 54 Kontakten (18,5 Prozent) und Matrikel 86 mit 22 Kontakten (7,6 Prozent). Spitzenreiter unter den Sektionen war INTET mit 107 Kontakten (36,6 Prozent), Schlusslicht bildete MARÖK mit vier Kontakten (1,4 Prozent). Dazwischen lagen TBK mit 55 Kontakten (18,8 Prozent), ET mit 52 Kontakten (17,8 Prozent), GT mit 42 Kontakten (14,4 Prozent) und PHYTEB mit 32 Kontakten (11,0 Prozent). Bei Mehrfachnennungen waren 19 Kontakte (6,5 Prozent) der Klasse „Liebesbeziehungen" zugeordnet, 24 Kontakte (8,2 Prozent) religiös bzw. kirchlich begründet, sieben Kontakte (2,4 Prozent) lagen auf dem Gebiet von Computerinteressen, fünf Kontakte (1,7 Prozent) zu NSW-Firmen, 13 Kontakte (4,4 Prozent) waren sogenannte Rückverbindungen in die Bundesrepublik sowie 32 Kontakte (10,9 Prozent) in den übrigen Westen. Die restlichen Kontakte bezogen sich auf indirekte über Eltern, waren verwandtschaftlicher Art oder bekannt gewordene, aber nicht verifizierbare.

Da Juffa als ehemaliger hauptamtlicher MfS-Mitarbeiter kenntnisreich war, konnte er zielgerichtete Maßnahmen vorschlagen, um die bedenkliche Entwicklungstendenz – insbesondere hinsichtlich der „Methode des Aufbaus von Liebesbeziehungen" – einzudämmen. Dies sollte geschehen über eine gezielte Postkontrolle, Speicherüberprüfungen im MfS und den Einsatz inoffizieller Mitarbeiter zur Klärung der Kontakte. Er schlug hierfür namentlich sechs IM und sechs MfS-Offiziersschüler vor.[1670] Personifizierbare Kenntnisse waren dringend notwendig, um über die sogenannte Zersetzungsarbeit des MfS dieses Problem einzudämmen. So zerschlug die Abteilung XX der BV Suhl 1988 ein Liebesverhältnis zwischen einem Studenten und einer Spanierin: „Die eingeleiteten offensiven Maßnahmen erwiesen sich als wirkungsvoll."[1671]

[1669] BV Suhl vom 28.3.1977: Quartalsanalyse Geheimnisschutz, 1. Quartal 1977; BStU, BV Suhl, AGG, Nr. 37, Bd. 1, Bl. 55–62, hier 57.

[1670] „Holt" vom 9.1.1987: Statistisch-analytische Übersicht von NSW-Kontakten im studentischen Bereich der THI; BStU, BV Suhl, Abt. XX, Nr. 909, Bd. 1, Bl. 41–57 u. Anlage 1, Bl. 53–57.

[1671] BV Suhl, Abt. XX, vom 2.8.1988: Politisch-operative Lage im studentischen Bereich der THI; ebd., Bl. 85–95, hier 87–89.

In die letzte Analyse von Anfang 1989 flossen Meldungen vom 6. Januar 1987 bis 31. Dezember 1988 ein. Diesmal waren es 389 Hinweise auf Kontakte. Das entsprach einer Steigerung von 33 Prozent in zwei Jahren. Auffällig war, dass die Anzahl der Erstkontakte, Ersthinweise und einmaligen Hinweise mit 91,8 Prozent den absoluten Hauptanteil der Kontakte ausmachte, die anderen waren Wiederholungsfälle. Die Gerichtetheit der Häufigkeit mit steigender Matrikel-Zahl wie vor zwei Jahren war verschwunden: Matrikel 85 mit 70 Kontakten (16,5 Prozent), Matrikel 86 mit 66 Kontakten (15,5 Prozent), Matrikel 87 mit 243 Kontakten (57,2 Prozent) und Matrikel 88 mit 46 Kontakten (10,8 Prozent). Bei der hohen Anzahl von Hinweisen zur Matrikel 87 ist zu beachten, dass für diesen Jahrgang Speicherergebnisse des MfS generiert worden waren. Trotzdem behielt die Sektion INTET mit 145 Kontakten (34,1 Prozent) die Spitzenposition. Schlusslicht war wiederum MARÖK mit zehn Kontakten (2,4 Prozent). Dazwischen lagen TBK mit 109 Kontakten (25,6 Prozent), GT mit 60 Kontakten (17,8 Prozent), ET mit 59 Kontakten (13,9 Prozent) und PHYTEB mit 42 Kontakten (9,9 Prozent).

In der Analyse dieser Kontakte kamen wiederum die verwandtschaftlich erklärten auf das maximal hohe Maß von 76,8 Prozent (326 Kontakte). Den zweiten Platz nahmen die offenkundigen oder vermuteten Liebesbeziehungen mit 8,3 Prozent (35 Kontakte) ein. Kontakte zu westlichen Firmen resp. Verlagen wurden nur mit 0,7 Prozent (drei Kontakte) registriert. Auch gab es 1,1 Prozent (fünf) Kontakte aufgrund von Computerinteressen. Die anderen Arten lagen ähnlich niedrig und waren darüber hinaus nicht mit der ersten Erhebung identisch. So fehlten diesmal die religiös bzw. kirchlich begründeten Kontakte.[1672] Wegen erheblicher Inkonsistenz beider Erhebungen zueinander ist eine gesamte Trendanalyse „Holts“ unzweckmäßig. Weder kann von einer Zunahme der Kontakte aufgrund der Anomalie in der Erfassung zur Matrikel 87 gesprochen werden, noch kann seiner Detailanalyse gefolgt werden, wenn er beispielsweise den Rückgang der Kontakte auf dem Feld der Computerinteressen von absolut sieben auf fünf damit erklärt, dass diese „vermutlich“ von „verwandtschaftlichen Kontakten ausgeglichen“ wurde.[1673] Angenommen, die Mehrfachnennungen von knapp zehn Prozent sind valide (also statt 389 circa 425 Kontakte), erstaunt ein wenig die geringe Kontaktquote außerhalb des Kriteriums verwandtschaftlicher Art für diese späte Zeit der DDR.

Der Geheimnisschutz hatte immer auch eine reziproke Seite, nämlich die Angehörigen der TH Ilmenau vom freien Fluss der Informationen aus dem Westen abzuschotten. Auf der anderen Seite benötigte die TH westliche Publikationen, für die die finanziellen Mittel stets knapp waren. Einige Male, wie etwa 1960, hieß es gar auf Senatsebene, dass die Mittel der Bibliothek für die Neuanschaffung von Literatur „auf keinen Fall“ mehr ausreichten.[1674] Literatur zu tauschen war nicht nur üblich, sondern bei der stets knapper Kassenlage dringend erwünscht. Doch das MfS hatte eine andere Perspektive, es war im Grundsatz immer für Abschottung. Zudem wollte es stets wissen, welche Adressaten in

---

1672 „Holt“ vom 4.1.1989: Statistisch-analytische Übersicht von NSW-Kontakten im studentischen Bereich der THI; ebd., Bl. 110–117, hier 110–112.
1673 Ebd., Bl. 113.
1674 Protokoll vom 6.4.1960 über die Senatssitzung am 29.3.1960; UAI, S. 1 f., hier 1.

der Bundesrepublik welche Zeitschriften oder Informationsblätter der TH Ilmenau erhielten. Solche Listen gingen dann über Repenning zur Verteilung an das MHF und das MfS. Auch die *Wissenschaftliche Zeitschrift (WZ) der TH Ilmenau* gehörte zu den Tauschäquivalenten „zum devisenlosen Erwerb einer Vielzahl wichtiger Zeitschriften des NSW". Der Tausch lief über die Hochschulbibliothek,[1675] sie erhielt um 1984 im Rahmen des internationalen Schriftenaustausches annähernd quartalsmäßig auch Publikationen des vom MfS als feindlich eingeschätzten Instituts für Gesellschaft und Wissenschaft (IWG) in Erlangen. Diese Literatur wurde von Repenning begutachtet und „differenziert an einzelne Wissenschaftler verteilt", wenn überhaupt. Zu dieser Zeit waren es insbesondere Schriften zu Umweltschutzfragen und zur Energiepolitik.[1676]

Die vom MfS beargwöhnten Beziehungen zu westlichen resp. internationalen Gesellschaften wurden, soweit es eben ging, am Leben gehalten. Einladungen und Informationsaustausche strengten die Gesellschaft für Angewandte Mathematik und Mechanik (GAMM) sowie die Internationale Vereinigung für Germanische Sprach- und Literaturwissenschaft (IVG) mit Sitz in Göttingen an. Solche und andere Kontakte und daraus resultierende Einladungen besonders mit Verlinkungen zu militärischen Institutionen oder Stellen apostrophierte das MfS standardmäßig als „Angriffe gegen Wissenschaftler der DDR".[1677] Wenngleich die Mitgliedschaften Ende der 1970er Jahre auf Veranlassung des MHF weitestgehend obsolet waren, rissen nicht nur die alten Kontakte nicht völlig ab, sondern es entstanden auch neue. Was die GAMM anlangte, beklagte Repenning in seinem Informationsbericht vom Juli 1979, dass immer noch „Aktivitäten von der GAMM zu Wissenschaftlern der TH Ilmenau" ausgingen, „sowohl über die Dienst- als auch die Privatpost". Dies hatte er bereits seit November 1977 permanent angemahnt. Ins Land kamen demnach Hefte der GAMM-Mitteilungen, die GAMM-Satzung und das GAMM-Mitgliederverzeichnis. Dem Mitgliederverzeichnis war zu entnehmen, dass aus der DDR noch vier Institutionen Kooperativ- und 117 Wissenschaftler Einzelmitglieder der Gesellschaft waren. Insgesamt zählte die GAMM zu diesem Zeitpunkt 1.786 Mitglieder. Von der TH Ilmenau waren neben dem Institut für Mathematik als Kollektivmitglied noch fünf Personen Mitglieder der GAMM, unter ihnen Günter Bräuning und Werner Schlegelmilch. Überdies recherchierte er aus dem Gesamtverzeichnis der GAMM, dass sich unter den Mitgliedern 30 ehemalige DDR-Bürger befanden, die entweder illegal oder legal das Land verlassen hatten. Er forderte das MHF auf, zu überprüfen, ob die alte Austrittsforderung des Ministeriums überhaupt noch gültig sei. Ehrenmitglied des Institute of Electrical and Electronics Engineers (IEEE) war Eugen Philippow, ein Institut, das laut Repenning einen Verleumdungsfeldzug gegen die Sowjetunion führe. Tatsächlich engagierte sich das Institut über sein Informationsblatt für die Freilassung der beiden sowjetischen Wissenschaftler Anatoly Scharansky und Yuri Orlow. Repenning zeigte Verflechtungen von Westwissenschaftlern, Redakteuren und Konzernen auf, die belegen sollten, dass hier eine gezielte

---

[1675] THI, Repenning, vom 12.7.1977: Informationsbericht „Juli 1977"; BStU, BV Suhl, AIM 1592/90, Teil II, Bd. 3, Bl. 33–38, hier 34 f.

[1676] KDI vom 8.8.1984: Ausgewählte Forschungsthemen der THI; BStU, BV Suhl, AGG, Nr. 55, Bd. 3, Bl. 66–81, hier 68.

[1677] Ebd., Bl. 68–72.

imperialistische Kampagne gegen die Sowjetunion laufe, die sich einer Fachorganisation bediene.[1678] Im September lag ein weiteres Rechercheergebnis vor. Demnach unterhielten 22 westliche, zumeist aus der Bundesrepublik stammende GAMM-Mitglieder Verbindungen zu Wissenschaftlern der TH Ilmenau.[1679]

Selbst die Nutzung vorhandener Westliteratur war dem MfS suspekt. So erhielt Wolfgang Berg Ende 1966 die Aufgabe, in der Bibliothek der TH Ilmenau entsprechend zu recherchieren, wer von den Wissenschaftlern bevorzugt Westliteratur lese; Zitat: „Das Überprüfungsergebnis entspricht nicht den von uns erhofften Erwartungen, da fast kein Überblick über vorhandene Westliteratur und vor allem über den Personenkreis, der mit derartiger Literatur vorwiegend arbeitet, besteht."[1680] Vier Jahre später erhielt ein Physiker vom Münchener Verlag Ernst Reinhardt das Angebot, kostenlos ein Exemplar des Bandes *Atomphysik* aus der Reihe *Einführung in die Physik* zugeschickt zu bekommen. Der Verlag erhoffte sich, dass er das Werk in seinen Vorlesungen verwende und seinen Hörern empfehle.[1681] Also wandte sich der Physiker mit der Frage an Berg, ob er das Werk für die Hochschule – immerhin kostenlos – bestellen dürfe. Eine direkte Bestellung, so Berg antwortend, könne er nicht empfehlen. Vorausgesetzt, der Fachinhalt sei relevant für die Hochschule, er möge dies mit dem Sektionsdirektor klären. Auch sei „eine Bestellung über die Hochschulbibliothek als Kontingentliteratur [per Bezahlung – der Verf.] zu prüfen". Berg meinte, dass eine etwaige Bestellung auch durch die Abteilung Internationale Beziehungen (IB) zu prüfen sei, denn man müsse davon ausgehen, dass der Verlag auf Literatur der Bundesrepublik orientieren wolle und das könne „meines Erachtens mit unserer Hochschulpolitik nicht in Einklang gebracht werden". Sollte jedoch der Physiker das Buch privat beziehen wollen, weise er darauf hin, dass das „den zollrechtlichen Vorschriften zuwiderläuft", was wiederum „nicht im Interesse unserer Einrichtung" läge.[1682]

Ein heikles Thema bildete der Geheimnisschutz bei Publikationen. Eine „Untersuchung naturwissenschaftlich-technischer Veröffentlichungen von Hochschulangehörigen Ende der 1970er Jahre unter dem Gesichtspunkt der Einhaltung seltener Rechtsbestimmungen" bezog sich auf die Sektionen PHYTEB und INTET. PHYTEB war zu diesem Zeitpunkt die kleinste Sektion mit 106 Mitarbeitern, davon 58 wissenschaftlichen, und INTET die größte Sektion mit 144 Mitarbeitern, davon 93 wissenschaftlichen. Kriterien waren acht gesetzliche Bestimmungen vom Urheberrecht über Vertragsrecht bis hin zum Devisengesetz, drei Ministerratsbeschlüsse, darunter der bedeutendste, die Anordnung zum Schutz der Staatsgeheimnisse vom 20. August 1974, drei Anweisungen des MHF sowie sechs Hochschulanweisungen der TH Ilmenau. Beschrieben ist der komplette Verfahrensweg zur Erlangung einer Veröffentlichung. Genannt sind zehn „Sachkriterien für die Genehmigung von Veröffentlichungen", wozu politische Kriterien wie der „politisch-ideologische

---

1678 THI vom 10.7.1979: Informationsbericht „Juli 1979"; BStU, BV Suhl, AIM 1592/90, Teil II, Bd. 4, Bl. 147–160, hier 153–157.

1679 THI vom 10.9.1979: Informationsbericht „September 1979" (Ausriss); ebd., Bl. 167–175, hier 171–173.

1680 Bericht vom 30.12.1966 zum Treffen mit „Walter" am 29.12.1966; BStU, BV Suhl, AIM 984/89, Teil II, Bd. 1, Bl. 141 f., hier 141.

1681 Schreiben des Verlages vom 5.11.1970; ebd., Bd. 4, Bl. 107. Das Buch: Huber, Paul/Staub, Hans H.: Atomphysik. München, Basel 1970.

1682 Schreiben von Berg vom 3.12.1970; ebd., Bl. 106.

Gehalt“ und die „Stärkung der DDR“ zählten, sowie die Pflichten des Autors in fünf Punkten.

Statistisch wurde ermitteltet, dass PHYTEB 1977 in der DDR 54 Veröffentlichungen (87,1 Prozent) hatte, im sozialistischen Ausland sechs (9,7 Prozent) und im Westen zwei (3,2 Prozent). Die Sektion INTET kam in dieser Reihung auf 65 (82 Prozent), zwölf (15,2 Prozent) sowie zwei (2,5 Prozent). Das Papier hinterlässt den Eindruck, dass das Ziel der Untersuchung nicht erreicht wurde, weil die Autoren offenkundig nicht in der Lage waren, die fachliche Substanz der Veröffentlichungen zu bewerten.[1683]

Reisen in dringenden Familienangelegenheiten
Im Kapitel 5.4.5 werden Erkenntnisse zu Fragen der Übersiedlung dargestellt, hier Erkenntnisse zu den Anträgen auf besuchsweise Reisen und in dringenden Familienangelegenheiten (RdFA, auch DFA). Das MfS besaß in dieser Hinsicht das Vetorecht wie bei allen anderen Westreisen auch, hatte aber in der Volkspolizei und in den Institutionen die Vor- und Legitimationsentscheider sitzen. Zudem liefen bei ihm sämtliche Erkenntnisse und Informationen zu den RdFA zusammen. Zuletzt verlor sich das MfS als Kontrollinstanz in der Flut der Anträge. Verglichen mit dem Zeitraum vom 1. Januar bis 15. Juni 1987 mit 87 Reisen betrug die Steigerungsrate für den gleichen Zeitraum im darauffolgenden Jahr 94 Prozent, absolut 169 Reisen. Anders die Anzahl der Dienstreisen, sie fiel für diesen Vergleichszeitraum von 16 auf 12. Der Grund hierfür lag in der Streichung von Valutamitteln durch das MHF.[1684] Für den erweiterten Zeitraum bis zum 20 September 1987 wurden in einer analogen Analyse 129 realisierte Reisen gezählt, ein Jahr darauf waren es 185 Reisen, also 45 Prozent mehr.[1685]

Verglichen mit dem Vorjahr, als 241 Anträge eingingen, waren es am Stichtag 30. November nunmehr 360. Neben der Zunahme der absoluten Anzahl zeigte sich eine deutliche Zunahme der Anträge von Männern um 80 Prozent gegenüber Frauen um nur 20 Prozent, eine Erhöhung der Anzahl der Ablehnungen durch die Volkspolizei um 180 Prozent sowie eine Zunahme der Anträge in der Altersgruppe von 25 bis 29 Jahre um 250 Prozent. Noch höher war die Steigerung der Zunahme der Anträge von Studenten um 390 Prozent, die jedoch kaum einen positiven Bescheid zu erwarten hatten.

1683 THI vom 24.4.1978: Untersuchung naturwissenschaftlich-technischer Veröffentlichungen von Hochschulangehörigen unter dem Gesichtspunkt der Einhaltung seltener Rechtsbestimmungen; BStU, BV Suhl, AIM 1592/90, Teil II, Bd. 3, Bl. 431–446. Dem Papier sind u. a. folgende Anlagen beigegeben: Hochschulanordnung (HO) Nr. 6/75: Rahmenordnung für die Orientierung der Öffentlichkeitsarbeit an der THI, Bl. 447–453; HO Nr. 2/76: Die schutzrechtspolitische Arbeit an der THI, Bl. 454–461; Musterantrag zur Genehmigung von Veröffentlichungen von der TU Dresden, Bl. 473.

1684 BV Suhl, Abt. XX, vom 24.6.1988: Politisch-operative Lage an der THI „Juni 1988“; BStU, BV Suhl, Abt. XX, Nr. 909, Bd. 1, Bl. 78–80, hier 79.

1685 BV Suhl, Abt. XX, vom 30.9.1988: Politisch-operative Lage im Sicherungsbereich der THI; ebd., Bl. 96 f.

Tabelle 72: TH Ilmenau: RdFA und Rentnerreisen, 1988[1686]

Beschäftigtengruppe	Gesamt	Realisiert	VP-Bescheid: nein	TH-Bescheid: nein	Verzichtet	Verblieben
RdFA Hochschulangehörige:	297	162	105	15	14	1
- Hochschullehrer	10	7	2	0	1	0
- Wissenschaftliche Mitarbeiter	60	37	20	3	0	0
- Nichtwissenschaftliches Personal	188	114	51	10	12	1
- Studenten, Aspiranten	39	4	32	2	1	0
- Männliche Hochschulangehörige	164	77	68	9	10	0
- Weibliche Hochschulangehörige	133	85	37	6	4	1
RdFA Ausgeschiedene	6	5	1	0	0	0
Rentner (berufstätig)	41	38	0	2	1	0
Rentner (nicht berufstätig)	16	16	0	0	0	0

Zu den Reiseanträgen fanden regelmäßig Auswertungen auf zentraler Ebene statt. In Bezug auf die RdFA von Studenten fand zum Beispiel im Juni 1987 eine Beratung der Prorektoren R/A und der Direktoren für Studienangelegenheiten der Hochschulen und Universitäten im MHF statt. Dabei stellte sich heraus, dass die TH Ilmenau republikweit, was die Zahl der Antragsteller betraf, eine nur marginale Rolle spielte.[1687] Ende 1988 stand eine Neuregelung des Zulassungsverfahrens unmittelbar vor der Inkraftsetzung, jedenfalls wurde sie auf einer Arbeitstagung des MHF am 7. und 8. Dezember verkündet. Inhalt war, dass nun alle Studenten gesetzlich antragsberechtigt sein würden. Doch weiterhin sollte u. a. gelten, dass die Bildungseinrichtung die Entscheidungshoheit behält und es bei laufenden Disziplinarverfahren eine Reiseerlaubnis nicht geben dürfe. Eine Antragstellung auf ständige Ausreise aber bedeutete weiterhin die Exmatrikulation.[1688]

Ab 1988 traten Erleichterungen für Ausreisen ein. Nun konnten auch Reisen zu Bekannten beantragt werden. Ausgeschlossen aber blieben Spitzengeheimnisträger und Personen, zu denen negative Hinweise vorlagen, etwa Fluchthinweise. Um die neuen Möglichkeiten und Sachverhalte zu schulen, wurden die Kaderdirektoren der Hochschulen und Universitäten ins MHF nach Berlin beordert.[1689] Eine weitere Instruktion breiteren Umfangs fand vom 1. bis 3. März in der Hauptabteilung Kader des MHF statt. Tenor dieser Veranstaltung war, dass es deutlich widersprüchliche Informationen gab, auch von neuen Restriktionen hinsichtlich einer Beschränkung von RdFA war zu hören.[1690] Beide Instruktionsdokumente zeigen eine chaotische Lage und offenbaren widerstreitende Parteien im Apparat. Dass größere Hoffnungen, die am 24. Februar gemacht worden sind, wieder sanken, zeigte sich am 11. März, als der 1. Prorektor von einer Beratung mit einem Staatssekretär des MHF aus Jena zurückkehrte und signalisierte, dass nun die Volkspolizei die Entscheidung treffe und nicht die Hochschule. Diese habe lediglich die Versagungsgründe für eine solche Reise, unabhängig ob zu Verwandten oder Bekannten, mitzuteilen.[1691]

1686 THI, BSG, vom 15.12.1988: Halbjahresbericht 2/88; BStU, BV Suhl, AIM 1592/90, Teil II, Bd. 6, Bl. 78–91, hier 88 f. Die Zahlen sind circa-Angaben des BSG.

1687 BV Suhl, Abt. XX, vom 17.8.1987: Bericht von „Brückner“ vom 13.8.1987; BStU, BV Suhl, AIM 1609/90, Teil II, 1 Bd., Bl. 21 f., hier 21.

1688 BV Suhl, Abt. XX, vom 12.12.1988: Bericht von „Brückner“; ebd., Bl. 67.

1689 BV Suhl, Abt. XX, vom 26.2.1988: Niederschrift der Schulung am 24.2.1988 von „Peter Arbeiter“ vom 25.2.1988; BStU, BV Suhl, AIM 1589/90, Teil II, Bd. 3, Bl. 22.

1690 Bericht von „Peter Arbeiter“ über die Schulung vom 1.–3.3.1988; ebd., Bl. 25 f.

1691 BV Suhl, Abt. XX, vom 21.3.1988: Abschrift; ebd., Bl. 35.

Für das 1. Halbjahr 1989 konstatierte das Direktorat K/Q, dass die Anzahl der Anträge auf RdFA zwar unverändert geblieben sei, die Anzahl der genehmigten jedoch um ein Viertel zugenommen habe. Die Bewegungen, differenziert nach Sektionen und anderen Bereichen, zeigten unterschiedliche Entwicklungen. Verdoppelt hatte sich die Zahl der Anträge aus der Sektion MARÖK, dem ORZ und der Abteilung Plasmatechnik. Die Anzahl der Reisen aus der Sektion INTET hatte sich mehr als verdreifacht sowie die aus den Sektionen GT und MARÖK verdoppelt. Insgesamt zeigte sich eine Verschiebung der Reisen von 53 auf 85 zugunsten der Sektionen. Hingegen nahm die Anzahl der Reisen des nichtwissenschaftlichen Personals deutlich ab. Altersmäßig hielt der Trend zu jüngeren Reisenden an. Die Zahl der bis zu 30-Jährigen vervierfachte sich. Die Anzahl jener über 55 Jahre war rückläufig. Die zahlenmäßig stärkste Gruppe lag zwischen 45 und 55 Jahren.[1692]

Geheimnisschutz, Sicherheit und Ordnung

Es ist, was unter dieser Titelüberschrift kurz gefasst steht, die Arbeitsaufgabe des MfS schlechthin ab Mitte der 1970er-Jahre, als sowohl innenpolitische Konflikte (Wolf Biermann) als auch militärisch relevante Forschungen und Entwicklungen zunahmen, sowie die Realpräsenz der Schlussakte von Helsinki Gewicht gewann. Vieles schien absurd; ein Beispiel: Die SED-Bezirksleitung Suhl hatte 1977 von der TH Ilmenau verlangt, die Vorlage für ihr Sekretariat über die „Maßnahmen zur weiteren Entwicklung der TH Ilmenau im Zeitraum 1976 bis 1980" als offenes Material zu deklarieren. Dies aber kritisierte der BSG der TH Ilmenau, Kurt Repenning. Er verwies auf die Bereichsnomenklatur für Dienstgeheimnisse im Bereich des MHF vom 8. Mai 1972, wonach „Analysen, Führungskonzeptionen und Maßnahmepläne zur Entwicklung der Hochschulen und anderer wissenschaftlicher Institutionen eindeutig als VD eingestuft werden" mussten, „sofern sie nicht den Charakter von Staatsgeheimnissen" trügen.[1693] Der Auffassung der Hochschulparteileitung (HPL), dass ein Material für die Bezirksleitung der SED, das detaillierte Daten zu Beschäftigten, Struktur der Sektionen, Forschung und Entwicklung etc. der Hochschule enthielt, nicht der Geheimhaltung zu unterliegen habe, da doch die Genossen der Bezirksleitung vertrauenswürdig seien, widersprach Repenning und setzte durch, dass das Papier VD gestempelt wurde. Immerhin nicht VVS, wie er es vorhatte.[1694] Repenning setzte den Vorgang mit genauen Angaben über die übergebenen Materialien in seinen Informationsbericht „Januar 1979" an das MHF. Die exklusive Berichterstattung an das MHF ging lediglich an drei Personen der TH Ilmenau aus dem Rektorat (2) und der HPL (1) und natürlich an seinen Führungsoffizier.[1695]

Obgleich dem Geheimnisschutz mit vielfachen Gesetzesvorschriften und Regelungen stets eine herausgehobene Bedeutung zukam, trat dieser erst auf Grundlage des Ministerratsbeschlusses vom 14. Oktober 1959 „über die Grundsätze für die Arbeit mit Staatsgeheimnissen und die Ausarbeitung von Verschlusssachen-Nomenklaturen" in eine moderne

---

1692 THI, Direktorat K/Q, vom 4.7.1989: Entwicklung Privatreisen, 1. Halbjahr 1989; ebd., Bl. 145.
1693 KDI vom 23.9.1977: Analyse Geheimnisschutz nach VVS 11/77; BStU, BV Suhl, AGG, Nr. 17, Bd. 1, Bl. 175–182, hier 177.
1694 Information von „Rainer" vom 27.11.1978; BStU, BV Suhl, AIM 1592/90, Teil II, Bd. 4, Bl. 48.
1695 THI vom 19.1.1979: Informationsbericht „Januar 1979" (Ausriss); ebd., Bl. 77–88, hier 85 f.

Phase ein, auf die alle anderen dann nur noch differenzierter und restriktiver in den Ausführungsbestimmungen aufsattelten. Im offiziellen Schrifttum der TH Ilmenau kam dies nur sparsam in die Verschriftung. Dies änderte sich ab 1967 signifikant. Von diesem Zeitpunkt an zählte der Geheimnisschutz zu den Standardthemen der Senatssitzungen.[1696]

Zur ausführlichen Genese der Rechtsvorschriften wird in dieser Studie auf einschlägige Literatur verwiesen.[1697] Die wichtigsten Rechtsvorschriften und Normative waren:

(a) „Anordnung über die Sicherheit und Geheimhaltung von Aufgaben für die Landesverteidigung im Bereich der Volkswirtschaft – Sicherheitsanordnung" vom 28. Juni 1968. Die Rechtsvorschrift definiert die mit „Lieferungen und Leistungen an die bewaffneten Organe – Lieferverordnung (LVO)" befassten Personen und die Einstellungs- und Kaderbestimmungen. Sie beinhaltet u. a. die konkreten Pflichten und Befugnisse des MfS im Zusammenhang mit der Bestätigung derjenigen Kader, die „umfassende bzw. besonders geheim zu haltende Teilerkenntnisse" erhalten sollten.[1698]

(b) Beschluss des Ministerrates vom 15. Oktober 1969 „über die Richtlinie zur weiteren Vervollkommnung des Geheimnisschutzes in den Staats- und Wirtschaftsorganen" vom 15. Oktober 1969. Die Richtlinie wurde mit der „Stärkung der Landesverteidigung" und der „zunehmende[n] gegnerische[n] Störtätigkeit" sowie der Anwendung der elektronischen Datenverarbeitung in Forschung und Industrie begründet. Diese Rechtsvorschrift definiert das „System des Geheimnisschutzes", die „gewissenhafte und differenzierte Auswahl und Sicherung der Geheimnisträger" sowie deren „systematische Erziehung". Neben zahlreichen Klassifikationsvorschriften (zum Beispiel Staats- und Dienstgeheimnisse) sowie technischen Begriffserläuterungen (zum Beispiel Sicherheitsüberprüfungen, Sperrbereiche) fallen zwei Merkmale besonders auf: die permanente Betonung der notwendigen Erziehung und Schulung der Geheimnisträger sowie der sattsam bekannte Rekurs auf den Gegner, dessen Versuche, „in den Besitz von Staats- und Dienstgeheimnissen zu gelangen, intensiver und raffinierter" würden. Der Beschluss des Ministerrates war mit der Sprachformel legimitiert worden, wonach die Störtätigkeit des Westens zugenommen habe. Diese einzudämmen, war eine Aufgabe, die nur in Kooperation mit den Betrieben und Institutionen, wenn überhaupt, möglich war. Entsprechend fiel auch der nächste Schritt aus, die jeweiligen Leiter der Betriebe und Institutionen wesentlich enger mit den Aufgaben des Geheimnisschutzes zu verbinden, und dies wiederum mit einer Begründung, die den Geheimnisschutz als „integrierten Bestandteil der wissenschaftlichen Führungstätigkeit" begriff,[1699] dem sich nun *jeder* stellen müsse, ob er wolle oder nicht. Diese Aufgaben auf die Sicherheits-, Kontroll- oder VS-Beauftragten (allein) abzuwälzen, ging nun nicht mehr.

[1696] Beispiel: THI vom 16.3.1967 zur Senatssitzung am 21.2.1967; UAI, S. 1–10, hier 10.

[1697] Buthmann: Hochtechnologien, Kap. 2.1, S. 92–118, hier 92–99. Zur Interpretation der wichtigsten Rechtsgrundlagen im Zusammenhang mit der Kadersicherung des MfS im Fall des VEB Carl-Zeiss Jena mit voller Geltung auch für die THI, in: Buthmann: Kadersicherung, S. 43–48.

[1698] Anordnung des MR der DDR vom 28.6.1968 „über die Sicherheit und Geheimhaltung von Aufgaben für die Landesverteidigung im Bereich der Volkswirtschaft – Sicherheitsanordnung"; BStU, MfS, HA XVIII, Nr. 12103, Bl. 1–10, hier 9 f. Die Anordnung trat am 20.8.1968 in Kraft, mit ihr wurde die Rechtsvorschrift vom 20.6.1966 außer Kraft gesetzt.

[1699] Beschluss des MR der DDR vom 15.10.1969 über die Richtlinie zur weiteren Vervollkommnung des Geheimnisschutzes in den Staats- und Wirtschaftsorganen; ebd., Bl. 11–24. Weiteres in: Buthmann: Hochtechnologien, Kap. 2.1.3, S. 113–118.

Schon gar nicht waren sie in der Lage, effektiv Forschungsaufgaben sicherheitsstufenmäßig einzuordnen. Insbesondere den Direktoren wuchsen nun Aufgaben zu, die alles andere als leicht zu handhaben waren. Der Beschluss des Ministerrates regelte eindeutig, dass die Leiter der Staats- und Wirtschaftsorgane verantwortlich u. a. dafür waren, „dass die Auswahl, Bestätigung, der Einsatz und die Sicherheitsüberprüfung der Geheimnisträger differenziert nach Staats- und Dienstgeheimnissen erfolgt", und dass sie hierfür formvollendet zu verpflichten waren.[1700]

(c) Regelmäßig folgten aus den gesetzlichen Bestimmungen die entsprechenden Umsetzungen auf institutioneller Basis. So wurde die Hochschulanweisung (HSA, auch HSAW) Nr. 8/72 zum 1. Juli 1972 auf Grundlage der „Anordnung zum Schutz der Dienstgeheimnisse" vom 6. Dezember 1971 gefasst. Sie beinhaltet umfassend und detailliert, in welche Geheimnisschutzstufen die verschiedensten Sach- und Personendokumente zu setzen waren (NfD und VD, beide noch einmal differenziert); zum Beispiel: Dokumente über Katastrophen und größere Brände: VD; Dokumente der Leitungstätigkeit wie Analysen, Führungskonzeptionen, Maßnahmepläne zur Entwicklung der TH Ilmenau: VD; Informations- und Inspektionsberichte: mindestens VD; Teilberichte der Struktureinheiten: mindestens NfD; Telefonverzeichnis der TH Ilmenau: NfD.[1701]

(d) Die Anordnung zum Schutz von Staatsgeheimnissen vom 20. August 1974.[1702] Sie bildete die Basis für die Hochschulanweisung Nr. 7/75, „Ordnung über den Umgang mit dienstlichem Schriftgut im Bereich der TH Ilmenau" vom 17. Juli 1975, die überdies auf zwei Richtlinien basierte:

(e) Richtlinie des Ministerrates vom 22. August 1974 über die Gewährleistung der Ordnung und Sicherheit im Umgang mit dienstlichem Schriftgut und

(f) Richtlinie des MHF vom 3. März 1975 über den „Umgang mit dienstlichem Schriftgut an den Universitäten und Hochschulen". Bereits die beiden gesetzlichen Vorschriften (b) und (c) implizierten, dass die staatlichen Leiter in die Pflicht genommen wurden, diese Richtlinien auch über die Hochschulanweisung 7/75 durchzusetzen. Die Ordnung regelte Definitionsfragen, Verfahren, Umgang und Lagerung, und sie zählte auf, was als dienstliches Schriftgut im Sinne der Richtlinie des MHF galt. Eigentlich nahezu alles, da auch Vorlesungsmanuskripte, Seminarpläne, Studienanleitungen, Lehrbriefe, Belege, Praktikumsvorlagen, Übungsaufgaben u.dgl. m. dazugehörten.[1703]

(g) Beschluss des Ministers für Staatssicherheit, Mielke, zur Rahmennomenklatur für Staatsgeheimnisse vom 30. Januar 1987. Die Rahmennomenklatur für Staatsgeheimnisse trat am 1. März 1987 in Kraft und löste die vorgängige Rahmennomenklatur vom 20. August 1974 ab. Sie galt für alle Bereiche des gesellschaftlichen Lebens, angefangen von den Staatsorganen, Betrieben, Räten der Kreise und Bezirke, Universitäten und Hochschulen über die Armee bis hin zu den Schutz- und Sicherheitsorganen. Sie galt als Orientierung

[1700] Ebd., erste Quelle, Bl. 17 f.
[1701] THI, Kemnitz: Hochschulanweisung Nr. 8/72: Organisationsanweisung zum Schutz der Dienstgeheimnisse, aufgefunden in: BStU, BV Suhl, Abt. XII. Nr. 23, Bl. 6–32.
[1702] Die Anordnung wurde mit der SGAO vom 15.1.1988 außer Kraft gesetzt.
[1703] THI, Linnemann: Hochschulanweisung Nr. 7/75 vom 16.7.1975: Ordnung über den Umgang mit dienstlichem Schriftgut im Bereich der THI, aufgefunden in: BStU, BV Suhl, Abt. XII, Nr. 23, Bl. 1–5.

all jener, die Verantwortung für diese Institutionen trugen, also Generaldirektoren, Direktoren, Bürgermeister, Rektoren, Generäle etc. Sie hatten zu diesem Zweck Nomenklaturgruppen zu berufen, die zwingend in Fragen ihrer Besetzung mit dem MfS abzustimmen waren.[1704] Die Rahmennomenklatur für Staatsgeheimnisse bildet ein anschauliches Beispiel nicht nur für die strukturell-faktische Omnipotenz des MfS in der DDR-Gesellschaft, sondern auch für die normative Alleinbestimmung des Dienstes in solchen spezifischen, aber äußerst weitgreifenden Fragen. Die Rahmennomenklatur war in ihren Grundsätzen unantastbar, ließ aber bei der Ausgestaltung für die insgesamt sehr verschiedenen institutionellen Bereiche des Staates Spielraum. Die geschaffenen Nomenklaturen der Institutionen sollten alle drei Jahre aktualisiert werden. Eine erste war für 1990 geplant. Als Staatsgeheimnisse wurden drei Arten in absteigender Wertigkeit definiert: (1) Geheime Kommandosache (Gkdos) für höchste politische, ökonomische, militärische, technische und technologische Dinge oder Sachverhalte, die bei Bekanntwerden den Staat an sich gefährden konnten; (2) Geheime Verschlusssache (GVS) für eben solche, aber mit minderem Gefährdungspotenzial, etwa Schäden, Störungen oder Nachteile für die Volkswirtschaft resp. Verteidigungsbereitschaft des Staates; sowie (3) Vertrauliche Verschlusssache (VVS) für eben solche aber mit weiter gemindertem Gefährdungspotenzial, etwa in Hinsicht darauf, dass bei Bekanntwerden dieser Dinge oder Sachverhalte der „Gegner“ hätte Vorteile erhalten können. Berechtigt zur Einstufung der Grade waren die oben genannten Leiter der verschiedenen Organe und Institutionen resp. deren Vertreter, die allerdings zwingend vom MfS zu bestätigen waren. In differenzierter Form gab die Rahmennomenklatur eine Reihe von Kriterien und Hinweisen zur Praxis der Einstufung der Grade vor, die aus Platzgründen hier nicht ausgeführt werden können. Die Rahmennomenklatur ist in sechs größere Abschnitte gegliedert, der zweite, „Wissenschaft und Technik“, besitzt unmittelbare Bedeutung für die Historiographie der TH Ilmenau. Es sind acht Sachbereiche, die für die Einstufung der Grade relevant waren; hier gerafft: (1) Staatspläne Wissenschaft und Technik, zusammengefasste Materialien, Angaben über bedeutsame Investitionen; (2) Informationen und Materialien über Ergebnisse und Ziele von Forschungs- und Entwicklungsaufgaben resp. Erfindungen oder Vervollkommnungen; (3) Informationen und Materialien zu Schlüsseltechnologien sowie Exportvorhaben und NSW-Importablösungen; (4) Informationen und Materialien über Forschungskooperationen; Informationen und Materialien (5 bis 7) über schutzrechtliche Aspekte aller Art sowie (8) zusammengefasste Informationen und Materialien soziologischer Art, etwa Statistiken.[1705] In den Gebrauch der Rahmennomenklatur für Staatsgeheimnisse vom 30. Januar 1987 wurde von oben nach unten eingewiesen: am 25. März 1987 Einweisung der Beauftragten für Sicherheit und Geheimnisschutz (BSG) durch den BSG des MHF in Karl-Marx-Stadt; am 31. März Einführung durch Prof. Scharbert vom Institut für Geheimnisschutz (IfG) an der Hochschule für Ökonomie (HfÖ) „Bruno Leuschner“ in Berlin, Rotes Kloster genannt, für die Beauftragten der Sonderforschung an der TH Ilmenau; am 3. April Einweisung der Rektoren

---

[1704] Rahmennomenklatur für Staatsgeheimnisse vom 30.1.1987; BStU, MfS, AGM, Nr. 480, Bl. 381–400.
[1705] Ebd., Bl. 383–385, 387 u. 391.

durch den Stellvertreter des Ministers des MHF, Groschupf, in Berlin; am 21. April Einweisung der 1. Prorektoren durch den Staatssekretär des MHF, Bernhardt, in Berlin sowie am 23. April eine informatorische Einweisung der Leiter der ersten und zweiten Leitungsebene der TH Ilmenau durch ihren Rektor, Kemnitz. Die Nomenklaturgruppe bestand zu dieser Zeit aus dem 1. Prorektor, Schmidt, dem Stellvertreter der VS-Hauptstelle, Reichelt, dem Kaderdirektor, Rogazewski, sowie ferner Dittrich, Friedrich, Grote, Repenning, Heyer, Berg, Buch und Wagner.[1706] Sie hatte mit Unterstützung der AGG der BV Suhl die Aufgabe, die Hochschulnomenklatur für Staatsgeheimnisse festzulegen. Ein Blick auf die Personen zeigt, dass sie originär mit Forschung wenig zu tun hatten, sehr wohl aber der Forschung, wenngleich nicht selbstverschuldet, restriktivere Bedingungen schufen. Der Maßnahmeplan der TH Ilmenau vom 23. April 1987 beinhaltete die Fassung der Bereichsnomenklatur für Staatsgeheimnisse der TH Ilmenau, erarbeitet von der Nomenklaturgruppe, die schlussendlich mit Wirkung vom 31. Dezember 1987 durch den Rektor in Kraft gesetzt wurde.[1707]

(h) Anordnung zum Schutz der Staatsgeheimnisse – Staatsgeheimnisanordnung (SGAO): Beschluss des Ministerrates der DDR vom 15. Januar 1988 über die Grundsätze des Geheimnisschutzes.[1708] Auf ihr folgten die HSA 1/88 (Verfahrensordnung über die Arbeit mit Staatsgeheimnissen an der TH Ilmenau) und 2/88 (Ordnung über den Umgang mit Dienstsachen und die Gewährleistung des Geheimnisschutzes). Die 2/88 vom 20. Mai 1988 galt für alle Struktureinheiten der TH Ilmenau einschließlich des Technikums FOE und darüber hinaus auch für zeitweilig an der Hochschule arbeitende Personen. Die Anweisung regelte u. a. Rechte und Pflichten zur Bewertung von Informationen und Dienstsachen sowie Fragen der Aussonderung und des Transportes von Dienstsachen.[1709] Auf ihrer Grundlage wurden ab dem 1. Juni 1988 an allen Sektionen Dokumente, die den Charakter von Staatsgeheimnissen trugen, überprüft, neu bewertet und ggf. ausgesondert. Parallel dazu wurde die Geheimnisträgernomenklatur überarbeitet. Alles geschah im großen Stil, eigens dafür wurde eine Sicherheitskonferenz für den 16. November 1988 an der TH Ilmenau anberaumt. Diese zentral in der DDR initiierte Überprüfung und Neubewertung zeitigte allerorten große Unsicherheit in der Durchführung. So auch in Ilmenau.[1710] (Hierzu auch unten.) Beide Hochschulanweisungen waren „sowohl durch operative Einflussnahme über IM in Schlüsselposition als auch in enger Zusammenarbeit mit dem Leiter der AGG der BV Suhl“ erstellt und ab 1. Juni 1988 in die entsprechenden Strukturbereiche der TH Ilmenau gegeben worden.[1711] Die HSA 1/88 des Rektors verpflichtete ihn selbst, für die vollumfängliche Durchsetzung der Ordnung Sorge zu tragen. Allerdings übertrug

[1706] BV Suhl, Abt. XX: Einschätzung der Durchsetzung des Beschlusses des MR der DDR vom 15.1.1987 zur Durchsetzung des Geheimnisschutzes; BStU, BV Suhl, AGG, Nr. 55, Bd. 3, Bl. 115 f.

[1707] BV Suhl, Abt. XX; BStU, BV Suhl, Abt. XX, Nr. 929, Bd. 2, Bl. 28 f., hier 29.

[1708] Anordnung zum Schutz der Staatsgeheimnisse – Staatsgeheimnisanordnung (SGAO) vom 15.1.1988; BStU, MfS, HA XVIII. Streng geheimes, nur wenigen Offizieren zugängliches Buch, S. 1–95.

[1709] THI, Kemnitz, vom 20.5.1988: Hochschulanweisung 2/88: Ordnung über den Umgang mit Dienstsachen und die Gewährleistung des Geheimnisschutzes; BStU, BV Suhl, AGG, Nr. 55, Bd. 3, Bl. 132–142.

[1710] BV Suhl, Abt. XX, vom 13.9.1988: Politisch-operative Lage im Verantwortungsbereich der BV Suhl; ebd., Bl. 144–150, hier 147.

[1711] BV Suhl, Abt. XX, vom 24.6.1988: Politisch-operative Lage an der THI „Juni 1988“; BStU, BV Suhl, Abt. XX, Nr. 909, Bd. 1, Bl. 78–80, hier 78.

er die administrativen Aufgaben an den 1. Prorektor, hierzu zählten beispielsweise: (1) Einleitung, Durchsetzung und Kontrolle der Bestimmungen des Geheimnisschutzes. Ihm wiederum standen für die Durchsetzung der Bestimmungen der BSG, der Leiter der VS-Stelle und die VS-Bearbeiter in den Strukturbereichen zur Verfügung. (2) Anleitung und Kontrolle der VS-Stellen. (3) Planung, Organisation und Durchführung von Kontrollen zur Durchsetzung u. a. der SGAO vom 15. Januar 1988, der HSA 1/88 sowie der Bereichsnomenklatur für Staatsgeheimnisse und der Geheimnisträgernomenklatur. Zur Durchführung dieser Aufgabe diente die Kontrollgruppe. (6) „Die verantwortungsvolle Wahrnehmung des Zusammenwirkens mit der zuständigen Diensteinheit bzw. Mitarbeitern des MfS bei der Auswahl, Überprüfung und Bestätigung von Geheimnisträgern, der Erfüllung übertragener Empfehlungen, der Information und Untersuchung zu Verletzungen des Geheimnisschutzes und erkannter bzw. vermuteter gegnerischer Angriffe gegen den Geheimnisschutz."[1712]

Damit war die *federführende* Einbindung des MfS in die Belange des Geheimnisschutzes all jenen, die diese VD zur Kenntnisnahme erhielten, bekannt. Auch war die Mitwirkungspflicht der staatlichen Leiter der ersten und zweiten Leitungsebene nochmals explizit festgeschrieben worden. Die HSA 1/88 bestimmte detailliert die Arbeit mit den Geheimnisträgern, das heißt, die infrage kommende Auswahl für bestimmte Tätigkeitsbereiche, die Übergabe der entsprechenden Dokumente an das MfS und schlussendlich im Falle des positiven Entscheids des MfS die Bestätigung der Geheimnisträger durch den 1. Prorektor sowie die Arbeit mit den Staatsgeheimnissen und Verschlusssachen. Dieser letzte Verantwortungskomplex beinhaltete auch das generelle Verbot, Staatsgeheimnisse zu veröffentlichen, was einschloss, auch keine Hinweise auf solche geben zu dürfen, „und zwar weder in Publikationen, in Wort, Schrift und Bild, auf Fachtagungen, in Kongressen, Ausstellungen, bei Interviews oder anderen Anlässen und gleichgültig in welcher Form". Breiten Raum widmete die Hochschulanweisung der Arbeit mit den Verschlusssachen. Mit der HSA 1/88 trat die HSA 13/75 außer Kraft.[1713]

Die TH Ilmenau legte mit ihrem Maßnahmeplan vom 23. April 1987 zur Umsetzung des Ministerratsbeschlusses über die Grundsätze zum Schutz der Staatsgeheimnisse vom 15. Januar 1987 sowie der Rahmennomenklatur für Staatsgeheimnisse vom 30. Januar 1987 ihr letztes großes Dokument dieser Provenienz vor. Die Verfahrensordnung über die Arbeit mit den Staatsgeheimnissen an der TH Ilmenau wurde am 1. Juni 1988 in Kraft gesetzt. Sie basierte auf die SGAO vom 15. Januar 1988. Kern war die Neubewertung der vorhandenen Staats- und Dienstgeheimnisse. Bei den Staatsgeheimnissen wurden bis Ende 1988 18 GVS (circa 20 Prozent) und 264 VVS (circa 30 Prozent) vernichtet sowie 45 VVS (circa 5 Prozent) gelöscht. Bei den Dienstgeheimnissen wurden circa 25 Prozent aller VD

[1712] THI, Kemnitz, vom 1.6.1988: Hochschulanweisung 1/88: Verfahrensordnung über die Arbeit mit Staatsgeheimnissen an der THI, aufgefunden in: BStU, BV Suhl, BdL, Nr. 4543, Bl. 1–13, hier 1–3. Anlage 1: Antrag auf Erteilung der Berechtigung zum Umgang mit Staatsgeheimnissen (u. a. Personalien und sachliche Begründung, Verwandtenaufstellung und fachliche Beurteilung); Anlage 2: Kriterien für die turnus- oder anlassbezogenen Wiederholungseinschätzungen; Anlage 3: Verhaltensregeln für Geheimnisträger, aufgefunden in: BStU, BV Suhl, Abt. XX, Nr. 929, Bd. 2, Bl. 64–67 u. 69–71.

[1713] Ebd., erste Quelle, Bl. 6–13.

der Struktureinheiten vernichtet sowie 75 Prozent der VD-Einstufungen aufgehoben. Die HSA 10/88, in Kraft gesetzt am 20. Dezember 1988, regelte den Umgang mit Dienstsachen und die Gewährleistung des Geheimnisschutzes. Sie präzisierte die Weisung über Dienstsachen des MHF vom 1. Juli 1988 und die HSA 2/88. Sie war für alle Hochschulangehörigen, inklusive die ausländischen Studenten und zeitweilig an der TH beschäftigte Personen, bindend. Mit ihr war der Umgang für ausgewählte Dienstsachen allumfassend, bis in Kleinigkeiten wie Stempelaufdrucke hinein, geregelt.[1714] Für Mai 1989 ist die Umsetzung der Rahmennomenklatur letztmalig eingeschätzt worden.[1715]

Eine Komplettübersicht über Geheimnisträger der TH Ilmenau vom September 1989 zeigt folgendes Bild: 16 Personen waren GVS- und 138 Personen VVS-verpflichtet, insgesamt 154. Zwölf der 16 GVS-Personen waren dies aufgrund ihrer LVO-Tätigkeit (NVA, OTS, spezielle Thematik), etwa Heinz Haferkorn als Wissenschaftler und Prorektor, oder ihrer LVO-Kenntnisse wegen, wie Kurt Repenning als BSG und Hartmut Reichelt als Leiter der VS-Hauptstelle. Wolfgang Berg war als Justitiar unter der Rubrik LVO GVS-verpflichtet, nicht aber der Rektor Werner Kemnitz. Edwin Wagner war als Leiter des Sonderbereiches „Profilierung" (P) GVS-verpflichtet. Unter den 138 VVS-verpflichteten Mitarbeitern waren dies aufgrund ihrer LVO-Einbindung lediglich sieben Personen.[1716] Dass aber wesentlich mehr Personen in LVO-Arbeiten einbezogen waren, war der Praxis der Segmentierung der Aufgaben geschuldet, so dass sie weder ein Gesamtwissen noch ein explizites Wissen über die Teilthemen besaßen und demzufolge dieser Vergatterung nicht unterlagen.

Im MfS wurde der Geheimnisschutz auf der Linie der Zentralen Arbeitsgruppe Geheimnisschutz (ZAGG) gestaltet und kontrolliert. Der Arbeitsthesaurus der ZAGG zur Gewährleistung der Darstellung der Lage auf dem Gebiet des Geheimnisschutzes entsprach „in seiner inhaltlichen Ausgestaltung der Sachverhaltsarten sowie der Hinweis-, Merkmals- und Informationskomplexe dem grundsätzlichen Aufbau und Anliegen des Rahmenkataloges". Allein der Merkmalspunkt 1.5, Verletzungen des Geheimnisschutzes, kannte elf Oberarten von Verstößen, Pflichtverletzungen, Verlusten und anderen Verstößen mit insgesamt 23 Spezifikationen.[1717] Eine häufige Pflichtverletzung unter Punkt 1.5 stellte beispielsweise die falsche Vergabe von Geheimnisschutzgraden durch Leiter dar.

Die grundsätzlichen Aufgaben der AGG der BV Suhl auf der Linie der ZAGG im Falle der TH Ilmenau waren: (1) Die Schaffung einer stets aktuellen Übersicht über geheim zu haltende Forschungs- und Entwicklungsvorhaben resp. laufende Arbeiten. Hierzu war aufzuführen: Themenübersicht mit Staatsnomenklatur, Ort der Abwicklung (Sektion, Institut); Kooperationspartner; Laufzeit und Perspektive; Einschätzung der ökonomischen, politischen und ggf. auch strategischen Bedeutung der Themen. (2) Problemdarstellung bei

---

[1714] THI, BSG, vom 15.3.1989: Bericht zur Umsetzung des Maßnahmeplanes vom 10.3.1987; BStU, BV Suhl, AIM 1592/90, Teil II, Bd. 6, Bl. 113–115.

[1715] Nähere Angaben in: BV Suhl, Abt. XX, vom 11.5.1989: Einschätzung der Umsetzung der Rahmennomenklatur; BStU, BV Suhl, Abt. XX, Nr. 929, Bd. 2, Bl. 85–88, hier 86 f.

[1716] THI, VS-Hauptstelle, vom 4.9.1986: Übersicht über Geheimnisträger für Staatsgeheimnisse; ebd., Bd. 1, Bl. 16–20.

[1717] MfS, ZAGG, vom 18.11.1985: Ausgestaltung des Rahmenkatalogs zum Arbeitsthesaurus der ZAGG mit Anlage; ebd., Bd. 3, Nr. 37, Bl. 65–69, hier 65 f.

der Gewährleistung des Geheimnisschutzes. Hierzu u. a.: Leitungstätigkeit, rechtskonforme Durchsetzung der einschlägigen Bestimmungen, Probleme bei der Einstufung der Themen nach Geheimnisschutzgraden, Gefährdungen resp. Verletzungen des Geheimnisschutzes. (3) Die Arbeit mit den Geheimnisträgern. Hierzu u. a.: Probleme zur Auswahl, Überprüfung, Bestätigung und Verpflichtung der Geheimnisträger; Durchsetzung der Genehmigungs- und Meldepflichten der Geheimnisträger bei Kontakten in das nichtsozialistische Ausland (NSA). (4) Die Auswahl und ständige Präzisierung der Schwerpunkte in der vorbeugenden politisch-operativen Sicherungsarbeit. Hierzu u. a.: Klärung der Frage, an welchen Einrichtungen des NSA an ähnlichen Themen gearbeitet wird (potenzielles Interesse an Spionage); permanente Überprüfung der Geheimnisträger („Wer ist wer?"); Fragen zur Erweiterung resp. Aktualisierung resp. Verbesserung des IM-Bestandes unter den Geheimnisträgern.[1718]

Gesellschaftliche Basis und Erziehung zum Geheimnisschutz
Neben dem im MfS linienförmig administrierten Geheimnisschutz existierte ein kooperativer Term, gewissermaßen horizontal zu den staatlichen (zivilen) Einrichtungen. Wie es ständige kooperative Kommissionen auf den Kreis- und Bezirksebenen gab, existierten auch spezifische Beratungsorgane auf diesen beiden Ebenen, die den Geheimnisschutz zur Aufgabe hatten. So zum Beispiel im Rahmen von Ordnung und Sicherheit der VS-Stellen im Bezirk Suhl. Diese Einrichtung existierte spätestens seit Anfang der 1960er Jahre. Hier kamen alle VS-Stellenleiter der Betriebe und Institutionen zusammen.[1719] Nicht genug damit, wurden auch auf Kreisebene Beratungen der Leiter der Kontrollgruppen oder deren Vertreter resp. Sicherheitsbeauftrage der Betriebe und Institutionen durchgeführt.[1720]

Nach einer Beratung mit den Leitern der ersten und zweiten Leitungsebene legte der Rektor im Vollzug einer Konferenz des MHF vom 3. und 4. November 1976 zur Weiterentwicklung des Rechtsbewusstseins der Hochschulangehörigen zehn verbindliche Punkte fest; etwa die folgenden drei: So hatten die Leiter ihre Leitungstätigkeit durch Rechtsanwendung zu organisieren; galten die HSA, über die periodisch Belehrungen durchgeführt werden mussten, als Grundlage im Sinne von rechtsverbindlichen Konkretisierungen; übte der Justitiar als Beauftragter des Rektors Rechte und Pflichten nach der Justitiarverordnung aus, entband aber dadurch nicht die staatlichen Leiter von der Pflicht, auf Einhaltung des sozialistischen Rechts hinzuwirken, der Justitiar half lediglich.[1721] Das Hauptinstrument der sicherheitspolitischen Erziehung bildeten die Lehrbeauftragten für den Geheimnisschutz an Universitäten und Hochschulen. Sie wurden sowohl zentral geschult (beispielsweise 1983 im 8. Lehrgang in Schleife im Bezirk Suhl vom 7. bis 12. Februar) als auch vom MfS bestätigt und, so sie inoffizielle Mitarbeiter waren, nochmals geschult.[1722]

1718 BV Suhl, AGG, Abt. II, vom 22.1.1981: Geheimnisschutz; ebd., Bd. 1, Bl. 120–122.
1719 Beispiel: Protokoll über die am 18.11.1963 durchgeführte Beratung der VS-Bevollmächtigten; BStU, BV Suhl, AGG, Nr. 17, Bd. 1, Bl. 9–13.
1720 Beispiel: Protokoll über den Erfahrungsaustausch mit den Vorsitzenden der Kontrollgruppen in den Betrieben und Institutionen des Kreises Ilmenau; ebd., Bl. 65 f.
1721 THI, o. D.: Festlegung des Rektors; ebd., Bl. 66–68, hier 66.
1722 MfS, ZAGG, vom 21.10.1982: Bestätigung von Lehrbeauftragten der Universitäten und Hochschulen; BStU, BV Suhl, AGG, Nr. 55, Bd. 2, Bl. 62. Sowie BV Suhl, AGG, vom 27.10.1982: Bestätigung von Lehrbeauftragten der Universitäten und Hochschulen; ebd., Bl. 66.

Lehrgänge, Seminare, Tagungen und andere Formen der Kommunikation wurden genutzt, um in verschiedenen Zusammensetzungen der Teilnehmer die Prinzipien des Geheimnisschutzes regelrecht zu pauken. Allein 1974/75 fanden mindestens drei zentrale und ein halbes Dutzend lokale Veranstaltungen statt. Zusätzlich gab es Belehrungen im großen Stil, etwa die von Wolfgang Berg durchgeführten Lehrveranstaltungen „Geheimnisschutz und Prinzipien der Schutzrechtspolitik". Eine dieser fand am 24. März 1975 statt, woran 69 Studenten der Sektion GT und 95 der Sektion TBK teilnahmen. Am Ende der Veranstaltung, der Anfang war noch locker mit einem Film (Titel: „Militär- und Staatsgeheimnis") begonnen worden, hatte Berg ein Testat parat zu der Frage: „Begründen Sie Ihren Standpunkt zur Frage des Einflusses des Berliner Vertrages über die Grundlagen der Beziehungen der DDR zur BRD auf den sozialistischen Geheimnisschutz." Einige sollen durch Zischen ihren Unwillen bekundet haben. Dabei fielen die ausländischen Studenten aus Polen, der ČSSR, Bulgarien und Vietnam besonders negativ auf. Drei schrieben, dass sie die Frage nicht beantworten könnten. Einer schrieb zwar eine sachliche Antwort, setzte davor aber: „Frechheit! Standpunkte können nicht bewertet werden." Ziel des Testats war es primär, die Anwesenheit zu kontrollieren.[1723]

1977 standen für die Lehrveranstaltungen zum Geheimnisschutz acht Lehrbeauftragte zur Verfügung. Unter den acht Lehrbeauftragten waren vier inoffizielle Mitarbeiter, so dass deren Sicherung als gewährleistet galt. Auch in den studentischen Bereichen war die Zahl der nachrichtendienstlichen Quellen ausreichend. Unter Sicherung wurde die adäquate Vermittlung des Stoffes und parteipolitische Treue hinsichtlich dieser Aufgabe verstanden.[1724] In den 1980er Jahren wurden die Kollektive der Lehrbeauftragten intensiv weiterentwickelt. Leitend in der Lehre und Anleitung dieses Fachs war das IfG an der HfÖ. Die Zusammenarbeit des IfG mit den Leitern der Lehrbeauftragtenkollektive an den Universitäten und Hochschulen wurde um 1984 zur Hauptform entwickelt. Das Gremium tagte mindestens einmal im Jahr und beriet alle Fragen, die im Zusammenhang mit dem Geheimnisschutz standen.[1725] Die von der TH vorgeschlagenen Lehrbeauftragten wurden für diese Funktion vom MfS überprüft und bestätigt sowie registraturtechnisch „aktiv erfasst".[1726] Diese aktive Erfassung bedeutete keine irgendwie geartete Arbeit für das MfS. Es ist nicht zulässig, sie in eine solche Nähe zu bringen. Waren Lehrbeauftragte in Verbindung mit dem MfS, dann erfolgte dies im Rahmen ihrer inoffiziellen Mitarbeit.

Kontrollgruppen

Die Kontrollgruppentätigkeit hatte Tradition, wenngleich in den Anfängen oft sporadisch, manchmal schlief sie auch ein. Am 5. August 1967 nahmen auf Festlegung Hans-Joachim Maus „zur Gewährleistung der Sicherheit und Ordnung in allen Bereichen" der Hochschule die Kontrollgruppen wieder – von nun an kontinuierlich – ihre Tätigkeit auf. Die

[1723] KDI vom 2.4.1975: Information; ebd., Bd. 1, Bl. 35 f.
[1724] BV Suhl, AGG, vom 27.5.1977: Analyse; ebd., Bl. 73–76.
[1725] MfS, ZAGG, vom 16.8.1984: Unterstützung der Kollektive der Lehrbeauftragten für Geheimnisschutz an den Universitäten und Hochschulen; ebd., Bd. 3, Bl. 89 f.
[1726] BV Suhl, Stellvertreter Operativ, vom 2.6.1989: Auswahl, Überprüfung und Bestätigung von Lehrbeauftragten für das Lehrgebiet Geheimnisschutz an Universitäten und Hochschulen sowie an Ingenieur- und Fachschulen; ebd., Bl. 52 f.

Schwerpunkte waren: Einhaltung der Schlüsselordnung; der ordnungsgemäße Verschluss von Behältnissen (Tresore u.dgl.m.), Fenster und Türen; die sichere Aufbewahrung von Arbeitsunterlagen besonders vertraulichen Charakters; die Einhaltung der Brandschutzordnung und der Arbeitsschutzbestimmungen sowie die Kontrolle des Aufenthaltsrechtes von fremden Personen. Bereits in dieser frühen Periode wurden fünf Kontrollgruppen gebildet.[1727] Zwei Wochen später wurden zur Sitzung des Kollegiums zwei Angehörige des MfS geladen, da Fragen der Sicherheit von Forschungsinhalten und -ergebnissen zu behandeln waren.[1728] Das war und blieb Usus. Der im Zuge der Hochschulreform etablierte Zwang zur Anonymität entfaltete sich rasch. So 1969 in der Frage der persönlichen Note resp. Unterschrift auf Schreiben (Unterschriftsordnung der TH Ilmenau). Es war dann auch kein Zufall, dass die Diskussion hierüber „insbesondere von einigen älteren Professoren geführt" wurde. Man möchte eben auch ohne Vollmacht unterzeichnen dürfen, argumentierten sie. Es müsse, so Günther Ulrich, „aus den Schriftstücken jeweils der Verfasser erkennbar" sein, „auch wenn er nicht selbst unterschrieben" habe. Man müsse als Empfänger wissen, „wer der Verfasser ist".[1729]

Die Kontrollgruppen kamen gern unangemeldet, gelegentlich über Nacht. Zu entdecken gab es immer etwas. Als Berg am 8. September 1967 bei einem Hochschullehrer im Bücherschrank Senatsprotokolle feststellte, die keinen Vertraulichkeitsvermerk trugen, veranlasste er umgehend eine prinzipielle Änderung ihrer Einstufung.[1730] Die Ergebnisse der Kontrollgruppenarbeit flossen in aller Regel in die Auswertungen auf KD- und BV-Ebene des MfS ein. Dies war Aufgabe der Auswertungs- und Informationsgruppe (AIG). Entsprechend selektiert und verdichtet, gelangten sie nach Berlin zur ZAIG. Die zeitliche Dichte der Kontrollgruppenaktivitäten war hoch. Überliefert ist eine Vielzahl dieser Berichte, demnach stammte der zweite Kontrollbericht von Berg vom 28. September 1967 und der 45. vom 6. Oktober 1978. Am 13. April 1977 betrug die Mitarbeiteranzahl inkl. der Leiter 28 Personen.[1731] Es sind 72 Kontrollberichte tradiert, also mindestens geschrieben worden.[1732]

Neben der hauseigenen Kontrolle durch Sicherheitsaktive, den Kontrollgruppen und konspirativ durch das MfS, kontrollierte mit der Deutschen Volkspolizei (DVP) noch eine vierte Kolonne. Beispielsweise kontrollierten am 10. August 1984 vier Offiziere von der Nachrichtenabteilung der DVP ausgewählte VD-Nachweisbereiche der TH Ilmenau sowie die Poststelle und das Papierlager.[1733]

1727 Festlegung von Mau vom 5.8.1967: Kontrollgruppen der THI; ebd., Bl. 19.
1728 Protokoll vom 12.9.1967 zur Kollegiumssitzung am 22.8.1967; UAI, S. 1–5, hier 2.
1729 Bericht von „Walter" vom 25.9.1969; BStU, BV Suhl, AIM 984/89, Teil II, Bd. 3, Bl. 343 f.
1730 Information von „Walter" am 14.9.1967; ebd., Bd. 2, Bl. 44 f.
1731 Sicherheitskollektiv vom 13.4.1977; BStU, BV Suhl, AIM 1592/90, Teil II, Bd. 3, Bl. 196 f.
1732 BStU, BV Suhl, AIM 984/89, Teil II, Bd. 2 bis 8, passim.
1733 DVP vom 13.8.1984: Kontrollhandlung der DVP; BStU, BV Suhl, AGG, Nr. 55, Bd. 3, Bl. 84–88.

5.3.3 Personal des MfS

> „In Gesprächen sei er ein sehr aufmerksamer Zuhörer. Besonders bei politischen Diskussionen und Gesprächen wäre das zu bemerken. [...] Unter den Mitarbeitern [...] wird vermutet", dass er „für die sowjetischen Abwehrorgane arbeitet oder für das MfS tätig ist."[1734]
>
> Da fragte einer den andern, wer von ihnen das wohl sei, der so etwas tun würde.[1735]

Das Stasi-Unterlagengesetzes (StUG) ist u. a. dazu geschaffen worden, auf rechtsstaatlicher Basis inoffizielle Mitarbeiter beim Namen nennen zu dürfen. Mit ihm ist gewährleistet, dass das historiographisch Notwendige im Rahmen der Aufarbeitung mitgeteilt werden kann. Davon hat der Verfasser bei Weitem nicht Gebrauch gemacht, was bedeutet, dass von den 109 inoffiziellen Mitarbeitern, die in der Tab. 75 aufgeführt sind, lediglich 14 mit Klarnamen genannt werden, meist aus unumgänglichen Gründen. Die hauptamtlichen Mitarbeiter sind sämtlich mit Klarnamen genannt.

Hauptamtliche Mitarbeiter

Da im Mittelpunkt der Studie die sozialpolitische Geschichte der TH Ilmenau steht, nicht aber die Struktur- resp. Entwicklungsgeschichte des MfS in Bezug auf sie, ist diesem Unterabschnitt eine nur geringe Beachtung geschenkt worden und gibt somit ein deutlich anderes Bild als jenes wieder, das Katharina Lenski[1736] über die FSU Jena 2015 vorlegte.

1978 besaß die Kreisdienststelle (KD) Ilmenau 1:29 Soll-Planstellen (Ist: 1:28). Im operativen Dienst befanden sich 23 Mitarbeiter (Soll: 22). In der Auswertung arbeiteten drei Mitarbeiter (Soll: vier). Mit dieser Kräftebilanz lag die KD Ilmenau hinter der KD Sonnenberg sowie Bad Salzungen an dritter Stelle aller Kreise des Bezirkes Suhl.[1737] Den repräsentativen, mittleren Bestand an inoffiziellen Kräften von 1975 bis 1989 zeigt eine Bilanz aus dem Jahr 1983. Die KD hatte zu diesem Zeitpunkt 274 IM in den Arten IMS (246), IMB (4), FIM (17) und IME (7). Dazu kamen noch 37 IMK und 82 GMS.[1738]

1985, ein Jahr vor der Übernahme der Operativgruppe (OG) „HS" in die Struktur der Abteilung XX der BV Suhl, war die personelle Stärke der KD Ilmenau auf 1:39 angewachsen. Die Personalstärken der einzelnen Referate betrugen: für das Referat 1 (Auswertung und Information, kurz: A/I) 1:3, das Referat 2 (Sicherung der Volkswirtschaft und des Verkehrswesens) 1:6, das Referat 3 (Sicherung der TH Ilmenau und anderer gesellschaftlicher Bereiche) 1:5 sowie das Referat 4 (Sicherung der bewaffneten Organe und territorialen Bereiche sowie Sicherheitsüberprüfungen) 1: 6. Das Referat 3 unterstand dem Stellvertreter des Leiters der KD, Major Arnd Ehrhardt, der dem MfS seit dem 1. September 1973 angehörte. Von 1967 bis 1972 studierte er Mathematik an der FSU Jena. Die vier

---

1734 KDI vom 17.1.1979: Information von „Rainer"; BStU, BV Suhl, AIM 1592/90, Teil II, Bd. 4, Bl. 58.
1735 Lukas 22, 23.
1736 Lenski: Geheime Kommunikationsräume?
1737 BV Suhl, KS, vom 9.5.1978: Kräftepotenzial der BV Suhl; BStU, BV Suhl, KS, Nr. 2230, Bl. 1.
1738 BV Suhl, Mai 1983: Erhebungsprogramm für die Ermittlung von Planstellennormativen; BStU, BV Suhl, KDI, Nr. 4022, Bl. 1–70, hier 2 f. u. 34 f. IM-Kategorien siehe Abkürzungsverzeichnis.

operativen Mitarbeiter waren Fachschuljuristen und in einem Fall ein Diplom-Ingenieur.[1739] Die KD Ilmenau wies zuletzt, 1989, bedingt durch die Abgabe der OG „HS“, einen Kaderbestand von 1:36 auf. Strukturiert war sie nunmehr in Referat 1 (Auswertung und Information) 1:3, Referat 2 (Sicherung der Volkswirtschaft und des Verkehrswesens) 1:6, Referat 3 (Sicherung gesellschaftlicher Bereiche) 1:3 sowie Referat 4 (Sicherung der bewaffneten Organe und territorialen Bereiche und Sicherheitsüberprüfungen) 1:5. Der Rest setzte sich aus dienstleistenden Kräften wie dem Wachdienst zusammen.[1740]

Der durchschnittliche Personalbestand der Abteilung XX der BV Suhl in den Jahren 1978 bis 1985 betrug 38 Mitarbeiter, er erhöhte sich durch die Übernahme der OG „HS“ auf zuletzt 43. Das war eine beachtliche Anzahl hinsichtlich des Vergleichs mit der für die Volkswirtschaft zuständigen Abteilung XVIII der BV Suhl. Mit 35 Mitarbeitern für 1986 belegte diese Abteilung im Vergleich mit allen anderen artgleichen Diensteinheiten zusammen mit der Abteilung XVIII der BV Neubrandenburg den letzten Platz aller Bezirke.[1741] Ende 1986 verzeichnete die Abteilung XX der BV Suhl einen Mitarbeiterstand von 42 Planstellen (1:41). Die Leitung setzte sich aus dem Leiter, zwei Stellvertreter, einem Beauftragten des Leiters und einem Koordinierungsoffizier zusammen. Das Referat 1 (1:3) hatte die Aufgabe der politisch-operativen Sicherung des Staatsapparates, des Gesundheitswesens und der befreundeten Parteien und Massenorganisationen; das Referat 2/3 (1:6) hatte die FDJ, GST, den Sport und die Volksbildung zu sichern, ferner „feindlich-negative“ Erscheinungen unter Jugendlichen sowie alternative Gruppen und Zusammenschlüsse aufzuklären und zu bekämpfen; das Referat 4 (1:7) hatte zu klären und zu überwachen, inwieweit die Politik der SED in Kirchenfragen befolgt wird; das Referat 7 (1:3) war verantwortlich für die politisch-operative Sicherung von Objekten der Massenmedien und staatlicher kultureller Einrichtungen; schließlich zeichnete das Referat 8 (1:3) für die TH Ilmenau verantwortlich. Das Referat A/I besaß eine Mitarbeiterstärke von 1:5. Ferner existierte ein Linienoffizier 5 (die Nummer steht für das fehlende Referat) zu Fragen der personen- und vorgangsbezogenen Aufklärung und Bearbeitung von „Kräften des Operationsgebietes“, hatte also die sogenannte Westarbeit zur Aufgabe.[1742]

Das Referat 8 erhielt noch zuletzt einen weiteren Mitarbeiter, besaß also Ende 1989 die Struktur (1:4).[1743] Die Leitung der Abteilung XX hatte Stirzel inne,[1744] der oft in Belange der TH, teils federführend, involviert war. Die beruflichen Qualifikationen der Mitarbeiter des Referates 8 waren sowohl normativ als auch faktisch (siehe unten) hoch.[1745] Gegenüber

---

[1739] BV Suhl, vom 3.6.1985: Struktur- und Stellenpläne der KD; BStU, BV Suhl, KS, Nr. 2228, Bl. 1–36, hier 10 u. 13. Hauptamtliche Mitarbeiter und Stellenplan der BV Suhl; ebd., Nr. 3115.

[1740] BV Suhl, Abt. XX, September 1989: Referatsstrukturen; BStU, BV Suhl, Abt. XX, Nr. 879, Bl. 6 f. u. 9.

[1741] MfS vom 22.1.1986: Planstellennormative; BStU, MfS, HA XVIII, Nr. 6573, Bl. 20 f. u. 36.

[1742] Literaturhinweis zur West-Arbeit des MfS: Knabe, Hubertus: West-Arbeit des MfS. Das Zusammenspiel von „Aufklärung“ und „Abwehr“. Berlin 1999. BV Suhl vom 1.12.1986: Struktur- und Stellenpläne der BV Suhl; BStU, BV Suhl, KS, Nr. 3116, Bl. 1–220, hier 77 f.

[1743] BV Suhl, o. D., aber um 1988: Struktur- und Stellenplan der BV Suhl; BStU, BV Suhl, Abt. XX, Nr. 1678, Bl. 29–34, hier 29 f. BV Suhl vom 6.4.1989: Struktur- und Stellenpläne der BV Suhl; ebd., BdL, Nr. 1234, Bl. 1–279, hier 36 f. u. 113 f.

[1744] MfS vom 22.1.1986: Planstellennormative; BStU, MfS, HA XVIII, Nr. 6573, Bl. 20 f. u. 36.

[1745] BV Suhl vom 6.4.1989: Struktur- und Stellenpläne der BV Suhl; BStU, BV Suhl, BdL, Nr. 1234, Bl. 1–279, hier 36 f. u. 113 f.

den 1960er Jahren entsprach dieser Ausbildungsgrad geradezu einer Qualifikationsrevolution. Defizitär im Sinne einer den Sicherungsaufgaben adäquaten Qualifikationsstruktur blieb dagegen die Abteilung XX insgesamt. Hier besaßen zur Mitte der 1980er Jahre noch acht Mitarbeiter nicht die geforderte Fach- bzw. Hochschulausbildung für ihre Planstellen, was einen Anteil von 20 Prozent ausmachte. Aufgrund fehlender Nachwuchskader wurde zuletzt eine Karriere ähnlich leicht wie einst in den 1950er und 1960er Jahren. So befand sich Uwe Braune 1983 in der Endphase seines Abschlusses,[1746] nur drei Jahre später aber war er bereits Nachwuchskader für die Position des Referatsleiters.[1747]

Tabelle 73: Hauptamtliche Mitarbeiter[1748]

Name	Vorname	Geb.	Letzter Dienstgrad	MfS ab	MfS bis	Signifikante Funktion	IM-führend
Braune	Uwe	1955	Major	1982	1989	operativer MA der Abt. XX/8	X
Ehrhardt	Arnd	1948	Major	1978	1989	Leiter der OG „HS", stellv. Leiter der KDI	X
Escher	Klaus	1952	Major	1977	1989	Leiter der OG „HS" resp. Abt. XX/8	X
Göhler	Christian	1949	Oberstleutnant	1974	1989	Leiter der KDI	
Jungnickel	Tino	1963	Leutnant	1982	1989	MfS-Student, operativer MA der KDI	
Müller	Lothar	1957	Hauptmann	1978	1989	operativer MA der Abt. XX/8	X
Neues	Dieter	1954	Hauptmann	1978	1989	operativer MA der Abt. XX/8	X
Stirzel	Klaus	1937	Oberstleutnant	1955	1989	Leiter der Abt. XX, BV Suhl	X
Thiele	Peter	1935	Oberstleutnant	1960	1989	Leiter der Abt. IX, BV Suhl	
Wilhelm	Lothar	1933	Oberst	1956	1989	Leiter der Abt. XVIII, BV Suhl	

Biographische Impressionen ausgewählter hauptamtlicher Mitarbeiter

Uwe Braune (1955) wurde zum 1. April 1982 Mitarbeiter des MfS, zuvor war er von 1979 bis 1982 IM während seines Studiums an der TH Ilmenau, das er 1977 begann. Die Reifeprüfung legte er 1974 an der berühmten EOS Schulpforte ab, an der TH studierte er Elektrotechnik. Seine Hauptaufgabe im Referat 8 der Abteilung XX lag in der Sicherung des studentischen Bereiches der TH einschließlich des Direktorats für Studienangelegenheiten. Damit war er u. a. auch zuständig für die ausländischen Studenten und Aspiranten, den FDJ-Jugendklub, die FDJ-Reisekader und Jugendtouristikreisen. Zudem war er sicherheitspolitisch zuständig für das Industrie-Institut (I.-I.) sowie für die Internationalen Hochschulferienkurse für Germanisten. Er führte eine hohe Anzahl von IM/GMS und hatte als operativer Mitarbeiter ständig an operativen Materialien zu arbeiten sowie eine hohe Anzahl von Sicherheitsüberprüfungen durchzuführen (auch für andere Diensteinheiten der BV Suhl). Zu seinem IM-Potenzial zählten drei konspirative Wohnungen (KW).[1749] Es soll ihm jedes Jahr gelungen sein, einen Perspektivkader erfolgreich aufzuklären, also einen Mitarbeiter für das MfS aus dem Bereich der Hochschule zu rekrutieren. Reserven, hieß

[1746] BV Suhl, Abt. XX, vom 2.11.1983: Kaderarbeit 1983; BStU, BV Suhl, Abt. XX, Nr. 1393, Bl. 21–28, hier 25 u. 27.

[1747] BV Suhl, Abt. XX, vom 27.10.1986: Kaderprogramm der Abt. XX für 1987–1990; BStU, BV Suhl, Abt. XX, Nr. 1393, Bl. 29–41, hier 37 u. 40. Literaturhinweis: Gieseke, Jens: Die hauptamtlichen Mitarbeiter der Staatssicherheit. Personalstruktur und Lebenswelt 1950–1989/90. Berlin 2000.

[1748] Alle Angaben aus den jeweiligen Kaderakten.

[1749] BV Suhl, Abt. XX, vom 14.10.1986; BStU, BV Suhl, KS, Nr. 331/90, Bl. 72 f.

es 1986 in einer Kadereinschätzung, würden bei ihm in der Aufklärung von NSW-Studenten in der Arbeit „nach dem Operationsgebiet“ (Westarbeit) liegen.[1750]

Klaus Escher (1952) wurde am 1. November 1977 Mitarbeiter des MfS. Der gelernte BMSR-Techniker studierte von 1972 bis 1976 Technische Kybernetik an der TH Ilmenau. Anschließend arbeitete er kurze Zeit im VEB Kombinat Technisches Glas Ilmenau. Escher war Leiter der OG „HS“ bis Ende September 1985, für kurze Zeit war er auch Leiter der Abteilung XIII. Seit dem 1. Januar 1986 war er Referatsleiter in der Abteilung 8.[1751] Er galt als einer der Erfahrensten in Bezug auf die TH Ilmenau und führte zahlreiche inoffizielle Mitarbeiter, vor allem in Schlüsselpositionen.

Lothar Müller (1957) wurde am 1. August 1981 in das MfS eingestellt. Zunächst war er in der Abteilung XVIII, OG „Fajas“, tätig, und ab dem 1. August 1986 im Referat 8 der Abteilung XX. Vor seiner Einstellung studierte er von 1978 bis 1981 Ingenieurökonomie an der Ingenieurschule für Elektrotechnik und Maschinenbau Eisleben. Im Rahmen der TH Ilmenau war er beauftragt mit der politisch-operativen Sicherung des wissenschaftlichen und technischen Bereiches. Er führte sofort sieben IM, viele weitere Übernahmen folgten.[1752] 1987 kamen Sicherheitsüberprüfungen zum Tätigkeitsprofil hinzu, ausgenommen waren die Bereiche der Sonderforschung. Verbesserungen wünschte sich die Abteilungsführung auf den Gebieten der praktischen Umsetzung der gewonnenen Erkenntnisse aus der Personenbearbeitung, in der „Arbeit nach dem Operationsgebiet“ (Westarbeit) und in der Aufklärung der Internationalen wissenschaftlichen Kolloquien (IWK).[1753]

Dieter Neues (1954) wurde zum 1. September 1978 in das MfS eingestellt. Ab Februar 1986 war er als operativer Mitarbeiter des Referates 8 der Abteilung XX eingesetzt. Er studierte an der Lomonossow-Universität Moskau in der Fachrichtung Ökonomische Kybernetik; sein Abschlussthema lautete: „Zur Frage der Klassifizierung gesteuerter Imitationsspiele und das gesteuerte Imitationsspiel ‚Umweltschutz‘.“[1754] Im Referat 8 zeichnete er verantwortlich für die Sicherung der Sonderforschung. Er steuerte viele, zum Teil bedeutende IM,[1755] etwa die IME „Gerd Klein“ und „Cramer“, den FIM „Martin Borg“, die IMS „Roland Möbius“, „Reinhold“, „Max Fischer“, „Michael Kühn“, „Peter Jahn“, „Sommer“, „Stephan Kreis“, „Hans Jörg“, „Werner“, „Friedhelm Klar“, „Wolfram“ sowie die IMK „Andreas und Eva Rose“, „Reiner Hof“ und „Hana Neumann“.

Klaus Stirzel (1937) besaß als Leiter der Abteilung XX nicht nur einen administrativen Bezug zu Fragen der Sicherungsarbeit hinsichtlich der TH Ilmenau, sondern auch einen substantiellen. Dies betraf vor allem die Sicherung der Sonderforschung in den späten 1980er Jahren. Stirzel wurde mit Wirkung vom 13. Juni 1955 in das MfS eingestellt und war vom Oktober 1957 bis zuletzt in der BV Suhl tätig. Von 1962 bis 1967 absolvierte er ein Fernstudium der Philosophie an der KMU Leipzig. 1983 wurde er an der Juristischen Hochschule des MfS in Potsdam (Golm) promoviert. In den 1970er Jahren war er in der

[1750] BV Suhl, Abt. XX, vom 16.12.1986: Beurteilung; ebd., Bl. 74–76.
[1751] BStU, BV Suhl, KS, Nr. 15/90.
[1752] BV Suhl, Abt. XX, vom 14.10.1986; BStU, BV Suhl, KS, Nr. 336/90, Bl. 78 f.
[1753] BV Suhl, Abt. XX, vom 4.1.1989: Beurteilung; ebd., Bl. 82–84.
[1754] Mitteilung der Lomonossow-Universität vom 26.6.1978; BStU, BV Suhl, KS, Nr. 1190/90, Bl. 63.
[1755] BV Suhl, Abt. XX, vom 14.10.1986; ebd., Bl. 121 f.

Abteilung XX/4 für Kirchen und Religionsgemeinschaften eingesetzt, 1974 wurde er Stellvertreter der Abteilung XX sowie 1980 Mitglied des erweiterten Leitungskollektivs der BV Suhl. Er erhielt zahlreiche Auszeichnungen.[1756]

Rekrutierung von hauptamtlichen Mitarbeitern des MfS an der TH Ilmenau
Um der chronischen Knappheit an Mitarbeitern in den 1980er Jahren zu begegnen, wurde das Aus- und Weiterbildungsprogramm reformiert. Jüngere Kader sollten rascher ausgebildet werden. Ende 1985 befanden sich 132 MfS-Studenten an verschiedenen Bildungseinrichtungen einschließlich der MfS-Hochschule in Golm in der Ausbildung. Zudem gab es ein umfangreiches Programm des externen Erwerbs von Fachschulabschlüssen für langjährige Angehörige. Bis zum 1. November 1985 konnten lediglich 40 Prozent der geplanten Neueinstellungen für den operativen Dienst realisiert werden. Die KD Ilmenau und die Abteilung XX der BV Suhl gingen in diesem Jahr gänzlich leer aus.[1757]

Den Ausweg aus dem Engpass versuchte das MfS vor allem über eine verstärkte Suche nach geeigneten Kadern unter Studenten der TH Ilmenau, passten doch recht viele Ausbildungslinien der Hochschule genau in die Anforderungsprofile des Geheimdienstes, der zunehmend technisiert und rechnergestützt arbeitete. Arbeiter und Bauern wie in den 1950er Jahren und auch noch in den 1960er Jahren waren längst passé. Gestartet wurden solche Rekrutierungsmaßnahmen im Rahmen des sogenannten Informationsbedarfes, der auch an die Diensteinheiten der Wohnorte der Studenten ging; etwa wie im Falle eines Studenten der Matrikel 86 im Januar 1988 an die KD Saalfeld. Die zu beantwortenden Fragen umfassten wesentliche Aspekte zur Persönlichkeit und Entwicklung des Kandidaten.[1758] Erwiesen sich die Erhebungen für eine Rekrutierung als geeignet, kam es zu Kontaktgesprächen mit den Kandidaten. Ausspracheobjekt war zu dieser Zeit der Block G, 1. Obergeschoss, links neben dem Direktorat Erziehung, Aus- und Weiterbildung (EAW). Anmeldung und Raumbestellung erfolgten über das Sekretariat. Der Mitarbeiter des MfS stellte sich mit Dienstausweis vor. Das Gespräch begann mit pauschaler Zielstellung. Das MfS war bestrebt, während des ersten Kontaktgesprächs möglichst Bereitschaft, wenigstens aber Offenheit zu erzielen.[1759] In dem obigen Fall erfolgte die Aussprache am 10. März 1988. Dabei stellte sich heraus, dass der Kandidat als Angehöriger des Wachregimentes drei Jahre in der BV Leipzig gedient hatte und bereits damals Kadergewinnungsgespräche konsequent ablehnte. Nun wolle er nach Studienabschluss Ilmenau verlassen und in einer Großstadt arbeiten.[1760]

Den Werbungsversuchen und Werbungen für das MfS an der TH Ilmenau, die in hoher zweistelliger Zahl tradiert sind, ging oftmals ein „Vorschlag eines Kaders auf Perspektive" voraus; kurz: eines begründeten Tipps. Auch existierten solche mit Vorbehalt, etwa mit dem Hinweis, dass der Kandidat zwar nicht gegenwärtig den Anforderungen entspreche, Probleme aber noch geklärt werden könnten. Vor den Rekrutierungsgesprächen wurde

---

[1756] BStU, BV Suhl, KS, Nr. 24/92.
[1757] BV Suhl, KS, vom 12.11.1985: Kaderfragen; BStU, BV Suhl, Abt. II, Nr. 110, Bl. 150–155.
[1758] BV Suhl, Abt. XX, vom 20.1.1988: Informationsbedarf zu einem Studenten der M 86; BStU, BV Suhl, Abt. XX, Nr. 1025, Bd. 6, Bl. 39 f.
[1759] BV Suhl, Abt. XX, vom 8.3.1988: Kontaktgespräche mit Kaderkandidaten der M 86; ebd., Bl. 66.
[1760] BV Suhl, Abt. XX, vom 12.3.1988: Aussprache mit einem Studenten der M 86; ebd., Bl. 87.

alles Mögliche erfasst, auch verwandtschaftliche Beziehungen aller Art, Auffälligkeiten etwa zu Geschwistern und während der Ableistung des Wehrdienstes. Es interessierte schlicht alles, insbesondere Abweichungen vom Erwarteten, vor allem auch abnorme Verhaltensweisen. Oft sind die Rekrutierungsziele bereits vorgegeben gewesen, da Stellen unbedingt zu besetzen waren; ein Beispiel: Einsatz in der Abteilung XX als politisch-operativer Mitarbeiter.[1761] Nach der Aussprache wurde ein Ergebnisprotokoll angefertigt, das neben den Formaldaten (Ausspracheergebnis, Haltung zum Geheimnisschutz und zum MfS, Gesamteindruck) eine Schweigeverpflichtung über das Gespräch sowie weitere einzuleitende Maßnahmen beinhaltete. Zuletzt genügte dem MfS ein guter Gesamteindruck. Frühere Ausschlussgründe wie westliche familiäre Verbindungen wurden beiseitegeschoben, etwa wenn gesagt wurde, „dass es nicht darum gehe, familiäre Bande zu lösen".[1762]

MfS-Studenten: Offiziersschüler

Ausgeschlossen sind hier jene Studenten, die zuvor den Dienst im MfS, aus welchen Gründen auch immer, quittierten.[1763] Ferner sind jene ausgeschlossen, die den Status „bestätigte Kader des MfS auf Perspektive" besaßen. Für diese trat 1981 eine Regelung in Kraft, die den Betreffenden einen zusätzlichen Stipendiensatz von 100 Mark gewährleisteten. Eine schriftliche Verpflichtung für den späteren Dienst im MfS musste vorliegen, die Abwicklung des Verfahrens erfolgte legendiert.[1764] Es sind nur männliche Studenten nachweisbar.

MfS-Studenten, also solche, die nach oder mit ihrer Aufnahme in das MfS ein Studium begannen, gab es frühzeitig. Belegt ist u. a. ein Fall, in dem es 1961 um eine Exmatrikulation infolge einer nicht bestandenen Prüfung in Marxismus-Leninismus ging. Zudem war der Student wegen sogenannter ideologischer Diversion „angefallen" und hatte sich obendrein noch als MfS-Angehöriger dekonspiriert.[1765] Er wurde inhaftiert.[1766] Die Anzahl der Offiziersschüler (OS), die ein Studium im Fachschulniveau begannen, war zumindest zuletzt mit circa dem Vierfachen deutlich höher als die Anzahl jener, die sich für ein Hochschulstudium entschieden. Für den Zeitraum 1986/87 bis (geplant) 1990/91 befanden sich 58 Offiziersschüler im Direkt- und Fernstudium.[1767] 1989 studierten OS an folgenden vier zivilen Bildungseinrichtungen des Bezirkes Suhl: TH Ilmenau, Ingenieurschule für Technische Glasverarbeitung Ilmenau, Ingenieurschule für Maschinenbau und Spielzeugformgestaltung Sonneberg sowie Ingenieurschule für Maschinenbau Schmalkalden.[1768]

Spätestens 1986 wurde dem MfS klar, „dass die seit vielen Jahren verwendete Legende ‚MDI-Student' [MdI: Ministerium des Innern] nicht mehr haltbar" war. Man würde, so das MfS, die Gedankenverbindung „MDI = Stasi = Spitzel" nicht mehr aus den Köpfen

[1761] Konvolut: BStU, BV Suhl, Abt. XX, Nr. 911.
[1762] BV Suhl, Abt. XX, vom 12.6.1987: Suche und Auswahl von Perspektivkadern; BStU, BV Suhl, Abt. XX, Nr. 1504, Bl. 58–60.
[1763] BV Cottbus, KS, vom 18.4.1989: Immatrikulationswunsch; BStU, BV Suhl, Abt. XX, Nr. 1009, Bl. 15 f. u. 23 f.
[1764] BV Suhl, KS, vom 20.8.1981: Erhöhungssatz zum Grundstudium für bestätigte Kader auf Perspektive; BStU, BV Suhl, Abt. XX, Nr. 1393, Bl. 1 f.
[1765] BV Suhl, KDI, vom 7.7.1961: Ehemaliger MfS-Student; BStU, BV Suhl, AOP 1115/63, Bd. 1, Bl. 58 f.
[1766] BV Suhl, KDI, vom 25.9.1961: Ehemaliger MfS-Student; ebd., Bl. 63.
[1767] BStU, BV Suhl, KS, Nr. 2129.
[1768] BV Suhl, KS, vom 15.3.1989: Konzeption; BStU, BV Suhl, KS, Nr. 2271, Bl. 10–17, hier 11.

kriegen. Dadurch, dass sie erkannt würden, seien ihre operativen Potenzen deutlich geschmälert. Sie würden an den Rand gedrängt werden, hätten Angst, wüssten sich nicht richtig zu verhalten.[1769] Abhilfe erhoffte sich das MfS über eine Synchronisierung des Beginns und des Endes des Studiums mit den regulären Studenten, einer konspirativeren Treffgestaltung sowie über die formale Beschaffung von Delegierungen durch Betriebe, wofür das MfS Merkblätter als Ausfüllhilfe für fingierte Delegierungsunterlagen anfertigte. Die seit den 1970er Jahren vorhandenen Formblätter, die für den inneren Gebrauch des MfS bestimmt waren, enthielten jedoch die wahren Sachverhalte. Neben den kleinen Personenangaben enthalten sie u. a. auch das Aufnahmedatum in das MfS und jene Bildungseinrichtung, in die der Offiziersschüler delegiert wurde (zum Beispiel: THI, Sektion INTET, Fachrichtung Informationstechnik, Studienform: Direktstudium), sowie den Namen des Betreuers seitens des MfS.[1770] Die zivilen Legenden erzählten hingegen Märchen. Nichtsdestotrotz galt die Legendierung in der Frage des Kontaktes zu den Verantwortlichen der Hochschule weiterhin, diese lautete explizit: „Beauftragter des MdI, Verwaltung Kader, Abteilung 5, Mauerstraße 34–38 in Berlin."[1771]

Die Betreuung der OS des MfS an der TH Ilmenau oblag Instrukteuren. Ein wesentliches Standardelement hierfür bildeten regelmäßige Aussprachen. Diese waren genormt, das heißt, die Fragen der Aussprachen waren vorgegeben. Zuletzt waren es, soweit zu sehen ist, neun Hauptpunkte, etwa die Abfrage der Studienleistungen, Erkundigungen nach dem Freundeskreis und Interessen aller Art. Die, wie es hieß, „Partner des Zusammenwirkens" für die Instrukteure an der TH Ilmenau waren u. a. der Stellvertretende Direktor für EAW, die jeweiligen Seminargruppenberater und das Direktorat für Studienangelegenheiten (StA). Wichtige und turnusmäßige Berichterstattungen gingen an die Zentrale des MfS.[1772] 1985 wurden 279 Treffs für Aussprachen mit den OS gezählt. Zu dieser Information ist überliefert, dass außer den Instrukteuren auch andere Offiziere des MfS Einsätze in den Matrikeln durchführten.[1773] 1985 lag die Matrikel 84 mit einem Einsatz von 39 Offizieren an der Spitze, gefolgt von der Matrikel 83 mit 25 und der Matrikel 85 mit 15.[1774] Zumindest zuletzt galt der Regelsatz von drei Gesprächen pro Studienjahr für jeden OS.

Die Betreuung der OS durch MfS-Offiziere entzog sie natürlich nicht den allgemeinen Verfahren an der Hochschule. Bei Aussprachen mit Studenten seitens der Hochschule, etwa in Fällen schlechter Leistungen, gingen die Protokolle wie üblich auch an die delegierenden Betriebe, heißt, an die „Dienststelle MdI, Genosse Oberländer".[1775] Leutnant Steffen Oberländer aber war in Wirklichkeit Mitarbeiter der BV Suhl und stand im März 1989 im Begriff, seine Diplom-Arbeit zum Thema „Die weitere Qualifizierung der

---

1769 Konvolut zu den OS; ebd., Bl. 7

1770 BV Suhl, KS, Nr. 2430. MfS, HA KS, Abt. Studienangelegenheiten, o. D.: Übersicht zu Delegierungsunterlagen und Terminen; BStU, MfS, HA XVIII, Nr. 9545, Bl. 214.

1771 BV Suhl, KS, vom 15.3.1989: Konzeption; BV Suhl, KS, Nr. 2271, Bl. 10–17, hier 14.

1772 HA KS, Bereich Schulung, Abt. Studienangelegenheiten, vom 10.2.1989: Vorläufige Festlegungen zu Aufgabenstellungen und zur Arbeitsweise für Instrukteure zur Arbeit mit OS an zivilen und Bildungseinrichtungen anderer bewaffneter Organe; ebd., Bl. 4–9.

1773 BV Suhl, Abt. XX, Nr. 906.

1774 BV Suhl, o. D.: Jahresübersicht 1985; ebd., Bl. 4 f.,

1775 THI, INTET, vom 26.4.1989: Festlegungen im Ergebnis der Aussprache mit dem Studenten; BStU, BV Suhl, KS, Nr. 2306, Bl. 20 f.

Aussprachetätigkeit zur Informationsgewinnung für die biographische Auskunft im Prozess der Aufklärung von Kadern für das MfS" – eingereicht der Hochschule des MfS in Golm – anzufertigen.[1776]

Die letzte komplette Leistungsanalyse stammt vom 20. Oktober 1989. Demnach studierten von den Matrikeln 85 bis 88 noch 46 Angehörige des MfS an der TH Ilmenau. Nur ein Student absolvierte ein Forschungsstudium. Der Leistungsdurchschnitt aller Studenten betrug 2,61. In Gesellschaftswissenschaften wurde mit einem Durchschnitt von 2,26 ein besserer Durchschnitt als in den naturwissenschaftlich-technischen Fächern mit 2,7 erzielt. Dabei erwies sich das vorletzte Studienjahr, 1987/88, mit einem Notendurchschnitt von 2,94 als das leistungsschwächste. Als exmatrikulationsgefährdet galten zehn Offiziersschüler, fünf waren bereits exmatrikuliert worden. In dem abgerechneten halben Jahr von September 1988 bis Juni 1989 führten die Instrukteure 208 Arbeitstreffs durch. Eingeschätzt und bewertet wurde auch das „tschekistische Verhalten", dazu zählten gesellschaftliche Tätigkeiten, Kenntnisse in Marxismus-Leninismus und die Rolle als Agitator.[1777]

Die OS wurden zu vielfältigen und allfälligen gesellschaftspolitischen und politisch-operativen Aufgaben auf konspirative Weise herangezogen und geschult. Sie wurden u. a. auch – über den FIM „Holt" (Tab. 75, Fall-Nr. 45) – den Brennpunkten wie den Wohnheimklubs zugeordnet. Ende 1988 waren dem Hochschulfilmclub zwei OS, den vier Wohnheimklubs (BC, BD, BH und BI), den Wohnheimkomitees „Flachbauten" und „Block L" sowie dem Hochschulfunk je ein OS zugeordnet, insgesamt waren also neun Offiziersschüler mit direkt zugewiesenen *inoffiziellen* Dauerarbeiten beauftragt.[1778]

Inoffizielle Mitarbeiter

Im Mittelpunkt dieses Abschnittes steht eine umfassende Einschätzung der Tätigkeitsprofile von ausgewählten, typischen inoffiziellen Mitarbeitern, was erlaubt, sie in Klassen einzuordnen. Über die inoffiziellen Mitarbeiter des MfS sind offenbar die meisten Veröffentlichungen erschienen, monumental hierzu die Arbeiten von Helmut Müller-Enbergs.[1779] Entsprechend ist auch deren Tätigkeitsspektrum einschließlich der Bewertungen und Wertungen gestreut, von hochgradig unsolide und polemisch bis hin zu logisch und empirisch gut durchgearbeiteten Befunden. Zur Verunsicherung trug letztlich auch die divergente Rechtsprechung in zum Teil spektakulären Prozessen in den 1990er Jahren bei. Auch war das Wissen in der Anfangszeit der Aufarbeitung der Stasi verständlicherweise gering. In dieser Zeit machte sich insbesondere Rainer Eckert mit zutreffenden Analysen einen guten Namen. Wenn er jedoch 1995 generalisierte, dass „Inoffizielle Mitarbeiter nicht nur ein

---

1776 BV Suhl, KS, vom 5.5.1989: Aktenvermerk über eine Aussprache mit dem OS; ebd., Bl. 22 f.

1777 BV Suhl, KS, vom 20.10.1989: Analyse zur Erfüllung des Studienauftrages der OS der THI; ebd., Bl. 101–106. BV Suhl vom 1.7.1989: Analytische Darstellung der Zusammenarbeit der Genossen OS mit der Abt. XX der BV Suhl; ebd., Bl. 63–70.

1778 „Holt": Protokoll über die Schulungsmaßnahme mit den Genossen OS der Matrikel 88 am 26.11.1988; BStU, BV Suhl, Abt. XX, Nr. 905, Bl. 36–38.

1779 Grundlegend: Müller-Enbergs, Helmut (Hrsg.): Inoffizielle Mitarbeiter des MfS. Teil 1: Richtlinien und Durchführungsbestimmungen. Berlin 2010. Ders.: Inoffizielle Mitarbeiter des MfS. Teil 2: Anleitungen für die Arbeit mit Agenten, Kundschaftern und Spionen in der BRD. Berlin 2011. Ders. unter Mitarbeit von Muhle, Susanne: Inoffizielle Mitarbeiter des MfS. Teil 3: Statistik. Berlin 2008. Ders.: Die inoffiziellen Mitarbeiter. Berlin 2008.

bestimmtes Aufgabengebiet bearbeiteten, sondern äußerst flexibel eingesetzt wurden bzw. sich danach drängten, ganz verschiedenartige Bereiche zu ‚erkunden'",[1780] dann trifft dies auf generelle Ausbildungsrichtlinien und auch auf Einzelfälle gewiss so zu, siehe etwa den Fall-Nr. 52, Viktor Stolpe*, in der Tab. 75, letztendlich aber stimmt bei genauerem Hinsehen in den Bereichen von Wissenschaft und Hochschulen eher das Gegenteil, da inoffizielle Mitarbeiter hier eher spezifisch eingesetzt wurden. Und zwar mit höher werdender Position umso spezifischer.

Inoffizieller Mitarbeiter zu sein hieß, einer permanenten Erziehung unterworfen zu werden. Wenn es einen Gradienten in der Intensität gab, dann insofern, dass der Grad fallend vom „Wald-und-Wiesen-IM" hin zum IM in Schlüsselfunktion verlief. Der einfache Spitzel hatte in der Regel ein höheres Maß an Erziehung über sich ergehen zu lassen als jener, der ohnehin beruflich mit hohen sicherheitssensiblen Dingen befasst und zudem hochgebildet war. Ein anderer Gradient stellte sich hinsichtlich der Frage dar, ob der inoffizielle Mitarbeiter eher personen- oder sachbezogen eingesetzt war, hier unterschieden sich die Tätigkeitsfelder an den beiden Polen des Spektrums beträchtlich. Der „Wald-und-Wiesen-IM" arbeitete regelmäßig an Personen, der IM in Schlüsselpositionen an Sachen seines Berufsfeldes, die freilich mit Personen verknüpft waren.

Inoffizielle Mitarbeiter im primären Einsatz zu Personen und/oder als sogenannte Reise-Kader-IM benötigten vor allem sozialpsychologische Kenntnisse aller Art. Das MfS wollte treffsichere Dossiers, deren Wahrheitstreue es zudem über Verifikation abzusichern versuchte. Generell wurden IM durch jeweils andere IM turnusmäßig oder fallweise überprüft. Die Erstellung von Dossiers zur personellen und operativen Aufklärung von Personen, etwa im Rahmen von Sicherheitsüberprüfungen, umfasste acht große Komplexe mit nahezu einhundert Einzelfragestellungen. Hier nur einige Beispiele: I. „Allgemeine Angaben zur Person." Sie umfassten weit mehr als nur die sogenannten kleinen personalen Angaben, also auch Sprachkenntnisse, Religionszugehörigkeit, Militärverhältnisse, gerichtliche Strafen, Telefonnummer, Kfz-Typ bis hin zur Kfz-Nummer und Farbe des Autos, Haarfarbe und Frisur, Größe, Haltung und Typ der Personen. Oder aus der Rubrik III. „Spezielle Fragen zur Person." Hierunter zählten (a) Eigenarten der Person wie Sprachweise, Rhetorik, Mimik und Gestik, (b) Gesundheitsmerkmale wie Gesamtzustand, chronische Leiden, Kuraufenthalte, regelmäßige Behandlungen, (c) Interessen und Neigungen wie Hobbys, diese nach Art und Intensität, (d) Begabungen, wie etwa sprachliche, musische oder Schreibfertigkeiten, sowie (e) Spezialkenntnisse oder Bescheinigungen, etwa Führerschein, militärische oder geografische. Zum sozialen Verhalten, dem IV. Fragenkomplex, zählten die Bereiche Familie, Verwandtschaft, Bekannte, Vermögensverhältnisse, Wohnverhältnisse, religiöse Bindungen, Freizeitverhalten sowie Lebensgewohnheiten (zu allen Aspekten existierten Unterfragen). Der VI. Komplex war der politischen Haltung gewidmet (u. a. Zugehörigkeit zu Parteien, gegenwärtige Haltungen zu einer Reihe vorgegebener Aspekte wie Einstellung zu den USA, Veränderungen im politischen

---

[1780] Eckert, Rainer: Die Humboldt-Universität im Netz des MfS, in: Voigt/Mertens: DDR-Wissenschaft, S. 169–186, hier 172.

Denken, Widersprüche zwischen Denken und Handeln).[1781]

Ein Fragespiegel vom 26. März 1974 zur praktischen Ausbildung von inoffiziellen Mitarbeitern bildet genau jenes universelle Feld des Spitzelns ab, das für eine Hochschule mit ihren verschiedenartigen beruflichen Feldern und Aufgaben aus der Warte einer politischen Polizei notwendig war. Hierzu zählten erstens Fragen zu Personeneinschätzungen, zweitens Erscheinungen der „Kontakt- und Stützpunkttätigkeit" sowie drittens Erscheinungen der Politisch-ideologischen Diversion (PiD). Allein zum ersten Punkt sind 23 Aspekte aufgeführt, u. a.: Fragen zum Verhältnis der Personen zum einschätzenden IM, zur Weltanschauung, zum Auftreten und Verhalten zu politischen Ereignissen, zu dienstlichen Angelegenheiten und zum fachlichen Vermögen, zu Unzulänglichkeiten aller Art, zur Einstellung zum Geheimnisschutz, zu Charaktereigenschaften sowie zu Verbindungen im Arbeits- und Freizeitbereich, republikweit wie auch hinsichtlich des Auslands.[1782] Unter Punkt 2 galt es Erscheinungen zur sogenannten Kontakt- und Stützpunkttätigkeit zu erkennen, hierzu wurden zwölf Hinweise gegeben, wie etwa enge persönliche Kontakte von westlichen Staatsangehörigen zu DDR-Bürgern, Reaktionen von West-Reisekadern auf Angebote, die auf Korruption hindeuten, Denk-, Lebens- und Verhaltensweisen von West-Reisekadern, Versuche, Kontakte zwecks Tagungsteilnahmen zu erwirken, Erkenntnisse, die darauf hinweisen, den wissenschaftlich-technischen Fortschritt zu behindern. Schließlich wurden den inoffiziellen Mitarbeitern (3) unter dem Aspekt der PiD zehn Hinweise gegeben, etwa darauf zu achten, ob Literatur ausgetauscht wird, ob DDR-Bürger selbst „feindliche Ideologie produzieren", ob es Hinweise zu Organisationsformen, Plänen und Absichten von Personen und Gruppen in Richtung subversiver Absichten gibt.[1783]

Je nach Einsatzziel der inoffiziellen Mitarbeiter, etwa in der „subversiven Umweltbewegung", in religiösen Kreisen, in der Bekämpfung von Anträgen auf ständige Ausreise resp. für das Erkennen von Fluchtvorhaben, in Fragen krimineller Aktivitäten aller Art oder zu Fragen des gesellschaftlichen Lebens in den Seminargruppen, existierten weitergehende „Ausbildungshilfen" für die Beschaffung von Informationen. Die Bespitzelung religiöser Betätigung beinhaltete beispielsweise den Informationsbedarf zu Werbeaktionen für die Studentengemeinden resp. -veranstaltungen, zum Inhalt geplanter resp. durchgeführter Veranstaltungen und zu Wehrdienstverweigerern.[1784]

Letztlich generierte das MfS aus dem Informationsaufkommen seine politisch-operativen, analytischen und statistischen Einschätzungen. Die Leistungsbilanz für 1985 für den Bereich der Studenten beinhaltete 99 Treffs mit inoffiziellen Mitarbeitern, 279 Arbeitsgespräche mit Offiziersschülern (OS), 16 operative Einsätze mit einhundert SED-Genossen, fünf Übersichten zu religiösen und/oder westlichen Kontakten sowie analytische Arbeiten zu den Studentengemeinden, zur Faschingsveranstaltung, zum Reformationsfest u.a.m.[1785] 1987 wurden 120 Treffs mit den inoffiziellen Mitarbeitern und 161 Arbeitsgespräche mit

---

[1781] Erstellung von Dossiers; BStU, BV Suhl, Abt. XX, Nr. 1755, Bl. 2–9.
[1782] Erarbeitung von Personeneinschätzungen; BStU, BV Suhl, AKG, Nr. 242, Bd. 2, Bl. 100–102.
[1783] Ebd., Bl. 101 f.
[1784] BV Suhl, o. D.: Informationsbedarf; BStU, BV Suhl, Abt. XX, Nr. 906, Bl. 1–3.
[1785] BV Suhl, o. D.: Jahresübersicht 1985; ebd., Bl. 4 f.

den Offiziersschülern gezählt.[1786]

Statistische Probleme bei der Erhebung eines validen Mitarbeiterbestandes

Aufgrund von Überlieferungslücken ist eine Tiefenprüfung jahrgangsgenau eher selten möglich. Eine solche für das Studienjahr 1989/90 zeigt, dass im studentischen Bereich – *aktiv* erfasst und fest eingeplant sowie bis auf einen Fall empirisch nachweisbar – zwölf inoffizielle Mitarbeiter (die selbst Studenten waren) arbeiteten: „Jörg Koch", „Klaus", „Andreas Torfmann", „Frank Baum", „Fasan", „Floyd Anderson", „Olaf", „Ralf", „Mathias Sill", „Harry", „Uwe Messerschmidt" und „Dirk Lange". Beispielsweise arbeitete „Jörg Koch" zur AG Kultur und Technik, „Frank Baum" zur AG Radwandern und „Dirk Lange" zur Sektion Orientierungslauf der HSG.[1787] In zentralen MfS-Statistiken und in der Literatur wird oft nicht ausgewiesen, ob die inoffiziellen Mitarbeiter für den studentischen Bereich Studenten waren oder nicht. Im Fall der TH Ilmenau müssen also für 1988/89 noch einmal mindestens fünf IM/GMS hinzugerechnet werden, die als Angestellte der Hochschule im studentischen Bereich oder für diesen arbeiteten. So waren im Bereich des Direktorats für Studienangelegenheiten der FIM „Max Winter" und der GMS „Müller", in der Abteilung „Ausländer" des Direktorats Internationale Beziehungen der IME „Wilhelm", im Bereich des 1. Prorektors den FIM „Holt" und im Sonderbereich P der IM „Cramer" *für* den studentischen Bereich tätig.

Noch einmal anders sieht die Berechnung aus, wenn festgestellt werden kann, dass Offiziersschüler (OS), also hauptamtliche Angehörige des MfS, Spitzeltätigkeiten leisteten. Im Fall der TH Ilmenau kommen somit für 1989 noch einmal 35 OS hinzu, die das *gesamte* Spektrum studentischer Tätigkeiten inoffiziell abdeckten.[1788] In summa standen dem MfS zuletzt also mindestens 52 inoffizielle Quellen im studentischen Bereich zur Verfügung. Die Dynamik ist infolge der Absolventenabgänge und Exmatrikulationen bei den Studenten deutlich höher als in anderen Bereichen. 1988 waren es 63 inoffizielle Quellen im studentischen Bereich (17 studentische inoffizielle Mitarbeiter, ein FIM, sechs IM und zwei GMS aus den Leitungsbereichen sowie 37 OS).[1789] Das Fazit aus dieser Gemengelage ist, dass zentrale Statistiken also teils erhebliche systematische Fehler implizieren können.

In Statistiken und Veröffentlichungen sind – jedenfalls so weit zu sehen ist – inoffizielle Mitarbeiter, die Diensteinheiten angehörten, die nicht originär die betreffenden Objekte sicherten wie hier die für die TH Ilmenau zuständige Abteilung 8 der BV Suhl, nicht berücksichtigt. Zum 1. Januar 1988 besaßen für die TH Ilmenau nur partiell oder temporär relevante Diensteinheiten folgende inoffizielle Mitarbeiterbestände: in der BV Suhl die Abteilung II 295, die Abteilung VI 141, die Abteilung VIII 69, die Abteilung XVIII 401, die Abteilung XX 459 und die Abteilung 26 76[1790] sowie die KD Ilmenau 290.[1791] Hier enthalten waren also geringe Teilmengen, die Personen oder Objekte der TH Ilmenau

[1786] BV Suhl, o. D.: Jahresübersicht 1987; ebd., Bl. 6.
[1787] BV Suhl, o. D.: Einsatzvarianten des Bestandes an IM/GMS und OS; ebd., Bl. 95–100, hier 95 f.
[1788] Ebd., Bl. 96–100.
[1789] BV Suhl, Abt. XX, vom 2.8.1988: Politisch-operative Lage im studentischen Bereich der THI; BStU, BV Suhl, Abt. XX, Nr. 909, Bd. 1, Bl. 85–95, hier 93 f.
[1790] BStU, BV Suhl, AKG, Nr. 219, Bd. 1, Bl. 1 f., 28, 46, 133 f.
[1791] Ebd., Bd. 2, Bl. 26.

bearbeiteten. Zu ihnen zählten solche, die nicht Angehörige der TH, und solche, die Angehörige der TH waren. Beide Gruppen sind in den Objektstatistiken definitiv nicht enthalten, sie zu entdecken ist schwer und teils rein zufällig. Darauf verweist Kowalczuk.[1792] In Tab. 75 sind es die Fall-Nummern (26) und (93) von der Abteilung II, (58), (76) und (95) von der KD Ilmenau und (9) von der AGG. Auch arbeiteten inoffizielle Mitarbeiter in staatlichen und gesellschaftlichen Bereichen außerhalb der TH Ilmenau, die fallweise ermittlungstechnisch zu Personen, Ereignissen oder Sachlagen der TH herangezogen wurden, dazu zählte einmal auch ein IM aus dem Ilmenauer Krankenhaus (Fall-Nr. 51).

Ferner müssen zu den IM-Beständen des MfS die konspirativen Wohnungen, sogenannte IMK/KW, hinzuaddiert werden. Die KW dienten der räumlichen Abdeckung der Gespräche zwischen dem MfS.[1793] Die Besitzer der KW wurden getippt, aufgeklärt und wie gewöhnliche IM oder GMS verpflichtet. Sie gelten definitiv als inoffizielle Mitarbeiter. Tatsächlich berichteten sie in nachweisbaren Fällen auch über allfällige Probleme wie normale IM. Analog besaß auch die Deutsche Volkspolizei konspirative Wohnungen, genannt Treffquartiere (Tqu). Der Besitzer dieser Wohnungen hieß Tqu-Inhaber (Tqu-I). Ein solches Quartier, das Tqu „Schäferling", war auch mit Bezug auf die HfE Ilmenau von Belang, und zwar hinsichtlich der Überwachung der Gesellschaft für Sport und Technik (GST).[1794] Zuletzt besaß das MfS für – auch periphere – Belange der TH Ilmenau, circa fünf KW. Auch gab es Angestellte der TH Ilmenau, die inoffiziell für andere Organe als das MfS, wie etwa für die Kriminalpolizei (K) der Volkspolizei, arbeiteten. Etwa ein technischer Leiter, später auch Materialverwalter, in einer der Sektionen der TH, der zudem zum Sicherheitskollektiv Wolfgang Bergs gehörte und zu Fragen der reinen Kriminalitätsbekämpfung arbeitete. Er war 1974 per Handschlag verpflichtet worden.[1795]

In den Sektionen mit Forschungsschwerpunkten war die „Durchdringung" mit inoffiziellen Mitarbeitern überproportional. Als Faustformel kann für die 1980er Jahre gelten, dass in den Bereichen der Spitzenforschung circa ein Drittel aller inoffiziellen Mitarbeiter der Sektionen arbeiteten. 1984 waren in vier hochsicherheitsrelevanten Forschungsbereichen zweier Sektionen mit zusammen 43 Beschäftigten sieben IM tätig (16,3 Prozent). Selbst in exklusiven Sicherheitsbereichen wie dem Bereich Kommerzielle Koordinierung (KoKo) Schalck-Golodkowskis oder in Institutionen, die wie das Institut für Kosmosforschung (IKF) als geschlossene Sperrbereiche deklariert waren, sind nur Quoten von maximal vier Prozent festzustellen. Von den 1780 Angehörigen der Hochschule um 1988/89, zu denen valide Daten ermittelt werden konnten, waren *im Laufe ihrer Dienstzeit* an der HfE resp. TH Ilmenau 125 inoffiziell für das MfS tätig. Von diesen waren zuletzt noch 61 aktiv. Auch diese Werte sind relativ hoch. Bemerkenswert ist, dass im Bereich der Leitung, Verwaltung, Wirtschaft und Technik der Großteil der inoffiziellen Kräfte dem engeren Bereich der Leitung angehörte (26, wovon zuletzt noch 15 aktiv waren).

1792 Kowalczuk: Die Humboldt-Universität, S. 501.
1793 Engelmann et al. (Hrsg.): Das MfS-Lexikon, S. 206 f.
1794 VPKA Ilmenau: Arbeitsakte, Nr. E-197/61; BStU, BV Suhl, OG IX, Nr. 63/66.
1795 VPKA Ilmenau, KAGI-1; BStU, AKAG 681/88, 1 Bd.

Tabelle 74: Inoffizielle Mitarbeiter unter Festangestellten (1988/89)

Organisationseinheit	Überprüfte Personen	Inoffizielle MA 1953–1989	Prozent	Inoffizielle MA 1988–1989	Prozent
ET	171	10	5,85	4	2,34
GT	145	16	11,03	9	6,21
Industrie-Institut	13	1	7,69	0	0
INER	32	2	6,25	2	6,25
INTET	176	17	9,66	10	5,68
Leitung, Verwaltung, Wirtschaft, Technik	568	31	5,46	16	2,82
MARÖK	80	5	6,25	1	1,25
ML	55	6	10,91	2	3,64
ORZ	89	5	5,62	2	2,45
PHYTEB	129	12	9,30	5	3,88
Plasmatechnik Meiningen	18	0	0	0	0
Sport	16	0	0	0	0
Sprachen	36	0	0	0	0
TBK	166	17	10,24	9	5,42
Technikum Suhl	86	3	3,49	1	1,16
Gesamt	1780	125	7,02	61	3,43

Die Tab. 75 zeigt eine Auswahl von 109 inoffiziellen Mitarbeitern aus der gesamten Existenzzeit der Hochschule, ergänzt mit einer geringen Anzahl studentischer sowie anderer inoffizieller Mitarbeiter, die nicht zu den Beschäftigten der TH Ilmenau zählten, jedoch für diese zumindest teil- und/oder zeitweise zum Einsatz kamen. 14 sind unter ihren Klarnamen gelistet, 95 erhielten ein Pseudonym mit Asterix. Zu 92 Fällen liegen definitive Erkenntnisse zur Frage einer Partei-Mitgliedschaft vor. Von diesen gehörten 67 der SED an (73 Prozent).

Tabelle 75: Inoffizielle Mitarbeiter[1796]

Name oder Pseudonym*	Vorname oder VN-Pseudonym	Geb.	Deckname	Von	Bis	Fall-Nr.	Kategorie	SED
Thom*	Georg	1937	Alex Neubauer, Pilot	1974	1989	1	IMS	X
Schultze*	Karl	1956	Alfred Preiß	1988	1989	2	IMS	
Dorfner*	Kurt	1962	Anton	1982	1989	3	GMS	X
Mayer*	Heribert	1947	Assistent	1987	1989	4	GMS	X
Pelser*	Erich	1951	Axel	1984	1989	5	IME	X
Richter*	Anita	1965	Bärbel Neumann	1987	1987	6	IMS	
Weingart*	Norbert	1945	Birkenhain	1980	1989	7	IMK/KO	
Hummel	Wolf-Joachim	1951	Brückner	1980	1989	8	IME	X
Zeitmeyer*	Gert	1940	Bruno	1973	1989	9	GMS	X
Gutos*	Manfred	1935	Burg	1963	1964	10	IMS	X
Jansen*	Arnold	1948	Christel	1968	1974	11	GMS	?
May*	Martina	1944	Christel Sörgel	1987	1989	12	GMS, IMS	X
Kort*	Kurt	1945	Christina, Dieter Haustein	1965	1989	13	IMS	X
Kellner*	Franz	1940	Clemens	1976	1989	14	IMB	X
Hauge*	Herbert	1952	Conrad	1980	1989	15	IMS	
Metz*	Gert	1940	Cramer	1985	1989	16	IME	X
Wolf*	Wolfgang	1951	Dieter	1985	1989	17	IMS	X
Maier*	Jürgen	1941	Dieter Berg	1989	1989	18	IMS	X

1796 Die Spalten 5 und 6 geben die Zeitspanne der inoffiziellen Tätigkeit an, kursiv gesetzte Jahresangaben weisen empirisch belegbare Mindestzeiträume aus. Die Spalte 7 gibt die im Text der Studie angegebenen Fall-Nummern an. In der vorletzten Spalte ist die jeweils hauptsächliche IM-Kategorie aufgeführt.

Baier*	Martin	1951	Dieter Thiele	1984	1989	19	IMS	?
Caprun*	Erhard	1935	Diode	1969	1982	20	IMB	
Langfeld*	Paul	1933	Dr. Wolf	1972	1989	21	IMB	
Vater*	Michael	1935	Ebert	1979	1988	22	GMS	X
Leber*	Jörg	1923	Feld	1958	1964	23	GI	X
Meister*	Dieter	1939	Fleischer	1958	1982	24	IMS	X
Lusser*	Bärbel	1956	Förster	1980	1989	25	IMS	X
Urs*	Dieter	1946	Fred	1965	1989	26	IMS	X
Stosberg*	Erich	?	Friedhelm Klar	*1982*	1989	27	IMS	X
Kaufmann	Helmut	1923	Frost	1962	1989	28	IMS	X
Trümper*	Harry	1941	Gärtner	1977	1980	29	IMS	
Linsel	Karl-Heinz	1932	Gebhardt	1957	1989	30	IMS, GI	X
Buch	Gerald	1956	Gerd Klein	1986	1989	31	IME	X
Lüders*	Ronald	1958	Gerd Wenzel	1983	1989	32	IMS	?
Zingel*	Stefan	1927	Hafer	1975	1979	33	IMS	X
Ensberg*	Kurt	1929	Hans	1955	1968	34	IMS	X
Möglich*	Jürgen	1952	Hans Jörg	1983	1989	35	IMS	X
Nachtweih*	Erich	1939	Hans Müller, Lutz Krause	1965	1989	36	IMS	X
Himmel*	Horst	1935	Harbig	1958	1978	37	GI, IMF	X
Linnemann	Gerhard	1930	Hartmann	1972	1977	38	IMS	X
Novak*	Konrad	1959	Heinrich	1979	1982	39	GMS	X
Meister*	Ulf	1930	Heinrich	1955	1956	40	GI	?
Sander*	Martin	1962	Heinrich Mann	1982	1986	41	IMS	X
Megla	Gerhard	1918	Heinz Bauer	1953	1960	42	GI	
Schulze*	Reiner	1940	Helmut Brauer	1982	1987	43	IMS	X
Fuller*	Karl	1941	Hermann Buhl	*1984*	1989	44	IME	X
Juffa	Rudi	1948	Holt (Klaus-Jürgen)	1978	1989	45	FIM	X
Sanders*	Marta	1953	Ina	*1971*	1989	46	IMS	X
Kremer*	Sabine	1949	Ingrid Kreis	1980	1989	47	IMS	
Steckel*	Raimund	1940	Johann	1970	1982	48	IMS	X
Unver*	Cuno	1943	Jörg Koch	*1984*	1989	49	IMS	?
Ende*	Jochen	1938	Kaspar Hauser	1958	1967	50	GI	
Vario*	Monika	1938	Kathrin	1972	1989	51	IMS	
Stolpe*	Viktor	1937	Klaus-Dieter (Hermann)	1977	1989	52	IMS	
Tischler*	Kurt	1955	Klaus-Dieter Müller	1974	1986	53	IMS	?
Dubran*	Rainer	1911	Konrad	1957	1959	54	IMS	
Hirt*	Arnold	1931	Lüneburg	1958	1960	55	GI	?
Kehlhorn*	Manfred	1940	Maraun	1980	1986	56	GMS	?
Birke*	Josef	1947	Marder	1979	1986	57	IMS	
Ludwig*	Franz	1934	Margraf	1978	1982	58	IMS	X
Lubon*	Rolf	1940	Markus Kraus	1989	1989	59	IMS	X
Kunze*	Heinar	1935	Martin	1964	1988	60	IMS	
Höhn	Peter	1956	Martin Borg	1984	1989	61	FIM	X
Vorfeld*	Gert	1923	Max	1964	1977	62	IMS	
Jander*	Kurt	1954	Max Fischer	1987	1989	63	IMS	X
Schön	Rudi	1922	Max Winter	1957	1987	64	FIM	X
Schilau*	Joseph	1949	Michael Kühn, Nobi	1987	1988	65	IMS	X
Listel*	Franz	1910	Natur	1955	1958	66	GI	?
Braune	Uwe	1955	Ökologie	1979	1982	67	IMS	X
Löwe*	Fritz	1941	Olaf	1977	1989	68	IMS	
Stroh*	Erich	1950	Otto Zimmerer	1987	1989	69	IMS	X
Rogazewski	Klaus	1939	Peter Arbeiter	1968	1989	70	IME	X
Nokkel*	Rainer	1945	Peter Schulz	1964	1989	71	IMS	?
Repenning	Kurt	1948	Rainer	1971	1989	72	IME	X
Kapp*	Erna	1960	Rauschenberg	1982	1986	73	IMS	
Kohler*	Knut	1946	Reiner Hof	1988	1989	74	IMS	X
Erdmann*	Edmund	1951	Reinhard	1982	1989	75	IMS	X
Benisch*	Kurt	1954	Reinhard May	1984	1989	76	IMS	X
Linol*	Paul	1938	Reinhardt	1980	1989	77	IMB	X
Lemke*	Georg	1958	Reinhold	1982	1989	78	IMS	
Schulze*	Jochen	1942	Reinhold	1985	1989	79	IMK/DA	X

Jung*	Helmuth	1956	Richard	1977	1989	80	GMS	X
Hundt*	Karl	1931	Richard für die HV A, Vogel	1968	1989	81	IMS, GMS	X
Grobe*	Herbert	1950	Roland Möbius	1973	1989	82	IMS	?
Schuster*	Ralph	1955	Rolf Seifert	1982	1988	83	IMS	X
Bürger*	Carl	1944	Schäfer	1984	1989	84	IMS	
Eckstein*	Herber	1934	Schenk	1966	1989	85	IMS	X
Dahl*	Hanno	1950	Schneider	1972	1976	86	GMS	X
Kurnow*	Willibald	1951	Schreyer	1988	1989	87	IMS	X
Jordan*	Eberhard	1930	Schumann	1962	1989	88	IMS, GMS	X
Haus*	Udo	1942	Siegmund	1972	1990	89	IMS	?
Freitag	Martin	1934	Skat	1963	1972	90	GM	
Feder*	Sascha	1925	Sommer	1980	1989	91	IMS	
Bürli*	Hannes	1946	Steffen	1981	1989	92	IME	X
Drescher*	Irma	1952	Steffi Lange	1985	1989	93	IMS	X
Kremer*	Thomas	1946	Stephan Kreis	1980	1989	94	IME	?
Wiese*	Wilhelm	1963	Sturm	1986	1989	95	GMS	
Heine*	Walter	1939	Taucher	1982	1989	96	GMS	
Hirte*	Andreas	1946	Thomas Krüger	1966	1989	97	IMS	X
Berg	Wolfgang	1929	Walter	1966	1989	98	FIM	X
Fink*	Torsten	1955	Walter	1974	1979	99	IMS	
Opitz*	Max	1955	Walter Sänger	1984	1989	100	IMS	X
Scheide*	Wilfried	1939	Walter Schmidt	1958	1980	101	IMS	?
Pauk*	Adolf	1930	Wälzbach	1972	*1986*	102	IMS	?
Hubert*	Jens	1929	Werner	1977	1989	103	GMS	X
Zweifel*	Kurt	1944	Werner	1971	*1989*	104	IMS	?
Barth*	Wilhelm	1933	Werner Heinze	1965	1977	105	IMS	X
Reinhardt*	Achim	1940	Wilfried	1970	*1986*	106	IMS	X
Späthe*	Jens	1935	Willi	1965	1989	107	GI, IMS	?
Pasch*	Otto	1951	Wolfram	1981	1989	108	IMS	X
Grohling*	Jürgen	1946	Zahn	1983	1989	109	IMS	X

Klassifizierung von IM-Einsatzcharakteristiken

Kriterien für die folgende Klassifizierung in 14 Klassen bildeten die Kernaufgaben der inoffiziellen Mitarbeiter. Die Klassifikation vermittelt – jeweils angereichert mit speziellen Details – ein repräsentatives Kaleidoskop inoffizieller Tätigkeiten an der TH Ilmenau.

Klasse 1: Konspirative Wohnungen (IMK/KW) und Deckadressen (IMK/DA)

(Fall-Nr. 7) Der Ingenieur Norbert Weingart* alias IMK „Birkenhain" überließ von 1980 bis 1989 dem MfS eine Wohnung (im MfS-Sprachgebrauch: KW resp. IMK/KW) zur konspirativen Nutzung. Den Beschluss hierfür veranlasste das MfS am 13. Oktober 1980.[1797] Die Wohnung in einem mehrstöckigen Haus in der Oehrenstöcker Straße 16 war ihm über eine Legende offiziell vom Rat der Stadt Ilmenau zugewiesen worden.[1798] Weingart* war an der TH Ilmenau beschäftigt. Vor seiner Verpflichtung war er Auftragsleiter in der Hauptabteilung Grundfondsökonomie des Dienstbereiches Technik im VEB TG Ilmenau. Der Teil III der IM-Akte, obligatorisch für solche KW-Vorgänge, enthält in zwei Bänden die Quittungen für diverse betriebliche und andere Abrechnungen. Die letzte Quittung stammt vom 23. November 1989 zur Erstattung von Kosten für eine Fahrt zur Klärung eines Einbruchs in dieser KW kurz zuvor.[1799]

[1797] BStU, BV Suhl, AIM 1286/90, Teil I, 1 Bd.
[1798] KDI vom 15.11.1980; ebd., Bl. 18.
[1799] BV Suhl, Abt. VIII/5, vom 23.11.1989; ebd., Teil III, Bd. 2, Bl. 275.

Abbildung 30: KW „Birkenhain“[1800]

(Fall-Nr. 79) Es existierte zumindest ein inoffizieller Mitarbeiter an der TH Ilmenau, Jochen Schulze* alias „Reinhold“ von der Sektion ML, der sich zum Zwecke einer konspirativ nutzbaren Deckdresse (DA) für das MfS verpflichten ließ (im MfS-Sprachgebrauch: IMK/DA). Die Deckadresse war für Kommunikationszwecke in und aus dem sogenannten Operationsgebiet, das ist die Bundesrepublik Deutschland, bestimmt gewesen.[1801]

Klasse 2: IM in Schlüsselfunktionen

(Fall-Nr. 38) Gerhard Linnemann sei, so zeigte sich das MfS 1957 überzeugt, für die inoffizielle Arbeit etwa hinsichtlich der Aufklärung von Personen der Bundesrepublik gewinnbar.[1802] Eine erste Annäherung an ihn versuchte es am 11. September im Rat der Gemeinde Stützerbach. Anknüpfungspunkt war die Betreuung von sowjetischen Studenten, für sie hatte es aktuell an Betreuern und Schlafgelegenheiten gefehlt. Linnemann hatte diesbezüglich Aufgaben zu erledigen. Er hatte Spaß an der Betreuung ausländischer Studenten und dolmetschte gern. Der Mitarbeiter des MfS zeigte sich von der Intelligenz und Offenheit Linnemanns erfreut. Ein weiteres Gespräch wurde vereinbart[1803] und eine Woche später in der Gaststätte Jagdschlösschen realisiert. Linnemann soll offen über seine guten Beziehungen zu Verwandten in der Bundesrepublik und über Offerten gesprochen haben, dort das Studium ggf. weiterzuführen.[1804] Ein drittes Gespräch, MfS-intern nun als Kontaktperson (KP) „Leo“ geführt, sollte am Ilmenauer Bahnhof stattfinden, doch wegen seiner Erkrankung wurde das Treffen auf den 15. Oktober[1805] in die HO-Gaststätte Ratskeller verlegt. An ihm nahmen zwei Offiziere teil. Linnemann soll unbefangen u. a. über einen Professor gesprochen haben, der sich gegen Produktionseinsätze ausgesprochen hatte. Da er sich bereiterklärte, anlässlich einer Reise nach Darmstadt Aufklärungsaufgaben zu erfüllen,

---

[1800] Foto; ebd., Bl. 32.
[1801] BStU, BV Suhl, AIM 686/90, Teil I, 1 Bd.
[1802] Abt. V vom 14.6.1957: Auszug aus einem IM-Bericht vom 14.6.1957; BStU, MfS, AP 923/59, Bl. 21.
[1803] BV Suhl, Abt. XV, vom 13.9.1957: 1. Aussprache am 11.9.1957; ebd., Bl. 52 f.
[1804] BV Suhl, Abt. XV, vom 21.9.1957: 2. Aussprache am 19.9.1957; ebd., Bl. 54–56.
[1805] BV Suhl, Abt. XV, vom 11.10.1957: Aktenvermerk; ebd., Bl. 58.

sprach das MfS von einem vollen Erfolg.[1806] Zwei weitere Gespräche wurden noch im selben Jahr durchgeführt. Am 7. März 1958 sprach das MfS von der Möglichkeit, ihn im Operationsgebiet arbeiten zu lassen, eine Übersiedlung in die Bundesrepublik durchzuführen. Linnemann soll sich schwankend gezeigt haben. Er sprach von der Unwägbarkeit eines solchen Schritts hinsichtlich der Geschehnisse um Karl Schirdewan und Ernst Wollweber (Kap. 3.3) und fragte: „Ist nicht die Möglichkeit gegeben, dass das, was ihr als Angehörige des MfS jetzt macht, falsch ist? Wenn euer Minister solche Fehler macht, dann kommt das doch ganz unten zur Auswirkung." Auch stellte er die Unfehlbarkeit marxistischer Positionen in Frage. Überdies wolle er aus verschiedenen Gründen momentan nicht mehr nach Darmstadt fahren; Zitat: „Schließlich sei er Student und könne es nicht riskieren, in Westdeutschland eingesperrt zu werden, abgesehen davon, dass er als Mensch daran zu Grunde ginge."[1807] Da er gar entrüstet eine Bespitzelung von Kommilitonen ablehnte und sich nicht überzeugen ließ, bestand seitens des MfS „kein operatives Interesse mehr" an ihn.[1808] Es gab durchaus vielfältige Weisen, sich zu verweigern. So lehnte 1987 ein Mitglied der Freikirchlichen Evangelischen Studentengemeinde „jedwede Tätigkeit für dieses Organ" aus „Gewissensgründen" ab, es sei ein „Organ der Gewalt".[1809]

Erst am 11. Februar 1972 kam das MfS wieder auf Linnemann zu. Der Allrounder hatte zwischenzeitlich eine bemerkenswerte Karriere geschafft. Intern war zu diesem Zeitpunkt klar, dass er der neue Rektor werden würde. Hierzu war mit ihm bereits auf anderen Ebenen (ZK der SED, MHF und SED-Bezirksleitung Suhl) gesprochen worden. Das Gespräch führte das MfS unter der Legende der Mängelbeseitigung im Rektorat. Ziel war, ihn in der Frage einer möglichen inoffiziellen Zusammenarbeit erneut „abzuklopfen".[1810]

Auf einer weiteren Zusammenkunft am 10. Juli 1972, an der Rektor Karl-Heinz Elster teilnahm, verwies das MfS darauf, dass „dringlichst die Kaderarbeit an der TH Ilmenau zu verbessern" sei.[1811] Auf einer solchen offiziellen Schiene legte ihm der Leiter der KD Ilmenau am 2. Oktober 1972 nahe, eine Sekretärin im Rektorat herauszulösen.[1812] Allein vom Juli bis November 1972 sind neun Aktennotizen resp. Berichte über offizielle Gespräche mit ihm tradiert. Das Dokument vom 10. Juli besitzt hinsichtlich des Charakters dieser Gespräche Bedeutung. Demnach soll Elster eine Art Übersicht über die bisherige Zusammenarbeit mit dem MfS gegeben und betont haben, dass sie nicht nur hinsichtlich der Belange der Hochschule, sondern auch „für ihn persönlich sehr zum Nutzen" gewesen sei. Er „erwarte, dass sein Nachfolger diese Tradition weiterpflegt". Linnemann sagte zwar zu, stellte zuvor jedoch Fragen zur Organisation dieser Gespräche und zur Kompetenz des MfS überhaupt.[1813]

[1806] BV Suhl, Abt. XV, vom 17.10.1957: Bericht über ein Treffen mit „Leo"; ebd., Bl. 59–61.
[1807] BV Suhl, Abt. XV, vom 11.3.1958: Bericht zum Treffen mit „Leo" am 7.3.1958; ebd., Bl. 70–73.
[1808] BV Suhl, Abt. XV, vom 23.5.1958: Auskunft, sowie von der HV A, Abt. R, vom 14.2.1959: Aktenvermerk; BStU, MfS, AP 923/59, Bl. 74–76.
[1809] BV Suhl, XV, vom 12.1.1987: Information; BStU, BV Suhl, Abt. XV, Nr. 1752, Bd. 2, Bl. 157 f.
[1810] KDI, OG „HS", vom 12.2.1972: Aussprache am 11.2.1972; BStU, BV Suhl, AIM 351/77, Teil I, 1 Bd., Bl. 104.
[1811] KDI, OG „HS", vom 15.7.1972: Aussprache am 10.7.1972; ebd., Bl. 109.
[1812] KDI, OG „HS", vom 4.10.1972: Aktenvermerk; ebd., Bl. 112.
[1813] KDI, OG „HS", vom 15.7.1972: Aussprache am 10.7.1972; ebd., Bl. 109.

Am 14. November 1972 soll sich Linnemann bereiterklärt haben, auf „Basis eines engeren Vertrauensverhältnisses“ mit dem MfS zusammenzuarbeiten. Zur Begründung der Notwendigkeit führte das MfS diffizile Kaderfragen und die Notwendigkeit der „Abdeckung von verschiedenen Maßnahmen im Sinne“ des Organs an. Demnach wurde ihm auch gesagt, „dass der Justitiar der TH verschiedene juristische Aufgaben“ für das MfS „zu erledigen“ habe. Linnemann soll zugesagt haben, dies entsprechend zu berücksichtigen.[1814] Es ging um die für Wolfgang Berg (Fall-Nr. 98) einzuplanende Arbeitszeitaufteilung. Am 20. November fasste das MfS den Beschluss, Linnemann für eine inoffizielle Mitarbeit zu verpflichten. Die Werbung erfolgte am 27. November. Auf eine schriftliche Verpflichtung wurde vorerst verzichtet, sie erfolgte zunächst per Handschlag. Da eine offizielle Verbindung bestand, orientierte das MfS auf das Dienstzimmer bzw. seine Wohnung als Treffort.[1815] Eine nachträgliche schriftliche Verpflichtung ist offenkundig nicht vorgenommen worden. Mit der Abgabe seiner Rektoratsfunktion 1985 erübrigte sich die weitere inoffizielle Nutzung.[1816]

Zur Einschätzung seiner inoffiziellen Tätigkeit: Die gesamte Werbungsgeschichte sieht unsauber aus, sie entspricht weder den Richtlinien des MfS noch der empirischen Typik. Zu den wichtigsten Auftrags-Einsteuerungen des MfS zählte die direkte dienstliche Unterordnung Bergs, damit „keine Dritten Kontrolle“ über dessen Arbeitsregime ausüben konnten. Die Natur der Einbindung Bergs als Führungs-IM „Walter“ wurde Linnemann nicht mitgeteilt. Das war aus konspirativen- und Sicherheitsgründen auch strengstens untersagt. Einen ähnlichen dienstlichen Schutzschirm musste Linnemann für den IM „Dieter“ aufspannen, dessen Identität nicht zweifelsfrei geklärt werden konnte, der sonst, wie Berg auch, der Gefahr der Überlastung ausgesetzt worden wäre.[1817]

Die Berichte sind von den Offizieren Hofmann und Belau niedergeschrieben worden. Die Inhalte decken sich samt und sonders mit den komplementären Aktenlagen, sind also valide. Überliefert sind 31 Treffen mit Berichtstätigkeit vom 5. Januar 1973 bis 24. März 1977. Gleich das erste Treffen behandelte die Forcierung der Kollektivpromotion Kurt Repennings (Fall-Nr. 72).[1818] Auch gab es Probleme wie die Klärung der Frage der Zuständigkeit seiner Entlohnung als Beauftragter für Sicherheit und Geheimnisschutz (BSG) zu lösen.[1819] Am 13. März 1975 stand Repennings Ernennung zum BSG im Mittelpunkt des Treffens. Belau empfahl Linnemann, Repenning regelmäßig Konsultationen einzuräumen und für „materielle Sicherstellung“ zu sorgen (Tonband, Schreibmaschine, eine GVS-Schreibkraft). Auch hatte er konkret an der Festlegung seines Arbeitsplanes in Hinsicht auf den vom MHF zu bestätigen Funktionsplan für Repenning mitzuarbeiten.[1820]

1814 KDI, OG „HS“, vom 20.11.1972: Aussprache am 14.11.1972; ebd., Bl. 114.

1815 KDI, OG „HS“, vom 20.11.1972: Vorschlag zur Verpflichtung; ebd., Bl. 127–134. KDI, OG „HS“, vom 27.11.1972: Bericht über die Verpflichtung; ebd., Bl. 135 f.

1816 KDI, OG „HS“, vom 16.5.1971: Abschlusseinschätzung; ebd., Bl. 171.

1817 KDI, OG „HS“, vom 15.6.1973: Bericht über das Treffen mit „Hartmann“ am 14.6.1973; ebd., Bl. 146 f.

1818 KDI, OG „HS“, vom 5.1.1973: Bericht über das Treffen mit „Hartmann“ am 4.1.973; ebd., Teil II, 1 Bd., Bl. 5.

1819 KDI, OG „HS“, vom 2.10.1974: Bericht über das Treffen mit „Hartmann“ am 1.10.1974; ebd., Bl. 43. KDI, OG „HS“, vom 22.11.1974: Bericht über das Treffen mit „Hartmann“ am 6.11.1974; ebd., Bl. 45.

1820 KDI, OG „HS“, vom 14.3.1975: Bericht zum Treffen mit „Hartmann“ am 13.3.1975; ebd., Bl. 48 f.

Allein einmal gab er in den Gesprächen zu, dass ein Hochschullehrer „politisch unmöglich“ sei, setzte aber hinzu, dass der aber fachlich sehr gut sei.[1821] Soweit tradiert, fand ein einziges Mal außerhalb der Hochschule am 26. März in seiner Wohnung ein Treffen statt. Hier ging es um zwei heikle personelle Fragen, die zu Disziplinarmaßnahmen und Herauslösungen aus den bisherigen Funktionen führten oder führen sollten.[1822] Den Decknamen „Hartmann“ wählte er sich offenbar nicht selbst, da dies nicht, wie üblich, im Bericht zur Werbung festgehalten wurde. Gab ihm das MfS diesen Namen, weil er sich *hart*näckig gegen eine inoffizielle Mitarbeit wehrte? Archivalisch gesehen, war Linnemann IM des MfS. Nach den strengen Richtlinien des MfS ist dieser IM-Vorgang jedoch ein Grenzfall. Und nach Einschätzung des Verfassers, nach gründlicher Prüfung der Berichte und empirischer Verifikation, war Linnemann kein IM. Themen, Namen und Daten in den Berichten besitzen den Charakter von Dienstobliegenheiten eines Rektors in der DDR.

Anmerkung: Der Verfasser hat keine Aktenform gefunden, in der das MfS die offiziellen Gespräche verschriftet hat. Lediglich in Sachakten finden sich Hinweise über diese Gesprächsform.

(Fall-Nr. 72) Der These, dass der Beauftragte für Sicherheit und Geheimnisschutz (BSG), oder kurz: Sicherheitsbeauftragte (SibE), die wichtigste Schlüsselposition des MfS in einer Hochschulinstitution einnahm, ist kaum mit Gegenargumenten zu begegnen. Ein umfangreiches Dossier zu einem ehemaligen Rektor fertigte Kurt Repenning 1986 an. Es zählt zu jenen Zeugnissen, die die unerschöpfliche Potenz dieser Position verdeutlichen; Zitat: „[A] ist ein hervorragender Taktiker und exzellenter Redner, der es vor allem auch versteht, politisch überzeugend aufzutreten. Mit diesen Fähigkeiten verstand und versteht er es immer wieder, seine Mitarbeiter wie auch übergeordnete staatliche und Partei-Leitungen zu blenden.“ „Repressalien“, „persönliche Sklaven“, „Überrumplungsaktionen“, „wachsende politische Instinktlosigkeit“, „Entgleisungen“[1823] – solches, detailliert begründet, blieb eben nicht bei seinem Führungsoffizier im Aktenschrank zur allfälligen Verwendung, sondern ging auch nach Berlin in das MHF und von da, je nach Gebrauch, weiter auf zwei Schienen in die höchsten Etagen der Machtausübung.

Die zu Repenning alias „Rainer“, Inoffizieller Mitarbeiter im besonderen Einsatz (IME), überlieferte Aktenlage ist historiographisch gesehen von höchstem Wert. Es gibt mit Blick auf die Gesamtheit aller personellen Geschehnisse keine Quellenart, die dieser gleichwertig ist. Die monatlichen Informationsberichte zum Beispiel gingen auch in das MHF, zum dortigen BSG, wo sie mit den artgleichen Informationsberichten der Universitäten und Hochschulen zusammenflossen. Zudem zählt diese Quellenart zu den validesten überhaupt, da es um Fakten ging, die aus „harten“ Unterlagen sowohl der TH Ilmenau (in der gesamten Bandbreite vom Archiv bis hin zu den amtlichen Unterlagen der Sektionen und Direktorate), der Kriminalpolizei, der Volkspolizei, dem Zoll sowie anderer Stellen recherchiert wurden. Auffassungen und Wertungen sind überwiegend säuberlich von den

[1821] KDI, OG „HS“, vom 2.10.1974: Bericht über das Treffen mit „Hartmann“ am 1.10.1974; ebd., Bl. 43.
[1822] KDI, OG „HS“, vom 26.3.1976: Aussprache mit „Hartmann“ am 26.3.1976; ebd., Bl. 62.
[1823] „Rainer“, o. D.: Zur Situation; BStU, BV Suhl, AIM 1592/90, Teil II, Bd. 5, Bl. 291–297.

Fakten getrennt. Dokumente wurden fallweise den Berichten als Kopien beigegeben.

Zum Zeitpunkt der Werbung am 20. September 1971 war das SED-Mitglied gerade Forschungsstudent geworden. Bis in den Herbst des nächsten Jahres hinein hatte er sich noch nicht entschieden, ob er in die Heimat zurückgeht oder in Ilmenau verbleibt; es war ein Jahr der Weichenstellung.[1824] Das Ziel der Werbung bestand zunächst in der Sicherung der Forschung und Entwicklung im Bereich der Sektion ET einschließlich einer Mitwirkung an einer OPK. Repenning wählte sich den Decknamen „Rainer". Die Werbung nahm Offizier Krannich vor, spätere Führungs- resp. Kontaktoffiziere waren Belau, Ehrlich, Ehrhardt und Escher. Trefforte waren u. a. die KW „Adler", „Berg", „Student" und „Storch". Er erhielt von 1978 bis 1984 laut Nachweisen 3.815 Mark an Zuwendungen.[1825]

Am 2. November sprach die KD Ilmenau mit Gerhard Linnemann über den Einsatz Repennings als BSG ab März 1973, wofür dieser aus terminlichen Gründen seine Promotion vorziehen sollte, was nicht ohne Unterstützung des Rektors machbar war. Der versprach, dies zu klären.[1826] „Das Inszenieren einer vorzeitigen Promotion", so Linnemann zum MfS am 14. November, sei aufgrund der gesellschaftlich guten Stellung Repennings gerechtfertigt.[1827] Das MfS hegte bereits im Sommer 1972 den festen Plan, ihn als Sicherheitsbeauftragten aufzubauen, stellte ihm verkappt hierzu Fragen, etwa, ob er die geplante Dissertation auch in einem anderen Bereich der Hochschule fortführen könne, wenn er eine andere, bedeutende Funktion übertragen bekäme. Das MfS ging zunächst davon aus, ihn als Offizier im besonderen Einsatz (OibE) installieren zu können.[1828] Am 15. August erhielt er „den Auftrag […] seine Unterlagen für den Einsatz als OibE fertigzustellen";[1829] im November schien die Angelegenheit nahezu perfekt.[1830] Der Plan zerschlug sich jedoch mit Gründen, die nicht beim Kandidaten lagen.

Die fundamentalen Aufgaben eines BSG ergaben sich primär aus dem Beschluss des Ministerrates vom 25. September 1968 „Über die Grundsätze zur Gewährleistung der Sicherheit und Ordnung in den Staats- und Wirtschaftsorganen, VVB, volkseigenen Kombinaten und Betrieben", der Richtlinie des Büros des Ministerrates der DDR vom 15. Oktober 1969 „Zur weiteren Vervollkommnung des Geheimnisschutzes in den Staats- und Wirtschaftsorganen" sowie der Anweisung des Ministers des MHF vom 15. November 1971 über den Einsatz von BSG. Später wurden die Rektoren informiert, dass die Arbeit der BSG ihren Ursprung in der Verfügung Nr. 407/74 des Vorsitzenden des Ministerrates vom 13. Juni 1974 habe, wonach „an den Universitäten, Hochschulen und medizinischen Akademien in Zusammenarbeit mit den zuständigen örtlichen Organen des MfS ehrenamtliche Sicherheitsbeauftragte in wichtigen Bereichen" einzusetzen sind. Doch wurden zuvor schon die Rektoren informiert, dass die BSG der Hochschulen gegenüber dem BSG des

---

[1824] THI, Kaderdirektor, vom 4.9.1972: Aktennotiz über ein Gespräch, aufgefunden in: ebd., Bd. 1, Bl. 180 f. Bericht vom 19.9.1972 zum Treffen mit „Rainer" am 19.9.1972; ebd., Bl. 87–89, hier 88.

[1825] Quellen: ebd., Teil I.

[1826] KDI, OG „HS", vom 17.11.1972: Aktenvermerk über eine Absprache am 2.11.1972; ebd., Teil II, Bd. 1, Bl. 113.

[1827] KDI, OG „HS": Aktennotiz am 14.11.1972; ebd., Bl. 115.

[1828] Bericht vom 28.6.1972 zum Treffen mit „Rainer" am 27.6.1972; ebd., Bl. 65 f.

[1829] Aktenvermerk vom 17.8.1972 zum Treffen mit „Rainer" am 15.8.1972; ebd., Bl. 76.

[1830] Bericht, o. D., zum Treffen mit „Rainer" am 22.11.1972; ebd., Bl. 73.

MHF informationspflichtig seien, etwa in Form von Sofort- resp. Fallinformationen.[1831]

Der BSG war dem „Rektor direkt unterstellt“ und führte „in dessen Auftrag Inspektionsaufgaben auf dem Gebiet der Sicherheit und des Geheimnisschutzes im Verantwortungsbereich durch“. Die analytische Verarbeitung der gewonnenen Kenntnisse waren ihm für allfällige Entscheidungsfindungen zu übergeben. Der BSG hatte die Pflicht, die staatlichen Leiter in ihren originären Belangen zu unterstützen, erstens über eine permanente Kontrolltätigkeit, zweitens mit der Erarbeitung von allgemeinen und spezifischen Regelungen auf Grundlage der oben genannten und anderer Beschlüsse und Weisungen des Ministerrates und staatlicher Organe, drittens mit der Kontrolle und Analyse der inländischen und RGW-Kooperationsbeziehungen, viertens mit der Kontrolle der wichtigsten Objekte, Einrichtungen und Forschungsvorgänge der TH Ilmenau, fünftens mit der Kontrolle der westlich orientierten Wissenschaftskontakte, sechstens mit der Analyse mannigfaltiger Vorkommnisse sowie siebentens über eine systematische Erziehung hinsichtlich der „Entwicklung des Sicherheitsdenkens und der Staatsdisziplin“. Der Rektor hatte im Gegenzug zu sichern, dass der BSG „zur Erfüllung der ihm gestellten Aufgaben alle erforderlichen Rechte erhält“. Dies schloss ausdrücklich ein, von den staatlichen Leitern und anderen Angehörigen der TH Ilmenau alle gewünschten „Auskünfte, Berichte und Unterlagen, einschließlich Kaderunterlagen und VS-Materialien“ abfordern zu können. Darüber hinaus hatte der Rektor zu gewährleisten, dass dem BSG zu Zwecken von Überprüfungsaufgaben und zur Gutachterachtertätigkeit Expertenteams zusammengestellt werden konnten.[1832]

Ein Merkmal der Arbeitspläne des BSG bestand darin, dass die meisten und wichtigsten Punkte rechenschaftspflichtige, terminlich gebundene Aufgaben darstellten. Sie zeichneten sich insbesondere darin aus, dass kompakte Analysen zu einzelnen Bereichen zu fertigen waren. Diese Arbeitspläne, die eindeutig Kaderuntersuchungsfragen implizierten und gar den Begriff „operative Untersuchungen“ im Text führen, waren zwar Pläne nach den Vorgaben des MfS, letztlich aber per Unterschrift des Rektors offizielle staatliche Dokumente, wenngleich nur wenigen Angehörigen der Hochschule zugänglich. Allgemein enthielten die Pläne mit Blick auf wissenschaftliche Bereiche oder Themen der Sektionen Untersuchungen zu Fragen der Ordnung, Sicherheit und des Geheimnisschutzes, und zwar: Verschaffung eines generellen Überblicks über die Forschungsthemen nach Kriterien resp. Fragen wie Umfang, Ziel, Bedeutung, Stand der Forschung, beteiligte Personen, Geheimhaltungsgrade, Interessen des Gegners, Kooperationsbeziehungen, Auslandsbeziehungen, Hemmnisse, Störungen und Unzulänglichkeiten. Ferner, so existent, Untersuchung der kommerziellen Beziehungen mit Westfirmen, etwa im Bereich des Service zu der Frage, welche Servicekräfte sich wann in welchen Bereichen und an welchen Geräten aufhielten. Die Arbeitspläne wurden jahresbezogen aufgestellt und waren mehrstufig gehalten. Drei Arbeitskomplexe waren standardmäßig zu je verschiedenen Sektionen abzuarbeiten:

Für 1979 waren dies unter Punkt 1 „Naturwissenschaftlich-technische Forschung“ ausgewählte Forschungsthemen der Sektion PHYTEB, zu denen operative Untersuchungen

---

1831 Arbeitsplan für den BSG Repenning; ebd., Bl. 152 f.

1832 Funktionsplan für den BSG Repenning; ebd., Bl. 154–156.

vorzunehmen waren „mit dem Ziel, Hemmnisse und deren Ursachen sowie damit zusammenhängende feindbegünstigende Umstände aufzuklären“. Ausgewählt waren zwei Forschungsthemen mikroelektronischer Provenienz (Prototypvarianten für n-SGT-Zelle und D-MOS-Inverter), zu denen jeweils vier Untersuchungen vorzunehmen waren: (a) Bedeutung des Themas, Einschätzung des Standes und Übersicht über alle beteiligten Personen; (b) finanzielle und materielle Aufwendungen; (c) Geheimhaltung und Schutzrechtsfragen sowie (d) die Einschätzung der Planerfüllung. Zu allen acht Punkten waren terminlich fixierte schriftliche Berichte anzufertigen. Unter Punkt 2 war die politisch-ideologische Situation in der Sektion mit besonderem Augenmerk auf die Applikationsgruppe Mikroelektronik (AGM) einzuschätzen. Zwei Unteraufgaben, (a) Auswertung der Kaderunterlagen und (b) Auswertung der Unterlagen der SED und der Massenorganisationen, waren terminlich gebunden und gleichfalls schriftlich zu berichten. Schließlich Punkt 3, die Untersuchung und Analyse der sogenannten gegnerischen Kontakttätigkeit. Dieser Punkt beinhaltete drei Untersuchungsfelder: (a) Auswertung der Dienstpost unter fünf Gesichtspunkten wie die Häufigkeit von Kontakten, (b) Analyse der Reisetätigkeit sowie (c) Analyse der Privatkontakte in den Westen. Hinzu kam standardmäßig der Punkt 4, die monatlichen Informationsberichte, die das Leben und Wirken an der Hochschule beinhalteten. Hinzu kamen noch variable, anlassbedingte Punkte. 1979 war dies u. a. die sicherheitspolitische Beteiligung Repennings am 24. IWK und eine nahezu monatlich abgeforderte Analyse zu den Westkontakten der Angehörigen der TH Ilmenau.[1833]

Kontaktpolitik, Teil II

Spätestens ab 1983 fertigte Repenning auch sogenannte Halbjahresberichte an. Sie enthielten überwiegend das Spektrum der monatlichen Informationsberichte.[1834] Im Mittelpunkt der Halbjahresberichte standen die dienstlichen Kontakte und kommerziellen Beziehungen der Hochschule. In den Halbjahresberichten II/1987, I/1988 und II/1988 konstatierte Repenning mit Belegen einen anhaltend ausgeprägten Trend kommerzieller Kontakte und -anbahnungen aus dem Westen mit Mitarbeitern des Technikums in Suhl. Da die DDR massiv an Devisen interessiert war, waren die Wissenschaftler gehalten, geschäftliche Türen zu Firmen im Westen zu finden. Häufiger als vordem hatte sich aber auch gezeigt, dass die Euphorie der Wissenschaftler in Fällen der Signalisierung eines Interesses seitens der angeschriebenen Firmen in Enttäuschung umschlug, da, nachdem Vorgespräche stattfanden, plötzlich kein Bedarf mehr aktiviert wurde. Im letzten derartigen Bericht waren es gleich drei Absagen nach jeweils verheißungsvollen Ausgangslagen. Repenning vermutete drei Gründe hierfür: die technischen Lösungen böten kein internationales Spitzenniveau, die Entwicklungskosten seien zu hoch oder das technische Know-how sei bereits in der Phase der Vorgespräche und Verhandlungen offenbart worden.[1835]

Die Formen der als VVS gestempelten analytischen Abarbeitungen variierten zwischen solchen, die zu den Standardfragen für ausgewählte Bereiche (Sektionen, Institutionen)

[1833] THI, Rektor, vom 15.1.1979: Arbeitsplan 1979 des BSG, aufgefunden in: ebd., Bd. 4, Bl. 59–63.
[1834] THI, BSG, vom 10.12.1984: Halbjahresanalyse 2/1984; ebd., Bd. 5, Bl. 128–144.
[1835] Beispiele in: THI, BSG, vom 15.12.1988: Halbjahresbericht 2/88; ebd., Bd. 6, Bl. 78–91, hier 81.

Antworten gaben, und solchen, die nur einzelne Unterpunkte der Standardfragen behandelten wie etwa zur Kontaktpolitik oder zur Politisch-ideologischen Diversion (PiD). Dass eine solche MfS-Begrifflichkeit auf – wenngleich extrem begrenzt – staatlichen Ebenen benutzt wurde, ist festzuhalten. Eine Untersuchung zur Kontaktpolitik und PiD für die beiden Wissenschaftsbereiche (WB) Technische Optik und Automatische Steuerung für den Zeitraum November 1974, dem Beginn der Erfassung der Dienstpostkontakte (DPK), bis November 1981, brachte folgende Resultate: Vom WB Technische Optik besaß von den insgesamt elf Mitarbeitern lediglich der Leiter, Heinz Haferkorn, dienstliche Kontakte mit dem nichtsozialistischen Ausland. Doch er war lediglich angeschrieben worden. Repenning zählte insgesamt 85 Kontakte, allein 42 waren Prospekt- und Sonderdrucklieferungen von Verlagen und Druckereien. Nur sieben Sendungen kamen von Universitäten und Hochschulen, von der Industrie sowie von Privatpersonen kamen je vier. Nach Ländern aufgeschlüsselt kamen überraschend viele, nämlich 50 von 85 Sendungen aus Großbritannien, gefolgt von der Bundesrepublik und Irland mit je 13. Abgeschlagen auf Platz 4 landete die Schweiz mit vier Dienstpostkontakten. Nach Art dieser Kontakte aufgeschlüsselt waren es 37 Zeitschriftenzusendungen, 25 Tagungs- und drei Messeeinladungen sowie acht Briefe. Ferner drei Prospekte, vier Sonderdrucke, vier Ankündigungen neuer Veröffentlichungen sowie lediglich eine Bitte nach Lieferung eines Sonderdruckes. Nichts zu und in diesen Lieferungen gehorchte nach Einschätzung Repennings den Kriterien der PiD. Es erstaunt der niedrige Wert von nur sieben Sendungen von westlichen Universitäten und Hochschulen für einen Zeitraum von genau sieben Jahren.[1836]

Basis zur Anfertigung der Statistiken zu DPK bildeten die Ein- und Ausgänge der Post. Fallweise wurden Briefinhalte fotokopiert und als Anhänge den monatlichen Informationsberichten beigegeben. Damit erhielt der exklusive Kreis der Empfänger einen genauen Überblick über die Aktivitäten einzelner Hochschullehrer und Wissenschaftler. Es ist erwiesen, dass MfS-intern diese Dokumente auch zum Auslandsdienst des MfS, der Hauptverwaltung Aufklärung (HV A), gelangten. Auch unangemeldete Besuche entgingen nicht der Aufmerksamkeit des BSG, wie 1988, als ein Hochschullehrer der Sektion PHYTEB Mitte Mai Besuch aus der Schweiz erhielt.[1837]

In der Regel enthielten die monatlichen Informationsberichte selten weniger als eine Handvoll Meldungen zu kommunikativen Verbindungen, meist ausführlich dargestellt und schlussendlich tabellarisch verarbeitet. Im Informationsbericht „März 1980“ waren es satte acht Seiten komprimierter Daten.[1838] Standard war die Erfassung sämtlicher Einladungen aus dem Westen, ob zu Kongressen und Tagungen, Institutsbesichtigungen und Seminaren in Betrieben, Forschungszentren, Universitäten sowie Hoch- und Fachschulen. Insbesondere im zeitlichen Umfeld der Leipziger Frühjahrs- und Herbstmessungen gab es eine Flut solcher Einladungen von westlichen Ausstellern, meist namentlich adressiert. Zur Leipziger Frühjahrsmesse waren laut Informationsbericht „März 1979“ bereits 24 Einladungen konkret bekannt. Repenning erweiterte diese Erhebungen u. a. mit näheren Daten zu

[1836] THI vom 5.12.1981: Zur Kontaktpolitik und PiD; ebd., Bd. 4, Bl. 506–528, hier 506–517.
[1837] THI, BSG, vom 26.5.1988: Informationsbericht „Mai 1988“; ebd., Bd. 6, Bl. 24–27, hier 26 f.
[1838] THI vom 10.3.1980: Informationsbericht „März 1980“; Bd. 4, Bl. 285–297, hier 286–295.

Vertretungen dieser Firmen in der DDR. Darunter befand sich die österreichische Firma Jeol GmbH, deren Interessen von der KoKo-Firma Forgber wahrgenommen wurden.[1839] Im Sommer 1979 vermutete Repenning aufgrund einer Analyse über eine mehrjährige Periode der westlichen Einladungspolitik, dass einige Hochschullehrer interessegelenkt aktiv nachgeholfen hätten. Er nannte [B] und [C] als Beispiele.[1840] Das wiederholte sich regelmäßig, zum Beispiel für Ende 1979.[1841] Die Vermutung erhärtete sich für ihn nochmals im Sommer 1981.[1842]

Zur Einladungspolitik zählen auch Offerten für Gastdozenturen und (temporäre) Berufungen an und auf Lehrstühlen. Der exzellente Ruf der Ilmenauer Mathematiker blieb auch im Westen nicht verborgen. 1979 kam eine Bitte von der Universität Karlsruhe ein, die [D] für die Besetzung des Lehrstuhls an der Fakultät für Mathematik direkt betraf. Oder auch an [E] für die Besetzung eines „Akademischen Rates auf Zeit" am Institut für Mathematische Maschinen und Datenverarbeitung der Universität Erlangen-Nürnberg.[1843] Auch die Ruhr-Universität Bochum startete im Sommer 1979 eine Anfrage für eine ordentliche Professur in der Fachrichtung Analysis.[1844] Noch im Dezember 1979 kam eine Stellenausschreibung für die Abteilung für Mathematik der Ruhr-Universität Bochum für numerische Mathematik ein.[1845] Nicht immer aber konnten, wenn Rahmenvereinbarungen wie mit der TU Wien vorlagen (etwa mit dem Institut für Wasserkraftmaschinen und Pumpen), die Wünsche der Einlader befolgt werden. So wurde 1980 dem Wunsch nach Gastvorträgen für [F] nicht entsprochen, da das MHF keine Mittel mehr zur Verfügung stellen konnte oder wollte.[1846] Zwei weitere Einladungen zu Gastprofessuren an der Universität Mannheim vom Sommer 1980 begegnete Repenning mit dem Hinweis, dass diesen Anfragen nicht nachgekommen werden solle, da damit die gegenwärtigen Verhandlungen zu einem Kulturabkommen der DDR mit der BRD unterlaufen würden. Die Bundesrepublik, so Repenning, könnte anderenfalls darauf verweisen, dass der Hochschullehreraustausch auch ohne ein solches Abkommen laufe.[1847] Oft setzte das MfS über IM in Schlüsselfunktionen oder auf halboffiziellem Wege solche Empfehlungen dann auch durch.

Besaßen diese Daten einen offiziellen, wenngleich internen Grundcharakter, die anderen Quellen wie Besucherbücher, Arbeitsaufzeichnungen, Kalender, Buchführungen, Hotelrechnungen entnommen wurden, so nicht solche wie die folgenden, ausgewählten Informationen aus der September-Information: Angaben zu einem ehemaligen Studenten an der Sektion INTET, für den die Bundesversicherungsanstalt für Angestellte in Westberlin „zum zweiten Male eine Studienbestätigung" abgefordert hatte. Oder zu einer Durchsuchung des Wohnheimzimmers eines Studenten der Sektion TBK, der aufgrund einer versuchten Flucht inhaftiert worden war. Hierzu sind dem Bericht auch Angaben zur Familie

---

1839 THI vom 20.3.1979: Informationsbericht „März 1979"; ebd., Bl. 91–102, hier 96 f.
1840 THI vom 18.6.1979: Informationsbericht vom 31.5.1979; ebd., Bl. 118–126, hier 118.
1841 THI vom 10.3.1980: Informationsbericht „März 1980"; ebd., Bl. 285–297, hier 285.
1842 THI vom 10.7.1981: Informationsbericht vom 30.6.1981; ebd., Bl. 431–443, hier 433–435.
1843 THI vom 18.6.1979: Informationsbericht vom 31.5.1979; ebd., Bl. 118–126, hier 118.
1844 THI vom 10.9.1979: Informationsbericht „September 1979"; ebd., Bl. 167–175, hier 168.
1845 THI vom 10.1.1980: Informationsbericht „Januar 1980"; ebd., Bl. 253–263, hier 258.
1846 THI vom 10.5.1980: Informationsbericht „Mai 1980"; ebd., Bl. 307–325, hier 323.
1847 THI vom 10.7.1980: Informationsbericht „Juli 1980"; ebd., Bl. 343–355, hier 345.

des Studenten beigegeben worden. Das MHF war bereits am 28. August hierüber fernschriftlich informiert worden. Auch der Brief des Vaters, der der TH Ilmenau die Verhaftung seines Sohnes mitgeteilt hatte, ist als Anlage dem monatlichen Informationsbericht beigegeben. Oder über einen Verweis eines Studenten, der entgegen der Telefonordnung der TH Ilmenau ein privates Telefonat in die Schweiz führte. Oder über ein Disziplinarverfahren gegen einen Dozenten, der, anders als vereinbart, an einem Tag der Hochschule ferngeblieben war: Ein – separat betrachtet – eher unbedeutender Vorgang, der jedoch eine Person betraf, gegen die das MfS seit anderthalb Jahren in einer OPK nicht zuletzt aus politischen Gründen ermittelte.[1848] Oder zu allerlei Vorfällen bei Reisen, Dienstreisen, Tagungen oder Studienreisen, etwa im Rahmen einer von Studenten durchgeführten Reise ins jugoslawische Niš. Hierzu gab es u. a. aktuelle Hinweise zu einem Studenten, der vor der Reise illegal Währung umgetauscht haben soll und Kontakt zu Unbekannten in Niš aufgenommen hatte.[1849]

Zu den Aufgaben des BSG zählte auch die Postkontrolle, bei Repenning Postanalyse genannt. Sie war Teil auch der monatlichen Informationen. Die tabellarisch aufbereiteten Informationen beinhalteten: Adresse, Bereich/Sektion, Name des Angeschriebenen, Name des Absenders, Land/Ort des Absenders, wer an wen und Anliegen, Datum der Post, Bemerkungen.[1850] Sie besitzen den Charakter präziser Tagebuchnotizen. Zur Illustration ein Beispiel:

[G] war für längere Zeit in der Sowjetunion, offenbar zu einem Zusatzstudium. Er schrieb zwei Briefe an sein Arbeitskollektiv. Sie wurden geöffnet und folglich erhielt sie auch Repenning. Das melancholisch anmutende zweite Schreiben an seine „Lieben Ilmenauer" beinhaltete, dass er es, zurückgekehrt, mit Volldampf zu Hause besser machen werde als es in Moskau Praxis sei. Er berichtete von der Trägheit der Moskauer „Apparatschiks" und von einer „saumiserablen" Arbeitsproduktivität. Im ersten Brief hatte er von schönen Dingen Moskaus berichtet, die hohe theoretische Qualität der Moskauer Lehrer gelobt und deren Sehnsucht nach praktischen Dingen wie Polylux und Diaprojektor geschildert. Diese beiden Briefe genügten, dass die Hochschulparteileitung ein Parteiverfahren gegen ihn einleitete. Bald ging das Gerücht um, dass er als Abteilungsleiter abgelöst werden würde.[1851] Der Vorgang wurde von Repenning fünf Monate später in den Informationsbericht „Mai 1979" aufgenommen. Enthalten ist die Information, dass [G] aus der SED ausgeschlossen und als Abteilungsleiter abgelöst worden ist. Er bekam die Leitung eines Gebietes überantwortet, in dem es um Sachen und nicht um Menschen ging.[1852]

Klasse 3: Inoffizielles Engagement vor und nach der Zeit an der HfE resp. TH Ilmenau

Es gab eine Reihe von inoffiziellen Mitarbeitern des MfS, die sich nach ihrem Studium an der HfE resp. TH Ilmenau an anderen Wirkungsstätten verpflichten ließen, darunter einige in bedeutenden Schlüsselfunktionen wie Hermann Zapfe alias „Paul Hoppe" am Institut

---

[1848] THI vom 11.9.1978: Informationsbericht „September 1978"; ebd., Bl. 5–12, hier 7, 9–11.
[1849] THI vom 15.11.1978: Informationsbericht „November 1978"; ebd., Bl. 24–44, hier 40.
[1850] Ebd., Bl. 26 f.
[1851] Schreiben vom 21.11. und 9.12.1978, KDI vom 22.12.1978: Information von „Rainer"; ebd., Bl. 52–54.
[1852] THI vom 18.6.1979: Informationsbericht „Mai 1979"; ebd., Bl. 118–126, hier 123.

für Kosmosforschung (IKF) der Akademie der Wissenschaften der DDR.[1853] Zapfe war 1968 als Ingenieur-Praktikant Mitglied der Parteileitung der GO der TH Ilmenau.[1854]

(Fall-Nr. 34) Auch Kurt Ensberg* alias „Hans“ war an der Akademie der Wissenschaften beschäftigt. Der Werbungsgrund für den Physiker lag vor allem in der Aufklärung einer operativ zu bearbeitenden Person des HHI. In dem „bürgerlichem Haus“ war er der einzige SED-Genosse. Die Verpflichtung zum GI wurde am 22. Dezember 1955 vorgenommen.[1855] Ensberg* gehörte zur ersten Garde von inoffiziellen und gesellschaftlichen Mitarbeitern der Abteilung VI, der späteren Abteilung 5 der HA XVIII, zuständig für die Bereiche von Wissenschaft und Forschung. 1959 wurde er u. a. zur Aufklärung gegen den bedeutenden Astrophysiker Otto Hachenberg eingesetzt, der später die DDR verließ. Auch hatte er seinen unmittelbaren Vorgesetzten, den Direktor des Heinrich-Hertz-Institutes (HHI), Ludwig Mollwo, abzusichern, heißt: auszukundschaften. Ensberg* war dessen Stellvertreter und Leiter des Bereiches Elektronik.[1856]

Ende 1960 trug sich Ensberg* mit der festen Absicht, das HHI zu verlassen, da er „als fast einziger Genosse […] im Institut seit Jahren einen schweren Stand“ hatte. Sein Abwanderungswille sagte dem MfS keineswegs zu, da er im HHI die einzige Quelle war.[1857] Er ließ sich überreden, wurde bis 1966 Mitglied der Zentralen Parteileitung (ZPL), habilitierte sich und wurde zum Professor ernannt. Im Frühjahr 1968 begann sich seine Lage im HHI zuzuspitzen, da er sich zunehmend isoliert sah. In der Hochphase der Krise um die ČSSR wechselte er nach Ilmenau. Sein erstes Treffen mit dem MfS in Ilmenau fand am 23. August statt. Ensberg* versuchte – als bekennender SED-Genosse – wiederholt aus der Umklammerung des MfS herauszukommen, aber nie mit völliger Konsequenz. Selbst die halbjährige Trefffrequenz war ihm noch zu viel und dem MfS natürlich viel zu wenig. Das MfS benötigte ihn insbesondere für die Bearbeitung des OV „Akademiker“, eines religiös gebundenen Wissenschaftlers.[1858] Die Ilmenauer Tschekisten schoben seine inoffizielle Müdigkeit auf die Berliner Kollegen, angeblich hätte er dort nur einen halbjährigen Treffrhythmus gehabt und sei nur informatorisch eingesetzt worden.[1859] Das aber traf nicht zu, bis Ende 1965 nahm er in Berlin nahezu monatlich einen Treff wahr (insgesamt 42 Treffs!). Erst als Mitglied der ZPL und Ernennung zum Professor schmolz in Berlin die hohe Trefffrequenz auf dann nur noch vier Treffs in zwei Jahren zusammen. Am 6. November 1968 bezeichnete er die Zusammenarbeit mit dem MfS als „brutale Kunst“. Das ließ das MfS nicht gelten und will ihn von seiner falschen Ansicht überzeugt haben.[1860] Doch da irrten die Offiziere, „Hans“ wollte einfach nicht mehr. Archivalisch wurde die

---

[1853] BStU, MfS, TA 243/87. Vgl. Buthmann, Versagtes Vertrauen, S. 904–912.
[1854] HPL der HfE, Protokoll des Jahres 1968; LATh-StA Meiningen, BS 4-95-1317, AS 43.
[1855] Abt. VI/4 vom 27.12.1955: Verpflichtungsbericht; BStU, MfS, AIM 88/77, Teil I, 1 Bd., Bl. 24.
[1856] Abt. VI/4 vom 15.5.1959: Einsatzrichtungen; ebd., Bl. 54. Zum HHI, zu Hachenberg und Switala: Buthmann: Hochtechnologien, S. 11–17.
[1857] Abt. VI/4 vom 13.12.1960: Bericht zum Treffen mit „Richard“; ebd., erste Quelle, Bl. 64 f.
[1858] U. a.: KDI, OG „HS“, vom 16.9.1968: Einschätzung des GI; ebd., Bl. 118. KDI, OG „HS“, vom 18.4.1969: Umregistrierung zum IMS; ebd., Bl. 126.
[1859] KDI, OG „HS“, vom 18.4.1969: Auskunftsbericht; ebd., Bl. 128 f.
[1860] KDI, OG „HS“, vom 7.11.1968: Bericht zum Treffen mit „Hans“ am 6.11.1968; ebd., Teil II, Bd. 2, Bl. 14 f., hier 14.

Akte „Hans“ jedoch erst am 20. Februar 1977 geschlossen.[1861] Das ist kein Einzelfall.

Klasse 4: Wissenschaftler

(Fall-Nr. 36) Erich Nachtweih* alias „Hans Müller“, vormals „Lutz Krause“, war ein Sportbegeisterter, Sparte Tauchsport. Sein erster Deckname „verbrannte“ geheimdienstlich gesehen in dem Moment, als 1971 eine Sekretärin einen an seinen Führungs-IM (FIM) Berg alias „Walter“ (Fall-Nr. 98) bestimmten Brief, der verklebt und mit persönlich adressiert war, öffnete und damit die Unterschrift „Lutz Krause“ offenkundig wurde. Eine für das MfS peinliche Situation. Von der Postordnung her war die Öffnung zwar grundsätzlich gedeckt, da dies das MfS über den Rektor so durchgestimmt hatte, doch da der Brief persönlich abgegeben worden war, also der übliche Postweg unbenutzt blieb, war die Öffnung zumindest fraglich. Einen „Lutz Krause“ aber kannte niemand, also wurden vom MfS sofort abenteuerliche Gerüchte gestreut. Vor allem tat es so, als ob etwas ganz Widriges passiert wäre und ermittelte, ganz gegen seine Art, alles andere als lautlos. Es führte auch Befragungen durch. Bald wusste das MfS, dass neun Personen Kenntnis über den ominösen Brief erhalten hatten. Zumindest einige wollten eigene Untersuchungen starten, um den Überbringer zu ermitteln. Das MfS unterband dies mit der Begründung, die Untersuchungen nicht zu gefährden. In der Folge des Malheurs wurde der Deckname im Mai 1972 auf „Hans Müller“ und auch der Treffort mit Berg geändert. Auch durfte Nachtweih* das Rektorat zumindest in der nächsten Zeit nicht mehr betreten, zudem wurde die Postordnung geändert, indem persönlich abgegebene und ausgezeichnete Briefe nicht mehr geöffnet werden durften.[1862] Da Nachtweih* auch Mitarbeiter in einer der Kontrollgruppen Bergs war, blieb der Kontakt zu ihm plausibel, galt mithin als gut abgedeckt.[1863]

Von Beginn an berichtete Nachtweih* personenorientiert zu Fragen der Forschung und Entwicklung. Das Gesamtspektrum öffnete sich allerdings früh wie auch intensiv in alle anderen, vor allem auch politische Richtungen. Seine Berichterstattung war meist belastend und direkt, Rücksichten schienen ihm fremd zu sein. Vernichtend war bereits seine erste Einschätzung eines allgemein hochgeschätzten Hochschullehrers Ende 1971, auf den er – in der Sprache des MfS – angesetzt war und im Laufe der Zeit vollumfänglich über dessen Tätigkeiten und anderes mehr – allermeist in abgestimmter Weise mit dem MfS – berichtete.[1864] Seine Berichte waren faktengesättigt, meist begründet und im klaren Stil gehalten. Bei seinem mutmaßlich letzten Treffen mit seinem Führungsoffizier, ausnahmsweise im PKW, äußerte er am 28. September 1989, dass ihm die jüngsten Ereignisse in Ungarn zum Nachdenken angeregt hätten, es müssten Maßnahmen getroffen werden, um die Ursachen dieser Ausreisewelle zu beseitigen. Zweifel an der „Richtigkeit der Politik von Partei und Regierung“ soll er aber „nicht zum Ausdruck“ gebracht haben, notierte der

---

[1861] BV Suhl, KDI, vom 20.2.1977: Beschluss zur Einstellung des Vorgangs; ebd., Bl. 156 f.

[1862] KDI, OG „HS“, vom 25.4.1972: Verstoß gegen die Konspiration; BStU, BV Suhl, AIM 603/92, Teil I, 1 Bd., Bl. 131 f.

[1863] KDI, OG „HS“, vom 11.5.1971: Bericht zum Treffen mit „Lutz Krause“ am 7.5.1971; ebd., Teil II, Bd. 2, Bl. 2.

[1864] Bericht von „Lutz Krause“ am 11.11.1971; ebd., Bl. 13–17, hier 13.

Offizier (Berg war zu diesem Zeitpunkt nicht mehr sein Führungs-IM).[1865] Historiographisch gesehen verdanken wir ihm Einblicke in das „ganz normale Leben“ einer Sektion, facettenreich und detailliert, personell wie fachlich.

(Fall-Nr. 52) Viktor Stolpe* wurde gezielt im Wissenschaftsbereich (WB) Isolations- und Isolierstofftechnik rekrutiert. Der inoffiziell verwaiste WB sollte möglichst in leitender Funktion (mindestens Forschungsgruppenleiter) geheimdienstlich besetzt werden.[1866] Stolpe* studierte an der HfE von 1954 bis 1959, kannte die Hochschule in- und auswendig. Die Werbung wurde am 4. Juli 1977 vollzogen, er wählte sich den Decknamen „Klaus-Dieter“. Am 3. Februar 1988 verpflichtete er sich zur Erneuerung der Konspiration, diesmal wählte er sich den Decknamen „Klaus-Dieter Hermann“.[1867] Er erhielt von 1977 bis 1984 neun Prämien in der Gesamthöhe von 1.300 Mark.[1868] Mitte der 1980er wurde er an einen westdeutschen Wissenschaftler „herangeschleust“.[1869]

Bereits im ersten halben Jahr seiner inoffiziellen Arbeit für das MfS erwies sich Stolpe* als Volltreffer, was sich auch darin zeigte, dass er, und das war alles andere als üblich, rasch eine erste Prämie in Höhe von 100 Mark erhielt. Das MfS setzte prinzipiell auf ideelle Überzeugung und nicht auf Geldzuwendungen, nur bei besonderen Leistungen oder feierlichen Anlässen sah es hiervon ab. Es ist darauf hinzuweisen, dass solche, heute klein anmutenden Prämien einen hohen Stellenwert besaßen und nicht vergleichbar sind mit den regelmäßigen Lohnzuschüssen für quasi halbhauptamtliche Kräfte des MfS wie Juffa und Berg. Bei seinem ersten regulären Treffen mit seinem Führungsoffizier Ehrhardt am 6. Juli 1977 in der KW „Ernst“ (er benutzte später auch die KW „Berg“ und „Goethe“) belastete er einen namhaften Wissenschaftler der Hochschule schwer und räumte gar ein, dass er ihm eine direkte feindliche Tätigkeit gegen die DDR zutraue. Etwa „durch sein Verhalten, die ständige Weiterbildung und Information der Mitarbeiter“ zu verhindern, „indem er [erstens] sich nicht für die Beschaffung von Primärliteratur einsetzt, sondern auf Sekundärliteratur verweist; [zweitens] eine regelmäßige Informationstätigkeit zu den Leipziger Messen verhindert; [drittens] wissenschaftliche Tagungen nicht rechtzeitig bekannt gibt; [sowie viertens] Besuche der Mitarbeiter bei Praxispartnern verzögert.“[1870]

Die folgende Bemerkung Ehrhardts anlässlich des Treffs am 16. November 1978 fand sich so in keiner anderen Einschätzung: „Der IM berichtet bereits selbstständig zu operativ interessanten Erscheinungsformen im Bereich, ohne dass er dazu Aufträge erhält. Die in der Schulung vermittelten Kenntnisse zu Erscheinungsformen der Spionage und Sabotage werden von ihm in der Praxis angewandt, so dass eine weitere qualitative Steigerung bei der Berichterstattung erreicht werden konnte.“ So soll der von ihm Überwachte die „Mitarbeit der TH an der Lösung von Problemen für den Kernkraftwerksbau [...] sabotieren“

[1865] BV Suhl, Abt. XX, vom 29.9.1989: Bericht zum Treffen mit „Hans Müller“ vom 28.9.1989; ebd., Bd. 3, Bl. 99 f.

[1866] KDI, OG „HS“, vom 19.6.1977: Vorschlag zur Werbung; BStU, BV Suhl, AIM 1581/90, Teil I, 1 Bd., Bl. 3–11.

[1867] Verpflichtungserklärung, o. D., und Verpflichtungserklärung vom 3.2.1988; ebd., Bl. 18 f.

[1868] Aufstellung ausgezahlter Beträge; ebd., Bl. 29.

[1869] KDI vom 8.2.1984; ebd., Bl. 26–28.

[1870] KDI vom 6.7.1977: Bericht zum Treffen mit „Klaus-Dieter“ am 6.7.1977; ebd., Teil II, 1 Bd., Bl. 5. KDI vom 28.12.1977: Bericht zum Treffen mit „Klaus-Dieter“ am 28.12.1977; ebd., Bl. 14 f.

und ihm, Stolpe*, verboten haben, an einem bestimmten Thema, das vom MEE im Auftrag gegeben worden war, mitzuarbeiten.[1871]

Die Gefährlichkeit seiner personenbezogenen Berichterstattung aus einem direkten Abhängigkeitsverhältnis unter Konkurrenzaspekten ist zwar besonders hoch, nicht selten aber ließen sich diese Informationen nicht im Sinne von Tatbestandsmerkmalen (durch die HA IX) justitiabel machen, so dass es „lediglich" zu temporären und/oder tendenziellen Behinderungen oder der Abbremsung der Karriere des Opfers kam (wie auch in diesem Falle), und nicht zu seiner Entfernung oder gar Verhaftung. Dass Ehrhardt bei Stolpe* nicht mäßigend eingriff, was hin und wieder in ähnlichen Fällen durchaus vorkam, ist festzuhalten. Er spähte nach allen Dingen, schrieb gar konspirativ persönliche Protokolle des [H] ab, wurde ausgezeichnet für all das zum 30. Jahrestag des MfS mit 100 Mark, drei Jahre später mit der Medaille für treue Dienste der NVA in Bronze und 200 Mark, und muss dann Mitte 1988 allmählich die Geduld verloren haben, dass der von ihm derartig schlecht Beauskunftete immer noch Schalten und Walten konnte, er jedenfalls sei „nicht mehr länger bereit", unter ihm zu arbeiten.[1872]

Die letzte Beurteilung seines Führungsoffiziers stammt vom 4. April 1989. Darin wurde sein ausgeprägtes Feindbild hervorgehoben, wiederum ein Urteil mit relativem Seltenheitswert.[1873] Bei Stolpe* erfüllt sich vollumfänglich jenes spätere Evaluationskriterium, wonach derjenige, der „gegen die Grundsätze der Menschlichkeit oder der Rechtsstaatlichkeit verstoßen" hat, die persönliche Eignung für den öffentlichen Dienst verwirkt habe (Kap. 4.3.6, S. 374 f.).

Klasse 5: Spitzenwissenschaftler

(Fall-Nr. 44) Karl Fuller* alias „Hermann Buhl" war dem MfS so bedeutsam, dass der Teil I der Akte, jener Teil der Aktenlage, der u. a. sämtliche biographische und werbungsrelevante Daten enthält, mit hoher Wahrscheinlichkeit vernichtet worden ist, so sich nicht doch noch Schnipsel finden, die zusammengesetzt werden können. Überliefert sind jedoch bedeutsame Teile der Arbeitsakte (Teil II), die vom BStU in drei Bänden neu zusammengefügt wurden.[1874] Zur Zeit der Evaluation standen diese Unterlagen nicht zur Verfügung. Die beträchtliche Anzahl von erhaltenen Dokumenten, inoffiziellen Reise- und andere Berichten, vor allem über Absprachen mit Kooperationspartnern der Industrie und zu Westreisen, lassen keinen Zweifel an der Personenzuordnung zu. Zudem existieren die registraturtechnischen Daten und in hoher Anzahl Komplementärdokumente in den Sachakten des BStU, aber auch in anderen Aktenlagen wie beispielsweise anderer IM. Im Forschungsbereich resp. -umfeld Fullers* arbeiteten auch andere inoffizielle Mitarbeiter, beispielsweise der IM „Roland Möbius" (Fall-Nr. 82), dessen Akte nicht aufgefunden werden konnte; es existieren jedoch auch in diesem Fall zahlreiche Belege.

[1871] KDI vom 7.11.1978: Bericht zum Treffen mit „Klaus-Dieter" am 16.11.1978; ebd., Bl. 32 f.

[1872] KDI vom 30.1.1980: Bericht zum Treffen mit „Klaus-Dieter" am 30.1.1980; ebd., Bl. 52 f. KDI vom 14.3.1980: Bericht zum Treffen mit „Klaus-Dieter" am 13.3.1980; ebd., Bl. 54 f. KDI vom 12.2.1983: Bericht zum Treffen mit „Klaus-Dieter" am 11.2.1983; ebd., Bl. 102 f. KDI April 1988: Bericht zum Treffen mit „Klaus-Dieter" am 14. oder 15.4.1988; ebd., Bl. 150 f.

[1873] BV Suhl, Abt. XX, vom 4.4.1989; ebd., Bl. 17.

[1874] BStU, BV Suhl, Abt. XX, Nr. 1511.

Fuller* war für das MfS in Bezug auf seine wissenschaftliche Arbeit ein sogenannter IM in Schlüsselfunktion. Sein IM-Status war der eines IME. Bereits sein erster Führungsoffizier war mit Oberstleutnant Siebelist hochrangig. Als Deckname diente der Name des berühmten Bergsteigers Hermann Buhl. „Hermann Buhl" traf sich mit seinen Führungsoffizieren u. a. im NVA-Heim Frauenwald und in mehreren Konspirativen Wohnungen (KW) wie „Hügel", „Gipfel" und „Hahn". Er erhielt Zuwendungen, zwar nur kleinere, aber immer mal wieder, einmal auch 500 DM (West) zu Zwecken der Auftragsrealisierung im Zusammenhang einer Dienstreise.[1875] Im Rahmen der Sonderforschung (siehe Kap. 5.2.1) kam es zu Begegnungen mit hohen Militärs der NVA und mit Offizieren des SWT der HV A wie zum Beispiel in der KW „Gipfel" im Oktober 1984, an der Major Bertak von der Abteilung V des SWT teilnahm. Abgestimmt wurden vor allem Verfahrensfragen zur Abwicklung als geheim eingestufter Forschungen und Produktentwicklungen.[1876]

Die Berichterstattung erfolgte offenbar primär über Band, die Texte wurden anschließend verschriftlicht. Das Hauptbetätigungsfeld der inoffiziellen Tätigkeit war die zivile und nichtzivile Forschung. Wegen seiner dienstlichen Westreisen kamen Standardaufgaben im Sinne der Westarbeit[1877] hinzu, etwa die Klärung von Regimeverhältnissen und die Durchsetzung von Sicherheitsinteressen des MfS in Hinblick auf den Geheimnisschutz zu den zu verhandelnden Positionen. Die Einschätzung von Offizier Heß traf mit Blick auf die Aktenlage zu: Der „IM ist bereit, über alles und alle interessierenden Personen zu berichten. ‚Ich will keine Personen anzählen, aber vieles verändern'."[1878] Fuller* wollte effektive Strukturen schaffen. Es kann angenommen werden, dass er inaktive Personen nicht schützen wollte. Das ist der grundsätzliche Tenor in den Berichten, der aber auch krasse Anomalien kennt. Insbesondere für 1984 sind Tonbandabschriften überliefert, die in jederlei Hinsicht potenziell schädlich für die betreffenden Personen waren, da er, mit spekulativen Argumenten operierend, ausschweifend berichtete, etwa einen Kollegen gar eine Fluchtabsicht unterstellte.[1879]

Lob und Tadel vermischten sich oft und lieferten dem MfS somit brauchbare Personeneinschätzungen. 1987 lobte er einen Forschungsstudenten fachlich in den höchsten Tönen, merkte aber auch an, dass er politisch ungefestigt sei, er den Werbungsversuchen der SED mit der Begründung widerstehe, „dass zu vieles" in der DDR „nicht in Ordnung sei". Überdies lese er die *Budapester Rundschau*.[1880] In dem Jahr denunzierte Fuller* auch einen Wissenschaftler, der sich eine Mappe angelegt haben soll zur Thematik des „ungesetzlichen Verlassens der DDR" durch Harry Maier[1881]. Der Wissenschaftler habe die Mappe

---

[1875] BV Suhl, Abt. XX, vom 79.5.1988: Bericht zum Treffen mit „Hermann Buhl"; ebd., Bd. 2, Bl. 138 f.
[1876] KDI vom 5.11.1984: Bericht zum Treffen mit „Hermann Buhl" am 31.10.1984; ebd., Bl. 27 f.
[1877] Herbstritt, Georg/Müller-Enbergs (Hrsg.): Das Gesicht dem Westen zu ... DDR-Spionage gegen die Bundesrepublik Deutschland. Berlin 2003.
[1878] BV Suhl, Abt. XX, vom 6.12.1988: Bericht zum Treffen mit „Hermann Buhl" am 23.11.1988; BStU, BV Suhl, Abt. XX, Nr. 1511, Bd. 3, Bl. 21 f., hier 22.
[1879] KDI vom 13.12.1984: Bericht von „Hermann Buhl"; ebd., Bd. 2, Bl. 29–31. BV Suhl, Abt. XX, vom 2.9.1986: Bericht von „Hermann Buhl" am 27.8.1986; ebd., Bl. 46.
[1880] BV Suhl, Abt. XX, vom 7.5.1987: Bericht von „Hermann Buhl"; ebd., Bl. 56. Unter kritischen Bürgern der DDR, die von der Existenz dieser deutschsprachigen Zeitung wussten, genoss sie hohes Ansehen.
[1881] (1934–2010). Ökonom. Flüchtete 1986 aus der DDR.

einem Genossen der Sektion ML übergeben, um mit ihm über Maier reden zu können.[1882] Anders als Wolfgang Berg und Kurt Repenning war Fuller* jedoch kein Ideologe, er war Berichterstatter des So-ist-Es. Bei einem Treffen mit Heß am 26. Oktober 1989 lief die Unterhaltung zwangsläufig zu Fragen der aktuell-politischen Lage, eine Entwicklung, die der IM voll billige; Zitat: „Er erklärte, dass er froh sei, dass endlich all das, worüber er sich mit dem Führungsoffizier während der Treffs verständigte, in Angriff genommen wird."[1883] Fuller* verdanken wir kalte, intelligente und detailgetreue Einsichtnahmen auf den Gebieten der Innovation, der Sonderforschung und der Kommunikation in der ersten und zweiten Führungsebene der TH Ilmenau.

(Fall-Nr. 102) Die Aktenlage zu Adolf Pauk* alias „Wälzbach" zeigt eine dichte Berichterstattung für die Jahre 1972 bis 1978. Zudem fehlen möglicherweise weitere Bände des Teils II. Der Teil I ist nicht aufgefunden worden. Es ist wahrscheinlich, dass er wie im Falle Fullers* in der Phase der Auflösung des MfS vernichtet oder zerlegt worden ist. Auch bei Pauk* lag eine hohe Teilhabe an nichtzivilen Forschungsprojekten vor. Mittelfristig war geplant, dass seine Arbeitsgruppe nicht mehr an den VEB Kombinat Funkwerk Erfurt gebunden, sondern für einen Forschungsauftrag der NVA eingesetzt werden sollte.[1884] Seine Verpflichtung erfolgte am 22. November 1972 durch Offizier Krannich, der ihn infolge seiner Versetzung allerdings nicht weiterführte. Auf Krannich folgte Macholdt.[1885]

Wie alle anderen mit solchen Fragen befassten Wissenschaftler kritisierte er als designierter Themenleiter der NVA-Forschung die Geheimnisschutzvorschriften, die nach seiner Einschätzung den Informationsaustausch innerhalb der DDR hemmten und die Arbeit deutlich erschwerten. Sein Führungsoffizier wies dies zurück und legte fest, dass mit dem IM hierüber künftig erzieherisch gearbeitet werden müsse.[1886] Das Thema Geheimnisschutz war dann auch das bestimmende auf Jahre hinaus. In den drei Anfangsmonaten 1974 lieferte „Wälzbach" bereits eine Reihe von Informationen, die personenbelastend waren.[1887]

Ein bewährtes, aber der Forschung nicht zuträgliches Mittel in der Gestaltung des Geheimnisschutzes bestand darin, den Forschungsauftrag in einen allgemeinen und einen speziellen, militärischen Teil, sowohl personell als auch experimentell resp. entwicklungstechnisch zu splitten. Dies wurde auch im Fall der Kooperation mit der NVA, Dienststelle Altenburg, so gehandhabt. Die Thematik betraf die Herstellung eines nichtglänzenden Überzugs unter dem Thema „Erkennbarkeit von Sichtobjekten". Bislang kooperierte die Arbeitsgruppe, in der Pauk* arbeitete, mit der NVA zu Fragen der strahlungstechnischen

---

[1882] BV Suhl, Abt. XX, vom 10.6.1987: Bericht von „Hermann Buhl" am 6.6.1987; BStU, BV Suhl, Abt. XX, Nr. 1511, Bd. 1, Bl. 68.

[1883] BV Suhl, Abt. XX, vom 27.10.1989: Bericht zum Treffen mit „Hermann Buhl" am 26.10.1989; ebd., Bd. 3, Bl. 114 f., hier 115.

[1884] KDI vom 31.3.1975: Niederschrift des Berichtes von „Wälzbach" am 31.3.1975; BStU, BV Suhl, AIM 2648/94, Teil II, Bd. 1, Bl. 56.

[1885] KDI vom 15.1.1974: Aktenvermerk; ebd., Bl. 6.

[1886] KDI vom 30.1.1974: Bericht zum Treffen mit „Wälzbach" am 30.1.1974; ebd., Bl. 7.

[1887] KDI vom 5.2.1974: Bericht zum Treffen mit „Wälzbach" am 4.2.1974; ebd., Bl. 10–13. KDI vom 13.3.1972: Bericht zum Treffen mit „Wälzbach" am 12.3.1974; ebd., Bl. 16–19. KDI vom 2.5.1974: Bericht zum Treffen mit „Wälzbach" am 2.5.1974; ebd., Bl. 23–26, hier 25.

Bestimmung verschiedener Gewebesorten (Strahlenschutztechnik unter Einwirkung von Atomschlägen).[1888] Das Thema unter der Bezeichnung „Allgemeine Glanzmessungen an Festkörpern“ wurde vom MHF finanziert und sollte 1975 auslaufen. Vertragstechnisch trat die NVA als „Gesellschaftlicher Nutzer bzw. nichtbezahlender Auftraggeber in Erscheinung“. Die Abmachungen zu den Forschungsleistungen (z. B. die Vermessung von Strahlungsempfängern) erfolgten über das MHF.[1889] Ende 1974 wurden die Themen des Komplexes „Erkennbarkeit von Sichtobjekten“ mit der NVA-Dienststelle in Altenburg auf einem eine Woche dauernden Kolloquium in Berlin verteidigt, an dem Vertreter aller Warschauer Paktstaaten teilnahmen.[1890]

Am 10. Juni 1974 äußerte Pauk* Unbehagen an personenbelastenden Mitteilungen, „vor allem mit Dingen, die er nicht genau belegen“ könne, er „fände dies nicht kollegial“ und wolle dies nicht mehr tun. Macholdt setzte ihm auseinander, wie notwendig solche Informationen für das MfS seien und wie sie gewertet würden.[1891] Noch am selben Tag lieferte Pauk* ein umfangreiches Dossier über einen Kollegen.[1892] Bereits einen Monat später belastete er abermals Kollegen, gab vertrauliche Informationen weiter.[1893] Die Desinformation des MfS, es sei ja nicht zum Schaden der beauskunfteten Personen, hatte gewirkt. Hin und wieder verteidigte er auch pauschal Wissenschaftler, indem er die Meinung vertrat, „dass es unter Wissenschaftlern kaum Leute geben“ könne, „die absichtlich Schäden verursachen“. Abermals wies ihn Macholdt darauf hin, dass er falsch liege, „dass gerade von gebildeten Leuten unter Wahrung größter Konspiration zielgerichtet Feindtätigkeit betrieben“ werde, „meist versteckt und verschleiert, so dass Auswirkungen erst später oder nach Jahren (besonders in der Forschung) sichtbar“ würden.[1894] Ein knappes Jahr später exerzierte Macholdt dies am Beispiel des Rückstandes in der Halbleitertechnik und forderte „Wälzbach“ auf, wachsam zu sein und zu berichten. Es ginge um Informationen, „wo Fehler sichtbar“ würden, „den Ursprung zu suchen, wo wurde die Entscheidung gefällt, durch welchen maßgeblichen Einfluss“.[1895]

Klasse 6: Verwaltung

(Fall-Nr. 88) Eberhard Jordan* alias „Schumann“ kam nach einer lupenreinen SED-Karriere 1971 zur TH Ilmenau. 1962/63 als Instrukteur der SED-Kreisleitung Ilmenau eingesetzt, wurde er 1966 hauptamtlicher Parteisekretär im VEB BE Großbreitenbach; auch war er zeitweise Instrukteur der Bezirksleitung der SED Suhl. Seinem Parteiengagement blieb er bis zuletzt treu, ab Tätigkeitsbeginn an der TH Ilmenau war er 2. resp. stellvertretender Sekretär der Hochschulparteileitung. Ab 1983 arbeitete er als wissenschaftlicher Sekretär im Direktorat für Kader/Qualifizierung (K/Q).[1896] Seine Verpflichtung zur inoffiziellen Zusammenarbeit erfolgte per Handschlag am 17. Februar 1987, den Decknamen wählte er

---

1888 KDI vom 5.2.1974: Niederschrift des Berichtes von „Wälzbach“ am 4.2.1974; ebd., Bl. 14 f.
1889 KDI vom 2.5.1974: Niederschrift des Berichtes von „Wälzbach“ am 2.5.1974; ebd., Bl. 27–29.
1890 KDI vom 15.1.1975: Niederschrift des Berichtes von „Wälzbach“ am 15.1.1975; ebd., Bl. 47–49.
1891 KDI vom 14.6.1974: Bericht zum Treffen mit „Wälzbach“ am 10.6.1974; ebd., Bl. 33–36, hier 34.
1892 KDI vom 10.6.1974: Niederschrift des Berichtes von „Wälzbach“ am 10.6.1974; ebd. Bl. 37.
1893 KDI vom 16.7.1974: Niederschrift des Berichtes von „Wälzbach“ am 15.7.1974; ebd. Bl. 43 f.
1894 KDI, o. D.: Niederschrift des Berichtes von „Wälzbach“ am 30.6.1975; ebd., Bl. 63–65, hier 63.
1895 Gespräch mit „Wälzbach“ am 1.4.1976; ebd., Bl. 69 f.
1896 KDI vom 1.12.1986: Ermittlungsbericht; BStU, BV Suhl, AGMS 559/92, Bd. 1, Bl. 5–8.

sich selbst.[1897] Er erhielt mehrmals Prämien.[1898] Führungsoffizier war Ehrhardt.

Jordan* berichtete intensiv zu ausländischen Studenten und zu Aspiranten. Seine Berichte waren umfassend und differenziert. Er beleuchtete soziale Herkunft, Biographie, Verhalten, Sprachfertigkeiten, Studiendisziplin.[1899] Die Berichte beinhalteten fallweise recht plastische Bilder über die aktuelle Lage in den jeweiligen Herkunftsländern.[1900] Da er auch zum Direktorat berichtete (er erhielt Aufträge zur Beschaffung von Personal- und anderen Unterlagen), konnte er dem MfS Hinweise und Materialien zu Eingaben und Übersiedlungsanträgen liefern, etwa Protokolle zu den Gesprächen mit den Antragstellern auf der Ebene der Hochschule.[1901]

(Fall-Nr. 8) Wolf-Joachim Hummels alias „Brückner" Führungsoffiziere waren u. a. Busch, Musial, Braune und Escher. Der meistfrequentierte Treffort war die KW „Goethe". Zum Werbungszeitpunkt 1980 war Hummel Abteilungsleiter für Aus- und Weiterbildung im Direktorat für Studienangelegenheiten. Er war bereits während seines Militärdienstes GMS.[1902] Die neuerliche Werbung – kategorial als IME – fand am 23. Juni statt, den Decknamen wählte er sich selbst.[1903] Hummel studierte an der TH Ilmenau von 1971 bis 1975, daran schloss sich bis 1978 ein dreijähriges Forschungsstudium an. Im März 1987 wurde er zum Direktor des Direktorats für Studienangelegenheiten berufen. Er löste Jochen Witter ab, der am 21. März 1987 zum 1. Bezirkssekretär Suhl des Kulturbundes der DDR gewählt worden war.[1904] In diesem Jahr wurde er durch Braune übernommen.[1905] Generell waren die ihm übergebenen Aufgaben breit gefächert. Das letzte Treffen fand am 2. November 1989 statt. Der Auftrag für das avisierte Treffen Ende November bestand darin, die Lage mit besonderem Augenmerk auf „Tendenzen der Teilnahme an Demos" und Erkenntnissen zu Mitgliedschaften resp. Sympathiebekundungen in und zu oppositionellen Gruppierungen einzuschätzen.[1906] Ob es zu dem Treffen kam, ist nicht überliefert.

Das eigentliche Arbeitsfeld Hummels war aus sicherheitspolitischer Warte gesehen brisant. Neben der Abarbeitung von Formalien und Statistikpflichten waren häufig Problemfälle zu diskutieren und zu entscheiden. Beispielsweise war 1987 über die Zurückziehung der Immatrikulation eines Studierwilligen infolge der Intervention der NVA-Dienststelle Brück zu entscheiden,[1907] oder in der Frage der Zu- resp. Nichtzulassung zum Studium von Wehrdienstverweigern. Hummel äußerte 1988 gegenüber dem MfS, dass es für eine Nichtzulassung keine rechtliche Regelung gäbe, die Entscheidungen fälle generell der Rektor. Im konkreten Fall war zwei Bewerbern die Immatrikulation verwehrt worden. Ihnen habe man mitgeteilt, dass sie „aus ‚Kontingentsgründen'" abgelehnt worden seien. In der Frage

---

[1897] KDI vom 18.2.1987: Bericht über die Verpflichtung am 17.2.1987; ebd., Bl. 22 u. 108.
[1898] Ebd., Bl. 24–27.
[1899] Ein Beispiel: THI, INTET/ET, vom 21.6.1988: Zu einem Studenten aus Mozambique; ebd., Bl. 62–64.
[1900] THI vom 10.10.1988: Bericht über Nachkontakte, aufgefunden in: ebd., Bl. 81–84.
[1901] Beispiel: THI vom 29.6.1988: Aktennotiz, aufgefunden in: ebd., Bl. 71 f.
[1902] GAB 5, Nordhausen, vom 28.1.1970: Berufung zum GMS; BStU, BV Suhl, AIM 1609/90, Teil I, 1 Bd., Bl. 38 f.
[1903] KDI vom 23.6.1980: Bericht über die Werbung; ebd., Bl. 73. Verpflichtung vom 23.6.1980; ebd., Bl. 75.
[1904] Aus einer Presseveröffentlichung (Zeitungsausschnitt); ebd., Bl. 100.
[1905] KDI vom 14.9.1987: Bericht zum Treffen mit „Brückner" am 11.9.1987; ebd., Bl. 25 f.
[1906] BV Suhl, Abt. XX, vom 4.11.1989: Bericht zum Treffen mit „Brückner" am 2.11.1989; ebd., Bl. 94 f.
[1907] BV Suhl, Abt. XX, vom 17.8.1987: Bericht von „Brückner" vom 13.8.1987; ebd., Bl. 20.

der Zulassungen waren viele Vorentscheider einbezogen, darunter auch das Wehrkreiskommando (WKK), das Volkspolizeikreisamt (VPKA) und die Massenorganisationen. Wesentliche Kriterien der politischen Überprüfung waren Fragen wie die Einstellung zur Wehrerziehung, zum Wehrdienst und die Mitgliedschaft in der FDJ.[1908]

Hummels Amt hatte sich auch mit der anstrengenden Aufgabe der Belegung und der Zustände der Unterkünfte zu befassen, mit Vorkommnissen aller Art, mit den sogenannten Rückverbindungen in den Westen, mit Kriminalität und Todesfällen, zu Problemen mit ausländischen Studenten, mit der Beteiligung der Studenten an Wahlen, mit Fragen der Bereitschaftsgewinnung zum Reserveoffizier (ROB), mit Disziplinarmaßnahmen, mit Exmatrikulationen aus allen möglichen Gründen (auch solchen von MfS-Studenten) sowie zu sogenannten Verbleibern etwa im Rahmen von Reisen in dringenden Familienangelegenheiten (RdFA).[1909]

(Fall-Nr. 93) Irma Drescher* alias „Steffi Lange" studierte von 1971 bis 1975 an der TH Ilmenau, ging anschließend in die Industrie, um 1978 wiederzukehren als wissenschaftliche Mitarbeiterin, unterbrach jedoch für vier Jahre bis 1983 für einen Auslandseinsatz in Algerien. Ab Mai 1985 wurde sie im Direktorat für Internationale Beziehungen (IB), Bereich Ausländerstudium, eingesetzt. Noch im selben Jahr verpflichtete sie sich für die inoffizielle Mitarbeit, Abteilung II/6 der BV Suhl (ab 1987 Abteilung II/3). Den Decknamen wählte sie sich selbst.[1910] Sie erhielt sechs Prämien in summa von 1.500 Mark.[1911]

Das MfS war in erster Linie daran interessiert, Stimmungs- und Lagebilder sowie Dossiers zu erhalten. Die Auftragserfüllung war stetig, klar und mannigfaltig. Die Berichte gingen aufbereitet durch die Abteilung II der BV Suhl regelmäßig per Fernschreiben mit dem Vermerk „dringend" an die HA II nach Berlin. Zur Standard-Grundlage ihres inoffiziellen Dienstes zählte die stete Beschaffung von „Übersichten und Verzeichnisse über Vorlesungen, Seminare, Übungen und Praktika in allen Wissenschaftsbereichen und für alle Matrikel" sowie die Berichterstattung über Zu- und Abgänge und Studienzeitüberschreitungen von Studenten.[1912] Insbesondere interessierte sich das MfS für die Kontrolle des Reiseverhaltens der Ausländer, die, anders als ihre deutschen Kommilitonen, in den Westen fahren durften, allerdings mussten hierfür Genehmigungen eingeholt werden. Es kam vor, dass der Rektor diese mit Gründen versagte. Das Verfahren war offenbar nicht allzu genau kontrolliert, so dass die Unterschrift des betreffenden Hochschullehrers genügte, wenn er vom Direktorat IB hierzu aufgefordert worden war. Manipulationen waren also möglich, und genau dafür interessierte sich das MfS.

Die ersten drei Monate genügten, um sich beim MfS unentbehrlich zu machen. Ihre besondere Gabe mag darin gelegen haben, sehr genau zu persönlichen, gesellschaftspolitischen und verhaltensbedingten Eigenarten von Personen und Personengruppen berichten

---

1908 BV Suhl, Abt. XX, vom 21.4.1988: Bericht von „Brückner"; ebd., Bl. 42.

1909 BV Suhl, Abt. XX, vom 12.2.1988: Bericht zum Treffen mit „Brückner" am 12.2.1988; ebd., Bl. 36 f.

1910 Beschluss über das Anlegen eines IM-Vorganges vom 9.9.1985; BStU, BV Suhl, AIM 810/90, Teil I, 1 Bd., Bl. 6 f. Verpflichtungserklärung vom 30.9.1985; ebd., Bl. 11. BV Suhl, Abt. II/6, vom 30.9.1985: Bericht über die Werbung; ebd., Bl. 59–62.

1911 Belege; ebd., Bl. 94–101.

1912 BV Suhl, Abt. II/3, vom 6.4.1988: Bericht von „Steffi Lange"; ebd., Teil II, 1 Bd., Bl. 176 f.

zu können.[1913] Sie besaß Talent, Vertrauen zu ausländischen Studenten rasch entwickeln zu können. Manchmal kam es zu dichten Clustern in der Trefffrequenz. Im Januar 1986 absolvierte sie 14 Treffs. Der Grund hierfür war, über die Situation unter den jemenitischen Studenten außer sonntags täglich vom 11. bis 27. Januar zu berichten.[1914] Im Februar setzte sie diese Berichterstattung fort. Höhere Trefffrequenzen – weit über den Normaldurchschnitt inoffiziellen Mitarbeiter – gab es wiederholt, etwa im April 1986, wo es zu fünf Treffen kam. Ein Beispiel über die Art der von Offizier Hacker aufbereiteten Lageberichte für Berlin, hier aus dem Fernschreiben vom 17. April 1986: (1) Zur „Stimmung zur Situation in Libyen" (zur umstrittenen Politik Gaddafis, vielfache Kritik unter Arabern an ihn); (2) zur „Lage unter PLO-Studenten" (Spannung zwischen den Anhängern der Volksfront und der Al Fatah) sowie (3) zu Reisen von Studenten in dieser Woche nach Berlin (hier konkret zu drei Studenten aus Äthiopien, Sambia und Zypern).[1915] Drescher* berichtete gezielt zu OPK-Personen und zu solchen, die das MfS als inoffizielle Mitarbeiter zu gewinnen beabsichtigte (sogenannter Tipper).[1916]

Am 24. September 1986 berichtete Drescher* erstmalig von einer Unregelmäßigkeit, die hohe Wellen und tiefgreifende Konsequenzen heraufbeschwor, Chefsache im MHF und MfS wurde,[1917] sowie, generell gesehen, einen Skandal darstellte. Sie hatte bei der Durcharbeitung von Unterlagen zu Ab- und Anmeldungen festgestellt, dass es „grobe Unregelmäßigkeiten" in der Aktenführung gab. Zehn somalische Studenten besaßen keine Anmeldung an der Hochschule. Dass das überhaupt möglich war, lag an einer hierfür zuständigen Mitarbeiterin des Direktorats IB begründet. Von Drescher* zur Rede gestellt, beschwor die Mitarbeiterin, dies bitte als geheim zu betrachten, da das MfS dahinter stünde.[1918] Das aber war eine Schutzbehauptung, die nicht funktionieren konnte.

Fragen der Kriminalität wurden häufig behandelt. Das Spektrum war bunt, es reichte von eher temporären und vereinzelten Schiebereien (etwa die gehäufte Einfuhr von Blusen und Pullovern durch einen Studenten)[1919] bis hin zur Beschaffungskriminalität elektronischer Artikel wie Taschenrechner und Computer.[1920] Auch Diebstähle waren so selten nicht. So wurde zum 33. IWK das Tagungsbüro aufgebrochen und mehrere technische Geräte, darunter die stets raren elektronischen Tischrechner (Sanyo), gestohlen.[1921] Nicht selten kamen auch Informationen über Zollvergehen von Studenten von der Zollfahndung Erfurt ein.[1922]

[1913] BV Suhl, Abt. II/6, vom 21.10, 6.11, 8.11. u. 23.12.1985: Berichte über Treffen mit „Steffi Lange" vom 21.10., 31.10., 7.11. u. 18.12.1985 mit dazugehörigen Berichten; ebd., Bl. 3–33.

[1914] BV Suhl, Abt. II/6, vom 5.2.1986: Bericht über Treffen mit „Steffi Lange"; ebd., Bl. 36 f.

[1915] BV Suhl, Abt. II, an HA II, AGA, vom 17.4.1986: Ausländerkonzentration; ebd., Bl. 60 f. BV Suhl, Abt. II, an HA II, AGA, vom 21.4.1986: Ausländerkonzentration; ebd., Bl. 64.

[1916] Zum Beispiel: Bericht von „Steffi Lange" vom 14.8.1986 zum IM-Kandidaten „Orient"; ebd., Bl. 83.

[1917] BV Suhl, Abt. II, an HA II, AGA, vom 17.4.1986: Ausländerkonzentration; ebd., Bl. 60 f.

[1918] Bericht von „Steffi Lange" vom 24.9.1986; ebd., Bl. 91 f.

[1919] BV Suhl, Abt. II/3, vom 25.2.1987: Bericht von „Steffi Lange"; ebd., Bl. 106.

[1920] BV Suhl, Abt. II/3, vom 13.10.1987: Bericht zu Mitteilungen von „Steffi Lange"; ebd., Bl. 146.

[1921] THI, BSG, vom 26.10.1988: Information über einen Einbruch im Tagungsbüro des 33. IWK; BStU, BV Suhl, AIM 1592/90, Teil II, Bd. 6, Bl. 67–69.

[1922] THI, BSG, vom 17.1.1989: Informationsbericht „Januar 1989"; ebd., Bl. 101–106, hier 101 f. THI, BSG, vom 27.10.1988: Informationsbericht „Oktober 1988"; ebd., Bl. 59–66, hier 59 f.

(Fall-Nr. 28) Helmut Kaufmann alias „Frost“ war bereits im März 1959 zu seiner Zeit als Redakteur des *Freien Wort* als IMK/KW geworben worden. Er hatte dem MfS Räumlichkeiten für konspirative Treffs bis 1962 zur Verfügung gestellt.[1923] Zudem stand er dem MfS zwischen 1962 und 1968 als sogenannte Ermittlungsquelle zur Verfügung.[1924] 1967 geriet er als Redakteur der Hochschulzeitung *nh* wegen seiner vielfältigen Kontakte und Kontaktmöglichkeiten abermals in das Blickfeld des MfS. Die Werbung – unter dem selbstgewählten Decknamen „Frost“ – wurde am 24. Mai 1968[1925] inmitten der 3. Hochschulreform und der beginnenden Krise in der ČSSR vollzogen. Beide Geschehen gaben den Aufhänger des Werbungsgesprächs. Das MfS forderte ihn auf, „eventuelle Diskussionsreden aus dem Bereich der TH“ zu liefern. Zu den ersten Aufgabenkomplexen zählten u. a. die Lieferung einer Personenaufstellung des Redaktionskollektivs und Diskussionsberichte über Ereignisse in den wissenschaftlichen und studentischen Bereichen.[1926]

Eine Einschätzung von 1978 weist ihn als einen guten Inoffiziellen Mitarbeiter aus, besonders hervorgehoben wurde seine objektive Berichterstattung und ständige Bereitwilligkeit, neue Aufgaben zu übernehmen. Allein, dass er eher nicht selbstständig Berichte zu Auffälligkeiten resp. Ereignissen schrieb, versagte ihm eine höhere Bewertung.[1927] Zu seinen Standardaufgaben zählten die Kontrolle der Öffentlichkeitsarbeit (Hinweise zu ungenehmigten Veröffentlichungen sowie über „Auftreten/Verhalten/Kontakte von an der THI erscheinenden Presse-, Funk- und Fernsehreportern“), die Feststellung von negativen politischen und ideologischen Äußerungen aller Art sowie die Kontrolle der postalischen, telefonischen und besuchsweisen Kontakte von Mitarbeitern seiner Hauptabteilung.[1928]

„Frost“ wurde im Frühjahr 1971 in das FIM-System Wolfgang Bergs integriert. Gefragt, ob er mit einem Mitarbeiter des MfS zusammenarbeiten würde, der Angestellter der Hochschule sei, beantwortete er zustimmend, meinte aber, dass der dann ja ein nicht ausgelasteter Mitarbeiter sein müsse. Das MfS zerstreute diese an sich logische Vermutung.[1929] Im Oktober 1972 erhielt er die „Medaille für treue Dienste“ der NVA in Bronze.[1930] Im Sommer 1972 beschäftigte seine Abteilung „Wissenschaftliche Publikationen und Öffentlichkeitsarbeit“ der TH Ilmenau sieben Mitarbeiter. Als Herausgeber der *Wissenschaftlichen Zeitschrift der TH Ilmenau* fungierte der Rektor. Jährlich erschienen fünf bis sechs Ausgaben. Vor Begutachtung durch die Redaktion mussten die Beiträge vom Sektionsdirektor und vom zuständigen Dekan freigegeben werden. In der Abteilung Kaufmanns wurden die Beiträge „sowohl politisch als auch stilistisch“ überarbeitet. Der Druck wurde durch die Druckereien „Karl Zink“ Ilmenau und „Magnus Poser“ Jena

---

1923 KDI vom 24.3.1959: Bericht zur Werbung; BStU, BV Suhl, AIM 872/89, Teil I, 1 Bd., Bl. 74 f. BV Suhl, KDI vom 25.9.1962: Beschluss für das Einstellen eines KW-Vorganges; ebd., Bl. 83 f.

1924 KDI vom 5.9.1972: Vorschlag zur Auszeichnung mit der Medaille für treue Dienste der NVA in Bronze; ebd., Bl. 123.

1925 Bereitschaftserklärung vom 25.5.1968; ebd., Bl. 98.

1926 KDI vom 24.5.1968: Bericht zur Werbung; ebd., Bl. 94 f.

1927 KDI, OG „HS“, vom 9.8.1978: Einsatz- und Entwicklungskonzeption zu „Frost“; ebd., Bl. 138 f.

1928 KDI vom 13.6.1980: Einsatz- und Entwicklungskonzeption zu „Frost“; ebd., Bl. 140–142.

1929 KDI, OG „HS“, vom 12.2.1971: Bericht über das Treffen mit „Frost“ am 3.2.1971; ebd., Teil II, Bd. 2, Bl. 21.

1930 KDI, OG „HS“, vom 4.10.1972: Aktenvermerk; ebd., Bl. 72.

erledigt.[1931] Kontrolliert wurde hin und wieder auch kleinkariert; ein Beispiel: Obgleich die Publikation eines Hochschulangehörigen in *Das Hochschulwesen*, Heft 7 von 1975, keine „unmittelbaren Geheimnisse“ preisgab, kritisierte Kaufmann in fünf Punkten. Bereits die Kennzeichnung einer Wissenschaftskonzeption als ein entscheidendes Dokument, würde, so Kaufmann, die Neugierde entfachen, was dann provoziere, das Dokument auch zu bekommen. Auch sei zu vermeiden, die betreffenden Beschlüsse der SED, die Arbeitsgrundlagen darstellten, zu erwähnen. Der Leser könne etwa annehmen, dass die SED beschließe „und der Apparat läuft hinterher“. Eine solche Wertung sei aber „eine unzulässige vereinfachte Darstellung des Mechanismus der führenden Rolle der Partei“.[1932]

Spätestens ab Herbst 1974 befand sich seine Abteilung wegen der Vereinigung mit dem ehemaligen Direktorat IB im Status einer Hauptabteilung. Sie hieß nun Hauptabteilung IB/Ö.[1933] Damit stieg die Bedeutung Kaufmanns für das MfS. Sein Tätigkeitsspektrum war nun breiter, es beinhaltete u. a. so scheinbar unpolitische Publikationen wie die sehr umfangreichen und arbeitsintensiven IWK-Broschüren, Aspekte der Gestaltung von Festbänden sowie Fragen der Aufenthaltsgenehmigung von Westbürgern an der TH. Zahlreich waren seine Übergaben von Hinweisen zu Publikationen von Hochschulangehörigen in allen möglichen Medien. Journalistische Eigenaktivitäten waren zumindest nicht gern gesehen. Auf einer Arbeitsberatung aller Öffentlichkeitsarbeiter im MHF im Mai 1973 wurde einmal mehr dringlich darauf verwiesen, dass die Informationspolitik – insbesondere gegenüber ausländischen Journalisten – die DDR bestimmt.[1934]

Das offenbar letzte Treffen Kaufmanns mit dem MfS, er befand sich seit 1988 im Rentnerstand, fand am 6. April 1989 statt. Das Gespräch soll auf dem Gelände der TH Ilmenau stattgefunden haben. Kaufmann gehörte der Arbeitsgruppe „Geschichte der SED des Kreises Ilmenau“ der SED-Kreisleitung Ilmenau an. Das MfS wollte ein bei ihm frei gewordenes Zimmer zu Beobachtungszwecken im Wohngebiet nutzen. Er sagte zu. Angedacht aber war vom MfS zunächst eine Scheinnutzung des Zimmers, um ihn nochmals auf Ehrlichkeit und Zuverlässigkeit testen zu können. Erst für danach war die Verpflichtung als IMK/KW angedacht.[1935] Daraus wurde nichts, nicht aber aus Gründen, die beim Kandidaten zu suchen waren.[1936] Der Vorgang „Frost“ wurde am 15. November 1989, 30 Jahre nach Beginn seiner Tätigkeiten für das MfS, geschlossen.[1937]

(Fall-Nr. 9) Gert Zeitmeyer* alias „Bruno“ studierte an der Fakultät für produktionstechnische Grundlagen in der Studienrichtung Technologie Schwachstromtechnik. Seit Mai 1967 war er wissenschaftlicher Assistent in der Sektion KONTEF. Der IM-Vorlauf als GMS wurde zunächst zu Zwecken des Geheimnisschutzes angelegt.[1938] Nach seiner Promotion 1974 auf dem Gebiet der Gütesicherung an der TH Ilmenau, einem Zusatzstudium

---

1931 Bericht von „Frost“ vom 29.9.1972; ebd., Bl. 75 f.
1932 Bericht von „Frost“, o. D., aufgenommen vom FIM „Walter“ am 20.8.1975; ebd., Bl. 214.
1933 Entnehmbar einem Bericht „Kaufmanns“ vom 10.10.1974; ebd., Bl. 177–119.
1934 Bericht von „Frost“ vom 14.5.1973; ebd., Bl. 122 f.
1935 BV Suhl, Abt. XX, vom 7.4.1989: Aktenvermerk zu „Frost“; ebd., Teil I, 1 Bd., Bl. 156–158.
1936 BV Suhl, Abt. XX, vom 14.4.1989: Aktenvermerk zu „Frost“; ebd., Bl. 159–161.
1937 BV Suhl, Abt. XX, vom 15.11.1989: Beschluss zur Beendigung des IM-Vorgangs „Frost“; ebd., Bl. 162 f.
1938 BV Suhl, AGG, vom 30.8.1973: Aktenvermerk; BStU, BV Suhl, AGI 585/73, 1 Bd., Bl. 40.

am Belorussischen Polytechnischen Institut in Minsk auf dem Gebiet der Standardisierung und Gütesicherung und als Leiter des Büros für Standardisierung im Kombinat VEB Elektrogerätewerk Suhl ab 1976 für mehrere Jahre, ruhte die Berichterstattung mit nur kleineren Ausnahmen bis Ende 1979.

1980 zur TH Ilmenau zurückgekehrt, erfolgte die formal längst überfällige Registrierung als GMS. Zeitmeyer* ist durch die AG Geheimnisschutz (AGG) der BV Suhl geführt worden, bildet also eine der Ausnahmen in der Zuordnung der für die Sicherung der TH Ilmenau verantwortlichen Diensteinheit. Die Verpflichtung war bereits am 3. September 1973 als GMS „Bruno" vollzogen worden.[1939] Zuletzt ist er von Oberstleutnant Horst Heinz, dem Leiter der AGG, geführt worden. Anfang 1982 wurde Zeitmeyer* für den Einsatz als hautamtlicher B-Kader gescheckt. Eine Position, die nach den strengen Regeln des Mielke-Befehls 22/76 zu erfolgen hatte. Damit wurde er sogenannter Mitarbeiter I[1940] beim Rektor der Hochschule.[1941] Mit der am 1. Januar 1988 in Kraft getretenen Herauslösung des Verantwortungsbereiches des Beauftragten des Ministers des MHF aus der Führungsstruktur des Rates des Bezirkes Suhl kam es zu einer Statuserhöhung Zeitmeyers* insofern, als dass er nun diese Führungsstruktur des ehemaligen Beauftragten „kadermäßig und technisch-organisatorisch zweckmäßig an der TH Ilmenau aufzubauen" hatte.[1942]

Das Haupteinsatzgebiet eines Mitarbeiters I bildete der Geheimnisschutz. Es war Zeitmeyer*, der neben Wolfgang Berg einen exorbitanten Geheimnisschutz durchzusetzen versuchte.[1943] Auch schlug er politisch zuverlässige Studenten vor, die ihm für einen Einsatz im MfS geeignet schienen.[1944] Er erhielt Geldzuwendungen und Geschenke.[1945]

(Fall-Nr. 92) Hannes Bürli* alias „Steffen" studierte an der TH Ilmenau von 1970 bis 1974, wählte aber nicht eine wissenschaftliche, sondern eine verwaltungstechnische Laufbahn und wurde 1980 als wissenschaftlicher Sekretär im Bereich des Direktorats Kader und Qualifizierung und zuletzt beim 1. Prorektor eingesetzt, einer beliebten Schlüsselposition für das MfS. Seine Einsatzziele gingen in Richtung der Führung „von speziellen Ermittlungen zu Geheimnisträgern und Reisekadern [...] zur Entscheidungsfindung" für das MfS; zur Ausübung eines Einflusses „auf eine gezielte Kaderauswahl für Funktionen der ersten und zweiten Leitungsebene" und auch „zur Gewährleistung, dass in der Forschung und Entwicklung der TH politisch progressive Kader zum Einsatz kommen". Schließlich hatte er dafür zu sorgen, dass geeignete Kader für Spezialeinheiten der NVA rekrutiert werden konnten.[1946] Diesen Aufgaben entsprach die Kategorie eines Inoffiziellen Mitarbeiters im besonderen Einsatz (IME). Die Werbung erfolgte am 13. März 1981. Den

---

1939 BV Suhl, AGG: Datenüberblick; BStU, BV Suhl, AGMS 1255/90, 1 Bd., Bl. 16. BV Suhl, AGG, vom 3.3.1980: Beschluss über das Anlegen einer GMS-Akte; ebd., Bl. 38.

1940 Siehe Buthmann: Hochtechnologien, Kap. 3.3.3, S. 246–248. Im Rahmen der I galt es u. a., die Anweisungen der Abteilung I des MHF und des Stabes der ZV beim Rat des Bezirkes Suhl umzusetzen.

1941 BV Suhl, AGG, vom 27.1.1982: Einsatz als Mitarbeiter I; BStU, BV Suhl, AGMS 1255/90, 1 Bd., Bl. 108.

1942 BV Suhl, AGG, vom 26.1.1988: 2. Ergänzung zur Einschätzung der Funktion; ebd., Bl. 425 f.

1943 Beispiel: BV Suhl, AGG, vom 4.5.1981: Bericht zum Treffen mit „Bruno" am 29.4.1981; ebd., Bl. 231 f.

1944 BV Suhl, AGG, vom 7.4.1982: Bericht zum Treffen mit „Bruno" am 6.4.1982; ebd., Bl. 243 f. BV Suhl, AGG, vom 26.11.1982: Bericht zum Treffen mit „Bruno" am 23.11.1982; ebd., Bl. 254–260.

1945 Quittungen; ebd., Bl. 428–457.

1946 KDI vom 9.3.1981: Vorschlag zur Werbung; BStU, BV Suhl, AIM 915/89, Teil I, 1 Bd., Bl. 16–19.

Decknamen wählte er sich selbst.[1947]

Nach knapp drei Jahren hatte er zu über 25 Angehörigen der TH konspirative Ermittlungen realisiert. Die Berichte dienten vorwiegend der Entscheidungsfindung für den dienstlichen Einsatz im Westen als sogenannte NSW-Reisekader. Seine Disziplin, sein Fleiß und die feste Bindung an das MfS wurden in Beurteilungen des MfS hervorgehoben.[1948] Seine Ermittlungen reichten bis hoch ins Rektorat der Hochschule. So Ende 1984 zu Linnemanns abwehrenden Aktivitäten hinsichtlich des nichtzivilen Forschungskomplexes mit Carl Zeiss Jena.[1949] Für seine Ermittlungsaufträge wurden ihm vom MfS fallweise die Personalakten zur Verfügung gestellt, am 14. Mai 1987 gleich drei. In dem Jahr übergab ihm Offizier Müller eine finanzielle Zuwendung „für die erarbeiteten Ermittlungsberichte" in Höhe von 100 Mark.[1950] Hin und wieder fungierte Bürli* auch als Tipper. Beispielsweise kristallisierten sich zum Treffen am 20. Oktober 1987 aus einem gezielt unter SED-Genossen gesuchten Kreis zwei Kandidaten als IMK/KW heraus.[1951] Ab 1988 mehrten sich Fälle, wonach der IME in Auftrag gegebene Ermittlungsberichte nicht mehr rechtzeitig ablieferte. Wahrscheinlich ist, dass Bürli* überfordert war. Müller notierte im Herbst 1988 die Absicht, ihn „zu erziehen, auch eigenständig schriftliche Berichte über durch ihn festgestellte Diskussionen zu erarbeiten". Er war verärgert, dass Bürli* seine mündlichen Ausführungen zu massiven Diskussionen im Bereich des 1. Prorektors und im Wohnbezirk 8 Ilmenaus über die gesellschaftliche Entwicklung in der DDR nicht zu Papier gebracht habe.[1952] Zum letzten tradierten Treffen am 29. Juni 1989 erhielt er u. a. die Aufgabe, festzustellen, „welche Diskussionen" es „zur Tätigkeit des MfS" gäbe.[1953]

Die letzte Beurteilung datiert vom 4. April 1989, sie konstatiert einen Bruch in seiner inoffiziellen Arbeit, der jedoch nicht politisch-ideologischer Natur, sondern auf dienstlich anders geartete Aufgaben zurückzuführen war, die er objektiv nicht mit seinem Einsatzplan als inoffizieller Mitarbeiter verbinden konnte. Aus diesem Grunde wurde er noch zuletzt als GMS umregistriert.[1954]

(Fall-Nr. 70) Klaus Rogazewski alias „Peter Arbeiter" war IM in Schlüsselfunktion. Als er sich 1968 für eine inoffizielle Tätigkeit entschied, war er persönlicher Referent des Prorektorats für wissenschaftlichen Nachwuchs. Das MfS bezweckte mit seiner Werbung, „auf die Lenkung und Auswahl der Kader Einfluss" nehmen zu können.[1955] Dies tat er in einer solch umfangreichen und vor allem konkreten Form, dass eine auch nur annähernde Auswahl seiner Aktivitäten den Rahmen dieser Studie sprengen würde. Den Decknamen

---

1947 KDI vom 16.3.1981: Werbung; ebd., Bl. 20. Verpflichtungserklärung vom 13.3.1981; ebd., Bl. 22.
1948 KDI vom 7.1.1984: Beurteilung des „Steffen"; ebd., Bl. 23 f.
1949 KDI vom 14.12.1984: Bericht zum Treffen mit „Steffen" am 14.12.1984; ebd., Bl. 69 f.
1950 KDI vom 5.8.1987: Bericht zum Treffen mit „Steffen" am 4.8.1987; ebd., Bl. 89 f.
1951 KDI vom 21.10.1987: Bericht zum Treffen mit „Steffen" am 20.10.1987; ebd., Bl. 93 f.
1952 KDI vom 23.9.1988: Bericht zum Treffen mit „Steffen" am 22.9.1988; ebd., Bl. 111 f.
1953 KDI vom 30.6.1989: Bericht zum Treffen mit „Steffen" am 29.6.1989; ebd., Bl. 117 f.
1954 BV Suhl, Abt. XX, vom 4.4.1989: Beurteilung des „Steffen"; ebd., Bl. 25. 3 Belege für 1982/83 in Höhe von zusammen 400 Mark; ebd., Bl. 26–28.
1955 KDI vom 18.6.1969: Beschluss für das Anlegen eines GMS-Vorgangs; BStU, BV Suhl, AIM 1589/90, Teil I, 1 Bd., Bl. 5 f.

wählte er sich selbst.[1956] Es erfolgte eine zweimalige Umregistrierung: vom GMS zum IMS am 17. April 1969 und zum IME am 16. Juni 1980. Er arbeitete bis zuletzt für das MfS. Seine inoffizielle Mitarbeit in der Funktion als langjähriger Kaderleiter besitzt für die vorliegende Studie einen hohen historiographischen Wert.

Zahlreich waren seine – vom MfS so genannten – Ersthinweise. Ein erster Hinweis einer beginnenden MfS-Fokussierung auf [I] stammt von Rogazewski vom August 1969, als er – offenbar ungefragt – seinem Führungsoffizier eine Abschrift eines Briefes, der mit der schriftstellerischen Tätigkeit [Is] zu tun hatte, übergab. Sofort ordnete das MfS Überprüfungsmaßnahmen zu [I] an.[1957] Wenngleich die kaderpolitischen Aufgaben samt den inoffiziellen Aspekten hoch waren, wurde er auch zu allfälligen klassischen Spitzeldiensten in und außerhalb der TH Ilmenau herangezogen. Aufgaben, die er erfüllte. So hatte er auch bei Besuchen in Gaststätten, „besonders sonntags", darauf zu achten, ob es in Bezug auf die „Aktion ‚Winterland'" [der auch medial geführte Kampf der DDR gegen die Wetterunbilden des Winters – der Verf.] zu Aspekten „staatsgefährdenden Inhalts im Zusammenhang mit den zu erwartenden Maßnahmen" gäbe.[1958] Im Zentrum seiner Berichterstattung aber stand die Kaderpolitik des Hauses. Recht häufig ging es um sogenannte Herauslösungen, in die er direkt oder indirekt einbezogen war. Am 10. Mai 1976 beispielsweise brachte sein Führungsoffizier zu Papier, dass über IM in Schlüsselfunktionen veranlasst worden sei, dass [J] nicht mehr als Reisekader für das NSW genehmigt werde. Rogazewski hatte ihm dies fünf Tage zuvor bereits eröffnet. Der habe dies dem MfS zuschreiben und von ihm eine Bestätigung dafür haben wollen.[1959] Das habe er, Rogazewski, jedoch vehement abgewehrt und erklärt, dass er im Auftrage des Rektors handele, und überhaupt solle er, [J], die Ursache besser in „seinem eigenen Verhalten" suchen. Die Information über die heftige Auseinandersetzung mit [J] ging direkt an den Leiter der BV Suhl.[1960]

(Fall-Nr. 60) Das Ziel der Werbung von Heinar Kunze* alias „Martin" bestand in der Aufklärung feindlicher Tätigkeit gegen die elektronische Industrie der DDR. Er war Mitarbeiter am Institut für Elektronik der TH Ilmenau. Die Verpflichtung erfolgte am 30. Oktober 1964 durch Offizier Hertzer, der bis 1968 sein Führungsoffizier blieb. Zuletzt arbeitete er unter Berg alias FIM „Walter", der seinerseits von Offizier Ehrhardt geführt wurde.

Kunze* sah für sich bereits zum Zeitpunkt seiner Werbung die IM-Tätigkeit als für zeitlich begrenzt an. Er stellte Fragen nach einer Benachteiligung seinerseits, etwa, ob man ihn dann drängen werde, der SED beizutreten, ob er bei Auslandsreisen behindert werde, ob er im Ausland Aufträge durchführen müsse, wie lange die IM-Tätigkeit andauere, was passiere, wenn er die Schweigepflicht bräche, ob die IM-Tätigkeit bezahlt würde, ob es Assistenten gäbe, die auch für das MfS arbeiteten. Eigentlich habe er keine große Lust,

---

1956 KDI, OG „HS", vom 14.6.1968: Bericht zur Werbung; ebd., Bl. 28. Verpflichtungserklärung vom 14.6.1968; ebd., Bl. 30.

1957 KDI, o. D.: Bericht zum Treffen mit „Peter Arbeiter" am 26.8.1969; ebd., Bl. 73. OV des MfS zu [I]: AOV 352/84, 20 Bde.

1958 KDI vom 2.1.1971 (sic!): Auswertung eines Sondertreffens mit „Peter Arbeiter" am 29.1.1971; ebd., Teil II, Bd. 1, Bl. 100 f. Aktion „Meilenstein": KDI vom 10.5.1976: Bericht zum Treffen mit „Peter Arbeiter" am 7.5.1976; ebd., Bl. 337 f., hier 338.

1959 KDI vom 10.5.1976: Bericht zum Treffen mit „Peter Arbeiter" am 7.5.1976; ebd., Bl. 337 f., hier 337.

1960 KDI an den Leiter der BV Suhl vom 11.5.1976: Bericht zu eingeleiteten Maßnahmen; ebd., Bl. 339 f.

sehe aber die Notwendigkeit letztlich ein. Eine zeitliche Begrenzung wollte er unbedingt in seiner Verpflichtungserklärung fixiert haben. Das missfiel dem MfS.[1961]

Kunze* erhielt rasch Ermittlungsaufgaben. Eine Aufgabe bestand darin, legendiert in Gesprächen mit zwei Kollegen festzustellen, wie sie zu ihrem guten Verhältnis untereinander gekommen seien, wie deren berufliche Wege verliefen, ob sie Westkontakte pflegten u.a.m. Im Mittelpunkt seiner Erkundungen stand Walter Heinze (bearbeitet im ZOV „Widerstand", TV 7, siehe Kap. 5.3.4), insbesondere hinsichtlich seiner „Leitungstätigkeit und deren Auswirkung auf Lehre und Forschung im Institut". Kunze* sollte „konkrete Beispiele bzw. konkretes Material" dafür „sammeln, wie sich die Tätigkeit" Heinzes „hemmend auf die Lösung der Forschungsaufgaben und die Förderung des wissenschaftlichen Nachwuchses" auswirke. Auch erhielt er den Auftrag, dessen Tätigkeit im Arbeitskreis „Bauelemente der Nachrichtentätigkeit" zu bewerten; Zitat des Offiziers: „Im Falle der Einleitung eines Ermittlungs-Verfahrens mit Haft und der Inhaftierung des Heinze hat der GI besonderen Wert auf die Absicherung und Kontrolle des [K] zu legen, sein Verhalten während dieser Zeit zu studieren, festzustellen, welche Handlungen er hinsichtlich der Durchführung von Dienstreisen durchführt, wie er selbst zur Festnahme von Heinze Stellung nimmt, welche Meinung er persönlich hierzu vertritt und wie insgesamt seine Reaktion war." Dies sollte im Laufe der Zeit so vertieft werden, dass es ihm gelingt, „tiefer" in die Geschichte des Verhältnisses Heinze-[K] zu „dringen, um ihn, [K], aus der Reserve zu locken bzw. dazu zu zwingen, dass, wenn er ebenfalls feindlich tätig war, Fehler macht, die operativ kontrolliert für die weitere operative Bearbeitung von Nutzen sein können". Dies geschah zu einem Zeitpunkt, als Heinze das Arbeitsverhältnis Kunzes* zum September 1965 bereits gekündigt hatte.[1962] Kunze* hatte fünf Monate vorher berichtet, dass Heinze angewiesen habe, dass er die Hochschule nach seiner Promotion verlassen müsse. Er sei hierüber „äußerst verärgert". Das MfS legte umgehend fest: „Es ist zu erwägen über die HPL (Genosse Linsel, sobald dieser als 1. Sekretär seine Funktion antritt) oder über die HA XX/6 des MfS, und damit das SHF, Maßnahmen einzuleiten, dass Heinze in seiner Kaderpolitik nicht durchkommt, und der GI als wissenschaftlicher Mitarbeiter am Institut verbleibt. Die Entscheidung" sollte „bis Ende Juli getroffen" werden. Das MfS manifestierte den Auftrag, Spannungen zwischen [K], [L] und Heinze nicht nur zu hinterfragen, sondern sogar den „Hass" von [L] auf [K] zu „schüren und dabei ihn so aus der Reserve" lockt, „dass [K] näheres über das Verhältnis [L] und Heinze ihm mitteilt und dazu bewogen wird, über bisher vertrauliche Dinge" zu sprechen.[1963]

Kunze* überlegte durchaus, die inoffizielle Arbeit zu beenden. Doch letztlich arbeitete er weiter. 1968 erfolgte seine Umregistrierung zum IMS. Dass er davon erfuhr, ist, da sich in der Art seiner Einbindung nichts änderte, unwahrscheinlich. Die Treffs erfolgten im Objektzimmer der TH Ilmenau. Offizier Hofmann konstatierte, dass Kunze* „nicht sonderlich geneigt" sei, „über Personen Einzelheiten zu berichten".[1964] Dennoch wurde er

---

[1961] KDI, OG „HS", vom 2.11.1964: Bericht über die Werbung; ebd., Teil I, 1 Bd., Bl. 54–60, hier 59. Verpflichtungserklärung vom 30.10.1964; ebd., Bl. 61.
[1962] KDI, OG „HS", vom 29.6.1965: Perspektivplan; ebd., Bl. 66 f., hier 67.
[1963] KDI, OG „HS", vom 28.5.1965: Zur Berichterstattung von „Martin" am 28.5.1965; ebd., Bl. 38.
[1964] Bericht von „Martin" am 2.10.1968; ebd., Bd. 2, Bl. 7 f., hier 7.

anlässlich des Jahrestages des MfS 1973 mit der Medaille der NVA für treue Dienste in Bronze ausgezeichnet.[1965] Am 2. Juni 1988 beendete er im Zusammenhang mit der Auflösung des FIM-Systems „Walter“ seine inoffizielle Tätigkeit. Er brachte zum Ausdruck, dass er zwar weiterarbeiten würde, jedoch nur unter Berg. Eine direkte Zusammenarbeit mit Müller lehnte er ab, da er „Angst vor Aufträgen habe, die seine Möglichkeiten übersteigen würden, keine Courage zur Treffdurchführung in streng konspirativer Form besitze, und es nicht in seinem Wesen liege, Personen zu kompromittieren“.[1966] Die Entpflichtung erfolgte am 29. September 1988. Ihn abermals inoffiziell zu reaktivieren, scheiterte. Er übergab Berg, der bei seiner Entpflichtung anwesend war, die von ihm angefertigte Duplikate seiner inoffiziellen Berichte[1967].[1968] Ein Urteil des MfS von 1984 widerspricht Kunzes* Wahrnehmung: „Der IM belastet vorbehaltlos Personen.“[1969] Das MfS-Urteil entspricht der tradierten Berichterstattung. Er erhielt vier Prämien in Höhe von zusammen 200 Mark.[1970]

Kunze* war ein äußerst fleißiger Dozent, der weit über die Erfordernisse lehrte.[1971]

Klasse 7: Kirchen und Religiosität

(Fall-Nr. 90) Die Aktenlage zu Martin Freitag alias „Skat“ ist von paradigmatischer Bedeutung für Fälle, die einen Prozess des Wandels implizieren. Als Freitag am 11. Oktober 1963, zwei Tage vor der Umbenennung der Hochschule, von Offizier Hertzer angesprochen wurde, zeigte sich dem MfS ein überraschend redseliger Kandidat. Das MfS hatte den wissenschaftlichen Assistenten im Rahmen der Bearbeitung des Zentralen Operativen Vorgangs (ZOV) „Akademiker“ – siehe auch Fall-Nr. 34, Kurt Ensberg* – entdeckt. In ihm bearbeitete das MfS Akademiker aus Erfurt, Ilmenau und anderen nahegelegenen Orten, die sich unter dem Dach der evangelischen Kirche zu Gesprächsabenden zusammenfanden, in der Regel jeden ersten Donnerstag im Monat (Donnerstag-Abende).

Ziel war, Freitag aus diesem Kreis „herauszubrechen“. Den Begriff verwandte das MfS nicht zufällig, er zählte zur Standardbegrifflichkeit. Um in solche Kreise zu gelangen, war ihm jedes Mittel recht, auch Erpressung oder Geld. Bei Freitag, der der Ilmenauer Gruppe angehörte, war dies nicht notwendig. Das MfS bediente sich bei Gesprächseröffnungen meist einer Legende, hier war es der Suizid einer Kreisteilnehmerin, den das MfS vorgab, aufklären zu müssen. Das Gespräch fand im MfS-Zimmer an der HfE Ilmenau statt. Freitag plauderte freimütig, sprach auch über die Zurückhaltung des „äußerst feinfühlig[en]“ Kreises und von der Angst vieler Kreisteilnehmer vor dem MfS, infolgedessen einige dem

1965 BV Suhl, KDI, vom 10.11.1971; ebd., Bl. 62.

1966 Bericht vom 2.5.1988 über das Treffen mit „Walter“ am 28.4.1988; BStU, BV Suhl, AIM 984/89, Teil II, Bd. 9, Bl. 86 f.

1967 BV Suhl, Abt. XX, vom 10.1.1989: Bericht zur Entpflichtung; BStU, BV Suhl, AIM 433/89, Teil I, 1 Bd., Bl. 117 f. Handschriftliche Entpflichtung vom 29.9.1988; ebd., Bl. 119. BV Suhl, Abt. XX, vom 29.5.1989: Beschluss über die Archivierung des IM-Vorganges; ebd., Bl. 120 f.

1968 Bericht vom 3.10.1988 über das Treffen mit „Walter“ am 29.9.1988; BStU, BV Suhl, AIM 984/89, Teil II, Bd. 9, Bl. 111 f. Bericht vom 6.10.1988 über das Treffen mit „Walter“ am 4.10.1988; ebd., Bl. 113 f.

1969 KDI vom 22.2.1984: Beurteilung des „Martin“; BStU, BV Suhl, AIM 433/89, Teil I, 1 Bd., Bl. 114.

1970 Aufstellung; ebd., Bl. 6.

1971 THI vom 20.3.1986: Antrag auf Verleihung der Humboldt-Medaille in Bronze; ebd., Teil II, Bd. 3, Bl. 388–390.

Kreis bereits ferngeblieben seien. Er aber würde gewissermaßen den engsten Freund nicht schützen wollen, verstieße der gegen die Gesetze der DDR. Und er bewies es umgehend, indem er einen Mitarbeiter des Rechenzentrums denunzierte. Die Schriftliche Verpflichtung war nur noch Formsache, den Decknamen wählte er sich selbst.[1972] Der Beschluss zur Herauslösung als OV-Person und zur Eröffnung eines IM-Vorganges in der Kategorie GM erfolgte am 30. Oktober 1963.[1973] Aus einem Opfer wurde schlagartig ein Täter.

Freitag studierte von 1952 bis 1955 an der FSU Jena ohne Abschluss und begann 1958 an der HfE als Labortechniker.[1974] Noch im selben Jahr erfolgte die Delegierung zum Fernstudium an die TU Dresden.[1975] Sein ihn delegierendes Institut für Hochfrequenztechnik und Elektronenröhren wurde bis 1959 von Gerhard Megla geleitet. Zum 1. Januar erfolgte die Neugründung des Instituts als eines für Mikrowellentechnik und Wellenausbreitung; Manfred Kummer wurde mit der kommissarischen Leitung beauftragt.[1976] Wie üblich, sah die Konzeption zur Anwerbung nicht nur ein Ziel vor, sondern deren mehrere, darunter die sogenannte Absicherung von Personenkreisen seines Instituts.[1977] Am 16. April 1969 erfolgte die Umregistrierung des GM zum IM mit Feindverbindung (IMV), begründet wurde dies mit der substantiell sehr guten Spitzelarbeit Freitags.[1978] Er kannte vier Hauptamtliche des MfS namentlich, war in drei Konspirativen Wohnungen (KW) eingeführt und bekam monatlich eine Zuwendung von 50 Mark. Der Treffrhythmus lag bei drei bis vier Wochen.[1979] Zum Jahrestag der DDR 1969 erhielt er die Medaille für treue Dienste der NVA in Bronze.[1980]

Das erste Treffen mit Offizier Hertzer fand am 24. Oktober 1963 statt. Der Inhalt dieses und der nächsten Treffs war, dem GM in die Interessensvielfalt des MfS bezüglich des evangelischen Akademikerkreises einzuführen. Eine Veranstaltung am 9. Januar 1964 im Gemeindehaus in Ilmenau beinhaltete u. a. das Thema „Griechische und jüdische Erziehung", wozu Freitag den Auftrag erhielt, „besonderen Wert" auf die Frage zu „legen, ob man zweideutig und", wenn ja, „wie Rassenprobleme behandelt" würden. Und er möge aktiv werden, Personen „aus der Reserve locken" und „durchblicken lassen, dass er noch mit westdeutschen Akademikern in Verbindung" stehe.[1981] Die grundsätzliche Haltung im Rahmen der Zusammenkünfte des Akademie-Kreises „und bei zentralen Tagungen der Evangelischen Akademie Thüringen in Neudietendorf und Friedrichsroda und beim individuellen Zusammentreffen mit Gliedern des Akademie-Kreises" gab das MfS derart vor, und das realisierte Freitag dann auch haargenau, dass er sich „in das Blickfeld negativer

[1972] KDI, OG „HS", vom 11.10.1963: Bericht; BStU, BV Suhl, AIM 93/73, Teil I, 1 Bd., Bl. 4–9. Verpflichtung vom 11.10.1963; ebd., Bl. 10.
[1973] BV Suhl, KDI, vom 30.10.1963: Beschluss für das Anlegen eines IM-Vorgangs; ebd., Bl. 16 f. MfS, HA V/4, vom 28.10.1963: Herauslösung aus dem ZOV „Akademiker"; ebd., Bl. 15.
[1974] HfE, Kaderabteilung, vom 17.2.1958; Bl. 28.
[1975] Schreiben an die Kaderabteilung vom 26.4 1958; ebd., Bl. 28.
[1976] Bericht vom 3.11.1961; ebd., Bl. 38–40.
[1977] KDI, OG „HS", vom 9.10.1963: Vorschlag zur Anwerbung eines GM; ebd., Bl. 59–70.
[1978] KDI, OG „HS", vom 16.4.1969: Beschluss zur Umregistrierung; ebd., Bl. 72 f.
[1979] KDI, OG „HS", April 1969: Ergänzender Auskunftsbericht; ebd., Bl. 76–80.
[1980] BV Suhl vom 6.10.1989: Zur Auszeichnung „Skats"; ebd., Bl. 108.
[1981] KDI, OG „HS", vom 24.10.1963: Bericht von „Skat" am 24.10.1963; ebd., Teil II, Bd. 1, Bl. 7 f. KDI, OG „HS", vom 18.12.1963: Bericht von „Skat" am 17.12.1963; ebd., Bl. 22–24.

oder feindlich tätiger Personen aktiv hineinzubegeben“ und das bisherige gute Vertrauensverhältnis noch weiter zu festigen und auszubauen hatte. Dabei sollte er nicht positiv, aber auch nicht negativ und provozierend auftreten. Er erhielt explizit Namen von den das MfS interessierenden Pfarrern und anderen Personen, zu denen er ein Vertrauensverhältnis aufzubauen oder zu vertiefen hatte.[1982]

Seine Berichte waren mit Beginn seiner inoffiziellen Tätigkeit sofort differenziert angelegt: Formaldaten, teilnehmende Personen mit Details, Inhalte der Vorträge, Lieder, Buchvorstellungen und Gespräche aller Art. Im Zentrum standen jedwede Auffälligkeiten und vor allem oppositionell anmutende Informationen, wie etwa die Meinung von Teilnehmern, dass man sich „nicht an kircheneigenen Räumen“ binden sollte, besser sei es, sich in Hauskreisen zu treffen, da fühle man „sich in keiner Weise beobachtet“.[1983] Mit im Zentrum des MfS-Interesses standen Fragen zu Westverbindungen und zum Besitz westlicher Technik.

Die Berichterstattung zu seinem Institut nahm sofort Breite und Tiefe an. Auch interessierte sich das MfS für tagesaktuelle gesellschaftliche Probleme aller Art. Man sei, so „Skat“, in seinem Institut bezüglich der gesellschaftlichen Entwicklung in der DDR überwiegend desinteressiert. Die Teilnahme an den gesellschaftswissenschaftlichen Veranstaltungen sei mangelhaft und außerhalb der Arbeitszeit völlig unerwünscht. Komme eine Diskussion zustande, dann äußerst schwerfällig und auch dann nur negativ, etwa hinsichtlich der Soli-Marken. Man wisse nicht, wo die Solidaritätsgelder hinflössen. Auch informiere sich der überwiegende Teil der Mitarbeiter aus westlichen Medien.[1984] Das MfS war im März 1964 an Meinungen der Institutsmitarbeiter zum 5. Plenum der SED und zu den aktuellen Auseinandersetzungen um Robert Havemann interessiert.[1985]Wörtliche Wiedergaben fehlten in „Skats“ Berichten meist nicht. Etwa aus einem Liedtext, vorgetragen am 19. Juni im Schortekulturhaus anlässlich des Institutsfestes für Hochfrequenztechnik und Mikrowellentechnik: „[M] wäre gern im großen Strom mitgeschwommen, man hat ihn aber nicht genommen.“ Zu einem Treffen am 16. Juli brachte er ein besonderes Fundstück mit. Beim Heidelbeersammeln im Wald fand er ein vor längerer Zeit aus der Luft abgeworfenes „Hetzflugblatt“, doppelseitig wie folgt beschrieben: „Rechtzeitig Ulbricht ablösen“ denn → Der nächste Winter kommt bestimmt! Deshalb →.“[1986] Zum Aufbau von Westantennen, einer exklusiven Beschäftigung der technisch versierten Ilmenauer Studentenschaft, berichtete Freitag wiederholt. Im Sommer 1967 soll [N] im Beisein eines Meisters vom Institut für Mikrowellentechnik gesagt haben, „dass er mit dem Aufbau seiner Westantenne auf dem Dach so lange gewartet hat, bis er seine Promotion abgeschlossen“ hatte.[1987] Dass Verschweigen ratsam war, hatten DDR-Bürger früh verinnerlicht. Das galt besonders für Studenten und Wissenschaftler, deren Engagement in den Studentengemeinden hinderlich für eine Karriere war. Auch Caprun*, siehe den nächsten Fall, erfuhr

---

[1982] KDI, OG „HS“, vom 29.6.1965: Ergänzung des Perspektivplanes; ebd., Teil I, 1 Bd., Bl. 97–99.
[1983] KDI, OG „HS“: Bericht von „Skat“ am 17.12.1963; ebd., Teil II, Bd. 1, Bl. 25 f.
[1984] KDI, OG „HS“: Bericht von „Skat“ am 21.2.1964; ebd., Bl. 45–47.
[1985] KDI, OG „HS“, vom 19.3.1964: Bericht von „Skat“ am 3.4.1964; ebd., Bl. 56 f.
[1986] KDI, OG „HS“, vom 17.7.1964: Bericht von „Skat“ am 16.7.1964; ebd., Bl. 101–103 u. 108 f.
[1987] KDI, OG „HS“, vom 11.5.1967: Bericht von „Skat“ am 9.5.1967; ebd., Bd. 3, Bl. 57.

Behinderungen.

1972 konnte Freitag die inoffizielle Arbeit nicht mehr ertragen, er teilte es dem MfS mehrmals mit Nachdruck mit, so dass es ihn abschreiben musste. Obwohl er harte und einleuchtende Fakten anführte, ignorierte das MfS seine Bitte und versuchte, ihn wieder in die Spur zu bringen. Doch auch die ihm angebotene Auszeit wollte er nicht annehmen. Dass er gut für das MfS arbeitete, belegt nicht zuletzt das freundschaftliche Abschlussverhalten des MfS, natürlich mit der Option, dass er jederzeit wiederkommen dürfe.[1988] Die inoffizielle Tätigkeit endete am 13. Dezember 1972.[1989]

(Fall-Nr. 20) Erhard Capruns* alias „Diode" Bereitschaftserklärung, mit dem MfS zusammenzuarbeiten, erfolgte am 19. März 1969,[1990] wenngleich der Vorschlag, ihn zu verpflichten, erst am 4. Juli formvollendet zu Papier gebracht wurde.[1991] Zum Zeitpunkt der Werbung war er ohne feste Anstellung. Angeblich hatte er sich nicht staatskonform verhalten. Diese Zwangslage nutzte das MfS zur Werbung aus. Caprun* schrieb dies in die Verpflichtung mit „die von mir gemachten Fehler wieder gut zu machen" hinein.[1992] Außer in den beiden letzten beiden Jahren war er als IM mit Feindverbindung (IMV) kategorisiert. Seine Aufgabe bestand in der Kontrolle der religiösen Gruppierung des Thomas-Morus-Kreises. Caprun* zählte zum aktiven Kreis der Katholischen Studentengemeinde (KSG) und war zudem im katholischen Akademikerkreis organisiert. Er arbeitete nicht durchgängig an der TH Ilmenau. Von 1967 bis 1972 war er in Betrieben tätig. Das MfS arbeitete für ihn im Juli 1980 eine besonders umfangreiche Einsatz- und Entwicklungskonzeption aus.[1993] Es hatte offenbar noch Hoffnung auf eine bessere Zusammenarbeit, wenngleich Caprun* sich dagegen aussprach, feste Treffternine zu vereinbaren.[1994] Seine Kategorisierung wurde geändert (nun als IMS), da er „keine direkten Verbindungen bzw. ein Vertrauensverhältnis zu operativ bearbeiteten Personen" besaß resp. entwickelte.[1995] Die endgültige Abschlusseinschätzung erfolgte im Frühjahr 1982. In ihr ist vermerkt, dass er Personen aus dem katholischen Milieu „nur in seltenen Fällen" belastete. Er sei reserviert, weil er, nach eigener Einschätzung, dienstlich wegen seiner Zugehörigkeit zur katholischen Kirche am Fortkommen behindert, ja regelrecht ausgegrenzt werde. Diese Tatsache soll bei den Treffs stets „einen sehr breiten Raum" eingenommen haben. Auch ist vermerkt, dass er relativ rasch seine Beteiligung am Morus-Kreis beendet hatte; Zitat: „Er habe Angst vor Konsequenzen an der Hochschule." Das MfS schätzte ein, dass er nicht mehr gewillt sei, für das MfS zu berichten: „Der IM weicht vor einer Personenbelastung aus." Tatsächlich war Caprun* in der Sektion INTET „zu minderwertigen Aufgabenstellungen herangezogen" worden.[1996]

[1988] KDI vom 27.9.1972: Bericht von „Skat" am 25.9.1972; BStU, BV Suhl, AIM 93/73, Teil I, 1 Bd., Bl. 123 f.
[1989] BV Suhl vom 13.12.1972: Beschluss für das Einstellen eines IMV-Vorgangs; ebd., Bl. 126 f.
[1990] Bereitschaftserklärung vom 19.3.1969; BStU, BV Suhl, AIM 280/82, Teil I, 1 Bd., Bl. 11.
[1991] KDI, OG „HS", vom 4.7.1969: Vorschlag zur Verpflichtung; ebd., Bl. 150–157.
[1992] KDI, OG „HS", vom 27.11.1971: Abschlusseinschätzung; ebd., Bl. 179.
[1993] KDI vom 27.6.1980: Einsatz- und Entwicklungskonzeption für „Diode"; ebd., Bl. 197–199.
[1994] Ebd.
[1995] KDI vom 3.7.1980: Vorschlag zur Umregistrierung; ebd., Bl. 200.
[1996] KDI vom 12.4.1982: Abschlusseinschätzung zu „Diode"; ebd., Bl. 203.

Ein Nachtrag zum Verpflichtungsdeal infolge seiner Arbeitslosigkeit: Das MfS dachte sich im Sinne einer Caprun* zu übergebenen „Verhaltenslinie“ zur „Durchsetzung seiner Ziele“ folgendes aus: Er sollte nach seiner Einstellung auf Befragen angeben, „dass er überall abgelehnt“ worden sei, „und sich deshalb mit einer Beschwerde an den Staatsrat gewandt“ habe. Auf diese Fiktion hin werde die SED sich für ihn entsprechend auf der Schiene MfS-SED einsetzten. Ihm aber, Caprun*, sollte gesagt werden, dass wir als MfS gegenüber der Partei nur durchsetzen können, „wenn er sich an alle Vereinbarungen hält und unser Organ vorbehaltslos unterstützt“. Peripher sollte diese Konstruktion bei zwei anderen Personen, zu denen Caprun* Verbindung hatte, entsprechend lanciert („abgedeckt“) werden. Das erfolgte. Bei der Unterzeichnung der Verpflichtung soll Caprun* „eine Reihe von Bedenken“ geäußert haben. Insbesondere seine Frage, inwieweit er denn überhaupt dem MfS vertrauen könne, da dieses anders als er, sich nicht schriftlich verpflichte, zu tun, was es verspreche.[1997] Immerhin zeigt diese Sequenz, dass – auch im empirischen Vergleich zu ähnlich gelagerten Fällen – eine vollständige Entmündigung bei ihm nicht stattfand. Im Teil I der IM-Akte sind Expertisen und inoffizielle Berichte über ihn von „Skat“, „Max“, „Herbert Lehmann“ und „Klaus“ enthalten. Sie belasteten ihn politisch enorm. Eine Einschätzung vom November 1971 erinnert nochmals an den Umstand, dass er weiland aus der Zwangslage heraus, kein Arbeitsrechtsverhältnis zu besitzen, geworben worden war.[1998]

(Fall-Nr. 13) Kurt Kort* alias „Christina“ alias „Dieter Haustein“ war zum Zeitpunkt seiner Werbung CDU-Mitglied und „stark kirchlich gebunden“, was sich bald in das Gegenteil verkehren sollte. Der gelernte Fernmeldemechaniker studierte zum Zeitpunkt der Werbung im 2. Semester, Fakultät Schwachstrom. Die Einsatzrichtung des zunächst als GI in der Richtung der HA XX/5 geplanten inoffiziellen Mitarbeiters war die Evangelische Studentengemeinde (ESG).[1999] Seine Umregistrierung vom GI zum IMS erfolgte am 16. April 1969 nicht zuletzt aus Gründen einer höheren Konspirationsanforderung nach der Dienstanweisung des Ministers für Staatssicherheit, der DA 1/68.[2000] Der IM arbeitete bis Ende 1989 für das MfS. Insofern stellt er zwar keinen Einzelfall eines studentischen IM dar, die ansonsten nach ihrem Studium die inoffizielle Mitarbeit beendeten oder beenden mussten, jedoch einen eher seltenen Fall. Das Studium an der Sektion INTET schloss er 1969 in der Fachrichtung Hochfrequenztechnik und Informationstechnik ab und wurde 1976 promoviert, die Facultas docendi erhielt er 1981, ein Zusatzstudium folgte 1982 in der Sowjetunion. Die Verpflichtungserklärung schrieb er am 25. Mai 1965, den Decknamen wählte er sich selbst. Am 22. August 1988 wurde der Deckname geändert, von da an nannte er sich „Dieter Haustein“.[2001]

Kort* berichtete regelmäßig über Stimmungen und Vorkommnisse in seiner Seminargruppe, von der Qualität der Verpflegung über den Unterricht und die Freizeitgestaltung

---

[1997] KDI, OG „HS“, vom 21.3.1969: Aussprachebericht; ebd., Bl. 8–10, hier 10.
[1998] KDI, OG „HS“, vom 27.11.1971: Abschlusseinschätzung; ebd., Bl. 179.
[1999] KDI, OG „HS“, vom 11.5.1965: Vorschlag zur Anwerbung eines IM; BStU, BV Suhl, AIM 701/92, Teil I, 1 Bd., Bl. 2–11, hier 8 f.
[2000] KDI vom 16.4.1969; ebd., Bl. 15.
[2001] Verpflichtungserklärung vom 25.5.1965 sowie vom 11.8.1988; ebd., Bl. 33 u. 34.

bis hin zu politischen Ereignissen im In- und Ausland. Seinem Führungsoffizier stellte er beim ersten Treff am 23. Juni 1965 die Frage, wie er sich künftig gegenüber den Kommilitonen verhalten solle, ob negativ oder positiv. Worauf der Offizier antworte, so wie bisher, ansonsten würde es ja auffallen.[2002] Enthalten ist aus der Frühzeit seiner inoffiziellen Arbeit ein Komplexauftrag zur Einschätzung der politisch-ideologischen Situation unter Studenten. Der Auftrag ist von der detaillierten Informationssucht des MfS derart beeindruckend, dass der Führungsoffizier festlegte, ihn dem GI nicht direkt vorzulegen, „um ihn betreffs der ESG und KSG nicht vor den Kopf zu stoßen".[2003]

Beide Studentengemeinden waren in den 1960er Jahren attraktiv, wurde hier doch ein besonderer Ton gepflegt, war auch die Sprache, wie etwa in der Zeitung *Glaube und Heimat* präsent, eine recht unüblich geistig-freiere, auch gab es zahlreiche Veranstaltungen, die die Studenten direkt ansprachen. Etwa von der Evangelischen Akademie in Thüringen über „Die Verantwortung des Christen in der technischen Welt" 1966. Kort* berichtete vollumfänglich im Sinne der Fragen „wann, wo, was, wer und wie" sowie über Auffälligkeiten aller Art unter den oft circa 30 Personen, ferner über das Programm, die Inhalte, Organisationsplanung und Aussagen der Teilnehmer.[2004]

Es lohnte sich für ihn allemal, auch materiell, denn die Reisespesen trug das MfS, das etwa zur Jahreswende 1966/67 von ihm eine „unbedingte Teilnahme an den Veranstaltungen der ESG" verlangte, und zwar am 14. November 1966 in Berlin an einem Literaturabend, am 21. November an einem Diskussionsabend mit dem Thema „Glauben-Erkennen-Denken", am 19. Dezember an einer Veranstaltung in der Wohnung von Pfarrer [O] zum Thema „Musik und Literatur zum Weihnachtsgeschehen" und am 23. Januar 1967 an einem Treffen der Dortmunder Bekenntnisbewegung in der DDR zum Thema „Traditionen und kritisches Denken". Oft entwickelten sich hieraus neue Aufträge, etwa den Ausbau der Kontakte zu ESG-Mitgliedern voranzutreiben und zu „versuchen, am Treffen in Berlin mit Frankfurtern [Frankfurt am Main] teilzunehmen".[2005] Nahm er an Arbeitseinsätzen der ESG wie am 5. November 1966 in Großbreitenbach teil, wo ein ehemaliges kirchliches Gebäude aus- und umgebaut werden sollte, war das MfS über alles Mögliche und oft sehr detailliert informiert, hier darüber, dass für die Baumaßnahme keine Baugenehmigung eingeholt worden war.[2006] Er berichtete nicht nur im Vorgabeumfang seines Komplexauftrages, sondern auch über organisationstechnische, personelle und andere Aspekte seines Bereiches „Konstruktion und Technologie elektronischer Funktionsblöcke" der Sektion INTET. Obgleich er zunächst noch keinen genauen Einblick besessen haben konnte, waren seine Angaben erstaunlich breit gefächert (Struktur, Namen, Themen und Projekte).[2007]

1971 erfolgte die Statusänderung vom GI zum IMS. Nachdem er sein Studium beendete, waren seine Berichte zu den Kommilitonen nicht obsolet geworden, da er als Betreuer einer Seminargruppe nach wie vor einen lebendigen Bezug zu den Studenten besaß; Zitat:

[2002] KDI vom 13.7.1965: Bericht zum Treffen mit „Christina" am 23.6.1965; ebd., Teil II, Bd. 1, Bl. 6 f.
[2003] Komplexauftrag der OG „HS" von 1966; ebd., Bl. 25–27, hier 27.
[2004] Bericht von „Christina" vom 6.9.1966; ebd., Bl. 51.
[2005] KDI, OG „HS", vom 11.11.1966: Bericht zum Treffen mit „Christina" am 11.11.1966; ebd., Bl. 64 f.
[2006] KDI, OG „HS", vom 14.11.1966: Bericht von „Christina"; ebd., Bl. 66 f.
[2007] Bericht von „Christina" von 1966; ebd., Bl. 68–70.

„Bezüglich meiner Seminar-Gruppe habe ich so vereinbart, dass der Seminar-Gruppen-Sekretär in der Woche einmal bei mir vorspricht [und] mir das Wichtigste aus der Gruppe vorträgt.“ Die Seminargruppe umfasste 28 Studenten, darunter drei ausländische.[2008]

Am 14. Januar 1974 bat er Offizier Ehrhardt, seinen Antrag auf Mitgliedschaft in der SED zu prüfen und zuzustimmen.[2009] Ehrhardt antwortete am 25. Februar, dass er im Interesse des MfS „noch nicht der SED beitreten möge, weil dann seine Einsatzmöglichkeiten nicht mehr so groß“ seien „wie bisher“. Dass gefiel Kort* nicht, da er befürchtete, „als Nichtmitglied der SED aus kaderpolitischen Gesichtspunkten nicht in ein unbefristetes Arbeitsrechtsverhältnis zu kommen“.[2010]

Seine Berichte waren personenbelastend, ohne dass er Vorzüge und Leistungen verschwieg. Genau das gefiel dem MfS. Noch am 27. Oktober 1989 beteuerte er, dass er weiterhin bereit sei, „das MfS allseitig zu unterstützen“.[2011]

Klasse 8: Perspektivkader
(Fall-Nr. 67) Uwe Braune alias „Ökologie“ wurde 1975 zur Zeit seines dreijährigen Armeedienstes geworben. In einer differenzierten, ausführlichen Einschätzung zu seiner Person in Hinblick auf eine ins Auge gefassten Einstellung als Mitarbeiter des MfS wurde zu seiner Arbeit als inoffizieller Mitarbeiter unter Studenten ausgeführt, dass er „rhetorisch gewandt und befähigt“ sei, „Gespräche und Diskussionen auch unter Anwendung und Einbeziehung von Legenden zu führen“. Braune wurde am 26. Juni 1980 von der Abteilung XX der BV Suhl für den studentischen Bereich der TH Ilmenau als IMB geworben. 1982 wurde er in das MfS eingestellt (Tab. 73). Das MfS hob seine Uneigennützigkeit, Eigeninitiative und seinen Fleiß bei der Erfüllung operativer Aufgaben hervor.[2012]

Klasse 9: Wald-und-Wiesen-IM
(Fall-Nr. 95) Wilhelm Wiese* alias „Sturm“ wurde am 21. August 1986 anlässlich seiner Einberufung zu den Grenztruppen der DDR in einer Nachrichtenkompanie geworben. Er schloss zuvor eine Lehre als Elektroinstallateur an der TH Ilmenau 1982 ab. Nach der Ableistung seines Grundwehrdienstes arbeitete er wieder in seinem Beruf an der TH, auch hatte er sich bereiterklärt, weiterhin für das MfS inoffiziell zu arbeiten. Geführt wurde er von der KD Ilmenau. Hier wurde er in ein nicht für die Hochschule arbeitendes FIM-Netz, namens „Rene“, integriert. Meist traf er sich im Dienstzimmer oder im PKW des Führungs-IM. Das letzte aktenkundliche Treffen fand am 2. November 1989 im Garten seines FIMs statt.[2013]

„Sturm“ war als klassischer „Wald- und Wiesen-IM“ eingesetzt, der Stimmungen und Meinungen zu Ereignissen, Geschehnissen und Personen schriftlich und mündlich zu

---

[2008] Bericht von „Christina“ vom 11.10.1971; ebd., Bl. 222.
[2009] KDI vom 14.1.1974: Bericht zum Treffen mit „Christina“ vom 14.1.1974; ebd., Bl. 266.
[2010] KDI vom 25.2.1974: Bericht zum Treffen mit „Christina“ vom 25.2.1974; ebd., Bd. 2, Bl. 5 f.
[2011] BV Suhl, Abt. XX, vom 30.10.1989: Bericht zum Treffen mit „Dieter Haustein“ am 27.10.1989; ebd., Teil II, Bd. 3, Bl. 60 f., hier 61.
[2012] BV Suhl, Abt. XX, vom 20.7.1984: Auszeichnung; BStU, BV Suhl, Abt. XX, Nr. 834, Bl. 97. Einschätzung, vermutlich Februar/März 1982; ebd., Bl. 98–105.
[2013] KDI vom 21.8.1986: Bericht über die Berufung; Verpflichtungserklärung o. D; Bereitschaft zur Weiterarbeit als GMS am 14.11.1988; Übergabetreff am 25.1.1989 sowie Bericht zum Treffen mit „Sturm“ am 2.11.1989; BStU, BV Gera, AGMS 335/94, 1 Bd., Bl. 21, 43 f., 86–87 u. 128 f.

berichten hatte, so mehrfach auch zu den Kommunalwahlen im Mai 1989. Im April berichtete er, dass er gehört habe, dass Menschen nicht (mehr) an den Sozialismus glaubten und ihn als Utopie bezeichneten.[2014] Sein Bericht atmete die damalige Grundstimmung der Bevölkerung und betraf die gesamte Palette gesellschaftlicher Probleme. Positives wurde nicht von ihm zu Papier gebracht, außer, dass die Kommunalwahlen in der Sowjetunion gelobt würden, da sie demokratisch verliefen. Und über die Studenten, die zukünftigen Kader der Republik, kam alles andere als ein Loblied zu Papier, wenn er deren Unordnung in den Zimmern und Küchen darstellte: Die ausländischen Studenten seien diesbezüglich eine Ausnahme. Die Heimleiter und Hausmeister würden die „Unordnung ‚Schweinerei'" auch noch hinnehmen. Komme man um 10.00 Uhr in ein Studentenzimmer, läge einer im Bett. Komme man um 15.00 Uhr, „liegt man schon wieder im Bett". Rede man mit ihnen darüber, bekomme man den Eindruck, dass heute studiert wird, um nicht mehr arbeiten zu müssen. Studieren sei keine Frage des Interesses, sondern eine Frage der „Mode geworden".[2015]

Zum Ausgang der Kommunalwahlen berichtete er am 4. Juni, dass sie ihn überrascht hätten, da die Beteiligung hoch war und über 98 Prozent mit „Ja" votierten. Deshalb seien sofort Spekulationen über Manipulationen lautgeworden. Klagen seien eingereicht worden, da dieses Ergebnis von Bürgern, die die Wahl vor Ort beobachteten, nicht erwartet werden konnte, da die Einzelergebnisse dies nicht hergaben. Viele hätten im Sonderwahllokal ihre Stimme abgegeben, da sie Angst gehabt hätten, in ihrem lokalen Wahlkreis zu wählen.[2016] Speziell für den Bereich der TH Ilmenau hatte „Sturm" für den Oktober den Auftrag bekommen, oppositionelle Tendenzen festzustellen, konnte solche jedoch nicht feststellen. Jedenfalls wollte er von solchen nichts gehört haben. Lediglich die FDJ führe an den Sektionen sogenannte Plattformen ein, dort diskutiere man zur Lage. Jedoch dürfe nicht jeder, der wolle, hinzukommen, was mit Platzmangel begründet worden sei.[2017] Breiten Raum in seiner Berichterstattung nahmen Phänomene der Ausreisewelle ein.[2018]

Den letzten Bericht übergab „Sturm" seinem FIM „Rene" im Beisein von dessen Führungsoffizier am 2. November 1989. Die erwartete „inhaltlich aussagekräftige Einschätzung der Lage an der TH Ilmenau hinsichtlich der Stimmungen und Meinungen zur Umgestaltung innerhalb der DDR" ist zwar nicht überliefert. Laut Treffbericht aber habe der Bericht „die große Erwartungshaltung unter den Studenten und Mitarbeitern der TH zu allen Problemen der gesellschaftlichen Entwicklung der DDR" unterstrichen. Im Gespräch mit den beiden MfS-Mitarbeitern soll „Sturm" deutlich gemacht haben, dass es „eine allgemeine Besorgnis über die plötzliche und grenzenlose Offenlegung der angestauten Probleme" sowie „über die gefährliche Ungeduld der Bevölkerung" gebe, die sich in „scharfen und teilweise überspitzten Forderungen und furchteinflößenden Demonstrationen" manifestiere. Er habe kein Verständnis, warum „diese Entwicklung soweit kommen musste", man hätte notwendig „viel früher auf alle warnenden Stimmen" hören müssen. Das

[2014] KDI, o. D.: Bericht zum Treffen mit „Sturm" am 4.4.1989; ebd., Bl. 102 f.
[2015] Berichte von „Sturm" vom 1. u. 5.4.1989; ebd., Bl. 104 f. u. 110–112.
[2016] Bericht von „Sturm" vom 4.6.1989; ebd., Bl. 115 f.
[2017] Bericht von „Sturm" vom 15.10.1989; ebd., Bl. 123 u. 123A.
[2018] Bericht von „Sturm" vom 13.8. u. 15.10.1989; ebd., Bl. 123, 123A u. 126 f.

verlorengegangene Vertrauen in die SED könne nur schwer zurückgewonnen werden. „Mit bloßen Reden, so befürchtet ‚Sturm', sei nichts mehr zu machen." Die nächsten Aufgaben, die er erhielt, bestanden in der „aufmerksame[n] Registrierung der Haltungen zum Prozess der Umgestaltung" sowie in der Informationspflicht, „bei Anzeichen für Anarchismus, Radikalismus und Faschismus sowie Streikaufrufen und Gewalttätigkeiten" den FIM sofort zu kontaktieren.[2019]

(Fall-Nr. 26) Dieter Urs* alias „Fred" wurde am 20. Juli 1965 geworben.[2020] Er zählte zu den fleißigsten inoffiziellen Mitarbeitern an der TH Ilmenau, in Sonderheit an seiner Sektion Physik und Technik Elektronischer Bauelemente, kurz: PHYTEB. Seine IM-Karriere begann 1965 an der Fakultät Elektrotechnik des Moskauer Energetischen Instituts. Dort war er ab 1971 Aspirant für die Fachrichtung Halbleiter und Dielektrika. Vom MfS wurde er zur Absicherung der dortigen DDR-Studenten eingesetzt. Bevor er 1976 zur TH Ilmenau kam, war er von 1974 an im Institut für Strahlen- und Isotopenphysik beschäftigt. Sein Interesse für allumfassende Fragen der Sektion ließ 1979 Spekulationen aufkommen, dass er Agent des sowjetischen Geheimdienstes sei.[2021] Urs* arbeitete auch für die Abteilung V der HV A/SWT.[2022] Er bekam Zuwendungen und zum Jahrestag des MfS 1986 die Medaille für treue Dienste der NVA in Bronze.[2023]

„Fred" zählte zu jener Minderheit inoffizieller Mitarbeiter der TH, die nicht von der OG „HS" resp. vom Referat 8 der Abteilung XX gesteuert wurde, sondern von einer anderen Diensteinheit. In diesem Fall vom Referat 2 der Abteilung II der BV Suhl. Das MfS plante, ihn in Richtung der Linie II, Westarbeit, einzusetzen. Bald aber breiteten sich seine Aufgaben mangels Westverbindungen aus und erfassten praktisch alle Bereiche, also Informationen zum Militärlager der Studenten, Diskussionen zum Eigenheimbau oder zu Geschehnissen in Studentenwohnheimen u.v.a.m. Oftmals berichtete er zu potenziellen und vagen Westverbindungen, zu Kontaktversuchen, Reise- und Besucheraktivitäten, Tagungsteilnahmen aller Art und zu Wissenschaftsbeziehungen. Die Erwartungen des MfS, ihn in den Westreisekaderstamm der TH Ilmenau einzubauen, scheiterten jedoch ebenso wie der mannigfaltige Versuch, nachhaltige postalische Verbindungen zu Wissenschaftlern der Bundesrepublik zu kreieren. Zuletzt waren seine Aufträge mehrheitlich in Richtung „Opposition" gestellt, etwa zu Bestrebungen an der Sektion PHYTEB, Kontakte zum Neuen Forum zu etablieren.[2024] Der letzte aktenkundliche Nachweis eines Treffs mit seinem langjährigen Führungsoffizier Luther erfolgte am 8. November 1989. Hier erklärte „Fred", dass er von der Richtigkeit der Politik der SED nicht mehr überzeugt sei, und auch nicht mehr von der Sinnhaftigkeit der Zusammenarbeit mit dem MfS.[2025]

Wie beharrlich das MfS versuchte, ihn für die Westarbeit aufzubauen, zeigt die

---

2019 KDI, o. D.: Bericht zum Treffen mit „Sturm" am 2.11.1989; ebd., Bl. 128 f.

2020 HA II/6 vom 31.5.1973: Auskunftsbericht; BStU, BV Suhl, AIM 735/90, Teil I, 1 Bd., Bl. 11–22. Verpflichtungserklärung vom 20.7.1965; ebd., Bl. 19.

2021 KDI an BV Suhl, Abt. II, vom 22.1.1979; ebd., Bl. 85.

2022 HV A/6/V vom 29.5.1989: Antrag zur Bestätigung als Auswerter; ebd., Bl. 97.

2023 Belege und Liste; ebd., Bl. 9 u. 115–143.

2024 Bericht des IM „Fred" vom 11.10.1989; ebd., Teil II, Bd. 2, Bl. 133.

2025 BV Suhl, Abt. II/2, vom 9.11.1989: Bericht zum Treffen mit „Fred" am 8.11.1989; ebd., Bl. 137 f.

Aktenlage, nach der er sich vom März 1979 bis zuletzt insgesamt 51-mal zum Hauptzweck der sogenannten Blickfeldarbeit mit seinem Führungsoffizier traf. So hieß es noch nach sechs Jahren am 29. April 1985, dass die „Hauptzielstellung seines Einsatzes" in der „Realisierung einer langfristigen Blickfeldmaßnahme" bestehe, mit der „Perspektive eine[r] mögliche[n] Feindverbindung".[2026] Aber auch am 13. September 1989 hieß es noch: „Nach wie vor bestehen keine konkreten Ansatzpunkte, um den IMS auf der Linie II/2 für eine offensive Arbeit in das Operationsgebiet (OG) ‚Bundesrepublik' zum Einsatz zu bringen."[2027] Das Resultat war gleich Null, blieben als Rest jene Informationen, die nicht von Belang für die Abteilung II waren. Allerdings versickerten diese Informationen keinesfalls, da sie zur AKG weitergereicht wurden und damit zum allfälligen Gebrauch des MfS.

(Fall-Nr. 46) Marta Sanders* alias „Ina" arbeitete für das MfS im studentischen und Mitarbeiter-Bereich des ML-Institutes. Sie war bereits am 20. Dezember 1971 als Lehrling im Kombinat Technisches Glas geworben worden. Danach, von 1973 bis 1978, studierte sie an der FSU Jena. Eine schriftliche Verpflichtung wurde ihr „auf Grund ihres Alters" als Lehrling nicht abverlangt, das war Usus.[2028] Ihre Führungsoffiziere zur Ilmenauer Zeit waren Escher und Müller, die Treffen fanden in der KW „Pfeiffer" statt. Ihr IM-Vorgang ist am 17. November 1989 archiviert worden.[2029]

Die neuerlichen Gespräche mit dem MfS begannen am 19. September 1979 mit einem Schulungstreff.[2030] Sie berichtete umfassend, indem sie präzise über Personen im Sinne „wann, wo, was, wer und wie" Auskunft gab. Es waren oft Charakterstudien mit einem hohen Anteil personenbezogener, privater Details. Das potenzielle, aber auch faktische Schädigungsmoment ihrer Berichte war enorm. Sie berichtete alles, was ihr nur irgendwie geeignet schien, dass es dem MfS interessieren könnte, einschließlich intimer Kenntnisse. Es ist nahezu ein Rätsel, erstens, auf welche Weise sie vertraulichen Zugang zu den Personen erhielt, und zweitens, mit welcher Raffinesse sie sensible Daten aller Art generierte. Etwa: [P] besitzt „reines Rauschgift oder hat die Möglichkeit, sich dieses relativ schnell zu besorgen".[2031] Einen besonderen Stellenwert besaßen in ihrer Berichterstattung immer wieder Regimeverhältnisse in ihrem engeren Umkreis am Institut sowie Meinungen, Aussagen und Stellungnahmen zu gesellschaftspolitischen Geschehnissen und Ereignissen aller Art. Auch übergab sie dem MfS Materialien wie etwa Alfred Ercks Festvortrag zur Eröffnung des V. IHFK unter dem Titel „Kultur und Frieden". Den offiziellen Drucktext versah sie mit kritischem Glossar bis hin zur Kritik der Ausdrucksform.[2032] Dies bei dem profunden Erck überhaupt zu wagen, war grob anmaßend.

Im Zuge ihrer Karriere an der Sektion ML gerieten mehr und mehr die prominenten Kollegen in das Fadenkreuz ihrer professionell tschekistischen Beobachtung. Doch ihre

---

2026 BV Suhl, Abt. II/2, vom 29.4.1985: Bericht zum Treffen mit „Fred" am 23.4.1985; ebd., Bl. 77 f.
2027 BV Suhl, Abt. II/2, vom 13.9.1989: Bericht zum Treffen mit „Fred" am 12.9.1989; ebd., Bl. 129 f.
2028 KDI vom 20.12.1971: Bericht über die Werbung; BStU, BV Suhl, AIM 901/89, Teil I, 1 Bd., Bl. 19. BV Suhl, Abt. XX, vom 4.4.1989: Aktenvermerk; ebd., Bl. 35.
2029 BV Suhl, Abt. XX, vom 17.11.1989: Beschluss über die Archivierung des IM-Vorgangs; ebd., Bl. 46 f.
2030 KDI vom 19.9.1979: Bericht zum Treffen mit „Ina" am 19.9.1979; ebd., Teil II, 1 Bd., Bl. 15 f. Bericht von „Ina" vom 19.9.1979; ebd., Bl. 17.
2031 Bericht von „Ina" vom 26.2.1980; ebd., Bl. 46 f., hier 47.
2032 Erck, Alfred: Kultur und Frieden, aufgefunden in: ebd., Bl. 46 f., hier 47.

„Aufmerksamkeit“ mag nicht unentdeckt geblieben sein. Bereits 1982/83 fragte sie eine Kollegin, wie ihr Mann zum MfS gekommen sei und ob er „schon vor seiner Studienzeit inoffiziell mitgearbeitet habe“.[2033] Allumfassend nahm sie Verfehlungen wahr. Im April 1987 bekam sie im Zusammenhang mit der Erforschung der Geschichte der TH Ilmenau Kenntnis, dass „in größerem Umfang Seiten“ im Archiv des entsprechenden ZK-Institutes fehlen würden. Entsprechende Ermittlungen gegen die namentlich bekannte Nutzerin, eine ehemalige Angehörige der TH Ilmenau, wurden eingeleitet.[2034] Und im September kritisierte sie personelle Zusammenhänge in Bezug auf den Aufbau des Traditionskabinetts der TH (gegen eine hierfür verantwortliche Person berichtete sie ab Sommer 1988 häufig) erheblich negativ.[2035] Ab 1988 nahmen Berichte über das gesellschaftspolitische Verhalten von Studenten und Mitarbeitern der Sektion einen immer größer werdenden Raum ein. Stets bewertete sie Ereignisse, Meinungen und Haltungen aus der Perspektive eines orthodoxen SED-Mitglieds. Wenn zwei namhafte Hochschullehrer der TH sich vehement gegen die Exmatrikulation eines Studenten aus politischen Gründen einsetzten – Hochschullehrer übrigens, die in der Phase der Evaluation aus politischen Gründen keinen guten Stand hatten – ja, sogar mit der Niederlegung ihrer Funktionen drohten, war „Ina“ das natürlich eine Nachricht mit Unterfütterung an Offizier Neues wert. Im Falle des Hochschullehrers [Q] erfolgte in dieser Sache eine Aussprache vor der Bezirksleitung der SED unter Hans Albrecht, der ihn gefragt haben soll, ob beide überhaupt derselben Partei angehörten. [Q] muss so verärgert gewesen sein, dass er tags darauf einen Brief an Honecker schrieb, in dem er sich über das Gespräch bei Albrecht „massiv beschwert haben soll“.[2036]

(Fall-Nr. 71) Rainer Nokkel* alias „Peter Schulz“ wurde als Student der Fachrichtung Hochfrequenztechnik und Elektroakustik der TH Ilmenau am 14. Oktober 1964 geworben.[2037] Am 25. März 1969 wurde er vom GI zum IMS umregistriert.[2038] Als Funkamateur berichtete er u. a. ausgiebig über die von Helmut Wurmus geleitete UKW-Klubstation in der Sternwarte Unterpörlitz, in der 1978 über zwölf Angehörige der TH und anderer Einrichtungen arbeiteten. Neben einer leistungsstarken KW-Conteststation besaß der Klub vier funktechnische Geräte.[2039] Die Rechte und Pflichten der Funkamateure waren gesetzlich festgeschrieben.[2040] Es oblag Nokkel*, diesbezüglich auf Abweichungen zu den Vorschriften zu achten und darüber dem MfS zu berichten. Diese Aufgabe nahm er, konkret personenbezogen, fleißig wahr.[2041]

Grundsätzlich berichtete er über alles. Etwa zur Lage in Polen am 22. Juli 1981, wonach ein Kollege gesagt habe, dass die polnischen Arbeiter „den Funktionären gezeigt“

2033 Bericht von „Ina“ vom 18.1.1983; ebd., Bl. 127.
2034 BV Suhl, Abt. XX, vom 9.4.1987: Bericht von „Ina“ am 8.4.1987; ebd., Bl. 165.
2035 BV Suhl, Abt. XX, vom 11.9.1987: Bericht von „Ina“ am 4.9.1987; ebd., Bl. 184–186.
2036 BV Suhl, Abt. XX, vom 19.2.1988: Bericht von „Ina“ am 18.2.1988; ebd., Bl. 224.
2037 Verpflichtungserklärung vom 14.10.1964; BStU, BV Suhl, AIM 604/92, Teil I, 1 Bd., Bl. 18.
2038 Umregistrierung vom 25.3.1969; ebd., Bl. 19.
2039 UKW-Klubstation, Sternwarte Unterpörlitz: Bestand vom 6.3.1978; ebd., Teil II, Bd. 2, Bl. 33. Statistische und andere Angaben auch in der OPK „Telegraf“. Demnach waren zuletzt 13 Angehörige der TH Ilmenau Mitglied der Arbeitsgemeinschaft; BStU, BV Suhl, AOPK 1607/90, 1 Bd., Bl. 15.
2040 GBl. 1977 I, Nr. 27, vom 6.9.1977: Auszüge und Kommentare vom 1.8.1978; ebd., erste Quelle, Bl. 50 f.
2041 Bericht über die UKW-Amateurfunkstation der THI vom 9.1.1971; ebd., Bd. 1, Bl. 140 f.

hätten, „was sie für eine Kraft sind, wir müssen das auch in manchen Dingen tun“. Und ein anderer habe insistiert, dass die Funktionäre in der DDR einmal auf ihr Können überprüft zu werden verdienten.[2042] Wiederum ein anderer war der Auffassung, dass einige seiner Kollegen Stasispitzel seien, einen nannte er beim Namen.[2043] Der Tipp traf zwar zu, doch war er bereits seit gut zwei Jahrzehnten vom MfS abgeschrieben, weil er sich geweigert hatte, zu berichten (Tab. 75, Fall-Nr. 55). Oder 1984 zur ewigen Problematik des Heizwerks, wozu er gleich mehrere Auffassungen parat hatte; etwa: „Für den Umweltschutz wird bei uns überhaupt nichts getan – die Funktionäre, die das neue Heizkraftwerk in Ilmenau befürworten sind Verbrecher – man dürfte gar nicht zur Wahl gehen – in einigen Jahren gibt es dort keinen Wald für unsere Kinder mehr.“[2044]

Überliefert ist ein instruktiver Komplexauftrag vom 6. Januar 1965.[2045] Nokkel* erhielt deren mehrere. Einen Ergebnis-Bericht zu Fragen eines solchen Komplexauftrages gab er dem MfS im April 1967. Hierin berichtete er detailliert zur Problematik des Abhörens von Westsendern durch Studenten einschließlich technischer Details wie dem Bau von Konvertern zum Empfang des ZDF. Ein Student würde gar Konverter in größerer Stückzahl fertigen, das täten auch andere.[2046] Nicht nur in seinem Fall versuchte das MfS, ihn für eigene Zwecke zu lenken und schlug vor, „eine Anstellung an der TH als Lehrer im Hochschuldienst anzunehmen und damit auf eine unmittelbare Forschungstätigkeit zu verzichten“. Derzeit war der IM noch unentschieden und war just Mitglied einer Kontrollgruppe an der TH geworden.[2047] Nokkel* arbeitete bis 1989 für das MfS. Er soll ein „ausgeprägtes Vertrauensverhältnis“ zum MfS besessen haben.[2048]

Klasse 10: SED und Massenorganisationen

(Fall-Nr. 76) Kurt Benisch* alias „Reinhard May“ studierte nach seiner Zeit von 1973 bis 1976 als Angehöriger des Wachregimentes des MfS an der TH Ilmenau, Sektion PHYTEB, von 1976 bis 1980, anschließend war er bis 1983 Forschungsstudent. Noch im selben Jahr wurde er in der Bezirksleitung der FDJ als stellvertretender FDJ-GO-Sekretär und nach drei Monaten als Sekretär für Agit./Prop. eingesetzt. 1987 kam er zurück zur TH Ilmenau als Assistent. Er wurde am 7. Dezember 1984 geworben und berichtete bis zuletzt für die KD Ilmenau.[2049] Ein Informationstransfer zur Abteilung XX der BV Suhl fand statt.[2050]

Mit „Reinhard May“ liegt eine Aktenlage vor, die einen guten Einblick in die Struktur, Verflechtung und Arbeitsweise der FDJ im Hoch- und Fachschulbereich gibt. Der Werbungszweck orientierte insbesondere auf das Ziel der „Durchdringung der FDJ-

---

[2042] Zur Lage in Polen, Abschrift eines Berichtes von „Peter Schulz“ vom 22.7.1981; ebd., Bd. 2, Bl. 161.
[2043] Diskussionen, Bericht von „Peter Schulz“ vom 12.1.1983; ebd., Bl. 211.
[2044] Diskussionen, Bericht von „Peter Schulz“ vom 23.4.1984; ebd., Bl. 266.
[2045] Komplexauftrag vom 6.1.1965; ebd., Bd. 1, Bl. 26 f. Sowie in Variation; ebd., Bl. 58–60.
[2046] Bericht vom 12.4.1967 zum Komplexauftrag; ebd., Bl. 72 f.
[2047] KDI vom 27.1.1971: Bericht zum Treffen mit „Peter Schulz“ am 26.1.1971; ebd., Bl. 136.
[2048] BV Suhl, Abt. XX, vom 5.4.1989: Beurteilung; ebd., Bl. 25.
[2049] MfS, Wachregiment Berlin „Felix Dzierzynski“, vom 8.6.1984; BStU, BV Suhl, AIM 336/94, Teil I, 1 Bd., Bl. 54. Verpflichtung vom 7.12.1984; ebd., Bl. 11 f.
[2050] Etwa zu seinem Einsatz im Rahmen des VII. Festivals der Freundschaft vom 6. bis 9.6.1987 in Gera, wo er „die Forderungen des MfS zur Gewährleistung einer hohen Ordnung und Sicherheit konstant“ umgesetzt haben soll; BV Suhl, Abt. XX, vom 10.6.1987; ebd., Bl. 120.

Reisekader".[2051] Ihm waren neun Komplexe vorgegeben worden, u. a.: (1) Suche, Auswahl und Bestätigung von Jugendlichen für touristische Reisen von Jugendlichen; (2) fortlaufende Erarbeitung von Informationen zu den Reisenden und (6) zu Teilnehmern von Reisegruppen aus dem Westen; (7) ständige Einschätzung der Mitarbeiter der FDJ-Kreisleitung sowie (8) Unterstützung des MfS bei der Suche nach Perspektivkadern.[2052]

Die Berichterstattung und Treffdurchführung begann am 13. Dezember 1984 und endete am 21. Juni 1989, als er zu den aktuellen politischen Erscheinungen in der DDR, speziell zu Reaktionen der technischen Intelligenz der TH Ilmenau berichtete.[2053] Seine Berichte waren konkret und ausführlich. Gab es zentral initiierte Aktionen der FDJ, die auch die TH Ilmenau betrafen, waren seine Einsätze als IM gewissermaßen Heimspiele. Wie Ende 1984, als eine westdeutsche Jugendreisegruppe in der Jugendherberge „Nikolai Ostrowski" untergebracht war und ihm die Instruktion des Betreuers oblag. Bei einem solchen Einsatz fielen gewöhnlich auch andere berichtenswerte Erkenntnisse an. In diesem Fall zu einem Hausmeister eines Studentenblocks.[2054] Eine Hauptaufgabe bildete die Berichterstattung und Umsetzung von Instruktionen seitens des MfS bei der Betreuung westlicher Delegationen, so etwa im Fall des Besuchs des MSB Spartakus im April 1985. Das Besuchsprogramm beinhaltete auch einen Aufenthalt an der TH Ilmenau am 18. April in der Zeit von 12.00 bis 22.00 Uhr. Hierzu war Gerd Scarbata eingeladen worden, in einem Vortrag mit Diskussion über das Leben an der Ilmenauer Hochschule zu sprechen, über die Wege zum Studium, über den Studienplan, über soziale Aspekte des Studiums u.a.m. Binnen einer Stunde wurden ausgewählte Bereiche der Hochschule besichtigt, drei Stunden dauerte ein Treffen in einem Wohnheimklub.

Der Reisegruppe gehörten 13 Studenten an, drei von ihnen waren Mitglieder der DKP. Bemerkenswert ist, dass alle von „Reinhard May" wiedergegebenen Fragen der Delegationsteilnehmer im Rahmen des Besuchs an der TH für die SED sensible Inhalte aufwiesen, u. a.: (1) wie die enge Bindung der Hochschule an die Industrie zu erklären sei, sie selbst würden sich daheim gegen eine solche wehren; (2) wie an der TH Ilmenau die „Ausbildung von ‚Fachidioten'" verhindert werde; (4) wie „subjektive Faktoren bei der Absolventenvermittlung berücksichtigt" werden würden; (5) wie Wünsche nach einer anderen Unterbringung als in Studentenwohnheimen behandelt würden; (6) ob es eine Eliteförderung gebe; (7) welche Kriterien bei der Zulassung zum Studium existieren; (8) welche Kriterien es für die sogenannte Umlenkung von Bewerbern gebe, und wie mit politisch nicht konformen Jugendlichen umgegangen werde; (9) welche Rolle pazifistische Ideen an der Hochschule spielten. „Reinhard May" lieferte zu den Studenten kurze Dossiers.[2055]

2051 KDI vom 30.3.1989: Beurteilung; ebd., Bl. 13.

2052 KDI vom 4.12.1984: Vorschlag zur Werbung; ebd., Bl. 107–112, hier 108.

2053 KDI vom 23.6.1989: Bericht zum Treffen mit „Reinhard May" vom 21.6.1989; ebd., Teil II, Bd. 1, Bl. 354 f.

2054 KDI vom 18.12.1984: Bericht zum Treffen mit „Reinhard May" am 13.12.1984; ebd., Bl. 5 f.

2055 FDJ, KL Ilmenau, vom 3.4.1985: Konzeption zur Betreuung der Delegation des MSB Spartakus im Kreis Ilmenau, aufgefunden in: ebd., Bl. 73–76. Der Besuchsplan wurde realisiert: Bericht von „Reinhard May" vom 24.4.1985; ebd., Bl. 79–83, hier 80 u. 83.

Klasse 11: Observation der Studenten

(Fall-Nr. 11) Arnold Jansen* alias „Christel" war am Tag seiner Werbung am 25. Januar 1968 Student der TH Ilmenau. Zur Zeit der 3. Hochschulreform wurde er Mitglied der Sektionsleitung ET und der studentischen Wohnungskommission der TH Ilmenau. Er wurde vom FIM „Max Winter" gesteuert. Das Losungswort hieß bei Kontaktaufnahme mit dem MfS: „Die besten Grüße von Christel aus Weimar und sie kommt am Sonntag." Die Antwort Jansens*: „Danke, aber sie hat doch geschrieben, dass sie schon Freitag kommt."[2056] Er durchlief alle Karriereschritte an der TH. Nach der Promotion über das Forschungsstudium folgte ein Einsatz in der Industrie. Jansens* Berichte waren parteilich (1973 trug er sich mit dem Gedanken, beim MfS anzufangen[2057]). Vielfach sprach er allbekannten Wahrheiten aus, etwa zum ML-Unterricht, wo „die Masse nur wartet, bis die Stunde um ist und dabei noch versucht, eine gängige Zensur zu erwischen". Auch berichtete er über die von der SED kritisierte politisch-ideologische Arbeit der Assistenten. Deren Lage sah er kritisch, da sie vielfach wegen Überlastung keine Zeit hätten, ihrer Funktion als Betreuer gerecht zu werden. Dies gerate zum Nachteil für die Hebung der Studienmoral, insbesondere, was die politische Bildung anlange. Er kenne überdies keinen, auch Assistenten nicht, die nicht westliche Sender hörten. Im Block B sei eine UHF-Antenne unter dem Dach. Die Empfangslage sei an diesem Standort hervorragend.[2058] Das Berichtsspektrum konnte nicht breiter sein, angefangen von der Sauberkeit in den Studentenwohnheimen, über die Einsätze des 1972 gebildeten Reparaturkollektivs in diesen,[2059] bis hin zu Fragen der „Einheit von Lehre und Forschung" sowie der Entwicklung der Lehrgruppen.[2060]

Vor seiner Umregistrierung vom Status eines GI zum GMS[2061] existiert eine zweite Aktensignatur, bestehend aus den Teilen I und II (Personal- und Berichtsakte), die im Mai 1979 archiviert wurde. Die Arbeitsakte zeugt von einer Berichterstattung zu allen Facetten des Studentenlebens: Studium, Freizeit, Militärlager, politisches Geschehen, 3. Hochschulreform, Drogenmissbrauch, Besitz von Westzeitschriften u.a.m. Personenbelastende Informationen finden sich in seinen Berichten zuhauf, etwa: „Er stützt sich in seinen Reden auf Nachrichten westlicher Rundfunksender und des Fernsehens." Oder: Circa 80 Prozent der Studenten hätten den Einmarsch der Warschauer Paktstaaten „in der Form" nicht gutgeheißen. Oder im Rahmen des II. Militärlehrgangs: Die von den Studenten abgeforderten Willenserklärungen (Kap. 4.3.3, S. 245) hätten zu scharfen Diskussionen geführt.[2062]

Klasse 12: Besondere Aktenlagen

(Fall-Nr. 30) Karl-Heinz Linsel alias „Gebhardt" studierte von 1951 bis 1956 an der TH Dresden Starkstromtechnik, anschließend begann er als Assistent an der HfE Ilmenau

---

2056 KDI vom 4.11.1969: Auskunftsbericht; BStU, BV Suhl, AGMS 513/75, 1 Bd., Bl. 6–10. Verpflichtungserklärung vom 25.1.1968; ebd. Bl. 11.

2057 Bericht von „Christel" vom Januar 1973; ebd., Bl. 104 f.

2058 Bericht von „Christel" vom Februar 1972; ebd., Bl. 81–84.

2059 Bericht von „Christel" vom Oktober 1972; ebd., Bl. 96 f., hier 96.

2060 Bericht von „Christel" vom Februar 1972; ebd., Bl. 81–84, hier 81.

2061 BV Suhl, KDI, vom 29.8.1975: Abverfügung; ebd., Bl. 114.

2062 Bericht von „Christel" vom 1.4.1968; BStU, BV Suhl, AGMS 277/70, Teil II, 1 Bd., Bl. 11 f., hier 12. Bericht von „Christel" vom 17.10.1968; ebd., Bl. 33 f., hier 33.

im Institut für Hochspannungstechnik. Vom MfS wurde er in Bezug auf die Frage der Parteilichkeit hoch gelobt, er habe nie Schwankungen gezeigt. Linsel war stets in Funktionen der SED, zunächst Fakultätsparteisekretär, dann Mitglied der HPL und zuletzt deren 1. Sekretär. Seine inoffizielle Arbeit war im Sinne des MfS befriedigend, litt aber darunter, dass er aufgrund seiner offen gezeigten Parteilichkeit nicht das Vertrauen der zu bearbeitenden Personen besaß. Linsel wurde am 19. November 1957 von und für die Abteilung XV geworben. Er lernte vier Offiziere des MfS, davon drei mit Klarnamen und drei KWs kennen.[2063] Da sich alsbald zeigte, dass er keine Perspektive für die HV A-Struktureinheit in der BV Suhl, Abteilung XV, besaß, wurde er am 30. Oktober 1959 der OG „HS“ der KD Ilmenau zur Absicherung des Instituts für Hochspannungstechnik übergeben. Im Sommer 1963 zeigte sich das MfS zwar mit seiner bisherigen inoffiziellen Arbeit einigermaßen zufrieden, bemängelte aber, dass er, würde man ihn nicht aktiv dazu bewegen, die Zusammenarbeit einzustellen geneigt sei. Linsel gab Arbeitsüberlastung als Grund gegen ein höheres Engagement an.[2064] Bemerkenswert selten ist die Härte, mit der sein Führungsoffizier nahezu durchgehend gegen ihn argumentierte, ja, ihn oft regelrecht zurechtwies. 1964 wurde die Zusammenarbeit richtlinienbedingt beendet, da er die HPL als 1. Sekretär übernahm (hauptamtliche SED-Sekretäre durften nicht vom MfS geworben werden).[2065] Ab 1977 war Linsel auch als Auswerter für von der SWT der HV A beschaffte wissenschaftliche Unterlagen eingesetzt.[2066] Die inoffizielle Tätigkeit wurde erst 1982, nach seiner Ablösung als 1. Sekretär der HPL, wieder reaktiviert. Von nun an gehörte er dem FIM-System von Wolfgang Berg an,[2067] was für einen langjährigen Parteisekretär eine bemerkenswerte Tatsache ist. Das Schwergewicht seiner Berichterstattung lag nun, anders als in der ersten Periode, auf Wissenschaftsfragen, insbesondere normativ und plantechnisch. Seine diesbezüglichen Analysen sind solide und valide.[2068] Ab 1988 kam Linsel keinem Trefftermin mehr nach. Der Vorgang wurde im November 1989 archiviert.[2069]

Zu seiner ersten Periode: Bereits zum ersten Treffen am 28. November 1958 belastete er Personen seines Instituts. Einen Assistenten nannte er „die schwierigste Person im ganzen Institut“, obgleich „er in fachlicher Hinsicht eine gute Arbeit“ leiste. Werde die Hochschule die militärische Ausbildung einführen, würde der sie in Richtung Industrie sofort verlassen. Er opfere dann sogar seine Promotion. Linsel ergänzte, dass er ein Mensch sei, „der von der Gesellschaft alles nimmt, ihr aber nichts gibt und auch nicht bereit ist, ihr etwas zu geben“.[2070] Sein Urteil war freilich inkonsistent, da der Assistent im Kulturbund mitarbeitete. Völlig schlecht schnitt bei ihm Hans Stamm ab, der angeblich „so gut wie nichts leistet“.[2071] Ein halbes Jahr später, im Sommer 1960 flüchtete der Assistent. In den

---

[2063] KDI, OG „HS“, vom 26.6.1962: Auskunft; BStU, BV Suhl, AIM 448/64, Teil I, 1 Bd., Bl. 52–55. Verpflichtungserklärung vom 19.11.1957; BStU, BV Suhl, AGMS 847/89, 1 Bd., Bl. 23.
[2064] KDI, OG „HS“, vom 3.7.1963: Perspektivplan; ebd., erste Quelle, Bl. 56–58.
[2065] BV Suhl vom 29.5.1964: Beschluss für das Einstellen eines IM-Vorganges; ebd., Bl. 59 f.
[2066] KDI vom 1.7.1977 u. 17.12.1980: Bestätigungen; BStU, BV Suhl, AGMS 847/89, 1 Bd., Bl. 37 u. 39.
[2067] BV Suhl, Abt. XX, vom 16.11.1989: Abschlussbericht; ebd., Bl. 343.
[2068] Jahresbericht „Forschung“ für 1974 bis 1978; ebd., Bl. 79–91.
[2069] BV Suhl, Abt. XX, vom 16.11.1989: Archivierung der GMS-Akte; ebd., Bl. 341 f.
[2070] KDI, OG „HS“, vom 3.12.1958: Bericht zum Treffen mit „Gebhardt“ am 28.11.1958; BStU, AIM 448/64, Teil II, 1 Bd., Bl. 6 f.
[2071] Ebd.

Augen des MfS versagte Linsel, da er auf ihn „angesetzt“ war und nicht berichtete, dass der Assistent sich in letzter Zeit auffällig positiv gezeigt habe.[2072] Im Herbst berichtete er einmal mehr negativ über Stamm, über Studenten und fünf Wissenschaftler seines Instituts, die geflüchtet waren.[2073] Im Dezember wurde Linsel ermahnt, die Treffdisziplin zu verbessern, da er immer nur jeden zweiten Termin wahrnehme; Zitat Offizier Löhlein: „Es wurde dem GI ganz klar erklärt, dass seine Arbeit, wie sie in der letzten Zeit war, nicht dazu dient, einen Schutz zu gewährleisten, sondern dass er dadurch unsere Zeit in Anspruch nimmt und nichts herauskommt, da wir über eine Zeit immer warten und er dann nicht erscheint.“ Wieder musste über eine Flucht eines Institutsangehörigen gesprochen werden, dem dies gar mit seinem Auto mit „Camping-Anhänger und allen Sachen“ gelang. Vorher sei er noch promoviert worden.[2074]

Im Februar 1961 sprach Linsel mit Löhlein über die Lehre und Forschung aus der Perspektive des Instituts für Starkstromtechnik. In der Forschung gelte das Prinzip, dass sie hinter der Lehre rangiere. Ob dies bereits als Kritik anzusehen war, was wahrscheinlich ist, kann der Diktion nicht klar entnommen werden. Einmal mehr kritisierte Linsel vollumfänglich Stamm, vor allem wegen seines Leitungsstils.[2075] Und im April nochmals. So soll Stamm es zunächst abgelehnt haben, anlässlich des Raumfluges von Juri Gagarin eine Stellungnahme der Hochschule abzugeben. Es habe Mühe gekostet, so Linsel, ihn dazu zu bewegen. Auch wurde nochmals über die Flucht des Assistenten gesprochen, die Gründe kenne man immer noch nicht.[2076]

Diskussionsschwerpunkt mit seinem Führungsoffizier war am 23. November 1961 die Exmatrikulation von zwölf Studenten (unten, S. 537 f.). Demnach sah Linsel die harte Maßnahme als völlig richtig an. Er vertrat nicht die Auffassung wie manche Studenten, dass die Strafe zu hart gewesen sei. Die Betreffenden hätten ohnehin versucht, sich gegenseitig zu decken und nichts über Bekanntgewordenes hinaus zugegeben. Er vertrete auch nicht die Meinung, dass durch diesen Aderlass der Wirtschaft geschadet werde. So schwach sei sie nicht, und überdies würde ohnehin nur die Hälfte der Absolventen in die Wirtschaft gehen. Man habe lediglich verabsäumt, „den wahren Sachverhalt allen Studenten“ bekanntzugeben, man hätte sich unliebsame Diskussionen somit ersparen können. Und wiederum berichtete er äußerst negativ über Stamm, diesmal in Bezug auf Kaderfragen. Die Beschuldigungen gingen ins Persönliche.[2077]

Das letzte Treffen in seiner ersten inoffiziellen Periode fand am 9. April 1964 statt. Einmal mehr wurde Linsel von Löhlein gerüffelt, weil er nicht „alle von uns erhaltenen Punkte im Auftrag genau und gewissenhaft“ erfüllt habe. Es ging aktuell um einen verdächtigen Assistenten, zu dem sich Linsel „gar nicht erst die Mühe gemacht“ haben soll, „etwas laut unserem Auftrag in Erfahrung zu bringen“, sondern nur bereits bekannte

---

[2072] KDI, OG „HS“, vom 28.6.1960: Bericht zum Treffen mit „Gebhardt“ am 28.6.1960; ebd., Bl. 32. KDI, OG „HS“, vom 14.1.1960: Bericht zum Treffen mit „Gebhardt“ am 14.1.1960; ebd., Bl. 23.
[2073] KDI, OG „HS“, vom 25.10.1960: Bericht zum Treffen mit „Gebhardt“ am 21.10.1960; ebd., Bl. 34 f.
[2074] KDI, OG „HS“, vom 1.12.1960: Bericht zum Treffen mit „Gebhardt“ am 1.12.1960; ebd., Bl. 37–39.
[2075] Bericht von „Gebhardt“ vom 6.2.1961; ebd., Bl. 60–62, hier 60.
[2076] KDI, OG „HS“, vom 14.4.1961: Bericht zum Treffen mit „Gebhardt“ am 13.4.1961; ebd., Bl. 74 f.
[2077] KDI, OG „HS“, vom 24.11.1961: Bericht zum Treffen mit „Gebhardt“ am 23.11.1961; ebd., Bl. 93 f.

Fakten beigebracht habe. Er möge dies unbedingt nachholen. Zur allgemeinen Situation im Institut soll Linsel geäußert haben, dass diese „sehr traurig“ sei, da „keiner versucht, über politische Probleme was zu sagen“. Zu ihm sage man nur positive Dinge. Er sehe diesen „Zustand im Augenblick als ungesund“ an.[2078]

(Fall-Nr. 58) Franz Ludwigs* alias „Margraf“ Aktenlage besitzt für diese Studie einen besonderen Stellenwert. Über einen Rechtsanwalt hatte Ludwig* erreicht, in „seine“ Akte beim BStU eine eidesstattliche Erklärung vom 13. März 1997 einlegen zu lassen. Darin ist festgestellt, dass von Ludwigs* Seite „keine Zusammenarbeit zum ‚MfS‘ bestanden“ habe. Es wird behauptet, ‚dass er eine „Erklärung“ im Sinne einer Verpflichtungserklärung nicht‘ unterschrieben habe. Die in der Akte befindliche „Erklärung“ will er im Auftrag des Kaderleiters, der den Text vorgegeben haben soll, unterschrieben haben. Dass die „sogenannte ‚Stasi-Akte‘“ zudem „eine größere Zahl von sachlichen Unrichtigkeiten“ enthalte, bildete eine zusätzliche Schutzbehauptung.

Was die Schutzbehauptung anbelangt, so stellt sie eine beliebte Argumentationsfigur zur Abwehr der Verwendung von Stasi-Unterlagen dar. Letztlich sind die meisten solcher Fehler irrelevant, da sie mit großer Wahrscheinlichkeit in nahezu allen Akten aller Provenienzen entdeckt werden können. Eine nicht geringe Anzahl solcher Fehler sind zudem subjektiv beim Leser aufgrund von Wahrnehmungsverschiebungen bedingt. Zum anderen sind viele dem MfS zugeschobene oder anlastbare Fehler nichtig. Vielmehr war in diesem Fall zu prüfen: (1) ob die Grundbehauptung Ludwigs* der Wahrheit entsprach, (2) ob die Akte per se überhaupt hergibt, dass er ein IM war, ferner, (3) ob in den weit verstreuten Aktenlagen des MfS der Deckname „Margraf“ mit Bezug auf die TH Ilmenau auftaucht, da ja die Berichtsakte, also der Teil II, fehlt.

Die in der Akte einliegende maschinenschriftliche Schweigeverpflichtung ist tatsächlich eine, die auch in staatlichen Zusammenhängen hin und wieder abzugeben war oder auch vom MfS verlangt wurde, etwa in Folge abgeschlossener Kontaktgespräche ohne Verpflichtungsergebnis. Es spricht letztlich auch der Textinhalt für die erstgenannte Zieladresse, da expressis verbis erklärt wurde, Dienstgeheimnisse und Informationen „streng vertraulich zu behandeln“.[2079] Seine Aussage war also wahr. Ludwig* sollte zur Durchdringung und Sicherung des Bereiches Mikroelektronik der Sektion PHYTEB geworben werden. Laut Beschluss zum Anlegen einer IM-Akte wurde er am 25. Oktober 1978 geworben.[2080] Bis dahin fanden drei Kontaktgespräche statt. Im Werbungsbericht Ehrhardts steht ausdrücklich vermerkt, dass Ludwig* eine schriftliche Verpflichtungserklärung mit Hinweis auf die geleistete Schweigeverpflichtung abgelehnt habe. Die Verpflichtung sei per Handschlag erfolgt. Ferner wollte er sich mit dem MfS-Offizier nicht im Dienstzimmer, sondern in Laborräumen der Sektion treffen. Den Decknamen soll er sich selbst gegeben haben.[2081] Alle Gespräche führte Ehrhardt. In einer Beurteilung vom August 1978 ist festgehalten, dass er nicht dazu bewegt werden konnte, sich in einer KW zu

---

[2078] KDI, OG „HS“, vom 10.4.1964: Bericht zum Treffen mit „Gebhardt“ am 9.4.1964; ebd., Bl. 173 f.
[2079] Erklärung vom 26.9.1978; BStU, BV Suhl, AIM 210/84, 1 Bd., Bl. 48.
[2080] KDI vom 29.8.1978: Beschluss zum Anlegen einer IM-Vorlauf-Akte; ebd., Bl. 4.
[2081] KDI vom 26.10.1978: Bericht zur Werbung; ebd., Bl. 57 f.

treffen. Allerdings sollen nun doch die Treffs im Dienstzimmer – nach Feierabend – stattgefunden haben. Schriftliche Berichte habe er abgelehnt. Auch habe er versucht, das MfS für sich zu instrumentalisieren. Einen anderen Führungsoffizier habe er konsequent abgelehnt. Bei einem Weggang von der Hochschule wollte er keinesfalls die Zusammenarbeit weiterführen. Seine mündlich gegebenen Berichte zu Forschungsfragen im Zusammenhang mit der Mikroelektronik und zu zwei vorgesetzten Mitarbeitern sollen wahrheitsgemäß erfolgt sein.[2082] In einer Einsatz- und Entwicklungskonzeption vom Juni 1980 sind diese Dinge bestätigt und erneuert worden, zuzüglich der Aufgabe, die „Interessen des MfS im Rahmen der Arbeit in der GST-Grundorganisation der TH Ilmenau“ durchzusetzen.[2083] Der Abschlussbericht datiert vom 1. März 1984. Ab November 1982 fanden keine Treffs – mit einem hier nicht benennbaren Fakt aus Gründen des StUG – mehr statt.[2084]

Die gesamte Aktenführung entspricht der Norm und ist völlig widerspruchsfrei. Aufgrund einiger Niederlagen Ehrhardts, Ludwig* zu einem den Richtlinien entsprechenden IM zu machen, also schriftliche Verpflichtung, schriftliche Berichte und Treffs in konspirativen Objekten, kann nicht am Wahrheitsgehalt der Akte gezweifelt werden. Mehrere Dokumente enthalten Hinweise, dass er sich endlich schriftlich verpflichten möge und bereit werde, sich in konspirativen Wohnungen zu treffen. Allein, es fehlt der Teil II der Akte, was logisch mit der fehlenden Bereitschaft, in schriftlicher Form zu berichten, erklärt werden kann. Auch hat der Verfasser in anderen Akten aller Provenienzen keine Kopien von Berichten oder irgendwelche Bezüge zu „Margraf“ gefunden. Demnach scheinen die Angaben Ludwigs* in der Erklärung seines Rechtsanwaltes voll zuzutreffen. Allein ein Rätsel bleibt:

Der formal härteste Beweis gegen die juristisch befestigte Behauptung Ludwigs* ist, dass das Begehren der KD Ilmenau nach Kassation der Unterlagen der AIM 210/84, Teil II, also der Berichtsakte, und zwar nach erfolgter Ersatzverfilmung, vom Leiter der Abteilung II der BV Suhl, Oberstleutnant Haske, *nicht* stattgegeben worden ist.[2085] Die Abteilung II aber war – mit einer Nähe zum Auslandsdienst des MfS, der HV A, – für die Westarbeit zuständig. Dieser Umstand wirft Fragen auf. Es hatte also mit hoher Wahrscheinlichkeit diesen zweiten Teil, wie umfangreich auch immer, gegeben. Hierin könnten Treffberichte und/oder Abschriften von Tonbandmitschnitten enthalten gewesen sein. Ist sie zur HV A zur Einsicht gelangt, ist sie dort auch 1989/90 vernichtet worden Da diese oder andere Belege – *bislang* – nicht vorliegen, ist Ludwig* juristisch gesehen kein IM.

(Fall-Nr. 50) Jochen Ende* alias „Kaspar Hauser“ fiel dem MfS 1957 im Zusammenhang mit einer für das MfS interessanten Westverbindung auf. Die Chance, ihn für die inoffizielle Arbeit zu gewinnen, schien jedoch plötzlich gefährdet, da gegen ihn ein Disziplinarverfahren mit dem Ziel der Exmatrikulation durchgeführt werden sollte, da er sich unerlaubt in Westberlin aufgehalten hatte, worüber Parteisekretär Alfred Pfestorf mit ihm eine Aussprache führte und diese in einer Aktennotiz festhielt, die auch das MfS erhielt. Das

[2082] KDI vom 13.8.1979: Beurteilung des „Margraf“; ebd., Bl. 61 u. 61a.
[2083] KDI vom 20.6.1980: Einsatz- und Entwicklungskonzeption für „Margraf“; ebd., Bl. 63–66.
[2084] KDI vom 1.3.1984: Abschlussbericht; ebd., Bl. 79.
[2085] BV Suhl, Abt. II, an die KDI vom 13.3.1984; ebd., Bl. 80.

MfS setzte Pfestorf in Kenntnis, dass man Interesse an ihm habe, und bat, gegen ihn kein Disziplinarverfahren durchzuführen. Pfestorf gehorchte und versprach, diese Angelegenheit nicht noch weiter zu verbreiten, als bislang geschehen.[2086] Dass Ende* zur inoffiziellen Mitarbeit erpresst worden war, ist wahrscheinlich, jedoch existiert hierüber kein Vermerk. Auch Erpressungen wurden vom MfS üblicherweise festgehalten, jedoch war 1958 das militärisch-bürokratische Prozedere im Umgang mit inoffiziellen Mitarbeitern keineswegs formvollendet durchgestaltet. Jedenfalls schrieb Ende* am 9. April 1958 eigenhändig seine Verpflichtungserklärung. Den Decknamen wählte er sich selbst.[2087] Dass er den Decknamen „Kaspar Hauser“ wählte, signalisiert bei dem als intelligent beschriebenen Ende* sofort den Rätselcharakter seines Engagements mit dem MfS, das tatsächlich auch so enden sollte. Zunächst aber gedachte das MfS ihn in vier Richtungen einzusetzen: zur Absicherung der Seminargruppen, zu einer nachrichtendienstlich aufzubauenden Westverbindung über eine Bekannte von ihm, zu negativen und feindlichen Personen an der Hochschule sowie zur evangelischen Brüdergemeinde, der er angehörte.

Zum ersten vereinbarten Treff am 14. Mai 1958 war „Kaspar Hauser“ nicht erschienen, der Termin wurde daraufhin um eine Woche verschoben. Obwohl es an diesem Tag um persönliche Dinge ging, zeigte es sich bereits, dass der GI versucht war, gefährlich wirkende Aspekte wie zum Beispiel in Bezug auf Kirchenbindungen zu bagatellisieren bzw. zu abstrahieren.[2088] Am 3. März 1959 belastete er erstmals Personen insofern, als dass er Adressen zu zwei geflüchteten Studenten und einer dem MfS verdächtigen Studentin übergab. Ferner berichtete er über die militärische Ausbildung und Vorlesungen in Marxismus-Leninismus. Dass es laut „Kaspar Hauser“ keine politischen Diskussionen gegeben habe, kann als Aussageverweigerung angesehen werden,[2089] denn diese gab es stets.

Am 16. November 1961 bildeten zwei Themen den Hauptgesprächsstoff. Zum einen die Exmatrikulation von zwölf Studenten (siehe unten), zum anderen der unmittelbar bevorstehende Kapellenwettstreit von mehreren Hochschulen in Ilmenau. Zunächst zum zweiten Gesprächspunkt, dem Wettstreit der Musikanten: Man habe, so „Kaspar Hauser“ am 16. November, die Vorbereitungen abgeschlossen, die Plakate seien gedruckt und ein Teil der Eintrittskarten herausgegeben. Just vor einigen Tagen sei aber eine Anweisung vom 1. Sekretär der FDJ-Zentralleitung in Berlin, Horst Schuhmann, eingetroffen, wonach die Veranstaltung „kategorisch verboten“ sei. Gründe für das Verbot seien nicht angegeben worden. Da die Veranstaltung keinesfalls staatsgefährdend sei, verstehe man dies nicht. Man dürfe offenbar „nichts mehr durchführen“. Einige sähen eine Verbindung mit dem Diplomandenabschlussfest des X. Semesters (Kap. 5.4.4, S. 585). Da sei Kritik aufgekommen, weil die Filme und Zeitungen zu kritisch gewesen sein sollen. Er wisse nicht, was gegenwärtig los sei. Er selbst sei an der Vorbereitung des Diplomandenabschlussfestes beteiligt gewesen und wisse, dass er nichts und niemanden provozieren wollte. Man wolle

---

2086 KDI, Abt. V/6, OG „HS“, vom 9.1.1958: Aktenvermerk; BStU, BV Suhl, AGI 138/69, 1 Bd., Bl. 16.
2087 Verpflichtungserklärung vom 9.4.1958; ebd., Bl. 50.
2088 KDI, Abt. V/6, OG „HS“, vom 21.5.1958: Bericht zum Treffen mit „Kaspar Hauser“ am 21.5.1958; ebd., Teil II, Bd. 1, Bl. 14–16.
2089 KDI, Abt. V/6, OG „HS“, vom 4.3.1959: Bericht zum Treffen mit „Kaspar Hauser“ am 3.3.1959; ebd., Bl. 34.

doch nur produktive Kritik üben, damit Missstände abgebaut werden könnten. Man habe selbst vor Erscheinen der Zeitung mit der HPL geredet, es sei auch gestrichen worden in den Texten, letztlich aber genehmigt worden. Und nun würde es „einen solchen Krach" geben. Die Schlussfolgerung der Studenten: „Mund halten, sonst bist du auch noch mit dran." Die Stimmung sei auf dem Nullpunkt, man habe „im Augenblick kein Interesse am Studium, sondern man wartet erst einmal ab, wie es alles weitergehen wird" (wegen der Grenzschließung). Endes* Führungsoffizier aber belehrte ihn, dass die Bergfestzeitung „einige politische Fehler" enthalte, andererseits sei es aber „gut, wenn man die Fehler der Vergangenheit aufzeigt und versucht, sachlich diese Probleme zu behandeln". Angeblich seien diese Dinge für das MfS nicht wichtig, er möge aber dennoch darüber berichten.[2090]

Unfassbare Maßregelung: Die zwölf Studenten

Die zwölf Studenten waren Angehörige der Seminargruppe VIII/25, die sich bei ihrem Ernteeinsatz im Herbst 1961 in Mecklenburg gegenüber Angehörigen der Amerikanischen Militärmission angeblich nicht parteilich betragen hätten. Sie saßen zusammen, diskutierten und sangen Lieder. Bei den Studenten löste das Verfahren gegen sie heftige Proteste aus, sie meinten, dass dieser harte Kurs dem Mauerbau am 13. August geschuldet sei. Jeder Student, in so eine Situation gekommen, hätte sich wohl nicht anders verhalten. Weil man das Vorgehen des Rektorats und des 1. Prorektors nicht verstehe, seien mittlerweile „die tollsten Gerüchte im Umlauf". Es wurde spekuliert, so Jochen Ende*, dass über das Treffen der Amerikaner mit den Studenten in der Westpresse eine Notiz gestanden hätte und das ZK der SED bestimmt habe, alle beteiligten Studenten zu exmatrikulieren.[2091]

Gegen die Überreaktion der Hochschule opponierte auf der Senatssitzung am 21. November Walter Furkert. Er war der Auffassung, dass ein Verweis mit Androhung der Verweisung von der Hochschule völlig genügt hätte. Günther Ulrich schloss sich dieser Auffassung an. Er hatte sich bereits in der Ausschusssitzung entsprechend geäußert. Robert Döpel sprach sich gegen eine Stellungnahme des Senats aus, weil Einzelheiten des Geschehens nicht bekannt seien. Er wollte Gründe hören. Dagegen wandte sich Parteisekretär Pfestorf, der behauptete, „dass Einzelheiten keine Rolle spielten". Man müsse „vom Standpunkt des Erziehers und dem politischen Charakter des Vorfalls ausgehen". Hierin pflichtete ihn Friedrich Trümpler bei, der informierte, dass „im Internat Fridolin ein Bild des Vorsitzenden des Staatsrates [Ulbricht] zertrümmert aufgefunden worden" sei. In der Aussprache mit den Studenten habe man keinen Erfolg gehabt, das sei eine gewisse Parallele zu dem Verhalten der Studenten gegenüber den Amerikanern während des Ernteeinsatzes. Döpel soll zwar eingeräumt haben, dass das Verhalten nicht richtig war, gab jedoch zu bedenken, dass die Hochschule das Vertrauen nicht besitze; Zitat: „Es sei schwieriger, zwei Studenten zu gewinnen, als einige zu relegieren." Eine einheitliche Auffassung wurde nicht gefunden. Um das Strafmaß wurde derart lange gestritten, dass die Sitzung um

---

2090 KDI, Abt. V/6, OG „HS", vom 24.11.1961: Bericht zum Treffen mit „Kaspar Hauser" am 16.11.1961; ebd., Bl. 69–71.

2091 Ebd.

24.00 Uhr abgebrochen werden musste.[2092]

Zurück zu Endes* IM-Karriere: Eine Zwischeneinschätzung vom Sommer 1963, zu einem Zeitpunkt, als die Zusammenarbeit quasi auf Eis lag, zeigt das MfS nur teilweise zufrieden. Zwar habe er wahrheitsgetreu in Richtung seiner Westkontaktmöglichkeiten berichtet, doch endete sie wegen der Flucht der Bekannten abrupt. Zu den anderen Aufgaben habe er lediglich über negative Diskussionen und die Verschleuderung staatlicher Mittel berichtet. Dabei weiche er einer Nennung von Namen aus, versuche zu verallgemeinern. Allerdings soll er, unter Druck gesetzt, dann doch Namen preisgegeben haben. Es scheine, so der Führungsoffizier, dass er Personen nicht belasten möchte. Da der GI jedoch wegen seiner Intelligenz und fachlichen Stärke (zum Beurteilungszeitpunkt war er Assistent am Institut für allgemeine und optische Messtechnik) dem MfS wichtig schien, wollte man versuchen, ihn verstärkt in Fragen der inoffiziellen Mitarbeit zu schulen. Indes stand die Verbindung mehrmals vor dem Abbruch, da Ende* nicht zu den Teffterminen erschien und Kontaktaufnahmeversuchen auswich. Nichtsdestotrotz beabsichtigte das MfS, ihn noch umfassender für die operative Bearbeitung zu gewinnen.[2093]

Im Herbst 1964, nach drei Jahren Pause und einem Wechsel des zuständigen Offiziers von Löhlein auf Hertzer, berichtete er wieder, und dies plötzlich völlig verändert. Seine zweite Kehre: Mehrere ausführliche Berichte belasten Hochschullehrer in seinem Arbeitsbereich schwer und lieferten dem MfS für die Kaderpolitik der SED wesentliche Hilfsdienste. Die von ihm geübte Kritik war freilich alles andere als singulär. Sie betraf jene Hochschullehrer, allen voran Paul Michelsson, die mit Gründen gegen eine Ökonomisierung der Forschung nach volkswirtschaftlichen Schwer- und Gesichtspunkten votierten und die Beschlüsse der III. WÖK nicht guthießen (Kap. 4.2.3, S. 186). Und die Assistenten seien pessimistisch in der Frage der Umsetzbarkeit der Beschlüsse, mit ihnen würden „politisch-ideologisch keinerlei Diskussionen geführt". Zu ihnen zählte sich Ende* ausdrücklich, auch er wünsche, dass man offensiver die WÖK-Beschlüsse umsetze, dass man mit ihnen endlich rede. Da Ende* die Kritik aber grundsätzlich zu teilen schien, versuchte Hertzer, ihn vom Gegenteil zu überzeugen, indem er Erfolge in der Frage der Industriehilfe erwähnte, doch verfing dies nicht. Ende* blieb bei seiner Auffassung, wonach sich das Niveau der Ausbildung nicht weiterentwickeln könne, wenn so weitergemacht werde.[2094]

Zu diesen von Ende* und anderen inoffiziellen Mitarbeitern gelieferten Berichten fertigte Hertzer einen gesonderten Sachstandsbericht über die Situation an der IV. Fakultät an. Die Kernaussage erfolgte in voller Deutlichkeit: „Allgemein wird inoffiziell eingeschätzt, dass in dieser Fakultät keine zielgerichtete Forschungstätigkeit erfolgt, teilweise eine sogenannte Hobbyforschung von den Institutsdirektoren betrieben wird, und sie nicht ausgehend vom wissenschaftlich-technischen Höchststand auf ihrem Fachgebiet systematisch eine Forschungstätigkeit entsprechend den Schwerpunkten aufbauen und organisieren." So in dieser Kompaktheit formuliert, wurde dieses Urteil eine Standardformulierung

---

2092 Protokoll vom 7.12.1961 zur Senatssitzung am 21.11.1961; UAI, S. 6–8.

2093 KDI, OG „HS", vom 17.7.1963: Perspektivplan; BStU, BV Suhl, AGI 138/69, Teil I, 1 Bd., Bl. 58–60.

2094 KDI, OG „HS", vom 14.10.1964: Bericht zum Treffen mit „Kaspar Hauser" am 13.10.1964; ebd., Teil II, Bd. 2, Bl. 6 f.

bis zum Abschluss der 3. Hochschulreform 1971/72. Im Institut für allgemeine und optische Messtechnik herrsche „keine positive Einstellung zu unserem Staat", man halte nicht viel von der Industrieforschung, sei nicht überzeugt vom ökonomischen Nutzen. Auch die Promotionsthemen würden nicht nach den festgelegten Schwerpunkten gewählt. Eine Institutsstrategie, nach der „alle Kräfte auf ein Gebiet konzentriert werden" sollen, lehne man ab. Ein Hochschullehrer habe gesagt: „Profil – das ist etwas, was man nach außen erzählt. Was man wirklich dann macht, ist doch egal." Der Sachstandsbericht ist gespickt mit äußerst negativen Einschätzungen und umfasst viele Aspekte wie Führungsstil, Industrieforschung, Wissenschaftskonzeptionen, Lage der Assistenten, Durchführung der Praktika, Stundenpläne, Lehrpläne und -methoden. Hertzer zusammenfassend: „Solche Dinge führen nach Ansicht der inoffiziellen Mitarbeiter dazu, dass die Studenten kein Vertrauen zur Hochschulleitung haben."[2095]

Einen Monat später legte Ende* in der Frage der mangelhaften Einbindung und Beachtung der Assistenten nach. Es war eine Generalabrechnung mit der Institutsführung sondergleichen, gipfelnd in der Behauptung, wonach „wahrscheinlich die Ursachen darin zu suchen sind, dass der Lehrkörper an der TH überaltert ist, nicht mehr um die Lösung der Probleme ringe, und beim größten Teil auch keine Vorstellungen über den wissenschaftlichen Nachwuchs in der Perspektive" mehr vorhanden sei. Auch breite sich Resignation hinsichtlich der Perspektive der TH Ilmenau aus.[2096] Ende März 1965 vertiefte und erweiterte Ende* das negative Bild über die IV. Fakultät insbesondere in Bezug auf die Lage der Assistenten. Die personelle Stoßrichtung gegen namentlich genannte Hochschullehrer erreichte einen denunziatorischen Höhepunkt. Seine Darlegungen waren potenziell schädlich für die Institutsführung, insbesondere für seinen Leiter Michelsson.[2097] 1967 berichtete er längst in klassischer Manier über alles Mögliche: zu Personen, zur Forschung und Entwicklung, zur Sicherheitslage (Geheimnisschutz) und Tätigkeit der Kontrollgruppen, zum Verhalten ausländischer Studenten, zu kriminellen Vorkommnissen u.v.a.m.[2098]

Plötzlich, am 2. Januar 1968, nahm die Geschichte „Kaspar Hauser" ihre dritte Kehre. An jenem Tag schrieb Michelsson einen Brief an die KD Ilmenau in der Naumannstraße 15. Der Brief enthielt den Beleg einer Denunziation seines Mitarbeiters Ende* als Spitzel des MfS in Form ausgeschnittener Buchstabengruppen aus dem Vorlesungsverzeichnis. Michelsson hatte das anonyme Schreiben am 30. Dezember erhalten.[2099] Das MfS führte am 16. Februar 1968 ein Gespräch mit Michelsson. Der zeigte sich beunruhigt, da es einen seiner befähigtsten Mitarbeiter, der gerade im Begriff stünde, seine Promotion abzuschließen, betraf. Er aber glaube daran nicht, eher an eine gezielte Denunziation. Das MfS war froh, denn in vergleichbaren Fällen argumentierte es ähnlich. In diesem Fall untermauerte es die Vermutung Michelssons in vier Punkten: (1) „Eventuelle Bevorzugung des [Ende*] durch Prof. Michelsson und dadurch […] Neid der anderen Assistenten bzw. eines anderen Assistenten"; (2) „Versuche, einen Keil in das bestehende gute Verhältnis

2095 KDI, OG „HS", vom 14.10.1964: Einschätzung der IV. Fakultät der THI; ebd., Bl. 8 f.
2096 KDI, OG „HS", vom 17.11.1964: Zum Treffen mit „Kaspar Hauser" am 17.11.1964; ebd., Bl. 12 f.
2097 KDI, OG „HS", vom 31.3.1965: Zum Treffen mit „Kaspar Hauser" am 31.3.1965; ebd., Bl. 23–25.
2098 KDI, OG „HS", vom 10.11.1967: Zum Treffen mit „Kaspar Hauser" am 8.11.1967; ebd., Bl. 57–59.
2099 Briefumschlag, Anschreiben vom 2.1.1968 und anonymer Text; ebd., Bl. 65, 65A, 65B u. 65C.

zwischen Prof. Michelsson und den [Ende*] zu treiben"; (3) „Diskriminierung des [Ende*] in den Augen seines direkten Vorgesetzten"; (4) „Erzeugung von Unsicherheit innerhalb des Arbeitskollektivs […]."[2100] Am 15. Oktober 1968 notierte Hertzers Vorgesetzter, Löhlein, dass es trotz mehrfacher Versuche nicht gelungen sei, Verbindung zu „Kaspar Hauser" aufzunehmen. Es erhärte sich zunehmend der Verdacht, dass er sich im Dezember selbst dekonspiriert habe.[2101] Hierfür spreche u. a., dass Ende* seit einem halben Jahr keinem vereinbarten Trefftermin mehr gefolgt sei, sich sogar im Institut verleugnen lies und bei zufälligen Begegnungen „nicht auf" entsprechende „Zeichen" reagierte. Mithin sah sich das MfS gezwungen, einen Mitarbeiter abzuschreiben, von dem es sich viel versprochen hatte.[2102]

Klasse 13: Führungs-IM (FIM)
(Fall-Nr. 45) Rudi Juffa alias „Klaus-Jürgen" alias „Holt" war Führungs-IM (FIM). Seine Führungsoffiziere waren Ehrhardt (1982 bis 1986) sowie Escher und Braune ab 1986. Die von ihm für die Gespräche mit seinen ihm zugeordneten inoffiziellen Mitarbeitern genutzten Konspirativen Wohnungen (KW) waren zunächst „Baum", dann von 1983 bis 1984 „Gordon" und ab 1986 „Ilm". Von Beruf Melker, erwarb er 1973 den Abschluss als Dipl.-Agraringenieur. Der Fallschirmspringer trat noch im selben Jahr in das MfS ein, das ihn als operativen Mitarbeiter auf dem Gebiet der Landwirtschaft einsetzte.[2103] Der Grund seiner Entlassung aus dem MfS ist mit Hinweis auf das StUG nicht mitteilbar, er ist zudem irrelevant. Am 20. September 1978 wurde er als IM geworben. Zwei Jahre später kam er als Instrukteur der GST zur TH Ilmenau. 1983 wurde er Mitarbeiter des 1. Prorektors.[2104] Am 20. September 1982 wurde er als FIM „Holt" zur Sicherung des studentischen Bereiches der TH Ilmenau umregistriert.[2105] Legendiert – unter Mitwirkung des Rektorats – lautete sein Arbeitsvertrag vom 25. Juli 1983 mit der TH Ilmenau auf die Tätigkeit der „militärischen Nachwuchsgewinnung". Sein staatlicher Funktionsplan enthält auch den Passus der „Mitwirkung bei der Sicherung und Kontrolle der Wohnheimordnung, Erarbeitung von Analysen über die Wachdurchführung in den Wohnheimen" u.a.m. Verantwortlich und rechenschaftspflichtig war er dem 1. Prorektor gegenüber.[2106] Über die Hauptinhalte seiner eigentlichen Tätigkeit erhielt der 1. Prorektor jedoch keine Informationen.

Er dürfte in den sechs Jahren aufsummiert circa 30 inoffizielle Mitarbeiter geführt haben. 1986 waren es circa 20 (Ab- und Zugänge in dem Jahr berücksichtigt). Die von ihm gesammelten und verdichteten Berichte umfassen alles Denkbare. Sein Führungsoffizier hielt in den Treffberichten standardmäßig die Verwertungsadressen der Informationserhebungen fest. Etwa in Bezug auf eine personengebundene Äußerung zur Madrider Konferenz: „Keine Information an SED-Kreisleitung möglich – Gefahr der Dekonspiration".

2100 KDI, OG „HS", vom 19.2.1968: Bericht über eine Aussprache; ebd., Bl. 61.
2101 KDI, OG „HS", vom 15.10.1968: Aktennotiz; ebd., Bl. 64.
2102 KDI, OG „HS", vom 28.4.1969: Abschlusseinschätzung; ebd., Bl. 68.
2103 BStU, MfS, KS, Nr. 77/78.
2104 BV Suhl: Auskunftsbericht von 1978; BStU, BV Suhl, AIM 711/92, Teil I, 1 Bd., Bl. 18b–18f. Weitere biographische und andere Hinweise; ebd. Bl. 4–8, 14, u. 19.
2105 KDI vom 20.9.1982; Vorschlag zur Umregistrierung von „Klaus-Jürgen" zum FIM; ebd., Bl. 19–22.
2106 Konvolut; UAI, Sgn. 15278.

Oder zu Auffassungen der Studenten bezüglich der Wehrbereitschaft: „Info SED-Kreisleitung. VSH-Erfassung der im Bericht genannten sechs Personen."[2107] Zusätzlich zu seinen inoffiziell arbeitenden Studenten führte er auch Offiziersschüler, im Januar 1986 waren es fünf.[2108] Juffa war aufgrund seiner kompromisslosen Haltung in Fragen von Sicherheit und Ordnung in den Chefetagen der TH nicht gerade beliebt, da die von ihm abzugebenden Kontrollberichte an den Rektor und den Sekretär der HPL regelmäßig die Versäumnisse der Leitungsorgane der TH auswiesen. 1988/89 teilte der IME „Brückner" dem MfS mit, dass Juffa einmal mehr großen Staub aufgewirbelt habe, jedoch zu Recht: Alle dürften froh sein, „dass nichts passiert ist".[2109]

Zu seinen Aufgaben zählte die Erstellung von Dossiers zu Studenten, die gelegentlich sehr umfangreich ausfielen und alle Sphären des Lebens junger Menschen umfassten. Die Ergebnisse wurden aus Ermittlungen seiner IM/GMS und den Kaderakten zusammengetragen, die ihm zugeliefert wurden.[2110] Allein vom 29. Januar bis 24. April traf „Holt" sich 131 mal mit circa 30 inoffiziellen Zuträgern. Die Arbeitsergebnisse führten zu 218 separaten Informationen.[2111] Eine seiner Standardaufgaben bestand darin, turnusmäßig Analysen zu operativen Schwerpunkten im studentischen Bereich der TH Ilmenau anzufertigen. Hierzu gab es Fragebögen zu vielen spezifischen Punkten, die abzuarbeiten waren; beispielsweise lautete eine Antwort auf die Frage nach subversiver Literatur am 4. Mai 1986: „Antisozialistische Literatur wurde bisher nicht festgestellt." Zu durchgeführten Versammlungen vermerkte „Holt" in diesem Bericht, dass von den Studenten „selten die wirkliche Meinung und Haltung offen vertreten" werde. Die Tendenz jedoch, antisozialistische Positionen im Rahmen von Arbeitsgruppen und Jugendclubs zu vertreten, sei beständig stabil. Die Verweigerungen zur Reserveoffiziers-Bereitschaft (ROB) seien eher gestiegen denn gleichgeblieben. Die Kommunikation mit dem Westen über Verwandte und Bekannte werde immer offener gelebt. Ausgangspunkt sei vielfach das Bestreben, Westtechnik zu erlangen. Die „kriminellen Handlungen seitens der ausländischen Studenten (Devisenschmuggel, Zollvergehen, Einführung pornografischer Schriften, Verkauf elektronischer Bauelemente aus dem NSW) scheinen sich zu verstärken". Ein Ergebnis dieser Analysen schloss regelmäßig mit einem teils umfangreichen Katalog politisch-operativer Maßnahmen in Bezug auf die Verbesserung der Arbeitsweise des FIM-Systems zum Zwecke der Informationserhebung auf höherem Niveau ab.[2112] Der letzte Bericht „Holts" datiert vom 2. November 1989.[2113]

(Fall-Nr. 61) Peter Höhn alias „Martin Borg" legte bis Ende 1989 eine bewegte Karriere hin, eine Karriere, die eng mit dem MfS verbunden war. Die erste Verpflichtung zu einer inoffiziellen Mitarbeit, eine Berufung zum GMS, erfolgte 1975 als Schüler der 13. Klasse

---

2107 KDI vom 20.9.1983: Bericht zum Treffen mit „Holt" am 19.9.1983; BStU, BV Suhl, AIM 711/92, Teil II, Bd. 1, Bl. 45 f.

2108 Treffregister vom 24. bis 29.1.1986; ebd., Bl. 105.

2109 BV Suhl, Abt. XX, vom 9.1.1989: Bericht von „Brückner"; BStU, BV Suhl, AIM 1609/90, Teil II, 1 Bd., Bl. 70 f.

2110 Ermittlungsbericht vom 5.2.1986; BStU, BV Suhl, AIM 711/92, Teil II, Bd. 1, Bl. 117–119.

2111 Trefflisten des FIM „Holt" vom 29.1.–24.4.1986; ebd., Bl. 105, 130, 143, 149, 166, 170, 180 u. 197.

2112 Beispiel: Analyse vom 4.5.1986: operative Schwerpunkte im studentischen Bereich; ebd., Bl. 243–246.

2113 KDI vom 4.11.1989: Bericht zum Treffen mit „Holt" am 2.11.1989; ebd., Bd. 2, Bl. 196 f.

an der Betriebsberufsschule (BBS) des Wohnungsbaukombinates (WBK) Suhl. Der Zweck bestand aus Sicht des MfS darin, „feindlich-negative Verhaltensweisen einer jugendlichen Gruppierung“ rechtzeitig zu signalisieren.[2114] Die zweite Station als inoffizieller Mitarbeiter war die als IMK/KW unter dem Decknamen „Marco Jäger“, beginnend am 21. Januar 1981.[2115] Zum Zeitpunkt der dritten Werbung am 24. Juni 1983 als IMB „Ökologe“ war er Meister im WBK. Höhn absolvierte ein fünfjähriges Fernstudium an der Hochschule für Architektur und Bauwesen Weimar.[2116] 1985 bekam er vom MfS eine stattliche Zuwendung in Höhe von 2.000 Mark. Zu dieser Zeit war er in der operativen Arbeit im Rahmen des OV „Kessel“ gegen den Montagskreis, einer religiösen Gruppierung, involviert.[2117] Ab Juni 1984 wurde der mittlerweile „Martin Borg“ heißende IMB „auf der Grundlage einer befristeten Sonderentscheidung des Leiters der BV Suhl“ zu Umweltkreisen in Suhl, Meiningen und Bischofrod einschließlich des Ökumenischen Arbeitskreises für Umweltfragen in Suhl sowie zur „vorbeugenden Verhinderung der Formierung kirchlicher Umweltgruppen zu einem vom Gegner angestrebten Oppositionspotenzial“ eingesetzt. Damit er diese Funktion überhaupt erfüllen konnte, war er als hauptamtlicher Mitarbeiter der Evangelisch Thüringischen Landeskirche eingestellt worden. In der operativen Bearbeitung der OV „Sippe“ und „Unkraut“ – sowie offensichtlich auch des OV „Klerus“ – soll er erfolgreich gewesen sein, auch deshalb, weil er das Vertrauen der Pfarrer gewonnen hätte. Doch bestand zuletzt die Gefahr, dass er als Spitzel enttarnt würde. Auch war seine Mitgliedschaft in der SED in dieser Hinsicht nicht optimal, so dass das MfS die Überlegung anstellte, ihn austreten zu lassen. Letztlich aber entschied das MfS Anfang 1986, ihn zurückzuziehen. Damit aber war zu entscheiden, wie ein derart wertvoller, subversiv begabter Mitarbeiter am besten zum Nutzen des Dienstes eingesetzt werden könnte. Eine der Überlegungen war, ihn anderweitig, hauptamtlich oder „konspirativ-konstruktiv“, wozu der SED-Austritt zählte, unterzubringen.[2118] Höhns Aktivitäten in Kirchenkreisen waren breit gefächert. Er nahm auch an Veranstaltungen des kirchlichen Forschungsheims Wittenberg teil, wo er mit operativer Technik der Abteilung 26 (Ton- und Fototechnik) arbeitete. Er zeigte grundsätzlich eine hohe Einsatzbereitschaft und war „schöpferisch“ bei der Realisierung seiner Aufträge.[2119] Die Überlegungen zu seiner „leistungsgerechten“ Weiterverwendung dauerten ein Jahr.

Im Zuge der fünften Werbung erfolgte die Umregistrierung zum FIM für den Einsatz an der TH Ilmenau am 27. November 1986.[2120] Sein Führungsoffizier wurde Neues. Das legendierte Arbeitsverhältnis an der TH Ilmenau begann am 1. Dezember. Für ihn sollte eine spezielle Planstelle „eines persönlichen Mitarbeiters des Rektors für Investition und Werterhaltung im Bereich ‚Profilierung‘“ geschaffen werden. „Zur Aufrechterhaltung der

---

[2114] BV Suhl, Abt. XX/7, vom 12.11.1975: Aussprache; BStU, BV Suhl, Abt. XX, vom 20.7.1984: Auszeichnung mit der Medaille für treue Dienste in der NVA in Bronze; ebd., vom 26.9.1986: Abschlussbericht zu „Martin Borg“; BStU, BV Suhl, AIM 1693/94, Teil I, Bd. 2, Bl. 9, 51 u. 80 f.

[2115] Verpflichtungserklärung vom 21.1.1981; ebd., Bl. 36.

[2116] Verpflichtungserklärung vom 24.6.1984; ebd., Bl. 64.

[2117] BV Suhl, Abt. XX, vom 16.1.1985: Antrag auf finanzielle Zuwendung; ebd., Bl. 65.

[2118] BV Suhl, Abt. XX, vom 29.1.1986: Vorschlag zum Einsatz von „Martin Borg“; ebd., Bl. 68–70.

[2119] BV Suhl, Abt. XX, vom 26.9.1986: Abschlussbericht zu „Martin Borg“; ebd., Bl. 80 f.

[2120] BV Suhl, Abt. XX, vom 27.11.1986: Umregistrierung von „Martin Borg“; ebd., Bl. 83–89.

Legende“ sollte er einen Tag „in der offiziellen Funktion arbeiten.“ Zur Abdeckung der Legende wurden der Rektor, der Kaderdirektor und der Direktor für Technik maßgeschneidert eingeweiht. Sein Arbeitsraum befand sich im Helmholtz-Bau. Zusätzlich zu seiner Bezahlung durch die TH Ilmenau erhielt er vom MfS steuerfrei eine monatliche Vergütung in Höhe von 650 Mark. Sie wurde ihm von 12/1986 bis 11/1989 bar gegen Quittung ausgezahlt. Hinzu kamen Erstattungen von Auslagen und Zuwendungen wie Anerkennungsprämien.[2121]

Zur Aktenlage ab 1986: Die beiden ersten Treffs in seiner neuen Funktion fanden in der KW „Aussicht“ um die Jahreswende 1986/87 statt und dienten der grundsätzlichen Instruktion in Bezug auf die Regimeverhältnisse an der TH Ilmenau.[2122] Bereits am 25. Februar legte er dem MfS einen detaillierten Bericht über eine Begegnung mit einem wissenschaftlichen Assistenten der TH Ilmenau vor, der als Mitglied des ökumenischen Umweltkreises Suhl Kontakte zur Ilmenauer Umweltszene besaß. Der neunseitige Bericht umfasst nicht nur Daten zur Organisation der Umweltarbeit, sondern auch Angaben über die Person, dessen Einschätzungen zur TH Ilmenau bis hin zu Fragen um Glasnost und Perestroika. Das Gespräch fand während einer Busfahrt von Ilmenau nach Suhl statt.[2123] Vordem führte er am 16. Januar ein Gespräch mit einem Mitglied der ökumenischen Arbeitsgruppe, dem er darlegte, dass die Arbeit in ihr, was den ökologischen Teil anbelange, perspektivlos sei, er sich deshalb nun anders im Leben orientieren wolle. Sein Gesprächspartner war hiervon nicht angetan.[2124] Ende März 1987 begann seine eigentliche Arbeit für das MfS an der TH. Sie bestand in der Auswertung von Kaderakten und anderer Unterlagen zum Zwecke der Anfertigung von Einschätzungen zu Geheimnisträgern, Reise- und Auslandskadern sowie Reisen in dringenden Familienangelegenheiten (RdFA, Kap. 5.3.2, S. 566). Zunächst war die Auswertung von elf Studentenakten zum Zwecke der Vorauswahl für „Präzision“ (Kap. 5.2.1 u. 5.2.2) zu erledigen.[2125] Im April 1987 waren es diesbezüglich 25 Fälle.[2126] Die Tätigkeit für das Geheimprojekt „Präzision“ bestand bis Ende 1989.

Im Mai 1987 traf das MfS mit dem Rektor die Übereinkunft, Höhn ein anderes Zimmer zuzuweisen, das geeignet(er) schien, seine inoffizielle Tätigkeit abzudecken.[2127] Um die Jahreswende 1987/88 hatte sich die Erkenntnis verfestigt, dass die Konstruktion der Legende nicht haltbar sei, sie war „nie zur Anwendung gekommen“. Auch eine Planstellenumwandlung wurde vom MHF nicht genehmigt. Die Besetzung einer freien Planstelle aber verbot sich, da Höhn nicht die dafür notwendigen beruflichen Voraussetzungen mitbrachte. Auch konnte das MfS eine solche Maßnahme nicht akzeptieren, da sich aufgrund

---

2121 Hier ursprünglich auf 550 Mark taxiert; ebd., Bl. 87 f. Sämtliche Quittungen im Teil III der IM-Akte.

2122 BV Suhl, Abt. XX, vom 6.12.1986 sowie vom 9.1.1987: Berichte zu den Treffen mit „Martin Borg“ am 28.11.1986 u. 7.1.1987; ebd., Teil II, Bd. 2, Bl. 9 f. u. 27 f.

2123 Bericht von „Martin Borg“ vom 25.2.1987; ebd., Bl. 37–45.

2124 „Martin Borg“ vom 16.1.1987: Information; BStU, BV Suhl, Abt. XX, Nr. 879, Bl. 282–286.

2125 BV Suhl, Abt. XX/8, vom 3.4.1987: Bericht zum Treffen mit „Martin Borg“ am 27.3.1987; BStU, BV Suhl, AIM 1693/94, Teil II, Bd. 3, Bl. 1 f.

2126 BV Suhl, Abt. XX/8, vom 3. u. 16.4.1987: Berichte zu Treffen mit „Martin Borg“ am 3. u. 15.4.1987; ebd., Bl. 3 f. u. 14 f.

2127 BV Suhl, Abt. XX, vom 9.5.1987: Absprache mit dem Rektor der THI am 6.5.1987; BStU, BV Suhl, Abt. XX, Nr. 879, Bl. 279.

der dann notwendigen täglichen Anwesenheit „eine wesentliche Einschränkung“ seiner Arbeit als FIM ergeben hätte. Also ließ man es so laufen wie bislang, schließlich soll man sich im Direktorat Technik schon daran gewöhnt haben, dass er nur einen Tag anwesend war: „Es besteht zwar Unklarheit darüber, was der FIM die restlichen Tage macht, jedoch wird dies nicht unmittelbar mit seiner Arbeit für das MfS in Berührung gebracht.“ Andererseits sei es ihm nicht gelungen, „im Arbeitskollektiv Fuß zu fassen und anerkannt zu werden“. Er werde dort nur als Gast betrachtet. Eine zunehmende Gefahr der Dekonspiration sah das MfS auch dahingehend, dass aufgrund von Widersprüchen in der Legendierung eine Gefahr des Abflusses nach dem Westen entstehen könne, zumal die besuchsweisen Reisen in die Bundesrepublik zunahmen.[2128]

Das MfS-seitige Vertragswerk des Beschäftigungsverhältnisses an der TH Ilmenau ist tradiert.[2129] Die formale Bestätigung seiner Funktion erfolgte am 19. Januar 1987. Für das Jahr war der Ausbau seines IM-Netzes auf 1:10, für 1988 bereits auf 1:20 geplant. Dem FIM waren zunächst die IMS „Rainer Striebing“ und „Friedhelm Klar“ sowie die GMS „Heike“ und „Karl Neumann“ zugeordnet worden. Im März führte er nur noch „Karl Neumann“, da die anderen ihr Studium beendet hatten.[2130] Allerdings stand die Übernahme von erneut „Friedhelm Klar“ sowie fünf weiteren inoffiziellen Kräften und eine im Prozess der Werbung befindliche Person unmittelbar bevor: die IMS „Peter Jahn“ (Student), „Werner“, und „Wolfram“ sowie die GMS „Frank Baum“ (Student) und „Klaus“ (Student). Zur Treffdurchführung stand ihm neben seinem Arbeitszimmer die KW „Student“ zur Verfügung. Neben der ungeklärten Raumfrage kam auch die Übergabe der geplanten inoffiziellen Kräfte nicht nur nicht voran, sondern reduzierte sich bald von fünf auf drei.[2131] Mit der Kündigung des Wohnheimleiters von Block C Anfang 1988 war zwischenzeitlich zwar eine Planstelle frei geworden, und damit auch ein Zimmer für ihn in Reichweite, doch hätte dies für seine inoffizielle Tätigkeit mehr Nach- als Vorteile gebracht.[2132]

Im Februar 1989 musste das MfS zur Kenntnis nehmen, dass der FIM in den letzten Wochen für den jeweils einen offiziellen Arbeitstag in der Woche von der Hochschule keine Aufträge mehr erhielt. Auch wurde er von niemandem mehr angesprochen auf die Frage, was er an den restlichen Tagen so mache. Bislang hatte er die dienstlichen Aufträge für den einen Tag von einem Mitarbeiter der Sektion bekommen, der nun aber im Vollzug seiner Übersiedlung in die Bundesrepublik stand. Ob dessen Nachfolger überhaupt von seiner Existenz in Kenntnis gesetzt worden sei, wisse Höhn nicht, auch vermeide er es, von sich aus wegen seiner Arbeit nachzufragen.[2133] Er drohte in Vergessenheit zu geraten.

Sein MfS-Engagement endete im November 1989 jäh; Zitat MfS: „Gegenwärtig ist ein effektiver Einsatz des IM als FIM an der THI nicht mehr realisierbar, ebenso kann die

---

2128 BV Suhl, Abt. XX, vom 30.3.1988: Einsatz- und Entwicklungskonzeption für „Martin Borg“; ebd., Bl. 288–294, hier 289.
2129 BV Suhl vom 27.11.1986: Vereinbarung; BStU, BV Suhl, AIM 1693/94, Teil I, Bd. 2, Bl. 90–94.
2130 BV Suhl, Abt. XX, vom 30.3.1988: Einsatz- und Entwicklungskonzeption für „Martin Borg“; ebd., Bl. 288–294, hier 288 u. 290.
2131 BV Suhl, Abt. XX, vom 26.9.1988: Einschätzung der Situation von „Martin Borg“; ebd., Bl. 295 f.
2132 Notat, o. D.: Freigewordene Planstelle Februar 1988; ebd., Bl. 300.
2133 BV Suhl, Abt. XX/8, vom 17.2.1989: Aktenvermerk zu „Martin Borg“; BStU, BV Suhl, Abt. XX, Nr. 879, Bl. 299.

Legende für das Arbeitsrechtsverhältnis des IM an der THI nicht mehr aufrechterhalten oder ausgebaut werden. Seitens des FIM liegt die Bereitschaft zur bedingungslosen Übernahme anderer Aufgaben im Interesse des MfS vor."[2134] Noch 1989 bewarb er sich anderswohin. Die Aktenlage zu Höhn war zur Vernichtung bereits vorbereitet, blieb jedoch ohne Aktendeckel erhalten und wurde 1994 archivmäßig gesichert.

(Fall-Nr. 98) Wolfgang Berg alias „Walter" war Justitiar der TH Ilmenau. Redegewandt, schriftlich begabt, Steno- und Schreibmaschinenkenntnisse, vielfältige Erfahrungen im Umgang mit Menschen: aus Sicht des MfS die ideale Voraussetzung für eine inoffizielle Mitarbeit in einer Schlüsselfunktion, oder mit Harry Dreffke, Personalchef in der „Nachwendezeit", gesagt: er war „für jedermanns Herr ein idealer Adlatus"[2135]. Er wurde vom MfS geradezu in die Leitungsstruktur implantiert: „Mit unserer Unterstützung wurde er als Justitiar an der TH Ilmenau eingestellt und erhielt mit dem Einsatz in diese Tätigkeit die Voraussetzung, durch seine Eigenverantwortlichkeit in dieser Stellung und Unkontrolliertheit, über entsprechende Möglichkeiten und Zeitreserven zu verfügen, um die von uns gestellten Aufgaben in der analytischen Tätigkeit und bei der Übernahme und Steuerung von IMs lösen zu können."[2136] Berg war von Anfang an mit circa 50 Prozent seiner Arbeitszeit für das MfS tätig.[2137] Bereits in den ersten drei Jahren war er auf vier Hauptaufgaben fixiert: (1) die Analysierung der Vertragsforschung und anderer Forschungsaufgaben auf „Effektivität für die sozialistische Industrie"; (2) „Aufbau und Leitung der Kontrollgruppen für innere Ordnung und Sicherheit an der THI, Durchsetzung der VS-Anordnung und VS-Nomenklatur und Organisation des Geheimnisschutzes"; (3) „Kontrolle von Geheimnisträgern entsprechend seiner Möglichkeiten" sowie (4) „Einschätzung der politisch-ideologischen Situation und bestimmter wissenschaftlicher Bereiche sowie der Leitungstätigkeit".[2138]

Ende 1966 lief seine inoffizielle Mitarbeit bereits auf Hochtouren, doch das MfS war insbesondere bei fleißigen Mitarbeitern selten zufrieden: Es komme „nach wie vor darauf" an, „seine begonnenen Beziehungen" zu den Instituten „weiter zu festigen und auszubauen". Er möge „so viel wie möglich" Personen aus dem wissenschaftlich-technischen Sektor aufklären.[2139] Solche Aufforderungen gab es trotz erheblicher Leistungen wiederholt. Im Januar 1967 wurde er darauf hingewiesen, „in seiner Tätigkeit" besonders „leitende Persönlichkeiten", aber auch solche, die für das MfS von „operativem Wert" seien, „unter möglichst genauer Kontrolle zu halten". Augenmerk hierin war, „wie diese Personen ihre fachlichen Aufgaben lösen (Anzeichen von Sabotage), bzw., wie sie im politischen Sinne auf unterstellte Kader bzw. Studenten einwirken". Nach der Instruktion Bergs durch Führungsoffizier Bach, Stellvertreter des Leiters der KD Ilmenau, in der

2134 BV Suhl, Abt. XX, vom 7.11.1989: Einschätzung zu „Martin Borg"; BStU, BV Suhl, AIM 1693/94, Teil I, Bd. 2, Bl. 169 f.

2135 Interview des Verf. mit Harry Dreffke am 18.7.2018.

2136 KDI vom 19.4.1969: Beschluss; BStU, BV Suhl, AIM 984/89, Teil I, 1 Bd., Bl. 42 f. KDI vom 26.4.1966: Vorschlag; ebd., Bl. 5–13, hier 9 f.

2137 KDI vom 1.6.1966: Bericht zur Werbung; ebd., Bl. 18 f., hier 18.

2138 KDI vom 19.4.1969: Beschluss; ebd., Bl. 42 f., hier 42.

2139 KDI vom 30.12.1966: Treffen mit „Walter" am 29.12.1966; ebd., Teil II, Bd. 1, Bl. 141 f., hier 142.

KW „Adler“ überreichte er ihm die Bücher *Nicht länger geheim* und *Dr. Sorge funkt aus Tokio*.[2140] Die Bücher soll er „äußerst beeindruckt“ zurückgegeben haben.[2141]

Das Spektrum seiner Berichterstattung und die seiner IM-Gruppe war breit; hier beispielhaft sechs Berichte vom 27. April 1967 über: den Klubhausleiter, die Probleme beim Abschluss eines Forschungsvertrages, die Beratung der Senats-Kommission „Forschung“, die juristische Anleitung der Institute durch ihn selber, Probleme bei der Geheimhaltung von Themen der Vertragsforschung und Darlegungen zur Anwendung des ökonomischen Systems des Sozialismus bei der Vertragsforschung sowie eine Abtreibung.[2142] Obgleich seine Arbeit sowohl qualitativ als auch quantitativ Spitzenformat darstellte, verpflichtete er sich am 16. Februar 1971 anlässlich des 21. Jahrestages des MfS in schriftlicher Form zu einer noch „besseren offiziellen und inoffiziellen Wirksamkeit“.[2143]

Den Versuch des Rektors, Karl-Heinz Elster, Berg zu dieser Zeit die Leiterfunktion seines Büros zu übertragen, eine höhere Funktion, aber eben nicht mehr mit Zugriff auf Personen und Daten wie bislang, lehnte das MfS ab und instruierte Berg, ihm dies deutlich zu machen.[2144] Es war vier Jahre später [R], der einen Instinkt zur inoffiziellen Arbeit Bergs besessen haben muss. Auch den Mut, gegen ihn vorzugehen. Als sich Berg am 18. April 1975 in seinem Arbeitszimmer „zur Durchführung inoffizieller Arbeit“ eingeschlossen hatte und [R] „schimpfte“ und fragte, warum er sich einschließe, „wollte“ er, so Berg gegenüber dem MfS, „wissen, was ich mache“. Mit seiner Erläuterung, es handle sich um vertrauliches Material für Babelsberg, ließ sich jedoch [R] nicht abspeisen. Auch warf [R] ihm vor, „dass ich [also Berg] in meiner eigentlichen Funktion, wofür ich an der THI eingestellt worden bin, überhaupt nichts mehr machen würde. Das würde so nicht mehr weitergehen. Er verlangte, die anstehenden fachlichen Arbeiten durchzuführen.“ Der Streit eskalierte in einem handfesten Zerwürfnis. Das MfS erhielt Hinweise, wonach „sich ein ernstes Problem für die weitere Arbeit in Bezug auf meine gesamte inoffizielle Tätigkeit hier, auf die Lehrtätigkeit und die Fertigstellung des Materials ‚Babelsberg‘“ ergebe.[2145] Dass, was der in hoher Funktion stehende [R] versuchte, hatte offenbar noch keiner gewagt. Ein halbes Jahr später verfasste Berg einen Bericht über sämtliche Behinderungen und Beschimpfungen durch [R].[2146]

Die letzte Beurteilung als MfS-Mitarbeiter erhielt er am 5. April 1989 aus Anlass der Auflösung seines FIM-Netzes, die im Juni 1988 abgeschlossen wurde. Seit dieser Zeit soll er sich mehr und mehr zurückgezogen haben.[2147] Die Zusammenarbeit wurde am 20. November 1989 beendet.[2148]

Neben Repenning war Berg der wichtigste, gewissermaßen halbhauptamtliche Mitarbeiter des MfS an der TH Ilmenau. Bedeutende inoffizielle Arbeitsaufgaben sind oben in

---

2140 KDI vom 20.1.1967: Treffen mit „Walter“ am 19.1.1967; ebd., Bl. 152 f., hier 153.
2141 KDI, OG „HS“, vom 12.4.1967: Bericht von „Walter“ am 12.4.1967; ebd., Bl. 208 f., hier 208.
2142 KDI, OG „HS“, vom 28.4.1967: Bericht von „Walter“ am 27.4.1967; ebd., Bl. 230 f., hier 230.
2143 Bericht vom 23.2.1971 zum Treffen mit „Walter“ am 16.2.1971; ebd., Bd. 4, Bl. 139–142, hier 139.
2144 Bericht zum Treffen mit „Walter“ am 4.3.1971; ebd., Bl. 147.
2145 Bericht von „Walter“ am 21.4.1975; ebd., Bd. 5, Bl. 337 f.
2146 Bericht von „Walter“ am 19.9.1975; ebd., Bl. 397 f.
2147 BV Suhl, Abt. XX, vom 5.4.1989: Beurteilung; ebd., Teil I, 1 Bd., Bl. 40.
2148 BV Suhl, Abt. XX, vom 20.11.1989: Beschluss; ebd., Bl. 84.

den Kapiteln eingearbeitet. Oft trat der ehemalige Staatsanwalt wie ein Inspekteur auf. Früh wurde spekuliert, ob er auch einem „anderen Herrn“ diene. Im Sommer 1967 bemerkte [S] gegenüber Martin Freitag, „dass es auffällig sei, dass der Justitiar Berg in der vergangenen Woche einige Forschungsunterlagen überprüft“ habe. Er habe deshalb „der Sekretärin den Auftrag gegeben, festzustellen, in welchem Umfang sich Berg hierfür interessiert“. [S] habe gemeint, „dass Berg eventuell auch vom MfS den Auftrag hierzu erhalten haben könnte, weil sich diese Stelle auch für die Forschung interessiert“.[2149] Berg zählte zu jenen inoffiziellen Mitarbeitern des MfS, die nicht nur stets lieferten, sondern relativ selbstständig wie Offiziere im besonderen Einsatz (OibE) agierten. Und er war beweglich, kannte keine Berührungsängste, weder nach oben noch nach unten. Zu seinen Dienstgeschäften zählende Befragungen legendierte er gewöhnlich; Zitat Berg: „das Gespräch am 11. Oktober mit Prof. Mau inszenierte ich“. Berg überprüfte regelmäßig Aussagen. Fachliche Erfolge legte er unter die Lupe der Sicherheitsbestimmungen, die er stets restriktiv auslegte.[2150]

Dass Berg nicht gern gesehen war und man ihn umging, wo es nur möglich war, war nahezu zwingend. Und er wusste und beklagte dies auch. So berichtete er am 10. November 1971 von Intrigen gegen ihn.[2151] Demnach sollen zwei Rektoratsmitarbeiter massiv versucht haben, ihn vor allem aus Wirtschafts- und Forschungsverträgen, „Koordinierungsvereinbarungen mit staatlichen und gesellschaftlichen Institutionen des Territoriums sowie der Industriepartner“ und der Bearbeitung von Neuerer-Vereinbarungen über die Einstellung eines Fachjuristen herauszuhalten. Berg sprach diesbezüglich von seiner Ausschaltung, er wäre demnach nur noch „für die juristische Betreuung des Rektors“ zuständig. Damit „würde er arbeitslos“, räumte aber ein, dass „gerade diese Klausel dazu führen“ könne, „dass er sich das Recht der Einsichtnahme in alle Angelegenheiten des Direktors Forschung verschaffen“ könne, also beispielsweise „für den Entwurf von Weisungen“.[2152] Das passierte offenbar auch für kurze Zeit, doch spätestens ab Oktober war Berg „wieder mitverantwortlich für die Rechtseinschätzung“ aller Verträge, vor allem der Forschungsverträge. Das setzte das MfS wieder in den Stand, vollumfänglich die Übersicht über die Forschungsverträge zu bekommen, was zwischenzeitlich „aus Gründen der Konspiration“ so „nicht möglich war“.[2153]

Zu Berg liegen zwei Verpflichtungserklärungen vor, eine handschriftliche vom 31. Mai 1966 und eine maschinenschriftliche mit handschriftlicher Unterschrift vom 15. November 1972.[2154] Die Umregistrierungen erfolgten zum GHI am 23. Februar 1967[2155] und zum FIM am 19. April 1969[2156] sowie zum IMS am 16. August 1988.[2157] Er erhielt für seine

---

[2149] KDI, OG „HS“, vom 1.6.1967: Bericht zum Treffen mit „Skat“ am 31.5.1967; BStU, BV Suhl, AIM 93/73, Teil II, Bd. 3, Bl. 58–60.
[2150] Vgl. Bericht von „Walter“ vom 17.10.1968: Ermittlungsergebnis zu Meiningen; BStU, BV Suhl, AIM 984/89, Teil II, Bd. 3, Bl. 77–86.
[2151] Bericht zum Treffen mit „Walter“ vom 10.11.1971; ebd., Bd. 4, Bl. 272–275, hier 272.
[2152] Bericht von „Walter“ am 29.11.1971; ebd., Bl. 286.
[2153] Bericht zum Treffen mit „Walter“ vom 5.10.1972; ebd., Bl. 422 f., hier 422.
[2154] Verpflichtungen; ebd., Teil I, 1 Bd., Bl. 15–17.
[2155] KDI vom 23.2.1967: Beschluss zur Umgruppierung; ebd., Bl. 31.
[2156] KDI vom 19.4.1969: Beschluss; ebd., Bl. 42 f.
[2157] BV Suhl, Abt. XX, vom 16.8.1988: Änderung der IM-Kategorie; ebd., Bl. 57.

inoffizielle Tätigkeit monatlich eine zusätzliche Gehaltszahlung in Höhe von 400 Mark, die 1986 auf 500 Mark erhöht worden war. Zusätzlich erhielt er Prämien, Treffauslagen und Geschenke; in summa circa 70.000 Mark. Berg platzierte gern Witze in seiner Berichterstattung. Denn er kam viel herum und sprach gern auch mit einfachen Angestellten; hier drei Beispiele: „Im Büro des Genossen Ulbricht stehen sieben Telefone. Fragestellung, welches die Direktleitung nach Moskau wäre. Antwort: Das ohne Sprechmuschel.“[2158] Oder im Januar 1971: „Frage, wo der Genosse bei der letzten Parteiversammlung war. Antwort: Wenn er gewusst hätte, dass es die letzte war, wäre er gekommen.“[2159] Oder am 30. März 1978: „Erich Honecker fährt mit dem Traktor durch Berlin. – Er suchte seinen letzten Anhänger.“[2160] Aus der Aufzeichnung Bergs geht nicht hervor, ob er die nachfolgende Bemerkung des Sicherheitsbeauftragten Repenning als Witz oder als nüchterne Feststellung ansah, der ihm gesagt haben soll: „Überall wo wir sind, geht es drunter und drüber; aber wir können nicht überall sein.“[2161]

Klasse 14: Sonderforschung

(Fall-Nr. 31) Die Werbungsabsicht für Gerald Buch alias „Gerd Klein“ lag auf dem Gebiet der Sicherung der Sonder- resp. speziellen Forschung begründet. Er besaß den kompletten Überblick über Planung und Koordinierung dieser Themen. In Bezug hierauf wurde er zum 1. Januar 1986 dem 1. Prorektor und dem Rektor unterstellt. Eine solche Position war nicht völlig neu, wenngleich vom Stellenwert höher als sie es unter seinem Vorgänger gewesen war. Ab dem 18. März 1986 war er bestätigter Beauftragter des Rektors für die spezielle Forschung (LVO). Weitere Aufgaben sollten sich aus Festlegungen der entsprechenden Arbeitsgruppe des Ministers ergeben.[2162] Die Werbung wurde zeitnah am 26. Juni 1986 vollzogen. Er war einverstanden, schrieb handschriftlich die Verpflichtung und wählte sich den Decknamen selbst.[2163] Er erhielt für eine kurze Zeit von 1986 bis 1988 vergleichsweise viele, nämlich sechs Anerkennungsprämien in Form von Sachgeschenken.[2164]

Im April 1989 zeigte sich Offizier Neues erfreut über seine Einstellung, da er nun auch Personen belastete.[2165] Da die Arbeitsakte, der Teil II, zunächst nicht überliefert war, war der Gehalt dieser Einlassung viele Jahre nicht überprüfbar. Doch konnten allmählich Teile der Arbeitsakte, die zur Vernichtung Ende 1989 bestimmt waren, aufgefunden werden. Sie entsprechen den im Teil I gemachten Angaben vollauf. Im Januar 1987 besprach Neues mit ihm Fragen der Kaderentwicklung in einem Wissenschaftsbereich unter dem Aspekt erhöhter Sicherheitsanforderungen (spezielle Ausbildung und Sonderforschung).[2166] Am 31. Juli 1986 stand das Thema „Heide“ (Kap. 5.2.1) unter denselben Prämissen zur

---

[2158] Bericht von „Walter“ vom 9.5.1969; ebd., Teil II, Bd. 3, Bl. 248.
[2159] Bericht von „Walter“ vom 2.2.1971; ebd., Bd. 4, Bl. 135 f., hier 136.
[2160] Bericht vom 10.4.1978 zum Treffen mit „Walter“ am 6.4.1978; ebd., Bd. 6, Bl. 378–380, hier 380.
[2161] Bericht von „Walter“ vom 6.12.1978; ebd., Bd. 7, Bl. 66.
[2162] BV Suhl, Abt. XX, vom 5.6.1986: Vorlauf „IME“; BStU, BV Suhl, AIM 1406/90, Teil I, 1 Bd., Bl. 12. THI vom 13.3.1986: Leistungseinschätzung; ebd., Bl. 19–21.
[2163] BV Suhl, Abt. XX/8, vom 27.6.1986: Bericht über die Werbung; ebd., Bl. 29–31. Verpflichtungserklärung vom 26.6.1986; ebd., Bl. 58.
[2164] Quittungen; ebd., Bl. 44–48.
[2165] BV Suhl, Abt. XX, vom 5.4.1989: Einschätzung „Gerd Klein“; ebd., Bl. 59.
[2166] BV Suhl, Abt. XX/8, vom 9.1.1986: Bericht von „Gerd Klein“ am 8.1.1986; BStU, BV Suhl, Abt. XX, Nr. 1524, Bl. 3.

Erörterung an, wie auch personelle Fragen im Zusammenhang mit der operativen Arbeit an OPK und Herauslösungen von Mitarbeitern aus entsprechenden Themenbindungen.[2167] Solche Aufträge waren dominant. Selten berichtete er zu peripheren Aspekten wie etwa zu dem Auftrag, eine Bierstube aufzusuchen und zu klären, ob sich dort ein ihm benannter Antragsteller auf Übersiedlung in die Bundesrepublik, der an der TH beschäftigt war, aufhalte.[2168]

5.3.4 Subversion, Spionage und Sabotage

Eine zufällige, banale oder alltägliche Begebenheit konnte leicht dazu führen, dass aus ihr ein politisch-operativer Fall für das MfS wurde. In den meisten Fällen hatten die Betroffenen das fragwürdige Glück, dass sie nichts von den Ermittlungen erfuhren. Andererseits ließen erlebte unerklärbare Restriktionen oft genug den Verdacht aufkommen, dass möglicherweise das MfS dahintersteckte. Das Besondere des Staatssicherheitsdienstes war, dass er in den Fragen der Subversion, Sabotage und Spionage meist die Bundesrepublik mitdachte. Ein markanter Aspekt bildete der Topos der gesamtdeutschen Geschichte, wozu die SED bereits Mitte der 1950er Jahre intensiv agitierte.[2169] „Einige Genossen meinten", so der Justitiar Wolfgang Berg anlässlich einer Tagung der Parteifunktionäre der TH Ilmenau vom 15. bis 18. Februar 1967, „dass wir uns isolieren würden, wenn wir wieder gegen den Begriff einer gesamtdeutschen Wissenschaft auftreten würden. Die Studenten würden darüber nur lachen. Es gäbe nur eine Mathematik", sagten sie. Ein Hochschulangehöriger soll gesagt haben, dass es „an einer Technischen Hochschule sehr schwer sei", ihnen „das klarzumachen".[2170] Geriet jemand in den Verdacht, eine wie auch immer geartete Verbindung zur Bundesrepublik zu haben, half ihm keineswegs eine ausgezeichnete Arbeitsleistung. Er galt dem MfS dann nicht auf der Höhe des *wissenschaftlichen* Standes und wurde entsprechend verdeckt, heißt operativ, bearbeitet[2171]

Subversion: PiD

Das MfS-interne *Wörterbuch der Staatssicherheit* beschreibt die politisch-ideologische Diversion (PiD) als vom Feind praktizierte „Zersetzung des sozialistischen Bewusstseins bzw. der Störung und Verhinderung seiner Herausbildung, in der Untergrabung des Vertrauens breiter Bevölkerungskreise zur Politik der kommunistischen Parteien und der sozialistischen Staaten, in der Inspirierung antisozialistischer Verhaltensweisen bis hin zur Begehung von Staatsverbrechen, in der Mobilisierung feindlich-negativer Kräfte in den sozialistischen Staaten, in der Entwicklung einer feindlichen, ideologischen, personellen Basis in den sozialistischen Staaten zur Inspirierung politischer Untergrundtätigkeit sowie im Hervorrufen von Unzufriedenheit, Unruhe, Passivität und politischer Unsicherheit unter breiten Bevölkerungskreisen. [...] Zur Erreichung ihrer Ziele [bedienen sich die

---

2167 BV Suhl, Abt. XX/8, vom 31.7.1986: Bericht von „Gerd Klein" am 31.7.1986; ebd., Bl. 5 f.
2168 BV Suhl, Abt. XX/8, vom 13.8.1986: Bericht von „Gerd Klein" am 12.8.1986; ebd., Bl. 7 f.
2169 Man möge sich einen Überblick verschaffen, wo und welche Verbindungen bestünden, in: HPL der HfE, Protokoll vom 30.11.1956; LATh-StA Meiningen, BS 4-95-1317, AS 15, S. 1–7, hier 5.
2170 Bericht von „Walter" am 22.2.1967; BStU, BV Suhl, AIM 984/89, Teil II, Bd. 1, Bl. 1, Bl. 187.
2171 Beispielhaft: OG „HS" vom 1.2.1962: Information; BStU, MfS, AOP 1902/67, TV 7, Bd. 1, Bl. 75.

Feinde] der modernsten Erkenntnisse und Errungenschaften von Wissenschaft (u. a. Psychologie, Soziologie, Kommunikationswissenschaft) und Technik, insbesondere im Bereich der Massenmedien. [...] Die Politisch-ideologische Diversion widerspricht den Normen des Völkerrechts. Sie wird insbesondere durch Einmischung in die inneren Angelegenheiten sozialistischer Staaten gekennzeichnet."[2172] Einige typische Beispiele:

Im Herbst 1985 fasste Wolfgang Berg einmal mehr Erscheinungen der PiD zusammen, in diesem Fall des Hörens und Sehens von westlichen Radio- und Fernsehsendungen im Bereich der TH Ilmenau. So habe man festgestellt, dass die Antennen derart ausgerichtet worden seien, dass mit ihnen kein ansehenswerter Ost-Empfang mehr möglich war. Berg war selbst hiervon betroffen: „Da ich selbst noch immer keinen DDR-Empfang hatte, aber das BRD-Fernsehen (ARD und ZDF) in guter Empfangsqualität anlagen, habe ich den Direktor für Technik am 19. August 1985 in Kenntnis gesetzt, dass ich kein DDR-Fernsehprogramm mehr empfange, das BRD-Fernsehen in guter Empfangsqualität [anliegt] und der Rundfunk die Stereosendungen nicht mehr bringt, weil die Feldstärke zu gering ist, dafür aber der Hessischen Rundfunk und Bayern 3 gut zu empfangen sind und ich um Veränderung bitte." Eine technische Überprüfung ergab, dass die Einstellung einer Entweder-Oder-Logik entsprach, also konnte entweder ARD oder DDR II empfangen werden. Zitat Berg: „Welches Programm der Empfänger also einstellt, hängt von dessen subjektiver Interessenlage ab!!!" Also suchte er am nächsten Tag den Parteisekretär auf und klagte ihm sein Leid. Der aber und ein anderer Genosse meinten, er sei zu ungeschickt, „ein Fernsehgerät zu bedienen". Eine lange Chronologie seiner Maßnahmen, endlich wieder guten DDR-Empfang zu haben, schloss er mit der Bemerkung ab, warum sich in dem betreffenden Block K, wo viele Genossen wohnten, nicht schon Genossen „beschwert oder angefragt" hätten. Auf die Dauer könne dies nicht gut gehen. „Sind wir schon so weit, dass jeder am Sozialismus herumknabbern kann, wie es ihm gefällt, ohne bestraft zu werden und jetzt sogar, wenn es um die Fragen der Ideologie, der Wirksamkeit der ideologischen Massenmedien geht?" Angeblich hätte der Rektor gar gesagt, „wir müssten alle Fernsehprogramme empfangen können".[2173]

Zu Beginn der 1960er Jahre kam der Vermieter für Studentenwohnungen Herbert Wilmsen in den Verdacht, gegen die SED zu hetzen, Studenten und Assistenten mit feindlichem Denken zu infiltrieren. Bei Wilmsen wohnte auch der damalige Assistent Eberhard Forth, der auch als Student schon bei ihm wohnte.[2174] Wilmsen war politisch interessiert und hielt mit seiner Meinung nicht hinter dem Berg, auch nicht unmittelbar nach dem 13. August 1961: „Nur die westlichen Wissenschaftler könnten frei und schöpferisch arbeiten, während bei uns Unfreiheit in der Wissenschaft herrscht, weil sie mit der Politik stets verbunden ist, und hier die Forschung gelenkt und aufgezwungen ist." Da er zudem in einem Weimarer Philosophenclub mitwirkte, eröffnete das MfS die operative Arbeit gleich gegen alle Mitglieder des Clubs im OV „Spinne", zu dem auch Forth gehörte.[2175]

[2172] Suckut, Siegfried (Hrsg.): Das Wörterbuch der Staatssicherheit. Berlin 2001, S. 303 f.
[2173] Bericht von „Walter" vom 11.9.1985; BStU, BV Suhl, AIM 984/89, Teil II, Bd. 8, Bl. 99–101.
[2174] Vereinbarung über die Vermietung von Räumen; BStU, BV Suhl, AOP 1115/63, Bd. 1, Bl. 136 f.
[2175] BV Suhl vom 27.9.1961: Beschluss für das Anlegen eines OV; ebd., Bl. 8 f.

Den Fall bearbeitete Offizier Hertzer. Ihm arbeitete u. a. der Geheime Informator (GI) „Bernd Hof" zu, der bei einem Besuch bei Wilmsen nichtmarxistische Literatur feststellte, darunter Rudolf Steiners *Moderne Philosophie der Freiheit* und Hans Eberhard Lauers *Die Wiedergeburt der Erkenntnis*.[2176] Suggestivfragen der inoffiziellen Mitarbeiter unter den Studenten generierten jene Antworten, die das MfS erwartete: also beschwerten sich Studenten, Wilmsen rede philosophisch wirr und gefährlich.[2177] Bereits im Dezember 1961 stand das Urteil für das MfS fest, wonach „die im Vorgang angefallene Person fortgesetzt auf der Grundlage der bürgerlichen Philosophie staatsgefährdende Propaganda und Hetze im Sinne des Paragraphen 19 des Strafrechtsergänzungsgesetz (StEG) seit Jahren unter den bei ihm internatsmäßig untergebrachten Studenten der HfE Ilmenau betreibt und versucht, diese im negativen Sinne zu beeinflussen".[2178] Der Abschlussbericht wurde am 22. Februar 1962 angefertigt. Er gipfelt in der Empfehlung, Wilmsen im März – verbunden „mit einer sofortigen gründlichen Hausdurchsuchung" – zu verhaften.[2179] Doch der Plan hatte keinen Erfolg, da nicht bewiesen werden konnte, dass er staatsfeindlich handelte. Hierzu prüfte standardmäßig die HA IX in Berlin. Deren negativer Bescheid missfiel der KD Ilmenau. Sie ermittelte also weiter, musste jedoch nach anderthalb Jahren den Vorgang erfolglos abschließen.[2180] Das Glück, nicht im Gefängnis zu landen, hing oft am seidenen Faden.

Spionage

Der grundsätzlich feindbildbezogene Spionageverdacht war der SED konstitutiv. Ihm entsprach ein Geheimnisschutz (Kap. 5.3.2), der sich gleichsam als Selbstreferenz entwickelte, ausbreitete und hypertroph aufschaukelte. Der Spionageverdacht war alltäglich und von daher oft auch grotesk und haltlos, jedoch insgesamt gesehen in nicht wenigen Fällen auch berechtigt, weil zutreffend. Ein vom Muster her klassisches Beispiel für tatsächliche Spionage bildet der Fall des Greizer Physikers Franz Bremer. Er war seit 1954 am Institut für Physik der HfE Ilmenau als Lehrbeauftragter beschäftigt. Ein banaler Hinweis führte am 5. März 1957 sofort zur operativen Ermittlung gegen ihn, „da es sich um einen Mitarbeiter eines Institutes" handelte, in dem „an Forschungsaufträgen gearbeitet" wurde. Anlass war ein abgefangener Brief. Der Fall wurde als Teilvorgang (TV) Nr. 5 in den Zentralen operativen Vorgang (ZOV) „Verschwörer" integriert.[2181]

Der Brief, um den es hier ging, kam von einer amerikanischen Institution und beinhaltete eine Einladung zu einer Fachkonferenz. Der Brief aber wurde konspirativ durch einen Geheimen Mitarbeiter (GM) eigenhändig in den Postkasten Brehmers eingeworfen. Dazu fuhr er extra von Berlin nach Ilmenau.[2182] Der Staatssicherheitsdienst startete sein Standardprogramm der Ermittlung zu verdächtigen Personen (M-Kontrolle, Heranschleusung von inoffiziellen Mitarbeitern etc.), hier unter dem Verdachtsmerkmal, wonach „Brehmer

---

[2176] KDI, OG „HS", vom 17.1.1961: Bericht von „Bernd Hof" am 17.1.1961; ebd., Bl. 30.
[2177] KDI, OG „HS", vom 22.4.1961: Bericht von „Max Winter" vom 21.4.1961; ebd., Bl. 34 f. BV Suhl, Abt. XV, vom 26.1.1962; ebd., Bd. 2, Bl. 7 f.
[2178] KDI, OG „HS", vom 2.12.1961: Maßnahmeplan; ebd., Bd. 1, Bl. 80–85, hier 80.
[2179] KDI, OG „HS", vom 22.2.1962: Abschlussbericht zum OV „Spinne"; ebd., Bd. 2, Bl. 27–39, hier 39.
[2180] BV Suhl vom 8.10.1963: Beschluss über das Einstellen eines OV; ebd., Bl. 237 f.
[2181] BV Suhl, Abt. VI, vom 5.3.1957: Mitteilung; BStU, MfS, ZOV 282/61, TV Nr. 5, Bl. 15.
[2182] BV Suhl, Abt. VI, vom 30.4.1957: Sachstandsbericht; ebd., Bl. 31 f., hier 31. Verwaltung Groß-Berlin, KD Prenzlauer Berg, vom 14.3.1957; ebd., Bl. 16.

mit dem amerikanischen Geheimdienst in Verbindung“ stünde.[2183] Brehmer studierte an der Universität Jena 1940, 1944 und 1949 bis 1953. Spezialkenntnisse besaß er auf den Gebieten der Kernphysik und Hochvakuumtechnik.[2184] Vom 21. bis 22. September 1955 nahm er an der Halbleitertagung der Deutschen Physikalischen Gesellschaft in Mainz teil. Auch gehörte er dem Tanzkreis Grün-Weiß Ilmenau an,[2185] was für das MfS nicht ohne Bedeutung war.

Der Schreiber des Briefes bedankte sich bei Brehmer für die Einladung zum Internationalen Kolloquium in Ilmenau im November 1956, der er allerdings nicht nachkommen könne. Es ging ferner um Kontakte, die er mit ihm und einer dritten Person gehabt hatte.[2186] Also beschaffte sich das MfS eine Liste von Personen, die der Einladung nicht gefolgt waren. Es handelte sich hierbei um 128 zum Teil bedeutende Personen der Wissenschaft und Politik der DDR wie Falter, Hager, Harig, Rambusch, Rompe und Selbmann.[2187] Am 28. Juni 1957 hatte das MfS den Schreiber des Briefes ermittelt. Er stand tatsächlich auf dieser Liste: Wolfgang Friedel vom Institut für Optik und Spektroskopie (IOS) der DAW.[2188] Friedel war im Januar 1957 geflüchtet.[2189] Alles schien halbwegs in Ordnung zu sein, eine sogenannte Rückverbindung zwar, die registriert zu werden lohnte, jedoch wohl kaum zu weiteren Ermittlungen geführt hätte. Erst der Kaderleiter der HfE brachte mit seiner Mitteilung am 20. August 1957 den Stein ins Rollen. Er hatte erfahren, dass Brehmer nach der Promotion die DDR angeblich verlassen wolle. Ein vierstufiger Staffellauf der Denunziation folgte: Aus dem Hause Brehmers erfuhr die Aufwartefrau [A] die besagte Information, sie denunzierte Brehmer gegenüber einem Mitarbeiter des Rates des Kreises Ilmenau, der wiederum teilte es dem zuständigen Staatsanwalt mit, der anschließend dem Kaderleiter der Hochschule, und der teilte es schlussendlich dem für die Hochschule zuständigen operativen Mitarbeiter des MfS mit. Frau [A] verfüge, so das MfS, gar über tiefergehende Informationen, die den Verdacht einer beabsichtigten Flucht erhärteten.[2190] Dem an Familie Brehmer herangeschleusten GM gelang es bald, eingeladen zu werden.

Wie Brehmer, versuchte nun auch der GM, an einer Tagung der Physikalischen Gesellschaft teilzunehmen. Auch lud er sich selbst zum Tanzkreis Grün-Weiß Ilmenau an.[2191] Im Sommer 1958 firmiert der Brief an Brehmer bereits als einer, der „vom amerikanischen Geheimdienst CIA“ verfasst worden sein soll. Dass es für diese Behauptung keinen auch noch so kleinen Beweis gab, spielte keine Rolle. Dennoch, eine Feindtätigkeit Brehmers zu konstruieren, erwies sich als schwierig.[2192] Wieder schien es wie so häufig, als würde der Fall zu den Akten gelegt werden müssen. Doch am 19. September 1958 erfuhr der Vorgang plötzlich eine Wendung. Die Suhler Tschekisten erhielten u. a. von der HA II/1

[2183] BV Suhl, Abt. VI, Objekt Hochschule, vom 3.4.1957: Operativplan zur Bearbeitung des Überprüfungsvorgangs „Atom“; ebd., Bl. 21.
[2184] BV Suhl, o. D.: Biographische Daten; ebd., Bl. 22 f. Lebenslauf vom 15.7.1955; ebd., Bl. 24.
[2185] BV Suhl, Abt. VI, Objekt Hochschule, vom 9.4.1957: Eine Mitteilung; ebd., Bl. 28.
[2186] Berlin vom 10.2.1957: Abschrift eines Briefes; ebd., Bl. 35.
[2187] Personenliste, ohne Kopfangaben; ebd., Bl. 36–40.
[2188] BV Suhl, Abt. VI, vom 28.6.1957: Mitteilung; ebd., Bl. 41 f.
[2189] MfS, Abt. VI, vom 19.7.1957: Mitteilung an die BV Suhl, Abt. VI; ebd., Bl. 51.
[2190] BV Suhl, Abt. V/6, Objekt Hochschule, vom 20.8.1957: Aktenvermerk; ebd., Bl. 80 u. 83.
[2191] BV Suhl, Abt. V/6, OG „HS“, vom 20.2.1958: Treffbericht; ebd., Bl. 113 f.
[2192] BV Suhl, Abt. V, OG „HS“, vom 6.6.1958: Mitteilung; ebd., Bl. 145–147.

die Information, dass Brehmer mit Toten Briefkästen (TBK) arbeite. Einer sei in der Nähe der (ehemaligen) Ilmenauer Sprungschanze am Lindenberg festgestellt worden. Die operativen Ermittlungen liefen nun auf Hochtouren. Bald auch wurde das Funkgerät entdeckt.[2193] Im Winter 1958/59 war die Verbindung Brehmers zu dem Amerikaner gekappt; jedenfalls lief der GM mit dem Decknamen „Ulme“ ins Leere: „Beim ersten Anlaufen des TBK war die Schneelage so, dass er mit unserer Zustimmung [des MfS] den Auftrag ohne Erledigung zurückgab. Als er dann seine Fahrt nach Ilmenau wiederholte, stellte er fest, dass der TBK vom Amerikaner nicht gefüllt war, obwohl der es angekündigt“ hatte.[2194]

Am 8. April 1959 denunzierte Frau [A] ein weiteres Mal Brehmer, indem sie bei der Abteilung K der Volkspolizei vorstellig wurde und von Quecksilberschiebungen berichtete. Das musste keinesfalls stimmen, der Verdacht genügte. Brehmers Festnahme wurde angeordnet. Die Vernehmungen begannen sofort.[2195] Umgehend, ab dem 26. August begann der Prozess vor dem 1. Strafsenat des Obersten Gerichtes der DDR. Von Seiten der Hochschule nahmen zehn Personen teil, unter ihnen Kaderleiter Placht, Parteisekretär Pfestorf sowie ein Student.[2196] Brehmer wurde am 28. August zu 15 Jahren Haft verurteilt. Der Fall war der SED wert, in den Kinos im Standardvorspann „Augenzeuge“ gezeigt zu werden. Die Besucher sahen vier Agenten, Walter Huth aus Warnemünde, Franz Brehmer aus Ilmenau, Gisela Gebhardt aus Berlin und Erich Keimling aus Leipzig. Gezeigt wurden Dokumente ihrer „verbrecherischen Tätigkeit“ wie Briefkästen und Funkgeräte.[2197]

Abbildung 31: Zur Vernehmung Brehmers wurde das Tonband mit Funksignalen abgespielt

Der Fall war damit aber nicht zu Ende. Eines Tages, am 7. September 1959, ist der Strafgefangene zu einem gewissen [B] befragt worden, ob er ihn kenne und wenn ja, inwiefern. Tatsächlich kannten sich beide aus der gemeinsamen Zeit während eines Studiums am

[2193] BV Suhl, Abt. V, OG „HS“, vom 23.9.1958: Aktenvermerk; ebd., Bl. 160 f., hier 160.
[2194] MfS, HA II/1, vom 14.4.1959: Bericht; ebd., TV Nr. 5b, Bl. 67–71, hier 68.
[2195] BV Suhl, Abt. V/6, vom 9.4.1959: Mitteilung; ebd., Bl. 205–207. BV Suhl, KDI, vom 27.5.1959: Mitteilung an die HA II/1/A; ebd., Bl. 83. Vernehmungsprotokoll vom 9.4.1959; ebd., Bl. 75–78.
[2196] HPL der HfE vom 2.9.1959; LATh-StA Meiningen, BS 4-95-1317, AS 17, S. 1–9, hier 5.
[2197] DEFA-Augenzeuge 1959/B 72.

Physikalischen Institut Jena. Gelegentlich traf man sich später im Rahmen physikalischer Tagungen.[2198] [B] studierte u. a. bei den bedeutenden Physikern Eberhard Buchwald und Martin Kersten. Ab 1951 arbeitete er am Institut Miersdorf.[2199] Auch er war im ZOV „Verschwörer" bearbeitet worden, konnte aber noch rechtzeitig fliehen.[2200] Der wiederum war mit Friedel befreundet.[2201] Friedel schrieb weiland einen Brief an den Institutsdirektor des IOS, Albrecht Lau, über die Gründe seiner Flucht. Lau soll anschließend in einer internen Sitzung „‚gewisse' Leute" einbestellt und den Brief vorgelesen haben. In ihm wurde „das MfS beschuldigt, für die Republikflucht des Friedel [...] verantwortlich zu sein".[2202] Wurde jemand wegen Spionage inhaftiert, generierte dies über die Verhöre regelmäßig weitere Personen, mit denen der Inhaftierte in Verbindung stand, mit der nicht seltenen Folge weiterer Ermittlungen, Verhaftungen oder Fluchten. In unserem Fall hatten [B] und Friedel das Glück, dass sie bereits geflohen waren.

Bewiesene Spionage wie im Fall Brehmers war deutlich seltener als die Anzahl der Operativ-Vorgänge, die zwar diese Zielrichtung verfolgten, aber ermittlungstechnisch ins Leere liefen. Einen solchen Fall stellt der OV „Modell" dar, angelegt gegen einen namhaften Wissenschaftler und Hochschullehrer der TH Ilmenau. Der Vorlauf zu diesem OV wurde am 29. Oktober 1970 in der Untersuchungsrichtung Paragraph 97 StGB (Spionageverdacht), Paragraph 98 (Verdacht der Sammlung von Nachrichten) sowie Paragraph 99 (Geheimnisverrat) angelegt. Demnach stand [C] im Verdacht, seit circa 1964 „systematisch Forschungsergebnisse und Forschungsrichtungen seines und teilweise anderer, ihm zugängliche Institutionen zu verraten". Auch bestand der Verdacht, dass er das Forschungsprofil seines Hauses nach Interessen westlicher Institutionen ausgerichtet habe.[2203] Dies war ein gern benutzter Vorwurf, der sich in hoher Anzahl in den Akten des Staatssicherheitsdienstes findet.[2204]

Der erste Bearbeitungsplan umfasste sämtliche Standardaufgaben der Untersuchung, Prüfung, Kontrolle und Überwachung. U. a. die Erarbeitung von Übersichten zu seinen Tätigkeiten, Forschungsschwerpunkten, privaten und dienstlichen Reisen und Verbindungen aller Art, Überprüfung der operativen Kenntnisse und Erweiterung des inoffiziellen Mitarbeiterpotenzials, die Analyse seiner Tätigkeit im Arbeitsbereich sowie seines Einflusses auf das Forschungsprofil seines Hauses und Erkenntnisse zu seiner Leitungstätigkeit.[2205] Ein halbes Jahr später liefen die Ermittlungen bereits auf Hochtouren, überdies war gegen ihn eine Reisesperre verhängt worden. Die Ermittlungen zogen sich partiell ins Krude, da sich harte Belastungshinweise nicht einstellen wollten. So wurde untersucht, ob er wissenschaftliche Erkenntnisse eines Promovenden abzöge. Mit unterschiedlichsten Aufgaben wurden gegen ihn „angesetzt" die IMV „Walter Schmidt" und „Wilfried" sowie

---

2198 Vernehmungsprotokoll vom 7.9.1959; MfS, ZOV 282/61, TV Nr. 14, Bl. 174 f.
2199 Biographische Daten; ebd., Bl. 13–15.
2200 MfS, Abt. VI/4, vom 12.11.1956: Zwischenbericht; ebd., Bl. 25–27, hier 25.
2201 MfS, Abt. VI/4, vom 4.2.1957: Operativplan; ebd., Bl. 69–73.
2202 MfS, Abt. VI, vom 8.2.1957: Mitteilung an Generalmajor Last; ebd., Bl. 74 f.
2203 KDI vom 29.10.1970: Beschluss zum Anlegen eines Operativ-Vorlaufs; BStU, BV Suhl, AOP 688/74, Bd. 1, Bl. 5 f.
2204 Paradigmatisch der Fall Ernst August Lauter in: Buthmann: Versagtes Vertrauen, S. 613–914.
2205 KDI, OG „HS", vom 10.11.1970: Maßnahmeplan; BStU, BV Suhl, AOP 688/74, Bd. 1, Bl. 39–43.

die IMS „Bergmann“, „Peter Arbeiter“ und „Dieter“. Zum Repertoire des MfS zählte auch eine konspirative Wohnungsdurchsuchung.[2206]

Eine Zwischeneinschätzung vom 19. Juli 1971 spottet jeder Beweisführung. Etwa fadenscheinige Bemerkungen zu seinen angeblich umfangreichen Westverbindungen, seiner Teilnahme am letzten Beuken-Kolloquium und der Infragestellung seiner Überzeugung, „die Festigung der Kontakte zu allen beteiligten Wissenschaftlern“ entwickeln zu wollen, um der Gefahr unnötiger Doppelarbeit zu begegnen. Sogar seine Mitarbeit an einem internationalen Handbuchprojekt über Elektrowärme wurde desavouiert, indem ihm fehlende Spezialkennnisse nachgesagt wurden. Alles Positive wurde anrüchig gemacht, wenn nicht sogar ins Gegenteil verkehrt. Eine Methode, die immer dann angewandt wurde, wenn sich nichts Negatives fand. Die Expertisen und die Suche nach Fehlern und Versäumnissen gingen weit zurück in seine Geschichte. So stellte das MfS fest, dass zwei Vertragsforschungsthemen mit dem Abschlussdatum 1967 nicht den geplanten volkswirtschaftlichen Nutzen hervorgebracht hätten.[2207]

Banal war, was ermittelt wurde: Im Oktober 1971 wurde dem MfS eine Aussage von ihm bekannt, die er einem Mitreisenden auf der Fahrt von Berlin nach Erfurt gegenüber gemacht haben soll; Zitat des Spitzels: „Wir alten Professoren werden in Müllers Stübchen verbannt. Man fragt uns nicht mehr. Die jungen Professoren bezeichnen wir nicht als Kollegen. Für uns war ein Professor Vorbild für die Studenten und Assistenten, das hat man untergraben. Wir sind mit unseren Studenten in das Gerätewerk Weimar gefahren, aber nicht ins Theater. Heute gehen die Assistenten einmal in die Lehrgruppe und Forschungsgruppe. Disziplin herrscht nicht mehr. Die Organisation nach der Hochschulreform hat vieles zerstört.“[2208] Der Fall wurde mangels Beweise eingestellt.

Der Fall des OV „Biber“ war dagegen von anderer Dimension, filmreif und entsprechend seltener. Ermittelt wurde wegen Verdachts der Spionage im Auftrag des BND.[2209] Auch in diesem Fall handelte es sich um einen anerkannten Wissenschaftler, der zudem gesellschaftlich hochaktiv, jedoch kein SED-Mitglied war. Der GI „Harbig“ berichtete nach Eröffnung des Vorgangs regelmäßig über ihn alles Mögliche detailliert und belastend, tendenziell auch den Tatsachen widersprechend, grundsätzlich jedoch negativ. Die Berichte waren geeignet, die Karriere eines begabten und engagierten Wissenschaftlers erheblich zu beeinträchtigen oder gar zu beenden.[2210] Wer wie er in den Verdacht der Spionage geriet, wurde regelmäßig beobachtet, gelegentlich von morgens bis abends: wann wo aufgehalten, wann wo Briefsendungen aufgegeben etc., und dies insbesondere auch auf Reisen, egal wohin, wie etwa im August 1966 anlässlich eines Urlaubs; Zitat: „10. August, 11.55 Uhr: warf der Sohn zwei Briefe in den Briefkasten am Postamt ein. Sie fuhren gleich weiter bis zum Markt.“ Offenbar hatte die Familie des [C] die Beobachtung mitbekommen, so schaute die Frau während der Autofahrten „oft durch die Heckscheibe“ und beim

---

[2206] KDI, OG „HS“, vom 8.6.1971: Vorschlag zum Maßnahmeplan; ebd., Bl. 115–117.
[2207] KDI, OG „HS“, vom 19.7.1971: Zwischeneinschätzung zum Operativ-Vorlauf; ebd., Bl. 118–122.
[2208] Mitteilung an das MfS vom 25.10.1971; ebd., Bl. 171.
[2209] BV Suhl vom 5.7.1965: Beschluss für das Anlegen des Operativ-Vorlaufs „Biber“; BStU, BV Suhl, AOP 607/68, Teil I, Bd. 1, Bl. 6 f.
[2210] KDI, OG „HS“, vom 27.8.1965: Bericht zum Treffen mit „Harbig“ am 13.4.1965; ebd., Bl. 145 f.

„Anlaufen des Friedhofs in Genthin grüßte ‚Holder' [Deckname der zu beobachtenden Person – der Verf.] einen ihm entgegenkommenden Beobachter, der bis zu diesem Zeitpunkt noch nicht in Erscheinung getreten war".[2211]

Nach mehr als einem Jahr stellte das MfS fest, dass zwar weitere Anhaltspunkte für Spionage gefunden worden seien, es jedoch „bisher noch nicht" gelungen sei, „die Beweisführung für die Methode und Angriffsrichtung der Feindtätigkeit [...] zu erbringen".[2212] Obgleich Technik eingesetzt wurde: Während des Urlaubes wurde „die ‚Maßnahme B'" zum Einsatz gebracht. Jedoch entdeckte [C], nach Hause gekommen, auf dem Boden „ein Stück nicht genügend getarnte Leitung". Das MfS glaubte regelmäßig nicht an „beobachtende Intelligenz" und blies die technische Observation meist nicht ab; so auch hier: „Daraufhin wurde [...] dieses Leitungsstück blind gelegt und eine neue konspirative Verbindung geschaffen." Fünf Tage später äußerte [C] gegenüber dem GI „Harbig", dass er vermute, dass die Leitung zu einem Mikrophon in seiner Wohnung führe. Wiederum einen Tag später habe er sich, „von einem Spaziergang kommend", „sofort an der Stelle in seiner Wohnung, wo das betreffende ‚M[ikrofon]' eingesetzt war, beschäftigt. Unmittelbar darauf stellte die Maßnahme ‚B' ihre Tätigkeit ein." Übersetzt heißt dies: [C] hatte das Mikrofon ausgebaut. Noch in der Nacht stiegen die Tschekisten auf den Dachboden und bauten die Leitung aus. Am 12. September 1966 suchte [C] die SED-Kreisleitung auf und übergab den Genossen das Mikrofon. Auch teilte er mit, dass er während des Urlaubs beobachtet worden sei.

Bei einer solch blamablen Lage ergriff das MfS gewöhnlich zur massiven Desinformation. Es kehrte die Dinge um und schob alles auf einen Feindangriff gegen den Delinquenten. Auch die kaschierende Maßnahme des Aufbaus einer Sirenenanlage auf dem Dach des Wohnhauses half nicht.[2213] Am 13. September 1966 sollte die Desinformation des [C] im großen Stil in der KD Ilmenau im Beisein des 1. Sekretärs der SED-Leitung fortgeführt werden. Heraus kam, dass [C] eine ganze Reihe harter Beweise für eine Beobachtung festgestellt hatte, etwa das Auswechseln des Nummernschildes eines der Beobachtungsfahrzeuge während des Urlaubs. Auch verdächtigte er den GI „Harbig" der inoffiziellen Tätigkeit für das MfS. An die Version eines Feindes glaube er nicht. Den Versuch des MfS, ihn für eine Aufklärung des Falls zu gewinnen, konnte er schwerlich abweisen, verlangte aber die Einbeziehung seiner Frau, womit die Gefahr einer inoffiziellen Mitarbeit für das MfS gebannt war. [C] soll stellenweise sehr bewusst und auch aggressiv aufgetreten sein, er ließ, so ist der gerafften Wiedergabe durch das MfS zu entnehmen, ganz offensichtlich nicht den geringsten Zweifel an seiner Version, dass hinter all dem das MfS stecke. Doch das MfS notierte selbstherrlich: „Unsererseits wurde die Aussprache insgesamt so geführt, dass der Verdacht der von [C] festgestellten Maßnahmen auf den Gegner fällt."[2214] Der Bericht musste, weil der Zentrale die Peinlichkeit der Thüringer Tschekisten nicht entgangen war, per Blitztelegramm zum Leiter der HA II, Oberst Grünert, übermittelt werden.

2211 Beispiel: BV Potsdam, Abt. VIII, vom 1.9.1966: Beobachtungsbericht; ebd., Bd. 1a, Bl. 1–15, hier 3 u. 15.
2212 KDI, OG „HS", vom 19.9.1966: Zum 3. Zwischenbericht vom 10.6.1966; ebd., Bd. 2, Bl. 2–8, hier 2.
2213 BV Suhl, Abt. II, vom 13.9.1966: Vorschlag; ebd., Bl. 95–97.
2214 BV Suhl, Abt. II, vom 13.9.1966: Bericht; ebd., Bl. 98–100.

Doch das MfS wäre nicht das MfS, wenn es [C] nicht mittels einer neu gelegten Leitung weiter abgehört hätte. Am 11. September, gegen 9.00 Uhr, konnte es wieder Banales hören: „Das Kind kommt ins Zimmer, er scheint etwas zu suchen. Gleich darauf wieder Ruhe."[2215]

Am 15. September fand eine zweite Aussprache des MfS mit [C] statt. Es war ein großangelegter Versuch der Desinformation im oben beschriebenen Sinne. Das Mikrofon sei, so das MfS, nicht aus der DDR-Produktion. Der Feind habe es auf [C] abgesehen. Eine dritte Aussprache fand am 4. Oktober statt. Hier kam zum Ausdruck, dass [C] über außerordentlich detaillierte Beobachtungsdaten verfügte, die den Mitarbeitern des MfS die Röte in die Gesichter hätte steigen lassen müssen. Er schlug vor, sofort den Leitungsverlauf durch das ganze Haus zu verfolgen (was das MfS natürlich nicht akzeptierte) – und vor allem alle Beobachtungsdaten einmal *im Zusammenhang* zu sehen und nicht immer isoliert voneinander![2216] Am 11. Februar 1966 schätzte das MfS ein, dass man in der Ermittlung über eine Spionagetätigkeit nicht wesentlich vorangekommen sei. Das läge auch oder vor allem daran, dass [C] vielfältige Funktionen ausübe, die ihm reichlich Bewegungsfreiräume böten.[2217]

Sabotage

Die überwiegende Anzahl aller OV ging in die Hauptermittlungsrichtungen, also Spionage und Sabotage, doppelgleisig vor. Solitäre waren eher selten. Der typische Sabotageverdacht im Bereich von Wissenschaft und Technik lautete wie im Fall des ZOV „Widerstand" – wobei das Fachgebiet variabel gehalten war – wie folgt: „Von der HA XVIII wurde der Zentrale Operativ-Vorgang ‚Widerstand' angelegt, in dem Probleme der Feindtätigkeit in der Elektronik untersucht und bearbeitet werden. Die Zielstellung besteht im weiteren Erkennen und der Liquidierung von Organisationen und Stützpunkten westdeutscher Unternehmen und des BND, die durch ihre Spionage und vermutlich auch durch Schädlingstätigkeit innerhalb des gesamten Industriezweiges wirken."[2218]

Es ist dies der Fall des Walter Heinze: Wenn der „Physiker-Papst" der DDR, Robert Rompe, Heinze „als einen erstklassigen Fachmann" schätzte, war ein solches Urteil für das MfS unbedeutend. Auch eine lange Liste von Veröffentlichungen, Patenten oder gar hohen staatlichen Auszeichnungen galt ihm nichts. Das MfS besaß eine eigene Logik. Der Hauptverdächtige und nicht wenige andere des ZOV „Widerstand" waren bereits verhaftet worden. Heinze wurde erst „entdeckt", als er kurz vor seiner Emeritierung stand. In dieser Hinsicht war auch dies kein Einzelfall, manch ein namhafter Wissenschaftler war gar noch nach seinem aktiven Berufsleben dieser Gefahr ausgesetzt, wie der oben im Kap. 4.2.3 erwähnte Siegfried Hildebrand.[2219] Der zu Heinze angelegte Teilvorgang (TV) Nr. 7 des ZOV „Widerstand" wurde am 22. April 1966 abgeschlossen. Zu dieser Zeit war er bereits emeritiert. Heinze habe, heißt es abschließend, fortwährend Fehlentscheidungen in der Frage der Elektronikentwicklung und in seiner Eigenschaft als Technischer Leiter des VEB

[2215] BV Suhl, Abt. II, vom 13.9.1966: Tagesablaufplan vom 11.9.1966; ebd., Bl. 101 f.
[2216] BV Suhl, Abt. II, vom 16.9. u. 5.10.1966: Berichte; ebd., Bl. 103–107 u. 123–130.
[2217] KDI, OG „HS", vom 11.2.1966: Stand des Operativ-Vorlaufs; ebd., Bd. 3, Bl. 56–59.
[2218] HA XVIII/2/3 vom 1.7.1964: Operative Bearbeitung; BStU, MfS, AOP 1902/67, TV 7, Bd. 1, Bl. 10.
[2219] Buthmann: Versagtes Vertrauen, S. 1030–1063.

Halbleiterwerk Frankfurt/Oder (HWF) und als Direktor des Instituts für Elektronik und Vakuumtechnik an der Technischen Hochschule Ilmenau sowie auch als Entwicklungsleiter des VEB Elektroglas Ilmenau (EGI) getroffen. Das sei strafbar. Allerdings konnte „eine Feindtätigkeit, strafbar nach dem StEG nicht bewiesen werden. Der noch bestehende Verdacht wurde jedoch nicht widerlegt." Ihm wurde der „Import einer nicht funktionstüchtigen Fertigungsstraße für die Produktion von Halbleitern [gemeint: Halbleiter-Bauelemente – der Verf.] aus England" angelastet, wodurch der Rückstand zum Weltniveau um weitere drei Jahre angewachsen sein soll. Und zur sogenannten „Täterpersönlichkeit" hieß es reflexartig: „stammt aus kleinbürgerlichem Haus".[2220]

„Während seiner Tätigkeit als Direktor des Institutes" soll es „Heinze verstanden" haben, „eine Reihe von negativen Wissenschaftlern an sein Institut zu berufen, die in der Vergangenheit bereits mit ihm zusammengearbeitet hatten, vor 1945 in Konzernbetrieben tätig waren und von ihm gestützt und gefördert wurden, was sich ebenfalls negativ auf die Institutsatmosphäre und seine Leitungstätigkeit auswirkte."[2221] Auch das war stereotyper Gebrauch des MfS, aufgefunden in unzählig vielen Vorgängen dieser Art. Hunderte von Seiten zum Nachweis der „Schädlingstätigkeit" wurden zusammengeschrieben, für die zuvor mit tatkräftiger Unterstützung der inoffiziellen Mitarbeiter ebenso viele Fragen und Beschaffungshinweise entwickelt wurden, die zu beantworten und zu erledigen waren; hier ein kleiner Ausschnitt: (1) „Sämtliche Unterlagen über die Entwicklung des Niederfrequenztransistors der Type OC 824. [...] Wann, von wem, zu welchem Zweck, auf wessen Anregung und in welchen Zeitraum wurde der Transistor OC 824 entwickelt? Wurde die Produktion des OC 824 aufgenommen und mit welchem Ergebnis? Entsprach die Entwicklung des OC 824 dem wissenschaftlich-technischen Höchststand? Wird der Transistor OC 824 heute noch produziert, und mit welchem Ergebnis oder weshalb wurde die Produktion eingestellt? Durch wessen Verschulden gab es bei der Entwicklung Verzögerungen, und welcher ökonomische Schaden ist hierdurch dem HWF [Halbleiterwerk Frankfurt/Oder] entstanden." (2) „Expertenberichte und Gutachten über die Unzweckmäßigkeit der Anwendung der Kaltschweißtechnik [...] Alle diese Materialien sind uns zur operativen Auswertung zu übersenden, um den Nachweis schaffen zu können, dass die Kaltschweißmethode gegenüber der international angewandten Impulsschweißmethode technisch und ökonomisch unzweckmäßig ist." (3) „Sämtlicher Schriftverkehr vom 2. Quartal 1960 über die englische Taktstraße."[2222]

Zu den Ermittlungstechniken zählte die Postkontrolle sämtlicher ein- und ausgehender Sendungen, die in diesem Fall am 28. Juli 1964 eingeleitet worden war. Alle Sendungen wurden fotodokumentiert, ebenso wurden die Briefsendungen auf Geheimschriftmittel untersucht.[2223] Ein Ersuchen nach Erkenntnissen zu Heinze ging an die BV Frankfurt/Oder, ein anderes an die BV Dresden mit dem Ziel, zu erkunden, welche Verbindungen Heinze

[2220] HA XVIII/2/3 und KDI vom 23.6.1965: Abschlussbericht; BStU, MfS, AOP 1902/67, TV Nr. 7, Bd. 2, Bl. 270–323, hier 270–275.
[2221] KDI, OG „HS", vom 29.8.1962: Hinweise über feindliche Tätigkeit; ebd., Bl. 11–23.
[2222] BV Suhl, KDI, vom 7.1.1965: Beschaffung von Beweismaterial; ebd., Bd. 1, Bl. 183 f.
[2223] KDI, OG „HS", vom 28.7.1964: Einleitung der Postkontrolle; ebd., u. a. Bl. 100a.

zu Werner Hartmann unterhalte und welchen Charakter sie trügen.[2224] Per Zwischenbericht der OG „HS“ vom 10. März 1965 wurde die Verdachtsrichtung nach den Paragraphen 14 und 23 StEG befestigt. Das Ziel des BND, so das MfS, bestehe letztlich darin, „die Entwicklung, Forschung und Produktion elektronischer Bauteile für den führenden Industriezweig der Elektrotechnik unserer Republik zu hemmen, uns hiermit erheblichen ökonomischen Schaden bei der Entwicklung unserer nationalen Volkswirtschaft zuzufügen und uns u. a. von Importen aus dem kapitalistischen Ausland abhängig zu machen“.[2225] Dies verband das MfS oft mit der Behauptung, wonach der „Verdächtige“ dies auch tue, auch wenn es nicht im direkten Auftrag etwa des BND oder eines Konzerns geschehe, das lautete dann so: „Der von der angefallenen Person Heinze verursachte ökonomische Schaden, der in keinem Verhältnis zu den von ihm erzielten Erfolgen in der wissenschaftlichen Tätigkeit steht und sich systematisch aneinanderreiht, kann als markant für die Zielstellung des westdeutschen Geheimdienstes BND [...] bezeichnet werden.“[2226]

Ging es um die Frage der Einleitung eines Ermittlungsverfahrens (EV) mit oder ohne Haft, war die HA IX des MfS zwingend einzuschalten, erst sie konnte grünes Licht für ein solches Begehren geben. Dabei unterlag diese Hauptabteilung keineswegs einer irgendwie gearteten Rechtsstaatlichkeit. Aber Beweise wollte sie schon. In vielen Fällen – so auch in diesem – wies sie die Beweisführung zurück: Der Einschätzung der HA XVIII/2/3 in Verbund mit der KD Ilmenau könne nicht zugestimmt werden, da das eingereichte Material „nicht den dringenden Verdacht eines Staats- oder Wirtschaftsverbrechens“ nahelegte bzw. rechtfertigte. Eine „Inhaftnahme des Verdächtigen“ sei deshalb nicht möglich. Hauptpunkt der Kritik war, dass Heinze praktisch immer Glied in einer personalen Kette von Entscheidungen war und damit eine singuläre oder ursächliche Verantwortung nicht feststellbar sei. Diese Voraussetzungen, so das MfS, müssten erst noch „geschaffen“ werden. So könne nicht behauptet werden, dass Heinze der Verantwortliche der Beschaffung der englischen Taktstraße gewesen sei, da hiermit hierarchiehöhere oder -äquivalente Personen leitend befasst waren, also etwa Bernicke (Kap. 5.1.1, S. 397 f.) als ehemaliger Sonderbeauftragter für Halbleitertechnik beim Volkswirtschaftsrat sowie zwei Werkleiter.[2227] (Real betrachtet, wäre Heinze als externer Mitentscheider an vierter Position zu setzen gewesen.) Ferner war ihm von den Ilmenauer Tschekisten vorgeworfen worden, nicht rechtzeitig „durch das Unterlassen von sogenannten Inspektionsreisen nach England“ präsent gewesen zu sein. In Wahrheit aber, und das stellte die HA IX auch fest, durfte er wegen der Visaverweigerung durch das Travel Board in Westberlin nicht reisen! Insgesamt formulierte die HA IX neun Punkte, die allesamt hätten erst noch bewiesen werden müssten, darunter, „in welcher Weise“ Heinze überhaupt „an der Verhinderung des rechtzeitigen Abbruchs der Lieferungen und Aufhebung des Vertrages mit der Firma LUXRAM beteiligt“ war. Zur Validität eines anderen „Beweises“, einer missglückten Technologie der

---

2224 BV Suhl, KDI, vom 8.1.1965: Anforderung zum TV 7; ebd., Bl. 185. Zu Hartmann siehe ausführlich Buthmann: Versagtes Vertrauen, S. 353–612.

2225 KDI, OG „HS“, vom 10.3.1965: Zwischenbericht; ebd., erste Quelle, Bd. 2, Bl. 110–139, hier 110.

2226 Ebd., Bl. 128.

2227 HA IX/3 vom 12.8.1965: Einschätzung des operativen Materials der HA XVIII/2/3; ebd., Bl. 328–339, hier 328–330.

Glasdurchführung, stellte sie fest, dass die „Entwicklungsstelle die volle Verantwortung für die Entwicklung der Glasdurchführung bis zur Produktionsreife“ trug, also der VEB Berliner Glühlampenwerk, nicht jedoch Heinze. Diese und andere Gegenargumente ziehen sich ohne Ausnahme durch alle Vorhaltungen, auch in Bezug auf die Technologie-Frage (Kap. 5.1.2, S. 403 f.). So wurde von der HA IX zutreffend darauf hingewiesen, dass „entsprechend der Struktur im Hochschulwesen Heinze eine solche Entscheidung auch nicht selbstständig ohne Sanktion der übergeordneten Leitung“ hätte „treffen“ können. Auch hierzu gab die HA IX vor, zunächst einmal die Voraussetzungen für eine Schuld zu klären.[2228]

Fazit: Zwar gelangte die überwiegende Masse der politisch-operativ erarbeiteten Ausgangshinweise nicht in eine direkte Vorgangs- oder Kontrollbearbeitung, jedoch immer in die Akten zur allfälligen Nutzung! 1983 beispielsweise, arbeitete das MfS im Rahmen der TH Ilmenau an drei Operativen Vorgängen (OV) und neun Operativen Personenkontrollen (OPK): OV „Granit“ (Wissenschaftsbereich, in den Ermittlungszielrichtungen Paragraph 105 und 213 StGB), „Kralle“ (Wissenschaftsbereich, in der Ermittlungszielrichtung Paragraph 106 StGB) und „Zaun“ (studentischer Bereich, in der Ermittlungszielrichtung Paragraph 213 StGB); OPK „Radar“, „Isolator“, „Zeichner“, „Optik“, „Sensor“ (alle Wissenschaftsbereich), „Prediger“ (studentischer Bereich, Kirche), „[D]“, „Heizer“ und „[E]“ (alle studentischer Bereich).[2229] Ein Jahr später kam die OPK „Wandler“ hinzu.[2230] Diese Zahlen hatten auch noch 1985 Bestand und bilden für die letzten beiden Jahrzehnte, die Streuung in den einzelnen Jahren war gering, einen repräsentativen Durchschnitt für den Bereich der TH Ilmenau. Dazu kamen in etwa gleich hoher Anzahl operative Bearbeitungsfälle in Form von operativen Materialien hinzu. Summa summarum waren es circa vier bis sechs Bearbeitungsfälle pro Mitarbeiter und Jahr. Die Führungsverpflichtungen hinsichtlich der betreffenden inoffiziellen Mitarbeiter dürften bei etwa 50 Treffen pro Jahr (etwa fünf Mitarbeiter bei zehn Treffs pro IM) gelegen haben. Umgerechnet auf den Zeitfonds und zahlreiche andere Aufgaben, wie die arbeitsintensiven Sicherheitsüberprüfungen, ist dieser Überschlag plausibel, zumal die Führungs-IM eine bedeutende Hilfe bei der Betreuung der Quellen leisteten. Dies ist ein Überschlag, der nicht den Quellen entnommen ist, sondern Grenzwertberechnungen gehorcht. Insofern ist die geringe Anzahl an OV und OPK im Bereich der TH Ilmenau nicht Ausdruck eines geringen Anfalls an verfolgungswürdigen Tatverdachtsmerkmalen, sondern Ausdruck der Leistungsbegrenzung durch zu wenige Mitarbeiter.

2228 Ebd., Bl. 331–339. Fa. LUXRAM Electric Ltd. London.

2229 BV Suhl vom Mai 1983: Erhebungsprogramm für die Ermittlung von Planstellennormativen; BStU, BV Suhl, KDI, Nr. 4022, Bl. 1–70, hier 55.

2230 KDI vom 8.8.1984: Ausgewählte Forschungsthemen; BStU, BV Suhl, AGG, Nr. 55, Bd. 3, Bl. 66–81, hier 81.

5.3.5 Kaderbestätigung und Berichterstattung an die SED

Freilich gibt es Sinnhaftigkeit und Notwendigkeit für den Geheimnisschutz, gibt es ein Verständnis für eine Grauzone zwischen notwendigem und nicht notwendigem Geheimnisschutz. In dieser Studie aber geht es um den Einschluss des Geheimnisschutzes in eine höhere Ordnung mit der Bezeichnung „Sicherung", die sich im Laufe der DDR-Geschichte wie ein Virus fortpflanzte, der eine Art von Mehltau über das Wissenschaftsleben legte und es nicht selten von innen her anfraß. Vor allem betraf es die sogenannte Kadersicherung, die in erster Linie das Ziel hatte zu bestimmen, ob die zur Disposition stehende Person für eine Forschungsaufgabe als Wissenschaftler, für die spezielle Ausbildung oder als Reisekader bestätigbar war oder nicht. Die TH Ilmenau besaß zu diesen drei Feldern einen ausgeprägten „Eintrag", für das zweite, wie wir im Kap. 5.2.2 sahen, gar die Monopolstellung in der DDR. Da die ersten beiden Felder in dieser Studie oben beschrieben sind und das hierfür benutzte – politisch determinierte – Instrument, die Sicherheitsüberprüfung (SÜ),[2231] hinreichend erforscht ist, soll hier das Augenmerk auf die Reisekader gelegt sein.

Reisekaderbestätigung und Statistikbeispiele für 1977/78

Wie alle Standardaufgaben des MfS, war auch die Sicherung der Auslands- und Reisekader normativ geregelt, abgeleitet überdies von Bestimmungen und Regelungen des Vorsitzenden des Ministerrates der DDR und den entsprechenden rechtlichen Maßgaben des Mitglieds des Ministerrates, des MfS, sprich: Erich Mielke. Grundsätzlich bildeten diese durch die Institutionen einzuhaltenden Regelungen ein konfliktträchtiges Spannungsfeld aus. Im Mittelpunkt des Grundkonflikts standen die antragsberechtigten Leiter der jeweiligen Institutionen, die die berechtigten Interessen ihres Hauses gegenüber dem MfS zu verteidigen suchten. Das letzte Wort hatte jedoch das MfS. Ein weiteres Problem war der oft lange Zeitraum zwischen Antragstellung und Bescheid. Diesen langen Weg zu verschleiern, denn die Betroffenen durften ja nicht wissen, dass am Ende der Entscheiderkette das MfS stand, brauchte es Erklärungen, die legendiert und konspiriert werden mussten.

Um dem wachsenden Problem der langen Entscheidungszeiten zu begegnen, drängte das MfS seit Mitte der 1970er Jahre zunehmend auf die Schaffung einer Reise- und Auslandskaderreserve, in der bereits bestätigte Personen registriert wurden, die nur noch turnusmäßig oder anlassbezogen kurz zu überprüfen waren. Um dies zu realisieren, forderte das MfS von den Institutionen eine zügige und gründliche Vorarbeit: „Die Beantragung der Zustimmung des MfS zur Bestätigung von Reise- und Auslandskadern muss durch die staatlichen Leiter verantwortungsbewusst, langfristig, perspektivisch und unter Beachtung der durch die staatlichen und wirtschaftsleitenden Organe, Kombinate, Betriebe und Einrichtungen zu lösenden Aufgaben in der erforderlichen Rang- und Reihenfolge vorgenommen werden."[2232]

Zum 16. Februar 1978 hatte die TH Ilmenau 36 Personen im Reisekaderstamm

---

[2231] Buthmann: Hochtechnologien, Kap. 2.1.3, S. 113–118.

[2232] MfS, HS Golm, Sektion Politisch-operative Spezialdisziplin, Lehrstuhl VII, Oktober 1985: Aufgaben der objektverantwortlichen operativen Mitarbeiter bei der politisch-operativen Speicherung der Reise- und Auslandskader für das NSW; BStU, Bibliothek, S. 1–61, hier 8.

registriert, vier waren GVS-, zehn VVS-verpflichtet sowie zwei weitere in RGW-Arbeit involviert. In die sogenannte ZZ-Arbeit (Zusammenarbeit mit der Sowjetunion) waren sechs Mitarbeiter einbezogen. Ob hier Mehrfachregistrierungen enthalten waren, geht aus dem Dokument nicht hervor, ist aber möglich, da beispielsweise die Involvierung in ZZ-Arbeiten oft genug eine VVS-Verpflichtung erforderte.[2233] Auch für die FDJ-Grundorganisation der TH Ilmenau war ein Reisekaderstamm gebildet worden. Dass hierin auch ältere Jugendliche enthalten waren, die oft schon in gehobener Position standen, war allgemein bekannt. Die Forschungsstudenten zu überprüfen, war leicht, da sie auf politische Verlässlichkeit bereits geprüft waren.[2234] Für 1978 war das Reiseaufkommen mit 225 Auslandsdienstreisen (ADR) und einer Gesamtdauer von 2.546 Tagen für die kleine Hochschule hoch. Den größten Anteil hieran hatten die Sektionen INTET und TBK, die jeweils 18,7 Prozent der ADR hielten. Die TBK hielt in der Anzahl der Reisetage mit 16,9 Prozent den Spitzenwert, gefolgt von MARÖK mit 16 Prozent.[2235]

Zum Bestätigungsverfahren: Auf der Ebene der Hochschule stellte der jeweils zuständige staatliche Leiter auf dem Dienstweg einen Antrag, wobei die Information zunächst zur antragsberechtigten Person (Stelle) innerhalb des Hauses kam. Diese Person (Stelle) hatte Kontakt zum MfS. Bereits sie hatte Sorge dafür zu tragen, dass nur politisch zuverlässige Personen eingereicht wurden. Der Einreicher hatte stets die aktuellen normativen Regelungen und Bestimmungen zu beachten. Hieran knüpften sich fallweise Gespräche mit dem zuständigen operativen Mitarbeiter des MfS an. Am Ende der Überprüfung durch das MfS stand die Rückgabe des Entscheidungsdokumentes zusammen mit einer *mündlichen* Erklärung des MfS-Mitarbeiters, „ob der Bestätigung des Kaders zugestimmt wird oder nicht“. Allein dieser Prozess konnte sich in Einzelfällen „über Jahre erstrecken“.[2236] Auf dem Entscheidungsdokument war das MfS unsichtbar. Das MfS speicherte die Auskunftsberichte „zur Bestätigung als Auslandskader NSW“ ab. Erfasst wurden allgemeine Angaben zur Person (wie Name, Geburtsdatum, Parteizugehörigkeit, und auch das Erfassungsverhältnis beim MfS), ein recht inhaltsreicher beruflicher (Beispiel: „ist ein national und international ausgewiesener Wissenschaftler“) und gesellschaftspolitischer (Beispiel: „ist als ein politisch aktiver und parteiverbundener Genosse einzuschätzen“) Werdegang sowie Angaben zu charakterlichen Eigenschaften (Beispiel: „ein gewisses impulsives Verhalten in Entscheidungssituationen wurde zurückgedrängt“).[2237]

Im Zentrum der MfS-Entscheidung stand die Sicherheitsüberprüfung (SÜ). Für das MfS waren vier Kriterien im Bestätigungsverfahren zentral: (1) die konkrete sicherheitspolitische Bedeutung der Person (Stellung in der Institution, Stellung der Institution selbst, öffentlichkeitsbekannt oder nicht u.a.m.); (2) Möglichkeiten des „Feindes“, seine Interessen über die betreffende Person zu realisieren; (3) Einflüsse des Westens, die sich auf die

---

2233 THI, Direktion K/Q, vom 16.2.1978; BStU, BV Suhl, AIM 1592/90, Teil II, Bd. 3, Bl. 287 f.
2234 BV Suhl, Abt. XX, vom 22.12.1986 u. 16.1.1987: Bestätigung der Aufnahme in den Reisekaderstamm der FDJ-GO der THI; BStU, BV Suhl, Abt. XX, Nr. 1140, Bd. 2, Bl. 171–174 u. 179–181.
2235 THI vom 10.9.1979: Informationsbericht „September 1979“; BStU, BV Suhl, AIM 1592/90, Teil II, Bd. 4, Bl. 167–175, hier 174.
2236 HS Golm: Sektion Politisch-operative Spezialdisziplin, S. 11.
2237 Zitate aus: Auskunftsbericht zur Bestätigung als Auslandskader NSW; BStU, BV Suhl, Abt. XX, Nr. 1140, Bd. 2, Bl. 132–134.

Person auswirken könnten; schließlich (4), objektiv schädliche Auswirkungen bei einer möglichen Flucht. Diese – vom MfS gewissermaßen per definitionem zuerkannte – Schadenskalkulation implizierte zumindest theoretisch auch den Schadensfall im Falle einer Ablehnung der Dienstreise für die Person resp. Institution.[2238]

Nach der Bestätigung als Reisekader folgte die Aufgabe für das MfS, ihn über inoffizielle Quellen zu kontrollieren und einzuschätzen, ggf. auch während der Reise über sogenannte Reisekader-IM. Nach der Reise erfolgte zur Aktualisierung der Erkenntnisse die Durchführung einer Wiederholungsüberprüfung.[2239] Die Soll-Bearbeitungsfristen betrugen für Auslandskader fünf Monate, für Reisekader drei Monate und für Touristikreisen sechs Wochen. Das MfS zog für diese drei Arten Erkenntnisse aus seinen Datenspeichern sowohl über die Reisekader selbst, als auch über deren Angehörige (Eltern, Schwiegereltern, Geschwister, Kinder, im Haushalt lebende weitere Personen). Die Entscheidung über eine Bestätigung erfolgte nur bei vollständiger Vorlage der Personaldaten, der Verwandtenaufstellung sowie der politisch-ideologischen, beruflich-fachlichen und charakterlichen Einschätzungen.[2240] Bei langfristigen Auslandsaufenthalten wurde die entsprechende Hauptabteilung des MfS, im Falle der TH Ilmenau die HA XX, um Letztbestätigung gebeten. Für jene Fälle, in denen es sich um Personen handelte, die inoffizielle Mitarbeiter des MfS waren, wurde die zeitweise Übernahme durch den Auslandsgeheimdienst des MfS, die HV A, geprüft.[2241]

2238 HS Golm: Sektion Politisch-operative Spezialdisziplin, S. 11. Kommentiert und zitiert in: Buthmann: Kadersicherung, S. 61 f. u. 174–200.

2239 HS Golm: Sektion Politisch-operative Spezialdisziplin, S. 36–61.

2240 Anlage 2 u. 3 (offenbar) der DA Nr. 4/85, aufgefunden in: BStU, BV Suhl, AIM 1693/94, Teil II, Bd. 3, Bl. 118 f.

2241 HA XX an die BV Suhl vom 3.10.1989: Bestätigungen von AK; BStU, BV Suhl, Abt. XX, Nr. 1140, Bd. 2, Bl. 155.

Schema 8: Bestätigungsverfahren für Reisekader[2242]

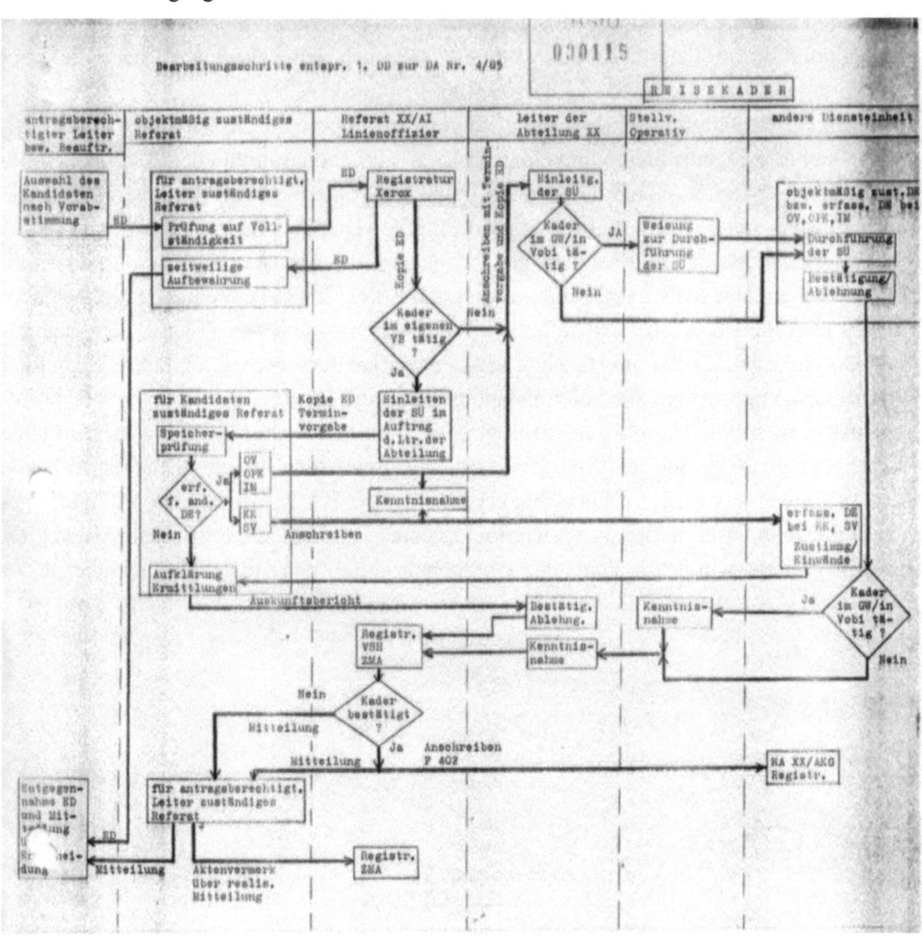

[2242] BStU, BV Suhl, AIM 1693/94, Teil II, Bd. 3, Bl. 115. ED: Entscheidungsdokument.

1976 und 1977 ergab sich für die TH Ilmenau folgendes Bild über die Ein- und Ausreisen:

Tabelle 76: Ein- und Ausreisen, 1976 und 1977[2243]

Land	Ausreisen 1976	Ausreisen 1977	Einreisen 1976	Einreisen 1977
UdSSR	66	69	44	111
Polen	34	46	23	112
ČSSR	26	33	21	63
Ungarn	23	12	17	42
Bulgarien	7	11	9	17
Rumänien	1	1	3	16
Jugoslawien	9	10	21	14
Vietnam	0	0	2	0
BRD	1	1	1	16
Westberlin	0	0	0	4
Österreich	3	1	3	8
Schweiz	0	0	0	5
USA	1	1	2	0
Kanada	1	0	0	4
Großbritannien	0	2	0	2
Frankreich	3	0	1	8
Niederlande	1	0	0	0
Dänemark	1	1	2	0
Schweden	0	0	0	1
Finnland	0	0	5	1
Griechenland	0	0	0	1
Italien	2	0	0	0
Japan	1	0	0	0
Entwicklungsländer	0	0	3	4

Die Auslandsreisen von Angehörigen der TH Ilmenau erreichten 1977 einen hohen Stand:

Tabelle 77: Auslandsreisen von Wissenschaftlern der TH Ilmenau, 1977[2244]

	IN-TET	ET	GT	TBK	MARÖK und ORZ	PHYTEB	IML
Wissenschaftliches Personal	93	65	83	75	93	58	33
Zahl der Reisen	29	31	27	25	21	15	13
Reisetage	351	346	345	215	194	166	194
Tage/Reise	12,1	11,2	12,8	8,6	9,2	11,1	14,9
Tage/Reisender	16	15,7	18,2	12,6	2,1	2,9	5,9
Tage/wissenschaftliches Personal	3,8	5,3	4,2	2,9	2,1	2,9	5,9
Reisende vom wissenschaftlichen Personal	23,6%	33,8%	22,9%	22,7%	18,3%	19%	27,3%

2243 THI, Repenning, vom 17.2.1978: Informationsbericht „Januar 1978“; BStU, BV Suhl, AIM 1592/90, Teil II, Bd. 3, Bl. 303–309, hier 304.

2244 THI, Repenning, vom 13.3.1978: Informationsbericht „März 1978“; ebd., Bl. 332–338, hier 336 f. Erhebung zum 31.12.1977. Die Einzelreisen sind mit differenzierten Daten tradiert; ebd., Bl. 348–365.

Schema 9: Bestätigungsverfahren für Auslandskader[2245]

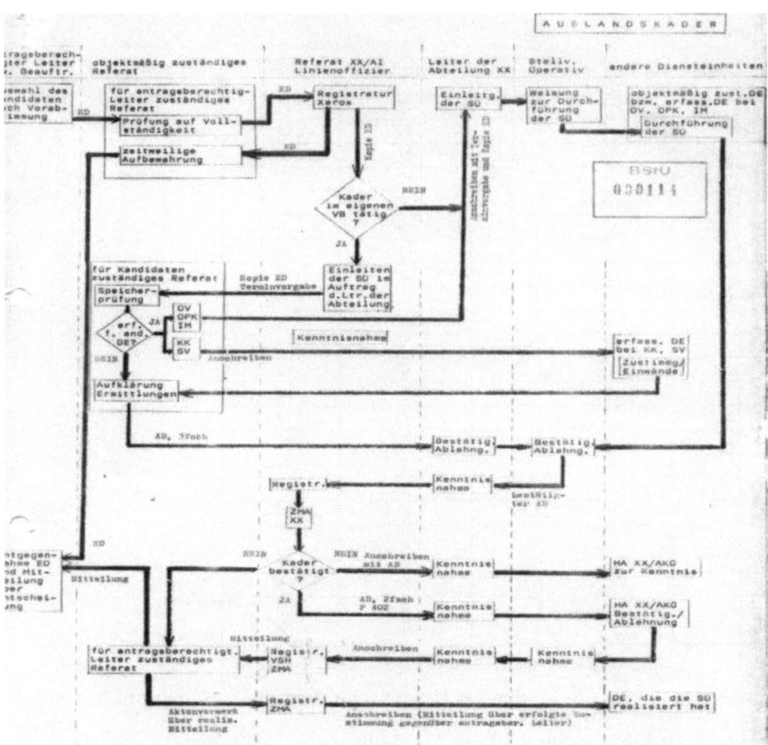

Die Verfahren für Reisen in dringenden Familienangelegenheiten (RdFA) und für Touristik liefen nach den beiden folgenden Schemata:

Schema 10: Bestätigungsverfahren für RdFA[2246]

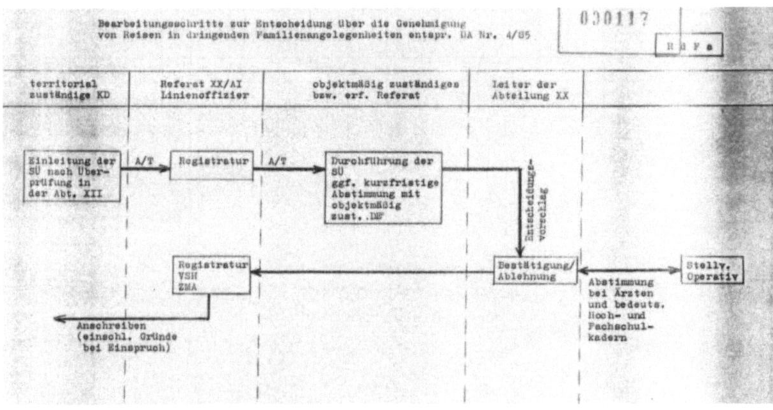

2245 Ebd., Bl. 114. ED: Entscheidungsdokument, AB: Auskunftsbericht.
2246 Ebd., Bl. 117. A/T: Anforderung mit Terminvorgabe.

Schema 11: Bestätigungsverfahren für Touristenreisen[2247]

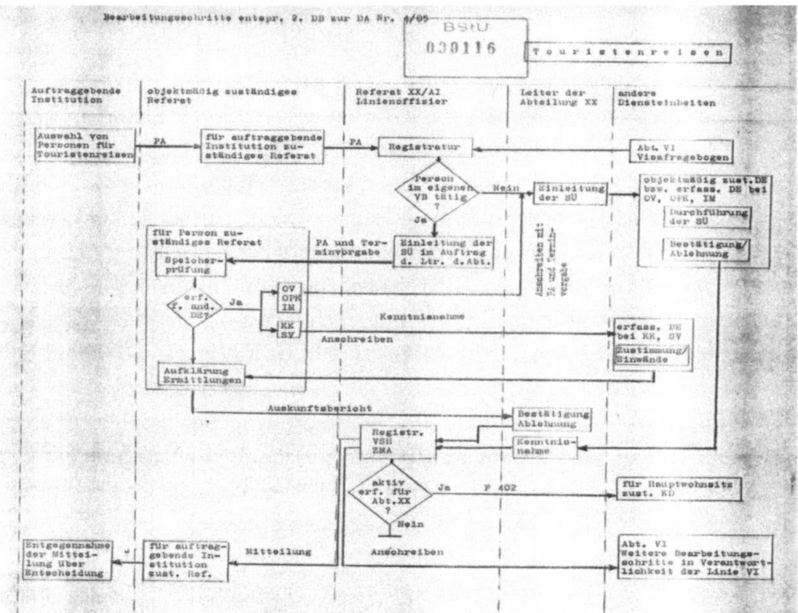

Berichterstattung an die SED, Teil II

Grundsätzlich interagierte das MfS auf hierarchisch gleichen Ebenen mit der SED, abwärts vom ZK der SED über die Bezirks- bis hinunter zu den Kreisleitungen. Zweifellos ist es zutreffend, dass, etwa auf der Ebene des Kreises, die jeweilige SED-Kreisleitung, „die eigentliche Herrschafts- und Entscheidungsinstanz mit weitreichenden Befugnissen“[2248] darstellte. Das aber heißt nicht, dass sie, von seltenen Ausnahmen abgesehen, einen irgendwie gearteten Einfluss auf das politisch-operative Kerngeschäft des MfS hatte. Und das Kerngeschäft des MfS bestand vor allem in der inoffiziellen Arbeit an und mit Personen. Die Informationspraxis als politisch-operative Auswertungs- und Informationstätigkeit an Partei- und Staatsfunktionäre galt dem MfS „als fester Bestandteil der politisch-operativen Arbeit“, die „in die Gesamtaufgabenstellung der KD“ resp. der Abteilung XX der BV Suhl eingeordnet war. Das bedeutete, dass selbst die operativen Mitarbeiter – also auch die der OG „HS“ resp. die der Abteilung XX – „ständig zu prüfen“ hatten, „zu welchen Problemen die Informierung leitender Partei- und Staatsfunktionäre notwendig und zweckmäßig“ ist. Die Vorschläge gingen über den Dienstweg und sollten in erster Linie an den 1. Sekretär der SED-Kreisleitung gegeben werden. Der Kreis, der – „unter strengster Wahrung der Geheimhaltung, Konspiration und Sicherheit“ – informiert werden sollte, war „so klein wie möglich zu halten“. Vor allem gehörten ihm neben dem erwähnten 1. Sekretär der Vorsitzende des Rates des Kreises, die Leiter des Volkspolizeikreisamtes (VPKA) und des Wehrkreiskommandos (WKK), der Kreisstaatsanwalt und der Kreisgerichtsdirektor sowie

---

2247 Ebd., Bl. 116. Personalangaben.

2248 Kowalczuk: Die Humboldt-Universität, S. 517 f.

die Direktoren und Parteisekretäre von Kombinaten, Betrieben und Hochschulen an. Mitteilenswert waren vor allem alle (personifizierten) sicherheitspolitischen Erkenntnisse und Geschehnisse, „bedeutsame Mängel und Missstände“, Verletzungen des Geheimnisschutzes, der Sicherheitsbestimmungen und der Arbeits- und Brandschutzverordnungen, aber auch „ernsthafte administrative und bürokratische Verhaltensweisen, die zu politisch-ideologischem Schaden und zu Unzufriedenheit“ führten bzw. hätten führen können, „sowie über Nichtwahrnehmung von Pflichten und Aufgaben seitens verantwortlicher Leitungen und Leiter“. Es war nicht zulässig, in der Informationsübermittlung „die konkreten Quellen bei inoffiziell gewonnenen Informationen (auch Rückschlüsse dürfen nicht möglich sein) und die inoffizielle Arbeit“ zu offenbaren. Nicht zu benennen waren zudem konspirative Mittel und Methoden des MfS, geheime Einzelheiten, nicht öffentlich bekannte Strukturbezeichnungen des MfS und Angaben zu MfS-Mitarbeitern. Die Informationsübermittlung war in aller Regel formgebunden. Erfolgte eine Übergabe formgebundener und/oder formloser schriftlicher Informationen, waren diese in vorgedruckten Versandtaschen zu überbringen.[2249] Im Kopf erhielten die Informationen den Eintrag „Streng vertraulich!“ und „Um Rückgabe wird gebeten!“ Eine solche Information über die Lage an der TH Ilmenau ging am 20. Juli 1983 an den 1. Sekretär der SED-Kreisleitung Ilmenau, Heinz Koch, worin es vor allem um die Umsetzung der Forschungspolitik ging.[2250]

Das MfS reflektierte die eigene Informationstätigkeit gegenüber der SED durchaus. Dies vollzog die informationsgebende Stelle, also die OD „HS“ der KD Ilmenau resp. die Abteilung XX der BV Suhl, nicht selbst, sondern die AKG der BV Suhl. In den 1980er Jahren wurde dies, soweit zu sehen ist, hinsichtlich des 1. Sekretärs der Kreisleitung der SED halbjährlich praktiziert. Die Analysen sparten nicht mit Kritik, etwa: „Nicht befriedigen kann die unsaubere Stilistik der Information Nr. 28, 29 und 31/86, die unbedingt zu verbessern ist.“ Lob gab es auch, etwa: „Gut war die Informationstätigkeit an den 1. Sekretär zu Aktivitäten kirchlicher Kreise, zur Kontaktpolitik/-tätigkeit und zur Jugend.“[2251] Zwar war die KD Ilmenau zu dieser Zeit nur noch peripher mit der Sicherung der TH Ilmenau befasst, jedoch zeigt eine Fehlerliste der KD, dass sie bis zuletzt mit Teilaufgaben (wie oben in den Kap. 5.1 u. 5.2 beschrieben) befasst war. Die Fehlerliste bezieht sich auf jene Parteiinformationen, die der 1. Sekretär der SED-Kreisleitung, Koch, noch nicht wieder zurückgegeben hatte. Sie umfasst sage und schreibe 143 Positionen aus den Jahren 1986 bis 1989. Bezüglich der TH Ilmenau waren es beispielsweise Informationen zur Lage der Jugendklubs, über Studenten, zum Hochschulferienkurs, zu Problemen und zur Lage der TH und am 27. Oktober 1989 zum letzten IWK.[2252]

Auch wurden anlassbezogene und regelmäßige Koordinierungsberatungen durchgeführt, insbesondere in angespannten Zeiten wie im Herbst 1989, aber auch bei Staatsbesuchen oder bedeutenden Veranstaltungen. Zudem tagte regelmäßig, nämlich quartalsmäßig,

---

2249 Material zur politisch-operativen Auswertungs- und Informationstätigkeit in den KD und OD; BStU, MfS, HA XVIII, AKG, Nr. 1108 (alt), summarisch Bl. 1–390, hier Abschnitt 7.7.2, Bl. 1–6.

2250 KDI, Siebelist an Koch, vom 20.7.1983; BStU, BV Suhl, Abt. XX, Nr. 909, Bd. 1, Bl. 22 f.

2251 BV Suhl, AKG, vom 5.8.1986: Einschätzung der Informationstätigkeit an den 1. Sekretär der SED-KL im I. Halbjahr 1986; BStU, BV Suhl, KDI, Nr. 3269, Bl. 1 f.

2252 Fehlende Parteiinformationen (PI) von 1986 bis 1989; ebd., Bl. 3–8.

ein ausgesuchter Kreis zu Fragen der „Gewährleistung der Ordnung, Sicherheit und sozialistischen Gesetzlichkeit". Im Kreis Ilmenau waren zuletzt als ständige Mitglieder in den Koordinierungsberatungen vertreten: der Stellvertretende Vorsitzende für Inneres, der Leiter der VPKA Ilmenau, der Direktor der Kreisdienststelle der Staatlichen Versicherung der DDR und der stellvertretende Leiter der KD Ilmenau. Weitere Personen konnten fallweise hinzugezogen werden. Für die Oktobersitzung 1989 zum Beispiel, die u. a zur Jugendkriminalität tagen sollte, waren zusätzlich weitere sieben Teilnehmer geladen.[2253]

Die Zusammenarbeit auf Kreisebene war alles andere als konfliktlos. Das machte einmal mehr Mielke auf der zentralen Dienstkonferenz des MfS am 11. Oktober 1982 deutlich. (Der Schriftsatz war nur zur temporären Einsichtnahme an einen sehr begrenzten Personenkreis verteilt worden.) Er forderte, dass es die Kreisdienststellen nicht zulassen dürfen, dass „Funktionäre von Kombinaten, Betrieben, staatlichen Einrichtungen und gesellschaftlichen Organisationen im Kreis" sie zu instrumentalisieren versuchten: „Prinzipiell sind diese zu fragen, was sie getan haben, um ihrer Verantwortung gerecht zu werden und erst dann, wenn sie alle eigenen Möglichkeiten zur Lösung des Problems ausgeschöpft haben, muss entschieden werden, ob und wie die Kreisdienststelle helfen kann."[2254]

5.4 Hochschule und Kultur (mit Beitrag von Michael Krapp)

Der an kulturellen Dingen interessierte Leser kann froh sein, wenn er aus Lebensberichten wie Peter Jacobs *Ilmenau soll leben*[2255] schöpfen kann, und nicht auf SED-Hohelieder in den Jubiläumsbänden wie *30 Jahre Technische Hochschule Ilmenau DDR*[2256] oder gar auf Studieninformationen der TH Ilmenau[2257] zurückgreifen muss. Unter diese Kapitelüberschrift gehört eigentlich alles, was das Leben und die Kultur an einer Hochschule ausmacht, angefangen von Themen wie der „Raum zum Leben und Studieren" bis hin zu den tabunahen wie den Suiziden. Apropos Suizide: Die Suizidversuche und Suizide unter den Studenten stellen ein Desiderat in der Forschung zur Universitäts- und Hochschullandschaft dar. Gehorchten sie einer Normalverteilung, oder waren sie in diesen Bereichen wegen deutlich höheren Leistungs- und Erwartungsdrücken zahlreicher als sonst wo unter jungen Menschen? Wie spielten in das Gesamt dieser tragischen Ereignisse Exmatrikulationsängste hinein, egal, ob politisch oder leistungsmäßig induziert? Existiert hierin eine Rangfolge unter den Universitäten und Hochschulen? Ralf Weber, einer, wenn nicht der Kulturmacher der 1980er Jahre an der TH, äußerte im Interview, dass die TH Ilmenau, auch wenn ich das abstreiten sollte, so etwas wie die „Insel der Glückseligkeit, ein Hort der Unschuld bis auf wenige Fälle" gewesen sei: „hier ist selten einer mal totgegangen".[2258] Aber was hatte man wissen können? Mit dem Problem der Suizide befasste sich der Beauftragte für Sicherheit und Geheimnisschutz (BSG) Kurt Repenning. Seine Erkenntnisse

---

[2253] Rat des Kreises Ilmenau, Abt. Inneres, vom 22.12.1988: Plan der Koordinierungsberatungen für 1989; BStU, BV Suhl, KDI, Nr. 2707, Bl. 36 f.

[2254] Mielke, Erich: Referat auf der zentralen Dienstkonferenz zur politisch-operativen Arbeit der Kreisdienststellen und deren Führung und Leitung; BStU, MfS, ZAIG, Nr. 4810, Bl. 4–128, hier 117 f.

[2255] Peter Jacobs in: Jacobs, Prast: Ilmenau soll leben, S. 96–279.

[2256] Linnemann: 30 Jahre, S. 121–142.

[2257] THI (Hrsg.): Studieninformation Technische Hochschule Ilmenau. Ilmenau, Juni 1986, S. 44–46.

[2258] Interview des Verf. mit Ralf Weber am 26.7.2017.

fanden Eingang in die monatlich zu erstellenden Informationsberichte; ein Beispiel: „Nach Aussagen der Kriminalpolizei Rudolstadt, die seitens der Staatsanwaltschaft mit den Untersuchungen betreut war, soll [A] im ersten Studienjahr“ einen Suizid versucht haben. Der Student verließ wenig später illegal die DDR.[2259] Zeitnah versuchte ein anderer Student, sich das Leben zu nehmen.[2260] Anfang Mai 1979 unternahmen zwei Studenten einen Suizidversuch.[2261] Im Juni folgte ein weiterer. Ende 1980 unternahm ein Student erst einen Suizidversuch und erhängte sich dann nach Einlieferung in ein Krankenhaus.[2262]

Ein persönliches Wort: Freilich war die Hochschule ein Ort mannigfaltigen Glücks, der Bildung, der Leistung, der Karriere und der sinnvollen Freizeitbeschäftigung. Und als Außenstehender etwa, wie der Verfasser als Teilnehmer an dem 26. Internationalen Wissenschaftlichen Kolloquium (IWK), angetan von der Faszination des Fachlichen, erlebte ich obendrein gediegene Kultur wie das Sonderkonzert der Suhler Philharmonie mit Paul Hindemiths Sinfonischen Metamorphosen über Themen von Karl Maria von Weber. Und zwischendurch, das einwöchige Kolloquium lief ab dem 27. Oktober 1981, konnte man auch in die St. Jakobuskirche gehen und Orgelmusik, vorgetragen von Klaus-Ekkehard Ibe, hören.[2263] Doch der Grundton dieser Studie zielt nicht auf das normale Leben, sondern auf den Aufweis von Quellen, die der politisch orientierten Thematik dieser Studie gehorchen. Mir ist sehr bewusst, dass diese Auswahl eine Anomalie in der Kulturlandschaft einer Hochschule darstellt, für die hier, gewissermaßen als Substitut, an die Betätigungsfelder Alpinismus, Musik und Astronomie erinnert werden soll.

Michael Krapp: Mein Zusatzstudium „Bergsteigen“[2264]

Zum Ende meines Studiums im Jahre 1969 wurde mir erst durch Zufall klar, dass ich einen wesentlichen Aspekt des Studentenlebens verpasst hatte: es existierte in der Hochschulsportgemeinschaft (HSG) „Motor“ offensichtlich eine Sektion „Wandern und Bergsteigen“. Seit dem Film über Hermann Buhls Erstbesteigung des Nanga Parbat im Himalaja träumte ich von Bergtouren in Fels und Eis und hatte doch übersehen, dass es an der TH Ilmenau Enthusiasten gab, die sich diesen Traum im Rahmen der gegebenen Möglichkeiten erfüllten. Also führte mich unmittelbar nach Unterschrift unter den Assistentenvertrag mit der THI der Weg in diese Sektion – sozusagen zum Zusatzstudium „Bergsteigen“. Noch im November 1969 nahmen Albrecht und Friedrich mich mit an den Falkenstein bei Tambach-Dietharz und ließen mich Höhenluft schnuppern. Mit Erstaunen nahm ich zur Kenntnis, dass es im Thüringer Wald etwa 50 kletterbare Felsen gibt. Zwei davon sind die Ilmenauer Hausfelsen Großer und Kleiner Hermannstein, die ich noch in diesem Winter auch von allen Seiten kennen lernen durfte.

2259 THI vom 15.11.1978: Informationsbericht vom 31.5.1979; BStU, BV Suhl, AIM 1592/90, Teil II, Bd. 4, Bl. 24–44, hier 41.

2260 THI vom 20.3.1979: Informationsbericht „März 1979“; ebd., Bl. 91–102, hier 101.

2261 THI vom 10.5.1979: Informationsbericht „Mai 1979“; ebd., Bl. 133–144, hier 143.

2262 THI vom 10.7.1979: Informationsbericht „Juli 1979“; ebd., Bl. 147–160, hier 160. THI vom 10.3.1981: Informationsbericht „März“; ebd., Bl. 453–464, hier 463.

2263 Programme und Zeitungsberichte, Slg. des Verf.

2264 Beitrag von Michael Krapp: Sektionsleiter „Wandern und Bergsteigen“ in der HSG „Motor“ Ilmenau in den 1970er Jahren.

Abbildung 32: Hohe Tatra, Biwak am Drachengrat nahe Vysoka, Februar 1976, Krapp (Bildmitte)

Es zeigte sich, dass sich in dieser fast verborgenen Sektion seit Jahre eine verschworene Gemeinschaft von Bergfreunden/innen zusammengefunden hatte, die nicht nur den Thüringer Wald, sondern bevorzugt im Frühling auch die Sächsische Schweiz und im Sommer die Hohe Tatra bevölkerte. Neben dem eigentlichen Klettern wurde all das zelebriert, was unserer Meinung nach zu einer jugendlichen Romantik gehörte. Überrascht stellte ich fest, dass das Liedgut meiner Bergkameraden/innen ziemlich gut mit dem übereinstimmte, was ich auf den familiären Rennsteigwanderungen von meinen Eltern und ihren Freunden gelernt hatte. Die ganz Ehrgeizigen zogen auch im Winter in die Hohe Tatra, um ein Gefühl für das vergletscherte Hochgebirge zu bekommen – als Ersatz für die unerreichbaren Alpen. Solche Touren sind sogar vom Bezirksvorstand Suhl des DWBO (Deutscher Verband für Wandern, Bergsteigen und Orientierungslauf) im DTSB (Deutscher Turn- und Sportbund) zertifiziert worden, was den Aufstieg zum Übungsleiter beförderte. Solcher Mühe unterzog ich mich auch gerne – aus Abenteuerlust und wegen eines unschlagbaren Arguments: als Übungsleiter konnte man auf Sonderurlaube hoffen, wenn man junge Studentengruppen z. B. beim Training in der Hohen Tatra anleitete. So war ich manches Jahr mehrfach in diesem schönen Grenz-Gebirge zwischen Polen und der Slowakei, was sich später bei Berg-Touren mit der eigenen Familie auszahlte.

Obwohl das Wandern und Bergsteigen eigentlicher Zweck unserer kleinen Gemeinschaft war, mussten auch unverzichtbare Organisationsarbeiten im Rahmen der HSG, des DWBO und des DTSB erledigt werden. So wurde auch an mich die Frage herangetragen, für einige Zeit die Sektionsleitung zu übernehmen. Ein schwieriges Problem war die Materialbeschaffung. Da sich mit Wandern und Bergsteigen keine Olympiamedaillen einsammeln ließen, war eine offizielle Unterstützung dabei nicht zu erwarten. Da es aber über Ilmenau hinaus viele ähnliche bergbegeisterte Sportler auch in der Volkseigenen Industrie gab, waren dem Erfindergeist und der gegenseitigen Vernetzung keine Grenzen gesetzt. So sorgten die Sachsen mit Kernmantelseilen aus Hoyerswerda (?) und die Thüringer mit Karabinern aus Zella-Mehlis für eine Grundausstattung, mit der man nicht nur am Fels sichern, sondern zum Beispiel in internationaler Runde russische Kletterhaken aus Titan

(Weltraumindustrie!) eintauschen konnte. Gute Bergschuhe bekam man in Polen oder in der Slowakei, sogar mit Ersatz-Vipram-Sohle. Als das erste Salewa-Bergzelt mit Glasfiberstäben seinen Weg über die Deutsch-Deutsche Grenze zu mir gefunden hatte, wurde dieses Muster an vielen heimischen Nähmaschinen fachmännisch kopiert (es war gerade die hohe Zeit der Heißluftballone!). Analoges gilt für die handgeschmiedeten Steigeisen aus der Jugendzeit meines Westonkels. Tragegestelle wurden aus Alu-Rohr gebogen und mit Glasfasergewebe und Zweikomponentenkleber fixiert und Seilbremsen sowie Sicherungskeile in diversen Werkstätten nach Vorlagen gefräst. Meinen ersten Salewa-Eispickel (mit Holzschaft) konnte ich von einem Oberhofer Kameraden für 50 MDN erstehen, den dieser im Kaukasus gefunden hatte. So kam es, dass ich 1989/90 nicht ganz unvorbereitet mit der überraschenden Möglichkeit konfrontiert wurde, meine Bergsteiger-Qualifikation auch in den Alpen unter Beweis zu stellen. Manches Ausrüstungsstück rief bei den ersten Touren zwar große Heiterkeit hervor, aber das Zusatzstudium „Bergsteigen" war trotzdem eine gute Zukunftsinvestition. Allerdings war nun nicht mehr das Material für die Berge der Engpass, sondern die Zeit für die Touren dort hin.

Das Kammerorchester

Eine veröffentlichte Chronik von Eberhard Manske zum Kammerorchester enthält alle wesentlichen Stationen und Höhepunkte, so über die Zusammenarbeit mit der Suhler Philharmonie, Auftritte im In- und Ausland, Auszeichnungen und Preise. Sie gibt Kunde vom Zusammenspiel von Amateur- und Profimusikern, zum Geschehen in der Umbruchzeit 1989/90 und danach.[2265]

Walter Bergen betreute bis 1964 das Collegium musicum und leitete zeitweilig auch den Bachchor. Bedeutende Personen der Musik an der Hochschule waren die Pianistin Helene Michelsson, die mit dem Kirchenmusikdirektor an Sankt Jacobus, Klaus-Ekkehard Ibe, zusammenspielte. „Ibe war", laut dem Cellisten Wolfgang Müller, „dann später eine unerwünschte Person für die Technische Hochschule – auch eines der dunklen Kapitel der vergangenen Jahre." Müller nennt das Jahr 1967, als sich erstmals musikliebende Studenten im Instrumentalkreis des Jugendklubs der TH Ilmenau zusammentaten und an den sogenannten Aufführabenden musizierten. Unter Leitung der Cembalistin Elisabeth Schüßler fand der erste Aufführungsabend am 28. Juli 1967 im Klubhaus der Hochschule in der Waldstraße statt. Aufgeführt wurden Werke von Telemann, Händel, Corelli und Mozart. Aktivisten waren u. a. der Student Hans-Herbert Bernd (ideenreich in der Beschaffung von westlichem Notenmaterial) und der Assistent Jürgen Holdefleiß. Günther Fraas, Prorektor für Gesellschaftswissenschaften, war Freund und Förderer des Kammerorchesters. Eberhart Köhler hatte 1992 zum 25-jährigen Jubiläum des Kammerorchesters den Ausspruch zu den Musikern gefunden: „Ihre Kunst ist ein Stück Seele unserer Hochschule". Köhler schrieb auch eine Art Hommage auf Müller, der früh mit der gesellschaftskundlichen Dressierung Probleme und Behinderungen erfuhr.[2266]

2265 Eberhard Manske, in: 50 Jahre Akademisches Leben, S. 135–140. Zum 50. Jubiläum erschien in der Universitäts-Zeitschrift ein Porträt des Orchesters; 60(2017)3, S. 48 f.

2266 Wolfgang Müller, in: 50 Jahre Akademisches Leben, S. 130–134.

Unscheinbares Observatorium
Immer existierten auch kleine Forschungsnischen oder auch exotisch anmutende Gebiete wie die kleine astronomische Beobachtungsstation des Instituts für Feingerätetechnik auf der Pörlitzer Höhe. Von außen besehen war sie als solche kaum erkennbar, da das barackenartige, aus zwei kleinen Räumen bestehende Gebäude keine Kuppel besaß, sondern zwei nach jeder Seite auf Laufschienen installierte Dreiecksdächer. Die Beobachtungsstation diente zwar in erster Linie der Erprobung von im Institut entwickelten astronomischen Geräten, insbesondere im Rahmen des Baus einer Präzisionskamera im Auftrag des Nationalkomitees für Geodäsie und Geophysik (NKGG) unter Regie des VEB Carl Zeiss Jena. Die Station, die überwiegend von Institutsangehörigen und Studenten erbaut worden war, war auch im Rahmen der Ilmenauer Fachgruppe Astronomie des Deutschen Kulturbundes für die Amateurbeobachtung nutzbar. Zur Ausrüstung der Ministation zählte eine Satellitenkamera, die für den Test von im Institut entwickelten Registrierkassetten der Präzisionssatellitenfotografie eigens von Werner Bischoff entwickelt worden war. Die Kamera schmückte das Titelbild der Zeitschrift *Feingerätetechnik* in ihrer Januar-Ausgabe 1967.[2267]

5.4.1 Arbeits- und Lebensbedingungen

Ein in der Forschung zur Hochschulgeschichte vernachlässigtes Thema ist die Frage des „Raumes". Zustand und Qualitätsstandard der Gebäude und Anlagen waren republikweit – mit Ausnahmen – wie ein materialisierter Hohn auf die medial verbreiteten Feiertagsreden und Zeitungsbilder der SED.

Anfangs existierten nicht einmal Studentenwohnheime oder Internate, man lebte, wenn nicht in Gasthöfen, überwiegend privat. Bei Martin Huneck bestand die Einrichtung des kleinen Zweimannzimmers aus einem Kleiderschrank, einem „Tisch, der wackelte, weil der Fußboden durch Schwammbildung schon uneben und mit Kuchenbrettern ausgelegt war, zwei Betten, einem Schränkchen und einem kleinen Kanonenofen, der sehr gefräßig war. Im Winter hatten wir unsere liebe Not, das Zimmer einigermaßen warm zu bekommen. Ich erinnere mich noch, dass nach kalten Winternächten früh das Wasser in der Schüssel gefroren war."[2268] Für Weiterbildungslehrgänge sowie Industrie- und ausländische Studenten wurden Zimmer in Gasthöfen und Pensionen angemietet. 1962 waren es 24 Objekte mit folgenden Belegungszahlen (Soll/Ist): Grundmühle (100/40), Goerings Hotel (36/32), Gillersdorf (30/18), Rennsteig (10/9), Lehrlingswohnheim (19/18), Meyersgrund (12/12), Schöne Aussicht (32/32), Goldhelm (32/31), Schniegler (10/10), Möller (13/13), Tanne (104/95), Zapf (24/24), Kuckenberg (13/13), Rauchs Gaststätte (10/10), Schwan (26/24), Thüringer Hof (24/11), Wöhnert (10/10), Neuhäuser Weg (50/44), Lützelberger (35/35), Sonnenhügel (26/11), Edelweiß (21/21), Neues Internat Block A (108/108), Fridolin (100/94) sowie Wilmsen (11/11).[2269] Zu Herbert Wilmsen siehe auch

---

[2267] Astronomische Beobachtungsstation des Instituts für Feingerätetechnik der THI, in: Feingerätetechnik 16(1967)1, S. 30 f.
[2268] Martin Huneck, in: 50 Jahre Akademisches Leben, S. 62–65, hier 65.
[2269] Hochschulhauptstatistik 1962; UAI, Sgn. 618 u. F 35, S. 6.

Kap. 5.3.4, S. 550 f. Thematisiert wurde in dieser sogenannten Hauptstatistik nicht, dass die Studenten in fast zwanzig Orten wohnten. Die Bezirksleitung der SED Suhl hatte bereits 1957 feststellen müssen, dass die Verkehrsanbindungen nicht gut waren: Die Studenten hätten „es äußerst schwierig“ und kämen teilweise zu spät zu den Vorlesungen und Seminaren.[2270]

Im Sommer 1966 stellte die TH das komplexe Gemeinsames Arbeitsprogramm (GAP) auf, das perspektivisch bis 1970 reichte. Es resümiert, dass es lediglich 1957 gelang, eine Baukapazität von sechs Millionen MDN zu erhalten. Geplant war ursprünglich eine jährliche Kapazität von 15 Millionen bis zum Jahre 1960. So fehlte es an allem: Räume, Arbeitskräfte, Wohnungen, Heizwerk, Mensa und Sportplatz. Die Arbeitsbedingungen im Gebäude der früheren Fachschule im Stadtgebiet waren äußerst miserabel. Immer noch mussten Baracken als Notlösung herhalten, etwa für die Institute für Elektronik und Lichttechnik. Zum Zeitpunkt des Berichtes lagen 150 Wohnraumanforderungen vor. Ende Mai 1966 beschäftigte die Hochschule 1.059 Personen. Von den 2.398 Studenten wohnten 1.144 in hochschuleigenen Internaten, 224 in Privatobjekten und 226 in Ferienlagern, die im Juli und August stets zu räumen waren, sowie in anderen Objekten.[2271]

Anderthalb Jahre später befasste sich der Senat abermals mit der prekären Situation. Die neuerliche Erhebung zeigte keine Besserung. Daran änderte auch nicht das Eingeständnis der Misere mit Formeln wie die der Verletzung ökonomischer Gesetze der planmäßigen Entwicklung der Volkswirtschaft, was sich besonders krass in der Wohnraumsituation zeige. Denn was nutzten die Gesetze, wenn die Staatskassen leer und naturale Mittel aller Art fehlten. Die ernsten Schwierigkeiten waren eingetreten, weil die geplanten Investmittel ständig gekürzt wurden und die Baukapazität des Bezirkes Suhl extrem begrenzt war. Nicht nur sämtliche oben genannten Defizite verschärften sich weiter, sondern es entwickelten sich auch weitere. Die Nachfrage nach Kindergarten- und Kinderkrippenplätzen konnte nicht befriedigt werden (die Kapazität betrug in Ilmenau 495 Plätze, die Räumlichkeiten aber waren mit 704 Kindern belegt). Zudem zeigte sich wegen eines faktischen Einstellungsstopps auch eine gefährliche Alterung der Beschäftigten der Hochschule in allen Bereichen. In den Mensen waren 29 Mitarbeiter über 60 Jahre alt, nur fünf waren jünger als 41. Ein ähnliches Bild zeigte sich für den wissenschaftlichen Bereich, zumal bis 1970 kein Zuwachs geplant werden durfte. Da die einzelnen Fakultäten unterschiedliche Ausgangslagen besaßen, beschloss die Hochschule Umverteilungen zur Korrektur und entwickelte sogenannte Stauchungsfaktoren. Walter Furkert, Dekan der II. Fakultät, lehnte gar „die vom Senat beschlossene Umverteilung von Kräften“ ab. Besonders die Wohnraumsituation hatte sich verschlechtert, „ernste Schwierigkeiten“ gab es einmal mehr im Bereich der Unterkünfte für Studenten, der Fehlbedarf belief sich auf 229 Plätze und war im Begriff, weiter zu wachsen. Der längst beschlossene Bau von zwei Internaten war nun noch mehr „dringend erforderlich“. Indes wurden bereits zehn Monate im Jahr auch Kinderferienplätze genutzt. Die Studiervoraussetzungen waren in solchen

---

[2270] Diskussionsbeitrag auf der Sitzung der BL der SED Suhl am 25.2.1957; LATh-StA Meiningen, BS VI 2/1/48, S. 122–133, hier 124 f.

[2271] Material im Konvolut zur Senatssitzung am 5.7.1966; UAI, S. 1–14.

Unterkünften nicht optimal, so dass die Leistungsergebnisse sanken. Die provisorische Heizanlage hatte immer wieder mit Ausfällen zu tun, nach neuerlicher Planung könne, hieß es, der Bau eines Heizwerkes frühestens 1968 beginnen: „Trotz elfjähriger intensiver Bemühungen und Verhandlungen“, stellte der Senat 1967 fest, sei „bis heute noch kein Heizwerk, welches die Beheizung der bis jetzt auf dem Ehrenberg gebauten Gebäude in der kalten Jahreszeit sichert“, vorhanden. Die Erkältungskrankheiten nahmen mit 25,7 Prozent im I. Halbjahr 1966 den ersten Platz ein. Der Krankenstand bei Frauen verdoppelte sich binnen eines Jahres von 3,20 auf 6,65 Prozent.[2272]

In der heißen Phase der Umsetzung der 3. Hochschulreform war die TH Ilmenau aufgefordert worden, die Situation der Lebensbedingungen zu evaluieren. Die Expertise, ein Programm der Verbesserung der Arbeits- und Lebensbedingungen auf dem Campus der Technischen Hochschule, wurde unter Leitung Karlheinz Werners erarbeitet und basierte auf Zuarbeiten von circa zehn Arbeitsgruppen bzw. -kollektiven. Obgleich die Kassenlage der DDR sich in Hinblick auf 1970/71 dramatisch verschlechterte, lebten in einem nicht schärfer denkbaren Kontrast hierzu noch einmal große Architekturträume auf. Die Expertise konstatiert die schlechte verkehrstechnische Anbindung Ilmenaus. Für die verzweigten Forschungsbeziehungen wie auch für die Beschäftigten und Studenten der Hochschule bildeten die Verkehrsbedingungen oft ein schwer lösbares Problem. Es rangierte von der Wertigkeit her gleich nach dem der Wohnungsnot. Die Expertise hob hervor, dass die größeren geistig-kulturellen Zentren im Umfeld Ilmenaus mit Suhl (30 km), Erfurt (40 km), Weimar (50 km), Meiningen (60 km) und Jena (70 km) relativ weit entfernt lagen und somit „hohe Anforderungen an die sozialen und kulturellen Einrichtungen im Rahmen der Technischen Hochschule“ stellten.[2273] Die nächstgelegenen hohen Bildungsanstalten waren die Medizinische Akademie Erfurt (Bahn: 52 km, Straße: 40 km), die Hochschule für Architektur und Bauwesen Weimar (Bahn: 72 km, Straße: 50 km) und die für die TH bedeutende Friedrich-Schiller Universität Jena (Bahn: 95 km, Straße: 70 km). In den 1980er Jahren befanden sich auf dem Territorium des Bezirkes Suhl neun zentralgeleitete Kombinate, darunter der VEB Kombinat Elektrogerätewerk Suhl (EGS), drei bezirksgeleitete Kombinate sowie 25 bedeutende VBE bez. Außenhandelsbetriebe, wovon zehn engere Beziehungen zur TH besaßen. Diese rasch zu erreichen, war nicht leicht.

Für die Einschätzung der räumlichen Bemessung des Baugeländes der TH Ilmenau nutzten die Verfasser des Programms die internationalen Kriterien für den Bau neuer Universitäten, den Criteria for new campus (CNCS). Allgemeine Kriterien waren die effektive Nutzfläche (Gebäudefläche) mit 18 m^2 pro Studenten (14 Prozent der Gesamtfläche), das Bebauungsverhältnis als Verhältnis der Grundriss- zur Gebäudefläche mit 0,2 sowie die Ausnutzungsziffer als Verhältnis von Geschoß- zur Geländefläche mit 0,8 bis 1,0. Zudem lagen den Verfassern Kennzahlen der Forschungs- und Entwicklungsstelle Dresden vor, die für (1) Lehre und Forschung 17,5 bis 20 m^2 pro Studenten, (2) für Studentenwohnheime 16 bis 19 m^2 pro Studenten, (3) für zentrale Einrichtungen 4 bis 6 m^2 pro Studenten, (4) für

2272 Senatsvorlage zur Senatssitzung am 19.12.1967: Verbesserung der Arbeits- und Lebensbedingungen an der THI, aufgefunden im Konvolut der erweiterten Senatssitzung am 19.12.1967; UAI, S. 1–13.

2273 Teil 2: Bauprogramm der THI; UAI, Sgn. 11.356, S. 1–16, hier 1 u. 16 (Anlage 20a).

Sportanlagen 15 bis 20 m^2 pro Studenten sowie (5) für Verkehr 8 bis 10 m^2 pro Studenten vorsahen. Bezogen auf die geplante Erweiterung auf 5.000 Direktstudenteneinheiten (DSE), ergaben sich in der obigen Reihenfolge folgende Bruttoflächenbedarfe: (1) 100.000 m^2, (2) bezogen auf 80 Prozent der DSE: 76.000 m^2, (3) 30.000 m^2, (4) 100.000 m^2 sowie (5) 50.000 m^2. Zusammen mit Versuchsflächen von 25.000 m^2 und einer Reservefläche von 190.000 m^2 ergab sich somit ein Gesamtflächenbedarf von 571.000 m^2. Zur Erhebungszeit befanden sich in Rechtsträgerschaft der TH Ilmenau 370.000 m^2, weitere 229.800 m^2 Erweiterungsflächen sollten per Ankauf in Richtung Nord und Ost auf dem Ehrenberg erworben werden.

Das gesamte Bauprogramm der Hochschule in Hinblick auf 1980 sollte auf den Ehrenberg konzentriert bleiben. Bis 1975 wurden folgende Baupläne, hier in der Reihenfolge ihrer Notwendigkeit, gefasst: Mensen und Heizkanäle (1972), Studentenwohnheime (1975), EDV-Anlage und Sektion TBK (1972), Dienstleistungsgebäude (1972), Hörsäle und Seminarräume (1974), Bibliothek (1974), Sektionsgebäude (1975), Sporthalle (1971) und Zentrallager (1975). Dafür sollten bis 1980 folgende Gebäudekomplexe aufgegeben werden: Wohnheim Gehren, Klubhaus Ilmenau in der Waldstraße, Studentenwohnheime und Institutsbaracken im Neuhäuser Weg, Internat Tanne, das Wahrzeichen des ehemaligen Thüringer Technikums, der ab 1895 entstandene Curie-Bau, Industrie-Institut, Wohnheim Kupferberg in Roda sowie alle angemieteten Internatsobjekte. Nutzungsänderungen waren geplant für die Blöcke F und G am Ehrenberg (Wiederverwendung als Internate) sowie mit vorhergehendem Abriss wegen Baufälligkeit resp. Funktionsuntüchtigkeit die Bauverwaltung, Mensa III, Heizwerk, Lagerbaracken Ehrenberg-Ost, Physik-Hörsaal (war bereits baupolizeilich gesperrt) und ein Institutsgebäude an der Unterpörlitzer Straße.[2274] Zehn Jahre später, im April 1978, zeigt eine umfassende Evaluation der Arbeits- und Lebensbedingungen der Studenten durch die Arbeiter- und Bauerninspektion (ABI) ein Bild, dass es eine durchschlagende Besserung in den Lebensbedingungen nicht gegeben hatte. So entsprachen in den elf Außen-Mietinternaten lediglich zwei Häuser den Normen in der Frage der sanitären Einrichtungen, die anderen wiesen bei der Anzahl der Waschgelegenheiten pro Studenten Defizite von 3:6 bis 2:10 auf.[2275]

Für den 28. Mai 1986 war eine Beratung mit dem Vorsitzenden der Bezirksplankommission, Eberhard Weitz, geplant, wozu ein Text vorbereitet wurde, der einem Schrei nach Hilfe zur Lösung der Wohnraumsituation gleichkam. Durch den Entzug des Nachzugsrechts bei befristeten Mitarbeitern der TH Ilmenau war die Gesamtsituation erheblich verschärft worden. In der Unterbringung von befristeten Assistenten, verheirateten Forschungsstudenten sowie Personal aus der Industrie, die im Austauschverfahren an der THI beschäftigt waren, soll „eine nicht zu verantwortende Situation eingetreten" sein. An der Hochschule waren derzeit 204 befristete Assistenten tätig, die im Durchschnitt vier Jahre verblieben. Von ihnen waren 119 verheiratet, 72 Familien hatten ein Kind, 30 Familien zwei Kinder. Zur Heranbildung von Spitzenkadern waren im Durchschnitt 30 leitende

---

2274 Ebd., S. 2–5 u. drei Übersichten (Anlagen).

2275 Arbeits- und Lebensbedingungen: Bericht der ABI vom 10.4.1978; LATh-StA Meiningen, BS D2/9/2/496, S. 1–20 mit Anlagen.

Kader in Form einer planmäßigen Aspirantur tätig. Überdies befanden sich im Rahmen des langfristigen Kaderaustauschs mit der Industrie 50 Industriekader im Einsatz. Wollte man das Problem entschärfen, wäre ein Hausbau mit 54 Wohnungseinheiten notwendig gewesen. Weitz sollte gebeten werden, den Baubeginn im Planjahr 1987 einzuordnen. Ein zweiter Beratungspunkt betraf den sozialen Bereich und die Unterbringung der Studenten. Zu dieser Zeit hatte die TH Ilmenau 2.700 Studenten, die Zahl sollte bis 1990 auf 3.000 erhöht werden, 1990 waren allein 450 Studenten für die spezielle Ausbildung (Kap. 5.2.2) vorgesehen. Zu dieser Zeit verfügte die Hochschule über 2.584 Wohnheimplätze, davon 400 in den Wohnflachbauten 1 bis 7. Diese waren von der staatlichen Bauaufsicht in den Bauzustand 4 eingestuft worden, der eigentlich den sofortigen Abriss bedeutet hätte. 80 Wohnraumplätze standen in angemieteten Objekten, ehemaligen Gaststätten, zur Verfügung, wovon sich Thüringer Hof, Schwan, Elgersburg und Oberpörlitz in „einem unmöglichen Zustand“ befanden. In einer „Vielzahl von Wohnheimen“ gab es „keinerlei Kulturräume, Räume für Interessengemeinschaften und Fotolabore“. Als dringend notwendig erwies sich die Rekonstruktion der Kinderkrippe in der Straße der Jungen Techniker, die im Begriff stand, noch im laufenden Jahr geschlossen werden zu müssen. Für den Curie-Bau lag indes eine Bauaufsichtsverfügung zur Sanierung vor, die zudem flankiert war mit einer Forderung der Staatlichen Plankommission (SPK), wonach umgehend die Passantengefährdung an der Hauptverkehrsstraße abzustellen und der Abrissgefahr des historisch wertvollen Gebäudes zu begegnen sei. „Das Gebäude“, heißt es, sei „in seiner Substanz stark gefährdet und bedarf einer komplexen Rekonstruktion.“ Der Bau der längst und stets angemahnten Sporthalle[2276] war immer noch überfällig. Die Investsumme wurde für den Realisierungszeitraum 1989/90 mit 7,3 Millionen Mark veranschlagt.[2277]

5.4.2 Jugend und Eigensinn

Marc-Dietrich Ohse beschreibt in seiner grundlegenden Arbeit *Jugend nach dem Mauerbau: Anpassung, Protest und Eigensinn* die empirisch-normativen Prämissen der Jugendpolitik. Er betont den hohen Stellenwert der Jugendpolitik der SED, da ihr klar war, dass sie nur mit der Jugend ihre kommunistischen Ziele erreichen würde. In dieser Hinsicht versuchte sie, die Jugend für ihre Ziele zu instrumentalisieren. Wäre ihr dies nicht gelungen, wäre das Regime bereits in der Ulbricht-Periode zusammengebrochen. Ohse kommt zu dem Schluss, dass die permanente und zielgerichtete pädagogische Praxis der SED die Bezeichnung „Erziehungsdiktatur“ geradezu erfordert.[2278] Freilich ist dies zutreffend, verkennt aber, dass viele junge Menschen selbstbewusst und eigenbestimmt auf der Seite des Staates und der SED standen.

Ohse hat den ambivalenten Charakter des 2. Jugendkommuniqués von 1963 beschrieben als ein Memorandum des Neuen, eine Mischung aus Offenheit gegenüber kulturellen Meinungen und Strömungen im Rahmen der ideologischen Staatsdoktrin, der Einbindung

---

[2276] Zur Sporthalle vgl. Dieter Oesingmann, in: 50 Jahre Akademisches Leben, S. 121 f.

[2277] THI vom 26.5.1986: Arbeitsmaterial zur Beratung mit dem Vorsitzenden der Bezirksplankommission, Weitz, am 28.5.1986; BStU, BV Suhl, Abt. XX, Nr. 941, Bl. 20–27.

[2278] Ohse: Jugend nach dem Mauerbau, S. 10 f.

der Jugend in die ökonomische Programmatik und ihrer Einbindung in die FDJ. Kaum war die Zensur ein wenig gelockert, brachte die Jugendpresse tatsächlich Kritik. Ein Hauch von Aufbruch mochte Glauben schenken, dass sich einiges zum Besseren wende. Ohse zitiert Arnim Müller-Stahl mit den Worten: „Mir schien plötzlich, wir können wirklich etwas ändern, wir leben im besseren Teil Deutschlands, es passiert was. Ich entdeckte Dinge, die ich vorher an mir nicht kannte: den Wunsch mitzumachen, dieses und jenes zu verändern."[2279] Doch die Rücknahmen und Rückschläge folgten auf dem Fuße. Aufs Ganze betrachtet, hatte die FDJ an Akzeptanz in der breiten Masse der Jugendlichen kaum hinzugewonnen. Viele verstanden es jedoch geschickt, die FDJ beim Wort zu nehmen und sie als Schutzschild oder gar als Förderer von Eigeninitiativen zu nutzen.[2280]

Das neue Jugendgesetz vom 4. Mai 1964 rückte wieder von der Betonung der kulturellen Komponente ab. „Bauherren des Sozialismus und Pioniere der Nation" hatten sie zu sein. Ohse sieht das Ende der relativen Offenheit mit dem Ereignis am 31. Oktober 1965 auf dem Wilhelm-Leuschner-Platz in Leipzig erreicht. Die Ächtung der Beat-Musik nahmen die Leipziger nicht hin, es kam zum Widerstand, zu Ausschreitungen, zu Knüppelaktionen und zu Verhaftungen (357 Personen, darunter aber nur acht Studenten!).[2281]

FDJ-Jugendklub

Nicht alle außerschulischen Betätigungen der Studenten unterlagen der Oberaufsicht des Jugendclubs, wie die paramilitärische Gesellschaft für Sport und Technik (GST), der Breitensport, die AG Kultur und Technik oder die Hochschul-Gruppe des Kulturbundes der DDR, die natürlich „auch politisch ausgerichtet war", wie Christoph Schnittler als ehemaliger Vorsitzender es erlebte, aber auch sagt, dass es „trotzdem eine sinnvolle und auch schöne Betätigung" war. Gewonnen wurde das Nicht-SED-Mitglied für dieses Amt übrigens von dem „sehr gebildeten und umgänglichen" Alfred Erck.[2282] Zunächst hieß er im Volksmund Studentenklub. An ihn erinnert in *50 Jahre* Manfred Bittner. Er und Wilhelm Schaffer erhielten 1963 von der Partei- und FDJ-Leitung den Auftrag, einen Jugendklub zu kreieren. Sie studierten zunächst Vorbilder an der Hochschule für Bauwesen Weimar, an der KMU Leipzig und an der HU Berlin. Mehrere Objekte wurden in Augenschein genommen, u. a. ein ehemaliges Gefängnis, ein Felsenkeller und das weit vom Campus entfernte kleine Klubhaus der Hochschule in der Waldstraße. Am Ende zerschlugen sich all diese Ideen.[2283] Das Programmheft von 1989 nennt rückblickend folgende Arbeitsgruppen: Werbung, Organisation, Klassische Musik und Literatur, Kabarett sowie das Lesetheater (das am 6. November 1964 etabliert wurde); ferner Jazz und den Hochschulfilmclub, der zuvor eine Arbeitsgruppe des Kulturbundes war. Die meisten Sparten, die das eigentliche Gerüst des Klubs ausmachten, waren beständig.[2284] Leiter wurde Bittner. Seine

[2279] Ebd., S. 64–81. Dokumente der SED. Berlin 1965, Bd. IX, S. 697–706.

[2280] So der Initiator der Jugendgruppe „Kosmos" (JAGK), Bernhard Priesemuth. Buthmann, Reinhard: Konfliktfall „Kosmos". Die politische Geschichte einer Jugendarbeitsgruppe in der DDR. Köln/Weimar/Wien 2012.

[2281] Ohse: Jugend nach dem Mauerbau, S. 70–72, 79 u. 83–88.

[2282] Interview des Verf. mit Christoph Schnittler am 20.9.2017.

[2283] Manfred Bittner: Die Gründung des Studentenklubs der Hochschule für Elektrotechnik und ihre Vorgeschichte, in: 50 Jahre Akademisches Leben, S. 164–167.

[2284] Aus Veranstaltungsplänen, aufgefunden in: BStU, BV Suhl, Abt. XX, Nr. 921, Bl. 16 f. u. 95.

langjährigen Mitstreiter waren vor allem Wilhelm Schaffer, Claus und Monika Hannemann, Eberhard Zachäus, Johanna Schröter, Frank Bernhard und Stefan Strohbach.[2285]

Die Konzeption der TH Ilmenau zum Aufbau des Jugendklubs besaß einen Ausdruck, dem die Handschrift der SED nicht anzusehen war. Zu den vordringlichsten Aufgaben des Klubs zählten „Weiterbildungsmöglichkeiten auf allen kulturellen und gesellschaftlichen sowie auf wissenschaftlichen Gebieten", eine sinnvolle Freizeitgestaltung, die „Achtung des gemeinsam Geschaffenen" sowie die „Durchsetzung des offenen geistigen Meinungsstreits". Aufgaben und Wertziele, die auch in Ländern der westlichen Demokratien nicht grundsätzlich anders formuliert wurden. Man gab sogar vor, „von veralteten, starren Formen der Kulturarbeit, die durch Schematismus und Kampagnenarbeit gekennzeichnet" seien, abrücken zu wollen. Mehr Mut und Kühnheit sei erforderlich, „neue interessante Wege" müssten gesucht werden, Wege, „die geeignet" seien, „die Jugend anzusprechen." „Die Arbeit des Jugendklubs", heißt es, ziele „auf das zwangslose Gespräch hin."[2286]

Die Organisationsform des Jugendklubs zeigt jedoch, dass sich an der grundsätzlichen ideologischen Verfasstheit der Klubs nichts ändern würde, da der Jugendklub ein selbstständiges Organ der zentralen Leitung der FDJ blieb. Der Klubleiter war ihr gegenüber rechenschaftspflichtig. Unter „Methoden und Planung" hieß es: „Die Arbeit des Klubs wird mit Partei und Massenorganisationen und durch die Klubleitung in Zusammenarbeit mit der FDJ-Leitung geplant." Bittner war als Leiter automatisch Mitglied der zentralen FDJ-Leitung. Folgende Arbeitsgruppen wurden in der Konzeption personell benannt: für grafische Werbung Stefan Strohbach, für journalistische Werbung Frank Bernhard, für Organisation von Veranstaltungen Eberhard Zachäus, für Kabarett Wilhelm Schaffer, für Film Monika Kahl, für Jazz und Tanzmusik Karl-Heinz Schulze und Hans-Joachim Kohl sowie für Streitgespräche Manfred Günther. Die Arbeitsgruppe Bau und Wirtschaft war noch nicht besetzt. Die Finanzierung sollte in eigener Regie, etwa aus Veranstaltungserlösen erfolgen. Zuschüsse waren möglich.[2287]

Ende September 1964 hatte der Jugendklub zwar seine Arbeit aufgenommen,[2288] doch Anfang März 1965 wurde immer noch über die Klubhausübernahme debattiert. Immerhin war der Vertragsentwurf zwischen der Zentralen FDJ-Leitung und der TH Ilmenau fertig. Die Überlassung des Klubhauses wurde auf den 1. April 1965 terminiert. Zu der umfassenden Regelung zählte, dass die Sitzungen des akademischen Senats, des Kollegiums und der Parteileitung weiterhin im Klubhaus stattfinden konnten. Der jederzeit mögliche Zutritt seitens des Rektors, der Prorektoren, des Verwaltungsleiters oder deren Vertreter war ebenso Vertragsgegenstand.[2289]

Wie die Wohnheime, wurden auch die Wohnheimklubs kontrolliert. Das MfS war stets darauf bedacht, dass die Klubleitung mit Studenten besetzt werden sollte, die der SED

2285 Bittner: Gründung des Studentenklubs, passim.

2286 SHF vom 21.5.1964: Ausarbeitung eines Beschlusses für die Weiterbildung der Hoch- und Fachschulabsolventen, aufgefunden im Konvolut zur Kollegiumssitzung am 3.7.1964; UAI, S. 1–6.

2287 Jugendklubkonzept, o. D., aufgefunden im Konvolut zur Kollegiumssitzung am 3.7.1964; UAI, S. 1–6.

2288 Protokoll vom 30.9.1964 zur Senatssitzung am 15.9.1964; UAI, S. 1–8, hier 8.

2289 THI, o. D.: Vertrag zwischen der THI und der zentralen FDJ-Leitung, aufgefunden im Konvolut zur Kollegiumssitzung am 2.3.1965; UAI, S. 1–5, hier 2 f.

angehörten. Das gelang selten zufriedenstellend. Die Diskotheker hatten die Pflicht, die Musik „verantwortungsbewusst" auszuwählen, Lieder mit „politisch-negativem Inhalt" waren zu erkennen und auszusondern. Die Kontrollen blieben jedoch oft stumpf, die Klubs hatten auch allmählich spezielle Musikrichtungen kreiert, einige spielten vorwiegend Titel der Hard-Rock-Szene, andere eher moderne Tanzmusik. Vom Prinzip her, sollte alles kontrolliert und registriert werden, zumindest temporär, selbst die Besucherfrequenzen an den Wochenenden resp. wochentags. Der Anteil der Besucher aus Ilmenau, die in der Regel keine Studenten waren, war an Wochenenden hoch (70 zu 15 bis 20 Prozent). Ausländer besuchten die Klubs eher selten. Die Wohnheimklubs BD und BC waren die von Nicht-Studenten meist frequentierten Klubs.[2290]

1989 feierte der Jugendklub seinen 25. Jahrestag mit einem Großprogramm vom 12. bis 18. Juni. Ein Blick auf das Programm der Festwoche und die Folgeveranstaltungen bis Ende des Jahres zeigt, dass die Differenzierung des Klublebens eine äußerst breite Palette von Aktivitäten besaß: Kinderfeste, Konzerte unterschiedlichster Gattung und Art, Schallplatten-, Plakat- und Buchverkäufe, Flohmärkte, diverse Verkaufsstände, Kulturpraktika (vermutlich einmalig an Technischen Hochschulen der DDR), Filmvorführungen des Hochschulfilmclubs (Im Westen nichts Neues, Ein ungarisches Märchen, Tagebuch-Filme, Video-Clips), Pantomime, Liedgutpflege, Wanderungen, Freiluft-Spektakel, Aktivitäten der Wohnheimklubs, Akademische Nächte, Hochschulkunst etc.[2291] Zuletzt existierten 23 Arbeitsgruppen inklusive der Wohnheimklubs: Film-Club, Fotografie, Jazz, Kabarett, Streitgespräche, Studententheater, Kammerchor, Gesellschaftstanz, Rock and Roll, Veranstaltungs-Planung, Malerei und Grafik, Phantopia, Amateurfilm, Keramik, Grafik-Ausstellung, Elferrat, Folklore sowie Werbung.[2292]

Hochschulfilmclub (HFC)

Ralf Weber erinnert in *50 Jahre*, dass der HFC die „drittälteste Arbeitsgemeinschaft im Umfeld der Hochschule" war. Die Gründung des Filmclubs liegt etwas im Dunkeln, da es vor dem 19. Februar 1957 (zu diesem Datum liegt ein Notat in einem alten Vorführer-Aufzeichnungsheft vor, worin die Aufführung des Films „Die Dreigroschenoper" angezeigt ist) bereits entsprechende Aktivitäten gegeben haben könnte.[2293] Eine andere Quelle legt das Gründungsdatum auf 1958 als Arbeitsgruppe des Kulturbundes. Zunächst soll das Kino immer gut besucht worden sein. Im Herbst 1969 wurde mit 450 verkauften Abos der absolute Höhepunkt erreicht. Dann ging es bergab, erst zuletzt stieg die Besucherfrequenz wieder an.[2294] 1965 wurde ein DEFA-Dokumentarfilm über das Leben der Ilmenauer Studentinnen gedreht und in Ilmenau aufgeführt.[2295]

Frank Bernhard war Spiritus Rector des Filmclubs in der ersten Zeit seit der Übernahme

---

2290 BV Suhl, Abt. XX, vom 19.3.1986: Politisch-ideologische Situation in den Wohnheimklubs der THI; BStU, BV Suhl, Abt. XX, Nr. 921, Bl. 152 f.

2291 Veranstaltungsplan, aufgefunden in: BStU, BV Suhl, Abt. XX, Nr. 921, Bl. 1–30.

2292 Liste, aufgefunden in: ebd., Bl. 58.

2293 Vgl. Weber, Ralf: Aus der Geschichte des Hochschulfilmclubs, in: 50 Jahre Akademisches Leben, S. 172–175.

2294 Veranstaltungsplan, aufgefunden in: BStU, BV Suhl, Abt. XX, Nr. 921, Bl. 17.

2295 Reschke, Elke: Erinnerungen an den DEFA-Dokumentarfilm „Studentinnen", in: 50 Jahre Akademisches Leben, S. 168–171.

vom Kulturbund. Eng war, so Weber, die Verbindung zum Staatlichen Filmarchiv der DDR. Spielstätte war bis circa 1970 der Hörsaal, einmal brannte gar die hochschuleigene Filmmaschine ab. Nach dem Boom-Jahr 1969 wechselte der Veranstaltungsort in das Lindenkino. Zu dieser Zeit hatte der Filmclub circa 30 Mitglieder. „Offenbar", so Weber, „entstand zu dieser Zeit fast zu jedem Film der sogenannte Werbevorspann", der auch Platz hatte für kleinere politische „Anspielungen und aktuelle[] Kommentierung[en] des Hochschullebens". Später gab es nur zwei Vorspanne, „speziell zu den Faschingsveranstaltungen." Oft waren es kleine Kunstwerke. „Vor allem aber wurden immer klarer politische Themen angesprochen, die mit dem Medium Film eigentlich nichts mehr zu tun hatten. Dies hat zu Angriffen auf das Konzept des Vorspanns geführt, den Beteiligten aber großen Spaß an dem Projekt und eine gewisse Genugtuung gebracht."[2296] Filme aus sozialistischen Ländern gewannen zuletzt an Stellenwert, sie wagten mehr Freiheit; doch davor, 1973, gar ein DEFA-Film: Die Jugend war, wie der Kultfilm „Die Legende von Paul und Paula" (Regie Heiner Carow nach einem Drehbuch von Ulrich Plenzdorf) zeigte, geradezu gierig nach realistischen Tönen in der medienverfremdeten DDR. Zu Recht feiert Weber die Ungarische Filmkunst und die Beschaffung von Filmen in den 1980er Jahren vom Haus der Ungarischen Kultur in Berlin. Die Revolution 1989/90 beförderte dann den Filmclub wieder in den Großen Hörsaal zurück: „Keine Tontechnik, keine großen Maschinen, keine Vorführkabine".[2297]

Hätten die Akteure des Filmklubs gewusst, wie genau sie beobachtet wurden, und damit auch potenziell gefährdet waren, hätten sie ihr Engagement vielleicht partiell überdacht. Am 22. September 1983 nahm Wolfgang Berg alias „Walter" (Kap. 5.3.3, Fall-Nr. 98) einmal mehr ein Plakat von der Wandzeitung in der Mensa, die er nahezu täglich inspizierte, ab. Es handelte sich um die Ankündigung eines Films. Am Ende des Plakattextes war zu lesen: „Es wird sich manch einer fragen, warum zeigen die so olle Schinken. Wir bitten Euch, unsere Angebote ernsthaft zu nehmen. Gerade viele Filme aus der jungen SU (da gibt's freilich auch viel Mist) vermitteln oftmals auf interessante Weise ein Stück Geschichte, Kampfproben der neuen Weltanschauung mit bürgerlichen Ansichten, auch Illusionen über die ‚Geschwindigkeit' des Aufbaus der Gesellschaft. Sie sind oft ganz persönlicher Sicht der Autoren, Gesprächsangebot auch nach 50 Jahren!" Der Verfasser war Weber. Wir, so Berg, der sich vorher u. a. mit Repenning abgesprochen hatte, können einige Passagen nicht billigen, insbesondere den Klammersatz nicht. Der Prorektor für Gesellschaftswissenschaften, Klaus Römer, soll diese Auffassung geteilt haben.[2298]

Ein Glücksfund für den Verfolgungseifer des MfS waren die Anfang 1989 hergestellten Eintrittskarten im Format 7,5 x 10,5 cm^2 (nach einer anderen Quelle 7 x 10 cm^2), die eine Fotocollage mit unzweideutiger Aussage zeigten: eine auf drei Tageszeitungen der DDR (*Neues Deutschland*, *Tribüne* und *Freies Wort*) sitzende Ente. Die Eintrittskarten galten als Halbjahresabonnement für die Filmveranstaltungen im Frühjahrssemester 1989. Die

2296 Weber: Aus der Geschichte des Hochschulfilmclubs, S. 172–175.

2297 Ebd.

2298 Bericht von „Walter" vom 5.10.1983; BStU, BV Suhl, AIM 984/89, Teil II, Bd. 7, Bl. 554.

Auflagenhöhe betrug 400 Stück. Das MfS kritisierte auch das mitgelieferte Programmheft in derselben Auflagenhöhe, in Sonderheit Beiträge zu zwei Filmen, so dass eine Nachauflage von 200 Stück verhindert werden sollte. Diese jüngste Aktivität führte zum Vorschlag der Hochschulparteileitung, am 20. März 1989 eine hochschulinterne Aussprache mit dem Ziel zu führen, den Leiter des Hochschulfilmclubs abzulösen, ihn aus dem Club auszuschließen sowie einen Umtausch der Dauerkarten einzuleiten.[2299] Auch wenn sich Weber damals und auch heute nicht als Widerständler begreift, so waren doch viele seiner Handlungen und Denkanstöße geeignet, Widerspruch laut werden zu lassen. Auch diese scheinbar nur kleinen Taten mündeten organisch in den bald beginnenden großen revolutionären Strom des Herbstes ein. Im Juni 1988 richtete er in einem Schreiben an Römer die Frage: „Welchen objektiven Grund gibt es heute noch, Ankündigungen kirchenmusikalischer Konzerte nicht auch am schwarzen Brett der Mensa auszuhängen?“[2300] Noch im Juni wurde Weber von seiner Funktion als Leiter des Hochschulfilmclubs entbunden und Kontrollmaßnahmen gegen ihn eingeleitet.[2301] Erst durch die Aktion des Abo-Umtausches, so glaubte der IM „Olaf Berg“, sei man überhaupt erst so richtig auf die „Ente“ aufmerksam geworden.[2302]

Faschings- und Bergfeste

Das Herrliche im Studentenleben ist, weil aus dem Strom des Immerlernens heraustretend, das Feiern. Hier angesiedelt sind jene Geschichten, die später gern erzählt werden und geeignet sind, dunkle Seiten des Studiums in den Hintergrund zu drängen. Georg Gerhardt erzählt in *50 Jahre* solche Geschichten. Etwa die eines urigen, lebensklugen Typen, der längst kein Stipendium mehr erhielt, illegal in der Studentenbaracke schlief, keine guten Klamotten für das Diplomkolloquium besaß und, weil der Prüfungsvorsitzende Walter Heinze über diesen Studenten von Gerhardt gebrieft worden war, wohl eine der angenehmsten Prüfungen erfuhr, da es Heinze nicht gelang, mit dem notwendigen Ernst die Prüfung über die Bühne zu bringen.[2303]

Jene großen Feste aber wurden, und darauf ist in dieser sozialpolitischen Geschichte zwingend und ausführlicher einzugehen, seit dem berühmten Physikerball an der FSU Jena vom November 1956 republikweit von der SED und vom MfS gefürchtet. Der Ball schlug, erinnert sich Schnittler, damals Physikstudent an der FSU, „ganz große Wellen“.[2304] Seit diesem Ball war keiner mehr wie vordem. Nach dem Geschehen in Jena herrschte auf Jahre hin heftige Betriebsamkeit um die Bälle, gleich ob in Jena, Rostock, Berlin, Leipzig, Dresden oder Ilmenau. Von da an herrschten vorher und während der Bälle Zensur, Kontrolle und Überwachung. Gerade dieses Phänomen zeigt wie kaum ein anderes, die Verfasstheit

---

2299 BV Suhl, Abt. XX, vom 18.3.1989: Information über negativ-feindliche Aktivitäten des Leiters des Filmclubs der THI; BStU, BV Suhl, Abt. XX, Nr. 921, Bl. 167–169.

2300 Ebd., Bl. 168.

2301 BV Suhl, Abt. XX, o. D.: Politisch-operative Lage im Sicherungsbereich der THI für „März 1989“; BStU, BV Suhl, Abt. XX, Nr. 909, Bd. 1, Bl. 141–143, hier 142.

2302 Stimmungsbild, Lagebericht „Juni 1989“: Sektion INTET; BStU, BV Suhl, XX, Nr. 929, Bd. 2, Bl. 174 f.

2303 Gerhardt, Georg: Die Abwerbung des Dr. R. und weitere Begebenheiten aus den Anfangsjahren des Institutes für Regelungstechnik, in: 50 Jahre Akademisches Leben, S. 69–74, hier 72 f.

2304 Interview des Verf. mit Christoph Schnittler am 20.9.2017.

der DDR, wenn gar der politische Spaß nicht erlaubt war. Und es zeigt auch, dass jene, die heute geneigt sind, Zensur, Disziplinierung und Strafen lediglich als lokale Borniertheit einzelner SED-Genossen zu erklären, in ihrem Urteil wesentlich zu kurz greifen. Es waren die Kabarett-Themen des Physikerballs an der FSU Jena, die auch der SED-Bezirksleitung Suhl auf ihrer Sitzung am 12. Februar 1957 erhebliche Sorgen bereiteten. An der HfE Ilmenau gäbe es unter den Hochschullehrern „Elemente, [...], die in jenen Tagen [des Aufstands in Ungarn] Morgenluft witterten und feindliche Auffassungen, zum Teil geschickt getarnt, verbreiteten und dadurch zunächst manchen Studenten verwirrten". Es gäbe Verstöße „gegen den russischen Sprachunterricht und das gesellschaftswissenschaftliche Grundstudium". Studenten hätten überdies gar Volkspolizisten angepöbelt.[2305] Also das Paradigma „Jena":

Am Physikerball 1956 in Jena nahmen circa 1.400 Personen teil, auch der Physiker und Wissenschaftsfunktionär Max Steenbeck schaute vorbei.[2306] Infolge des XX. Parteitag der KPdSU hatte es in den Ostblockstaaten zahllose Versuche gegeben, das stalinistische Joch abzustreifen oder wenigstens zu lockern. Insbesondere in Polen und Ungarn war es zu revolutionären Bestrebungen und Ereignissen gekommen. Die Veranstalter des Physikerballs in der Mensa der FSU Jena hatten ihr Kulturprogramm ganz im Sinne dieser Ereignisse konzipiert. Ihr Bühnenprogramm zählt zu den mutigsten künstlerischen Protesten von Studenten gegen die Diktatur der DDR und gegen die Verlogenheit der kommunistischen Propaganda. Möglicherweise steht dieses Ereignis sogar an erster Stelle aller öffentlichen Auftritte von Studenten ähnlicher Art. Steenbeck befürchtete noch am selben Tag, dass die Sketsche der Studenten zu unangenehmen Folgen führen würden. Er lud sie am nächsten Tag zu sich nach Hause ein, redete mit ihnen. Er wollte sie abschirmen, möglicherweise sogar argumentativ gegen mögliche Verhöre stärken. Er redete von seinem Weg, von seinen Zweifeln, der ihn zu einem Sympathisanten des Sozialismus werden ließ. Es war ein Gespräch auf Augenhöhe, keine Belehrung. Und er sagte ihnen, wenn das, was sie am Vorabend taten, ohne Folgen bliebe, dann „sei die Toleranz der DDR unwahrscheinlich groß".[2307]

Lange schien es, als würde tatsächlich alles im Sande verlaufen, der Schutzschild bürgerlicher Wissenschaftler halten. Zu jenen, die die Studenten schützten, zählte auch der Rektor der Universität, Josef Hämel. Er konnte, als die Verhaftungen später liefen und er in konkreter Form davon wusste, noch in letzter Sekunde den Manager des Physikerballs, Heinz Göllnitz, warnen, so dass der fliehen konnte. Erst 1958 begannen die Verhaftungen von Akteuren des Balls, einige von ihnen, so Peter Herrmann, gehörten dem Eisenberger Kreis an, der wegen seiner Widerstandsaktionen berühmt geworden ist.[2308] Der später an der Akademie der Wissenschaften beschäftigte Physiker Heinz Steudel zum Beispiel, Texter von Sketchen des Balls, erhielt eine Strafe von anderthalb Jahren Zuchthaus.[2309] Die

---

2305 BL der SED Suhl, Sitzung am 12.2.1957; LATh-StA Meiningen, BS VI/2/1/047, S. 1–116, hier 48 f.
2306 Herrmann, Peter/Steudel, Heinz/Wagner, Manfred (Hrsg.): Der Physikerball 1956. Vorgeschichte – Ablauf – Folgen. Jena 1997.
2307 Vgl. ebd., S. 57 f.
2308 Neubert, Ehrhart: Geschichte der Opposition in der DDR 1949-1989. Berlin 1997, S. 130 f.
2309 Urteilsverkündung vom 22.10.1958, in: Herrmann/Steudel/Wagner: Physikerball, S. 103 f.

Mephisto-Szene verspottete den Unterricht in Marxismus-Leninismus:

„Genug hab' ich Rezepte der Lehre,
wisse, dass ich Macht begehre!
Macht, zu steuern jene Geister,
die täglich werden immer dreister.
Drum rate mir, wie mach' ich klar,
dass man auch glaubt, was niemals wahr!"
Und der Teufel einige Passagen weiter:
„Beispiele musst du natürlich bringen,
solche, die der Realität entspringen.
Vertausche Worte und den Sinn –
dann haut bestimmt die Sache hin."[2310]

Die Universitätsparteileitung (UPL) startete sofort eine Kampagne gegen die Organisatoren des Balls, die in der Forderung nach Exmatrikulation der „Rädelsführer" gipfelte. Sie ließ sich hierbei insbesondere von ABF-Studenten unterstützen.[2311] Doch die sofortige Formierung eines Schutzringes von Hochschullehrern um die Akteure des Balls verhinderte dies. Zu ihnen zählten die Physiker Gerhard Heber, Kurt Schuster, Wilhelm Schütz, der Mathematiker Walter Brödel und der Chemiker Franz Hein. Hinzu kam noch Gerhard Buchda, der zusammen mit Hämel und Hein Mitglied des Senats war.[2312] Und, wie gesagt, Steenbeck. Schnittler erinnert sich, dass Steenbeck sich „sehr eingesetzt und vielleicht Schlimmeres verhindert hat".[2313]

Der Ball blieb in der Öffentlichkeit, in der Stadt und Umgebung, anders als in der Universität, relativ unbekannt. Aber auch die Widerstandsaktivitäten des Eisenberger Kreises blieben in ihren öffentlichen Wirkungen beschränkt. „Die Mittel, die sie einsetzen konnten", schreibt der Pfarrer und Widerstandsforscher Ehrhart Neubert, „waren fast nur das Herstellen und Verteilen von Flugblättern und das Anbringen von Losungen." Doch habe sich das Gerücht nach ihrer Auflösung gehalten, dass in Jena im Untergrund Widerständler arbeiten würden.[2314] Herrmann begriff sich als Widerständler: „Als Widerständler des Eisenberger Kreises glaubte ich, dass ein Aufrütteln der Öffentlichkeit auf lange Sicht irgendwie zu einem Wandel beitragen müsste."[2315] Steudel, der andere wichtige Ideen- und Textgeber der hochpolitischen Ballszenen, begriff sich nicht als Widerständler.[2316]

Die Aufführung des Programms und die Solidarität von Hochschullehrern setzten Maßstäbe, jedoch auch die verhängten, vieljährigen Zuchthausstrafen. Das politische Niveau des Physikerballs in Jena dürften schon aus Zensur- und Kontrollgründen keine weiteren Bälle erreicht haben, egal wo, ob in Berlin, Ilmenau oder Rostock. Man war nie mehr unter sich. Frank Bernhard hat in *50 Jahre* solche Erfahrungen mit der SED anlässlich des

---

2310 Ebd., S. 44 f.

2311 Die PO Physik/Mathematik hatte am 6.12.1956 über die Ereignisse beraten, in: PO: Gegen das Programm des Physikerballs! Slg. Buthmann. Der Physikstudent Christian Brandt hatte weiland den Aufruf von der Wandzeitung entfernt und dem Verf. 1987 überlassen.

2312 Fritsch, Werner/Nöckel, Werner: Vergebliche Hoffnung auf einen politischen Frühling. Opposition und Repression an der Universität Jena 1956 bis 1968. Eine Dokumentation. Jena 2006, S. 43.

2313 Interview des Verf. mit Christoph Schnittler am 20.9.2017.

2314 Neubert: Geschichte der Opposition, S. 130 f.

2315 Herrmann, Peter: Der Wind 1956 und der Ball. Der Physikerball 1956, S. 13–21, hier 17 f.

2316 Gespräche des Verf. mit Steudel in den 1990er Jahren.

Bergfestes der III. Matrikel (5. Semester) 1958 machen müssen. Wie üblich in der damaligen Zeit, wurden die „Übeltäter“ in der Presse gebrandmarkt. Doch, so düster auch die „Ewig-Gestrigen“ dargestellt wurden, es passierte zunächst [offensichtlich] nichts. Das Bergfest der IV. Matrikel 1959 unter dem Motto „Blickt zurück nach vorn“ wurde den Studenten nicht zum Problem. Ermutigt vom Erfolg, wurde erstmalig zum Abschluss des Studiums ein Diplomandenball kreiert. Eintrittskarten mit lustigen Angaben und ministeriellen Hoheitseintragungen („albernen Genehmigungen von Ministerien und Komitees mit veralbernden Namen“) sowie einer ebenso lustig kreierten „Konferenzmappe“ führten zu Missbilligungen und Änderungsanweisungen seitens verantwortlicher Hochschulkräfte. Rektor Hans Stamm untersagte die Verwendung der Eintrittskarten, für eine Überarbeitung mussten die bereits verteilten Ausweise von den Hochschullehrern wieder eingesammelt werden. Robert Döpel bezeichnete das als alberne Posse und drohte, den Urzustand mit Kommentar auf der Veranstaltung vorzutragen. Es ist hier nicht der Platz, die grandiose Performance – allein die entworfenen Hochschul-Signets waren von künstlerischem Wert – und die gesamte Veranstaltung darzustellen und zu würdigen. Der Film mit dem Titel „Aus der Schule geplaudert“ wurde am 4. November 1961 im Park-Café uraufgeführt. Er enthielt alles, was den sozialistischen Alltag so lästig, komisch und fallweise auch liebenswürdig machte. Auch eine Zeitung wurde gedruckt. Es war nicht deren Nachdruck, der hohen Nachfrage und der darin enthaltenen „politisch sehr gewagten Filmannonce ‚Leute ohne Flügel‘ – ein DEFA-Film über die (Dresdener) Massenbedarfsgüter-Produktion, die ironisch den Abbruch des Flugzeugbau-Experimentes in der DDR nach dem Absturz der B 152 unter Bezug auf den mit Recht in der Versenkung verschwundenen DEFA-Film ‚Menschen mit Flügeln‘ mit Erwin Geschonneck als Arbeiter im schwarz-weißen Kapitalismus und dann in Farbe und in der sozialistischen Dresdener Flugzeugwerft kommentierte“, was zu einem Disziplinarakt führte, sondern vermutlich eine Federzeichnung von Harald Reibke (ab 1980 Mitglied der heute siebenköpfigen „Freien Gruppe Druckgrafik“, Berlin), die in realistischer Manier ein schön-altes Haus unter dem Titel „Unser schö-nes [wurde so geschrieben – der Verf.] Ilmenau“ zeigte. Szenen der Architektur, die von Stimmungen der Traurigkeit über Verfallendes getragen sind. Es ging relativ glimpflich ab, wenngleich die Initiatoren vom Prorektor für Gesellschaftswissenschaften, Andreas Schüler, eine „Kopfwäsche“ erhielten.[2317] Parteisekretär Pfestorf sprach auf der Leitungssitzung der HPO am 25. Januar 1962 von einer harten Kritik, die geübt werden müsse: „Die Schuld für die falsche Handlungsweise einiger Genossen“ trage „das ganze Kollektiv.“ Ein Genosse bekam eine Rüge, einer eine Verwarnung und zwei eine Missbilligung.[2318]

Eine sogenannte Einzel-Information der BV Suhl vom 20. November 1964 enthält Angaben zu den Geschehnissen am 11. November. Studenten sollen randaliert und somit Missstimmung unter der Bevölkerung hervorgerufen haben. Sie hätten lautstark und unflätig protestiert, weil sie die ihnen zugedachten Räumlichkeiten nicht rechtzeitig hatten betreten dürfen. Ausgerechnet an diesem Abend fand im Klubhaus eine Tagung der

---

[2317] Bernhard, Frank: Der Diplomandenball der IV. Matrikel im November 1961, in: 50 Jahre Akademisches Leben, S. 155–163.

[2318] HPL der HfE: Protokoll vom 1.2.1962; LATh-StA Meiningen, BS 4-95-1317, AS 19, S. 1–9, hier 7 f.

Nationalen Front statt. Bittner, zu der Zeit Assistent, soll gesagt haben, dass es ihr Klubhaus sei: „darüber bestimmen wir“. Nach der Feier soll es einem Schlachtfeld geglichen haben. Fenster sollen eingedrückt und zerschmissen, Biergläser zerschlagen, ein Tisch zertrümmert und ein Ofen gar verrückt worden sein. Der Lärm setzte sich nach Ende der Feier in der näheren Umgebung fort. Lediglich Günther Ulrich verteidigte die Studenten und verglich deren Tun mit dem aus der eigenen Studienzeit. Gegenwärtig, so das MfS, würden Untersuchungen durch die FDJ-Leitung der TH Ilmenau laufen. Das MfS sah diese Vorkommnisse im Zusammenhang mit dem Verbot der Bergfestzeitung zwei Wochen vorher. Beim Vorbeimarsch von Studenten des 5. Semesters am Gebäude des Rates des Kreises skandierten sie zweimal „Sch[eiße]“. Die Mehrzahl der Studenten hätte dies getan. Der Protagonist [B] hatte das Verbot zum Anlass genommen, in seiner Büttenrede am 11.11. einige Worte des Protestes zu sagen; laut MfS: „bei uns würde alles verboten und zensiert“, alles brauche überdies die Genehmigung der Partei. „Die FDJ hätte nichts zu sagen, was der Partei missfalle.“ Er empfahl den Genossen der Kreisleitung „mehr mit der Zeit zu gehen und auch das *Neue Deutschland* zu lesen“. Wörtlich soll er gesagt haben: „Wir werden die Kreisscheibe (gemeint ist der Rat des Kreises) schon treffen.“ Seine Ausführungen sollen mit viel Beifall quittiert worden seien.[2319]

Die Disziplinierung machte rasch Fortschritte. Studenten hatten sich 1968 beim Justitiar der Hochschule, Wolfgang Berg, erkundigt, „was sie tun könnten, um den Fasching ohne Einmischung des Kreiskulturhauses durchführen zu können“. Sie wollten in der Programmgestaltung unabhängig sein. Berg empfahl, sich mit dem Verwaltungsdirektor in Verbindung zu setzen, vielleicht würde der „als Träger die Sache übernehmen“.[2320] Sie hatten Grund zu fragen, keiner wollte einen Eklat riskieren, keiner eine Exmatrikulation, keiner eine Verhaftung. Vergaß man dies und wurde zu mutig und kreativ, half manchmal nur noch eine Selbstbezichtigung. Wer sich zum Helden machen wollte, war schnell draußen. Die Selbstbezichtigung von [C], der sein Studium bereits erfolgreich abgeschlossen hatte, wegen seiner angeblichen „Rädelsführerschaft“ beim letzten Hochschulkabarett half ihm nicht, da angeblich Fakten vorlagen, die das MfS „erarbeitet“ hatte. Die Selbstbezichtigung, die auch andere Personen belastete, ist in diesem Falle sieben Schreibmaschinenseiten lang. Das ganze Register wurde gezogen: (angeblich) schlechtes Elternhaus; leichte Beeinflussbarkeit durch „überlegene Menschen“; das Vorhaben, die DDR nach dem Studium zu verlassen; „fehlendes Urteilsvermögen und Überheblichkeit“; egoistisches, rücksichtsloses und verantwortungsloses Handeln, etc. Ein anderer Punkt betraf das Abhören von Westsendern, das selbst FDJler und SED-Genossen pflegen würden. Die im Programm des Hochschulkabaretts geübten „partei- und republikfeindlichen“ Äußerungen seien von den Studenten freudig aufgenommen worden. Das Kabarett habe sie in ihren negativen Auffassungen bestärkt. [C] hatte in diesem Zusammenhang erwähnt, dass die ideologische Kommission der SED-Kreisleitung im Falle der Herausgabe einer Zeitung anlässlich des Bergfestes der IX. Matrikel konsequenter gehandelt habe. Dies hielt er für „sehr unklug“,

---

2319 BV Suhl vom 20.11.1964: Einzelinformation über rowdyhaftes Verhalten von Studenten der THI; BStU, BV Suhl, AKG, Nr. 8, Bd. 4, Bl. 123–125.

2320 Bericht von „Walter“ vom 8.8.1968; BStU, BV Suhl, AIM 984/89, Teil II, Bd. 2, Bl. 293.

da es im Kern um Begriffe ging, die die Studenten aus der Mathematik und Physik her kannten und doppeldeutig in einem Gedicht unter dem Titel „Liebe und Mathematik" texteten, etwa mit Begriffen wie „Grenzübergang" und „Tunneleffekt". Doch die Doppeldeutigkeit stünde nicht, wie der Text zeigt, in einem politischen oder sexuellen Zusammenhang. Zwar sei das Verbot letztlich zurückgenommen worden, jedoch so spät, dass „ein Erscheinen der Zeitung praktisch nicht mehr möglich war". Mit dem Ergebnis, dass die Studenten an der von der SED behaupteten Freiheit zweifelten. Auch zeige das Beispiel, dass die SED selbst keine klare Linie habe, wenn die Parteileitung der Hochschule das Kabarett genehmige und die ideologische Kommission die Zeitung blockiere.[2321]

Das MfS verhaftete [C] und führte ein Ermittlungsverfahren (EV), geführt von der HA XI, gegen ihn durch, Verhöre und Hausdurchsuchungen folgten. Parallel dazu führte die TH eine Kollektivaussprache mit Vertretern des Lehrkörpers, gesellschaftlichen Organen und ehemaligen Kommilitonen durch. Auch hatte das MfS bei der Hausdurchsuchung Mitschnitte von Kabarettveranstaltungen der letzten drei Jahre gefunden und beschlagnahmt. Auf ihnen ist deutlich zu hören, dass gerade jene Stellen, die tendenziös gehalten waren, mit besonders starkem Beifall bedacht worden waren. Der Tenor: Die Studenten hatten sehr wohl begriffen: „Endlich getraue sich mal jemand etwas zu sagen; denen hat man es aber gezeigt."[2322]

Die harten Maßnahmen 1976 gegen Satire, zwanzig Jahre nach dem Geschehen in Jena, erinnert Bittner in *50 Jahre*: seine mit Tonband mitgeschnittene und vom tosenden Beifall zeugende Büttenrede vor circa 1800 Zuhörern wurde „vom Aufnahmepult weg" sofort beschlagnahmt, „noch ehe der Beifall verrauscht war". Bittner: „Von allem erfuhr ich erst im März 1976, als ich vom Dienst suspendiert wurde; es fehlte eben das rechte Verständnis [sic!] beim Minister." Es folgten Parteiverfahren. Die zentrale Parteikontrollkommission beim ZK der SED war involviert. Das Disziplinarverfahren mündete in: „Fristlose Entlassung; Ausschluss aus der Partei, innerhalb derer ich ursprünglich gehofft hatte, notwendige Veränderungen erreichen zu können; Verbot der Promotion, für die ich damals, stark verzögert, gerade die Dissertationsschrift fertiggestellt hatte (dieses Verbot blieb lange Jahre wirksam, so dass die Promotion erst nach der Wende in Ilmenau abgeschlossen werden konnte [siehe Kap. 4.3.6, S. 360]); Einweisung in den damaligen VEB Transformatorenwerk ‚Karl Liebknecht' Berlin als Produktionsingenieur mit knapp 50 Prozent des bisherigen Verdienstes" sowie eine Betriebsbindung, die Bittner zwar ahnte, jedoch definitiv erst nach 1990 aus den Akten erfuhr.[2323]

Auf einer Beratung beim Rektor der TH Ilmenau, Gerhard Linnemann, am 24. Juni 1976, erfuhr Berg, dass Linnemann von Hans-Joachim Böhme, Minister des MHF, die Aufforderung zu einer Stellungnahme erhalten hatte, warum Bittner, „nachdem er bereits in der Freitagsveranstaltung negativ aufgetreten" sei, „in der Sonnabendveranstaltung

---

2321 Einschätzung über Ursachen und Bedingungen meiner strafbaren Handlung vom 13.1.1968; BStU, BV Suhl, AKG, Nr. 208, Bd. 1, Bl. 82–90.

2322 BV Suhl, Abt. IX, vom 16.1.1968: Untersuchungsvorgang; ebd., Bl. 91 f. BV Suhl vom 19.1.1968: Vernehmungsprotokoll; ebd., Bl. 93–99.

2323 Bittner, Manfred: Wirkung von Satire im real existierenden Sozialismus, in: 50 Jahre Akademisches Leben, S. 152–154, hier 153 f.

nicht durch einen staatlichen Leiter an der Wiederholung und Weiterführung seines negativen Auftretens gehindert worden" sei. Linnemann sah sich nicht in der Verantwortung, er sei nicht dagewesen, Felix Weber solle dies tun.[2324] An der TH wusste man im Juni 1976, dass Bittner im MHF als Abteilungsleiter abgelöst worden sei. Dort soll man sich gewundert haben, dass es an der TH keine Konsequenzen gegeben hatte. „Kein Genosse" habe sich „gefunden", der Bittner „auf sein falsches Auftreten hingewiesen hätte", dass er „an einer zweiten Veranstaltung nochmal in gleicher Weise aufgetreten" sei.[2325]

Zum vom 10. bis 12. Februar 1977 veranstalteten I. Ilmenauer Fruchtfasching 1977 erschienen von 92 eingeladenen Hochschullehrern lediglich acht. Zensur und Beeinträchtigungen hatten – insbesondere in der Krisensituation 1976/77 infolge der Biermann-Ausbürgerung – weiter an Intensität zugenommen. Der dreizehnköpfige Elferrat war gegenüber dem des Vorjahres neu besetzt worden. Keiner vom Elferrat 1976 soll bereit gewesen sein, wieder mitzuwirken. Die Büttenreden wurden „für alle Faschingstage" mit der Hochschulparteileitung (HPL) „konstruktiv durchgesprochen und gebilligt". Ergebnis: Es fanden keine „Provokationen" statt. Lediglich am 11. Februar habe ein nicht von der THI stammender Gast nach Bittner gerufen. Repenning: „Der Schreier fand keine Rede und wurde zum Schweigen gebracht." Linnemann nahm als Ehrenpräsident des Elferrates an allen Tagen teil.[2326] Ein beeindruckendes Zeugnis gegen die Freiheit des Wortes liefert ein sechs Seiten umfassendes Referat von Repenning, das er auf der zentralen Jahrestagung aller BSG im Juni/Juli 1977 unter dem Titel der „ideologischen, sicherheitspolitischen und organisatorischen Vorbereitung, Durchführung und Auswertung von Faschingsfeiern" gehalten hatte. Zunächst – als Prolog – analysierte er den Fasching 1976, den er „in politischer und ideologischer Hinsicht" als einen „Misserfolg" beschrieb. Man habe „blind dem politischen Verantwortungsbewusstsein" des im Elferrat tätigen Hochschulfremden vertraut. Der Ehrenpräsident „war Angehöriger des MHF und hatte deshalb auch gewisse politische Narrenfreiheit". Auch von Angst sprach er: „Die Büttenreden wurden fünf Minuten vor der Angst der Hochschul-FDJ-Leitung" vorgelegt. Das Ergebnis: „totaler ideologischer Misserfolg (Reden mit antisozialistischem, antisowjetischem Inhalt)" und „Kritiken [an] Bezirksleitung, Kreisleitung und MHF". Ab Oktober habe man deshalb damit begonnen, einen „völlig neuen" Elferrat zu bilden. Doch keiner der neu in Frage kommenden FDJler wollte da mitmachen, nur mühsam fanden sich einige sehr junge Studenten. Repenning hatte Kriterien zur Auswahl des Präsidenten aufgestellt: „hohes politisches Verantwortungsbewusstsein" stand an erster Stelle. Bei der Probe für den Hauptfasching müsse, so Repenning, unbedingt „auch auf Mehrdeutigkeit geachtet" werden, und zwar „politisch-ideologisch und sexuell". Da das Motto des Faschings „Fruchtfasching" heiße, dürfe ein Satz wie „‚Wie wir heute befruchten, werden wir morgen ernten!' nicht durchgehen, denn es könne ja ‚negativ' übersetzt werden." Man werde den Elferrat zur Vorbereitung der

---

2324 Bericht von „Walter" am 7.7.1976; BStU, BV Suhl, AIM 984/89, Teil II, Bd. 6, Bl. 83.

2325 Bericht von „Walter" am 17.6.1976; ebd., Bl. 87. Ralf Weber erinnert sich, dass die Freitagsveranstaltung vor mehr als tausend Zuhörern ohne Vorkommnisse ablief, und die Veranstaltung am Sonnabend dann nur noch von 300 bis 400 Personen besucht worden war. An den Verf. im Juni 2021.

2326 THI, Repenning: Informationsbericht „Februar 1977"; BStU, BV Suhl, AIM 1592/90, Teil II, Bd. 2, Bl. 289–299, hier 299.

Faschingsfeiern in sechs Arbeitsgruppen gliedern: Organisation – Malerei und Dekoration – Finanzen – Ordnungsgruppe – Musik, Stimmung und Geselligkeit – Text. Der AG Text kam die Verantwortung für alles zu, „was auf der Bühne geschieht, besonders aber für die Büttenreden". Es gab über vier Reden zu begutachten, beeinflussen und kontrollieren: Präsidentenrede, Prinzenrede, Prinzessinnenrede und die Reden der Ehrenpräsidenten. Die ersten drei Reden sollten von der AG Text ausgearbeitet werden. Stimmten diese Ausarbeitungen politisch nicht, begänne, so Repenning, „unsere Arbeit". Dann dürfe es aber nicht bei einem „Nein" bleiben, sondern wir müssen dann selbst „satirische Alternativen bieten". Werden Gags abgesagt, werde hierüber „nicht mehr diskutiert, schon gar nicht mit dem restlichen" Elferrat. Bei dieser Arbeit „darf unter den Elferrats-Mitgliedern kein Zensurgedanke aufkommen (Studenten gehen leicht in Opposition)". Der, der den Elferrat wirklich steuerte, der „wahre Chef", die „‚graue Eminenz', muss mit allen Arbeitsgruppen" des Elferrats „eng und intensiv zusammenarbeiten", er muss alle Mitglieder des Rates kennenlernen: „politische Einstellung, fachliche Leistungen im Studienprozess, Fähigkeiten" für den Elferrat, „Kollektivität, Einfluss auf das Kollektiv, physische und psychische Belastbarkeit, Beziehungen und Verbindungen, Verhalten zu Alkohol und Frauen". Taktische Manöver müssen umgesetzt werden, wie etwa eine entsprechend günstige Platzierung der Hochschulleitung als Faktor der Disziplinierung, damit die Studenten berechenbarer reagierten. Redet der Ehrenpräsident, „unbedingt" vorher die „Reden vorzeigen lassen". Das Credo laute: „Alles, was auf der Bühne und in der Bütt geschieht", müsse der Elferrat „in der Hand haben." Und das war so einfach nicht, da der Ehrenpräsident – „Risiko: Schaffer" – und auch die Gäste nicht leicht zu steuern waren. Entsprechend wurde auch für eine „schlagkräftige Ordnungsgruppe" gesorgt, bestehend aus 20 bis 30 Mann pro Abend und äußerlich an ihren gelben Kutten erkennbar. Sollte es sich ergeben, dass einige Mitarbeiter im Elferrat sich als (politisch) unfähig erwiesen, würden sie „unauffällig aus dem Elferrat entfernt" werden. Ihnen dürfe man alles vorwerfen, „keineswegs" aber „politisches Fehlverhalten", das würde sie nur in eine „Märtyrer-Rolle" versetzen.[2327]

Im darauffolgenden Jahr, 1978, erhielt Repenning für seine Arbeit zum Hochschulfasching unter dem Motto „Es geht hinunter auf den Berg" von seinem Führungsoffizier am 20. Februar eine Prämie in Höhe von 150 Mark.[2328] Der Elferrat bestand aus 18 Studenten, vorwiegend aus der Sektion TBK. War der Fasching bislang der FDJ formell unterstellt, sollte er fortan als Arbeitsgesellschaft des Jugendklubs der TH Ilmenau firmieren. „Aber in politisch-ideologischen und finanziellen Fragen" blieb „der Elferrat dem Sekretär der FDJ-Hochschulleitung unterstellt."[2329] 1979 stand der Hochschulfasching unter dem Motto: „25. Ilmenauer Paradiesfasching – Himmlischer geht's nimmer!" Darunter war vieles, was den Hardlinern einfach zu frech war, wenngleich mitnichten staatsfeindlich, weil Allgemeingut und so witzig und treffsicher zugleich; zwei Beispiele: „Die Welt, noch nicht ganz von der Begeisterung über himmelerstürmenden Fliegerkosmonauten wieder

[2327] Diskussionsbeitrag auf der Jahrestagung der BSG im Juni/Juli 1977; ebd., Bd. 3, Bl. 213–218.
[2328] KDI vom 22.2.1978: Bericht zum Treffen mit „Rainer" am 20.2.1978; ebd., Bl. 300 f., hier 301.
[2329] THI, Repenning, vom 13.3.1978: Informationsbericht „März 1978"; ebd., Bl. 332–338, hier 332.

genesen, wird übergangslos in die nächste Ektase gerissen.“[2330] Oder: „Auch an der Hochschule geht’s aufwärts. Leider ist die bahnbrechende Initiative unseres Obernachtwächters zurückgeschlagen worden, aber wir kommen an der 48-h-Woche nicht vorbei. Was fällt euch eigentlich ein? Kennt ihr nicht die drei Hauptaufgaben des Studenten: Wachen, wachen und nochmals Kartoffellesen!? Ja – himmlischer geht’s nimmer. Aber zurück zum Thema: Das Paradies, wer von uns weiß eigentlich, was das ist. Ist es etwa die Öffnung des Intershops für DDR-Mark und Zloty? Oder ist es die überraschende Lösung des Ersatzteilproblems, wir wissen es nicht.“[2331] Zu diesem Fasching ist ein Tonbandmitschnitt im Archiv des BStU überliefert.[2332]

Der 26. Hochschulfasching 1980 stand unter dem Themenmotto „Olympiafasching“. Repenning lieferte dem MfS vorab die Faschingsrede – der sehr brave Text begann mit „Spottler, Spottlerinnen!“ – und erhielt den Auftrag, einen Tonbandmitschnitt der Veranstaltung anzufertigen.[2333] Auch die Faschingsrede für 1981 wurde rechtzeitig dem MfS zur Kontrolle zugespielt. Unter dem Motto „Utopia-Fasching – wir fliegen alle in die gleiche Richtung“ war sie etwas frecher und kreativer als die vorherige, u. a. hießt es: „Unsere Hochschule befindet sich wieder mal in dem ihrem Rektor zukommenden Rampenlicht der ministeriellen Anerkennung. Ein Minister gibt dem anderen die hochpolierte Klinke in die Hand, und die Sektionen kommen vor lauter Putzen, Dreckverstecken und Wandzeitungsaktualisieren überhaupt nicht dazu, den wissenschaftlichen Vorlauf zu realisieren, den sie schon das letzte Mal abgerechnet haben. Das ist natürlich wieder übertrieben. Denn es gibt sie, die Weltspitzenleistungen an der THI, oder ist es etwa keine Weltspitzenleistung, aus 15 Jahre alten Bauelementen drei Jahre alte Geräte zu bauen!?“[2334] Bis kurz vor Beginn der Veranstaltung liefen immer noch Überarbeitungen nach Vorschlägen der HPL und der FDJ-Leitung. Jedenfalls lag sie in Gänze am 18. Februar noch nicht vor. Die Faschingsreden der Elferräte der FSU Jena und einer weiteren Institution, die am Fasching teilnahmen, wurden von der TH nicht zensiert. Zum Fasching in der Festhalle Ilmenau am 20. und 21. Februar wurden circa 1.000 Personen erwartet. 800 Karten waren im öffentlichen Verkauf abgesetzt worden. Zur Gewährleistung von Ordnung und Sicherheit wurde eine Ordnungsgruppe von Judokas eingesetzt.[2335]

Schlussendlich waren alle Reden rechtzeitig geprüft, zensiert und korrigiert worden. Beteiligt waren irgendwie alle, die Parteileitung, die FDJ-Leitung und hauptamtliche wie auch inoffizielle Mitarbeiter des MfS. Für die Faschingsreden am 12. und 13. Februar 1982 unter dem Motto „Zirkusfasching“ war festgelegt worden, dass nicht angemeldete Redner nicht zugelassen würden. Ein vollständiger Mittschnitt war geplant. Zudem kam eine aus

---

2330 KDI vom 7.11.1978: Bericht zum Treffen mit „Rainer“ am 6.11.1978; ebd., Bd. 4, Bl. 13 f. KDI vom 6.11.1978: Information von „Rainer“; ebd., Bl. 15 f.

2331 Faschingstext, aufgefunden in: ebd., Bl. 17–20.

2332 TH-Fasching am 26. u. 27.2.1979; BStU, BV Suhl, Tb/636(Z).

2333 KDI vom 25.2.1980: Bericht zum Treffen mit „Rainer“ am 30.1.1980; BStU, BV Suhl, AIM 1592/90, Teil II, Bd. 4, Bl. 212 f. Faschingstext; ebd., Bl. 220–224.

2334 KDI vom 11.11.1980: Bericht zum Treffen mit „Rainer“ am 11.11.1980; ebd., Bl. 356 f. Faschingstext, aufgefunden in: ebd., Bl. 358–366.

2335 KDI vom 18.2.1981: Bericht zum Treffen mit „Rainer“ am 18.2.1981; ebd., Bl. 402 f. Information zum Hochschulfasching, o. D.; ebd., Bl. 404.

40 Personen zusammengestellte Ordnergruppe zum Einsatz. Verantwortlich und weisungsbefugt waren neben Repenning zwei weitere Personen. Neben diesen drei parteizuverlässigen Personen, die eine aktuelle (Kap. 5.3.3, Nr. 72), eine beendete (Kap. 5.3.3, Nr. 24) und eine künftige (Kap. 5.3.3, Nr. 95) inoffizielle Karriere besaßen, setzte das MfS weitere 14 inoffizielle Kräfte zur Sicherung des Informationsbedarfes ein.[2336]

Die letzten Faschingsveranstaltungen unter DDR-Verhältnissen fanden am 27. und 28. Januar 1989 statt. Der etwa fünfminütige Dia-Beitrag des Hochschulfilmclubs (HFC) war laut Repenning wieder einmal sehr spät fertig geworden, nämlich am Vortag. Doch das nutzte dem HFC offenbar kaum. Er und ein Helfer ließen sich den Beitrag vorführen. Der Filmclub hatte Bilder u. a. aus der populären Jugendzeitschrift *Mosaik* ausgewählt und ihnen neue Untertexte gegeben, die dem aktuellen Geschehen entlehnt waren. Der Zensur fiel u. a ein Bild zum Opfer, das einen Mann mit verbundenem Mund und Gänse zeigte. „Das Bild wurde“, so Repenning, „ohne Diskussion entfernt.“ Zudem wurde dafür gesorgt, dass der Beitrag des HFC am 27. Januar sehr spät, um 23.00 Uhr, erst zur Aufführung kommen konnte. Dass der – veränderte – Beitrag nicht gerade gut angekommen sein soll, mag wohl auch daran gelegen haben, dass das Publikum bereits in Auflösung begriffen war. Das Programm am nächsten Tag, einem Samstag, wurde „so zusammengestellt, dass 22.45 Uhr Ende war, so dass der Filmclub nicht mehr vorführen konnte“. Dem Filmclub wurde dies erst um 18.30 Uhr gesagt. Ein Versuch, das Verbot zu umgehen, sei vereitelt worden.[2337]

5.4.3 Kultur und Technik

Subversive Gefahr: Funktechnik

Dass Schwarzsehen und -hören zum Alltag der DDR gehörte wie Brot und Wasser, ist eine vielfach erzählte Tatsache, die hier nicht besonders hervorzuheben wäre, wenn es im Fall der TH Ilmenau nicht um eine geballte Fähigkeit sowohl im Bau als auch im Empfang von Schwarz- oder Piratensendern und vieler anderer Dinge dieses Gebietes mehr ginge. Im politisch brisanten Jahr 1968 hatte sich ein Student im Block C einen Sender gebaut, mit dem er täglich circa vier Wochen lang Beatsendungen – basierend auf Tonbandmitschnitten westlicher Sender – ausstrahlte. 1970 waren gleich zwei Fälle entdeckt worden. Ein Student, wohnhaft im Internat „Fridolin“, hatte sich einen UKW-Sender gebastelt und in ein Kofferradio eingebaut, um damit ebenfalls Beatsendungen auszustrahlen. Wenige Wochen später wurde abermals ein UKW-Sender, diesmal im Bereich des Internates Kupferberg, entdeckt. Gesendet wurden Musik und unpolitische Witze. Der IM, der dies berichtete, spürte weitere drei Senderstandorte mit Namen und Adresse auf. Jedem war auch bekannt, dass die Inbetriebnahme von Schwarzsendern nach Paragraph 205 StGB unter Strafe gestellt war. Das MfS führte Ermittlungen durch und konnte die genannten Fälle

[2336] KDI vom 11.2.1982: Bericht zum Treffen mit „Rainer“ am 11.2.1982; ebd., Bl. 532 f. u. 539. KDI vom 11.1.1982: Bericht zum Treffen mit „Rainer“ am 8.1.1982; ebd., Bl. 529 f.

[2337] BV Suhl, Abt. XX, vom 27.2.1989: Bericht von „Rainer“; ebd., Bd. 6, Bl. 96.

aufklären. Ermittlungsverfahren wurden eingeleitet.[2338]

Westliche Musik war der SED suspekt. „Dekadente“ Westmusik zu hören, rief die Observationsmaschinerie des MfS bis weit in die 1980er Jahre hinein auf den Plan. Es wurde über seine inoffiziellen Mitarbeiter nie müde, dies zumindest in jenen Fällen festzustellen, in denen Studenten für besondere Anlässe wie Jugendtouristreisen, Auslandsfahrten oder für die spezielle Ausbildung zu überprüfen waren, oder etwa der Verdacht aufkam, dass der Betreffende westliche Musik regelrecht propagierte. Über einen solchen Prüffall wusste 1987 der IM „Fasan“ zu berichten, dass es „gegenwärtig keine konkreten Hinweise dafür“ gebe, dass der observierte Student [D] „die Tonbandaufnahmen anderen Personen zugängig“ mache „oder in konkreten Personengruppen zur Anhörung“ bringe.[2339] Dessen Musiksammlung von circa 30 Musikern resp. Gruppen enthielt neben internationalen Größen wie den Beatles, Pink Floyd, Rolling Stones und Eric Clapton auch DDR-Musik von Renft bis Bettina Wegner.[2340] „Fasan“ hatte eine Nähe zu dem Studenten aufgebaut und konnte dementsprechend fortlaufend detailliert berichteten. So wusste er auch, dass [D], der auch im Studententheater der TH Ilmenau mitwirkte, neues Material von Wolf Biermann bekommen habe sowie eine umfangreiche Sammlung belletristischer Literatur besitze. Politisch beschäftige er sich mit dem Vergleich der Innenpolitik der Sowjetunion mit der der DDR, hierzu habe er ein fundiertes Wissen, das viele Bereiche des gesellschaftlichen Lebens umfasse. Er sei „ein wacher Beobachter von Widersprüchen“ und wolle „durch das Aufmerksammachen auf solche Probleme vermutlich zum Nachdenken anregen“.[2341]

Der operative Vorgang zu Frank Panser zählt zu jenen nicht seltenen Fällen von Ungerechtigkeiten, die uns auch heute noch bewegen. Auch dieser Fall wurde von Repenning informationstechnisch übernommen, etwa für den Informationsbericht „Mai 1979“, hier gleich auf drei Seiten (dazu noch sieben Anlagen, die nicht überliefert sind). Dieser Bericht gelangte, wie oben dargestellt, mit sämtlichen personellen Angaben auch nach Berlin in das MHF. Was war vorgefallen? Die TH Ilmenau erhielt zunächst telefonisch und dann schriftlich im März/April 1979 die Mitteilung, dass der Student und Funkamateur Panser gegen die Amateurfunkordnung der DDR verstoßen habe. Der GST fiel bei der Kontrolle der Funksprüche auf, dass Panser am 19. Februar des Jahres einen Funkspruch an Funkamateure in der BRD sandte, der gegen die Grundsätze des Amateurfunksportes (Paragraph 11) verstieß und der „nicht den Verhaltensweisen eines Studenten an einer sozialistischen Hochschule“ entsprochen hätte. Der anstößige Funktext des Funkamateurs aus der BRD lautete: „Ja und nun zum Schluss noch zum Panser, wenn ich irgendwie helfen kann mit Unterlagen und so, dann bitte quetsch mich an und aus, aber nicht mehr heute.“ Darauf Panser: „Ja [E], das ist wirklich prima. Leider darf ich nicht so direkt um diese Sachen

---

[2338] KDI vom 30.7.1968: Information über einen Piratensender; BStU, BV Suhl, Abt. XX, Nr. 1097, Bd. 1, Bl. 13 f. Büro der Leitung, Ausbildungsgruppe, vom 19.10.1970; ebd., Bl. 9 f. KDI, OG „HS“, vom 3.12.1970: Information über UKW-Schwarzsender im Bereich der Internate der THI; ebd., Bl. 68 f. VPKA Ilmenau, Abt. K, vom 17.12.1970: Schwarzsender im Bereich der Internate der THI; ebd., Bl. 70–73. Weitere diesbezügliche Dokumente im Konvolut.

[2339] Information, Seminargruppe 202/86, von 6/1987; BStU, BV Suhl, Abt. XX, Nr. 1504, Bl. 7–9, hier 7.

[2340] Anlage 1; ebd., Bl. 18.

[2341] Information, Seminargruppe 202/86, von 6/1987; ebd., Bl. 7–9, hier 8.

bitten hi (Anm. Funksprache = Lachen), aber wenn Du mir Deine QSL mal direkt schicken willst, dann meine Adresse: 63 Ilmenau, Box 13." In einer erläuternden Stellungnahme Pansers, worum es hier ging, hatte er erklärt, dass der westdeutsche Funkamateur eine mit mikroelektronischen Bauelementen aufgebaute Station benutzt habe. Darüber habe man sich unterhalten und sein Partner hätte daraufhin das Angebot gemacht. Panser soll sich in seiner Darstellung gegenüber dem GST-Kreisvorstand keiner Schuld bewusst gewesen sein und habe sogar den Kreisvorstand anmaßend angegriffen. Das zeuge davon, so Repenning, dass der Delinquent „deutliche Rückstände" zeige „in seiner Entwicklung zu einer sozialistischen Persönlichkeit". Das erste Ergebnis des Vorfalls war, dass ihm die Amateurfunkberechtigung entzogen wurde. Der nächste Akt fand als Disziplinarverfahren an der Hochschule vom 11. April bis 22. Mai statt. Das Ergebnis war so unglaublich, wie auch rasch gefasst: Exmatrikulation.

Das Disziplinarverfahren habe angeblich gezeigt, „dass Panser nicht bereit ist, sein politisches Fehlverhalten einzusehen. Im Gegenteil, seine Einstellung zu dem ihm vorgeworfenen Verstoß zeigt sich darin, dass er während der Verkündung des Ergebnisses der Beratung spontan und unter Protest den Raum verließ." Er erhob Einspruch mit Schreiben vom 4. Juni 1979. Repenning resümierte, dass das Studium von insgesamt drei seiner Eingaben zeige, dass Panser über gute Rechtskenntnisse verfüge. Auch die „Darlegungen erfolgen wohlüberlegt und lassen die Vermutung zu, dass sie nicht allein von Panser verfasst wurden, obwohl diesem hohe Intelligenz bescheinigt werden" müsse.[2342] Panser studierte an der Sektion TBK, davor PHYTEB.

Am 4. Juli 1979 fand das Einspruchsverfahren statt. Der Disziplinarausschuss stand unter Leitung Manfred Gutos* alias „Burg" (Kap. 5.3.3, Fall-Nr. 10). Berg alias „Walter" (Kap. 5.3.3, Fall-Nr. 98) begründete zunächst die Exmatrikulation mit dem Verstoß gegen die Disziplinarordnung (Fassung vom 10. Juni 1977). Hiergegen sollen Gert Metz* alias „Cramer" (Kap. 5.3.3, Fall-Nr. 16) und Manfred Kehlhorn* alias „Maraun" (Kap. 5.3.3, Fall-Nr. 56) opponiert haben. Man müsse als Grund das politisch-moralische Verhalten „vordergründig" sehen, das habe auch das MHF so gesehen, da allein wegen des Gesetzesverstoßes eine Exmatrikulation nicht durchkäme. Diese Ansicht assistierte Berg. „Besonders Dr. [Metz*] bestand aber auf einer ausdrücklichen politischen Wertung gemäß Buchstaben f der Disziplinarordnung, und das trotz des Hinweises, dass es nicht gut wäre, ihm schriftlich zu bescheinigen, dass er sich zu unserem Staat politisch falsch verhalten hat." Berg formulierte sowohl zur Besetzung und Kompetenz des Disziplinarausschusses als auch zur Evaluation des Verstoßes gegen das Amateurfunkgesetz erhebliche Kritik. Demnach hatte „seitens der Bezirksdirektion für Post- und Fernmeldewesen Suhl, Sitz Meiningen, [...] überhaupt keiner mit Panser jemals gesprochen". Nicht „der Justitiar, der das Verfahren abgewickelt" habe, „noch Koll. [F] als zuständiger Mitarbeiter Funk, haben mit Panser persönlich eine Auswertung vorgenommen. Lediglich ein Mitarbeiter des Bezirksvorstandes der GST hat mit Panser gesprochen und sich dann mit der Post verständigt.

[2342] THI vom 18.6.1979: Informationsbericht vom 31.5.1979; BStU, BV Suhl, AIM 1592/90, Teil II, Bd. 4, Bl. 118–126, hier 123–126.

Dieser Mitarbeiter der GST sei inzwischen abberufen worden […].“ Die Post hatte ihm, Berg, mitgeteilt, „dass sie gegen Panser nichts weiter unternimmt, weil das geführte Gespräch als erzieherisch ausreichend betrachtet wurde“. Berg wertete das als „eine unmögliche und gesetzlich nicht zu rechtfertigende Arbeitsweise seitens der Post“. Panser, so Berg, habe sich im Disziplinarverfahren nicht einsichtig gezeigt, im Gegenteil, er habe die meisten Funktionäre als unehrlich eingeschätzt, die „nur auf persönliche Erfolgserlebnisse bedacht“ seien. Berg wies nochmals darauf hin, dass sich der Stil der Panser'schen Eingabe von jenem in der Leistungskontrollarbeit zum Geheimnisschutz erheblich unterscheide, kurz: wer steckt hinter Panser?[2343]

In seinem Informationsbericht „Juli 1979“ resümierte Repenning das Verfahren gegen Panser. Demnach war das Einspruchsverfahren am 4. Juli 1979 abschließend behandelt worden. Der Beschluss zur Exmatrikulation zum 22. Mai 1979 erfolgte einstimmig.[2344] Berg berichtete noch im selben Monat, dass sich Panser immer noch auf dem Gelände der TH aufhalte, in die Mensa und Kaffeestube gehe. Das habe auch Repenning gesehen. Eine Rückfrage an der Sektion TBK ergab, dass man nicht so genau wisse, „welche Einzelregelungen getroffen worden“ seien „wegen Verlassens der Hochschule und der Arbeitsaufnahme im Betrieb“. Berg beauftragte Angehörige der TH, entsprechende Nachforschungen anzustellen. Es folgten Überprüfungen der Wohnheimkartei und bei der Stipendienstelle. Alle Abmeldungen waren erfolgt, auch die polizeiliche bezüglich der Nebenwohnung. Man vermutete deshalb, dass Panser illegal im Wohnheim untergekommen sei, was sich bestätigte. Berg plädierte für eine polizeiliche Anzeige wegen Verletzung der Meldepflicht und Hausfriedensbruchs. Er erwischte Panser am 24. Juli in der Kaffeestube und forderte ihn auf, noch am selben Tag in sein Büro zu kommen. Dort stellte er ihn zur Rede. Panser erklärte, nur wenige Male übernachtet zu haben und begründete dies mit einer ausstehenden und abgesprochenen Belegarbeit an der TH, die er noch beenden müsse. Die Angaben bestätigten sich vollauf, ein Teilergebnis war bereits mit der Note „sehr gut“ bewertet worden. Doch Berg biss sich regelrecht fest, befragte nun Angehörige der TH, wer den Betreuer Pansers berechtigt habe, die Arbeit zu gestatten. Insgesamt, soweit tradiert, beschäftigte Berg ein halbes Dutzend Personen mit dieser Sache.[2345] Ohne ihn wäre alles ganz still abgelaufen. Die Tatsache, dass sich Panser weiterhin auf dem Gelände der TH aufhalte, verschriftete Repenning im Informationsbericht „September 1979“. Hier ist auch festgehalten, dass Panser seine Abschlussarbeit (wpt-Arbeit) bei Kehlhorn* noch zu Ende führen durfte. Dass Kehlhorn* dies tue, verstoße, so Repenning, „eindeutig gegen den ausgesprochenen Ausschluss“ und sei „vom rechtlichen und gesellschaftspolitischen Standpunkt aus absolut unverständlich“. Dies umso mehr, als dass Kehlhorn* zum Wissenschaftsbereich Gutos* gehöre, dem Vorsitzenden des Disziplinarausschusses.[2346]

2343 Bericht von „Walter“ vom 9.7.1979; BStU, BV Suhl, AIM 984/89, Teil II, Bd. 7, Bl. 180 f.

2344 THI vom 10.7.1979: Informationsbericht „Juli 1979“; BStU, BV Suhl, AIM 1592/90, Teil II, Bd. 4, Bl. 147–160. THI vom 18.6.1979: Über das Disziplinarverfahren und den Einspruch, in: Über besondere Vorkommnisse 1973–1982; UAI, Sgn. 9749, S. 1 f. Abschlussmeldung der THI an die BV Suhl vom 9.7.1979; ebd., 1 S.

2345 THI, Aktennotiz von Berg, vom 26.7.1979; BStU, BV Suhl, AIM 984/89, Teil II, Bd. 7, Bl. 170–172.

2346 THI vom 10.9.1979: Informationsbericht „September 1979“; BStU, BV Suhl, AIM 1592/90, Teil II, Bd. 4, Bl. 167–175, hier 174 f.

Falsch ist die Annahme, dass die Exmatrikulation monokausal mit seiner „Disziplinlosigkeit“ in der Funksache zusammenhing. Vielmehr hatte er vorher kriminelle Aktivitäten im Rahmen eines Qualifizierungslehrganges im militärischen Ausbildungslager Beichlingen zur Sprache gebracht. Nicht nur dies, war auch sein Verhalten während dieser Zeit renitent. Provokationen im Polituntericht und auch im Feldeinsatz waren eher die Regel denn die Ausnahme; Zitat seines Zugführers: „Selbst beim Erlernen eines Marschliedes (Auf, auf zum Kampf) kam seine politische Einstellung zur Politik unseres Staates zum Ausdruck. Die Aufforderung zum Mitsingen unterbricht er mit der Bemerkung: ‚Solch böse Lieder singe ich nicht‘ diese laut und deutlich während eines Marsches. [...] Aussprachen und Verwarnungen halfen nicht, ja, er hätte sich sogar über eine Bestrafung gefreut.“ Also verweigerte die Militärische Abteilung ihm das Testat, das für den Fortgang des Studiums wichtig war. Aus dieser Sachlage heraus folgte die Eröffnung des Disziplinarverfahrens. Eine Aussprache am 1. September 1978 führte jedoch zur Einstellung am 24. Oktober. Der Disziplinarkommission genügten die Aussagen der Militärischen Abteilung nicht. Am 6. April 1979 beantragte das Direktorat für Studienangelegenheiten die Eröffnung eines Disziplinarverfahrens wegen des „rechtswidrigen Missbrauchs der Funkfernschreibeinrichtung der GST und seiner Amateurfunkgenehmigung“.

Frank Panser wurde am 11. Oktober 1983 nahe Brystschen, circa einen Kilometer vor der Grenze Bulgariens zu Griechenland, festgenommen. Die Flucht scheiterte.[2347]

Die AG Kultur und Technik

Der Inoffizielle Mitarbeiter Cuno Unver* alias „Jörg Koch“ (Kap. 5.3.3, Fall-Nr. 49), der bei der Armee geworben worden war, berichtete als Student der TH Ilmenau in klassischer Spitzelmanier über die AG Kultur und Technik, in der er tätig war; Zitat in Bezug auf eine Veranstaltung am 18. Oktober 1988 im Mehrzweckraum der Mensa über die Leiterin der AG: „Besonders auffallend“ war, dass die [G] „drei Mal betonte“, dass sie „nichts Verbotenes“ machten, die Arbeitsgruppe sei ja im Kulturbund integriert, mithin also frei, und man könne über alles diskutieren, „was für die Mitglieder interessant“ sei. Die AG hatte auch teilnehmende Freunde aus anderen Hochschulen und Universitäten. Ihre beiden Leitbegriffe Kultur und Technik umschlossen nahezu alles. Die Veranstaltungsfrequenz war hoch, allein für 1988 waren noch weitere sechs Termine geplant, u. a. über Intelligenz und New Ages. Mehrere (geplante) Referenten waren Hochschullehrer der TH Ilmenau.[2348] „Jörg Koch“ gelang es, in den inneren Kern der AG vorzudringen. Meist gab er Informationen, die beim MfS Interesse weckten, etwa über Aktivitäten der AG Phantopia, über den literarischen Trend in der DDR, der mit Christa Wolf personifiziert werden könne, oder über einen verbotenen sowjetischen Film, der vom Filmclub heimlich gezeigt worden sei. Am 7. Februar 1989 wurde über Capras *Wendezeit* gesprochen, der sogenannten Bibel des New Age; Zitat „Jörg Koch“: „Es sind die Bausteine eines neuen Weltbildes.“ Für den Marxismus sei dieses Buch pure Destruktion, sein Inhalt pseudo-bürgerlich. Es gäbe die

---

2347 Gespräch des Verf. mit Panser am 5.7.2019. Der Verf. dankt für die Einsicht in die Dokumente.

2348 Einschätzung der Veranstaltung der AG Kultur und Technik am 18.10.1988; BStU, BV Suhl, Abt. XX, Nr. 1127, Bl. 192 f.

Absicht, die Veranstaltung im größeren Rahmen zu den Ilmenauer Tagen zu wiederholen. Als Losung für diese Tagung war „Neues Denken in der DDR“ vorgeschlagen worden. In der anschließenden Diskussion stellte sich jedoch heraus, dass das „nicht machbar“ sei.[2349]

Die AG war für das MfS hochinteressant, weil hier Dinge zur Sprache kamen, die, wie Ökologie, Wirtschaft, Biotechnologie, Philosophie und Literatur, politisch-ideologisch brisant waren. Geleitet wurde die AG von einer Kulturwissenschaftlerin aus der Sektion Marxismus-Leninismus (ML) der TH Ilmenau. Die Veranstaltungsreihe gewann rasch an Zugkraft. Am 7. März 1989 sollen in den Mehrzweckraum der Mensa einhundert Besucher gekommen sein. Thema war eine Biographie Salvador Dalis.[2350] Am 20. März veranstaltete die AG einen Diskussionsabend zum Thema der Selbstentfremdung des Menschen mit Bezug auf Karl Marx‘ Entfremdungstheorie. Auch wurde über die kommenden Ilmenauer Tage gesprochen und der Vorschlag gemacht, eine Pinnwand zu installieren, „an der jeder alles anbringen“ könne, „was seine Meinung“ sei.[2351]

Während sich die beiden Tagungen der AG Kultur und Technik am 17. April und 19. Mai nochmals mit den Ilmenauer Tagen befassten,[2352] wurde am 22. Mai über das Thema „Alternativen im Hochschulwesen“ diskutiert. Es ging um mehr Demokratie, besonders um Mitspracherechte der Studenten an der Gestaltung des Studienplanes. „Jörg Koch“ vermutete, dass hinter dieser Initiative, die die AG an das MHF geben wolle, die Evangelische Studentengemeinde (ESG) stecke. Einer der Protagonisten sei ein radikaler Anhänger der Perestroika.[2353] War eine Veranstaltung der AG mit dem Thema „Elementare Farben“ im Rahmen der Ilmenauer Gespräche am 1. Juni unpolitisch, so eine zweite, tags darauf, mitnichten, hier ging es um grundsätzliche Fragen der Demokratie, Wirtschaft und Freiheit. Es sei gar, so „Jörg Koch“, verlangt worden, „die Illusion über die Presse“ endlich aufzugeben.[2354] Die Vorträge, Gespräche und Aktivitäten einschließlich gemeinschaftlichen Essens und Wanderns im Rahmen der Ilmenauer Tage fanden bis zum 4. Juni statt und erschienen wie ein Vorgriff auf den revolutionären Herbst, gestaltet von einer beherzten Mitarbeiterin der Sektion ML.

5.4.4 Widerstehen und Widerspruch

Widerstehen

Ein bedeutendes Thema in der Erforschung des Totalitarismus unter dieser Titelüberschrift ist die Frage, warum er trotz Freiheitsbeschränkungen offenbar für sehr viele Menschen kein größeres Problem darstellt(e), gleich, ob nationalsozialistisch oder kommunistisch geprägt. Geringer ist – zumindest bis zur ostdeutschen Revolution 1989/90 – die wissenschaftliche Neugier gegenüber der Geschichte jener Akteure, die ihm nicht erlegen waren, vor allem jener, die ein stilles Widerstehen oder gar ein Widerstehen im Verborgenen

---

2349 Bericht über die Veranstaltung am 7.2.1988, gegeben von „Jörg Koch“ am 8.2.1989; ebd., Bl. 197 f. Sowie Information, o. D.; ebd., Bl. 194 f.

2350 Bericht über die Veranstaltung am 7.3.1989, gegeben von „Jörg Koch“ am 15.3.1989; ebd., Bl. 205 f.

2351 Bericht über die Veranstaltung am 20.3.1989, gegeben von „Jörg Koch“, o. D.; ebd., Bl. 207 f.

2352 Berichte über die Veranstaltungen am 17.4. und 19.5.1989, gegeben von „Jörg Koch“ am 29.5.1989; ebd., Bl. 210 f.

2353 Bericht über die Veranstaltung am 22.5.1989, gegeben von „Jörg Koch“, o. D.; ebd., Bl. 212.

2354 Bericht über die Veranstaltung vom 1. bis 4.6.1989, gegeben von „Jörg Koch“, o. D.; ebd., Bl. 215–218.

lebten. Gleichwohl gibt es hierfür nicht nur kanonische, methodische und politische Gründe, sondern auch technische, denn die Zugänge zu den entsprechenden Quellen sind aus vielfachen Gründen erschwert, wenn nicht gar verwehrt.

Arthur Schlegelmilch fragt in seiner Rezension zu Elke Stadelmann-Wenz' Werk, *Widerständiges Verhalten und Herrschaftspraxis in der DDR*, ob „es sinnvoll und zulässig" sei, „die Intentionalität des/der Handelnden zugunsten der bestehenden Herrschaftsbedingungen so weit zurückzufahren, dass etwa gewöhnliche Verteilungskonflikte oder alltägliche Unmutsäußerungen im Arbeitsumfeld zwangsläufig als Widerstandshandlungen zu verstehen sind, weil in einem planwirtschaftlichen System die Staatsführung die Letztverantwortung trägt und ökonomische Kritik somit immer auch als politische Kritik zu verstehen ist. Eine solch starke Anbindung des Widerstandsbegriffs an die Herrschaftsbedingungen und die Definitionsmacht der Regierenden stellt meines Erachtens nicht nur eine dem heuristischen Nachvollzug hinderliche Pauschalierung dar, sondern erschwert auch die Durchführung notwendiger Vergleichsanalysen".[2355] Dies sehe ich als nicht zwingend an. Die Frage der definitorischen Begrenzung von „Widerstand und Opposition" ist seit 1989/90 teilweise heftig in der Fachwelt und von Laien diskutiert worden, ohne dass eine hinreichende Einigung erzielt werden konnte.[2356]

Das MfS hatte es sich mit seiner Definition des „abweichenden Verhaltens" in Form eines Feldthesaurus nicht nur leicht gemacht, sondern auch zum Ausdruck gebracht, was der Staat nicht zu tolerieren gedachte. Für die SED und das MfS war nicht ein akademischer Begriff von Widerstand und Opposition zweckdienlich, sondern allein die Frage, ob durch die Handlung oder das Wort des Akteurs das ideale Selbstbild der DDR infrage gestellt, gestört oder gar diskreditiert wurde. Letztlich war für die Beantwortung der Frage nach dem abweichenden Verhalten nicht nur eine recht gummihafte Referenzbasis für das zu Bemessene grundgelegt, sondern immer auch die implizite Anerkenntnis damit verbunden, dass es sich im Fall der DDR um eine durchherrschte Gesellschaft handelte, auch wenn sie diesen modernen Begriff so nicht hatte und auch nie verwandt hätte. Wäre sie es nicht gewesen, hätte ihr jedwede Bemessungsgrundlage für das abweichende Verhalten gefehlt. Wie wir wissen, gab es kaum etwas, was es noch häufiger gab als das abweichende Verhalten von der ideologiedurchtränkten Messlatte. Offenkundig war es diese Grunderkenntnis, die Stadelmann-Wenz veranlasst haben mag, widerständiges Verhalten definitorisch nicht zu hoch anzusetzen, sondern es empirisch *festzustellen*. Letztlich verfuhr das MfS mit seinem Feldthesaurus für abweichendes Verhalten ähnlich. Ein Beispiel zu den Aspekten von Ursache und Motiv (ZPDB/SDAT-4, Gruppe V), hier stark reduziert:

I. Persönliches Motiv:

a) Oppositionsverhalten (Ablehnungen, etwa die Ablehnung einer Disziplinarmaßnahme oder einer staatlichen Maßnahme)

[2355] Schlegelmilch, Arthur: Rezension zu Stadelmann-Wenz, Elke: Widerständiges Verhalten und Herrschaftspraxis in der DDR. Vom Mauerbau bis zum Ende der Ulbricht-Ära. Paderborn 2009; http://hsozkult.geschichte.hu-berlin.de/rezensionen/id, geholt am 8.5.2022.

[2356] Paradigmatisch: Neubert, Ehrhart/Eisenfeld, Bernd (Hrsg.): Macht Ohnmacht Gegenmacht. Grundfragen zur politischen Gegnerschaft in der DDR. Bremen 2001.

b) Persönliche Konflikte (Konflikte auf der Arbeitsstelle, bei Wohnungsproblemen, in der Freizeit und in der Schule)
c) Persönlicher Vorteil (Bereicherungsstreben)

II. Politisches Motiv:

a) Ablehnung der Politik der Partei (etwa die Ablehnung der führenden Rolle der SED oder die Ablehnung der ökonomischen Strategie der SED)
b) Ablehnung der sozialistischen Gesellschaftsordnung (Bekundung von Widerstand, linksextreme Ideologie, rechtsextreme Ideologie)[2357]

Ausdrucksvarianten von Formen des Widerstehens und Widerspruchs im Rahmen von Widerstand und Opposition sind für die TH Ilmenau, gemessen an den temporären Hochburgen des zivilen Widerstands in Berlin, Greifswald, Jena und Leipzig, gering. Hierfür sprechen mehrere Indikatoren: die Dominanz des Technikers gegenüber der der Physiker und Philosophen anderer Einrichtungen, die kulturelle Isolation gegenüber den Zentren des Geistes sowie die Personalauslese im Rahmen der Schaffung sozialistischer Hochschulen einschließlich ihrer relativen Traditionsarmut. Dennoch, viele Formen des Widerstehens und des Widerspruchs sind auch für die Ilmenauer nachweisbar, auch öffentliche:[2358]

Abbildung 33: Öffentlicher Protest: Studentenghetto

Für die Kategorisierung „Widerspruch“ mag etwa der oben dargestellte Fall Frank Pansers stehen, der im öffentlichen Raum einem Kampflied seine Stimme verweigerte. Auch sein Auftreten vor der Disziplinarkommission war souverän und mutig. Schlussendlich war seine Flucht aus der DDR ein krasser Protest gegen das DDR-Regime. Seine kategorielle Einordnung in den Widerstand der DDR würde, unabhängig vom Votum des Betroffenen selbst, keine Schwierigkeiten machen. Eine Grauzone hin zum nicht widerständigen Verhalten stellt der unbekümmerte Protest dar. Freilich wurde in der DDR

2357 Thesaurus; BStU, BV Erfurt, AKG, Nr. 1894, Bl. 1547.
2358 BStU, BV Suhl, ZPL, Foto-Nr. 7.

permanent alles Mögliche kritisiert, ja, es gehörte auch zum guten Ton, zu kritisieren. Dass es über die Jahre hinweg, außerhalb der krisenvollen Jahre wie beispielsweise 1956, 1961, 1969 und 1988/89, Unterschiede in den Matrikeln gab, ist eher unwahrscheinlich. In diesen Hochzeiten aber verstärkte sich die Kritik erheblich. „Christel", ein männlicher IM, berichtete im Januar 1969, dass es ihm auffalle, dass die 16. Matrikel deutlich negativer als die anderen zuvor diskutiere: „Man kann über Wirtschaft, Politik und sogar Sport diskutieren – alles, was bei uns gemacht wird", sei „nach Ansicht der Studenten" nur „‚Mist'."[2359] Schlegelmilch würde dieses Verhalten vermutlich, und dies mit guten Gründen, nicht einem widerständigen Verhalten zurechnen wollen. Denn, wer in der DDR lebte, so Christoph Schnittler, der hat es „wie das Einmaleins gelernt, was man in welchen Kreisen sagen konnte und was nicht. Das ist in Fleisch und Blut übergegangen".[2360] Es war immer schon klar, was es bedeutete, den Mund aufzutun. Und das konnte gefährlich sein.

Macht vielleicht aber die Summe eines notorischen Motzens im Freundeskreis, in der Kaufhalle und im Arbeitsumfeld einen Widerstand, einen Staatsfeind aus? Sind nicht gerade sie die Verstärker des Unmuts, des Protestes, die andere zwingen, auch Farbe zu bekennen? Das bloße Motzen kam zwar massenweise in die Akten, löste aber in der Regel keine weitergehende Verfolgung aus, das MfS wäre der Flut dieser Mitteilungen niemals Herr geworden. Dennoch gab es Fälle, wo es ermittlungstechnisch eingriff. Der Fall des Operativen Vorgangs (OV) „Kobra" etwa. Die zungenfertige, einer Arbeiterfamilie entstammende Laborantin war politisch interessiert und nahm wohl niemals ein Blatt vor dem Mund. „Scheiß Sozialismus" – und meinte damit, dass der „alle Menschen unter Kontrolle bringen wolle."[2361] Die Ermittlungsrichtung des MfS zielte auf den Paragraphen 106 (Staatsfeindliche Hetze). Zum obligatorischen Kauf der 1. Mai-Nelken soll sie „voller Wut" die Plastikblumen „in den Papierkorb" geworfen und gesagt haben: „Ich scheiß auf Euren 1. Mai." Natürlich nicht ohne darzulegen, warum.[2362] In einem solchen Fall reichte eine Denunziation, um Ermittlungen in Gang zu setzen. Also wurden mit „Hans" (Kap. 5.3.3, Fall-Nr. 34) und „Dr. Wolf" (Kap. 5.3.3, Fall-Nr. 21) im Arbeitsbereich sowie mit „Becker" im Freizeitbereich mindestens drei inoffizielle Mitarbeiter gegen sie eingesetzt. Nach Abschluss der umfangreichen Ermittlungen stellte das MfS fest, dass ihre „negativen Äußerungen" im Arbeitsbereich „objektiv eine Verletzung des Straftatbestandes" in der oben genannten Ermittlungszielrichtung darstellen: Sie trage „durch Lügen und Gerüchte gegen die Herausbildung der sozialistischen Bewusstseinsentwicklung im Arbeitsbereich bei". Die Übergabe zur Prüfung an die HA IX hinsichtlich einer Eröffnung eines Strafverfahrens scheiterte jedoch an der schlichten Tatsache, dass die möglichen Zeugen, die inoffiziell festgestellt wurden, sich selbst hätten belasten müssen, da sie in den jeweiligen Situationen „analoge Äußerungen tätigten". Also schlug das MfS vor, auf die Einleitung strafprozessualer Maßnahmen zu verzichten.[2363] Dem wurde entsprochen.[2364]

[2359] Bericht von „Christel" am 14.1.1969; BStU, BV Suhl, AGMS 277/70, 1 Bd., Bl. 52 f.
[2360] Interview des Verf. mit Christoph Schnittler am 20.9.2017.
[2361] KD Meiningen vom 23.4.1979: Information; BStU, BV Suhl, AOP 842/80, Bd. 1, Bl. 65.
[2362] KD Meiningen vom 30.3.1979: Information; ebd., Bl. 51
[2363] KD Meiningen vom 14.8.1980: Abschlussbericht zum OV „Kobra"; ebd., Bl. 135–141, hier 141.
[2364] BV Suhl, KD Meiningen, vom 18.8.1980; ebd., Bl. 289.

Ein besonderer Prüffall: Im Namen der Wissenschaft und Lehre

War Werner Bischoff, den wir oben als vorzüglichen, hochgeschätzten Konstrukteur kennengelernt haben, ein widerständiger Geist, da er, was alle Überlieferungen bestätigen, ein sogenannter Nur-Wissenschaftler war? Lassen sich Indizien finden, die zeigen, dass sich hinter dieser Haltung mehr verbarg? In martialischer Sprache formulierte das MfS 1958: „Am 17. Juni 1953 wurde" Bischoff „von den Arbeitern entlarvt und als Feind aus dem Betrieb entfernt, weil er sich maßgeblich an der faschistischen Provokation beteiligte."[2365] In Wahrheit wurde er nicht von Arbeitern entlarvt, sondern aus der Führungsetage des Zeiss-Werkes hinaus-denunziert. Auf der Gewerkschaftsaktivtagung am 21. September 1953 forderte der Werkleiter von Zeiss, ihn von seiner Funktion als Leiter zu entbinden. Laut seiner Sekretärin habe Bischoff sie aufgefordert, „die Bilder der Genossen Pieck und Grotewohl von der Wand zu entfernen", es wäre schade um die Fensterscheiben.[2366] Dabei kam in der Wiedergabe des Gesprächs mit ihr zum Ausdruck, dass Bischoff gesagt habe, die Bilder könnten doch morgen wieder aufgehängt werden, wenn der Radau (Bischoff soll von Radaubrüder gesprochen haben) vorbei wäre, was die Sekretärin nicht wollte, da sie der Meinung war, es komme keiner von der Straße in das Werk.[2367] Das für Zeiss zuständige Ministerium, das Bischoff beschwerdehalber anrief, teilte seine Darstellung und wertete den Beschluss der Gewerkschaftsaktivtagung als falsch. Es forderte eine gründlichere Beurteilung Bischoffs durch die Kaderabteilung. Diese war dann ausgezeichnet.[2368]

Als die Haltlosigkeit der üblen Nachrede offenkundig wurde, sattelte die SED argumentativ um und warf Bischoff Zeitverzögerungen im Arbeitsprozess als Hauptkonstrukteur vor. Das hatte Methode, da dieser Vorwurf aufgrund der Ressourcenproblematik so gut wie immer zog. Angeblich hätte er allein durch Zeitverzögerungen erheblichen Schaden angerichtet. Jedenfalls wurden SED-Genossen persönlich im ZK der SED gegen Bischoff vorstellig, erhielten aber keine Zustimmung. Dort galt noch die Ulbricht'sche Maxime, die bürgerlichen Wissenschaftler arbeiten zu lassen. Das MfS in Ilmenau teilte diese Auffassung definitiv nicht.[2369] Bischoff war seit 1930 Angehöriger des Zeiss Werkes in Jena, einschließlich einer Tätigkeit als Betriebsleiter in einem Zweigwerk in Warschau, den Optischen Präzisionswerken (OPW), während der Kriegszeit. 1945 war ihm dann in Jena die Hauptleitung über sämtliche Konstruktionsbüros übertragen worden. Auf der Betriebsversammlung war einstimmig beschlossen worden, dass er aus dem Betrieb zu entfernen sei. Dies bedeute nicht, so der stellvertretende Personalhauptleiter, dass er nicht anderswo entsprechend seiner Qualifikation eingesetzt werden könne, nicht jedoch, in „einer zentralen Funktion – Schlüsselstellung", das sei „undiskutabel".[2370]

Die Operativgruppe (OG) „Hochschule" der KD Ilmenau führte bereits einige Monate vor Einleitung des Überprüfungsvorgangs (ÜV) Ermittlungen zu Bischoff durch, nahm

---

2365 BV Suhl, KDI, vom 8.4.1958: Beschluss über das Anlegen eines Überprüfungsvorgangs; BStU, BV Suhl, AOP 1114/63, Bd. 1, Bl. 10 f., hier 10.
2366 Bericht vom 30.9.1953; ebd., Bl. 13–15, hier 13.
2367 Bericht der Sekretärin, o. D.; ebd., Bl. 18.
2368 KDI, Abt. V, OG „HS", vom 21.5.1958: Bericht; ebd., Bl. 150–153, hier 151.
2369 Bericht vom 30.9.1953; ebd., Bl. 13–15, hier 13 f.
2370 VEB Carl Zeiss Jena, Kaderhauptleitung, vom 4.12.1953: Beurteilung, aufgefunden in: ebd., Bl. 27 f.

u. a. auch Verbindungen zum polnischen „Bruderorgan“ auf, um seine Zeit bei den OPW zu untersuchen.[2371] Liefen solche Ermittlungen, fanden sich in der Regel auch Personen, die den „Delinquenten“ belasteten. So geschah es im Februar 1958, als ein Genosse „Student“ des Industrie-Instituts der HfE Ilmenau polemisierte, wie es überhaupt dazu habe kommen können, dass so ein Mann wieder so schnell in eine führende Position gekommen sei.[2372] Insbesondere wurde auch der Entnazifizierungsfrage nachgegangen (Kap. 3.1).[2373] Seine Tätigkeit an der HfE wurde negativ dargestellt, etwa durch den 1. Sekretär der HPO, Alfred Pfestorf, der bemerkte, „dass auf dem Gebiet der Forschung große Versäumnisse an der Hochschule vorlägen, die ihre Ursachen in der schlechten Anleitung der Fakultäten durch Bischoff als Prorektor für Forschungsangelegenheiten“ hätten.[2374] In einem zusammenfassenden Bericht vom 16. Oktober 1953 ist vermerkt, dass Bischoff „von uns schon länger beobachtet“ werde: „Er ist ein ganz gefährlicher Bursche.“ Selbst sein Fachbuch *Rationelles Konstruieren* fand einen Gutachter, der die absurde Behauptung aufstellte, dass das „Buch eine gefährliche Sache und ein sehr heißes Eisen sei“.[2375] Der Operativ-Vorgang (OV) mit der Bezeichnung „Wolf“ in den Ermittlungszielrichtungen Spionage und Schädlingstätigkeit wurde am 7. November 1963 eingestellt. Die Fakten würden, so Offizier Hertzer von der KD Ilmenau, nicht ausreichen, ihn zu verhaften. Zuvor, 1962, war er wegen politischer Unzuverlässigkeit als Prorektor abgelöst worden.[2376] In der Zwischeneinschätzung zum OV „Wolf“ hatte sich das MfS noch sehr zuversichtlich gezeigt, ihn der „Schädlingstätigkeit“ überführen zu können.[2377] Nein, Bischoff war kein widerständiger Geist. Aber einer, der sauber blieb!

Politischer Widerstand

Einen der frühen Fälle widerständigen Verhaltens dokumentierte die SED in der propagandistischen Broschüre *Die Spur führte von Ilmenau nach Westberlin*. Es ist die Geschichte der drei Studenten Rolf Schubert, Dietrich Lanzrath und Jürgen Maack. In der Nacht zum 1. Mai 1957 rissen sie Fähnchen von Fenstern herunter – rote und schwarzrotgoldene. Im September begann der Prozess gegen sie in Meiningen mit der Anklage wegen sogenannter Boykotthetze nach Artikel 6 der Verfassung der DDR. Die SED konstruierte Verbindungen in den Westen, fand Steuerungsfunktionen und unterstellte einen Putschversuch. Die Strafmaße passten zu jener Zeit, sie lauteten in der obigen Namenfolge: vier, dreieinhalb und zweieinhalb Jahre. Die Urteile dienten der Abschreckung, versehen mit dem Lohn für Angepasste: „Die wirklichen Kommilitonen in Ilmenau“ aber „wissen, dass sie in unserem Staat der Arbeiter und Bauern eine große Zukunft haben.“[2378]

[2371] KDI, Abt. V, OG „HS“, vom 20.12.1957: Operativplan; ebd., Bl. 81–83.
[2372] KDI, Abt. V, OG „HS“, vom 26.2.1958: Bericht; ebd., Bl. 107.
[2373] KDI, Abt. V, OG „HS“, vom 8.4.1958: Bericht; ebd., Bl. 125–127.
[2374] KDI, Abt. V, OG „HS“, vom 6.5.1958: Bericht; ebd., Bl. 134. Schüler, o. D.: Empfehlung an den Senat der HfE Ilmenau, aufgefunden in: ebd., Bl. 135–137.
[2375] KD Jena vom 16.10.1953: Zusammenfassende Feststellungen; ebd., Bl. 260–263.
[2376] BV Suhl, KDI, vom 8.10.1963: Beschluss zur Einstellung eines OV vom 7.11.1963; ebd., Bd. 2, Bl. 228 f.
[2377] BV Suhl, KDI, vom 23.8.1960: Zwischenbericht; ebd., Bl. 69–77.
[2378] BL Suhl der SED, Abt. Agit.-Prop. (Hrsg.): Die Spur führte von Ilmenau nach Westberlin. Über den Prozess gegen eine illegale Gruppe von Studenten der THE – Ilmenau – Suhl. Suhl 1957.

Lapidares mit großen Auswirkungen
Hans Schneider erinnerte sich 1994 anlässlich eines Rehabilitationsfalles an ein Geschehen, das er selbst miterlebte. Vier Studenten der II. Matrikel waren im Herbst 1959 verhaftet und im Schnellverfahren noch im Dezember „zu Haftstrafen zwischen drei und viereinhalb Jahren verurteilt worden". Die Ereignisse gingen durch die DDR-Presse mit Schlagzeilen wie „Oberländers Mörderhände reichen bis nach Ilmenau". Auch die *neue hochschule* (*nh*) der HfE berichtete: „Die vier ehemaligen Studenten unserer Hochschule, die kürzlich vor dem Bezirksgericht in Meiningen standen, [...] sind durch ‚menschliche' Kontakte mit republikflüchtigen ehemaligen Studenten zu Staatsfeinden geworden." Allein solche Kontakte, zu welchen Zwecken oder Anlässen auch immer, konnten dazu führen, hinter Gittern zu landen. Das schrieb dann einer der Verhafteten auch in seinem Rehabilitationsgesuch an Eberhart Köhler: „Man kann die Bestrafung und noch mehr das hohe Strafmaß wohl nur als den Versuch der Einschüchterung aller Studenten und Angehörigen der HfE Ilmenau interpretieren. Dieser Prozess war ein Scheinprozess. Vielleicht hätte dieses Schicksal auch viele andere von uns treffen können."[2379] Der Parteisekretär der HfE, Pfestorf, sprach auf einer außerordentlichen Leitungssitzung der SED von „sehr ernsten Dingen", die die Staatsorgane aufgedeckt hätten. Hauptinitiator der Spionage sei ausgerechnet ein SED-Mitglied gewesen.[2380] Dies geschah 1959, in einer politisch bewegten Zeit, als der Senat der HfE Ilmenau nahezu auf jeder seiner Sitzungen den Verlust von Hochschullehrern zu beklagen, besser: zu verurteilen hatte, und auch verurteilte. In den Protokollen des Senats ist natürlich kein Bedauern, kein Widerstand gegen die SED-Vorgaben feststellbar. Demnach hatte das Prorektorat für Studienangelegenheiten dem Senat im Rahmen eines Disziplinarverfahrens einen Antrag auf Ausschluss auf Dauer aus dem Studium mit der Begründung vorgeschlagen, weil die vier Studenten „staatsfeindliche Handlungen" vollzogen hätten. „Der Senat stimmte diesem Antrag zu. Die genannten Studenten wurden bereits von den Staatsorganen entsprechend verurteilt."[2381]

Erschreckend sind die Nichtigkeiten, aus denen heraus sich die Verhängnisse entwickelten; ein Beispiel von 1970: Es geschah in der Nacht vom 25. auf den 26. Juni. Offenbar war die Volkspolizei wegen nächtlicher Ruhestörung gerufen worden oder war zufällig vor Ort. Einen der Studenten forderte sie auf, mitzukommen, ein anderer wurde mit einer gezogenen Pistole bedroht. Tumult kam auf.

Im Physikhörsaal fand wenige Tage später, am 2. Juli, eine Sektionsvollversammlung unter Leitung von Eberhart Köhler statt. Er hatte sich in der Zwischenzeit für einen fairen Umgang mit seinen Studenten eingesetzt und geriet dadurch in Konflikte.[2382] Anwesend waren auch Wolfgang Berg und ein Hauptmann des Volkspolizei-Kreisamtes (VPKA). Köhler befand sich in einer kniffligen Situation, die er aber offenbar mutig und diplomatisch meisterte, u. a. führte er aus, dass „der Anlass der Zusammenkunft nicht geeignet sei, den Genossen der Volkspolizei (VP) in diesem Zusammenhang zu gratulieren". Die VP

2379 Hans Schneider, in: 50 Jahre Akademisches Leben, S. 13 f.
2380 HPL der HfE: Zur außerordentlichen Leitungssitzung am 6.11.1959 sowie Protokoll vom 6.11.1959; LATh-StA Meiningen, BS 4-95-1317, AS 17, S. 1 f. u. 1 f.
2381 Protokoll vom 11.1.1960 zur Senatssitzung am 15.12.1959; UAI, S. 9.
2382 Mitteilung; BStU, BV Suhl, AIM 984/89, Teil II, Bd. 4, Bl. 43–45.

feierte just ihren 25. Jahrestag. Zwei Studenten zeigten Einsicht und beteuerten, dass sie es so nicht gewusst hätten, „dass die VP die Verantwortung“ getragen habe. Berg kommentierte hernach: „Auch hier zeigt sich, dass die Schlussfolgerungen nicht die unmittelbare Handlung berühren, dass man sich darum herumdrückt.“ Einer der beiden Studenten verurteilte sich selbst: „Das Vertrauen haben wir stark missbraucht. Falls wir das Forschungsstudium weiterführen sollten, wäre das ein großer Vertrauensbeweis.“ Berg: „Spontaner Beifall im Saal! Hier zeigt sich, dass man sich in sein ‚Schicksal‘ ergibt, aber Hoffnungen hegt. Der Beifall gilt offenbar der ‚Hoffnung‘.“ Berg war insbesondere unzufrieden aufgrund indifferenter Haltungen, fehlender klassenbezogener Aussagen und auch darüber, dass sich kein Hochschullehrer zu Wort meldete.[2383] Das Urteil gegen die beteiligten drei Studenten an den „Ausschreitungen“ gegen die Volkspolizei wurde Mitte November 1970 gesprochen. Bei den „Ausschreitungen“ war auch ein Assistent zugegen, der nichts gegen die Studenten unternahm, sondern die Polizei noch beschimpfte. Er musste die Hochschule verlassen. Am 11. November hatte er die drei Angeklagten vor dem Betreten des Kreisgerichtes Ilmenau gefilmt.[2384]

Die Studenten wurden gemäß Paragraphen 212 (1) und 220 (2) nach StGB (Widerstand gegen staatliche Maßnahmen und Staatsverleumdung) angeklagt. Am Verhandlungstag fielen anwesende Studenten „durch Missfallens- und Beifallskundgebungen in verhaltener Form im negativen Sinne“ auf. Sie sollen sich insbesondere über die „Ausdrucksschwierigkeiten und fehlerhafte Grammatik“ des VP-Angehörigen lustig gemacht haben. Einige Studenten hätten die Verhandlung „exakt protokolliert, indem Fragen und Antworten aller Prozessbeteiligten gewissenhaft aufgeschrieben wurden. Während der gesamten Verhandlung war“ ein Student anwesend und habe „alles aufgezeichnet“. Offenbar, so mutmaßte der anwesende Berg, unterlagen diese Aktionen einer fein abgestimmten Regie, wer, wann und was zu tun hatte. Berg legte in der Mittagspause eine Anwesenheitsliste aus. Zwei Studenten hatten sich zunächst nicht eingetragen, Berg befragte sie nach Schluss der Verhandlung, warum sie es nicht taten. Sie fragten zurück, „wozu diese Listen gebraucht würden“. Berg will geantwortet haben, dass dies im Auftrag des Rektors geschehen sei. Man wolle an der Hochschule im Zuge des Disziplinarverfahrens schließlich Zeugen der Verhandlung haben. Durch die Listenauslegung „machte sich“, so Berg, „bei den Studenten ein Unbehagen bemerkbar, und es kam zu einer sichtlichen Beruhigung der Atmosphäre“.

Berg stellte während der Verhandlung fest, dass die anwesenden Studenten aus der Sektion PHYTEB, aber auch aus TBK, keinerlei Distanz zu den Angeklagten hätten erkennen lassen, sondern sogar Solidarität übten.[2385] Einer der Studenten war am 20. Oktober 1970 inhaftiert worden.[2386] Der Disziplinarausschuss der TH Ilmenau tagte aber erst am 13. Januar 1971. Der gesamten Prozedur lastete der Unwille der befragten und involvierten Studenten und Hochschullehrer (mit einer Ausnahme) an, sich überhaupt mit dem Geschehen auseinandersetzen zu müssen. Ein FDJ-Zirkelleiter meinte, „dass das Verfahren erst

---

[2383] Bericht von „Walter“ vom 9.7.1970; ebd., Bl. 41 f.
[2384] Bericht zum Treffen mit „Walter“ am 26.11.1970; ebd., Bl. 74–77, hier 76.
[2385] Bericht von „Walter“ vom 13.11.1970; ebd., Bl. 87–89.
[2386] Bericht von „Walter“ vom 26.11.1970; ebd., Bl. 90.

richtig einen Gegensatz zwischen Studentenschaft und Staatsmacht gesetzt habe. Man hätte alle Anwesenden oder niemanden bestrafen sollen. Das Verfahren habe enttäuscht, weil die drei Studenten keinen Verteidiger gehabt hatten, sie seien wegen des rowdyhaften Verhaltens nun als Staatsfeinde abgestempelt worden, [das] Gericht habe im Vorleben der drei gesucht, um dafür eine Begründung zu finden (Westfernsehen), alle drei haben unter Druck ausgesagt, weil [der] Sektionsdirektor sonst andere Maßnahmen angedroht hätte." Am 20. Januar 1971 fand die in solchen Fällen obligatorische – erzieherisch aufgezogene – öffentliche Auswertung des Strafverfahrens statt. Der Redner benötigte knapp zwei Stunden, so dass keine Zeit mehr für eine Diskussion blieb. Von den circa 370 Eingeladenen sollen nur circa 150 gekommen sein.[2387] Die Studenten waren indes längst exmatrikuliert worden.

Exmatrikulationen, Teil II: Falken an der TH Ilmenau

Statistiken über politisch begründete Exmatrikulationen konnten nicht aufgefunden werden. Allerdings wurden vielfach kleinere Fall-Darstellungen gefunden. So wurde im September 1980 ein Student der Sektion INTET wegen Staatsverleumdung nach Paragraph 220 StGB verhaftet. Er soll in Polen Kontakt zu Streikenden in Gdansk aufgenommen und sich „politisches Schriftgut in größeren Mengen verschafft" haben. Auch soll er auf verschickten Ansichtskarten zum Boykott von Vorlesungen aufgerufen haben.[2388] Und wegen Befehlsverweigerung während des militärischen Qualifizierungslehrganges für Studenten wurde ein Student im März 1981 verhaftet und zu sechs Monaten Freiheitsentzug verurteilt. Er hatte den Waffenempfang aus Glaubensgründen verweigert.[2389] Beide wurden umgehend exmatrikuliert. Ebenso rasch wie auch in Fällen von Anträgen auf Übersiedlung (siehe Kap. 5.4.5, S. 615).

Auch die Nichtteilnahme an einer Wahl konnte die Gefahr einer Exmatrikulation heraufbeschwören. Gegen den Studenten [H] sollte 1984 ein Disziplinarverfahren nach Paragraph 4 der Disziplinarordnung mit dem Ziel der Exmatrikulation durchgeführt werden. Wolfgang Berg prüfte und kam zum Schluss, dass dies nicht rechtens sei. Doch weit gefehlt, wenn er die Sache beendet haben wollte. Hochschullehrer [I], weder SED-Mitglied noch IM des MfS, wollte unbedingt ein Verfahren, da der Student „durch sein Verhalten gröblich und schwerwiegend gegen die Normen politisch-moralischen Verhaltens verstoßen" habe. Berg jedoch war der Auffassung, dass bei [H] „gar keine Handlung vorliegt, wenn nicht die Nichtwahl gewertet werden soll". Nun hatte aber [H] in einer FDJ-Versammlung gesagt, dass er mit politischen Positionen der Sowjetunion in der Afghanistanfrage nicht einverstanden sei. Berg fand, dass der Student sich damit die Immatrikulation arglistig erschlichen habe, da er bereits vorher so gedacht haben müsse. Man beriet sich, einer wollte das MHF anrufen, ein anderer die Erfahrungen anderer Hochschulen erfragen. Indes war ein halbes Dutzend Personen samt dem Parteisekretär der Hochschule involviert und keiner wusste einen sicheren Weg, den Studenten zu exmatrikulieren. Allein eine

---

2387 Bericht von „Walter" vom 2.2.1971; ebd., Bl. 133 f.

2388 THI vom 10.11.1980: Informationsbericht „November 1980"; BStU, BV Suhl, AIM 1592/90, Teil II, Bd. 4, Bl. 376–389, hier 389.

2389 THI vom 10.5.1981: Informationsbericht „Mai"; ebd., Bl. 465–474, hier 472 f.

Studienaussetzung für die Dauer eines Jahres käme in Betracht. Doch dies gefiel Berg nicht, er sah den politischen Schaden, schließlich kämen die „nächsten Wahlen oder andere politische Ereignisse", zu denen fortschrittliche, staatskonforme Bekenntnisse notwendig seien. Es wäre ein verheerendes Signal, ließe man dies durchgehen. „Es bedurfte harter Diskussion mit" dem Wortführer der milden Strafe, „bevor er einsah, dass er die Exmatrikulation selbst vorzubereiten und das Gespräch mit" dem Studenten „ohne Disziplinarverfahren durchzuführen" habe. Der FDJ-Sekretär, der die negativen Auslassungen des Studenten erwähnt hatte, wollte sich plötzlich an nichts mehr erinnern, schließlich habe er damals keine Aufzeichnungen angefertigt. Da sprang [J] ein und bot an, nachträglich Notizen zur damaligen Diskussion anzufertigen und Berg zu übergeben.

Berg kritisierte alle, [I], der keinen „rechten" Weg fand, den Direktor, der für Milde eintrat, und den FDJ-Sekretär, der „politisch in Grundfragen wenig gefestigt" sei; Fazit: „Außerdem zeigte der Vorfall ein mechanistisches Arbeiten im Sinne der Disziplinarordnung. Obwohl Paragraph 1 der Zulassungsordnung vor einigen Jahren wegen der erhöhten politischen Anforderungen geändert worden ist", rekurriert man „immer noch auf die Verpflichtungstexte der alten, überholten Zulassungsordnung." Einige Genossen wollten die Verpflichtungserklärung gar „ganz wegfallen lassen". Überdies spekulierte er, dass der Student in seiner schriftlichen Erklärung zu dem Vorfall auf fremde Hilfe zurückgegriffen habe. Sie passe nicht zum Intellekt des Studenten. Also forderte Berg, „das Gesamtverhalten" des Studenten „einzuordnen in eine politische Linie einer organisierten Gruppe".[2390]

Exmatrikulationen aus politischen Gründen drohten bis zuletzt. So hatte ein Student am 21. Dezember 1987 einen Brief an die Zeitung *Junge Welt* geschrieben, dessen Inhalt nach Auffassung des MfS die Grenzen einer Straftat entsprechend Paragraph 220 StGB berührte. Durch die TH Ilmenau wurde ein Disziplinarverfahren mit dem Resultat einer Exmatrikulation (unmittelbar vor dem Ende seines Studiums!) eingeleitet. Doch auf „Weisung des Abteilungsleiters ‚Jugendfragen beim ZK der SED' wurde von der Exmatrikulation Abstand genommen". Insgesamt, so das MfS, zeige „der politisch-ideologische Zustand im studentischen Bereich eine negative Tendenz [...], besonders seit Beginn der ‚Perestroika' und ‚Glasnost'".[2391] Der Schreiber bewies Mut, die Verlogenheit der Berichterstattung der Zeitung konkret zu benennen (u. a. zum Verriss des sowjetischen Films „Die Reue" und zu Aktivitäten der Umweltbibliothek in Berlin). Der Vorfall ging durch alle Instanzen der SED und der FDJ.[2392]

ESG und KSG: Hort des Widerspruchs?

Die Frage der Religiosität ist zwar ein weites Feld, doch für das MfS schien es erst an der Grenze zum Materialismus Ludwig Feuerbachs zu enden. Da reichte eine pazifistische Haltung, familiäre Verbindungen zu Pfarrern[2393] oder das Interesse an kirchlich-orientiertem Schriftgut, um eine Ermittlung in Gang zu setzen. Dem MfS war es wert zu erfahren,

---

2390 Bericht von „Walter" vom 31.5.1984; BStU, BV Suhl, AIM 984/89, Teil II, Bd. 8, Bl. 25–27.

2391 BV Suhl, Abt. XX, vom 2.8.1988: Politisch-operative Lage im studentischen Bereich der THI; BStU, BV Suhl, Abt. XX, Nr. 909, Bd. 1, Bl. 85–95, hier 90.

2392 Konvolut zum Vorfall; LATh-StA Meiningen, BS IV F2/9/2/431.

2393 Beispiel in: Information 1/88; BStU, BV Suhl, Abt. XV, Nr. 1752, Bd. 2, Bl. 159.

ob Studenten kirchliche Zeitungen wie etwa die Thüringische *Glaube und Heimat* lasen oder gar abonnierten. Als ein Student *Wort und Werk* im Januar 1988 abonnierte, setzten sofort Überprüfungshandlungen ein.[2394] Es waren die geistigen Räume, die andere Sprache, die hier gesprochen wurde, die anzogen. Michael Krapp erinnert sich, dass er gerade in der Evangelischen Studentengemeinde (ESG) das geistig-freie Klima erlebte.[2395]

Religion verband die SED grundsätzlich mit Rückständigkeit und Unreife, erst mit dem späten Honecker kam eine gewisse pragmatische, nie aber ehrlich gewollte Toleranz auf. Entsprechend waren die ESG und die Katholische Studentengemeinde (KSG) auch nur geduldet. Wer in den beiden Gemeinden mitmachte, wusste, dass dies einer Karriere abträglich war und die Gefahr einer Stigmatisierung bedeutete. Aufmerksam beobachtete das MfS jene Hochschullehrer, die gläubig waren und womöglich Christen gar protegierten. Die religiöse Intoleranz der SED war geradezu paranoid, ein Beispiel: Der BSG Kurt Repenning hatte erfahren, dass eine Absolventin, die gerade ihr Studium abgeschlossen hatte, aktiv religiös sei. Sie hätte Bestrebungen gezeigt, eine Tätigkeit im Institut für Informationswissenschaft, Erfindungswesen und Recht (INER) aufzunehmen. Gegenüber dem 1. Prorektor habe sie falsche Angaben gemacht und gesagt, dass sie lediglich „zum Anfang des Studiums“ die ESG „besucht habe“. Das MfS resümierte: (K) „versucht durch Verleumdung ihrer religiösen Bindung als aktives ESG-Mitglied beim 1. Prorektor der THI, Prof. Weber, ihre Einstellung am Institut INER zu erwirken. Es wurde durch inoffizielle Kräfte eine Ablehnung veranlasst.“[2396] Was so verkürzt aufgrund einer Denunziation in die Akten kam, ob auf validen Informationen beruhend oder nicht, also nach Quellenlage falsch oder richtig gewesen sein konnte, zeitigte jedenfalls Wirkung.

Jedem Gemeindemitglied war früher oder später klar, dass politiknahe Aktionen unter dem Dach der Kirche gefährlich enden konnten. So bezeichnete eine Studentin der Sektion MARÖK die Verpflichtung, in der Zivilverteidigung (ZV) mitmachen zu müssen, als „Armee für Frauen“; Zitierung der Studentin laut MfS: „Bei Nichtteilname werde die Zulassung zur Hauptprüfung und damit zum Diplom nicht erteilt. Befreit würden nur werdende und Mütter von Kleinkindern sowie ‚Halbtote‘ (‚ich habe bei so etwas einen totalen Hass, vor allem lehne ich den militärischen Aspekt entschieden ab‘).“[2397] Ein ähnlicher Protest erfolgte im Kontext des Pfingsttreffens 1982. Sechs Mitglieder der ESG hatten ein Schreiben verfasst, das sie der FDJ-Hochschulleitung zur Genehmigung vorlegten, wobei sie damit rechneten, die Genehmigung nicht zu bekommen. Der FDJ-Sekretär hatte das Papier nicht angenommen, weil die notwendige Frist für die Bearbeitung angeblich nicht mehr gereicht habe. Die vier Punkte in der Manifestation der ESG lauteten: „Jeder Bürger müsse sich nach seinem Gewissen für einen Wehr- oder Wehrersatzdienst entscheiden können; Wehrdienst, Wehrunterricht, Kriegsspielzeug etc. müssten abgeschafft werden, da sie nicht der Erhaltung des Friedens dienten; alle DDR-Bürger müssten sich zum Friedenskampf vereinen; jeder trägt allein die Verantwortung für die Erziehung seiner Kinder.“[2398]

2394 Einschätzung eines Studenten aus der Sektion INTET; BStU, BV Suhl, Abt. XX, Nr. 1504, Bl. 51.
2395 Interview des Verf. mit Michael Krapp am 17.4.2018.
2396 Aktennotiz vom 5.7.1975; BStU, BV Suhl, AIM 1592/90, Teil II, Bd. 1, Bl. 215.
2397 BV Suhl, Abt. M, vom 5.4.1988: Einzelinformation 223/88; BStU, BV Suhl, Abt. XX, Nr. 920, Bl. 65.
2398 BV Suhl, Abt. XX, vom 17.6.1982: Information; BStU, BV Suhl, Abt. XX, Nr. 712, Bd. 1, Bl. 28 f.

Grundsätzlich interessierte sich das MfS für sämtliche Daten und Materialien zu den beiden Studentengemeinden.[2399] Einen besonderen Stellenwert besaßen Namenslisten zu Mitgliedschaften und Besuchen von Veranstaltungen sowie Dokumente, die für den innerdienstlichen Dienstgebrauch bestimmt waren.

Tabelle 78: Aktive Mitglieder der ESG und Besucherzahlen bei Vorträgen[2400]

Hochschule bzw. Universität der ESG	Aktive Mitglieder [Durchschnitt]	Teilnehmerzahl [circa]
Leipzig	250–300	400
Dresden	200–250	400
Greifswald	100	260
Berlin	110	250
Halle	100	115
Karl-Marx-Stadt	50–70	80
Weimar	35	60
Freiberg	35	80
Mittweida	30	50
Magdeburg	30	55
Ilmenau	26	50
Merseburg	20–30	40
Erfurt	25	-

1975 gehörten der ESG Ilmenau circa 30 bis 50 Mitglieder an, von denen circa 20 bis 30 die nahezu monatlich organisierten Treffen und Veranstaltungen besuchten, 1975 waren es zehn größerer Art wie Wochenendrüsten in Weimar, Zella-Mehlis, ein Absolvententreffen der Jungakademiker in Neudietendorf und ein Partnertreffen mit der ESG Siegen in Berlin. Das MfS bearbeitete zu dieser Zeit zwei Personen operativ (OPK und OV). Die KSG zählte weiland 20 bis 40 Studenten, die sich regelmäßig dienstags in der katholischen Kapelle, Unterpörlitzer Straße 15, trafen. Dem MfS war es im Gegensatz zur ESG bislang nicht gelungen, in diese „Gruppierung einzudringen, bzw. deren Aktivitäten durch IM/GMS in Schlüsselpositionen analysieren zu können".[2401] Für 1974 zählte eine Statistik der Parteileitung der Hochschule 30 Angehörige des Lehrkörpers, die Mitglieder einer Glaubensgemeinschaft waren. Zahlenmäßig den höchsten Stand wiesen die Sektionen TBK und INTET mit sechs resp. fünf Mitgliedern auf.[2402]

Im Perspektivplan der Abteilung XX für die Jahre 1976 bis 1980 taucht erstmals die Aufgabe der „Aufklärung und Bearbeitung der Patenschaftsbeziehungen der ESG Ilmenau zu den ESG Siegen und Frankfurt/Main" über den IM mit Feindverbindung (IMV) „Cuius" auf.[2403] Die Treffen wurden nach Aktenlage seit 1975 durchgeführt und fanden oft oder gar regelmäßig in Berlin statt. Themen waren die auf die DDR bezogene Verwirklichung der Menschenrechte, das Verhältnis von Staat und Kirche sowie die Frage der Kultur im Sozialismus. Besonders die Fälle Wolf Biermann und Oskar Brüsewitz hätten gezeigt, dass

2399 Ohse: Jugend nach dem Mauerbau, S. 253–279.
2400 KDI, OG „HS", vom 18.11.1966: Abschrift „Skat"; BStU, BV Suhl, AIM 93/73, Teil II, Bd. 3, Bl. 213.
2401 BV Suhl vom 20.2.1976: Jahresanalyse; BStU, BV Suhl, AKG, Nr. 215, Bl. 107–149, hier 139 f.
2402 Zur marxistisch-leninistischen Qualifizierung durch die HPL, vom 17.5.1974; LATh-StA Meiningen, BS IV C2/9/2/575, Anlagen 6, 1 s.
2403 BV Suhl, Abt. XX, vom 28.5.1976: Perspektivplan 1976–1980; BStU, BV Suhl, Abt. XX, Nr. 688, Bd. 1, Bl. 56–89 (u. Korrekturen Bl. 91–95), hier 68.

diese Themen in einem direkten Zusammenhang mit diesen Personen stünden, so das MfS. Es schätzte in einer aus 1977 stammenden Analyse ein, „dass die Mehrzahl der Studenten der ESG Ilmenau während dieser Vorkommnisse eine feindlich-negative Haltung zeigte". Vom Studentenpfarrer und von Mitgliedern der ESG waren Stellungnahmen der evangelischen Kirchenleitungen „vervielfältigt und unter Studenten der Technischen Hochschule verbreitet" worden. Auch hatte die ESG eine Eingabe an das Staatssekretariat für Kirchenfragen in der DDR gerichtet und „eine Revidierung des Artikels im *Neuen Deutschland* zum Selbstmord [Selbstverbrennung] von Pfarrer Brüsewitz gefordert". Darüber hinaus beschäftigten sich Mitglieder der ESG Ilmenau „intensiv mit Werken von Biermann", eine „illegale Zusammenkunft von ‚Vertrauensstudenten' der ESG" fand „in einer Privatwohnung statt". Es wurde Kritik an der Ausbürgerung geübt und „Tonbandaufnahmen zum Auftritt Biermanns in Köln" angefertigt, die gar vertrieben wurden. Um der Überwachung zu entgehen, strebe die ESG an, ihre westdeutschen Verbindungen in der ČSSR zu konspirieren.[2404] Drei Jahre später wurde in der Jahresanalyse der Abteilung XX der BV Suhl vermerkt, dass die Kontakte der ESG mit ihren beiden westdeutschen Partnern dazu beigetragen hätten, dass sich die Verweigerungsbereitschaft zum Dienst als Reserveoffizier verfestigt habe.[2405]

„Im zunehmenden Maße", stellte Anfang 1983 das MfS rückblickend auf das Jahr 1982 fest, würden in den Jungen Gemeinden der evangelischen Kirche im Bezirk Suhl Jugendliche und Jungerwachsene „Straftaten bzw. Handlungen im Sinne der staatsfeindlichen Hetze" begehen. Worunter das MfS „Angriffe gegen die Friedens- und Verteidigungspolitik" in zwölf Fällen sowie „Angriffe gegen die führende Rolle der Partei sowie Repräsentanten der Partei und Staatsführung" in acht Fällen zählte. 28 Prozent aller Vorkommnisse sollen pazifistische Äußerungen enthalten haben. Die „Täterermittlung" ergab, dass die Altersstruktur von 14 bis hin zum Rentenalter Signifikanzen erkennen ließ. 16 „Täter" waren bis zu 21 Jahre alt, 17 von 21 bis ins Rentenalter alt (drei Rentner). 58 Prozent kamen aus den sozialen Bereichen der Arbeiter und Angestellten, gefolgt von Schülern mit 21 Prozent. Lediglich ein Student wurde registriert.[2406]

Konrad Novak* alias „Heinrich" (Kap. 5.3.3, Fall-Nr. 39) berichtete anlässlich seines ersten regulären Treffens als GMS am 15. Januar 1982 von der ESG, dass ein Student ein „Abzeichen mit der Aufschrift ‚Schwerter zu Pflugscharen'" trage.[2407] Er bekam die Aufgabe, dies weiter zu verfolgen. Im Mai berichtete er, dass die Abzeichen nicht mehr getragen würden, das sei aber mehr ein taktischer Zug der Kirche und entspräche nicht deren wahrer Überzeugung.[2408] Zwischendurch, am 30. März, hatte Offizier Ehrhardt Repenning in der Frage des Vorgehens gegen Träger des Abzeichens „Schwerter zu Pflugscharen", einem für die SED heiklen Thema, instruiert, unbedingt behutsam vorzugehen und ein vorsichtiges und abgestimmtes Verhalten angemahnt. Eine Konfrontation „Kirche/Staat" müsse vermieden werden. Ein erstes Ansprechen der betreffenden Personen solle mit dem

2404 BV Suhl, Abt. XX, vom 11.11.1977: Jahresanalyse 1977; ebd., Bl. 99–137, hier 100 f.
2405 BV Suhl, Abt. XX, vom 3.10.1980: Jahresanalyse 1980; ebd., Bd. 2, Bl. 49–79, hier 51.
2406 BV Suhl, Abt. XX, vom 11.2.1983: Hetze; BStU, BV Suhl, Abt. XX, Nr. 947, Bl. 99–102.
2407 KDI vom 17.2.1982: Bericht von „Heinrich" am 15.2.1982; ebd., Bl. 134.
2408 KDI vom 24.5.1982: Bericht von „Heinrich"; ebd., Bl. 144.

Hinweis beendet werden, dass „nichtgenehmigte Druckerzeugnisse" eine „Störung des gesellschaftlichen Zusammenlebens" darstellten. Jede zweite oder weitere Ansprache dieser Personen müsse unbedingt mit dem MfS vorab abgesprochen werden. Festgelegt wurde, dass der Direktor für Studienangelegenheiten alle diesbezüglichen Erkenntnisse Repenning zu übermitteln habe und dass sich die beiden zu jeweils aktuellen Anlässen mit dem HPL-Sekretär und dem Rektor absprechen sollten.[2409]

Um 1983 verfestigte sich die Ökologie-Szene weiter. Ein Merkmal war, dass sie um 1985 in eine Bewegung mündete, die dem Prinzip der Ganzheit entsprechend, viele Beziehungen und Ableger in sich vereinte. Es entstand eine Art von Sammlungsbewegung für Frieden, gegen Militarisierung, für Kirche, Umweltschutz, die Bewahrung der Schöpfung, für alternative Kunst etc. Auffällig ist, dass die Verbindungen der ESG und KSG zu westdeutschen Gruppierungen, auch zu Mitgliedern der Grünen,[2410] recht lebendig waren. Die um 1987 in der OPK „Ökologie" bearbeiteten Personen hatten ein breites Netz über Ilmenau hinaus gespannt, in dem auch Studenten und Angehörige der TH Ilmenau involviert waren. Das MfS beantwortete dies mit einer eigenen „Arbeits-Kooperative": „Zusammenarbeit bei der Realisierung politisch-operativer Maßnahmen zur Sicherung des Bereiches THI, insbesondere zur operativen Kontrolle von Aktivitäten der ESG/KSG."[2411]

Die unterschiedlichsten Gruppierungen und Bewegungen vernetzten sich in einem atemberaubenden Tempo. Urplötzlich war eine Alternative entstanden. Das MfS begriff dies sofort. Die politisch-operative Arbeit im Rahmen der Dienstanweisung (DA) 2/85 des Ministers (und der mit ihr korrespondierenden DA 3/85 der BV Suhl) zur Untergrundbekämpfung sah 1986 für den Bezirk Suhl sieben Schwerpunkte vor. Neben der ESG Ilmenau (OPK „Prediger") waren dies u. a. das Einkehrhaus Bischofrod, der Ökumenische Arbeitskreis für Umweltfragen Suhl und der Friedens-Ökologiekreis im Kreis Ilmenau.[2412] Trotz der Bekämpfung der alternativen Kreise durch das MfS hatte sich die Bewegung 1987 weiter verbreitert.[2413] Die Vernetzung mit Zentren wie Berlin wurde nun auch öffentlich deutlich. U. a. kamen zu Vorträgen Wolfgang Tschiche und Stefan Krawczyk.[2414] Nach der Ausweisung Krawczyks und auch Freya Kliers stellte das MfS Sympathisierungen mit ihnen fest.[2415] Die Szene gewann in ihrer Einigkeit an Geschlossenheit. Analog vernetzte sich auch das MfS. Demnach war die enge Zusammenarbeit der KD Ilmenau mit der Abteilung XX der BV Suhl auf vier Hauptaufgaben ausgerichtet: (1) eine immer zu aktualisierende Übersicht über Personen, die der feindlichen Tätigkeit verdächtig waren; (2) die

---

2409 KDI vom 30.3.1982: Bericht zum Treffen mit „Rainer" am 30.3.1982; BStU, BV Suhl, AIM 1592/90, Teil II, Bd. 4, Bl. 540 f.

2410 THI, Direktorat StA, vom 7.12.1988: Rektorinformation; BStU, BV Suhl, Abt. XX, Nr. 1658, Bl. 1. Anlage: Brief des Mitglieds der Grünen, Bl. 2–10.

2411 BV Suhl, Abt. XX, vom 17.11.1987: Jahresplanung für 1988; BStU, BV Suhl, Abt. XX, Nr. 1081, Bd. 2, Bl. 155–164, hier 155 u. 162.

2412 BV Suhl, Abt. XX, vom 9.6.1986: Zur politisch-operativen Arbeit nach der DA 2/85 des Ministers; BStU, BV Suhl, Abt. II, Nr. 215, Bd. 1, Bl. 4–9, hier 5.

2413 BV Suhl, Abt. XX, vom 30.4.1987: Zur politisch-operativen Arbeit nach der DA 2/85 des Ministers; ebd., Bd. 2, Bl. 46–45, hier 47.

2414 BV Suhl, KD Meiningen, vom 27.4.1987: Zur Wirksamkeit der Arbeit nach der DA 2/85 des Ministers und der DA 3/85 der BV Suhl; ebd., Bl. 40–45, hier 41.

2415 BV Suhl, Abt. XX, vom 30.11.1988: Einschätzung der erreichten operativen Arbeit im und nach dem OG; BStU, BV Suhl, Abt. XX, Nr. 1207, Bd. 3, Bl. 53–56, hier 56.

permanente operative Kontrolle und Bearbeitung der „Basisgruppen des politischen Untergrundes", zum Beispiel die OPK „Ökologie"; (3) die „Abwehrarbeit im Bereich Kirchen- und Religionsgemeinschaften", zum Beispiel die territoriale Vernetzung der ESG und KSG, sowie (4) die Rekrutierung von inoffiziellen Mitarbeitern.[2416]

Der Versuch der ESG und KSG „zur Schaffung einer alternativen Friedensbewegung an der TH Ilmenau wurde" nach Einschätzung des MfS 1985 verhindert. Das MfS wusste jedoch, dass es zahlreiche Querverbindungen von Mitgliedern der ESG und KSG zu anderen Gruppierungen, vor allem aber Sympathisanten gab. In Arbeitsgemeinschaften und Wohnheimklubs versuchten „Einzelpersonen", sozialismusfremde Kunstauffassungen „zu verbreiten bzw. Berufskünstler der DDR mit gesellschaftskritischer Ausstrahlung direkt, ohne Vermittlung der Künstleragentur der DDR, zu engagieren". Ein namentlich bekannter Anhänger der Jenaer Friedensbewegung spalte die AG „Studentenbühne der TH Ilmenau". Ein anderer Student habe zu Jan Faktor[2417] einen engen persönlichen Kontakt und habe ihm einen Auftritt im Jugendclub der Hochschule ermöglicht. Das MfS sprach von einer relativen Selbstverwaltung der Jugendklubs, woran die inkonsequente und politisch lasche Arbeit der FDJ-Leitung und des Prorektors für Gesellschaftswissenschaften nicht ohne Schuld sei. Das MfS ging zudem verstärkt Hinweisen auf Aktivitäten „sogenannter Friedens- und Umweltkreise bzw. anderer alternativer Bewegungen" nach. An diesen beteiligten sich nicht nur Studenten, sondern gelegentlich auch wissenschaftliche Mitarbeiter wie [L], der sich an einem Treffen kirchlicher „Ökokreise" am 27. und 28. September 1985 in Gotha beteiligte. Ein anderer pflegte Verbindungen zum Einkehrhaus Bischofrod.[2418]

In diesem Jahr, 1985, gehörten der ESG circa 50 Personen an, matrikelaufwärts von M 85 bis M 88 lagen die Zahlen bei 20, 13, sechs und sieben Mitglieder. Immerhin waren auch fünf Forschungsstudenten, politisch gesiebter als alle anderen Kommilitonen, Mitglied in der ESG.[2419] Das MfS proklamierte infolgedessen eine intensivere Arbeit gegen kirchliche Gruppierungen, namentlich die ESG und KSG, sowie gegen alternative Bewegungen und Versuche, oppositionelle Plattformen zu schaffen. Es habe sich gezeigt, dass sich sowohl die „Einschleusung von bereits geworbenen IM mit Beginn des Studiums in kirchlichen Gruppen", als auch die Kooperation mit anderen Diensteinheiten des MfS bewährt habe. Ein Weg, der unbedingt weiter beschritten werden müsse.[2420]

Im Sommer 1987 fielen die Schranken der Vorsicht endgültig. Insbesondere die Veranstaltung der ESG am 17. Juli 1989 war brisant. Das Thema hieß „Typisch DDR" und war dem 40. Jahrestag der DDR gewidmet. Ein Mitglied der Jugendkommission der SED-Kreisleitung und ein Mitglied der FDJ-Kreisleitung hatten von dem Termin erfahren, da

---

[2416] KDI vom 31.5.1988: Zur Durchsetzung der DA 2/85 des Ministers und der DA 3/85 des Leiters der BV Suhl; BStU, BV Suhl, KDI, Nr. 2319, Bl. 137–141, hier 137.

[2417] 1973 tätig an einem Prager Rechenzentrum als Systemadministrator, 1978 Schlosser und Kindergärtner in Ostberlin. Betätigte sich u. a. literarisch im „Untergrund".

[2418] BV Suhl, KDI, vom 21.10.1985: Einschätzung politisch-operativ bedeutsamer Aspekte der Lage an der THI; BStU, BV Suhl, Abt. XX, Nr. 909, Bd. 1, Bl. 31–40, hier 34–36.

[2419] BV Suhl, o. D., aber 1985: Informationen über gegenwärtige Aktivitäten der ESG Ilmenau am Hochschulort; BStU, BV Suhl, Abt. XX, Nr. 1169, Bl. 210–213.

[2420] BV Suhl, KDI, vom 21.10.1985: Einschätzung politisch-operativ bedeutsamer Aspekte der Lage an der TH Ilmenau; BStU, BV Suhl, XX, Nr. 909, Bd. 1, Bl. 31–40, hier 39 f.

ein Plakat in der Stadt auf die Veranstaltung hinwies. Sie erlebten in der mehrstündigen Veranstaltung eine „düstere Diskussionsatmosphäre“, die zwar offen geführt worden sei, in der es aber zu Verleumdungen von Funktionären des Staatsapparates durch den Pfarrer gekommen sein soll. Auch seien sie beleidigt und die gesellschaftliche Entwicklung verunglimpft worden. Die beiden Vertreter von SED und FDJ sahen sich durch das Erlebte persönlich genötigt, dem Rat des Kreises Meldung zu erstatten. Sie notierten 74 Positionen des Pfarrers, die in der Tat die denkbar härteste Abrechnung mit der SED resp. dem DDR-Regime darstellte. Seine Aussage, wonach es „Staatspolitik“ sei, „die Ausreisewilligen zu terrorisieren“, gehörte noch zu den feineren Darlegungen.[2421] Das MfS war mindestens mit einem inoffiziellen Mitarbeiter anwesend und führte wenige Tage später mit zwei Teilnehmern Befragungen durch. Einer, den es befragte, war Physiker und Oberassistent an der Hochschule. Am 28. August führte der zuständige Kreisstaatsanwalt mit dem Pfarrer ein Gespräch, das auf Tonband mitgeschnitten wurde. Die Aussagen seitens des Staatsanwaltes waren bedrohlich, die des Pfarrers wunderbare Ermutigungen zur Freiheit.[2422]

5.4.5 Flucht und Übersiedlung

Die meisten Bürger der DDR richteten sich in ihrem Staat ein, so gut es eben ging. Nicht wenige wären gegangen, hätten sie die Gelegenheit dazu bekommen. Als es diese Möglichkeit im Herbst 1989 gab, wenngleich unter Gefahren, sind sie in Massen gegangen. „Wenn er jünger wäre, bliebe er nicht hier“, hatte einst der einzige in der DDR lebende Nobelpreisträger, der Physiker Gustav Hertz (1887–1975), in „Verärgerung über die Hochschulpolitik in der DDR“ gesagt.[2423]

Flucht
Karl Winzer erörterte zeitnah in einem Artikel mit dem Titel *„Das Schicksal Professor Hämels – ein Beispiel für viele“* die Flucht Josef Hämels. Sein Beitrag ist eine Kompilation aus Selbstzeugnissen, Urteilen anderer und Veröffentlichungen. In zeitlicher Nähe der Flucht des „Arztes des Volkes“ und Trägers des Vaterländischen Verdienstordens lag die 400-Jahrfeier der FSU Jena, die als ein Hochfest des sozialistischen Bildungswesens firmierte.[2424] Während sich das *Neue Deutschland* üblicher Floskeln bediente, wonach Hämel „unter dem Einfluss der verstärkten Hetze“ und „des Drucks reaktionärer Kreise“ „ein außergewöhnlich hohes Maß an Würdelosigkeit“ gezeigt habe, hielt Hämel laut Winzer dagegen: „Als ich vor sieben Jahren abermals das Rektorat der Universität Jena übernahm, hoffte ich, die akademischen Werte dieser alten, traditionsreichen Universität durch meine Arbeit wahren zu können. Obgleich allgemein bekannt war, dass ich kein Marxist bin, ist in den ersten Jahren eine gedeihliche Arbeit mit den zuständigen Stellen der Sowjetzone

---

2421 Schreiben an den Rat des Kreises vom 24.7.1989 und Protokoll eines IM, aufgefunden in: BV Suhl, Abt. XX, vom 25.7.1989: Aussagen des Pfarrers; BStU, BV Suhl, Abt. XX, Nr. 1462, Bl. 1–9.
2422 Zwei Protokolle vom 26.7.1989 und eine Abschrift des Gesprächs des Staatsanwaltes mit dem Pfarrer; ebd., Bl. 10–21 u. 22–25.
2423 HA VI/2 vom 15.10.1959: Aussprache mit Barwich am 14.10.1959; BStU, MfS, AIM 2753/67, Teil I, 1 Bd., Bl. 135.
2424 Vgl. Kaiser, Tobias: Das Universitätsjubiläum 1958. Erinnern an die spektakuläre Flucht des Rektors Hämel, in: Gerbergasse, 18(2008)3, S. 15–17.

möglich gewesen. Die zunehmende Politisierung des Hochschulwesens jedoch, insbesondere nach dem V. Parteitag der SED, hat dann eine Situation hervorgerufen, die allgemein als immer unerträglicher empfunden wurde. [...] Die Universitäten werden wie Finanzämter organisiert."[2425]

Harald Beck schrieb vier Jahre später am 26. Dezember 1962 dem Dekan der Fakultät Feinmechanik/Optik, Karl-Otto Frielinghaus, dass er nach den Weihnachtsferien nicht mehr nach Ilmenau zurückkehren werde. An erster Stelle stehe als Grund dafür der Mauerbau am 13. August, der seine Familie getrennt habe. Und wenn er überhaupt reisen dürfe, dann sei „die Erlangung von Aufenthalts- und Reisegenehmigungen nur unter Inkaufnahme der Willkür ideologisch vernagelter Parteifunktionäre möglich". Und: „Als beinahe ebenso wichtigen Grund nenne ich die verfügte zwangsweise Absperrung von der Wissenschaft des westlichen Auslandes bzw. dem westlichen Teil unseres Vaterlandes. Es berührt mich zutiefst, die einschlägigen Fachtagungen nicht mehr besuchen zu können, umso mehr, als die Kollegen aus dem sozialistischen Ausland durchaus hierzu die Möglichkeit haben." Als Beispiel führte er die jüngste Jubiläumstagung der Deutschen Lichttechnischen Gesellschaft (LiTG) an, der er 30 Jahre als Mitglied angehörte. „Eine derartige Behinderung der wissenschaftlichen Informationsmöglichkeit ist mir zu absurd, als dass ich sie mir auf die Dauer bieten lasse." Materielle Gründe seien es nicht, auch wisse er die materielle Unterstützung seitens der Akademie der Wissenschaften und der Hochschule einschließlich der Übergabe beider Institute wertzuschätzen. „Aber das andere hat eben doch schwerer gewogen." Es gebe jedoch auch hochschulseitig zu bemängeln, dass die Arbeitsbedingungen nicht mehr so seien wie am Anfang, „als noch alle ihre volle Kraft einsetzten, um auf rascheste Weise eine Hochschule quasi aus dem Boden zu stampfen". Mittlerweile sei Resignation und Hoffnungslosigkeit eingetreten, „die durch hochtönende Reden im Senat und bei sonstigen Gelegenheiten dürftig überkleistert werden". Dabei ging es Beck nicht so sehr um die Knappheit der materiellen und finanziellen Mittel, sondern mehr darum, „dass ein unterirdischer Kampf gegen einzelne Mitglieder des Lehrkörpers geführt wird". Als Beispiel nannte er die politische Affäre um einen seiner Assistenten, zu der er keinerlei Informationen erhielt, sehr wohl aber Dritte. Ein erbetenes Gespräch mit Parteisekretär Alfred Pfestorf blieb unerhört. Der habe zwar einen Termin genannt, dann aber abgesagt und nicht mehr erneuert. „Auf solche Weise muss der Eindruck entstehen, dass man bewusst Material sammelt, um dann einen umso sicheren Schlag führen zu können."[2426] Sein Namensvetter Max Beck sah sich acht Jahre vorher in einer ähnlichen Situation. Da er als Hochschullehrer die klassische bürgerliche Betriebswirtschaftslehre vertrat (Mellerowicz, Kalveram, Schmalenbach)[2427], passte er angeblich nicht in die Konzeption der Technologenausbildung an der HfE Ilmenau. Borchert vom Institut für Industrieökonomik vertrat gegenüber dem SED-treuen Rektor der Hallenser Universität, Leo Stern, die

---

[2425] Winzer, Karl: Das Schicksal Professor Hämels – ein Beispiel für viele, aufgefunden in: BStU, BV Rostock, AOP 89/60, 1 Bd., Bl. 109. Literaturhinweis: Heinemann, Manfred: Die Wiedereröffnung der FSU Jena im Jahre 1945, in: Voigt/Mertens: DDR-Wissenschaft, S. 11–44.

[2426] Schreiben von Beck an Frielinghaus vom 26.12.1962; UAI, 6992 Pers, S. 1–3.

[2427] Waren Konrad Mellerowicz und Wilhelm Kalveram nazibelastet, entkam Eugen Schmalenbach letztlich der Vernichtung durch das NS-Regime, da er und seine Frau versteckt worden waren.

Auffassung, dass Beck auch an keiner anderen ökonomischen Fakultät oder Hochschule der DDR lehren könne. Jedoch habe es das SfH abgelehnt, ihn nach Westdeutschland ausreisen zu lassen.[2428]

Statistiken über längere Zeiträume zu Fluchten von Beschäftigten und Studenten der HfE resp. TH Ilmenau sind nur wenige aufgefunden worden. Es dominieren die Zählungen des FIM Rudi Schön. Demnach flüchteten vom 1. September1953 bis zum 31. Dezember 1959 drei Angehörige resp. Studenten der Fakultät Feinmechanik/Optik, 19 von der Starkstromtechnik sowie 54 von der Schwachstromtechnik. Diese 76 Fälle sind jedoch nicht alle. Eine Statistik für den Zeitraum vom 1. März bis 8. Dezember 1958 der SED-GO der HfE Ilmenau weist 38 geflüchtete Studenten aus, von denen allein zehn aus der Technischen Grundfakultät stammten, die Schön nicht auswies.[2429] Für 1961 notierte er 16 Fälle, die Hälfte davon nach dem Mauerbau. Ab 1964 brach seine Fluchtberichterstattung ab, im Jahresmittel waren es neun Fluchten.[2430] Zum Vergleich: Die Humboldt-Universität zu Berlin verlor allein vom Januar bis November 1961 sage und schreibe 623 Personen.[2431]

Anzunehmen ist, dass über die Jahre gemittelt, pro Jahr mindestens sechs Angehörige und Studenten der Ilmenauer Hochschule flüchteten, was eine Mindestanzahl von 230 Personen ergeben würde. Aus Unterlagen des Universitätsarchivs, des BStU und des Staatsarchivs Meiningen konnten 189 Hochschullehrer, Assistenten, Angestellte, Arbeiter und Studenten ermittelt werden. Zudem hatte es gescheiterte Fluchtversuche gegeben. Während die Ehefrau in einem solchen Falle anlässlich einer Besuchserlaubnis in der Bundesrepublik verblieb, versuchte ihr Mann mit zwei Kindern über Ungarn zu fliehen. Beide arbeiteten an der TH Ilmenau in bedeutenden Positionen.[2432] Daten über Fluchten übermittelte auch die Kaderdirektion dem MfS, zuletzt im Oktober 1989.[2433] So wurden zwei ehemalige Studenten der TH Ilmenau am 30. November 1961 wegen versuchter „Republikflucht“ verurteilt. Einer der beiden wollte mit einem Kreislauftauchgerät der GST flüchten.[2434] Das Strafmaß: anderthalb Jahre. Ende Oktober 1989 kam es zu einer Mäßigung hinsichtlich des „Flucht“-Paragraphen 213 StGB, nicht aber zu seiner Aufhebung.[2435]

Übersiedlung

Wie im Fall der Fluchten, konnten auch für die Übersiedlung weder Gesamtstatistiken noch Statistiken über größere Zeiträume aufgefunden werden. Lediglich über sehr kurze Zeiträume liegen einige Summationen vor. Anders als im Falle der Fluchten, kann hierzu keine hochgerechnete Anzahl angegeben werden. Die 100-Personen-Marke dürfte jedoch überschritten worden sein. Das zeitliche Verfahren in den 1970er Jahren nach der

---

2428 Schreiben von Borchert an Stern vom 7.7.1954; UAI, 2336 Pers, 1 S.

2429 HPL der HfE vom 8.12.1958: Bericht über die politische Massenarbeit unter den Studenten; LATh-StA Meiningen, BS 4-95-1317, AS 16, S. 1–8, hier 3.

2430 BStU, BV Suhl, AIM 377/90, Bde. 4 bis 7.

2431 Kowalczuk: Die Humboldt-Universität, S. 462.

2432 THI, BSG, vom 27.10.1988: Informationsbericht „Oktober 1988“; BStU, BV Suhl, AIM 1592/90, Teil II, Bd. 6, Bl. 59–66, hier 65 f.

2433 BV Suhl, Abt. XX, vom 18.10.1989: Bericht zum Treffen mit „Peter Arbeiter“; ebd., Bl. 168 f.

2434 Zanter: Entwicklung des Hochschulwesens, S. 12; UAI. Quelle: neue hochschule, Nr. 8 u. 9, (1961).

2435 Bezirksbehörde der DVP, Leiter Kriminalpolizei: Orientierung zur vorläufigen Anwendung des § 216 StGB; BStU, BV Suhl, KDI, Nr. 2721, Bl. 68–71.

Schlussakte von Helsinki lief der äußeren Form nach – hier im Falle eines Diplom-Ingenieurs der Sektion ET – wie folgt ab: Antragstellung Anfang Juli 1976 – Gespräch mit dem Direktor für Kader und Qualifizierung Mitte November – Ablehnung des Antrags Mitte Dezember durch die, wie es hieß, zuständigen Stellen der DDR.[2436] Die SED erkannte rasch, dass sich gute Geschäfte mit Flucht- und Übersiedlungswilligen machen ließ.[2437] Doch vor dem Verkauf in den Westen folgte ein Martyrium über meist lange Zeit; ein Beispiel:

Im Sommer 1976 stellte ein Angestellter der Mensa einen Antrag auf Übersiedlung.[2438] Der Antrag wurde erwartungsgemäß abgelehnt. Eine Aussprache in der Mensa unter Leitung des Kaderchefs fand am 9. November statt. Der Angestellte protestierte und zeigte sich nicht einverstanden mit der Begründung der Ablehnung; ins Protokoll kam, dass er „vollkommen uneinsichtig und nicht bereit" gewesen sei, „ein ganz kleines Bisschen von seiner Position aufzugeben".[2439] Da er nicht aufgab, hieß es später, dass er weiter hartnäckig jeden Versuch ablehnte, ihm von seinem Willen zur Übersiedlung abzubringen. Die Aussprachen seien völlig ergebnislos verlaufen. Er sei doch angesehen, fleißig, einfach tadellos, sagte man ihm. Dies, so soll er geantwortet haben, sei sein Verdienst und nicht ein Ergebnis der Bedingungen im Sozialismus. Da er all seinen Pflichten weiterhin ordentlich nachkam, sich in der Sache ruhig verhielt, war zunächst „eine Veränderung seiner Tätigkeit nicht vorgesehen".[2440]

An einer weiteren Aussprache am 8. Juli 1977 nahmen drei Funktionäre der Hochschule teil, der 1. Prorektor, der Direktor für Planung und Ökonomie sowie der Kaderdirektor. Auch diesmal war es ein vergebliches Unterfangen, ihn überzeugen zu können, dass seine „Begriffskonstruktion zur Familie nicht mit dem im Familiengesetz festgelegten Begriff" übereinstimme. Der Antragsteller hatte auf Familienzusammenführung plädiert und angeblich einen sehr weiten Begriff von Familie vorgetragen. Da er sich weiterhin weigerte, seinen Antrag zurückzunehmen, konstruierten die drei Funktionäre einen Verstoß gegen die Staatsordnung, in dem sie ihm unterstellten, „die Zuständigkeit und Autorität der Staatsmacht" abzulehnen. Seine permanente Ablehnung, den Antrag zurückzuziehen, sei eine „Provokation gegen unsere staatliche Ordnung". Ausdrücklich habe er seinen Antrag erst nach der KSZE gestellt, und auch vor der neuen gesetzlichen Regelung, woraus sie letztlich eine Gesetzeswidrigkeit ableiteten. Das Gespräch endete überaus frostig und mit handfesten Drohungen gegen ihn.[2441] Im Spätherbst 1977 spitzte sich der Konflikt gefährlich zu, Repenning sprach von einer „totalen gesellschaftlichen Inaktivität" des

---

2436 THI, Repenning, vom 10.7.1976: Informationsbericht „Juli 1976"; BStU, BV Suhl, AIM 1592/90, Teil II, Bd. 2, Bl. 133–135, hier 135. THI, Direktorat K/Q, vom 17.12.1976; ebd., Bl. 279 f. THI, BSG, vom 7.1.1977: Informationsbericht „Januar 1977"; ebd., Bl. 243–250, hier 247.

2437 Literaturhinweise: Eisenfeld, Bernd: Die Zentrale Koordinierungsgruppe. Bekämpfung von Flucht und Übersiedlung. Berlin 1996. Lindheim, Thomas von: Bezahlte Freiheit. Der Häftlingsfreikauf zwischen den beiden deutschen Staaten. Baden-Baden 2011.

2438 THI, Repenning, vom 10.11.1976: Informationsbericht „November 1976"; BStU, BV Suhl, AIM 1592/90, Teil II, Bd. 2, Bl. 163–171, hier 165.

2439 THI, Direktorat K/Q, vom 11.11.1976: Aktennotiz; ebd., Bl. 172 f.

2440 Ebd., Bl. 83.

2441 THI, Direktorat K/Q, vom 11.7.1977; ebd., Bd. 3, Bl. 84 f.

Antragstellers.[2442]

Den Anträgen auf Übersiedlung folgten aufforderungsmäßig „Vorstellungen“ beim Rat der Stadt, Inneres. Dem sprunghaften Anstieg der Antragsteller auf ständige Ausreise bürokratisch formgerecht zu entsprechen, lieferten die Räte der Kreise den Kaderleitungen Hinweise für die Anfertigung der sogenannten Aussprache-Protokolle. Der Rat des Kreises Ilmenau verlangte Ende März 1977 erstmals die Zusendung solcher Protokolle in vierfacher Ausfertigung. Die Zusendung sollte kompakt alle vier Wochen erfolgen. Hier hinein kamen sämtliche Daten zur Person und die Genese der Antragstellung.[2443]

Der Informationsaustausch zwischen der TH Ilmenau und den SED- resp. staatlichen Stellen war in beiden Richtungen trotz gelegentlicher Klagen über zu späte Information zweckorientiert, er beinhaltete regelmäßig auch konkreten Personendaten und Richtlinien für die Bearbeitung. Etwa die Information des Rates des Kreises Plauen, Inneres, an die TH Ilmenau über den Ausreiseantrag eines Studenten im Frühjahr 1988, von dem sie dies noch nicht wusste. „Von Seiten des Studenten [M]“ wurde „weder das Direktorat für Studienangelegenheiten noch die Sektion von diesem Schritt in Kenntnis gesetzt.“ Er „wurde umgehend zu einer Aussprache eingeladen“ und vor die Wahl gestellt, dass er entweder per Exmatrikulation oder einfach „auf dem Verwaltungsweg gestrichen werden“ könne. Der Student entschied sich für die Streichung. Er bekam für das Verlassen der Hochschule inkl. aller Abmeldeformalitäten einschließlich des Besprechungstages vier Tage Zeit.[2444] Die sofortige Exmatrikulation kam nicht in allen Fällen zur Anwendung, etwa wenn die Eltern oder ein Elternteil einen Antrag auf ständige Ausreise gestellt hatten und nicht abzusehen war, ob dieser genehmigt würde, und wenn ja, ob dann das Kind mitginge oder nicht.[2445] Die Exmatrikulationen geschahen auch dann umgehend, wenn der Grund eine Familienzusammenführung war, wie in einem Fall von Ende August 1987. Nur wenige Tage später, am 2. September, wurde er „auf dem Verwaltungswege exmatrikuliert“.[2446]

Die Ausreisewelle erfasste die TH Ilmenau endgültig im Frühherbst 1989. Waren es vordem, so weit zu sehen ist, monatlich durchschnittlich kaum mehr als drei Personen, waren es nun um die fünf. Aktuell waren je zwei wissenschaftliche Mitarbeiter und Studenten geflüchtet. Fünf Studenten erschienen nicht zum Studienbeginn, drei nicht zum Vorbereitungskurs.[2447]

2442 THI, Repenning, vom 12.9.1977: Informationsbericht „November 1977“; ebd., Bl. 146–155, hier 151.
2443 RdK Ilmenau an die Direktion Kader/Bildung der THI vom 28.3.1977, aufgefunden in: BStU, BV Suhl, AIM 1589/90, Teil II, Bd. 1, Bl. 421. Gliederung der Niederschrift, aufgefunden in: ebd., Bl. 422.
2444 THI, Direktorat StA, vom 11.4.1988: Information, aufgefunden in: BStU, BV Suhl, Abt. XX, Nr. 948, Bl. 1.
2445 THI, Prorektor für Erziehung und Ausbildung, vom 11.4.1988: Aktennotiz, aufgefunden in: ebd., Bl. 3.
2446 THI, Direktorat StA, vom 2.9.1987: Exmatrikulation; BStU, BV Suhl, AIM 1592/90, Teil II, Bd. 5, Bl. 333.
2447 BV Suhl, Abt. XX, vom 10.10.1989: Politisch-operative Lage im Sicherungsbereich der THI „September 1989“; ebd., Bl. 53 f.

6 Schlusswort

Eine integrative Historiographie erfordert zum einen eine zeitaufwendige Suche und Vernetzung von Mikro- und Primärdaten, zum anderen eine Art Bildhauertechnik, mit der der angereicherte Koloss von Daten wieder verschlankt werden kann. Die Hebung von vor allem unbekannten Quellen, und diese waren allererst im ehemaligen Archiv des Bundesbeauftragten für die Unterlagen des Staatssicherheitsdienstes der ehemaligen DDR (BStU) zu erwarten, war die diesbezüglich wichtigste Aufgabe. Es verstand sich, dass gerade diese Quellen einer besonderen Prüfung auf Validität bedurften. Auch dem Erinnern der Zeitzeugen war mit Skepsis zu begegnen. Nicht nur, weil die These von der ruhigen Thüringer Insel im ansonsten durchherrschten SED-Reich, mit der der Verfasser von Anbeginn zu ringen hatte, im Prozess der Forschung stetig an Glaubwürdigkeit verlor, sondern auch, weil Fakten erinnerungspsychologisch oft verschoben sind, oder mit dem Bonmot Karl Valentins gesagt: „Ich weiß nicht mehr genau, war es gestern oder war's oben im vierten Stock."

Die Studie bietet in ihrem Hauptkapitel eine Chronologie, in der Ereignisse und Geschehnisse wie Hochschulreformen und -konferenzen, hochschulrelevante Beschlüsse der SED, aber auch bedeutende Ereignisse wie der Ungarn-Aufstand 1956, die Grenzschließung 1961 und der Prager Frühling 1968 berücksichtigt sind. Sie zeigt exemplarisch, dass die SED der technischen Ausbildung einen hohen Stellenwert beimaß. Das entsprach einem seit dem 18. Jahrhundert weltweiten Trend, der im 20. Jahrhundert zunehmend auch militärisch intendiert war, und an dem die TH Ilmenau ab 1985 besonderen Anteil nahm. Unbestritten bestand ihre primäre Leistung darin, erstklassige Ingenieure und Spitzenleistungen für die Volkswirtschaft hervorgebracht zu haben, auch wenn viele Leistungen systembedingt nicht oder nicht so wie gewünscht überführt werden konnten. Mit Stand vom 19. September 1990 verließen 14.200 diplomierte Absolventen die Hochschule, wurden 1.947 Personen promoviert, 241 habilitierten sich.[2448]

Tabelle 79: Hochschulfrequenz (IV), 1953–1990[2449]

Jahr	Anzahl	Jahr	Anzahl	Jahr	Anzahl
1953	268	1966	2.417	1979	2.145
1954	676	1967	2.394	1080	2.510
1955	936	1968	2.579	1981	2.509
1956	1.391	1969	2.778	1982	2.527
1957	1.895	1970	2.778	1983	2.605
1958	2.090	1971	2.868	1984	2.606
1959	2.114	1972	2.470	1985	2.637
1960	2.202	1973	2.339	1986	2.645
1961	2.446	1974	2.326	1987	2.576
1962	2.606	1975	2.268	1988	2.609
1963	2.556	1976	2.243	1989	2.616
1964	2.482	1977	2.275	1990	2.537
1965	2.456	1978	2.163		

[2448] THI, Rektor, vom 19.9.1990: Beantwortung der durch die Geschäftsstelle des Wissenschaftsrates an die Hochschulen in der DDR gerichteten Fragen; UAI, Rep. A34.3.1, Nr. A3/59, S. 1–13.

[2449] Ermittelt von Stephan Reiter, TU Ilmenau, geliefert am 21.6.2018. Abweichungen zu den Tab. 3, 19 u. 31 sind erkannt. Die Differenzen beruhen auf Datierungsungenauigkeiten und Definitionsunschärfen.

Ein Gegenbild zu dieser Grundleistung liefern einige politische Momente, die, forschungsstrategisch und methodisch bedingt, bei einer oberflächlichen Lektüre diese gute Seite der Hochschule verblassen lassen können. Hierzu zählen vor allem die *politisch* begründeten Titelaberkennungen, Entlassungen und Exmatrikulationen sowie Fluchten, Verhaftungen und Disziplinarstrafen, die, wenngleich nicht quantitativ, so doch qualitativ befriedigend und in einigen Fällen auch in kleineren Statistiken sowie exemplarisch nachgewiesen werden konnten.

Drei Phänomene im geschichtlichen Verlauf waren von Dauer: der naturale Ressourcenmangel, der massive staatliche Druck auf viele Kernbelange der Hochschule, wie etwa die Frage der Industrieforschung, sowie der hohe Stellenwert der sozialistisch-kommunistischen Erziehung. Meisterte die Hochschule das erste Phänomen durch vielfältige Eigeninitiativen und Ideen mit Bravour, so erfüllte sie die beiden anderen Staats- und Parteiaufgaben gehorsam, oft auch vorauseilend, hin und wieder auch rigide. Dennoch sah die SED die Gefahr einer Entideologisierung. Schließlich schloss sich nach der friedlichen Revolution von 1989 mit der „Entstasifizierung" und Evaluation bis 1993 ein weiteres hartes politisches Moment an, das der heißen Phase der Entnazifizierung von 1945 bis 1948 nicht nur von der Zeitdauer ähnlich war. Es ist im nationalen Vergleich gerechtfertigt, den Ilmenauern in der Frage der Evaluation eine gute Note zu geben, wenn es denn eine solche überhaupt geben darf. War man resistenter, nicht so ins Zentrum eines politischen, medialen Begehrens gerückt, griff die politische Evaluierung hier nicht richtig, war man gar – im atheistischen Thüringen – christlicher? Fragen, die offen bleiben müssen. Das Studium der Konvolute zur Evaluation zeigt jedenfalls, dass der von Eberhart Köhler gelebte Humanismus stilbildend war. Ihm gebührt ein herausgehobener Platz in der Geschichte der Ilmenauer Hochschule, den er mit drei großen Persönlichkeiten der TH Ilmenau teilt: Hans Stamm, Werner Bischoff und Eugen Philippow. Mein persönlicher Held aber ist Günther Ulrich, jener Mann, der im praktischen Vollzug seines reichen hochschulpolitischen Lebens alles dafür tat, die hohen Ideale der Bildung und Gerechtigkeit ohne Ansehen von Personen zu verteidigen. Für einige Zeitgenossen mag es sehr überraschend sein, dass der vorletzte und langjährige Rektor der TH Ilmenau, Gerhard Linnemann, mit dieser Studie eine Rehabilitation erfuhr.[2450]

Der Ressourcenmangel erforderte stets eine kluge Allokation der knappen Mittel. Hier waren all jene Konflikte angesiedelt, die die klassische Grundfigur von der volkswirtschaftlichen Enge markieren. War der Mangel an geeigneten Hochschullehrern zunächst den Kriegsfolgen geschuldet, wobei dieser durch Flucht und Abwanderung sowie politisch gesteuerte Maßregelungen temporär noch verstärkt wurde, blieb er nichtsdestotrotz existent. Die Hochschulführung kam nie aus der kritischen Gesamtgemengelage der Knappheit heraus, auch wenn die SED vielerlei Experimente für eine Ökonomisierung und Rationalisierung ersann, an der die Hochschule teilnahm. Eingedenk der chronisch begrenzten Kapazitäten an Unterkünften, Institutsräumen, Ausrüstungen, Material und Personal, war es

---

2450 Bereits aufgegriffen von Ralf Weber, in: Interview von Klaus-Ulrich Hubert: Aufstieg und Fall des Gerhard Linnemann, in: Südthüringen.de vom 6.1.2022, geholt am 21.3.2022.

oft außerordentlich schwer, den steten Änderungswünschen des Staates hinsichtlich der Zulassungs- und Absolventenzahlen zu entsprechen. Zwingend hielten Direktstudienzeitverkürzungen, Ressourcen- und Phasenverschiebungen Einzug in das Tagesgeschäft. Auf der anderen Seite benötigten die Industrie mehr und vor allem modern ausgebildetes technisches Personal, allein schon deshalb, weil gemessen am mittleren Welthöchststand die Arbeitsproduktivität, der Technisierungs- und Automatisierungsgrad und anderes mehr den internationalen Standards nicht genügten.

Der massive staatliche Druck auf die Hochschule war spätestens mit der Umbenennung der HfE in TH Ilmenau voll entfaltet, gewann aber von 1966 bis 1968 zum Zeitpunkt der Einfädelung der 3. Hochschulreform nochmals an Durchschlagskraft. Und auch danach ließ die SED den hohen Bildungsstätten keine Ruhe: Reformen, Profilierungen, Umstrukturierungen und Schwerpunktverlagerungen in Forschung und Lehre folgten Schlag auf Schlag. Akklamationen und Berichterstattungen wurden zunehmend zu Arbeitszeitkillern auf den Führungsebenen. Wissenschaftliche Perspektivpläne, Wissenschaftskonzeptionen, die Bildung von Hauptforschungsrichtungen und immer wieder neuen Arbeitsgruppen und Kommissionen – oft mit verheißungsvollen Namen – beherrschten die Szenerie.

Dass Bildungsreformen „immer auch eine politische Dimension haben“, darauf verweist Carla Auby Kradolfer in ihrer Besprechung der Dissertation Wolfgang Lambrechts zum Forschungsgegenstand der Technischen Hochschule Karl-Marx-Stadt.[2451] Jedoch genügt diese Aussage im Falle der DDR bei Weitem nicht. Hier besaßen die Bildungsreformen primär eine politische Dimension. Es ist dies nicht nur die zentrale Frage dieser Studie schlechthin, sondern auch eine des Unterschieds von Akzidenz und Substanz. Freilich hafteten den genuin politischen Bildungsreformen – einzeln und summarisch als Aggregation – auch Teile an, deren Sinnhaftigkeit für die reine (Fach-)Bildung außer Zweifel stand. Brachte Stamm, wie es ein Zeitgenosse zutreffend sagte, die Hochschule auf Kurs und minimierte den ideologischen Druck von Seiten der Partei,[2452] so war dies nach Hans-Joachim Mau weitgehend passé. Das Urteil dieses Zeitgenossen, eines inoffiziellen Mitarbeiters des MfS, aus dem Jahr 1961 ist auch heute en vogue. Dennoch zählte, was die Frage der *sozialistischen* Hochschulen anlangt, die HfE Ilmenau von Anbeginn nicht zu den renitenten. Als die SED 1958 mit ihrer III. Hochschulkonferenz die Transformation der hohen Bildungsstätten auch begrifflich mit „sozialistischen Hochschulen und Universitäten“ in Szene setzte, war die HfE Ilmenau nicht nur viereinhalb Jahre alt, sondern sie war mit ihrer Gründung als Spezialhochschule immanent eine solche von Anbeginn. Von den alteingesessenen Universitäten und der TU Dresden wurde diese Konstruktion als Schmalspurhochschule desavouiert. Gern wird heute darauf verwiesen, dass die sozialistischen Spezialhochschulen zwar so getitelt wurden, letztlich aber so normal wie alle anderen waren. Das ist zu bezweifeln. Es gibt zumindest zwei Indikatoren, die es Sinn machte, über die vergleichende Forschung zu prüfen. Zum einen hohe Prozentsätze von SED-Genossen

[2451] H-Soz-u-Kult, 2008: From: HSK (Rita Casale)<hsk.mail@geschichte.hu-berlin.de>to Prof. Dr. Manfred Heinemann<m.heinemann@zzbw.uni-hannover.de>, an den Verf. am 22.7.2009, S. 1–4, hier 1.

[2452] KDI, OG „HS“, vom 14.4.1961: Bericht von „Peter Heinemann“ vom 6.4.1961; BStU, BV Suhl, AOP 1115/63, Bd. 1, Bl. 31–33, hier 31.

in den Fakultäten resp. Sektionen. Hier fällt besonders die Kategorie der ordentlichen Professoren ins Auge, für die 1978 ein Satz von 65,9 Prozent tradiert ist. Auch ist die Mitgliedschaft in der SED eng liiert mit der Mitarbeit für das MfS (73 Prozent). Schließlich war die Durchsetzung der TH Ilmenau mit inoffiziellen Mitarbeitern hoch (Tab. 74).

Bereits mit der 2. Hochschulreform von Anfang 1951, begann die SED definitiv die Macht über die hohen Bildungsstätten an sich zu reißen. Vom Impetus her mag sie gar wichtiger als die 3. Hochschulreform gewesen sein, die dann zum entscheidenden hochschulpolitischen Moment in der Zeitspanne vom Mauerbau bis zur Revolution avancierte und final die letzten Reste der alten Hochschulautonomie beseitigte sowie den „Sturm auf die ‚Festung Wissenschaft'" vollendete. Zeigte sie bereits 1965 erste Konturen, war sie 1972 beendet. Die TH Ilmenau warf in historisch kurzer Zeit ihre eigentlich noch junge Struktur ab und vollzog einen politischen wie auch ökonomischen Schulterschluss mit der zentralistisch geformten Wissenschafts- und Wirtschaftspolitik der SED. Es erfolgte zwingend die Anpassung der Forschung an die Erfordernisse der volkswirtschaftlichen Pläne. Die überaus wichtige Grundlagenforschung geriet in eine anhaltende Dysbalance. Die Infiltration „gesellschaftlicher Träger" – im Kern Ja-Sager des SED-Regimes und Nichtfachleute – in die Entscheidungsprozesse der Universitäten und Hochschulen überschritt jedes Maß. Und hinter den Kulissen perfektionierte das MfS seine Organisation und Methoden sowie den hypertrophen Geheimnisschutz zum Zwecke der Durchsetzung der oft tagespolitisch motivierten Interessen der SED.

Der ehemalige Stellvertreter des Ministers des MHF und einstige Rektor der Rostocker Universität, Günter Heidorn, äußerte 2007 auf einem Rostocker wissenschaftshistorischen Kolloquium, dass er, wenn er von Bürgern beider deutscher Staaten gefragt werde, ob die 3. Hochschulreform eine Art Reflex auf Reformen in der Bundesrepublik gewesen sei, antworte, dass er das weder mit einem Ja noch mit einem Nein beantworten könne.[2453] In der Tat gewannen international nichtfachliche Argumente an Zugkraft. Etwa wenn 1968 in Österreich gefordert wurde, dass die Studentenschaft bei der Wahl des Rektors und im akademischen Senat stimmberechtigt und drittelparitätisch vertreten sein sollte; Zitat: „Der Bildungsanspruch der Universität besteht in der Heranbildung von kritisch-rational denkenden Menschen, die dem gesellschaftspolitischen Auftrag der Universität gerecht werden können."[2454] Das MHF besaß Studien und Expertisen zum Bildungssystem der Bundesrepublik, nicht zuletzt durch Zulieferungen des MfS. 1965 reiste gar eine Delegation der DDR in die Bundesrepublik nach Freiburg und München, um sich entsprechende Erfahrungen anzusehen.[2455] Heidorns Weder-Ja-noch-Nein, entsprach diesem Wissen um den steten Blick nach „Drüben", aber auch dem Wissen um den Sturm der SED auf die „Festung Wissenschaft und Bildung". Waren sich offenbar die meisten Historiker bis 1989

[2453] Heidorn, Günter: Die III. Hochschulreform – Versuch einer Verbesserung der Leitung und Planung im Hochschulwesen der DDR, in: Guntau, Martin/Herms, Michael/Pade, Werner (Hrsg.): Zur Geschichte wissenschaftlicher Arbeiten im Norden der DDR 1945 bis 1990. Tagungsband, S. 120–123, hier 120.

[2454] Ebner, Paulus: Alles neu? Die ÖH und die österreichischen Studierenden in den 1960- und 1970er-Jahren, in: Wirth: Neue Universitäten, S. 35–53, hier 43. Hier zitiert: Strukturen einer neuen Universität – Das studentische Reformkonzept, in Bilanz 6(1968)5/5, S. 1–5, hier 7.

[2455] Lambrecht: Wissenschaftspolitik, S. 129.

einig, dass die 3. Hochschulreform eine nationale Angelegenheit war, so mehrten sich nach der Revolution Stimmen, die hieran Zweifel äußerten. Beispielsweise Siegfried Prokop, für den die 1968er Studentenunruhen im Westen und die Angst um Nachahmung im Osten zu einem Durchbruch der 3. Hochschulreform infolge der Rede Hannes Hörnigs am 28. Februar 1968 an der HU Berlin verhalfen. Hörnig soll einem Paukenschlag gleich den „Gordischen Knoten in Richtung Reform durchstoßen“ haben. Vordem soll es auffällig ruhig gewesen sein, nichts auf die Reform hingedeutet haben.[2456] Diese Auffassung ist, wie wir sahen, absolut nicht haltbar.

Ohne Zweifel aber existierten weltweit ähnlich ablaufende Prozesse, gab es den Zeitgeist, den wissenschaftlich-technischen Fortschritt und die Macht der Universalien. Etwa in der Frage der wachsenden Komplexität bei steter Ausdifferenzierung von Fachdisziplinen sowie der Vernetzung und Konzentration von wissenschaftlichen, kommunikativen und naturalen Potenzialen. Aber die eigentlichen Merkmale der politischen Verklammerung der Hochschulen in Rhetorik, Semantik und Struktur der SED-Zentralplanwirtschaft und den schlussendlichen Vollzug des Sturmes auf die „Festung Wissenschaft“, letztlich die eigentliche bolschewistische Zielvorstellung der SED, waren andere als im Westen. Bereits 1967 gab es einen konsistenten Druck der SED, möglichst rasch die Reform abzuschließen. Die ersten Sektionen wurden gegründet, der Fahrplan stand. Die 3. Hochschulreform und das mit ihr korrespondierende Gesetz über das entwickelte sozialistische Bildungssystem (ESB), dessen Grundsätze bereits 1964 öffentlich diskutiert wurden, bildeten eine Klammer, die für die SED das Finale im Angriff auf das alte bürgerliche akademische Verständnis von Autonomie markierte. Heidorn räumte bereits 1987 ein, dass „auf allen Ebenen [...] zu Lasten der Universitätsautonomie das Prinzip der Einzelleitung durchgesetzt“ wurde.[2457] Nicht wenige Hochschullehrer hielten den Autonomieverlust für falsch, denn, so argumentierten sie, eine Universität sei kein Industriebetrieb oder Kombinat. Eine Position, die Ende 1989 explizit auch der letzte Rektor der TH Ilmenau, Werner Kemnitz, in der bedeutenden Wissenschafts- und hochschulpolitischen Grundsatzerklärung seiner Hochschule kundtat.

Schadete die 3. Hochschulreform samt vor- und nachgelagerten Reformen der Ilmenauer Hochschule? Hätte Deutschland heute noch (mehr) bessere Ingenieure, wenn deren Lehrer mehr Zeit für die Ausbildung besessen hätten, und auch für eine Grundlagenforschung im Sinne dieser Ausbildung, statt ihre Energie für nicht wettbewerbsfähige Betriebe und militärische Abenteuerprojekte zu verschleudern? Existieren sozusagen elementare, vielleicht auch statistische Indikatoren eines Schadensaufweises? Als ein solcher

---

2456 Prokop, Siegfried: Probleme der 3. Hochschulreform in der DDR. Unter besonderer Berücksichtigung der Einflüsse der Hochschulmodernisierung im Westen, in: Burrichter, Clemens/Diesener, Gerald: Reformzeiten und Wissenschaft. Altenburg 2005, S. 17–41, hier 36 f. Tendenz zur Internationalität der Reform in: Weber/Theska/Sinzinger: Entwicklung der Fakultät von 1955 bis 2015, S. 17. Das betont auch Pohl in seiner Kritik auf Laitko, siehe: Pohl, Norman: Hochschulreform im Zeichen des Klassenkampfes. Zur Geschichte der Bergakademie Freiberg von 1960 bis 1970, in: Schleiermacher, Pohl: Medizin, Wissenschaft und Technik, S. 173–215, hier 179. Hinweise auch bei Lambrecht: Wissenschaftspolitik, S. 243–266.

2457 Krömke, Klaus/Friedrich, Gerd: Kombinate – Rückgrat sozialistischer Planwirtschaft. Berlin 1987, S. 32.

Indikator kann freilich die Patentanmeldetätigkeit gelten, denn wer keine Zeit wegen der zu verrichtenden Bürokratie – und dies nicht nur in der Phase der 3. Hochschulreform – hatte, der dürfte auch in seiner Forschertätigkeit beengt worden sein. Freilich existieren immer auch komplexe Einflüsse, die monokausale Aussage erschweren. Auffällig aber ist, dass die Anmeldetätigkeit von 1967 mit 52 Anmeldungen in den darauffolgenden beiden Jahren auf 35 und schließlich 31 abfiel – statt aufgrund einer verbreiterten Basis und eines vertieften Wissens der Hochschullehrer und Wissenschaftler zu steigen. Zumindest bis zum Ende des ersten Halbjahres 1970 verschlechterte sich die Situation weiter.[2458] Ein zweiter Indikator stellt das Promotions- und vor allem Habilitationsgeschehen dar. Dem MHF war kaum vermittelbar, dass die Hochschule in dieser Frage über die Jahre hinweg Defizite einfuhr, die zu dieser Zeit noch anwuchsen. Sie kannte nur die klassischen Mittel gegen das Defizit: Druck, Kontrolle und dauernde Rechenschaftslegungen. Ein dritter Indikator mag die Leistungsfähigkeit der Absolventen sein, sie zu bemessen, ist aber ex post so gut wie unmöglich. Auch hierin gab es Leistungseinbrüche etwa in der Mathematik und Mechanik, just zu dem Zeitpunkt, als die Reform der Vollendung entgegenging. Dagegen wuchsen der Verwaltungsapparat, der dienstleistende Forschungs- und Entwicklungssektor für die Industrie, die Gehorsamkeit (was bei Stamm auf gleicher Augenhöhe mit der Obrigkeit geschah, geschah nun in fast lupenreiner Akklamation – mit gewissen Ausnahmen beim späten Linnemann), die Bedeutung des Geheimnisschutzes und nicht zuletzt die spezielle Ausbildung, Forschung und Entwicklung. Schließlich konstatierte die Hochschulleitung Anfang 1973 ja selbst, dass die Wissenschaftsproduktion infolge der 3. Hochschulreform einen Einbruch erlitt.

Der politische Entwurf der SED sah für das Programm der Erziehung eine pausenlos stetige Entwicklung hin zum Kommunismus vor: es herrschte Planmäßigkeit in allem, nichts wurde dem Zufall überlassen – zumindest theoretisch. Die Vielfalt dieses Programms war groß und erstreckte sich nicht nur auf den eigenen Hochschulbereich, sondern vielgestaltig auch auf die Region. Die Ideologie der Erziehung zeichnet eine paradoxe Situation. Einerseits war sie stets präsent in Form von Beratungen, Belehrungen, Vorlesungen, Seminaren, Konferenzen und Einsätzen, raubte also ungemein viel Zeit und wurde kostenintensiv institutionell erweitert. Andererseits war sie zugleich auf eine eigentümlich geistige Weise auch inexistent, da ein nicht geringer Teil der Beschäftigten und Studenten sie nicht ins Bewusstsein einließen, was gleichsam zu Ermüdungserscheinungen beitrug. Es soll Studenten gegeben haben, die von der Erziehung nichts oder nicht viel mitbekommen haben wollen.

Eine Erkenntnis der Studie liegt im Nachweis, dass Administration, Anleitung und Kontrolle der Universitäten und Hochschulen zwar in der offiziellen und auch normativ-gesetzlichen Weise vom zuständigen Staatssekretariat resp. Ministerium sowie anderen SED-Institutionen ausgingen und auch durchgesetzt worden sind, was letztlich der einschlägigen Forschung und Logik entspricht, dass hierzu aber wesentliche Hilfs- und auch

---

[2458] Einschätzung des Leiters des BfN, aufgefunden in: BStU, BV Suhl, AIM 93/73, Teil II, Bd. 4, Bl. 225–227.

selbstständige Aufgaben vom MfS wahrgenommen wurden. Diese sind in der Forschung zwar nur noch selten unbeachtet, jedoch oft indifferent, episodisch, bagatellisierend oder eigentümlich separiert. Richtig aber ist, dass Platz und Rolle des MfS *organisch* im Staatswesen der DDR eingebettet waren. Populär dagegen sind entlastende oder belastende Narrative, wonach es der SED explizit zu folgen hatte oder eben willkürlich handelte.

Das Berichtswesen des MfS an die höchste Ebene der SED, das ZK, war vor allem summarisch, exemplarisch, statistisch und analytisch. Das zeigte sich deutlich im Rahmen der Reformen wie der 3. Hochschulreform und großangelegten, zentralen staatlichen Programmen, etwa ab 1985, als es galt, dringend militärisch orientierte Forschungsprojekte abzusichern, zu kontrollieren sowie materiell zu unterstützen. Inwiefern die vom Sicherheitsbeauftragten des MHF eingesammelten äußerst detaillierten, ja mikroskopisch angelegten Monatsberichte nicht nur zentral dem MfS-Apparat zur Verfügung standen, sondern (ausgedünnt) ins ZK gelangten und von dort fallweise zu Handlungsanweisungen führten, ist bislang unerforscht. Vom Faktischen her, war die Ilmenauer Hochschule in den 1980er Jahren bedeutend für das MfS. Signifikant hoch sind die Zahlen für hauptamtliche Mitarbeiter, die an der Hochschule rekrutiert und/oder ausgebildet wurden, sowie für die inoffizielle Durchsetzung einiger Sektionen, wie beispielsweise die der Gerätetechnik, für die für die beiden letzten Jahre 6,21 Prozent ermittelt wurden. Eine Vergleichbarkeit mit anderen Hochschulen und Universitäten ist allerdings nicht seriös, da, soweit zu sehen ist, noch nie der gesamte Personalkörper einer IM-Prüfung unterzogen worden ist.

Die TH Ilmenau war mit sechs mehr oder weniger bedeutenden Herausstellungsmerkmalen mitnichten klein. Das waren zum einen zwei hoch zu rühmende eigene: die Konstruktionsschule (ab 1954) und die geradezu anachronistisch anmutende Entdeckung der modernen Technologieauffassung (1958). Und zum anderen vier fremdbestimmte: das sogenannte Ökonomische Experiment (1965 bis 1967), der Internationale Hochschulferienkurs für Germanistik (ab 1978), die Ausbildung von wissenschaftlich-technischen Kadern – einer neuen Elite – für die spezielle Produktion des Kombinates Carl Zeiss Jena als *Leithochschule* in der DDR (1985 bis 1989) sowie die Etablierung der Mikrowellentechnik (ab 1987).

Nicht zuletzt kommt der Studie in der Frage des Bekanntheitsgrades der Protagonisten der Hochschule eine Bedeutung zu. Haben die hohen Schulen der DDR in aller Regel zahlreiche Berühmtheiten in ihren Reihen, was sich anschaulich in den Wikipedia-Einträgen widerspiegelt, so geht die Thüringer Hochschule nahezu leer aus, wenn nicht einige von ihnen, zumeist jüngere, nach 1990 in die Politik gegangen wären.

7 Anhang

7.1 Zeittafel

Datum	Ereignis, Geschehen
24.06.1894	Vertrag über die Gründung des Thüringer Technikums Ilmenau
03.11.1894	Festakt zur Gründung des Thüringer Technikums Ilmenau
Sommer 1895	Bau des ersten Lehrgebäudes des Thüringer Technikums Ilmenau
1914	Abwehr des Bestrebens, das Thüringer Technikum Ilmenau zu schließen
1941	Immatrikulation der ersten Frau an der Ingenieurschule Ilmenau
Februar 1945	Einstellung des Schulbetriebs der Ingenieurschule Ilmenau
09.06.1945	Bildung der SMAD mit Befehl Nr. 1
27.07.1945	Bildung der Deutschen Zentralverwaltung für Volksbildung (DZfV) unter Paul Wandel durch SMAD-Befehl Nr. 17; später: Deutsche Verwaltung für Volksbildung (DVfV)
04.09.1945	1. Hochschulreform zur Neueröffnung von sechs Universitäten, Reformdauer bis 1946. Beschluss zur Entnazifizierung infolge des SMAD-Befehls Nr. 50
Herbst 1945	Die SMAD verbietet Privatschulen. Georg Schmidt verkauft die Ingenieurschule an die Stadt Ilmenau
23.10.1945	Wiedereröffnung als städtische Fachschule Ilmenau; Direktor: Georg Schmidt
07.03.1946	Gründung der Freien Deutschen Jugend (FDJ); 1. Vorsitzender: Erich Honecker
21.–22.04.1946	Gründungsparteitag der SED
11.06.1947	Bildung der Deutschen Wirtschaftskommission (DWK) durch SMAD-Befehl Nr. 138
16.08.1947	SMAD-Befehl Nr. 201 zur Entnazifizierung
20.–24.09.1947	II. Parteitag der SED: Manifest zur Einheit Deutschlands
01.10.1947	Befehl Nr. 27/542 der SMAD: Eröffnung der Ingenieurschule als staatliche Schule
26.02.1948	Beendigung der Entnazifizierung durch SMAD-Befehl Nr. 35
Ende 1948	Georg Schmidt, Direktor der städtischen Fachschule in Ilmenau, tritt zurück
25.–28.01.1949	1. Parteikonferenz der SED: Proklamation der Partei Neuen Typus, Betonung der besonderen Rolle der technischen Intelligenz
Anfang 1949	Johann Hoffmann übernimmt die Leitung der Ingenieurschule in Ilmenau bis 1953
23.05.1949	Vorläufige Arbeitsordnung der Universitäten und wissenschaftlichen Hochschulen in der SBZ
07.10.1949	Gründung der DDR
10.10.1949	Auflösung der SMAD, Bildung der Sowjetischen Kontrollkommission (SKK)
12.10.1949	Otto Grotewohl wird Ministerpräsident der DDR
1950	Umbenennung der Ingenieurschule Ilmenau in Fachschule für Elektrotechnik und Maschinenbau
01.01.1950	Gründung des Ministeriums für Volksbildung (MfV) aus der DVV; erster Minister: Paul Wandel. Bestandteil des MfV: die Hauptabteilung für Hoch- und Fachschulen
08.02.1950	Gesetz über die Teilnahme der Jugend am Aufbau des Sozialismus (1. Jugendgesetz) und Bildung des MfS; erster Minister: Wilhelm Zaisser
20.–24.07.1950	III. Parteitag der SED: Erster Fünfjahrplan
25.07.1950	Ernennung Walter Ulbrichts zum Generalsekretär der SED
29.09.1950	Beitritt der DDR zum Rat für gegenseitige Wirtschaftshilfe (RGW)
26.11.1950	I. Funktionärskonferenz der FDJ
Januar 1951	4. Tagung des ZK: Weiterentwicklung des Hochschulsystems
22.01.1951	2. Hochschulreform: Zentrale Steuerung der Hochschulpolitik, Reformdauer von 1951 bis 1952

22.02.1951	Verordnung über die Neuorganisation des Hochschulwesens. Gründung des Staatssekretariats für Hochschulwesen (SfH); erster Staatssekretär: Gerhard Harig
27.11.1951	Anweisung des ZK der SED zur Unterstützung der wissenschaftlichen Intelligenz
09.–12.07.1952	2. Parteikonferenz der SED: Programmatik des Aufbaus des Sozialismus
07.08.1952	Gründung der Gesellschaft für Sport und Technik (GST)
11.12.1952	Etablierung der ZK-Abteilung „Wissenschaft und Hochschulen" unter Kurt Hager
05.03.1953	Tod Josef Stalins
10.05.1953	Chemnitz wird umbenannt in Karl-Marx-Stadt
13.–14.05.1953	Ausschluss von Franz Dahlem aus dem Politbüro der SED
17.06.1953	Volksaufstand
23.07.1953	Entlassung von Wilhelm Zaisser. Umwandlung des MfS in ein Staatssekretariat für Staatssicherheit (SfS); Staatssekretär: Ernst Wollweber
24.07.1953	Das MfS wird in das Ministerium des Innern (MdI) eingegliedert; Leiter: Ernst Wollweber
24.–26.07.1953	15. Tagung des ZK der SED: Der Neue Kurs und die Aufgaben der Partei. Wahl Walter Ulbrichts zum 1. Sekretär
06.08.1953	Beschluss des Ministerrates der DDR zur Gründung von technischen Spezialhochschulen
24.08.1953	Beauftragung von Hans Stamm zum Aufbau der HfE Ilmenau
01.09.1953	Hans Stamm erster Rektor der HfE Ilmenau
16.09.1953	Gründung der Hochschule für Elektrotechnik (HfE) Ilmenau
01.11.1953	Republikweite Verhaftungen von (angeblichen) Agenten im großen Stil. Hannes Hörnig wird 1. Stellvertreter Kurt Hagers
22.–23.01.1954	17. Tagung des ZK der SED: Parteiausschlüsse und Ausschlüsse aus dem ZK
08.02.1954	Aufnahme des Lehrbetriebs an der HfE Ilmenau
30.03.–06.04.1954	IV. Parteitag der SED
Dezember 1954	Erster Forschungsauftrag des VEB Carl Zeiss Jena für die HfE Ilmenau (Rechenanlage EAR 1)
1955	Schließung der Fachschule für Elektrotechnik und Maschinenbau
25.01.1955	UdSSR erklärt den Kriegszustand mit Deutschland für beendet
März 1955	Erste Ausgabe der *Wissenschaftlichen Zeitschrift* (WZ) der HfE Ilmenau
30.03.1955	Neustrukturierung der ZK-Abteilung Wissenschaft und Propaganda in Sektoren; Hannes Hörnig übernimmt die Leitung und etabliert den Sektor Naturwissenschaften und Hochschulen
04.07.1955	1. Industrie-Tagung der HfE Ilmenau
01.09.1955	Erstes Statut der HfE Ilmenau
02.09.1955	Immatrikulation erster ausländischer Studenten an der HfE Ilmenau
24.–27.10.1955	25. Tagung des ZK der SED mit Beschlüssen zur Ausbildung von Technologen und Ingenieurökonomen. Massive Kritik an den Missständen
10.11.1955	Beschluss zum Aufbau der Kerntechnik und Kernforschung durch den Ministerrat. Bildung des Wissenschaftlichen Rates für die friedliche Anwendung der Atomenergie in der DDR
24.11.1955	Rückumwandlung des SfS in MfS; Minister: Ernst Wollweber, 1. Staatssekretär: Erich Mielke
02.12.1955	II. Hochschulkonferenz
16.12.1955	2. Industrie-Tagung der HfE Ilmenau
30.01.1956	Eröffnung des Industrie-Instituts (I.-I.) an der HfE Ilmenau
14.–25.02.1956	XX. Parteitag der KPdSU. Nikita Chruschtschow rechnet mit Josef Stalin ab
24.–30.03.1956	3. Parteikonferenz der SED: Entstalinisierung und Kritik an der Forschungspolitik

02.05.1956	Grundsteinlegung auf dem Ehrenberg, Festakt der HfE Ilmenau
25.06.1956	3. Industrie-Tagung der HfE Ilmenau
27.–29.07.1956	28. Tagung des ZK der SED: Rehabilitierungen, u. a. von Franz Dahlem
September 1956	Gründung der Fakultät für Technologie und Ingenieurökonomie der HfE Ilmenau
24.10.1956	Volksaufstand in Ungarn
01.11.1956	Erste Ausgabe des *Mitteilungsblattes der Hochschule für Elektrotechnik*
05.–11.11.1956	I. Internationale Wissenschaftliche Kolloquium (IWK) der HfE Ilmenau
16.11.1956	Erster Abend des Klubs der Professoren und Studenten an der HfE Ilmenau
29.11.1956	Verhaftung von Wolfgang Harich, Prozess vom 7. bis 9. März, hohe Haftstrafe
30.11.1956	Physikerball an der FSU Jena
29.01.1957	4. Industrie-Tagung der HfE Ilmenau
18.03.1957	Die HfE Ilmenau erhält das Verleihungsrecht für Promotionen und Habilitationen
12.04.1957	Bildung eines Wirtschaftsrates beim Ministerrat der DDR
26.04.1957	Wilhelm Girnus löst Gerhard Harig als Staatssekretär des SfH ab. Beginn eines eindeutigen Kurses auf die Etablierung sozialistischer Hochschulen (in der Literatur auch: 28.04.1957)
23.08.1957	Konstituierung des Forschungsrates der DDR (in der Literatur auch: 24.08.1957)
01.11.1957	Erich Mielke löst Ernst Wollweber als Minister für Staatssicherheit ab
Februar 1958	35. ZK-Tagung der SED
Februar 1958	Erweiterung des SfH zum Staatssekretariat für Hoch- und Fachschulwesen (SHF)
10.–11.02.1958	Gesetz zur Auflösung der Industrieministerien und Bildung der VVB
13.02.1958	Verordnung über die weitere sozialistische Umgestaltung des Hoch- und Fachschulwesens
28.02.–02.03.1958	III. Hochschulkonferenz der SED
02.–03.04.1958	Referat Walter Ulbrichts auf der staats- und rechtswissenschaftlichen Konferenz in Babelsberg zur Staatslehre des Marxismus-Leninismus
24.–25.04.1958	Die Schulkonferenz der SED beschließt eine verstärkte sozialistische Erziehung und polytechnische Bildung
12.05.1958	Anweisung des SHF: Aufgaben, Zusammensetzung und Arbeitsweise der leitenden Organe der Universitäten und Hochschulen
10.–16.07.1958	V. Parteitag der SED: Verkündung des Sieges der sozialistischen Produktionsverhältnisse
31.07.1958	Die ersten 90 Absolventen verlassen die HfE Ilmenau
09.09.1958	5. Industrie-Tagung der HfE Ilmenau
20.10.1958	Strafverkündigung gegen Aktivisten des Jenaer Physikerballs 1956
15.–17.01.1959	Das ZK der SED beschließt den Umbau des Schulwesens
Frühjahr 1959	Ausbildungsbeginn an der Fakultät für Technologie und Ingenieurökonomie der HfE Ilmenau
01.10.1959	Gesetz über den ersten und einzigen Siebenjahrplan der DDR von 1959 bis 1965
1960	Erstes Kolloquium über Information und Dokumentation an der HfE Ilmenau
1960	Einführung des Betriebspraktikums für Studenten (Experimentalstatus) an der HfE Ilmenau
1960	Beginn des Fern- und Abendstudiums an der HfE Ilmenau
10.03.1960	Beschluss des Perspektivplanes zur Entwicklung der Kernenergie durch den Ministerrat
08.06.1960	6. Industrie-Tagung der HfE Ilmenau
03.–04.08.1960	Bildung Zentraler Arbeitskreise (ZAK) durch den Forschungsrat der DDR
12.09.1960	Konstituierung des Staatsrates der DDR unter Leitung Walter Ulbrichts. Wiederwahl Ulbrichts am 14.11.1963, 13.7.1967 und 26.11.1971

Februar 1961	1. Kommuniqué des Politbüros zu Problemen der Jugend
16.–19.03.1961	Proklamation der SED zur raschen Modernisierung von Wissenschaft und Technik
12.04.1961	Flug des ersten Menschen ins All: Juri Gagarin (Sowjetunion)
04.07.1961	7. Industrie-Tagung der HfE Ilmenau
01.08.1961	Gründung eines Organisations- und Rechenzentrums an der HfE Ilmenau
13.08.1961	Bau der Mauer
10.–11.10.1961	Wirtschaftskonferenz des ZK der SED: Störfreimachung der Wirtschaft
1962	Ernst-Joachim Gießmann löst Wilhelm Girnus als Staatssekretär des SHF ab
Februar 1962	Das Rechenzentrum der HfE Ilmenau installiert den ZRA 1
15.02.1962	Beschluss des Ministerrates zur massiven Einsparung im Bereich des Staatsapparates
17.04.1962	Walter Heinze zweiter Rektor der HfE Ilmenau
26.04.1962	Beschluss zur Umstrukturierung der Kernenergie durch den Ministerrat
03.–05.10.1962	17. Sitzung des ZK der SED: Proklamation des Sieges der sozialistischen Produktionsverhältnisse
Herbst 1962	Die wissenschaftlichen Studentenzirkel werden obligatorisch
18.10.1962	Thesen des SHF zur Neugestaltung des Ingenieurstudiums in der DDR
1963	Erstes wissenschaftliches Studentenkolloquium an der HfE Ilmenau
12.01.1963	I. Wissenschaftlich-Ökonomische Konferenz (WÖK) der HfE Ilmenau
15.–21.01.1963	VI. Parteitag der SED: Konzentration der Forschung und Technik auf Schwerpunktaufgaben. Programm der SED
24.–25.06.1963	Wirtschaftskonferenz des ZK der SED: Neues Ökonomisches System der Planung und Leitung (NÖSPL), Dauer: 1963 bis 1967. Am 11. Juli vom Staatsrat bestätigt
03.07.1963	Beschluss des Politbüros der SED zur Hebung des polytechnischen Unterrichts und zur Verbreiterung der politischen Grundausbildung
08.08.1963	Beschluss über den weiteren Aufbau des Systems der Information und Dokumentation auf dem Gebiet der Wissenschaft, Technik und Ökonomie
21.09.1963	2. Jugendkommuniqué des ZK der SED
30.09.1963	Anordnung über die Errichtung des Zentralinstituts für Information und Dokumentation (ZIID)
14.10.1963	Die HfE Ilmenau erhält den Status einer Technischen Hochschule
1964	Gründung des Jugendklubs an der TH Ilmenau
1964	Das SHF erlässt die Anordnung über die Ausbildung von Diplom-Ingenieuren
03.–07.02.1964	5. Tagung des ZK der SED: Kritik an Robert Havemann sowie Bekenntnis zur Prognostik
12.–13.03.1964	Ausschluss Robert Havemanns aus der SED, fristlose Entlassung und Hausverbot
17.04.1964	Hans-Joachim Mau dritter Rektor der TH Ilmenau
04.05.1964	2. Jugendgesetz der DDR
08.05.1964	Die Deutsche Lehrerzeitung veröffentlicht Grundsätze für die Gestaltung des einheitlichen sozialistischen Bildungssystem (ESB)
10.07.1964	Grundkonzeption zur Entwicklung der Elektronik im Zeitraum des Perspektivplanes bis 1970 (zum Beschluss des Politbüros des ZK der SED erhoben)
01.08.1964	Umbenennung der DM in Mark der Deutschen Notenbank (MDN)
21.09.1964	Tod von Otto Grotewohl; Nachfolger: Willi Stoph
25.–26.09.1964	II. Wissenschaftlich-Ökonomische Konferenz (WÖK) der TH Ilmenau
14.10.1964	Sturz Nikita Chruschtschows; Nachfolger: Leonid Breschnew
28.01.1965	Einleitung des Ökonomischen Experimentes (Beispiels) durch die TH Ilmenau
25.02.1965	Gesetz über das einheitliche sozialistische Bildungssystem (ESB); Reformdauer: 1965–1971

24.03.1965	Gründungskonzert des Kammerorchesters der TH Ilmenau
Mai 1965	Erster Freundschaftsvertrag der TH Ilmenau mit einer Technischen Hochschule des sozialistischen Auslands (TH Bratislava)
28.–29.05.1965	III. Wissenschaftlich-Ökonomische Konferenz (WÖK) der TH Ilmenau
03.06.1965	Verordnung über das Statut des SHF (in Kraft getreten am 1.7.1965)
31.10.1965	Jugendlicher Massenprotest in Leipzig
03.12.1965	Suizid von Erich Apel; Nachfolger: Gerhard Schürer
15.–18.12.1965	11. Tagung des ZK der SED: Zweite Etappe des NÖSPL. Die Herstellung von elektronischen Bauelementen erhält den Vorrang. Implizites Anstoßen der 3. Hochschulreform
22.12.1965	Auflösung des Volkswirtschaftsrates und Etablierung von Industrieministerien
23.–24.06.1966	Rationalisierungskonferenz des ZK der SED und des Ministerrates in Leipzig, Proklamation der umfassenden sozialistischen Rationalisierung
14.07.1966	Beschluss des Ministerrates: Vorläufige Ordnung über das System der Information über wesentliche ökonomische und wissenschaftlich-technische Entwicklungsprobleme für die wissenschaftliche Führungstätigkeit des Ministerrates
06.12.1966	1. Konzil der TH Ilmenau: Beschluss über ein Erziehungsprogramm
02.–03.02.1967	IV. Hochschulkonferenz der DDR
06.04.1967	II. Hauptversammlung der DAW: Abkehr von der (relativen) Autonomie der Akademie
17.–22.04.1967	VII. Parteitag der SED: Walter Ulbricht verkündet die 2. Etappe der Wirtschaftsreform unter dem Begriff des Ökonomischen Systems des Sozialismus (ÖSS)
26.05.1967	Gesetz über den Perspektivplan zur Entwicklung der Volkswirtschaft
30.06.1967	2. Konzil der TH Ilmenau: Reform des Hochschulprofils
13.07.1967	Das SHF wird umbenannt in Ministerium für Hoch- und Fachschulwesen (MHF). Bildung des Ministeriums für Wissenschaft und Technik (MWT), des Nachfolgers des Staatssekretariats für Forschung und Technik (SFT)
24.07.1967	Erster Einsatz einer Studentenbaubrigade der TH Ilmenau (in Meißen)
07.08.1967	Verordnung über Zentrale Arbeitskreise (ZAK) für Forschung und Technik
Oktober 1967	Abschluss eines Freundschaftsvertrages der TH Ilmenau mit dem MEI Moskau
15.12.1967	Namensgebung des Wachregimentes des MfS: Feliks E. Dzierzynski
1967–1969	Umstrukturierung und Neuprofilierung der TH Ilmenau (3. Hochschulreform)
1968	Gründung des 1. Studentenklubs an der TH Ilmenau: „BI“
1968	Das Institut für elektrische Anlagen und Apparate der TH Ilmenau erhält die Abteilung für Plasmatechnik, vormals Außenstelle des Instituts für Magneto-Hydrodynamik Jena der DAW
01.01.1968	Umbenennung der MDN in Mark
12.01.1968	Beschluss der Volkskammer zur Änderung des Strafgesetzbuches (StGB) der DDR
02.02.1968	Das *Neue Deutschland* druckt komplett den Entwurf der Verfassung der DDR ab
27.02.1968	Der Gründungsrektor der HfE Ilmenau, Hans Stamm, verstirbt
13.03.1968	Das 3. Konzil der TH Ilmenau tagt zur Umsetzung der Hochschulreform
06.04.1968	Volksabstimmung. Teilnahme aller Studenten ist Pflicht
09.04.1968	Die neue Verfassung der DDR tritt in Kraft
28.05.1968	Übergabe des Hochschul-Sportplatzes der TH Ilmenau am Ehrenberg
11.–15.06.1968	Erste Hochschulwoche (FDJ-Studententage) der TH Ilmenau
14.–15.06.1968	IV. Wissenschaftlich-Ökonomische Konferenz (WÖK) der TH Ilmenau
21.08.1968	Einmarsch der Warschauer Pakt-Staaten in die ČSSR
10.09.1968	Die Gesellschaft für Sport und Technik (GST) erhält einen festen Platz im System der sozialistischen Wehrerziehung

30.09.1968	Anordnung über die auftragsgebundene Finanzierung wissenschaftlich-technischer Aufgaben und Richtlinie über die Preisbildung für wissenschaftlich-technische Leistungen
18.12.1968	V. Wissenschaftlich-Ökonomische Konferenz (WÖK) der TH Ilmenau mit dem Schwerpunkt Hochschulreform. Gründung von Sektionen
1969	Gründung der Studentenklubs „BC“ und „BH“ an der TH Ilmenau
02.04.1969	Beschluss des Ministerrates: Konzeption für die systematische Entwicklung der sozialistischen Großforschung sowie zur Aus- und Weiterbildung von Führungskräften für die Großforschung und Wissenschaftsorganisation
28.–29.04.1969	10. Tagung des ZK der SED: Intensivierung der Prognostik
01.09.1969	Karl-Heinz Elster vierter Rektor der TH Ilmenau. Einführung der marxistisch-leninistischen Weiterbildung für Hochschullehrer
1970	Bau der Mensa der TH Ilmenau
1970	Bau des Rechenzentrums der TH Ilmenau
1970	Hans-Joachim Böhme löst Ernst-Joachim Gießmann als Minister des MHF ab
1970	1. Konferenz „Mathematische Optimierung“ der Sektion MARÖK der TH Ilmenau
18.03.1970	Beschluss des Ministerrates zur Direktive über die Grundsätze und Aufgaben zur Bildung, Leitung und Arbeitsweise von Großforschungszentren der Industrie
19.03.1970	Treffen Willi Stophs mit Willy Brandt in Erfurt
08.09.1970	Das SED-Politbüro tagt über die Krise der DDR-Volkswirtschaft. Korrekturprogramm
09.–11.12.1970	14. Tagung des ZK der SED: Kritik am ÖSS
1971	Beginn der hochschulpädagogischen Weiterbildung für wissenschaftliche Mitarbeiter der TH Ilmenau an der PH Erfurt/Mühlhausen
31.03.1971	Anordnung zur Durchsetzung von Ordnung und Disziplin bei Leistungen der naturwissenschaftlich-technischen Forschung und Entwicklung sowie der gesellschaftswissenschaftlichen Forschung, für die Honorare gezahlt werden – Honorarordnung Wissenschaft und Technik
03.05.1971	16. Tagung des ZK der SED. Sturz Walter Ulbrichts und Wahl Erich Honeckers zum 1. Sekretär des ZK
15.–19.06.1971	VIII. Parteitag der SED. Erich Honecker verkündet die Einheit von Wirtschafts- und Sozialpolitik
1972	Bildung des Beirats für Elektroingenieurwesen beim MHF. Einführung von sieben Grundausbildungslinien zum 7.7.1972
1972	Gründung des Studentenklubs „BD“ an der TH Ilmenau
1972	Beginn der militärpolitischen Weiterbildung der Angehörigen des Lehrkörpers der TH Ilmenau
01.09.1972	Gerhard Linnemann fünfter Rektor der TH Ilmenau
21.12.1972	Unterzeichnung des Grundlagenvertrages zwischen der DDR und der BRD. Ratifizierung durch die BRD-Seite am 11.5.1973 und durch die DDR-Seite am 13.6.1973. Der Vertrag trat am 21.6.1973 in Kraft
1973	Gründung des Studentischen Rationalisierungs- und Konstruktionsbüros (SRBK)
1973	Zweites Statut der TH Ilmenau
03.–07.07.1973	Beginn der KSZE in Helsinki
28.07.–05.08.1973	X. Weltfestspiele der Jugend in Ostberlin
01.08.1973	Tod Walter Ulbrichts
18.09.1973	Aufnahme der DDR in die UNO
28.01.1974	3. Jugendgesetz der DDR
02.05.1974	Eröffnung der Ständigen Vertretungen der DDR und der BRD in Ostberlin und Bonn

17.11.1974	Die katholischen Bischöfe der DDR protestieren in einem Hirtenbrief gegen das staatliche Erziehungsmonopol und fordern die Beachtung der Menschenrechte
1975	Berufung der ersten Hochschullehrerin an der TH Ilmenau (Dagmar Hülsenberg)
1975	1. Betriebswirtschaftliches Kolloquium an der Sektion MARÖK der TH Ilmenau
19.06.1975	Verabschiedung eines neuen Zivilgesetzbuches und einer neuen Zivilprozessordnung durch die Volkskammer der DDR. Am 1.1.1976 in Kraft getreten
30.07.–02.08.1975	KSZE-Gipfeltreffen in Helsinki: Unterzeichnung der Schlussakte
18.–22.05.1976	IX. Parteitag der SED: Programm und Statut der SED
18.08.1976	Selbstverbrennung des Pfarrers Oskar Brüsewitz
28.10.1976	Günter Mittag wird ZK-Sekretär für Wirtschaft
29.10.1976	Erich Honecker wird Staatsratsvorsitzender, Willi Stoph Vorsitzender des Ministerrates der DDR
16.11.1976	Ausbürgerung von Wolf Biermann
26.11.1976	Robert Havemann wird unter Hausarrest gestellt
1977	Beginn der sonntäglichen musikalisch-wissenschaftlichen Matineen an der TH Ilmenau
1977	Bau des Bionik-Gebäudes der TH Ilmenau
23.–24.06.1977	6. Tagung des ZK der SED (sogenanntes Mikroelektronikplenum). Gründung des Kombinates Mikroelektronik in Erfurt
23.08.1977	Verhaftung von Rudolf Bahro. Verurteilung zu acht Jahren Freiheitsstrafe am 30.6.1978
1978	Erste Folklore-Tage an der TH Ilmenau
09.–29.07.1978	I. Internationaler Hochschulferienkurs (IHFK) für Germanisten an der TH Ilmenau
26.08.1978	Erster deutscher Kosmonaut: Sigmund Jähn (DDR)
31.07.1979	Besuch des ersten deutschen Kosmonauten Sigmund Jähn an der TH Ilmenau
18.03.1980	Beschluss des Politbüros der SED: Aufgaben der Universitäten und Hochschulen in der entwickelten sozialistischen Gesellschaft
11.–16.04.1981	X. Parteitag der SED
22.09.1981	Umwandlung des Instituts für Marxismus-Leninismus der TH Ilmenau in eine Sektion
02.01.1983	Die katholischen Bischöfe der DDR kritisieren die zunehmende Militarisierung des gesellschaftlichen Lebens in einem Hirtenbrief
05.05.1983	Feierliche Eröffnung des Technikums FOE in Suhl
28.06.1983	Beschluss des Politbüros der SED: Konzeption für die Gestaltung der Aus- und Weiterbildung der Ingenieure und Ökonomen der DDR
10.03.1985	Wahl von Michail Gorbatschow zum Generalsekretär der KPdSU
13.03.1985	Initialisierung des Sonderbereiches für die spezielle Ausbildung an der TH Ilmenau durch Harry Groschupf
10.09.1985	Beschluss des Politbüros der SED: Gestaltung ökonomischer Beziehungen der Industriekombinate mit Einrichtungen der AdW und des Hochschulwesens
15.10.1985	Werner Kemnitz sechster Rektor der TH Ilmenau
17.–21.04.1986	XI. Parteitag der SED: Michail Gorbatschows über die Notwendigkeit von Kritik
02.09.1986	Eröffnung der Umweltbibliothek in Ostberlin
1987	Gründung eines Studentencafés an der TH Ilmenau
14.–15.11.1987	Durchsuchung der Berliner Umweltbibliothek und Verhaftung von Mitarbeitern
10.11.1988	Brand des Dachgeschosses des Faraday-Baus der TH Ilmenau
18.11.1988	Verbot der sowjetischen Zeitschrift *Sputnik*
15.01.1989	Demonstration in Leipzig, Festnahmen von Demonstranten
27.–28.06.1989	Erich Honecker in Moskau: Michail Gorbatschow mahnt Reformen an

09.–10.09.1989	Gründung des Neuen Forums
11.09.1989	Öffnung der ungarisch-österreichischen Grenze durch Ungarn kurz nach Mitternacht
12.09.1989	Gründung der Bürgerbewegung Demokratie Jetzt (DJ)
02.10.1989	Demonstration von 20.000 Menschen in Leipzig
16.10.1989	Demonstration von über 100.000 Menschen in Leipzig
18.10.1989	Entbindung Erich Honeckers vom Amt des Generalsekretärs
08.11.1989	10. Tagung des ZK der SED: Rücktritt des Politbüros, Egon Krenz wird Generalsekretär
09.–10.11.1989	Öffnung der Grenzen der DDR
17.11.1989	Hans Modrow kündigt die Umwandlung des MfS in Amt für Nationale Sicherheit (AfNS) an; Leiter: Wolfgang Schwanitz
04.12.1989	Erste Besetzungen von Bezirksverwaltungen (BV) des MfS in Erfurt und Leipzig
06.12.1989	Rücktritt von Egon Krenz. Urabstimmung über die Bildung eines Studentenrates an der TH Ilmenau
07.12.1989	Erste Sitzung des großen Runden Tisches in Ostberlin. Es etablieren sich wenig später in den Bezirken analoge Runde Tische
14.12.1989	Auflösung des AfNS und Errichtung eines Amtes für Verfassungsschutz
1990–1993	Re-Etablierung von Fakultäten
13.01.1990	Verzicht auf ein Amt für Verfassungsschutz auf Druck des zentralen Runden Tisches
15.01.1990	Sturm auf die Zentrale des MfS in Ostberlin
08.02.1990	Beschluss des Ministerrates zur Auflösung des MfS/AfNS
01.03.1990	Rektorenkonferenz in Berlin
27.04.1990	Eberhart Köhler erster demokratisch gewählter Rektor der TH Ilmenau
23.05.1990	Beschluss des Ministerrates: Abberufung von Hochschullehrern des Marxismus/Leninismus und Auflösung entsprechender Strukturen
Juni 1990	Erster Entwurf zu einer neuen Grundordnung der TH Ilmenau
13.06.1990	Beginn des Abrisses der Berliner Mauer
01.07.1990	Wirtschafts-, Währungs- und Sozialordnung tritt in Kraft, Einführung der DM in der DDR
23.08.1990	Beschluss der Volkskammer zum Beitritt der DDR zur BRD nach Artikel 23 des Grundgesetzes
12.09.1990	Hungerstreik der Besetzer der MfS-Zentrale; Forderung: Öffnung der Akten
13.09.1990	Bestätigung der neuen Grundordnung der TH Ilmenau
03.10.1990	Die DDR tritt dem Geltungsbereich des Grundgesetzes bei
1991–1993	Innere Evaluierung der TH Ilmenau
21.06.1991	Gründung des Förder- und Freundeskreises der TH Ilmenau
Januar 1992	Dreitägiger Streik Ilmenauer Studenten zur Einhaltung der Strukturplan-Absprachen
08.07.1992	Umbenennung der TH Ilmenau in TU Ilmenau
17.10.1992	Festakt zur Eröffnung der TU Ilmenau

7.2 Abkürzungsverzeichnis

„A“	Abhören des Telefonverkehrs
„B“	Abhören mit Mikrofon
a. o.	außerordentlicher
A/B	Arbeiter und Bauern
ABF	Arbeiter- und Bauernfakultät
Abs.	Absatz
Abt.	Abteilung
Abt. 26	Abteilung 26: Telefonkontrolle, visuelle und akustische Überwachung
Abt. II/3	Abteilung 3 der HA II: Spionageabwehr USA
Abt. K	Abteilung Kriminalpolizei
Abt. M	Abteilung M: Postkontrolle
Abt. V	Abteilung V: Kultur, Opposition
Abt. VI	Selbstständige Abteilung VI: Vorläufer der → HA XVIII/5
Abt. XV	Abteilung XV: → HVA-Struktur in den → BV
Abt. XVIII	Abteilung der Linie → HA XVIII
Abt. XX	Abteilung der Linie → HA XX
AdW	Akademie der Wissenschaften der DDR resp. der UdSSR
AEG	Allgemeine Elektrizitäts-Gesellschaft
AfEP	Amt für Erfindungs- und Patentwesen
AfNS	Amt für Nationale Sicherheit
AFÜ	Abteilung Fremdsprachen und Übersetzungswesen
AG	Arbeitsgruppe; Arbeitsgebiet; Aktiengesellschaft
AG BKK	Arbeitsgruppe Bereich Kommerzielle Koordinierung → KoKo
AGA	Arbeitsgruppe Ausländer
AGG	Arbeitsgruppe Geheimnisschutz
AGI	Archivierte GI-Vorgang → GI
Agit.	Agitation
AGL	Arbeitsgruppe des Leiters
AGM	Arbeitsgruppe des Ministers
AGMS	Archivierte GMS-Akte → GMS
AGOI	Arbeitsgruppe für Organisation und Inspektion beim Ministerrat
AI	Auswertung und Information
AIM	Archivierter IM-Vorgang → IM
AK	Auslandskader
AKG	Auswertungs- und Kontrollgruppe
AME	Arbeitsstelle für Molekularelektronik
AOP	Archivierter → OV
AOPK	Archivierte → OPK
AP	Allgemeine Personenablage
APO	Abteilungsparteiorganisation (der SED)
ArchBBAW	Archiv der Berlin-Brandenburgischen Akademie der Wissenschaften
ARD	Arbeitsgemeinschaft der öffentlich-rechtlichen Rundfunkanstalten der Bundesrepublik Deutschland
AS	Allgemeine Sachablage; Abteilung Studentensport; Archivsignatur
ASMW	Amt für Standardisierung, Messwesen und Warenprüfung
AU	Archivierter Untersuchungsvorgang
Aufl.	Auflage
AUTEVO	Automatisierung der technischen Vorbereitung

BArch	Bundesarchiv
BBS	Betriebsberufsschule
Bd.	Band
Bde.	Bände
Bdl.	Bündel
BF	Bildung und Forschung
BfN	Büro für Neuerer- und Patentfragen
BGL	Betriebsgewerkschaftsleitung
BIEG	Berliner Import-Export-Gesellschaft mbH
BINP	Budker Institute of Nuclear Physics
BKV	Betriebskollektivvertrag
Bl.	Blatt
BMT	Biomedizinische Technik
BND	Bundesnachrichtendienst
BPI	Belorussisches Polytechnisches Institut
BRD	Bundesrepublik Deutschland
BS	Bestandssignatur
BSG	Beauftragter für Sicherheit und Geheimnisschutz, kurz: Sicherheitsbeauftragter
BStU	Bundesbeauftragte(r) für die Unterlagen des Staatssicherheitsdienstes der ehemaligen Deutschen Demokratischen Republik
BuV	Bauelemente und Vakuumtechnik
BV	Bezirksverwaltung
CAD	Computer-aided Design
CAM	Computer-aided Manufactoring
CCD	Carge-coupled device
CDU	Christlich-Demokratische Union
CNCS	Criteria for new campus
ĈSR	Tschechoslowakische Republik
ČSSR	Tschechoslowakische Sozialistische Republik
CZ	Carl Zeiss
DA	Dienstanweisung
DAF	Deutsche Arbeitsfront
DAW	Deutsche Akademie der Wissenschaften zu Berlin
DB	Dienstbesprechung; Durchführungsbestimmung
DBD	Demokratische Bauernpartei Deutschlands
DDR	Deutsche Demokratische Republik
DE	Diensteinheit
DEFA	Deutsche Film-AG
Ders.	Derselbe
DFA	Reisen in dringenden Familienangelegenheiten → RdFA
DIB	Deutsche Investitionsbank; Direktion Internationale Beziehungen
Dies.	Dieselbe
Dipl.-Ing.	Diplom-Ingenieur
DM	Deutsche Mark
Dolmel	Industriewerk für Elektro- und Energiemaschinenbau in Wrocław
DSE	Direktstudenteneinheiten
DSt.	Dokumentenstelle (alte Organisationseinheit des BStU)
DSU	Deutsche Soziale Union
DTSB	Deutscher Turn- und Sportbund
DVfV	Deutsche Verwaltung für Volksbildung (auch → DVV)
DVP	Deutsche Volkspolizei

DVV	Deutsche Verwaltung für Volksbildung (auch → DVfV)
DWBO	Deutscher Verband für Wandern, Bergsteigen und Orientierungslauf
DZVV	Deutsche Zentralverwaltung für Volksbildung
e. V.	eingeschriebener Verein
E/A	Erziehung und Ausbildung → EAW
EAROM	Electrically alterable read-only memory
EAW	Erziehung, Ausbildung und Weiterbildung; Elektro-Apparate-Werke
ebd.	ebenda
ED	Entscheidungsdatum
EDV	Elektronische Datenverarbeitung
EDVA	Elektronische Datenverarbeitungsanlage
EGI	Elektroglas Ilmenau
EI	Elektrotechnik und Informationstechnik
EIW	Elektroingenieurwesen
EKF	Evaluierungskommissionen der Fakultäten
ELOKA	Elektronische Kampfführung
ELTRA	Elektroenergietransport
EMAU	Ernst-Moritz-Arndt-Universität Greifswald
E-Medizin	Elektro-Medizin
EOS	Erweiterte Oberschule
ESB	Einheitliches sozialistisches Bildungssystem
ESEG	Einheitliches System der Elektronik und des Gerätebaus
ESER	Einheitliches System der elektronischen Rechentechnik
ESG	Evangelische Studentengemeinde
ET	Elektrotechnik
et al.	et alii
etc.	et cetera
E-Technik	Elektro-Technik
EUA	European University Association
EV	Ermittlungsverfahren
f.	folgend
FAZ	Frankfurter Allgemeine Zeitung
FB	Fachbereich
FDGB	Freier Deutscher Gewerkschaftsbund
FDJ	Freie Deutsche Jugend
ff.	fortfolgend
FG	Forschungsgruppe; Fachgruppe
FH	Fachhochschule
FIM	Führungs-IM → GHI
FM/O	Feinmechanik/Optik
FM-T	Feinmechanik-Technologie
FOE	Technikum für Feinmechanik, Optik und Elektronik
FR	Fachrichtung
FS	Frühjahrssemester
FSU	Friedrich-Schiller-Universität Jena
FVO	Forschungsverordnung
G	Grundwissenschaften
GAMM	Gesellschaft für angewandte Mathematik und Mechanik
GBl.	Gesetzblatt
Geb.	Geboren
GeWi	Gesellschaftswissenschaften

GFZ	Großforschungszentrum
ggf.	gegebenenfalls
GHI	Geheimer Hauptinformator, ab 1968 → FIM
GI	Geheimer Informator, ab 1968 → IMS; Geomagnetisches Institut
Gkdos	Geheime Kommandosache
GM	Geheimer Mitarbeiter, ab 1968 → IM, IMB, IMF, IMV
GmbH	Gesellschaft mit beschränkter Haftung
GMS	Gesellschaftlicher Mitarbeiter für Sicherheit
GO	Grundorganisation
GR	Gesellschaftlicher Rat
GSSD	Gruppe der Sowjetischen Streitkräfte in Deutschland
GST	Gesellschaft für Sport und Technik
GT	Gerätetechnik
GVS	Geheime Verschlusssache
HA	Hauptabteilung
HA I	Hauptabteilung I: Abwehrarbeit in NVA und Grenztruppen
HA II	Hauptabteilung II: Spionageabwehr
HA III	Hauptabteilung III (Vorläufer der → HA XVIII): Funkaufklärung, Funkabwehr
HA VI	Hauptabteilung VI: Passkontrolle, Tourismus, Interhotel
HA VII	Hauptabteilung VII: Bereich Inneres → MdI, Volkspolizei, Strafvollzug
HA VIII	Hauptabteilung VIII: Beobachtung, Ermittlung
HA IX	Hauptabteilung IX: Strafrechtliche Ermittlungen (Untersuchungsorgan)
HA XVIII	Hauptabteilung XVIII: Volkswirtschaft
HA XVIII/5	Abteilung 5 der HA XVIII: Wissenschaft, Forschung, Technik
HA XIX	Hauptabteilung XIX: Verkehr, Post, Nachrichtenwesen
HA XX	Hauptabteilung XX: Staatsapparat, Kultur, Kirche, Untergrund
HA XX/OG	Hauptabteilung XX/Operationsgebiet
HBVO	Hochschullehrerberufungsverordnung
HEK	Hochschulevaluierungskommission
HF	Hochfrequenz
HfE	Hochschule für Elektrotechnik
HFIM	Hauptamtlicher Führungs-IM → FIM
HfÖ	Hochschule für Ökonomie Berlin-Karlshorst
HFR	Hauptforschungsrichtung
HfV	Hochschule für Verkehrswesen Dresden
HGL	Hochschulgewerkschaftsleitung
HHI	Heinrich-Hertz-Institut
HO	Handelsorganisation; Hochschulanordnung
HPL	Hochschulparteileitung
HPO	Hochschulparteiorganisation
HRK	Hochschulrektorenkonferenz
Hrsg.	Herausgeber
HS	Herbstsemester; Hochschule
HSA	Hochschulanweisung
HSG	Hochschulsportgemeinschaft
HU Berlin	Humboldt-Universität zu Berlin
HV A	Hauptverwaltung Aufklärung
HWF	Halbleiterwerk Frankfurt/Oder
I.-I.	Industrie-Institut
IAU	International Association of Universities

IB	Internationale Beziehungen
IBÖ	Internationale Beziehungen/Öffentlichkeitsarbeit
IE	Institut für Elektronik
IEEE	Institute of Electrical and Electronics Engineers
IFG	Institut für Geheimnisschutz
IHFK	Internationaler Hochschulferienkurs für Germanisten
IHK	Industrie-Hochschul-Komplex
IHM	Ingenieurhochschule Mittweida
IHS	Ingenieurhochschule
IKF	Institut für Kosmosforschung
IM	Inoffizieller Mitarbeiter
IMB	Inoffizieller Mitarbeiter der Abwehr mit Feindverbindung → IMF und → IMV
IME	Inoffizieller Mitarbeiter im bzw. für einen besonderen Einsatz
IMF	Inoffizieller Mitarbeiter der inneren Abwehr mit Feindverbindung zum Operationsgebiet, ab 1979 → IMB
IMK/DA	Inoffizieller Mitarbeiter zur Sicherung der Konspiration und des Verbindungswesens/Deckadresse
IMK/KW	Inoffizieller Mitarbeiter zur Sicherung der Konspiration und des Verbindungswesens/Konspirative Wohnung
IML	Institut für Marxismus-Leninismus
IMS	Inoffizieller Mitarbeiter zur Sicherung eines Verantwortungsbereiches; Internationales Programm zur Untersuchung der Magnetosphäre
IMV	Inoffizieller Mitarbeiter zur Bearbeitung von unter Verdacht der Feindtätigkeit stehenden Personen, ab 1979 → IMB
INER	Institut für Informationswissenschaft, Erfindungswesen und Recht
insb.	insbesondere
INTET	Sektion Informationstechnik und theoretische Elektrotechnik
IOB	Interferenzoptischer Beschleunigungssensor
IOD	Interferenzoptischer Drucksensor
IOK	Interferenzoptischer Kraftsensor
IOS	Institut für Optik und Spektroskopie
IPtA	Institut für Präzisionstechnik und Automation
IT	Informationstechnik
ITMO	Institut für Energietechnik Minsk
ITU	Institut für Technische Untersuchungen
IVG	Internationale Vereinigung für Germanische Sprach- und Literaturwissenschaft
IWG	Institut für Gesellschaft und Wissenschaft
IWK	Internationale wissenschaftliche Kolloquium
JAGK	Jugendarbeitsgruppe KOSMOS
K	Kriminalpolizei
k. A.	keine Angabe
K/Q	Direktorat für Kader/Qualifizierung
Kad	Kaderakte
Kap.	Kapitel
KCW	Kombinat Chemische Werke
KCZ	Kombinat VEB Carl Zeiss Jena
KD	Kreisdienststelle
KDI	Kreisdienststelle Ilmenau
KdT	Kammer der Technik
KFW	Kombinat Funkwerk Erfurt
Kfz	Kraftfahrzeug

KL	Kreisleitung
KME	VEB Mikroelektronik Erfurt
KMU	Karl-Marx-Universität Leipzig
KoKo	Kommerzielle Koordinierung
KP	Kontaktperson; Kommunistische Partei
KPD	Kommunistische Partei Deutschlands
KPdSU	Kommunistische Partei der Sowjetunion
KS	Archivmaterial der HA Kader und Schulung
KSG	Katholische Studentengemeinde
KSZE	Konferenz über Sicherheit und Zusammenarbeit in Europa
KW	Konspirative Wohnung; Kilowatt; Kernkraftwerk
KWK	Klein-Wasserrohrkessel
LB	Lehrbereich
LDPD	Liberal-Demokratische Partei Deutschlands
LEW	Lokomotivbau Elektromechanische Werke
LFM	Leipziger Frühjahrsmesse
LG	Lehrgebiet
LHD	Lehrer im Hochschuldienst
LiTG	Lichttechnische Gesellschaft
LK	Leitungskollektiv
LKW	Lastkraftwagen
LVO	Lieferverordnung (Verordnung über Lieferungen und Leistungen an die bewaffneten Organe)
M	Männlich
MARÖK	Mathematik/Rechentechnik und ökonomische Kybernetik
MB	Militärbereich
MdI	Ministerium des Innern
MDN	Mark der Deutschen Notenbank
mdZ	methodisch-diagnostische Zentrum
MEE	Ministerium für Elektrotechnik und Elektronik
MEI	Moskauer Energetische Institut
MfAA	Ministerium für Auswärtige Angelegenheiten
MfNV	Ministerium für Nationale Verteidigung
MfS	Ministerium für Staatssicherheit
MfS-Pag.	MfS-Paginierung
MfV	Ministerium für Volksbildung
MHF	Ministerium für Hoch- und Fachschulwesen
Mio.	Million
MIS	Metal-insulator-semiconductor
M-Kontrolle	Postkontrolle
ML	Marxismus-Leninismus
MLK	Marxistisch-leninistische Kolloquium
MLO	Marxistisch-leninistische Organisationswissenschaft
MLU	Martin-Luther-Universität Halle-Wittenberg
MLWB	Marxistisch-leninistische Weiterbildung
MOS	Metal-oxide-semiconductor
Mpi	Maschinenpistole
MR	Ministerrat
MRES	Mikrorechnerentwicklungssystem
MSAB	Ministerium für Maschinen- und Anlagenbau
MSB	Marxistischer Studentenbund

MWD	Ministerstwo wnutrennich Del, Ministerium für innere Angelegenheiten (UdSSR)
MWT	Ministerium für Wissenschaft und Technik
MW-T	Mikrowellen-Technik
NAGEMA	Nahrungs- und Genussmittel Maschinenbau
NATO	North Atlantic Treaty Organization
NAW	Nationales Aufbauwerk
NDPD	Nationaldemokratische Partei Deutschlands
NfD	Nur für den Dienstgebrauch
NKGG	Nationalkomitee für Geodäsie und Geophysik
NKWD	Narodny Kommissariat Wnutrennich Del, Volkskommissariat für innere Angelegenheiten (UdSSR)
NÖS	Neues Ökonomisches System
NÖSPL	Neues Ökonomisches System der Planung und Leitung
Nr.	Nummer
NS	Nationalsozialismus
NSA	Nichtsozialistisches Ausland
NSDAP	Nationalsozialistische Deutsche Arbeiterpartei
NSFK	Nationalsozialistisches Fliegerkorps
NSKK	Nationalsozialistisches Kraftfahrerkorps
NSTU	Novosibirsk State Technical University
NSU	Novosibirsk State University
NSW	Nichtsozialistisches Wirtschaftsgebiet
NT	Naturwissenschaft und Technik
NuM	VVB Nachrichten und Messtechnik
NVA	Nationale Volksarmee
o.	ordentlicher
o. D.	ohne Datum
Ö. D.	Öffentlicher Dienst
o. Pag.	ohne Paginierung
OD	Objektdienststelle
OECD	Organisation for Economic Cooperation and Development
OG	Operationsgebiet; Operativgruppe
OibE	Offizier im besonderen Einsatz
OLG	Oberlandesgericht
OPK	Operative Personenkontrolle
OPW	Optische Präzisionswerke
ORZ	Organisations- und Rechenzentrum
ÖSLV	Ökonomische Sicherstellung der Landesverteidigung
ÖSS	Ökonomisches System des Sozialismus
OTS	Operativ-technischer Sektor
OV	Operativer Vorgang
P	Personalakte
PB	Politbüro
PDS	Partei des Demokratischen Sozialismus
Pers	Personalakte
PG	Parteigruppe
PHYTEB	Physik und Technik elektronischer Bauelemente
PI	Parteiinformation
PiD	Politisch-ideologische Diversion
PK	Personalkommission
Pkw	Personenkraftwagen

PLO	Palestine Liberation Organization
PO	Parteiorganisation
Prof.	Professor, Professorin
Prop.	Propaganda
PTB	Physikalisch-Technische Bundesanstalt
PTI	Physikalisch-Technisches Institut
PTZ	Produktionstechnisches Zentrum
PVS	Politische Vierteljahresschrift
PVV	Personal- und Vorlesungsverzeichnis
QSL	Morsetelegraphischer Schlüssel, bedeutet: „Ich gebe Empfangsbestätigung“
RAD	Reichsarbeitsdienst
RAS	Russian Academy of Sciences
RC-Struktur	Widerstand-Condensor-Struktur
RdFA	Reisen in dringenden Familienangelegenheiten
RdK	Rat des Kreises
Ref.	Referat
REFA	Reichsausschuss für Arbeitszeitermittlung
resp.	respektive
RFT	Rundfunk- und Fernmeldetechnik
RGW	Rat für Gegenseitige Wirtschaftshilfe
RK	Reisekader
RK-IM	Reisekader-IM
RL	Richtlinie
ROA	Reserveoffiziersanwärter
ROB	Reserveoffiziersbereitschaft
RQ	Reservistenqualifizierung
RT	Rechentechnik
S.	Seite
SA	Spezielle Ausbildung
SB	Sicherheitsbeauftragter → BSG
SBZ	Sowjetische Besatzungszone
SDI	Strategic Defense Initiative
SdM	Sekretariat des Ministers
SED	Sozialistische Einheitspartei Deutschlands
SfH	Staatssekretariat für Hochschulwesen
SfS	Staatssekretariat für Staatssicherheit
SFT	Staatssekretariat für Forschung und Technik
SGAO	Staatsgeheimnisanordnung
Sgn.	Signatur
SHF	Staatssekretariat für Hoch- und Fachschulwesen
SHK	Sächsische Hochschulkommission
SibE	Sicherheitsbeauftragter
SKET	Schwermaschinenbau-Kombinat „Ernst Thälmann“
Slg.	Sammlung
SMAD	Sowjetische Militäradministration
SMT	Sowjetisches Militärtribunal
SPB	Studentisches Programmierbüro
SPK	Staatliche Plankommission
SRAB	Studentisches Rationalisierungs- und Automatisierungsbüros
SRKB	Studentisches Rationalisierungs- und Konstruktionsbüro
SS	Schutzstaffel

StA	(Direktorat für) Studienangelegenheiten; Staatsarchiv
StEG	Strafrechtsergänzungsgesetz
StGB	Strafgesetzbuch
STH	Slowakische Technische Hochschule
Stopp	Strafprozessordnung
StUG	Stasi-Unterlagen-Gesetz
SU	Sowjetunion → UdSSR
SÜ	Sicherheitsüberprüfung
SWT	Sektor Wissenschaft und Technik (Organisationseinheit in der HV A)
SZ	Sowjet-Zone
TA	Teilablage
TBK	Technische und biomedizinische Kybernetik
TBKIS	Technische und biomedizinische Kybernetik, Informatik und Sensorik
TH	Technische Hochschule
THI	Technische Hochschule Ilmenau
THK	Technische Hochschule Karl-Marx-Stadt
ThLA	Landesbeauftragter des Freistaates Thüringen zur Aufarbeitung der SED-Diktatur
ThMfWK	Thüringer Ministerium für Wissenschaft und Kunst
TM	Technikum Mikroelektronik
TMI	Technikum Mikroelektronik Ilmenau
TOP	Tagesordnungspunkt
Tqu	Treffquartier
Tqu-I	Tqu-Inhaber
TU	Technische Universität
TUD	Technische Universität Dresden
TV	Teilvorgang eines → ZOV
u.	und
u. a.	unter anderem, unter anderen
u.a.m.	und andere mehr, und anderes mehr
u.dgl.m.	und dergleichen mehr
UAI	Universitätsarchiv Ilmenau
U-Bereich	geheimer, militärorientierter Bereich im VEB Kombinat Carl Zeiss Jena
UdSSR	Union der Sozialistischen Sowjetrepubliken
UKW	Ultrakurzwelle
UNO	United Nations Organization
UPL	Universitätsparteileitung
USA	United States of America
usw.	und so weiter
UV	Untersuchungsvorgang
ÜV	Überprüfungsvorgang
v.	vollem
VbE	Vollbeschäftigteneinheit
VD	Vertrauliche Dienstsache
VDA	Verein für Deutsche Kulturbeziehungen im Ausland
VEB	Volkseigener Betrieb
Verf.	Verfasser
Vgl.	Vergleiche
VLSI	Very large-scale integration
VMEI	Visš Mašinno-Elektrotechničeski Institut (Sofia)
VP	Volkspolizei
VPKA	Volkspolizeikreisamt

VS	Verschlusssache
vs.	versus
VVB	Vereinigung Volkseigener Betriebe
VVS	Vertrauliche Verschlusssache
VWR	Volkswirtschaftsrat
W	Weiblich
WB	Wissenschaftsbereich; Weiterbildung
WBK	Wohnungsbaukombinat
WBM	Weiterbildungsmaßnahme
WF	Werk für Fernsehelektronik
WGB	Wissenschaftlicher Gerätebau
wiss.	wissenschaftlich(e/er)
WiWi	Wirtschaftswissenschaften
WK	Wissenschaftskonzeption
WK/G	Wissenschaftlicher Kommunismus und Geschichte
WKK	Wehrkreiskommando
WMW	Werkzeugmaschinenbau und Werkzeuge
WÖK	Wissenschaftlich-Ökonomische Konferenz
wpT	wissenschaftlich-produktive Tätigkeit
WPU	Wilhelm-Pieck-Universität Rostock
WR	Wissenschaftlicher Rat
WS	Wissenschaftliches Sekretariat
WT	Wissenschaft und Technik
WTB	Wissenschaftlich-Technisches Büro für Werkzeugmaschinen
WTZ	Wissenschaftlich-technische Zusammenarbeit
WZ	Wissenschaftliche Zeitschrift der TH Ilmenau
z. T.	zum Teil
z. B.	zum Beispiel
ZAFT	Zentralamt für Forschung und Technik
ZAIG	Zentrale Auswertungs- und Informationsgruppe (Organisationseinheit im MfS)
ZAK	Zentraler Arbeitskreis
ZAL	Zwangsarbeitslager
ZDF	Zweites Deutsches Fernsehen
ZEK	Zentrale Evaluierungskommission
ZEMI	Zentralinstitut für Ökonomie und Mathematik (Moskau)
ZfG	Zeitschrift für Geschichtswissenschaft
ZfTE	Zentralinstitut für Technologie und Elektrotechnik
ZK	Zentralkomitee (der → SED)
ZKG	Zentrale Koordinierungsgruppe (Organisationseinheit im MfS)
ZOV	Zentraler Operativer Vorgang
ZRA	Zeiss-Rechenautomat
ZSK	Zentrale Senatskommission
ZSO	Zentrale Staatsorgane
ZV	Zivilverteidigung
ZWG	Zentrum für wissenschaftlichen Gerätebau
ZZ	Zweiseitige Zusammenarbeit (DDR-UdSSR)

7.3 Personenverzeichnis

Vom Verfasser vergebene Pseudonyme sind mit einem Stern (*) versehen. Rufnamen, die in der einschlägigen Literatur Eingang fanden, sind in Klammern gesetzt. Bei Namen, zu denen keine Vornamen aufgefunden werden konnten, sind Hinweise zur Verortung angegeben.

7.4 Decknamenverzeichnis

7.5 Ausgewählte, exkursähnliche Vertiefungen

Titel	Seiten
Attraktivität des Westens und die Fluchtbewegung	122–124
Berichterstattung an die SED, Teil I und Teil II	294–297, 567–569
Der 13. August 1961	139–142
Einheitliches sozialistisches Bildungssystem	169–175
Einmarsch der Warschauer Paktstaaten in die ČSSR	225–230
Exmatrikulationen, Teil I und Teil II sowie Einzelhinweise	191 f., 209, 211, 218, 326, 348, 466, 482, 528, 533, 535 f., 584, 593–595, 604 f., 615
Industrie-Institut, Teil I bis Teil IV	132 f., 194 f., 259 f., 363
Investitionen, Teil I bis Teil VII	108, 125 f., 146 f., 192–194, 217, 249 f., 335
Kontaktpolitik, Teil I und Teil II	460–465, 498–501
Leistungsbemessung der Hochschullehrer, Teil I und Teil II	251 f., 261
Primat der Erziehung, Teil I und Teil II	185–188, 197 f.
Produktionsprinzip und die „zweckmäßigste Struktur“	164–170
Rechentechnik an der TH Ilmenau, Teil I bis Teil III	196, 302–304, 393 f.
Robert Döpel, Teil I bis Teil III	100, 135–137, 152
Schwache Leistungen in Mathematik, Teil I und Teil II	255, 289 f.
Technikum Suhl, Teil I bis Teil IV	287–289, 306–311, 323 f., 336 f.
Vertragsforschung, Teil I und Teil II	179–183, 198–204
Wissenschaftskonzeptionen, Teil I bis Teil III	263–265, 271 f., 300 f.

7.6 Rechtenachweis zu den Abbildungen

Abbildung 1	UAI, Positiv 70a-2
Abbildung 2	ArchBBAW, Nachlass Friedrich, Nr. 1195
Abbildung 3	BStU, BV Suhl, Abt. IX, Nr. 2724, Bl. 21, Bild 3
Abbildung 4	UAI, Positiv 11-9
Abbildung 5	UAI, Positiv 14-72
Abbildung 6	UAI, Positiv 16-10
Abbildung 7	UAI, Positiv 11-12
Abbildung 8	UAI, Positiv 10-16
Abbildung 9	UAI, Positiv 22-1
Abbildung 10	UAI, Positiv P-15
Abbildung 11	UAI, Positiv 5-32
Abbildung 12	UAI, Positiv 10-17
Abbildung 13	UAI, Positiv 36-7
Abbildung 14	UAI, Positiv 33-3-63
Abbildung 15	UAI, Positiv 39-6
Abbildung 16	UAI, Positiv 28-7
Abbildung 17	UAI, Konvolut zur Kollegiumssitzung am 17.1.1967
Abbildung 18	UAI, Positiv S-55
Abbildung 19	UAI, Positiv 125-1
Abbildung 20	UAI, Positiv U-2
Abbildung 21	UAI, Positiv 54-1
Abbildung 22	UAI, Positiv L-1
Abbildung 23	UAI, Positiv 158-1
Abbildung 24	Privat, Beate Alexy, Suhl
Abbildung 25	BStU, BV Suhl, Abt. IX, Nr. 2724, Bl. 21, Bild 6
Abbildung 26	UAI, Positiv nh-4-90
Abbildung 27	UAI, Positiv K-45
Abbildung 28	UAI, Positiv 27-24
Abbildung 29	BStU, BV Suhl, Abt. XX, Nr. 2214, Bl. 29, Bild 2
Abbildung 30	BStU, BV Suhl, AIM 1286/90, Teil III, Bd. 2, Bl. 32
Abbildung 31	UAI, Positiv 109-1r
Abbildung 32	Privat, Michael Krapp, Ilmenau
Abbildung 33	BStU, BV Suhl, ZPL, Foto-Nr. 7

7.7 Literaturverzeichnis

Autorenkollektiv: Wissenschaftlich-technischer Fortschritt und Effektivität der gesellschaftlichen Produktion. Moskau 1972. DDR-Ausgabe 1975.

Baberowski, Jörg/Patel, Kiran K.: Jenseits der Totalitarismustheorie? Nationalsozialismus und Stalinismus im Vergleich, in: Zeitschrift für Geschichtswissenschaft (ZfG), 57(2009)12, S. 965–972.

Badurek, Gerald (Hrsg.): Die Fakultät für Physik. Köln, Weimar, Wien 2015.

Bartel, Horst/Mittenzwei, Ingrid/Schmidt, Walter: Preußen und die deutsche Geschichte, in: Einheit, 34(1979)6, S. 637–646.

Bathke, Gustav-Wilhelm: Die ungebrochene Kraft des Einflusses der sozialen Herkunft auf eine akademische Bildungslaufbahn – empirische Ergebnisse zur sozialen Reproduktion der Intelligenz in der DDR und im vereinten Deutschland, in: Lötsch, Ingrid/Meyer, Hansgünter: Beiträge zu einem Kolloquium in Memoriam Manfred Lötsch. Berlin 1998, S. 185–207.

Beatti, Andrew H.: Die alliierte Internierung im besetzten Deutschland. Außergerichtliche Inhaftierung im Namen der Entnazifizierung, in: Gerbergasse 18 (2020), Heft 97, S. 33–38.

Benner, Dietrich: Wilhelm von Humboldts Bildungstheorie. Weinheim 2003.

Bessel, Richard/Jessen, Ralph (Hrsg.): Die Grenzen der Diktatur. Staat und Gesellschaft in der DDR. Göttingen 1996.

Bispinck, Henrik: Bildungsbürger in Demokratie und Diktatur. Lehrer an höheren Schulen in Mecklenburg 1918 bis 1961. München 2011.

BL Suhl der SED, Abt. Agit.-Prop. (Hrsg.): Die Spur führte von Ilmenau nach Westberlin. Über den Prozess gegen eine illegale Gruppe von Studenten der THE – Ilmenau – Suhl. Suhl 1957.

Bosetzky, Horst: Mikropolitik, Machiavellismus und Machtkumulation, in: Küpper, Willi/Ortmann, Günther (Hrsg.): Mikropolitik. Rationalität, Macht und Spiele in Organisationen. 2. durchgesehene Aufl. Opladen 1988, S. 27–37.

Böttcher, Hans Richter (Bearb.): Vergangenheitsklärung an der Friedrich-Schiller-Universität Jena. Beiträge zur Tagung „Unrecht und Aufarbeitung“ am 19. und 20.6.1952. Leipzig 1994.

Braun, Matthias: Abteilung 8: Volksbildung sowie Hoch- und Fachschulwesen, in: Hauptabteilung XX: Staatsapparat, Blockparteien, Kirchen, Kultur, „politischer Untergrund“. Berlin 2008, S. 138–149.

Braun, Matthias: Die Literaturzeitschrift „Sinn und Form“. Ein ungeliebtes Aushängeschild der SED-Kulturpolitik. Bremen 2004.

Buthmann, Reinhard: Abwanderung und Flucht von Eliten aus der SBZ/DDR am Beispiel der wissenschaftlichen Intelligenz, in: Schulz, Günther (Hrsg.): Vertriebene Eliten. Vertreibung und Verfolgung von Führungsschichten im 20. Jahrhundert. München, Oldenburg 2001, S. 229–265.

Buthmann, Reinhard: Die Arbeitsgruppe Bereich Kommerzielle Koordinierung. Berlin 2004.

Buthmann, Reinhard: Die Objektdienststellen des MfS. Berlin 1999.

Buthmann, Reinhard: Die Organisationsstruktur zur Beschaffung westlicher Technologien im Bereich der Mikroelektronik, in: Herbstritt, Georg/Müller-Enbergs, Helmut: Das Gesicht dem Westen zu. DDR-Spionage gegen die Bundesrepublik Deutschland. Bremen 2003, S. 279–314.

Buthmann, Reinhard: Hat es eine Innovationskultur in der DDR überhaupt gegeben, geben können?, in: Schneider, Jürgen: Die Ursachen für den Zusammenbruch der Sowjetunion und der DDR (1945–1990). Stuttgart 2017, Zweiter Teil, S. 1136–1147.

Buthmann, Reinhard: Hochtechnologien und Staatssicherheit. Die strukturelle Verankerung des MfS in Wissenschaft und Forschung der DDR. 2. durchgesehene Aufl. Berlin 2000.

Buthmann, Reinhard: Kadersicherung im Kombinat VEB Carl Zeiss Jena. Die Staatssicherheit und das Scheitern des Mikroelektronikprogramms. Berlin 1997.

Buthmann, Reinhard: Konfliktfall „Kosmos“. Die politische Geschichte einer Jugendarbeitsgruppe in der DDR. Köln, Weimar, Wien 2012.

Buthmann, Reinhard: Offener Aktenstreit, in: Gerbergasse 18, (2021), Heft 101, S. 7–10.

Buthmann, Reinhard: Versagtes Vertrauen. Wissenschaftler der DDR im Visier der Staatssicherheit. Göttingen 2020.

Buthmann, Reinhard: Widerständiges Verhalten und Feldtheorie, in: Neubert, Ehrhart/Eisenfeld, Bernd (Hrsg.): Macht Ohnmacht Gegenmacht. Grundfragen zur politischen Gegnerschaft in der DDR. Bremen 2001, S. 89–120.

Catrain, Elise: Hochschule im Überwachungsstaat. Struktur und Aktivitäten des Ministeriums für Staatssicherheit an der Karl-Marx-Universität Leipzig (1968/69–1981). Leipzig 2010. Dissertation.

Claßen, Ludwig: Programmierung des Mikroprozessorsystems U 880 – K 1520. Berlin 1981.

Courtois, Stéphane et al.: Das Schwarzbuch des Kommunismus. Unterdrückung, Verbrechen und Terror. München 1998.

Depkat, Volker: Die DDR-Autobiographik als Ort sozialistischer Identitätspolitik, in: Sabrow, Martin (Hrsg.): Autobiographische Aufarbeitung. Diktatur und Lebensgeschichte im 20. Jahrhundert. Göttingen 2012, S. 110–138.

Der integrierte Souverän – Die SED an der Bergakademie Freiberg in der Ära Honecker, in: Pohl, Norman/Farrenkopf, Michael/Hansell, Friederike: Lebenswerk Welterbe. Aspekte von Industriekultur und Industriearchäologie, von Wissenschafts- und Technikgeschichte. Berlin, Diepholz 2020, S. 343–350.

Dinçkal, Noyan/Mares, Detlev: Selbstmobilisierung und Forschungsnetzwerke. Überlegungen zur Geschichte der Technischen Hochschulen im „Dritten Reich“, in: Dinçkal, Noyan/Dipper, Christoph/Mares, Detlev (Hrsg.): Selbstmobilisierung der Wissenschaft. Technische Hochschulen im „Dritten Reich“. Darmstadt 2010.

Ebner, Paulus: Alles neu? Die ÖH und die österreichischen Studierenden in den 1960- und 1970er-Jahren, in: Wirth, Maria (Hrsg.): Neue Universitäten. Österreich und Deutschland in den 1960er- und 1970er Jahren, in: Zeitgeschichte 47(2020), Sonderheft, S. 35–53.

Eckert, Rainer: Die Humboldt-Universität im Netz des MfS, in: Voigt, Dieter/Mertens, Lothar (Hrsg.): DDR-Wissenschaft im Zwiespalt zwischen Forschung und Staatssicherheit. Berlin 1995, S. 169–186.

Einhäuptl, Karl Max: Elitebildung in der Wissenschaft, in: Politische Studien, 55(2004)398, S. 49–57.

Eisenfeld, Bernd: Die Zentrale Koordinierungsgruppe. Bekämpfung von Flucht und Übersiedlung. Berlin 1996.

Ellwein, Thomas: Die deutsche Universität. Vom Mittelalter bis zur Gegenwart. Königsstein 1985.

Emmel, Hildegard: Die Freiheit hat noch nicht begonnen. Zeitgeschichtliche Erfahrungen seit 1933. Rostock 1991.

Engelmann, Roger et al. (Hrsg.): Das MfS-Lexikon. Begriffe, Personen und Strukturen der Staatssicherheit der DDR. 4. aktualisierte Aufl. Berlin 2021.

Engelmann, Roger/Joestel, Frank: Die Zentrale Auswertungs- und Informationsgruppe. Berlin 2009.

Engelmann, Roger/Joestel, Frank: Grundsatzdokumente des MfS. Berlin 2004.

Engelmann, Roger/Joestel, Frank: Hauptabteilung IX. Berlin 2016.

Erster Tätigkeitsbericht des BStU. Berlin 1993.

Feige, Hans-Uwe: Aspekte der Hochschulpolitik der Sowjetischen Militäradministration in Deutschland (1945–1948), in: Deutschland Archiv, 25(1992)11, S. 1169–1180.

Feige, Hans-Uwe: Die Gesellschaftswissenschaftliche Fakultät an der Universität Leipzig (1947–1951), in: Deutschland Archiv, 26(1993)5, S. 572–583.

Florath, Bernd (Bearbeiter)/Münkel, Daniela (Hrsg.): Die DDR im Blick der Stasi 1968. Die geheimen Berichte an die SED-Führung. Göttingen 2018.

Freytag, Friedrich: Hilfsbuch für den Maschinenbau. Für Maschinentechniker sowie für den Unterricht an technischen Lehranstalten. Berlin 1908.

Fricke, Karl Wilhelm: Der Wahrheit verpflichtet. Berlin 2000.

Fritzsch, Werner/Nöckel, Werner: Vergebliche Hoffnung auf einen politischen Frühling. Opposition und Repression an der Universität Jena 1956–1968. Berlin 2006.

Frühauf, Hans: Perspektiven der Nachrichtentechnik, in: Rektor der THI (Hrsg.): VIII. Internationales Kolloquium (1963). 1. Teil: Nachrichtentechnik. Jena 1965.

Gadamer, Hans-Georg: Wahrheit und Methode. Grundzüge einer philosophischen Hermeneutik. Tübingen 1990.

Gall, Dietrich: Die Anfänge der lichttechnischen Ausbildung an den höheren Lehranstalten in Ilmenau bis

1968. Vortrag zur 6. Lichttagung des Fachgebietes Lichttechnik und der BG Thüringen/Nordhessen der Deutschen Lichttechnischen Gesellschaft e. V. am 17.3.2007. TU Ilmenau, Langfassung (pdf) 2007, S. 1–21.

Geißler, Gert: Schulgeschichte in Deutschland. Von den Anfängen bis in die Gegenwart. Frankfurt am Main, Berlin, Bern, Bruxelles, New York, Oxford, Wien 2011.

Gesetz Nr. 25 des Kontrollrats, Berlin vom 29.4.1946. Überwachung der Wissenschaftlichen Forschung, in: Physikalische Blätter 2(1946)3, S. 49–52.

Gesetz über die Unterlagen des Staatssicherheitsdienstes der ehemaligen Deutschen Demokratischen Republik (Stasi-Unterlagen-Gesetz – StUG). Berlin 2012.

Gieseke, Jens: Die hauptamtlichen Mitarbeiter der Staatssicherheit. Personalstruktur und Lebenswelt 1950 – 1989/90. Berlin 2000.

Gläser, Jochen: Die Akademie der Wissenschaften nach der Wende: erst reformiert, dann ignoriert und schließlich aufgelöst, in: Aus Politik und Zeitgeschichte. Beilage der Wochenzeitung „Das Parlament“, B 51/92 vom 11.12.1962, S. 37–46.

Gräßler, Florian: War die DDR totalitär? Eine vergleichende Untersuchung des Herrschaftssystems der DDR anhand der Totalitarismuskonzepte von Friedrich, Linz, Bracher und Kielmansegg. Baden-Baden 2014.

Greiffenhagen, Martin: Der Totalitarismusbegriff in der Regimelehre. Politische Vierteljahresschrift (PVS), 55(2014)4, S. 372–396.

Gries, Sabine: Die Pflichtberichte der wissenschaftlichen Reisekader der DDR, in: Voigt, Dieter/Mertens, Lothar (Hrsg.): DDR-Wissenschaft im Zwiespalt zwischen Forschung und Staatssicherheit. Berlin 1995, S. 141–169.

Grondin, Jean: Hans-Georg Gadamer. Eine Biographie. Tübingen 1999.

Großbölting, Thomas: SED-Diktatur und Gesellschaft. Bürgertum, Bürgerlichkeit und Entbürgerlichung in Magdeburg und Halle. Halle 2001.

Gumpel, Werner: Workuta – Die Stadt der lebenden Toten. Leipzig 2015.

Guntau, Martin/Laitko, Hubert (Hrsg.): Der Ursprung der modernen Wissenschaften. Studien zur Entstehung wissenschaftlicher Disziplinen. Berlin 1987.

Haferkorn, Heinz: Eröffnungsvortrag zur 21. Frühjahrsschule Optik vom 29. bis 31. März 1989 in Erfurt, in: Beiträge zur Optik und Quantenelektronik, Bd. 21. Berlin 1989, S. IX–XIV.

Haferkorn, Heinz: Optik. Berlin 1980.

Hafner, Thomas: Vom Montagehaus zur Wohnscheibe. Entwicklungslinien im deutschen Wohnungsbau 1945–1970. Basel, Berlin, Boston 1993.

Halbrock, Christian: „Freiheit heißt, die Angst verlieren“. Verweigerung, Widerstand und Opposition in der DDR: Der Ostseebezirk Rostock. 2. korrigierte Aufl. Göttingen 20015.

Handschuck, Martin: Auf dem Weg zur sozialistischen Hochschule. Die Universität Rostock in den Jahren 1945–1955. Bremen 2003.

Hanke, Peter: Planungsprobleme in der Grundlagenforschung. Berlin 1975

Hansen, Friedrich: Justierung. Eine Einführung in das Wesen der Justierung von technischen Gebilden. Berlin 1964.

Hascher, Michael: Die Hochschule für Maschinenbau Karl-Marx-Stadt 1953–1963. Überlegungen zur Bedeutung einer Spezialhochschule, in: Schleiermacher, Sabine/Pohl, Normann (Hrsg.): Medizin, Wissenschaft und Technik in der SBZ und DDR. Organisationsformen, Inhalte, Realitäten. Husum 2009, S. 217–242.

Hechler, Daniel/Pasternack, Peer: Traditionsbildung, Forschung und Arbeit am Image. Die ostdeutschen Hochschulen im Umgang mit ihrer Zeitgeschichte. Leipzig 2013.

Hecht, Arno: Die Wissenschaftselite Ostdeutschlands. Feindliche Übernahme oder Integration. Leipzig 2002.

Heidorn, Günter: Die 3. Hochschulreform – Versuch einer Verbesserung der Leitung und Planung im Hochschulwesen der DDR, in: Guntau, Martin/Herms, Michael/Pade, Werner (Hrsg.): Zur Geschichte wissenschaftlicher Arbeiten im Norden der DDR 1945 bis 1990. Tagungsband anlässlich der 100. Veranstaltung der Rostocker Wissenschaftshistorischen Kolloquien vom 23.–24.2.2007. Rostock 2007,

S. 120–123.
Heimatgeschichtlicher Verein Ilmenau e. V. (Hrsg.): 50 Jahre Akademisches Leben in Ilmenau. Ilmenau 2003.
Heinemann, Manfred (Hrsg.): Hochschuloffiziere und Wiederaufbau des Hochschulwesens in Deutschland 1945–1949. Die Sowjetische Besatzungszone. Berlin 2000.
Heinemann, Manfred: Auf dem Weg zur Volks-Universität: Die Friedrich-Schiller-Universität Jena 1948, in: Mertens, Lothar (Hrsg.): Politischer Systemumbruch als irreversibler Faktor der Modernisierung in der Wissenschaft? Berlin 2001, S. 201–231.
Heinemann, Manfred: Die Wiedereröffnung der Friedrich-Schiller-Universität Jena im Jahre 1945, in: Voigt, Dieter/Mertens, Lothar (Hrsg.): DDR-Wissenschaft im Zwiespalt zwischen Forschung und Staatssicherheit. Berlin 1995, S. 11–44.
Heinemann, Manfred: Hochschulerneuerung in Ostdeutschland: Das Beispiel Sachsen. Erfahrungen und Überlegungen zur Weiterführung, in: Pfeiffer, Waldemar: Wissen und Wandel. Universitäten als Brennpunkte der europäischen Transformation. Poznań 1997, S. 81–96.
Heinemann, Manfred: Wer stürmte die Festung Wissenschaft? Die sowjetische Besatzungspolitik und die SED im Bereich von Hochschule und Wissenschaft, in: Revue d'Allemagne et des Pays de langue allemande, 32(2000)1, S. 103–116.
Heinze, Walter (Hrsg.): Hochschule für Elektrotechnik Ilmenau. 10 Jahre. Ilmenau 1963.
Helmbold, Bernd: Wissenschaft und Politik im Leben von Max Steenbeck (1904–1981). Wiesbaden 2017.
Hennig, Horst: Anklage: illegale Gruppengründung, antisowjetische Agitation. Von Halle nach Workuta, 1950–1955, in: Herrmann, Ulrich (Hrsg.): Protestierende Jugend. Jugendopposition und politischer Protest in der deutschen Nachkriegsgeschichte. Weinheim, München 2002, S. 83–106.
Herbst, Andreas/Ranke, Winfried/Winkler, Jürgen: So funktionierte die DDR. Bd. 3: Lexikon der Funktionäre. Hamburg 1994.
Herbstritt, Georg/Müller-Enbergs (Hrsg.): Das Gesicht dem Westen zu … DDR-Spionage gegen die Bundesrepublik Deutschland. Berlin 2003.
Herrmann, Peter/Steudel, Heinz/Wagner, Manfred (Hrsg.): Der Physikerball 1956. Vorgeschichte – Ablauf – Folgen. Jena 1997.
Herrmann, Ulrich (Hrsg.): Protestierende Jugend. Jugendopposition und politischer Protest in der deutschen Nachkriegsgeschichte. Weinheim, München 2002.
Herzberg, Guntolf/Seifert, Kurt: Rudolf Bahro – Glaube an das Veränderbare. Eine Biographie. Berlin 2002.
Herzberg, Guntolf: Anpassung und Aufbegehren. Die Intelligenz der DDR in den Krisenjahren 1956/58. Berlin 2006.
Institut für Gesellschaftswissenschaften beim ZK der SED (Hrsg.): Wissenschaft und Produktion im Sozialismus. Zur organischen Verbindung der Errungenschaften der wissenschaftlich-technischen Revolution mit den Vorzügen des Sozialismus. Berlin 1976.
Institut für Theorie des Staates und des Rechts der AdW der DDR: Geschichte des Staates und des Rechts der DDR. Dokumente 1949–1961. Berlin 1984.
IWK: 26. Internationales wissenschaftliches Kolloquium vom 26.–30.10. 1981, Heft 5, Vortragsreihen B 1, B 2. TH Ilmenau (Hrsg.). Jena, Ilmenau 1981.
Jacobs, Peter/Prast, Wolfgang: „Ilmenau soll leben …“. Die Geschichte des Thüringischen Technikums von 1894 bis 1955 und der studentischen Verbindungen und Vereine von 1894 bis heute. Wehrheim 1994.
Jäger, Eberhard/Raßbach, Hendrike: Struktur und Arbeitsweise des MfS an der Ingenieurschule für Maschinenbau Schmalkalden (1980–1990). Ein Forschungsbericht. Erfurt 1998.
Jessen, Ralph: Akademische Elite und kommunistische Diktatur. Die ostdeutsche Hochschullehrerschaft in der Ulbricht-Ära. Göttingen 1999.
Jordan, Carlo: Kaderschmiede Humboldt-Universität zu Berlin. Aufbegehren, Säuberungen und Militarisierung 1945–1989. Berlin 2001.
Kallinich, Joachim/Pasquale, Sylvia de (Hrsg.): Ein offenes Geheimnis. Post- und Telefon-Kontrolle in der DDR. Heidelberg 2002.
Kämmerer, Wilhelm/Kortum, Herbert/Straube, Fritz: Zeiss-Rechenautomat ZRA 1, in: Jenaer Rundschau,

4(1959)1, S. 19–26.
Kant, Horst/Renn, Jürgen: Eine utopische Episode – Carl Friedrich von Weizsäcker in den Netzwerken der Max-Planck-Gesellschaft; in: Hentschel, Klaus/Hoffmann, Dieter: Carl Friedrich von Weizsäcker: Physik – Philosophie – Friedensforschung. Halle 2014, S. 213–242.
Kanton, Dieter: Mikroprozessorsysteme in der Automatisierungstechnik. Berlin 1978.
Kausch, Jara: „Eine Gesellschaft, die ihre Jugend verliert, ist verloren." Das hochschulpolitische Konzept der DDR am Beispiel der Technischen Hochschule/Universität Karl-Marx-Stadt und die daraus resultierende Verantwortung der FDJ zwischen 1953 und 1989/90. Chemnitz 2009.
Kemnitz, Werner (Hrsg.): 35 Jahre Technische Hochschule Ilmenau DDR. Suhl, Ilmenau 1988.
Kierstein, Herbert/Schramm, Gotthold: Freischützen des Rechtsstaats. Wem nützen Stasiunterlagen und Gedenkstätten? Berlin 2009.
Kluge, Gerhard/Meinel, Reinhard: MfS und FSU. Das Wirken des Ministeriums für Staatssicherheit an der Friedrich-Schiller-Universität Jena. Erfurt 1997.
Kluge, Gerhard: Der „NATO-Professor" Walter Brödel. Erfurt 1999.
Klussmann, Paul G.: Berichte der Reisekader aus der DDR, in: Voigt, Dieter/Mertens, Lothar (Hrsg.): DDR-Wissenschaft im Zwiespalt zwischen Forschung und Staatssicherheit. Berlin 1995, S. 131–139.
Knabe, Hubertus: West-Arbeit des MfS. Das Zusammenspiel von „Aufklärung" und „Abwehr". Berlin 1999.
Kohl, Horst et al. (Hrsg.): Die Bezirke der DDR. Ökonomische Geographie. Leipzig 1974.
Kohl, Horst/Marcinek, Joachim/Nitz, Bernhard: Geographie der DDR. Leipzig 1981.
Kohl, Horst: Ökonomische Geographie der Montanindustrie in der DDR. Leipzig 1966.
Köhler, Roland: Berichtigung einer Universitätsgeschichte, in: hochschule ost, 9(2000), S. 103–120.
König, Thomas: Krise und neue Anforderungen. Das österreichische Hochschulregime 1920–1960 und die Kritik der frühen 1960er-Jahre, in: Wirth, Maria (Hrsg.): Neue Universitäten. Österreich und Deutschland in den 1960er- und 1970er Jahren. Zeitgeschichte 47(2020), Sonderheft, S. 15–33.
Kowalczuk, Ilko: Das Ende eines Revolutions-Symbols, in: Sächsische Zeitung vom 24.11.2020, S. 7.
Kowalczuk, Ilko-Sascha: Die Übernahme. Wie Ostdeutschland Teil der Bundesrepublik wurde. München 2019.
Kowalczuk, Ilko-Sascha: Geist im Dienste der Macht. Hochschulpolitik in der SBZ/DDR 1945 bis 1961. Berlin 2003.
Kowalczuk, Ilko-Sascha: Stasi konkret. Überwachung und Repression in der DDR. München 2013.
Kowalczuk, Ilko-Sascha: Universitäten in der SED-Diktatur. Ein Problemaufriss, in: Prüll, Livia/George, Christian/Hüther, Frank: Universitätsgeschichte schreiben. Inhalte – Methoden – Fallbeispiele. Mainz 2019, S. 121–151.
Kowalczuk, Ilko: Zerstörtes Vertrauen. Über den Mikrokosmos Stasi und die Verantwortung, die auch Techniker trugen – eine Entgegnung, in: Berliner Zeitung vom 1.2.2021, S. 3.
Krätzner, Anita: Die Universitäten der DDR und der Mauerbau 1961. Leipzig 2014.
Kretschmer, Kerstin: Standort Dresden. Zu den Anfängen der Computerproduktion in Sachsen, in: Schleiermacher, Sabine/Pohl, Normann (Hrsg.): Medizin, Wissenschaft und Technik in der SBZ und DDR. Organisationsformen, Inhalte, Realitäten. Husum 2009, S. 283–304.
Krleža, Miroslav: Die Fahnen. Klagenfurt 2016.
Krömke, Klaus/Friedrich, Gerd: Kombinate – Rückgrat sozialistischer Planwirtschaft. Berlin 1987.
Krönig, Waldemar/Müller, Klaus-Dieter: Anpassung Widerstand Verfolgung. Hochschule und Studenten in der SBZ und DDR 1945–1961. Köln 1994.
Kuczynski, Jürgen: Ein Leben in der Wissenschaft der DDR. Münster 1994.
Labrenz-Weiß, Hanna: Abteilung M. Berlin 2005.
Laitko, Hubert: Die DDR als Wissenschaftsstandort: Gegenstand historischer Analyse und komparativer Bewertung, in: Guntau, Martin/Herms, Michael/Pade, Werner (Hrsg.): Zur Geschichte wissenschaftlicher Arbeiten im Norden der DDR 1945 bis 1990. Tagungsband anlässlich der 100. Veranstaltung der Rostocker Wissenschaftshistorischen Kolloquien vom 23.–24.2.2007. Rostock 2007.
Laitko, Hubert: Strategen, Organisatoren, Kritiker, Dissidenten – Verhaltensmuster prominenter Naturwissenschaftler der DDR in den 50er und 60er Jahren des 20. Jahrhunderts. Reprint 367, MPI für

Wissenschaftsgeschichte. Berlin 2007.
Laitko, Hubert: Wissenschaftspolitik und Wissenschaftsverständnis in der DDR – Facetten der fünfziger Jahre, in: Burrichter, Clemens/Diesener, Gerald (Hrsg.): Auf dem Weg zur „Produktivkraft Wissenschaft". Leipzig 2002, S. 107–139.
Lambrecht, Wolfgang: Wissenschaftspolitik zwischen Ideologie und Pragmatismus. Die 3. Hochschulreform (1965–71) am Beispiel der TH Karl-Marx-Stadt. Münster, New York, Berlin 2007.
Lange, Alfred: Die Überleitung wissenschaftlich-technischer Ergebnisse in den Produktionsprozess, in: Autorenkollektiv: Forschung und Entwicklung im RGW. Aktuelle Fragen. Berlin 1974, S. 122–140.
Lauer, Martin: Mein Buch Sehnsucht. Gedichte aus dem Archipel Gulag 1950–1954. Erfurt 2002.
Lehmann, Daniel: Zwischen Umbruch und Erneuerung. Die Universität Rostock von 1989 bis 1994. Rostocker Studien zur Universitätsgeschichte, Bd. 26. Rostock 2013.
Lemke, Michael: Das Forschungsprojekt „Die SBZ/DDR zwischen Sowjetisierung und Eigenständigkeit – Handlungsspielräume und Entscheidungsprozesse 1945–1963", in: Potsdamer Bulletin für Zeithistorische Studien. Potsdam (1995), Nr. 4, S. 19–29.
Lemuth, Oliver: Jenseits der „Systemumbrüche" von 1933 und 1945. Profilwandel, Hochschulkonzepte, wissenschaftliches Selbstverständnis und Nachkriegslegenden an der Jenaer Universität, in: Schleiermacher, Sabine/Schagen, Udo: Wissenschaft macht Politik. Hochschule in den politischen Systembrüchen 1933 und 1945. Stuttgart 2009, S. 63–78.
Lenski, Katharina: Geheime Kommunikationsräume? Die Staatssicherheit an der Friedrich-Schiller-Universität. Frankfurt am Main, New York 2017.
Lexikon der Wirtschaft. Arbeit Bildung Soziales. Berlin 1982.
Lindheim, Thomas von: Bezahlte Freiheit. Der Häftlingsfreikauf zwischen den beiden deutschen Staaten. Baden-Baden 2011.
Lindner, Petra: Ausgewählte Probleme zur Geschichte der HfE, unter besonderer Berücksichtigung der Entwicklung des Lehrkörpers 1953–1961. Ilmenau 1985. Diplomarbeit.
Linnemann, Gerhard (Hrsg.): 20 Jahre Sozialistische Hochschule – Technische Hochschule Ilmenau. Ilmenau 1973.
Linnemann, Gerhard (Hrsg.): 30 Jahre Technische Hochschule Ilmenau DDR. Leipzig 1983.
Litt, Theodor: Einführende Worte zum Taschenbuch der Leipziger Studentenschaften 1932/33. Taschenbuch bearbeitet im Auftrag des Allgemeinen Studentenausschusses der Universität Leipzig von Herbert Hahn. Leipzig 1932.
Lötsch, Ingrid/Meyer, Hansgünter (Hrsg.): Beiträge zu einem Kolloquium in Memoriam Manfred Lötsch. Berlin 1998.
Lötsch, Manfred: Abschied von der Legitimationswissenschaft, in: Knabe, Hubertus (Hrsg.): Aufbruch in eine andere DDR. Hamburg 1989, S. 192–199.
Lötsch, Manfred: Die Intelligenz – Zum Wesen einer sozialen Schicht. 2. Stellung und Rolle der Intelligenz im System sozialer Strukturen. Theoretische und methodologische Grundpositionen, in: Lötsch, Ingrid/Meyer, Hansgünter: Vorwort, in (Dies.): Beiträge zu einem Kolloquium in Memoriam Manfred Lötsch. Berlin 1998, S. 283–306.
Lux, Anna: Eine Frage der Haltung? Die bruchlose Karriere des Germanisten Theodor Frings im spannungsreichen 20. Jahrhundert, in: Schleiermacher, Sabine/Schagen, Udo: Wissenschaft macht Politik. Hochschule in den politischen Systembrüchen 1933 und 1945. Stuttgart 2009, S. 79–99.
Maier, Harry: Innovation oder Stagnation: Bedingungen der Wirtschaftsreform in sozialistischen Ländern. Köln 1987.
Maier, Helmut: Technische Hochschulen im „Dritten Reich", in: Dinçkal, Noyan/Dipper, Christoph/Mares, Detlev (Hrsg.): Selbstmobilisierung der Wissenschaft. Technische Hochschulen im „Dritten Reich". Darmstadt 2010.
Malycha, Andreas: Hochschulpolitik in den vier Besatzungszonen Deutschlands. Inhalte und Absichten der Alliierten und der deutschen Verwaltungen 1945–1949, in: Schleiermacher, Sabine/Schagen, Udo: Wissenschaft macht Politik. Hochschule in den politischen Systembrüchen 1933 und 1945. Stuttgart 2009, S. 29–47.

Malycha, Andreas: Wissenschafts- und Hochschulpolitik in der SBZ/DDR 1945 bis 1961. Machtpolitische und strukturelle Wandlungen, in: Schleiermacher, Sabine/Pohl, Normann (Hrsg.): Medizin, Wissenschaft und Technik in der SBZ und DDR. Organisationsformen, Inhalte, Realitäten. Husum 2009, S. 17 – 40.

Martin, Thomas: Systemimmanente Funktionsmängel der sozialistischen Zentralplanwirtschaft in der SBZ/DDR 1949. Am Beispiel des volkseigenen Sektors. Bamberg 2001. Dissertation.

Mauersberger, Klaus: Technische Mechanik und Maschinenwesen. Ein Beitrag zur Disziplinbildung in den Technikwissenschaften, in: Guntau, Martin/Laitko, Hubert: Der Ursprung der modernen Wissenschaften. Studien zur Entstehung wissenschaftlicher Disziplinen. Berlin 1987, S. 242–256.

Mebus, Sylvia: Kaderpolitik für Lehrer und Selbstsowjetisierung am Beispiel der Lehrerausbildung am Pädagogischen Institut „Karl Friedrich Wilhelm Wander" in Dresden in den fünfziger Jahren, in: Heinemann, Manfred (Hrsg.): Zwischen Restauration und Innovation in Ost und West nach 1945. Köln, Weimar, Wien 1998, S. 55–77.

Mehlig, Jochen: Wendezeiten. Die Strangulierung des Geistes an den Universitäten der DDR und dessen Erneuerung. Bad Honnef 1999, S. 57.

Meldungen aus Universitäten und Hochschulen, in: Physikalische Blätter 5(1949)3, S. 139.

Mertens, Lothar: Wissenschaft als Dienstgeheimnis: Die geheimen DDR-Dissertationen, in: Voigt, Dieter/Mertens, Lothar (Hrsg.): DDR-Wissenschaft im Zwiespalt zwischen Forschung und Staatssicherheit. Berlin 1995, S. 101–129.

Meusburger, Peter: Bildungsgeographie. Wissen und Ausbildung in der räumlichen Dimension. Heidelberg, Berlin 1998.

Michels, Jürgen/Werner, Jochen: Die deutsche Luftfahrt. Luftfahrt Ost 1945–1990. Bonn 1994.

Minta, Anna: Gebaute Bildungslandschaften der 1960er-Jahre. Campus-Architekturen und Reformkonzepte in Linz, in: Wirth, Maria (Hrsg.): Neue Universitäten. Österreich und Deutschland in den 1960er- und 1970er Jahren, in: Zeitgeschichte 47(2020), Sonderheft, S. 107–126.

Müller, Klaus-Dieter/Osterloh, Jörg: Eine studentische Widerstandsgruppe an der Universität Halle 1949/50. Im Spiegel persönlicher Erinnerungen und von NKWD-Dokumenten, in: Herrmann, Ulrich (Hrsg.): Protestierende Jugend. Jugendopposition und politischer Protest in der deutschen Nachkriegsgeschichte. Weinheim, München 2002, S. 71–82.

Müller, Marianne/Erwin, Egon: „... stürmt die Festung Wissenschaft!" Die Sowjetisierung der mitteldeutschen Universitäten seit 1945. Berlin 1994.

Müller-Enbergs, Helmut et al.: Wer war wer in der DDR? Ein Lexikon ostdeutscher Biographien. Berlin 2006.

Müller-Enbergs, Helmut: Hauptverwaltung A (HV A). Aufgaben-Strukturen-Quellen. Berlin 2011.

Münkel, Daniela (Hrsg. u. Bearbeiterin): Die DDR im Blick der Stasi 1961. Die geheimen Berichte an die SED-Führung. Göttingen 2011.

Mütze, Klaus: Die Macht der Optik. Industriegeschichte Jenas von 1846–1996. Bd. II: Vom Rüstungskonzern zum Industriekombinat (1946–1996). Vermächtnis, Erkenntnis, Experiment und Fortschritt. Bucha bei Jena 2009.

Oberkofler, Gerhard/Goller, Peter: Geschichte der Universität Innsbruck (1669–1945). Frankfurt am Main 1996.

Ökonomisches Lexikon, Bd. 3, Q-Z. Berlin 1979.

Ohse, Marc-Dietrich: Jugend nach dem Mauerbau: Anpassung, Protest und Eigensinn. Berlin 2003.

Pasternack, Peer: Hochschule & Wissenschaft in SBZ/DDR/Ostdeutschland 1945–1995. Annotierte Bibliographie für den Erscheinungszeitraum 1990–1998. Studien des Instituts für Hochschulforschung Wittenberg an der Martin-Luther-Universität Halle-Wittenberg. Weinheim 1999.

Paulus, Gerhard: Der Zusammenhang zwischen Wohlstand und Anstand. Gedenken an den Jenaer Physikerball 1956, in: Gerbergasse 18 (2016), Heft 79, S. 47–50.

Peiter, Hermann: Wissenschaft im Würgegriff von SED und DDR-Zensur. Ein nicht nur persönlicher Rückblick eines theologischen Schleiermacher-Forschers auf die Zeit des Prager Frühlings, in: Bendel, Rainer/Bendel-Maidl, Lydia/Köhler, Joachim (Hrsg.): Beiträge zu Theologie, Kirche und Gesellschaft im

20. Jahrhundert. Berlin 2006.
Philippow, Eugen: Grundlagen der Elektrotechnik. Leipzig 1967.
Pohl, Norman: Hochschulreform im Zeichen des Klassenkampfes. Zur Geschichte der Bergakademie Freiberg von 1960 bis 1970, in: Schleiermacher, Sabine/Pohl, Normann (Hrsg.): Medizin, Wissenschaft und Technik in der SBZ und DDR. Organisationsformen, Inhalte, Realitäten. Husum 2009, S. 173–215.
Pommerin, Reiner: Geschichte der TU Dresden 1828–2003. Köln, Weimar, Wien 2003.
Prokop, Siegfried: Probleme der 3. Hochschulreform in der DDR. Unter besonderer Berücksichtigung der Einflüsse der Hochschulmodernisierung im Westen, in: Burrichter, Clemens/Diesener, Gerald: Reformzeiten und Wissenschaft. Altenburg 2005, S. 17–41.
Raabe, Josef (Hrsg.): Forschung in der DDR. Institute der Akademie der Wissenschaften, Universitäten und Hochschulen, Industrie. Stuttgart 1990.
Riese, Reinhard: Die Hochschule auf dem Weg zum wissenschaftlichen Großbetrieb. Die Universität Heidelberg und das badische Hochschulwesen 1860–1914. Stuttgart 1977.
Rittig, Franz: Entstehung, Charakter und Rolle privater mittlerer technischer Lehranstalten im imperialistischen Deutschland, in: 90 Jahre technische Bildung in Ilmenau. Ilmenauer Beiträge zur Wissenschafts- und Hochschulgeschichte, Heft 1 (1985), S. 4–24.
Rittig, Franz: Ingenieure aus Ilmenau. Ilmenau 1994.
Rohrmann, Henning: Forschung, Lehre, Menschenformung. Studien zur „Pädagogisierung" der Universität Rostock in der Ulbricht-Ära. Rostocker Studien zur Universitätsgeschichte, Bd. 25. Rostock 2013.
Rudloff, Wilfried: Hochschulreform durch Reformschulen? Die bundesdeutschen Hochschulgründungen der 1960er- und 1970er-Jahre zwischen Diversifizierung und Homogenisierung, in: Zeitgeschichte, 47. Jahrgang, Sonderheft 2020, S. 147–170.
Rühle, Jürgen: Die Haltung der Intellektuellen in der Sowjetzone. Zwischen Opportunismus und geistigem Widerstand, in: SZ, Nr. 1 (1956), S. 4–7.
Rühle, Jürgen: Die Opposition der Studenten. Diskussionen und Unruhen an den Universitäten und Hochschulen in der Sowjetzone, in: SZ, Nr. 23 (1956), S. 354–357.
Sachse, Christian: Die politische Sprengkraft der Physik. Robert Havemann zwischen Naturwissenschaft, Philosophie und Sozialismus 1956–1962. Berlin 2006.
Sander, Tobias: Die doppelte Defensive. Lage, Mentalitäten und radikalkonservative Politik der Diplom-Ingenieure in Deutschland 1900–1933, in: Zeitschrift für Geschichtswissenschaft, 53(2005)4, S. 301 – 322.
Schelhaas, Bruno: Der Aufbau der Hochschulgeographie in der SBZ und der jungen DDR, in: Schleiermacher, Sabine/Pohl, Normann (Hrsg.): Medizin, Wissenschaft und Technik in der SBZ und DDR. Organisationsformen, Inhalte, Realitäten. Husum 2009, S. 125–151.
Schellenberger, Alfred: Forschung unter Verdacht. Erfahrungen aus dem Wissenschaftsalltag der DDR. Halle 2008.
Scherzinger, Angela: Die Aufgaben der Hochschulen und der Akademie der Wissenschaften beim Wissens- und Technologietransfer der DDR, in: Schuster, Hermann J. (Hrsg.): Handbuch des Wissenschaftstransfers. Berlin 1990, S. 337–358.
Schimank, Uwe: Die Transformation der Forschungssysteme der mittel- und osteuropäischen Länder: Gemeinsamkeiten von Problemlagen und Problembearbeitung, in: Mayntz, Renate/Schimank, Uwe/Weingart, Peter: Transformation mittel- und osteuropäischer Wissenschaftssysteme. Länderberichte. Opladen 1995.
Schißau, Roland: Strafverfahren wegen MfS-Unrechts. Die Strafprozesse bundesdeutscher Gerichte gegen ehemalige Mitarbeiter des Ministeriums für Staatssicherheit. Berlin 2006.
Schleiermacher, Sabine/Pohl, Normann (Hrsg.): Medizin, Wissenschaft und Technik in der SBZ und DDR. Organisationsformen, Inhalte, Realitäten. Husum 2009.
Schleiermacher, Sabine/Schagen, Udo: Wissenschaft macht Politik. Hochschule in den politischen Systembrüchen 1933 und 1945. Stuttgart 2009.
Schmole, Angela: Abteilung 26. Telefonkontrolle, Abhörmaßnahmen und Videoüberwachung. Berlin 2006.
Schmutzer, Ernst: Interregnum und „Jenaer Modell". Die Friedrich-Schiller-Universität Jena in der

politischen Wende 1989–1991, in: Hörig, Herbert (Hrsg.): Überlast in Freiheit. Festschrift für Dietrich Grille. Mainz 1995, S. 131–142.

Schneider, Jürgen: Die Ursachen für den Zusammenbruch der Sowjetunion und der DDR (1945–1990). Eine ordnungstheoretische Analyse. Stuttgart 2017.

Schneider, Michael C.: Bildung neuer Eliten. Die Gründung der Arbeiter- und Bauernfakultäten in der SBZ/DDR. Dresden 1997.

Schröder, Klaus (Mitarbeit von Alisch, Steffen): Der SED-Staat. Partei, Staat und Gesellschaft 1949–1990. München 1998.

Schwabe, Klaus (Hrsg.): Deutsche Hochschullehrer als Elite 1815–1945. Boppard am Rhein 1983.

Sobeslavsky, Erich/Lehmann, Nikolaus J.: Zur Geschichte von Rechentechnik und Datenverarbeitung in der DDR 1946–1968. Dresden 1996.

Stadelmann-Wenz, Elke: Widerständiges Verhalten und Herrschaftspraxis in der DDR. Vom Mauerbau bis zum Ende der Ulbricht-Ära. Paderborn 2009.

Stalin, Josef/Truman, Harry/Attlee, Clement R.: Mitteilung über die Berliner Konferenz der Drei Mächte vom 17.7.–2.8.1945, in: Die Berliner Konferenz der Drei Mächte – Der Alliierte Kontrollrat für Deutschland – Die Alliierte Kommandantur der Stadt Berlin. Berlin 1946, S. 5–21.

Stamm, Hans (Hrsg.) 1. Industrie-Tagung vom 4.7.1955. Ilmenau 1955; 2. Industrie-Tagung vom 16.12.1955. Ilmenau 1955; 3. Industrie-Tagung vom 26.6.1956. Ilmenau 1956; 4. Industrie-Tagung vom 29.1.1957. Ilmenau 1957; 5. Industrie-Tagung vom 9.9.1958. Ilmenau 1958; 6. Industrie-Tagung vom 8.6.1960. Ilmenau 1960; 7. Industrie-Tagung vom 4.7.1961. Ilmenau 1961.

Stein, Eberhard: „Sorgt dafür, dass sie die Mehrheit nicht hinter sich kriegen!“ MfS und SED im Bezirk Erfurt. Die Entmachtung der Staatssicherheit in den Regionen, Teil 5 (BF informiert 22/1999). Berlin 1999.

Stein, Eberhard: Wechselnde Zeiten. Persönliche Erinnerungen an den Untergang der DDR. Erlangen 2004.

Suckut, Siegfried (Hrsg.): Das Wörterbuch der Staatssicherheit. Berlin 2001.

THI (Hrsg.): Studieninformation Technische Hochschule Ilmenau. Ilmenau, Juni 1986.

Thiel, Jens: Akademische Karrieren in der SBZ und frühen DDR zwischen antifaschistischem Postulat und Pragmatismus, in: Schleiermacher, Sabine/Schagen, Udo: Wissenschaft macht Politik. Hochschule in den politischen Systembrüchen 1933 und 1945. Stuttgart 2009, S. 101–123.

Thomas, Michael: Strukturen, Akteure, Innovationen – ein altes Thema im aktuellen Kontext, in: Lötsch, Ingrid/Meyer, Hansgünter: Vorwort, in (Dies.): Beiträge zu einem Kolloquium in Memoriam Manfred Lötsch. Berlin 1998, S. 237–248.

Triebel, Bertram: Universität Leipzig. Fakultät für Geschichte, Kunst- und Orientwissenschaften. Historisches Seminar. Leipzig 2008. Magisterarbeit.

Ulbricht, Walter: An die Jugend. Berlin 1968.

Universität Hannover (Hrsg.): Nationalsozialistische Unrechtsmaßnahmen an der Technischen Hochschule Hannover. Beeinträchtigungen und Begünstigungen von 1933 bis 1945. Petersberg 2016.

Universität Würzburg (Hrsg.): Die geraubte Würde. Die Aberkennung des Doktorgrads an der Universität Würzburg 1933–1945. Würzburg 2011.

Universitätsgesellschaft Ilmenau – Freunde, Förderer, Alumni e. V. (Hrsg.): 30 Jahre Deutsche Einheit. Wie Wissenschaftler und Absolventen der Technischen Universität Ilmenau ihre Heimat neu aufbauten – und was sie dabei erlebt haben. Ilmenau 2020.

Verfassung der Deutschen Demokratischen Republik. Berlin 1969.

Voigt, Dieter: Zum wissenschaftlichen Standard von Doktorarbeiten und Habilitationsschriften in der DDR, in: Voigt, Dieter/Mertens, Lothar (Hrsg.): DDR-Wissenschaft im Zwiespalt zwischen Forschung und Staatssicherheit. Berlin 1995, S. 45–99.

Voss, Waltraud: Lieselott Herforth: Die erste Rektorin einer deutschen Universität. Bielefeld 2016.

Wagener, Hans-Jürgen/Schultz, Helga: Ansichten und Einsichten. Einleitung, in: Schultz, Helga/Wagener, Hans-Jürgen (Hrsg.): Die DDR im Rückblick. Politik, Wirtschaft, Gesellschaft, Kultur. Berlin 2007, S. 9–25.

Wagener, Hans-Jürgen: Anschluss verpasst? Dilemmata der Wirtschaft, in: Schultz, Helga/Wagener, Hans-

Jürgen (Hrsg.): Die DDR im Rückblick. Politik, Wirtschaft, Gesellschaft, Kultur. Berlin 2007, S. 114 – 134.

Waibel, Harry: Diener vieler Herren. Ehemalige NS-Funktionäre in der SBZ/DDR. Frankfurt am Main et al. 2011.

Weber, Christian/Steinbach, Manfred/Theska, René (Hrsg.): 60 Jahre Maschinen- und Gerätebau von der Fakultät für Feinmechanik Optik an der Hochschule für Elektrotechnik zur Fakultät für Maschinenbau an der Technischen Universität Ilmenau. Jena 2015.

Wiedmann, Roland: Die Diensteinheiten des MfS 1950–1989. Eine organisatorische Übersicht. Berlin 2012.

Wießner, Matthias: Das Patentrecht der DDR, in: Zeitschrift für Neuere Rechtsgeschichte 35(2013)3/4, S. 130–171.

Wilmut, Adolf: Analyse der betriebswirtschaftlichen Struktur der VEB. Berlin 1958.

Wirth, Günter: Bürgertum und Bürgerliches in SBZ und DDR. Berlin 2011.

Wunschik, Tobias: Honeckers Zuchthaus. Brandenburg-Görden und der politische Strafvollzug der DDR 1949–1989. Göttingen 2018.

Yanay, Uri: Welche Wirkungen hatte die Lektüre der eigenen Stasi-Akte?, in: Gerbergasse 18 (2020), Heft 97, S. 55–59.

Zum 5-jährigen Bestehen der Hochschule für Elektrotechnik Ilmenau. Versammelte Sonderdrucke von Arbeiten Ilmenauer Wissenschaftler in verschiedenen technischen Zeitschriften des Jahrgangs 1958. Ilmenau 1958.

Zweiter Tätigkeitsbericht des BStU. Berlin 1995.

Angaben zum Autor

Reinhard Buthmann, Dr. phil., DDipl.-Ing., geboren 1951 in Altentreptow. Studium der Technischen Optik in Jena, der Gerätetechnik des Elektroingenieurwesens in Dresden sowie der Philosophie, Neueren deutschen Literaturwissenschaft und Psychologie an der FernUniversität Hagen. 2012 Promotion an der Leibniz Universität Hannover. Von 1976 bis 1990 wissenschaftlicher Mitarbeiter am Institut für Kosmosforschung der Akademie der Wissenschaften der DDR, von 1992 bis 2017 Mitarbeiter des Bundesbeauftragten für die Stasiunterlagen der ehemaligen DDR.

Themennahe Monografien: Kadersicherung im Kombinat VEB Carl Zeiss Jena. Die Staatssicherheit und das Scheitern des Mikroelektronikprogramms. Berlin 1997; Die Objektdienststellen des MfS (MfS-Handbuch). Berlin 1999; Hochtechnologien und Staatssicherheit. Die strukturelle Verankerung des MfS in Wissenschaft und Forschung der DDR. Berlin 2000; Die Arbeitsgruppe Bereich Kommerzielle Koordinierung (MfS-Handbuch). Berlin 2003; Konfliktfall „Kosmos“. Die politische Geschichte einer Jugendarbeitsgruppe in der DDR. Köln, Weimar, Wien 2012; Versagtes Vertrauen. Wissenschaftler der DDR im Visier der Staatssicherheit. Göttingen 2020.